KB250213

A
Pattern
Language

Towns,
Buildings,
Construction

A Pattern Language
by Christopher Alexander

패턴 랭귀지

초판 1쇄 발행 2013년 7월 1일 5쇄 발행 2024년 9월 9일 지은이 크리스토퍼 알렉산더 외 옮긴이 이용근,
양시관, 이수빈 펴낸이 한기성 펴낸곳 (주)도서출판인사이트 편집 김강석 본문 디자인 윤영준 영업마케팅
김진불 제작·관리 이유현 용지 유피에스 출력·인쇄 예림인쇄 후가공 이레금박 제본 영신사 등록번호 제2002
-000049호 등록일자 2002년 2월 19일 주소 서울특별시 마포구 연남로5길 19-5 전화 02-322-5143 팩스
02-3143-5579 이메일 insight@insightbook.co.kr ISBN 978-89-6626-081-2 책값은 뒤표지에 있습니다.
잘못 만들어진 책은 바꾸어 드립니다. 이 책의 정오표는 https://blog.insightbook.co.kr에서 확인하실 수 있습
니다.

일러두기

- 일반 독자를 위한 건축 관련 용어는 윗첨자 *를 표시하였으며 반복해서 나오는 경우는 표시하지 않았습니
  다. 용어에 대한 설명은 부록 〈용어해설〉에 있습니다.
- [ ]는 문헌 정보를 의미합니다. 해당하는 관련 정보는 부록 〈참조문헌〉에 있습니다.

패턴 랭귀지
도시 · 건축 · 시공

크리스토퍼 알렉산더 · 사라 이시가와 · 머레이 실버스타인 지음

막스 제이콥슨 · 인그리드 픽스달 킹 · 슬로모 엔젤 도움

이용근 · 양시관 · 이수빈 옮김

인사이트

『패턴 랭귀지』는 건축과 계획에 대하여, 완전히 새로운 사고방식으로 기술한 세 권의 책 중에서 두 번째 책이다. 이 책의 목적은 건축·건설·계획에 대한 현재의 개념을 대신할 수 있고, 실제로 적용할 수 있는 완벽한 대안을 제공하는 데 있다. 그리고, 이러한 대안들이 현재의 개념과 실제를 점진적으로 대체해 나가기를 기대한다.

제1권 시간을 초월한 건설의 길The Timeless Way of Building
제2권 패턴 랭귀지A Pattern Language
제3권 오리건대학의 실험The Oregon Experiment

환경구조센터
버클리, 캘리포니아

목차

역자 서문

이 책은 크리스토퍼 알렉산더의 『A Pattern Language』의 번역서로 도시, 건축 등 우리가 일상생활을 통해서 접하고 있는 주변 환경을 이루는 요소들과 그 요소들을 올바르게 구성하기 위한 방법을 제시하고 있다. 저자인 알렉산더는 오스트리아 출신으로 영국에서 자랐으며, 캠브리지대학교에서 수학과 건축학을 전공하였다. 그 후, 하버드대학에서 박사학위를 취득한 후 캘리포니아대학교 버클리에서 교수로 재직하였다.

알렉산더의 건축 사상은 두 흐름으로 전개되는데, 하나는 '패턴' 이론이며 다른 하나는 '질서와 전체성' 이론이다. 패턴 랭귀지는 알렉산더의 두 이론 중 하나인 '패턴' 이론의 핵심이며, 『시간을 초월한 건설의 길』(1979) 『패턴 랭귀지』(1977) 『오리건대학의 실험』(1975)로 구성된 시리즈 중의 두 번째 책이다. 세 권의 책이 시기적으로는 역순으로 출간되었기는 했지만, 이 책은 『오리건대학의 실험』에서 밝힌 디자인에서 목표로 해야 하는 유기적 질서의 원리, 참여의 원리, 점진적 성장의 원리, 패턴의 원리, 진단의 원리, 조정의 원리를 실현하기 위한 근원이 되는 책이다.

패턴 랭귀지라는 제목은 알렉산더의 환경 구성의 방법론을 매우 잘 반영하고 있다. 인류는 오랜 기간에 걸친 경험을 통하여 축적한 지식을 여러 매체를 통하여 기록하고 전해왔다. 이러한 매체 중 무엇보다 중요한 것은 언어일 것이다. 언어는 지식을 기록할 때 사용하기도 하지만, 지식의 기록을 재구성하여 새로운 개념을 만들어낼 때도 사용한다. 이를 간단히 설명하자면, 지식의 기록은 단어, 재구성 방법은 문법, 새로운 개념은 문장이라 할 수 있다. 즉, 알렉산더는 패턴 랭귀지라는 제목을 통하여 본서의 핵심을 매우 함축적으로 표현하고 있다. 자신의 연구와 경험을 통하여 발견한 우리 주변의 불변 요소를 패턴(단어)으로 규정하고, 패턴 랭귀지(문법)를 이용하여 재구성하며, 인간 생활에 보다 좋은 환경(문장)을 구축하는 방법을 제시하고 있다.

알렉산더는 1964년 디자인의 프로세스를 수학적 그리고 기하학적으로 체계화 한 책인 『형태의 합성에 관한 노트Notes on the Synthesis of Form』를 통하여 자신의 디자인 이론을 전개하였으며, 1년 후인 1965년에는 당시의 도시계획을 비판하는 「도시는 트리가 아니다A city is not a tree」라는 논문을 발표하였다.

또한, 1967년에는 캘리포니아대학교 버클리에 환경구조센터를 설립하고 도시·건축 이론과 실천에 관한 서적의 출판에 힘을 쏟았다. 하지만, 그의 저서나 이론의 대부분은 도시·건축 전문가들에게 상당한 비평을 불러 일으켰다. 『형태의 합성에 관한 노트』는 디자인이라는 창조적이고 복잡한 프로세스를 수학적으로 단순화, 일반화하는 것이 불가능하다는 비평을 받았다. 『패턴 랭귀지』 또한 많은 사람들의 비평의 대상이 되었다.

건축은 매우 포괄적이고 종합적인 분야로서 사회적, 경제적, 법률적인 제한이나 제약이 크게 작용한다. 하지만, 패턴 랭귀지는 이 모든 상황을 무시하는 이상론이라는 점이 가장 크게 부각되었다. 또한, 알렉산더는 전문가가 아닌 일반인들이 자신의 환경을 스스로 만들어 가야 한다고 주장하고 있지만, 사실상 전문지식이 없는 일반인에게 패턴 랭귀지는 이해하기 힘든 내용이라는 것과 전문가의 도움없이 스스로 자신의 환경을 만들어 나가기는 현실적으로 어렵다는 사항도 지적되었다.

그리고, 패턴 랭귀지의 마지막 부인 「시공」 부분에서 제시하고 있는 시공법이 현실성이 많이 부족하다는 것이다. 그 예로, 일본의 영진학원 히가시노고등학교 프로젝트에서 알렉산더는 패턴 랭귀지를 적극적으로 이용하여 프로젝트를 진행하였다. 이 프로젝트에서 알렉산더는 건축주 직영방식의 시공법을 주장하였는데, 결과적으로는 종합건설회사가 공사를 완료하게 되었으며, 직영방식을 고집함으로써 발생한 공사비의 상승과 관리상의 문제는 그의 이론이 현실적인 조건과 합치하지 않는다는 것을 보여주었다.

또한, 패턴 랭귀지가 도시 계획이나 건축 사조에 큰 영향을 끼쳤다고 할 수는 없다. 그와 반대로, 패턴 랭귀지는 현대의 건축 이론과 현실을 역행하는 이론에 가까울 수도 있다. 더욱이, 패턴 랭귀지를 이용하여 도시를 구성하거나 건축물이나 공간을 구성한다 하더라도 우리의 환경이 저절로 아름답게 구성되거나 점진적으로 개선되어 나가리라는 보장도 없다.

하지만, 환경 전체를 대상으로 하는 패턴 랭귀지와 같은 포괄적인 설계이론은 찾아보기 어려우며, 환경을 하나 하나의 개별적인 요소 또는 수직적인 구조로 분석한 것이 아니라 네트워크로 구성하여 서로간의 연관성에 주목한 이론 또한 흔치 않다.

이러한 관점에서 패턴 랭귀지는 우리가 항상 접하고 있는 공간이나 모든 건축물에 반복되어 사용되는 불변의 요소를 관찰하고 다른 요소들과의 관련성에 대해 고찰할 수 있는 기회를 제공하며, 비록 실현은 어렵다 할지라도 그 건축물을 실제로 사용하는 사회 집단에 의해 민주적이며 적극적인 방식의 디자인 프로세스를 제안하고 시험했다는 점에서 매우 큰 의미가 있다. 그리고, 본문에서 다루고 있는 253개의 패턴 중에서 문화적인 차이로 인하여 어느 정도는 이질적인 느낌을 주는 패턴이 존재하기는 하지만, 대부분의 패턴은 패턴 랭귀지의 초판이 출판된 후 35년 이상이 지난 지금에도 우리의 주변 환경이나 건축물에서 흔히 찾아볼 수 있으며 중요한 기능을 지니고 있기 때문에, 도시나 건축을 전공하는 학생이나 관심이 있는 일반인들에게 큰 도움이 될 것이다.

번역에 있어서는 알렉산더가 의도한 것처럼, 도시나 건축을 전공하지 않은 일반 독자도 쉽게 이해할 수 있도록 노력하였다. 제1부 도시, 제2부 건축에서는 원문의 의도와 의미를 벗어나지 않는 한, 일상생활에서 쉽게 접할 수 있는 단어를 사용하였다. 하지만, 제3부 시공에서는 의미가 잘못 전달될 수 있다고 판단하여, 전문용어는 되도록이면 학계에서 통용되는 용어를 사용하였으며, 비전공 독자를 위해서 책의 마지막에 용어 해설을 첨부하였다. 하지만, 패턴 랭귀지는 원문이 약 1,200페이지에 달하는 방대한 저술이다. 뿐만 아니라, 도시공학, 건축공학은 물론 언어학, 유전공학, 생물학, 통계학, 시스템학, 인지심리학 등 다양한 분야의 이론을 인용하여 다루고 있다. 따라서, 해당 분야의 서적을 참고하며 번역에 임하였고 단어의 선정에 많은 고심을 하였으나, 부족한 부분이 많으리라는 심려가 크다. 오역이나 잘못된 단어 사용에 대해서는 앞으로도 독자들의 많은 조언을 기대한다.

마지막으로, 부족한 원고를 꼼꼼히 읽고 정리해 주신 편집부 여러분들께 감사 드리며, 도시·건축·소프트웨어 전공자들을 위해서 이 책의 번역을 제안해 주신 인사이트 출판사의 한기성 대표님께 감사의 마음을 전하고 싶다. 또한, 공동 역자인 양시관, 이수빈 그리고 번역 과정에서 많은 격려와 조언을 아끼지 않았던 연구실 동료들에게도 감사의 마음을 표한다.

2012년 6월
이용근

이 책의 사용법

패턴 랭귀지

제1권 『시간을 초월한 건설의 길The Timeless Way of Building』과 제2권 『패턴 랭귀지A Pattern Language』는 본래 하나의 연구 성과를 양분한 것이다. 제1권에서는 랭귀지의 사용에 관한 이론과 지침을 규정한데 반해, 제2권인 패턴 랭귀지에서는 건축과 계획에 관한 랭귀지에 대해서 기술하였다. 또한, 제1권에서는 패턴들을 이용하여 건축물이나 도시를 형성하는 방법에 대해서 설명하고 있는 반면, 제2권에서는 도시·근린·주택·정원·실내 공간에 관한 상세한 패턴들에 대해서 설명하였다. 따라서, 『패턴 랭귀지』는 『시간을 초월한 건설의 길』에 관한 자료집이라고 할 수 있으며, 『시간을 초월한 건설의 길』은 『패턴 랭귀지』의 활용과 근원에 관한 책이라고 할 수 있다.

앞서 소개한 두 책의 작업은 병행하여 진행되었으며, 지난 8년간의 건설 프로세스의 본질을 이해하는 한편, 실제로 활용 가능한 패턴 랭귀지를 구축하는 데 힘을 쏟은 결과물이다. 다만, 현실적인 이유로 인해 두 권으로 나뉘어서 출간되었지만, 사실상 두 책은 하나의 연구를 기반으로 나온 것이라고 할 수 있다. 때문에, 두 책을 개별적으로 읽을 수도 있겠으나, 이 연구가 의도했던 바를 이해하기 위해서는 두 권의 책을 함께 읽는 것이 중요하다.

『시간을 초월한 건설의 길』에서는 도시와 건축물을 만드는 작업의 기본적인 특성에 관하여 설명하였다. 즉, 사회구성원 모두가 참여해야 하고, 사회구성원 모두가 건축물을 만드는 공통의 패턴 랭귀지를 공유해야 하며, 또한 이 공통의 패턴 랭귀지가 스스로 살아 있어야만, 도시와 건축물은 생명을 얻을 수 있다는 것이다.

이 책에서 우리는 『시간을 초월한 건설의 길』에서 필요로 하는 하나의 패턴 랭귀지를 제시하였다. 이 랭귀지는 매우 실용적이며, 지난 8년간의 건축과 계획에 관한 노력의 산물이다. 이 랭귀지를 이용하여 가족과 함께 주택을 디자인하거나, 다른 사람들과 함께 사무실과 일터 또는 학교와 같은 공공 건축물을 디자인하는 데 이용할 수 있다. 더욱이, 이 책은 실제 시공 프로세스의 가이드로도 활용할 수 있다.

이 랭귀지의 요소들은 패턴이라고 불리는 독립체이다. 각 패턴에서는 일상 환경에서 언제나 일어날 수 있는 문제점에 대해 설명하고, 지속적으로 이용할 수 있는 해결책의 핵심에 대해 설명하고 있다.

편의성과 명료성을 위해 각각의 패턴들은 동일한 형식으로 쓰였다. 먼저, 각 패턴의 전형적인 예를 보여주는 그림이 제시된다. 그 후에는 패턴들과의 관계 즉, 더 큰 패턴들을 완성하는 데 각 패턴들이 어떻게 기여하는지에 관한 해설을 포함한 소개글이 위치한다. 다음으로 표시된 세 개의 다이아몬드는 각 패턴에 관계한 문제점의 시작을 알리며, 그 밑에는 볼드체의 머리말이 위치한다. 머리말은 문제점의 본질을 한두 개의 간단한 문장으로 설명하고 있다. 머리말 다음으로는 가장 길게 본문이 위치하며, 패턴의 경험적 배경, 유효성의 증거, 건축물에서 나타날 수 있는 패턴의 다양한 적용 방법에 대해서 설명하고 있다. 그리고, 이후의 볼드체는 패턴의 가장 중요한 심장부로서, 문제점을 해결하는데 필요한 모든 물리적·사회적 관계를 기술하고 있는 해결책이라고 할 수 있다. 이 해결책은 지시문의 형태를 취하고 있는데, 이는 패턴을 만드는 데 필요한 사항이 무엇인가를 정확히 알 수 있게 하기 위함이다. 다음으로, 해결책을 도식으로 나타내는 다이어그램이 있고, 해결책의 주된 요소들이 간략하게 정리되어 있다.

다이어그램 밑으로는 다시 세 개의 다이아몬드 표시가 본문이 끝났음을 알리며, 마지막으로 위치한 단락은 패턴을 더 작은 패턴과 연결하며 끝을 맺고 있다.

이러한 서술 형식의 이면에는 두 가지의 중요한 목적이 있다. 첫째, 각 패턴이 다른 패턴들과 연결되어 있음을 나타내기 위함이다. 때문에, 253개 패턴들의 집합이 무수한 조합을 만들어 낼 수 있는 완전체임과 동시에 하나의 랭귀지라는 것을 알 수 있을 것이다. 둘째로는, 패턴의 중심이 되는 핵심을 잃지 않은 상태에서, 각 패턴의 문제와 해결책을 자신이 판단하고 수정할 수 있도록 하기 위함이다.

다음으로는 패턴들 사이의 본질적인 관계에 대해서 알아보기로 하자.

패턴들은 지역·도시와 같은 매우 큰 규모부터 시작하여 근린·건물 클러스터·건물·방·알코브alcove•와 같은 작은 패턴으로 이어지며, 마지막으로 시공상의 세부사항에 대한 설명으로 끝을 맺는다.

이 직렬적인 시퀀스는 랭귀지가 기능을 발휘하는 데 있어 매우 중요하며, 이에 대해서는 다음 장에서 더욱 자세하게 다루기로 한다. 이 시퀀스에 있어서 가장 중요한 것은 시퀀스가 패턴들 간의 연결에 기반하고 있다는 점이다. 각 패턴은 랭귀지에서 상위의 큰 패턴들과 하위의 작은 패턴들에 각각 연결되어 있다. 하나의 패턴은 상위 패턴의 완성에 도움을 주며, 하위 패턴에 의해 완결된다.

예를 들어, **접근 가능한 녹지**(60)라는 패턴은, 먼저 몇 개의 큰 패턴인 **하위문화의 경계**(13), **인식할 수 있는 근린**(14), **직장 커뮤니티**(41), 그리고 **조용한 후면**(59)과 같은 패턴과 연결되어 있으며, 이는 각 장의 첫 번째 페이지에 기술되어 있다. 또한, 이 패턴은 보다 작은 패턴인 **포지티브 외부 공간**(106), **나무가 있는 장소**(171) 그리고 **정원의 담장**(173)과도 연결되어 있으며, 이는 각 장의 마지막 페이지에 나타나 있다.

이 관계가 의미하는 바는 **인식할 수 있는 근린, 하위문화의 경계·직장 커뮤니티** 그리고 **조용한 후면**이 **접근 가능한 녹지**를 포함하고 있지 않는 한 불완전함을 의미하며, 또한 **접근 가능한 녹지** 자체도, **포지티브 외부 공간, 나무가 있는 장소, 정원의 담장**을 포함하고 있지 않는 한 불완전함을 의미한다.

또한, 이것이 실질적으로 의미하는 바는 다음과 같다. 만약, 이 패턴을 이용하여 녹지를 조성하고 싶다면 패턴을 설명하는 지침뿐만 아니라, **인식할 수 있는 근린**에서나 **하위문화의 경계**에서 **조용한 후면**의 형성에 기여하는 녹지를 고려해야 한다는 것이다. 그리고, 이 녹지는 반드시 **포지티브 외부 공간, 나무가 있는 장소, 정원의 담장**을 포함하지 않으면 완성될 수 없다는 것이다.

간단히 설명하자면, 어떠한 패턴도 고립된 독립체가 아니며, 각 패턴은 오직 다른 패턴들의 지지에 의해 세상에 존재할 수 있다는 것이다. 즉, 상위의 패턴에 외연 지어져 있으며, 같은 크기의 패턴들에는 둘러싸여 있고, 하위의 패턴들을 내포하고 있는 관계라고 할 수 있다.

이러한 관계는 하나의 기본적인 세계관과 같다. 즉, 무엇인가를 만들 때 우리는 그 무언가를 따로 고립시켜 만들어서는 안되며 동시에 주변의 세계 또한 그 무언가에 맞게 고쳐나가야 한다는 것이다. 그렇다면, 주위의 세계는 일관성과 통일성을 갖게 될 것이고, 그 무언가는 거미줄 같이 연결된 자연 속에서 제자리를 차지할 수 있을 것이다.

이제 개별적인 패턴들에 존재하는 문제점과 해결책 간의 본질적인 관계에 대해서 설명하도록 한다.

각 해결책은 문제점을 해결하는 데 필요한 본질적인 관계를 제시하는 방향으로 설명되어 있어서 매우 일반적이며 추상적이다. 이는 각자가 자신을 위해, 자신이 선호하는 방법으로, 자신의 지역 상황에 맞는, 자기 자신만의 방법으로 문제를 해결할 수 있도록 하기 위함이다.

그렇기 때문에, 각 문제의 해결책을 제시함에 있어서 독자에게 강요하지 않도록 노력하였고, 오직 문제점의 해결에 있어서 빼놓을 수 없는 본질적인 부분만을 수록하였다. 이러한 의미에서 각 해결책은 모든 장소에서 문제점을 해결할 수 있는 공통적이고 변치 않는 특성만을 포함하고 있다.

물론, 우리가 항상 성공한 것은 아니다. 문제점에 대해서 우리가 제시한 해결책은 중요도가 서로 다르다. 어떤 것들은 다른 것들에 비해 조금 더 사실적이고 심오하며 명료하다. 이를 분명히 하기 위해 각 패턴의 제목 옆에 별표 두 개(**), 한 개(*)를 표시하였고, 때로는 별표를 표시하지 않았다.

변치 않는 특성을 명시하는 데 성공한 패턴에는 별표 두 개를 표시하였다. 간단히 말하면, 명시된 해결책은 제시된 문제점을 해결할 수 있는 모든 방법이 지닌 공통적인 특성을 요약하고 있다. 다시 말해서, 별표 두 개가 표시된 패턴의 경우 주어진 패턴에 따라 어떻게든 환경을 조성하지 않는다면, 제시된 문제점이 완벽하게 해결될 수 없음을 의미한다. 이러한 경우 패턴은 잘 조성된 환경이 가진 심오하고 무시할 수 없는 특성에 대해서 설명하고 있는 것이다.

변치 않는 특성을 밝혀내는 데 어느 정도의 성과를 보인 패턴에는 별표를 한 개 표시하였다. 때문에, 조금 더 세심한 작업이 동반된다면, 제시된 해결책을 확실히 개선시킬 수 있을 것이다. 이 경우, 이 책에 포함되어 있지 않은 해결책이 존재할 가능성이 있으므로, 과도하게 패턴을 신뢰하지 말고 우리가 제시한 해결책 이외의 대안을 찾는 것도 현명할 수 있을 것이다.

마지막으로 변치 않는 특성을 정의하는 데 성공하지 못한 패턴들과, 제시된 해결책 이외의 다른 해결책이 확실히 존재하는 패턴들의 경우에는 별표를 표시하지 않았다. 이 경우 구체화를 위해(적어도 하나의 해결 방법을 제시하기 위해) 해결책을 명시하긴 하였으나, 문제점에 대한 가능한 모든 해결의 핵심을 포함하는 참되고 변치 않는 특성은 미완의 과제로 남아 있다고 할 수 있다.

물론, 많은 독자들이 이 랭귀지를 이용하여 더욱 참되고 심오하며 변치 않는 특성들을 찾는 작업을 통해, 패턴을 개선시켜 나가기를 희망한다. 그리고, 시간이 흐름에 따라 발견된 보다 참된 패턴들이 모두가 나눌 수 있는 공통의 랭귀지에 추가되어 나아가기를 희망한다.

여러분은 패턴들이 살아 있고 진화하고 있음을 알 수 있을 것이다. 사실, 각 패턴을 수많은 과학적 가설과 같은 하나의 가설로 생각해도 좋다. 이러한 의미에서 각 패턴은, 주어진 문제점을 해결하기 위해서 물리적 환경을 어떻게 구성하는 것이 좋은가에 대해 우리가 제시하는 최상의 가설을 보여주고 있다. 사람들의 경험을 통해서 '우리가 기술한 문제점을 느끼는가?'와 '제시한 구성이 과연 그 문제를 해결하는가'와 같이 문제와 해결에 중심을 둔 실험적 질문들이 나타날 것이다. 그리고, 별표는 이 가설들의 신뢰도를 대변한다. 그러나, 별표가 어찌되었든 간에 253개의 패턴은 아직도 가설로 남아 있으며, 그러므로 모든 패턴은 잠정적이며 새로운 경험과 관찰의 영향을 통해서 자유롭게 진화할 수 있을 것이다.

마지막으로 이 랭귀지의 의미에 대한 설명을 덧붙이고 싶다. 즉, 왜 '하나의'라는 의미를 지닌 'A'를 강조한 'A Pattern Language'라고 이름을 붙였는지, 또한 많은 사람들에 의해 만들어진 수많은 랭귀지와 이 패턴 랭귀지가 어떤 관계가 될 것인지를 설명하고자 한다.

『시간을 초월한 건설의 길』에서 생동감 있고 온전한 사회는 그 사회만의 독특하고 다양한 패턴 랭귀지를 갖는다고 설명하였다. 더욱이, 그러한 사회 속의 개인도, 부분적으로는 공유할 수 있다 하더라도 전체적으로는 자신의 생각에 기반한 독특한 패턴 랭귀지를 가질 것이다. 이러한 관점에서 보면 건강한 사회에는 비록 공유되고 비슷할지라도, 사회구성원의 수와 같은 수의 패턴 랭귀지가 있을 수 있다. 그렇다면, 다음과 같은 의문점이 떠오른다. 이 책의 패턴 랭귀지는 정확히 어떤 지위를 가지고 있는가? 어떠한 마음가짐과 의도로 이 랭귀지를 출판하는가? 이 랭귀지를 책으로서 출판한다는 사실은 수많은 사람들이 이용한다는 것을 의미한다. 그렇더라도 사람들이 스스로 생각한 자신만의 랭귀지를 개발하지 않고 하나의 인쇄된 랭귀지에 의지할 것이라고는 생각하지 않는다.

사실 우리는 사람들이 점진적으로 자신만의 패턴 랭귀지를 의식하고 더욱 발전시켜서 더욱 넓은 사회로 나아가기 위한 첫 단계로 이 책을 썼다. 『시간을 초월한 건설의 길』에서 설명하였듯이, 오늘날의 사람들이 지니고 있는 랭귀지는 인간적이고 자연스럽지 않다. 조잡하고 해체되어 있으며, 대부분의 랭귀지는 더 이상 이용할 수 없다.

지난 수년간 이 랭귀지를 구체화하려고 노력하였던 이유는 사람들이 이를 이용하면서 그 힘에 감동하여 '살아있는 랭귀지를 가지고 있다'는 의미를 다시 한 번 이해하고 즐길 것이라는 기대 때문이었다. 이것이 성공한다면 각 개인은 다시 한 번 자신의 랭귀지 구축과 개발에 나설 수 있을 것이다.

그리고, 이 책의 패턴 랭귀지는 어떤 교사의 가르침이나 어떤 매뉴얼 혹은 어떤 다른 패턴 랭귀지, 그 이상이라고 확신한다. 이 책의 많은 패턴들은 원형적이기 때문에 매우 심오하며, 사물의 본질에 근거하기 때문에 500년이 지난다 하더라도 지금처럼 인간의 본성에 맞고 인간 행동의 일부로서 존재할 것이다. 예를 들어 설명해 보자면, 어느 누구라도 아케이드(119)와 알코브(179) 패턴을 외면하고는 유용한 패턴 랭귀지를 구성할 수 없음을 확신한다.

이러한 의미에서 우리는 환경의 본질적인 문제를 가능한 깊이 파고들기 위해서 노력하였다. 그리고, 이 랭귀지의 많은 부분들이 누구라도 자신의 내면에 구성할 수 있는 실용적인 패턴 랭귀지의 핵심이 되기를 희망한다. 이런 의미에서, 이 책에서 제시한 랭귀지의 각 부분은 사람들을 활기차게 하고 인간적임을 느끼게 하는 모든 패턴 랭귀지의 원형적인 핵심이라고 할 수 있을 것이다.

랭귀지의 요약

패턴 랭귀지는 네트워크 구조를 가지고 있으며, 이는 『시간을 초월한 건설의 길』에서 충분히 설명하였다. 하지만, 패턴 랭귀지의 네트워크를 이용할 때는, 항상 하나의 시퀀스로써 이용하도록 한다. 즉, 큰 패턴에서 작은 패턴으로, 구조를 생성하는 패턴에서 구조를 수식하는 패턴으로, 그리고 그 수식하는 패턴을 다시 수식하는 패턴으로의 시퀀스이다.

실제로, 패턴 랭귀지는 네트워크이므로 전체를 완벽하게 파악할 수 있는 하나의 시퀀스는 존재하지 않는다. 그러나, 뒤따르는 시퀀스를 보면서 전체 네트워크의 전반적인 흐름을 파악할 수 있다. 즉, 직물을 짜는 작은 바늘과 같이 재봉선을 따라 움직이고, 아래로 내려갔다가 다시 올라가고 어떤 때는 불규칙하게 움직이는 것이다.

패턴들의 시퀀스는 랭귀지의 요약임과 더불어 패턴들의 색인과도 같다. 패턴 그룹들을 연결하는 설명을 읽어 나간다면, 전체 랭귀지의 개요를 파악할 수 있다. 그리고, 일단 개요를 파악했다면 그 후에는 자신의 프로젝트에 관계하는 패턴들을 찾을 수 있게 될 것이다.

마지막으로, 다음 장에서 설명하는 바와 같이 이 패턴의 시퀀스는 기본적인 지도와도 같다. 자신에게 가장 유용한 패턴들을 선택하고 이 책의 순서대로 정렬하여 놓는다면, 프로젝트를 위한 자신만의 랭귀지를 만들 수 있을 것이다.

◆　　◆　　◆

우선, 패턴 랭귀지 중에서 도시와 커뮤니티를 정의하는 부분에서 시작하도록 하자. 이 패턴들은 결코 단번에 '디자인' 되거나 '만들어질' 수 없다. 하지만, 각각의 활동이 크고 포괄적인 패턴 생성에 기여하도록 디자인되고, 느리지만 확실하게 그리고 수년에 걸친 점진적인 성장에 의해서 포괄적인 패턴이 내재된 커뮤니티가 형성될 것이다.

1. 자립 지역

각 지역 내에서 토지를 보호하고, 도시 간의 경계를 표시하는 지역 정책을 지향하도록 한다.

2. 도시의 분포
3. 손가락 모양의 도시와 전원
4. 농경 골짜기
5. 레이스 모양의 전원도로
6. 전원마을
7. 전원

도시 정책을 통해서, 도시를 정의하는 주요 구조들이 점진적으로 형성되도록 촉진한다.

8. 하위문화들의 모자이크
9. 분산된 일터
10. 도시의 매력
11. 지구교통구역

지역의 기본적인 조건으로부터, 다음과 같은 큰 도시의 패턴을 형성한다. 이 과정은 물리적으로 인식할 수 있는 장소에 존재하는 두 단계의 자치 커뮤니티에 의해 통제된다.

12. 7,000명의 커뮤니티
13. 하위문화의 경계
14. 인식할 수 있는 근린
15. 근린의 경계

다음과 같은 네트워크들의 성장을 촉진하여 커뮤니티를 서로 연결한다.

16. 공공교통망
17. 순환도로

18. 학습 네트워크
19. 상점망
20. 미니버스

다음의 기본적인 원칙에 따라서, 각 지구의 환경적 특성을 규제하는 커뮤니티와 근린의 정책을 확립한다.

21. 4층 제한
22. 9퍼센트의 주차장
23. 평행도로
24. 성지
25. 수 공간에의 접근
26. 인생의 주기
27. 남성과 여성

커뮤니티와 근린 내에서, 그리고 이들 사이와 경계에서, 각 지구 중심지의 형성을 촉진시키도록 한다.

28. 중심을 벗어난 핵
29. 밀도의 원
30. 활동의 결절점
31. 산책로
32. 상점가
33. 야간활동
34. 환승지점

이 중심지의 주위에 일상적인 인간집단을 바탕으로 클러스터 형태의 주택 성장을 촉진한다.

35. 세대의 혼합
36. 공공성의 정도

주택 클러스터 사이와 중심부 주변, 그리고 특히 근린 간의 경계부에서 직장 커뮤니티의 형성을 장려한다.

주택 클러스터와 직장 커뮤니티 사이에서는 지구도로와 보행로 네트워크가 자연발생적 그리고 점진적으로 성장하도록 허용한다.

커뮤니티와 근린에서는 사람들이 휴식을 취하며 기분 전환을 할 수 있는 공유지를 제공하도록 한다.

58. 축제
59. 조용한 후면
60. 접근 가능한 녹지
61. 소규모 공공광장
62. 높은 장소
63. 거리에서의 춤
64. 연못과 개울
65. 출산 장소
66. 성역

위와 같은 요구들이 각 지구 내에서도 만족될 수 있도록, 각각의 주택 클러스터와 직장 커뮤니티 내에도 작은 공유지를 제공한다.

67. 공유지
68. 연결된 놀이터
69. 공공옥외실
70. 묘지
71. 고요한 물
72. 지구 스포츠
73. 탐험놀이터
74. 동물

공유지, 클러스터, 직장 커뮤니티의 틀 안에서 독립적인 가장 작은 단위(가족, 작업그룹, 모임 장소)의 변화를 촉진시킨다. 다음은 가족과 관련된 형태에 대한 설명이다.

75. 가족
76. 소가족을 위한 주택
77. 부부를 위한 주택

78. 독신자를 위한 주택

79. 자택

다음으로는 모든 형태의 일터와 사무실, 그리고 어린이의 학습그룹까지를 포함하는 작업그룹이다.

80. 자치 운영되는 작업장과 사무실

81. 형식적이지 않은 소규모 서비스

82. 사무실의 연결

83. 장인과 도제

84. 10대의 사회

85. 상점 앞 배움터

86. 어린이집

각 지구의 상점과 사람들이 모이는 장소이다.

87. 개인 소유의 상점

88. 거리의 카페

89. 모퉁이의 일용품점

90. 술집

91. 여관

92. 버스정류장

93. 음식가판대

94. 공공 공간에서의 수면

지금까지 살펴본 사항들에 의해서 도시나 커뮤니티를 정의하는 포괄적 패턴들이 완성된다. 이제, 지상에 삼차원적으로 존재하는 건물군이나 개개의 건물에 형태를 부여하는 패턴에 대해서 설명하기로 한다. 건물군과 개개의 건물은 '디자인' 되거나 '만들어질' 수 있는 패턴들이다. 즉, 이 패턴들은 건물 그리고 건물들 사이의 공간을 정의한다. 여기부터는, 패턴을 구성할 능력이 있는 개인이나 작은 집단의 통제하에 있는 패턴을 다룬다.

첫 번째 그룹의 패턴은 건물군의 전체적 배치 계획에 도움이 된다. 즉, 건물의 높이와 건물의 수, 대지 내에 위치하는 출입구, 주요 주차구역 그리고 복합건물 내 동선 등에 대해서 설명한다.

자연 조건, 수목, 일조 등을 고려하여, 대지 내 혹은 복합건물 내에서 개별 건물의 배치를 조정한다. 이는 랭귀지에서 가장 중요한 부분 중 하나이다.

건물의 각 동에 입구, 정원, 중정*, 도로, 테라스를 배치한다. 그리고 나서, 건물의 전체적인 형태와 건물 사이 공간의 형태를 만들어 나간다. 이때, 실내 공간과 실외 공간, 즉 음과 양의 형태는 항상 조화를 이루도록 동시에 만들어 나가야 한다.

건물의 주요 부분과 실외 공간의 대략적인 형태가 결정된 후에는, 건물 사이의 보행로와 광장에 대해서도 더욱 세심한 주의를 기울여야 한다.

보행로가 결정되면 다시 건물 계획으로 돌아온다. 건물의 각 동에 있어서 기본적인 공간이 어떻게 변할 것인가에 대해서 생각하고, 이 변화 내에서 동선이 공간을 어떻게 연결할 것인가에 대해서 결정한다.

건물의 각 동과 각 동 내부에서의 공간과 동선 변화의 틀 안에서, 가장 중요한 공간 또는 방들을 결정한다. 먼저 주택에서는,

사무실, 작업장 그리고 공공 건축물도 이와 동일한 방법으로 결정한다.

주요 구조물로부터 어느 정도 독립성을 유지하도록 작은 외부 건물들을 배치하고, 건물의 상층부에서 거리와 정원으로 곧바로 나갈 수 있도록 한다.

건물의 내부와 외부 공간 사이의 가장자리를 독립적인 장소로 다룸으로 써 그리고 가장자리에 인간적인 디테일을 만들어서, 건물의 내부와 외부의 연결을 준비하도록 한다.

정원의 배치와 정원 내 여러 공간들의 위치를 결정한다.

다시 건물 내부로 돌아와서, 주요한 방들을 완성하기 위한 부속적인 공간과 알코브를 추가하도록 한다.

방과 알코브의 형태와 크기를 정확하고 세밀하게 조정하여, 시공이 가능하도록 한다.

모든 벽에는 어느 정도의 깊이를 주어서 알코브, 창문, 선반, 벽장, 의자가 필요한 장소에는 어디라도 설치할 수 있도록 한다.

이 단계에 이르면 개별 건물의 디자인이 완성되었을 것이다. 주어진 패턴들을 따라왔다면, 해당 대지에 말뚝을 박아 표시하였든, 아니면 한 장의 도면에 표현하였든, 공간이 거의 피트 단위의 치수만큼 정확하게 표현된 계획안을 가지게 될 것이다. 방의 천장고*와 창과 문의 대략적인 크기와 위치를 알고, 건물의 지붕을 어떻게 얹을 것인지, 정원은 어디에 배치될 것인지가 대략적으로 정해진 것이다.

다음은 이 패턴 랭귀지의 마지막 부분으로서, 어떻게 하면 이와 같은 개략적인 계획안으로부터 시공이 가능한 계획안으로 발전시키는지 그리고 건물을 어떻게 시공할 것인지에 대해서 상세하게 설명한다.

건축구조의 상세를 계획하기 전에 자신의 계획안이나 건물의 개념이 건축구조로 그대로 발전될 수 있도록 건축구조 철학을 확립한다.

이러한 구조 철학을 토대로, 자신이 만든 계획을 기본으로 하여 전체적인 구조계획을 완성한다. 사실, 이것이 실제로 시공을 시작하기 전에 종이로 해야 할 마지막 작업이라고 할 수 있다.

대지에 기둥이 서야 할 장소를 표시하기 위해 말뚝을 박는다. 그리고, 이 말뚝의 배치에 따라 주요 구조체를 세우는 공사를 시작한다.

건물의 주요 구조체에서 창이나 문과 같은 개구부•의 정확한 위치를 정한다. 그리고, 개구부의 틀을 만들도록 한다.

주요 구조체와 개구부의 시공 과정에서, 다음의 부수적인 패턴들을 적절한 장소에 배치하도록 한다.

229. 덕트° 공간
230. 복사 난방
231. 돌출된 지붕창
232. 지붕 꼭대기의 장식

다음으로 마감과 내부 상세를 정한다.

233. 바닥
234. 겹침이음 외벽
235. 부드러운 내벽
236. 활짝 열리는 창
237. 창이 있는 견고한 문
238. 걸러진 빛
239. 작은 창유리
240. 반 인치의 테두리

실내 공간만큼 실외 공간도 완성하기 위해 외부를 상세히 만들어 나간다.

241. 의자가 있는 장소
242. 현관 앞 벤치
243. 앉을 수 있는 벽
244. 캔버스 지붕
245. 올려진 화단
246. 넝쿨식물
247. 틈이 있는 포장석
248. 부드러운 타일과 벽돌

마지막으로 장식, 조명, 색채, 자신의 소유물들을 이용해 건물을 완성한다.

249. 장식
250. 따뜻한 색

자신의 프로젝트를 위한 랭귀지의 선택

전체 253개의 패턴들이 모여 하나의 랭귀지를 이룬다. 이 패턴들은 어느 한 지역을 수백만 가지의 형태로 만들어 내는 힘을 지니고, 그 세부에 대해서는 무한한 다양성을 지닌 일관성 있는 전체상을 형성한다. 또한, 이 랭귀지를 구성하는 패턴들의 어떠한 작은 시퀀스라도, 그 자체로 환경의 작은 부분을 위한 랭귀지가 되는 것 또한 사실이다. 그렇기 때문에, 짧은 패턴 리스트로부터 수많은 공원, 보행로, 주택, 작업장이나 정원 등을 만들어 낼 수 있는 것이다.

예를 들어, 다음의 10개의 패턴에 대해서 생각해 보자.

거리에 면하는 개인 테라스(140)
양지바른 장소(161)
옥외실(163)
6피트의 발코니(167)
보행로와 목적지(120)
다양한 천장고(190)
모서리의 기둥(212)
현관 앞 벤치(242)
올려진 화단(245)
다양한 의자(251)

이와 같은 짧은 패턴 리스트는 그 자체가 하나의 랭귀지이다. 이 패턴들은 주택의 포치porch*를 만들 때 사용할 수 있는 수많은 랭귀지 중의 하나이다. 이 목록은 실제 우리의 동료 중 한 사람이 자신의 집 앞에 포치를 만들기 위해서 선택한 랭귀지이다. 다음은 포치를 만들기 위한 랭귀지와 패턴을 사용하는 방법에 대한 설명이다.

우선, 나는 **거리에 면하는 개인 테라스(140)**에서 시작하였다. 이 패턴은 거리에 면하는 테라스의 바닥을 조금 올려서 주택과 연결할 것을 골자로 한다. **양지바른 장소(161)**는 정원에서 햇빛이 비치는 장소와 같은 특별한 장소를 중요하게 다루고 있으며, 이들 장소를 파티오^{patio•} - 발코니^{balcony•} - 옥외실^{outdoor room} 등으로 사용할 것을 제안한다. 이 두 패턴을 이용하여 주택의 남쪽에 지면으로부터 조금 높은 플랫폼^{platform•}을 설치하였다.

이 플랫폼을 **옥외실(163)**로 사용하기 위해서, 플랫폼을 돌출된 지붕 밑에 반 정도 위치시키고, 다 자란 피라칸타 나무^{pyracanthus tree}를 플랫폼의 한 가운데 위치하도록 하였다. 머리 위의 나뭇잎들은 이 공간에 마치 지붕을 드리운 것과 같은 느낌을 주었고, 이러한 느낌을 더하기 위해 플랫폼의 서쪽에는 바람을 막을 수 있는 유리벽을 설치하였다.

플랫폼의 크기를 결정하기 위해 **6피트의 발코니(167)**를 이용하였다. 그러나, 이 패턴은 그대로 따르지 않고 신중하게 이용해야 했다. 이 패턴은 사람들이 작은 테이블에 둘러 앉아 얘기할 수 있을 정도의 편안함을 위한 최소의 공간을 계획하는 데 도움이 되는데, 나는 이와 같은 공간이 최소한 두 곳 정도 있었으면 좋겠다고 생각했다. 즉, 매우 덥거나 비가 내릴 경우를 위한 지붕 밑의 공간과 햇볕을 만끽하고 싶을 때를 위한 공간이었다. 때문에, 발코니는 12×12피트의^{약 3.6×3.6m} 공간이 되어야 했다.

다음으로는 **보행로와 목적지(120)**이다. 이 패턴은 근린에서의 큰 보행로를 다루고 있고, 패턴 랭귀지에서는 초반부에 다룬다. 그러나, 나는 더욱 특별한 방법으로 이 패턴을 사용하였다. 패턴에서는 지면에서 사람들의 발자국들에 의해 자연스럽게 형성된 보행로는 보존되고 강화되어야 한다고 설명하고 있다. 하지만, 현관문으로의 보행로가 플랫폼을 계획한 장소의 모서리와 겹쳤기 때문에, 플랫폼의 모서리를 잘라내야 했다.

지면 위의 플랫폼의 높이는 **다양한 천장고(190)**에 의해 결정되었다. 플랫폼을 지면에서 약 1피트^{약 30cm} 높게 한 것에 의해, 지붕이 덮인 부분의 천장고는 6~7피트^{약 1.5~2.1m}로 하나의 작은 공간을 이루었다. 이 부분의 높이가 앉기 적당할 정도의 높이가 되었기 때문에, **현관 앞 벤치(242)**의 조건은 저절로 만족되었다.

이전의 포치에 있는 세 개의 기둥은 그 위의 지붕을 지탱하고 있었기에 제거할 수 없었다. 그러나, **모서리의 기둥(212)**에 따라서, 플랫폼의 위치를 신중하게 조정했기 때문에 기둥은 기둥 양쪽의 사회적 공간을 형성하는 데 도움이 되었다.

마지막으로, **올려진 화단(245)**에 따라 '현관 앞 벤치' 옆에 몇 개의 화분을 두었다. 그렇기 때문에, 이곳에 있을 때는 꽃 향기를 즐길 수 있게 되었다. 그리고, 현관에서 보이는 오래된 의자들은 **다양한 의자(251)**를 참고하여 만들었다.

이상의 짧은 예로부터 패턴 랭귀지가 간단하지만 얼마나 강력한지를 알 수 있다. 그리고, 이제는 자기 자신의 프로젝트를 위한 랭귀지를 구성할 때 얼마나 신중해야 하는지 충분히 납득했으리라 생각한다.

완성된 포치

이렇게 짧은 랭귀지 안에 포함되어 있는 10개의 패턴에 의해서 포치의 특징이 부여되었다. 환경의 각 부분은 이와 같은 방법으로 우리가 선택한 패턴들의 집합에 의해 그 특징을 갖게 된다. 즉, 어떤 것을 만들기 위해 선택한 패턴 랭귀지에 의해서 그 특징이 형성되는 것이다.

그렇기 때문에, 프로젝트를 위한 랭귀지의 선택 작업은 매우 중요하다. 이 책에 제시된 패턴 랭귀지는 253개의 패턴으로 이루어져 있다. 때문에, 그 중에서 몇 개의 패턴들을 선택한다면 상상할 수 없을 정도로 수많은 다른 작은 랭귀지들을 만들 수 있으며, 이런 작은 랭귀지들은 어떠한 계획에도 사용할 수 있다.

다음으로 이 책의 랭귀지로 패턴들을 선택하고 자신만의 패턴들을 더해가며, 자신의 프로젝트에 적용할 랭귀지를 선택하는 대략적인 과정에 대해서 설명하기로 한다.

1. 먼저 자신의 프로젝트를 위한 랭귀지를 이루는 패턴들을 체크할 수 있도록 마스터 시퀀스Master Sequence의 사본을 만든다. 만약, 복사기가 없다면 책에 프린트된 패턴 리스트에 표시하거나, 페이지를 표시할 수 있도록 페이지 클립을 이용하거나, 자신의 패턴 표를 만들거나 아니면 종이에 표시하는 등의 적당한 조치를 취하도록 한다. 여기에서는 더욱 명확한 설명을 위해서, 패턴리스트의 사본을 가지고 있다고 가정하였다.

2. 패턴 리스트를 검토하고, 자신이 생각하는 프로젝트의 전체 범위를 가

장 잘 설명하는 패턴을 찾아낸다. 이 패턴이 프로젝트를 위한 출발 패턴이 므로 이를 체크하도록 한다. (만약, 두 개 혹은 세 개의 후보가 있더라도 걱 정하지 말고 최적이라고 생각하는 것 하나에 체크한다. 나머지는 작업이 진 행되면서 점차적으로 제자리를 찾아갈 것이다.)

3. 책에 있는 출발 패턴으로 이동한 후 본문을 읽어간다. 이 패턴의 첫 부 분과 마지막 부분에 언급된 다른 패턴들 또한 자신의 랭귀지를 위한 후보들 이라는 점에 유의한다. 첫 부분에 언급된 패턴들은 프로젝트보다 '더 큰' 경 향이 있을 것이다. 만약, 프로젝트에 조금이라도 도움이 되지 않는다면 이 패턴들은 제외시킨다. 마지막 부분에 있는 것은 '더 작은' 패턴이며, 거의 대 부분이 프로젝트를 위해 중요한 것들이라고 할 수 있다. 특별한 이유를 제 외하고는 리스트에 전부 표시하도록 한다.

4. 이제 리스트에는 조금 더 많은 표시가 생겼다. 표시들 중, 다음으로 큰 패턴이 있는 부분을 읽는다. 큰 패턴들은 다시 한 번 또 다른 패턴들로 이끌 것이다. 그리고, 다시 한 번 관계 있는 패턴들 특히 뒷부분에 있는 작은 패턴 들을 표시한다. 일반적인 규칙으로서, 자신의 프로젝트에 확실히 도움이 되 지 않는다면 큰 패턴은 체크하지 않는다.

5. 의심이 가는 패턴은 포함시키지 않도록 한다. 리스트가 길어질 것이기 때문이며, 그렇게 되면 혼란을 초래할 것이다. 자신이 특별히 좋아하는 패 턴만을 선택하더라도 리스트는 충분히 길어질 것이다.

6. 프로젝트를 위해 필요한 모든 패턴을 표시할 때까지 이와 같은 방법을 반복한다.

7. 이제 자신만의 패턴을 추가하여 시퀀스를 조정한다. 만약, 프로젝트 에 포함하고 싶은 패턴이 있지만 그 패턴에 상당하는 패턴을 찾지 못했다 면, 시퀀스 내의 적절한 위치 즉, 비슷한 크기와 중요도를 가지고 있는 패턴 들 근처에 이를 기입하도록 한다. 예를 들어, 여기에는 사우나에 관한 패턴 이 없다. 만약, 사우나에 관한 패턴을 넣고 싶다면, 자신의 시퀀스에서 **욕실** (144) 근처 어딘가에 표시를 하면 된다.

8. 물론, 어떠한 패턴이라도 바꾸고 싶다면 바꾸어도 상관없다. 가끔씩 더 욱 사실적이고, 보다 적합한 자신만의 패턴을 갖게 되는 경우도 있다. 이런 경우에는 이 책의 적절한 곳에 변경 사항을 기입해 넣는다면, 효율적이고 매우 강력한 자신만의 랭귀지를 얻을 수 있을 것이다. 그리고, 자신이 변경

한 사항을 확실히 하기 위한 가장 좋은 방법은, 패턴의 이름 또한 변경하는 것이다.

◆　　◆　　◆

자신의 프로젝트를 위한 랭귀지를 가지고 있다고 가정하자. 랭귀지를 사용하는 방법은 규모에 따라 매우 달라진다. 도시에 관계된 패턴들은 오직 생활 속에 뿌리 박은 행동에 의해서만 점진적으로 시행될 수 있으며, 건축에 관한 패턴은 자신의 머릿속에 구성되어 지면에 표현될 수 있다. 시공에 관한 패턴은 반드시 대지에 물리적으로 만들어져야 한다. 이러한 이유로, 세 가지의 다른 스케일을 위해 세 가지의 독립된 지시사항을 제시하였다. 도시에 대한 지시사항은 1쪽, 건축에 대해서는 431쪽, 시공은 879쪽에 제시되어 있다.

세 가지 규모에 있어서의 절차는 『시간을 초월한 건설의 길』의 해당하는 장chapter에 광범위한 예와 함께 세밀하게 기술되어 있다. 도시는 제24, 25장에, 개별 건물에 대해서는 제20, 21, 22장, 그리고 건물의 시공 과정은 제23장에 기술되어 있다.

패턴 랭귀지라는 시

마지막으로 주의사항은 다음과 같다. 이 랭귀지는 마치 영어처럼 산문이나 시를 위한 도구와도 같다. 산문과 시의 차이점은 서로 다른 언어가 쓰이는 것이 아니라, 같은 언어가 다르게 쓰인다는 것이다. 평범한 문장에서 각 단어는 하나의 의미를 가지며, 문장 또한 하나의 의미를 가지고 있다. 하지만, 시에서는 단어의 의미가 무척 깊다. 여러 가지 의미를 지닌 단어와 서로 맞물려 있는 의미로 구성된 밀도 높은 문장은 전체를 비추게 된다.

패턴 랭귀지도 이와 같다. 패턴들 서로를 다소 느슨하게 연결한다 하더라도 건물을 만들 수 있다. 하지만, 이렇게 만들어진 건물은 패턴들의 집합체일 뿐 밀도가 높지 않으며 심오하지 않다. 그러나, 하나의 물리적 공간에 많은 패턴들이 겹쳐지도록 패턴들을 배치하면, 건물은 밀도가 매우 높아지고 작은 공간에서도 많은 의미를 가지게 될 것이며, 이를 통해 건물은 더욱 심오해질 것이다.

시에서도 이러한 밀도는, 전에는 이해할 수 없었던 단어와 의미 사이에서의 독자성을 만들어 시를 돋보이게 한다. 「오, 장미여, 너는 병들었구나O Rose thou art sick」에서 장미는 의인화되어 보통 장미와는 다르게 인식된다. 이 시는 의인화라는 연결을 통해서 사람과 장미를 빛나게 하고, 단어들뿐만 아니라 우리의 실제 삶까지 돋보이게 하는 것이다.

오 장미여, 너는 병들었구나!
보이지 않는 벌레가
밤하늘을 날아서
울부짖는 폭풍 속을,
너의 침실에서 찾아낸 것은
진홍빛 기쁨,
그 어둡고 비밀스런 사랑이
너의 생명을 망가뜨린다

- 윌리엄 블레이크William Blake

이와 같은 것이 건물에서도 분명히 존재한다. 예를 들어, 두 개의 패턴 욕실(144)과 고요한 물(71)을 생각해 보자. 하나는 집에서 혹은 회사에서 느긋하고 상쾌하게 몸을 씻고 피로한 팔다리를 위해 휴식을 취하는 장소를 정의한다. 다른 하나는 근린 내의 장소로서, 물을 지긋이 바라보거나, 수영을 하거나, 아이들이 배를 띄워 놀거나, 물장난을 할 수 있는 장소를 의미한다. 하지만, 모두 인간 무의식의 위대한 요소 중 하나인 물에 대한 의존성을 만족시켜주는 장소이다.

지금부터 개인의 욕실이 연못, 호수 또는 수영장과 같은 공공장소와 연계된 복합건물을 만든다고 가정해보자. 이곳은 욕실과 공공장소가 융합된 장소이고, 개인이나 가족의 목욕 절차와 공공 수영장에서의 즐거움 사이에 뚜렷한 구분이 없는 공간이다. 이러한 장소에서는 두 개의 패턴이 동일한 공간에 존재하며 독자적이다. 또한, 두 패턴이 일반적으로 적용되었을 때보다 작은 공간에 압축된 상태로 존재하며, 이 두 패턴이 따로 존재할 때보다 더욱 심오하다. 이러한 압축은 각각의 패턴을 돋보이게 하며, 그 의미를 보다 분명하게 한다. 또한, 우리 내면에 있는 요구들의 연결을 이해하면 할수록, 이러한 압축은 우리의 삶을 더욱 돋보이게 할 것이다.

그러나, 압축은 단지 시적이거나 심오한 것만을 의미하지 않는다. 이는 시적인 표현이나 이국적인 표현에만 존재하는 것이 아니라, 일상적인 문장에도 어느 정도는 존재한다. 우리가 말하는 모든 단어 속에는 이와 연결된 숨겨진 의미를 내포하고 있기 때문에 어느 정도의 압축이 존재하고 있다고 말할 수 있다. "버터를 좀 주겠니, 프레드"라는 문장조차도 그 안에 압축이 존재한다. 왜냐하면, 이 문장 안에는 이전의 모든 단어에 대한 함축적 의미가 포함되어 있기 때문이다.

우리 모두는 친구 또는 가족과 대화할 때 이런 압축을 이용한다. 이는 언어 내에 존재하는 단어들 사이의 연결로부터 나온다고 할 수 있다. 언어 안에 있는 모든 단어들의 연결을 감지하면 할수록, 일상적으로 사용하는 문장이라 하더라도 더욱 풍부해지고 절묘해질 것이다.

그리고 다시 한 번 말하지만, 건물의 경우도 이와 같다. 하나의 공간에 패턴들을 압축하는 것은 예술 작품과도 같은 특별한 건물을 위해 사용하는 시적이거나 이국적인 방법이 아니다. 이는 가장 평범하고 경제적인 공간을 만드는 방법이다. 때문에, 원룸 같은 작은 공간 내에서도 주택이 지닌 모든 패턴들은 어떠한 형태로든 존재하며, 서로 겹쳐질 수 있을 것이다. 패턴들을 각기 떼어내서 길게 풀어놓을 필요는 없다. 모든 건물, 방, 정원에서 패턴들이 압축된 상태를 유지할 수 있다면 그 상태를 유지하는 것이 좋다. 건물은 더욱 경제적이 될 것이고, 그 안의 의미는 더욱 풍부해질 것이다.

랭귀지를 이용하는 방법을 배웠다면, 그 다음으로 중요한 것은 가능한 가장 작은 공간에 더 많은 패턴들을 어떻게 압축할 수 있는가에 대한 가능성에 주의를 기울여야 한다는 점이다. 필요한 패턴들이 포함된 가장 경제적인 건물을 만드는 방법으로 패턴을 압축하는 프로세스를 숙고할 수 있다. 이것이 패턴 랭귀지를 사용해서 시를 짓듯 건물을 짓기 위한 유일한 방법이다.

도시
TOWNS

우선, 패턴 랭귀지 중에서 도시와 커뮤니티를 정의하는 부분에서 시작하도록 하자. 이 패턴들은 결코 단번에 '디자인' 되거나 '만들어질' 수 없다. 하지만, 각각의 활동이 크고 포괄적인 패턴 생성에 기여하도록 디자인되면, 느리지만 확실하게 그리고 수년에 걸친 점진적인 성장에 의해서, 포괄적인 패턴이 내재된 커뮤니티가 형성될 것이다.

◆　　◆　　◆

처음의 94개 패턴은 환경적으로 범위가 큰 구조에 대해 다룬다. 여기에는 도시와 전원Country의 성장, 도로와 보행로의 배치, 직장과 가족과의 관계, 근린에 적합한 공공시설의 형태, 이러한 시설을 유지하는 데 필요한 공공 공간에 관한 것들이다.

이 부에서 제시된 패턴들은 처음부터 계획된 것이 아니라 때에 따라 조금씩 하는 점진적인 과정을 통해서 시행(구현)되는 것이 최적이라고 생각한다. 각각의 건설사업이나 계획이 대규모 패턴의 형성에 어떠한 도움이 될 것인가 혹은 되지 않을 것인가의 여부에 따라서, 커뮤니티는 사업이나 계획의 허가를 결정짓는다. 우리는 이와 같은 큰 패턴들 즉, 도시와 근린의 구조를 형성하는 패턴들이 중앙집권화된 권력, 법률, 마스터플랜 등에 의해 형성될 수 있다고 생각하지 않는다. 대신에, 규모를 떠나서 모든 건설 행위가 각각의 책임 의식을 가지고 세상의 작은 구석에서부터 큰 패턴이 나타나도록 지속적으로 노력한다면, 이러한 패턴들은 유기적으로 서서히 드러날 것이라고 생각한다.

다음 몇 페이지를 통해 이러한 점진적인 접근과 양립할 수 있다고 생각하는 계획 과정에 대해서 설명하도록 한다.

1. 제시하고자 하는 계획 과정의 핵심은 다음과 같다. 지역은 사회와 정치적 집단의 위계hierarchy로 구성되는데, 가족, 이웃, 작업그룹과 같이 가장 작은 지구 집단local group에서 시의회, 지역의회 같은 큰 집단 순이다. 예를 들어, 각 집단이 일관성 있는 정치적 독립체로 구성된 지역을 상상해 보자.

A. 지역: 8,000,000명

B. 주요 도시: 500,000명

C. 커뮤니티와 소도시: 각 5,000~10,000명

D. 근린: 각 500~1,000명

E. 주택 클러스터와 직장 커뮤니티: 각 40~50명

F. 가족과 작업그룹: 각 1~15명

2. 각 집단은 공용으로 사용하는 환경에 대해서 스스로 의사결정을 하도록 한다. 이상적으로는 각 집단이 함께 사용하는 공유지를 그 '단계'의 집단이 실제로 소유하도록 한다. 그리고, 상위 집단은 하위 집단에 속한 공유지를 소유하거나 관리하지 않도록 한다. 상위 집단은 오직 상위 집단을 위한 공유지만을 소유하고 관리한다. 예를 들면, 7,000명으로 이루어진 하나의 커뮤니티는 근린과 근린 사이의 공유지를 소유할 수는 있으나 근린 자체는 소유할 수 없다. 또한, 조합형 주택 클러스터는 주택과 주택 사이의 공유지는 소유할 수 있지만 주택 자체는 소유할 수 없다.

3. 각 집단은 내부 구조에 대한 패턴에 대해서 스스로 책임진다. 따라서, 각 집단은 다음과 같은 패턴을 적용토록 할 것이다.

A. 지역:　　　자립 지역

　　　　　　　도시의 분포

　　　　　　　손가락 모양의 도시와 전원…

B. 도시:　　　하위문화들의 모자이크

　　　　　　　분산된 일터

　　　　　　　도시의 매력…

C. 커뮤니티:　7,000명의 커뮤니티

　　　　　　　하위문화의 경계…

4. 각 근린, 커뮤니티, 도시는 이러한 패턴들을 점진적으로 시행하기 위해서, 자신들을 구성하는 개인과 집단을 설득하는 다양한 방법을 모색할 수 있다.

개인이나 집단을 설득하는 방법은 항상 인센티브의 종류에 따라 좌우된다. 그러나, 실제로 선택된 인센티브는 그 힘과 강제성의 정도에 따라 상당한 차이가 있을 수 있다. **손가락 모양의 도시와 전원**과 같은 패턴들은 지역 차원의 법률적 사안으로 만들어져, 이익만을 추구하는 건설업자의 개발 행위를 제한할 수 있을 것이다. 주 관문, 출산 장소, 고요한 물과 같은 패턴들은 순수하게 자발적으로 처리될 것이다. 그리고, 이 두 개의 양극단 사이에는 다양한 종류의 인센티브를 가진 패턴이 존재할 것이다.

예를 들어, 보행로와 도로의 네트워크, 접근 가능한 녹지와 같은 패턴들을 실현하기 위한 개발 프로젝트에서는, 세금 우대 조치가 주어지는 쪽으로 틀이 잡힐 것이다.

5. 가능한 한 법률이나 강제가 아닌 순수한 사회적 책임을 기본으로 하여, 형식에 치우치지 않고 자발적으로 패턴을 시행해 나가야 한다.

어느 구역에 산업 시설을 확충하려는 도시 차원에서의 결정이 있다고 가정해 보자. 이 책에서 정의한 프로세스로 본다면, 지역지구제*나 토지수용권 또는 그 어떠한 방법들을 사용하더라도, 근린의 의사를 무시하면서 정책을 시행할 수는 없다. 때문에, 도시는 그 정책의 중요성을 알리면서 이러한 큰 패턴의 시행에 기꺼이 참여하려는 근린에 대해서는 자금 투입을 확대할 것을 제안할 것이다. 요컨대, 만약 도시가 앞서 제시한 조건에 대해서 자신의 장래를 판단하고 자신의 환경을 개선하려는 근린을 찾았다면, 이 패턴은 시행될 수 있을 것이다. 즉, 도시의 인센티브에 동의하는 근린이 나타나면, 이와 같은 큰 패턴들은 수년에 걸쳐 점진적으로 실현될 것이다.

6. 일단 프로세스가 본 궤도에 오르면, 예를 들어 건강센터 패턴을 채택한 커뮤니티는 이 패턴을 만들기 위해서 의사들을 초청할지도 모른다. 클리닉을 만들려고 하는 사용자 집단은 건강센터 패턴이나 커뮤니티와 관련된 다른 패턴으로 작업을 착수할 수 있을 것이다. 또한, 커뮤니티가 수용한 어떠한 상위의 패턴들, 9퍼센트의 주차장, 지구 스포츠, 보행로와 도로의 네트워크, 접근 가능한 녹지 등을 자신의 프로젝트에 더하려 할지도 모른다.

7. 물론 근린, 커뮤니티, 지역 단체들이 형성되기 전에는 개별적인 건설 활동에서 출발해서 보다 큰 공동의 패턴을 만들어 가는 것도 가능하다.

예를 들면, 주택 앞 소음이나 교통의 위험요소가 제거되기를 원하는 주민들은, 아스팔트를 걷어 내고 대신에 녹지 가로를 만들려고 할 것이다. 또한, 주민들은 패턴들에서 제시된 논거와 현재 거리 패턴의 분석을 기초로 자신들의 상황을 해당 기관의 교통과에 제시할 수도 있을 것이다.

한편 주거 전용으로 지정된 근린에 작은 공동 작업장을 만들기를 원하는 주민들은 분산된 일터, 안정된 일 등을 기초로 자신들의 상황에 대해 주장할 수 있다. 그리고, 이 사안에 대한 지역지구제를 바꾸도록 도시나 지역의 해당 부서와 교섭할 수 있을 것이다. 그렇게 한다면, 현재의 법규와 지역지구제의 틀 안에서 서서히 패턴을 도입하는 것이 가능해질지도 모른다.

오리건대학의 유진캠퍼스Eugene campus of the University of Oregon에서 이와 같은 프로세스의 일부분을 실시하였는데, 이 작업에 대해서는 제3권인 『오리건대학에서의 실험The Oregon Experiment』에 기술되어 있다. 그러나, 대학은 도시와는 상당한 차이가 있다. 대학에는 중앙집권적인 소유자가 있으며, 자금원 또한 한정되었기 때문이다. 그러므로, 건축 계획에 대하여 상부로부터의 제약을 받지 않고, 개별적인 행위를 통해서 보다 큰 전체를 형성하는 프로세스는 부분적으로만 실행될 수 있다.

큰 패턴이 작은 패턴에서 어떻게 점진적으로 형성될 수 있는가에 대한 이론은 『시간을 초월한 건설의 길』의 제24·25장에 제시되어 있다.

이러한 프로세스를 도시에서 완벽하게 실현하는 데 필요한 정치·경제적 과정을 분명하게 하는 또 다른 책이 출간되기를 희망한다.

국가를 대신하는 천 개의 자립 지역으로 구성된
세계 정부를 수립하기 위해 노력한다.

1. 자립지역

1. 자립 지역**

INDEPENDENT REGIONS

지역이 자립적인 문화권이 될 정도로 충분히 작고 자치적이지 않다면, 각 지역들은 서로의 균형을 유지할 수 없을 것이다.

◆　　◆　　◆

이 결론은 다음 네 가지의 개별적인 논점에서 출발하였다. 1.정부의 본질과 한계 2.세계 공동체 내에서의 지역적 형평성 3.지역 계획에 대한 배려

4. 문화의 집약성과 다양성의 유지

1. 인간적인 방법으로 자치가 가능한 집단의 규모에는 자연적인 한계가 있다. 이에 대해서 생물학자인 홀데인J.B.S. Haldane은 『적정 규모에 관해서On Being the Right Size』에서 다음과 같이 설명하였다.

모든 동물 사회에 최적의 규모가 있는 것처럼, 인간 사회에도 제도를 도입하는 데 있어서 적당한 규모가 있다. 그리스 민주주의에서는, 모든 시민이 함께 모여 웅변가들의 연설을 들을 수 있었고, 입법은 시민들의 직접투표를 통해서 이루어졌다. 때문에, 철학자들은 민주주의를 실현할 수 있는 가장 큰 범위는 소도시라고 생각하였다.[Haldane 1956]

지역의 규모가 크면 클수록 지역 정부의 관리 능력이 점점 줄어드는 이유를 이해하기는 어렵지 않다. N이라는 인구를 가진 지역에서, 열린 대화의 통로를 유지하기 위해서는 N^2이라는 개인 대 개인의 연결고리가 필요하다. 자연스레 N이 어떤 한계에 이르면, 민주와 정의 그리고 정보를 위한 대화 통로는 심각하게 막히고 복잡해진다. 즉, 관료체제가 인간적인 과정들을 압도하게 되는 것이다.

물론, N이 늘어남에 따라 정부기관 내 계층의 수도 증가한다. 덴마크 같은 작은 나라에서는 시민 누구라도 교육부장관을 만날 수 있을 정도로 계층의 수가 적다. 하지만, 잉글랜드나 미국 같이 큰 국가에서는 덴마크의 경우처럼 교육부장관을 직접 만난다는 것은 거의 불가능하다.

한 지역의 인구가 대체로 이백만 명에서 천만 명에 이르면 이는 한계에 다다랐다고 할 수 있다. 이 한계를 넘어서면 사람들은 정부의 거대한 프로세스로부터 점점 멀어진다. 이와 같은 추정을 현대사에 비추어 보면 이상하게 보일 수도 있다. 민족국가는 상당히 성장하였고, 정부의 힘은 수천만 명 때로는 수억 명을 통제하고 있다. 그러나, 이러한 거대 권력들의 통제범위가 자연적인 규모라고 주장할 수는 없을 것이다. 또한, 도시 또는 커뮤니티의 요구와 세계 공동체 전체의 요구도 균형을 이루고 있다고 말할 수 없을 것이다. 실제로 거대 권력은 지역의 요구를 무시하고, 지역의 문화를 억압하는 경향을 보인다. 동시에 자신들의 힘이 닿지 않는 곳까지 영향력을 확대해 가고 있으며, 일반 시민들은 상상도 할 수 없을 만큼 큰 힘을 가지고 있다.

2. 한 지역의 인구가 적어도 수백만 명이 되지 않는다면, 세계 정부 내에서 위치를 점하기란 쉽지 않을 것이다. 따라서, 지역은 현재 민족 국가의 힘과 권위를 대신할 수 없을 것이다.

영국의 웨이머스 경Lord Weymouth이 1973년 3월 15일자 뉴욕타임스에 기고한 편지에 다음과 같은 내용이 기술되어 있다.

세계 연맹 : 천 개의 주

민주주의에 기반을 둔 세계 연맹의 본질적인 기반은 중앙집권화된 정부 내의 지역화에 의해 성립된다. (······) 이 논쟁은 대표들 각자가 세계 인구를 거의 동등하게 나눈 인구를 대변하지 않는 한, 세계 정부의 도덕적 권위는 결여될 수밖에 없다는 이론에 근거하고 있다. 2000년, 세계의 인구가 100억에 이를 것이라는 예상으로 판단할 때, 이상적인 지역 국가의 인구는 1,000만 명이거나, 500만 명에서 1,500만 명 사이라고 생각할 수 있다. 따라서, 1,000개의 지역 대표로 이루어진 국제연맹U.N.이 구성된다면, 이 국제연맹은 세계 인구를 대표하는 진정한 연맹이 된다고 할 수 있다.

웨이머스는 세계 정부라는 개념을 촉발시키는 역할을 할 수 있는 곳은 서유럽이라고 생각하였다. 그는 지방자치의 움직임이 스트라스부르의 유럽의회에서 우세하리라 기대했다. 그래서 결국 웨스트민스터, 파리, 본 등의 정치권력이 점차적으로 스트라스부르 유럽의회에 가맹된 지역의회로 옮겨가길 원했다.

나는 미래의 유럽에서 잉글랜드가 켄트, 웨식스, 머시아, 앵글리아, 북앰브리아로 분할되고, 또한 스코틀랜드, 웨일스, 아일랜드도 독립하기를 바란다. 다른 유럽의 예로는 브리타니, 바바리아, 칼라브리아가 있을 것이다. 그렇다면, 현대 유럽에서의 국가 정체성은 그 정치적 의미를 상실할 것이다.

3. 각 지역이 자치력을 갖지 못한다면, 자신들 지역 내의 문제를 해결할 수 없을 것이다. 자연적으로 형성된 지역의 경계를 무시한 임의적인 주 경계선이나 국경은 지역 문제를 직접적이고 효율적인 방법으로 해결할 수 없게 한다.

이 개념에 대해서는, 프랑스 경계학자인 그라비에Gravier에 의해 광범위하고 상세하게 연구되었다. 그라비에는 일련의 저서와 논문을 통해서, 국가나 주의 경계를 뛰어넘는 분산되고 재조직된 유럽 지역에 관한 구상을 제안하였다. (예를 들자면, 바젤 스트라스부르 지역은 각각 프랑스와 독일, 스위스의 일부분을 포함하고, 리버풀 지역은 잉글랜드와 웨일스의 일부분을 포함한다.)[Gravier 1965]

4. 마지막으로, 오늘날의 강대국들이 자신들의 통치력을 대폭적으로 분산시키지 않으면, 아름다운 언어, 문화, 관습, 인류가 지닌 다양한 삶의 방식, 이 세상을 건강하게 하는 생명력들은 사라질 것이다. 간단히 말해서, 자립 지역은 언어, 문화, 관습, 경제, 법을 담는 자연적인 그릇이기 때문에, 각 지역은 각자의 문화적인 힘을 유지하기 위해서 분할되고 독립되어야 한다.

도시 내의 한 문화권은 인접한 문화로부터 최소한 어느 정도는 떨어져 있어야 인류 문화가 번영할 수 있다는 사실은 하위문화들의 모자이크(8)에서 자세하게 다루게 된다. 우리가 여기에서 제안하고자 하는 것은, 이와 같은 논점이 지역의 경우에도 적용된다는 것이다. 즉, 세계의 각 지역이 하나의 문화로서 존속되기 위해서는, 각 지역들 간의 거리와 존엄성을 반드시 유지하여야 한다는 것이다.

중세 시대에는 도시가 이러한 기능을 수행하였다. 중세도시는 문화적 영향력과 다양성 그리고 경제 교류를 인정하는 영구적이며 강력한 영역을 제공하였다. 또한 중세도시는 도시의 미래를 결정하는 데 있어서 시민 각자가 자신의 의사를 표현할 수 있는 대규모 공동체이기도 했다. 우리는 자립 지역이 새로운 공동체로서 현대의 도시국가modern polis, 즉 옛 성곽도시나 도시국가처럼 개개인에게 문화, 언어, 법률, 서비스, 경제 교류, 다양성을 제공하는 독립체가 될 수 있다고 생각한다.

그러므로,

가능하면 모든 지역이 독립할 수 있도록 노력한다. 각 지역에는 200만 명에서 1,000만 명이 거주하고, 자연적이고 지리적인 경계로 나뉘어 있으며, 독자적인 경제를 보유함과 동시에 자주적, 자치적이고(다른 더 큰 주나 국가의 힘으로부터 자유롭고), 세계 정부 내에서 하나의 위치를 점할 수 있도록 한다.

1,000개의 지역

각 지역은 200만~1,000만 명의
인구가 거주한다.

◆　　◆　　◆

　　각 지역 내에서는, 가능하면 지역 전체에 걸쳐 인구가 넓게 분산되도록 한
다 - 도시의 분포(2) - …

각 지역 내에서 토지를 보호하고,
도시 간의 경계를 표시하는 지역 정책들을 지향하도록 한다.

2. 도시의 분포
THE DISTRIBUTION OF TOWNS

···· 지역 내 거주지의 특성에 대해 생각해 보도록 하자. 지역의 독립성과 조화를 이루기 위해서, 마을·소도시·도시들이 어떻게 균형을 이루어야 하는가? - 자립 지역(1)

◆　　◆　　◆

어느 지역의 인구가 작은 마을들에 지나치게 편중되어 있었다면, 현대적인 문명은 탄생할 수 없었을 것이다. 하지만, 어느 지역의 인구가 대도시에 지나치게 편중된다면 이 세상은 폐허가 될 것이다. 왜냐하면, 사람들이 있어야 할 곳이나 돌보아야 할 곳에 거주하고 있지 않기 때문이다.

지역의 인구 분포는 다음의 두 가지 요인에 큰 영향을 받는다. 우선, 사람들은 도시의 매력에 이끌린다. 즉, 사람들은 문명화, 직업, 교육, 경제, 성장, 정보에 이끌린다는 것이다. 또 다른 요인은 지역 거주자들이 농장·마을·소도시·도시 등에서 여러 형태로 삶을 영위한다. 즉 주위의 토지를 관리하며, 지역 전반에 걸쳐서 넓게 퍼져 있지 않다면, 사회적, 생태적인 완전체로서 지역이 제대로 유지될 수 없다는 것이다. 지금까지 산업사회는 첫 번째의 요인만을 따라왔다. 사람들은 농장·마을·소도시를 떠나 도시로 몰리게 되었고, 지역 내의 많은 곳에서 인구가 감소하고 황폐화되고 있다.

지역이 적정한 인구 분포를 이루기 위해서는, 반드시 두 가지의 서로 다른 분포 특징 즉, 통계적인 특징과 공간적인 특징을 만족해야 한다. 먼저, 규모적인 관점에서 도시의 통계적 분포가 적절한지를 확실히 해야 한다. 많은 소도시와 몇 개의 큰 도시가 존재한다는 것을 인지한 후, 지역 내에서 이 도시들의 공간적 분포가 적당한지 확인해야 한다. 다양한 규모의 도시는 어느 한 곳에 집중하는 것이 아니라, 지역 내에 고르게 분포되어야 한다는 것을 숙지해야 한다.

실제적으로 도시의 통계적 분포는 자연적으로 완성될 것이다. 많은 연구가 보여주듯이, 인구적, 정치경제적 전개 과정이 도시의 성장과 인구 이동에 영향을 미치는 것은 자연스러운 것이다. 그로 인해 몇몇 큰 도시와 다수의 작은 도시로 분포될 것이다. 사실 이러한 분포의 특성은 이 패턴에서 말하고자 하는 대수적logarithmic 분포와 거의 일치한다. 크리스탈러Christaller, 지프Zipf, 사이먼Herbert Simon 등은 이에 관련한 수많은 이론들을 제시하였고, 이 이론들은 베리Brian Berry와 개리언William Garrion의 「도시의 등급과 규모의 관계에 대한 대안적 설명Alternate Explanations of Urban Rank-Size Relationships」에 요약되어 있다.[Berry & Garrion 1958]

도시들의 규모가 적절한 분포를 이루고 있다고 가정해보자. 도시가 다른 도시와 인접해 있는가? 아니면 널리 퍼져 있는가? 만약, 어느 지역 내에서 큰·중간·작은 도시들이 하나의 도시로 이어져 뭉쳐 있다면, 어느 도시가 크고 어느 도시가 작다라는 상태는 정치적인 관심의 대상은 될지 몰라도, 생태적인 관점에서의 의미는 전혀 없을 것이다. 지역 내의 생태가 관련되어 있는 이상, 무질서하게 뻗어나간 도시에서의 정치적 경계들을 규정하는 통계학보다 도시의 공간적 분포가 중요하다고 할 수 있다.

어떠한 동일한 규모의 도시들이 지역 전반에 걸쳐 균일하게 분포해야 한다는 제안은 다음의 두 가지 논쟁, 즉 경제적·생태적 논의에서 기인하였다.

경제적 논의. 세계 어느 곳에서나 후진 개발 구역은 경제적 붕괴에 직면하고 있다. 도시의 경제적인 영향력으로 인하여 직업과 사람들은 더 큰 도시로 이동하고 있기 때문이다. 스웨덴, 스코틀랜드, 이스라엘, 멕시코가 그러한 예이다. 사람들은 스톡홀름, 글라스고우, 텔아비브, 멕시코시티로 이동한다. 인구가 집중함에 따라 도시에서는 새로운 직업이 생겨나고, 사람들은 일자리를 찾기 위해 더욱 더 도시로 몰린다. 점차로 도시와 지방 간의 불균형은 심각해진다. 도시는 더욱 부유해지고, 외딴곳은 점점 더 가난해진다. 결국, 지역 내의 중심지는 세계 최고의 생활 수준을 확보하는 반면, 불과 얼마 떨어지지 않은 곳에서는 굶주림에 허덕일 수도 있다.

이러한 현상은 전 지역에 자원과 경제 개발을 동등하게 분배할 것을 보증하는 정책에 의해서만 막을 수 있다. 예를 들어 이스라엘의 경우, 경제적으로 낙후된 곳의 경제 성장을 촉진하기 위해, 정부가 일정한 자원을 투입하여 왔다.[HUD 1972]

생태적 논의. 과도하게 집중된 인구는 지역 내의 전반적인 생태시스템에 큰 부담을 준다. 대도시의 성장에 따른 인구 이동은 도시에 대기오염, 교통정체, 물 부족, 주택 부족과 같은 문제와 더불어, 인간이 합리적으로 생활할 수 있는 주거밀도에 과중한 부담을 안긴다. 몇몇 대도시의 중심지에서는 이러한 부담이 생태계가 붕괴될 정도로 심각한 수준에 이르렀다. 이와는 대조적으로, 인구가 지역에 균등하게 분포되어 있으면 주변의 생태계에 미치는 영향은 최소화된다. 그러면, 쓰레기가 줄어들고 환경은 자생능력을 갖추게 될 것이며, 주민들은 토지를 더욱 신중하게 다루게 될 것이다.

이것은 도시의 규모가 어느 한도를 넘어가게 되면, 한 사람당 필요로 하는 실제적인 도시 상부구조urban superstructure가 급격히 증가하기 때문이다. 예를 들어, 고층 공동주택의 1인당 비용은 일반적인 주택보다 훨씬 비싸다. 그리고, 자동차와 다른 교통수단들의 비용은 이를 이용하는 통근자의 수와 함께 증가한다. 이와 비슷하게, 도시에서의 식품 공급이나 쓰레기 처리시설에 대한 1인당 지출은 소도시와 마을에서의 지출보다 훨씬 많다. 왜냐하면, 마을에 거주하는 사람들에게 하수처리 시설에 대한 필요성은 비교적 적지만, 도시에서는 전적으로 필요한 시설이기 때문에 처리비용이 높아지는 것이다. 일반적으로 이야기하면, 오직 분산화에 의해서만 지역의 자가충족률을 높일 수 있다. 그리고, 사회 시스템을 유지하기 위해 필수적인 생태계에, 시스템으로부터의 부담을 최소화하려면 지역의 자가충족은 필수적이다.[Ecologist 1972]

그러므로,

다음과 같은 효과를 점진적으로 얻기 위해서, 지역 내 '도시의 생과 사 프로세스'를 촉진시킨다.

1. 규모가 서로 다른 도시들에 의해 인구는 고르게 분산된다. 예를 들어, 100만 명이 거주하는 1개의 대도시, 10만 명이 살고 있는 10개의 중도시, 1만 명이 살고 있는 100개의 소도시, 100명이 살고 있는 1,000개의 마을.

2. 공간적으로, 여러 규모의 도시들이 지역 전반에 걸쳐 고르게 분산되도록 한다.

이 프로세스는 지역지구 정책, 무상 토지 불하, 산업 분산을 장려하는 정책 등에 의해서 실행될 수 있다.

100만 명의 대도시 - 250마일약 402km 간격
10만 명의 중도시 - 80마일약 128km 간격
1만 명의 소도시 - 25마일약 40km 간격
천 명의 마을 - 8마일약 12.8km 간격

◆　　　◆　　　◆

각 도시들의 분포가 전개됨과 동시에 주요 농업용지는 경작을 위해 보호하도록 한다 - 농경 골짜기(4). 전원을 설정하고 산업을 분산시켜 작은 외딴 마을들이 보호받도록 하면, 마을은 경제적으로 안정될 것이다 - 전원마을(6). 보다 큰 중심 도시에서는, 도시 사이의 전원을 유지할 수 있도록 하는 토지 정책을 지향한다 - 손가락 모양의 도시와 전원(3) - …

3. 손가락 모양의 도시와 전원**

CITY COUNTRY FINGERS

‥‥마을과 도시의 시가지와 전원 사이의 밸런스를 조절하면, 균형 잡힌 지역을 만드는 데 필수적인 도시의 분포 형성에 도움이 된다 - 도시의 분포(2).

◆　　◆　　◆

지속적이고 무질서하게 확대되는 도시화는 삶을 파괴하고 도시의 지속성을 훼손한다. 그러나, 올바른 규모의 도시는 가치 있고 강하다.

야생의 식물과 새 그리고 동물과 접촉할 수 있으며 펼쳐진 초원과 농경을 경험할 수 있는 전원으로 접근할 수 있을 때 사람들은 편안함을 느낀다. 이러한 접근이 가능하기 위해서는, 반드시 도시는 거의 모든 지점에서 전원과 맞닿아 있어야 한다. 동시에, 도시에서의 삶은 사람과 직업 그리고 다른 형태의 삶의 방식 사이에서 밀도 높은 상호작용이 일어날 때 향상된다. 이러한 상호작용의 증진을 위해서, 도시는 분절되지 않고 연속적이어야만 한다. 이번 패턴에서는 이 두 요인들 간의 균형을 잡아보도록 한다.

도시에 사는 사람들이 그들의 삶을 영위하기 위해서, 그리고 그들의 뿌리를 유지하기 위해서는 진정한 전원과의 접촉이 필요하다는 사실에서 시작해보도록 하자. 1972년 갤럽 여론조사는 이 사실을 뒷받침하는 강력한 증거를 제시하였다. "만약 당신이 어디에서든 살 수 있다면, 도시, 교외, 소도시, 농장 중 어느 곳을 선호하는가?"라는 질문에 대하여, 1,465명의 미국인은 다음과 같이 답하였다.

도시 13%
교외 13%
소도시 32%
농장 23%

이와 같은 도시에 대한 불만은 해를 거듭할수록 더해졌다. 1966년에는 22퍼센트의 응답자가 도시를 선호했지만, 6년밖에 지나지 않은 1972년에는 수치가 13퍼센트로 감소했다.[Gallup 1972]

왜 도시 거주자들이 전원과의 접촉을 간절히 바라는가에 대해서 이해하는 것은 그리 어렵지 않다. 불과 100년 전만 하더라도 85퍼센트의 미국인은 전원에 살았다. 하지만, 오늘날에는 70퍼센트의 미국인이 도시에 살고 있다. 인간은 전적으로 도시, 적어도 지금까지 인간이 만들어온 도시에서만 살 수는 없다. 인간이 전원과 접촉하기를 원한다는 사실은 갈수록 더해질 것이고, 이는 생물학적으로 불가피한 것으로 여겨진다.

우리가 아무리 스스로를 특별하다고 생각하여도, 우리는 포유동물처럼 깨끗한 공기와 다양한 녹지 경관을 가진 자연적 서식지에서 살도록 유전적으로 프로그램되어 있다. 편안하고 건강함을 느낀다는 것은, 간단하게 말하면, 우리 몸이 1억 년의 진화를 통해 몸에 밴 방식으로 우리 몸이 반응하는 것을 의미하는 것에 지나지 않는다. 인류는 육체적으로나 유전적으로 열대 사바나에 최적화된 것으로 보이나, 문화적 동물이므로 도시·마을에 살 수 있도록 적응해 왔다. 수천 년 동안, 우리는 주택에서 기후뿐만이 아니라 인류 진화의 과거까지 모방하려고 노력해 왔는데, 예를 들면, 난방·환기·가습·반려 동물 등이 그것이다. 오늘날 우리는 여유만 있다면 거실 바깥쪽 측면에 온실을 짓거나 수영장을 만들고 전원에 토지를 구입한다. 아니면 적어도 아이들과 해변에서 휴가를 즐기기도 한다. 자연의 아름다움과 다양함에 대한 특정한 심리적 반응, 자연(특히 녹지에 대한)의 형태와 색깔, 새와 같은 다른 동물들의 행동과 소리를 우리는 아직 확실히 이해하지 못한다. 그렇지만, 자연이 우리의 일상생활에서 생물학적으로 요구되는 일부분으로 고려해야 한다는 것은 분명해 보인다. 이는 인류를 위한 자원 정책의 논의에서도 도외시될 수 없다.[Iltis, Andres & Loucks 1970]

그러나, 도시 거주자가 전원생활을 접하는 것은 점점 더 어려워지고 있다. 샌프란시스코만Bay Region에서는 매년 21제곱마일약 55km²의 오픈스페이스가 사라지고 있다.[Adams 1970] 도시가 커질수록 전원과는 점점 멀어져 가는 것이다.

도시 거주자와 전원의 단절로 인하여, 도시는 감옥처럼 바뀌어 간다. 농장에서의 휴가·도시 아이들을 위한 일년간의 농촌생활·정년 퇴직자의 농촌생활이 이제는 값비싼 휴양지·여름캠프 그리고 정년 퇴직자 마을로 바뀌어 가고 있다. 전원과의 접촉은 대부분, 주말에 숨막힐 듯한 고속도로를 지나 몇 안 되는 휴양지로의 탈출을 통해서만 가능하다. 그리고, 수많은 주말 여행객은 일요일 저녁, 도시를 떠날 때보다 더 불안한 기분으로 돌아오곤 한다.

전원이 멀리 떨어져 있다면, 도시는 감옥이 된다.

만약, 도시들 간의 상호작용을 위한 밀도를 유지하며, 도시와 전원 사이의 적합한 연계를 재설정하기를 원한다면, 아래의 다이어그램에서 볼 수 있듯이, 도시화된 지역이 농지 쪽으로 확장되면서 길고 구불구불한 손가락 형태로 뻗어 나가도록 해야 할 것이다. 도시만이 좁은 손가락 모양이 되어야 하는 것이 아니라, 농지도 손가락 형태에 인접하도록 해야 한다.

도시 손가락의 최대폭은, 도시의 중심으로부터 전원까지 허용할 수 있는 최장 거리에 의해 결정된다. 도시의 모든 곳에서 도보로 10분 내에 전원에 접촉할 수 있도록 해야 하기 때문에, 도시 손가락의 최대폭은 1마일^{약 1.6km} 정도로 설정할 수 있다.

전원 손가락의 최소폭은 전형적인 농장이 형성될 수 있는 최소 수치에 의해 결정된다. 전체 농장의 90퍼센트는 500에이커^{약 2km²} 이하이고 큰 농장이 더 효율적이라는 신뢰할 만한 증거가 없기 때문에, 전원 손가락의 폭은 1마일을 넘을 필요가 없다고 할 수 있다.[Keyserling 1965] 이 패턴을 시행하기 위해서는, 세 가지의 새로운 정책이 필요하다. 첫째, 작은 농장을 1마일의 손가락 안에 재편성하는 것을 장려하는 정책이 있어야 한다. 둘째, 사방으로 뻗어나가는 도시의 특성을 뒷받침해줄 정책이 있어야 한다. 셋째, 전원은 반드시 공공성을 가져야 하기 때문에, 개인이 경작하는 토지라 할지라도 모두가 접근할 수 있어야 한다.

이 하나의 패턴이 얼마나 도시 생활을 바꿀 수 있는지 상상해 보라. 모든 도시 거주자들이 전원에 접근할 수 있을 것이고, 자전거로 30분만에 탁 트인 전원에 서게 된다는 것을 말이다.

그러므로,

대도시의 중심지에서도, 도시 손가락과 전원 손가락이 맞물리게 하도록 한다. 도시 손가락의 폭은 어떠한 경우에도 1마일 이상이 되지 않도록 함과 동시에, 전원 손가락의 폭은 1마일 이하가 되지 않도록 한다.

전원 손가락,
최소한 1마일의 폭

도시 손가락,
최대한 1마일의 폭

◆　　◆　　◆

　토지에 기복이 있더라도 전원 손가락은 골짜기 부분에, 그리고 도시 손가락은 구릉지의 상부 경사면에 배치한다 - **농경 골짜기**(4). 도시 손가락을 자치적인 여러 하위문화로 분할한다 - **하위문화들의 모자이크**(8). 그리고, 주요도로와 철도를 도시 손가락의 중간 부분에 배치하도록 한다 - **공공교통망**(16), **순환도로**(17) --…

4. 농경 골짜기*

AGRICULTURAL VALLEYS

···· 이 패턴은, 농업의 관점에서 지역을 보다 자족적으로 만들기 때문에, 자립 지역(1)을 유지하는 데 도움이 된다. 더욱이, 도시 내 농지를 보호하기 때문에, 손가락 모양의 도시와 전원(3)이 거의 저절로 형성될 것이다. 그러나, 정확히 어떤 농지가 보호되어야 하고 어떤 토지가 개발되어야 하는 것일까?

◆　◆　◆

농업을 위한 최적의 토지는 건설을 위한 최적지이기도 하다. 그러나, 토지에는 한계가 있기 때문에, 한번 파괴되면 수세기가 지난다 하더라도 회복이

불가능할 수 있다.

지난 수년간, 교외 성장의 영향은 농업에 적합한 토지를 포함한 모든 토지에 걸쳐 확산되고 있다. 이는 한정된 토지 자원을 소진하고 있을 뿐만 아니라, 도시에서 가까운 곳의 농경 가능성 또한 완전히 파괴하고 있다. 그러나, 우리는 손가락 모양의 도시와 전원(3)을 논의하면서 사람들이 사는 장소 근처에 농지가 있는 것이 중요하다는 것을 알 수 있었다. 농경에 적합하며 곡식을 경작할 수 있는 토지는 대부분 골짜기에 위치하기 때문에, 도시 내 골짜기의 토지는 손을 대지 않고 농경을 위해 보존해야 한다.

우리가 알고 있는 한, 이 문제점에 대해서는 맥하그Ian Mcharg의 연구가 가장 완성도가 높다.[McHarg 1966] 특히 『골짜기 계획Plan for the Valleys』에서, 맥하그는 골짜기를 깨끗하게 유지하면서 구릉지와 고원지대로 도시 개발을 유도하는 방법을 제시하였다. 또한, 이 패턴에서는 실행 가능한 여러 가지 현실적인 접근법이 제시되었다.[McHarg 1963]

그러므로,

농경지로 쓰일 수 있는 모든 골짜기를 보존하고, 비옥한 토양을 사용할 수 없도록 둘러싸거나 파괴할 수 있는 개발로부터 토지를 보호해야 한다. 또한, 골짜기가 현재 경작되고 있지 않더라도, 농장, 공원, 야생을 위해 보호·유지하도록 한다.

개발을 위한 언덕

농경을 위한 골짜기

◆   ◆   ◆

마을과 도시의 개발은 언덕의 정상과 구릉지로 제한한다 - 손가락 모양의 도시와 전원(3). 그리고, 골짜기의 토지를 소유한다는 것은 골짜기의 생태적인 책임도 진다는 의미로 간주하도록 한다. - 전원(7) ···

5. 레이스 모양의 전원도로
LACE OF COUNTRY STREETS

‥‥‥ 손가락 모양의 도시와 전원(3)의 패턴에 의하면, 도시와 전원은 상당히 분명하게 구분된다. 그러나, 전원 손가락이 전개되는 곳인 도시 손가락의 끝 부분에는 부가적인 구조가 필요하다. 이 구조는 전통적으로 교외라 불려 왔다. 그렇지만,

◆　　◆　　◆

교외는 시대에 뒤떨어져 있으며, 인간의 주거지로서는 모순된 형태이다.

많은 사람들이 전원에서 살기를 원하며, 또한 전원이 큰 도시에서 가까운

곳이라면 좋겠다고 생각한다. 그러나 수천 개의 작은 농장들이 주요 도시의 중심으로부터 수분 거리에 존재한다는 것은 기하학적으로 불가능하다.

전원에서의 쾌적한 삶을 위해서는, 말·소·닭 등을 키우고 과수원을 마련할 만한 충분한 크기의 토지를 소유해야 한다. 그리고 가시권 내에 전원과 직접 연결되는 접근로가 있어야 한다. 또한, 자동차로 수분 안에 도시 중심지로 빨리 갈 수 있는 도로에 접하거나, 버스 노선과 가까운 곳에 거주해야 한다.

이 두 가지를 만족시키는 것은 가능하다. 즉, 전원이나 농지의 넓은 구획 주위에 전원도로를 마련하고, 도로에서 집 한 채 정도의 폭을 두고 도로를 따라 주택들을 밀집시키면 된다. 마치 Lionel March의 연구논문인 「변두리의 주택 Homes beyond the Fringe」에서 이 패턴에 대해서 설명하고 있다.[March 1968] 마치는 이 연구논문을 통해서, 이 패턴이 충분히 전개되기만 한다면 잉글랜드처럼 밀도가 높고 작은 나라에 사는 수백만의 사람들에게 기여할 수 있다는 것을 보여 주었다.

'레이스 모양의 전원도로'는 1제곱마일의 전원, 전원과 도시의 경계로부터 뻗어 나온 도로, 도로를 따라 늘어선 주택 클러스터, 그리고 도시로부터 뻗어 나와 전원을 십자형으로 가로지르는 보행로 등을 포함한다.

1. 수 제곱마일의 전원. 공개지open land가 전원의 모습을 유지할 수 있는 가장 작은 단위는 1제곱마일약 2.56km²이다. 이 면적은 **손가락 모양의 도시와 전원(3)**에서 제시된 작은 농장의 필요 면적에서 도출되었다.

2. 도로. 교외의 잠식으로부터 전원을 보호하기 위해서는, 전원으로 이어지는 도로의 수를 대폭 줄여야 한다. 즉, 통과교통•을 발생시키지 않도록 도로망은 느슨하게 연결하는데, 도로 사이의 간격은 약 1마일이면 충분하다.

3. 획지. 1~2획지의 농장주택, 주택, 오두막을 전원도로를 따라서 배치한다. 하지만, 전원이 후면에 오도록, 그리고 도로에서는 떨어지도록 배치한다. 농장주택의 최소 면적은 농경을 할 수 있는 최소 면적인 1/2에이커약 2,023m²로 한다. 그러나, 뒤쪽의 전원에서 공동으로 경작을 하는 사람들의 주택의 경우는, 연립주택이나 클러스터의 형태라도 괜찮을 것이다. 1제곱마일의 전원 주위에 1/2에이커의 획지로 계산해 본다면, 1제곱마일 당 400세대를 구성할 수 있다. 한 세대가 네 명으로 이루어진다고 가정하면 1제곱마일 당 1,600명이 되고, 이는 일반적인 저밀도 교외와 큰 차이가 없다.

4. 보행로. 도시 거주자들은 도시의 경계나 격자형의 전원도로에서 뻗어나온 오솔길이나 샛길을 통해서 전원으로 접근할 수 있을 것이다.

그러므로,

도시와 전원이 만나는 곳에는, 전원도로를 적어도 1마일 간격으로 배치해서 수 제곱마일의 전원이나 농지가 최소 1제곱마일 이상의 면적이 되도록 둘러싼다. 농장주택은 획지를 최소 1/2에이커 이상으로 하고, 전원이나 농지가 뒤에 위치하도록 전원도로를 따라서 배치한다.

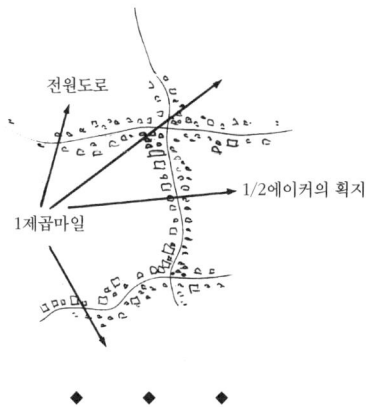

1제곱마일의 전원은 농장이건 공원이건 간에 일반에게 개방한다 - 전원(7). 어느 정도 분산은 되더라도, 주택 클러스터나 근린을 구성할 수 있도록 1/2에이커의 면적으로 획지를 배치한다 - 인식할 수 있는 근린(14), 주택 클러스터(37) ----

6. 전원마을*

COUNTRY TOWNS

···- 이 패턴은 도시의 분포(2)의 중추를 형성한다. 왜냐하면 도시의 분포를 위해서는 지역 내에 있는 도시나 큰 마을을 지탱하는 다수의 전원마을이 필요하기 때문이다.

◆　　◆　　◆

큰 도시는 자석과 같다. 따라서, 중심 도시가 계속 성장하는 가운데, 이러한 문제에 직면하고 있는 작은 마을들이 생명력과 활력을 유지하기란 매우 어렵다.

지난 30년 동안, 전원에 거주하는 3천만 명의 미국인들은 농장이나 작은 마을을 떠나 사람들로 붐비는 복잡한 도시로의 이주를 강요받아 왔다. 이 강요된 이주는 1년에 80만 명의 속도로 계속되고 있으며, 전원에 남겨진 가족들 중의 절반은 1년에 3천 달러 이하로 생활하고 있다. 때문에, 이들에게 미래지향적인 삶이란 기대하기 힘들다.

사람들이 작은 마을에서 도시로 이끌려 가는 것은 단지 일자리를 찾기 위해서만은 아니다. 도시로의 이주는 대중적인 문화를 보다 많이 접하고, 정보를 찾기 위해서이기도 하다. 아일랜드와 인도를 예로 들자면, 작은 마을에도 어느 정도의 먹거리와 일자리가 있음에도 불구하고, 적극적인 마을 사람들은 더욱 나은 직업과 삶을 찾기 위해 도시로 이주한다.

전원마을에서의 삶을 재충전할 수 있는 방안이 마련되지 않는 한, 도시는 가까운 곳에 있는 마을들을 집어삼킬 것이다. 그리고, 도시는 멀리 떨어져 있는 마을의 활동적인 거주자들 또한 빼앗아갈 것이다. 어떻게 해야 이 문제를 해결할 수 있을까?

1. 경제의 재건.

비즈니스와 산업이 도시로부터 분산되어 작은 마을에서 정착할 수 있도록 인센티브를 제공한다. 또한, 작은 마을의 거주자들이 자신들만의 작은 사업이나 생산 활동을 할 수 있도록 장려한다.[Evins 1967]

2. 지역지구제.

지역지구 정책은 작은 마을과 주변의 전원을 보호한다. 하워드Ebenezer Howard에 의해 정의된 그린벨트 지구제는 19세기에서 20세기로 바뀌는 전환기에 제안되었지만, 아직까지 미국정부는 이를 심각하게 받아들이지 않고 있다.

3. 사회복지.

사회복지의 측면에서 작은 마을과 도시 사이에는 대체할 수 없는 관계가 성립한다. 작은 마을을 방문하는 사람들, 도시 거주자를 위한 주말 농장과 휴가, 도시 아이들을 위한 전원에서의 학교와 캠프, 바쁜 도시 생활을 좋아하지 않는 노인들의 은퇴 생활을 위한 작은 마을 등이 그 예라고 할 수 있다. 작은 마을들만의 사업으로서 이와 같은 서비스를 제공하도록 하면, 도시 또는 개인 집단은 이 서비스에 대해서 대가를 지불할 것이다.

그러므로,

남아 있는 전원마을을 보존한다. 그리고, 전원으로 둘러싸여 있으며 근접

한 도시로부터 10마일약 16km 이내의 거리에 있고, 500명에서 10,000명의 인구가 거주하는 자립적인 마을로 성장하도록 장려한다. 각 지구의 산업 기반을 다지는 데 필요한 자본을 제공할 수 있도록, 전원마을을 지역의 공통 관심사로 만든다. 그러면 거주자들이 마을 밖의 근무지로 출퇴근하는 기숙사 같은 마을이 아닌, 모든 주민이 삶을 유지할 수 있는 진정한 마을이 될 수 있을 것이다.

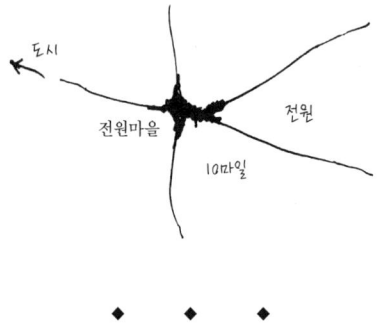

◆　　　◆　　　◆

각각의 작은 마을은 인생의 모든 단계에서 필요한 것을 제공하는 정치적 커뮤니티로 간주한다 - 7,000명의 커뮤니티(12), 인생의 주기(26). 마을을 둘러싸고 있는 전원은 모든 사람들의 것이며, 모든 사람이 자유롭게 이용할 수 있는 농경지로 간주한다 - 전원(7) ---…

7. 전원*

THE COUNTRYSIDE

·····지역 내의 각 도시 사이에는 농지, 초원, 산림, 사막, 목초지, 호수 그리고 강과 같은 광활한 전원이 존재한다. 이곳의 법률적이고 생태적인 특징이, 지역의 균형을 유지하는 데 결정적인 요소이다. 이 패턴을 바르게 적용하면 도시의 분포(2), 손가락 모양의 도시와 전원(3), 농경 골짜기(4), 레이스 모양의 전원도로(5), 전원마을(6)을 완성하는 데 도움이 될 것이다.

◆　　◆　　◆

　토지는 인류라는 거대한 가족의 것이다. 오래전에 그곳에 살았던 많은 사람들과, 지금 살고 있는 소수의 사람들, 그리고 앞으로 태어날 수많은 사람들이 사용하는 것이다.

- 한 나이지리아 부족민

공원은 생명력이 없고 인위적이다. 농지가 사유지로 이용된다면, 우리는 자연적이고 생물학적인 유산인 전원을 빼앗길 것이다.

사유지는 약탈이다.

노르웨이, 잉글랜드, 오스트리아에서는 동물과 농작물을 소중히 여기는 한, 농지에서 산책하며 나들이를 즐기는 것을 보편적 권리로 받아들인다. 또한, 산비탈은 계단식으로 만들고, 풀을 베고 방목하며 관리한다. 따라서, 버려진 황무지를 찾아보기는 매우 힘들다. 이를 요약해 보면, 도시화 되지 않은 땅은 전원뿐이다. 전원에는 공원이나 농장 그리고, 인적 드문 황무지도 없다. 모든 전원에는 관리자가 있다. 관리자는 전원에서의 경작이 가능하다면 곡식을 경작할 권리가 있으며, 야생 그대로의 상태라면 보호를 해야할 의무가 있다. 하지만, 전원의 모든 토지는 전원의 유기적인 프로세스를 존중하는 한 누구에게나 개방되어 있다.

이러한 토지관에 대한 중심 개념은, 레오폴드Aldo Leopold의 에세이인 『토지윤리학The Land Ethic』에서 다루어졌다.[Leopold 1949] 레오폴드는 토지와 인간의 관계가 인간의 공동체에 있어서 윤리적인 대변혁의 기틀을 제공할 것이라고 생각했다.

지금까지 철학자들에 의해서만 연구된 이 윤리학의 전개는, 사실 생태적 진화의 한 과정이다. 이 전개 과정은 생태학적인 용어, 그리고 동시에 철학적인 용어로 설명할 수 있다. 생태학적으로 윤리는, 존재를 위한 투쟁에 있어서 행동의 자유에 대한 제한이다. 철학적으로 윤리는 반사회적 행동의 사회적 구별이다. 하나에 대해 두 가지 정의가 존재한다. 이러한 정의는 협력하는 방식을 진화시키려는 상호의존적인 객체나 집단의 경향에서 본질을 찾을 수 있다. 생태학자들은 이것을 공생이라고 말한다. 정치와 경제는 원래 완전 자유경쟁의 일부분이 윤리적 내용을 가진 협동 메커니즘으로 대체된 공생관계라고 할 수

있다. (중략)

모든 윤리학은 지금까지, 개인은 독립된 공동체의 한 구성원이라는 하나의 전제에 의지하며 진화해 왔다고 할 수 있다. 사람의 본능은 공동체 안에서 자신의 입지를 위해 경쟁하도록 함과 동시에, 또한 공동체 안에서 협동하도록 한다. (중략)

토지 윤리학은 흙, 물, 식물, 동물 또는 이 모두를 포괄적으로 포함하기 위해서, 단순히 공동체의 경계를 확대한 것일 뿐이다. 토지는⋯⋯.

이 토지 윤리학의 기본적 틀 안에서 보면, 공원과 야영지를 토지 자체의 본질적인 가치는 무시하고 단순히 휴식을 위한 '자연의 한 조각'으로 치부하고 있다. 이렇게 되면 죽은 토지가 되며 이것은 비도덕적이다. 한편, 농장도 농부들의 독점적 이익을 위해, '소유한 장소'쯤으로 간주되고 있다. 만약, 토지를 유희를 위한 도구나 경제적 이윤을 위한 토대로 계속 다룬다면, 공원과 야영지는 디즈니랜드처럼 더욱 인위적이며 인공화되어 갈 것이다. 그리고, 농장은 더욱 더 공장처럼 변해갈 것이다. 토지 윤리학은 공공의 공원과 야영지의 개념을 전원이라는 단일 개념으로 대체할 것이다.

이 개념을 뒷받침하는 하나의 예로 「생존을 위한 청사진Blueprint for survival」이 있으며, 여기에는 전통적인 공동체들에게 강어귀나 습지에 대한 관리권을 주자는 제안이 있다. 습지는 먹이사슬의 기본을 형성하는 어패류를 위한 산란지인데, 이는 바다수확물의 60%에 달한다. 습지를 생명의 연결고리로 간주하고 존중하는 집단에 의해서만 적절하게 관리될 수 있다.[Ecologist 1972] 또 다른 예는 일본의 주거용 숲이다. 마을은 숲의 끝자락을 따라 성장하며, 마을 사람은 이 숲을 보살핀다. 가지를 치고 나무를 하는 것은 그들이 해야 할 일 중 하나이고, 숲은 누구나 이 과정에 참여할 수 있도록 열려 있다.

쿠루메마치는 간선도로를 따라 약 1마일에 걸쳐 농가가 늘어서 있다. 각 농가는 동종의 나무들로 둘러싸여 있어, 하나의 큰 숲 같은 형상을 하고 있다. 중심을 이루는 나무들은 주로 방풍림을 만들기 위해 심어졌다. 게다가, 작은 숲들은 새들의 서식처이고, 물을 보존하는 저장고이며, 선택적으로 채벌되는 장작과 재목의 원천이기도 하다. 또한, 숲 안은 여름에는 서늘하고 겨울에는 따뜻한 상태를 유지하기 때문에, 기온을 통제하는 수단이기도 하다.

이러한 주거용 숲은 조성된 지 300년이 넘었음에도 주민들의 세심한 벌채와 연이은 대

체 프로그램으로 아직 멀쩡한데, 이 점은 주목해야 한다.[Creech 1963]

그러므로,

농장을 모든 사람들이 자유롭게 출입할 수 있는 공원으로 정의한다. 그리고, 모든 지역 공원을 실용적인 농장으로 만들도록 한다. 사람들이나 개별 가구 그리고 협동조합과 같은 집단에게 전원의 일부분을 관리하도록 권리를 준다. 관리인은 토지에 대한 임대차계약을 통해 토지를 자유롭게 관리하고, 작은 농장, 숲, 습지, 사막 등으로 이용하기 위한 토지규칙을 정하도록 한다. 사람들이 이 토지규칙을 지키는 한, 그곳에서 하이킹, 소풍, 답사, 보트타기 등의 행위를 자유롭게 할 수 있다. 이로 인해 도시 주변의 농장은 여름 동안 매일 소풍객들로 붐빌 수 있을 것이다.

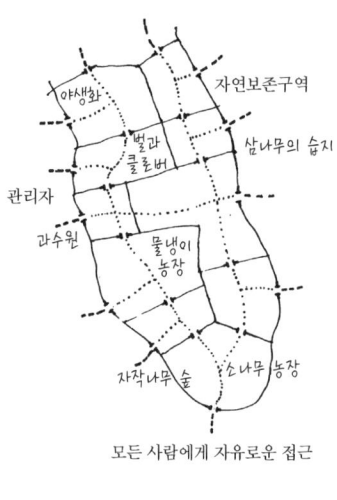

모든 사람에게 자유로운 접근

◆　　◆　　◆

각 자연보존구역에 비포장 전원길인 녹지 가로(51)로 연결된 소수의 주택 클러스터(37)를 상상할 수도 있다 ----

도시 정책을 통해서, 도시를 정의하는 주요 구조들이
점진적으로 형성되도록 촉진한다.

8. 하위문화들의 모자이크**

MOSAIC OF SUBCULTURES

····- 가장 기본적인 도시의 구조는 시가지와 전원의 관계에 의해 이루어진다 - 손가락 모양의 도시와 전원(3). 시가지에서 가장 중요한 구조는 그 안에서 공존할 수 있는 인간집단과 하위문화의 다양성을 기반으로 하여야 한다.

◆　　◆　　◆

동질적이고 구분되지 않는 현대 도시의 특성은 생활 방식의 다양성을 없애고, 개성적인 성장을 막는다.

도시 내의 주민 분포에 대해서, 다음 3개의 대안을 비교해 보도록 하자.

1. 이질적인 것들이 혼재된 혼성 도시heterogeneous city에서 사람들은, 자신들

의 삶의 방식이나 문화에는 무관심한 채 서로 섞여 있다. 이는 언뜻 풍요로워 보이지만, 사실 이러한 도시는 다양성을 약화시키고 차별화 가능성을 대부분 가로막으며, 단지 획일적인 순응만을 강조한다. 또한, 모든 삶의 방식을 하나의 공통분모로 축소시키는 경향이 있기 때문에, 이질적인 것들이 나타났다 하더라도 동질적이고 재미없는 것으로 변해버린다.

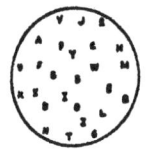

이질적인 것들이 혼재된 도시

2. 집단 거주지ghetto로 구성된 도시에서, 사람들은 인종이나 경제적 지위 같은 가장 기본적이고 평범한 형태를 기반으로 차별화된다. 하지만, 거주지 내부는 동질적이어서 의미 있고 다양한 삶의 방식을 허용하지 않는다. 또한, 거주지의 사람들은 보통 외부 사회로부터 고립되어 그곳에서 살아가길 강요받는다. 그래서 삶의 방식을 스스로 진화시킬 수 없을 뿐만 아니라, 때로는 자신과 다른 삶의 방식에 대해서 관용적이지 못한 모습을 보인다.

집단 거주지로 구성된 도시

3. 비교적 작은 하위문화들로 구성되어 있고, 각 하위문화가 인식될 수 있는 장소를 점하고 있고, 비주거용 토지의 경계로 다른 하위문화들과 분리되어 있다면, 이런 도시에서는 새로운 형태의 생활방식이 성장할 수 있다. 즉, 이런 도시에서는 사람들이 거주하고 싶은 하위문화를 스스로 선택할 수 있고, 자신과 다른 생활방식도 경험할 수 있는 것이다. 또한, 이러한 환경에서는 상호협력이나 공유된 가치관을 강조하기 때문에, 그 속에서 개인은 성장할 수 있다.

하위문화들의 모자이크

본래, 하위문화들의 모자이크라는 이 패턴은 헨드릭스Frank Hendricks에 의해 제안되었으며, 맥네어Malcolm MacNair와의 공동 연구인 「삶의 방식을 기준으로 한 환경의 질적 기준에 대한 개념Concepts of environmental quality standards based on life styles」에서 다루어지고 있다.[Hendricks & MacNair 1969] 또한, 이 패턴의 기본을 이루기도 하지만, 하위문화들이 번성하기 위해서는 공간적인 분리가 필요하다는 심리적 요구는 크리스토퍼 알렉산더의 연구인 「하위문화들의 모자이크Mosaic of Subculture」에 제시되었다. 다음은 위의 연구에서 일부분을 발췌한 것이다.[Alexander 1968]

I

우리는 속이 빈 인간이다,

우리는 박제된 인간이다.

머리가 짚으로 채워진 채

서로 의지하는. 아아.

....

형태가 없는 모습, 빛깔이 없는 그림자,

무력한 힘, 움직임 없는 몸짓…

- 엘리엇 T.S. Eliot*

거대 도시에 거주하는 사람들은 대부분 나약한 성격을 지니고 있다. 실제로 단순하고 더욱 거친 상황에서 성장한 사람들의 성격과 비교했을 때, 거대 도시의 특성은 그곳에 살

---

* (옮긴이) The Hollow Men(속이 빈 사람들) We are the hollow men/ We are the stuffed men/ Leaning together/ Headpiece filled straw. Alas! (……) Shape without form, shade without color,/ Paralyzed force, gesture without motion

고 있는 사람들의 나약한 성격에 의해 규정된 듯하다. 이러한 나약한 성격은 거대 도시의 또 다른 특성인 거주자 간의 동질성이나 다양성의 결여라는 사실과도 일치한다. 물론, 나약한 성격과 다양성의 결여는 동전의 양면과도 같다. 즉, 사람들의 자아가 서로 명확히 구별되지 않는 상황을 나타낸다는 것이다. 특성이라는 것은 오직 하나가 전체에서 확연히 구별될 때 존재할 수 있다. 말하자면, 사람들이 상대적으로 획일적인 사회는 개개인이 확연히 구별되지 못하는 사회라고 할 수 있다.

다양성에 관한 문제에서부터 시작해 보자. 얼굴도 이름도 없는 수백만 개의 인간상이 20세기 문학 구석구석에 배어 있다. 근대 주택의 본질은 이러한 이미지를 반영하고 또 지탱한다. 오늘날 만들어지고 있는 어마어마한 수의 주택은 대량 생산과 관련되어 있다. 인접해 있는 공동 주택들은 모두 같은 모습이다. 또한, 일반 주택들도 다르지 않다. 가장 충격적인 이미지는 목재 회사의 광고였는데, 수년 전 출간된 라이프지에 실렸던 사진이었다. 사진에는 한 방을 가득 채운 사람들이 있었고, 이들은 모두 같은 얼굴을 하고 있었다. 사진 밑에는 '회장의 생일을 축하하며 회사의 주주들이 그의 가면을 쓰고 있다'라고 쓰여 있었다.

이것은 이미지나 암시 이상을 의미하지는 않는다. 그러나, 인간의 동질화, 숫자화human digit, 부품화human cogs라는 무서운 이미지가 떠오르는 것은 어디에서 기인하는 것일까? 왜 우리에게 카프카, 카뮈, 사르트르의 말들이 와 닿는 것일까?

리스먼David Riesman의 『고독한 군중The Lonely Crowd』**, 골드스타인Kurt Goldstein의 『유기체The Organism』, 베르트하이머Max Wertheimer의 『3일 간의 이야기The Story of Three Days』, 매슬로Abraham Maslow의 『동기와 성격Motivation and Personality』***, 메이Rollo May의 『자아를 찾아서Man's Search for Himself』 등에서 많은 작가들이 이에 대해 자세히 답하였다. 그들의 대답은 다음과 같은 본질적인 요점으로 수렴된다. 비록, 개인이 자신의 주변과 다른 특성을 가지고 있다 하더라도, 자신이 강한 의지와 강력히 응집된 독자성을 지니지 않은 이상, 진정으로 주변과 다르다고 할 수 없다. 하지만, 현재 거대 도시에서는 이러한 상황이 존재하지 않는다. 비록, 세부적인 면에서는 다르다 할지라도, 사람들은 항상 타인에게 의지하며 타인에게 불쾌한 존재가 되지 않으려고 애쓰고 있다. 스스로 서는 것을 두려워하면서 말이다. 사람들은 어떤 일을 할 때에, '그것이 옳다고 믿기 때문에'가 아니라, '원래 그렇게 해야 하기 때문에'라는 방식으로 일을 처리한다. 거대 도시에서 타인과의 타협이나 협동, 공동체 정신 그리고 그것이 암시하는 모든 것, 이러한 특징은 인간이 성숙하고, 어른스러우며, 잘 적응되어

** (옮긴이) 『고독한 군중』 류근일 역, 동서문화사, 2011년

*** (옮긴이) 『동기와 성격』 요혜경 역, 최호영 감수, 21세기북스, 2009년

있다, 라는 점을 나타낸다. 그러나, 아무리 완곡하게 표현해도 자신의 신념이 아니라 타인과 잘 지내기 위해서 무언가를 하는 사람은, 자신을 받아들이거나 자립하는 법을 배우지 않고 타인과의 마찰을 피하려 하기 때문에 위와 같은 행동들을 하게 된다는 사실을 숨길 수 없다. 편의주의라는 이름으로 이러한 나약한 성격을 옹호하기는 쉽다. 그러나, 아무리 많은 변명을 늘어놓아도, 결국 나약한 성격은 개인을 파괴한다. 성격이 나약한 사람은 누구도 자기 자신을 사랑할 수 없다. 또한, 나약한 성격이 만들어내는 자기혐오는 온전한 개인이 될 수 있는 조건이 되지 못한다.

이와는 대조적으로, 온전한 개인은 다른 모두가 알 수 있도록 자신의 본성을 분명히 하고 겉으로 확실하게 말한다. 온전한 개인인 자신을 염려하지 않는다. 또한, 자신에 대해 당당하고 자랑스러워하며, 자신의 결점을 인정하고 바꾸도록 힘쓰지만 동시에 자신을 대견스러워 한다.

표면 밑에 감추어진 자신을 드러내고 보여주기란 쉽지 않다. 반면, 관습의 울타리에 몸을 굽히고 다른 이들의 요구에 자신을 숨기며, 다른 이들에 의해 만들어진 인생의 개념에 따라 살기란 매우 쉽다.

따라서, 다양성, 성격, 자아를 찾는 것이 밀접하게 연관되어 있다고 생각한다. 사람들이 자신의 자아를 찾을 수 있는 사회에서는, 서로 다른 성격들이 충분히 존재할 것이고 그 성격들은 강한 개성을 지닐 것이다. 반면, 자신의 자아를 찾는 데 어려움이 있는 사회라면 사람들은 동질적이고 다양성이 적으며 성격 또한 나약할 것이다.

만약, 오늘날의 거대 도시에 사는 사람들의 성격이 나약하다는 것이 사실이라면, 그리고 이에 대해 무엇인가 대응하기를 원한다면, 우선 해야 할 것은 어째서 거대 도시가 이러한 결과를 초래하였는지에 대해 이해하는 것이다.

II

거대 도시는 어떻게 해서 사람들이 자신의 자아를 찾기에 어려운 조건을 만들어내는가?

가치, 습관, 믿음 그리고 사회의 일반적인 사고방식으로부터 자아가 형성된다는 것을 우리는 알고 있다.[Mead 1967] 거대 도시에서 개인은 다른 가치, 다른 습관, 다른 믿음, 다른 사고방식의 거대한 상황에 맞닥뜨린다. 원시적인 사회에서는 단지 전통적 믿음만을 통합하면 되었지만(어떤 의미에서는 그 자체에 자아가 존재했었지만), 현대 사회에서의 각 개인은 그야말로 자신들을 둘러싼 복잡한 가치들로부터 스스로 자아를 만들어내야만 한다.

매일 조금씩 다른 배경을 가진 사람들과 만나 어떤 일을 할 때, 설령 같은 행동일지라도 그 행동에 대한 이들의 반응이 각각 다르다면 상황은 더욱 혼란스러워진다. 정확히 자신이 누구이고, 무엇을 하는지, 자신에게 안심하고 확신을 갖게 하는 가능성은 급격하게 낮아진다고 할 수 있다. 사회의 예기치 못한 변화에 끊임없이 직면하는 사람들은, 더 이상 자신을 신뢰할 수 있는 힘을 얻을 수 없으며, 더욱 더 다른 이들의 동의를 추구하게 된다. 사람들은 무언가를 말할 때 다른 사람들을 보며 이들이 웃음 지으면 계속 이야기를 하고, 그렇지 않으면 입을 다문다. 이러한 세상에서는 누구라도 어떠한 내면적 힘을 확고히 하기란 매우 힘들다.

일단, 자아의 형성이 사회적 과정이라는 개념을 받아들인다면, 강한 사회적 자아의 형성은 사회 질서를 둘러싸고 있는 강력한 힘에 의해 좌우된다는 것이 분명해진다. 사고방식, 가치, 믿음 그리고 습관이 거대 도시에서와 같이 매우 산만하게 뒤섞여 있다면, 이러한 상황에서 성장한 사람 또한 그리 될 것이라는 사실은 거의 필연적이다. 나약한 성격은 현재의 거대 도시 사회의 직접적 산물이다.

이 논의는 미드Margaret Mead의 『문화, 변화 그리고 특성의 구조Culture, Change and Character Structure』에서 상세하게 요약되었다. 그리고, 많은 이들이 실증적으로 이를 지지해왔다. 그 예로서 하트숀Hartshorne, H.과 메이May, M.A.의 「성격의 특성에 관한 연구Studies in the Nature of Character」[Hartshorne & May 1929] 와 「성격 교육 조사 활동의 정리A Summary of the Work of the Character Education Inquiry」가 있다.[Hartshorne & May 1930] 여기에는 다음과 같이 기술되어 있다. "어른이 책임져야 하는 여러 가지 상황에서, 어린이에 대한 모순된 요구는 어린이의 일관성 있는 성격 형성에 방해가 된다. 뿐만 아니라, 사실상 어른이 평안과 자존심의 대가로 어린이에게 조화롭지 못한 것을 강요하는 것이다."

이야기는 여기서 끝나지 않는다. 지금까지 거대 도시의 산만함이 어떻게 나약한 성격을 만들어 왔는지 알아봤다. 그러나, 이 산만함이 공개적으로 드러났을 때, 피상적으로 특이한 형태의 획일성을 만든다. 다양한 색깔을 띤 매우 작은 입자들이 섞여 있을 때, 전체적으로는 회색으로 보인다. 회색은 나름대로 나약한 성격을 만드는 데 일조한다.

많은 의견 그리고 많은 가치가 존재하는 사회에서, 모든 사람들은 공통적으로 가지고 있는 몇 가지에 집착한다. 그 예로서, 이전에 언급했던 미드는 자신의 논문에서, "모든 가치를 돈이나 학교 등급 또는 어떠한 양적 수치 같은 간단한 척도로 바꾸는 경향이 있다. 이로 인하여, 비교할 수 없는 다양한 문화적 가치라고 하는 동일 단위로 계량할 수 없는 것들까지도 융화되어 버릴 수 있게 되었다. 하지만, 피상적일 뿐이다"라고 하였다. 그리고, 클래퍼Joseph T. Klapper는 『매스 커뮤니케이션의 효과The Effect of Mass Communication』에서 다음과 같이 이야기하였다.[Klapper 1960]

"대중사회는 사람들이 자신의 자아를 찾기 어렵도록 상황을 조성한다. 또한, 상당히 난감할 정도의 다양함을 맞닥뜨리게 해서 사람들을 혼란스럽게 한다. 그래서 다양성은 눈이 되어 녹아버렸고, 사람들은 오직 가장 확실해 보이는 것에만 전념하게 되었다."

따라서, 거대 도시에서는 대체로 두 개의 상반된 이유로 나약한 성격이 만들어진다고 생각한다. 하나는 사람들이 가치의 혼돈에 노출되어 있기 때문이며, 다른 하나는 모든 가치에 공통적이며, 피상적인 획일성에 기대기 때문이다. 특징 없는 가치들의 조합은 특징 없는 사람들을 만들어낼 것이다.

III

이 문제점을 해결하기 위한 방법들은 분명히 존재한다. 방법들 중 몇 가지는 개인적인 방식일 것이고, 나머지는 당연히 교육, 일, 놀이, 가족을 포함하는 사회적인 과정들과 관련되어 있을 것이다. 그러면 지금부터, 거대 도시의 대규모 사회기관과 연관된 특정한 해결책에 대해서 설명하고자 한다.

이 해결책은 다음과 같다. 거대 도시는 반드시 각각이 다른 것들로부터 확실히 설명되고, 확실히 구별되어 도시 자신의 가치와 강력하게 연계된 수많은 다른 하위문화들을 포함해야 한다. 또한, 이들 하위문화들은 분명하고 확고하게 분리되어야 하며, 서로 가까워서는 안 된다. 하지만, 하위문화들이 확고하고, 분리되어 떨어져 있다고 할지라도, 닫혀 있어서는 안 된다. 개인이 쉽게 이동하여 자신에게 가장 적합한 곳에 정착할 수 있도록 하나의 하위문화에서 다른 하위문화로 쉽게 접근할 수 있어야 한다.

이 해결책은 다음의 두 가지 추정에 기초한다.

1. 주위 사람들과 가치들로부터 자신만의 독특한 성격에 대한 지지를 받는 경우에만, 개인은 자신의 자아를 찾을 수 있을 것이며, 또한 강한 성격으로 발전할 수 있을 것이다.

2. 자아를 찾기 위해서는, 서로 다른 많은 가치 체계들의 존재 가능성이 명쾌하게 인정되며 존중되는 환경에서 사는 것 또한 필요하다. 더욱 자세히 말하자면, 선택의 다양성이 필요하다. 그렇다면, 자신의 본성에 거짓되지 않고, 자신과 다른 다양한 사람들이 있다는 것을 직시할 수 있으며, 자신과 가장 부합하는 가치와 믿음을 찾을 수 있을 것이다.

자기 자신과 동일한 문화에서 살고 싶다는 사람들의 요구에는 하나의 메커니즘이 존재한다. 매슬로는 『동기와 성격』에서, 자아실현의 과정은 다른 요구, 즉 음식과 사랑 그리고 안전에 대한 요구가 만족되었을 때 비로소 시작될 수 있다고 이야기하였다. 시가지에서 여러 종류의 개인들이 혼재하면 할수록, 그리고 자신의 주택 근처에 예측하지 못했던 주민들이 늘어날수록, 개인은 더욱 두렵고 불안해질 것이다. 로스앤젤레스와 뉴욕의 사람들은 항상 문과 창을 잠그고, 15세의 딸을 가진 어머니가 근처의 우체통에 딸을 보내는 것조차 안심할 수 없는 상황에 이르렀다. 사람들은 친숙하지 않은 것들에 의해 둘러싸일 때 불안함을 느낀다. 친숙하지 않음은 위험한 것과 같다. 그러나, 이러한 두려움이 해결되지 않는 한, 두려움은 그들의 삶을 방해할 것이다. 자아실현은 오직 두려움이 극복되었을 때 가능하다. 그리고, 친숙한 영역에 있을 때, 자신과 비슷한 습관과 방식들을 가진 사람들 사이에 있을 때, 그리고 믿을 수 있는 사람과 있을 때에만 가능할 것이다.

그러나 첫 번째 추정의 요구들을 만족할 수 있도록, 확고한 하위문화들의 출현을 촉진한다고 해도, 결코 하위문화들이 고립되기를 원하는 것은 아니다. 그렇다면, 거대 도시의 매력을 부정하는 것과도 같기 때문이다. 그러므로, 하나의 하위문화에서 다른 하위문화로 이동하는 것이 가능하고, 자신이 원하는 하위문화를 선택하는 것이 가능하며, 더욱이 인생의 어떤 시점에서도 이러한 행위가 가능해야 한다. 사실, 필요하다면 누구라도 모든 하위문화에 접근할 수 있는 자유를 법률적으로 보장해야 한다.

IV

그렇기 때문에, 거대 도시에 서로 접근 가능한 많은 하위문화가 존재해야 바람직하다는 것은 분명해 보인다. 그러나, 왜 하위문화들은 공간적으로 서로 떨어져 있어야 하는 것일까? 비공간적 편견을 가진 사람이라면, 문화를 생성하는 중요한 연결은 바로 사람들의 연결이라는 이유로 하위문화들은 같은 공간에 공존하는 것이 낫다고 쉽게 주장할지도 모른다.

이러한 주장은 완전히 잘못된 생각이다. 다음으로는, 하위문화의 분리는 생태학적인 사항이며, 하위문화들이 물리적으로 떨어져 있을 때야말로 확고한 하위문화가 될 수 있다는 사실에 대해서 설명하도록 하겠다.

먼저, 각각 다른 하위문화의 거주자들이 실제로 각기 다른 환경을 필요로 한다는 것은 의심할 여지가 없다. 헨드릭스는 이 점을 명확히 하였다. 연령대, 관심거리, 가족에 대한 관점, 국가적 배경이 다르면 주택이나 주택환경에 대한 요구도 다르다. 더 나아가서, 커뮤니티 서비스에 대한 요구도 다르다. 서비스는 수요자가 확실할 때에만 그리고 하위문화의 특별한 목적에 의해서만 고도로 특수화될 수 있다. 즉, 동일한 하위문화의 수요자가 집중되어 거주하고 있을 때, 수요자에 대해 확신할 수 있는 것이다. 말 타기를 원하는 사람들은 모두 승마를 위한 도로를 원한다. 독일 식품을 구매하기 원하는 독일인은, 뉴욕의 독일타운이 그런 것처럼 서로 모일 것이다. 나이 든 사람들은 가까운 곳에 위치한 의료 서비스나 교통 혼잡이 덜하며 앉아서 쉴 수 있는 공원을 원할 것이다. 그리고, 혼자 사는 사람들은 손쉽게 이용할 수 있는 음식점을 원할 것이고, 매일 아침 아르메니안 정교회의 미사에 참여하기 원하는 아르메니아인들은 아르메니안 교회 주변으로 모일 것이다. 노숙자들은 자주 가는 상점이나, 자신들만의 장소로 모일 것이다. 자녀가 많은 사람들은 각 지구 내의 유치원이나 아이들이 뛰어놀 수 있는 장소로 모일 것이다.

이상으로부터 서로 다른 하위문화들은 자신들만의 활동과 환경이 필요하다는 것을 분명하게 알 수 있다. 각 하위문화들은 필요한 활동을 집중시키기 위해서 공간적으로 집중되어야 할 뿐만 아니라, 어떤 하위문화가 이웃하는 다른 하위문화를 약화시키지 않기 위해서도 집중되어야 한다. (하위문화들은 내부적으로는 집중되어야 할 뿐만 아니라, 이러한 관점에서 보더라도, 사실상 하위문화들은 다른 하위문화로부터 물리적으로 떨어져 있어야 한다.)

인용은 여기까지로 한다. 원문의 나머지는 각 하위문화들이 공간적으로 떨어져 있어야 한다는 필요성에 대한 실증적 근거를 제시한다. 그리고, 이 책의 다른 패턴에서도 이에 대한 근거를 다루는데, 하위문화의 경계(13)에서 실증적인 세부사항과 함께 제시된다.

그러므로,

도시의 문화와 하위문화를 풍부하게 하기 위해서 모든 방법을 사용한다. 도시를 가능한 분할해서, 자신만의 영역을 가지고, 독자적이고 명확한 삶의 방식을 형성할 수 있는 능력을 갖춘 작은 하위문화들이 거대한 모자이크를 형성하도록 한다. 누구라도 근처 하위문화의 다양한 삶의 방식에 쉽게 접근할 수 있도록 하위문화는 충분히 작아야 한다는 사실을 명심한다.

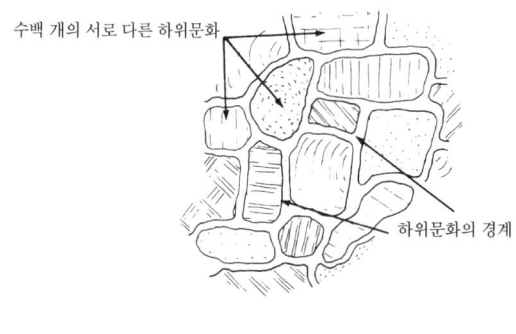

수백 개의 서로 다른 하위문화

하위문화의 경계

◆   ◆   ◆

가장 장은 하위문화는 직경 150피트^{약 46m}를 넘지 않을 것이며, 가장 큰 것은 아마도 0.25마일^{약 400m} 정도일 것이라고 생각한다 - 7,000명의 커뮤니티(12), 인식할 수 있는 근린(14), 주택 클러스터(37). 각 하위문화의 삶의 방식이 주위로부터 아무런 제약 없이 자유롭게 성장할 수 있도록, 인접한 하위문화 사이에 비주거용 토지로 경계를 견고하게 형성하는 것은 필수적이다 - **하위문화의 경계(13)** -····

9. 분산된 일터**

SCATTERED WORK

···· 이 패턴에 의해서 가정과 일터가 함께 위치하게 되고, 독자성을 가지며 고도로 분화된 하위문화의 형성이 촉진된다. 때문에, 하위문화들의 모자이크(8)가 점진적으로 진화하는 데 도움이 된다.

◆　　◆　　◆

집과 일터의 인위적인 분리는 사람들의 정신 생활에 커다란 균열을 발생시킨다.

일터의 집중과 분리는 근린 파괴의 원인이 된다.

　현대 사회의 거의 모든 도시는 '일'을 위한 구역과 '주거'를 위한 구역으로 구분되어 있으며, 이는 대부분 법으로 강제되어 있다. 여기에는 두 가지 이유가 있다. 첫째는, 일터들이 상업적 이유로 서로 가까워야 한다는 것이고, 둘째는 일터가 주거지의 조용하고 안전한 환경을 해친다는 이유에서이다.

　하지만, 이 같은 분리는 사람들의 정서 생활에 거대한 균열을 발생시킨다. 아이들은 주말을 제외하고는 사람들이 없는 곳에서 자란다. 그리고, 여성들에겐 현명하지 않더라도 그저 예쁘기만 한 주부가 되기를 바라는 분위기가 올가미처럼 덧씌워진다. 또한, 남성들에겐 깨어 있는 생활의 대부분을 '가족에게서 떨어진 일터에서' 그리고 조금 남은 부분만을 '자신들의 가족과 함께' 보내도록 강요하게 된다.

　또한, 일터와 가정의 분리는 다음과 같은 생각을 강요한다. 즉, 일은 힘든 노동일 뿐이며 오직 가정생활에서만 살아 있음을 느낄 뿐이다. 이러한 정신분열적 사고는 가족구성원 모두에게 크나큰 문제점을 야기시킨다.

　이를 극복하고 온전한 사회에 있어서 가장 중요하다고 할 수 있는 사랑과 일 사이의 관계를 재구축하기 위해서, 사람들이 살고 있는 장소의 전반에 걸쳐 일터의 재분배가 필요하다. 일터의 재분배를 통해서 아이들은 일상생활에서 어른들과 가까이 할 수 있고, 여성들은 사랑스런 어머니이자 창조적인 일을 할 수 있는 현명한 존재라는 것을 깨달을 수 있으며, 남성들 역시 노동자로서 그리고 사랑스런 남편이자 아버지로서의 삶을 경험할 수 있다.

이와 같은 문제를 극복할 수 있는 방법, 즉 일터의 재분배를 위해 필요한 것에는 무엇이 있을까?

1. 각 가정이 수백 개의 일터에서 20~30분 내의 거리에 있을 것.

2. 많은 일터가 아이들과 가족들에게 걸어서 갈 수 있는 거리에 있을 것.

3. 노동자는 편하게 집에서 점심을 먹거나 용무를 보러 갈 수 있고, 반나절은 일하고 반나절은 집에서 보낼 수 있을 것.

4. 일부 경우에는 가정이 곧 일터이다. 노동자들이 집에서 일을 하거나 집으로 일을 가져 가서 할 수 있도록 할 것.

5. 근린은 일터로 인해 생기는 유해한 교통이나 소음으로부터 보호될 것.

위의 필요 사항들을 만족시킬 수 있는 패턴은 **분산된** 일터의 패턴뿐이다. 즉, 일터가 적극적으로 분산되어 있는 패턴이라 할 수 있다. 일터로 인해 흔히 발생하는 교통이나 소음 문제로부터 근린을 보호하기 위해, 그러한 일터는 근린, 커뮤니티, 하위문화의 경계에 배치할 수 있을 것이다 - **하위문화들의 경계**(13). 하지만, 소음과 유해성이 적은 일터는 주택과 근린 내에도 배치가 가능하다. 두 가지 경우 있어서 중요한 사항은, 각각의 주택이 수십 개의 일터로부터 몇 분 내의 거리에 위치하는 것이다. 그러면, 각 세대는 주택과 일터의 친밀한 생태적 환경을 스스로 만들 수 있는 기회를 가질 것이다. 또한, 모든 구성원들은 자신들 그리고 자신들의 친구들과 가까운 곳에 일터를 마련할 수 있는 선택권을 가질 수 있게 된다. 사람들은 같이 점심을 먹기 위해 만나거나, 아이들이 일터에 잠깐 들를 수도 있으며, 노동자들은 서둘러 집으로 돌아갈 수도 있다. 이와 같은 연결을 유도한다면 일터는 필연적으로 보다 좋은 장소가 될 것이다. 즉, 8시간을 허비하는 곳이 아니라 생활이 연속하는 장소이며, 더욱 더 집과 같은 장소처럼 느껴질 것이다.

이 패턴은 일터가 상대적으로 작고 각 세대가 비교적 자급자족적인 전통 사회에서는 일반적이었다. 그러나, 첨단 기술과 노동자들이 집중된 공장으로 대변되는 현대의 일터에서 이 같은 형태가 과연 성립할 수 있을까? 또한 일터들이 서로 가까이 있어야 할 필요성은 얼마나 될까?

점진적인 공장의 집중화와 규모 증가의 배후에는 주요한 경제적인 논점이 있다. 생산에 있어서 규모의 경제, 즉 한 장소에서 대량의 상품과 서비스를 생산하는 것에 대한 장점은 계속해서 입증되고 있다.

하지만, 거대하고 집중화된 조직들이 대량 생산의 본질은 아니다. 일터가 상당히 분산되어 있다 하더라도, 사람들은 매우 복잡한 상품과 서비스를 생산할 수 있다라는 사실을 입증하는 훌륭한 예들이 있다. 역사적으로 가장 좋은 예 중 하나는, 1870년대 초에 스위스 산골 마을에 형성된 주라 연맹Jura Federation of watchmakers이다. 이 연맹의 노동자들은 자신들의 집에 있는 작업장에서 시계를 생산했고, 근처의 다른 장인들과 협력하면서도 독립성을 유지했다.[Woodcock 1962] 현대의 예로서, 버넌Raymond Vernon은 뉴욕 도시 경제에서 작고 분산된 일터가 수요와 공급의 변화에 보다 빠르게 반응하며, 소기업 집단의 창조성은 복잡하고 집중화된 거대한 산업 조직에 비해 월등히 뛰어나다는 사실을 보여주었다.[Vernon 1960] 이 사실들을 이해하기 위해, 먼저 도시 자체가 거대하고 집중화된 일터라는 것 그리고 집중화로부터 기인한 모든 이익은 도시의 거대한 직장 커뮤니티의 한 부분인 각 작업그룹이 잠재적으로 이용할 수 있다는 것을 알아둘 필요가 있다. 즉, 도시는 수많은 작업그룹들을 가용하는 것에 의해 규모의 경제를 실현하기 위해서 움직이는 것이다. 만약, 이와 같은 '집중화'가 적절히 발달한다면, 작고 분산된 작업그룹들의 수많은 연계를 지원할 수 있고, 생산 방식에 상당한 유연성을 부여할 수 있다. "우리가 현대 산업에서 금융적인 그리고 물리적인 집중이 꼭 필요한 것이 아니라는 점을 이해한다면, 작은 중심지들은 성장하고 기술의 순수한 이익은 더 넓게 분배될 것이라고 생각한다."[Mumford 1924] 교각 건설이나 로켓 사업 같은 복잡하고 외견상으로는 집중화된 사업들조차도 이와 같은 방법으로 조직될 수 있다는 점을 명심해야 한다. 원청과 하청이라는 수많은 작은 회사들의 노력을 결합시키는 과정에서 복잡한 상품과 서비스가 생산된다. 아폴로Apollo 프로젝트는 복잡한 우주선을 만들기 위해서 30,000개 이상의 독립된 회사들을 결집시켰다.

또한, 이러한 복합적인 도급 계약을 시행하는 기관들은 작고 반 독립적인 회사를 선호한다는 근거가 있다. 즉, 이러한 기관들은 자주적인 작은 회사들이 더 나은 제품과 서비스를 창출한다는 것을 본능적으로 알고 있는 것이다.[Syracuse 1961]

우리가 강조하고자 하는 것은 정밀한 기술보다 분산된 일터가 우선되어야 한다는 것이 아니다. 이 두 가지는 양립할 수 있다고 생각한다. 흥미 있고 창조적인 일에 대한 인간의 욕구와 현대의 정교한 기술은 융합이 가능하다. 텔레비전, 제록스복사기, IBM 타자기, 자동차, 오디오, 세탁기는 인간적인 작업 환경에서 생산될 수 있다. 특별히 제록스와 IBM을 언급한 이유는 복사기와 타자기가 이 책을 출간하는 데 있어서 중요한 역할을 했기 때문이다. 이 기계들 없이는 공동 작업으로 이 책을 만드는 것은 불가능했을 것이다. 그리고, 우리는 이것들이 우리가 지향하는 분산된 새로운 사회의 중요한 부분이라고 생각한다.

유고슬라비아 제문Yugoslavia Zemun의 작은 공장. 작업그룹이 시장에 팔 옥수수 탈피기를 제작하는 중이다. 그들은 이 기계의 생산과 시장 판매를 스스로 결정하였다.

그러므로,

도시 전반에 걸쳐 일터의 분산을 가능하게 하는 지역지구제*, 근린 계획, 세금 인센티브 등 가능한 모든 수단을 이용하도록 한다. 주변에 가정 생활이 없는 거대한 일터의 집중화를 금지하도록 한다. 또한, 주변에 일터가 없는 거대한 가정 생활의 집중화도 금지하도록 한다.

◆　　　◆　　　◆

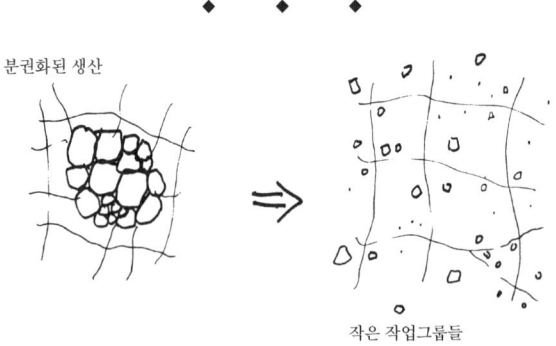

분권화된 생산

작은 작업그룹들

분산된 일터는 그 자체로서 다양한 형태를 취할 수 있다. 1에이커약 4046㎡ 이상의 토지를 점유해야 하는 산업의 경우에는, 하위문화들의 사이에서 띠 모양으로 존재할 것이다. **하위문화의 경계(13), 띠 모양의 공업구역(42).** 또한 분산된 일터는 근린 내부 또는 직장 커뮤니티 내에도 존재할 수 있다 - **근린의 경계(15), 직장 커뮤니티(41).** 그리고, 주택 내의 개인적인 작업장으로서도 존재할 수 있다 - **가정 내 작업장(157).** 각 일터의 크기는 오직 인간 집단의 본질과 자주적인 프로세스에 의해서만 제한된다. 이 사항에 대해서는 **자치 운영되는 작업장과 사무실(80)**에서 자세하게 논의한다 ┅┅

10. 도시의 매력

MAGIC OF THE CITY

···· 도시에서 **하위문화들의 모자이크**(8) 다음으로 중요한 구조적 특징은,
도시 생활이 가장 활발한 중심부에 관한 패턴일 것이다. 중심부의 다양성은
하위문화들의 모자이크 형성에 도움이 된다. 또한, 중심부들이 몇몇 손가락
의 교차점에 위치한다면, 손가락 모양의 **도시와 전원**(3)의 형성에 도움이
될 것이다. 이 패턴은 루이스 라시오네로Luis Racionero가 '300,000명의 도시'라
는 이름으로 처음 소개하였다.

◆　◆　◆

거대한 도시의 매력을 즐기지 않는 사람은 거의 없다. 그러나 도시의 무분별한 확장에 의해서 운이 좋거나 도시 중심부 가까이 살만한 경제적 여유를 가진 사람 이외의 모든 사람들은 도시의 매력을 즐길 수 없게 되었다.

이와 같은 현상은 고밀도의 코어가 하나만 존재하는 도시에서 일어날 가능성이 크다. 코어에 근접한 토지는 매우 비싸다. 때문에, 도시 생활에 실제로 접근할 수 있을 정도의 거리에 거주할 수 있는 사람은 그리 많지 않으며, 사실상 대부분의 사람들은 코어에서 멀리 떨어진 교외에 거주하면서 도시 생활은 가끔씩 접할 수밖에 없다. 이러한 문제는 다수의 작은 코어를 형성하기 위해서 하나의 코어를 분산해야 해결될 수 있다. 또한 각각의 코어가 다른 코어들과 다르며 특별한 생활 방식에 공헌할 수 있을 때 해결될 수 있다. 이렇게 되면 코어가 분산되어 있더라도 각 코어는 여전히 강렬하고 지역 전체의 중심으로 작용할 것이다.

하나의 독립된 코어가 형성되는 원리는 간단하다. 도시의 서비스들은 집중하려는 경향이 있기 때문이다. 레스토랑, 극장, 상점, 서커스, 카페, 호텔, 나이트클럽, 엔터테인먼트, 특별한 서비스 등은 클러스터를 이루려 한다. 즉, 각 시설들이 실제로 사람들이 가장 많은 곳에 위치하기를 원하기 때문이다. 하나의 중심 코어가 형성되면, 인기가 있는 서비스 시설들 특히, 인기가 좋기 때문에 가장 큰 면적을 필요로 하는 시설들은 중심 코어에 집중하게 된다. 그리고, 하나의 중심 코어는 계속 성장하며 도시는 거대해진다. 도시는 부유해지고, 다양성을 갖게 되며 매력적으로 바뀐다. 그러나, 도시가 점차적으로 성장함에 따라, 주거지에서 중심지까지의 거리는 늘어난다. 그리고, 중심지 주변의 토지가격이 상승하기 때문에 주거지는 상점과 업무시설에 의해서 점점 외곽으로 내몰리게 된다. 머지않아 사람들 중 대부분은 낮과 밤에 의해서 만들어지는 도시의 매력에 진정으로 접근할 수 없게 된다.

문제는 간단하다. 사람들은 상품과 서비스 그리고 문화적 이벤트에 참가하기 위해서 그리고 더욱 최고의 서비스를 받기 위해서 많은 노력을 기울인다. 진정한 다양성과 선택은 활동이 집중되고 집약된 곳에서만 이루어질 수 있지만 집중과 집약이 너무 강렬하면 사람들은 그 장소에 가기를 꺼리기도 할 것이다.

만약, 우리가 중심지의 분산화를 통해서 이 문제를 해결하려고 한다면, 우리는 도시의 매력을 유지하면서 중심지의 업무구역을 형성하는 최소한의 인구가 얼마인가에 대해서 생각해야 한다. 「도시의 적절한 크기Optimum Size of Cities」에서 던컨Otis D. Duncan은 인구 5만 명의 도시에서는 61종의 소매점이 유지될 수 있는 시장이 형성되며, 인구 10만 명이 넘는 도시는 보석상점, 모피상, 패션스토어가 유지될 수 있다는 것을 보여주었다. 또한, 인구 10만 명이 넘는 도시에서는 대학, 미술관, 도서관, 동물원, 심포니오케스트라, 신문사, 라디오 방송국이 유지될 수 있으며, 의과대학, 오페라하우스, TV방송국은 25만 명에서 50만 명의 인구가 필요하다고 하였다.[Duncan 1967]

베리Brian K. Berry는 시카고의 지역 쇼핑센터에 관한 연구를 통해서, 70종의 소매점을 구비한 중심지는 약 35만 명 정도의 요구를 충족시키고 있음을 발견하였다.[Berry 1967] 락슈마난T. R. Lakshmanan과 한센Walter G. Hansen의 「소매점의 잠재력 모델A Retail Potential Model」은 다양한 소매점과 전문적인 서비스 그리고 오락과 문화활동 등을 갖추고 있는 복합적인 중심지는 10만 명에서 20만 명의 인구 규모에서 유지될 수 있다는 것을 보여주고 있다.[Lakshmanan & Hansen 1965]

때문에, 30만 명의 소비인구권역*을 초과하지 않는 복합적이고 풍요로운 도시 기능을 설정하는 것은 상당한 가능성이 있어 보인다. 이미 설명한 바와 같이, 가능하면 많은 중심지가 존재하는 것이 바람직하기 때문에, 도시는 적합하게 분산된 중심지가 인구 30만 명당 하나가 되도록 한다. 그렇게 한다면, 지역의 모든 사람들이 최소한 하나의 중심지로부터 매우 가까운 곳에 거주할 수 있게 될 것이다.

이를 보다 구체화하기 위해서는 전형적인 도시 내에서의 중심지 간 거리의 범위를 알아야 한다. 1제곱마일약 2.56km²당 5천 명의 밀도로 30만 명의 인구가 거주한다고 하면, 지름은 약 9마일약 14.5km 정도가 될 것이다(로스앤젤레스에서 거주밀도가 낮은 곳). 이보다 높은 인구밀도인 1제곱마일 당 8만 명 정도의 인구밀도(파리 중심지의 밀도)로 30만 명이 거주한다면 지름은 약 2마일약 3.2km 정도가 될 것이다. 이 책의 다른 패턴에서 제안하는 도시의 밀도는, 로스앤젤레스보다는 높지만 파리의 중심지보다는 다소 낮다 - 4층 제한(21), 밀도의 원(29). 때문에, 이 두 계산치를 참고하여 상한과 하한의 범위를 설정한다. 만약, 각 중심지가 30만 명의 인구에 서비스를 제공한다면, 각 중심지는 약 2마일 정도 떨어져 있어야 하지만, 아마도 9마일을 넘어가지는 않을 것이다.

마지막으로 논의해야 할 점은 대도시의 매력인데, 이것은 많은 분야에서 쏟은 인간의 노력이 특화된 형태로 나타날 때 드러난다. 초콜릿을 바른 개미요리를 제공하는 레스토랑이나 300년 된 시집을 구입할 수 있는 상점, 포크싱어와 같이 연주하는 캐리비언 밴드는 오직 뉴욕과 같은 도시에서만 유지될 수 있다. 이러한 대도시에 비한다면, 2류 오페라하우스, 몇몇의 큰 백화점 그리고 6~7개 정도의 고급 음식점이 있는 인구 30만 정도의 도시는 지방 도시라고 할 수 있다. 30만 인구의 새로운 도시가 도시의 매력을 얻기 위해서 힘쓰다가, 2류 지방 도시로 끝난다면 이는 허망한 일일 것이다.

이러한 문제는 각각의 중심지가 인구 30만이라는 요구를 충족하며, 다른 중심지가 제공하지 않는 특별함을 제공할 때 해결될 수 있다. 그렇다면, 각 중심지는 비록 작지만 수백 만을 위한 서비스를 제공할 수 있고, 거대 도시에서나 가능한 재미와 독자성을 만들어 낼 것이다.

그렇기 때문에, 이 패턴은 도쿄나 런던처럼 어느 중심지에는 좋은 호텔이, 어느 곳에는 좋은 골동품점이, 다른 곳에서는 음악 또는 어선이나 범선이 특화되어 있는 방식으로 실현되어야 할 것이다. 그렇게 된다면, 모든 사람이 최소한 하나의 중심지에 근접할 수 있게 되고, 또한 모든 중심지는 가볼 만한 가치를 가지게 될 것이며, 거대 도시의 매력을 가지게 될 것이다.

그러므로,

거대 도시 내의 모든 사람이 닿을 수 있는 곳에 도시의 매력 패턴을 배치한다. 강력한 지역 정책을 적용하여 하나의 도심이 30만 명 이상에게 서비스를 제공할 수 없도록 도심의 성장을 제한한다. 이 30만 명의 인구를 기준으로 한다면, 도심은 2~9마일 간격이 될 것이다.

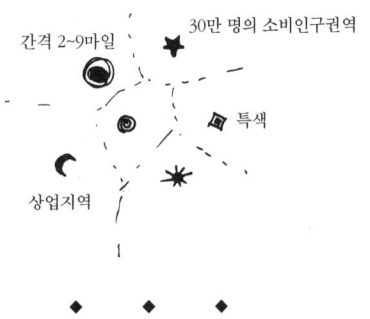

각 도심을 보행자 전용구역 또는 지구교통구역으로 다루도록 한다 - 지구교통구역(11), 산책로(31). 외진 곳에서의 접근을 고려하여, 편리한 환승 수단을 계획한다 - 공공교통망(16). 각 도심에는 풍부한 야간활동을 하도록 권장한다 - 야간활동(33). 그리고, 최소한 도심의 일부를 거리의 활동을 위해서 남겨두도록 한다 - 축제(58), 거리에서의 춤(63) ⋯⋯

11. 지구교통구역**

LOCAL TRANSPORT AREAS

···- 하위문화의 모자이크(8)에 조금 더 큰 세포 구조를 덮어 씌울 필요가 있다. 이 구조는 지구교통구역이다. 직경 1~2마일^{약 1.6~3.2km}의 이 구역은 자연스럽게 도시의 경계를 형성하면서, 하위문화의 형성에 도움이 된다. 또한, 손가락 모양의 도시와 전원(3)에서 각각의 도시 손가락을 형성하는 데도 도움이 된다. 그리고, 지구교통구역을 규정하면, 각 도심지를 명확하게 구분할수 있게 된다 - 도시의 매력(10).

◆　　◆　　◆

　자동차는 인간에게 놀랄 만큼의 자유를 제공하고 기회를 증대시킨다. 그
러나, 동시에 환경을 파괴하고 있으며, 부분적으로는 너무 급격하기 때문에
모든 사회생활을 파괴하기도 한다.

　자동차의 가치와 효용성이 대단하다는 것은 명확히 증명되었기 때문에,
어떠한 형태이든 간에 개인용 고속 운송수단이 없는 미래는 상상할 수 없
다. 과연 자동차가 제공하는 자유를 포기할 사람이 있겠는가? 그렇지만, 동
시에 자동차에 의해 도시가 분할되는 것 또한 부정할 수 없다. 어떻게 해서
든 현대의 자동차나 미래의 운송수단의 압력으로부터 각 지구는 해방되어
야만 한다.

　이 문제는 장거리 이동과 단거리 이동의 차이점을 구분한다면 쉽게 해결
될 것이다. 자동차는 도시 내에서의 단거리 이동에는 적합하지 않으며, 가
장 큰 장애를 불러일으키는 것도 바로 이 단거리 이동 때문이라고 할 수 있
다. 그러나, 장거리 이동에는 자동차가 적합하며 피해도 크지 않다. 이 문제
는 도시가 1마일 단위로 나뉘어져 있고 자동차는 1마일 단위의 구역 바깥에
서 이용하고, 구역 내에서는 이보다 느린 형태의 교통수단 즉, 도보, 자전거,
말, 택시 등을 이용한다면 해결할 수 있을 것이다. 여기에서 물리적으로 필
요한 것은 사람들이 이 구역 안에서 자동차의 사용을 규제하고 도보, 자전
거, 말, 택시의 이용을 촉진할 수 있는 도로의 형태이다. 물론, 이 구역을 벗
어날 때는 자동차를 사용할 수 있도록 허용한다. 우선, 자동차로부터 발생
하는 사회문제를 열거해 보자.

공해
소음
위험
건강 문제
교통체증
주차 문제
시각 공해

맨 앞의 공해와 소음은 매우 심각하기는 하나, 자동차만의 문제는 아니다. 그리고, 이 문제는 전기자동차의 보급으로 해결될 수 있을 것이므로 이런 점에서 일시적인 문제라고 할 수 있다. 위험은 자동차를 사용하는 한 변함 없는 특징일 것이다. 자동차의 이용해서 필연적으로 발생하는 운동 부족에 따른 건강 문제는, 매일 20분 정도의 걷기 운동으로 상쇄하지 않는 이상 지속될 것이다. 마지막으로 교통체증, 속도저하, 주차난과 주차비용 그리고 시각 공해 등의 문제는 자동차가 큰 공간을 차지하는 이동수단이라는 사실에서부터 발생한 직접적인 결과이다.

결론적으로 자동차가 크다고 하는 사실은 자동차의 이용을 기반으로 하는 교통시스템에 있어서 가장 심각한 문제이다. 왜냐하면, 그 크기는 자동차가 가지고 있는 고유의 특성이기 때문이다. 이 문제에 대해서 신랄하게 기술해 보겠다. 사람은 서 있을 때 약 5제곱피트약 0.46㎡를 점유한다. 걸을 때는 약 10제곱피트약 0.92㎡ 정도가 될 것이다. 자동차는 멈추어 있을 때 약 350제곱피트약 32.5㎡를 점유한다(승·하차를 고려했을 때). 시속 30마일약 48km/h로 달리는 자동차의 차간 거리를 자동차 3대 분이라고 생각한다면, 약 1,000제곱피트약 92.9㎡를 점유하게 된다. 이미 알고 있듯이, 자동차는 대체로 한 사람만 탄 상태에서 운행되는 경우가 많다. 이것은 자동차를 이용할 때가 걸을 때보다 약 100배 많은 면적을 점유한다는 의미로 해석될 수 있다.

자동차를 운전할 때 점유하는 면적이, 걸을 때 점유하는 면적보다 100배가 크다고 하면, 이는 거리상 약 10배 정도 멀어진다는 것이다. 다른 말로 하면, 자동차의 이용은 전반적으로 사람들을 멀리 퍼지게 하고 떨어지게 하는 현상을 일으킨다.

이와 같은 자동차의 특징이 사회 조직에 미치는 영향은 명백하다. 사람들은 서로서로 멀어지게 되고, 이에 대응하는 교류 빈도도 상당히 감소하게 된다. 사람들 간의 접촉은 단편화, 특수화된다. 왜냐하면, 상호작용의 특성상 사람들 간의 접촉은 명확한 실내 즉, 가정, 직장, 혹은 멀리 떨어져 있는 친구들의 집에 국한되기 때문이다.

활기찬 사회를 만드는 데 필수적인 전체적 응집력이, 사람들 간의 본래 거리를 평균적으로 10배 정도 멀어지게 하는 자동차의 사용에 의해 발전하지 못한다는 점은 상당히 설득력이 있다. 자동차의 사회적 비용에 대해서 극단적으로 말하자면, 자동차의 기하학적인 형태가 사회의 붕괴를 초래할지도 모른다는 것이다.

자동차가 이와 같은 문제를 초래하지만, 일찍이 선례가 없는 장점도 가지고 있다. 실제로 자동차는 아래와 같은 장점에 의해서 성공적으로 보급될 수 있었다.

융통성
프라이버시
환승 없는 도어투도어 이동
신속성

이러한 장점들은 기본적으로 2차원인 거대 도시에서는 매우 중요하다. 간선도로의 주변에서는 공공운송수단에 의해 신속하고 빈번하게 도어투도어 서비스를 제공받을 수 있다. 하지만, 2차원적으로 넓게 펼쳐진 현대의 도시 내에서 공공의 운송수단만으로는 자동차의 역할을 대신할 수 없다. 세계에서 가장 우수한 도시 운송수단이 존재하는 런던이나 파리에서조차 매년 기차나 버스의 이용자 수가 감소하고 있으며, 이는 자가 승용차의 이용자가 증가하는 것에 기인한다. 사람들이 지연, 정체 그리고 주차비용에도 불구하고 자가 승용차를 선택하는 이유는 편리함과 프라이버시가 보다 가치 있다고 생각하기 때문이다.

이러한 상황에 대해서 이론적으로 분석해 보면, 위의 모든 요구에 적합한 유일한 교통수단은, 도시 간을 이동할 때 특정의 고속도로를 이용하고, 공공 노선 구역에 들어왔을 때는 자력으로 운행하는 개인 이동수단이다. 이의 이론적인 모델에 가까운 시스템은 개인 고속 운송체계이다. 한 예로서 웨스팅하우스의 스타카Westinghouse Starrcar 시스템을 들 수 있다. 2인승의 작은 승용차가 구역 내에서는 도로 위를 주행하지만, 장거리 이동 시에는 고속용 레일을 이용하는 시스템이다.

그러나, 이 스타카 타입의 시스템은 몇 개의 단점을 지니고 있다. 공간 문제를 해결하는 데는 기여도가 상대적으로 적다. 스타카에서 사용되는 자동차는 기존의 자동차보다 작기는 하지만 그래도 사람보다 큰 공간을 차지한다. 게다가, 스타카에 사용되는 개인 승용차는 전국을 횡단할 정도의 장거리 이동에는 사용될 수 없다. 때문에 이 시스템은 '2차적인 운송수단'으로 간주할 수밖에 없다. 그리고, 다소 고가이며 사람들이 이동할 때 고정된 자세로 앉아 있어야 하기 때문에 건강 문제에 대한 해결책이 될 수도 없다. 또한, 스타카가 이동할 때 사람들은 비누방울과 같은 캡슐 안에 갇혀 있어야 하기 때문에, 이 시스템은 상대적으로 비사교적이라고 할 수 있다. 이는 상당히 비현실적이기도 한데, 사람들이 모두 스타카를 소유하고 있을 때만이 실현할 수 있기 때문이다. 더욱이 모두가 스타카를 소유해야 한다는 것은 자전거, 말, 고물 자동차, 클래식 자동차 등 개인적으로 원하는 이동수단을 이용할 수 없게 되어 다양성을 허락하지 않는 것이기 때문이기도 하다.

이제 스타카 시스템의 장점을 가지면서도 보다 현실적이고 적용하기 쉬우며, 인간의 요구에 보다 적합하다고 생각되는 시스템을 제안하도록 하겠다. 이 시스템의 본질은 다음의 2가지이다.

1. 구역 내 이동에서는 저속, 저가의 이동수단을 이용한다(자전거, 삼륜자전거, 스쿠터, 골프 카트, 화물 자전거, 말 등). 이들은 자동차보다 작은 공간을 차지하고, 사람은 주위의 환경에 보다 쉽게 접촉할 수 있게 된다.

구역 내 이동을 위한 수단들

2. 사람들은 여전히 자동차, 트럭을 소유하고 사용한다. 하지만, 주로 장거리 이동을 할 때에 사용한다. 우리는 조용하고, 공해가 없으며, 고치기 쉽고, 장거리용으로도 적합하다고 생각되는 자동차가 출현할 것이라고 예상한다. 긴급할 때나 특별한 용도를 위해서 자동차나 트럭이 구역 내 이동에 이용되어도 좋다. 그러나, 구역 내에서의 자동차 이용에는 높은 비용과 불편이 발생하도록 도시를 계획한다. 그렇게 된다면, 자동차는 막대한 사회적 비용을 감수해도 괜찮다고 생각되는 경우에만 사용될 것이다.

그러므로,

도시를 직경 1~2마일의 지구교통구역으로 분할하고 이를 순환도로로 둘러싼다. 지구교통구역 내에서는 도보, 자전거, 말 등의 지구교통수단을 위하여 작은 지구 도로와 보행로를 설치한다. 주요도로는 자동차나 트럭이 순환도로에 접근이 용이하도록 만든다. 하지만, 지구교통구역 내에서는 자동차의 이동이 느리고 불편하도록 한다.

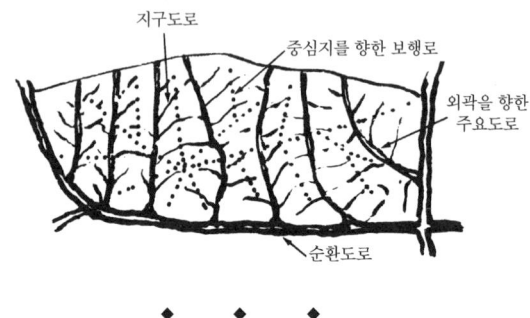

주요도로를 구역 내 이동수단이 아닌 장거리 이동에 사용하기 위해서, 주요도로를 평행하게 배치하고 일방통행으로 지정하며, 중심지로부터 멀리 떨어지도록 배치한다. 그렇게 한다면, 주요도로는 순환도로에 접근하기는 편하지만, 짧은 거리의 구역 내 이동에는 불편하게 될 것이다 - 평행도로(23). 주요도로에 직각으로 접하는 보행로와 자전거 도로 그리고 녹지 보행로를 많이 배치하며, 이들을 이용하면 바로 중심지에 닿을 수 있도록 한다 - 녹지 가로(51). 보행로와 도로의 네트워크(52), 자전거도로와 보관소(56). 각 구역을 둘러싼 순환도로는 단을 낮추어 설치하거나 다른 방법을 이용하여 소음을 방지하도록 한다 - 순환도로(17). 구역 내에 주차시설을 최소화하고, 주차시설을 순환도로에 가까이 위치시킨다 - 9퍼센트의 주차장(22), 가려진 주차장(97). 그리고 구역 내의 중심지에 환승 장소를 설치한다 - 환승지점(34) -⋯

지역의 기본적인 조건들로부터,
다음과 같은 큰 도시의 패턴을 형성한다.
이 과정은 물리적으로 인식할 수 있는 장소에 존재하는
두 단계의 자치 커뮤니티에 의해 통제된다.

12. 7,000명의 커뮤니티*

COMMUNITY OF 7,000

···· 하위문화들의 모자이크(8)는 수많은 크고 작은 자치 커뮤니티와 근린이 모여서 이루어진다. 7,000명의 커뮤니티는 보다 큰 커뮤니티의 구조를 정의하는 데 도움이 된다.

◆　　　◆　　　◆

커뮤니티 인구가 5,000~10,000명 이상이라면 개인의 의견이 반영되지 못한다.

사람들이 지구정부local government에 대해 진정한 영향력을 갖기 위해서는,

지구정부의 구성 단위가 독립적, 자치적이며 독자적인 예산을 가져야 한다. 또한, 주민이 지구 행정이나 지구의회의 의원과 직접적으로 연결될 수 있을 정도로 작은 규모여야 한다.

이는 오래된 개념으로, 기원전 3~4세기의 아테네의 민주정치의 모델이었다. 또한, 미국 민주주의에 대한 제퍼슨의 의견이기도 하고, 공자가 논어에서 기술한 정치적 방침이기도 하다.

그들에게 있어서는, 자신이 자신들의 문제에 영향력을 행사하는 것 자체가 본질적인 만족의 경험이었다. 소포클레스는 작은 커뮤니티에서 법령 등을 제안할 수 있는 자유가 없는 인생은 견디기 힘들다고 하였으며, 경험 그 자체로서 좋은 것뿐만이 아니라, 정치적 부패로 가지 않는 유일한 방법이라고 생각하였다. 제퍼슨이 권력의 분산을 원했던 이유는, 군중이 똑똑하고 영리해서가 아니다. 엄밀히 말하면, 군중은 과오를 범하기 쉽다. 따라서, 필연적으로 실수를 범할 수밖에 없는 소수에게 권력을 부여하는 것은 위험하기 때문이었다. '국가를 작은 행정 구역으로 분할한다'라는 것이 제퍼슨의 선거 슬로건이었다. 그렇게 되면 실수를 범하는 것을 억제하기 쉬워지고, 사람들은 경험을 통하여 더욱 발전시킬 수 있을 것이기 때문이었다.

오늘날 사람들과 통치 권력의 중심과의 심리적, 물리적 거리는 극단적으로 멀다. 제퍼슨주의자인 코틀러Milton Kotler는 다음과 같이 자신의 경험을 기술하였다.

시민은 세금 때문에 골치를 앓고 있지만, 도시 행정의 프로세스는 시민의 눈에는 보이지 않기 때문에, 시민은 행정에서 인간적인 모습을 찾을 수가 없다. 공공서비스의 질이 하락함에 따라서 시민들은 요구와 욕구를 보다 강하게 표현한다. 그러나, 시민의 요구 표현은 공중으로 흩어져 버리는데, 이는 정부가 시민들의 요구에 주의를 기울이지 않기 때문이다. 시민과 정부의 이러한 분열은 도시 정부에 있어서 심각한 정치적 문제이다. 왜냐하면, 이는 시민사회의 무질서를 이끄는 원동력을 내포하고 있기 때문이다.[Kotler 1967]

물리적 환경이 시민사회의 질서를 파괴하고, 시민과 정부의 분리를 유발·지속시키는 것에는 다음의 두 가지 경우가 있다. 우선, 하나의 정치 커뮤니티의 규모가 너무 커서 단순히 구성원 수에 의해서 구성원과 지도자가 분리되는 것이다. 두 번째는, 정부가 물리적으로 구성원들의 일상생활과는 동떨어진 곳에 위치하여, 대부분의 구성원으로부터 보이지 않게 되는 경우이다. 이 두 상황이 바뀌지 않는 한, 시민들의 정치적인 소외를 극복할 수 없을 것이다.

1. 정치 커뮤니티의 크기. 커뮤니티가 커지면 커질수록, 시민과 정부 고위 관리와의 거리가 멀어진다는 것은 명백한 사실이다. 굿맨Paul Goodman은 전성기의 아테네 같은 도시를 기준으로 하여 커뮤니티 크기에 관한 실증적 법칙을 제안하였다. 이 법칙은 누구라도 2명의 아는 사람을 거치면 지구의회의 가장 높은 의원을 만날 수 있어야 한다는 것이다. 모든 사람이 자신이 속한 지구공동체local community에서 12명의 친구가 있다고 가정하자. 이 가정과 굿맨의 법칙을 적용해보면, 최적의 커뮤니티는 12^3 또는 1,728세대 또는 5,500명 정도라는 것을 알 수 있다. 이 숫자는 예전 시카고학파가 추정했던 5,000명과 일치한다. 그리고, 코틀러가 소개한 오하이오주 콜럼버스의 ECCO라 불리는 6,000~7,000명의 근린 자치제와 같은 규모이다.[Goodman 1966]

에콜로지스트The Ecologist의 편집자도 적정 규모의 시구정부에 대해서 비슷한 숫자를 제시하였다.

그리고, 리Terance Lee는 「사회·공간의 도식으로서의 도시 근린Urban neighborhood as a socio-spatial schema」에서 공간적 커뮤니티의 중요성에 관한 근거를 제시하였고, 커뮤니티의 자연적인 규모는 75에이커약 0.3km²라고 주장하였다. 즉, 에이커당 25명의 인구밀도일 경우에는 2,000명 정도의 커뮤니티가 될 것이고, 에이커당 60명이라고 한다면 약 4,500명 정도가 될 것이다.

2. 보이는 장소에 위치한 지구정부. 정부의 각 지구 부서가 기능적으로는 분산되어 있다고 하더라도, 그들은 여전히 일상의 생활권 밖인 거대한 관청 건물 안에 숨어 있기 때문에, 공간적으로는 여전히 집중되어 있다. 관청 건물은 위압적이며, 소외감을 불러일으킨다. 중요한 것은 자신이 거주하고 있는 곳의 지구청사에서 자신의 의견이나 불만에 대해서 편하게 이야기할 수 있어야 한다는 점이다. 그리고, 지구청사는 쉽게 닿을 수 있는 집회 장소여야 하며 여러 담당자를 불러서 이야기하는 것이 가능하고, 또한 2~3일 후에 담당자와 개인적으로 면담이 가능하다는 느낌을 가질 수 있도록 해야 한다는 것이다.

이를 위해서는, 각 지구의 집회 장소는 가장 잘 보이고 접근하기 쉬운 장소에 위치해야 한다. 예를 들면, 5,000명~7,000명 정도의 각 커뮤니티 내에서 가장 사람들이 많이 모이는 시장에 집회 장소를 설치할 수 있을 것이다. 이 가능성에 대해서는 지구청사(44)에서 자세하게 다루어질 것이지만, 정치적 커뮤니티에서는 정치의 심장부, 즉 정치의 중심을 가지는 것이 중요하기 때문에 이 패턴을 통해서 강조한 것이다.

수천 명이 모인 커뮤니티 모임

그러므로,

도시 정부를 분산시켜서 5,000~10,000명의 커뮤니티가 각 지구를 관리할 수 있도록 한다. 이러한 커뮤니티를 구분하는 데 있어서는, 가능하면 자연·지리적 그리고 역사적인 경계를 이용하도록 한다. 각 지구에 밀접하게 관련된 토지 이용, 주거 문제, 유지 보수, 거리 공원, 경찰, 교육, 복지, 근린 공공 서비스 등을 입안, 결정, 수행할 수 있는 권리를 각 커뮤니티에 부여한다.

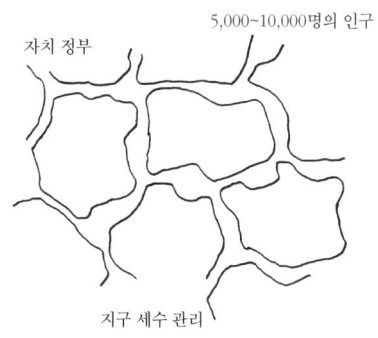

　　　　◆　　　◆　　　◆

　실제적인 영역으로 각 커뮤니티를 분할한다 - **하위문화의 경계**(13). 각 커뮤니티를 10~20개의 독립적인 근린으로 분리하고, 각 근린은 지구의회 대표자를 한 사람씩 선정한다 - **인식할 수 있는 근린**(14). 사람들이 모일 수 있는 중심이 되는 장소를 계획하도록 한다 - **중심을 벗어난 핵**(28), **산책로** (31). 그리고, 중심이 되는 장소에는 커뮤니티 정치 활동의 중심이 되는 지구청사를 설치한다 - **지구청사**(44) --…

13. 하위문화의 경계*

SUBCULTURE BOUNDARY

···· 하위문화들의 모자이크(8)나 개별적인 하위문화는, 7,000명의 커뮤니티(12)에 속해 있건 아니면 인식할 수 있는 근린(14)에 속해 있건 간에 상관없이, 문화들 간의 경계를 형성함으로써 완성되어야 한다. 이 패턴에 따라 경계구역을 형성하면 사실상, 하위문화 본연의 모습을 유지할 수 있게 되는데, 이로써 경계 안쪽의 하위문화는 생명력을 갖게 될 것이다.

◆　　◆　　◆

　하위문화들의 모자이크에서는, 자신만의 강렬한 개성을 가진 수많은 이질적 문화가 혼재해 있어야 한다. 그렇지만, 각각의 하위문화는 자신만의 생태환경을 가지고 있다. 하위문화는 물리적인 경계에 의해서 다른 하위문화와 분리되었을 때, 주변에 방해받지 않으며 강렬한 개성을 계속 유지해 나갈 수 있다.

하위문화들의 모자이크(8)에서 우리는 이렇게 논의했다. 도시에서의 다양한 하위문화는 집단 주거지를 형성하기 위한 인종차별주의적 패턴이 아니라, 도시 내에 수많은 이질적인 생활방식을 수용하게 하는 기회의 패턴이다.

그렇지만, 이 모자이크는 여러 하위문화가 주위의 다른 하위문화로부터 분리되었을 때 존재할 수 있다. 최소한, 하위문화가 주위의 생활양식을 압박하거나 정복할 수 없어야 하며 반대로, 압박 또는 정복 당한다는 느낌을 갖지 않도록 해야 한다.

이 논제는 전적으로 다음의 사실에 의존한다. 도시 내 동종의 주택이 밀집해 있는 구역에 거주하는 주민들은 자신의 구역 근처를 자신들의 가치와 생활양식에 맞추려고 압력을 가할 것이다. 예를 들면, 샌프란시스코 하이트 애시버리 구역의 '히피족' 거주지 근처에 살고 있는 '일반적인' 사람들은, 하이트 구역 때문에 자신들의 토지 가치가 떨어질 것을 우려하였다. 그래서 1967년 하이트 구역을 철거하기 위해서 시청에 압력을 가하였다. 이와 같은 행위는 하이트 구역을 자신들의 구역처럼 만들고자 하는 것이었다. 이러한 현상은 어떤 하위문화가 주변의 다른 하위문화와 명백하게 다를 경우 발생하는 것이라고 생각된다. 이런 경우, 사람들은 인접하는 구역이 자신들의 구역을 잠식하고, 토지 가치를 하락시키며, 어린이들에게 해를 가하고, '착한' 주민들을 떠나게 하는 것을 두려워하여, 인접한 구역을 자신들의 구역처럼 만들기 위해 모든 수단을 강구할 것이다.

워스만Carl Werthman, 맨데Jerry Mande, 다인스트프레이Ted Dienstfrey는 비슷한 하위문화 내에서도 이와 같은 현상이 존재함을 확인하였다.[Werthman, Mande & Dienstfrey 1965]

대규모 개발단지에 거주하는 주민들을 대상으로 한 연구를 통해서, 이질적인 사회집단과의 인접으로 인하여 발생하는 긴장은 그 집단 사이에 공지, 미개발지, 고속도로, 수 공간 등의 공간이 충분하면 그 긴장의 열기가 다소 해소된다는 것을 알 수 있었다. 이를 요약하면, 인접해 있는 하위문화들 간에 물리적인 장벽이 있다면 열기를 식힐 수 있다는 것이다.

각각의 하위문화가 주위의 억압으로부터 위협을 받는다면, 하위문화들의 혼재는 불가능하다. 그러므로 하위문화는, 가능한 넓은 비주거용 토지로 주변의 하위문화와 분리되어야 한다.

다음은 위의 내용을 보완하는 실증적 관찰의 결과를 서술한 것이다. 거대

도시에서 개성이 강하고 차별화된 하위문화를 찾아보면, 이 하위문화는 반드시 어떠한 경계에 둘러싸여 있으며, 대부분의 경우 다른 하위문화와 접해 있지 않다. 예를 들면, 샌프란시스코에서 가장 독특한 구역은 텔레그래프 힐Telegraph Hill과 차이나타운이다. 텔레그래프 힐은 두 면이 부두로 둘러싸여 있고, 차이나타운 역시 두 면이 금융가로 둘러싸여 있다. 그리고, 조금 더 규모가 큰 샌프란시스코 만도 이와 같다. 샌프란시스코 만에서 가장 눈에 띄는 커뮤니티인 포인트 리치몬드Point Richmond와 소살리토Sausalito는 서로가 완전히 분리되어 있다. 소살리토는 언덕과 수 공간으로 둘러싸여 있고, 포인트 리치몬드는 수 공간과 공업지대로 둘러싸여 있다. 커뮤니티가 어느 정도 다른 하위문화들로부터 분리되어 있었기에, 각각의 특징이 발달할 수 있었던 것이다.

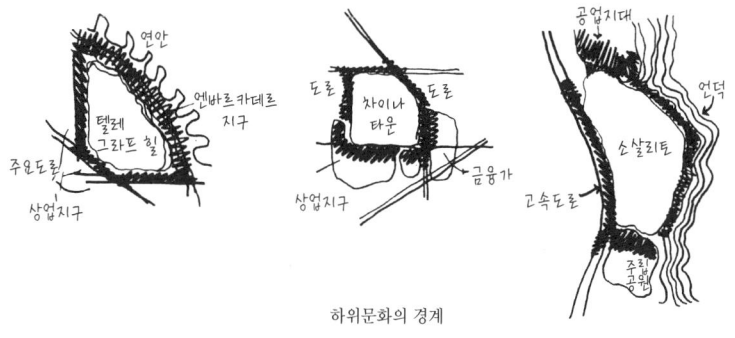

하위문화의 경계

우리의 주장은 생태학적 관점에서 더욱 뒷받침될 수 있다. 자연적 생태계에서 어느 종species이 하위의 종으로 분화되는 과정에는 지리적 종 분화, 즉 공간의 격리에 의한 유전적 변화가 가장 큰 영향을 미친다.[Mayr 1963] 이와 같은 현상은 수많은 생태학 연구에서 관찰되었다. 어느 한 종이 산등성이, 계곡, 강, 사막, 절벽, 기후나 식생이 현저하게 변화하는 물리적인 경계에 의해서 서로 분리되었을 때, 이들은 각각 독자적인 특성을 발달시킨다. 도시 내에서의 하위문화들의 분화도 이처럼 문화적인 다양성을 설명할 수 있는 가치, 생활양식, 정보 등의 흐름이 하위문화들 사이에서 부분적으로라도 제한되면 어렵지 않게 발생한다.

그러므로,

하위문화들 사이를 최소한 200피트약 60m 폭의 토지를 이용하여 분리한다. 이 경계는 황무지, 농장, 물 같은 자연적인 경계나 철도, 주요도로, 공원, 학교, 주택 등의 인위적인 경계가 될 수도 있다. 두 하위문화를 잇는 경계구역을 따라 각각의 하위문화 커뮤니티에 접하는 집회장소나 공용기능을 배치한다.

◆　　◆　　◆

자연적인 경계는 전원(7), 성지(24), 수 공간에의 접근(25), 조용한 후면 (59), 접근 가능한 녹지(60), 연못과 개울(64), 고요한 물(71) 등이 있다. 인공적인 경계로서 순환도로(17), 평행도로(23), 직장 커뮤니티(41), 띠 모양의 공업구역(42), 10대의 사회(84), 가려진 주차장(97) 등이 이용될 수 있다. 하위문화의 내부 구성은 다음의 두 가지 원칙을 따르도록 한다. 다양한 토지의 이용에 노력을 기울여, 활동이 일어나는 주변에는 그에 따른 기능적인 클러스터를 형성하도록 한다 - 활동의 결절점(30), 직장 커뮤니티(41). 경계부에는 인접하는 하위문화의 주민들이 접근할 수 있어서, 다른 하위문화의 주민들과 만날 수 있는 장소가 되도록 한다 - 중심을 벗어난 핵(28) -…

14. 인식할 수 있는 근린**
IDENTIFIABLE NEIGHBORHOOD

·····- 하위문화들의 모자이크(8)와 7,000명의 커뮤니티(12)는 근린으로 구성
된다. 이번 패턴은 근린을 정의한다. 이것은 7,000명의 커뮤니티(12)와 하
위문화들의 모자이크(8)에게 생명을 불어넣는 활력과 개성의 창조자인 작
은 인간 집단을 정의하는 것이기도 하다.

◆　　　◆　　　◆

인간은 자신이 속해 있음을 인식할 수 있는 공간적 단위가 필요하다.

근린을 파괴하는 오늘날의 개발 형태

인간은 자신이 거주하고 있는 구역을, 도시의 다른 구역과는 뚜렷이 다른 별개의 구역으로 인식할 수 있기를 원한다. 쓸만한 근거로부터 다음과 같은 사실을 알 수 있다. 첫째, 인식할 수 있는 근린은 인구가 극단적으로 적다. 둘째, 근린의 면적은 작다. 셋째, 근린 내에 주 도로가 통과하면 근린은 파괴된다.

1. 적절한 근린의 인구는 어느 정도인가?

근린의 주민들은 자신들의 이익을 지키기 위해서 조직을 구성하여 시청이나 지구 정부local government에 압력을 가할 수 있어야 한다. 이는 근린 내의 각 세대가 공공서비스, 공유지 등의 기본적인 결정 사항에 대해서 합의

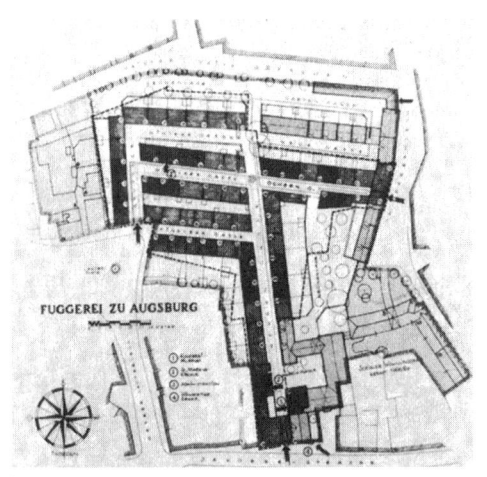

유명한 근린: 아우크스부르크의 푸거라이

가 가능해야 한다는 것을 의미한다. 인류학적인 관점에서의 근거를 살펴보면 인간 집단은 그 규모가 1,500명을 넘어갈 경우, 자율적인 협의 과정을 거치면서 의사 결정을 하는 것이 불가능하다고 한다. 따라서 많은 연구자들은 인간 집단의 적정 수를 500명 정도로 보고 있다.[Wallace 1952] 지구 커뮤니티 local community 모임의 운영 경험으로 봐도 500인이 현실적이다.

2. 물리적인 범위에 대해서 살펴보자. 필라델피아에서 실시된 연구에 따르면, 어느 한 주민이 잘 알고 있는 구역은 보통 작은 구역에 한정되어 있었고, 자택으로부터 2~3블록을 초과하는 경우는 거의 없었다.[Herman 1964] 밀워키의 어느 구역에서는 거주자의 4분의 1이 한 블록(300피트약 91m)을 넘지 않는 구역을 근린으로 생각하였고, 반 정도의 주민은 7블록까지를 근린으로 생각하고 있었다.[Reimer 1951]

3. 위의 두 가지 내용만으로는 충분치 않다. 근린은 과도한 교통량으로부터 보호될 때에 강한 주체성을 가질 수 있다. 애플야드Donald Appleyard와 린텔 Mark Lintell은 구역 내의 교통량이 증가할수록 주민들이 구역을 자신들의 영역이라고 생각하는 경향이 감소한다는 사실을 밝혀냈다. 주민들은 교통량이 많은 거리는 사적이라고 생각하지 않으며, 또한, 가로에 접한 주택에 대해서도 사적인 영역이라고 생각하지 않는다.[Appleyard & Lintel 1971]

교통량이 적은 근린
2,000대/하루 | 200대/피크타임 | 시속 15~20마일 | 양방향도로

'이웃과의 교류와 방문'에 대한 거주자와의 대화

· 우리동네라는 생각이 들어요. 좋은 사람들도 많이 있고, 외롭다는 생각은 들지 않아요.

· 모두가 서로를 알고 있습니다.

· 틀림없이 친근감을 가진 거리입니다.

'자신의 영역'에 대한 거주자와의 대화

· 거리의 생활이 집안으로 침입할 걱정은 없습니다. 거리로부터 행복만이 들어올 뿐이에요.

· 내 집이 동네 전체까지 연장된 느낌이에요.

교통량이 보통인 근린

6,000대/하루 | 550대/피크타임 | 시속 25마일 | 양방향도로

'이웃과의 교류와 방문'에 대한 거주자와의 대화

- 이웃들을 보기는 하지만, 그다지 친하지는 않습니다.

- 인사는 하지만, 여기에 어떤 커뮤니티가 존재한다고는 생각하지는 않아요.

'자신의 영역'에 대한 거주자와의 대화

- 보통이에요. 특별히 별다른 느낌은 없어요

교통량이 많은 근린

16,000대/하루 | 1,900대/피크타임 | 시속 35~40마일 | 일방통행

'이웃과의 교류와 방문'에 대한 거주자와의 대화

- 친근감이 없는 거리에요. 아무도 다른 사람을 돕지 않습니다.

- 교통량 때문에 사람들이 거리로 나오려 하지 않아요.

'자신의 영역'에 대한 거주자와의 대화

- 개인적이라기보다는 공적인 장소입니다.

- 거리의 소음이 가정 내로 침입하고 있습니다.

어떻게 주 도로를 정의할 것인가? 애플야드와 린텔은 연구를 통해 근린 내 자동차의 시간당 통과대수가 200대를 넘어간다면, 근린은 쇠퇴하기 시작한다는 사실을 발견하였다. 통과대수가 550대를 넘어가는 거리에서는, 이웃의 방문 횟수는 적어지고 주민들은 대화를 나누기 위해서 거리에 모이지 않는다. 뷰캐넌Colin Buchanan의 연구에 의하면, 대부분의 사람들이(50% 이상) 자동차를 피하기 위해서 주의해야 하는 주 도로는 보행자의 자유로운 행동에 장애가 된다. 이것은 "허용 한도의 대략적인 지표로서 모든 횡단보도 이용자의 평균적인 지체 시간이 2초"라는 내용에 근거하며, 이는 통행량이 시간당 150~200대 정도에 달할 때 발생한다.[Buchanan 1963] 그러므로, 시간당 200대 이상이 통과하는 도로는 '주 도로'라고 간주할 수 있으며, 이러한 도로는 근린의 정체성을 파괴할 것이다.

마지막으로 교통의 영향에 대해서 이야기 해보도록 하겠다. 몇 달 전, 버클리시는 내부를 통과하는 새로운 주요 간선도로를 계획하기 위해서, 교통 조사를 실시하였다. 시민들에게 질문한 내용은, '극심한 교통량으로부터 어

느 구역을 보호하기를 원하는가?'라는 것이었다. 이 간단한 설문은, 광범위한 구역에 걸쳐 일반 대중을 중심으로 하는 정치조직의 발생 원인이 되었다. 이 글을 집필하는 시점에서, 약 30개 정도의 작은 근린들이 극심한 교통량으로부터 벗어날 필요성이 있다는 것이 확인되었다. 간단히 말하자면, 근린에게 있어 교통은 매우 중요한 문제이기 때문에, 근처의 어디에 도로가 위치해야 할 것인가라는 문제를 접하자마자 근린 주민은 나서게 되며 또한 이에 대응하기 위해서 집단화한다고 할 수 있다. 아마도, 기존 도시에는 이와 같은 방법이 이 패턴을 수정하는 일반적인 방법일 것이다.

그러므로,

직경 300야드약 275m를 넘지 않고 인구가 400~500명을 넘지 않는 근린을 구성할 수 있도록 지원한다. 기존의 도시에서는, 지구 집단local group들이 이와 같은 근린을 구성할 수 있도록 장려한다. 세금이나 토지관리에 대해서는 근린이 어느 정도 자율성을 갖도록 한다. 주 도로는 근린의 외부에 배치하도록 한다.

최대 인구 500명

직경 300야드

◆　　◆　　◆

무엇보다도, 근린으로 들어가는 주요 통로마다 출입구를 설치하고 - 주 관문(53), 근린 사이에는 비주거지를 두어 약간의 경계를 형성하게 하여 근린의 영역을 표시하도록 한다 - 근린의 경계(15). 주 도로는 근린의 경계에 배치한다 - 평행도로(23). 근린에는 공유지나 녹지 같은 시각적 중심지를 제공한다 - 접근 가능한 녹지(60) 또는 소규모 공공광장(61). 그리고, 근린 내의 주택과 일터의 배치는 12개 정도로 구성된 클러스터로 계획한다 - 주택 클러스터(37), 직장 커뮤니티(41) ····

15. 근린의 경계*

NEIGHBORHOOD BOUNDARY

···· 다른 하위문화로부터 서로의 문화를 지키며, 각자의 독특하고 특유한 생활방식을 유지해 나가기 위한 물리적 경계는 하위문화의 경계(13)에 의해 명확해진다. 그렇지만, 하위문화보다 작은 인식할 수 있는 근린(14)을 형성하기 위해서는 보다 작은 경계가 필요하다.

◆　　◆　　◆

근린에 있어서 경계의 힘은 필수적이다. 만약, 경계가 약하면 근린의 존재를 분명하게 하는 특성은 유지되지 못할 것이다.

세포를 둘러싸고 있는 대부분의 세포벽은, 세포 내부의 크기와 같거나 세포의 내부보다 크다. 세포벽은 단순히 안과 밖을 나누는 표피가 아닌 하나의 독립적인 실체이며, 세포 기능의 완전성을 보존하고 세포 내부와 세포 주변의 체액과의 수많은 상호전이를 돕는다.

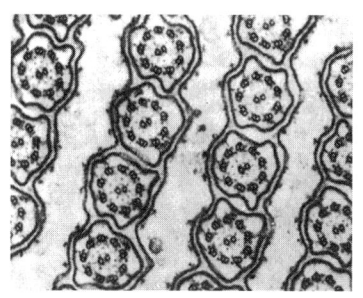

세포와 세포벽: 세포벽은 독립된 존재이다.

하위문화의 경계(13)에서 설명한 바와 같이, 특정한 삶의 방식을 지니고 있는 사람들의 집단은, 주위의 삶의 방식으로 인해 자신들만의 특성이 희석되고 침해되지 않도록 보호해 주는 경계를 필요로 한다. 이러한 하위문화의 경계는 세포벽과 같은 기능을 한다. 즉, 하위문화를 보호하며 주위 기능과의 교류를 위한 공간을 생성한다.

이 논의는 하위문화의 축소판이라고 할 수 있는 개개의 근린에도 적용된다.

하위문화의 경계를 형성하기 위해서는 넓은 폭의 토지나 상공업 활동이 필요하지만, 근린의 경계는 이보다 작아도 된다. 사실상, 500명 내외의 근린의 경계를 상점, 거리, 공공시설로 둘러싸는 것은 불가능하다. 한 근린 내에 근린의 경계를 둘러쌀 수 있을 정도의 상점, 거리, 공공시설을 필요로 하지 않기 때문이다. 물론, 몇몇의 근린상점들 - **거리의 카페**(88), **모퉁이의 일용품점**(89) - 은 근린의 경계를 형성하는 데 도움이 될 것이다. 그렇지만, 전체적인 근린의 경계는 완전히 다른 형태적 원리에 의해서 형성되어야 한다.

물리적인 관점 그리고 거주자의 심리적인 관점에서 성공적인 경계를 형성한 근린을 관찰해 보면, 근린으로의 접근 수단을 제한한 것이 근린의 경계 형성에 있어서 가장 중요한 특징이라는 것을 알 수 있다. 즉, 경계가 성공적으로 형성된 근린은 구역 내로 들어오는 도로의 수가 상대적으로 적으며 명확하다는 것을 알 수 있다.

다음은 성공적인 근린에 대한 한 예로서, 버클리시 에트나 근린의 경우인데 다음과 같은 모습을 하고 있다.

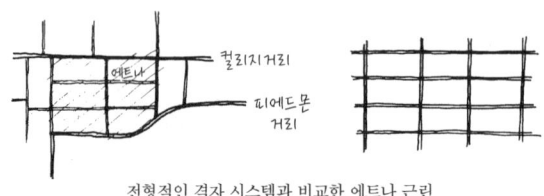

전형적인 격자 시스템과 비교한 에트나 근린

이 근린으로 접근하는 도로는 7개가 있다. 하지만, 도로를 전형적인 격자형 도로로 바꾸어서 생각해보면 접근할 수 있는 도로는 14개로 늘어난다. 나머지 도로들은 근린의 외부에서 T자형의 막다른 길이 되어 버린다. 비록, 에트나 근린이 문자 그대로 벽으로 둘러싸여 있지는 않으나, 근린 내부로의 접근은 교묘하게 제한되어 있다. 결론적으로, 사람들은 특별한 이유가 없다면 근린으로 들어오지 않는다는 것이다. 따라서, 사람들이 근린으로 들어왔다면, 도시 내의 특정한 구역 '내부'에 있다라는 것을 인식하게 될 것이다. 물론, 이 구역은 계획적으로 만들어지지는 않았다. 버클리시의 에트나라는 한 구역은 도로 시스템의 우연에 의해서 생겨난 하나의 인식할 수 있는 근린일 뿐이다.

이 원리의 극단적인 예는 인식할 수 있는 근린(14)에서 묘사한 아우크스부르크Augsburg의 푸거라이Fuggerei이다. 푸거라이는 건물이나 벽에 의해서 주위가 완전히 둘러 쌓여져 있고, 구역 내로 들어가는 길은 좁으며 관문으로 명시되어 있다.

접근 수단이 제한된다는 것은, 정의상 접근 가능한 몇몇 지점이 특별한 중요성을 가지게 된다는 것을 의미한다. 소극적인 방법이건 명확한 방법이건, 몇몇 지점은 근린으로의 입구를 표시하는 관문이 된다. 이에 대해서는 주관문(53)에서 상세하게 다루기로 한다. 성공적인 근린이라면 경계를 명확하게 표현하는 일종의 관문을 통해, 외부로부터 근린을 인식하도록 할 것이다. 즉, 사람들이 관문을 인지하게 되면 그로 인해 경계에 대한 인식이 생겨난다는 것이다.

관문에 대한 개념이 너무 폐쇄적으로 느껴질 수 있으므로, 다음의 내용을 부가하여 설명하고자 한다. 경계구역, 특히 관문 부근에서는 근린 주민들이 모일 수 있는 공공의 집회 장소를 형성해야 할 필요가 있다. 각각의 근린이 독립된 실체라고 한다면, 근린이 모여서 형성된 7,000명의 커뮤니티는 근린 내의 토지를 관리해서는 안 된다. 그렇지만 7,000명의 커뮤니티를 위해 공동의 기능을 수행해야 하는 근린과 근린 사이의 모든 토지 즉, 경계구역은 7,000명의 커뮤니티에 의해 관리된다. 이러한 의미에서 본다면, 경계는 근린을 보호하는 역할 뿐만 아니라 동시에 근린을 보다 큰 프로세스에 통합시키는 역할도 하고 있는 것이다.

그러므로,

근린이 다른 근린과 분리되도록, 근린 주위에 경계를 형성하도록 장려한다. 도로는 폐쇄하거나 근린 안으로의 접근을 제한함으로써 경계를 형성한다. 근린으로 접근하는 도로의 수는 최소한 반 이하로 줄이도록 한다. 제한된 접근로가 경계를 가로지르는 경우에는 관문을 설치한다. 그리고, 경계구역은 주변의 몇몇 근린이 공유하는 집회 장소로 사용될 수 있도록 충분히 넓게 계획하도록 한다.

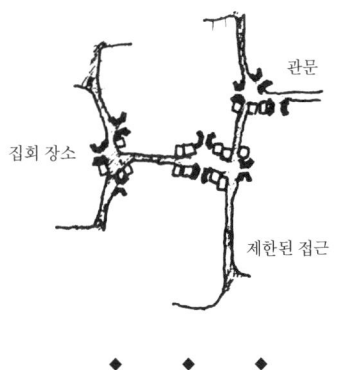

근린의 경계를 형성하는 가장 쉬운 방법은 건물을 근린 안쪽으로 향하게 배치하고, 관문이 되는 몇 군데의 장소를 제외하고는 경계를 가로지르는 접근로를 제거하는 것이다 - 주 관문(53). 그리고, 경계부의 공유지는 공원, 공유 도로, 작은 주차장, 직장 커뮤니티 등과 같이 자연적으로 경계를 형성할 수 있는 것들을 포함한다 - 평행도로(23). 직장 커뮤니티(41), 조용한 후면(59), 접근 가능한 녹지(60), 가려진 주차장(97), 소규모 주차장(103). 경계에

있는 집회 장소로서는 공원, 공동 차고, 옥외실, 상점가, 놀이터 등 사람들이 모일 수 있다면 어떤 시설이라도 상관없다 - 상점가(32), 연못과 개울(64), 공공옥외실(69), 묘지(70), 지구 스포츠(72), 탐험놀이터(73) - ⋯

다음과 같은 네트워크들의 성장을 촉진하여 커뮤니티를 서로 연결한다.

16. 공공교통망
17. 순환도로
18. 학습 네트워크
19. 상점망
20. 미니버스

16. 공공교통망*

WEB OF PUBLIC TRANSPORTATION

···· 손가락 모양의 도시와 전원(3)에서 정의한 바와 같이 도시는 전원을 향해 띠 모양으로 퍼져나가며, 이 띠 모양의 도시는 지구교통구역(11)으로 나누어진다. 각 교통구역을 연결하기 위해서 그리고 손가락 모양의 도시에서 사람과 화물의 이동을 유지하기 위해서는 공공교통망을 형성해야 한다.

◆　　◆　　◆

공공 운송수단 즉, 비행기·헬리콥터·호버크라프트·기차·보트·페리·버스·택시·소형기차·카트·스키리프트·무빙워크 등의 교통망은 각 운송수단들 간에 제대로 연결되었을 경우에만 그 기능을 발휘할 수 있다. 그러나 잘 연결되어 있지 않다. 이런 다양한 형태의 공공 운송수단을 책임지고 있는 기관이 다른데도 서로 연결시킬만한 유인요소가 없기 때문이다.

여기에서 공공 운송수단이 가지는 일반적인 문제점에 대해서 간략히 설명해 보기로 하자. 도시 내에는 수많은 장소들이 있고, 그 장소들은 2차원적인 평면 내에 다소 균등하게 분포되어 있다. 이 평면 내에서 사람들이 원하는 전형적인 이동 방식은 임의의 두 지점간 이동이다. 그렇지만, 도시 내에서의 무수한 지점의 조합을 선형시스템(철도와 같은)으로 직접 연결하는 것은 불가능하다.

그러므로, 공공 운송수단이 제 기능을 발휘하기 위한 유일한 방법은, 다른 종류의 모든 운송수단들을 올바르게 연결하는 것이라고 할 수 있다. 그렇지만, 운송수단 간의 연결이 짧고 신속하지 않다면 연결은 무의미하다. 다른 운송수단으로 환승할 때의 대기시간은 짧아야 한다. 그리고, 두 운송수단을 연결하는 지점에서의 보행거리 또한 매우 짧아야 한다.

이는 매우 명백한 사실이며, 공공 운송수단에 관심을 가지고 있는 사람이라면 누구나 운송수단 간 연결의 중요성을 인식하고 있을 것이다. 그렇지만, 운송수단 간 연결의 중요성이 아무리 명백한 사실이라고 할지라도, 현실적으로 실행하기에는 어려움이 따른다.

두 가지의 현실적인 문제점이 존재한다. 첫 번째 문제점은 각각의 공공 운송수단이 서로 협조하기를 꺼려하는 다른 기관들에 의해서 운영된다는 점이다. 두 번째로는 운송기관 서로가 부분적으로 경쟁 관계에 있기 때문에, 다른 운송기관과의 협조가 자신들의 생존을 위협한다고 생각하기 때문이다.

이는 통근자 집중 거주 지구에서 두드러진다. 기차·버스·미니버스·고속철도·페리 혹은 비행기나 헬리콥터 등도 이 지구에서 같은 승객을 두고 경쟁을 벌인다. 각 운송수단이 각각 독립된 기관들에 의해 운영될 경우, 자신보다 융통성이 없는 운송수단에게 자신의 지선 서비스를 제공해야 할 어떠한 이유도 없다. 즉, 통근 교통이 가장 이익이 되는 서비스이기 때문에, 고속철도·기차·페리 등의 운송수단에게 운송기관들이 양질의 지선 연결 서비스를 제공할 의향이 없는 것이다. 이와 비슷한 예로서, 개발도상국의 많은 도시에서는 미니버스나 승합자동차^{collectivo}가 공공 운송서비스를 제공하며 버스의 승객을 빼앗고 있다. 그렇기 때문에, 주요 노선에서는 소형차량이 주로 서비스를 제공하고 있으며, 승객이 많지 않은 노선에서는 버스가 텅 빈 채로 운행되고 있다. 이는 공공 버스회사들이 적자를 감수하면서 이러한 구역에서 서비스를 제공해야 한다는 요구에 따른 것이다.

따라서, 공공 교통망의 해결책은 다른 시스템들 간의 협동의 문제를 어떻게 풀어낼 것인가에 달려 있다. 이는 굉장히 어려운 문제이지만, 여기서 우리는 해결책으로서 하나의 방법을 제안하기로 하겠다. 기존의 공공 운송수단에 대한 개념은 노선이 가장 중요하다고 할 수 있으며, 노선을 연결하기 위해 필요한 환승지점은 두 번째 요소였다. 우리가 제안하는 시스템은 이와는 반대인데, 다시 말하면, 환승지점이 가장 중요하며, 노선은 환승지점 간을 이어주는 두 번째 요소라는 것이다.

다음과 같은 기관을 상상해보자. 각 환승지점은 그곳을 사용하는 커뮤니티에 의해서 운영된다. 커뮤니티는 각 환승지점의 운영자를 임명하고, 예산 관리와 운영권을 부여한다. 운영자는 자신이 관리하고 있는 환승지점에서의 서비스를 조정하고, 운송회사로부터의 서비스를 인가할 수 있다. 그렇다면, 운송회사들은 서비스를 제공하기 위해서 다른 회사들과 자유롭게 경쟁할 것이다.

이 계획에 의하면, 공공운송에 대한 책임은 노선으로부터 환승지점으로 이동하게 된다. 환승지점은 서로를 연결할 책임이 있으며, 환승지점을 이용하는 커뮤니티는 자신들이 원하는 운송서비스가 환승지점을 통과하도록 결정할 것이다. 그리고, 환승지점 운영자는 운송서비스가 자신의 환승지점을 통과할 수 있도록 운송 회사를 설득하는 것이다.

환승지점을 연결하는 서비스는 서서히 완성되어 나갈 것이다. 이러한 모델과 가장 가까운 예로서, 그리고 집중화된 운송기관들이 제공할 수 있는 서비스보다 이 모델이 제공할 수 있는 서비스가 높은 수준의 서비스를 제공할 수 있다는 것을 스위스 철도 시스템은 보여준다.

스위스 철도 시스템은 세계에서 가장 밀도 높은 네트워크 시스템 중 하나이다. 이는 경제적인 운영만을 생각한 것이 아니라, 수많은 문제를 해결하기 위해 막대한 비용을 들여 주민의 의사를 반영한 네트워크로 작은 마을이나 외진 산간지방의 요구에도 부응하는 서비스를 갖추고 있다. 이는 치열한 정치적 투쟁의 결과였다. 19세기, 민주철도운동Demo-cratic Railway Movement에 의해 스위스의 작은 커뮤니티들은 집중화를 주장하는 대도시들과 대립관계에 놓이게 된다. (중략) 그리고 여기에서 스위스의 시스템과 프랑스의 시스템을 비교해 보면, 프랑스의 시스템은 놀랄 만큼 기하학적이며 규칙적으로 파리에 집중되어 있어서, 지역의 흥망성쇠가 파리와의 연결성에 달려 있다. 이런 점에서 이 두 나라의 철도지도로 단일국가와 연방국가의 차이점을 알 수 있다. 철도지도를 보면 알 수 있겠지만, 그 위에 경제활동이나 인구의 이동을 나타내는 다른 지도를 겹쳐 보아도 좋다. 외진 곳까지를 포함하는 스위스의 전 국토에 걸친 산업활동의 분포는, 슬럼가나 의지할 곳 없는 프롤레타리아 계급을 출현시킨 19세기의 산업 집중을 방지하였고, 이는 스위스의 사회구조의 저력과 안정성을 보여주고 있다.[Ward 1966]

그러므로,

환승지점을 최우선으로 하고 운송노선을 그 다음으로 생각한다. 점차적으로 많은 노선들, 많은 운송수단들이 모든 환승지점에서 연결되기를 기대하며, 모든 공공 운송수단 - 비행기·헬리콥터·페리·보트·기차·고속철도·버스·미니버스·스키리프트·에스컬레이터·무빙워크·엘리베이터 - 들이 자신들의 노선을 환승지점에 연결하도록 인센티브를 제공한다.

환승지점은 각 지구의 커뮤니티가 운영하도록 한다. 그러면, 지구 커뮤니티는 환승지점에서 서비스를 제공하기를 원하는 운송회사들과 계약을 해나

가면서 이 패턴을 실현해 나갈 수 있을 것이다.

다양한 노선을 하나의 환승지점에 집중시키고, 600피트_{약 182m} 이내에 주차장을 설치하여 사람들이 걸어서 환승할 수 있도록 한다 - **환승지점**(34). 주요 역은 편리한 지선 시스템을 갖추는 것이 중요하다. 그렇게 된다면, 사람들은 자가용의 이용을 강요당하지 않을 것이다 - 미니버스(20) ---…

17. 순환도로

RING ROADS

···· 이번 패턴에서 구체적으로 설명할 순환도로는 지구교통구역(11)을 정의하고 형성하는 데 기여한다. 또한, 환승지점(34)들이 연결되도록 순환도로를 배치하면 공공교통망(16)을 형성하는 데에도 도움이 된다.

◆   ◆   ◆

현대사회에서 고속도로의 필요성을 부정할 수는 없다. 하지만, 보다 중요한 것은 커뮤니티나 전원을 파괴하지 않도록 고속도로를 배치하고 건설하는 것이다.

1950년대부터 1960년대의 자동차 전용도로나 초고속도로의 건설 붐은 각 지구 주민들의 저항운동 확산으로 인하여 속도가 저하되기는 하였다. 그렇다 하더라도, 고속도로의 필요성을 완전히 부정할 수는 없다. 또한, 현대도시가 경제·사회적으로 의존하고 있는 자동차·트럭·버스의 거대한 운송량을 대신할 수 있는 현실적인 대안을 찾을 가능성은 아직 없다.

하지만, 고속도로의 배치가 잘못되었을 경우에는 막대한 피해를 입는다. 고속도로의 잘못된 배치는 커뮤니티를 분할하고, 수 공간을 격리시키며 전원으로의 접근을 제한한다. 그리고, 무엇보다도 심한 소음을 만들어 내는데, 고속도로의 소음은 수백 야드 심지어는 1~2마일^{약 1.6~3.2km}까지 영향을 미친다.

고속도로의 위치와 건설에 동반되는 명백한 딜레마를 해결하기 위해서는, 커뮤니티를 파괴하고 생활에 엄청난 충격을 주는 소음으로부터 생활을 보호할 수 있는 도로 건설과 배치에 관한 방법을 생각하지 않으면 안 된다. 이 방법의 핵심이라고 생각되는 세 가지 조건은 다음과 같다.

1. 하나의 지구교통구역(11)에 속하는 커뮤니티는 고속도로에 의해서 분할되지 않지만, 최소한 하나의 고속도로에는 접하게 한다. 그렇게 한다면 다른 커뮤니티나 지구로의 신속한 자동차 이동이 가능하게 될 것이다.

2. 각각의 지구교통구역의 주민들이 고속도로를 횡단하지 않고 전원에 접근할 수 있어야 한다. 이 사항에 대해서는 손가락 모양의 도시와 전원(3)을 참고한다. 간단히 말하면, 각 지구교통구역에서 적어도 한쪽 면이 전원에 직접 면하도록 고속도로를 배치해야 함을 의미한다.

3. 가장 중요한 것은 주변의 생활을 보호하기 위해서 모든 고속도로의 소음을 통제해야 한다는 것이다. 즉, 도로의 레벨을 낮추거나 소음의 피해를 줄일 수 있는 둔덕·주차시설·창고 등을 이용하여 도로를 둘러싸도록 한다.

그러므로,

고속도로(자동차 전용도로 그리고 다른 주요 간선도로)를 다음과 같이 배치하도록 한다.

1. 각각의 지구교통구역은 최소한 하나의 고속도로와 접하게 한다.

2. 각각의 지구교통구역의 최소한 한 면은 고속도로에 의해서 둘러싸이지 않으며, 전원과 직접 면하도록 한다.

3. 소음으로부터 근린을 보호하기 위해서, 도로 노면의 레벨을 낮추거나 도로를 제방·둔덕·공장 등을 이용하여 가려 막는다.

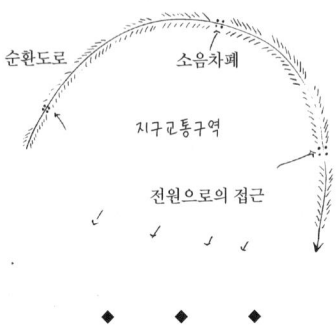

◆　　◆　　◆

고속도로는 반드시 하위문화의 경계 사이에 배치하도록 한다 - 하위문화의 경계(13). 또한, 절대로 수 공간을 따라서 배치하지 않도록 한다 - 수 공간에의 접근(25). 가능하면 공장이나 대규모 주차장을 도로에 인접하도록 배치해서 보조적인 차음 시설로 이용한다 - **띠 모양의 공업구역**(42), 가려진 주차장(97) --··

18. 학습 네트워크*

NETWORK OF LEARNING

···· 학습 네트워크는 교통망처럼 물리적이라기보다는 개념적인 네트워크
이다. 그렇지만, 교통망에 못지 않는 중요한 네트워크이다. 학습 네트워크는
도시 전역에서 발생하는 무수한 상황들의 연결체이며, 실제로 젊은 세대에
게 삶의 방법을 가르치는 도시의 '커리큘럼'을 구성한다.

◆　　◆　　◆

교육teaching**을 강조하는 사회에서는 어린이, 학생 그리고 어른조차도 수동**

적이 되며, 스스로 생각하고 행동할 수 없게 된다. 창조적이며 능동적인 사람은 교육이 아닌 학습learning을 강조하는 사회에서만 성장할 수가 있다.

더 이상 공공교육을 비판할 필요는 없다. 비판이라고 하는 것은 장황하며, 문제를 개선하는 데에는 거의 도움이 되지 않는다. 학습과 교육의 프로세스는 이미 광범위하게 연구되었다. 현재 중요한 것은 무엇을 할 것인가 이다.[Dennison 1969]

지금까지의 연구 중에서, 교육기관의 대안에 관한 가장 통찰력 있는 분석과 제안은, 일리치Ivan Illich가 쓴 『탈학교 사회De-schooling society』와 「학교 없는 교육: 어떻게 실현될 것인가Education without schools: How It Can Be Done」라는 논문에서 찾아 볼 수 있다.[Illich 1971-1]

일리치는 학교의 교육과는 정반대의 학습 방식을 주장하였는데, 일리치의 방식은 모든 거대 도시에서 자연스럽게 접할 수 있는 풍부한 기회와 특히 잘 맞는 방식이라고 할 수 있다.

학교를 통한 사회 통제의 대안으로는, 사회의 모든 학습 자원에 접근이 가능한 네트워크를 통한 자발적인 사회 참여가 있을 수 있다. 현재 이러한 네트워크가 존재하기는 하지만, 사실상 교육의 목적으로는 거의 활용되지 않고 있다. 학교 교육의 위기를 넘어서 보다 긍정적인 결과를 얻고자 한다면, 학습 자원에 접근이 가능한 네트워크가 교육 프로세스에 통합되어야 할 것이다.

학교의 교육은 다음과 같은 가정에 의해서 성립되고 있다. 우선, 인생의 모든 것에는 비밀이 있다. 그리고, 인생의 질은 그 비밀을 아는 것에 따라 결정된다. 비밀은 정연한 순서에 따라 알게 되며, 비밀을 올바르게 보여줄 수 있는 것은 교사뿐이다. 학교 교육을 올바르게 마친 사람에게 있어서, 이 세상은 짐꾸러미를 피라미드 형태로 쌓아 놓은 것과 같고 올바른 전표를 가진 사람만이 자신의 짐을 찾을 수 있을 것이라고 생각한다. 새로운 교육기관은 이러한 피라미드를 해체할 수 있을 것이다. 새로운 교육기관의 목적은 학습자가 쉽게 접근할 수 있도록 하는 것이다. 다시 말하면, 학습자가 실내로 들어올 수 없는 경우에라도 관리자의 방 또는 회의실을 창문 너머로 볼 수 있도록 허용하자는 것이다. 또한, 학습자가 추천서나 출신에 상관없이 접근할 수 있도록 하자는 것이다. 즉, 동년배는 물론 쉽게 접할 수 없는 선배와도 함께 할 수 있는 공간이 형성되는 것이다.

네트워크의 관리자가, 학습 자원으로의 접근을 제공하는 건물이나 도로의 관리에 집중하는 동안에, 교사는 학생이 목표에 도달할 수 있는 최선의 방법을 찾도록 도와줄 수 있을 것이다. 만약, 학생이 이웃의 중국인에게 광동어를 배우고 싶어 한다면 교사는 학생의 실력을 판단하고, 학생의 능력·성격 그리고 학습시간에 맞는 교과서나 학습법의 선택을 돕는다. 비행기 정비사가 되고 싶은 사람에게는 견습생으로 적합한 장소를 찾도록 조언을 해준다. 교사는 아프리카의 역사에 대해서 토론할 적극적인 동료를 찾는 사람에게 적당한 책을 소개해 줄 수 있다. 네트워크 관리자처럼 교육 조언자는 자신을 전문적인 교육자로 생각한다. 개인은 수업 교환권을 이용하여 네트워크 관리자 및 교육 조언자에게 접근하는 것이 가능하다.

카네기 위원회의 중간보고와 작년에 간행된 일련의 주요문서에는 "교육 전문가들은 졸업증서를 위한 교육이 이미 현대사회의 중심적인 교육제도에 적합하지 못하다는 것을 깨닫고 있다"고 기술되어 있다. 또한, 탄자니아의 나이어^{Julius Nyere}는 교육과 마을의 생활을 통합하는 계획을 발표하였고, 캐나다의 라이트 위원회^{Wright commission}는 중등교육과정 이후의 정규교육과정이 온타리오 주민에게 평등한 교육 기회를 제공할 수 없다고 보고했다. 페루의 대통령은 일생을 통해 자유로운 교육 기회를 제공받기 위해서는 무료 교육제도를 폐지해야 한다는 교육위원회의 권고를 받아들였는데, 실제로 이 권고사항을 실행하기 위해서는 교사들이 학교를 떠나지 않도록 그리고 진정한 교육자들에게 방해가 되지 않도록 서서히 진행되어야 한다고 주장했다고 한다.[Illich 1971]

간단히 말해서, 앞서 설명한 것과 같이 철저하게 분산된 교육시스템은 도시구조 자체와 일치한다. 모든 계층의 사람들이 자신의 지식과 좋아하는 주제로 수업을 제공한다. 전문직업인들과 작업그룹은 자신들의 사무실이나 직장에서 견습의 기회를 제공하기도 한다. 노인은 자신의 평생에 걸친 사업이나 관심사에 대해서 가르치며, 전문가들은 자신의 전문 분야를 지도한다. 삶과 학습이 하나가 되는 것이다. 그렇게 되면 3~4세대마다 적어도 한 명이 수업 또는 훈련을 제공하고 있다고 생각해도 좋을 것이다.

그러므로,

고정된 장소에서의 판에 박힌 의무교육 대신에 학습의 프로세스를 조금씩 분산하여, 도시 전역의 여러 장소에서 다양한 사람들과의 만남을 통해 학습의 기회를 풍부하게 하도록 한다. 예를 들자면, 직장 혹은 집에 있는 교사, 거리를 걷고 있는 교사, 자발적으로 젊은이들을 자신의 조수로 받아들이는 전

문가, 자신보다 어린 아이를 가르치는 조금 더 큰 어린이, 박물관, 여행하는
젊은이들, 학술세미나, 공장의 작업장, 노인 등이 있을 것이다. 이러한 상황
들은 학습의 프로세스에 있어서 중심적인 역할을 한다고 생각한다. 이러한
상황을 관찰하고 그 특징을 정리해서 도시의 커리큘럼으로 출판하도록 한
다. 그리고, 학생·어린이·그들의 가족 등이 자신들의 '학교'를 만들 수 있도
록 하고, 커뮤니티의 세금으로 조성된 공식수업교환권을 이용하여 수업료를
내도록 한다. 이러한 네트워크를 확장하고 발전시키는 새로운 교육시설을
짓도록 한다.

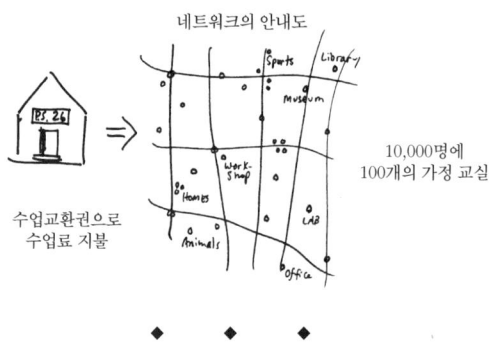

ﾠﾠﾠﾠﾠﾠﾠﾠﾠﾠﾠﾠﾠﾠﾠﾠﾠﾠ네트워크의 안내도

10,000명에
100개의 가정 교실

수업교환권으로
수업료 지불

◆ﾠﾠﾠﾠ◆ﾠﾠﾠﾠ◆

무엇보다도, 가정에서의 세미나나 연구회를 장려한다 - 가정 내 작업장
(157). 모든 도시에서 어린이들이 안전하게 뛰어놀 수 있는 보행로가 있는
지 확인한다 - 도시의 어린이(57). 모든 근린에 최소한 한 명의 어린이를 위
한 공공의 '가정'을 설치하도록 한다 - 어린이집(86). 도시 내에서 업무나 상
업활동이 활발한 구역에는 직업훈련을 위주로 하는 작은 학교를 다수 설치
한다 - 상점 앞 배움터(85). 10대 청소년들이 자발적으로 운영하는 학습단체
를 계획할 수 있도록 장려하며 - 10대의 사회(84), 대학은 지역 전체의 성인
을 대상으로 하는 성인 학습장의 하나로 생각한다 - 시장과 같은 대학(43).
그리고, 전문가와 상인들의 실제적인 업무 내용을 네트워크의 기본적인 연
결점으로 사용하도록 한다 - 장인과 도제(83) - …

19. 상점망*

WEB OF SHOPPING

···· 이번 패턴은 상점이나 서비스 시설이 필요한 곳에서, 이 시설들의 위치 선정에 도움이 될만한 점진적인 프로세스에 대해 정의한다. 그리고, 이 프로세스는 상점이나 서비스 시설이 **하위문화들의 모자이크(8), 하위문화의 경계(13)**를 강화시키고 **분산된 일터(9)와 지구교통구역(11)**을 위한 분산 경제를 강화하는 방식으로 진행된다.

◆　　◆　　◆

상점이 사람들의 요구를 최대로 만족시켜줌과 동시에, 상점 자체의 안정을 보장할 수 있는 곳에 위치하는 경우는 드물다.

도시 내의 많은 곳에서 서비스 공급은 충분하지 않다. 서비스를 제공하는 새로 개점한 상점들이 대부분 서비스를 필요로 하는 곳이 아니라, 주로 다른 상점 근처나 주요 중심지에 위치하기 때문이다. 상점을 단지 계열 상점의 이익을 추구하는 수단이 아니라 사회적인 요구의 일부로 생각하는 이상적인 도시에서는, 상점들이 현재보다 더욱 광범위한 구역에서 균등하게 분산되어야 할 것이다.

수많은 소규모 상점들이 경영상 불안정하다는 것은 사실이다. 소규모 상점들의 3분의 2가량이 개점 1년 이내에 문을 닫는다. 불안정한 사업자에게서는 충분한 서비스를 받을 수 없고, 위치 선정의 오류는 또다시 사업자들의 경제적인 불안정으로 이어진다.

즉, 커뮤니티의 요구를 만족시키기 위해 상점들을 분산시키는 것과 동시에 상점들의 안정성도 보장하기 위해서, 새로운 상점은 비슷한 서비스를 제공하는 다른 상점들 사이에 발생하는 공백을 채우는 위치에 배치되어야 한다. 또한, 상점 경영을 위한 최소한의 고객을 보장해야 한다. 이제 이 원리에 대해서 정확한 용어로 설명해 보기로 한다.

안정적인 상점 시스템의 특성에 대해서는 비교적 잘 알려져 있는데, 본질적으로 다음과 같은 개념을 기반으로 한다. 즉, 각각의 상점은 유지를 위해 일정 인구 이상이 거주하는 소비인구권역이 필요하다는 것이다. 이때 어떠한 종류나 규모의 상점이라도 균등하게 분산되고, 각각 분산된 상점을 유지할 수 있는 규모의 소비인구가 있는 권역 중심에 위치한다면, 상점의 운영은 안정적일 것이다.

소비인구권역

상점이나 쇼핑센터가 왜 항상 그에 맞는 최적의 소비인구권역에 분포하지 않는가에 대한 것은 호텔링의 문제Hotelling's problem라는 상황으로 간단히 설명할 수 있다. 한 여름의 해변 그리고 해변가의 한 아이스크림 판매상을 상상하여 본다. 그리고, 스스로를 아이스크림 판매상이라고 가정해 본다. 당신은 해변가에 도착하였다. 이미 도착해 있는 아이스크림 판매상과의 관계를 고려한다면 해변 어디에 가게의 위치를 정할 것인가? 다음 두 가지의 해결책이 가능하다.

아이스크림 문제의 두 가지 접근법

첫 번째 경우는 다른 아이스크림 판매상과 해변의 소비인구권역을 나누는 것이다. 자신이 해변의 절반을 가지고, 나머지 절반은 다른 아이스크림 판매상에게 사용하게 하는 것이다. 이 경우, 해변에 있는 사람의 절반이 자신에게 더 가깝도록, 되도록이면 다른 판매상과 거리를 두어 위치를 정하게 된다.

두 번째 경우는, 다른 판매상의 바로 옆에 위치 하는 경우이다. 즉, 다른 판매상과 경쟁하기로 하고, 해변의 절반이 아닌 전체를 조망할 수 있는 장소에 그 위치를 정하는 것이다.

상점이나 쇼핑센터가 개점할 때에도 이와 비슷한 상황에 직면하게 된다. 경쟁업체가 없는 구역에 개점을 하는 방법도, 기존 업체의 고객들을 끌어오기 위해 다른 업체가 집중적으로 밀집하는 곳에 개점하는 방법도 가능하다.

문제는 간단한데, 사람들은 두 가지의 대안 중에서 보통 후자를 선택하는 경향이 있다는 것이다. 이는 표면적으로는 후자가 더 안전해 보이기 때문인데, 사실은 둘 중에 첫 번째의 선택이 보다 편리하고 안전하다. 고객에게 있어서는 현재 상점이 위치하고 있는 곳보다는 집이나 직장 근처에 필요로 하는 상점이 있는 것이 더 편리하며, 상인에게 있어서도 자신들의 서비스를 필요로 하는 소비인구권역의 중심에 경쟁자가 없는 상태로 위치하는 것이 겉보기와는 다르게 안전한 것이다.

이제부터, 이러한 특성을 가진 망web 조직의 전반적인 특성에 대해서 생각해 보기로 하자. 현대도시에서 같은 업종의 상점은 상업 중심지구에 집중하려는 경향이 있다. 게다가 소위 주거구역이라고 불리는 곳에서 상점을 규제하는 지역지구제가 원인이 되어 상점들의 집중을 부추긴다. 그리고, 고객을 서로 균등하게 나누는 것보다, 다른 상점들과 경쟁을 하는 것이 고객을 확보하기에 유리하다는 잘못된 개념이 상점의 집중을 가속화하였다. 여기에서 제안하고 있는 '주민을 위한' 상점망은, 상점이 보다 더 균등하게 분산되어 있고, 고객 경쟁보다는 서비스에 중점을 두는 방식이다. 그렇긴 해도, 서비스의 질이 좋지 않은 상점이 도태되는 정도의 경쟁은 있을 수 있다. 이렇게 하면 각각의 상점은 더 좋은 서비스를 제공할 것이고 근처 소비인구권역의 고객들을 끌어올 수 있을 것이다. 그리고, 여기서 중요한 것은 경쟁이 아니라 협조이다.

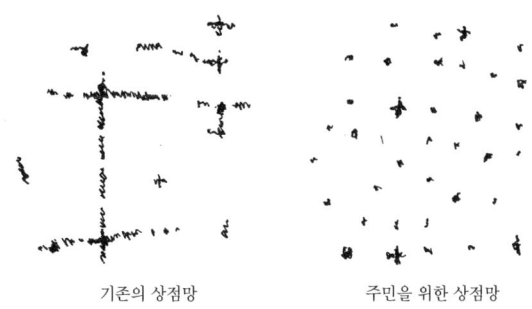

기존의 상점망   주민을 위한 상점망

이와 같은 균일하게 분산된 주민을 위한 상점망을 형성하기 위해서는, 새로운 상점의 위치를 정할 때 다음 세 가지 과정을 따르는 것만으로도 충분하다.

1. 자신이 관심 있는 서비스를 제공하는 모든 상점들을 확인하고 지도에 표시한다.

2. 잠재 고객의 위치를 파악하고 그것을 지도에 표시한다. 가능하면, 해당 구역의 잠재 고객 밀도나 총수를 표시한다.

3. 잠재 고객이 존재하는 구역 내에서, 기존 상점망의 가장 큰 공백을 찾는다.

서비스의 공백

우리 동료 두 명은 위와 같은 과정을 통해 만들어진 상점망이 가지는 효율성과 잠재적 안정성을 검증하였다.[Angel & Loetterle 1967] 우선 시장을 조사하였는데, 인구밀도와 구매력을 알고 있는 특정구역을 선정하고, 규모가 다른 시장의 확률적 분포를 검출하였다. (1)기존의 모든 시장 중에서, 규모를 유지하는 데 충분한 사업체를 모으지 못하는 시장은 삭제한다. (2)새로운 시장의 입지로 가능성이 있는 위치 중, 가장 잘 유지되리라 생각되는 위치를 선정한다. (3)경제적으로 실현 가능성이 가장 높은 새로운 시장의 크기를 찾아낸다. (4)기존의 시장 중에서 경제적으로 가장 타당성이 없는 시장을 찾아내서 상점망에서 삭제한다. (5)더 이상 개선의 여지가 없을 때까지 (2)에서 (4)까지의 과정을 반복한다.

이와 같은 방법을 통해서, 초기의 확률적인 시장의 분포로부터 점차적으로 경제적인 안정성을 갖는 시장의 변동적·주기적 분포를 얻을 수 있다.

당연한 것이지만, 이 검출 과정에 의해서 같은 종류의 상점은 서로에게서 멀어지게 되고, 다른 종류의 상점은 집중하는 경향이 있을 것이다. 이는 단지 고객의 편리성을 따른 결과이다. 앞서 설명한 것처럼 항상 같은 업종을 표시한 상점망의 가장 큰 공백에 새로운 상점을 위치시킨다는 규칙을 따른 다고 하더라도, 공백 부분 내에는 상점을 배치할 만한 장소가 여전히 많이 존재한다. 공백 부분 내에서 업종이 다른 상점들이 가장 많이 모여 있는 장 소에 해당 서비스 상점을 배치하는데, 이는 상점 앞을 지나는 사람 수를 늘 리기 위해서이다. 간단히 말하자면, 고객이 더욱 편리하다고 느끼는 곳에 상점의 입지를 정하는 것이다.

이 과정에서 나타나는 상점 클러스터에 관해서는 베리Berry에 의해서 자세 히 연구되었는데, 그는 상점 간의 간격은 인구밀도에 따라 상당히 다르지만 집단화의 정도는 매우 유사하다는 것을 알아냈다.[Berry 1967] 즉, 상점 클러스 터 망 조직의 기본요소는 이 책에서 정의하고 있는 패턴과 상당히 유사하다 고 할 수 있다.

그러므로,

상점의 입지를 정할 때는, 다음의 세 단계를 따른다.
1. 자신이 관심 있는 서비스를 제공하는 모든 상점들을 확인하고 지도에 표시한다.
2. 잠재 고객의 위치를 파악하고 지도에 표시한다. 가능하면, 해당 구역의 잠재 고객 밀도나 총수를 표시한다.
3. 잠재 고객이 존재하는 구역 내에서, 기존 상점망의 가장 큰 공백을 찾 는다.
4. 유사한 상점망의 공백 부분 내에서, 다른 업종의 상점이 집중된 곳에 해 당 서비스 상점을 배치한다.

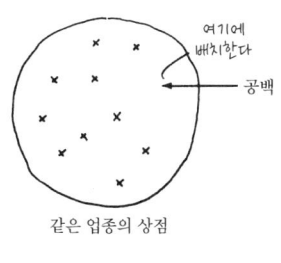

같은 업종의 상점

◆　　◆　　◆

이 규칙을 따르면 다음과 같은 종합적인 특성을 지닌 상점망을 추정해 낼수 있다.

	인구	거리(마일)
도시의 매력(10)	300,000	10*
산책로(31)	50,000	4*
상점가(32)	10,000	1.8*
다점포 시장(46)	4,000	1.1*
모퉁이 일용품점(89)	1,000	0.5*

* 이 거리는 1제곱마일당 5,000명의 총 인구밀도로부터 계산되었다. D명/제곱마일의 경우에는 거리를 $\sqrt{D/5000}$으로 나눈다 …

20. 미니버스*

MINI-BUSES

···· 이번 패턴은 지구교통구역(11)과 공공교통망(16)의 완성에 도움이 된다. 지구교통구역은 주로 도보·자전거·카트·말에 의존하며, 공공교통망은 기차·비행기·버스에 의존한다. 두 가지 패턴을 보조하기 위해서는 보다 유연성 있는 공공 운송수단이 필요하다.

◆　　◆　　◆

대도시에서는 모든 지점 간을 공공 운송수단을 통해서 이동할 수 있어야 한다.

버스나 기차는 노선을 따라 운행된다. 따라서 정류장이나 역이 출발지나 목적지로부터 먼 거리에 있다면 이동이 효율적이지 못하다. 택시는 원하는 출발지에서 목적지까지 이동이 가능하지만 비용이 많이 든다.

이 문제를 해결하기 위해서는 버스와 택시의 중간적인 형태의 운송수단이 필요하다. 이를 위해서 미니버스가 제안될 수 있는데, 미니버스는 운행 도중 어느 장소에서든 승·하차가 가능하고 택시보다 저렴한 요금으로 이용할 수 있는 운송시스템이다.

최근의 연구나 주행실험에 의하면, 전화요청을 기반으로 하는 미니버스 시스템은 1회 50센트 이하의 가격으로 출발지에서 목적지까지 15분 내에 승객을 운송할 수 있다(1974년). 그리고, 이 시스템은 경제적으로 자립할 수 있을 정도로 이익을 내고 있으며, 운행 도중 다른 승객의 승·하차가 가능하다는 것 이외에는 택시처럼 이동한다. 또한, 시간 절약을 위해서 자택의 현관 앞까지는 아니더라도 가장 가까운 지점까지 운행하는데, 요금은 택시 요금의 4분의 1정도로 저렴하다.

이 미니버스 시스템은 새롭고 정교한 컴퓨터 프로그램의 발달에 어느 정도 의존하고 있다. 전화요청이 들어오면, 컴퓨터는 승차하고 있는 승객의 수와 함께 모든 미니버스의 현재 운행상황을 파악하고, 어떤 버스가 최단 우회거리로 승객을 태울 수 있을 것인가 결정한다. 컴퓨터 교환실의 운행 관리원은 무선통신장치를 이용해 해당 미니버스에게 연락을 한다. 이에 대한 상세한 내용은 호출식 버스에 대한 최근 연구에 자세히 기술되어 있다.[MIT 1971]

캐나다의 미니버스

이러한 호출식 버스 시스템은 경제적인 관점에서 실현 가능성이 있기 때문에, 현재 실용 단계에 있다. 노선이 정해져 있는 기존의 공공 운송시스템이 현재 서비스 수준의 저하, 승객의 감소, 국가보조금 의존도의 증가 등으로 어려움을 겪고 있는 반면, 호출식 버스 시스템은 세계적으로 30개소 이상에서 성공적으로 운행되고 있다. 예를 들면, 레지나Regina, Saskatchwan에서는 이 호출식 버스가 교통시스템을 지탱하는 유일한 수단이다.[Atkinson 외 1972] 뉴욕의 바타비아Batavia에서는 호출식 버스가 유일한 공공 운송수단으로, 요금은 40~60센트이며 약 16,000명의 주민을 위해서 운행되고 있다.

마지막으로 공공 운송수단이 가지는 두 가지 중요한 문제를 제기할 것인데, 이는 미니버스의 필요성을 더욱 강조할 것이다.

우선, 도시에는 운전을 못하는 사람이 다수 존재하며 그들 모두의 요구를 만족시킬 수 있는 현실적인 수단은 미니버스 시스템밖에 없다고 생각한다.

운전을 할 수 없는 사람의 수는 상상 외로 많다. 노인층, 장애인, 젊은이, 빈곤층으로 불평을 말하지 않는 조용한 소수자들이다. 1970년 현재, 미국의 세대 중 20퍼센트 이상이 자동차를 소유하지 않고 있다. 연 수입 3,000달러 이하 세대의 57.5퍼센트가 자동차를 소유하고 있지 않으며, 세대주가 65세 이상인 세대의 44.9퍼센트가 또한 그러하다. 10세에서 18세까지의 청소년의 80퍼센트는 이동 시에 공공 운송수단이나 다른 운송수단에 의존하고 있다. 공공 운송수단이 원하는 출발지에서 목적지까지의 이동 서비스를 제공한다면 570만의 장애인은 공공 운송수단의 잠재적인 승객이 될 것이다.[Myers 1972]

둘째로, 앞서 말한 특수한 경우의 요구가 아니더라도 실제로 미니버스 시스템 없이는 버스·보트·기차 같은 공공교통망이 제 기능을 발휘하지 못한다. 큰 운송시스템은 작은 운송수단, 즉 역까지 가기 위한 운송수단이 필요하다. 만약, 전철을 타기 위해서 승용차를 타고 역까지 가야 한다면, 전철을 이용하지 않고 승용차를 이용하여 목적지까지 이동할 것이다. 보다 큰 공공교통망 서비스를 보조하기 위한 작은 운송시스템으로서 미니버스는 꼭 필요한 시스템이다.

그러므로,

택시 같은 버스시스템을 만들도록 한다. 각 버스의 정원은 6명이며, 무선으로 관리되며 전화로 호출할 수 있다. 또한, 승객의 요구에 따라서 출발지에서 목적지까지의 서비스를 제공한다. 그리고, 우회거리와 대기시간을 최소한으로 할 수 있도록 컴퓨터 시스템으로 보완하도록 한다. 미니버스 시스템을 위한 정류장을 각 방향 600피트약 182m**마다 배치하고, 정류장에는 전화를 설치해서, 버스를 호출할 수 있도록 한다.**

6명 정원의 버스

전화 호출기

600피트 간격의 정류장

◆　　◆　　◆

주로 주요도로를 따라서 미니버스용 버스정류장을 설치하며, 가장 가까운 버스정류장에 가기 위해서 600피트 이상을 걷지 않도록 한다 - 평행도로(23). 모든 환승지점(34)에 정류장을 설치하며, 각 정류장은 버스를 기다리는 것이 지루하지 않도록 계획한다 - 버스정류장(92)) - ···

다음의 기본적인 원칙에 따라서,
각 지구의 환경적 특성을 규제하는 커뮤니티와 근린의 정책을 확립한다.

21. 4층 제한
22. 9퍼센트의 주차장
23. 평행도로
24. 성지
25. 수 공간에의 접근
26. 인생의 주기
27. 남성과 여성

21. 4층 제한**

FOUR-STORY LIMIT

·····도시 내에서 건물의 밀도는 일정하지 않다. 일반적으로, 도시의 중심부에서는 높아지고 주변에서는 낮아진다. - 손가락 모양의 도시와 전원(3), 레이스 모양의 전원도로(5), 도시의 매력(10). 그렇지만, 도시 내에서 건물의 밀도가 가장 높은 지점이라 할지라도, 모든 건축물이 높이 제한을 따라야 할 분명하고도 인간적인 이유가 존재한다.

◆　　◆　　◆

고층 건물이 사람을 미치게 한다는 수많은 근거가 존재한다.

　고층 건물은 은행과 건물주에게 투기적인 이익을 제공한다는 것 이외의 진정한 이점은 없다. 고층 건물은 고가이며, 오픈스페이스를 창출하는 데에도 그다지 도움이 되지 않는다. 도시의 경관과 사회생활을 파괴하며, 범죄 발생을 촉진시키고 어린이들의 생활을 곤란하게 한다. 또한, 고가의 유지비가 필요하며 근처의 오픈스페이스를 파괴하고, 일조·공기·조망을 훼손한다. 그러나, 일반적으로 인식하기 힘든 위와 같은 이유들을 제외하더라도 고층 건물이 실제적으로 인간의 심리와 감정을 파괴한다는 실증적인 증거가 존재한다.

신조어로 Minitrue라 하는 진실부The Ministry of Truth는 시야에 들어오는 다른 건물들과 매우 큰 차이가 있다. 반짝이는 하얀 콘크리트로 만들어진 거대한 피라미드 모양의 건물은 공중 300m까지 솟아 있다. (조지오웰, 1984)

　이에 대한 근거는 두 가지로 나누어진다. 하나는 가족의 정신적, 사회적인 안녕에 대한 고층 주거 형태의 영향이다. 그리고, 다른 하나는 거대 건물·고층 건물이 사무실이나 작업장에서 인간관계에 미치는 영향이다. 이번 패턴에서는 두 개의 근거 중에서 전자에 대해서 다루고 있으며, 사무실과 작업장에 대한 다른 근거는 복합건물(95)에서 다루기로 한다. 왜냐하면, 이러한 현상은 건물의 높이뿐만 아니라 건물 전체의 용적과도 관계가 있기 때문이다.

다음 문단에서 다루고 있는 내용이 겉보기에는 주택에 치우쳐 있다는 것이 명백하지만, 이 패턴에서 강조하고 싶은 것은 근본적인 현상인데, 다시 말해서 고층 건물로부터 기인하는 정신장애와 사회적 소외는 주택과 직장에서 동일하게 발생한다는 것이다.

이에 관한 가장 확실한 증거는 패닝D.M. Fanning의 논문에서 찾아볼 수 있다.[Fanning 1967] 패닝은 정신장애와 공동주택의 높이가 직접적인 상관관계가 있다는 것을 증명하였다. 그에 따르면, 거주하는 곳이 지면에서 높이 떨어질수록 정신질환을 앓기 쉽다고 한다. 그렇지만, 이것은 정신질환을 앓기 쉬운 사람이 고층 공동주택을 선택하는 경향이 있다는 것을 의미하지는 않는다. 패닝은 특히 공동주택 거주자 중 많은 시간을 자신의 집에서 보내는 사람이 가장 큰 상관관계에 있다는 것을 증명하였는데, 그가 조사한 가족구성원 중에서 자신의 집에서 가장 많은 시간을 보내는 여성이 상관관계가 가장 강했고, 그보다 적은 시간을 보낸 어린이는 여성의 경우만큼 강하지 않았다. 또한, 가장 적은 시간을 보낸 남성의 경우는 가장 약한 상관관계를 보였다. 이것은 고층 건물 내에서 보내는 시간 자체가 결과에 큰 영향을 미친다는 것을 잘 보여주고 있다.

이 현상은 단순한 원리로 설명할 수 있다. 고층 주거는 사람과 지면을 격리시키는데, 이는 보행로, 거리, 정원, 포치* 등에서 우연히 일어나는 일상적인 교류에서 사람들을 분리시킨다는 것을 의미한다. 고층 주거는 사람을 자신의 집안에 혼자 머무르게 한다. 그리고, 공공생활을 찾아 외출하고자 하는 결정은 일상적이지 않으며, 어색한 것이 되고 만다. 그래서, 특별하게 외출을 해야 하는 경우가 아니라면, 사람들은 집에 틀어박히게 되며, 이러한 강제적인 고립은 개인의 붕괴로 이어진다.

패닝의 연구결과는 카폰Dr. D. Cappon의 임상실험인 '정신건강과 고층건물'에서 다시 한 번 강조되었다.[Cappon 1971]

고층 주거가 인간의 정신적·사회적 건강에 해로운 영향을 미친다는 사실에는 그럴만한 충분한 근거가 있다. 또한, 이를 보완하는 임상적·일화적·직관적인 관찰 결과 역시 충분하다. 다음은 이러한 요인들에 대해서 특별한 순서 없이 기술한 것이다.

나는 요크York Township, Toronto 소재 아동 상담소의 정신건강과 과장으로 근무한 5년 동안, 운동을 하지 않는 수많은 아이들을 보았다. 운동 결핍은 지각할 수 있거나 검증할 수 있는 요소 중에서 최악의 것으로서, 아이들에게 무기력증, 조급증, 반사회적 행동, 자폐증, 자아상실, 정신이상 등의 증상을 남긴다.

고층주택에서 생활을 하는 어린이는 단독주택에 거주하는 어린이들보다 이웃의 친구나 또래 활동으로부터 격리되어 있고, 사회성이 결여되어 있다. 또한, 어른들과의 지나친 접촉으로 인하여 결과적으로는 항상 긴장하며 쉽게 흥분하는 아이가 된다.

고층주택에 거주하는 청년들은 단독주택에 거주하는 청년층보다 '의지가 없는' 권태상태에 빠지기 쉽고 강한 사회적 도피 성향을 보인다. 상담지원센터의 필요성이 사회적으로 더욱 요구된다.

부엌 창으로 아래의 거리에 있는 자신의 아이를 볼 수 없는 어머니들은 보다 큰 불안감을 느낀다.

고층 주거 형태에서는 지상의 출입구까지 도달하는 데 엘리베이터, 복도와 같은 몇몇의 장애물이 있기 때문에, 사람들은 이동에 소극적이게 되고 만다. 또한, 시간이 많이 걸리며 수직 이동을 위한 노력 등도 수반되어야 한다. TV 시청 시간은 고층주택에서 상대적으로 길다. 이런 경향은 젊은이들에게는 물론 운동과 활동이 필요한 노인들에게 가장 큰 악영향을 미칠 것이다. 움직이지 않는다면 위험으로부터는 안전할 것이지만, 결과적으로는 노인들의 수명을 줄이고 만다.

모르빌Jeanne Morville이 연구한 덴마크의 사례를 통해 근거는 더욱 더 확실해진다. [Morville 1969]

고층주택에서 거주하는 어린이가 혼자서 집 밖에 나가서 놀기 시작하는 나이는 저층주택에서 거주하는 아이들보다 늦다. 고층주택에서 거주하는 2~3세의 아이들 중 집 밖에서 혼자 노는 아이는 단지 2퍼센트 정도이지만, 저층주택에서 거주하는 아이들의 경우는 27퍼센트에 달했다.

5세 어린이의 경우, 저층주택의 경우는 모든 어린이가 밖에서 혼자 놀 수 있었지만, 고층주택에 거주하는 어린이 중 29퍼센트가 밖에서 혼자 놀지 못했다. 집 밖에서 혼자서 놀수 있는 아이들의 비율은 아이들이 살고 있는 집의 층수가 올라갈수록 감소한다. 고층주택의 3층 이하에 거주하는 아이들의 90퍼센트가 밖에서 혼자 놀 수 있는 것에 반해, 그위의 3개 층에 거주하는 아이들은 59퍼센트만이 혼자 놀 수 있었다.

고층주택에서 거주하는 어린이는 저층주택에 거주하는 어린이보다 친구들과 함께 노는 횟수가 적었다. 1~3세까지의 어린이 중에서, 저층주택에서 거주하는 86퍼센트의 어린이가 매일 친구들과 만나고 있는 반면에, 고층주택에서 거주하는 아이 중 그런 아이들은 29퍼센트에 지나지 않았다.

조금 더 최근의 연구로, 뉴먼Oscar Newman은 '방어 공간Defensible Space'에서 다음과 같은 근거를 제시하였다. 뉴먼은 두 개의 근접한 단지 - 하나는 고층주택이며 다른 하나는 엘리베이터가 없는 비교적 낮은 3층의 주택 단지 - 를 비교하였다. 이 두 단지는 전체적인 주거밀도가 같고, 거주자의 수입도 거의 비슷한 수준이었다. 그렇지만, 뉴먼은 고층주택 단지의 범죄 발생률이 저층주택 단지보다 거의 2배에 높다는 것을 발견하였다.

패닝, 카폰, 모르빌에 의해 밝혀진 고층건물이 인간에게 미치는 영향은 어느 정도의 높이에서부터 나타나기 시작하는 것일까? 우리의 경험에 비추어 보면 주거건물과 오피스빌딩 모두가 4층보다 높을 경우 문제가 발생했다.

3층이나 4층 건물에서는 불편 없이 걸어서 거리로 내려갈 수 있다. 또한, 창문을 통해 거리를 보았을 때 여전히 자신과 거리가 일체감을 갖고 있음을 느낄 수 있는데, 거리의 사람, 그들의 얼굴, 나뭇잎, 상점 등 거리의 모습을 상세하게 볼 수 있다. 3층에서 소리 친다면 아래에 있는 누군가의 관심을 끌 수도 있을 것이다. 하지만, 4층을 넘게 되면 자신과 거리와의 관계는 사라지게 된다. 더 이상 거리의 상세한 모습은 볼 수 없게 되고, 아래쪽의 풍경은 마치 게임의 화면 같아서 자신과는 완전하게 분리되어 있다고 느끼게 된다. 건물은 지면과 도시와의 연결 관계가 미약해지기 때문에 엘리베이터와 카페테리아를 구비한 하나의 독립된 세계가 되어버린다.

따라서, 4층 제한은 건물의 높이와 인간의 건강과의 올바른 관계를 유지하는 적절한 방법이라고 생각된다. 물론, 이것이 본 패턴의 가장 본질적인 개념이다. 5층이나 6층의 건물도 주의 깊게 관리된다면 제 기능을 발휘할 수 있겠지만 쉬운 일은 아닐 것이다. 따라서, 어느 정도 예외는 있을 수 있겠지만 도시 전역에 걸쳐서 4층 제한이 실시되어야 한다.

마지막으로, 글래스고우Glasgow의 아이들에게 다음과 같은 말을 전한다.

잼을 바른 빵 한 조각을 창밖의 아이들에게 던져주는 것은, 글래스고우의 임대주택에서 널리 알려진 관습이다.

잼이 발린 빵의 노래 THE JELLY PIECE SONG
- 아담 맥노튼 Adam Mcnaughton

나는 19층에 사는 마천루의 아이
나는 더 이상 밖에 나가서 놀지 않는다
새 집으로 이사 온 이후로 나는 조금씩 말라간다
왜냐하면, 하루에 한끼씩 거르기 때문이다

- 반복 -

오, 20층의 창문에서 빵을 던져보라
700명의 아이들이 맛을 보려고 할 것이다
버터나 치즈나 잼을 바른 것인가 아니면 플레인 아니면 간이 된 빵일까
그렇지만, 받을 수 있는 가능성은 99대 1
....
우리는 도움을 받기 위해서 옥스팜 Oxfam에 편지를 보냈다
우리는 모여서 '한 조각' 모임을 만들었다
우리는 런던까지 행진해서 우리의 권리를 요구하였다
"빵을 던질 수 없는 고층건물을 없애자"라고 하면서

그러므로,

과밀한 도시라 하더라도, 대부분의 건물을 4층 이하로 유지한다. 물론, 4층을 넘는 건물을 건설하는 것은 가능하다. 하지만, 4층을 넘는 건물이 결코 주거용으로 사용되어서는 안 된다.

♦   ♦   ♦

4층 제한의 범위 내에서, 소요 바닥면적, 대지면적, 주변 건물의 높이에 따른 각각의 건물의 높이에 대해서는 층수(96) 패턴에서 설명하고 있다. 보다

전반적인 도시 내의 밀도의 변화는 밀도의 원(29)에서 다루어진다. 거대한 건물을 보다 작은 단위로 수평 분할하는 경우나, 분할된 작은 건물들에 대한 사항은 복합건물(95)에서 설명한다. **계단식 주택**(39)이나 **사무실의 연결**(82)은 4층 제한에서 공동주택이나 사무실의 계획에 도움을 준다. 그리고, 마지막으로 이 4층 제한을 너무 문자 그대로 받아들이지 않도록 한다. 경우에 따라서는 일반적인 원칙을 따르기보다는 예외를 두는 것도 매우 중요하다 - **높은 장소**(62) **-** …

22. 9퍼센트의 주차장**

NINE PER CENT PARKING

···· 지구교통구역의 완결성과 지구 커뮤니티, 근린의 조용함은 지구 내 주차장의 수에 크게 좌우된다. 주차장을 많이 설치할수록 지구 커뮤니티와 근린에 관한 패턴들이 유지될 수 있는 가능성은 적어진다. 왜냐하면, 주차 공간은 자동차를 집중시킬 것이며, 그렇게 되면 결과적으로 지구교통구역과 근린을 훼손할 것이기 때문이다 - 지구교통구역(11), 7,000명의 커뮤니티(12), 인식할 수 있는 근린(14). 이 패턴에서는 커뮤니티를 보호하기 위한 주차 공간 분포에 있어서 지켜야 할 한계를 제안한다.

◆　　◆　　◆

　간단히 요약하자면, 주차를 위한 공간이 너무 많은 곳에서는 주차장에 의해서 토지가 파괴된다.

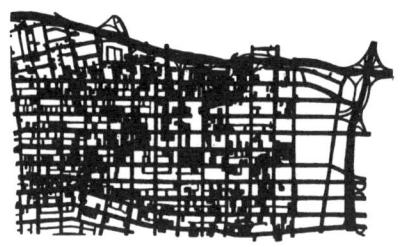

로스앤젤레스의 도심지에서는 60퍼센트 이상의
토지가 자동차를 위해서 이용되고 있다.

전체 면적의 9퍼센트 이상이 주차 용도로 사용되는 경우, 그곳을 사용하기에 적합한 환경으로 만드는 것은 불가능하다는 것을 개략적인 조사를 통해서 알 수 있었다.

우리의 조사는 실험적이었으며 아직 체계적인 연구를 진행하지는 않았다. 우리는 자동차가 매우 많은 장소와 자동차의 수가 적절한 장소를 관찰하였지만 이 조사를 통해 얻은 결론은 우리의 주관적인 추정에 의존한 것이다. 그렇지만, 놀라울 정도로 많은 사람들이 이 예비 연구의 추정치에 동의하였다. 이것이 의미하는 바는, 우리가 다루고 있는 현상이 불분명하기는 하지만 매우 중요한 문제라는 것이다.

처음 나온 사진은, 거의 9퍼센트 정도의 주차 밀도를 가진 환경에 대한 예로서, 오리건대학교의 쿼드런트Quadrant라는 곳이다. 우리는 쿼드런트에서 많은 사람들과 이야기를 나누어 보았는데, 대부분의 사람들이 지금 이곳은 매우 아름답지만 만약 더 많은 자동차가 주차되어 있다면 아름다움은 파괴될 것임을 직관적으로 깨닫고 있었다.

이러한 직관적 판단에서 어떠한 근거를 찾을 수 있을 것인가? 이에 대해서 우리는 다음과 같이 추정할 수 있었다. 사람들은 물리적 환경이 사회적 교류를 위한 수단이라고 무의식적으로 지각한다. 만약, 어떠한 환경이 적절히 그 기능을 다한다면 환경은 자아와의 교류를 포함하는 모든 사회적 교류에 대한 가능성을 창출한다라는 것이다.

자동차의 밀도가 어느 일정 한계를 넘어섰을 때, 그리고 자동차가 너무 많다고 느낄 때, 사람들은 무의식적으로 다음과 같이 생각하게 될 것이다. '자동차가 환경을 압도하고 있다, 환경은 더 이상 우리들의 것이 아니다, 우리는 그곳에 있을 권리가 없어졌다, 그곳은 더 이상 인간에게 적합한 장소가 아니다'라는 생각 등이 그것이다. 결국, 자동차의 영향이 자동차 자체의 단순한 존재를 뛰어넘게 되는 것이다. 자동차는 미로 같은 도로, 차고, 아스팔트, 콘크리트 표면 그리고 사람들이 사용할 수 없는 건축 요소들을 만들어 냈다. 밀도가 어느 한계를 넘어서게 되면, 사람들은 환경이 가질 수 있는 사회적 기능이 사라졌다고 느낄 것이다. 환경은 인간을 자신에게로 초대하기는커녕, 실외 공간은 인간을 위한 것이 아니니 인간은 실내나 건물 안에서 지내야 한다는 메시지를 보내기 시작할 것이다. 그리하여 환경에서 행해지는 사회적인 교류는 더 이상 허용되지도 장려되지도 않을 것이다.

우리는 아직 이 의문에 대해서는 검증하지 않았다. 그렇지만, 만약 이것이 사실로 검증되면, 빈약한 근거에 기초하고 있었던 이 패턴은 매우 결정적인 패턴이 되며, 어떤 환경이 사회적·심리학적으로 건강한가, 그렇지 않은가를 구별하는 핵심적 기준으로서의 역할을 할 것이다.

주차된 차에 의해서 사회적으로나 환경적으로 파괴되지 않는 인간적인 환경의 주차 면적은 토지 면적의 9퍼센트 이하이기 때문에, 주차장이나 주차시설은 토지 면적의 9퍼센트 이상을 차지해서는 안 된다.

또한, 이 패턴은 매우 엄격하게 적용되어야 한다. 예를 들면, A라는 곳에서 발생한 주차량을 B라는 곳으로 이동시키는 것, 즉 토지 A의 주차를 9퍼센트 이하로 하고, 토지 B의 주차를 9퍼센트 이상으로 하는 행위를 허용하면, 이 패턴은 무의미해질 것이다. 바꾸어 말하면, 각 토지는 각자의 주차 문제를 스스로 해결해야 한다. 한 구역의 문제를 다른 구역을 훼손시켜가며 해결하려고 해서는 안 된다. 커뮤니티를 가상의 격자 모양으로 나누어 독립된 주차구역 - 각 구역은 1~10에이커 $^{약\ 4,000\sim40,000m^2}$ - 을 설정하고, 각 구역별로 이 규칙을 독자적이며 엄격하게 적용할 때에만 도시나 커뮤니티에서 이 패턴이 실현될 수 있을 것이다.

9퍼센트의 규칙은 주차 밀도가 다른 노면 주차와 차고 주차 간의 균형을 위한 분명하고 직접적인 의미를 내포하고 있다. 이는 다음과 같은 단순한 계산에 따른다. 예를 들어, 에이커당 20대의 주차 공간이 필요한 구역이 있다. 20대 분의 주차 공간으로는 대략 7,000 제곱피트 $^{약\ 650m^2}$가 필요한데, 만약, 주차를 모두 노면 주차로 한다면, 주차 공간이 토지의 약 17%의 공간을 차지하게 된다. 이 경우에 대해 9퍼센트의 규칙을 지키려면, 최소한 절반은 복수층의 차고에 주차되어야 한다. 아래의 표는 밀도의 변화에 따른, 노면 주차의 비율을 나타내고 있다.

에이커당 자동차수	노면 주차 퍼센트	2층 주차장 퍼센트	3층 주차장 퍼센트
12	100	-	-
17	50	50	-
23	50	-	50
30	-	-	100

　지하 주차는 어떠한가? 지하 주차를 9퍼센트 규칙의 예외라고 간주해도 되는가? 지하 주차장이 그 상부의 토지 이용을 방해 또는 제한하지 않는 경우에만 예외로 한다. 예를 들면, 나무가 자라거나 오픈스페이스로 쓰였던 토지의 하부에 지하 주차장이 만들어진다면, 지하주차장은 지상 공간의 환경을 확연히 변화시킬 것이다. 왜냐하면, 지하 주차장 위에는 더 이상 큰 나무들이 자랄 수 없기 때문이다. 이와 같은 경우는 지하 주차장이 상부 토지의 환경을 침해한다고 할 수 있다. 비슷한 예로서, 지하 주차장의 기둥의 간격(600피트^{약 18m})이 상부 건물의 기둥 간격을 제약해서 상부 건물 사용자의 요구를 제대로 반영하지 못하게 된다면, 이 역시 침해라고 할 수 있다. 지하 주차장은 상부의 토지 이용을 억제하지 않는 장소 즉, 주요 도로, 테니스장의 하부 등에서만 허용되어야 할 것이다.

　이처럼 9퍼센트의 규칙은 그 안에 많은 의미를 내포하고 있음을 알 수 있다. 지하 주차장은 언급된 조건들을 만족시키기 어려울 것이므로, 사실상 이 패턴은 어떠한 도시 구역에서도 에이커당 30대 이상의 주차 공간을 설치할 수 없다는 것을 보여주고 있다. 이것은 중심업무지구에 큰 변화를 가져올 것이다. 전형적인 도심 구역을 생각해 보자. 도심 구역에는 에이커당 수백 명의 통근자들이 근무하고 있을 것이다. 그리고, 현재 상황으로 미루어 보았을 때, 통근자들 중 대다수는 차고에 주차를 할 것이다. 그렇지만, 만약 에이커당 30대 이하의 주차장이 적합하다고 한다면, 직장이 분산되어야 하거나 아니면 근무자들이 공공 운송수단을 이용해야 할 것이다. 요약하자면, 환경의 사회심리학에 근거한 이 간단한 패턴은 공공교통망(16)과 분산된 일터(9)에서와 마찬가지로 사회적 결정을 필요로 할 것이다.

그러므로,

어떠한 구역에서도, 9퍼센트 이상의 주차용지를 허용하지 말아야 한다. 제대로 관리되지 않는 방대한 구역에 무리 지어 주차하는 것을 방지하기 위해서, 도심이나 커뮤니티는 토지를 10에이커약 4ha 이하의 주차구역으로 나누고 각 구역에 위와 같은 규칙을 적용한다.

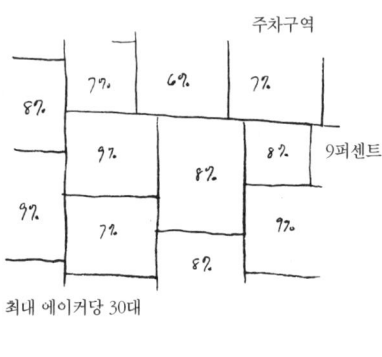

최대 에이커당 30대

◆　　◆　　◆

이후의 두 패턴에서는 주차장이 작은 노면 주차나 감추어진 주차시설 중 하나의 형태를 취하지 않으면 안 된다는 것에 대해서 설명한다 - 가려진 주차장(97), 소규모 주차장(103). 이 패턴이 인정된다면 9퍼센트의 규칙으로 인하여, 환경의 모든 부분에서 에이커당 30대의 주차 공간이라고 하는 효과적인 상한치가 정해지게 될 것이다. 차로를 겸하는 노상 주차는 에이커당 약 35대의 주차 공간을 점하기 때문에 배제한다. 그리고, 자동차에 의존하고 있는 현재의 고밀도 업무지구 개발도 배제되어야 한다 -…

23. 평행도로

PARALLEL ROADS

•••• 이전 패턴에서 도시를 지구교통구역으로 나누어서 지구교통구역 내의 도로는 순환도로로의 출입을 허용하지만, 구역을 가로지르는 통과교통•은 강력하게 제한되어야 한다고 제안하였다 - 지구교통구역(11), 순환도로(17). 그리고, 이러한 교통구역 자체는 커뮤니티와 근린으로 더욱 세분하여서, 주요도로는 커뮤니티와 근린 사이에 배치하도록 하였다 - 하위문화의 경계(13), 근린의 경계(15). 그렇다면, 지구교통구역(11)에서 도로는 교통의

흐름을 돕고 경계를 유지하기 위해서 어떻게 계획되어야 하는가?

◆　　◆　　◆

격자형 도로는 시대에 뒤떨어졌다. 교통정체는 도시를 숨막히게 하고 있다. 자동차는 고속도로에서 시속 60마일약 96km/h로 달릴 수 있지만, 도심 내에서는 평균 시속 10~15마일약 16~24km/h 정도의 속도밖에 낼 수 없다.

여러 면에서 우리는 분명히 자동차가 빨리 달릴 수 있도록 하기보다는 자동차를 배제하기를 원한다. 이에 대해서는 **지구교통구역(11)**에서 충분히 논의하였다. 그렇지만, 아이들이 놀 수 있는 장소나 사람들이 걷고 자전거를 타는 장소와 멀리 떨어진 곳에서는 자동차가 이동할 수 있는 장소가 필요하다. 문제는 자동차가 빠르고 정체 없이 이동하도록 어떻게 도로를 만들어야 하는가이다.

현재, 도시 내의 도로에서 발생하는 교통 속도 저하는 주로 반대 노선을 가로지르는 좌회전 운행과 사거리에서 일어난다는 것은 잘 알려진 사실이다.[Newell 1959] 그러므로, 주요 도로의 네크워크는 교통의 속도를 원활히 하기 위해서 사거리와 좌회전이 없도록 만들어야 하며, 이는 쉽게 해결할 수 있다. 서로 역방향이 되는 일방통행용 평행도로를 몇 백 피트 간격으로 배치하고 이 평행도로를 작은 지구도로와 연결한다. 그리고, 평행도로를 가로지르고 있는 고속도로에 2~3마일 간격으로 연결하면 된다.

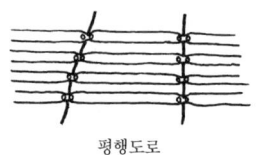

평행도로

이 패턴에 대해서는 「도로의 패턴」, 「도로의 패턴에 관한 비평」, 「알렉산더의 답변」이라는 3편의 논문에서 깊이 있게 논의되었으므로, 기하학적 세부 사항의 전개 과정에 대해서는 이 패턴의 출발점이라고 할 수 있는 3편의 논문을 참고해도 좋을 것이다.[AIP Journal] 이 책에서 소개하고 있는 내용은, 위의 3편의 논문을 철저하게 간추린 것이다. 여기에서는 이 패턴의 실현에 있어서 가장 곤란한 문제 중 하나에 집중하기로 한다. 이는 우회로인데, 우회로는 전체 분석과정에서 나타난 가장 흥미로운 특성을 가지고 있는 사항이기 때문이다.

평행도로의 패턴은 오늘날의 격자형 도로와 다르게 큰 교차도로가 없기 때문에, 많은 우회로가 있어야 한다. 언뜻 보기에는 우회로가 상당히 큰 면적을 점유해야 할 것 같다. 그렇지만, 앞에서 언급한 논문들에는 우회로 크기의 타당함에 대해서 자세하게 기술되어 있다. 다음은 그 논의 내용을 요약한 것이다.

평행도로 시스템에서 교차로 사이의 거리 함수를 이용하면 일정한 이동거리에 대한 우회거리를 계산할 수 있다. 다음으로 일정 이동거리에 대한 발생 확률은 대도시의 자동차 이동에 대한 실제 연구에서 얻을 수 있다. 마지막으로 이 두 확률을 조합하면, 다음의 표와 같은 총평균운행거리와 총평균우회거리를 산출할 수 있다.

이동거리	1	2	3	4	5	7	10	4.12 (평균이동거리)
이동거리의 비율(%)*	28	11	11	9	9	24	8	

교차로 간격	평균우회거리							총평균우회거리
1	.12	.05	.04	.03	.02	.01	.01	.05
2	.45	.24	.15	.11	.09	.07	.04	.21
3	.79	.58	.36	.25	.20	.15	.11	.41

* 운행거리의 분포 데이터는 홀Edward M. Hall의 「샌디애고 교외의 두 개발지의 이동 특성Travel Characteristics of Two San Diego Suburban Development」을 참고하였다.[Hall 1958] 이 데이터는 서구 대도시에서 보여지는 전형적인 수치이다.

위의 표에서 살펴본 바와 같이, 교차로가 2마일 간격인 경우의 이동거리는 그 사이에 교차로가 있을 경우의 5퍼센트밖에 증가하지 않는다. 동시에 이동시 평균속도는 시속 15마일약 24km/h에서 대략 시속 45마일약 72km/h로 3배 가량 증가한다. 하지만, 이동거리에서의 약간의 증가는 시간과 연료비의 큰 경감으로 인하여 상쇄될 것이다.

우회거리에 대해서 살펴보면, 가장 짧은 이동에서 가장 긴 우회거리가 발생함을 알 수 있다. 다른 패턴인 **지구교통구역(11)**에서는 도시 환경의 질을 높이기 위해서는 짧은 거리의 이동에서는 자동차의 이용을 줄이는 대신 보행, 자전거, 버스, 말 등의 이용을 권장해야 한다고 제안했는데, 평행도로의 패턴은 정확하게 지구교통구역에서 필요로 하는 특징을 가지고 있다. 평행도로는 장거리 이동에 매우 효율적이고, 지구교통구역이 제대로 기능하기 위한 내부구조를 제공하는 것이다.

비록, 처음에는 이 평행도로 패턴이 조금 이상하게 느껴질지라도, 이 패턴은 이미 세계 각지에서 찾아볼 수 있으며 그 가치 또한 입증되었다. 예를 들면, 스위스의 베른이 이 경우에 해당된다. 베른은 극심한 교통체증을 거의 찾아볼 수 없는 유럽의 몇 안되는 도시 중의 하나이다. 베른의 지도를 살펴보면, 구도심은 교차로가 거의 없는 5개의 평행도로로 구성된 것을 알 수 있다. 구도심에 교통정체가 거의 없는 것은 평행도로 패턴이 존재하기 때문일 것이다. 오늘날의 수많은 도시에서, 이와 같은 통찰을 함에 따라 더 많은 일방통행 도로가 꾸준히 만들어지고 있다. 뉴욕의 일방통행거리, 샌프란시스코 중심지의 일방통행로가 그 예라고 할 수 있다.

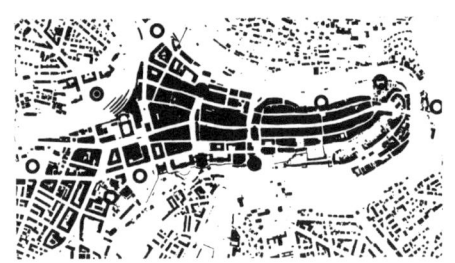

베른의 5개의 주요 평행도로

그러므로,

지구교통구역 내에는 교차하는 주요도로를 만들지 않는다. 그 대신에 순환도로(17)로 교통을 이어주는, 평행하고 순행과 역행이 교대하는 일방통행로 시스템을 구축한다. 기존의 도심에서는 점진적으로 주요도로를 일방통행화하고 교차로를 폐쇄해 나가며 평행도로의 구조를 만들어 나간다. 평행도로는 최소한 100야드약 90m 간격으로 하며(이 사이에 근린을 만들기 위해서), 300야드약 270m 또는 400야드약 360m를 넘지 않게 한다.

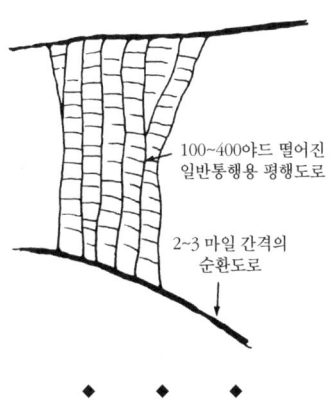

100~400야드 떨어진
일반통행용 평행도로

2~3 마일 간격의
순환도로

◆　　◆　　◆

　평행도로는 **지구교통구역(11)**에서 유일한 통과도로이다. 평행도로에서 공공 건물, 주택 클러스터 그리고 단독주택으로의 접근은 느리지만 안전한 좁은 도로를 이용한다. 그러나, 이 접근로는 통과도로여서는 안 된다 - **루프형 지구도로(49), 녹지 가로(51)**. 그리고, 접근로와 평행도로와의 연결 지점은 T자형 교차로가 되게 한다 - **T자형 교차로(50)**. 보행로는 평행도로와 직교하도록 배치하지만, 평행도로와 평행할 수밖에 없는 경우는 보행로의 단을 높게 설치한다 - **보행로와 도로의 네트워크(52), 높여진 보도(55)**. 보행로와 평행도로가 만나는 지점에는 **횡단보도(54)**를 설치한다 ┄┄

24. 성지*

SACRED SITES

···- 모든 지역, 모든 도시 그리고 모든 근린에는 그 영역이나 주민들의 뿌리를 상징하는 특별한 장소가 있다. 이러한 장소들은 아마도 아름다운 장소이거나 과거로부터 전해져 온 역사적인 유적일 것이다. 그렇지만, 그 특별한 장소가 어떠한 형태이든 간에 그곳은 본질적으로 매우 중요한 곳이다.

◆　　◆　　◆

정신적인 근원이나 과거와의 연결점은 현재의 물리적 세계에서 그 근원이 지켜지지 않는 이상 지속될 수 없다.

커뮤니티에 관해 비공식적인 조사를 통해 토지와 과거에 대한 사람들의 관계를 구체화할 수 있는 어떤 장소가 필요하다는 것에 대해서 놀라울 정도로 많은 사람들이 동의한다는 것을 알 수 있었다. 바꾸어 말하면, 마치 성지가 실증적인 공동체의 실체로서 구역 내에 존재한다고도 말할 수 있을 것이다.

만약, 이것이 사실이라면 이러한 특정 장소는 당연히 보존되어야 하고 소중하게 다루어져야 한다. 실재하는 공동체의식의 한 부분이 된 특정 장소를 파괴하는 것은 공동체에게 반드시 큰 상처를 입히게 될 것이다.

전통적인 사회에서는 이러한 장소들의 중요성이 인식되어 왔다. 산은 특별한 숭배 장소가 되고, 강과 다리는 신성한 존재가 된다. 건물이나 나무, 바위나 돌은 인간과 그들의 과거를 연결하는 힘을 갖기도 한다.

그러나, 현대사회에서는 이 장소들의 정신적인 중요성이 무시되곤 한다. 이 장소들이 지니는 단순하지만 가장 근본적인 정신적 사항은 고려되지 않고, 정치적 그리고 경제적인 이유로 불도저로 밀려지고 개발되며 변해 버린다. 즉, 간단히 무시되어 버리는 것이다.

여기에서 우리는 다음의 두 가지 단계를 제안한다.

1. 크기를 불문한 모든 지리적인 영역에 있어서, 어떤 장소가 그 영역에 가장 친밀감을 느끼게 하는 곳인가, 어떤 장소가 과거의 가장 중요한 가치를 상징하는가, 인간과 땅의 관계를 구체화할 수 있는 장소는 어디인가에 대해서 다수의 주민들에게 의견을 묻는다. 그리고 적극적인 보존을 주장한다.

2. 보존해야 할 장소가 결정되면, 그곳의 공적인 의미를 강조할 수 있도록 보완한다. 그것을 강조하기 위한 가장 좋은 방법은 그곳에 도달하기 위해 연속적으로 전개된 공간을 거치게 하는 것이다. 이것은 성역(66) 패턴에서 자세하게 다루어질, '중첩된 구역'의 원리이다.

수많은 외부 정원을 통해서만 도달할 수 있는 정원은 매우 신비롭다. 연속된 내부 정원을 통과해야만 도달할 수 있는 사원은 심리적으로 특별한 존재로 인식된다. 산 정상의 장대함은 정상을 볼 수 있는 계곡과 정상에 오르는 동안의 고난으로 더욱 증가한다. 그리고 여성은 조금씩 베일을 벗을 때, 그 아름다움은 배가 된다. 골풀, 물쥐, 작은 물고기, 야생화 같은 강기슭의 아름다운 것들은 너무 가까이 접근하게 되면 손상된다. 더욱이 생태계의 비생물적 요소조차도 사람들의 접근에 의해서 파괴될 것이다. 그렇기 때문에, 성지의 주변에는 서서히 성지를 강조해 나가며 사람들의 관심을 한곳에 모을 수 있는 연속적인 공간을 만들어야 한다. 그리고, 중심부의 성지는 그 자체로 하나의 성스러운 장소가 되어야 한다. 성지가 산과 같이 크다면, 산을 조망할 수 있는 장소에 앞서 설명한 방법을 이용할 수 있다. 예를 들면, 산 자체가 성지가 되는 것이 아니라, 많은 단계를 통과해서 도달할 수 있는 그리고 산의 아름다움을 볼 수 있는 깊숙한 산속의 정원이 성지가 될 수도 있는 것이다.

그러므로,

성지가 멀리 떨어진 전원에 있든 마을의 중심에 있든 주변에 있든, 성지의 크기가 어떠하든 간에 성지를 완벽하게 보호할 수 있는 규정을 만든다. 그렇게 되면, 주변에 있는 우리의 근본이 침해당하지 않을 것이다.

성지에는 인간이 휴식을 취할 수 있고 자기 자신을 즐기거나 성지의 존재 자체를 느낄 수 있는 장소 또는 연속적인 장소를 제공해야 한다 - 조용한 후면(59), 선 조망(134), 나무가 있는 장소(171), 정원의 의자(176). 그리고 무엇보다도, 성지에 이르는 접근 방법을 제한한다. 그래서, 성지에는 단지 걸어서 접근할 수 있고, 성지를 한 번에 다 보여주지 않고 일련의 문이나 출입구를 통과할 때마다 조금씩 볼 수 있도록 한다 - 성역(66)) ···

25. 수 공간에의 접근*

ACCESS TO WATER

···- 물은 소중한 존재다. 이 패턴에서는, 성지(24)에서 언급한 특별한 장소들 중에서 다른 장소들과 대체할 수 없는 해변, 호수, 강에 대해서 설명한다. 이 장소들의 유지와 적절한 이용은 특별한 패턴을 필요로 한다.

◆　　◆　　◆

　인간은 본능적으로 거대한 규모의 수 공간에 대해서 동경심을 가지고 있다. 그렇지만, 인간이 수 공간을 대하는 행위 그 자체가 수 공간을 파괴할 수 있다.

도로나 고속도로, 공업지대는 수 공간을 파괴하여 더럽고 신뢰할 수 없는 장소로 만들어버렸기 때문에, 실질적으로 사람들은 수 공간에 접근할 수 없게 되었다. 만약, 어느 수 공간이 잘 보존되어 있다면 그 장소는 사유지일 것이다.

수 공간으로의 접근은 막혀 있다.

하지만, 수 공간을 향한 인간의 욕구는 필수적이며 불가결한 것이다. 그 예로서 융C. G. Jung의 『변형의 상징Symbols of Transformation』을 참고하도록 한다. 융은 꿈에서 나타나는 거대한 물을 인간의 무의식을 대표하는 표상이라고 하였다.

다음의 내용을 이해한다면 이 문제는 해결될 수 있을 것이다. 인간은 물을 향한 본성에 따라 수 공간 근처에 여러 공간을 개발할 것이다. 하지만, 수 공간에 맞닿은 수변은 공공의 이용을 위해서 보존되어야 한다. 따라서, 수변 공간을 파괴할 수 있는 도로는 수변보다 뒤쪽에 배치해야 한다. 그리고, 수 공간에 접하는 도로는 수변과 직교하는 경우에만 허용되어야 할 것이다.

생활 공간은 수변에 형성된다.

수변을 따라 위치한 긴 띠 모양의 토지의 폭은 수 공간의 형태, 개발의 밀도, 생태적인 조건에 따라서 다양한 형태로 나타날 것이다. 개발 밀도가 높은 장소에서의 수 공간은 단지 돌을 깔아놓은 산책로에 불과할지도 모르며, 개발 밀도가 낮은 장소에서는 해변으로부터 몇 백 야드나 뻗어 나온 공원일 수도 있다.

그러므로,

사람들이 거주하는 곳 근처에 자연적이며 거대한 수 공간이 있다면, 이를 소중하게 다루도록 한다. 수 공간과 직접 면하는 토지는 공공의 목적을 위해서 보존한다. 그리고, 수 공간을 따라서 밀도가 높은 주거지가 개발되는 것은 허용하지 않도록 한다.

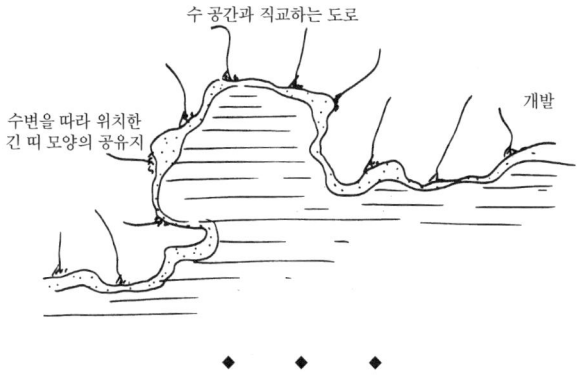

◆　　◆　　◆

수변의 공유지의 폭은 수 공간의 형태와 생태적 조건에 따라서 변화한다. 때때로 공유지는 강둑을 따라서 몇 피트 폭으로 돌을 깔아 놓은 산책로에 불과할지도 모른다 - **산책로(31)**. 하지만, 해변에서부터 몇백 야드가 이어지는 모래언덕이 될 수도 있다 - **전원(7)**. 어떠한 경우에도, 수 공간에서부터 1마일 이내에는 도로를 수 공간과 평행하게 배치하지 않는다. 대신에, 수 공간과 직교하도록 접근로를 만들고 접근로 간의 간격을 크게 한다 - **평행도로(23)**. 만약에 주차장을 설치한다면 소규모로 계획한다 - **소규모 주차장 (103))** --- …

26. 인생의 주기*

LIFE CYCLE

···· 진정한 커뮤니티는 균형 잡힌 인생 경험과 삶의 모습을 빠짐없이 제공
한다 - 7,000명의 커뮤니티(12). 보다 작은 범위라면, 좋은 근린도 진정한 커
뮤니티와 비슷한 것을 제공할 것이다 - 인식할 수 있는 근린(14). 커뮤니티
와 근린은 인생이 필요로 하는 다양한 것들을 갖추어, 사람들이 자신의 커
뮤니티 안에서 폭넓고 깊은 경험을 할 수 있도록 해야 한다.

◆　　◆　　◆

모든 세계는 하나의 무대 그리고 모든 남녀는 그저 배우일 뿐
모든 사람은 등장과 퇴장을 반복하며 한 사람이 여러 배역을 연기한다.
그리고 막은 7개의 시기로 되어 있다.

가장 첫 번째는 유아.
보모의 팔에서 칭얼거리고 토하고,
그리고 징징거리는 학생으로, 가방을 메고,
빛나는 어린 얼굴로, 달팽이처럼 느릿느릿,
내키지 않는 학교로 간다. 그리고 연인,
용광로처럼 한숨짓고, 슬픈 노래를 짓고,
연인의 눈썹을 찬미한다. 그리고, 군인,
기괴한 욕설과 표범 같은 수염으로 가득 찬,
명예를 질투하고, 싸움에는 돌발적이고 빠르게,
물거품 같은 명예를 찾아, 심지어는 포구에서도.
그 다음은 재판관,
좋은 식용 수탉들만을 줄줄이 집어넣은 둥그런 배,
심각한 눈 그리고 격식 차린 턱수염
현명한 격언과 평범한 판례들로,
그렇게 자신의 역할을 연기한다. 여섯 번째 막이 오르면,
슬리퍼를 신고 판타롱 바지를 입은 채 기댄,
코에는 안경 그리고 허리에는 돈지갑을 차고,
잘 보관해왔던 젊었을 적 반바지가 너무 헐렁하지,
말라버린 정강이엔, 그리고, 크고 우렁찼던 목소리는
어린 시절의 아이 목소리로 되돌아가, 피리처럼
자신의 소리 안에서 휘파람 소리를 낼 뿐이다. 이 모든 것의 마지막,
이런 낯설고 우여곡절이 많은 역사를 끝내는,
제2의 어린이다움, 그리고 단순한 망각
이도 없고 눈도 없고, 맛도 못 느끼고, 아무것도 가지지 않은
(셰익스피어의 『뜻대로 하세요』, 제2막, 제7장)

7개의 시기로 이뤄진 인생을 모두가 충실히 살기 위해서는 각 시기가 구별될 수 있도록 커뮤니티 내에서 뚜렷하게 나뉘어져야 한다. 그리고, 한 시기에서 다음 시기로의 통과를 상징하는 축하나 그에 상응한 뚜렷한 의식이 확실히 보여야 각 시기는 명확히 구분될 것이다.

이에 반해서, 교외의 문화에서는 7개의 시기가 분명하게 구분되지 않는다. 사람들은 축하받지 못하고, 한 시기에서 다음 시기로의 통과는 거의 인식되지 못한다. 이와 같은 상황에서는 사람들이 자신을 왜곡한다. 어떠한 시기도 제대로 성취할 수 없고, 다음 시기로 제대로 나아갈 수도 없다. 진붉은색의 립스틱을 바른 60대의 여성처럼, 사람들은 자신들이 이전에 충분히 가지지 못한 것에 대해 지나치게 집착한다.

이 명제는 두 가지 근거로부터 나온다.

A. 인생의 주기는 명확한 심리적인 실체로, 연속적이지 않은 단계로 이루어져 있다. 각 단계에는 어려움도 있으며, 특별한 이점도 있다.

B. 어느 한 단계에서 다음 단계로의 성장이 반드시 존재하는 것은 아니다. 사실상, 커뮤니티 내에 균형 잡힌 인생의 주기가 존재하지 않는다면, 다음 단계로의 이행은 일어나지 않을 것이다.

A. 인생 주기의 실재

사람의 인생이 유아기에서 노년기에 이르기까지, 몇 개의 단계를 거친다는 것은 모두가 알고 있는 사실이다. 그렇지만, 각 단계가 보상과 고난을 가진 불연속적인 실체이며, 일정한 특징적인 체험이 뒤따라야 한다는 것을 사람들은 제대로 이해하지 못하고 있다.

이 분야에서 가장 독창적인 연구는 에릭슨Erik Erikson의 「정체성과 인생주기Identity and the Life Cycle」이다.[Erikson 1950] 이 연구에서 에릭슨은 다음과 같이 기술하였다. 인간이 성장함에 따라서 반드시 거쳐야 하는 연속적인 단계가 있다. 각 단계는 특정한 발달과 관련된 과제(인생의 갈등에 대한 성공적인 해결)가 있으며, 성실하게 다음 단계로 이행하기 위해서는 각 개인이 이 과제를 해결해야 한다. 다음은 에릭슨의 도표로부터 정리한 인생의 단계에 대한 요약이다.

1. 신뢰 대 불신: 유아기. 유아와 어머니와의 관계. 환경에 의해서 정립된 신념과의 투쟁.

2. 자율성 대 수치심, 의심: 초기 아동기. 아동과 부모와의 관계. 두 발로 서기 위한 노력. 자신의 자제력에 대한 수치심과 의심을 경험하면서 자율성을 찾기 위한 노력.

3. 자주성 대 죄책감: 아동기. 가족과 친구와의 관계. 행동의 추구와 행위의 통합. 자신의 공격적인 행동에 대한 두려움과 죄책감에 의한 억제된 창조성과 적극적인 학습.

4. 근면성 대 열등함: 소년기. 이웃과 학교에서의 관계. 사회적 도구에의 적응. 실패와 무능력함에 대항하여 혼자 또는 여럿이서 어떤 일을 제대로 해낼 수 있다는 느낌.

5. 독자성 대 독자성의 확산: 청년기. 동료나 외부 집단과의 관계. 인생에 대한 모델을 추구. 혼란과 의심에 저항하여 인격의 일관성을 추구. 판단 불능. 세상의 신조와 강령을 찾고 적응하는 시기.

6. 친밀 대 고립: 초기 성인기. 우정, 섹스, 업무의 관계. 대인관계에서 자신의 위치를 굳건히 하려는 노력. 고립과 다른 사람의 기피에 저항한 자아의 발견과 상실.

7. 생식성 대 침체: 성인기. 개인과 분업의 관계, 그리고 공동세대의 구성. 실패와 침체에 저항하여 자립하고 선도하고 창조하려는 노력.

8. 통합 대 절망: 노년기. 개인과 세계. 동료나 인류와의 관계. 지혜의 성취. 자신과 동족에 대한 사랑. 자신의 무결한 인생에 대한 자존감으로 죽음과 의연히 대면. 반대로 쓸모없는 인생이었다는 데에 대한 절망.

B. 그렇지만, 성장이 반드시 인생 주기를 통해서만 일어난다고는 할 수 없다.

인생 주기를 통한 성장은 인간 성장에 있어서 교류를 유지할 수 있는 균형 잡힌 커뮤니티의 존재 여부에 달려 있다. 인생의 각 단계에 있는 사람들은 대체할 수 없는 무언가를 커뮤니티에 제공하거나, 커뮤니티로부터 제공받는다. 인생의 각 단계마다 존재하는 문제의 해결을 돕는 것은 바로 이러한 거래이다. 젊은 부부와 갓 태어난 아기를 생각해보자. 부부와 아기와의 연결은 전적으로 상호적이다. 물론, 유아기에 수반되는 신뢰의 갈등을 해결하기 위해서, 아이는 부모의 보호와 사랑에 의존한다. 그렇지만 동시에, 아이는 부모에게 육아와 출산의 경험을 주며, 이러한 경험은 성인 특유의 생식성에 대한 갈등을 유발하기도 한다.

한 아이가 태어났을 때, 그의 부모는 변하지 않는 일정한 성격을 가지고 있고, 가여운 작은 생명체에 그 영향을 끼치기만 한다고 추상화하는 것은 상황을 왜곡하는 것이다. 왜냐하면, 모든 가족은 이 연약하고 변화에 민감한 작은 생명체를 위주로 움직이기 때문이다. 아기들이 가족에 의해서 통제됨과 동시에, 가족도 아기에 의해서 통제되며 성장한다. 즉, 가족은 아이를 키움과 동시에 성숙해간다고 할 수 있다. 생물학적인 반응형식이나 예정된 성장의 과정이 무엇이건 간에, 이것들은 변화하는 상호 조정 형식에 대한 일련의 가능성으로 간주되어야 한다.[Erikson 1950]

이와 비슷한 상호통제는 노인과 젊은이, 사춘기의 청년과 젊은 성인, 어린이와 유아, 10대 청소년과 10대 초반의 어린이, 젊은 남자와 나이 많은 여자, 젊은 여자와 나이 많은 남자 등의 관계에서 일어난다. 그리고, 이러한 상호통제는 사회시설과 사회시설의 유지를 돕는 환경을 널리 보급함으로써 활성화되어야 한다. 이러한 환경은 학교, 탁아소, 주택, 카페, 침실, 운동장, 직장, 스튜디오, 정원, 묘지 등이 있다.

하지만, 사람들이 인생 주기를 통하여 정상적으로 성장하도록 돕는 환경의 균형은 붕괴되고 있다. 즉, 각 성장 시기에 있는 사람들에게 전체적인 인생 주기에 대한 접촉과 그 가능성이 점점 줄어들고 있는 것이다. 균형 잡힌 인생 주기를 지니고 있는 자연적인 커뮤니티에는 은퇴자 마을, 교외 주택단지, 10대의 문화, 실업자들의 빈민촌, 학원도시, 공동묘지, 공업단지 등이 존재하는데, 그러한 균형이 붕괴된 상황에서는 인생 주기의 각 단계에서 발생하는 갈등을 해소할 수 있는 기회가 매우 적다.

균형 잡힌 인생 주기를 가진 커뮤니티를 다시 만들기 위해서는, 우선 커뮤니티 발전의 원칙이 되는 개념이 필요하다. 주택의 증축, 도로의 건설, 전문 상담소 등의 건설 계획도 커뮤니티의 올바른 균형을 돕는지 아니면 파괴하는지에 대해서 검토될 수 있을 것이다. 오리건대학교의 실험에서 논의되었던 커뮤니티 재생 지도는 균형 잡힌 인생 주기의 성장을 장려하는 데 도움을 줄 것이라고 생각된다.

그렇지만, 이 패턴은 완수해야 할 작업을 지시하는 것에 지나지 않다. 각 커뮤니티는 위와 같은 관점에서 자신들만의 상대적인 '균형'을 축적하는 방법을 찾아내야 한다. 그리고, 커뮤니티를 어떻게 바른 방향으로 이끌어갈지 그 발전 과정을 정의하여야 한다. 이는 상당히 흥미롭고 중요한 문제이며, 또한 많은 발전과 실험 그리고 이론을 필요로 한다. 만약, 에릭슨의 연구가 올바르다면 그리고 이러한 작업이 실행되지 않았다면, 신뢰, 자립, 자발, 근면, 독자, 친밀, 생산, 통합의 발전은 완전히 사라질 것이라고 생각된다.

	단계	중요한 환경	통과의례
1	**유아기** 신뢰	가정, 아기침대, 육아, 정원	출생지, 가정의 확립, 아기 침대를 나와서 장소를 만듦
2	**초기 아동기** 자립	자신만의 장소, 부부의 영역, 어린이의 영역, 공공 영역, 연결된 놀이터	걷기, 장소 만들기, 특별한 생일
3	**아동기** 자발	놀이 공간, 자신만의 장소, 공유지, 이웃, 동물	시내에서의 모험, 참가
4	**소년기** 근면	어린이집, 학교, 자신만의 장소, 탐험놀이, 모임, 커뮤니티	성년의식, 자신만의 입구, 자력으로 처리함
5	**청년기** 독자성	오두막, 10대 사회, 호스텔, 견습, 도시와 지역	학위 취득, 결혼, 직업, 계발
6	**초기 성인기** 친밀	가정, 부부의 영역, 작은 작업그룹, 가족, 학습 네트워크	출산, 사회적 부의 창조, 계발
7	**성인기** 생산	직장 커뮤니티, 가족 집회소, 자신만의 방	특별한 생일, 모임, 직업에서의 변화
8	**노년기** 통합	안정된 직업, 작은 집, 가족, 자립지역	죽음, 장례식, 묘지

그러므로,

각 커뮤니티에 인생 주기의 각 단계가 존재하며, 이들이 균형 잡혀 있는지 확인한다. 균형 잡힌 인생 주기의 이상향을 커뮤니티 발전의 기본 원칙으로 한다. 그 의미는 다음과 같다.

1. 커뮤니티는 유아에서 노인에 이르는 인생 주기의 각 단계에 있는 사람들의 수가 균형을 이루고 있고, 그들이 필요로 하는 환경을 충분히 갖추고 있다.

2. 커뮤니티는 인생의 한 단계에서 다음 단계로 이동할 때의 의식을 가장 분명하게 명시하는 환경을 충분히 갖추고 있다.

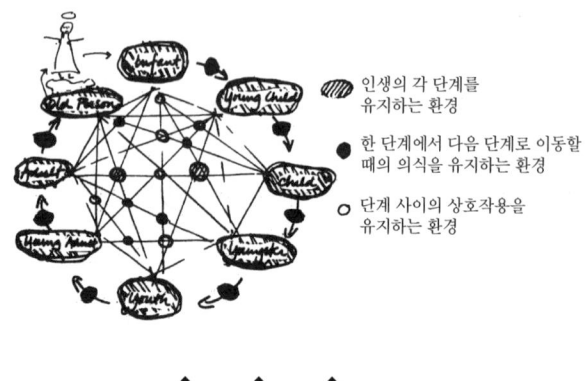

인생의 각 단계를 유지하는 환경

한 단계에서 다음 단계로 이동할 때의 의식을 유지하는 환경

단계 사이의 상호작용을 유지하는 환경

❖   ❖   ❖

  통과 의례는 성역(66)에서 가장 구체적으로 행하여진다. 인생의 일곱 가지 단계와 통과 의례를 뒷받침하는 다른 패턴은 다음과 같다 - 세대의 혼합(35), 노인은 어디에나(40), 직장 커뮤니티(41), 지구청사(44), 도시의 어린이(57), 출산 장소(65), 묘지(70), 가족(75), 자택(79), 장인과 도제(83), 10대의 사회(84), 상점 앞 배움터(85), 어린이집(86), 임대실(153), 10대의 별채(154), 노인의 별채(155), 안정된 일(156), 부부 침대(187) ┅…

27. 남성과 여성

MEN AND WOMEN

···· 커뮤니티나 근린이 모든 연령층에게 적절한 균형을 유지한 활동을 제공해야 하듯이 - 7,000명의 커뮤니티(12), 인식할 수 있는 근린(14), 인생의 주기(26), 남녀의 균형에 맞추어서 활동을 조정하고, 남녀 간의 생활을 반영하는 활동 또한 평등하게 제공하여야 한다.

◆　　◆　　◆

1970년대의 도시는 남녀의 성별에 의해서 분할되었다. 교외는 여성을 위한 것이고, 일터는 남성을 위한 것이었다. 유치원은 여성을 위한 것이며, 직업학교는 남성을 위한 것이었다. 또한, 슈퍼마켓은 여성의 것이며 철물점은 남성의 것이었다.

인생의 어떤 면이라 할지라도 순수하게 남성적 또는 여성적으로 구분될 수는 없다. 때문에, 성별에 의한 분화가 극단적인 사회에서는 진실이 왜곡되고, 왜곡이 영속화되며 고정화된다. 과학은 남성에 의해서 지배되고 있으며, 대부분은 기계적인 지성이라 할 수 있다. 외교는 전쟁에 의해서 지배되는데, 이는 남성 자아로부터 비롯되었다 할 수 있다. 어린 아이들을 위한 학교는 가정에서와 같이 여성의 세계에 의해서 좌우된다. 주택은 우스꽝스러울 정도로 극단적인 여성의 영역이 되어버려서, 건설업자나 개발업자들은 우아하고 세련된 파우더룸과 같은 주택의 이미지만을 상상한다. 따라서, 톱밥이 널려 있는 현관이나 물건이 만들어지고 채소를 재배하는 공간 같은 것은 상상조차 할 수 없게 되어버렸다.

이 문제를 해결할 수 있는 패턴은 현재로서는 알려져 있지 않다. 건물, 토지의 이용, 제도 등의 문제를 해결하기 위해서 제안을 할 수는 있다. 하지만, 사람들이 이런 사회적인 사실을 깨닫고, 환경으로부터의 영향력이 강화되기 전까지는 이에 대한 물리적인 관계를 이해할 수 없다. 요약해보면, 도시 생활을 하는 남녀 모두는 각자의 영역에서 상호간 영향을 미칠 수 있게 되기까지는, 이러한 사회적인 질서와 공존하는 최선책이 어떠한 물리적인 패턴일지는 아직까지 알 수 없다.

그러므로,

건물, 오픈스페이스, 근린, 직장 커뮤니티 등 환경의 모든 부분에서 남녀의 본성이 조화롭게 혼재되어 있는지를 확인한다. 부엌에서 제련소에 이르기까지, 어떤 규모의 프로젝트에서든 모든 계획에서 남성스러움과 여성스러움의 조화를 명심하라.

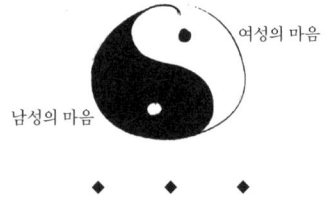

◆　　◆　　◆

남성들의 일터가 없는 대규모 주택지, 여성을 위한 시간제 일자리나 보육시설을 제공하지 않는 직장 커뮤니티가 존재해서는 안 된다 - 분산된 일터

(9). 남녀 사이의 조화가 잘 유지된 장소에서도 남녀는 이성으로부터 떨어져, 마음 편하게 행동할 수 있는 자신들만의 공간이 필요하다는 것을 기억한다 - **자신의 방**(141) ----

커뮤니티와 근린 내에서, 그리고 이들 사이와 경계에서,
각 지구 중심지의 형성을 촉진시키도록 한다.

28. 중심을 벗어난 핵*

ECCENTRIC NUCLEUS

···· 지금까지 평균밀도의 제한과 함께 건축물의 높이 제한에 대해서 규명하였다 - 4층 제한(21). 도시에는 도시의 매력(10) 패턴의 규정에 따라 30만 명당 하나의 주요 중심지가 있다고 하면, 도시의 전체 밀도는 중심지부터 변화해 갈 것이다. 즉, 가장 높은 밀도는 중심지 근처에서, 가장 낮은 밀도는 중심지에서 멀리 떨어진 곳에서 나타날 것이다. 이것은 7,000명의 커뮤니티(12)의 전체 밀도가 가까운 도심에서 떨어진 거리에 따라 결정된다는 것을 의미한다. 그렇다면, 다음과 같은 의문점을 가질 수 있다. 커뮤니티 내부의 밀도는 국지적으로 어떻게 변화하는가? 밀도는 기하학적으로 어떤 모양이 되어야 하는가? 이 의문점은 하위문화의 경계(13)의 원리에 의해서 상당히 복잡해지는데, 하위문화의 경계(13)에 의해 서비스 시설을 하위문화의 기하학적인 중심에 두는 것이 아니라 가장자리에 두어 커뮤니티를 둘러싸야 하기 때문이다. 이번 패턴과 다음 패턴은 위의 내용에 모순되지 않는 각 지구의 밀도 분포에 대해서 정의한다.

◆　　◆　　◆

각 지구의 밀도에 규칙이 없다면 커뮤니티의 정체성 정립과 토지 사용에 혼란을 가져올 것이다.

우선, 도시에서의 전형적인 주거 밀도의 형태에 대해서 생각해 보자. 주거 밀도는 전반적으로 한쪽으로 기울어진 사선 형태이다. 즉, 중심을 향해서 높아지며, 외곽을 향해서는 낮아진다. 그렇지만, 이 사선 형태의 도시 밀도에 대해 쉽게 인식할 수 있는 구조는 존재하지 않는다. 도시 내에서 우리는 시각적으로 분명하게 반복되는 패턴을 찾아볼 수 없다. 이를 산의 등고선과 비교해 보자. 산맥에는 쉽게 알아 볼 수 있는 수많은 구조가 존재한다. 산에서는 지질학적인 과정을 통하여 형성된 체계적인 산등성이, 계곡, 언덕, 분지, 산봉우리 등을 볼 수 있다. 그리고, 이 모든 구조는 이곳저곳에서 계속 반복된다.

물론, 이것은 하나의 유추에 불과하다. 그렇지만, 이 유추로부터 다음과 같은 의문을 제기할 수 있다. 도시에서의 밀도 형태가 불규칙한 것은 자연적이며 문제가 없는 것일까? 그렇지 않다면, 시각적으로 보다 더 일관성 있는 구조, 즉 밀도의 형태가 더욱 더 체계적으로 변화한다면 도시가 더 좋은 방향으로 바뀌진 않을까?

만약, 도시 내 각 지구의 밀도가 지금처럼 불규칙하며 일관성 없이 변한다면 어떻게 될까? 고밀도 지구는 잠재적으로 집약적인 활동을 유지할 수 있는 곳이지만, 도시 내에서 너무 방대하게 펼쳐져 있기 때문에 실제로는 이러한 역할을 수행할 수 없다. 저밀도 지구가 집중되어 있다면 그곳에선 조용함과 평온함을 유지할 수 있을 것이지만, 저밀도지구 역시 너무 산만하게 분산되어 있다. 결과적으로 도시 내에는 강렬한 활동도 강렬한 평온함도 존재하지 않는 것이다. 도시가 인간에게 활발한 활동과 깊고 만족스러운 고요함을 제공하는 것이 얼마나 필수적인지 많은 사례에서 입증되었다 - 성지(24), 활동의 결절점(30), 산책로(31), 조용한 후면(59), 고요한 물(71). 그렇기 때문에, 불규칙한 밀도분포는 도시생활에서 유해하리라고 판단된다.

사실, 도시에서 일관성 있는 형태의 밀도가 존재한다면 도시는 더욱 좋은 장소가 될 것이다. 일관성 있는 밀도의 형태 중에서 어떤 것이 합리적이며 유용한가에 대한 해답을 기대하면서, 여기에서는 밀도의 형태에 자연스럽게 영향을 미칠 것이라고 예상되는 요인에 대해서 체계적으로 설명해 보기로 한다. 이는 5단계로 구성되어 있다.

1. 지구 서비스 시설이 모여서 형성된 중심지는 7,000명의 커뮤니티당 최소 하나가 존재한다고 가정한다. 이 중심지는 전형적으로 상점가(32)라고 불리는 형태가 될 것이다. 그리고, 상점망(19)에서 약 10,000명당 하나 정도의 상점가가 필요하다는 것을 증명하였다.

2. 하위문화의 경계(13)에서 제시한 근거로부터 다음의 사항들을 알 수 있다. 활동의 중심지는 서비스 기능을 가지고 있으므로, 하위문화의 경계에 있어야 하며 하위문화의 경계를 형성하는 데 도움이 되어야 한다. 그러므로, 서비스 시설은 커뮤니티의 내부가 아니라 커뮤니티의 사이, 즉 경계에 존재해야 한다.

3. 또한, 중심지는 큰 마을이나 도시에 가까운 경계의 부분에 존재해야 한다는 것을 알 수 있다. 이는 인상적이지만 많이 알려져 있지 않았던 일련의

연구로부터 얻은 결과이다. 이 연구에 의하면 상업 중심지의 소비인구권역은 흔히 생각하는 원형이 아닌 반원형이며, 또한 반원형이 도심중앙부의 반대 방향으로 펼쳐지는 모양이다. 왜냐하면, 사람들은 외곽의 상점가보다는 도심 방향의 상점가를 선호하기 때문이다.

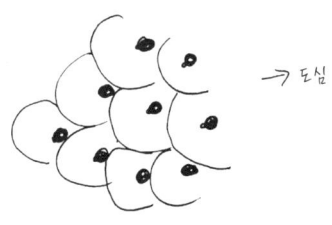

브레넌의 소비인구권역

이 현상은 제2차 세계대전 후 울버햄튼Wolverhamton시에 대해서 연구한 브레넌Brennan에 의해서 발견되었다.[Brennan 1948] 그후, 몇몇 연구자들의 연구에 의해서 다시 확인되었으며, 그중 가장 주목할 만한 연구는 리Terence Lee의 「도시에서 방향의 함수로서의 인식거리Perceived Distance as a Function of Direction in the City」가 있다.[Lee 1970] 리는 사람들이 단순히 도시 중심을 향해서 놓여진 길이나 보행로가 익숙하기 때문에 더 많이 이용한다라는 것뿐만이 아니라, 사람들의 거리에 대한 인식은 방향에 따라서 변하는데, 중심을 향하고 있는 거리가 중심으로부터 멀어지는 거리보다 짧게 느껴지기 때문이다라는 것을 증명하였다.

커뮤니티와 중심지의 소비인구권역을 일치시키고 싶어하는 것은 당연하기 때문에, 중심으로부터 벗어나서 즉, 보다 큰 도심을 향해서 중심지를 배치하는 것이 중요하다. 또한, 이것은 이전에 논의했던 중심지가 커뮤니티의 경계에 위치해야 한다는 사실과 정확히 맞아 떨어진다.

중심을 벗어난 중심지

4. 비록 중심지가 커뮤니티 내의 가장자리에 위치해서 경계를 형성한다

하더라도, 중심지는 커뮤니티를 향해서 조금은 튀어나올 필요가 있을 것이다. 이는 다음의 내용으로부터 기인한다. 서비스가 커뮤니티의 중심이 아니라 경계에 있을 필요가 있다고는 하지만, 사람들은 최소한 기하학적인 중심을 향하고 있는 커뮤니티의 정신적인 중심지를 필요로 한다. 만약, 경계부가 기하학적인 중심을 향해 튀어나오게 한다면, 이 축은 자연적으로 중심지를 형성하게 될 것이다. 그리고, 앞서 제시한 데이터에 따라서 소비인구권역은 커뮤니티와 거의 완전하게 일치하게 될 것이다.

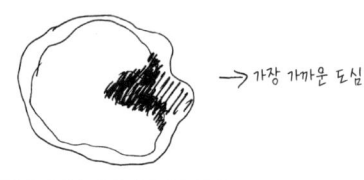

기하학적 중심을 향해 튀어나온 형태

5. 마지막으로, 중심지가 주로 경계에 위치할 필요가 있다는 사실은 확인되었지만, 어느 정도의 크기가 되어야 할지에 대해서는 아직 설명하지 않았다. 전체적인 밀도가 낮은 도시의 외곽에서는 중심지가 작아야 한다. 전체적인 밀도가 높은 도시의 중심에서는 보다 많은 사람이 보다 많은 서비스를 필요로 하기 때문에 중심지는 그보다 커야 한다. 이 두 경우 모두 중심지는 경계에 있다. 만약, 중심지가 한 장소에 있기에 너무 큰 경우라면, 중심지는 자연스럽게 경계를 따라서 확장될 것이다. 그렇지만, 여전히 경계 안에 있으며 반달 모양 또는 불완전한 말발굽 형태를 형성할 것이다. 그리고, 더 큰 도시 영역과의 위치 관계에 따라서 길거나 짧은 모양을 형성할 것이다.

부분적인 말발굽형태

이 규칙은 다소 단순하다. 만약, 이 규칙에 따른다면 각각의 말발굽 형태가 물고기의 비늘 모양처럼 서로 겹쳐져서 아름다운 변화의 모습을 보일 것이다. 만약, 도시가 앞서 설명한 것처럼 매우 일관성 있는 구조를 지니게 되면, 고밀도 지구와 저밀도 지구의 구분이 명확해지기 때문에 활동과 고요함이 공존할 수 있다. 그리고, 각각이 강렬하며 서로 독립되어 있어 유용하게 될 것이다.

그러므로,

다음의 규칙에 따라서, 커뮤니티의 밀도가 산봉우리와 계곡 모양과 같은 변화를 보이도록 밀도의 성장과 집약을 장려한다.

1. 도시를 7,000명의 커뮤니티의 집합체로 생각한다. 이 커뮤니티들은 그들의 밀도에 따라서 직경 0.25약 400m마일에서 4마일약 6.4km 사이의 크기를 가진다.

2. 각 커뮤니티에서 주요 도심에 가장 가까운 경계를 표시한다. 이 지점은 밀도가 가장 높은 곳이 될 것이고 중심을 벗어난 핵의 중심부가 될 것이다.

3. 가장 밀도가 높은 지구를 커뮤니티의 기하학적 중심을 향해 튀어나오게 하여, 중심을 벗어난 핵이 중심을 향해 넓어지도록 한다.

4. 이 고밀도 지구를 경계를 따라서 말발굽 형태의 산등성이를 형성하도록 한다. 말발굽의 길이는 도시 내의 그 지구 전체 밀도에 좌우되며, 말발굽 형태에서 튀어나온 부분은 지구의 중심을 향한다. 이렇게 한다면, 말발굽 형태는 도시에서의 지구의 위치에 따라 변화할 것이다. 즉, 주요 도심에 가까운 곳은 거의 완전한 형태일 것이며, 주요 도심으로부터 멀리 떨어진 곳은 반원에 가까운 형태가 될 것이다. 그리고, 더욱 멀리 떨어지게 되면 하나의 점으로 작아질 것이다.

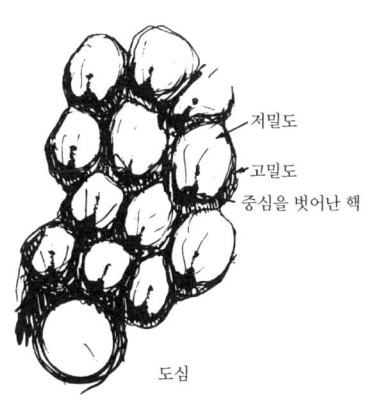

저밀도

고밀도

중심을 벗어난 핵

도심

◆　　◆　　◆

이와 같이 도시의 전체적인 밀도의 형상이 주어졌으므로, 다음은 고밀 지구의 산등성이 모양에서부터 거리에 따른 밀도를 계산한다 - 밀도의 원(29). 주요 상점가와 산책로가 말발굽 형태의 밀집된 부분을 향하도록 한다 - **활동의 결절점**(30), **산책로**(31), **상점가**(32). 그리고, 조용한 곳들은 말발굽 형태의 한적한 장소를 향하게 한다 - **성지**(24), **조용한 후면**(59), **고요한 물**(71) ---…

29. 밀도의 원*

DENSITY RINGS

···- 중심을 벗어난 핵(28)에서는 하위문화들의 모자이크(8)와 하위문화의 경계(13)를 고려하면서, 밀도 고저변화의 일반적인 형태를 제시하였다. 7,000명의 커뮤니티에서의 상업활동 중심지가 중심을 벗어난 핵(28)의 규칙과 각 지구의 전체 밀도에 따라서 위치한다고 가정해 보자. 그렇다면 다음으로는, 밀도가 가장 높은 부분부터 주택 클러스터와 직장 커뮤니티의 거리에 따른 국지적 밀도 설정 문제에 직면하게 된다. 이 패턴은 이와 같은 국지적인 밀도의 변화를 해결하기 위한 규칙을 제공한다. 활동의 주된 중심지에서 반지름이 다른 원을 그리고 각 원에 다른 밀도를 적용하는 것으로서 밀도의 변화를 상당히 구체적으로 규정할 수 있다. 그렇게 되면, 원과 원 사이의 밀도가 밀도의 변화를 나타낼 것이다. 또한, 밀도의 변화는 지구에서의 커뮤니티 위치 그리고 구성원들의 문화적인 배경을 따르기 때문에, 커뮤니티마다 달라질 것이다.

◆　　◆　　◆

사람들은 재미와 편리를 위해서 상점이나 서비스 시설 가까이에 거주하고 싶어 한다. 반면에, 고요함과 자연을 느끼기 위해서는 서비스 시설로부터 멀어지기도 원한다. 이 두 욕망 사이의 균형은 사람마다 다르지만, 전체적으로 두 요구 간의 적절한 균형에 의해 근린 내에서의 주택 밀도가 결정된다.

주택 밀도의 변화에 대한 정확성을 기하기 위해서, 활동의 중심지 주변에 동일한 폭과 중심을 가진 3개의 반원을 이용하여 밀도를 분석해 보기로 하자.

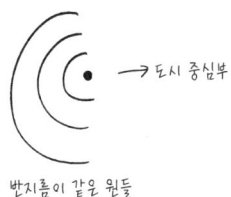

반지름이 같은 원들

여기에서 원이 아닌 반원을 이용하는 것은 지구 중심의 소비인구권역이 도심 밖을 향한 반원형을 띤다고 실증적으로 증명되었기 때문이다. 이에 대해서는 **중심을 벗어난 핵**(28)과 이 패턴에 기술되어 있는 브레넌Brennan과 리Lee의 문헌을 참고한다. 그렇지만, 이에 대한 연구 결과에 찬성하지 않고, 소비인구권역이 원이라고 가정하더라도 다음의 분석 결과는 기본적으로 변하지 않는다.

다음으로, 밀도 변화를 중심에서 3개의 반원에 대응하는 세 밀도의 집합체로 가정하자.

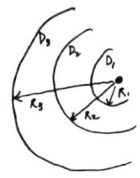

밀도의 변화

어떤 근린 내의 세 반원의 밀도가 각각 D_1, D_2, D_3이라고 하자. 그리고, 새로운 거주자가 근린으로 이주했다고 가정한다. 그렇다면, 앞서 설명한 것처럼 새로운 거주자는 주어진 밀도 변화에서 조용하나 자연 환경, 그리고 상점과 공공서비스로의 접근이라 하는 두 요소의 균형을 고려하여 자신이 살고 싶은 반원에 거주지를 선택할 것이다. 이것이 의미하는 것은, 모든 사람은 기본적으로 거리·밀도 조합의 세 가지 대안 중에서 하나를 선택하여야 한다는 것이다.

반원 1. 밀도 D_1, 상점과의 거리 R_1

반원 2. 밀도 D_2, 상점과의 거리 R_2

반원 3. 밀도 D_3, 상점과의 거리 R_3

물론, 모든 사람은 자신이 선호하는 밀도와 거리의 균형에 따라 다른 선택을 할 것이다. 논의를 간단하게 하기 위해서 모든 사람들이 이 선택을 하도록 요청 받았다고 생각해 보자(여기에서 어느 집이 비어있는가에 대해서 생각하지 않는다). 반원1을 선택하는 사람이 있는가 하면, 반원2, 반원3을 선택하는 사람이 있을 것이다. N_1명이 반원1을, N_2명이 반원2를, N_3명이 반원3을 선택하였다고 하자. 이 3개의 원은 명확하게 구분된 영역이기에, 이 영역을 선택한 사람의 수는 가상적인 밀도로 바꿀 수 있다. 다른 말로 하면(가정이기는 하나), 사람들의 선택에 따라서 3개의 원 안에 사람들을 분산시키면 결과적으로 3개의 원안에서 발생하는 가상의 밀도를 알 수 있는 것이다.

여기에서 우리는 매우 흥미로운 두 가지 가능성에 직면하게 된다.

1. 이 새로운 가상의 밀도는 실제의 밀도와 다르다.

2. 이 새로운 가상의 밀도는 실제의 밀도와 같다.

발생 가능성이 높은 것은 1의 경우이다. 그렇지만, 사람들의 선택은 밀도를 변화시키는 경향이 있기 때문에, 1의 경우는 불안정해 보인다. 하지만 발생 가능성이 상대적으로 적을 것 같은 2의 경우는 안정적이다. 왜냐하면, 사람들이 자유롭게 선택한다면 그들의 선택 범위 내에서 현실과 매우 동일한 밀도의 분포 형태를 다시 만들어 나갈 것이기 때문이다. 이 차이점은 근본적인 것이다.

만약, 일정한 면적을 가진 기존의 근린이 일정한 수의 인구를 수용해야 한다면(지구 내의 특정한 장소에서 평균인구밀도에 의해 정해진), 이 맥락에서 안정적인 밀도의 분포는 단 하나만 존재한다. 이제부터 이 같은 안정적인 밀도 분포를 도출하는 데 사용될 수 있는 계산방식에 대해서 설명하기로 한다.

계산방식에 대해서 설명하기 전에, 안정적인 밀도의 분포가 얼마나 기본적이고 중요한지에 대해서 알아야 한다.

보통 밀도의 변화가 불안정한 현실의 세계에서, 대부분의 사람들은 조용함과 활동의 균형이 자신들의 욕망과 요구에 맞지 않는 곳에서 어쩔 수 없이 거주하고 있다. 그 이유는 각 거리별로 이용 가능한 주택 또는 공동주택의 총수가 적절하지 않기 때문이다. 이로 인하여 일어나는 현상은 다음과 같다. 자신이 원하는 것을 감당할 수 있을 만큼 부유한 사람들은 자신이 원하는 밀도의 균형에 맞추어서 주택 또는 공동주택을 선택할 수 있을 것이다. 하지만, 부유하지 못한 사람들이나 가난한 사람들은 잔여 주택을 선택할 수밖에 없게 되는 것이다. 이 모든 것은 토지임대료(지대)라는 중산층의 경제학에 의해서 정당화되는데, 토지임대료는 거의 모든 사람들이 중심으로부터의 일정 거리 내에서 거주하기를 원하기 때문에, 활동의 중심으로부터 거리가 달라지면 가격도 달라지게 되는 것이다. 그렇지만, 사실상 토지임대료에 차이가 있는 것은 불안정한 밀도 형태 내에서 그 불안정함을 보상하기 위해서 나타난 경제 메커니즘의 하나이다.

여기에서 하고 싶은 이야기는 안정적인 밀도 형태를 가진 근린에서는 거리에 따라서 토지 가격이 다를 이유가 없다는 것이다. 왜냐하면, 각 원 안의 총가용 주택수는 그곳에 살고 싶어하는 사람의 수와 정확하게 일치하기 때문이다. 모든 원에서의 공급량과 수요가 같으면, 토지 임대료나 토지 가격은 모든 원 안에서 같을 것이며, 그렇게 되면, 빈부의 차에 관계없이 자신이 원하는 균형의 장소를 선택할 수 있을 것이다.

이제부터는 특정한 근린 내에서의 안정적인 밀도 계산에 대해서 이야기해보자. 안정성은 매우 미묘한 심리적인 힘에 좌우된다. 그러나, 지금 우리가 알고 있는 범위 내에서, 심리학적으로 어떠한 방법을 이용한다고 하더라도, 이 힘을 수식으로 나타내는 것은 불가능하다. 그러므로 지금은, 안정적인 밀도를 계산하는 수학적인 모델을 제시할 수 없다. 대신에, 이 밀도 계산을 위해 우리는 사람들이 자신이 원하는 활동과 조용함 사이의 균형을 선택할 수 있다는 사실과 간단한 게임으로 알 수 있는 사람들의 선택을 계산의 근거로 사용하였다. 간단히 말하면, 몇 분 안에 안정적인 밀도의 형태를 구할 수 있는 게임을 고안한 것이다. 이 게임은 기본적으로 현실의 시스템에서 일어나는 행동의 시뮬레이션이고, 어떠한 수학적인 계산보다 신뢰할 수 있을 것이라고 생각한다.

밀도 변화도 게임

1. 우선, 동일한 중심을 가진 3개의 반원을 그린다. 만약, **중심을 벗어난 핵(28)**의 내용에 대해서 찬성한다면 반원을, 그렇지 않다면 원을 그린다. 이 반원이 가장 고밀한 말발굽 형태에 접하도록 조절한다. 즉, 그 말발굽 형태의 중심에 반원의 중심을 맞춘다.

2. 가장 바깥쪽 반원의 지름을 R이라고 한다면, 3개의 반원의 평균반지름인 R_1, R_2, R_3은 다음과 같을 것이다.

$$R_1 = R/6$$
$$R_2 = 3R/6$$
$$R_3 = 5R/6$$

3. 이와 같이 3개의 동심원을 그린 게임판을 준비하고, 반경을 블록으로 표시한다. 그렇다면 더 알기 쉬울 것이다. 예를 들면, 1,000피트 = 3블록

4. 근린 내의 총인구를 결정한다. 이 인구는 그 지구의 전체 평균밀도를 정하는 것과 동

일하다. 지구의 전체 평균밀도와 대체적으로 상응하도록 설정한다. 여기에서 커뮤니티의 총 인구는 N세대라고 정한다.

5. 문화적 습관, 배경 등이 해당 커뮤니티와 비슷한 사람을 10명 선정한다. 가능하면 그 커뮤니티에 거주하고 있는 사람으로 하는 것이 좋다.

6. 게임 참가자에게 서로 다른 인구밀도(에이커당의 가족 수)를 가장 잘 표현하는 커뮤니티의 사진을 보여주고, 이 사진들을 나열해 참가자들이 선택을 할 때에 사진을 볼 수 있도록 한다.

7. 참가자들에게 원판을 나누어주고, 이를 3개의 원 중에 하나에 올려놓도록 한다.

8. 이제, 게임을 시작하기 위해서 3개의 원 안의 밀도가 각각 총 인구의 몇 퍼센트가 되어야 하는가 결정한다. 시작할 때 결정한 퍼센트는 큰 문제는 아니다. 게임을 진행하면서 고쳐질 것이다. 그렇지만, 게임을 간단하게 하기 위해 각 원의 퍼센트를 10의 배수로 한다. 예를 들면, 원1은 10%, 원2는 30%, 원3은 60%.

9. 그리고, 이 퍼센트를 에이커당 세대 수에 의한 실세 밀도로 변환한다. 게임 도중에 이와 같은 계산을 여러 번 해야 하므로, 퍼센트를 밀도로 직접 환산할 수 있는 도표를 만들어 두는 것이 바람직하다. 이 표는 아래와 같은 수식에 자신이 선정한 커뮤니티의 N과 R의 수치를 넣어서 작성한다. 이 공식은 면적과 인구의 간단한 연산으로 이루어져 있다. R은 100야드약 ^{94m} 단위로 블록 수에 상당하는 수를 의미한다. 밀도는 에이커당의 가족 수로 표시된다. 각 원의 밀도에, 원 안의 퍼센트에 대응하는 1에서 10까지의 수를 곱한다. 예를 들면, R3이 30%라고 한다면, 밀도는 수식의 수치에 3배를 하여서 $24N/5\pi R^2$이 된다.

10%

원1 $8N/\pi R^2$

원2 $8N/3\pi R^2$

원3 $8N/5\pi R^2$

10. 공식으로부터 적당한 밀도를 계산했다면, 밀도를 종이에 기재한다. 그리고, 이 종이를 게임판에 해당하는 원 안에 놓는다.

11. 이 종이는 커뮤니티의 일시적인 밀도 형태를 규정한다. 각 원은 중심에서 일정한 거리를 가지며 임의의 밀도를 가진다. 다른 밀도를 대표하는 사진을 참가자들이 자세히 보도록 한다. 그리고, 상점으로의 접근성과 비교해 3개의 원 중에서 조용함과 푸르름에 대한 균형이 가장 잘 잡힌 곳이 어딘가를 결정하도록 한다. 각 참가자에게 원판을 자신이 고른 원 안에 놓도록 한다.

12. 10개의 원판이 게임판 위에 놓여졌을 때 새로운 인구분포가 정의된 것이다. 아마도, 이것은 게임을 시작했을 때와는 다를 것이다. 이제, 새로운 퍼센트를 결정하는데, 처음에 정한 퍼센트와 원판으로 정해진 퍼센트의 중간치를 10에 가깝게 반올림한다. 다음은 새로운 퍼센트를 정하는 방법에 대한 예이다.

이전 퍼센트	원판 위의 퍼센트		새로운 퍼센트
10%	3 = 30%	→	20%
30%	4 = 40%	→	30%
60%	3 = 30%	→	50%

이와 같이, 새로운 퍼센트는 다른 두 수치의 정확한 중간치는 아니다. 그러나, 가능하면 그 수에 가깝게 하면서 10의 배수가 되게 한다.

13. 이제 9번째 단계로 돌아가서 원판에 의해 결정되는 퍼센트가 상기의 퍼센트와 일치할 때까지 9, 10, 11, 12의 단계를 반복한다. 이와 같이 마지막으로 안정된 퍼센트를 밀도로 변환하면, 이 커뮤니티에 대한 안정적인 밀도 분포를 찾은 것이다. 여기서 게임을 끝마치고, 함께 건배를 한다.

우리의 실험에서, 이 게임은 사실 상당히 빠르게 안정 상태에 달하는 것을 알 수 있었다. 몇 분 안에, 10명의 참가자는 안정된 밀도 분포를 결정할 수 있었는데, 다음은 하나의 게임에서 나온 결과를 정리한 표이다.

크기가 다른 커뮤니티를 위한 안정적인 밀도

이 수치는 반원형의 커뮤니티에 대한 것이다

블록의 직경	세대 수	에이커당 세대밀도		
		원1	원2	원3
2	150	15	9	5
3	150	7	5	2
3	300	21	7	5
4	300	7	3	2
4	600	29	7	4
6	600	15	4	2
6	1200	36	9	3
9	1200	18	5	1

한 가지 주의해야 할 것은, 이 표의 밀도를 그대로 사용할 수는 없다는 것이다. 수치는 근린의 기하학적인 구조나 하위문화에 따라서 다르고, 문화적 사고방식에 의해서도 다를 것이다. 그렇기 때문에, 어느 특정 장소의 사람들은 자신의 상황에 맞는 안정적인 밀도 변화의 형태를 찾기 위해서 직접 게임을 해야 한다. 위에 제시된 수치는 설명을 위한 것에 지나지 않는다.

그러므로,

커뮤니티 중심의 위치가 명확해지면, 국지적인 주택밀도는 중심을 향해서 조금씩 낮아지는 원을 설정한다. 만약, 이렇게 하는 것이 불가능하다면, 상기의 표에서 도출된 밀도를 선정한다. 그러나, 가능하다면 밀도의 원 게임을 통해서 해당 커뮤니티에 거주하려는 사람들의 직감으로 밀도를 구하는 것이 보다 나을 것이다.

밀도의 원 안에서는, 밀도에 따라 8~15세대 정도의 자치적인 조합을 이루는 주택 클러스터를 권장한다 - 주택 클러스터(37) 서로 다른 원 안에서의 밀도에 따라 단독주택 - 주택 클러스터(37), 연립주택(38), 또는 고밀도의 주택 클러스터 - 계단식 주택(39)을 건설한다. 고밀도 지구가 활기를 유지할 수 있도록, 공공 공간 - 산책로(31), 소규모 공공광장(61)을 충분히 배치한다 - 보행자의 밀도(123) ••••

30. 활동의 결절점**

ACTIVITY NODES

···· 이 패턴은 인식할 수 있는 근린(14), 산책로(31), 보행로와 도로의 네트워크(52) 및 보행로(100)를 형성하는 데 도움이 되는 그리고 생활의 필수적인 요소인 결절점을 형성한다. 이 패턴의 역할을 이해하기 위해서는 다음과 같은 패턴들의 영향 속에서 성장하고 있는 커뮤니티와 그 경계를 생각해 볼 필요가 있다 - 7,000명의 커뮤니티(12), 하위문화의 경계(13), 인식할 수 있는 근린(14), 근린의 경계(15), 중심을 벗어난 핵(28), 밀도의 원(29). 커뮤니티가 성장함에 따라 주 보행로가 서로 만나는 지점에는 일정한 별 모양의 구역이 형성되기 시작한다. 이와 같이 별 모양이 형성된 지점은 커뮤니티 활동의 중심이 될 가능성이 크다. 이 별 모양으로 형성된 공간과 보행로의 성장을 통해 그 공간이 커뮤니티 활동의 중심이 되도록 유도한다.

◆ ◆ ◆

도시 전역에 개별적으로 흩어져 있는 커뮤니티 시설은 도시 생활에 기여하지 못한다.

기존 커뮤니티가 지닌 가장 큰 문제 중 하나는 공공생활이 가능한 커뮤니티 시설들이 매우 낮은 밀도로 흩어져 있어서, 커뮤니티에 파급되는 효과가 거의 없다는 것이다. 보행자 행태조사연구에서 여러 차례 지적되고 있는 바와 같이, 사람들은 가능한 항상 많은 사람들이 모이는 장소를 찾는다.[Gehl 1968]

커뮤니티 내에 사람들이 집중하는 장소가 형성되기 위해서는, 매우 작은 광장 주위에 서비스 시설이 집중적으로 밀집되어 있어야 한다. 그리고, 그곳을 커뮤니티 내의 모든 보행자가 통과할 수 있도록 구성해서, 활동의 결절점으로 기능할 수 있어야 한다. 이와 같은 결절점은 아래와 같은 네 가지의 특성을 필요로 한다.

첫째, 주변 커뮤니티의 주요 보행로는 각 결절점으로 통합되어야 한다. 즉, 기본적으로 작은 보행로는 큰 보행로에 흡수되고 큰 보행로는 광장에 집중되는 패턴을 형성하는 것이다. 이 같은 구성 방법은 생각보다 어렵다. 실제로 도시에 이 구성을 적용할 때 야기되는 어려움을 다음의 계획을 예로 들어 설명해본다. 아래 계획은 페루에 있는 주택단지이며 우리가 직접 계획한 것이다. 이 계획에서 각 보행로는 모두 통합시켜 몇 개의 작은 광장에 집중시켰다.

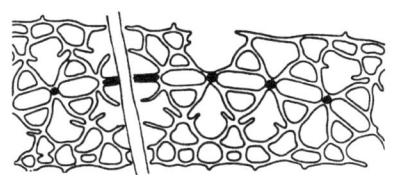

공공보행로는 활동의 중심지로 모여든다.

이 계획은 변경의 여지가 너무나도 없고 형식적이기 때문에, 사실 잘된 계획이라고는 하기 어렵다. 그러나, 이보다 유연한 방법을 적용한다면 이와 동일한 관계를 만들 수 있을 것이다. 어떠한 경우라도 보행로, 커뮤니티 시설, 광장의 관계는 필수적인 것이다. 그렇지만 동시에 그 관계를 형성하기는 매우 어렵다. 그러므로, 계획 초기에서부터 도시의 주요 특징으로 삼아 신중하게 검토되지 않으면 안 된다.

둘째, 결절점에 집중된 활동을 유지하기 위해서, 광장의 규모는 일반적으로 생각하는 것보다 소규모로 할 필요가 있다. 이를테면 45×60피트약 14×18m 정도의 광장이면 통상적으로 집약된 공공생활을 영위하는 데 무리가 없다. 이에 대해서는 **소규모 공공광장**(61)에서 상세하게 논의하도록 한다.

셋째, 각 결절점 주변에 집단을 이루어야 하는 시설에는 각 시설들 상호 간에 공생관계를 가진 시설들을 선정해야만 한다. 즉, 커뮤니티 중심에 단순히 집단화된 공용시설을 집중 배치하는 것으로는 충분하지 않다는 것이다. 예컨대 교회, 영화관, 유치원, 파출소는 모두가 커뮤니티 시설이지만, 서로 상호협조하는 관계에 있지는 않다. 서로 다른 사람이 다른 시간에 별도의 목적으로 이들 시설을 이용하고 있는 것이다. 때문에, 이 시설들을 한 장소에 집중 배치하는 것은 사실상 무의미하다. 활동의 집중을 유도하기 위해서는, 결절점 주위에 모이는 시설이 서로 협동하며 기능하도록 해야 한다. 또한, 같은 시간대에 같은 부류의 사람들이 이용할 수 있도록 유도해야 한다. 예를 들어, 야간 위락시설이 한 장소에 집중되어 있으면, 밤에 외출하는 사람들이 위락시설들 중 어느 곳이라도 이용할 수 있으므로, 전반적인 활동 집중도가 증가하게 되는 것이다. 이 사항에 대해서는 **야간활동**(33)을 참고한다. 다른 예로, 유치원, 소규모 공원, 정원이 집중되어 있다고 하면, 아이가 있는 젊은 층의 가족들이 이와 같은 시설들 중 어느 시설이라도 이용할 수 있게 된다. 때문에, 시설들의 전반적인 이용의 집중도가 증가하게 된다.

넷째, 활동의 결절점을 커뮤니티 전역에 걸쳐 균등하게 분산 배치한다. 그래서, 모든 주택이나 일터가 결절점에서 수백 야드 이내의 거리에 위치하도록 한다. 이러한 방법으로 혼잡함과 한적함의 대조가 작은 규모에서 이루어질 수 있다. 동시에, 넓기만 하고 불필요한 장소를 제거할 수 있을 것이다.

다른 크기의 결절점들

그러므로,

커뮤니티 전역에 걸쳐 대략 300야드약 270m마다 활동의 결절점을 배치한
다. 먼저, 커뮤니티 내에서 자생적으로 활동이 집중되어 있는 기존의 지점을
확인한다. 그리고, 되도록 많은 보행로가 결절점을 통과하도록 커뮤니티 내
보행로의 배치를 조정한다. 각 지점은 보행로 네트워크의 결절점으로 기능
하게 된다. 다음으로 각 결절점의 중앙에는 소규모 광장을 두고 광장 주변에
는 상호협조 할 수 있는 커뮤니티 시설과 상점을 조합하여 배치한다.

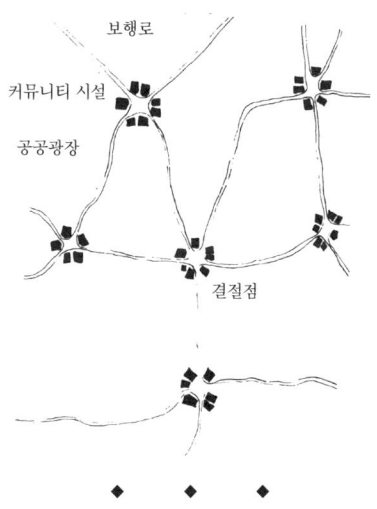

밀도가 높은 중심지들은 산책을 하는 사람들을 위해서 보다 넓은 보행로

와 연결한다 - 산책로(31). 야간시간대의 활동을 위해 특별한 중심지를 설치한다 - 야간활동(33). 새로운 보행로가 배치될 때에는 반드시 중심지를 통과하게 하여 커뮤니티 생활의 활성화를 도모한다 - 보행로와 목적지 (120). 그리고, 각 보행로는 중심지 주변에서는 넓게, 중심지로부터 떨어진 지점에서는 좁게 해서 차별화시킨다 - 공공성의 정도(36). 각 중심지의 심장부에는 소규모 공공광장을 계획한다 - 소규모 공공광장(61). 그리고, 광장 주변에는 서로의 기능을 보강해 주는 시설을 적절하게 혼합하여 배치한다 - 직장 커뮤니티(41), 시장과 같은 대학(43), 지구청사(44), 건강센터(47), 출산 장소(65), 10대의 사회(84), 상점 앞 배움터(85), 개인 소유의 상점(87), 거리의 카페(88), 술집(90), 음식가판대(93) - ···

31. 산책로**

PROMENADE

‥‥이제 경계에 의해서 하위문화와 커뮤니티가 세분화된 도시가 있다고 가정해 보자. 하위문화들의 모자이크(8)를 구성하는 하위문화와 7,000명의 커뮤니티(12) 내에는 각 지구의 중추라고 할 수 있는 산책로가 존재한다. 산책로는 활동의 결절점(30) 형성에 기여한다. 이는 산책로를 따라 존재하는 활동의 결절점으로서의 기능을 유지하는 데 필수 요소인 사람들의 이동을 유발하기 때문이다.

각 하위문화는 다른 사람들을 보러 나가거나, 혹은 자신을 다른 이들에게 보일 수 있는 장소, 즉 공공 생활의 중심지가 필요하다.

산책로는 파세오Paseo, 파세지아타Pasegiata, 이브닝 스트롤Evening Stroll이라고 도 하며, 이태리, 스페인, 멕시코, 그리스, 유고슬라비아, 시칠리, 남아메리카 의 소도시 등에서 흔히 볼 수 있다. 사람들은 산책로를 따라서 이곳저곳을 거닐거나, 친구를 만나기도 한다. 또한, 낯선 사람들을 보거나 낯선 사람들 로 하여금 자신을 바라보게도 한다.

예로부터 도시에는 사람들이 하나의 가치체계를 공유하면서 서로가 접촉 할 수 있는 장소가 존재해왔다. 그리고, 이러한 장소는 주로 노천극장 같은 곳이었다. 이런 곳에서는 사람들이 모여서 주위 사람들을 구경하거나, 여저 기를 산책하기도 하고 책을 읽거나 목적 없이 거닐기도 했다.

멕시코의 모든 소도시 광장에서는 목요일과 일요일 밤이 되면, 밴드가 음악을 연주하 고 맑은 날씨를 즐기려는 청소년들이 광장 이곳저곳을 거닌다. 그리고, 부모들은 철제 벤 치에 앉아 아이들을 지켜본다.[Bradbury 1970]

일상생활을 함께 하는 사람들이 서로 모여 어깨를 마주하고, 자신들이 속 한 커뮤니티가 어떤지 확인하는 것. 이것이 산책로라 불리는 장소의 아름다 움이다.

산책로는 순수한 라틴 문화의 관습에 의해 생겨난 것일까? 우리의 실험에 따르면 산책로는 라틴 문화만의 것은 아니다. 사람들이 느긋하게 걸을 수 있는 산책로는 대체로 도시에서는 일반적인 것이 아니다. 특히, 도시의 스 프롤링*으로 인하여 무분별하게 확장된 곳에서는 더욱 그러하다. 그러나, 캘리포니아대학의 라시오네로Luis Racionero는 실험을 통해 공적인 접촉이 실 제로 가능한 장소가 가까운 곳에 있으면 사람들은 그곳을 찾는다는 사실을 발견하였다. 샌프란시스코의 여러 장소에 거주하는 주민 37명을 대상으로

---

*　(옮긴이) sprawling, 도시가 급격한 인구 증가나 지가 상승으로 인하여 교외지역을 향해 무분별하 게 확장되는 현상.

인터뷰를 실시한 결과, 산책로에서 20분 이내의 거리에 거주하는 주민은 산책로를 이용하고 있으나, 20분 이상의 거리에 거주하는 주민은 이용하지 않는다는 사실을 알 수 있었다.

	산책로를 이용	산책로를 이용하지 않음
20분 이내에 거주하는 사람	13	1
20분보다 먼 거리에 거주하는 사람	5	18

산책로로 인하여 생기는 이러한 인간적인 교류는 모든 문화권에서 나타나는 보편적인 욕구라고 생각한다. 그렇다 하더라도 산책로가 너무 멀리 있으면 단순히 산책로까지 가야 한다는 생각이 그런 욕구의 중요성을 짓누르고 만다. 때문에, 도시의 사람들에게 이 욕구를 만족시키고자 한다면, 산책로 간의 간격은 조금 너 가깝게 유지되어야 할 것이다.

산책로는 정확하게 어느 정도의 간격으로 배치되어야 할 것인가? 라시오네로는 각 산책로 간격의 상한선을 도보로 20분 정도의 거리로 정했다. 그가 이용 빈도까지 연구하지는 않았지만, 산책로가 가까이 있을수록 이용률이 높아지는 것은 분명하다. 산책로가 도보로 10분 이내에 있다면, 사람들은 더욱 자주 이용하게 될 것이다. 아마도 매주 한 번 혹은 두 번 정도일 것이다.

산책로의 이용권역과 물리적인 실제 영역 사이의 관계는 매우 중요하다. **보행자의 밀도**(123)에서 설명하겠지만, 산책로의 물리적 포장면 150~300제곱피트^{약 14~28㎡}당 산책하는 사람이 1명 이하인 장소는 활기차고 매력적인 공간이 되지 못한다. 따라서, 산책로에서 산책을 하는 사람들의 수는 산책로 전체에 걸쳐 일정 이상의 보행자 밀도를 유지할 만큼 충분해야 한다. 이 관계를 분명히 하기 위해 다음과 같은 계산을 해 보도록 하자.

도보로 10분 거리는 대략 길이 1,500피트^{약 460m}(150피트/min^{46m/min})에 해당한다. 그리고, 도보로 10분 거리는 산책로의 적절한 길이일 것이다. 따라서, 도보로 20분 이내의 거리라면 산책로의 이용권역은 다음과 같은 형태를 취하게 된다.

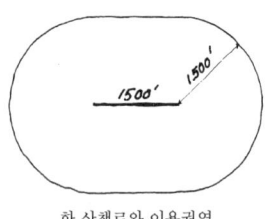

한 산책로와 이용권역

산책로의 이용권역 면적은 약 320에이커약 130ha이다. 만약, 이곳의 평균적 인구밀도가 에이커당 50명이라고 가정하면, 이 영역에는 약 16,000명의 사람들이 거주하는 것이 된다. 만약, 인구의 1/4이 산책로를 일주일에 한 번, 아침 6시에서 밤 10시 사이에 이용한다고 가정해보자. 그러면, 이 시간대에는 항상 약 100명 정도의 사람들이 산책로에 머무는 것이 된다. 만약, 산책로의 길이가 1,500피트약 460m로, 한 사람당 차지하는 면적이 300제곱피트약 28㎡라고 한다면, 산책로의 최대 폭은 약 20피트약 6m 정도가 된다. 그런데 만약 폭이 10피트약 3m에 근접한다면 더욱 좋은 산책로가 될 수 있을 것이다. 이러한 추론은 수식적으로는 매우 현실성이 있지만, 확언할 수 있는 정도까지는 아니다.

따라서, 앞서 정의한 이용권역과 제시된 인구밀도를 가진, 길이 1,500피트약 460m의 산책로는 폭이 20피트약 6m를 넘지 않는 한, 활기찬 활동의 밀도를 유지할 수 있을 것이다. 보행자 밀도가 충분히 높지 않으면, 산책로는 제 기능을 발휘할 수 없을 것이다. 따라서, 보행로의 실행 가능성을 검토함에 있어서 이와 같은 계산법이 항상 고려되어야 한다는 점을 강조하고 싶다.

앞서 말한 숫자들은 무척 도식적인 것으로, 산책로와 이용권역의 인구 규모에 대한 개략적인 체계를 수치만으로 세웠다. 그러나, 이는 이론에 그치는 추정이 아니다. 이와 같은 산책로의 실제 예를 약 2,000명(페루의 어촌)의 주민을 위한 산책로와 2,000,000명(바르셀로나에 있는 라스람블라스Las Ramblas)의 산책로에서 찾아 볼 수 있다. 이 두 산책로는 각각 제 기능을 다하고 있었지만, 전혀 다른 성격을 지니는 것이다. 2,000명의 근로자를 위한 이용권역을 가진 작은 산책로는, 파세오paseo라는 그 지방의 문화적 관습이 매우 강하게 작용했기 때문에, 사람들의 이용 비율이 일반적인 경우보다 더 높았다. 하지만, 이 작은 산책로의 인구밀도는 우리가 생각했던 것보다 높지는 않았다. 작은 산책로가 매우 아름다워서 사람들로 그다지 붐비지 않을 때에도 충분히 즐길 수 있다. 다른 하나의 예인 규모가 큰 산책로의 경우에는 주로 도시 규모의 이벤트에 자주 이용되었다. 사람들은 산책로에 가기위해서 자동차를 타고 먼 거리를 이동한다. 이곳은 사람들이 자주 찾진 않지만, 만약 가기로 한 경우엔 자동차를 타고 갈만한 가치가 있는 곳이다. 규모가 큰 산책로는 사람들로 가득 차 북적거리는 공간이다(흥미진진하다).

우리가 생각하는 산책로의 패턴은, 약 2,000명의 주민을 위한 작은 구역의 산책로에서 도시 전체를 위한 큰 밀도를 가진 산책로에 이르기까지 일정한 범위를 가진 하나의 연속체이며, 성격이나 밀도에 따라 변하는 것이다.

결과적으로, 좋은 산책로의 특징에는 어떤 것이 있는가? 사람들은 산책로를 다른 사람을 만나거나, 혹은 자신을 다른 이들에게 보여주기 위해 이용한다. 따라서, 이용자의 밀도가 유지되어야 한다. 때문에, 음식점이나 작은 상점의 클러스터처럼 장소 자체가 사람들을 유도하는 시설과 함께 배치되어야 한다.

파리의 한 산책로

산책을 하는 실제 이유가 사람들을 만나거나 혹은 사람들에게 자신을 보이기 위해서가 아니라 할지라도, 산책로를 방문하는 사람들에게 어떠한 목적지가 있다면 산책로는 보다 매력적인 곳이 될 것이다. 목적지는 매점이나카페 같은 구체적인 장소여도 좋고, '거리 몇 블록을 산책하자'와 같은 추상적인 표현이어도 좋다. 이처럼 산책로는 사람들에게 하나의 뚜렷한 목표 지점을 제공해야 한다.

산책로 내의 가장 중요한 지점들을 적당한 거리로 배치해서 사람들로 하여금 먼 거리를 걷게 하지 않는 것 또한 중요한 사항이다. 비록 비공식적인 실험이었지만, 어떤 지점 간의 거리가 150피트^{약 46m} 이상 떨어져 있으면 결국엔 그 지점들은 이용되지 않는다는 것을 알 수 있었다. 즉, 좋은 산책로는 커뮤니티의 가장 활동적인 공간을 통과하는 보행로의 일부분이어야 한다. 또한, 저녁 산책을 위해 적합하며, 너무 길지 않고 황량한 곳이 없어야 한다. 그리고, 좋은 산책로에는 모든 산책 지점이 활동의 중심지로부터 150피트 약 46m 이내에 있어야 한다.

다양한 시설들이 산책로를 따라 배치되어 목적지로서의 역할을 하고 있다. 아이스크림 가게, 매점, 교회, 공원, 영화관, 바, 배구 코트 등과 같은 장소들이 목적지로서의 잠재성을 가지려면 사람들이 머물만한 요소를 잘 갖춰야 한다. 즉, 보행로를 넓히거나 나무를 심고, 기댈 수 있는 벽, 앉을 수 있는 벽감*, 계단, 벤치를 배치하는 것이 그것이다. 노천 카페를 위해 가로 앞을 개방하거나, 사람들이 오래 머물 것 같은 활동이나 상품을 전시하는 것도 그에 해당된다.

그러므로,

모든 커뮤니티의 중심에 점진적으로 산책로를 형성하게 한다. 각 산책로는 중심에 위치한 활동의 결절점과 연결되고, 커뮤니티의 각 지점은 도보로 10분 이내의 거리를 유지한다. 산책로의 양쪽 끝에 매력적인 장소를 다소 설치해 사람들이 끊임없이 왕래할 수 있게 한다.

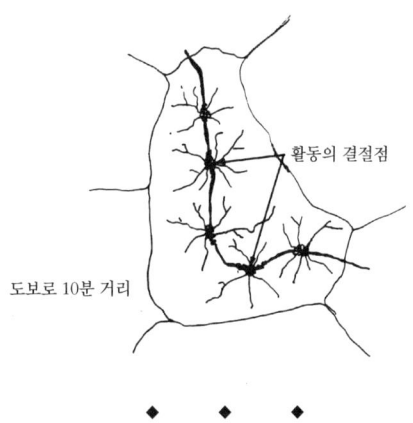

활동의 결절점

도보로 10분 거리

◆　　◆　　◆

산책로의 규모는 아무런 문제가 되지 않는다. 다만, 활동의 밀도를 유지할 수 있도록 충분한 사람들이 모일 수는 곳이어야 한다는 점이 중요하다.

적절한 밀도는 **보행자의 밀도**(123)에서 제시한 수식을 사용해서 정확하게 산출한다. 산책로의 특징은 산책로에 존재하는 활동의 집중도에 좌우되며 - **활동의 결절점**(30), 몇몇 활동은 야간에도 자연스레 행해질 것이다 - **야간 활동**(33). 산책로의 어딘가에는 상점이 집중적으로 배치되어 있을 것이다 - **상점가**(32). 매우 큰 규모의 산책로는 **축제**(58)와 **거리에서의 춤**(63)을 위해 이용될 것이다. 산책로의 물리적 성격은 **보행로**(100)와 **보행로의 형태**(121)에서 구체적으로 다루어질 것이다 ••••

32. 상점가*

SHOPPING STREET

···· 이 패턴은 도시의 매력(10)과 산책로(31)를 완벽히 이해하는 데 도움이
된다. 그리고, 상점가가 설치되면 상점망(19)의 형성에도 도움이 된다.

◆　　◆　　◆

**쇼핑센터의 성패는 접근성에 있다. 따라서, 쇼핑센터는 주요 간선도로에
인접하여 입지해야 한다. 그러나 교통량으로 쇼핑객 자신이 득 볼 것은 없
다. 고객들에게 필요한 것은 조용함, 안락함, 편안함 그리고 주변의 보행로를
이용한 접근성이다.**

이같은 단순하고 명백한 대립은 사실상 거의 해결되지 못하고 있다. 우선,
차로에 접한 노선상점가^{shopping strips}*의 경우를 살펴보기로 하자. 노선상점가

에서는 상점이 주요 간선도로를 따라 나열되어 있기 때문에, 자동차 이용자에게는 편리하나 보행자에게는 불편하다. 이것은 노선상점가가 보행자에게 필요한 특성을 지니고 있지 않기 때문이다.

자동차를 위한 노선상점가

한편, 오래된 시가지의 중심에는 자동차 시대 이전의 상점가가 있다. 그곳에는 보행자들의 요구가 적어도 부분적이나마 고려되어 있다. 하지만, 도시가 확장됨에 따라 거리는 혼잡해지고 보행자의 접근은 어려워졌으며, 자동차들이 좁은 거리를 지배하고 만다.

사람과 자동차 모두에게 불편한 오래된 상점가

현대적인 해결책은 쇼핑센터이다. 통상적으로 쇼핑센터는 주요 간선도로를 따라 혹은 인접해서 입지하기 때문에 차량 이용자들에게 편리하다. 그리고, 쇼핑센터의 차량 접근로 안에는 보행자 영역을 설치하는 경우가 많으며, 적어도 이론상으로는 보행자들에게 안전하고 편리하다. 그러나, 보행자 영역은 주로 거대한 주차장 가운데 고립되어 있으며, 주변의 보행로망으로부터 단절되어 있다. 간단히 말하자면, 외부에서는 걸어서 접근할 수 없다는 것이다.

자동차 이용자만을 위한 새로운 쇼핑센터

　상점들이 자동차와 보행자 모두에게 편리하며 주변 도시 구조와 연결되기 위해서는, 상점이 보행자를 위해 보행로를 따라 위치함과 동시에 한쪽 혹은 양끝이 주요 간선도로에 바로 연결되어야 한다. 또한, 주차장을 상점가 후면 또는 지하에 설치하는데, 이는 자동차로 인해 상점들이 주변으로부터 고립되는 것을 막는다.

　우리는 이 패턴이 리마Lima의 어느 근린에서 자연발생적으로 성장하고 있음을 발견하였다. 넓은 자동차 도로가 있는 상태에서, 상점들은 넓은 도로로부터 직교하여 뻗어나가는 보행로에 생겨나기 시작했다.

페루의 리마에 위치한 자발적으로 성장하는 상점가

　또한, 이 패턴은 코펜하겐의 유명한 거리인 스트로이에Stroget 거리에서도 볼 수 있다. 스트로이에는 코펜하겐의 중추적인 중심 상점가이며, 길이가 거의 1마일 정도로 매우 길다. 또한, 완전한 보행자 전용 거리로서, 직각으로 만나는 도로에 의해 부분적으로 분절되어 있을 뿐이다.

그러므로,

각 지구의 상점들이 주요도로에 직교하고 주요도로를 향해 열려 있는 짧은 보행로를 형성하도록 장려한다. 그리고, 상점 후면에 주차장을 설치하여 차량들이 도로에서 바로 접근할 수 있으면서도 상점가를 손상시키지 않도록 한다.

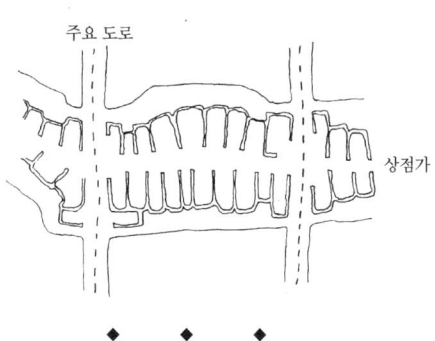

주요 도로

상점가

◆　　　◆　　　◆

상점가의 물리적 성격을 주요 평행도로(23)에 직교하는 보행로와 도로의 네트워크(52)에서의 보행로(100)처럼 다룬다. 또한, 가능한 많은 수의 작은 상점을 배치한다 - 개인 소유의 상점(87). 상점가가 도로를 가로지르는 교차 지점은 넓게 하고, 보행자에게 우선권을 부여한다 - 횡단보도(54). 주차는 상점가 후면의 좁은 골목에 배치된 일련의 주차 공간을 통해 쉽게 해결할 수 있다. 후면의 주차장은 주변 공간을 파괴하지 않도록 하기 위해서 벽으로 공간을 구획하거나, 때에 따라서는 캔버스 지붕을 설치한다 - 가려진 주차장(97), 캔버스 지붕(244). 상점가 내부에 다점포 시장(46), 사이의 주택(48)이 존재하는지 확인한다 ···

33. 야간활동*

NIGHT LIFE

···- 모든 커뮤니티 내에는 어떠한 형태로든 공적인 야간활동이 존재한다 -
도시의 매력(10), 7,000명의 커뮤니티(12). 만약, 커뮤니티에 산책로가 있다
면, 산책로를 따라 부분적으로 야간활동이 존재할 것이다 - 산책로(31). 이
패턴에서는 야간활동의 집중에 대해서 구체적으로 설명한다.

◆   ◆   ◆

도시 내의 활동의 대부분은 밤이 되면 끝나게 된다. 야간에도 활동이 지속
되는 장소들이 서로 집중되어 있지 않으면, 도시의 야간활동에는 별로 도움
이 되지 못할 것이다.

이 패턴은 다음의 7가지 요점에서 나온다.

1. 사람들은 밤에 외출하는 것을 즐긴다. 도시의 밤은 특별하다.

2. 만약, 영화, 카페, 아이스크림 가게, 주유소, 바와 같은 야간활동이 커뮤니티 내에 분산되어 있다면, 각각의 활동은 충분한 매력을 지니지 못한다.

홀로 있는 바는 밤이 되면 외로운 장소가 된다.

3. 많은 사람들은 밤에 외출하지 않는다. 왜냐하면, 자신들이 갈 곳이 없다고 느끼기 때문이다. 사람들은 특별히 정해진 곳을 가고 싶어하는 것이 아니라, 다만 외출하고 싶어하는 것이다. 빛으로 가득 찬 야간활동의 중심지는 외출하고 싶어하는 사람들의 관심을 집중시킬 것이다.

4. 익숙한 곳에서 멀리 떨어지게 되면 어둠에 대한 공포를 느끼게 되는데, 이는 이해하기 쉬운 일반적인 경험이다. 즉, 우리는 진화 과정을 통해서 밤은 조용하며 안전하게 보호받는 시간이지, 자유롭게 움직이는 시간이 아니라는 것을 몸으로 알고 있다.

야간활동을 위한 장소들이 거리의 삶을 창조한다.

5. 현재, 이와 같은 직관의 근거가 되는 것은 야간 노상 범죄가 서로 감시해 주기엔 보행자 수가 너무 적은 곳에서 많이 발생한다는 사실이다. 다시 말하면, 보행자들이 충분히 있다면 범죄를 감시하는 데 효과적인 반면, 어둡고

고립된 장소는 범죄를 불러일으킨다는 것이다. 엔젤Shlomo Angel은 「야간활동의 생태학The Ecology of Night Life」이라는 논문을 통해서, 노상 범죄는 야간활동을 위한 장소들이 흩어져 있는 곳에서 가장 많이 발생하며, 야간 보행자 밀도가 매우 낮거나 혹은 매우 높은 구역에서는 감소한다고 지적했다.[Angel 1968]

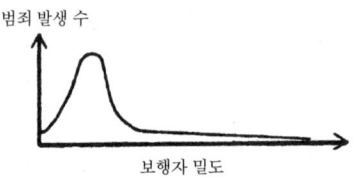

범죄를 일으키는 고립된 야간의 장소

6. 야간활동을 위한 장소가 얼마나 필요한지 정확히 계산하는 것은 무척 어렵다. 우리는 관찰을 통해서 적어도 6개의 장소가 필요하다고 생각한다.

7. 한편, 한 사람이 하루에 이용할 수 없을 정도로 많은 야간 서비스가 집중된 거대한 야간센터는 오히려 이질적으로 느껴진다. 뉴욕의 링컨예술공연센터Lincoln Center for Performing Arts를 예로 들면, 그곳은 밤거리의 화려한 장식품은 되지만 그 이상 아무런 의미를 갖지는 못한다. 하룻밤에 발레, 영화, 콘서트를 동시에 구경하기 위해서 도심으로 나가는 사람은 없다. 이와 같이 지나치게 집중된 장소는 야간활동을 위한 몇몇 중심지들의 존립을 막는다.

이상의 논의들을 통해, 야간활동을 위한 장소들이 활기를 띨 수 있도록 하는 작고 분산된 중심지를 제안한다. 이는 적절한 조명이 있고 산책을 할 수 있는 장소가 있어서 활기찬 광장을 형성할 수 있도록 서비스 시설이 한곳에 모여 있는 곳이다. 이곳에서 사람들은 즐거운 시간을 보낼 수 있을 것이다. 상호협조가 잘 되는 야간활동의 소규모 서비스 시설은 다음과 같다.

영화관·레스토랑과 바·한밤중까지 열려 있는 서점·담배가게
빨래방·주류판매점과 카페·집회장과 맥주홀
집회소·볼링장·바·극장
터미널·식당·호텔·나이트클럽·카지노

그러므로,

호텔, 바, 심야식당과 같이 야간에도 영업을 하는 상점과 오락 및 서비스 시설을 함께 조합하여 야간활동을 위한 중심지를 형성한다. 야간에 외출하는 사람들 모두를 시내의 몇 안 되는 장소에 모이도록 한다. 그리고, 야간활동을 위한 장소가 밝고 안전하며 활기 넘치는 곳이 되도록 하여, 야간 보행자들의 활동을 보다 활발하게 한다. 그리고, 야간활동의 중심지를 도시 전체에 걸쳐 균등하게 분산하도록 권장한다.

클러스터화된 야간시설

◆　　◆　　◆

야간활동의 물리적 배치에 대해서, 모든 시설이 밤에도 영업한다는 것을 제외하고는 활동의 결절점(30)과 동일하게 다룬다. 이와 같은 야간시설에는 지구청사(44), 축제(58), 거리에서의 춤(63), 거리의 카페(88), 술집(90), 여관(91) 등이 포함될 것이다 --…

34. 환승지점

INTERCHANGE

···· 이 패턴은 **공공교통망(16)**을 형성하는 데 필요한 몇 가지 요점을 정의 한다. 또한, 각 운송구역의 중심에 환승지점을 확보함으로써, **지구교통구역 (11)**을 완성하는 데 도움이 된다. 환승지점에서 사람들은 자전거나 미니버 스에서 다른 구역으로 이어지는 장거리 운송수단으로 갈아탈 수 있다.

◆　　◆　　◆

환승지점은 공공교통의 중심적인 역할을 한다. 환승지점이 적절하게 기능을 발휘하지 못한다면, 공공교통시스템 자체가 유지될 수 없을 것이다.

누구나 가끔씩이라도 공공교통수단은 필요하다. 그러나, 공공교통수단은 주로 정기적인 이용자들에 의해서 유지된다. 만약, 정기적 이용자들이 공공교통수단을 이용하지 않고 부정기적 승객들만 이용한다면 시스템을 유지시키기 힘들다. 승객의 정기적인 이용을 유지하기 위해서는 환승지점이 매우 편리하고 이용하기 쉬워야 한다. 1. 특히, 공공교통이 필요한 사람들의 직장과 집은 환승지점 주위에 고르게 분포되어 있어야 한다. 2. 환승지점은 주변 보행자의 흐름과 연결되어 있어야 한다. 3. 하나의 이동수단에서 다른 이동수단으로의 전환은 용이해야 한다.

구체적으로 살펴보면,

1. 직장인들에게 공공교통시스템은 매우 중요하다. 시스템이 제대로 운영되려면, 도시 내의 모든 일터가 환승지점에서 걸어서 갈 수 있는 거리 내에 위치해야 할 것이다. 뿐만 아니라, 일터는 환승지점 주변에 균등하게 분산되어야 한다. 이에 대해서는 **분산된 일터**(9)를 참고한다. 일터가 한두 곳에 집중되어 있으면, 출퇴근 러시아워에 전철이 혼잡해지고 이는 전체적인 이동시스템의 효율성을 저하시킬 것이다.

더욱이, 환승지점 주변의 몇몇 구역은 공공교통에 전적으로 의존하는 사람들, 특히 노인을 위한 주택단지로 이용되어야 한다. 공공교통에 의존하는 노인은 시스템의 정기적인 이용자로서 큰 비중을 차지하고 있다. 노인의 요구를 충족하기 위해서 환승지점 주위는 그들의 삶에 적합한 주택 형태로 개발될 수 있도록 구획되어야 된다 - **노인은 어디에나**(40).

2. 환승지점은 사람들이 집과 직장으로 걸어가는 데 편리하며 안전해야 한다. 환승지점이 음침하고 쓸쓸하고 인적이 뜸하다면, 사람들은 환승지점을 이용하지 않을 것이다. 이는 환승지점이 보행교통과 연결되어야 함을 의미한다. 주차장은 한쪽에 위치시켜 사람들이 역으로 가는 길에 주차장을 횡단하지 않도록 한다. 그리고, 환승지점에는 충분한 상점과 매점을 배치해서, 환승지점으로 들어오거나 나가는 사람들의 지속적인 흐름이 유지되도록 한다.

3. 이 시스템이 성공적으로 운영되기 위해서는, 환승지점 간의 보행거리

가 몇 분 이내 즉, 최대 600피트약 180m 이내여야 한다. 그리고, 승객의 이동거리가 길지 않다면, 환승을 위한 보행거리는 더 짧아야 할 것이다. 버스에서 버스로 갈아탈 때는 최대 100피트약 30m, 버스에서 급행열차일 경우는 최대 200피트약 60m, 그리고 전철에서 급행열차까지는 최대 300피트약 90m 이내로 한다. 비가 많이 오는 곳에서는 연결 통로의 지붕을 완전히 덮어야 한다 - 아케이드(119). 그리고, 환승할 때 가장 중요한 점은 교차로가 없어야 한다는 것이다. 필요하다면, 지하도나 육교를 설치하여 환승을 원활히 할 수 있다.

환승지점의 구성에 대한 상세한 내용은 "고속전철역의 390가지 필요 요건390 Requirements for Rapid Transit Stations"과 부분적으로 출판된 「건축에서의 상관적인 복잡성Relational Complexes in Architecture」을 참고한다.[Alexander 외 1966]

그러므로,

교통망의 모든 환승지점은 다음과 같은 원칙들을 따른다.

1. 환승지점 주변에는, 특히 공공교통수단을 필요로 하는 일터와 주거 형태를 배치한다.

2. 환승지점 내부를 외부 보행네트워크와 연결시키며 소규모 상점과 매점을 설치한다. 그리고, 환승지점의 한쪽 면에 주차장을 설치하여 보행의 연속성을 차단하지 않도록 한다.

3. 다른 형태의 교통수단 간의 환승 거리는 가능한 300피트약 90m내로 제한하고, 최대 600피트약 180m를 넘지 않도록 한다.

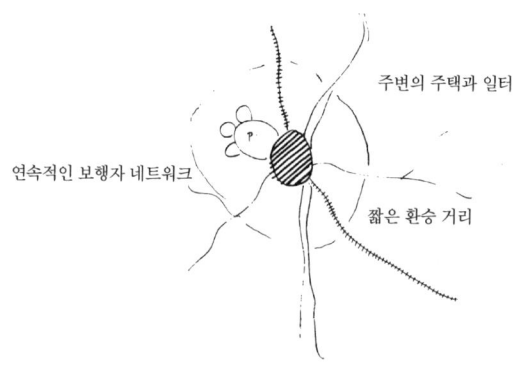

주변의 주택과 일터

연속적인 보행자 네트워크

짧은 환승 거리

◆　　◆　　◆

　환승지점 주변에 일터를 배치하면, 분산된 일터(9)의 발전에 도움이 된다. 계단식 주택(39), 노인은 어디에나(40)와 직장 커뮤니티(41)를 환승지점 주변에 계획한다. 환승지점 외부는 보행 네트워크와의 연결성을 확보하기 위해 활동의 결절점(30)으로 다루며, 지붕이 필요한 환승지점은 아케이드(119)로 다룬다. 미니버스(20) 네트워크의 모든 환승지점에는 버스정류장(92)을 설치한다 ┄…

이 중심지의 주위에 일상적인 인간집단을 바탕으로
클러스터 형태의 주택 성장을 촉진한다.

35. 세대의 혼합*

HOUSEHOLD MIX

···· 한 구역 내에서의 세대의 혼합은 인식할 수 있는 근린(14), 주택 클러스터(37), 직장 커뮤니티(41), 그리고 가장 일반적으로는 인생의 주기(26)와 같은 패턴들의 형성과 파괴에 관여한다. 문제는 균형 잡힌 근린에는 각 세대가 어떤 식으로 혼합되어야 하는가이다.

◆　　◆　　◆

인생의 주기에 있어서 어떠한 단계도 독자적으로는 성립하지 않는다.

사람들은 인생 주기의 다른 단계에 있는 사람들로부터 지지와 확인이 필요하다. 동시에, 자신과 같은 단계에 있는 사람들에게서도 이것은 또한 필요하다.

그러나, 분리하려는 요구는 혼합하려는 요구를 압도하는 경향이 있다. 현재의 주거 패턴들은 서로 다른 세대들을 분리하려는 경향을 가진다. 침실이 두 개 있는 주택이 광범위하게 분포되어 있고, 어떤 구역에는 스튜디오형 주택, 원룸형 공동주택이, 또 다른 구역에는 3개의 침실 혹은 4개의 침실이 있는 주택이 분포되어 있다. 이것은 독신자, 부부 그리고 아이가 있는 소가족들을 위한 구역들이 구분되어 있음을 의미한다.

이와 같은 세대의 분리는 심각한 결과를 초래한다. 인생의 주기(26)에서, 인간이 정상적으로 성장하기 위해서는 삶의 각 단계에서 모든 세대의 사람들 혹은 집단과 접촉할 필요가 있다고 설명하였다. 하지만, 만약 근린에서 세대의 혼합이 하나 혹은 두 단계에서 그치고 만다면, 앞서 설명한 다른 단계의 사람들과의 접촉은 불가능하게 된다. 반면, 근린 내에서 인생 주기의 균형이 주택 형태와 일치된다면, 이와 같은 접촉은 실현될 것이다. 한 사람은 근린 내에서 인생의 모든 단계에 있는 사람들과 최소한 스쳐 지나가는 정도 이상의 접촉을 체험할 수 있게 된다. 10대들은 젊은 부부를 만날 수 있고, 노인은 어린이를 볼 수 있다. 독신자는 대가족의 도움을 받고 젊은이들은 자신들의 본보기로서 중년을 주목하기도 한다. 이는 다른 이들의 삶을 통해 각자의 삶의 방식을 체감하는 매체가 되는 것이다.

그러나, 이와 같은 주택 혼합에 대한 요구는 사람들이 자신과 같은 세대 혹은 삶의 방식이 비슷한 사람들과 가까이 살고 싶어하는 요구 또한 만족시켜야 한다. 이 두 가지 요구를 고려한다면, 주택을 어떻게 혼합하는 것이 가장 바람직할 것인가?

두 요구에 대한 적절한 균형은 해당 지역의 통계 수치에서 곧바로 산출할 수 있다. 첫째, 지역 전체에서 세대 유형별 비율을 조사한다. 둘째, 근린 내에 주택 혼합비를 각 세대 유형별 비율에 가깝게 맞추어 가면 된다. 예를 들어, 어느 대도시 지역에서 가족 세대가 40퍼센트, 부부 세대가 25퍼센트, 독신 세대가 20퍼센트, 동거 세대가 10퍼센트라고 한다면, 근린 내에서 세대 비율과 거의 같은 균형을 유지하기 위한 주택 비율을 예측할 수 있다.

마지막으로, 어느 정도 규모의 집단에 이와 같은 혼합을 적용해야 할 것인가? 모든 주택을 전부 혼합해 볼 수도 있을 것이다(터무니 없지만). 아니면, 12호를 기준으로 하는 주택 클러스터나 각각의 근린 혹은 도시에서의 주택 혼합을 시도해 볼 수도 있다(이것 또한 의미 있는 효과를 기대하지는 못한다). 하지만, 어떤 정치적 혹은 인간적 교류가 지속될 수 있는 작은 규모의 인간집단이 존재한다면, 주택의 혼합 기능은 효과를 발휘할 것이다. 이는 12호의 세대 클러스터에서 500명 규모의 근린까지 해당될 수 있을 것이다.

그러므로,

모든 근린과 클러스터에서 독신자, 부부, 아이가 있는 가족 및 동거 세대가 서로 이웃하여 살 수 있는 세대 혼합이 이루어지도록 장려한다.

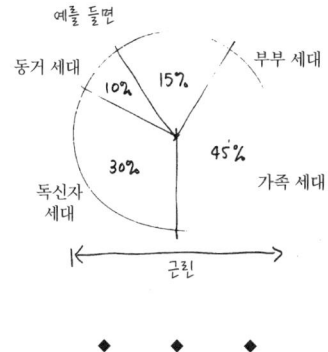

특히, 모든 근린에서 노인 계층을 위한 준비가 되어 있는지 유의해야 하며 - 노인은 어디에나(40), 이와 같은 세대의 혼합에 있어서도 어린이들을 위한 놀이 공간은 충분히 배려되어야 할 것이다 - 연결된 놀이터(68). 또한, 세대의 혼합을 강화하기 위해 보다 구체적인 패턴에 따라 다양한 세대를 위한 세부사항을 마련해야 한다 - 가족(75), 소가족을 위한 주택(76), 부부를 위한 주택(77), 독신자를 위한 주택(78) ---…

36. 공공성의 정도**

DEGREES OF PUBLICNESS

····― 인식할 수 있는 근린(14) 내에는 자연스럽게 생활이 집중하는 활동의 결절점(30)이 있는 몇몇의 구역이 존재한다. 또한, 그렇지 못한 구역, 그리고 그 중간 정도에 해당하는 구역들이 존재한다 - 밀도의 원(29). 이러한 생활 밀도의 변화에 따라, 주택군과 보행로를 차별화하는 것은 필수적이다.

◆　　◆　　◆

　사람들은 서로 다르다. 그리고, 근린 내에 자신의 주택을 어떤 곳에 배치하기를 원하는가는 가장 기본적인 차이점 중의 하나이다.

어떤 사람은 활동적인 곳에 살고 싶어 한다. 또, 어떤 사람은 보다 고립된 장소를 원하기도 한다. 이는 '외향성 - 내향성' 혹은 '커뮤니티 생활 지향 - 사생활 지향'의 척도 등으로 불리는 인간 성격에 대한 기본적인 분류와도 일치한다. 활동을 원하는 사람은 서비스 시설이나 상점 주변에 있기를 원하며 주택 외부의 활기 있는 환경을 좋아한다. 또한, 낯선 사람들이 자신들의 집 앞을 지나다니는 것을 즐긴다. 반면, 고독을 원하는 사람은 서비스나 상점에서 멀리 떨어져 있기를 바란다. 이들은 집 밖의 매우 작고 친밀한 환경을 즐기며, 낯선 사람들이 자신들의 집 앞을 지나는 것을 좋아하지 않는다.[Marshall]

외향성-내향성의 정도에 따른 인간의 다양성에 관해서는 헨드릭스Frank Hendricks와 맥네어Malcolm MacNair의 보고서에 상세히 기술되어 있다.[Hendricks & MacNair 1969-1] 이들은 인간을 몇 가지 타입으로 구분하고 외향적 활동과 내향적 활동에 소비한 시간의 징도에 따라 각 타입의 성격을 기술하였다. 또한, 뢰테르Francis Loetterle는「산타 클라라 자치주에 있어서의 환경영향과 사회생활Environment Attitudes and Social Life in Santa Clara County」에서 이 문제에 대해서 깊이 있게 조명하였다. 뢰테르는 산타클라라 자치주에 사는 3,300세대에게 다양한 커뮤니티 시설로부터 어느 정도의 거리만큼 떨어져 살고 싶은가에 대해 조사했다. 그 결과, 인터뷰를 허락한 세대의 20%가 상업시설로부터 3블록 이내에 살기를 희망하였고, 60%는 6블록 이내에, 나머지 20%는 6블록 이상 떨어진 곳을 희망하였다(산타클라라 자치주에서의 한 블록은 150 야드약 140m이다). 이 거리는 산타클라라 자치주에서만 적용된다. 그러나, 이 조사의 전반적인 결과는, 인간은 다양하며 집의 위치 및 성격에 관해서도 서로 다른 요구를 가지고 있다는 우리의 주장을 너무나도 잘 뒷받침해 준다.[Loetterle 1967]

서로 다른 타입의 사람들이 자신들만의 독자적인 요구를 만족시키는 주택에 살 수 있도록 하기 위해서, 각 주택 클러스터와 근린에는 세 가지 타입의 주택이 거의 같은 수로 있어야 한다고 생각한다. 즉, 활동에 가장 가까운 주택, 중간에 위치한 주택, 거의 완전하게 고립된 주택이다. 그리고, 이 패턴을 유지하기 위해서는 뚜렷이 구분되는 세 가지 형태의 보행로가 필요하다.

1. 서비스 시설을 따라 배치된 넓은 보행로. 활동 및 사람들에게 개방되어 있으며 활동을 상호 연결하여 통행의 활발한 움직임을 촉진시킨다.

2. 서비스 시설로부터 많이 떨어진 좁고 구불구불한 보행로. 통행을 억제할 수 있도록 직각교차로나 막다른 골목을 설치한다.

3. 가장 멀고 조용한 보행로와 가장 중심적이고 활발한 보행로를 잇는 중간 타입의 보행로.

이 패턴은 근린 계획에서와 마찬가지로, 주택 클러스터의 계획에 있어서도 중요하다. 일군의 사람들이 자신들을 위한 주택 클러스터를 계획하면서 외향성-내향성의 관점에서 그들이 원하는 주택의 입지에 관해서 물었다. 결과는 세 그룹으로 나뉘었다. 가능한 한 보행자나 커뮤니티 활동에 가깝게 있기를 희망하는 외향형이 4명, 가능한 한 멀리 떨어져 프라이버시를 지키고자 하는 내향형이 4명, 나머지 4명은 그 둘의 중간을 원했다. 아래의 배치도는 이 패턴을 이용하여 그들이 만든 배치도이다. 이 배치도는 세 가지 타입의 사람들이 각각 선택한 위치를 보여주고 있다.

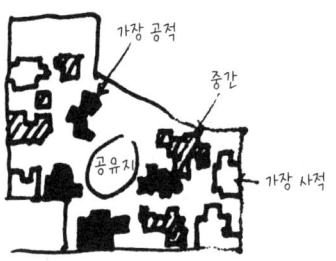

하나의 주택 클러스터 내의 사적인 주택, 공적인 주택, 중간적인 주택

그러므로,

세 가지 타입의 주택을 분명하게 차별화시킨다. 조용한 후미에 위치한 주택, 번화가에 면한 주택 그리고 중간적인 위치의 주택. 조용한 후미에 위치한 주택은 구불구불한 보행로에 면하고 있으며 주택 자체가 물리적으로 고립되어 있는지를 확인한다.

보다 개방적인 주택은 활기찬 거리에 면해서 온종일 사람들의 보행이 많으며 주택 자체가 보행자들에게 노출되어 있는가를 확인한다. 또한, 중간적 위치의 주택은 앞의 두 가지 타입의 주택을 잇는 보행로의 중간쯤에 배치한

다. 또한, 모든 근린에는 이와 같은 세 가지 타입의 주택을 거의 같은 수로 배치한다.

근린과 주택 클러스터 내의 주택의 차별화를 돕기 위해 이 패턴을 사용한다. 근린 내에는 번화가를 따라 고밀도 주택군을 배치하며 - **계단식 주택** (39), **연립주택**(38), 후미에는 저밀도 주택군을 배치한다 - **주택 클러스터** (37), **연립주택**(38). 실제 번화한 거리는 보행로(100)나 혹은 주요도로에 면한 높여진 보도(55)이어야 한다. 후면에는 녹지 가로(51)를 설치하거나, 명확한 보행로의 형태(121)에서처럼 좁은 보행로를 설치해야 한다. 활기찬 도로를 필요로 하는 곳에서는 활기를 띠도록 주택의 밀도가 충분히 높은지를 확인한다 - 보행자의 밀도(123) - …

37. 주택 클러스터**

HOUSE CLUSTER

···- 인식할 수 있는 근린(14)을 구성하는 기본적 단위는 12호 정도의 주택 클러스터이다. 주택 클러스터의 밀도와 구성을 다양하게 적용한다면, 밀도의 원(29), 세대의 혼합(35), 공공성의 정도(36) 패턴의 형성에 도움이 될 것이다.

◆　　◆　　◆

한 주택군이 모든 세대가 공동으로 소유하는 공유지와 함께 하나의 클러스터를 형성하지 못한다면, 사람들은 집안에서도 편안함을 느낄 수 없을 것이다.

주택이 거리를 따라 늘어서 있고 거리가 도시의 소유라 한다면, 외부 공간에는 주택에 사는 가족이나 개인의 요구가 반영될 수 없다. 토지는 주민들이 직접 관리하거나 손질할 수 있을 때 비로소 주민들의 요구에 부합하게 된다.

이 패턴은 주택 바로 바깥에서 주택을 둘러싸고 있는 일정 영역의 토지와 주택 클러스터가 특별한 중요성을 지니고 있다는 개념에 바탕을 두고 있다. 또한, 이 패턴은 근린의 토지 이용의 점진적인 구별을 위한 근원이며, 이웃과의 교류에 있어서의 자연적인 중심이라고 할 수 있다.

간스Herbert Gans의 저서인 『레비트타운의 주민The levittowners』에서 이 같은 경향의 결정적인 근거를 찾을 수 있다. 간스는 레비트타운의 전형적인 개발구역에서 주민들의 이웃 방문 습관을 조사했다. 그가 조사한 149명 모두가, 일정한 패턴에 따라 자신들의 이웃을 방문하고 있었다. 이 방문 패턴의 형태에서 매우 흥미로운 조사 결과를 알 수 있다.[Gans 1967]

다음의 다이어그램에 대해서 생각해 보자. 이 다이어그램의 내용은 거의 모든 구역의 주택에 해당될 것이다. 하나의 주택을 중심으로, 양쪽에 1호씩, 마주하는 길 건너편에 1호 또는 2호의 주택, 그리고 후면 정원 펜스를 넘은 바로 뒤편에 또 1호의 주택이 거주자가 방문하는 주택들이다.

조사대상자들의 이웃 방문 중 93퍼센트가 이 공간 클러스터에 한정되어 있다.

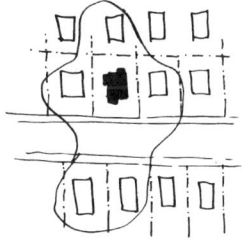

전형적인 블록에서는 각 주택이 자신이 속한 클러스터의 중심에 있다.

그리고, "어떤 집을 가장 많이 방문하는가?"라는 질문에는 91퍼센트의 응답자가 길 반대편 혹은 바로 옆집이라고 답했다.

이 조사의 가치는 이웃 간의 접촉을 유발하는 공간 클러스터의 힘을 나타내는 것이다. 가장 명확하고 하나의 집단과 같은 클러스터 양쪽과 길 건너편의 주택들은 거의 원을 형성하며, 대부분의 접촉이 이 원형 내부에서 일어난다. 비록, 바로 뒤에 있는 주택은 개인 정원과 울타리에 의해서 분리되어 있기는 하다. 하지만, 만약 이 집도 클러스터에 포함시킨다면, 레비트타운의 근린에서 일어나고 있는 모든 이웃 방문을 설명할 수 있게 된다.

이로써, 블록 배치와 근린 계획이 아무리 공간 클러스터를 파괴하고, 공간을 몰개성화시킨다 하더라도, 사람들은 결국 공간 클러스터의 원칙대로 계속 행동할 것이다, 라고 결론 지을 수 있다.

간스의 조사 데이터는 우리의 직관을 뒷받침한다. 사람들은 근린 내 공간 클러스터의 일원이 되기를 원한다. 또한, 클러스터 내에서 일어나는 다른 사람들과의 접촉은, 사람들에게 없어서는 안 되는 기능이다. 만약, 사람들이 자동차를 이용해 도시 전역에 있는 친구들을 만나러 갈 수 있다 하더라도, 앞서 언급한 클러스터의 필요성은 변함이 없을 것이다.

이 클러스터의 크기는 얼마나 되는가? 어느 정도가 적당한 크기인가? 간스의 조사에 따르면, 각 주택은 5~6호의 주택 클러스터의 중심에 위치한다. 그러나, 레비트타운의 구획 분할은 매우 획일적인 것이기 때문에, 주택 5~6호가 모든 클러스터의 상한치는 아니다.

우리의 경험에 의해 주택을 클러스터 패턴에 맞추어 배치하면, 그룹의 비형식성과 일관성 사이의 균형으로부터 자연스럽게 상한치를 얻을 수 있다. 8~12호의 클러스터일 경우에 가장 최상의 기능을 발휘할 것으로 추정된다. 이 경우, 클러스터 내의 각 가족으로부터 한 명의 대표자가 평범한 회의용 탁자 주변에 둘러 앉아 서로 얼굴을 마주하고 이야기 할 수 있다. 때문에, 8~12호의 주택은 자신들이 공유하고 있는 토지에 대해 현명한 결정을 내릴 수 있는 최적의 수라 할 수 있다. 만약, 8~10호의 주택이 클러스터를 이루는 경우에는 주방 식탁에 모여 앉아 이야기를 나눌 수 있으며, 거리나 정원에서도 서로에게 소식을 전할 수 있다. 또한, 특별히 의식하지 않고도 주택 클러스터 전체와 접촉을 유지할 수가 있다. 반면, 10~12호 이상의 주택이 클러스터를 형성할 경우, 이 균형은 깨지고 만다. 따라서, 하나의 클러스터를 이루는 주택 수의 상한치를 12호 내외로 설정하는 것이 바람직하다. 물론, 클러스터의 평균적 규모는 이 상한치까지는 이르지 않고, 보통 6~8호 정도일 것이다. 그리고, 3~5호의 주택 클러스터 또한 완벽하게 기능을 발휘할 수 있다.

이웃들 간의 그룹이나 근린 협회 혹은 계획가가 이 패턴을 사용해 클러스터를 계획하려 할 때, 무엇이 가장 결정적인 문제가 되겠는가?

첫째, 기하학적 구조이다. 우리가 새로운 근린에 대해서 일반적으로 떠올리는 이미지는, 공유지의 한 면에 접하거나 혹은 공유지를 둘러싸는 주택들로 구성된 클러스터와 클러스터의 핵이 중심부에서 주변부 쪽으로 가까워짐에 따라 점점 희미해져 가는 매우 인상적인 이미지이다.

12호의 주택 클러스터

단독주택들이 세워져 있는 기존의 근린에서는 지역지구제법을 완화시켜, 기존의 획일적인 토지 구획으로부터 주민들이 서서히 클러스터를 형성해나갈 수 있도록 이 패턴을 점진적으로 도입해야 한다. 이에 대해서는 **공유지**(67)와 **가족**(75)을 참고한다. **연립주택**(38)과 **계단식 주택**(39)에도 이 패턴을 적용하는 것이 가능하다. 하지만, 이러한 경우에는 연립주택의 각 동의 배치 형태가 클러스터를 형성하게 된다.

모든 경우에 있어서, 클러스터 주민들이 이용하는 공유지는 기본적인 요소이다. 공유지는 중심으로서의 역할을 하며, 클러스터를 물리적으로 연결한다. 공유지는 작게는 하나의 보행로일 수도 있고, 크게는 녹지 전체가 되기도 한다.

다른 한편으로, 클러스터가 너무 밀집되거나 자족적이어서 큰 커뮤니티를 배제시키거나, 밀실공포증을 느낄 만큼 폐쇄적이거나 제약적이 되지 않도록 주의를 기울여야 한다. 때문에, 클러스터의 끝 부분을 개방하거나 다른 클러스터와 교차하도록 배치하는 등의 방법도 필요하다.

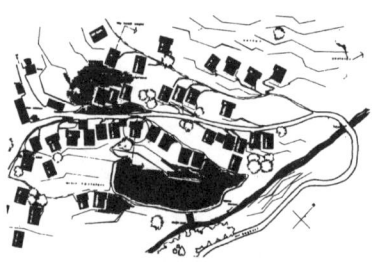

터키 어느 마을에 있는 서로 교차된 클러스터

클러스터의 형태뿐만 아니라, 클러스터의 소유 형태 또한 매우 중요한 요소이다. 만약, 클러스터의 소유 형태가 클러스터의 물리적 소유물과 일치하지 않는다면, 이 패턴의 효과는 없어지고 만다. 간단히 말하자면, 클러스터는 클러스디를 구성하는 세대들이 소유하고 관리해야 하는 것이다. 세대들이 스스로 조합을 설립해서 자신들이 공유하고 있는 공유지를 소유할 수 있게 해야 한다. 이와 같이, 클러스터의 사용자가 클러스터를 소유하는 작은 주택조합의 예는 상당히 많다. 우리의 주변 지역에도, 이러한 소유형태에 대한 시도들이 진행 중에 있거나, 이미 오래 전부터 운영되어온 예가 상당히 많다. 또한, 환경구조센터의 방문자들로부터도 세계 각지에서 이와 비슷한 주택지 개발이 행해지고 있다는 것을 전해 들어왔다.

우리가 주장하고 싶은 것은 주택은 주택이 속해있는 클러스터에 대한 부분 소유권도 함께 가지며, 이상적으로는 클러스터가 속해 있는 근린에서의 부분 소유권도 가지는 소유 시스템이다. 이러한 방식으로 모든 세대주는 자연스럽게 여러 공유지에 대한 소유자가 된다. 즉, 한 세대가 자신이 속한 클러스터에서부터 도시에 이르는 각 단계에 이르기까지, 성장과 개선의 과정을 자주적으로 제어할만한 힘을 가진 정치 단위가 되는 것이다.

근린 밀도의 높고 낮음과는 관계 없이, 이와 같은 시스템에서는 결과적으로 지속적인 주택의 클러스터화가 이루어질 것이다. 우리가 어렴풋이나마 인식할 수 있는 것은, 이웃 관계가 쇠퇴해가는 근린의 상황 속에서, 클러스터들 스스로가 근린 내 삶의 질을 지탱하게 될 것이라는 것이다.

사람들은 고백하기 힘든 비밀을 가지고 있다. 사람들은 자신의 실체와 존재를 자신의 동료로부터 확인받고 싶어하며, 자신도 동료들의 실체와 존재를 확인하고 싶어한다. 그리고 가정에서나 파티 혹은 선술집에서뿐만 아니라, 이웃과 마주치는 모든 과정, 자신이나 다른 사람이 집을 나설 때나 창가에서 서로 교환하는 인사는 호의와 함께 호기심, 불신이 담긴 시선을 동반할 것이다. 지루한 일상은 상호 공감에 의해 극복될 것이며, 이러한 상호 공감은 사람들 스스로의 존재를 서로 이해하게 한다. 이것은 없어서는 안 될 최소한의 인간성일 것이다.[Buber 1969]

그러므로,

뚜렷하지는 않더라도 인식할 수 있는 클러스터를 형성하기 위해서, 8~12세대의 주택을 공유지나 보행로 주위에 배치한다. 그리고, 누군가가 클러스터를 통과할 때, 무단침입을 했다는 느낌을 갖지 않도록 클러스터를 배치한다.

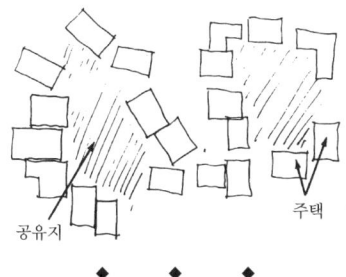

공유지   주택

◆　◆　◆

이 패턴은 1에이커당 15호37호/ha까지의 저밀도 주택지에 적용한다. 이보다 밀도가 높다면 연립주택(38), 계단식 주택(39)의 패턴에서 제시된 부가적인 구조를 더해 클러스터를 변경하도록 한다. 주택 사이에는 반드시 공유지 - 공유지(67)와 가정 내 작업장(157)을 배치한다. 보행로는 명확히 계획하며 - 동선의 영역(98), 클러스터 내부라 할지라도 활기찬 보행로와 조용한 장소를 동시에 만들어낼 수 있도록 보행로를 배치한다 - 공공성의 정도(36). 주차는 소규모 주차장(103)으로 제한하고, 클러스터 내부의 주택들은 입주 예정 세대의 요구에 맞도록 계획한다 - 가족(75), 소가족을 위한 주택(76), 부부를 위한 주택(77), 독신자를 위한 주택(78), 자택(79) ⋯⋯

38. 연립주택*

ROW HOUSES

···· 커뮤니티의 어느 부분에서는, **주택 클러스터**(37)의 단독주택과 정원이
기능을 발휘하지 못하는 경우가 있다. 이는 단독주택이 형성하는 밀도가 밀
도의 원(29)이나 공공성의 정도(36)에서 제시한 밀도가 높은 부분을 형성
하기에는 충분하지 않기 때문이다. 이 같은 큰 패턴을 만족시키기 위해서는
단독주택보다는 연립주택을 지어야 한다.

◆　◆　◆

1에이커당 15~30호약 37~74호/ha 정도의 밀도에서 연립주택은 매우 필수적이다. 그러나, 전형적인 연립주택은 내부가 어둡고, 모두 같은 형태이기 때문에 개성이 없다.

주택 밀도가 1에어커당 15호약 37호/ha 이상이면 주변의 오픈스페이스를 파괴하지 않으면서 단독주택을 건설하는 것이 거의 불가능하다. 그나마 주택을 짓고 오픈스페이스가 형성된다 하더라도 주택을 에워싸는 가느다란 띠 정도에 지나지 않을 것이다. 더구나 공동주택은 고밀도에서 파생된 문제를 해결하지 못하며, 정원을 소유할 수 없기 때문에 주민들은 오히려 지면에서 멀어지게 된다.

이와 같은 문제들은 연립주택을 건설함으로써 해결할 수 있다. 그러나, 일반적인 연립주택의 형태는 고유한 문제점을 가지고 있는데, 거의 대부분 다음의 그림과 같다. 즉, 정면 폭은 좁고 '안길이'*가 길며, 측면의 긴 경계벽을 이웃 주택과 공유하고 있다.

일반적인 연립주택의 패턴

긴 경계벽 때문에 각 실의 채광은 좋지 않다. 또한, 정원이나 주택 내부의 모든 곳이 경계벽과 너무 가깝기 때문에, 주택 내부의 프라이버시가 보장되지 않는다. 그리고, 작은 정원이 주택의 정면에 접해 있는데, 정면의 길이는 짧기 때문에 실내의 일부분만이 정원에 면하고 있다는 사실도 이와 같은 상황을 더욱 악화시킨다. 그리고, 각 주택은 변화의 여지가 거의 없으며, 결과적으로 연립주택의 테라스 공간은 대부분 무미건조해진다.

이와 같이 연립주택의 네 가지 문제점은 별채형 주택cottage처럼 보행로를 따라서 길이가 길고 안길이가 짧은 주택을 지으면 간단히 해결된다. 이 경우 주택들마다 미묘한 변화를 줄 수 있는 여지가 충분히 있으므로, 각 주택의 평면을 서로 다르게 계획한다면 실내에 충분한 채광을 끌어들일 수 있는 배치 계획도 가능하다.

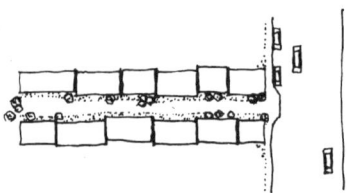

보행로를 따라 길이가 길고 안길이가 짧은 주택들

일반적인 연립주택에서는 주택 외벽 둘레의 70퍼센트가 고정적이며, 오직 30퍼센트의 외벽만이 변경 가능하다. 그러나, 우리가 제안하는 주택은 외벽 둘레의 30퍼센트는 고정되어 있지만, 70퍼센트는 자유롭게 변경할 수 있다. 때문에, 아래 그램과 같이 정원과 주택의 대부분의 영역에서 적절한 프라이버시를 보장받을 수 있는 다양한 형태의 주택을 만들 수 있다. 또한, 실내의 채광량이 늘어나고, 외부 공간과 접하는 실내 공간 또한 늘어나게 된다.

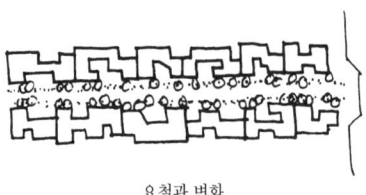

요철과 변화

이와 같이 길고 폭이 좁은 형태의 연립주택의 이점은 아주 명백한데, 왜 광범위하게 사용되지 않는가 하는 의문이 자연스럽게 든다. 아주 당연한 이야기이지만 그 이유는 도로에 있다. 즉, 도로 건설 비용은 주택 건설 예산의 큰 부분을 차지한다. 때문에, 주택의 정면이 도로에 직접 접해 있는 한, 도로와 서비스에 드는 비용을 절약하기 위해서는 가능하면 주택의 정면을 최소화해야 하기 때문이다.

그러나, 우리가 제안하는 패턴을 이용한다면, 이와 같은 어려움을 극복할 수 있다. 즉, 주택 정면에는 보행로(보행로는 공사비가 적게 든다)만 접하게 하고, 보행로를 보행로와 도로의 네트워크(52)에서 규정한 것처럼 도로에 직각으로 연결시키면 된다.

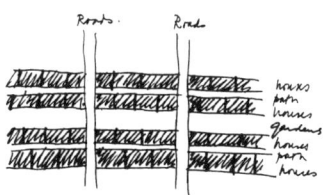

주택에서 멀리 떨어진 도로

마지막으로, 밀도에 관한 사항을 살펴보자. 아래의 스케치에서 알 수 있듯 이 총면적 약 1,300제곱피트약 120㎡(길·주택·정원)의 대지에서는, 30×20피 트약 9×6m의 건축 면적에 총면적 1,200제곱피트약 110㎡의 2층 주택을 지을 수 있다. 그리고, 이 계획은 총면적 1,000제곱피트약 900㎡ 정도의 최소 대지에 서도 완벽하게 실현될 수 있다.

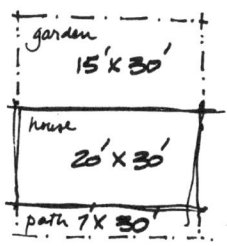

주택당 1,300제곱피트의 대지

그렇게 때문에, 30호/에어커약 74호/ha의 밀도로 연립주택을 지을 수 있으 며, 주차장을 없애거나 주차장을 작게 설치하면 밀도를 더욱 높일 수 있다.
그러므로,

연립주택은 지구도로에 직각으로 만나는 보행로를 따라 배치하며, 각 주 택의 정면은 넓게 하고, 안길이는 짧게 한다.

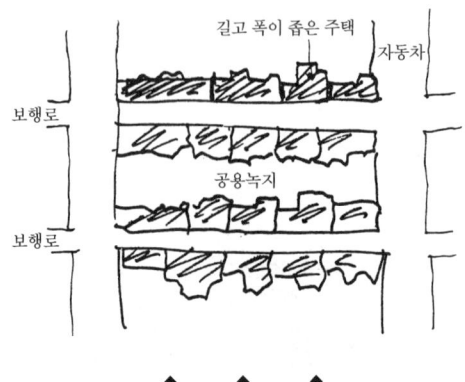

길고 폭이 좁은 주택

자동차

보행로

공용녹지

보행로

◆   ◆   ◆

　단독주택과 별채형 주택은 가능하면 보행로를 따라 배치하며, 길이는 길고 폭은 좁게 한다 - **기다란 주택**(109). 다양한 세대 유형에 따라 주택에도 다양한 변화를 준다 - **가족**(75), **소가족을 위한 주택**(76), **부부를 위한 주택**(77), **독신자를 위한 주택**(78). 보행로에 직각으로 도로를 배치하고 - **평행도로**(23), **보행로와 도로의 네트워크**(52), 도로의 측면에는 소규모 주차장을 설치한다 - **소규모 주차장**(103). 경우에 따라서는 클러스터의 내부에 연립주택을 짓기도 한다 - **주택 클러스터**(37), **복합건물**(95) ---…

39. 계단식 주택

HOUSING HILL

···· 커뮤니티의 밀도의 원(29)에서 원 안쪽 중심부에 보다 높은 밀도를 필요로 하는 장소, 그리고 1에이커당 30호^{약 74호/ha}가 넘는 장소 혹은 4층 건물 구역에서는 - 4층 제한(21), 주택 클러스터는 계단식이 된다.

◆　　◆　　◆

모든 도시는 내부에 1에이커당 적어도 30~50세대^{약 74~124호/ha} **이상의 밀도**

를 필요로 하는 중심지가 있다. 하지만, 이 정도의 밀도에 달하는 공동주택의 대부분은 인간미가 없다.

자택(79)에서 논의하겠지만, 모든 가족은 집을 짓거나 무언가를 키우기 위한 땅과 자신들의 집이란 것을 알 수 있는 개성 있는 주택을 원한다. 때문에, 평평한 벽과 똑같은 창문으로 만들어진 일반적인 공동주택은 사람들의 요구를 충족시키지 못한다.

계단식 주택의 형태는 기본적으로 아래 세 가지의 요구로부터 형성된다. 첫째, 사람들은 고층주택에서의 생활이 허락하는 것 이상으로 지면과 이웃과의 지속적인 접촉을 유지해야 한다. 둘째, 사람들은 정원을 원한다. 이것이 사람들이 공동주택의 삶을 거부하는 가장 흔한 이유 중 하나이다. 그리고 셋째, 사람들은 독자성을 지닌 자신의 집과 함께 변화도 열망하고 있으나, 대부분 획일적인 입면과 동일한 평면의 고층주택 건설에 의해 열망이 억압되어 버린다.

1. 지면과 이웃과의 연결. 패닝D.M.Fanning의 연구로부터 이에 대한 가장 강력한 근거를 찾아볼 수 있다.[Fanning 1967] 패닝은 자신의 연구에서 고층건물에서의 생활과 정신장애 발생의 상관관계를 밝혔는데, 이에 관한 자세한 사항은 4층 제한(21)에서 설명한 바 있다. 고층빌딩의 삶은 사람들을 외롭게 하는 경향이 있다. 가정생활은 엘리베이터, 복도, 긴 계단에 의해 일상적인 거리 생활로부터 분리되었다. 공적 생활을 위해 외출을 결정하는 것도 격식을 차리게 되고 귀찮은 일이 되어 버린다. 이러한 경향은 바깥 세상으로 나가려는 특별한 용무가 없는 한, 사람들을 집안에 혼자 머무르게 만든다. 또한, 패닝은 자신이 조사한 고층주택에서 가족들 간의 대화가 눈에 띄게 결여되어 있다는 문제에 대해 지적하였다. 특히, 여성과 아이들이 고립되어 있었다. 여성들은 장을 보러 나가는 것을 제외하고는, 집 밖으로 나가야 하는 필요성을 느끼지 못했다. 여성들과 아이들은 사실상 아파트에 감금당하고, 이웃들과 지면으로부터 고립되고 마는 것이다.

지면, 즉 주택과 주택 사이의 공유지는 사람들이 이웃들과 만나 서로 접촉할 수 있는 하나의 매개체로 생각한다. 지면에서 생활하게 되면 주택 주변의 정원이 이웃집 정원과 접하게 되고, 배치를 잘 한다면 이웃 사이의 샛길과도 접할 수 있게 된다. 이러한 상황이라면, 이웃들과 만나는 것은 쉽고 자연스러워진다. 정원에서 노는 아이들, 정원에 피는 꽃 그리고 바깥 날씨는 아주 좋은 이야기 거리가 된다. 이와 같은 접촉을 고층주택에서 유지하기란 거의 불가능하다.

접촉은 불가능하다.

2. 개인정원. 힐Park Hill에서의 조사에 의하면, 인터뷰한 고층주택 거주자 중 3분의 1의 응답자가 거닐 수 있는 정원이 갖고 싶다고 대답하였다.[Demors 1966] 이 같은 작은 정원 혹은 개인적인 실외공간에 대한 요구는 기본적인 것이다. 다만, 이는 규모가 가족 단위 정도로 작을 뿐이지, 사회가 전원과 결합해야 한다는 생물학적인 요구와도 일치되는 것이다 - **손가락 모양의 도시와 전원**(3). 이러한 요구의 표현은 건물이 어디에 위치하건, 인간이 만들어낸 모든 전통적인 건축에서 자주 볼 수 있다. 일본식 정원, 옥외 작업장, 옥상 정원, 중정*, 뒤뜰의 장미 정원, 공용 취사장, 허브 가든 등 수많은 예가 있다.

3. 각 주거 단위의 개성. 환경구조센터에서 열린 세미나 기간 중에 래딩 Kenneth Radding은 다음과 같은 실험을 실시했다. 사람들에게 자신들의 이상적인 주택 외관을 그리게 하였고, 이를 작은 판지에 붙이게 했다. 그리고, 거대한 공동주택의 입면을 나타내는 격자 형태의 종이에 각자 자기 집이 있었으면 좋겠다고 생각하는 곳에 그 판지를 붙이라고 했다. 참가자들은 예외 없이 건물의 가장자리에 자신들의 집이 있으며, 공간 벽을 이용하여 다른 집과의 거리를 두기를 원했다. 아무도 자신의 집이 거대한 격자 속에 묻혀버리는 것을 원하지 않았다.

또한, 다른 조사를 위해 우리는 샌프란시스코에 있는 19층 아파트를 방문했다. 이 건물은 190세대를 수용하는 발코니가 있는 공동주택인데, 특히 발코니의 사용이 엄격하게 규제되어 있었다. 정치적 포스터나 페인트칠, 세탁물, 모빌, 바비큐, 태피스트리 장식 등이 모두 금지되어 있었다. 그러나, 이러한 규제에도 불구하고, 거주자의 과반수 이상이 화분을 놓거나 카펫, 가구 등을 이용해 어떠한 형태로든 자신들의 발코니를 개성화하였다. 간단히 말해서, 사람들은 가장 극단적인 획일화에 직면해서도 자신의 아파트에 독자적인 표정을 가지게 하려 시도한다는 것이다.

이와 같은 세 가지 기본적인 요구에 적합한 건축물은 어떠한 형태인가? 우선, 지면과 직접적으로 강하게 유지하기 위해서는 건물이 4층 이하여야 한다 - 4층 제한(21). 또한 (아마도 더 중요할지도 모르겠지만) 각 주택은 지면에서 비교적 넓고 완만한 계단으로 몇 계단 오르면 들어갈 수 있어야 한다고 생각한다. 만약 계단이 바깥으로 열려 있거나 구불구불하거나 완만하다면, 주택 생활이 거리 그리고 거리 내 타인의 삶들과 이어질 것이다. 더불어서 이러한 요구가 매우 중요하겠다고 생각한다면, 계단을 반드시 공유지의 한 부분과 연결하도록 한다. 이 공유지를 반 사적인 녹지로 형성할 수 있다.

개인 정원에 대해 생각해 보자. 정원은 일반적으로 채광과 프라이버시가 동시에 충족되어야 한다. 때문에, 일반적인 발코니를 설치해서 두 가지 요구를 모두 만족시키는 것은 무척 어렵다. 테라스는 남향으로 널찍해야 하고 주택과 긴밀히 연결되며, 흙이 충분히 있고 관목이나 작은 나무들이 심어져 있어야 한다. 이러한 요구 조건으로부터 우리가 제안하는 주택의 형식은, 남쪽을 향해 완만하게 경사져 있고, 경사면 하부에 주차장이 설치되어 있는 주택이다.

개성에 대해서 생각해보자. 개성에 관한 문제에 대한 우리의 유일한 해답은, 테라스형 기본 구조체에 각 세대가 점차 자신들의 주택을 짓거나 개축해 나갈 수 있는 형식을 취하는 것이다. 만약, 이 구조체가 주택의 무게와 정원의 흙 무게를 지지할 수 있다면, 각 주거 단위에 개성을 표현하거나 거주자 개인을 위한 작은 정원을 만들 수 있게 된다.

비록, 이러한 요구 조건들은 사프디Safdie가 설계한 해비타트 주택Habitat●과 유사한 형태를 연상시킨다. 하지만, 해비타트 주택은 여기서 우리가 논의하는 세 가지 문제 중 두 가지는 해결할 수 없다는 것을 알아야 한다. 즉, 개인 정원은 있으나 지면과의 연결 문제를 해결하지 못했다. 때문에, 각 주거 단위는 거리의 일상적인 생활로부터 강하게 분리되고 만다. 또한, 대량생산된 주거는 특색이 없으며, 독특함과는 거리가 멀다.

다음의 공동주택 스케치는 원래 스웨덴 스톡홀름 근교의 뫼르스타 커뮤니티Swedish community of Märsta를 위해 그린 것이지만, 계단식 주택의 필수 요소를 모두 포함하고 있다.

스웨덴 스톡홀름 근교의 뫼르스타 커뮤니티를 위한 공동주택

그러므로,

1에이커당 30호74호/ha이상 또는 3~4층 높이의 공동주택을 지을 경우에는, 계단식 주택으로 한다. 계단식 주택은 남향으로 경사지고 계단형의 테라스를 형성하며, 남쪽에 위치한 크고 개방적인 중앙 계단은 공용 정원으로 이어지게 한다.

하부 주차장　　　　　　　　　계단형 테라스

중앙 공용 계단

◆　　◆　　◆

마치 지면 위에 있는 것처럼, 사람들이 테라스 위에서 자신들만의 주택을 개별적으로 계획하고 지을 수 있도록 한다 - 자택(79). 각 테라스는 하부 주택의 위에 있기 때문에, 각 주택은 하부 주택의 지붕을 정원으로서 이용하게 된다 - 옥상 정원(118). 중앙 계단은 외부에 노출시키도록 한다. 하지만, 비와 눈이 많은 기후일 경우에는 유리 등을 이용하여 지붕을 설치한다 - 노

천 계단(158). 계단 하부에는 주민 모두를 위해 운동장, 꽃, 야채가 있는 공유지를 배치한다 - 공유지(67), 연결된 놀이터(68), 채소 정원(177) --…

40. 노인은 어디에나**

OLD PEOPLE EVERYWHERE

·····근린이 올바르게 형성되었다면, 근린은 사람들에게 각 연령대와의 교류와 성장 발달 단계 사이의 교류를 제공한다 - 인식할 수 있는 근린(14), 인생의 주기(26), 세대의 혼합(35). 그러나, 현대사회는 노인의 존재를 쉽게 망각하며, 노인들을 홀로 내버려두는 경우가 많다. 따라서, 노인의 요구를 강조하는 특별한 패턴을 마련할 필요가 있다.

◆   ◆   ◆

노인은 노인을 필요로 한다. 하지만, 노인은 젊은 세대도 필요로 하며 젊은 세대 역시 노인과의 접촉이 필요하다.

노인들이 함께 모여 클러스터나 커뮤니티를 형성하는 것은 지극히 자연스러운 일이다. 그러나, 노인 커뮤니티가 너무 고립되거나 또는 너무 커지게 되면, 젊은 세대에게 그리고 노인 세대에게도 이롭지 못하다. 도시의 다른 한쪽에 살고 있는 젊은 세대는 노인에게서 무언가를 얻을 수 있는 기회를 잃어 버리고, 노인들도 고립되어 버리고 만다.

외부인 취급을 당하는 사람들처럼 노인은 서로 도우며 지내기 위해서 또는 단순히 인생을 즐기기 위해서 클러스터를 형성해 거주하는 경향이 증가하고 있다. 지금은 익숙해졌지만 그래도 여전히 놀라운 현상은, 지난 10여 년간 65세 이하의 주민들을 거부하는 상당한 규모의 뉴타운 수십 개가 갑자기 생겨난 것이다. 이 뉴타운은 토지 가격이 저렴한 도시 외곽에 건설되었고, 침실 2개가 딸린 주택을 $18,000부터 제공한다. 이 뉴타운들은 도시의 폭력과 세대의 압박으로부터의 피난처이기도 하다.[Time]

그러나, 노인들이 이와 같은 커뮤니티로 옮기기까지의 선택과, 앞서 기술한 사항들은 우리의 현대문화가 안고 있는 매우 비참하고 심각하며 슬픈 현실의 반영이라고 할 수 있다. 이는 현대사회가 노인을 밀어내고 있다는 것을 의미하며, 노인을 밀어낼수록 노인 세대와 젊은 세대 간의 틈은 더 벌어질 것이다. 노인들은 스스로를 격리시키는 것 이외에는 다른 선택의 여지가 없다. 노인들을 더 이상 자신을 인정하지 않는 젊은 세대와 떨어져 타인처럼 자존심을 지키고 자신들의 입장을 합리화하기 위해 스스로 만족을 가장하게 되는 것이다.

그리고, 노인들의 격리는 개인의 삶을 분리시킨다. 노인들이 노인 커뮤니티의 일부가 되어 버리면 노인이 되어버린 현재와 젊은 과거와의 인연은 인정되지 않는다. 노인의 과거는 잊혀지고 부서져버리는 것이다. 젊은 시절의 기억은 더 이상 존재하지 않으며, 두 시절은 스스로 분리되고 노인들의 인생도 둘로 나뉘어버린다.

오늘날의 상황과 비교해 전통적 사회에서 노인들이 얼마나 존경받고 필요한 존재였는지 생각해 보자.

실제로 노인의 위신은 지금까지 알려진 모든 사회에서 공통된 것이었다고 판단된다. 이는 매우 보편적인 것으로, 연령과 관련된 논의에 영향을 미치는 수많은 문화적 요인을 초월한다.[Simmons 1945]

이를 보다 구체적으로 설명하자면,

　노인의 가족 관계 중 중요한 하나는 어린아이와의 관계로, 노인과 아이 사이에서 흔히 볼 수 있는 친밀한 협력 관계이다. 신체가 건강한 젊은 세대가 가족의 삶을 유지하기 위해 밖에 나가 있는 동안, 노인들과 어린아이들은 함께 집에 남겨져 왔다. 노인들은 자신들의 지혜와 경험을 바탕으로 어린아이들을 보호하고 교육한다. 대신에 어린아이들은 연약한 늙은 친구들을 위해 '눈, 귀, 손 그리고 발'이 되는 것이다. 이처럼, 어린아이들을 돌보는 것은 대부분의 노인들에게 있어서는 길고 지루한 노령의 나날들에 유용함과 생생한 즐거움을 선사하는 일이 되어왔다.[Simmons 1945-1]

　먼저 노인들이 사회에 물리적으로 통합되지 않는다면, 전통사회에서처럼 사회적 의미로서도 통합될 수 없다는 것은 매우 분명하다. 즉, 노인들은 다른 세대와 마찬가지로 거리와 상점, 서비스 시설, 공유지를 함께 이용해야 한다. 또한, 동시에 노인에게는 주변에 함께 할 수 있는 다른 노인들이 필요하며 병약한 노인을 위한 특별 서비스 시설도 필요하다.

　물론, 같은 연령 집단 내에서도 노인들의 요구나 바람은 매우 다르다. 노인들이 건강하고 독립적일수록 다른 노인 친구들 속에 있어야 한다는 필요성을 덜 느끼며, 보통과 다른 특별한 의료서비스도 별 필요성을 못 느낀다. 노인들이 필요로 하는 보통의 의료서비스는 다양하다. 완벽한 간호로부터 하루에 한 번 혹은 일주일에 두 번 정도 자택을 방문하는 반 간호, 노인들이 쇼핑, 요리, 청소 등을 할 때 잠시 도움을 주는 간호, 자립할 수 있도록 돕는 간호 등 의료서비스의 폭은 다양하다. 그러나, 오늘날의 노인 간호는 이와 같은 서비스의 단계를 구분하지 않고 있다. 그래서, 단순히 요리나 청소를 잠시 도와줄 사람이 필요한 노인들조차도 완벽한 간호를 제공하는 요양소에 들어가 본인이나 가족들 그리고 커뮤니티에 막대한 비용을 부담하게 하는 경우가 많다. 이러한 상황은 노인들을 심리적으로 쇠약하게 만든다. 이러한 대우를 받는 노인들은 더욱 노쇠하고 무력해진다.

　따라서, 노인들에게는 필요한 단계에 맞춘 간호 대책을 마련할 필요가 있다.

　1. 노인들은 자신들이 제일 잘 알고 있는 근린 내에 머물게 한다. 따라서, 모든 근린에는 노인들이 존재하게 된다.

2. 노인들은 반드시 함께 모여 생활할 수 있도록 해야 한다. 근린 내에서 노인들이 젊은 세대로부터 고립되지 않을 만큼 작은 집단을 이룬다면 말이다.

3. 자립적으로 생활이 가능한 노인은 커뮤니티에게서 제한 없이 혜택을 받으면서 독립적인 생활이 가능하도록 한다.

4. 간호나 식사가 필요한 노인들은 근린으로부터 멀리 떨어진 요양원에 가지 않고도 서비스를 받을 수 있도록 한다.

이와 같은 요구는, 근린에 있는 모든 노인 거주 구역이 한곳에 집중되어 있지 않고 벌들의 무리처럼 경계가 불분명한 작은 구역들로 계획되어 있다면 매우 간단하게 해결될 수 있다. 이로 인해 젊은 세대와 노인들의 공생을 유지시킬 수 있는 것과 동시에, 노인들은 자신들이 필요한 것을 노인 거주 구역 내의 다른 노인들로부터 지원받을 수 있게 된다. 아마도, 20명 정도가 중심지의 동거 주택에서 거주하고, 다른 10~15인 정도는 동거 주택에 가깝고 일반 주택들과 섞여 있는 작은 별채형 주택에서 거주할 것이다. 그리고, 또 다른 10~15인 정도는 중심으로부터는 상당히 떨어져 있지만, 근린 내에서 체스나 식사를 하거나 간호사들에게 도움을 받기 위해 걸어갈 수 있는 거리인, 중심에서 약 100~200야드약 90~180m 이내에 있는 작은 별채형 주택에서 거주할 것이다.

이 50인이라는 수는 아래 멈포드Mumford의 논의로부터 인용한 것이다.

맨 처음 결정해야 하는 것은 하나의 근린 단위에서 수용할 노인의 수이다. 그리고, 그 수를 추정해 보면, 전체 커뮤니티에서 전 세대의 연령 분포가 일반적인 수준을 유지할 수 있도록 하는 정도가 답이 될 것이다. 이는 100명 당 65세 이상의 노인이 4~8인 정도가 되어야 함을 의미한다. 때문에, 인구 600명 정도의 근린 단위에서 이를 적용해보면, 30~40인 정도의 노인들이 근린 단위 내에 거주하게 되는 것이다.[Mumford 1968]

동거 주택의 성격은 때에 따라 달라진다. 어떤 경우에는 함께 요리를 하는 정도일 수도 있고, 파트타임의 젊은 남녀들 혹은 전문적인 간호인들의 도움을 받는 공동체가 될 수도 있다. 그러나, 노인들의 약 5퍼센트는 풀타임 간호를 필요로 한다. 이는 50명당 2~3인의 노인들이 완벽한 간호를 필요로 한다는 것을 의미한다. 간호인 한 명은 통상적으로 6~8명을 간호할 수 있기 때문에, 완벽한 간호가 제공되는 시설은 2~3채의 동거 주택에 하나 꼴로 갖추는 것이 타당할 것이다.

그러므로,

모든 근린 내에 50인 정도의 노인을 위한 주거를 배치한다. 노인을 위한 주거는 다음의 세 원형 안에 배치한다.

1. 요리나 간호가 제공되는 중심부.

2. 중심부에 가까운 별채형 주택.

3. 중심부에서 멀리 떨어져 있더라도 200야드약 180m를 넘지 않고 근린 내의 다른 주택들과 섞여 있는 별채형 주택.

이와 같은 방법으로 50호의 주택을 연결해 명확한 중심을 가지는 하나의 군을 형성하도록 한다. 하지만, 가장자리에서는 근린의 다른 일반 주택들과 섞이도록 한다.

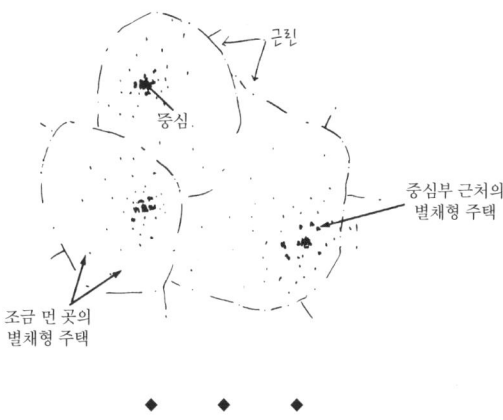

노인 거주 구역의 중심부는 동거 주택으로 취급한다. 모든 별채형 주택은 중심부와의 거리에 상관없이 소규모로 한다 - 노인의 별채(155). 노인 주택들 중 일부는 근린 내의 가족형 주택과 연결될 것이다 - 가족(75). 2~3개의 중심부마다 적절한 간호시설을 설치한다. 노인의 활동권역 내에는 특히 어린아이들을 가르치거나 돌보는 것과 같이 노인들에게 가장 적합한 일을 제공하도록 한다 - 학습 네트워크(18), 어린이집(86), 안정된 일(156), 채소 정원(177) -⋯

주택 클러스터들 사이와 중심부 주변,
그리고 특히 근린 간의 경계부에서
직장 커뮤니티들의 형성을 장려한다.

41. 직장 커뮤니티**

WORK COMMUNITY

···· 분산된 일터(9)의 패턴에 따르면, 일터는 완전히 분산되어 주택지 내외에 배치된다. 분산된 일터의 효과는 근린 사이의 경계에 직장 커뮤니티를 하나씩 배치해 나감으로써 서서히 상승한다. 직장 커뮤니티는 경계를 형성하는 데에도 유용하며 - 하위문화의 경계(13), 근린의 경계(15), 모든 경계에 활동의 결절점(30)을 만들어 내는 데도 도움이 된다.

♦   ♦   ♦

만약 하루의 8시간을 일터에서 그리고 8시간을 집에서 보낸다고 한다면, 직장 커뮤니티가 가정보다 중요하지 않다고 할 수 없을 것이다.

누군가에게 어디에 살고 있는지를 묻는다면, 언제나 자신의 집이나 혹은 자신의 집이 속한 근린을 이야기한다. 그렇게 대답한다 하더라도 특별히 문제가 되지는 않는다. 그렇지만, 그 대답이 무엇을 뜻하는지는 한번 생각해 볼 필요가 있다. 왜 우리 문화권의 사람들은 우리가 깨어 있는 시간의 모든 순간에 적용해야 할 '살다'라는 단어를, 가족이나 집과 관련한 우리 삶의 특정 부분에서만 사용하려고 하는 것인가? 이것이 함축하고 있는 의미는 간단명료하다. 우리 문화권 사람들은 자신이 일을 하고 있을 때보다 집에 있을 때 더욱 활기 있다고 생각한다. 우리는 '살다'라는 단어를 일을 하는 곳 이외의 생활의 장소에서만 사용함으로써 이 미묘한 구별을 분명히 하고 있다. 일상적인 의미로서 '어디에 사는가'라는 문장을 사용하는 누구든지, 일을 하는 곳(노래, 음악, 사랑, 음식이 없는)에는 진정한 생활이 없다고 생각한다. 일하는 동안은 살아 있지 않으며 다만 고생스럽게 일만 하는 죽어 있는 시간이라는 통속적인 문화의식을 받아들이고 있는 것이다.

이와 같은 상황을 이해하는 순간, 우리는 격분하게 된다. 하루 중 8시간이 '죽어 있는' 세계를 받아들여야만 하는가? 왜 우리는 집에서 가족이나 친구들과 함께 하는 것처럼 일이 우리 삶에서 더욱 중요해지고 살아있도록 만들려고 하지 않는가?

이 문제는 다른 패턴에서도 논의되고 있다 - 분산된 일터(9), 자치 운영되는 작업장과 사무실(80). 그러나, 이 패턴에서는 일터가 위치한 영역의 물리적, 사회적 특징에 있어서 이런 문제가 어떤 의미를 갖는가에 초점을 맞추고자 한다. 한 사람이 어떤 장소에서 하루 8시간을 일하면서 보낸다고 하자. 이 사람이 일의 성격과 사회적 특성 그리고 입지 등 모든 조건에 있어서 일을 단순히 수입을 위한 수단이 아닌 생활의 일부라는 관점에서 선택한다면, 일터 주변의 커뮤니티는 필수불가결한 조건이 될 것이다. 이 커뮤니티는 소위, 가족의 리듬 대신에 일의 속도와 리듬에 맞춘 근린이라고 말할 수 있다.

일터가 커뮤니티로서 기능하기 위해서는 다음의 다섯 가지 관계가 결정적 요인이 된다.

1. 일터는 지나치게 분산시키지도, 그렇다고 집중시키지도 않으며 15개 정도의 집단에 의해 클러스터를 형성하게 한다.

분산된 일터(9)에서 이미 검토한 바와 같이, 일터는 반드시 분산되어야 한다. 하지만, 각각의 일터가 너무 고립되지 않도록 지나치게 분산시키지도 말아야 한다. 또한, 일터가 지나치게 집중되어 하나의 일터가 다른 일터에 묻혀버리지 않도록 해야 한다. 따라서, 일터는 각각을 인식할 수 있을 정도의 커뮤니티가 형성될 수 있도록 집단화되어야 한다. 또한, 그곳에서 일하는 사람들의 얼굴을 대부분 알 수 있을 만큼 작아야 한다. 그리고, 가능한 많은 편의시설(간이식당, 지구 스포츠시설, 상점 등)이 근로자들을 지원해줄 수 있을 정도로 충분한 규모여야 한다. 따라서, 커뮤니티의 적절한 크기는 8~20개 정도의 일터가 모인 성도라고 생각한다.

2. 직장 커뮤니티는 노동직, 사무직, 기능직, 판매직 등의 직업이 섞이도록 한다.

오늘날 많은 사람들은 의료시설, 자동차 수리점, 광고, 창고, 금융 등 각 직업이 집중되어 전문화된 구역에서 일을 하고 있다. 이와 같은 직종의 분리는 타 직종의 사람이나 일과의 단절을 유도한다. 그래서, 이로 인해 다른 직종의 사람들에 대한 관심과 존경 그리고 이해를 희박하게 한다. 사람들이 사회적인 책임을 갖는 사회는 모든 직업이 고유의 가치를 인정받고 모든 일에 대해 존엄성을 느끼게 될 때에만 비로소 이루어진다고 생각한다. 그러므로, 다른 직종에서 일하는 사람들이 너무 떨어져 있다면 이와 같은 사회는 절대로 이루어지지 않을 것이다.

3. 직장 커뮤니티 내부에는 개개의 작업장과 사무실들을 엮어주는 공유지가 존재한다.

공공가로도 개개의 주택과 장소를 어느 정도는 연결시킬 수 있지만, 하나로 구획된 공유지는 보다 큰 역할을 한다. 만약, 일터가 사람들이 잠시 앉아서 쉬거나 배구를 하고 점심을 먹을 수 있는 공유지를 중심으로 그 주변에 배치되어 있다면, 근로자 간의 접촉과 커뮤니티의 형성에 도움이 될 것이다.

4. 직장 커뮤니티는 직장 커뮤니티가 위치해 있는 상위 커뮤니티와 엮어진다.

직장 커뮤니티는 자체가 중심 커뮤니티를 형성하지만, 주변 커뮤니티로부터 완전히 고립되면 제 기능을 다하지 못한다. 이에 대해서는 이미 분산된 일터(9)와 남성과 여성(27)의 패턴에서 논의하였다. 덧붙여 설명하자면, 직장 커뮤니티나 주택 커뮤니티가 공용시설이나 서비스시설(레스토랑, 카페, 도서관)을 공유하게 되면, 양측 모두에게 이득이 된다. 따라서, 직장 커뮤니티가 더 큰 커뮤니티에 개방되도록, 경계에 상점과 카페 등을 배치하는 것은 당연하다고 할 수 있다.

5. 마지막으로, 공유지 혹은 중정*은 분명히 다른 두 단계로 존재해야 한다.

우선, 탁구나 배구를 할 수 있는 중정의 주변에는 많아야 6~7개의 작업그룹이 위치해야 한다. 더 많아지면 중정이 기능을 발휘하기 힘들기 때문이다. 한편으로 간이식당이나 세탁소 그리고 이발소 등을 유지하기 위해서는 20~30개의 작업그룹이 필요하다. 그렇기 때문에, 직장 커뮤니티는 두 단계의 클러스터를 이루어야 한다.

그러므로,

직장 커뮤니티를 만들거나 형성을 장려한다. 각각의 중정을 가진 소규모 직장 클러스터는, 상점이나 간이식당이 설치된 보다 큰 규모의 공공광장 혹은 공용 중정 주위를 둘러싸도록 한다. 전체 직장 커뮤니티는 10~20개 이내의 작업장으로 구성된다.

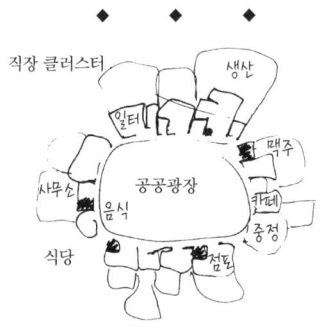

직장 커뮤니티의 중심부에 위치한 광장은 공용 보행로에 연결되는 공공광장이 되도록 한다 - 소규모 공공광장(61). 이 광장의 내부나 부속 공간에는 스포츠 시설을 설치한다 - 지구 스포츠(72). 또한, 광장은 커뮤니티 어디

에서라도 도보로 3분 이내에 접근할 수 있도록 배치한다 - 접근 가능한 녹지(60). 각각의 소규모 중정은 사람들이 자연스럽게 모일 수 있도록 설계한다 - 활기 있는 중정(115). 작업장은 소규모를 유지한다 - 자치 운영되는 작업장과 사무실(80). 간이식당에서 공동으로 요리하고 식사할 수 있도록 장려한다 - 거리의 카페(88), 음식가판대(93), 함께하는 식사(147) -…

42. 띠 모양의 공업구역*

INDUSTRIAL RIBBON

···· 분산된 일터(9)에 따라 도시에서 일이 분산된다고 하더라도, 일반적으로 공업은 어느 정도 집중되어 있어야 하기 때문에, 공업구역의 배치는 매우 특별하다. 직장 커뮤니티(41)와 마찬가지로, 공업구역은 하위문화 사이의 큰 경계를 형성하는 데 도움이 되도록 배치될 수 있다 - 하위문화의 경계(13).

◆　　◆　　◆

과도한 지역지구제*의 규제로 인해 공업지구는 도시생활과 완전히 분리되었다. 더욱이, 공업지구를 지나치게 격리시켰기 때문에 주거 근린은 비현

실적인 곳이 되어버렸다.

공업이 매연과 악취, 소음 그리고 거대한 트럭 교통량의 원인이 되고 있는 것은 명백한 사실이다. 때문에, 공업 특히 중공업으로 하여금 사람들이 사는 주거지의 평온과 안전을 해치지 않도록 해야 한다.

하지만, 현대도시에서 공업이 마치 질병처럼 취급되는 것도 사실이다. 공업구역은 더럽고 유기된 곳으로 여겨지며, '마을 저편'으로 취급된다. 사람들은 일상에서 자신들을 둘러싼 것들 즉, 빵, 화학품, 자동차, 석유, 개스킷 gasket, 라디오, 의자 등이 금단의 공업구역에서 만들어진다는 것을 잊어버린다. 이러한 상황으로 인하여, 사람들은 삶을 비현실적이고 가식적인 것으로 생각하게 되며, 현실과 공업지구의 존재사실을 잊어버리고 만다. 1930년대 이후, 근로자들을 위해 공장을 녹화하거나 쾌적한 환경을 만들고자 하는 다양한 시도가 있어 왔다. 그러나, 공업의 본질에 대한 이와 같은 사회복지적 접근은 다시 한 번 의도와는 반대로 비현실적인 결과를 낳았다. 무언가를 만드는 작업장은 정원이나 병원이 아니다. 새로운 공원과 같은 공업 '공원parks'을 둘러싸는 정원은 근로자들을 위한다기보다는 전시목적을 위한 것이다. 그렇기 때문에, 오히려 작은 규모의 중정이나 정원이 근로자들에게는 더욱 유용하며, 공원과 같은 공업공원이 도시 주변 사회나 정신적 삶에 기여하는 것은 거의 없다고 생각한다.

사회복지 차원에서 '녹화된' 공업단지

정말 필요한 것은, 순수하게 작업장처럼 보이며 주거로부터 명확하게 분리하지 않아도 될 만큼 충분히 작은 공업구역의 형성이다. 왜냐하면, 공업구역은 작업장 외의 다른 무엇도 아니기 때문이다. 작업장에서 트럭에 의해 발생하는 교통문제는 주변 근린을 위협하지 않도록 배치하고, 작업장은 근린의 가장자리를 따라 배치해서 위험하고 잊혀진 곳이 되지 않도록 배려한다. 그렇다면, 이 공간은 근처 주택지의 어린이들이 접근할 수 있는 현실 생활의 일부가 되고, 현실에서의 공업의 중요성을 바르게 반영하며 도시 생활의 일부로 융합될 것이다.

공업구역에서 근처의 고속도로로 향하는 트럭은 근린을 파괴한다.

그러나, 많은 공업들이 소규모만으로 이루어질 수는 없다. 산업으로서의 기능을 적절하게 발휘하기 위해서는 방대한 토지를 필요로 하기도 한다. 계획공업지구에 관한 조사에 따르면, 각 공장의 71.2%가 5에이커약 2ha의 면적을 필요로 하고, 13.6%가 5~10에이커약 2~4ha, 나머지 9.9%가 10~25에어커약 4~10ha의 토지를 필요로 한다고 한다.[Boly 1961]

근린의 경계(15)나 하위문화의 경계(13)가 충분히 넓다면, 이 경계는 공업구역의 배치에 적절한 곳이 될 것이다. 폭이 200피트~500피트약 60~150m, 길이가 200피트~2,000피트약 60~600m의 띠 모양의 대지라면, 1~20에이커약 0.4~10ha로 대지를 구획해서 공업구역용지로 제공할 수 있다. 그러나, 띠 모양의 공업구역은 양쪽의 커뮤니티를 적절하게 연결할 수 있을 정도로 충분히 폭이 좁아야 한다.

띠 모양의 공업구역은 화물차나 철도 등의 접근 수단을 필요로 한다. 화물차량용 도로와 지선철도는 언제나 공업의 띠 중앙에 위치하도록 해서, 공업구역 끝부분이 커뮤니티에 개방되도록 한다.

더욱 중요한 것은, 공업구역에 의해 발생하는 위험하고 시끄러운 대량의 트럭이 근린을 관통하지 않도록, 공업구역을 지나치게 집중시키지 않도록 하는 것이다. 이는 대부분의 트럭은 고속도로를 이용하므로, 공업구역을 순환도로(17)에 가깝게 배치해야 함을 의미한다.

그러므로,

공업구역은 커뮤니티 사이의 경계를 형성하는 폭 200~500피트약 60~150m

의 구역에 띠 모양으로 배치한다. 띠 모양의 공업구역은 면적 1~25에이커
약 0.4~10ha의 가늘고 긴 블록으로 구획하고, 모든 공업구역의 가장자리는 근
처 커뮤니티 주민들이 공업활동에서 파생하는 이익을 얻을 수 있는 장소가
되도록 한다.

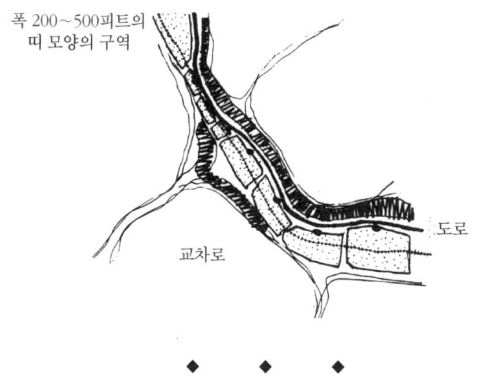

트럭이 다른 구역을 통과하지 않고 공업구역에서 순환도로로 바로 직행
할 수 있도록, 띠 모양의 공업구역은 순환도로(17)에 가깝게 배치한다. 다
른 직장 커뮤니티와 비교하면 어느 정도의 확산은 있겠지만, 공업구역 내부
를 직장 커뮤니티처럼 배치하고 개발한다 - 직장 커뮤니티(41). 공장의 심
장부가 되는 중요한 건물들은 유용한 가로나 옥외 공간이 형성되도록 띠
부분의 가장자리를 향해 배치한다 - 포지티브 외부 공간(106), 건물의 정면
(122) ▬┅

43. 시장과 같은 대학

UNIVERSITY AS A MARKETPLACE

┉ 학습 네트워크(18)에서 강조한 것은 학습 기회의 분산을 장려하는 사회의 중요성이다. 사회의 모든 성인들이 학습 프로세스를 일상생활의 한 부분으로 여기게 되는 대학을 설립하면, 학습 네트워크에 큰 도움이 될 것이다.

◆　　◆　　◆

한 곳에 집중되어 다른 시설들로부터 격리된 대학들은 폐쇄적인 입학 정

책과 엄격한 교사 채용 절차 등으로 학습의 기회를 없애고 만다.

중세시대 대학의 원형은 그곳에 찾아온 학생들에게 지식을 제공하는 교사들의 단순한 집합 장소였다. 대학은 도시 전역에 흩어져 있는 의미 있는 아이디어나 학습 대상을 찾고 쇼핑할 수 있는 아이디어의 시장이었다. 반대로, 고립되어 있고 과도하게 관리되는 오늘날의 대학은 다양한 아이디어들의 강렬함과 다양성을 없애고, 동시에 아이디어를 구매할 수 있는 학생들의 기회 또한 제한하고 있다. 학문의 자유나 아이디어의 교환과 성장을 위한 기회를 재창조하기 위해서는, 다음과 같은 두 가지 조건이 필요하다.

첫째, 대학의 사회적, 물리적 환경이 생각의 자유와 독창성을 제공하는 장이 되어야 한다. 둘째, 대학의 환경은 학생들이 의미 있는 아이디어를 스스로 찾을 수 있도록 장려하는 곳이 되어야 한다. 또한, 학생들에게 최대한의 기회를 제공하고 다양한 아이디어를 학생들에게 노출시켜 스스로가 결정을 내릴 수 있도록 배려하는 장이 되어야 한다.

이 같은 환경을 가장 분명히 나타내는 이미지는 아마도 전통적인 시장의 모습일 것이다. 전통적인 시장은 수백 가지의 작은 판매대를 가지고 있으며, 각각의 판매대에는 갖가지 상품들이 놓여진다. 시장은 잠재적인 소비자들이 자유롭게 걸어다니며 상품을 구입하기 전에 잘 살펴볼 수 있도록 상품을 진열하고 있는 것이다. 상품은 고유의 품질로 특별하고 독특한 향기를 발산하여 사람들의 이목을 끈다.

전통적인 시장을 모델로 대학을 만든다는 것이 어떤 의미가 있는가?

1. 누구나 수업을 들을 수 있다. 우선, 대학 시장에서는 입학 절차가 필요 없다. 누구나 그리고 어떤 연령대의 사람이든 원하는 수업을 찾아 들을 수 있다. 실제로, 대학의 '강좌 안내서'가 출판되고, 신문이나 라디오에 알려지며 지역의 공공장소에 게시된다.

2. 누구든 수업을 할 수 있다. 마찬가지로 대학 시장에서는 누구나 수업을 할 수 있다. 교사와 주민들 사이의 딱딱하고 즉각적인 구별은 없다. 만약, 사람들이 어떤 수업을 듣고자 한다면 그 수업은 개설될 것이다. 또한, 연관이 있는 강의를 제공하는 교사들이 연합한 집단도 있을 것이다. 그리고, 교사들은 수업에 관한 전제 조건이나 등록 규제를 설정할 수 있기 때문에, 수업이 적성이 맞는 학생이라 하더라도 수업 등록을 제한할 수 있다. 그러나,

실제 시장과 마찬가지로 학생들도 자신들만의 요구조건을 내걸 수 있다. 만약, 일정 기간 이상 어떤 교사의 강의를 아무도 수강하지 않는다면, 교사는 강의 내용을 바꾸어야 한다. 그렇지 않으면, 생계를 위해 다른 직업을 찾아야 할 것이다.

강좌들은 일단 편성이 되면 도시 내의 가정집이나 회의실 등의 어떤 장소에서도 개설될 수 있다. 그러나, 일부 강좌는 넓은 공간과 특별한 설비를 필요로 하기 때문에, 강좌가 열리는 교실은 도서관이나 다른 공공시설에 가까워야 한다. 이처럼 대학 시장에는 대학 시장의 시스템을 지원할 수 있는 물리적 구조가 필요하다.

대학 시장이 독립된 캠퍼스 형태가 아닌 것은 분명하다. 아마도 개방되고 공공적인 성향을 띠며 도시 전역과 관계 맺는 경향을 보일 것이다. 또는, 대학 시장의 시설이 한두 거리에 집중할 수도 있을 것이다.

이 패턴의 초기 형태로 미국 유진Eugene에 있는 오리건대학 캠퍼스에 대한 연구에서 우리는 아이디어의 시장을 보완할만한 물리적인 환경에 대해 자세하게 설명했으며 다음과 같이 제안했다.

대학은 보행로를 따라 배치된 작은 건물의 집합으로 구성되며, 각 건물에서는 한두 개의 교육 프로젝트가 진행된다. 그리고, 프로젝트 간의 모든 수평적 순환은 지상층의 공공영역에서 이루어지도록 한다. 이는 모든 프로젝트가 보행로에 직접 연결된다는 것을 의미하며, 건물의 상층부 또한 계단과 출입구를 통해 지층과 바로 연결되는 것을 뜻한다. 시장에서와 같이 모든 보행로를 연결하면 다수의 출입구와 개구부*가 보행로에 면해 있는 주요 보행로 시스템을 형성하게 된다. 이 패턴의 결과로 대학의 물리적 환경은 비교적 낮은 건물들의 집합체가 되며, 각 건물은 주요 보행시스템에 개방되도록 구성된다. 즉, 각 건물은 약 50보 정도의 간격으로 일련의 출입구나 계단이 설치되어 있는 형태가 될 것이다.

우리는 도시에 흩어져 계획된 시장과 같은 대학의 이미지가 올바르다고 생각한다. 이 패턴에 대한 세부사항은 이 책의 다른 패턴에서도 검토되었다 - 복합건물(95), 보행로(100), 아케이드(119), 노천 계단(158).

마지막으로, 대학 시장이 어떻게 운영되어야 하는지 살펴보자. 사실, 정확하게 알 수는 없으나 상품에 대가를 지불함에 있어서, 누구나 평등하게 상품에 접근할 수 있는 일종의 '교환권voucher' 시스템으로 운영되는 것이 합리적일 것으로 생각한다. 단순히 얼마나 많은 학생이 등록했는가에 따라 교사에게 대가를 지불하는 것이 아니라, 강좌 규모에 따라 적절한 지불 방식이 필요할 것이다. 뿐만 아니라, 사람들이 강좌나 강사에 대해 믿을만한 정보를 걸러낼 수 있는 평가 방법도 필요할 것이다.

현재, 시장과 같은 대학의 운영상 문제를 해결하는 데 도움이 될만한 몇 가지 실험이 고등교육 분야에서 진행 중이다. 잉글랜드의 오픈 대학Open University과 샌프란시스코의 헬리오트로프Heliotrope와 같은 다양한 자율 대학들, 미국 전역의 벽 없는 대학University Without Walls의 20개의 분교 그리고 전적으로 노동자들에게만 강의를 제공하는 대학 공개 강좌 등은 모두 시장의 개념을 다른 측면으로 실험하고 있는 교육기관들이다.

그러므로,

고등교육의 시장으로서 대학을 설립한다. 사회적인 의미로서의 '시장과 같은 대학'은 모든 연령의 사람들에게 풀타임, 파트타임 혹은 한두 강좌의 수강 등 다양한 방법으로 개방되어 있다. 또한, 누구나 강좌를 제공할 수 있고 누구나 강좌를 수강할 수도 있다. 물리적 측면에서 시장과 같은 대학의 중심에는 주요 건물들과 사무실이 있는 중앙 교차로가 있어야 한다. 그리고, 이 교차로로부터 회의실이나 연구실이 확산되어 나간다. 처음에는 주로 주요 보행로를 따라 위치한 작은 건물들에서 대학교육이 행해지지만, 시간이 지남에 따라 도시 전역으로 흩어지며 섞여 나간다.

아이디어의 시장

대학의 교차로

열린 입학

흩어진 시설

대학의 중앙 교차로에는 산책로(31)를 배치한다. 그리고, 교차로 주위의 보행로를 따라 건물을 밀집시킨다 - 복합건물(95), 보행로(100). 이 중앙부에는 조용한 녹지를 계획한다 - 조용한 후면(59). 그리고, 일반 주택들도 분산 계획한다 - 사이의 주택(48). 또한, 가능하다면 교실은 장인과 도제(83)의 모델을 따르도록 한다 ----

44. 지구청사*

LOCAL TOWN HALL

····- 7,000명의 커뮤니티(12)에 따라, 도시의 정치·경제적 삶은 작은 단위의 자치적인 커뮤니티로 분산된다. 이 경우, 지구정부Local government의 활동에는 물리적 장소가 필요하다. 그리고, 지구정부의 디자인과 배치가 물리적 또는 사회적 중심으로 기능하기 때문에, 7,000명의 커뮤니티(12)의 형성과 유지에 도움이 될 것이다.

◆　◆　◆

커뮤니티로 구성된 지구정부 그리고 지구정부에 대한 주민의 통제는 각각의 커뮤니티가 자신들만의 정치적 활동의 핵이 될 수 있는 지구청사가 물리적으로 존재할 때 비로소 가능하게 된다.

우리가 하위문화들의 모자이크(8), 7,000명의 커뮤니티(12), 인식할 수 있는 근린(14)에서 논의한 바와 같이, 모든 도시는 두 단계의 자치적인 집단에 의해 형성될 필요가 있다. 즉, 인구 5,000~10,000명 정도의 커뮤니티 단계와 인구 200~1,000명 정도의 근린 단계가 그것이다.

이러한 집단은 주민들이 낸 세금이 잘 분배되고, 집단을 대표하는 지구정부에 주민들이 일상적으로 접근할 수 있을 때에만 자신들이 결정한 계획을 실행할 수 있는 정치적 힘을 가질 수 있게 된다. 이 두 가지의 조건을 실현하기 위해서는, 각 집단이 지구정부 구성에서 의석을 차지해야 한다. 그리고, 비록 대단한 것이 아니라 할지라도 지구정부청사에서 근린의 사람들이 편안함을 느끼며 어떠한 결과를 얻을 수 있다고 기대할 수 있을 때 가능해진다.

앞서 말한 조건들로부터 생각할 수 있는 시정부city government의 물리적 이미지는 과거 75년간 건설되어 왔던 거대한 시청사와는 상당히 다르다. 지구정부청사는 아래의 두 가지 기본적인 특성을 가져야 한다.

1. 청사는 해당 집단이 지배하는 커뮤니티의 한 영역이다. 때문에, 청사는 서비스를 받는 주민들을 초대해, 주민들이 자발적으로 정책을 논의할 수 있도록 구성한다. 또한, 건물 주변의 오픈스페이스는 사람들이 모이고 머무를 수 있도록 만든다.

2. 청사는 지구커뮤니티의 중심부에 위치하며, 모든 주민들이 걸어서 방문할 수 있는 거리에 위치한다.

1. 커뮤니티 영역으로서의 청사

커뮤니티 정부의 힘이 약한 것은 시청의 관료체제에 의해 만들어지고 유지되어온 일련의 정책들에 그 이유가 있다. 이러한 상황은 시청이 가지는 물리적 특성에 의해 더 강화되었다고 생각한다. 다른 말로 하자면, 시청 직원이 '근린 참여'에 아무리 공감한다 하더라도, 시청의 물리적인 존재 자체가 지구커뮤니티 정부를 약화시킨다는 것이다.

이 문제에 대한 해결의 열쇠는 커뮤니티 단계에서 체험하는 무력감을 어떻게 푸는가에 달려 있다. 어떤 사람이 근린이나 혹은 커뮤니티의 안건을 들고 시청을 방문한다 해도 즉시 방어적인 태도를 갖게 된다. 왜냐하면, 건물도 그렇거니와 시청에서 일하는 모두가 도시 전체를 위해 존재하고 있는 데, 자신의 문제는 시 전체의 문제와 비교해 너무나 작은 것처럼 여겨지기 때문이다. 게다가, 모든 사람들이 너무 분주한 게 낯설게 느껴지기도 한다. 그는 신청서류를 건네 받아 공란을 채우고 약속시간을 정하긴 하지만, 신청 서류들과 약속 그리고 자신이 들고 온 문제 사이에 연관성이 무엇인지 분명하지 않다. 곧, 근린의 사람들은 시청으로부터 그리고 의사결정의 중심지로부터 그리고 더 나아가 그들의 생활에 영향을 미치는 중요한 결정들로부터 점점 더 멀리 떨어진다는 느낌을 갖게 된다. 결국 무력증후군이 빠르게 자라난다.

우리가 예전에 출간한 책 『멀티서비스센터를 형성하는 패턴 랭귀지』에서 이 같은 증세의 발생을 입증하는 근거들을 제시한 바 있다.[Alexander 1968-1] 우리는 이 근거들을 통해, 서비스 프로그램이 중앙에 집중되면 서비스는 해당 구역의 소수에게만 제공되고, 근린 프로그램을 지원하기 위해 특별히 선발된 센터의 직원들은 곧 관료주의적 사고방식에 젖어들고 만다는 사실을 알 수 있었다. 그리고, 이 증세 중 가장 치명적인 것은 센터 그 자체가 생소한 장소로 보이기 때문에, 센터를 이용하는 사람들의 기분을 전반적으로 위축시킨다는 것이다.

다른 모든 증후군과 마찬가지로 이 무력증후군 역시 다방면으로 동시에 대처하지 않는 한 약화되지 않을 것이다. 무력증후군에 대한 대처법으로는 예를 들어, 주민들이 자신에게 영향을 미치는 정책을 직접 통제할 수 있는 근린이나 커뮤니티를 구성하는 것이다. 즉, 도시헌장을 개혁하여 각 지구의 집단에 권력을 부여하는 것이다. 또한, 이 권력을 통합하는 중심지로서 작용할 수 있도록, 커뮤니티나 근린에 어떤 장소를 만드는 것이다 - 지구청사.

이 같은 무력증후군을 효과적으로 제거하기 위해서 지구청사는 어떤 시설이 되어야 하는가?

위의 근거는 적절한 환경과 방법이 주어지면 사람들은 자신들의 요구를 표현할 수 있으며 또한 그렇게 할 것이라는 사실을 보여준다. 이러한 적절한 환경을 만드는 것은 커뮤니티 기구와 연관되어 진행될 것이다. 만약, 지구청사가 점차적으로 근린 권력의 실질적인 원천이 된다면, 커뮤니티 조직에 도움이 된다는 것은 틀림없는 사실이다. 이는 근본적으로, 건물이 커뮤니티 조직의 주변에 지어진다면, 커뮤니티 영역으로 분명하게 인식된다는 것을 의미한다.

커뮤니티 조직과 커뮤니티 영역의 개념을 물리적인 의미로 바꾼다면, 두 가지의 요소, 아레나^{arena}와 커뮤니티 활동 구역으로 나누어진다. 커뮤니티는 음향설비와 벤치, 게시판 등을 갖추고 사람들이 자유롭게 모일 수 있는 공공광장이 필요하다. 이 광장은 사람들이 어떤 사안에 대해 의견이 있을 때 언제라도 모일 수 있는 커뮤니티 내의 한 장소이다. 이 공공광장을 아레나라고 부른다.

그리고, 커뮤니티는 사람들이 상점 앞, 작업장, 회의실, 사무기기 등에 쉽게 접근할 수 있는 장소를 필요로 한다. 한 집단이 활동을 시작하게 되면 활동의 원활한 수행을 위해 그리고 커뮤니티의 폭넓은 지지를 얻기 위해 타자기, 복사기, 전화기 등도 필요하게 된다. 더 나아가서는 임대료가 저렴하고 언제나 손쉽게 이용할 수 있는 사무 공간이 필요해진다. 이런 공간을 커뮤니티 활동 구역이라 부른다. 상세한 부분은 패턴 목걸이 형태의 커뮤니티 활동(45)을 참고한다.

2. 지구청사의 위치

지구청사가 사람들을 안으로 끌어들이는데 성공하기 위해서는 입지조건을 보다 신중하게 검토해야 한다. 우리는 다목적 서비스 센터의 입지에 대한 예전의 연구를 통해서, 청사의 입지가 적절하지 않으면 죽은 장소가 되고 말 것이라는 확신을 가지게 되었다. 청사가 주택지 한복판에 묻혀 있을 때보다, 주요 교차로 가까이에 위치할 때 약 20배 많은 주민들이 커뮤니티 센터를 방문했다.

예를 들어, 서비스센터가 주택지 가로변에 위치해 있을 때의 방문자 수와 서비스센터가 주 보행로에 가까운 상업구역의 가로변으로 이전한 후의 방문자 수를 각각 나타내 보면 아래의 표와 같다.

	하루에 방문한 사람의 수	하루에 예약한 사람의 수
이전 전	1-2	15-20
이전 후 두 달 간	15-20	약 50
이전 후 여섯 달 간	약 40	약 50

이 조사의 세부내용은 『멀티서비스센터를 형성하는 패턴 랭귀지』에 기술

되어 있다.[Alexander 1968-1] 결론은 주 보행로에서 한 블록 이내에 커뮤니티 센터를 배치할 경우 앞서 설명한 기능들을 원활히 수행할 수 있고, 한 블록보다 더 멀어지게 되면 지구서비스센터로서의 기능을 거의 하지 못하게 된다는 것이다.

이 내용은 각각의 근린이나 커뮤니티의 규모에 맞게 적용되어야 한다. 500인 정도의 근린이 있다고 가정해 보자. 이때, 근린청사는 소규모이며 그다지 격식을 차린 건물이 아닐 것이다. 아마도 하나의 독립된 건물이 아닐지도 모르며, 근린 중심의 길모퉁이에 위치한 옥외공간과 연결된 하나의 작은 공간에 지나지 않을지도 모른다. 7,000인의 커뮤니티에서는 조금 더 큰 장소가 요구될 것이다. 이를테면, 큰 건물이 커뮤니티의 주요 산책로에 위치해서, 광장이나 집회장소로서 사용될 수 있는 옥외 공간 등이라 할 수 있다.

그러므로,

각 지구의 기능을 정치적으로 통제하기 위해서는, 각각의 '7,000인의 커뮤니티'와 근린에 작은 청사를 계획한다. 그리고, 청사는 커뮤니티에서 가장 번화한 교차로 부근에 배치한다. 청사 건물은 집단 토론을 위한 아레나, 주변을 둘러싼 공공서비스 시설 그리고 그때그때의 커뮤니티 활동에 맞추어 임대할 수 있는 공간, 이렇게 세 부분을 갖추도록 한다.

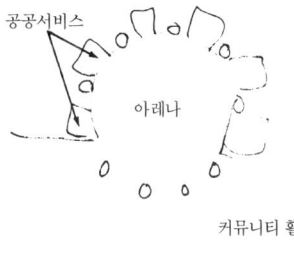

주요한 커뮤니티 활동의 심장부 역할을 할 수 있는 아레나를 설치하되, 군중이 쉽게 모일 수 있도록 소규모로 한다 - **활동의 결절점**(30), **소규모 공공광장**(61), **보행자 밀도**(123). 아레나를 둘러싸는 모든 공공서비스 시설은 되

도록 소규모를 유지한다 - 형식적이지 않은 소규모 서비스(81). 또한, 커뮤니티 활동을 위한 충분한 공간을 마련하며, 이 공간이 건물 주변을 원형으로 둘러싸서 청사의 외관을 형성하도록 한다 - 목걸이 형태의 커뮤니티 활동(45) --…

45. 목걸이 형태의 커뮤니티 활동

NECKLACE OF COMMUNITY PROJECTS

···- 지구청사(44) 패턴에 의하면 각 커뮤니티의 중심부에는 소규모의 지구
청사가 필요하다. 이번 패턴은 지구청사나 이에 상응하는 공공기관 - 시장
과 같은 대학(43), 건강센터(47) - 을 보완하며 커뮤니티 활동의 기반을 이
룬다.

◆　　◆　　◆

　지구청사가 주민에 의한, 주민을 위한 소규모 커뮤니티 활동과 사업으로
가득 채워지지 않는 한, 지구커뮤니티의 진정한 일부가 되지 못한다.

커뮤니티 자치정부의 활발한 프로세스는, 주민들 앞에서 자유롭게 자신들의 견해를 시험할 수 있는 기회가 끊임없이 주어지는 임시 정치집단과 봉사집단에 의해 좌우된다. 여기서는 공간적인 요소가 매우 중요한데 만약, 주민들이 적은 자본으로 사무실을 개설하지 못한다면, 이와 같은 프로세스는 원활히 되지 못할 것이다.

이 패턴의 기하학적 구조는 아래의 다섯 가지 조건에서 도출된다.

1. 시작 단계에서는 대중적이지 않았던 소규모 군중운동이 사회적으로 중요한 역할을 하고 있다. 소규모 군중운동은 기존 개념에 대해 비판적인 반대 개념을 제시한다. 군중운동의 존재는 언론의 자유와 직접적인 관련이 있다. 그리고, 자발적 규제를 통해 성공적인 사회를 위한 기본적인 역할을 담당하며, 사회가 바른 궤도에서 벗어날 때마다 저항운동을 일으킨다. 이 같은 저항운동에서 자신의 의견을 군중에게 직접 전달하기 위해서는, 자신의 입장을 표명할 수 있는 장소가 필요하다. 이 책의 집필 과정에서 샌프란시스코만의 동쪽 구역에 대한 개략적인 조사를 실시했는데, 30~40개의 시민 단체가 자신들의 입장을 표명할 수 있는 적절한 장소를 찾지 못해 어려움에 처해 있었다. 예를 들면, 알카트라즈 인디언Alcatraz Indians, 방글라데시 구제Bangla Desh Relief, 독립영화Solidarity Films, 입주자행동계획Tenant Action Project, 11월7일운동November 7th Movement, 게이정당방위Gay Legal Defense, M반대운동No on M, 국민번역서비스People's Translation Service 등의 단체들이다.

2. 그러나, 이와 같은 단체들은 자신들의 원칙처럼 규모도 작고 영세하다. 이러한 활동을 육성하기 위해서는 커뮤니티가 어떤 종류의 단체에도 최소한의 공간을 일정 기간 무료로 제공해야 한다. 단체를 위한 공간은 작은 상점 앞과 같은 공간이어야 하며, 타자기와 복사기 그리고 전화가 구비되어 있고 집회실로의 접근이 가능해야 한다.

3. 솔직한 토론의 분위기를 만들기 위해서 상점 앞과도 같은 공간은 공공생활의 중심지인 청사 가까이에 위치해야 한다. 만약, 이러한 공간이 청사에서 멀리 떨어져 도시 내에 분산되어 존재한다면, 기존 세력과의 본격적인 투쟁을 할 수 없게 되기 때문이다.

4. 이 공간은 눈에 띄는 공간이어야 한다. 또한, 거리의 사람들에게 자신들의 견해를 잘 전달할 수 있도록 구성되어야 한다. 시정부가 일단 집권하게 되면 정부는 자신들과 지구커뮤니티 사이에 벽을 세워 자신들을 커뮤니티

로부터 분리하려는 경향이 있다. 이 공간은 정부의 이러한 자연적인 성향을 약화시킬 수 있도록 물리적으로 구성되어야 할 필요가 있다.

5. 마지막으로 단체들과 지구커뮤니티와의 자연스러운 접촉을 유도하기 위해서 상점 앞 공간의 구성은 커뮤니티가 필요로 하는 고정적인 서비스 시설 즉, 이발소, 카페, 빨래방 등을 포함하도록 구성되어야 한다.

이와 같은 다섯 가지 조건이 시사하는 바는, 아래 그림에서와 같이 상점들이 목걸이와 같은 모양으로 지구청사를 둘러싸도록 구성되어야 함을 의미한다. 목걸이 형태의 구성은 개방된 사회에서의 정치적 프로세스를 물리적으로 시사하고 있다. 즉, 모든 사람들이 필요로 하는 도구, 운동의 거점이 되는 공간 그리고 공공광장에서 자신들의 의견을 들을 수 있는 기회에 접근할 수 있음을 나타내고 있다.

그러므로,

지구청사나 그밖의 적합한 커뮤니티 시설 주변에 상점이 들어 설 수 있도록 한다. 상점의 전면은 공간적으로 사람들의 통행이 많은 보행로에 면하도록 하며, 정치활동이나 시험적인 사업, 연구, 옹호 단체 같은 임시적 커뮤니티 단체들에게 가능한 저렴하게 임대하도록 한다. 이데올로기로 인한 제약은 절대 없도록 한다.

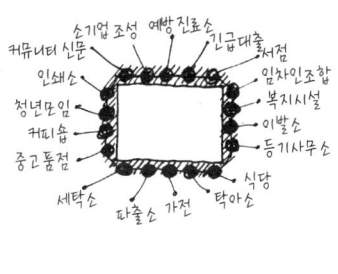

◆　　　◆　　　◆

각 상점은 규모가 작고 조밀하며 접근하기 쉬운 개인 소유의 **상점(87)**처럼 되어야 하며, 상점들 사이에는 산책을 할 수 있는 소규모의 공공 공간을 설치한다 - **공공옥외실(69).** 상점들은 건물의 가장자리를 형성하는 데 활용하고 - **건물의 정면(122), 건물의 가장자리(160),** 거리에 개방적인 상태를 유지한다 - **거리로의 개방(165) - …**

46. 다점포 시장**

MARKET OF MANY SHOPS

····· 상점망(19)에서 제시한 것처럼, 상점들은 넓게 분산시켜서 커뮤니티 내의 모든 사람이 접근하기 용이하도록 배치해야 한다. 가장 큰 상점군은 커뮤니티 내의 보행로나 상점가(32)를 형성하도록 배치하는데, 보행로나 상점가가 유지되기 위해서는 항상 시장을 필요로 하기 때문이다. 이 패턴은 시장의 형성과 경제적 특징에 관해 기술하고 있다.

◆　　◆　　◆

사람들은 자신들이 필요로 하는 다양한 식료품과 가전제품을 한 장소에서 구입할 수 있기를 원하며, 이는 지극히 자연스럽고 당연한 일이다. 그러나,

시장이 슈퍼마켓처럼 단일 운영자에 의해 경영된다면 식료품은 단조로워질 것이며 시장에 가는 즐거움 또한 사라지고 말 것이다.

거대한 슈퍼마켓이 풍부하고 다양한 식품을 구비하고 있는 것은 사실이다. 그러나, 이 '다양함'은 대량 구매와 대량 보관에 의한 것이기 때문에, 대량 판매에 따른 진부함은 여전히 문제로 남아 있다. 게다가 슈퍼마켓에는 오로지 상품들이 진열된 연속된 선반과 물건값 지불만을 기다리는 계산원과의 마주침만이 있을 뿐이다. 그곳에서는 그 어떠한 인간적인 접촉도 없다.

인간적인 접촉, 다양한 식품 그리고 자신들이 판매하고 있는 상품에 대한 지식, 애정, 지혜를 지니고 있는 판매자가 있는 시장으로 재건하는 유일한 방법은 시장을 하나의 지붕 아래에 소규모 진열대를 두고, 개개인의 점주들이 각기 다른 상품을 판매하는 곳으로 바꾸는 것이다.

지금과 같은 상황이라면 슈퍼마켓은 점점 더 대형화되어 다른 산업까지 합병하고, 시장이 주는 인간적 경험을 비인간화해 나아갈 것이다. 예를 들어, 혼Horn과 하다트Hardart는 다음과 같은 운영계획을 생각했었다.

차량이나 도보로 온 고객들을 무빙워크가 조용히 실어 나른다. 밝은 벽면 패널에 전시된 견본을 보고(혹은, 특수한 열쇠나 신용카드로 열어서) 물품을 확인하고 선택한다. 그리고, 폐쇄회로 화면에서 육류나 농산물을 선택한다. 선택이 끝난 고객은 창고가 있는 다른 건물로 이동해서 주문한 상품을 받고 만국공통의 신용카드로 계산한다. 사람들은 거의 보이지 않는다.[Cross 1971]

다음으로, 이와 대조적인 샌프란시스코의 전통적인 시장에 관한 묘사를 비교해 본다.

정기적으로 시장을 가게 되면, 왓슨빌Watsonville산의 하우어Hauer나 피핀Pippin 사과를 진열해 놓고 파는 가게처럼 마음에 드는 가게가 생기기도 한다. 농부가 사과 하나하나를 정성스럽게 확인해가면서 바구니에 담으며, 사과를 바삭하고 달콤하게 보관하려면 서늘한 곳이 좋다고 이야기해 준다. 만약, 고객이 관심을 보이면 농부는 자신의 파란 눈동자를 고객의 눈에 맞추고, 자신 있게 자신의 과수원에 대한 이야기를 하기 시작하며 사과가 어떻게 재배되고 관리되어 왔는가를 설명해 준다. 가게 주인이 왜 그렇게 맑고 푸른 눈동자와 밝은 갈색 머리 그리고 장대한 체구를 가졌는지 고객이 의문을 품은 순간, 가게 주인은 이탈리아 억양이 섞인 영어로 자신이 이탈리아 북부 출신이라고 알려준다.

가판대 맨 끝의 잘생긴 흑인 청년이 작게 쌓아 올린 멜론을 손님에게 권한다. 손님은 이틀 후에 먹을 수 있는 멜론을 고르고 싶지만 전문가가 아니라서 잘 고르지 못하겠다고 말하면, 청년은 틀림없이 멜론 하나를(나중에 그가 선택한 것이 맞았다는 것을 알게 된다) 골라줄 뿐만 아니라, 크랜쇼Cranshaw나 허니듀Honeydew 멜론, 수박 등에 대해 알려준다. 또한, 다음에는 고객이 직접 골라 살 수 있도록 좋은 멜론을 고르는 방법도 알려준다. 즉, 그 청년은 당신이 좋은 멜론을 고르고 맛볼 수 있도록 마음을 쓰는 것이다.[SFC]

이 이야기가 슈퍼마켓의 컨베이어벨트보다 훨씬 더 인간적이고 활기 있다는 점에는 의심할 여지가 없다. 하지만, 운영상의 경제성에 관해서는 중대한 의문이 남는다. 많은 상점들이 모여 이루는 시장의 형성을 뒷받침할 설득력 있는 경제적 근거는 과연 있는 것일까? 아니면, 슈퍼마켓의 효율이 시장을 점령하고 말 것인가?

어떠한 사업이라도 사업 초기에 동반되는 경제적 어려움보다 더한 어려움이 있으리라 생각되지 않는다. 시장이 형성되는 초기 단계의 경제적 어려움을 해결하는 데 있어서 가장 중요한 관건은 상점 간의 조정에 관한 것이다. 즉, 일관성 있는 시장을 형성하기 위해서 각각의 점포들을 정비하고, 몇 개의 시장이 연합하여 서로 유사한 물품을 취급하는 상점들을 조율해 대량 구입에 대한 합의를 얻어내는 것이다.

만약 각각의 상점이 적절한 위치에 배치되면 경쟁력이 있게 되어, 매상에서 5퍼센트 정도는 더 수익을 올릴 수가 있다. 미국의 내셔널캐시 레지스터 사National Cash Register Corporation, NCR의 통계수치에 의하면, 편의점은 그 규모와는 상관없이 동일한 수익을 올리고 있다고 한다. 하지만, 작은 상점들은 슈퍼마켓에 의해서 경영 상태가 자주 악화되곤 하는데, 이는 작은 상점들이 분산되어 있어서 슈퍼마켓처럼 고객들에게 다양한 상품을 한곳에서 제공할 수 없기 때문이다. 그러나, 많은 소규모 상점들이 무리를 이루어 집중 배치되면, 슈퍼마켓에 견줄만한 다양한 상품들의 제공이 가능해지고 슈퍼마켓 체인점과 효과적인 경쟁을 벌일 수 있게 된다.

체인점의 장점 중의 하나는 대량 구입에 의한 효율성에 있다. 때문에, 도시 내의 동종 업종의 소규모 상점들이 모여 자신들이 필요한 물품들을 대량 구입하겠다는 합의를 이끌어낼 수 있다면, 슈퍼마켓 체인점의 효율성을 상쇄시킬 수 있을 것이다. 실제 예를 들어 보면, 샌프란시스코만 구역에는 작은 카트를 끌며 꽃을 파는 노점상이 많다. 그들은 판매는 독립적으로 하면서도, 꽃을 구입할 때만은 공동으로 구매한다. 때문에, 일반 꽃가게의 1/3 가격으로 판매하면서도 막대한 수익을 올릴 수 있을 것이다.

물론, 많은 상점들을 모아 하나의 시장을 만든다는 것은 그리 쉬운 일은 아니다. 장소 선정도, 자금 조달도 어렵다. 여기에서, 매우 단순하지만 시간이 지남에 따라 향상되고 충실해질 수 있는 시장의 구조체를 제안한다. 사진에서 보이는 리마의 한 시장의 경우, 처음에는 독립된 기둥과 통로 이외에 아무것도 없었다. 하지만, 크기가 대략 6×9피트약 1.7×2.7m이내의 상점들이 기둥 사이에 점차적으로 들어서기 시작했다.

페루에서의 시장은 그저 기둥을 세우는 것으로 시작한다.

워싱턴 주 시애틀에 있는 파이크 플레이스 시장Pike Place Market은 간단한 목조구조를 수년간에 걸쳐 개조·확장해 온 주목할만한 예이다.

파이크 플레이스 시장 - 시애틀에 있는 다점포 시장

그러므로,

현대적인 슈퍼마켓 대신에 자율적이고 전문화된(치즈, 육류, 곡물, 과일 등) 소규모 상점들로 구성된 시장을 도시의 여러 곳에 많이 배치한다. 시장 은 지붕, 통로를 구분 짓는 기둥과 같은 최소한의 골격과 기본적인 서비스 시설만 구비한다. 이러한 구조는 각 상점들이 개인의 취향과 필요에 따라 각 자의 점포를 만들어 나갈 수 있도록 한다.

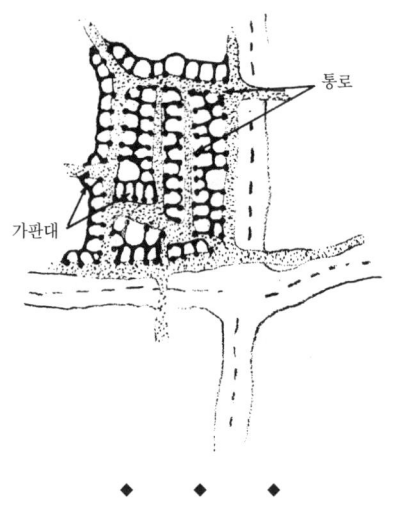

◆　　◆　　◆

통로의 폭은 작은 카트나 보행자들이 통행할 수 있는, 6~12피트약 1.8~3.6m 가 적당하다 - 건물 내 통로(101). 판매대는 되도록 작게 해서 임대료를 낮 추고, 크기는 대체로 6~9피트약 1.5~2.7m로 한다. 보다 큰 매장을 필요로 할 때는 두 구획을 사용하면 된다 - 개인 소유의 상점(87). 판매대는 모서리 가 있는 기둥으로 그 구획을 명확히 한다 - 모서리의 기둥(212). 만약, 지붕 이 필요하면 점주 스스로 설치하면 된다 - 캔버스 지붕(244). 시장 내의 통 로는 외부와 연결하여, 도시 주변의 보행로와 직접 연결되게 한다 - 보행로 (100) ━…

47. 건강센터*
HEALTH CENTER

····─ 모든 개인적 삶을 위한 기반으로서 인생의 주기에 대한 명백한 인식은, 커뮤니티 주민들의 건강에 크게 영향을 미칠 것이다 - **인생의 주기(26)**. 이 패턴에서는 사람들이 자신과 자신의 건강을 돌볼 수 있도록 돕는 특정한 보호시설에 대해서 설명한다.

◆　　◆　　◆

근린에서 만날 수 있는 평범한 사람들의 90%이상을 단순하게 생물학적 기준으로 판단해 보면 건강하지 않다. 여기서 건강하지 않다는 것은 병원을 가거나 약으로 치료할 수 없는 성질의 것이 아니다.

병원은 병에 중점을 둔다. 또한, 이용에 많은 비용이 들며 너무 집중화되어 있어 이용하기 불편하다. 의사들은 사람이 아파야 수입을 얻기 때문에, 병을 치료하기보다는 오히려 병을 만들려는 경향이 있다.

이와는 대조적으로, 전통적인 중국의학의 경우 사람들은 건강할 때만 의사에게 돈을 지불한다. 만약, 사람들이 어딘가 아프다면 의사들은 무료로 그들을 치료해야만 한다. 즉, 중국의학에서의 의사들은 사람들의 건강을 유지시켜야만 하는 동기가 있는 것이다.

정신적 그리고 신체적인 면에서, 사람들의 진정한 건강을 유지할 수 있는 건강관리 시스템에서는 병이 아니라 건강에 중점을 둔다. 그러므로, 건강관리 시스템을 운영하는 건강관리 센터가 물리적으로 분산되어 있어서, 가능한 사람들의 일상 활동에 밀착되어야 하고 매일 이 시스템을 이용하면서 건강한 삶을 유지할 수 있어야 한다. 작은 규모의 건강센터가 넓게 분산되어 있는 시스템이라면 이와 같은 건강문제 해결의 핵심이 될 것으로 생각된다. 그리고, 이 건강센터에서는 수영, 댄스, 스포츠, 신선한 공기 맡기 같은 육체적 활동을 장려하며, 치료는 오로지 이러한 활동의 부수적인 측면에서 행해져야 한다.

건강관리에 관한 문헌을 찾아 보면, 앞서 설명한 바와 같이 건강 유지를

목적으로 하는 건강센터의 중요성을 나타내는 수많은 증거와 자료들이 기술되어 있다.[Glazier 1971]

이와 같은 제안과 같은 선상에서, 건강관리 프로그램을 개발하려는 몇몇의 시도들이 있어 왔다. 그러나, 대부분의 경우 기대에 부응하지 못하는 결과를 보였다. 이 같은 시도들의 좋은 의도에도 불구하고, 아직 대부분의 건강센터에서는 건강 유지보다 질병 치료에만 집중하는 경향이 있기 때문이다. 1960년대 후반에 미국국립정신건강연구소United States National Institute of Mental Health에서 추진한 '커뮤니티 정신건강센터Community Mental Health Centers'를 예를 들어 설명해 보도록 하자. 문헌에 따르면 이 센터는 질병을 치료하기보다는 건강 증진에 목적을 두었다 한다.

하지만, 실질적으로 현실은 그렇지 못했다. 우리는 캘리포니아 주의 산안셀모에 있는 최신 시설을 방문했다. 환자들은 하루 종일 멍하니 앉아 있었고 점토치료나 미술치료에 반열광적으로 집중하곤 했다. 한 환자가 우리에게 다가와 행복한 눈빛으로 "선생님, 이곳은 훌륭한 정신건강센터에요. 제가 지금까지 있었던 곳 중에서 최고에요"라고 말했다. 요약하자면, 그들은 그저 환자로만 취급되고 있었고 환자들 또한 자신들이 환자라는 것을 인식하고 있었던 것이다. 몇몇의 환자들은 환자로서의 역할을 즐기기까지 했다. 환자들에게는 도움이 될 만한 작업도 일도 없으며 하루가 끝날 무렵에 모두에게 보일 수 있을 만한 성과나 자랑거리도 가지지 못했다. 인간적인 설립의도를 갖고 보건 활동을 한다고 주장함에도 불구하고, 결과적으로는 환자가 자신의 질병을 더욱 인식하게 만들어 스스로가 환자처럼 행동하도록 조장하고 있었던 것이다.

같은 예로 캘리포니아에 있는 카이저 페르메나 프로그램Kaiser-Permanente program을 들 수 있다. 카이저 병원은 최근 기사를 통해 "질병치료 중심에서 건강 유지로 방향전환"이라고 대대적으로 선전하였다. 카이저 병원은 모든 회원들이 자신의 건강 상태를 완벽하게 알 수 있도록, 회원들에게 매년 여러 가지 검진을 받을 수 있도록 하였다. 그러나, 이러한 검진 프로그램에 의한 건강 개념은 '질병으로부터의 자유'에 머문 정도여서 본질적으로는 소극적인 것이었다. 실질적으로 생기 넘치는 건강한 상태를 보다 적극적으로 유지하려는 노력이 거의 행해지지 않았기 때문이다. 카이저 센터는 여전히 거대한 병원일 뿐, 다른 어떤 특별한 의미도 가지지 못한다. 카이저 센터는 너무 크고 중앙화되어서 환자들은 숫자로 다루어질 뿐이지, 환자들을 커뮤니티의 한 사람으로서 진료할 수 없다. 즉, 의사들은 오직 환자로서 환자들을 대할 뿐이다.

우리가 알고 있는 한 질병 대신 건강에 중점을 둔 유일한 건강센터는, 이미 잘 알려진 영국의 페크험 센터Peckham Health Center이다. 두 명의 의사가 경영하는 페크험 센터는 수영장, 댄스 플로어 그리고 카페를 중심으로 하는 일종의 동호회 시설이다. 여기에 부가적으로 의무실이 있으며, 게다가 여기는 진료실까지 갖추고 있어 가족 단위로 와서 (절대 개인이 아닌) 수영이나 댄스 같은 활동의 일환으로 정기 검사를 받곤 한다. 이런 조건 속에서 사람들은 밤낮을 가리지 않고 정기적으로 센터를 이용한다. 사람들의 건강에 관한 의문은 커뮤니티에서의 일상적인 삶과 일체화되었으며, 이 센터는 건강 관리의 아주 훌륭한 무대를 제공했다.

예를 들어, 제2차 세계대전 이전 영국 노동자 계급의 어머니들은 대부분 자신의 몸이 수치스럽다고 생각했다고 한다. 이와 같은 수치심은 자신들의 아기들에게 젖을 물리거나, 아기를 안고 있는 것조차 부끄럽게 느낄 정도까지 이르렀는데, 실제 이 수치심을 이유로 많은 사람들이 아이를 원하지 않게 되었다. 그러나, 페크험 센터는 건강에 중점을 두는 방침으로, 이 같은 증상을 치료할 수 있었다. 가족 단위의 건강 검진과 가족들과 함께하는 수영, 댄스 프로그램들이 여성들로 하여금 자신들의 몸을 자랑스럽게 여기도록 하였던 것이다. 또한, 새로 태어날 아기에 대한 두려움을 떨쳐버리고, 자신의 몸에 대한 수치심을 더 이상 느끼지 않게 되어 아기도 다시 원하게 되었다. 뿐만 아니라, 이 건강센터가 운영되기 시작한 해부터, 페크험 어린이들의 정신장애나 정신병의 발생률이 현저하게 줄기 시작했다.

인간의 육체적 건강, 가족 생활 및 정신적 안정 사이의 깊은 생물학적 연관관계는 인간 생물학에 있어서 새로운 시대를 여는 것이었다. 페크험 센터의 두 명의 의사가 이를 멋지게 묘사하고 있다.[Pearce & Crocker 1946] 이와 같은 깊이와 힘을 가진 생물학적 개념이 진지하게 받아들여질 때, 질병센터가 아닌 진정한 건강센터가 될 수 있을 것이다.

그러므로,

도시 전역에 걸쳐, 약 7,000명의 커뮤니티마다 소규모 건강센터의 네트워

크를 점진적으로 확장 개발한다. 또한 각각의 건강센터에 일상적 질병(어린이와 어른, 정신과 육체 모두)을 치료할 수 있는 설비를 갖추도록 한다. 그러나, 치료보다는 사람들의 건강 유지를 위한 수영이나 댄스와 같은 위락적이고 교육적인 활동에 기능적 중점을 두도록 조직해야 한다.

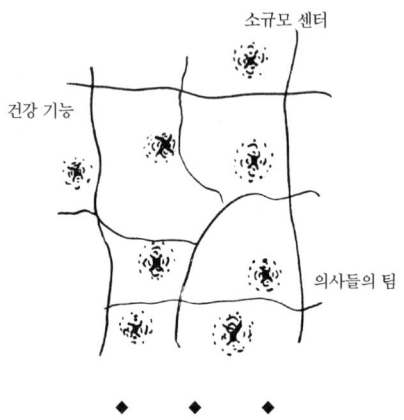

치료를 위한 의료팀은 독립적이고 소규모로 유지한다 - 형식적이지 않은 소규모 서비스(81). 그러나, 출산 장소(65)처럼 도시 전역에 걸쳐 있는 다른 시설과 조합하여 배치한다. 각 센터에는 일반적인 지구활동이나 레크리에이션 활동과 연계될 수 있는 기능 즉, 수영장, 작업실, 사우나, 체육관, 채소정원, 온실 등을 마련하도록 한다. 그러나, 이러한 시설들이 줄지어 늘어선 의료단지Health Park가 되어서는 안된다. 건강센터는 도시의 일부분에 느슨하게 연결되어 있으면 된다 - 사이의 주택(48), 지구 스포츠(72), 탐험놀이터(73), 가정 내 작업장(157), 채소정원(177). 아마도 주민들의 건강을 유지하는 데 가장 도움이 되는 부수적인 패턴은, 모든 주민들에게 수영을 할 수 있는 기회를 제공하는 것이다. 이상적으로는 모든 블록에 수영장을 설치하도록 한다 - 고요한 물(71) ⋯⋯

48. 사이의 주택**

HOUSING IN BETWEEN

···- 대부분의 주택은 주거 근린 내에 그리고 근린의 주택 클러스터 내에 위치한다 - 인식할 수 있는 근린(14), 주택 클러스터(37). 이 책의 패턴에 따르면, 주거구역은 공유지나 직장 커뮤니티가 포함된 경계에 의해 분리되어야 한다 - 하위문화의 경계(13), 근린의 경계(15), 직장 커뮤니티(41). 그렇지만, 직장 커뮤니티나 경계 그리고 상점가에도 사람이 살고 있는 주택이 있어야 한다.

◆　◆　◆

도시에서 주거구역과 비주거구역이 너무나 확연하게 구분되어 있으면, 비주거구역은 빠르게 슬럼화 될 것이다.

주변환경에 대한 개인의 지속적인 유지관리는 커뮤니티 전체의 번영에 있어서 중요한 역할을 한다. 왜냐하면, 개인적인 유지관리가 도시의 모든 조직에서 적응과 개선을 일관적으로 하게 하는 유일한 방법이기 때문이다. 따라서, 개인적인 유지관리가 멈춘다면 그 장소는 슬럼화되기 시작한다.

도시에서의 유지관리는 어떤 장소를 사용하는 사람들이 그 장소를 소유하고 있는가 혹은 그렇지 않은가에 따라 크게 달라진다. 다른 말로 하면, 어느 장소를 사용하고 있는 사람이 그 장소를 소유하고 있을 경우 그 장소는 깨끗하게 유지된다. 그러나, 그렇지 않은 경우에는 황폐해지는 경향이 있다. 만약, 상점, 직장, 학교, 서비스 시설, 대학 등의 사이에 개인 소유의 주택이 위치해 있으면, 주택이 가지는 자연스러운 활기에 의해 장소의 가치가 향상된다. 주택 소유자가 기울이는 노력, 즉 자기 주택과 주변을 개성적이고 편안한 곳으로 만들고자 하는 행위가 주변까지 파급되는 것이다. 사람들은 시간을 보내는 어떤 장소보다도 자신들의 집에 자기 자신을 투영하고자 한다. 그러나, 한 사람이 자신의 삶을 둘로 나눠서 두 장소 동시에 이 같은 노력을 기울일 수 있으리라고는 생각하지 않는다. 결론적으로 어떤 장소가 무미건조해지는 이유는, 사람이 살고 있지 않다는 단순한 조건으로 인하여 사적인 관심이 그 장소에 도달하지 못하는데 있다는 것이다. 다른 기능들 사이에, 주택들이 2~3열 정도로 작은 클러스터를 이루며 혼재되어 있는 경우라면, 각 주택 거주자의 개성 표현과 건설 활동으로 인해 직장이나 사무실 혹은 서비스시설에 활력을 불어넣을 수 있다.

그러므로,

상점, 작은 공장, 학교, 공공시설, 대학 등이 위치하는 구역 내에 주택을 배치한다. 도시 내의 이러한 구역들은 낮 시간 동안에는 사람들을 끌어들이지만, 여전히 '비주거적'인 경향이 있다. 주택이 다른 기능의 구역에 혼재되어 배치되면 도시의 모든 장소에 '사람들이 거주하는' 상태를 유지할 수 있는데,

이때 혼재되는 주택은 연립주택, 주택의 하부에 상점이 있는 계단식 주택, 단독 주택 등 어떤 형태이든 상관없다.

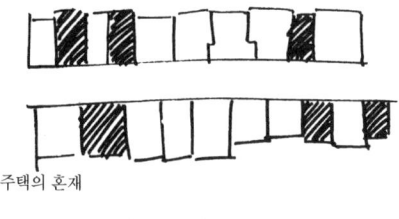

주택의 혼재

◆　◆　◆

공공구역에 주택을 배치하더라도, 각 주택 내에 거주자가 집안을 개인적인 영역이라고 느낄 수 있는 공간이 존재하는가 확인한다 - **자택**(79). 만약, 한 구역에 몇 채의 주택이 있다면 주택을 하나의 클러스터로 묶거나 연결하는 방식으로 처리한다 - **주택 클러스터**(37), **연립주택**(38) ---···

주택 클러스터와 직장 커뮤니티 사이에서는
지구도로와 보행로 네트워크가
자연발생적 그리고 점진적으로 성장하도록 허용한다.

49. 루프형 지구도로**

LOOPED LOCAL ROADS

···· 이제, 근린, 주택 클러스터, 직장 커뮤니티 그리고 주요도로가 거의 윤곽을 갖추었다고 가정해 보자 - 지구교통구역(11), 인식할 수 있는 근린(23), 평행도로(23), 주택 클러스터(37), 직장 커뮤니티(41). 이제부터는 지구도로의 계획에 대해 알아보기로 하자.

◆　　◆　　◆

아무도 자신의 집 앞에 통과교통이 지나가는 것을 원하지 않는다.

통과교통은 빠르고 시끄럽고 위험하다. 그러나, 동시에 자동차는 우리의 생활에 있어서 매우 중요한 역할을 하며, 사람들이 사는 곳에서 자동차를 제외시키는 것은 현실적으로 불가능하다. 지구도로는 주택으로의 접근로를 제공해야 함과 동시에, 통과교통이 주택지를 침범하는 것을 막아야 한다.

이와 같은 문제는 주택에 접하는 모든 도로가 루프형으로 배치된다면 간단하게 해결될 수 있다. 우리는 도로 네트워크에서 다른 경로를 단축하지 않도록 배치된 도로를 루프형 도로로 정의한다.

루프형 도로 자체는 대량 그리고 고속의 교통을 방지하도록 계획되어야 하는데, 이는 루프형 도로를 이용하는 주택의 총수, 도로 표면, 도로 폭 그리고 커브와 코너 등의 수에 의해 좌우된다. 우리가 관찰을 통해 얻은 결론은 루프형 도로를 50대 이하의 자동차가 이용할 경우 도로는 비교적 안전하다는 것이다. 따라서, 한 주택당 이용하는 자동차의 수가 평균 1.5대일 경우, 루프형 도로는 30호의 주택이 이용할 수 있다. 또한, 주택당 1대의 비율일 경우는 50호, 주택당 0.5대일 경우는 100호의 주택이 루프형 도로를 이용하는 것이 가능해진다.

다음의 예는, 페루에 있는 1,500호 주택의 커뮤니티를 위해 계획된 루프형 지구도로의 전체 시스템을 나타낸 것이다.

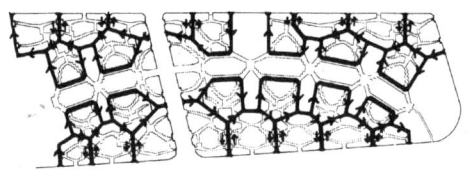

리마의 루프형 지구도로

단순한 격자형 도로라 할지라도 루프형 지구도로로 바꾸는 것이 가능하다.

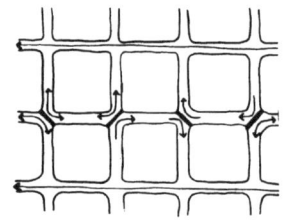

루프형 지구도로를 형성하기 위해 도로를 막는 방법

우리가 앞서 정의한 내용에 따르면, 쿨데삭cul-de-sacs* 역시 루프가 된다. 그러나 사회적 관점에서 쿨데삭을 생각하면, 결코 좋은 것만은 아니다. 쿨데삭은 출입구가 하나밖에 없기 때문에, 이용자들 간의 이동을 서로 간섭하게 하고 주민들로 하여금 밀실공포증을 느끼게 한다. 막다른 길의 경우에는 차량은 더 이상 통과할 수 없지만 보행자는 보행로를 따라서 통과할 수 있도록, 쿨데삭으로 들어가서 다른 방향으로 빠져나갈 수 있는 보행로를 계획한다.

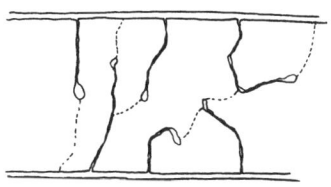

막다른 골목을 통과하는 보행로

루프형으로 보이는 많은 도로가 실제로는 루프형이 아니라는 것을 인지해야 한다. 다음의 지도를 살펴보면 많은 루프형 도로가 있는 것처럼 보이지만, 실제로 이 도로 중 하나 혹은 둘 정도의 도로만이 앞서 정의한 기능상의 루프형 도로이다.

위 도로들은 루프형 지구도로가 아니다.

그러므로,

루프를 형성하도록 지구도로를 배치한다. 루프형 도로란 예정된 길로 가지 않는 차들이 목적 없이 지름길로 이용하는 것을 원천적으로 불가능하게 하는 도로이다. 어떤 루프형 도로라도 50대 이상의 차가 이용할 수 없도록, 도로의 폭을 좁게 한다. 도로 폭은 17~20피트약 5~6m 정도로 하면 충분할 것이다.

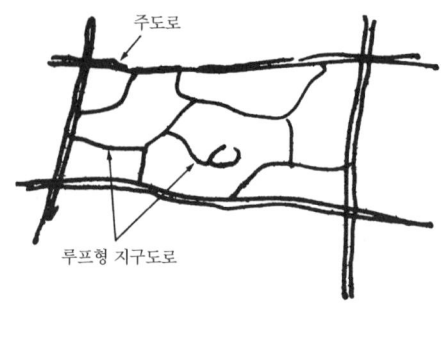

주도로

루프형 지구도로

◆ ◆ ◆

지구도로들 사이의 모든 교차로는 반드시 3방향의 T자형 교차로로 계획한다. 절대로 4방향의 교차로로 해서는 안 된다 - T자형의 교차로(50). 건물 내부의 생활이 도로에 면할 가능성이 있는 장소에서는, 도로의 포장을 잔디나 자갈로 깔되 자동차 바퀴가 쉽게 구를 수 없도록 돌을 섞어 거칠게 마감한다 - 녹지 가로(51). 주차장은 주택 진입로에서 멀리 떨어진 곳에 설치한다 - 소규모 주차장(103), 자동차와의 연결(113). 매우 조용한 곳을 제외하고는, 보행로는 도로에 평행한 것이 아니라 직각이 되도록 배치한다. 그리고, 건물은 도로가 아닌 각 보행로에 면하도록 한다 - 보행로와 도로의 네트워크(52) - …

50. T자형 교차로*

T JUNCTIONS

····- 만약, 주요 도로의 위치가 정해지고 - 평행도로(23), 지구도로를 계획하는 단계에 있다면 이 패턴으로부터 교차로의 특징을 알 수 있게 될 것이다. T자형 교차로는 지구도로 계획에 큰 영향을 미칠 뿐만 아니라, 지구도로가 루프와 같은 특징을 갖게 하는 데 도움을 준다 - 루프형 지구도로(49).

◆　　◆　　◆

교통사고는 T자형 교차로보다 두 개의 도로가 서로 교차하는 지점에서 많이 발생한다.

4방향 교차로에서 교통사고가 많다는 사실은 기하학에 근거를 두고 있다. 두 개의 양방향 도로가 교차할 경우에, 두 도로 간에는 16개의 충돌점이 발생한다. 이에 비해, T자형 교차로에서는 충돌점이 3개밖에 되지 않는다.[Callender 1966]

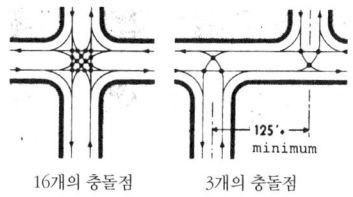

16개의 충돌점　　　3개의 충돌점

우측 그림은 실증적 연구 자료로 서로 다른 형태의 도로에서 5년 동안 일어났던 교통사고의 수를 비교해 나타낸 지도이다. 이 지도는 T자형 교차로의 사고가 4방향 교차로에서보다 훨씬 적다는 것을 분명하게 보여준다.[Ritter] 또한, T자형 교차로가 직각으로 교차하는 것이 더 안전하다는 근거는 또 있다. 교차하는 각도가 직각이 아니면 모퉁이를 보기 힘들어지기 때문에 사고는 증가한다.[Scaft 1968]

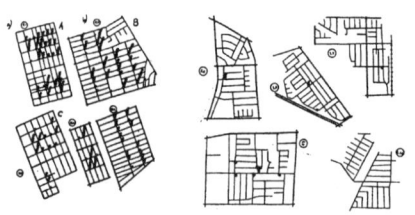

다른 종류의 교차로에서 발생하는 사고들

그러므로,

동일 평면상에서 만나는 두 개의 도로는 가능하면 90도에 가까운 각도로 교차해서, 3방향의 T자형 교차로를 형성하도록 도로 시스템을 계획한다. 4 방향의 교차로나 횡단 주행방식은 피해야 한다.

직각으로 교차하는 T자형 교차로

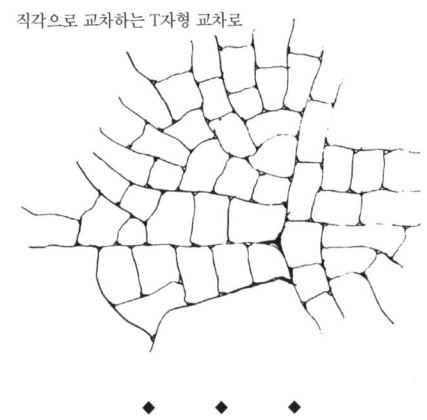

◆　　◆　　◆

　보행로가 집중적으로 교차하는 혼잡한 교차로에서는 일반적인 횡단보도 보다는 보행자를 위한 육교를 설치하도록 한다 - **횡단보도**(54) ----

51. 녹지 가로

GREEN STREETS

····- 이 패턴은 지구도로의 성격을 형성하는 데 도움을 준다. 이 패턴은 단지 도로의 표면과 주차장의 위치를 정의하는 것뿐이지만, 이 패턴이 조금씩 나타남으로써 루프형 지구도로(49), T자형 교차로(50), 공유지(67)의 점진적인 형성을 이끌어 낸다. 이 패턴은 루빈Anne-Marie Rubin에 의해 건설된 덴마크 북부의 아름다운 도로에서 영향을 받았으며, 여기에 그 사진을 싣는다.

◆　　◆　　◆

세상에는 뜨겁고 딱딱한 아스팔트 도로가 너무 많다. 건물로의 접근에만 사용되는 지구도로는 자동차 바퀴가 지나가는 자리에 약간의 석재포장만 있으면 된다. 이것으로 충분하다. 즉, 지구도로 면적의 대부분을 녹지로 만들 수 있는 것이다.

전형적인 저밀도의 미국 교외에서는 토지의 50퍼센트 이상이 콘크리트나 아스팔트로 포장되어 있다. 로스앤젤레스의 중심지 같은 일부 구역에서는 65퍼센트를 넘어선다. 콘크리트나 아스팔트 포장은 지구의 환경에 악영향을 미친다. 미기후microclimate를 파괴하고, 도로 위를 비추는 태양 에너지를 아무짝에도 쓸모 없게 만든다. 또한, 그 위를 걷는 것은 즐겁지 않으며 앉을 수 있는 곳도 없다. 어린이들이 놀만한 장소 또한 어디에도 없으며 토지의 자연적 배수시스템은 파괴되고 동식물들 역시 대부분 살아남지 못한다.

사실, 아스팔트나 콘크리트의 이용은 고속용 도로에만 적합하다. 적은 수의 차가 이용하는 지구도로에 아스팔트나 콘크리트는 적합하지 않고 또한 그래야 할 필요도 없다. 만약, 지구도로를 주요도로처럼 넓고 매끄럽게 포장한다면, 운전자들이 시속 35~40마일약 55~65km의 속도로 주택의 전면을 통과하도록 조장하는 것이다. 이러한 상황에 대해서, 지구도로는 표면을 잔디로 덮어야 한다. 이때, 자동차가 지구도로를 지나갈 때 필요한 부분만 단단한 석재로 포장하면 된다. 이는 건물과 건물 사이에 존재하는 공유지의 주된 용도에도 적합한 형태이다. 최선의 해결책은 포장석이 깔린 잔디밭이다. 동물과 어린이들에게 제공되는 이 같은 가로는 근린의 초점이 된다. 더운 여름철, 잔디 윗부분의 공기는 아스팔트 도로 위의 공기보다 10~14°C나 낮다. 이렇게 하면 자동차의 통행은 주변을 압도하지 않을 것이다.

포장석

물론, 이 같은 계획에는 주차장에 대한 의문이 떠오른다. 주차장은 어떻게 계획되어야 하는가? 주민과 방문자를 위한 주차에 한해서는 녹지 가로에 주차장을 설치할 수 있을 것이다. 하지만, 상점가나 직장 커뮤니티의 주차장이 조용한 근린으로 계획된 가로로 무질서하게 뻗어나간다면, 근린은 어떠한 배려도 없이 쉽게 자동차를 주차해 버리는 낯선 이들의 주차장이 되어버릴 것이다. 근린의 성격이 급격하게 달라지게 되는 상황에 대해서 거주자들은 점점 억울함을 느끼게 됨과 동시에, 자신의 집 앞에 주차를 할 수 없다는 사실에 불만을 느낄 것이다.

녹지 가로는 주민들이 사용할 주차장 그 이상을 설치할 필요가 없으며 설치할 수도 없다는 원칙을 기반으로 할 경우에만 기능을 발휘할 수 있다. 방문자는 가로의 끝부분에 설치된 소규모 주차장에 주차를 하게 하고, 개인의 주택과 직장에서의 주차는 소규모 주차장을 이용하거나 건물 접근로에 주차하게 한다.

이는 주거구역으로부터 상업활동, 상점, 기업 등이 배제되어야 함을 의미하지는 않는다. 사실, 분산된 일터(9)에서 기술한 것과 같이 근린에 어떠한 기능을 부여하는 것은 매우 중요하다. 그러나, 요점은 근린에 진출하는 기업이 근린 내에서 무료주차 권리를 가진다고 생각해서는 안 된다는 것이다. 기업은 자신이 위치한 근린의 요구에 입각하여 주차를 위한 대가를 지불해야 한다.

그러므로,

통과교통을 배제하는 가까운 지구도로에서는 모든 도로면을 잔디로 하고, 가로로 접근하는 자동차를 위하여 바퀴가 지나는 부분에만 포장석을 깔도록 한다. 가로와 보도의 구분을 없앤다. 주택이 가로에 면하고 있을 때 자동차가 대지 내로 진입할 수 있도록, 포장석이나 자갈을 조금 더 많이 깐다.

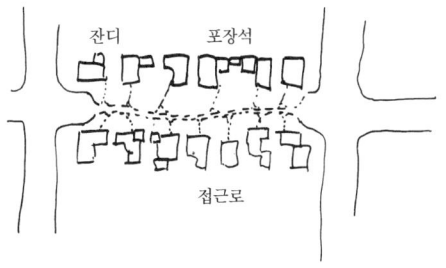

◆　◆　◆

　도로를 녹지 가로로 만들어서 사람들이 그곳에서 자연스럽게 활동하는 것은 너무나 기쁜 일이다. 이 같은 경우, 보행로와 녹지 가로는 하나가 된다 - 공유지(67). 그러나, 가로가 녹지이더라도 **보행로와 자동차의 네트워크**(52)를 따라, 녹지 가로에 직각으로 몇 피트 폭의 작은 도로를 부분적으로 설치하면 보다 쾌적해질 것이다. 가로의 녹지를 보존하기 위해서는 소규모 주차장도 필수적이다. 사유지로의 진입로나 도로가 끝나는 지점에 아주 작은 규모의 주차장을 마련해 주민이나 방문자들이 항시 사용할 수 있도록 해야 한다 - **소규모 주차장**(103). 과일나무나 꽃은 거리를 한층 더 아름답게 만들 것이다 - **과일나무**(170), **올려진 화단**(245). 자동차가 운전하기에 필요한 포장면을 형성하는 포장석은 틈을 두고 놓아서, 포장석 사이에 잔디나 이끼, 꽃이 자랄 수 있도록 한다 - **틈이 있는 포장석**(247) -…

52. 보행로와 자동차의 네트워크**

NETWORK OF PATHS AND CARS

···· 도로는 평행도로(23), 루프형 지구도로(49), 녹지 가로(51)에 의해 형성되며, 주 보행로는 활동의 결절점(30), 산책로(31), 보행로와 목적지(120)에 의해 형성된다. 이 패턴은 도로와 보행로의 상호작용을 돕는다.

◆　　◆　　◆

보행자들에게 자동차는 위험하다. 그러나, 자동차와 보행자들이 만나는 곳이라야 여러 가지 활동이 생기게 된다.

보행자와 자동차를 분리하는 것은 건축 계획에 있어서 일반적인 관행이다. 이 같은 방법은 보행구역을 보다 인간답고 안전하게 만든다. 그러나, 이 관행은 자동차와 보행자가 서로를 필요로 한다는 사실을 감안한다면 실패한 방법이며, 또한 도시의 많은 삶이 이 두 시스템이 만나는 지점에서 발생한다는 사실에서 보아도 그렇다. 피카디리 서커스, 타임스퀘어, 샹제리제와 같은 도시의 유명한 장소들 역시, 보행자와 자동차가 만나는 곳에 위치하기 때문에 활기를 띠고 있는 것이다. 스코틀랜드의 신도시 컴버놀드Cumbernauld는 두 시스템이 완벽하게 분리되어 있어 활기를 거의 찾아볼 수 없다.

지구 단위의 주거지에서도 마찬가지다. 일상의 수많은 사회적 삶이 보행자와 자동차가 만나는 곳에서 발생한다. 예를 들어, 리마에서는 자동차가 주택의 연장선에서 사용되고 있다. 특히, 남성들은 집 근처에 자동차를 주차해놓고 차 안에서 맥주를 마시며 이야기하는 경우가 많다. 이러한 현상은 곳곳에서 일어난다. 예를 들면, 세차를 하는 주차장 근처에서는 자연스럽게 대화와 토론이 행해진다. 또한 자동차와 보행자가 만나는 곳에는 가판대가 설치되는데, 이는 그곳이 가판대에 필요한 최대의 교통량을 얻을 수 있는 곳이기 때문이다. 어린이들이 주차장에서 노는 것은 그곳이 출발과 도착의 주요 장소라는 것을 감지했기 때문일 것이다. 그리고, 물론 어린이들이 자동차를 좋아하기 때문이기도 할 것이다. 하지만 이때 자동차를 보행자로부터 분리시키는 것은 반드시 필요하다. 특히, 어린이와 노인들을 보호함과 동시에 자동차를 의식하지 않고 거닐 수 있도록 하기 위해서이다.

이 대립적인 문제를 해결하기 위해서, 보행로와 도로의 적절한 배치 방법을 찾아야 한다. 우선, 보행로와 도로를 분리시키되, 보행로와 도로가 만나는 곳이 보행자들이 초점이라고 생각하는 장소에서 자주 교차하도록 한다. 이를 실현하기 위해서는 서로 직각으로 교차하는 도로의 네트워크와 보행로의 네트워크가 필요하다. 도로와 보행로는 잦은 빈도로 무한이 연결된다.(우리는 관찰을 통해서, 보행자 네트워크의 대부분의 지점에서, 가장 가

아이들은 자동차를 좋아한다.

까운 도로가 150피트^{약 45m} 이내에 있어야 한다고 생각한다.) 또한, 보행로와 도로가 교차하는 경우에는 직각이 되어야 한다.

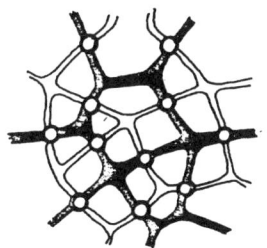

직각으로 교차하는 두 개의 네트워크

실질적으로, 도로와 보행로 사이의 이러한 관계를 형성하기 위해서는 몇 가지 실현 가능한 방법이 존재한다.

평행도로(23)에서 기술한 바와 같이, 약 300피트^{약 90cm} 간격의 일방통행 도로 시스템으로도 이 관계를 형성하는 것이 가능하다. 도로와 도로 사이로 도로들과 직각으로 만나는 보행로가 있고, 보행로를 따라 각 건물들로의 접근이 이루어진다. 보행로와 도로가 교차하는 지점에서 공중전화나 상점을 위한 소규모 주차장이 설치된다.

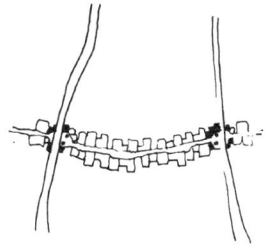

평행도로 사이의 보행로

이와 같은 방법은 기존의 근린에서도 적용이 가능하다. 아래의 그림은 캘리포니아 버클리 소재 '사람들의 건축가^{People's Architects}'라는 단체에 의해 그려진 일련의 평면도이다. 이 그림은 기존 격자형 거리에서, 각 방향으로 하나 걸러 하나씩 거리를 폐쇄하는 방법으로 보행로 네트워크를 만들어내는 아름답고 간단한 예를 보여준다.

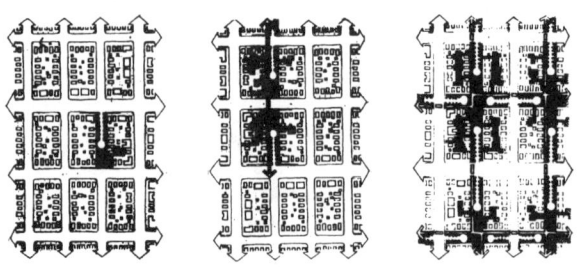

격자형 거리에서 보행로 네트워크의 성장

　다른 예로, 리마에 있는 우리의 주택 프로젝트를 들 수 있는데, 여기에서
는 두 개의 격자형 시스템을 다음과 같이 배치하였다.

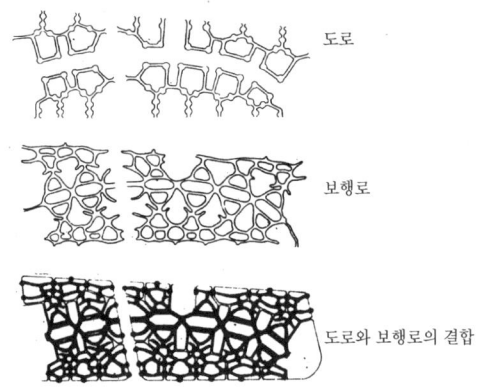

도로

보행로

도로와 보행로의 결합

　모든 경우에서 우리는 도로와 보행로가 거의 동시에 만들어진다는 일반
적인 패턴을 발견할 수 있다. 이렇게 하면 도로와 보행로 간의 적절한 관계
를 형성할 수 있다. 그러나, 이 패턴의 실질적인 적용에 있어서 대부분의 경
우, 도로와 보행로를 동시에 만들 필요는 없다는 것을 인지해야 한다. 가장
일반적인 경우로 기존 도로 시스템에 보행로가 점차적으로 기존의 도로에
직각으로 더해지면 된다. 일관성 있는 보행로 네트워크는 이와 같이 느리고
점진적이며 단편적인 행위의 축적으로 형성될 것이다.
　마지막으로, 보행자로부터 자동차를 분리하는 것은 단지 교통밀도가 중간
이거나 혹은 그보다 조금 더 높은 경우에 한해서만 적절하다. 낮은 밀도에
서(예를 들어, 6세대 정도가 이용하는 쿨데삭 자갈길) 보행로와 도로는 분
명하게 결합될 수 있다. 또한, 그곳에 인도를 따로 배치해야 할 어떠한 이유

도 찾을 수 없다 - 녹지 가로(51). 그리고, 샹제리제나 피카디리 서커스와 같이 교통밀도가 매우 높은 장소에서는, 도로를 따라 평행으로 보행로를 설치한다. 그렇게 하면, 그곳에는 수많은 흥미로운 일들이 발생할 수 있다. 이 경우에 보행로와 도로의 분리 문제를 해결하기 위한 최선책은 더 넓은 인도 - 높여진 보도(55)를 설치하는 것이다. 하지만, 실제로 이 방법은 보행로의 폭에 내포되어 있는 모순점을 해결하지 않으면 안 된다. 즉, 도로에서 멀리 떨어진 인도의 가장자리는 안전하며, 도로에 가까운 인도의 가장자리에서 활동이 발생한다는 사실이 그것이다.

그러므로,

교통밀도가 매우 높거나 매우 낮은 곳을 제외하고, 보행로는 도로에 평행이 아닌 직각으로 배치한다. 그리하여, 보행로는 점진적으로 도로 시스템에 직교하는 두 번째의 네트워크를 형성하기 시작한다. 비록 한 번에 하나의 보행로를 설치하는 방법으로 이 네트워크를 점진적으로 실현시켜 가는 것이 가능하다 할지라도, 항상 '블록'의 중앙부에 보행로를 설치해 보행로가 도로를 가로지를 수 있도록 한다.

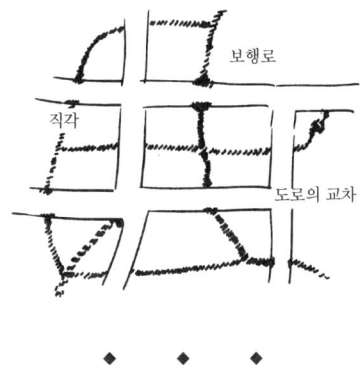

보행로가 주요도로를 따라 평행으로 설치되어야 하는 곳에서는 (때때로 그럴 필요가 있다) 보행로의 폭을 일반적인 보행로 폭의 두 배 정도로 하여 도로의 한쪽 면에만 설치하고, 도로보다 18인치약 46cm 높게 한다 - 높여진 보도(55). 녹지 가로(51)에서는 잔디와 포장석만 설치되어 있기 때문에, 이 경우 보행로는 도로로 이용될 수도 있다. 하지만, 그럼에도 불구하고 녹지 가

로에 직각으로 설치된 불규칙한 좁은 보행로는 매우 아름답다. **보행로와 목적지**(120)에서 설명한 상세를 따라 보행로를 배치하며, 보행로의 형태는 **보행로의 형태**(121) 패턴을 따른다. 마지막으로, 중요한 교차지점에서는 자동차가 지나갈 때 속도를 줄일 수 있도록, 횡단보도를 보행로의 높이까지 올린다 - **횡단보도**(54) ·····

53. 주 관문**

MAIN GATEWAYS

···· 도시 구조를 보면 다양한 레벨에서 인식할 수 있는 영역들이 존재한다. 근린 - 인식할 수 있는 근린(14), 클러스터 - **주택 클러스터**(37), 직장들의 커뮤니티 - **직장 커뮤니티**(41), 그리고 동선의 영역을 둘러싼 수많은 작은 복합건물들 - **복합건물**(95), 동선의 영역(98). 이 모든 단위는 명확한 관문을 통과해 그 장소에 들어간다는 사실로부터 분명한 차별성을 얻게 된다. 이

역할을 하는 것이 각 영역을 만들어내는 문턱과도 같은 관문이다.

◆　　◆　　◆

도시 내에서 어떤 행위를 위한 전용구역으로 인식되어야 하는 장소의 진입용 보행로는 경계에서 관문으로 명시해야 한다. 그렇게 하면, 전용구역의 경계는 강조되어 명확해지고, 차별성이 더해진다.

도시의 많은 부분에는 그 부분을 둘러싸는 경계가 존재한다. 이러한 경계는 대개 사람들의 생각 속에 존재한다. 경계는 한 종류의 활동 혹은 장소의 끝을 명시하기도 하고, 또 다른 활동이나 장소의 시작을 명시하기도 한다. 대부분의 경우에, 사람들의 생각 속에 존재하는 경계가 실제로 물리적으로 존재할 때 그 활동은 보다 명료하고 선명하며 살아 있는 것이 된다.

근린 또는 복합건물 등을 포함하는 모든 전용구역의 경계에서 가장 중요한 곳은 보행로가 경계를 통과하는 지점이다. 보행로가 경계를 가로지르는 지점이 눈에 보이지 않는다면, 경계의 의도나 목적이 존재하지 않는 것이 된다. 즉, 통과한다고 인식할 수 있는 경우에만 경계의 의도나 목적을 느낄수 있다. 따라서 근본적으로 경계를 가로지르는 보행로에는 어떠한 형태라도 관문이 나타나게 된다. 이 점이 어떠한 형태의 관문이든 그 역할이 중요한 이유이다.

관문은 문자 그대로의 문, 다리, 건물을 관통하는 문, 건물 사이의 좁은 통로, 가로수 거리, 다리 등의 형태이다. 이 모두는 같은 기능을 하고 있는데, 즉 보행로가 경계를 가로지르는 지점을 명확하게 하며 경계를 유지시키는 것이다. 그리고, 이들 모두는 '실체'이다. 단순한 구멍이나 틈이 아니라 견고한 실체여야 한다.

관문은 전이 지점을 명확히 한다.

관문으로 쓰이는 견고한 실체, 즉 문, 다리 등이 만들어 내야 하는 것은 바로 전이의 느낌*이다.

그러므로,

하나의 건물 클러스터, 근린, 구역의 경계와 같이 도시 내에서 중요한 의미를 지니는 모든 경계에는 주요 진입로가 경계를 통과하는 지점에 거대한 관문을 설치해서 보다 명확히 한다.

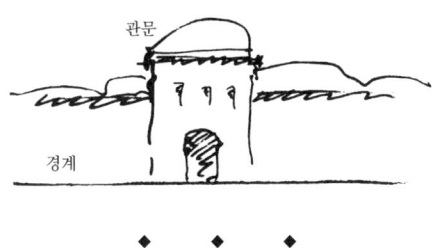

◆　◆　◆

관문은 모든 접근로에서 볼 수 있도록 하고 실체가 있는 요소로 만든다. 다리를 놓는다거나, 보행로를 에워싸는 건물에 구멍을 낸다거나, 바닥의 높이가 급격하게 변하도록 한다. 하지만, 특히 주 출입구(110)에서 서술한 방법과 같이 '실체'가 되도록 만든다. 하지만, 주 출입구보다 크게 한다. 가능하면 빛의 변화나 표면, 조망, 가로지르는 수 공간, 지면의 높낮이차 등을 이용해서 통과하는 사람들에게 전이의 느낌을 강조하도록 한다 - 출입구의 전이(112). 모든 경우, 주 관문을 한 구역 안에서의 보행 동선의 출발점으로 한다 - 동선의 영역(98) --···

---

*　(옮긴이) 전이는 자리나 위치를 다른 곳으로 옮긴다는 의미이며, 전이의 느낌이라 함은 어떤 장소에서 다른 장소로 이동했다고 느낌을 의미한다.

54. 횡단보도

ROAD CROSSING

···- 평행도로(23), 보행로와 자동차의 네트워크(52)에 의해서, 보행로는 지금과 같이 도로에 평행한 형태가 아니라 주요도로에 직각으로 교차하며 점진적으로 성장해 갈 것이다. 이는 전적으로 새로운 상황이며 이 같은 상황을 제대로 형성하기 위해서는 완전히 새로운 물리적인 대처 방법이 필요하다.

◆　　◆　　◆

보행로가 도로를 가로지르는 곳에서는 자동차가 보행자를 겁주고 억누를 수 있다. 심지어 사람들이 합법적으로 우측 통행을 하고 있는 경우에도 그러하다.

이는 보행로와 도로의 높이가 같은 모든 곳에서 일어난다. 백색 라인, 횡단보도, 신호등, 버튼식 신호 등이 아무리 많이 설치되어 있어도 자동차 한 대의 무게는 1톤 혹은 그 이상이며 운전자가 브레이크를 밟지 않는 이상 보행자가 자동차에 치이는 것은 변치 않는 사실이다. 운전자의 대부분은 브레이크를 밟는다. 그러나, 브레이크가 고장 나거나 운전자가 졸음 운전을 할 수도 있는데, 이는 언제나 존재하는 근심이며 두려움이다.

도로를 건너는 사람들은 횡단보도가 자동차에게 물리적인 장애물이 되어, 자동차가 속도를 줄이고 보행자에게 길을 양보할 경우에만 편안함과 안전함을 느낀다. 많은 장소에서 보행자의 통행이 자동차보다 우선한다는 것이 법적으로 인정되고 있다. 그러나, 보행로가 도로와 만나는 중요한 지점에서는 물리적 환경이 자동차에게 우선권을 주고 만다. 도로는 자동차의 빠른 주행에 적합하게 만들어졌기 때문에, 교차지점에서 보행로를 방해하고 있는 것이다. 이와 같은 연속적인 도로의 노면은 자동차가 실질적인 통행권을 가진다는 것을 의미한다.

보행자의 요구에 적합한 횡단보도는 어떤 것인가?

다음 패턴인 높여진 보도(55)에서도 논의하겠지만, 보행자는 자동차보다 약 18인치약 46cm 높은 곳에 있을 때 불안함을 조금이나마 덜 수 있다. 따라서, 도로를 횡단하는 곳에서 이와 같은 보행자의 심리를 더욱 고려해야 한다. 그리고, 도로를 건너려는 보행자는 도로에서 완전하게 보여져야 하며, 자동차가 횡단보도에 접근할 때는 속도를 강제로 줄이도록 해야 한다. 만약, 보행로가 도로보다 6~12인치약 15~30cm 높고, 횡단보도에서는 도로가 보행로의 높이까지 경사지며 높아진다면, 이 두 요구조건은 만족될 수 있을 것이다. 경사도 1/6 혹은 그 이하의 경사로는 자동차에게 무리가 없지만, 자동차는 속도를 줄이게 될 것이다. 먼 거리에서도 보행자의 횡단을 인지하기 쉽고 보행자의 권리를 보다 중요하게 인식하도록, 도로의 가장자리에 캐노피canopy•를 설치하여 보행로를 명확하게 하는 방법도 가능하다 - 캔버스 지붕(244).

높낮이차가 거의 없는 횡단보도

우리는 이 패턴이 다소 극단적인 패턴이라는 것을 인정한다. 때문에, 독자들이 이 패턴을 형식적으로 모든 도로에 적용하는 것이 아니라, 정말로 필요로 하는 도로에 한해서 적용해야 한다고 생각한다. 그래서, 우리는 주어진 횡단지점에 이 패턴의 방법이 필요한가 혹은 그렇지 않은가를 판단할 수 있는 간단한 실험을 제안함으로써 이 문제에 대한 답을 하려 한다.

문제의 도로에 하루 여러 번 다른 시간대에 방문한다. 도로를 방문할 때마다 도로를 건널 수 있을 때까지 기다린 시간을 측정한다. 만약, 대기 시간의 평균이 2초 이상이라면 이 패턴을 이용하라고 권장하고 싶다. 뷰캐넌의 주장을 기초로 하면, 보행자가 도로를 횡단하려 할 때 평균 2초 이상 지체하게 하는 교통량이라면, 도로는 보행자를 위협할 것이라고 한다.[Buchanan 1963]

만약, 이러한 실험을 할 수 없거나 도로가 아직 만들어지지 않았다면, 아래의 도표를 사용해서 그 여부를 짐작할 수 있다. 이는 전형적으로 2초 이상의 평균지체시간을 유발하는 교통량과 도로 폭의 조합이다.

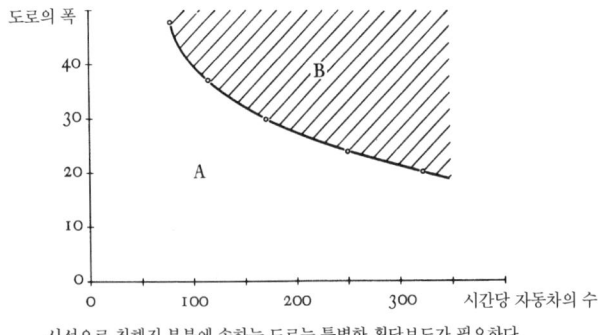

사선으로 칠해진 부분에 속하는 도로는 특별한 횡단보도가 필요하다.

마지막으로 한 가지 더 이야기하자면 이 패턴은 교통 전문가들의 영향력이 강한 곳에서는 시행될 수 없을 것이다. 하지만, 이 패턴의 기능적 이슈는 필수적인 것으로 무시되어서는 안 된다. 다수의 차선이 있고 많은 교통량이 발생하는 크고 넓은 도로는 거의 통과할 수 없는 장벽을 만든다. 이런 경우에는 근접한 차선 중간에 하나 이상의 보행자 대피섬*을 만들어서 부분적으로 해결할 수 있다. 보행자 대피섬을 만드는 것은 사람들이 도로를 건널 수 있는 능력에 큰 영향을 준다는 간단한 이유에서이다. 넓은 도로를 횡단하려 할 때에는 각 차선에서 동시에 공백이 생길 때까지 기다려야 한다. 여기서 공백이 발생하는 우연의 일치를 기다려야 한다는 것이 문제가 된다. 만약, 보행자 대피섬에서 다른 보행자 대피섬으로 갈 수 있다면, 한 차선에 공백이 생길 때마다 한 차선씩 이동할 수 있게 된다. 그러면, 쉽게 넓은 도로를 횡단할 수 있다. 이는 각각의 차선에서 발생하는 공백은 모든 차선에서 동시에 큰 공백이 생기는 것보다 발생 빈도가 훨씬 높기 때문이다. 때문에, 횡단보도를 도로보다 높게 설치할 수 없는 경우에는 징검다리와도 같은 보행자 대피섬을 만들어 이용한다.

그러므로,

보행로가 도로와 교차하는 지점에서 도로의 교통량에 의해서 보행자가 도로를 횡당하는데 2초 이상 기다려야 한다면, 교차지점에는 '관절부knuckle**'를 설치한다. 도로는 우선 차선만 남을 정도로 좁게 하고, 보행로는 차선보다 약 1피트**약 30cm **높게 하여 교차시킨다. 차선 사이에 안전지대를 설치하며, 도로는 횡단보도를 향해 경사도 1/6 이하로 높아지도록 한다. 보행로를 잘 보이도록 보행로에 캐노피***나 지붕을 설치해 명확히 나타낸다.**

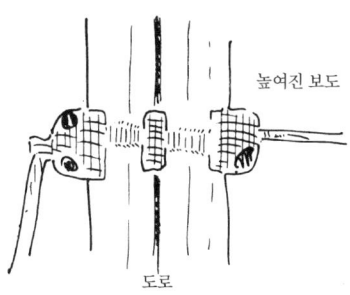

높여진 보도

도로

◆　　◆　　◆

　도로 옆 보행로의 한 면을 확장해서 음식가판대로 둘러싸인, 그리고 버스
정류장이 있는 작은 광장을 형성하도록 한다 - **소규모 공공광장(61), 버스정
류장(92), 음식가판대(93)**. 그리고, 작은 광장에는 자동차나 버스가 주정차
할 수 있는 공간을 한두 곳 마련한다 - **소규모 주차장(103)**. 보행로가 횡단
보도로부터 도로의 한쪽 면을 따라 평행하게 설치되어야 하는 경우에는 이
를 한 면으로 제한하고 가능한 폭을 넓게 하며, 도로보다 높게 한다 - **높여진
보도(55)**. 트렐리스*나 캔버스 지붕을 설치해도 좋을 것이다 - **트렐리스 산
책로(174), 캔버스 지붕(244)** - …

55. 높여진 보도*

RAISED WALK

···- 이 패턴은 보행로와 자동차의 네트워크(52), 횡단보도(54)를 완성하는 데 도움을 준다. 보행로 네트워크에 의해서 만들어진 보행로는 대부분 도로에 직각으로 만난다. 따라서, 보행로가 도로를 가로지르게 된다. 하지만, 경우에 따라서 도로에 평행으로 설치된 보도가 필요한데, 특히 주요 평행도로 (23)의 횡단보도들을 이어주는 경우이다. 이 패턴은 이러한 보도에 특성을 부여한다.

◆　　　◆　　　◆

도시 내부를 빠른 속도로 이동하는 자동차와 보행자가 만나는 곳에서는

자동차가 보행자를 압도한다. 자동차는 왕이며 보행자는 자신의 존재를 보다 작게 느끼게 된다.

이러한 문제는 보행자와 자동차를 분리하는 것으로 해결되지 않는다. 가끔씩이라도 보행자와 자동차가 합류하는 것은 자연스러운 것이기 때문이다 - 보행로와 자동차의 네트워크(52). 자동차와 보행자가 만나는 지점에는 어떤 처리를 해야 하는가?

일반적인 거리에서 보행자들은 자동차로 인해 스스로를 작고 연약하게 느낀다. 왜냐하면, 보도가 너무 좁고 너무 낮기 때문이다. 보도가 너무 좁을 경우, 보행자는 보도에서 떨어지거나 도로로 밀려날지도 모른다고 느낀다. 바로 앞을 지나치는 자동차로 발을 잘못 디딜 가능성은 언제든지 존재한다. 그리고, 보도가 너무 낮은 경우에는 자동차가 균형을 잃고 보도로 올라와 누군가를 칠 것 같은 느낌이 들기도 한다. 그렇다면, 다음의 사실은 명백하다. 보도가 자동차로부터 충분한 거리를 유지할 수 있을 만큼 충분히 넓을 때, 그리고 어떤 자동차도 사고로 인해 사람들을 향해 보도로 올라오는 것이 불가능할 만큼 충분히 높을 때, 보행자들은 자신들이 걷고 있는 보도에서 편안하고 안전하며 자유롭다고 느낀다.

멕시코 피추칼리스의 높여진 보도

우선 생각해야 하는 것은 보도의 폭이다. 높여진 보도를 위한 적정한 폭은 얼마나 될까? 유명한 예로 샹제리제 거리가 있는데, 이 보도의 폭은 30피트 약 9m 이상으로 무척 편안하다. 우리의 경험에 의하면, 자동차가 통행하는 일반적인 상점가를 따라 놓여진 보도는 폭이 30피트의 절반이라 해도 여전히 편안함을 느낀다. 그러나, 폭이 12피트 약 3.6m 정도나 혹은 그 이하라면, 보행자들이 자동차에 의해 구속되거나 위협당한다고 느끼기 시작할 것이다. 일반적인 보도의 폭은 보통 6피트약 1.8m를 넘지 않는다. 때문에, 사람들은 자동차의 존재를 실감한다. 사람들이 편안함을 느끼기 위해 필요한 여분의 보도 폭을 어떻게 확보할 수 있을까? 한 방법으로써, 도로의 양측에 보도를 설치하는 대신, 일반적인 보도의 두 배의 폭으로 도로의 한쪽 면에 보도를 설치하고, 200~300피트약 60~90m의 간격으로 횡단보도를 설치하는 방법을 생각할 수 있다. 물론, 이 경우에는 상점이 도로의 한쪽 면을 따라 배치되어 있어야 한다.

높여진 보도의 적합한 높이는 어느 정도일까? 우리는 실험을 통해서 보행자가 자동차보다 약 18인치약 45cm 높이 있을 경우 안전하다고 느끼기 시작한다는 것을 알 수 있었다. 이런 결과의 근거가 되리라 생각되는 이유는 많이 있다.

가능성 있는 첫 번째 이유. 자동차가 낮은 곳에서 주행하고 보행자가 물리적으로 높은 곳에 있다면, 보행자는 상징적으로 자신들이 자동차보다 더 중요하다고 생각하며, 때문에 안전하다고 느낀다.

가능성 있는 두 번째 이유. 자동차가 보행자를 압도하는 것은, 폭주하는 자동차가 어느 순간 도로의 갓돌을 넘어 자신들에게 달려올지도 모른다는 지속적인 가능성 때문이다. 일반적인 자동차는 6인치약 15cm 정도의 갓돌은 쉽게 오를 수 있다. 보행자에게 자동차가 갓돌을 오르지 못할 것이라는 확신을 가질 수 있도록, 갓돌의 높이는 자동차 타이어의 반경보다 높게 할 필요가 있다.(10~15인치약 25~38cm)

가능성 있는 세 번째 이유. 대체로 시선의 높이는 51~63인치약 1.3~1.6m 정도이지만, 일반적인 자동차의 높이는 55인치약 1.4m 정도이다. 키가 큰 사람들은 자동차 너머를 볼 수 있을 것으로 생각되지만, 사람들이 서 있을 경우의 일상적인 시선은 수평보다 10도 정도 아래를 향하고 있기 때문에 자동차는 시야를 막아 버린다. 이는 키가 큰 사람에게도 예외는 아니다.[Dreyfus 1958] 12피트약 3.6m 앞의 자동차가 보행자의 시선에 완전히 들어오기 위해서는, 도로가 보도보다 18~30인치약 45~75cm 정도 낮아야 한다.

63 in.

20 in.

28 in.

55 in.

사람의 시선 아래 자동차가 있게 한다.

그러므로,

자동차가 빠른 속도로 주행하는 도로를 따라 설치된 보도는, 도로보다 18 인치약 45cm 높게 하고 도로 쪽의 가장자리에 낮은 벽이나 난간 벽을 설치하는 등의 방법으로 도로의 경계를 명확하게 한다. 높여진 보도는 도로의 한쪽에만 설치한다. 그리고, 가능한 한 폭을 넓게 한다.

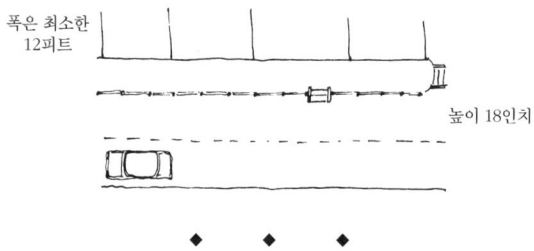

폭은 최소한
12피트

높이 18인치

◆　◆　◆

높여진 보도에 낮은 벽을 설치함으로써 도로로부터 보호한다 - 앉을 수 있는 벽(243). 보도에 기둥이 있는 아케이드를 설치해서 보다 큰 편안함을 주고 보호받는다는 느낌을 준다 - 아케이드(119). 블록의 가장자리나 자동차가 손님을 태우거나 내려주기 위해 진입하는 곳에서는 높여진 보도에 사람들이 편안하게 앉아서 기다릴 수 있도록 폭이 넓은 계단을 배치한다 ----…

56. 자전거도로와 보관소*

BIKE PAHTS AND RACKS

···- 지구교통구역(11)에서는 자전거나 전기자동차 혹은 말에 이르기까지,
소형 운송수단이 대량으로 집중되는 곳이 있다. 이로 인해서 자전거도로 시
스템이 필요하게 된다. 자전거도로는 지구교통구역의 형성에 큰 역할을 할
뿐만 아니라, 루프형 도로(49)나 보행로와 자동차의 네트워크(52)의 개선에
도 도움이 된다.

◆　◆　◆

자전거는 저가이며 건강이나 환경에는 좋지만, 주변 환경은 자전거 이용을 위해 계획되지는 않는다. 도로를 달리는 자전거는 자동차에게 위협당하고, 보행로를 달리는 자전거는 보행자를 위협한다.

자전거를 이용하기에 안전한 환경을 만들기 위해서는 다음과 같은 문제를 해결하지 않으면 안 된다.

1. 자전거는 많은 양의 차량과 만나거나 이를 횡단할 때 위협받는다.

2. 또한, 자전거는 주차되어 있는 자동차로부터도 위협받는다. 주차된 자동차는 자전거를 타고 있는 사람이 주변의 다른 사람들을 보는 것을 어렵게 하며, 마찬가지로 사람들이 자전거를 보는 것을 어렵게 한다. 또한, 자전거가 주차된 자동차에 근접해서 지나가는 경우, 자전거 운전자는 누군가가 차문을 열지도 모르는 위험에 항상 노출되어 있다.

3. 자전거는 보행로를 지나는 사람에게도 위험하다. 사람들은 흔히 보행로에서 자전거를 타기도 하는데, 이는 보행로가 최단거리의 지름길이기 때문이다.

4. 자전거가 많이 이용되는 장소, 예를 들면 학교나 대학 주변에서는 자전거가 자동차와 마찬가지로 보행자 전용구역을 황폐화시킨다.

이러한 문제에 대한 명백한 해결책은 자전거도로를 완전히 독립적인 시스템으로 만드는 것이다. 그러나, 이러한 방안이 실행 가능한지 그리고 바람직한 해결책인지는 의심스럽다. 「자전거와 학생」이라는 연구에 따르면, 자전거도로 시스템이 어느 정도 안전하다면, 대부분의 학생들은 자전거 이용자와 자전거 비이용자 모두가 혼재하는 시스템을 원한다고 한다. [Jany 외 1972]

또한, 우리는 가로나 보행로를 따라 자전거도로를 설치해야 한다고 생각한다. 만약, 자전거도로를 독자적인 시스템으로 만든다면, 다른 네트워크로 이동하려는 사람들이 자전거도로를 가로질러 이용하기 때문에 자전거도로 이용자에게 불편함을 줄 것이다. 따라서, 자전거도로를 자동차도로나 보행로로부터 완벽히 분리하고자 하는 법규는 적극적으로 자전거를 이용하고 있는 사람들을 실망시킬 것이다. 그렇다면, 실현 가능성이 있는 자전거도로는 도로나 주요 보행로와 동일한 공간에 설치되어야 할 것이다.

자전거도로가 주요도로와 함께 설치될 경우 자전거도로는 도로로부터 분리되어야 한다. 만약, 자전거도로가 도로보다 몇 인치 높게 설치되거나 가로수로 분리된다면 자전거 이용자의 안전성이 향상될 것이다.

자전거도로가 지구도로를 따라 설치될 경우, 자전거도로가 설치된 쪽으로는 주차장을 설치해서는 안되며 자전거도로의 높이는 도로와 동일하게 처리할 수 있다. 또한, 오리건 데일리 에메랄드 지의 기사에는, 거리를 따라 배치된 자전거도로는 햇볕이 드는 거리 쪽에 설치되어야 한다고 제안했다.

자전거도로가 주요 보행로와 함께 배치될 경우, 자전거도로는 보행로보다 몇 인치 낮게 설치하는 등의 방법으로 분리되어야 한다. 자전거도로를 조금 낮게 배치함으로써, 보행자는 자전거로부터 안전하다는 느낌을 받는다.

조용한 보행로나 특정한 보행전용구역은 자동차로부터 보호되어야 할 필요가 있는 것과 같은 이유로 자전거로부터도 완벽히 보호되어야 한다. 이러한 구역에서는 자전거도로를 우회시키거나 혹은 자전거도로가 구역의 주위를 둘러싸게 배치한다. 그리고 경계부에서는 자전거로 넘지 못하고 내려서 걷도록 계단이나 낮은 담을 설치하는 방법도 쓸 수 있다.

그러므로,

다음과 같은 특징을 가진 자전거도로로 지정된 통행로 시스템을 계획한다. 예를 들어, 자전거도로는 붉은 아스팔트 면과 같이 특별하고 쉽게 인식할 수 있는 포장으로 영역을 명확하게 구분한다. 자전거도로는 가능한 한 지구도로나 주 보행로를 따라 배치한다. 자전거도로가 지구도로를 따라 배치될 경우에는 도로와 같은 높이로 한다. 그리고, 가능하다면 자전거도로를 햇볕이 비치는 쪽에 배치한다. 자전거도로를 보행로에 따라서 설치할 경우에는 자전거도로 높이를 보행로보다 몇 인치 낮게 해서 보행로와 분리한다. 자전거도로 시스템은 모든 건물에서 100피트약 30m 이내가 되도록 배치하고, 건물의 주 출입구 근처에 자전거 보관소를 설치한다.

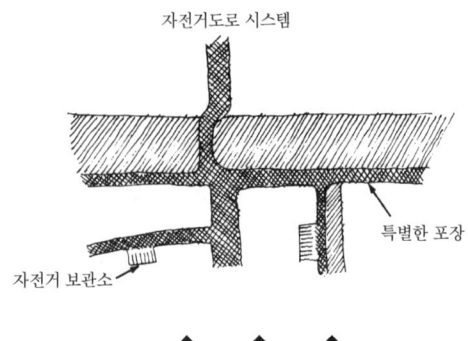

자전거도로 시스템

특별한 포장

자전거 보관소

◆　　◆　　◆

　자전거 보관소는 주 출입구의 한쪽에 설치해서, 자전거가 건물에 출입하는 사람들의 자연스러운 동선을 간섭하지 않도록 한다 - **주 출입구**(110). 그리고, 자전거 보관소에서 건물 출입구에 이르는 통로에 지붕 등을 설치한다 - **아케이드**(119). 조용한 보행로나 정원에는 자전거가 진입할 수 없도록 한다 - **조용한 후면**(59), **정원의 담장**(173) **-**…

57. 도시의 어린이

CHILDREN IN THE CITY

···· 도로, 자전거도로, 주보행로의 위치는 평행도로(23), 산책로(31), 루프형 지구도로(49), 녹지 가로(51), 보행로와 자동차의 네트워크(52), 자전거도로와 보관소(56)에 의해서 결정된다. 이 장소에는 어린이들에게 안전한 곳도 있지만, 안전하지 않은 곳도 존재한다. 보행로와 도로를 완벽하게 하기 위한 마지막 작업으로서, 어린이가 자유롭고 안전하게 생활할 수 있는 장소를 도시의 심장부에 최소한 하나 이상 정해줄 필요가 있다. 만약, 이 패턴을 올

바르게 사용한다면 학습 네트워크(18)의 형성에 큰 도움이 될 것이다.

◆　　◆　　◆

만약, 어린이가 자신을 둘러싸고 있는 모든 어른들의 세계를 탐험할 수 없다면, 어린이들은 어른이 될 수 없다. 하지만, 현대도시는 너무 위험하기 때문에, 어린이들은 자유롭게 탐험할 수 없다.

어린이가 어른의 세계로 접근할 수단이 필요하다는 것은 이야기할 필요도 없을 만큼 명백한 사실이다. 어른들의 사고와 살아가는 방식은, 말이 아니라 행동을 통해 어린이들에게 전달된다. 어린이는 직접 행동하거나 누군가를 모방하면서 배운다. 만약, 어린이 교육이 학교나 가정에 한정된다면, 어린이들에게 현대사회의 모든 사회적 약속은 접하기 어렵고 신비로운 것이 될 것이다. 그렇게 되면, 어린이는 어른이 된다는 것의 참된 의미를 알 수 없으며, 실제로 행동하며 어른을 모방하는 것 또한 힘들어질 것이다.

어린이의 세계와 어른의 세계를 분리하는 것은 우리의 전통적인 사회뿐만 아니라 동물의 세계에서조차 알려진 바가 없다. 보통 소박한 농촌마을의 어린이는 늘 농장의 농부나 집을 짓고 있는 어른들과 함께 한다. 즉, 아이들을 둘러싸고 있는 모든 어른의 일상적인 행동, 예를 들어 도자기를 만들거나 돈을 세거나 옥수수 밭을 갈거나, 환자를 치료하거나 신에게 기도하거나 마을의 미래에 대해 논쟁하거나 하는 행동들과 일상을 함께 하는 것이다.

그러나, 도시에서의 생활은 너무 익명적이고 위험하기 때문에, 어린이는 혼자 주변을 돌아다닐 수 없다. 도시는 빠른 속도로 움직이는 자동차나 트럭, 위험한 기계와 같은 지속적인 위험에 노출되어 있다. 납치나 강간, 폭행 같은 많지는 않지만 암울한 위험 또한 존재한다. 때문에, 어린이는 도시에서 자신들이 갈만한 장소를 찾지 못하는 것이다.

이러한 문제의 해결은 사실상 불가능하다고 생각된다. 그러나, 도시 내에서 어린이가 혼자 돌아다녀도 될만한 장소가 많아지거나 혹은 보호받고 있는 어린이구역이 퍼지고 널리 파급된다면, 그리고 그로 인해 어른의 행동과 다양한 삶의 방식을 접할 수 있는 기회가 만들어진다면 이 문제는 적어도 부분적으로는 해결될 것이다.

우리는 주요 자전거도로 네트워크 내에 주의 깊게 개발된 어린이 자전거도로를 생각해 보았다. 어린이를 위해서 특별한 이름을 붙일 수 있고 고유의 색도 칠할 수도 있을 것이다. 어린이 자전거도로는 도시의 흥미로운 장소를 지나가거나 통과하며 상대적으로 안전하다. 또한, 어린이 자전거도로는 이동시스템의 일부로 모두가 이용할 수 있다. 모험심 강한 어린아이들이 유별나게 질주해서 그 자전거를 바로바로 피해야 하는 그런 도로는 아니란 말이다.

너 농담하는 거지?

어린이 자전거도로는 자전거 전용도로이며 절대로 도로 근처에 배치되지 않는다. 어린이 자전거도로가 자동차 교통과 교차하는 장소에서는 신호나 다리가 설치된다. 이 자전거도로를 따라 수많은 주택과 상점들이 배치되기 때문에, 자연스럽게 어른은 어린이 근처에 머물게 된다. 특히, 노인들은 어린이 자전거도로에 나와서 하루에 한 시간 정도의 시간을 보내면서 스스로 루프형 지구도로를 따라 자전거를 타거나 어린이들을 돌보며 시간을 보낼 수 있다. 어린이 자전거도로의 가장 중요하고 위대한 아름다움은 평소에 가까이 할 수 없었던 도시 내부의 어떤 장소나 기능들을 지나쳐 가거나 심지어 통과할 수 있는 것이다. 예를 들어, 신문을 인쇄하는 곳이나 시골에서 도착한 우유를 병에 담는 곳, 사람들이 문이나 창문을 만드는 창고, 레스토랑의 뒷골목, 부두, 묘지 등이 그러한 장소이다.

그러므로,

자전거도로 네트워크의 일부로 완전하게 자동차와 분리되어 더욱 안전한 도로시스템을 하나 더 개발한다. 교차로에는 신호등과 다리를 설치하며, 주택과 상점이 그 길을 따라 늘어서 있어 언제나 많은 시선이 머물도록 한다. 이 길이 모든 근린을 통과하도록 해서 어린이가 주요도로를 횡단하는 일 없이 각 근린에 접근할 수 있도록 한다. 그리고, 이 길은 도시 전역으로 이어지도록 한다. 즉, 보행로, 직장, 조립공장, 창고, 교차로, 인쇄소, 이발소 그리고 도시 삶의 '보이지 않는' 모든 흥미로운 장소를 볼 수 있도록 한다. 그렇다면,

어린이는 두발 자전거나 세발 자전거를 타고 자유롭게 이곳저곳을 탐험할
수 있게 될 것이다.

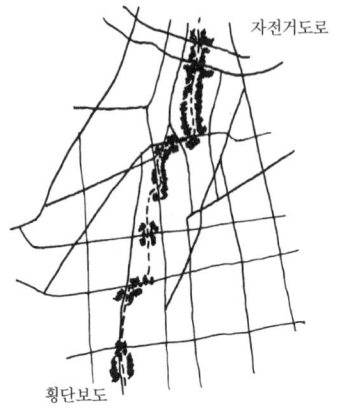

자전거도로

횡단보도

도시 생활과 어린이의 동선

◆　　　◆　　　◆

　특히 자주 사용되는 방의 창문을 어린이도로가 있는 방향으로 설치하
고 많은 사람들이 거리를 내다보게 하여 어린이를 안전하게 한다 - **거리 창**
(164). 모든 어린이 자전거도로를 따라서 어린이 놀이터를 설치한다 - 연
결된 놀이터(68), 탐험놀이터(73), 상점 앞 배움터(85), 어린이집(86). 이 길
을 통해 인생 주기의 여러 단계와 접촉할 수 있도록 한다 - 노인은 어디에나
(40), 직장 커뮤니티(41), 시장과 같은 대학(43), 묘지(70), 지구 스포츠(72),
동물(74), 10대의 사회(84) - …

커뮤니티와 근린에서는
사람들이 휴식을 취하며 기분 전환을 할 수 있는
공유지를 제공하도록 한다.

58. 축제
CARNIVAL

····- 한편, 축제에 개방적인 하위문화의 산책로에서는 가끔씩 야성적 리듬이 넘쳐나기도 한다 - 산책로(31), 야간활동(33). 그리고, 모든 산책로는 이러한 특징을 지니고 있을 것이다.

◆　　　◆　　　◆

　일상에서는 표출할 수 없는 내적인 에너지를 발산하기 위해서 사람들이 환상적인 이벤트를 꿈꾸는 것처럼, 도시도 도시만의 꿈이 필요하다.

일상생활에서 쉽게 접할 수 있고 해가 없고 건강한 오락이라고 한다면 영화, 텔레비전, 사이클, 테니스, 헬리콥터 타기, 산책, 축구 보기 정도일 것이다. 물론 헤로인, 폭주 운전, 집단 폭력과 같은 완전히 병적이고 사회적으로 유해한 것도 있다.

그러나, 인간에게는 사회적으로 유해함을 야기시키지 않을 정도의 광기에 대한 욕구와 놀이를 향한 무의식적 욕구가 있다. 간단히 말하자면, 몽상에 가까운 사회적이고 외향적인 활동을 사회가 묵인해주기를 바라는 욕구가 존재하는 것이다.

원시사회에서는 이 같은 욕구가 의식, 마녀, 주술사에 의해 제공되었다. 지난 300~400년 동안, 서양문명사회에서 이와 같은 반체제적인 삶을 표면적으로 묵인하는 활동 중 이 같은 욕구에 가장 근접한 것은 서커스, 박람회, 축제이다. 그리고, 중세시대에는 시장이 이 같은 분위기를 충분히 제공하였다.

그러나, 오늘날 이 같은 경험을 할 기회는 거의 사라졌다. 서커스와 축제는 줄어들고 있지만, 이에 대한 욕구는 줄어들지 않았다. 샌프란시스코 만에서 매년 개최되는 르네상스 박람회는 이 욕구를 어느 정도는 충족시켜 주고 있지만 너무나 단조롭다. 때문에, 다음과 같은 조금은 특별한 것들을 상상해 보았다. 즉, 축제에는 노천극장, 광대, 거리와 광장 그리고 집에서 할 수 있는 간단한 게임 등이 있고, 사람들은 정해진 기간 동안 축제의 분위기를 즐길 수 있다. 음식과 휴식 공간이 무료로 제공되고 사람들은 낮과 밤을 가리지 않고 서로 어울리며, 배우들은 군중들과 만난다. 그리고, 싫든 좋든 상관없이 모든 사람이 결과를 예측할 수 없는 축제에 참여한다.

『바보들의 배Ship of fools』*에서의 꼽추 난쟁이를 떠올려 보자. 배 위에서 유일하게 이성적인 존재였던 그는 말했다. "모든 사람들은 문제를 가지고 있어. 하지만 나는 내 등에 내 문제를 업고 있어 다행이야. 모든 사람들이 내 문제를 볼 수 있거든."

그러므로,

도시 내의 어느 한 부분을 축제가 열릴 수 있는 곳으로 정한다. 그리고, 그곳에서 사이드 쇼, 토너먼트, 연극, 전시, 경쟁, 춤, 음악, 노천극장, 광대, 여장

---

* (옮긴이) 스텐리 크레이머 감독의 영화, 1965년 작

남자, 기이한 이벤트와 같이 사람들이 광기를 발산할 수 있도록 한다. 이 구역을 통과하는 넓은 보행로를 배치하고, 길을 따라 임시 공연장과 좁은 골목을 설치한다. 극장 무대를 축제의 거리로 바로 연결해서 극장과 거리가 서로에게 도움이 될 수 있도록 한다.

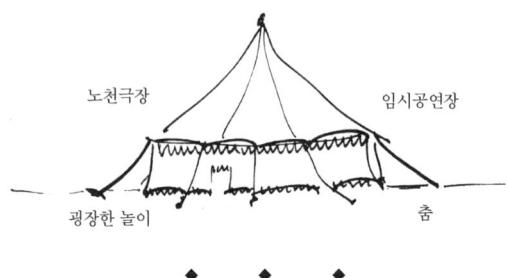

노천극장   임시공연장

광장한 놀이   춤

◆　◆　◆

거리에서의 춤, 음식가판대, 한두 개의 옥외실, 극장이 있는 광장, 텐트와 캔버스 지붕은 축제를 보다 활기차게 만들어 줄 것이다 - 소규모 광장(61), 거리에서의 춤(63), 공공옥외실(69), 음식가판대(93), 보행로(100), 캔버스 지붕(244) ----

59. 조용한 후면*

QUIET BACK

···· 보통 일터의 위치는 분산된 일터(9)에 의해 정해지며, 구체적인 구성과 분포는 직장 커뮤니티(41)에 따른다. 일과 상호보완적인 관계를 가지는 조용함으로 일터를 뒷받침하는 것은 매우 중요하다. 이 패턴과 다음의 몇몇 패턴은 이와 같은 조용함의 구조를 제시한다.

◆　　◆　　◆

주위에 가득 찬 사람들로 시끄러운 사무실에서 일을 해야 하는 사람이라면 누구든, 조용하고 자연을 느낄 수 있는 환경에서 휴식을 취하고 기분 전환을 할 수 있어야 한다.

파리의 중앙부를 가로지르는 세느 강변을 따라 놓여져 있는 산책로는 혼잡한 도시 중심부에 있는 대표적인 '조용한 후면'이다. 사람들은 거리, 교통, 상점에서 강변으로 내려와서 느긋하고 사색적인 분위기에서 산책을 즐긴다.

대학 캠퍼스에는 사람들이 무언가를 생각하거나 휴식하고 혹은 개인적인 이야기를 나눌만한 조용한 산책로와 같은 장소의 필요성이 자주 제기된다. 캐임브리지 대학에 아름다운 예가 있다. 모든 대학 건물에는 후면이 있고, 후면은 캠강으로 이어지는 조용한 중정이 있다. 하지만, 이 같은 조용한 후면에 대한 요구는 대학에만 해당되는 것은 아니다. 시끄럽고 밀도가 높은 장소의 모든 일터가 이에 해당된다.

이 요구를 만족시키기 위해서 건물의 정면과 후면을 동시에 계획하는 방법을 생각할 수 있다. 만약 정면이 자동차, 상점가, 물품 배달과 같은 거리의 삶을 위해 이용된다면, 후면은 조용함을 유지할 수 있을 것이다.

후면이 조용함을 유지하고 바람소리, 새소리, 물소리 같은 자연의 소리를 들을 수 있도록 하려면, 후면은 잘 보호되어야 하며 동시에 건물로부터 어느 정도 거리를 유지해야 한다. 때문에, 건물 뒤편에 일정한 거리를 두고 떨어진 산책로를 제안한다. 이 산책로는 작은 개인정원에 의해 분리되거나 혹은 견고한 벽이나 길을 따라 빽빽하게 배치된 수목에 의해 완전하게 보호되어야 한다.

우리가 알고 있는 예로서, 치체스터Chichester 대성당을 관통하는 산책로를 들 수 있다. 산책로의 양측에는 벽돌로 만들어진 높은 벽이 있으며, 산책로를 따라서 꽃이 심어져 있다. 이 산책로는 대성당에서 나와 도시의 주요도로와 평행하게 배치되어 있지만 후면에 위치하고 있다. 때문에, 이 산책로는 도시의 주요 교차로에서 한 블록도 떨어져 있지 않지만, 벌이 윙윙거리는 소리를 들을 수 있다.

만약, 이와 같은 산책로를 다수 마련하고 하나씩 서로 연결하면, 거리의 소란스러움을 뒤로 한 유쾌한 길이 마련되는데, 이렇게 되면 소박한 작은 후면들이 아주 천천히 띠 모양의 시스템을 형성하게 된다. 이와 같은 조용함을 만들기 위해서는 물소리가 중요한 역할을 하기 때문에, 산책로는 언제나 연못과 개울(64)과 연결되도록 한다. 그리고, 이 산책로의 길이는 길면 길수록 더욱 좋다.

그러므로,

도시의 혼잡한 구역에 있는 건물의 뒤쪽에는 도시의 소음으로부터 벗어난 후면을 만든다. 조용한 후면을 따라 산책로를 배치하는데, 충분한 채광을 받도록 한다. 그리고 벽을 세우거나 건물과 떨어뜨리거나 혹은 건물을 이용해 소음으로부터 산책로를 보호하도록 한다. 하지만, 산책로가 바쁜 사람들을 위한 지름길이 되어서는 안 된다는 것에 주의한다. 모든 지구 내의 연못이나 개울과 만나며 녹지로 덮인 긴 띠 모양의 조용한 골목을 형성하기 위해서 각 산책로는 다른 산책로와 연결하도록 한다.

건물로 보호

자연의 조용함

❖　　❖　　❖

가능하다면 수 공간이 있는 곳 혹은 교통에 의해 손상되지 않아 아직 초목이 가득한 곳에 후면을 만든다 - 고요한 물(71), 연못과 개울(64), 나무가 있는 장소(171). 그리고, 이 후면은 접근 가능한 녹지(60)에 연결하며, 벽이나 건물을 배치해서 소음으로부터 보호한다 - 정원의 담장(173) …

60. 접근 가능한 녹지**

ACCESSIBLE GREEN

···· 근린의 중심이나 모든 직장 커뮤니티 주변에는 소규모 녹지 공간을 두어야 한다 - 인식할 수 있는 근린(14), 직장 커뮤니티(41). 물론, 경계나 근린혹은 후면의 형성을 돕도록 녹지를 배치하는 것이 가장 효과적일 것이다 - 하위문화의 경계(13), 근린의 경계(15), 조용한 후면(59).

◆　　◆　　◆

사람들은 가까이에 있어 접근이 용이한 개방된 녹지가 필요하다. 만약, 녹지 공간이 도보로 3분 이상 떨어진 곳에 있다면, 거리감이 필요를 압도하고 말 것이다.

공원은 이와 같은 요구를 만족시키기 위해서 만들어진다. 그러나, 우리가 일반적으로 생각하는 공원은 매우 넓고 도시를 가로질러 넓게 펴져 있는 형태이다. 공원의 이러한 형태라면, 공원에서 도보로 3분 이내에 거주하는 사람은 극소수일 것이다.

우리는 연구를 통해서, 사람들에게 공원이 매우 필수적인 존재라고 할지라도 또한 공원 안을 산책하거나 뛰고 혹은 개방된 녹지 공간에서 시간을 보내며 스스로의 삶을 풍요롭게 하는 것이 필수적이라 할지라도, 사람들의 공원에 대한 요구 조건은 무척 까다롭다는 것을 알 수 있었다.

공원을 항상 이용하는 사람들은 공원에서 단지 3분 이내의 거리에 사는 사람들뿐이다. 도보로 3분 이상의 거리에 거주하는 대부분의 도시민들은 공원이 더 이상 필요 없다기보다는 공원을 이용하고자 하여도 공원과의 거리 때문에 이용하고자 하는 의욕을 상실하는 것이다. 때문에, 사람들은 자신들의 삶을 풍요롭게 할 기회를 잃게 된다.

수백만 개의 작은 공원이나 녹지가 아주 넓은 구역에 걸쳐 분산되어 있다면, 도시 내의 모든 주택과 일터가 녹지로부터 도보로 3분 거리 이내에 있게 된다. 이렇게 한다면, 이 문제는 간단히 해결될 수 있다.

조금 더 구체적으로 생각해보자. 도시에서 공원에 대한 필요성은 널리 인식되어 왔다. 공원의 필요성을 인식한 대표적인 예는 버클리시 도시계획과에서 1971년에 시민을 대상으로 실시한 오픈스페이스에 대한 조사 결과에서 잘 보여진다. 이 조사를 통해서 아파트에서 거주하는 사람들의 대부분이 다음과 같은 두 옥외 공간을 원하고 있다는 것을 알 수 있었다. 이는 쾌적하고 사용하기 편리한 개인 발코니와 걸어서 갈 수 있는 거리에 있는 조용한 공공 공원이다.

하지만, 공원의 사용성에 있어서 거리와 관련된 부정적인 영향은 잘 알려지지 않았으며 이에 대한 이해도 적었다. 이 문제를 연구하기 위해서 우리는 버클리시에 있는 작은 공원을 방문했다. 그리고, 그 공원에서 만난 22명의 사람들에게 공원에 얼마나 자주 오는지 그리고 공원에 오는 데 시간이 얼마나 걸렸는지에 대해 물었다. 이를 위해 각각의 응답자에게 다음과 같은 명확하고 구체적인 세 가지 사항에 대해서 질문했다.

a. 도보로 왔는가 아니면 자동차를 이용하였는가?

b. 여기에 오기까지 몇 블록을 지나쳤는가?

c. 이 공원을 방문한 마지막 날은 얼마 전이었는가?

첫 번째 질문에서, 자동차나 자전거로 온 5명의 응답자를 제외시켰다. 그리고 세 번째 질문에서 각 응답자들이 주당 몇 번 공원을 방문하는지를 추측할 수 있었다. 예를 들어, 한 사람이 3일 전에 공원에 왔다면 그 사람은 평균적으로 일주일에 한 번 공원에 온다고 추정할 수 있다. 이러한 방법이 사람들에게 얼마나 자주 공원에 오는가를 직접 묻는 것보다 더욱 신뢰할 만하다. 왜냐하면, 응답자의 판단에 의존하는 횟수는 막연하지만, 이와 같은 방법은 확실한 사실에 기반하기 때문이다.

이제 결과를 나타내는 표를 작성해 본다. 첫 번째 열에는 사람들이 공원에 도착하기 전에 걸었던 블록의 수를 나타낸다. 두 번째 열은 반경에 따른 원형 구역의 면적을 나타내고 있다. 이 원형 구역의 면적은 거리의 제곱에 비례한다. 예를 들면, 세 블록 거리의 원형 구역은 면적이 $3^2 - 2^2 = 5$가 된다.

반경 R의 블록	반경 R의 원형 구역 면적	공원 방문자 수/주	P(어떤 사람이 공원을 방문할 상대확률relative probability	Log.P
1	1	19.5	19.5	1.29
2	3	26	8.7	.94
3	5	11	2.2	.34
4	7	6	0.9	T.95
5	9	0	-	-
6	11	0	-	-
7	13	0	-	-
8	15	6	0.4	T.60
9	17	0	-	-
10	19	3	0.2	T.30
11	21	0	-	-
12	23	2.5	0.1	T.0

지구 내 녹지 공간으로의 방문 형태의 분석

세 번째 열은 각 거리에서부터 공원에 오는 사람들의 총 횟수를 나타내며, 각 방문자 수에 그들이 한 주에 공원을 찾는 횟수를 곱한 수의 총합이다. 이로부터 우리는 각 원형 구역에서 발생하는 주당 방문수를 추정할 수 있다.

네 번째 열은 주당 방문수를 원형 구역 면적으로 나눈 값이다. 만약, 사람들이 대체로 같은 밀도로 전 구역에 걸쳐 분산되어 있다고 가정하면, 이 값은 주어진 원형 구역에 있는 어떤 사람이 한 주에 공원을 방문할 상대확률이 된다.

다섯 번째 열은 방문할 상대확률 P의 로그값이다(십진법).

이 데이터를 간단히 검토해보면, 방문할 상대확률 P값이 1블록과 2블록 사이에서 반으로 줄어들며, 2블록과 3블록 사이에는 4분의 1정도로 감소함을 알 수 있다. 이 감소의 비율은 그 이후부터 줄어든다. 즉, 개인의 공원 이용은 공원에서부터 세 블록 이상의 거리에 거주할 경우, 공원 이용에 대한 특징이 근본적으로 변함을 의미한다.

보다 정확성을 기하기 위해 거리와 P의 로그값 사이의 관계를 검토해 보자. 일반적 환경하에서, 주어진 중심으로의 접근 빈도는 이를 테면 식 $P = Ae^{-Br}$과 같이 기능이 쇠퇴하는 어떤 거리에 따라 변할 것이다. 여기서 A와 B는 상수이며 r은 반경을 나타낸다. 행동과 동기가 거리에 관해서 일정할 경우, 반경에 대한 P의 로그값을 그래프로 나타내면 직선이 된다. 직선의 기울기가 바뀌는 곳은, 어떤 행동과 동기가 다른 행동과 동기로 변하는 한계점이다. 이를 나타난 것이 다음 그래프이다.

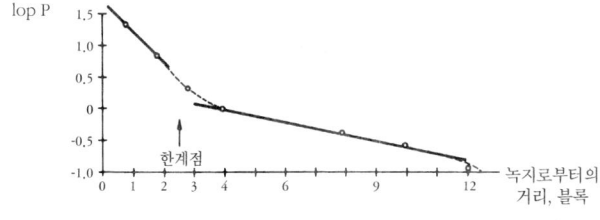

녹지의 이용은 두세 블록 이후로 급격하게 감소한다

결과적으로 얻어진 곡선은 S자의 형태를 띤다. 처음에는 일정한 각도로 감소하다가 이후에는 보다 급격해진다. 그리고 다시 조금씩 평평해진다. 2

블록과 3블록 사이의 어딘가에 사람들의 행동과 동기가 급격하게 변하는 한계점이 분명히 존재한다는 것이다.

녹지 가까이에 사는 사람들은 높은 이용 함수를 따른다. 이는 가파른 경사도를 가지며 거리가 멀어지는 것에 매우 민감하다. 그러나, 녹지로부터 멀리 떨어져 있는 사람들은 낮은 이용 함수를 취하며(급하지 않은 경사도로 나타난다), 이용 형태는 거리에 많이 민감하지 않은 것으로 나타났다. 녹지로 접근이 용이한 사람들은 녹지에 대해 완전히 자유롭고 즉각적인 대응을 나타낸 반면, 멀리 사는 사람들은 녹지의 존재 자체를 잊어버리고 녹지로부터 얻을 수 있는 즐거움에 대한 감성의 결핍을 겪는다. 다시 말하자면, 공원에서부터 먼 거리에 거주하는 사람들에게 근린 생활의 필수적인 요소가 제한되어 온 것이다.

두세 블록 반경 안(도보 3분 거리)에 사는 사람들은 녹지로 접근하고자 하는 자신들의 요구를 만족시킬 수 있다. 그러나 이보다 먼 거리에서는, 이러한 요구를 만족시키는 데 있어 심각한 장애요소가 있음이 명백하다.

장애요소는 상당히 예상 밖의 것이다. 녹지에 가까이 사는 사람들은 상당히 자주 녹지를 방문한다. 아마도 휴식이 필요하기 때문일 것이다. 도보로 3분 이상 거리에 거주하는 사람들 또한 휴식이 필요할 것으로 생각되지만, 이들의 경우에는 거리상의 문제가 그 요구를 해결하고자 하는 행동을 억제한다. 그러므로, 녹지에 대한 요구를 해결하기 위해서는 모든 사람, 즉 모든 주택과 일터가 공원으로부터 3분 이내에 있어야 할 것이다.

한 가지 질문이 남아 있다. 이 같은 요구를 만족시키기 위해서 녹지의 규모는 어느 정도여야 하는가? 기능적인 측면에서 본다며 대답은 무척 간단하다. 적어도 사람들이 도시의 혼잡으로부터 멀리 있다고 느끼며, 녹지 안에서 자연과 교감하고 있다고 느낄 만큼의 크기여야 할 것이다. 우리는 하나의 녹지는 60,000평방피트약 5,600㎡정도의 면적이 필요하다고 생각한다. 또한, 사람들의 요구를 만족시키기 위해서는 좁은 폭을 기준으로 최소한 150피트약 45m 이상을 확보해야 한다.

그러므로,

모든 주택과 일터로부터 도보 3분 이내의 거리에(약 750피트약 230m) 공공 녹지 공간을 계획한다. 이는 녹지가 도시 내의 여러 장소에 1,500피트약 460m

간격으로 균일하게 분산되어 있어야 함을 의미한다. 녹지의 폭은 적어도 150피트, 면적은 최소한 60,000평방피트로 한다.

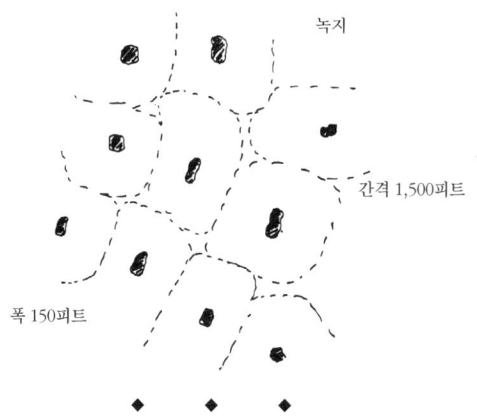

오래된 나무는 특별히 주의를 기울이고 잘 보살핀다 - 나무가 있는 장소 (171). 녹지를 계획함에 있어서 녹지가 하나 혹은 그 이상의 나무나 벽 혹은 건물로 둘러싸여, 구획된 공간과 같은 포지티브 공간을 형성하도록 한다. 하지만, 도로나 자동차로 둘러싸여서는 안 된다 - 포지티브 외부 공간(106), 정원의 담장(173). 그리고, 커뮤니티의 특별한 기능을 위해서 녹지의 한 부분을 남겨둔다 - 성지(66), 묘지(70), 지구 스포츠(72), 동물(74) - …

61. 소규모 공공광장**

SMALL PUBLIC SQUARES

···· 이 패턴에 의해서 활동의 결절점(30)을 형성하는 핵심이 만들어진다. 사람들이 자주 이용하는 보행로의 교차점을 따라 공공광장이 적절하게 배치된다면, 공공광장의 존재만으로도 결절점의 형성에 도움이 될 것이다. 또한, 공공광장에 모여 있는 사람들의 활동을 통해 산책로(31), 직장 커뮤니티(41), 인식할 수 있는 근린(14)의 형성에 도움이 될 것이다. 하지만 어떠한 경우라도, 공공광장의 규모가 너무 크지 않도록 주의해야 할 필요가 있다.

◆　　◆　　◆

도시에는 공공광장이 필요하다. 광장은 도시에 존재하는 가장 큰 공공 공

간이다. 그러나, 광장이 너무 크다면 황폐해 보이거나 버려진 공간처럼 느끼게 된다.

모든 공공가로의 주요 결절점, 즉 많은 활동이 발생하는 곳에서 거리가 넓어지는 것은 당연하다. 이처럼 보통의 거리에서 볼록한 모양으로 넓어진 공공광장만이 공공 모임, 소규모 군중행사, 모닥불, 축제, 연설, 춤, 함성, 애도 등과 같은 도시생활에 있어서 빼놓을 수 없는 활동의 장소를 제공할 수 있다.

하지만, 어떠한 이유들로 인해 공공광장을 너무 크게 만들려는 경향이 있다. 특히, 현대도시에서는 건축가나 도시계획가에 의해서 광장이 너무나 크게 건설된다. 이러한 광장은 도면상으로는 훌륭해 보이지만, 실제 생활에서는 고립되고 죽어버린 공간이 되고 만다.

공공광장과 같은 오픈스페이스의 크기는 매우 작아야 한다고 생각한다. 우리는 관찰조사를 통해서, 일반적으로 오픈스페이스의 직경이 약 60피트약 18m일 경우 제 기능을 발휘한다는 것을 발견하였다. 이 정도 크기의 오픈스페이스라면 사람들이 좋아하는 장소가 되고, 자주 방문하게 되고 편안함을 느끼는 장소가 된다. 오픈스페이스의 직경이 70피트약 21m 이상이 되면 버려지게 되고 사람들이 불편함을 느끼기 시작한다. 우리가 알고 있는 장소 중에서 유일하게 예외인 곳, 산마르코 광장Piazza San Marco이나 트라팔가 광장Trafalgar Square 같은 곳인데, 이러한 곳들은 사람들로 늘 북적거리는 도시의 중심에 위치한다.

기능적인 면에서 보았을 때, 이 관찰조사 결과에 대한 근거는 어떤 것인가? 첫째, 우리가 보행자의 밀도(123)에서 알게 된 것으로, 어느 공간의 1인당 점유 면적이 300평방피트약 28㎡ 이상일 때 그 공간은 황폐해지기 시작한다는 것이다.

리마에 있는 광장: 작지만 활기찬 곳, 거대하나 황폐한 곳

이를 근거로 직경이 100피트약 30m인 광장은 그곳을 방문한 사람이 33인보다 적을 때 황폐해지기 시작한다고 할 수 있다. 사실, 항상 33인 이상이 머무른다고 확신할 수 있는 곳은 도시 내에서 몇 군데에 지나지 않는다. 그러나, 직경이 35피트약 10m인 광장은 4명만으로도 생명력을 얻을 수 있으며, 직경이 60피트약 18m인 광장도 12명 정도로 생기가 넘치게 된다. 어떤 장소에 4~12명이 모이는 것은 33인이 모이는 것보다 가능성이 훨씬 높다. 그렇기 때문에 작은 광장에서 장시간 편안함을 느낄 수 있게 되는 확률은 더욱 높아지게 되는 것이다.

우리의 관찰조사 결과의 두 번째 근거로서 공원의 직경을 생각할 수 있다. 약 70피트약 21m 정도의 거리라면 사람의 얼굴을 식별할 수 있으며, 일반적인 도시의 소음 환경이라면 큰 목소리로 나누는 대화 정도는 어느 정도 들을 수 있다. 즉, 직경 70피트나 이보다 작은 광장이라면, 모여 있는 사람들이 광장에 함께 있다는 것을 반의식적으로 느낄 수 있음을 의미한다. 광장이 작아야 주변 사람들의 이야기를 어느 정도는 들을 수 있고, 서로 얼굴을 인식할 수 있다. 이처럼 광장에 있는 사람들을 느슨하게 연결시켜 주는 듯한 느낌은 광장이 커지게 되면 사라지고 만다. 씨엘[Thiel 1960]이나 블루멘펠드[Blumenfeld 1953]도 이와 유사한 주장을 한 바 있다. 예를 들어, 블루멘펠드는 사람의 얼굴은 70~80피트약 21~24m정도의 거리에서 식별 가능하며, 약 48피트약 15m 이내라면 마치 초상화를 보는 것처럼 상세한 부분까지 인식할 수 있다고 주장했다.

우리는 비공식적인 실험을 통해 다음과 같은 사실을 알 수 있었다. 일반적인 시력을 가진 두 사람은 두 사람 사이의 거리가 75피트약 23m까지 편안하게 대화를 나눌 수 있다. 두 사람은 큰 목소리로 이야기할 수 있으며, 서로의 얼굴에서 나타나는 전반적인 표정을 볼 수 있다. 75피트라는 한계치는 상당히 신뢰할만한 수치이다. 또한, 이 거리에 대한 반복된 실험을 통해서 ±10퍼센트 범위 내에 동일한 결과를 얻을 수 있었다. 그리고, 100피트약 30m 정도의 거리에서는 대화를 나누기란 불편하고 얼굴 표정도 확실히 보이지 않는다. 그리고, 그 이상의 거리에서는 대화를 나누는 것조차 불가능해진다.

그러므로,

공공광장은 처음 생각했던 것보다 훨씬 작게 한다. 가로길이는 보통

45~60피트약 14~18m 이하로 하고, 70피트를 넘지 않도록 한다. 이 수치는 공공광장의 세폭이 좁은 쪽에 적용하는 것으로 폭이 긴 쪽은 이보다 길어도 된다.

직경 45~70피트

◆　　◆　　◆

광장의 크기를 보다 정확히 산출하기 위해서, 평균적으로 공원에 있으리라고 생각되는 인원수를 결정한다(이를 P라 한다). 그리고, 광장의 면적을 150~300P 평방피트를 넘지 않게 한다 - 보행자의 밀도(123). 광장 주위를 사람들이 모이는 액티비티 포켓으로 둘러싼다 - 액티비티 포켓(124). 광장 주위에 건물을 배치해서 광장의 형태를 명확하게 하고, 더욱 큰 장소를 향한 조망을 확보한다 - 포지티브 외부 공간(106), 오픈스페이스의 위계(114), 건물의 정면(122), 계단 의자(125). 그리고, 광장의 중앙부를 가장자리처럼 유용한 장소로 만들기 위해서는 중앙부의 무언가(126)를 배치해야 한다┈┈

62. 높은 장소*
HIGH PLACES

‥‥ 4층 제한(21) 패턴에 따라, 커뮤니티 내의 건물은 대부분 4층으로 그리고 높이는 40~50피트^{약 12~15m} 이하로 한다. 하지만, 때로는 특별한 기능을 가진 건물에는 높이 제한을 예외로 두는 것이 매우 중요하다. 높은 건물들은 소규모 공공광장(61), 성지(66)의 특징을 형성하는 데 도움이 된다. 각 7,000명의 커뮤니티(12) 내에 높은 건물이 한 장소에만 존재한다면, 이는 커뮤니티에 독자성을 부여하게 될 것이다.

◆　◆　◆

높은 장소에 올라 아래를 내려다보며 자신이 사는 세상을 살펴보려는 것은 인간의 본능일 것이다.

아무리 작은 마을이라 할지라도 가장 두드러지는 랜드마크가 존재하고, 이는 보통 교회의 탑이다. 하지만, 이처럼 탑을 짓는 본능은 기독교에 국한되지 않으며, 전세계의 다른 문화나 종교에서도 동일하게 나타난다. 페르시아의 마을에는 비둘기 탑이 있고, 터키에는 이슬람사원의 첨탑, 산 지미냐노 San Gimignano에는 첨탑형 주택이 있다. 또한, 성에는 망루가 있으며, 아테네에는 아크로폴리스가, 리오에는 암산rock이 있다.

높은 장소는 상호보완적이며 분리된 두 가지의 기능을 가진다. 우선, 사람들로 하여금 자신들이 사는 세상을 내려다볼 수 있도록 한다. 그리고, 사람들이 지상에 있을 때 먼 곳에서 그 장소를 바라보며 자신들의 방향을 결정할 수 있도록 하는 이정표의 역할도 한다.

프루스트Proust의 이야기를 빌려보자.

매년 성주간Holy week이 다가올 무렵, 마을에서 반경 20마일 정도 떨어진 기차 안에서 컴브레이Combray 마을을 바라보면 교회밖에 눈에 들어오지 않는다. 교회는 마을을 함축하고 대표하며 멀어져서 더 이상 보이지 않을 때까지 그 마을을 나타내고 있었다. 교회에 점점 가까워지면, 넓은 평원에서 양치기가 길고 어두운 망토로 초원의 바람을 막으며 주변에 양들을 모으는 것처럼, 교회는 군데군데 흩어져 있는 집들의 중심적인 역할을 하고 있었다.

아직 컴브레이 마을이 보이지 않는 지평선에서 서서히 떠오르는 생 일레르Sainte-Hilaire 첨탑은 잊을 수 없는 인상을 주는데, 누구라도 이 첨탑을 바로 알아볼 수 있을 것이다. 부활절 주간에 우리를 파리에서 실어 날랐던 기차에서 나의 아버지는 첨탑 끝의 작은 철로 만든 닭 모양의 장식품이 쉴새 없이 돌고, 하늘에 접혀진 구름의 이랑을 첨탑이 차례차례 미끄러져 가는 것이 보일 때면 우리에게 말했다. "이리 와서 솔을 둘러라. 도착했단다."[Proust]

옥스퍼드: 몽상적인 첨탑의 도시

또한, 높은 장소는 조망을 위한 장소로서의 중요성도 가진다. 즉, 마을의 멋진 풍경과 탁 트인 조망을 제공하는 장소이다. 방문자는 높은 장소에 올라 자신들이 걸어왔던 곳에 대한 전체적인 파악이 가능하며, 그곳에 사는 사람들은 주변 환경이 어떤 형태이며 어느 정도 넓은지를 새삼 느낄 수 있을 것이다. 하지만, 높은 장소의 정상까지 자동차나 엘리베이터로 오른다면, 방문자는 신선함이나 상쾌한 기분을 느낄 수 없을지도 모른다. 아름다운 조망을 제대로 느끼기 위해서는, 자동차나 엘리베이터를 두고 정상을 향해 걸어 오르는 노력을 해야 한다고 생각한다. 단지 몇 걸음이라 할지라도 오른다는 행위는 마음을 정화하고 몸을 단련시키기 때문이다.

이러한 높은 장소의 분포에 대해서는 7,000명의 커뮤니티당 하나 정도 있어야 한다고 생각하며, 커뮤니티 전체를 둘러볼 수 있을 만큼 충분히 높아야 할 것이다. 만약, 높은 장소의 수가 너무 적다면 높은 장소는 지나치게 특별해질 것이기 때문에 랜드마크로서의 능력은 덜해질 것이다.

그러므로,

도시 전역에 걸쳐서 랜드마크가 될 수 있는 높은 장소를 적절하게 계획한다. 높은 장소는 자연 지형의 일부일 수도 있고, 탑 혹은 가장 높은 건물의 지붕일 수도 있다. 하지만, 높은 장소는 실제로 올라갈 수 있어야 한다.

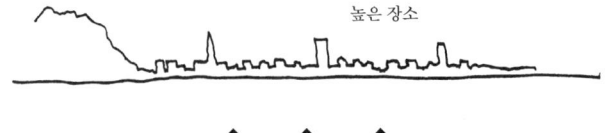

높은 장소

◆　　　◆　　　◆

높은 장소의 저층부는 정성을 들여 계획한다. 저층부는 **소규모 공공광장 (61)**으로 계획하는 것이 자연스럽다. 정상으로 이르는 계단에는 계단을 오르는 사람들이 잠시 멈추고 앉거나 주변을 바라볼 수 있도록, 또한 자신들이 오르고 있는 모습을 다른 이들이 볼 수 있도록 개구부*를 설치한다 - **계단 의자(125), 선 조망(134), 노천 계단(158)** - …

63. 거리에서의 춤*

DANCING IN THE STREET

·····지금까지의 몇몇 패턴을 통해서 공공의 야간활동에 대한 기초를 마련
하였다 - 도시의 매력(10), 산책로(31), 야간활동(33), 축제(58), 소규모 공공
광장(61). 밤에도 활기 있는 장소를 만들기 위해서는 음악과 춤 만한 것이
없다. 이 패턴은 거리를 춤과 음악으로 가득 채우기 위한 간단한 물리적인
조건에 대해서 설명한다.

◆　◆　◆

오늘날의 사람들은 왜 거리에서 춤을 추지 않는 것일까?

지구상의 모든 사람들은 한때 거리에서 춤을 추었다. 연극, 노래 그리고
자연스러운 대화 속에서 '거리에서의 춤'은 기쁨을 표현하는 최고의 수단이
었다. 많은 문화권에는 거리에서 춤의 변형된 형태가 여전히 존재한다. 거
리에서 빙빙 돌며 무아지경에 빠지는 발리의 댄서들이 있고, 멕시코에는 마
리아치Mariachi 밴드가 있다. 모든 도시에는 밴드가 음악을 연주하는 동안 주
민들이 춤을 출 수 있는 몇 개의 광장이 있으며, 유럽과 미국의 공원에는 음
악당이 있고, 기념제와 같은 전통이 있다. 또한, 일본에는 모든 사람들이 박
수를 치며 춤을 추는 본 오도리Bon Odori 축제가 있다.

그러나, 근대화되고 복잡해져버린 현대사회에서는 이와 같은 경험을 할
수 있는 기회가 많이 사라졌다. 커뮤니티는 해체되고 사람들은 거리에서 불
편함을 느끼며, 다른 사람들과의 만남을 두려워한다. 또한, 적당한 음악을
제대로 연주하는 사람은 그다지 많지 않으며 사람들은 이 같은 경험들을 어
색하다고 생각한다.

물론, 여기서 우리가 제안하는 것처럼 단순한 환경의 개선으로 이러한 상
황을 완전히 해결할 수는 없을 것이다. 그러나, 사람들은 분위기의 변화를
알아차린다. 이와 같은 어색함과 소외감을 느끼는 것은 최근의 경향으로,
이러한 느낌으로 인하여 사람들은 기본적인 요구를 해결할 방법을 잃게 되
었다. 그러나 사람들이 분위기의 변화로 인해 이러한 요구를 인지해나감에
따라서 행동을 하기 시작한다. 춤추는 방법을 기억해내고, 악기를 연주하는
사람들이 모여서 수많은 작은 악단을 만드는 것이다. 이 책을 집필하는 동
안, 샌프란시스코나 버클리 그리고 오클랜드에서 '거리의 악사'(날씨가 좋은
날이면 거리나 광장에서 자발적으로 연주하기 시작하는 밴드)에 대한 논란
이 있었다. 어떤 장소에서 이들의 연주를 허락해야 하는가? 교통을 방해하
지는 않는가? 사람들이 춤을 추어도 괜찮은가? 등에 관해서 말이다.

이 패턴을 제안하는 것은 우리가 이러한 상황에 처해 있기 때문이다. 거
리에서의 춤의 중요성이 재인식되는 장소에서, 적절한 무대장치가 그 중요
성의 실현을 가능하게 하며 출발점을 제공한다. 요점은 간단하다. 연주자를

위한 지붕이 덮인 무대, 무대 주위에 있는 춤추기 적당한 딱딱한 바닥, 공연을 보거나 휴식을 취하고자 하는 사람들이 앉거나 기댈 수 있는 장소, 약간의 음료와 재충전을 위한 준비 등이다(멕시코의 어느 공원 음악당에서는 아주 작은 가판대를 설치해 과일 음료나 맥주를 제공한다. 맥주나 음료를 마시면서 댄서의 손에 이끌려 춤을 추기도 하고 음악을 즐기기도 한다. 아름다운 사례이다). 사람들이 모이는 모든 장소에 이 모두를 계획하면 된다.

그러므로,

산책로를 따라 배치된 광장과 야간 센터에 주변보다 약간 높은 단상을 만들어서 연주대로서 사용하도록 하고, 거리의 악사나 연주단이 연주할 수 있도록 한다. 지붕을 설치하고 기분 전환을 위한 작은 가판대를 배치할 수도 있을 것이다. 연주단 주변은 춤을 출 수 있도록 바닥을 마감하고 입장은 무료로 한다.

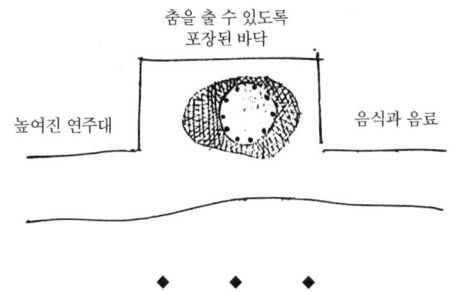

춤을 출 수 있도록
포장된 바닥

높여진 연주대   음식과 음료

◆　　◆　　◆

연주대는 광장이나 산책로의 가장자리에 있는 액티비티 포켓에 설치한다 - 액티비티 포켓(124). 또한 트렐리스˚나 기둥을 이용하여 경계를 뚜렷하게 한다 - 공공옥외실(69). 음식가판대(93)를 연주대 주변에 계획한다. 색이 다른 캔버스 지붕을 거리 부분까지 연장되게 설치해서 춤을 출 수 있도록 하고, 거리나 거리 일부를 반정도 개방된 거대한 천막으로 만들 수도 있다 - 캔버스 지붕(244) ┄┄

64. 연못과 개울*

POOLS AND STREAMS

···· 자연 상태의 땅은 대부분 평평하지 않다. 가장 원시적인 상태라면 빗물에 의해 생긴 시내나 개울이 흐르고 있을 것이다. 도시라 해도 이와 같은 땅의 자연적인 모습을 파괴할 이유는 없다 - 성지(24), 수 공간에의 접근(25). 사실, 땅의 자연적인 모습은 보호되거나 혹은 재창조해야 할 필요가 있다. 그렇게 한다면, 몇 개의 큰 패턴들을 심오하게 만들 수 있을 것이다. 근린 간의 경계는 개울에 의해 쉽게 형성될 수 있으며 - 근린의 경계(15), 이로서 조

용한 후면은 보다 평온한 장소가 될 것이다 - 조용한 후면(59). 또한, 보행로를 더욱 인간적이고 자연스럽게 만들 수 있다 - 보행로(100).

◆　　◆　　◆

인간은 물에서 태어났다. 인간의 몸은 주로 물로 이루어져 있으며, 심리적 측면에서도 물은 매우 중요한 역할을 한다. 인간은 생존 공간을 둘러싸고 있는 물과 항상 접촉해야 한다. 물이 어떤 형태로 존재하건 간에 사람들은 물을 숭배하는 마음을 잊어서는 안 된다. 하지만, 도시에는 물이 사람들의 손에 닿지 않는 곳에 있다.

물이 풍부한 온대기후지역에서도, 자연적인 수원은 말라가고 숨겨지며 덮여지고 사라져가고 있다. 빗물은 지하의 하수구로 흘러들고, 저수지는 매립되거나 울타리가 쳐진다. 수영장도 울타리가 설치되어 있고 염소chlorine로 가득 차 있으며, 연못은 가까이 가고 싶지 않을 만큼 오염되어 있다.

특히, 인구밀도가 높은 곳에서는 더욱 물이 부족하다. 물이 고여 있는 작은 웅덩이, 연못, 저수지, 개울 같은 모든 형태의 물을 각 근린 내에서 경험할 수 있도록 하고, 보존하고 개발하지 않는다면, 우리는 우리와 아이들이 필요로 하는 물에 일상적으로 접촉할 수 없을 것이다.

사람과 물 사이의 관계에 관해서는 다양한 표현이 있어 왔다. 생물학자인 헨더슨L. J. Henderson은 인간은 바다에서 왔기 때문에 인간 혈액의 염분은 본질적으로 바다의 성분과 같다고 이야기하였다. 또한, 인류학자인 모건Elaine Morgan은 선신세시대Pliocene Era의 건조기 동안 인간은 바다로 돌아갔고, 대양의 가장자리를 따라 수심이 얕은 곳에서 바다 포유동물로서 100만년을 살았다고 주장했다. 실질적으로 이러한 가설들은 물에 적응해온 방법이나 인간의 신체에 있어서 그 역할이 명확하지 않은 많은 부분들을 설명한다.[Morgan 1973]

더욱이, 정신분석가들 사이에서는 사람의 꿈에 나타나는 물의 형체를 어떠한 의미를 가진 것으로 간주하는 것이 일반적이다. 융과 융학파의 정신분석가들은 물의 거대한 형체는 꿈을 꾸는 사람의 무의식을 반영한다고 받아들인다. 우리는 정신분석학적 증거에 비추어 보았을 때, 물 속에 들어간다는 것은 한 사람이 자신의 삶의 무의식적 프로세스에 더 가깝게 접근하는 것이 아닐까 하고 생각하였다. 그래서, 수영을 거의 하지 않는 사람들보다 호수나 연못 혹은 바다에서 자주 수영을 하고 잠수를 하는 사람들이 정신적으로 자신들의 꿈에 더 가까우며 무의식과 보다 자주 접촉할 수 있으리라 생각한다. 사실, 몇몇 연구에 의해서 물이 긴장을 푸는 긍정적인 치료효과를 가진다는 것이 증명되었다. 즉, 성장 경험을 회복시켜 준다는 것이다.[Hartley 1964]

이러한 의견들이 의미하는 것은 우리가 물과 풍부하고 지속적인 접촉을 유지하지 않는다면 우리 삶의 질은 떨어지고 말 것이다라는 것이다. 그러나, 대부분의 도시에서 물과의 지속적인 접촉은 불가능하다. 수영장, 호수, 해변은 양적으로 제한되어 있으며 또한 멀리 떨어져 있다. 물 공급에 대해서도 생각해보자. 우리가 물과 접촉하는 유일한 행동은 수도꼭지를 트는 것이다. 우리는 이러한 물과의 접촉을 당연한 것으로 생각한다. 그러나, 물 처리와 급수에 관한 기술이 아무리 정교하고 놀랍게 발전한다 하더라도, 각 지구 내 저수지나 집수장과 접촉하기가 힘드니 찾아가 물의 순환 과정에서의 한계나 비밀에 대해 알고자 하는 욕구를 만족시키지 못한다.

하지만, 모든 주택과 일터 근처에 수많은 수 공간이 존재하는 도시를 상상하는 것은 가능하다. 헤엄을 칠 수 있는 물, 옆에 앉아 볼 수 있는 물, 다리를 달랑거리며 앉아 있을 수 있는 곳 아래 흐르는 물. 예를 들어, 흐르는 시내나 개울을 생각해보자. 오늘날의 시내나 개울은 대부분 포장되어 지하로 흐르고 있다. 설계자들은 수 공간을 건물 주변에 배치하지 않고, 마치 "자연의 예측 불허함은 합리적인 격자형 가로에는 어울리지 않는다"는 듯이 간단히 손이 닿지 않는 곳으로 밀어내버린다. 그러나, 우리는 연못, 물이 고인 웅덩이, 저수지, 시내, 개울에서와 같이 물과의 접촉을 유지하도록 만들 수 있다. 심지어 빗물이 고인 웅덩이나 흐르는 빗물과 사람이 접촉할 수 있도록 건물의 상세부를 만들 수도 있다.

아이들에게 필요한 얕은 연못이나 웅덩이를 생각해보자. 연못이나 웅덩이는 도시 전역에 걸쳐 적당한 거리로 배치되어 어린이들이 걸어가서 접근할 수 있을 때 비로소 유용해질 것이다. 이러한 연못이나 웅덩이는 일부는 보다 큰 연못의 일부이거나, 또는 도시를 가로질러 흐르는 개울의 일정 부분이 불룩하게 넓어진 부분일 수도 있다. 그리고, 각 장소의 가장자리를 따라 균형 잡힌 생태계, 즉 오리나 잉어가 있는 연못이나 아이들이 다가가서 놀기에 안전한 물가로 발달되도록 한다.

각 지구의 저수지와 배수지 시스템을 생각해보자. 우리는 사람들이 접촉할 수 있도록 이들을 배치할 수 있다. 저수지와 배수지는 '성지'와 같은 방식으로 계획하는데, 사색할 수 있는 분위기를 자아내도록 물을 아주 가깝게 배치해서 사람들로 하여금 수원과 접촉할 수 있도록 한다. 이와 같은 성지는 공공 공간으로 다루는데, 이 공간은 산책로의 한쪽 끝이나 혹은 두 커뮤니티 사이에 있는 공유지의 경계가 될 수도 있다.

인도의 계단식 우물

　다음으로, 흐르는 물에 대해서 생각해보자. 일상적인 환경에서 물을 접할 수 없는 사람들은 장시간을 이동해 도시를 벗어나, 강이 있는 곳이나 개울가에 앉아 물을 바라 볼 수 있는 전원으로 간다. 어린이들은 흐르는 물을 무척 좋아한다. 아이들은 쉴 틈 없이 물 안에서 놀고, 막대기를 던지고 사라지는 것을 보며, 작은 종이배를 띄우고 진흙바닥을 휘젓고 물이 점점 맑아지는 것을 바라본다.

　자연 그대로의 바닥 상태를 유지하고 있는 개울은 주변의 식생과 함께 보존하거나 유지될 수 있다. 지붕에서 떨어지는 빗물은 사람들이 바라보며 즐길 수 있도록 한데 모아서 작은 연못을 만들거나, 정원의 길과 공공 보행로를 따라 설치된 수로를 흐르도록 할 수도 있다. 분수는 공공 장소에 설치할 수 있으며 개울이 이미 복개되어 버린 도시에서는 이를 다시 복원할 수 있을 것이다.

복개된 개울

우리의 제안을 요약해 보면, 모든 규모의 건축 프로젝트에서 물의 분포와 근린에서 물로의 접근을 검토하는 것이다. 물 분포에서 공백이 있거나 물과의 풍부한 접촉이 제한된 곳에서는, 각 건설 프로젝트가 자체적으로 혹은 다른 프로젝트와의 협력을 통해 주변 환경에 어느 정도의 물을 제공할 수 있도록 한다. 도시에서 물과의 충분한 조화를 이루어내기 위해서는 이 이외의 방법은 없다. 사람들은 헤엄을 칠 수 있는 연못, 인공 혹은 자연적인 웅덩이, 빗물이 흐르는 개울, 분수, 폭포, 도시를 가로질러 흐르는 자연적인 시내나 개울, 정원 내 소규모 연못, 접근할 수 있고 감사한 마음을 느낄 수 있는 저수지 등이 필요하다.

그러므로,

자연적인 연못과 개울을 보존하고 도시를 가로질러 흐르도록 한다. 또한, 연못이나 개울을 건너는 다리나 혹은 사람들이 가장자리를 따라서 걸을 수 있는 보행로를 계획한다. 개울이 도시 내의 자연적인 경계를 형성하도록 하며, 개울을 횡단하는 자동차 전용 다리는 많이 설치하지 않는다.

지면에 설치된 배수로로 빗물이 모이게 하고, 보행로의 옆이나 집 앞을 따라서 흐르도록 한다. 자연적으로 흐르는 물이 없는 경우에는 거리에 분수를 계획한다.

빗물

개울

◆　◆　◆

연못과 헤엄칠 수 있을 정도로 물이 고여 있는 장소는 가능하면 흐르는 물이 통과하도록 한다. 이는 웅덩이가 펌프같은 도구로 퍼내거나 염소를 사용하여 소독하지 않더라도 깨끗한 상태를 유지할 수 있는 유일한 방법이기 때문이다 - **고요한 물**(71). 때때로, 수 공간 주변에 사색의 분위기를 불러

일으킬 수 있는 장소를 설치한다. 장소에 따라, 아케이드를 설치하거나 특별한 공유지를 만들고, 산책로의 한쪽 끝이 되어도 좋다 - 산책로(31), 성지(66), 아케이드(119) - …

65. 출산 장소
BIRTH PLACES

···· 사람들이 살아가는 사회라면 탄생과 죽음을 지구커뮤니티와 근린 생활의 한 요소로서 인식해야 한다 - 7,000명의 커뮤니티(12), 인식할 수 있는 근린(14), 인생의 주기(26). 탄생에 관해 말하자면, 각각의 근린 집단은 출생의 과정을 지구 내에서 인간적으로 다룰 수 있어야 한다. (이 패턴 전개의 많은 부분은 쇼Judith Shaw의 연구로부터 기인한다. 이 책의 집필 시점에서 그녀는 버클리대학교의 대학원생이며, 3명의 자녀를 둔 어머니이기도 하다.)

◆　　◆　　◆

출산을 하나의 질병처럼 다룬다면, 출산은 사회의 올바른 요소로 인정받을 수 없을 것이다.

"임신은 갑자기 일어난 '비정상적인' 상황이 절대 아니다. 출산 후에나 산모가 '정상'로 돌아올 수 있을까 하고 희망을 걸어야 하는 그런 상황이 아니란 말이다. 임신은 출산이라고 하는 가족이 느낄 수 있는 최고의 기쁨을 줄 만한 상당히 적극적이고 발전적인 과정이다."[Pearse & Crocker 1946]

대부분의 병원에서 분만 서비스는 윤곽만 잘 짜여진 형식적인 절차를 따르고 있다. 아이를 낳는 것은 질병으로 간주하고, 입원하는 것은 회복 과정으로 생각한다. 또한, 출산에 임박한 여성은 곧 수술을 해야 하는 '환자'로 다룬다. 산모는 소독되고, 생식기는 세척되고, 음모는 깎여진다. 산모들은 흰색 가운을 입고 병원 내의 여러 곳을 이동해야 하기 때문에 들것에 실려진다. 분만중인 여성은 아이를 낳을 때까지 사실상 사회적인 접촉이 없는 조그만 방에 갇힌다. 이는 몇 시간이 될 수도 있다. 이 시간 동안 남편과 아이가 산모의 옆에서 격려를 할 수도 있지만, 이는 허락되지 않는다. 보통, 분만은 출산을 위한 적절한 분만대가 갖추어진 분만실에서 행해진다. 분만대에서의 특별한 행위를 제외하더라도 이 방은 수술실과 같은 특성을 지닌다. 이로써 출산은 함께하는 시간이 아닌 격리의 시간이 되고 만다. 산모가 자신의 아기를 직접 만져볼 수 있도록 허가를 받는데 12시간 정도가 걸릴 수도 있으며, 분만 시에 진통제를 맞았다면 남편을 만나기까지는 이보다 긴 시간이 필요할 것이다.

약 15년 전부터, 출산의 본질을 자연적인 현상으로 재정립하려는 작은 움직임들이 계속 있어 왔다. 이는 산부인과 의사나 병원의 규칙에 대한 거센 저항이라기보다는 다소 조용한 움직임이었다. 몇몇의 좋은 서적, 시민들의 목소리, 관련된 전문가나 비전문가, 세계 모유수유 장려모임, 출산을 최대관심사로 하는 전국의 몇몇 단체 그리고 조산사의 재출현 등을 예로 들 수 있다. 이러한 노력의 원래 목적은 자연분만이며, 이것이 의미하는 바는 출산의 개념을 정상적인 생리현상으로 되돌리려는 시도였다. 최근에는 이런 움직임이 더욱 확대되고 있는데, 그 예로는 긍정적인 방향에서 가족을 참여시키는 것이나 분만 환경을 개선하는 것이다.[Mumford 1968-1]

여기에서는 좋은 출산 장소에 대한 쇼Judith Shaw의 기술을 인용한다. 그녀는 작은 요양시설에 견줄만한 장소에 대해서 기술하였는데, 이 장소는 아마도 각 지구의 건강센터와 연계될 것이며, 또한 지구 내의 병원과 연락망을 구비하고 있을 것이다.

아기를 위한 작은 바구니가 제공될 것이다. 조산사는 산후조리를 위해서 항상 대기하고 있다. 그곳에서 살고 있는 조산사를 위해서 침대, 거실, 부엌, 욕실을 갖춘 스위트*가 제공될 것이다.

식사는 공용 장소에서 할 것이고, 아기를 위한 공간도 마련되기 때문에(들고 다닐 수 있는 바구니), 산모는 자신의 아기를 데리고 다니면서 젖을 먹이고 돌볼 수 있다. **농가의 부엌(139)** 패턴이 이 건물에서 중요한 역할을 할 것이다. 가족들은 아기를 낳기 위해서 뿐만 아니라, 산전관리나 자연분만법을 익히기 위해 이곳을 방문할 것이다. 육아 혹은 그저 이야기를 하기 위해 올 수도 있다. 아니면 그저 앞으로 분만을 할 장소에 친숙해지기 위해서 올 수도 있을 것이다.

출산 장소는 모든 가족을 위한 시설이 구비되어야 한다. 가족들은 하나의 스위트를 이용할 수 있고, 산모도 그곳에서 출산을 한다. 분만이 가족들의 스위트 내에서 이루어지기 때문에 아기, 어머니 그리고 가족 전체는 분만을 동시에 경험하게 된다. 각각의 스위트에는 상수도가 설치되어 있고, 아기를 눕혀서 씻기고 초기 검사를 받을 수 있는 간단한 테이블이 갖추어져 있다.

그러므로,

각 지구 내에 여성들이 아이를 낳을 수 있는 출산 장소를 만든다. 출산 장소는 출산이라고 하는 자연적이고 중요한 순간을 위해 특별히 만들어진 곳이다. 이곳은 출산 전의 주의사항을 듣거나 육아교육을 받기 위해서 모든 가족이 찾아오는 곳이며, 진통과 분만 시 아버지와 조산사가 산모를 돕는 곳이기도 하다.

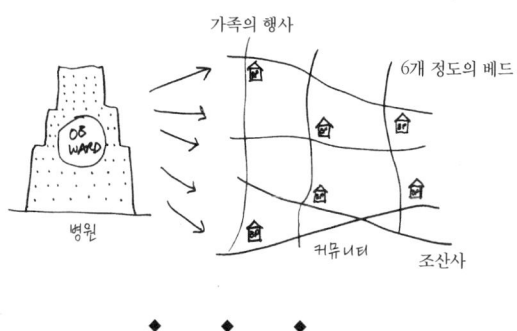

◆　　◆　　◆

출산 장소에는 출산 후 산모와 아기가 가족과 함께 머무를 수 있는(같이 자고, 같이 먹고, 같이 요리할 수 있는) 방이 있어야 한다 - 중심부의 공용공간(129), 부부의 영역(136), 농가의 부엌(139). 그리고, 사람이 들어갈 수 있는 부분적으로 사적인 정원을 갖추도록 한다 - 반쯤 가려진 정원(111), 정원의 담장(173). 건물, 정원, 주차장, 주변 환경의 형태에 대해서는 복합건물(95)로부터 시작한다 ---…

66. 성역*

HOLY GROUND

···· 인생의 각 단계 사이에 치루는 통과의례과 함께 인생 주기의 모든 단계가 왜 필요한지에 대해서는 이미 논의하였다 - 인생의 주기(26). 그리고, 중요성과 특별한 의미를 가지는 토지의 보호에 대해서도 이미 제안하였다 - 성지(24). 이번 패턴은 이와 같은 장소들에 관한 자세한 공간 구성에 대하여 제시한다. 이런 공간 구성은 구성 자체가 사람을 압도하기에 장소에 신성함을 부여한다. 그리고, 이러한 구성 자체 때문에 경우에 따라서는 일관성 있는 통과의례가 점진적으로 출현할 가능성도 있다.

◆   ◆   ◆

교회나 사원은 어떤 곳인가? 물론, 이곳들은 예배, 명상 그리고 성령이 임하는 장소이다. 그러나, 인간의 관점에서 이 장소는 무엇보다 관문이다. 사람은 교회를 통해서 세상에 나오고, 교회를 통해서 세상을 떠난다. 그리고, 인생의 중요한 각 단계에서 또다시 인간은 교회를 드나든다.

출생, 성년식, 결혼, 죽음 등에 동반되는 의식은 인간의 성장에 있어서 기본이 된다. 이러한 의식은 그에 맞는 정서적인 무게가 있는데, 의식에서 이러한 무게감을 느끼지 못하면 남자든 여자든 인생의 한 단계에서 다음 단계로 온전히 나아갔다고 할 수 없다.

이러한 의식이 큰 영향력을 가지며 존중되는 전통적인 사회에서는 어떤 형태이건 관문의 성격을 지니는 물리적인 환경 요소가 의식을 뒷받침한다. 물론, 문이나 관문 자체가 의식이 되지는 못하지만, 이러한 물리적인 요소가 무시되거나 경시되는 환경에서 의식은 발전할 수 없다는 것 또한 사실이다. 병원은 세례를 위한 장소가 되지 못하며, 장례식장은 장례의 의미를 느끼지 못하게 한다.

기능적으로 말하자면, 자기 자신이나 친구가 인생에 있어서 하나의 중요한 분기점을 통과했을 때, 동료들과 함께 어떤 형태의 사회적 교감 의식에 참가할 수 있는 기회를 갖는 것은 매우 중요하다. 그리고, 그 시점에서의 사회적 교감 의식은 이를 위한 정신적인 관문의 하나로서 인지되는 장소에 뿌리를 두고 있어야 한다.

이 통과 의례에는 의식을 특별한 것으로 느끼게 하는 땅과의 연결, 존엄성, 신성함 등이 있어야 한다. 이러한 분위기를 자아내기 위해서 이 관문은 물리적으로 어떤 형태여야 하며, 어떻게 구성되어야 하는가?

물론, 각 문화에 따라서 상세한 부분은 다를 것이다. 자연, 신, 특별한 장소, 성령, 성스러운 유물, 토지 또는 사상 등 신성하다고 생각되는 것이 정확히 어떤 것이든, 이들은 각각의 문화에서 다른 모습을 지닐 것이고, 이를 뒷받침하기 위해서 다른 물리적인 환경을 필요로 할 것이다.

그렇지만, 우리는 문화의 상이함과 상관없이 변하지 않는 하나의 기본적인 특성이 존재한다고 믿는다. 접근하기 어렵고 여러 겹 둘러싸여 있으며 기다려야 하고 다가가기에는 단계가 필요하며, 조금씩 나타나고 조금씩 보여지며 몇 단계의 문을 통과해야 한다면, 그것이 어떤 신성한 것이건 간에 모든 문화권에서 신성하다고 느껴질 것이다. 이를 뒷받침하는 많은 예가 존재한다. 우선 북경에서 법주을 만나기 위해서는 그 누구라도 7개의 대기실에서 각각 기다려야 했다. 아즈텍의 인신공회는 단상의 피라미드에서 행해지는데, 각 단을 올라가면서 제물로 희생되었다. 또한, 일본에서 가장 유명한 신궁 중 하나인 이세 신궁은 여러 구역으로 둘러싸여 있다.

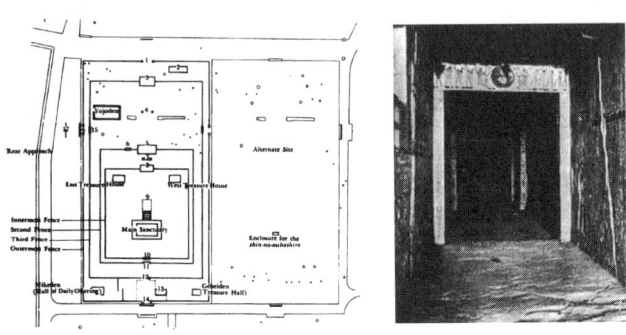

여러 겹으로 둘러 쌓인 접근로

일반적인 기독교 교회에서도 우선 교회 경내를 지나고 본당 회중석을 지나야 한다. 그리고, 특별한 경우에 한해서 제단의 난간 앞의 성단소에 들어가기도 하지만, 제단 안에 들어갈 수 있는 사람은 오직 성직자뿐이다. 더욱이, 성체화된 면병holy bread은 사실상 다섯 겹으로 보호되어 있어 더욱 접근이 어렵다.

이러한 공간의 중첩과 내포는 인간 심리의 기본적인 요소와 일치하는 것이라고 생각된다. 특정한 신앙이나 혹은 조직화된 의미로서의 신앙에 관계없이, 모든 커뮤니티가 필요로 하는 것은 몇 개의 문을 지나고 성스러운 중심에 단계적으로 서서히 닿는 느낌을 체험할 수 있는 장소라고 생각한다. 커뮤니티 내에 이러한 장소가 존재한다면, 이 장소가 어떤 특정한 종교와 연관되지 않더라도 그리고 어떠한 형태로 나타나더라도, 체험을 공유하는 사람들은 신성한 느낌을 가질 수 있을 것이다.

그러므로,

각 커뮤니티나 근린 내에 신성하다고 생각되는 곳을 신을 위해 봉헌된 장소로 간주한다. 그리고, 그 장소에 겹겹이 둘러싸인 경내를 형성하도록 하는

데, 각 경내는 관문으로 명확히 인지되며 이를 통과할 때마다 더욱 사적이며 신성한 공간이 되도록 한다. 가장 안쪽의 성소는 모든 외부의 경내를 통과하였을 때만 닿을 수 있도록 한다.

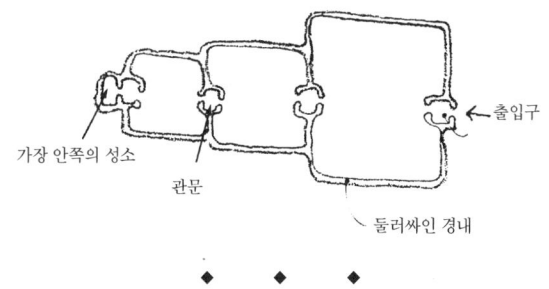

◆　　◆　　◆

각 경내 사이에는 문을 설치한다 - 주 관문(53). 각각의 문에는 안쪽을 보면서 쉴 수 있는 장소를 만든다 - 선 조망(134). 그리고, 가장 안쪽의 성소에는 조망, 한 그루의 나무, 연못 같은 매우 조용하고 영감을 얻을 수 있는 것들을 배치한다 - 연못과 개울(64), 나무가 있는 장소(171) ---…

위와 같은 요구들이 각 지구 내에서도 만족될 수 있도록
각각의 주택 클러스터와 직장 커뮤니티 내에도 작은 공유지를 제공한다.

67. 공유지
68. 연결된 놀이터
69. 공공옥외실
70. 묘지
71. 고요한 물
72. 지구 스포츠
73. 탐험놀이터
74. 동물

67. 공유지**

COMMON LAND

···· 근린의 단위에서 접근 가능한 녹지(60)와 같은 공유지가 필요한 것처럼, 근린을 형성하는 클러스터나 직장 커뮤니티에서도 몇몇의 작업그룹이나 세대들에 의해서 공유되는 보다 작고 더욱 사적인 공유지가 필요하다. 사실, 이와 같은 공유지는 각 클러스터의 중심이 되며 정신적 상징을 형성한다. 그리고, 공유지가 지정되면 주변을 따라서 클러스터의 개별 건물들이 형성되기 시작한다 - 주택 클러스터(37), 연립주택(38), 계단식 주택(39), 직장 커뮤니티(41).

◆　　◆　　◆

공유지 없이는 어떠한 사회 시스템도 유지될 수 없다.

공업사회 이전에는 집과 집 사이 그리고 작업장과 작업장 사이에 자연스럽게 공유지가 존재하였다. 그렇기 때문에, 공유지의 필요성에 대해서 강조할 필요가 없었다. 건물로 이어지는 보행로나 거리는 안전했으며 사회적인 공간이었기 때문에, 자연스럽게 공유지로서의 역할을 했다.

그렇지만, 자동차나 트럭이 존재하는 현대사회에서 사람들을 이어주는 데 가장 효과적인 역할을 하는 공유지는 더 이상 저절로 생겨나지 않는다. 거리에서 자동차와 트럭이 서행한다 하더라도 속도가 빠르기 때문에 거리는 공유지로서 기능을 잃었다는 것은 분명한 사실이다. 많은 건물들은 사회조직으로부터 완전히 고립되어 있는데, 이는 건물들이 공동으로 소유하는 토지에 의해서 연결되어 있지 않기 때문이다. 이러한 상황에서는, 공유지를 거리와 마찬가지로 사회의 필수불가결한 요소로서 개별적으로 그리고 신중하게 제공해야 한다.

공유지는 두 가지의 특정한 사회적 기능을 가지고 있다. 첫째, 사람들로 하여금 자신들이 있는 건물이나 개인적인 영역 외부에서도 편하다는 느낌이 들도록 한다. 그래서, 자신이 보다 큰 사회시스템에 연결되어 있다는 느낌을 가질 수 있게 된다. 하지만, 여기에서 어떤 특정한 근린과 연결되어 있을 필요는 없다. 둘째, 공유지는 사람들이 만나는 장소로서의 역할을 한다.

첫 번째의 기능은 미약하다. 오늘날 이웃의 존재는 전통적인 사회에서의 이웃보다 중요시되지 않음은 명백한 사실이다. 왜냐하면, 사람들은 직장, 학교, 이익집단 등에서 친구를 만나며, 그로 인해 이웃과의 교류에 절대적으로 의존하지 않기 때문이다.[Webber 1963]

이것이 사실이라고 한다면, 건물 사이의 공유지는 예전에 이웃과의 교류를 위한 만남의 장소이었던 때보다는 중요하지 않을 것이다. 그렇지만, 건물 사이의 공유지는 심리적으로 매우 중요한 기능을 하며, 이 기능의 중요성은 사람들이 이웃과 교류하지 않더라도 변하지 않는다. 이 기능을 설명하기 위해서, 자신의 집이 깊게 파여 있는 구덩이에 의해서 도시와 격리되어 있으며, 집을 나서거나 돌아갈 때에는 항상 이 구덩이를 지나야 한다고 생각해 보자. 집은 불안할 정도로 고립되어 있을 것이며, 이러한 단순한 물리적 요소에 의해서 집안에 있는 사람은 사회와 격리될 것이다. 심리적인 관점에서, 전면에 공유지가 없는 건물은 그 앞에 깊게 파인 구덩이가 있는 것처럼 사회로부터 고립된다.

현대도시에는 일종의 광장공포증 같은 새로운 정신장애가 나타나고 있다. 이러한 증상을 앓고 있는 사람은 어떠한 이유라 할지라도 집 밖으로 나가는 것을 두려워한다. 편지를 부치러 나간다든가 또는 근처의 상점에 가는 것조차 말이다. 사실상, 그들은 장이 서는 장소, 즉 광장을 두려워하는 것이다. 확실한 증거를 제시할 수는 없지만, 이러한 정신장애는 공유지의 결여라든가 혹은 자신의 집 앞에 나갈 '권리'가 없다고 느낄 만한 주변 환경으로 더욱 조장된다고 생각한다. 만약, 이것이 사실이라면 광장공포증은 공유지의 붕괴에 따른 가장 구체적인 징후라고 할 수 있을 것이다.

공유지의 두 번째 사회적인 기능은 매우 직접적인 것이다. 공유지는 주택 클러스터가 함께 공유하는 일상적이고 유동적인 활동을 할 수 있는 만남의 장을 제공한다. 근린에서 이용되는 보다 큰 공유지, 즉 공원이나 커뮤니티 시설 등은 이와 같은 조건에는 부합하지 않는다. 이는 근린 전체를 위해서는 적합하지만, 세대 클러스터들이 공동으로 사용하는 기반시설로는 적합하지 않다.

루이스 멈포드Lewis Mumford

에이커당 12세대의 주택개발지에서조차도 (특별히 주택개발지라고 강조해야 할지는 모르겠지만) 공공적인 만남의 장소가 없는 경우가 많다. 즉, 날씨가 좋은 날에 주부들이 큰 나무나 파고라* 밑에 모여서 바느질을 하거나 잡담을 하며, 동시에 아기들은 유모차에서 잠을 자고, 아이들은 놀이터에서 흙장난을 할 수 있는 그런 장소 말이다. 찰스 경 Sir Charles Reilly의 마을의 녹지계획Plans for village greens에서 가장 좋은 점이라 할 수 있는 것은, 사람들이 함께 활동을 할 수 있는 녹지가 제공된다는 것이다. 이것은 롱아일랜드 서니사이드의 설계를 담당했던 스타인과 라이트가 1924년에 이미 시도한 것과 같은 것이다.[Mumford 1968-1]

공유지는 얼마나 있어야 하는 것일까? 아이들이 놀이를 할 수 있어야 하고 작은 모임을 하기에 충분해야 한다. 그리고, 사유지가 공유지를 심리적으로 압도하지 않기 위해서, 공유지는 충분한 면적을 필요로 한다. 우리는 하나의 근린 내에서 공유지는 약 25% 정도의 면적이 필요할 것이라고 생각한다. 이는 공원녹지 개발자들이 공유지와 녹지에 적용하는 일반적인 수치이다.[MIT 1966]

기존의 근린에서도 주민들 간의 협력을 통해 거리의 일부를 폐쇄하면서 이 패턴을 만들어 가는 것이 가능하다.

근린의 공유지로 사용되는 버클리 거리

그러므로,

주택 클러스터 면적의 25% 이상을 공유지로 제공한다. 공유지는 각각의 주택에 접하거나 매우 가깝게 배치한다. 기본적으로 자동차가 공유지를 점유하지 않도록 세심한 주의를 기울인다.

공유지에는 어느 정도 울타리를 설치하고 양지바른 곳이 되도록 한다 - 남쪽을 향한 외부 공간(105). 그리고, 보다 소규모이고 보다 개인적인 토지나 활동장소가 공유지를 향해 언제나 개방되어 있도록 한다 - 오픈스페이스의 위계(114). 공유지가 공용의 기능을 갖도록 한다 - 공공옥외실(69), 지구 스포츠(72), 채소 정원(177). 그리고, 인접한 공유지들을 이어서 연결된 놀이 공간을 형성하도록 한다 - 연결된 놀이터(68). 만약 도로를 녹지 가로(51)로 한다면, 도로는 공유지의 일부가 될 수도 있다 ⋯⋯

68. 연결된 놀이터*

CONNECTED PLAY

·····각 클러스터 사이를 연결하는 공유지가 제공된다고 가정해보자 - 공유지(67). 이 공유지 내에 아이들을 위한 놀이 공간을 정할 필요가 있다. 그리고 무엇보다도 인접한 공유지와의 관계가 놀이터의 형성을 허용하도록 하여야 한다.

◆　　◆　　◆

어린이가 5살이 되기 전까지 다른 아이들과 함께 충분히 놀지 못하면, 이후에 정신적인 질병을 앓게 될 확률이 높다.

어린이는 다른 어린이가 필요하다. 몇몇 조사에서는 어린이는 자신의 부모보다 또래의 다른 어린이가 더 필요하다고 제시하였다. 만약, 어린 시절에 다른 어린이들과의 접촉이 제한되었다면, 이런 경우 이후에 정신병이나 신경증이 걸리기 쉽다는 실증적인 증거들도 있다.

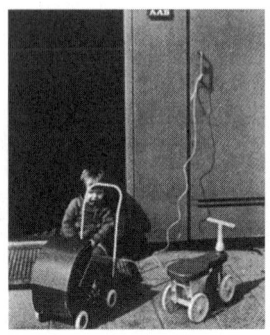

혼자서

근린 내에서 주택 사이의 토지 배치는 놀이터의 형성을 실제적으로 통제하기 때문에, 사람들의 정신건강에 대단히 중요한 영향을 미친다. 사유지가 도로에 접해 있는 전형적인 교외 주택지에서는 아이들의 생활이 주택 내부에 한정되어 버린다. 차량이나 이웃을 두려워하는 부모들은 아이들을 실내나 정원 밖으로 나가지 못하게 한다. 그렇기 때문에, 아이들은 자신과 비슷한 연령대의 다른 어린이들을 만날 수 있는 충분한 기회를 갖지 못하고, 건강한 정신발달에 필수적인 집단을 형성할 수 없는 것이다.

다음으로, 안전하고 다른 공유지들과 연결되어 있는 공유지에 최소한 64세대가 접해 있는 경우에만 어린이들이 다른 어린이들과 접촉할 수 있는 기회를 얻는다는 사실에 대해서 설명하기로 하겠다.

우선, 이 문제의 근거에 대해서 검토해 보자. 가장 인상적인 근거로는 할로우 부부Harlows의 원숭이에 관한 연구를 들 수 있다. 할로우 부부는 생후 6개월 간 다른 원숭이들과 격리되었던 원숭이는 이후에 다른 원숭이들과의 정상적인 사회적, 성적, 유희적 관계를 유지하는 것이 불가능하다는 사실을 증명하였다.

이 원숭이들은 야생에서 태어난 동물들에게서는 거의 볼 수 없는 비정상적인 행동을 보였다. 원숭이들은 우리 속에 앉아서 한곳을 응시하고 있었으며, 지루할 정도로 같은 동작으로 빙글빙글 돌기를 반복하였다. 양손이나 팔로 머리를 움켜쥐고 오랫동안 온몸을 뒤 흔들었다. 원숭이들은 피가 날 때까지 자기 몸을 물어뜯거나 뜯어낼지도 모른다. 이와 비슷하게 정서적으로 비정상적인 증상이 고아원의 불우한 어린이나 정신병원의 내성적인 청소년 혹은 청년들에게서도 관찰되었다.[Harlow 1962]

인간의 유아와 마찬가지로 어미 원숭이나 대리모의 역할을 하는 원숭이 없이 자란 새끼 원숭이는 앞서 말한 결함을 보이게 되는데, 이는 잘 알려진 사실이다. 그렇지만, 다른 새끼 원숭이들과의 격리에 의한 영향이 어미와 새끼 원숭이와의 격리에 의한 영향보다 훨씬 강하다는 것은 그리 잘 알려져 있지 않다. 할로우 부부는 새끼 원숭이들은 같이 놀 수 있는 다른 새끼 원숭이들이 있다면 어미가 없어도 정상적으로 자라날 수 있지만, 아주 정상적인 어미원숭이에 의해서 길러졌다고 해도 다른 어린 원숭이들이 없다면 정상적으로 자랄 수 없다는 사실을 보여주었다. 할로우 부부는 "새끼 원숭이와 어미 원숭이 간의 애정체계가 존재하지 않는다 해도 큰 문제가 없는 반면에, 새끼 원숭이와 다른 새끼 원숭이 간의 애정체계는 이후 원숭이의 일생에 있어서 적응을 위한 필수불가결한 요소이다"라고 결론지었다.[Harlow 1962-1]

붉은 털 원숭이의 생후 6개월 간은 인간의 생후 3년과 상응하는 시간이다. 인간에게 있어서 생후 3년간에 다른 사람과의 접촉 결핍으로 인한 손상에 대한 공식적인 증거는 없다. 우리가 아는 한 이에 대해서 연구된 적은 없다. 그렇지만, 4세에서 10세까지의 격리 영향에 대한 강력한 근거는 존재한다.

란쯔Herman Lantz는 정신장애로 인하여 정신위생클리닉에서 진료를 받았던 미육군 병사 중 1,000명을 무작위로 선정하여 설문을 실시하였다.[Lantz 1962] 미육군의 정신과 의사는 이들 각각을 정상·경미한 신경증·심각한 신경증·정신병으로 분류하였다. 란쯔는 이를 다시 다음의 세 집단으로 분류하였다. 즉, 4세에서 10세까지의 시기에 5명 이상의 친구를 가졌었던 사람, 평균적으로 2명의 친구를 가졌었던 사람, 친구가 없었던 사람으로 나누었다. 다음의 표는 친구 수가 다른 세 집단에서의 상대적인 비율을 각각 보여주는데 그 결과는 매우 놀랍다.

	친구 5명 이상	친구 2명 정도	친구 없음
정상	39.5	7.2	0.0
경미한 신경증	22.0	16.4	5.0
심각한 신경증	27.0	54.6	10.0
정신병	0.8	3.1	37.5
기타	10.7	18.7	10.0
	100.0	100.0	100.0

어린 시절에 친구가 5명 이상 있었던 사람들 중에서는 61.5%가 정상이거나 경미한 반면, 27.8%가 심각한 신경증을 앓고 있었다. 하지만, 어린 시절에 친구가 없었던 사람들에서는 단지 5%만이 경미하고 85%가 심각한 증세를 보였다.

이를 긍정적인 측면에서 살펴보자. 프로이트Anna Freud의 비공식적인 보고는 어린이들 간의 접촉이 어린이들의 정서 개발에 얼마나 큰 영향을 미칠 수 있는가에 대해서 보여준다. 그녀는 어린 시절 강제 수용소에서 부모를 잃은 5명의 독일 어린이가 제2차 세계 대전이 끝나고 영국으로 이주될 때까지 수용소 안에서 서로가 서로를 돌보던 모습에 대해서 기술하였다.[Freud & Dann 1964] 그녀가 묘사한 것은 어린이들 사이에서 나타나는 정서적이고 사회적이며 또한 아름다운 성숙함에 대한 것이었다. 이 이야기를 읽는다면 불과 3세밖에 되지 않은 어린이들이 성인들 못지않게 다른 어린이들을 이해하고, 서로의 요구에 민감하다는 것을 알 수 있을 것이다.

그렇기에 어린이들 사이의 접촉은 매우 필수적인 것이다. 그리고 접촉 결핍이 극심한 상황이라면 이는 어린이들에게 심각한 영향을 미칠 것이라는 것은 거의 확실하다고 할 수 있다. 지금까지 우리가 언급한 사실에 관한 핵심 부분은 알렉산더의 「지속적인 인간 교류의 메커니즘으로서의 도시The city as a Mechanism for Sustaining Human contact」에 제시되어 있다.[Ewald 1967]

아이들 사이에 이웃하며 사귀는 경험이 필수적인 것이라면, 이제 어떠한 형태의 근린이 자발적인 놀이집단의 형성에 도움이 될 것인지에 대해서 의

문을 갖게 될 것이다. 이에 대한 해답은, 어린이들의 집에 접하고 그곳에서 몇몇의 다른 어린이들과 교류할 수 있는 안전한 공유지의 어떠한 형태가 될 것이라고 생각한다. 여기에서 중요한 의문은 몇 세대가 이 연결된 놀이 공간을 공유할 필요가 있느냐이다.

필요로 하는 정확한 세대 수는 각 세대당 아이들의 수에 달려 있다. 우선, 아이들이 총 인구에서 4분의 1을 점한다고 가정하고(이는 평균적인 교외구역의 평균치보다 조금 낮다.), 아이들이 0세에서 18세까지 균등하게 분포한다고 하자. 개략적으로 설명해 보면, x세의 취학 전 어린이는 x - 1세의 어린이나 x + 1세의 어린이들과 놀 것이다. 적정한 교류의 빈도를 위해서 그리고 놀이집단을 형성하기 위해서 각각의 어린이는 최소한 자신과 같은 연령대의 5명의 아이들과 만날 수 있어야 한다. 통계적인 분석에 의하면, 각각의 어린이가 5명의 잠재적인 친구와 만날 확률이 95%에 달하기 위해서는 각각의 아이들이 닿을 수 있는 범위 안에 64세대가 있어야 한다.

이 문제는 다음과 같이 설명할 수 있을 것이다. 무수히 많은 어린이 중에서 6분의 1은 적정한 대상이 되는 연령층이고 6분의 5는 이외의 어린이들이다. r명으로 구성된 어린이집단을 무작위로 선출한다. r명의 어린이집단에서 5명 이상의 적정 대상 연령층을 포함할 확률은 확률은 $1 - \sum_{k=0}^{4} P_{r,k}$이며, 여기에서 $P_{r,k}$는 초기하분포hypergeometric distribution이다. 여기에서 확률은 $1 - \sum_{k=0}^{4} P_{r,k} > 0.95$가 되는 값을 구해보면, r값은 54가 나온다. 54명의 어린이가 필요하다고 한다면, 총 인구는 4(54) = 216명이 필요하고, 한 세대당의 인구가 3.4명이라고 한다면 64세대가 필요한 것을 알 수 있다.

64세대라고 하면 연결된 공유지를 함께 사용하기에는 다소 큰 수이다. 사실, 이 요구에 대해서 10~12세대를 하나의 클러스터로 묶어서 문제를 해결하고 싶은 강한 욕구가 있기는 하지만, 그렇게 한다면 이 문제를 제대로 해결할 수 없을 것이다. 비록 그러한 배치는 다른 경우 즉, **주택 클러스터**(37)나 **공유지**(67)에 있어서는 유용하다. 그렇지만, 그 자체로서 어린이들을 위한 연결된 놀이터의 문제를 해결하지는 못한다. 그리고 여기저기 흩어져 있는 공유지를 연결하기 위해서는 안전한 보행로가 필요하다.

연결된 통로

그러므로,

적어도 64세대가 도로에 의해서 분절되지 않은 연속된 토지로 연결되도록, 공유지, 보행로, 정원, 다리를 배치한다. 이 토지를 이 세대들의 어린이들을 위한 연결된 놀이터로 한다.

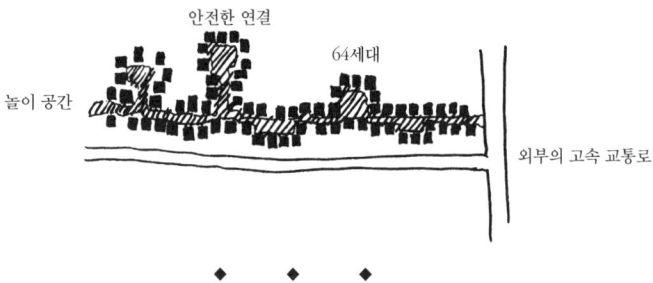

◆　　◆　　◆

몇몇의 주택 클러스터(37)를 녹지 가로(51)와 안전한 보행로로 연결하여 이를 실현한다. 이 놀이공간에 어린이집(86)을 배치한다. 그리고, 이 곳에서, 어린이들은 진흙, 동물, 식물 그리고 물과 접할 수 있어야 한다 - **고요한 물**(71), **동물**(74). 이 놀이 공간의 한 부분에는 어린이들이 잡동사니를 이용하여 무언가를 만들 수 있는 장소를 마련한다 - **탐험놀이터**(73) ━ ⋯

69. 공공옥외실**

PUBLIC OUTDOOR ROOM

···- 주 관문(53), 접근 가능한 녹지(60), 소규모 공공광장(61), 공유지(67), 보행로(100), 보행로와 목적지(120) 내부에 존재하는 공용지에서는 사람들이 군중 속에서 시간을 보내기도 하지만 떨어져 있기도 한다. 때문에, 공용지의 일부분을 다른 부분과 구분하고 이 부분을 조금 더 고심하여 정의할 필요가 있다. 또한, 이 패턴보다 큰 패턴이 존재하지 않는 경우, 이 패턴은 핵심 역할을 하여 주변의 보다 큰 패턴들을 구체화하는 데 도움이 될 것이다.

◆　　◆　　◆

　현대의 도시나 근린의 가로변에는 사람들이 가끔씩 편안하게 시간을 보낼 수 있는 장소가 매우 적다.

사람들은 길모퉁이의 술집을 찾아 이야기하고 술을 마시며 시간을 보낸다. 십대들, 특히 소년들도 특정한 장소에 모이고 그곳에서 친구들을 기다리며 서성거린다. 노인들은 친구를 만날 수 있을 것으로 기대되는 특정한 장소에 가는 것을 좋아한다. 어린이들은 야외에서 놀 수 있도록 모래사장, 진흙, 식물 그리고 물이 필요하다. 아이들을 돌보기 위해서 밖에 나온 젊은 어머니들은 주로 어린이들의 놀이터를 다른 어머니들을 만나고 이야기하는 장소로 이용한다.

이러한 행위들의 다양성과 임의성 때문에 확실히 윤곽이 잡혀 있는 공간과 그렇지 않은 공간 사이에서 미묘하게 균형을 이룬 공간이 필요하다. 그리고, 근린에 이러한 공간이 있다면 자연스러운 활동이 언제나 자유롭게 전개될 수 있을 것이며, 그곳에서 무언가가 시작될 수 있을 것이다.

예를 들면, 옥외실을 미완성인 채로 두고, 근처에 사는 사람들로 하여금 가장 필요한 것을 채워 넣도록 하여 완성하는 방법도 가능할 것이다. 어린이들에게는 모래, 수도꼭지 또는 놀이도구가 필요할 것이고 - **탐험놀이터** (73), 10대들이 만나는 곳에서는 계단이나 의자가 필요할 것이다 - **10대의 사회(84)**. 집안에 외부를 향한 작은 바나 커피숍을 만들 수도 있으며, 아케이드를 만들어서 음식을 먹거나 차를 마시는 공간으로 사용할 수도 있다 - **음식가판대(93)**. 또한, 노인들이 체스나 체커와 같은 게임을 하는 장소로도 이용할 수 있을 것이다.

현대의 주택 개발에서는 특히 이와 같은 외부 공간의 부족으로 어려움을 겪고 있다. 실내에 커뮤니티 공간이 제공되면, 외부의 커뮤니티 공간은 거의 사용되지 않는다. 왜냐하면, 사람들이 자신들이 모르는 귀찮은 상황에 빠져들기를 원하지 않기 때문이다. 둘러싸인 공간 안에서의 관계는 너무 친밀해서 가벼운 호기심이 서서히 생기는 상황은 일어나지 않는 것이다. 반대로, 충분히 둘러싸이지 않은 텅 빈 토지를 생각해 볼 수 있다. 텅 비어 있는 토지에서 어떤 일이 일어나려면 아마도 수 년이 걸릴 지도 모른다. 즉, 그 곳에는 보호받을 수 있는 장소가 부족하고, '그 장소에 있어야 할 이유'도 너무나 부족하기 때문이다.

여기서 필요한 것은, 자연스럽게 사람들을 멈추게 하고 호기심을 자극해 자연스레 그곳으로 데려가게 할 정도로만 윤곽이 잡힌 간단한 틀이다. 그래서, 커뮤니티가 이 틀에 관심을 가지기 시작하고 그곳을 만들어 나갈 자율성만 보장된다면, 커뮤니티 활동에 적합한 환경은 저절로 형성될 것이다.

지붕이 덮여 있고 기둥은 있지만 최소한 외벽의 일부가 없는 작은 오픈스페이스는 '개방과 폐쇄'의 적절한 균형을 제공할 것이라고 생각한다.

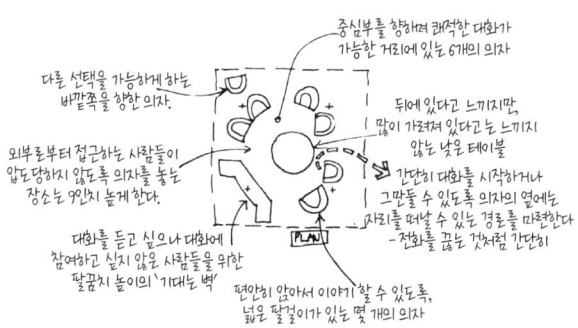

채핀과 고든이 만든 오하이오주 클리브랜드의 공공옥외실

이 패턴의 가장 훌륭한 예는 채핀Dave Chapin, 고든George Gordon과 함께 케이스웨스턴대학Case Western Reverse in Cleveland, Ohio의 건축학과 학생들이 만든 건축물이다. 이들은 한 지구정신건강 클리닉 안쪽의 토지와 공유지에 여러 개의 공공옥외실을 만들었다. 클리닉 근무자의 이야기에 따르면, 이 장소들은 클리닉의 생활을 극적으로 바꾸었다고 한다. 즉, 평상시보다 많은 사람들이 옥외공간으로 나가게 되었으며, 다른 사람들과의 대화가 더욱 활기를 띠게 되었다. 또한, 자동차에 의해서 지배되었던 옥외공간이 순식간에 인간적인 공간으로 바뀌었으며, 자동차는 천천히 움직일 수밖에 없게 되었다. 채핀과 고든 그리고 학생들은 그 근린에 총 7개의 공공옥외실을 만들었는데, 각각의 공공옥외실은 조망, 방위 그리고 규모에서 조금씩 차이가 있었다.

또한, 우리는 이 패턴의 다른 형태를 중세사회에서 찾을 수 있었다. 12, 13세기에는 이와 같은 공공구조물이 도시의 곳곳에 산재해 있었다. 중세의 공공구조물은 경매장, 공공집회소, 시장 같은 형태였으며, 이러한 중세의 공공구조물은 우리가 근린과 직장 커뮤니티에 제안하는 장소에 대한 진정한 의미와 상당히 유사한 것이었다.

영국과 페루의 옥외실

그러므로,

모든 근린과 직장 커뮤니티의 공유지 일부에 공공옥외실을 만든다. 공공옥외실은 지붕과 기둥이 있지만 벽을 없애서 부분만 둘러싸이게 한다. 아마도 트렐리스를 설치할 수도 있을 것이다. 공공옥외실은 많은 주택과 일터가 보이는 주요 보행로의 옆에 설치한다.

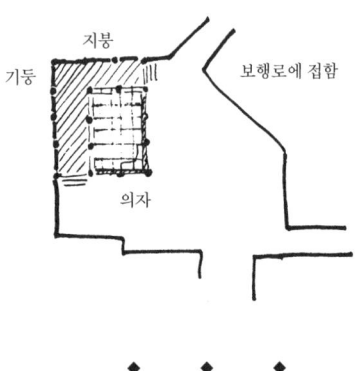

◆　　◆　　◆

다른 공용 영역과 마찬가지로 공공옥외실도 여러 보행로가 접하는 곳에 설치한다 - 중심부의 공용 공간(129). 또는, 보행로가 넓혀진 부분 - 보행로의 형태(121), 광장의 주변 - 액티비티 포켓(124)에 설치한다. 공공옥외실의 윤곽을 형성하는 데 건물의 가장자리(160)를 참고한다. 공공옥외실을 기둥과 트렐리스로 반쯤 덮인 작은 옥외실과 같은 형태로 만든다 - 옥외실(163). 공공옥외실을 탁 트여 있는 정원의 옆에 두거나 - 활기 있는 중정(115), 주변부에 아케이드(119)를 만들거나 또는 단순히 캔버스 지붕(244)을 설치할 수도 있을 것이다. 또한, 마음대로 앉을 수 있는 장소인 계단 의자(125)나 의자가 있는 장소(241)를 설치해도 좋을 것이다 --…

70. 묘지*

GRAVE STIES

···- 인생의 주기(26)에 의하면, 모든 커뮤니티 안에서는 인생 단계의 전환
이 이루어지고 보여져야 한다. 죽음도 예외는 아니다. 이 패턴은 죽음이라
는 요소를 각 근린의 공공 공간과 통합하는 것을 돕는다. 그리고, 이 패턴의
존재 자체가 인식할 수 있는 근린(14), 성역(66), 공유지(67)의 형성에 도움
이 된다.

◆   ◆   ◆

죽음을 등지고 살아갈 수 있는 사람은 없다. 살아감에 있어서 죽음의 존재는 어느 사회에서든 사람들에게 살아갈 수 있는 용기를 주는 일상적인 사실이다.

도시 변두리, 아무도 찾지 않는 장소의 거대한 묘지, 인간미 없는 장례의식, 어린이에게는 죽음을 숨겨야 한다는 터부taboo, 이 모든 것은 살아 있는 우리들에게 죽음이라는 사실을 숨기려는 음모이다. 당신이 만약, 현대도시의 교외에 살고 있으며 자신의 집 옆에 묘지가 있다면 어떤 느낌일지 생각해 보라. 그런 생각만으로도 당신은 무서움을 느낄 것이다. 그렇지만, 이는 단지 익숙하지 않기 때문이다. 작은 묘지에는 친구와 가족의 묘, 가깝거나 먼 과거의 사람들을 추억할 수 있는 기념물들이 있다. 겨울이 지나면 봄이 오는 것과 같이, 이들이 우리들의 주택과 자연스레 섞여 있다면, 우리의 삶은 건강할 것이다.

모든 문화에는 주검을 묻고 그 죽음을 슬퍼하는, 즉 죽음을 둘러싼 여러 형태의 의식이 존재한다. 의식의 형태는 셀 수 없이 많지만, 요점은 남겨진 사람들에게 죽음이라는 사실, 즉 공허함, 상실감, 무상함을 받아들일 수 있는 기회를 준다는 것이다.

이러한 의식을 통해서 사람들은 죽음이라는 숙명을 경험할 수 있는 기회를 갖게 되는데, 이 과정에서 죽음과 마찬가지로 살아간다라는 사실을 더욱 가까이 할 수 있다. 이러한 경험들이 주변 환경과 개인의 인생과 융화되었을 때, 우리는 이를 통해 살아가며 지속될 수 있을 것이다. 그렇지만, 환경이나 관습이 죽음의 경험과의 접촉이나, 죽음과 더불어 살아가는 것을 방해한다면, 우리의 삶은 우울해지고 활기를 잃어갈 것이다. 이 개념을 뒷받침하는 많은 임상적인 근거가 있다.

다음은 할머니를 잃은 어린 소년에 대한 예이다. 소년 주변의 사람들은 소년의 감정을 보호하기 위해서 할머니가 단지 "멀리 가버렸다"고 말했다. 소년은 불안한 마음이 들었기 때문에 무슨 일이 일어났다고 알 수 있었지만, 비밀스러운 분위기 속에서 그것이 무엇인지는 알 수 없었다. 그렇기 때문에, 소년은 할머니의 죽음을 제대로 경험할 수가 없었다. 소년은 보호받는 대신에 심각한 신경증의 피해자가 되었지만, 몇 년 후 할머니의 죽음이라는 사실을 인지하고 이를 겪어 나간 후에야 비로서 완치될 수 있었다.

린데만Eric Lindemann은 위의 예와 함께, 인간이 정서적으로 건강하기 위해서는 사랑하는 사람의 죽음을 겪어나가면서 살아야 한다는 것을 분명하게 보여주는 몇 가지 예들을 제시하였다. 이에 대한 결정적인 참고문헌은 분실하였으나 린데만의 다른 두 논문인 「극심한 슬픔의 징후학과 관리Symptomatology and Management of Acute Grief」와 「슬픔에 관한 연구: 자살에 대한 감정적인 반응A Study of Grief: Emotional Responses to Suicide」이 이 같은 내용에 초점을 맞추고 있다.[Lindemann] 또한, 카스텐바움Robert Kastenbaum의 최근 논문인 「아무도 죽지 않는 왕국The Kingdom Where Nobody Dies」도 읽어 보기를 권한다. 어린이들이 자신의 죽음과 관련한 운명이란 문제를 어떻게 찾게 되는지 알려준다.[Kastenbaum 1973]

캘리포니아주 콜마Colma, Caifornia의 콘크리트로 만든 벌집 모양의 묘지.
"가족들은 관이 묘지에 들어가는 모습을 보지 않는 게 좋을 것이다. 특히 공동묘지의 오래된 구역에서는 더욱 그렇다."라고 묘지관리인은 말하였다.

지난 100년 동안 거대한 공업도시에서는 죽음에 관한 의식과 그 의식으로 인해 얻을 수 있는 삶을 위한 의지가 완전히 사라졌다. 한때 아름답고 단순한 장례의 형태는 기이한 모양의 묘지, 인조화 등으로 바뀌었고, 더욱이 죽음의 현실을 포함하는 모든 것이 바뀌었다. 그리고, 무엇보다도 가끔씩 사람들을 죽음이라는 사실과 접할 수 있게 했던 작은 묘지는 거대한 묘지에 의해 대체되었고, 사람들의 일상으로부터 사라졌다.

이와 같은 현상을 바로 잡기 위해서 무엇을 해야 하는가? 예전의 관습적인 의식을 현재 우리가 직면하고 있는 상황과 융합시킨다면 이 문제를 해결할 수 있을 것이다.

1. 가장 중요한 것은 현재의 묘지 규모를 축소하고, 묘지와 커뮤니티 사이의 관계를 예전으로 되돌리는 것이다. 분산화에 집중한다. 사람들은 자신의 묘지를 위한 장소로서 공원, 공유지, 자신의 토지 등을 선택할 수 있다.

2. 묘지로 쓰여질 올바른 장소는 어느 정도 무언가에 둘러싸여 있어야 하며, 근처에 보행로가 있어야 한다. 묘지는 눈에 보이기는 하지만 낮은 담, 나무 등으로 보호되어야 한다.

3. 소유권 즉, 작은 땅이라도 묘지를 신성하게 하기 위해서는 어떠한 법률적인 보호가 필요하다. 어떤 사람이 묘지를 만들기 위해 선택한 토지는 팔리거나 개발되지 않도록 보장되어야 한다.

4. 증가하는 인구 때문에, 토지를 묘지나 기념비로 계속 덮어 나가는 것이 불가능하다는 것은 명백한 사실이다. 때문에, 우리는 전통적인 그리스 마을에서 행해지던 것과 비슷한 방법을 이용할 것을 제안한다. 묘지는 200년 정도를 사용할 수 있을 정도의 한정된 토지만을 사용한다. 200년이 지나면, 기억이 남아 있는 사람의 묘지를 제외하고, 유골은 바다에 수장한다.

5. 장례식 자체는 가치를 공유하는 집단, 최소한 가족이나 혹은 같은 종교를 가진 집단에 의해서 점진적으로 발전되어야 한다. 장례식에는 세 가지의 기본적인 사항이 있는데, 길을 따라서 관을 운반하는 친구들, 소나무로 만든 간소한 관 또는 유골함 그리고 묘비 주변에서의 모임이다.

그러므로,

거대한 묘지를 건설하지 않는다. 대신에, 공원의 구석, 보행로의 한 부분, 관문의 옆 등 커뮤니티 도처에 소규모의 토지를 묘지로 할당한다. 그곳에는 죽은 사람의 인생을 기념할 수 있는 비문이나 기념물과 함께 묘비가 엄숙하게 세워진다. 각 묘지에는 울타리, 보행로 그리고 사람들이 앉을 수 있는 조용한 장소를 마련한다. 관습에 따라서 이러한 장소는 성역으로 한다.

흩어진 묘지

◆　　◆　　◆

가능하면 묘지는 조용한 곳으로 한다 - **조용한 후면**(59). 그리고, 나무 밑에 의자나 벤치를 마련한다면 그곳에서 사람들은 자신들의 기억을 더듬으며 홀로 시간을 보낼 수 있을 것이다 - **나무가 있는 장소**(171), **의자가 있는 장소**(241) ----

71. 고요한 물*

STILL WATER

…--수 공간에의 접근(25)이나 연못과 개울(64)의 패턴은 커뮤니티 전반에 걸쳐서 다양한 종류의 수 공간을 제공한다. 이 패턴은 웅덩이, 연못, 수영할 수 있는 고여 있는 물 등의 고요한 물을 꾸미고, 어린이들에게 안전한 수 공간을 제공하는 데 도움이 된다. 또한, 주택 클러스터(37). 직장 커뮤니티(41), 건강센터(47), 공유지(67), 지구 스포츠(72) 내에서 공공 공간의 구분에 도움이 된다.

◆　　◆　　◆

물과 가까이 하기 위해서 무엇보다도 수영을 할 수 있어야 한다. 그리고, 매일 수영을 하기 위해서는 웅덩이, 연못, 수영할 수 있는 고여 있는 물이 도시 전반에 걸쳐 넓게 분산되어 있어서, 각자가 몇 분 이내에 수영할 수 있는 곳에 닿을 수 있어야 한다.

물과 접하는 것이 얼마나 중요한 것인지 그리고 한 구역의 평범한 수 공간이 일반에게 개방되면, 그 수 공간이 커뮤니티의 일상적인 생태계에 있어서 얼마나 자연스러운 구성요소가 될 수 있는지에 대해서는 **연못과 개울(64)** 에서 이미 설명하였다.

이 패턴에서는 이에 대해서 더욱 깊이 살펴보며 내용의 중점을 수영에 둔다. 우선, 성인이 물에 들어가서 수영을 하지 못한다면 물과 많은 접촉을 할 수 없다. 때문에, 물은 성인이 수영하기 위해서 충분한 양과 깊이가 되어야 한다. 반면에, 교외의 부유층에게는 일반화되어 있고 염소로 잘 소독되어 있으며, 사유화되어 있고 담장과 울타리가 둘러져 있는 수영장은 우리가 **연못과 개울(64)** 에서 설명한 내용과는 정확히 상반된 것이다. 그리고, 이와 같은 수영장은 너무나도 개인적이며 상당한 양의 소독제를 사용하였으므로 물과의 접촉을 거의 무의미하게 한다.

수영을 하고 싶은 사람이 언제나 수영을 할 수 없다면, 수영이라는 행위는 적절한 역할을 할 수 없을 것이다. 때문에 이것이 의미하는 바는, 사실상 모든 블록에, 거의 모든 클러스터에 그리고 최소한 모든 근린 내에 집으로부터 100야드약 91m 이내에 수영장이 있어야 한다는 것이다.

때문에, 이 패턴에서 우리는 이른바 '수영할 수 있는 고여 있는 물'의 모델을 제안할 것이다. 수영할 수 있는 고여 있는 물은 완전한 개인의 장소가 아니라, 공용의 기능을 수행하는 공적인 공간이다. 또한, 수영할 수 있을 만큼의 충분한 깊이가 있고, 물가에서는 어린이들이 위험 없이 물놀이를 할 수 있는 안전한 곳이다.

수만 년 동안, 어린이들은 바다가, 강가, 호숫가에서 안전하게 자라왔다. 그런데 왜 수영장은 위험한 것인가? 그 해답은 가장자리에 달려 있다.

가장자리

일반적으로 물과 물가의 자연적인 경계는 거친 모습이지만 느린 변화에 의해서 확실히 드러난다. 인간은 땅에서 물로 들어갈 때에 재질, 질감, 생태의 연속적인 변화를 확연하게 느낄 수 있다. 인간에게 있어서 이러한 전환은 매우 중요하다. 즉, 이와 같은 전환에 의해서 사람들은 안전에 대한 걱정 없이 물가를 따라서 천천히 걸을 수 있으며, 물에 발을 담그고 물가에 앉아 있을 수 있다. 또한, 발목까지 잠기는 물속에서 마음 편히 걸어 다닐 수도 있다.

물가의 경사가 완만하다면 아이들은 물속에서 안전하게 놀 수 있다. 호수에서 기어다니던 아이는 물이 깊어지면 멈출 것이고, 놀라지 않고 다시 돌아 나올 것이다. 아이들은 매우 완만한 경사의 연못에서 자유롭게 놀 때, 그들은 스스로 수영하는 법을 익힌다는 것은 매우 잘 알려져 있다. 이러한 연못에서 몇몇 아이들은 걷기도 전에 수영하는 법을 먼저 배운다. 바위로 둘러싸인 호수의 가파른 가장자리의 바위조차도 놀랄만한 것은 아니다. 왜냐하면, 물가에서 떨어진 곳에서 느낄 수 있는 부드러운 모래의 질감은 물가로 다가가면서 거친 돌이나 바위의 질감으로 바뀌어 갈 것이기 때문이다.

그렇지만, 수영장 또는 인공적으로 만든 딱딱한 가장자리에서는 이와 같은 느린 변화가 없다. 아이가 전속력으로 달려서 물속으로 뛰어든 순간, 아이는 자신이 수심 6피트약 1.8m의 물속에 들어와 있다는 것을 깨달을 것이다.

가장자리의 급격한 변화는 누구보다 아이들에게 가장 위험하지만, 성인에게도 심리적인 영향을 미친다. 성인들은 위험한 것을 알기에 급격히 변하는 가장자리가 위험하다고는 할 수 없지만, 생태적으로 올바르다고 할 수 없는 가장자리의 급격한 변화는 성인들을 불안하게 하고, 물이 지니고 있는 고요함과 평화를 파괴한다.

그러므로, 연못이나 호수, 수영장이나 강 또는 수로이건 간에 모든 물의 가장자리는 자연스러운 경사를 가지도록 하여서, 물이 처음에는 얕다가 안쪽으로 들어갈수록 깊어지게 해야 한다.

물론, 수영을 하기 위해서는 수심이 깊은 곳도 있어야 한다. 그렇지만, 깊은 곳의 가장자리는 바로 접근할 수 없도록 해야 한다. 대신에 수심이 깊은 곳의 주변은 담이나 울타리로 보호해야 한다. 그리고, 수심이 깊은 곳에서 수영하거나 다이빙 하는 사람들을 위해서 섬을 만들어 놓을 수도 있다.

그러므로,

모든 근린 내에는 수영을 할 수 있도록 연못이나 웅덩이 같은 고요한 물을 마련한다. 고요한 물은 항상 모두에게 개방되어 있지만 물가는 오직 얕은 쪽에서부터 들어갈 수 있도록 한다. 그리고, 물은 1~2인치의 깊이부터 시작하여 점점 깊어지도록 한다.

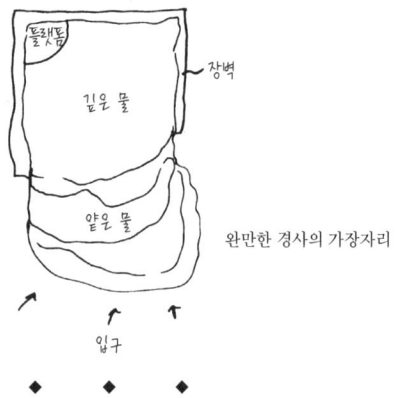

가능하다면 자연적으로 흐르는 물의 일부에 연못을 만들도록 한다. 그렇게 하면, 자연스럽게 물이 정화가 되기 때문에 따로 소독할 필요가 없다 - 연못과 개울(64). 물가는 남쪽이 개방되어 있도록 한다 - 남쪽을 향한 외부 공간(105). 될 수 있으면 물가의 가장자리를 작은 옥외실이나 넝쿨나무가 타고 올라갈 수 있는 트렐리스를 설치해서, 사람들이 앉아서 구경할 수 있도록 한다 - 공공옥외실(69), 트렐리스 산책로(174), 앉을 수 있는 벽(243) ----‥

72. 지구 스포츠*

LOCAL SPORTS

····사람들이 살고 일하는 모든 구역 - 특히, 직장 커뮤니티(41)나 건강센터
(47)의 예방 프로그램에 의해서 관리되는 곳은 - 스포츠나 운동을 할 수 있
는 장소를 마련하여 완성되어야 한다. 이 패턴은 운동의 특성과 분포에 관
해서 규정한다.

◆　　　◆　　　◆

인간의 몸은 사용한다고 해서 닳아 없어지지 않는다. 반대로, 사용하지 않으면 약해진다.

농경사회에서 인간은 언제나 여러 가지 방법으로 자신의 육체를 사용하여 왔다. 그렇지만, 도시 사회에서 대부분의 인간은 육체가 아닌 지식을 사용한다. 혹은, 항상 같은 방법으로 자신의 육체를 사용한다. 이는 대단히 파괴적이다. 신체적인 건강은 일상적인 신체적 활동에 의존적이라는 수많은 실증적인 근거가 존재한다.

우리의 생활방식의 불균형에 대한 가장 놀라운 근거라 할 수 있는 것은, 일상에서 신체 운동을 하는 사람들의 집단과 그렇지 못한 사람들 간의 사망률의 비교일 것이다. 예를 들면, 60~64세 사이의 집단 중 운동을 많이 한 남성의 수년 후 사망률이 1퍼센트인데 반해, 운동을 하지 않은 사람의 사망률은 5퍼센트였다.[Jonson 외 1966]

현대사회에서는 거의 모든 나라에서 이러한 문제가 발생한다. 그렇지 않은 나라의 예로서 중국과 쿠바가 있는데, 이 나라의 국민은 몸과 머리를 둘 다 사용하면서 일해야 한다. 일을 하는 날에는 이 두 가지의 기술을 동시에 사용하는데, 의사들은 진료를 하면서 집을 짓기도 하고, 건설 노동자들은 가끔씩 관리부서에서 일을 하기도 한다.

어떠한 사회나 이와 같은 단계에 도달했다면, 인간 육체의 전반적인 물리적 위축현상은 발생하지 않을 것이다. 그렇지만, 이와 같은 현명함을 지니지 못한 사회에서는 임시적인 해결책으로서 신체 활동을 여러 가지로 분산시킬 필요가 있다. 그래서 쉽게 접근할 수 있도록 해야 한다. 모든 주택과 직장 근처에서 작은 운동장, 수영장, 체육관, 경기장 등이 식료품점이나 음식

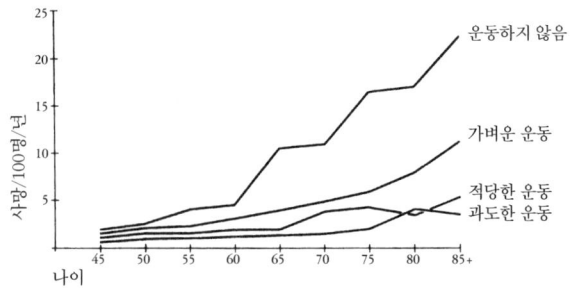

적절한 운동에 의해서 수명이 연장될 것이다 [Hammond 1964]

점과 같이 어디에서나 존재하여야 한다. 이상적으로는 지구 스포츠가 모든 근린과 직장 커뮤니티의 자연스러운 한 부분이 되는 것이다. 우리는 이러한 시설이 비영리적이며 시설을 이용하는 사람들에 의해서 유지되어야 한다고 생각한다. 혹은 런던 소재 페크햄에 있는 파이오니어 헬스 센터의 수영이나 댄싱 같이 건강예방 프로그램으로 운영될 수도 있을 것이다. **건강센터**(47) 를 참고한다.

또한, 스포츠는 어떤 것으로도 대체할 수 없는 스포츠 고유의 특별한 생명력을 가지고 있다. 공을 던지고, 소리를 지르고, 압도적인 승리를 하고, 연장으로 길어진 경기에서 패하기도 하며, 공을 거칠게 다루어서 어떻게든 네트에 내리꽂기도 한다. 어찌되었든 이러한 것들은 일을 하면서는 느낄 수 없는 순간들이다. 스포츠는 완전히 다른 것이며, 아마도 하트E. Hart가 말한 근육활동의 심리, 정서적인 구성요소에 부합하는 것일 것이다. 어떠한 스포츠라도, 스포츠는 무엇과도 바꿀 수 없는 생명력이 있다.[Hart 1968]

그러므로,

모든 직장 커뮤니티나 근린 전반에 테니스, 스쿼시, 탁구, 수영, 당구, 농구, 댄싱, 체조 등 팀이나 개인의 스포츠를 위한 장소를 분산하여 설치한다. 그리고, 지나가는 사람이 참여할 수 있도록 운동하는 모습을 볼 수 있게 한다.

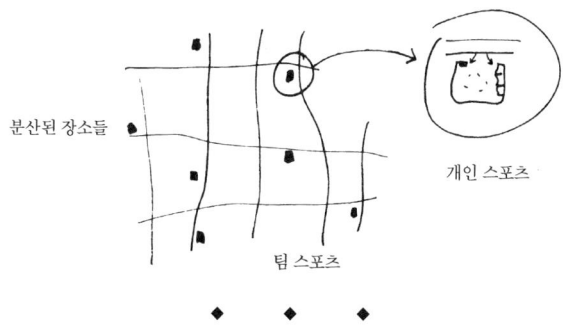

❖   ❖   ❖

운동을 할 수 있는 장소는 알아보기 쉬운 단순한 건물에 배치한다. 그리고, 그 장소는 개방되어 있어야 하며, 쉽게 들어갈 수 있으며 탈의실과 샤워시설을 갖추도록 한다 - **복합건물**(95), **욕실**(144). 커뮤니티 수영장이 있는 경우는 운동시설을 함께 설치한다 - **고요한 물**(71). 운동할 수 있는 장소를 지나가는 사람들에게 개방한다 - **건물 내 통로(101), 거리로의 개방(165).** 그리고, 사람들이 멈춰서고 구경할 수 있는 공간을 마련한다 - **의자가 있는 장소(241), 앉을 수 있는 벽(243) --…**

73. 탐험놀이터
ADVENTURE PLAYGROUND

···· 근린 내에 어린이들이 만나고 놀 수 있는 공유지가 있다고 하더라도 -
공유지(67), **연결된 놀이터(68)**, 공유지와는 차별화되어 어린이들이 약간은
거칠게 온갖 잡동사니를 가지고 놀 수 있는 장소가 적어도 하나 정도는 있
어야 한다.

◆　　◆　　◆

어린이들 스스로가 상자나 자갈, 오래된 나뭇가지를 이용하여 만든 성은 공장에서 어린이들을 위해 만든 정교하고 완벽하게 마무리된 성보다 더욱 가치 있다.

놀이에는 여러 가지 기능이 있다. 놀이는 아이들에게 모일 수 있는 기회를 제공하고, 신체를 사용해서 근육을 발달시킬 수 있는 기회, 새로운 기량을 시험할 수 있는 기회를 제공한다. 그렇지만, 무엇보다도 놀이의 기능은 상상력을 계발하는 것이다. 어린이는 놀이를 통해 심리적 불안감을 해소하고 성장하면서 나타나는 문제를 다뤄나가며, 또 미래를 탐험한다. 놀이는 어린이들의 사회적 현실에 대한 문제와 즐거움을 직접적으로 반영한다. 어린이들은 우리들이 놀이라고 부르는 상상 속의 모험을 통해서, 세상을 받아들이는 방법을 배우고, 자신이 그리는 세상과 싸워나가며, 그 그림을 지속적으로 바꿔나간다.

아이들을 보다 수동적으로 만들어, 다른 사람의 상상력을 그대로 수용하도록 만드는 놀이터가 보다 좋아 보이고, 깨끗하고 안전해 보이고 건강해 보일 수도 있다. 그렇지만, 이러한 놀이터는 상상력을 방해하고 저해하여 놀이의 본질적인 요구를 만족시킬 수 없다. 그리고, 직설적으로 말한다면 그러한 놀이터는 시간과 비용의 낭비일 뿐이다. 거대하고 추상적인 조각과도 같은 놀이동산은 아스팔트로 만들어진 놀이터나 정글짐처럼 무익할 뿐만 아니라 쓸모 없는 것들이다. 이와 같은 놀이터가 어린이들의 가장 기본적인 요구를 만족시키기 위해 할 수 있는 것은 아무것도 없다.

모험적이고 창의적인 놀이에 대한 이와 같은 요구는 작은 마을이나 전원에서는 쉽게 만족될 수 있다. 왜냐하면, 작은 마을이나 전원에서는 어린이들이 날것의 놀이 소재나 공간에 쉽게 접근할 수 있기에 어린이에게는 다소 이해하기 쉬운 환경이라 할 수 있다. 그러나, 도시는 그러한 환경이 아니기 때문에 해결해야 할 긴급한 문제가 생긴다. 개인용 장난감이나 아스팔트 놀이터로 만들어진 세상은 아이들의 놀이를 위한 적절한 환경을 제공하지 못하기 때문이다.

알렌 부인Lady Allen of Hurtwood은 이 문제에 대한 기본적 연구를 수행하였다. 지난 20년간의 지속적인 프로젝트와 출판을 통해서, 알렌 부인은 도시에 있어서의 탐험놀이터라는 개념을 전개시켰다. 그리고, 우리는 무엇보다도 그

금지된 놀이

녀의 연구를 참고할 것을 제안한다.[Allen 1968] 우리는 그녀의 연구가 그 자체
로서 근린의 놀이터를 위한 필수적인 패턴을 형성할 수 있을 정도로 가치가
있다고 생각한다.

그리고, 워드Colin Ward 역시 「탐험놀이터: 무정부상태의 우화Adventure Play-
ground: A Parable of Anarchy」라는 탁월한 보고서를 제출하였다. 다음은 워드의 보
고서 중 그림스비 놀이터Grimsby Playground에 관한 이야기이다.

매년 여름이 끝날 무렵, 어린이들은 자신들이 만들었던 오두막집이나 통나무집을 톱으
로 잘라 연금 생활하는 노인들에게 상당한 양의 땔감을 보냈다. 어린이들이 봄에 통나무
집을 만들기 시작했을 때, 그것은 단지 아이들이 기어서 들어가는 땅에 파여진 구멍에 불
과했다. 구멍은 시간이 지날수록 2층의 오두막으로 바뀌었다. 어린이들의 소굴에 붙어 있
는 표지판도 이와 같이 변했다. 처음에는 출입금지라고 쓰여져 있는 표지판을 못질하여
다는 것으로부터 시작하였는데, 이후 '버그홀드 동굴'이나 '죽은 자의 동굴'과 같은 사적
인 이름이 붙었다. 그리고, 결국 여름이 끝날 무렵에는 '병원'이나, '부동산중개소'와 같은
공적인 이름으로 갈아 붙었다. 이처럼 어린이들은 상상력과 진취성으로 인해 언제나 활
동의 범위가 변한다.[Ward 1961]

그러므로,

**각각의 근린 내에 어린이들을 위한 놀이터를 만든다. 하지만, 아스팔트나
그네 등으로 훌륭하게 마감된 놀이터가 아니라 그물, 상자, 통, 나무, 밧줄, 간**

단한 도구, 골조, 잔디 그리고 물과 같은 모든 종류의 순수한 소재를 갖추어서 아이들이 자신들의 놀이터를 창조하고 재창조할 수 있도록 한다.

여러 종류의 잡동사니

◆　◆　◆

탐험놀이터는 양지바른 곳에 있어야 한다는 것을 숙지한다 - 양지바른 장소(161), 자전거, 카트 그리고 자동차 트럭이나 손수레를 위한 장소에는 단단한 지면이 그리고 진흙놀이나 무언가를 만드는 장소는 부드러운 지면이 되도록 한다 - 자전거도로와 보관소(56), 야생 정원(172), 어린이 동굴(203). 그리고, 정원의 담장(173)과 앉을 수 있는 벽(243)을 이용하여 튼튼한 경계를 만든다 ⋯⋯

74. 동물
ANIMALS

···- 각각의 개별 건물에 공공을 위한 토지나 건물을 위한 사유지가 있다고
하더라도 - 공유지(67), 자택(79), 그러한 장소에서 동물들이 살아갈 수 있다
는 보장은 없다. 이 패턴은 동물들이 살아가는 데 필요한 환경적 특성을 제
공함과 동시에 녹지 가로(51)와 공유지(67)의 형성에 도움을 준다.

◆　　◆　　◆

동물은 나무, 잔디, 꽃처럼 중요한 자연의 한 부분이다. 덧붙이자면, 동물과의 접촉이 어린이들의 정서 발달에 매우 중요한 역할을 한다는 몇 가지 근거가 있다.

인간에게 공원 같이 나무, 잔디, 꽃이 자라고 있는 열린 공간으로의 접근이 필요하다는 사실은 널리 받아들여지고 있는 반면에, 양, 소, 염소, 새, 뱀, 토끼, 사슴, 닭, 들고양이, 갈매기, 수달, 게, 물고기, 개구리, 딱정벌레, 나비, 개미 등이 있는 장소에 관해서는 아직 타당하다는 생각을 하지 않는다.

캘리포니아의 가정요법사인 드레퓨스Ann Dreyfus는 양이나 토끼 같은 동물이 어린이들의 치료에 얼마나 도움이 되는지에 대해서 이야기하였다. 그녀는 사람들과 원만히 교류하지 못하는 어린이라 할지라도, 동물들과의 접촉은 가능하다는 것을 발견하였다. 일단 아이가 동물과 접촉하게 되면 아이의 감정은 풀리기 시작한다. 아이의 교류 능력은 다시 성장하게 되어 결국에는 가족이나 친구를 접할 수 있도록 바뀌어 나간다.

그렇지만, 도시에서 동물은 거의 사라져 가고 있다. 간단히 이야기하자면, 도시에는 단지 세 종류의 동물만이 존재하는데, 이는 애완동물, 인간에게 해를 끼치는 동물, 동물원에 있는 동물이다. 이 세 종류의 동물 중 어떤 동물도 정서적인 유지나 인간이 필요로 하는 생태적인 접촉에 그리 많은 도움이 되지 못한다. 애완동물은 즐거움을 주지만 인간에게 너무 길들여져 있기에 동물만이 가진 자유로운 야생성은 상실했다. 때문에, 애완동물은 인간에게 동물다움을 체험할 기회를 거의 제공하지 못한다. 쥐나 바퀴벌레 같은 해로운 동물은 도심지 특유의 동물이다. 이 동물들은 생태학적으로도 형편없고 무질서한 환경에 의존하기 때문에, 자연스럽게 인간의 적으로 간주된다. 마지막으로, 동물원에 있는 동물들은 가끔씩 호기심으로 구경가는 것을 제외하고는 대부분의 사람들에게 거의 접근하기 어려운 존재이다. 게다가, 동물원이 제공하는 환경에서 살아가는 동물은 근본적으로 정신질환을 앓고 있다고 알려져 있다. 즉, 이러한 환경은 동물의 평소 생태를 철저하게 방해하기 때문에, 아마도 동물원에 가두는 것은 잘못된 행위일 것이라고 생각된다. 동물원이 도시가 필요로 하는 잃어버린 동물의 생태를 재창조할 수 없다는 것은 명백하다.

안쪽을 보고, 바깥쪽을 바라본다 - 무엇이 다른가?

도시의 자연생태계에 유용하고 순기능을 가진 동물을 허용하는 문제는 인간에게 불편을 끼치지 않는 범위 내에서 합의를 이룬다면 충분히 가능한 일이다.

도시 내에서 생태학적으로 유용한 동물의 예는 다음과 같다. 말, 조랑말, 당나귀는 지구 내의 교통수단이나 스포츠의 수단으로 이용할 수 있다. 또한, 돼지는 음식물 찌꺼기의 재활용과 식용으로, 오리와 닭은 알과 식용으로 이용할 수 있다. 젖소와 염소에게서는 우유를 얻을 수 있고, 벌에게서는 꿀과 수분작용을 기대할 수 있다. 그리고, 조류는 곤충 개체수 균형을 잡는데 도움이 된다.

이를 위해서 두 가지의 문제를 극복해야 한다. (1) 동물 중에 많은 수가 법률에 의해서 도시로부터 격리되었는데, 이는 이 동물들이 교통을 방해하고 길에다가 배설물을 남기며, 질병을 옮기기 때문이다. (2) 많은 동물들은 현대도시의 환경에서 보호 없이는 살아남을 수 없다. 그렇기 때문에, 이러한 문제들을 극복하기 위해서 특별한 법률조항을 만들 필요가 있다.

그러므로,

사람들이 자신들의 사유지나 축사에서 동물을 기를 수 있도록 허용하는 법률조항을 만든다. 그리고 울타리가 쳐져 있고 외부로부터 보호받는 공유지를 만든다. 그곳에는 풀, 나무, 물이 있고 동물들이 자유롭게 풀을 뜯을 수 있도록 한다. 근린 내에 아스팔트로 포장되어 있지 않은 동물 전용 통로를 적어도 하나 정도 만든다. 이 통로는 따로 청소를 하지 않아도 되기 때문에, 동물들의 배설물은 문제가 되지 않는다.

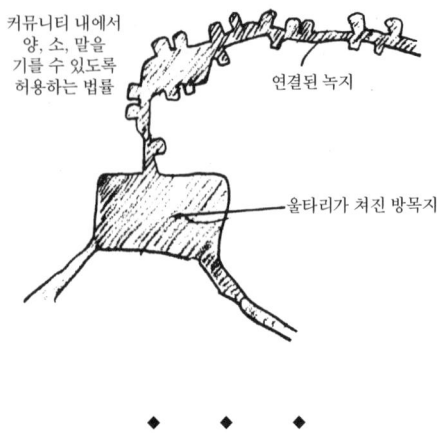

커뮤니티 내에서
양, 소, 말을
기를 수 있도록
허용하는 법률

연결된 녹지

울타리가 쳐진 방목지

◆　　◆　　◆

　가축이나 야생 동물을 위해서, 도시 전역의 녹지 - 녹지 가로(51), 접근 가
능한 녹지(60)를 연결해서 연속적인 지대를 형성하도록 한다. 동물을 위한
공유지를 어린이집 근처에 배치하여서 아이들이 동물을 돌볼 수 있도록 한
다 - 어린이집(86). 배설물이 문제가 된다면, 배설물을 모아서 비료로 사용
할 수도 있을 것이다 - 퇴비(178) ----…

공유지, 클러스터, 직장 커뮤니티의 틀 안에서
독립적인 가장 작은 단위(가족, 작업그룹, 모임 장소)의 변화를 촉진시킨다.
다음은 가족과 관련된 형태에 대한 설명이다.

75. 가족
76. 소가족을 위한 주택
77. 부부를 위한 주택
78. 독신자를 위한 주택
79. 자택

75. 가족*

THE FAMILY

⋯ᐧ 이제 자신의 집을 짓기로 결심하였다고 가정해 보자. 만약, 당신이 자신의 집을 제대로 배치한다면, 그 집은 클러스터 또는 연립주택, 계단식 주택의 형성에 도움이 된다 - 주택 클러스터(37), 연립주택(38), 계단식 주택(39). 또한, 집의 올바른 배치는 직장 커뮤니티를 활기차게 하는 데 도움을 준다 - 사이의 주택(48). 이 패턴에서는 가정의 사회적 특징에 대한 필수적인 내용에 대해서 설명할 것이다. 이 패턴을 올바르게 사용한다면 커뮤니티 내의 인생의 주기(26), 세대의 혼합(35)을 개선하는 데에도 도움이 된다.

◆　◆　◆

핵가족 그 자체만으로는 올바른 사회 형태가 아니다.

몇 년 전까지만 하더라도 인간 사회는 대가족 제도를 기반으로 하였다. 가족은 부모, 아이들, 조부모, 숙부, 숙모, 사촌들의 최소 3세대로 구성되어 있었으며, 이들 모두는 단일세대 또는 느슨하게 결합된 복합세대로서 함께 생활했다. 그렇지만, 오늘날 사람들은 결혼을 위해서, 교육을 위해서, 그리고 직업을 위해서 수백 마일을 이동한다. 이러한 상황에서 유일하게 남은 가족의 형태는 핵가족이다. 핵가족은 부모와 아이로 구성된다. 그리고, 이중 수많은 가족들이 부모의 이혼이나 별거로 인하여 더욱 붕괴되어 있다.

유감스럽게도 핵가족이 성공적인 사회 형태가 될 것이라고는 생각하지 않는다. 핵가족의 구성원 수는 너무 적어서, 각 구성원은 가족 내의 다른 구성원과 너무 긴밀하게 연결되어 있다. 어떤 구성원이 가족 내의 다른 구성원과 가족 관계가 안 좋아지면 불과 몇 시간 내에 상당히 심각한 상태가 될 수 있다. 예전 같으면 숙부, 숙모, 손자, 사촌, 형제들 속에서 간단히 피했을 문제도 불화가 되어 가족구성원들을 불편한 상황으로 이끌고 만다. 의존성의 심화는 아이들을 지나친 의존의 희생양이 되게 하거나 오이디푸스 콤플렉스를 경험하게 한다. 또한, 부부가 이러한 이유 때문에 이혼하는 경우도 있다.

슬레이터Philip Slater는 미국 가정의 이러한 상황에 대해서 연구하였는데, 가족 구성원 중 성인 특히 여성의 경우 우울함이나 상실감을 느끼고 있음을 발견하였다. 이 현상의 원인은 매우 단순하다. 가정에서의 일상적인 체험이 깊고 풍요로워질 정도로 가족구성원이 충분하지 못하다는 것이다. 또한, 함께하는 활동도 충분치 않은 원인도 있다.[Slater 1970]

인생의 기복에서 자신을 지탱하기 위한 평안과 인간 관계를 유지하기 위해서는, 한 가정의 가족구성원이 최소한 12명 이상이어야 한다고 생각한다. 혈연을 기반으로 하는 예전의 대가족 제도가 최소한 지금 상황에서는 사라져가고 있는 것이라 판단되기 때문에, 이를 실현하기 위해서는 10명 또는 그 이상의 작은 가족, 부부 그리고 독신자들이 함께 자발적인 '가족'을 구성해야 하리라 본다.

헉슬리Aldous Huxley는 자신의 마지막 작품인 『섬Island』에서 가족 관계 발전의 아름다운 모습을 다음과 같이 묘사하였다.

"팔라의 아이Palanese child는 몇 개의 가정을 가지고 있나요?"

"대략 스무 개 정도 됩니다."

"스무 개? 대단하군요!"

수시라는 다음과 같이 설명하였다. "우리 모두는 MAC공동양육클럽, Mutual Adoption Club에 속해 있습니다. 각각의 MAC는 대체로 15~20쌍 정도의 부부로 구성됩니다. 새로 선발된 신혼부부, 자신들의 아이를 키우고 있는 선배부부, 조부모와 증조부모들, 클럽에 가입된 모두가 모든 아이들을 양육합니다. 우리는 진짜 혈연 관계 이외에도 대리부모, 대리숙부, 숙모, 대리형제, 자매, 유아, 십대들로 할당된 가족이 있습니다."

윌Will은 고개를 가로저었다. "한 가정에서 자라는 것이 아니고 스무 개의 가정에서 자라는 것이군요."

"전에 있던 것은, 당신의 가족과 같은 형태의 가족이었죠." 마치 요리책을 읽는 것처럼 그녀는 계속 이야기 했다. "성적으로 서투른 한 명의 임금노예, 한 명의 불만족스러운 여성, 2~3명의 조그만 텔레비전 중독자를 프로이트 이론과 약간 희석한 크리스트교로 섞어서 양념장에 재워두고, 방 4개의 아파트에 확실히 밀폐해서, 자신들만의 주스를 만들기 위해서 15년간 끓이죠. 우리의 요리법은 다소 달라요. 성적으로 만족한 20쌍의 부부와 그의 자식들을 선택하는 거죠. 그리고 과학, 직관, 유머를 같은 양으로 넣어요. 그리고 탄트라 불교에 담아서 냄비의 뚜껑을 덮지 않고 애정이라는 상쾌한 불꽃으로 계속 끓이면 됩니다."

"뚜껑을 덮지 않은 냄비에서는 어떤 요리가 완성됩니까?" 그가 물었다.

"완전히 다른 가족이요. 당신의 가족들처럼 배타적이지 않고, 운명 지위지지도 않았으며, 강제적이지도 않습니다. 포괄적이며, 자유롭고, 자의적인 가족입니다. 20쌍의 부모, 이전 부모였던 8~9명, 고른 연령대의 40~50명의 자녀들이지요."[Huxley 1962]

자의적인 대가족을 위한 물리적 환경에는 프라이버시와 공동체 의식 사이의 균형이 필요하다. 각각의 작은 가족, 개인, 각 부부 들은 각자 자신들의 영역에 대한 요구에 따라서, 거의 독립적인 세대에 근접한 사적인 영역이 필요하다. 그러나, 코뮌건설운동the movement to build communes에서 대부분의 그룹이 프라이버시에 대한 요구를 심각하게 받아들이지 않아 왔다는 것이 우리가 경험해 온 바이다. 프라이버시를 극복해야 하는 대상으로만 여기며 과소평가 해온 것이다. 그렇지만, 프라이버시는 인간의 기본적인 요구이기 때문에, 개인이나 각각의 작은 가정이 스스로 프라이버시를 조절하는데 물리적 환경이 적합하지 않다면, 이는 분명히 문제를 일으킬 것이다. 그러므로, 우리는 개인, 부부, 젊은이와 노인과 같은 각각의 하위그룹이 법이 허용하는 한 자신들만의 독립적인 세대를 구성하도록 물리적 형태를 취하는 것을 제안한다. 경우에 따라서는 물리적으로 분리된 세대나 별채형 주택의 형태일 수도 있다. 그러나, 최소한 독립된 방, 독립된 스위트, 층으로 나누도록 한다.

따라서, 개인의 영역은 공용 공간이나 공용 기능으로부터 물리적으로 구분된다. 가장 필수적인 공용 공간은 부엌, 앉아서 음식을 먹는 장소 그리고 정원이다. 한 주에 최소한 몇 번 정도라도 모두가 함께 모여 식사를 하는 것은 집단을 하나로 묶는 데 가장 큰 역할을 할 것으로 생각된다. 식사나 요리를 하는 시간은 육아, 집수리, 사업계획 등 어떤 주제라도 편안하게 이야기할 수 있는 격식을 차리지 않은 회의와 같은 시간을 제공한다 - **함께하는 식사**(147).

때문에, 농가의 부엌과 같은 큰 가족실을 제안한다. 가족실은 모든 구성원들이 하루의 일과를 마치고 자연스레 모여들 수 있도록 주택지 내의 가장 큰 교차로가 있는 곳, 즉 심장부에 배치한다. 다시 한 번 말하지만, 가족의 형태에 따라서 가족실은 작업장과 정원을 가진 분리되어 있는 건물이 될 수도 있다. 또한, 기존 건물에 붙어 있는 부속실이나, 2~3층 건물에서 한 층을 통째로 사용하는 것도 가능하다.

이미 사회 내에서 자의적인 세대그룹을 형성하는 프로세스가 존재하고 있음을 나타내는 몇 가지의 증거가 있다.[Hellie 1972] 자의적인 가족 단위의 확산을 촉진하는 한 가지 방법은 누군가가 자신의 주택, 방, 아파트를 양도하거나 매도할 때, 우선 자신의 주변에 사는 이웃들에게 알리는 것이다. 그렇게 하면, 이웃들은 자신들의 친구들 중에서 그 집에 살고 싶어하는 사람을 찾을 것이고, 자신들의 '가족'을 늘릴 수 있다. 만약, 친구들이 이사를 온다면 그들은 공용 공간 등을 조정해서, 실제로 기능하는 세대그룹을 만들어 나갈 수 있는 것이다. 주택 간의 연결 통로를 만들거나, 벽을 허물고 방을 늘릴 수도 있다. 만약, 몇 달 안에 주변의 사람들이 그 주택에 살 사람을 구하지 못했다면, 일반적인 부동산 시장에 내놓도록 한다.

그러므로,

8~12명이 공동세대를 구성하는 데 기여할 수 있는 방법을 고안한다. 형태적으로 중요한 사항은 다음과 같다.

1. 대가족을 구성할 개인이나 집단을 위한 개인적인 영역: 부부의 영역, 개인실, 작은 가족들을 위한 하위세대.

2. 공동의 기능을 수행하는 공용 영역: 요리, 일, 정원 가꾸기, 육아.

3. 주택지의 가장 중요한 중심에는 모든 세대그룹의 구성원들이 모여서 함께 앉을 수 있는 장소를 마련한다.

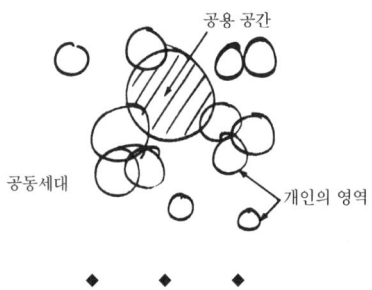

공용 공간

공동세대

개인의 영역

◆ ◆ ◆

세대그룹 내의 각 개별 세대는 어떠한 경우라도 자신들이 관리하는 명확하게 구분된 자신들만의 영역을 가져야 한다 - 자택(79). 개별 세대의 특성에 따라서 각 개인의 영역을 다룬다 - 소가족을 위한 주택(76), 부부를 위한 주택(77), 독신자를 위한 주택(78). 그리고, 개인의 영역 사이에 공용 공간을 만드는데, 그곳에서는 다른 작은 세대의 구성원들이 함께 모여 식사를 할 수 있도록 한다 - 중심부의 공용 공간(129), 함께하는 식사(147). 건물, 정원, 주차, 주변환경 등의 형태에 대해서는 복합건물(95)에서 시작한다 ---…

76. 소가족을 위한 주택*

HOUSE FOR A SMALL FAMILY

···가족(75)에 따르면, 각각의 핵가족은 하나의 세대로서 큰 세대그룹의 구성원이 되어야 한다. 만약 이것이 불가능하다면, 소가족을 위한 집을 지을 경우에는 이웃세대와 협력하여 조금이라도 큰 세대그룹을 형성할 수 있도록 노력한다. 그러나, 어떤 경우라도 최소한 주택 클러스터의 시작점을 형성하도록 한다.

◆　　◆　　◆

소가족을 위한 주택에 있어서 가장 중요한 것은 아이와 어른의 관계이다.

대부분의 작은 가정은 잘 갖추어진 육아실을 갖출 정도로 넓지 않고, 보모를 고용할 정도로 부유하지 않기 때문에 실내는 아이들로 뒤덮인다. 아이들은 자연스레 어른들이 있는 장소에 있고 싶어하고, 어른들은 어떤 특정 장소로부터 아이들을 멀리하게 할 마음도 기력도 없다. 그렇기 때문에 옷, 낙서, 부츠, 신발, 세발자전거, 장난감 트럭, 혼잡으로 인하여 집안 전체가 아이들 방처럼 되어버린다.

하지만, 조용함과 청결함, 어른들만의 조용함을 집안 전체에서 포기하고 싶어하는 부모는 거의 없다. 이러한 균형을 잡기 위해서, 소가족을 위한 주택은 뚜렷이 구분되는 3개의 영역이 필요하다. 어른들을 위한 부모의 영역, 아이들의 요구가 지배하는 아이들의 영역, 부모와 아이들을 이어주는 공용의 영역이다.

부부의 영역은 방이 그 영역의 일부가 되겠지만, 한 개 이상이어야 한다. 부부의 영역은 부부를 아버지와 어머니가 아닌, 두 남녀로서 유지시키는 공간이다. 그리고, 부부생활이 아이들, 친구들, 직업 등과 연관이 되기에 어른으로서 또는 개인으로서 자연스럽게 자신을 표현할 수 있는 공간 또한 필요하다. 아이들은 이 영역을 드나들 수 있다. 그렇지만, 아이들이 부부의 영역에 있을 때는 완벽한 성인의 세계에 있는 것이다. 이에 대해서는 **부부의 영역**(136)을 참고한다.

아이들의 세계 또한 아이들이 공유하는 영역 즉, **아이들의 영역**(137)으로 생각되어야 한다. 여기에서 중요한 것은 아이들의 영역은 다른 영역들과 균형이 잡혀 있는 집안에서의 한 부분이어야 한다는 것이다. 다시 한 번 말하자면, 가장 결정적인 점은 어른들이 아이들의 영역에 들어서면 아이들의 영역에 있다라는 것을 인지할 수 있어야 하고 서로 공감할 수 있어야 한다는 것이다. 한편 공용 영역은 아이들과 어른들이 공유하는 기능들을 포함한다. 즉 함께 먹고, 함께 앉아 있고, 게임을 하고 혹은 같이 목욕을 하거나, 정원을 꾸미는 것 등 공용 영역 안에서 만족할 수 있는 요구라면 어떤 것이라도 가능하다. 공용 영역이 다른 두 영역보다 커질 가능성이 매우 크다.

마지막으로, 이 패턴은 최근 건설되고 있는 소가족을 위한 주택의 형태와는 매우 다르다는 것을 깨달아야 한다. 예를 들어, 최근 유행하고 있는 주택은 침실과 공용 공간으로 이루어진 교외의 투파트 하우스two part house이지만, 이러한 주택은 이 패턴과 비교하였을 때는 매우 다른 특성을 지닌다.

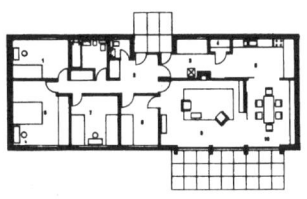

전형적인 교외의 투파트 하우스

투파트 하우스에는 '부부침실'이 있기는 하지만, 아이들 방이 부부침실을 둘러싸고 있기 때문에 수면 공간은 기본적으로 하나가 된다. 이 플랜에는 우리가 제안하는 특징이 전혀 보이지 않는다.

다음은 우리가 제안하는 특징들을 지닌 플랜이다.

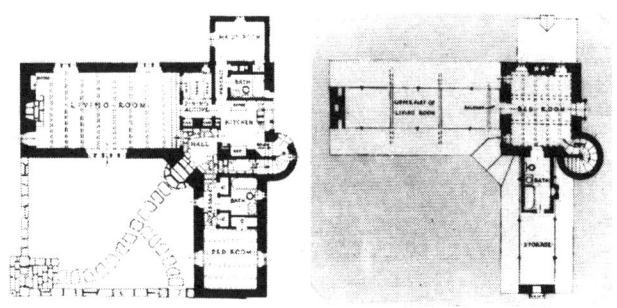

쓰리파트 주택 - 상층이 부부의 영역이다.

그러므로,

구별되는 세 영역으로 집안을 나눈다. 부부를 위한 영역, 아이들을 위한 영역 그리고 공용 영역. 이 세 영역은 대략 비슷한 크기이지만, 공용 영역을 가장 넓게 한다.

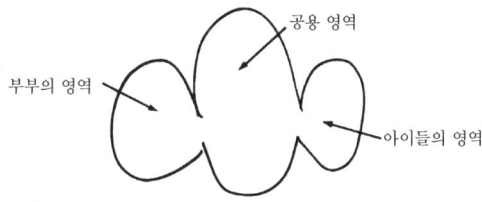

공용 영역

부부의 영역

아이들의 영역

　소가족을 위한 주택도 다른 주택과 마찬가지로, 하나의 뚜렷한 영역이 되도록 계획한다 - 자택(79). 세 가지 주요 부분은 그에 해당하는 특정한 패턴을 따라서 만든다 - 중심부의 공용 공간(129), 부부의 영역(136), 침실 클러스터(143). 그리고, 아이들의 영역(137)에 따라서 공용 공간과 침실 클러스터를 연결한다 ---…

77. 부부를 위한 주택*

HOUSE FOR A COUPLE

····다시 한 번 말하지만, 이상적으로 모든 부부는 큰 공동 세대그룹의 한 구성원이다 - 가족(75). 만약 그렇게 될 수 없다면, 공동 세대그룹을 형성하는 출발점이 될 수 있도록 몇몇의 이웃세대와 긴밀한 관계를 유지할 수 있는 부부를 위한 주택을 짓는다. 이 또한 불가능하다면 최소한 주택 클러스터(37)의 기초를 형성하도록 노력한다.

◆ ◆ ◆

부부 두 사람이 함께 사용하는 소규모 세대에서 발생하는 가장 중요한 문제는 독자성이나 프라이버시를 가질 수 있는 기회가 너무 적다는 것이다.

다음과 같은 관계를 고려한다.

1. 물론, 부부는 함께 생활하고 친구를 초대하고 둘만의 공간이 될 수 있는 서로 공유하는 영역을 필요로 한다. 이 영역은 둘이 공유하는 기능으로 구성되어야 한다.

2. 그렇지만, 각자는 자신의 독자성을 유지하려고 노력하고 있으며, 상대의 개성이나 부부로서의 특징에 빠져들지 않으려고 노력한다. 부부 각각은 이러한 요구를 만족시킬 수 있는 공간이 필요하다.

그렇기 때문에, 부부를 위한 주택은 두 사람이 함께할 수 있는 공간임과 동시에, 때로는 부부 중 한 사람이 홀로 남겨졌다던가 고립되었다는 느낌을 받지 않으면서 편안하고도 당당하게 혼자만의 시간을 가질 수 있는 곳으로 생각되어야 한다. 때문에, 집안에는 두 개의 작은 장소가 필요하다. 이 장소는 방이나 알코브 혹은 낮은 벽으로 둘러싸인 구석이 될 수 있는데, 완벽하게 개인의 영역으로서 인지되어야 한다. 이곳에서는 각자 혼자가 될 수 있으며, 자신만의 활동을 추구할 수 있다.

그렇지만, 부부생활에 있어서 프라이버시의 균형에 관한 문제는 까다롭다. 집안의 다른 부분과 거의 연결되지 않은 자신만의 장소라 하더라도 때로는 홀로 남겨졌다고 느끼게 할 수 있다. 우리는 이 문제를 해결하는데, 이 패턴이 제안하고 있는 해결책이 도움이 되리라 생각하지만, 부부가 다른 성인들과의 친밀하고 가족 같은 관계를 유지할 수 있어야 문제는 해결된다고 생각한다. 그렇게 되면, 부부 중 한 사람이 프라이버시가 필요한 상황에서, 다른 한 사람은 교류할 수 있는 다른 사람을 쉽게 찾을 수 있는 기회를 갖기 때문이다. 이 개념과 실제적인 적용은 가족(75)에서 논의하였다.

부부가 서로에게서 혼자가 될 수 있는 기회를 가질 수 있다면, 이는 부부가 함께 할 수 있는 진정한 기회도 가질 수 있다는 것을 뜻한다. 그렇게 되면, 집은 진정한 친밀의 공간, 진정한 부부 간의 연결이 존재하는 공간이 될 수 있을 것이다.

그렇지만, 부부의 주택에 있어서는 꼭 다루지 않으면 안 되는 고유한 문제가 있다. 부부생활의 첫 몇 년 간은, 서로에 대해 보다 더 잘 알게 되며 미래를 함께 할 수 있을지에 대해 생각하는 시기인데, 여기서 주택의 개선은 매우 중요한 역할을 한다. 집을 개선하고 고치고 넓히는 것은 부부가 서로에 대해서 더 많이 배울 수 있는 기회를 제공한다. 이러한 행위를 통해서 충돌이 발생하기도 하지만, 다른 행위들과는 다르게 해결책과 성장의 기회 또한 제공한다. 이는, 처음부터 꿈 같은 집을 짓거나 구입하는 것이 아닌, 수년에 걸쳐서 점차적으로 개선해 나아갈 수 있는 집을 찾는 것이 바람직하다는 것을 의미한다. 집을 조금씩 개선해 나아가는 것, 집을 자신의 생활에 맞게 바꾸어 나가는 경험은 그들의 성장에 많은 도움을 준다. 때문에, 성장과 변화에 대하여 많은 가능성을 지니고 있는 작은 집부터 시작하는 것이 가장 좋다고 할 수 있다.

그러므로,

부부를 위한 주택은 서로 공유하는 영역과 개인의 영역으로 이루어져야 함에 유의한다. 공유하는 영역은 반은 사적이고 반은 공적인 공간으로 생각하며, 개인의 영역은 완벽히 개인적이고 사적인 공간이 되도록 한다.

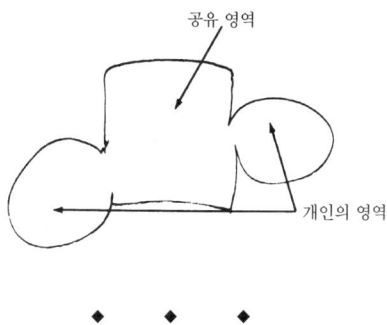

공유 영역

개인의 영역

◆　　◆　　◆

다시 한 번 말하지만, 주택은 그곳에 살고 있는 사람들의 삶의 방식에 의해 확실히 구분되는 하나의 영역으로 다룬다 - 자택(79). 부부의 영역(136)에 따라 개인의 영역을 제공하도록 한다 - 자신의 방(141) - …

78. 독신자를 위한 주택*

HOUSE FOR ONE PERSON

···- 독신세대는 다른 무엇보다 일종의 아주 큰 세대의 한 부분일 필요가 있다. - 가족(75). 독신자를 위한 주택은 보다 큰 세대그룹에 적절하게 녹아들도록 만들거나, 그렇지 않으면 다른 평범한 세대 즉, 소가족을 위한 주택(76), 부부를 위한 주택(77)에 붙여서 다른 주택의 별채가 되도록 한다.

◆　　◆　　◆

독신세대가 세대그룹의 한 부분이 되었을 때 발생하는 최대의 문제는 단순성에 대한 요구이다.

주택시장에서는 한 사람을 위해서 특별히 지어진 주택이나 아파트를 찾아 볼 수 없다. 독신으로 살기를 선택한 사람들의 대부분은 원래 부부나 가족을 위해 지어진 큰 주택이나 아파트에 살고 있다. 독신자에게 이와 같은 넓은 집은 생활하기 불편하고, 또한 관리도 용이하지 않다. 이중 가장 중요한 문제는 넓은 집에서 사는 것은 그들의 인생에 있어서 자족성, 단순성, 간편성, 경제성에 관한 발전을 저해한다는 것이다.

한 사람의 요구에 가장 적합하며 이와 같은 문제를 극복하기 위해서 가장 적절한 주택 형태는 최소한의 것들만이 갖추어진 극도로 단순한 주택일 것이다. 단순한 주택은 모든 모서리, 테이블, 선반, 꽃병, 의자, 통나무 등이 가장 단순한 요구에 의해서 만들어진 장소이며, 필요한 것과 필요 없는 것이 잘 조화되어 독신자의 생활이 숨김없이 드러난 공간이 되어야 한다.

계획의 특성상 독신자 주택은 다른 형태의 주택들과 매우 다르다. 독신자 주택에는 공간의 구분이 거의 필요 없기 때문이다. 즉, 독신자 주택은 하나의 공간으로도 충분하다. 주택 혹은 큰 건물 내에 포함되어 있는 별채형 주택이나 스튜디오식 주택일 수도 있고, 세대그룹의 한 부분을 사용하거나 독립구조물이어도 된다. 독신자 주택은 본질적으로 중심적인 공간과 중심적인 공간 주변의 구석 공간으로 구성된다. 구석 공간은 큰 주택일 경우 방으로 사용되는 공간으로서, 독신자 주택일 경우에는 침실, 욕실, 부엌, 작업실, 출입구 등으로 이용된다.

이 책에서 사용되는 많은 패턴들이 작은 주택 내에서도 사용될 수 있다는 사실을 깨닫는 것은 매우 중요하다. 작은 규모라 하더라도 형태의 풍부함을 제한하지는 않는다. 작은 규모에서의 패턴 사용방법은 패턴을 강화하고, 겹치고 압축하고, 표현을 간략화하기 위해서 줄이고, 모든 부분이 두 배의 역할을 하도록 하는 것이다. 만약, 이 패턴들이 올바르게 사용된다면, 작은 주택이라 할지라도 완벽한 연결성을 느낄 수 있을 것이다. 즉, 수프 한 그릇을 만들기 위해서 집안 전체를 소리 내며 돌아다닐 필요는 없는 것이다. 만약 공간이 방들로 나누어져 있다면, 이 같은 연결성은 생기지 않을 것이다.

사실, 앞서 설명한 것과 같은 작은 주택을 도시 내에서 건설하는 것은 거의 불가능하기 때문에, 즉 작은 토지를 확보할 수 있는 방법이 거의 없기 때문에, 이 패턴의 적용에는 특별한 주의를 기울일 필요가 있다. 지역지구제*
나 금융제도는 작은 토지를 제한하며, 보통 토지를 한 사람의 요구에 맞는 집을 지을 규모로 분할하는 행위 또한 금지하고 있다. 이 패턴의 올바른 개발을 위해서는 법령의 개정이 필요할 것이다.

그러므로,

독신자를 위한 주택은 가장 단순한 장소가 되어야 한다는 것을 기억하자. 기본적으로, 크고 작은 다수의 알코브가 있는 하나의 공간으로 구성된 작은 주택이나 스튜디오식 주택으로 생각한다. 독신자를 위한 주택을 가장 작게 계획했을 경우, 주택 전체의 크기는 300~400제곱피트약 28~37㎡를 넘지 않을 것이다.

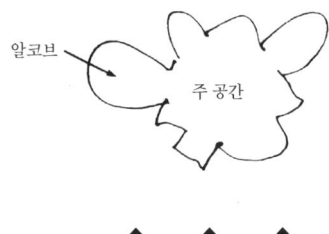

그리고, 다시 한 번 이야기 하지만 주택은 개인의 독자적인 영역이며, 주택이 아무리 작더라도 개인의 정원을 가질 수 있도록 한다 - 자택(79). 기본적으로 가장 주된 공간을 농장형 주택의 부엌과 같이 만든다 - 농가의 부엌(139). 앉고, 일하고, 목욕하고, 잠을 자며, 옷을 갈아 입는 장소로 사용될 수 있는 알코브를 설치한다 - 욕실(144), 창가(180), 둘러싸인 작업 공간(183), 침대 알코브(188), 드레스룸(189). 만약, 노인 또는 젊은 독신자를 위한 독신자 주택이라면, 다음의 패턴을 참고하여 계획한다 - 노인의 별채(155), 10대의 별채(154) ----…

79. 자택**

YOUR OWN HOME

···- 가족(75) 패턴에 따라서, 각각의 개별세대는 보다 큰 세대그룹의 한 구성원이 되어야 한다. 그렇지만, 개별세대가 세대그룹에 속해 있건 그렇지 않건 간에, 각각의 개별세대는 완벽히 자신들에 의해 관리되는 자신들만의 영역을 가지고 있어야 한다 - **소가족을 위한 주택(76)**, **부부를 위한 주택(77)**, **독신자를 위한 주택(78)**. 이 같은 영역에 대한 요구를 정의하는 이번 패턴은, 개별세대를 위한 개인적 영역이 확실히 나뉘어져 있지 않고 밀도가 높은 주택 클러스터 즉, **연립주택(38)**, **계단식 주택(39)**의 형성에 도움이 된다.

◆　　◆　　◆

인간은 자기 집이 아닌 곳에서는 진정으로 편안함을 느끼거나 건강할 수 없다. 개인 임대이건 공공 임대주택이건 모든 종류의 임대 형태는 주민이 안정적이고 자신을 치유할 수 있는 커뮤니티를 형성하도록 하는 자연적인 프로세스를 저해한다.

투자용 부동산

인간의 마음속의 변하지 않는 원시적인 언어에서, 집이라고 하는 것은 나의 집, 너의 집 그리고 인간 모두 집을 의미한다. 집은 인간이 우주의 신비함과 벌인 주사위 승부에서 이겼기 때문에 쟁취한 것이기도 하다. 집은 인간을 침해하려고 위협하는 혼란으로부터 자신을 지키는 수단이다. 그러므로, 자기 가족 이외의 다른 사람과는 공유하지 않는 자신만의 집이라는 것은 인간의 심원한 소망이다.[Buber 1969-1]

이 패턴은 사유재산이나, 토지를 사고 파는 과정에 대한 논쟁으로서의 의도는 가지고 있지 않다. 사실, 경제적인 이익을 위하여 토지에 대한 투기를 하는 모든 행위는 건강하지 못하며 파괴적이다. 왜냐하면, 이러한 행위는 집을 자신의 요구에 맞추려는 사람보다는 집을 상품으로 취급하고 되팔기 위해서 집을 짓는 사람들을 불러모으기 때문이다.

투기나 이윤 추구 행위와 마찬가지로 임대차제도의 존재 또한 사람들이 주택을 자신의 요구에 맞추려는 행위를 불가능하게 한다. 때문에, 임대주택지는 언제나 가장 빨리 슬럼가로 변한다. 이 메커니즘은 매우 분명하고 잘 알려져 있으며, 이에 대해서는 스턴리브Geroge Sternlieb의 『빈민 공동주택의 임대주The Tenement Landlord』를 참고해도 좋을 것이다.[Sternlieb 1966] 임대주는 임대 건물의 유지관리비나 수리비용을 최소한으로 줄이려 한다. 그리고, 거주자는 자신이 살고 있는 곳의 유지관리나 수리에 비용을 들여야 하는 동기가 없다. 거주자가 임대 건물을 개선하고자 한다면 이는 임대주의 재산을 증식시켜 주는 행위가 된다. 왜냐하면, 주택이 개선된다면 집세가 올라가는 것이 당연하기 때문이다. 결과적으로, 임대 건물은 시간이 지남에 따라서 노후화되고 만다. 그래서, 임대주들은 정원 바닥을 콘크리트 바닥으로 대체하고, 카페트는 리놀륨lineoleum*으로 바꾸며, 목재로 만들었던 바닥 대신에 포마이카formica*를 사용하는 등 관리가 필요 없는 임대 건물을 만들려고 한다. 이는 유지관리로부터 자유로운 주택을 만들고, 슬럼화를 막으려는 새로운 시도이기는 하지만, 그로 인해 따뜻함을 잃고 무미건조한 주택이 된다. 때문에, 아무도 그러한 곳을 원하지 않게 되고 결국엔 슬럼화되어 버리는 것이다.

사람들은 자신들의 요구에 맞게 집을 고치고 필요한 것을 채우거나, 자기 취향에 맞게 정원을 재배치하는 것 등으로 가능한 자신의 집에서만큼은 편안함을 느끼려 한다. 또한, 이와 같은 행위는 집과 토지가 법적으로 자신의 소유일 때 가능하다. 고층고밀의 주택에서는 각 주호가 명확히 나누어진 구역을 가지고 있어야만 거주자가 자신이 원하는 대로 주택을 개선해 나갈 수 있다.

그렇기 때문에, 모든 주택은 어떤 형태로든 실제 거주자가 소유하지 않으면 안 된다. 또한, 모든 주택은 지상이든 공중이든 상관없이, 주택에 살고 있는 거주자들이 그들이 원하는 대로 주택을 개선해 나갈 수 있어야 한다. 그리고, 투기행위를 막을 수 있는 소유권의 형태도 필요하다.

최근 몇 년 간, 모든 개별 세대에서 진정한 집을 제공하자고 하는 몇몇의 대응책이 제안되었다. 극단적인 예로는 하브라켄Habraken의 '고밀도 지원 시스템'이 있다. 이는 각 가족이 공유하는 상부구조체로서 한 구획을 구입하고 그곳에 점차적으로 자신들의 집을 만들어가는 시스템이다. 그리고, 이와 상반되는 극단적인 예로는 '전원 코뮌'이 있다. 전원 코뮌은 도시를 떠나서 시골에 가정을 만들어 나간다는 개념이다. 그리고, 임대주택의 개선된 형태도 현재의 상황에 도움이 될 수 있는데, 사람들이 자신의 요구에 맞추어서 자신이 임대한 주택을 개조하는 것이 허용되고, 유지관리의 과정에 어느 정도의 재정적인 편의가 지원된다면 말이다. 임대라고 하는 것은 대부분 집을 구매하기 위한 하나의 과정이기 때문에 이러한 방법은 유효하다. 하지만, 임대인이 집의 유지관리에 기울인 재정적 그리고 노동의 투자를 어떠한 방법으로든 회수할 수 없다고 한다면, 임대주택의 노후화와 임대인의 재정적 능력의 저하라는 악순환은 계속될 것이다.[Goetze 1972]

이와 같은 경우에서 알 수 있는 공통적인 요소는 모든 세대들의 '가정'의 성공적인 개발은 아래의 두 조건에 달려 있다는 것이다. 각 세대는 주택 그리고 외부 공간을 포함하는 확연하게 규정된 영역을 가지고 있어야 한다. 그리고, 각 세대는 이 영역의 자유로운 개발에 관한 모든 권한을 가진다는 관점에서의 소유권을 가지고 있어야 한다.

그러므로,

전통적인 임대제도를 없애기 위하여 할 수 있는 모든 것을 한다(사실상 불법이다). 모든 세대에게 충분한 정원을 갖춘 자신들만의 주택을 제공한다. 재정적인 관점에서의 소유권이 아닌, 관리에 관한 소유권의 정의에 중점을 둔다. 거주자에게 주택과 정원의 실질적인 관리권을 부여한다. 투기를 막을 수 있다라면 모든 곳에서 이와 같은 형태의 소유권을 적용하도록 한다. 어떠한 경우라도, 자신의 장소를 개선하거나 수리할 수 있는 법적인 권리와 물리적인 기회를 제공한다. 특히 고층고밀의 아파트에서는 다음과 같은 사항에 주의한다. 아파트의 모든 주호에는 야채를 기를 수 있는 정원이나 테라스가 있고, 고밀이라 하더라도 각 주호는 거주자들이 원하는 대로 신축, 증축, 개축이 가능하도록 한다.

주택의 형태는 복합건물(95)로부터 시작한다. 전면의 폭이 좁고 기다란 토지 형태에 관한 통념은 받아들이지 않도록 한다. 반대로, 모든 주택획지를 가능하면 정사각형이 되도록 하고, 그렇지 않으면 도로에 면한 쪽이 길고 안길이*가 짧게 한다. 이 모든 것은 주택과 정원의 올바른 관계를 위하여 필요한 것들이다 - 반쯤 가려진 정원(111) - ···

다음으로는 모든 형태의 일터와 사무실,
그리고 어린이의 학습그룹까지를 포함하는 작업그룹이다.

80. 자치 운영되는 작업장과 사무실**

SELF-GOVERNING WORKSHOPS AND OFFICES

·····사무·산업현장에서의 일이나 농업현장에서의 일 등 모든 일은 분산된 일터(9)와 띠 모양의 공업구역(42) 그리고 직장 커뮤니티(41)라는 소규모 커뮤니티에 의해 철저하게 분산된다. 이 패턴은 작업 조직의 종류에 상관 없이, 모든 작업 조직에 공통적이며 본질적인 특성을 부여함으로써 위의 세 패턴과 같은 큰 패턴들을 형성하는 데 기여한다.

◆　　◆　　◆

누구라도 자신이 부품처럼 다루어진다면, 그는 자신의 일을 즐길 수 없을 것이다.

인간은 자신이 하는 일의 전반적인 것에 대해 이해하고 있을 때 그리고 완성도에 대한 책임을 가지고 있을 때, 자신의 일을 즐길 수 있다. 그리고, 사회에서 발생하는 모든 일이 소규모 자치 집단에 의해 수행될 때, 인간은 비로소 일의 전반적인 것을 이해할 수 있으며, 일에 대한 책임감도 가질 수 있다. 따라서, 집단은 대면을 통해서 다른 사람들을 이해할 수 있을 정도로 충분히 작아야 하며, 작업자들은 자신들의 문제를 스스로 처리할 수 있을 정도로 자치적이어야 한다.

간단하고 기본적인 명제로부터 이 패턴을 위한 근거를 찾을 수 있다. 일은 삶의 한 요소이며, 일을 하며 그에 대한 정당한 보상을 받게 된다. 이에 반하여 일을 다른 목적을 위한 도구로 취급하는 사고는 비인간적이다. 지금까지 사람들은 이러한 명제를 따라 일의 형태를 묘사하고 제안하였으며, 최근 경제학자인 슈마허E. F. Schumacher는 이러한 태도에 대해서 다음과 같이 훌륭하게 표현하였다.[Schumacher 1968]

불교도의 관점으로 보면 일에는 적어도 세 가지 기능이 있다. 즉, 사람에게 능력을 활용하고 계발하도록 기회를 제공하기 위한 기능, 공동의 작업을 다른 사람들과 함께함으로써 자기중심적인 사고를 극복할 수 있도록 하기 위한 기능. 필요한 물품과 서비스를 생산하기 위한 기능이다. 다시 한 번 이야기하지만, 이러한 관점에서 나오는 결과는 무한하다. 노동자들에게 의미 없고, 지루하며 신경이 거슬리는 일을 요구하는 것은 범죄와도 같다. 이는 함께 일하는 사람보다 상품에 더욱 신경을 쓰는, 동정심이 결여된 현대사회에서의 가장 악질적인 행위라고 할 수 있다. 같은 관점에서, 일의 대안으로서 추구하는 여유는 인류의 기본적인 사실성 중 한 가지를 완전히 오해하는 것이다. 삶의 과정에서의 일과 여유는 보완적인 부분이기 때문에, 이 둘을 서로 분리하는 것은 일의 행복도 여유의 기쁨도 파괴하는 것에 지나지 않는다.

그러므로, 불교도의 관점에서 보면 확연하게 구별되어야만 하는 두 가지 의미의 기계화가 존재한다. 하나는 인간의 기술과 힘을 향상시키는 것이고, 다른 하나는 인간의 일을 기계라는 노예에게 맡기지만 그로 인해 인간은 다시 기계라는 노예를 위해서 봉사해야 하는 상황을 만들어내는 것이다. 이를 어떻게 구분하면 좋을까? 고대 동양과 근대 서양에 대해 상당한 지식을 가지고 있는 쿠마라수와미Ananda Coomaraswamy는 다음과 같이 이야기 하였다. "장인은 기계와 도구의 미묘한 차이에 대해 질문을 받는다면 언제라도 대답할 수 있다. 카페트 직기는 도구이며, 장인의 손끝이 실 사이를 움직일 수 있도록 수평 방향의 실을 당겨주는 역할을 한다. 반면에, 기계 직기는 근본적으로 인간이 할 일을 대신한다는 점에서 문화의 파괴자로서의 의미를 지닌다." 불교도는 문명의 본질을 욕망의 확대가 아닌 인간성의 정화로 보고 있기 때문에, 불교도적 경제론이 현대 물질주의와 매우 다르다는 점은 분명하다고 할 수 있다. 동시에, 인간성은 주로 일하면서 형성된다. 그리고, 인간의 자존과 자유라는 조건하에서 일을 해야 일을 한 사람과 그의 생산물이 동등하게 축복받는다. 인도의 철학자이자 경제학자인 쿠마라파J.C. Kumarappa는 이를 다음과 같이 요약하였다.

"만약 일의 본질이 제대로 인정되고 적용된다면, 음식이 신체에 미치는 영향처럼 일은 삶에서 보다 많은 영향을 미칠 것이다. 이에 의해서 인간은 성장하고 활기를 갖게 될 것이며, 때문에 인간은 인간이 만들 수 있는 최상의 것을 만들 수 있게 될 것이다. 또한, 인간의 자유의지가 적합한 길을 가도록 안내하고 인간에 내재한 동물적 본성을 진보적인 방향으로 이끌 것이다. 그리고, 개성의 개발과 가치의 확장을 표현하는 훌륭한 배경을 제공할 것이다."

이러한 일의 형태와 대조적인 위치에 있는 것이, 지난 2백 년 동안의 기술적 진보에 의해 형성된 일의 형태이다. 이러한 형태에서 작업자들은 기계의 부품처럼 다루어진다. 작업자들은 아무런 결과물도 생성하지 못하며, 책임감이란 전혀 갖지 않는다. 작업자들의 소외는 산업혁명이 낳은 주된 산물이다. 소외는 얼굴 없는 노동자들이 하찮은 작업을 계속하고 정체성을 표현할 수 없는 제품과 서비스를 생산하는 규모가 큰 조직에서 특히 심각하다.

이러한 조직에서 노동조합이 소유주로부터 모든 권력과 이윤을 쟁취할 수 있다 하더라도, 노동자는 본질적으로 자신들의 일에 행복을 느끼지 않는다, 라는 근거가 있다. 예를 들어, 자동차 산업에서 월요일과 금요일의 결근율은 15~20%에 이른다. 그리고, "러시아 공장 노동자들이 경험한 것과 같은 집단 알코올중독"이라는 신문 기사에서도 이와 같은 근거를 찾아 볼 수 있다. 즉, 노동자들이 대화할 수 있도록 인간적인 환경 속에서 일이 진행되지 않는 한, 노동자들은 자신들의 일에서 만족감을 느낄 수 없는 것이다.

또한, 현대산업에서의 일에 대한 불만족은 근래의 공업적 사보타주Sabotage와 노동자의 빠른 전직을 초래하고 있다고 할 수 있다. 오하이오의 로드타운에 있는 제네럴모터스의 자동화 조립공장은 사보타주로 인하여 수주 동안 문을 닫았다. 3대 자동차 회사에서의 잦은 결근은 지난 7년 동안 2배 가량 증가하였으며, 노동자들의 이직률도 또한 두 배가 되었다. 어떤 공업 엔지니어들은 이렇게 믿고 있다. "미국의 일부 공업계에서는 기계화를 지나치게 추진하여 얼마 남지 않은 마지막 숙련작업까지 추방되었다. 인간의 인내력은 마침내 한계에 달했다."[Salpukis 1972]

일과 삶 사이의 연계에 관한 가장 인상적이고 실증적인 증거는 1972년, 미국의 보건교육후생부가 리차드슨Elliot Richardson에게 위탁하여 연구한 '미국의 노동'에서 제시되었다. 이 연구는 인간의 수명에 영향을 미치는 유일한 변수가 흡연이나 진료횟수인가 아니면 얼마나 자신의 직업에 만족하고 있는가에 대한 것이다. 이 보고는 일에 대한 불만족을 크게 두 요소로 보고 있는데, 하나는 노동자의 독립성을 약화시키는 것이고, 다른 하나는 직무의 단순화와 분화 그리고 고립을 증가시키는 것이다. 이러한 현상은 현대의 생산직과 사무직에 만연하고 있다.

그러나, 인류 역사의 대부분 시점에서, 각각의 일이 창조적 관심의 대상이었을 때 제품과 서비스의 생산은 보다 개인적이고 자기통제적인 것이었다. 그리고, 오늘날 이러한 일이 다시 존재하지 말아야 한다는 이유 또한 없다.

예를 들어, 멜먼Seymour Melman은 『의사결정과 생산Decision Making and Productivity』에서 디트로이트와 영국의 트럭 생산을 비교하였다. 그리고, 디트로이트의 경영규칙과 코벤트리Coventry의 갱시스템Gang system을 비교하여, 갱시스템이 보다 높은 완성도의 물건을 생산하고 있으며 이곳 종사자들이 영국의 산업 중에서 가장 높은 임금을 받고 있다는 사실을 보여주었다. "결정 진행방식의 가장 큰 특징은 의사결정에서 작업자 집단에게 최종 권한이 주어져 있다는 것이다."

허니우스Hunnius, 체이스Garson Chase는 오늘날의 일이 이러한 방식으로 조직될 수 있고, 또한 정밀한 기술과 경쟁할 수 있다는 것을 보여주는 프로젝트, 실험, 증거를 수집하였다.[worker 1973]

그리고, 다른 예로서 트리스트E. L. Trist의 「조직적 선택Organizational Choice」과 협스트P. Herbste의 「자율집단의 기능Autonomous Group Functioning」이라는 보고서가 있다. 트리스트와 협스트는 더함Durham에 있는 광물 채굴장에서의 일하고 있는 작업그룹에 대해서 기술하였다.

혼합작업 조직은 채굴이 이루어지는 현장을 포함하는 전체적인 활동에 대해 완전히 책임을 지는 집단이다. 집단의 어느 누구도 작업규칙이 정해져 있지는 않다. 대신, 작업자들은 진행되고 있는 작업의 필요에 의해 효율적으로 배치된다. 기술과 안전이 허용하는 한계에서 작업자들은 자신들의 작업을 자유롭게 조직하고 수행해 나간다.

실험이 입증하는 것은 40~50명 정도되는 상당히 큰 주요 작업그룹은 자기 조절, 자기 계발적인 사회조직으로서 기능해야 안정되고 높은 생산성을 유지할 수 있다는 것이다.[Ward 1966]

우리는 이러한 작은 자치집단이 효율적일 뿐만 아니라 일에 대한 만족을 가능하게 하는 원천이라고 생각한다. 작은 자치집단은 본질적인 만족감과 성취감을 얻을 수 있는 작업 형식을 제공한다.

그러므로,

5~20명으로 구성되고 자치 운영되는 작업장과 사무실의 형성을 장려하도록 한다. 각 집단이 구성, 형식, 다른 집단과의 관계, 고용과 해고, 작업일정에 대해서 자율적으로 관여할 수 있도록 한다. 작업이 복잡하고 큰 조직을 필요로 하는 곳에서는 복잡한 물건과 서비스를 생산할 수 있도록 여러 작업그룹이 연합하고 협력할 수 있도록 한다.

자치 운영되는 작업장

◆　　◆　　◆

각 작업그룹이 건물 내에서 자신만의 공간을 사용할 수 있도록 한다 - 사무실의 연결(82), 복합건물(95). 만약, 작업그룹이 충분히 크고 공공에 관여하는 것이라면, 작업그룹을 여러 자율적인 부서들로 나누도록 한다. 이때, 각각의 작업그룹을 인식할 수 있어야 하며 한 부서당 12명을 넘지 않도록 한다 - 형식적이지 않은 소규모 서비스(81). 협력 작업그룹이나 부서에서는 어떠한 경우라도 모든 작업을 작은 팀으로 나누어 공용 공간에서 각 팀이 함께 일할 수 있도록 한다 - 장인과 도제(83) 그리고 소규모 작업그룹(148) ━‥‥

81. 형식적이지 않은 소규모 서비스*

SMALL SERVICE WITHOUT RED TAPE

···-- 직장 커뮤니티(41), 시장과 같은 대학(43), 지구청사(44), 건강센터(47), 10대의 사회(84)와 같이 공공에 서비스를 제공하는 사무실에는 일반인들이 접근할 수 있는 보조적인 부서가 필요하다. 각각의 작은 부서가 서서히 발전한다면, 위의 큰 패턴들의 점진적인 형성에 도움이 될 것이다.

◆　　◆　　◆

부서들과 공공서비스는 너무 크지 않을 때 제 역할을 할 수 있다. 부서와 공공서비스가 너무 크면, 관료적으로 불필요한 형식이 우선하게 되어 인간적인 특징은 사라진다.

인간적인 요구에 반하는 불필요한 형식과 관료적인 업무에 관한 많은 문헌이 존재한다. 쇠베르크Gideon Sjoberg, 브라이버Richard Brymer, 패리스Buford Farris의 「관료주의와 하위계급Bureaucracy and the Lower Class」[Sjoberg 외 1966]과 굴드너의 「사회적 문제로서의 불필요한 형식Red Tape as a Social Problem」이다.[Gouldner 1952] 이 저자들에 따르면 불필요한 형식은 두 가지 방법에 의해 극복될 수 있다. 첫째로, 각 서비스 프로그램을 작고 자율적이게 하는 것이다. 불필요한 형식이 대부분 거대한 조직 내에서의 비인간적인 관계에 의해 생긴다는 것을 보여주는 많은 예가 있다. 사람들이 얼굴을 맞대고 더 이상 의사소통할 수 없을 때 형식적인 규칙은 형성된다. 또한, 조직의 하위계급에 있는 사람들은 형식적인 규칙에 암묵적이고 제한적으로 따를 수밖에 없게 되는 것이다.

둘째로, 불필요한 형식은 고객과 서비스 프로그램 사이의 수동적인 관계를 개선하는 것이다. 고객이 사회기관과 능동적인 관계에 있으면 기관이 고객을 압도하지 못하는 예가 있다.

때문에, 모든 서비스는 직원과 사무원을 포함해 12명을 넘지 않아야 한다는 결론에 이르게 된다. 12명이라는 인원은 서로 얼굴을 맞대고 앉아 이야기할 수 있는 최대의 인원수라는 사실에 기초한다. 물론, 더 소수의 인원이라면 서비스는 더 나아질 것이다. 더욱이 각 서비스는 상대적으로 자율적이어야 한다. 즉, 상위조직으로부터는 간단한 협동규칙만을 따르는 것이다. 그리고, 자율적인 서비스는 물리적인 자치권에 의해 강화되어야 한다. 물리적인 자치를 위해서, 각 서비스는 전적으로 자신의 관할권 아래 영향력 있는 영역을 반드시 가지고 있어야 한다. 또한, 각 서비스에는 공공의 주요통로로 연결되는 독립된 출입구가 존재하며, 다른 서비스로부터 물리적으로 분리되어 있어야 한다.

이 패턴은 청사, 의료센터 또는 복지기관의 각 부서에 동일하게 적용한다. 대부분, 이 패턴은 기관의 행정관리상 기본적인 변화를 요구할 것이다. 이 변화에는 많은 어려움이 따를 것이지만, 변화는 꼭 필요하다고 생각한다.

그러므로,

공공서비스를 제공하는 어떤 기관이라도,
1. 각 서비스 또는 부서를 가능하면 자율적으로 만든다.
2. 모든 서비스는 직원수가 12명을 넘지 않도록 한다.

3. 각 서비스는 건물에서 인식 가능한 장소에 배치한다.

4. 모든 서비스에는 공공의 주요통로와 직접 연결될 수 있는 접근로를 제공한다.

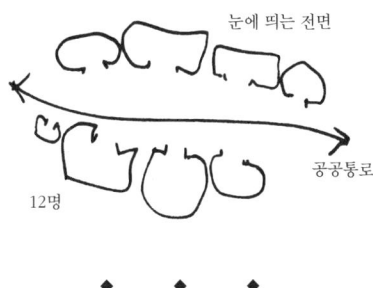

각 부서의 공간배치는 사무실의 연결(82)과 복합건물(95)에 따라서 배치하도록 한다. 만약, 공공통로가 내부 공간이라면 건물 내 통로(101)를 형성하도록 하고, 비슷한 모양의 출입구(102)처럼 서비스의 영역이 눈에 띄게 한다. 커뮤니티의 정치적인 활동과 연결된 서비스인 경우, 시민이나 이용자에 의해 만들어진 특별한 집단이 함께 하도록 한다 - 목걸이 형태의 커뮤니티 활동(45). 부서의 내부 공간을 유연한 사무 공간(146)에 따라 배치하도록 한다. 그리고, 2~3명이 팀을 이룰 수 있도록 공간을 제공하도록 한다 - 소규모 작업그룹(148) ---…

82. 사무실의 연결*

OFFICE CONNECTIONS

···· 어떠한 작업커뮤니티나 사무실이라도 항상 다양한 집단 존재한다. 따라서, 집단을 어떻게 배치할 것인가에 대한 문제는 언제나 중요한 사항이다. 어느 집단이 서로 가까워야 하고, 어느 집단이 서로 멀리 떨어져 있어야 하는가? 이 패턴은 이와 같은 문제에 해결책을 제시한다. 이는 직장 커뮤니티(41), 자치 운영되는 작업장과 사무실(80), 형식적이지 않은 소규모 서비스(81)의 내부 배치를 정하는 데 도움이 된다.

◆　　◆　　◆

만약, 사무실의 두 부분이 너무 멀리 떨어져 있다면 사람들은 그 사이를 필요 이상으로 이동하지 않을 것이다. 그리고, 거리가 한 층 이상이라면 의사소통은 거의 이루어지지 않을 것이다

"현대 건축 방법론에서는 사무용 건물이나 병원의 설계를 하는 경우 근접 매트릭스proximity matrix라는 방법이 자주 사용된다. 이는 공간과 공간 사이의 사람들의 이동량을 보여주는 것으로, 이 방법은 많은 이동이 발생한 공간들은 가장 가까이 붙어 있어야 한다는 암묵적인 가정에서 출발한다. 그러나 자주 언급되는 것처럼 이 개념은 아무런 가치가 없다.

이 개념은 테일러의 과학적 경영관리법의 한 종류에 의해 형성되었고, 사람들의 이동이 적으면 적을수록 이동에 드는 '쓸데없는' 비용을 줄일 수 있다는 점을 전제로 한다. 이러한 분석의 논리적 결말은 사람들을 될 수 있는 한 움직이지 않게 하는, 나아가 하루 종일 의자에 앉아 작업하게 하는 상황에까지 이르게 한다.

중요한 것은 사람들은 오직 자신의 몸과 마음이 건강할 때 가장 일을 잘할 수 있다는 것이다. 하루 종일 다리를 뻗지 못하고 책상 앞에 앉아 있는 것을 강요당하는 사람은 녹초가 될 것이며, 때문에 효율적으로 일을 할 수 없게 된다. 약간의 산책은 우리에게 매우 이롭다. 산책은 건강에 좋을 뿐만 아니라, 기분 전환을 할 수 있는 기회, 어떤 문제에 대한 생각을 바꿀 수 있는 기회, 사무실에서 생기는 일상적인 문제나 오전에 한 일의 상세한 사항에 대해 곰곰이 생각할 수 있는 기회를 준다.

반면에, 만약 어떤 사람이 같은 이동을 여러 번 반복해야 한다면, 이동은 시간 낭비이며 비효율적이고 귀찮은 일이 될 것이다. 왜냐하면, 이러한 이동은 사람을 짜증나게 하고, 너무 멀고 자주라는 이유로 이동을 회피하게 하는 결정적 이유가 되기 때문이다.

사무실에서 일하는 사람이 이동을 귀찮은 일로 느끼지 않는다면, 사무실은 제대로 기능할 것이다. 사무실에서의 여행은 귀찮은 일이라고 느끼지 않을 정도로 충분히 짧아야 한다. (그러나 진짜 여행은 전혀 짧을 필요가 없다.)

이동의 귀찮음은 거리와 빈도 사이의 관계에 달려 있다. 서류 작업을 하기 위해 10피트^{약 3m} 정도를 수차례 이동한다고 해도, 이 때문에 화가 나지는 않는다. 때로는 400피트^{약 120m}를 걸어도 화가 나지 않는다. 아래의 그래프는 거리와 빈도의 다양한 조합에 의한 귀찮음이라는 감정의 경계를 나타내고 있다.

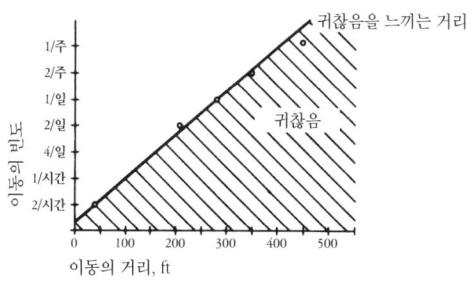

귀찮음을 느끼는 거리

이 그래프는 버클리시 청사에서 127명의 피험자들을 대상으로 한 조사결과를 기초로 하고 있다. 사람들에게 주중 발생한 이동과 그 빈도에 대해 묻고 각각의 이동이 귀찮았는지 물었다.

그래프의 대각선은 각 빈도에 대해 귀찮다고 대답한 거리와 귀찮지 않다고 대답한 거리의 경계를 표시하고 있다. 우리는 이 대각선의 오른쪽 부분을 귀찮음을 느끼는 거리^{Nuisance distance}로서 정의하였다. 어떤 이동 빈도에 대한 귀찮음을 느끼는 거리는 적어도 절반 이상이 그 거리를 귀찮다고 느끼기 시작하는 거리일 것이다. 지금까지 근접성에 관한 우리의 논의는 수평적 거리에 기초한 것이었다. 그렇다면, 계단은 여기서 어떻게 다루어야 하는가? 근접성의 경험에 수직적 거리는 어떤 부분에 작용하는 것일까? 정확하게 말해서, 계단 하나에 해당하는 수평적 거리란 무엇인가? 접근 그래프에 따라, 두 부서 간의 거리가 100피트약 30m 이내여야 한다고 가정해 보자. 그리고, 두 부서가 어떤 이유로 인해 서로 다른 층에 배치되어 있다고 가정해 보자. 그렇다면, 100피트에서 계단이 차지하는 양은 어느 정도가 될까? 또한, 두 부서는 계단을 사이에 두고 과연 얼마나 수평적으로 떨어져 있어야 하는 것일까?

이 질문에 대한 답을 정확히는 알 수는 없지만, 우리는 발표되지 않은 에스타부룩Mariana Estabrook과 솜머Robert Sommer의 연구로부터 몇 가지 간접적인 근거들을 찾아볼 수 있었다. 아래에서 보는 바와 같이, 이 연구는 계단이 얼마나 강력한 법칙으로서 작용하고 있으며, 우리가 생각했던 것 이상의 거리인지 보여준다

에스타부룩과 솜머는 여러 학과가 함께 배치되어 있는 3층 대학건물에서 서로의 친밀도의 형태에 대해 연구하였다. 그들은 학생들에게 다른 학과 사람들을 얼마나 알고 있는지 물었으며 결과는 다음과 같다.

사람들을 아는 퍼센트	학과가
12.2	같은 층
8.9	한 층 떨어진 경우
2.2	두 층 떨어진 경우

학생들은 자신들과 같은 층에 있는 다른 학과의 사람들 중 약 12.2%를 알고 있었으며, 한 층 떨어진 학과의 사람들은 8.9%를, 그리고 두 층 떨어진 학과의 사람들은 2.2%를 알고 있었다. 간단히 말해서 두 층 이상 떨어진 학과 사이에는 비공식적인 접촉이 거의 없었다는 것이다.

유감스럽게도 우리의 접근에 관한 연구가 에스타부룩과 솜머의 연구를 알기 전에 이루어졌기 때문에, 수평적 거리와 수직적 거리 사이의 관계를 정확히 정의할 수는 없다. 하지만, 한 층 분의 계단에 동등할 만한 수평적인 거리는 생각 외로 상당하다는 것은 확실해 보인다. 그리고, 두 층 분의 계단

은 한 층 분의 계단의 거의 세 배에 해당하는 영향을 끼침을 알 수 있다. 이를 기초로 추정한다면, 한 층 분의 계단은 거리의 느낌이라는 상호작용에 있어서 약 100피트의 수평 거리와 동등한 효과를 가지며, 두 층 분의 계단은 약 300피트약 90m의 수평 거리와 동등함을 알 수 있다.

그러므로,

부서 사이의 거리를 정할 때는, 하루 동안 두 부서 사이를 얼마나 오가는지를 계산한다. 그래프로부터 '귀찮음을 느끼는 거리'를 얻는다. 그리고, 두 부서 사이의 물리적 거리가 귀찮음을 느끼는 거리보다 짧아야 함을 확실히 하도록 한다. 한 층 분의 계단을 100피트로 계산하고 두 층 분의 계단은 300피트로 계산하도록 한다.

최대한 두 층

귀찮음을 느끼는 거리 이내

◆　　◆　　◆

부서들이 자리하게 되는 건물은 4층 제한(21)으로 규제하고 복합건물(95) 형태로 만든다. 상층에 있는 모든 작업그룹에는 공공 영역과 연결되는 독립된 계단을 제공하도록 한다 - 보행로(100), 노천 계단(158). 만약, 집단 사이에 내부 복도가 있다면, 내부 복도가 하나의 거리로서 기능하도록 충분히 폭을 넓힌다 - 건물 내 통로(101). 그리고, 각 작업그룹에 확실한 정체성을 부여하고, 눈에 띄는 입구를 두어 사람들이 각 작업그룹을 쉽게 찾을 수 있도록 한다 - 비슷한 모양의 출입구(102) ···

83. 장인과 도제*

MASTER AND APPRENTICES

·--- 커뮤니티 내에서 학습 네트워크(18) 패턴은 학습이 교실에서만 이루어 지는 것이 아니라 모든 활동의 한 부분으로서 분산되어야 한다는 조건이 필 요하다. 이 패턴을 실현시키기 위해서는 산업, 사무실, 작업장, 직장 커뮤니 티 전반에 걸친 모든 작업그룹이 학습의 프로세스를 구성하도록 올바르게 배치되어 있어야 한다. 그러므로, 이 패턴은 필요한 공간의 배치를 보여주 며, 자치 운영되는 작업장과 사무실(80)과 학습 네트워크(18)의 형성에 크 게 기여한다.

◆　　◆　　◆

어떤 일을 제대로 알고 있는 누군가를 보조하면서 일을 배우는 것이 기본 적인 학습 환경이다.

이는 지식을 습득하는 가장 간단하고 매우 효율적인 방법이다. 이에 비해서, 강의와 책을 통한 학습은 먼지와 같이 메마르다. 그러나, 이러한 효율적인 학습 환경은 현대사회에서 점차 사라졌다. 예전의 전문가, 대가, 장인들이 행했던 실제적인 일에 늘 가깝게 밀착되어 있었던 다양한 학습의 방법들은 학교와 대학에 의해서 인수되었고 추상화되어 버렸다. 예를 들면, 12세기의 젊은이들은 장인 곁에서 일을 하며 배움을 얻었다. 즉, 장인들을 보좌하고 사회의 여러 분야를 접하면서 배움을 얻었던 것이다. 젊은이들은 자기 자신이 지식 분야 또는 상업 분야에 기여할 수 있으리라고 생각될 때, 자신만의 '작품'을 만들고 스승의 동의를 얻으면 장인 조합의 일원이 될 수 있었다.

알렉산더와 골드버그Goldberg는 실험을 통해서, 한 사람이 작은 집단을 가르치는 경우에 그 집단이 가장 성공적임을 보여주었다. '선생'이 뭔가를 하면서 문제 해결을 하는 과정에서 '학생'이 실제로 돕는 경우인데, 하지만 이 방법은 추상적이거나 개념적인 분야에서는 적당하지 않다.[Goldberg 1966] 만약, 이것이 일반적 사실이라면(간단히 말해서 학생들이 도제의 입장에서 흥미 있는 일을 도울 때, 가장 잘 배울 수 있다면) 학교와 대학, 사무실 그리고 공장 등에 이와 같은 장인과 도제 관계를 설정하고, 이를 위한 물리적 환경을 제공해야 할 필요가 있다. 이때의 물리적 환경이란 공동작업이 장인의 활동에 초점이 맞추어져 있고, 약 6명의 도제(또는 그 이하)가 스튜디오의 공동작업에 긴밀하게 연결되어 있는 작업장을 이야기한다.

오리건대학교의 분자생물학과 건물에서 우리는 이 패턴에 대한 예를 찾을 수 있었다. 건물의 각 층은 생물학 교수의 지도를 받고 있는 학생들이 사용하는 몇 개의 연구실로 구성되어 있었으며, 각 연구실은 2~3개의 작은 방에 연결되어 있었다.

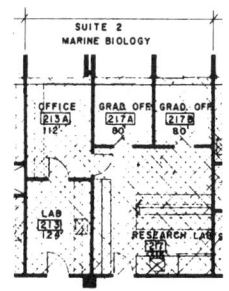

생물학 연구실에 있어서 장인과 도제의 관계

우리는 이 패턴의 변형된 형태를 학교는 물론이며, 다른 많은 작업 조직에서도 적용할 수 있다고 생각한다. 법률, 건축, 의학, 건설, 사회서비스, 공학 등의 수업에 있어서는 독특한 학습법을 설정할 수도 있고, 학습자의 작업환경도 그에 따라 변화될 수 있다.

그러므로,

각 작업그룹, 공장 그리고 사무실에서 일과 학습이 밀접히 연관되도록 일을 배치하도록 한다. 모든 일을 학습을 위한 기회로 다룬다. 이를 위해서, 전통적인 장인과 도제의 전통을 기반으로 일을 조직한다. 장인과 도제가 함께 작업할 수 있도록 작업 공간을 각 단위의 클러스터로 분할하고, 이 같은 형태의 사회 조직이 유지될 수 있도록 한다.

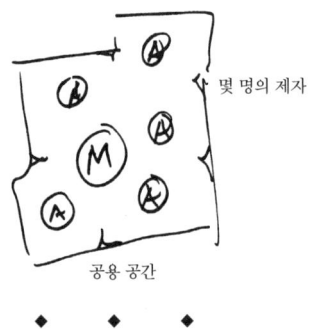

몇 명의 제자

공용 공간

◆　　◆　　◆

작업장을 반 사적인 사무실(152) 또는 둘러싸인 작업 공간(183)으로 계획한다. 작업그룹을 소규모로 유지하고, 공용 공간과 공용 집회실 그리고 모든 집단이 함께 식사를 할 수 있는 장소를 제공한다 - 중심부의 공용 공간(129), 함께하는 식사(147), 소규모 작업그룹(148), 소규모 집회실(151) ┄┄

84. 10대의 사회

TEEN-AGE SOCIETY

····안정된 인생의 주기(26)를 위해서는, 유년기에서 장년기로의 이행 과정이 섬세하게 다루어져야 하고 학교보다 더욱 포용력 있는 십대를 위한 제도가 필요하다. 이 패턴은 이와 같은 제도를 정의한다. 그리고, 학습 네트워크(18)에 이 제도가 자리를 잡는다면 장인과 도제(83)의 네트워크를 형성하는데 도움이 된다.

◆　◆　◆

십대는 유년기와 성인기 사이의 통로와도 같다. 전통적인 사회에서는 이행기의 정신적 요구들에 맞는 의례rite들이 동반되면서 이 통로를 지나가게 했지만, 현재의 고등학교는 이러한 통로를 제공하는 데 완전히 실패하고 말았다.

우리가 알고 있는 전통적인 사회에 대한 예 중에서 동아프리카의 부족의 경우는 가장 인상 깊다. 이 부족의 소년은 남자로 인정받기 위해 2년간의 여행을 통해 여러 번의 고행을 겪는데, 그 고행은 결국 가장 어려운 일 중 하나인 사자를 죽이는 것으로 끝이 난다. 여행을 하는 동안 소년이 방랑하는 곳의 가족들과 마을은 소년을 받아들이고 돌보아 준다. 각 부족은 의례의 일부분으로서 소년의 의무를 잘 알고 있다. 마침내, 소년이 모든 시험을 거쳐 사자를 죽였을 때, 소년은 한 사람의 남자로서 받아들여지게 된다.

현대사회에서 과도기는 직접적이지도 단순하지도 않다. 여기서 이를 논의하기에는 이유들이 너무 복잡하고, 과도기의 진행과 이에 걸리는 시간이 매우 광범위하고 정교하기 때문에, 프리덴버그Edgar Friedenberg의 『청년기의 소멸The Vanishing Adolescent』과 「미국의 성인Coming of Age in America」을 참고한다. 십대는 보통 12세부터 18세를 지칭하고, 이 시기는 1~2년이 아닌 6년이라는 긴 시간에 걸쳐 있다. 유년기에서 성숙함으로의 이행은 단순한 성적인 변화가 아니라 오랜 투쟁을 걸쳐 '한 남성 또는 여성이 무엇이 될지'를 결정하는 매우 방대하고 느린 변화이다. 대부분의 자식들은 아버지가 이전에 걸어 왔던 길을 똑같이 걷지 않으며, 대신에 무한한 가능성의 세상에서 아무것도 없는 상황으로부터 무언가를 이루어내야 한다. 산업혁명 이후 새롭게 형성된 이 긴 과정을 우리는 청소년기라고 부르고 있다.

이 청소년기는 특별한 희망을 품게 하는 시기이기도 하다. 전통적으로 청소년기에 자아의 형성이 이루어지기 때문에, 청소년기를 연장한다면 보다 심오하고 다양한 자아를 형성할 수 있으리라 생각한다.

그러나 지금과 같은 상황에서 이는 희망사항에 지나지 않는다. 청소년기가 존재하는 모든 문화권에서는 그에 수반하는 복잡한 문제를 안고 있다. 기술적으로 진보한 모든 사회에서 놀라울 정도로 비슷하게 발생하는 현상은, 10대들이 문화적 위기나 교착상태를 유발하는 사회적 영향을 불러일으킨다는 것이다. 높은 청소년 범죄율, 학교 중퇴, 십대의 자살, 약물중독, 가출은 이러한 힘에 의해 형성된 현상들이다. 그리고, 그러한 환경에서는 평범한 청소년조차 불안에 떨게 되고, 세상과 자신에게 문을 열기는커녕 도덕적으로 그리고 지적으로도 무감각하게 된다.

고등학교라는 제도는 특히 청소년 문제에 정면으로 맞서왔다. 십대들이 어른들의 세계 즉, 일, 사랑, 과학, 법률, 습관, 여행, 놀이, 교류, 지배 등에 관해 친구들과 함께 탐구해야 할 시기에, 십대들은 단지 덩치 큰 어린이로 취급되어 왔다. 십대들은 유치원에서 어린이들이 그러한 것처럼 고등학교에서도 그 이상의 어떠한 책임감도, 권위도 갖지 못한다. 십대들은 자신들의 소지품을 정리하고 학교 밴드에서 연주하며 학급의 반장을 선출하는 정도의 일에는 책임을 지지만, 이는 유치원의 어린이들에게 주어진 책임감과 크게 다를 바가 없다. 고등학교에는 어떠한 방법으로든 자신의 성인다움을 시험할 수 있는 성인 사회의 축소판과 같은 새로운 사회가 없다. 그리고, 이런 상황에서 십대들에 내재되어 있는 성인의 힘이 솟구쳐서 엄청난 욕구를 일으키고, 어른들은 이 욕구를 '비행'이라고 부른다.

마침내 이러한 상황을 행정 책임자들이 인지하게 되었다. 1973년 12월 키터링재단Kittering Foundation과 협력하는 전미중등교육개선위원회National Commission on the Reform of Secondary Education에서는 미국의 고등학교가 제 역할을 못하고 있으며, 제도적으로 붕괴하고 있다는 결론에 이르렀다. 이들은 14세 이후의 강제 의무교육은 폐지하고 십대들에게 사회에 참여할 수많은 기회를 제공하기를 권고하였다. 그리고, 고등학교의 규모를 과감하게 줄이고, 각 도시는 젊은이들에게 각 지구 내의 비즈니스와 서비스에 대해 참여하고 일할 수 있는 기회를 제공해야 한다고 제안했다. 그리고, 이러한 참여는 정규학습의 일부분으로서 다루어져야 한다는 것이다.

더욱 자세하게 설명하자면, 도시의 십대들, 약 12~18세의 소년, 소녀들이 자신들만의 축소된 사회를 형성할 수 있도록 장려해야 한다. 그리고, 십대들의 사회는 어른들의 사회처럼 서로가 구별되고 상호 책임을 지는 사회여야 한다. 십대들은 서로 신뢰하고 존중하면서 자신의 연령과 성숙도에 따라 권한과 권위를 가져야 한다. 간단히 말하면, 십대의 사회는 실제적이어야 한다. 즉, 성인을 흉내 내는 조작된 사회가 아니라 실제적 보수, 실제적 비극, 실제적 일, 실제적 사랑, 실제적 우정, 실제적 성취, 실제적 책임감이 동반되는 성인 사회의 축소판이 되어야 한다. 이러한 사회를 이루기 위해서 각 도시에는 성인들로부터 어느 정도 도움과 보살핌을 받더라도 본질적으로는 성인들과 십대들이 함께 협동하며 존재하는 십대 사회가 하나 이상 존재해야 한다.

그러므로,

고등학교를 실제 성인 사회의 모습을 띤 제도로 대체한다. 그리고, 명확한 법규와 법칙을 만들어 학생들에게 학습과 사회생활에 대한 책임감을 가질 수 있도록 한다. 어른들은 십대들에게 사회의 구조와 학습에 대해 내용을 지도한다. 그러나, 십대들이 만든 사회는 학생들 스스로의 힘으로 유지될 수 있도록 한다.

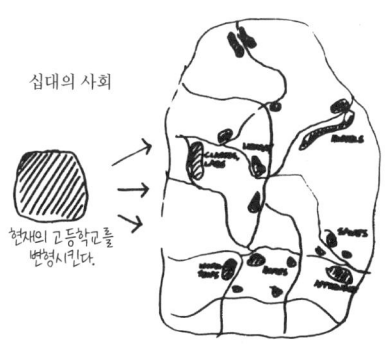

십대의 사회

현재의 고등학교를
변형시킨다.

♦　　♦　　♦

커뮤니티 내에서는 학습 교육이나 사회 기능을 수용하는 중심 장소를 제공하도록 한다. 중심 장소에는 학생들이 함께 식사할 수 있는 장소, 스포츠나 게임을 위한 기회, 학습 네트워크를 위한 도서관과 상담소를 두어 학생들이 도시 내에 흩어져 있는 교실과 작업커뮤니티 그리고 가정 내 작업장에 접근할 수 있도록 한다 - 학습 네트워크(18), 지구 스포츠(72), 함께하는 식사(147), 가정 내 작업장(157). 이러한 것들을 위한 건물의 형태는 복합건물(95)로 시작한다 -···

85. 상점 앞 배움터

SHOPFRONT SCHOOLS

···-- 어린이집(86)은 커뮤니티 내에서 최초의 교육을 제공하고, 학습 네트워크(18)의 기초를 형성한다. 어린이들이 점차 성장하고 독립함에 따라서 이러한 패턴들은 커뮤니티 생활 속에 분산되어 있는 학교 이외의 수많은 작은 배움터들에 의해 보완되어야 한다.

◆　　◆　　◆

약 6~7세의 어린이들은 행동을 통해 배우며, 커뮤니티에 자신의 이름을 알리고 싶어하는 욕구가 있다. 만약 환경이 제대로 갖추어진다면, 이러한 어린이들의 욕구는 기본적인 학습 능력의 제고와 학습 습관의 배양을 이끌 것이다.

유아가 집이라는 환경에서 말하는 법을 익히듯이, 어린이들을 위한 적절한 환경은 커뮤니티라는 환경 자체라고 할 수 있다.

예를 들어,

학교가 개학하는 날에 우리는 로스앤젤레스의 한 공원에서 점심을 먹었다. 점심을 먹은 후 나는 아이들을 불러 모아 나무 이름 맞추기 게임을 하자고 제안하였더니 모두 불평을 하였다. 그래서 "너희들은 나무와 함께 생활하니 당연히 나무 이름을 잘 알지 않겠느냐"고 타이르고 뒤에 있는 나무의 이름을 물었다.

아이들은 모두 위를 보며 이구동성으로 "플라타너스"라고 답하였다. 그래서 무슨 종류의 플라타너스냐고 물었더니 모두 고개를 가로저었다. 나는 『북미의 나무들』이라는 책을 꺼내어 "그럼 함께 찾아보자"고 하였다. 책에는 세 종류의 플라타너스가 있었고 서해안 지방에는 오직 캘리포니아 플라타너스밖에 없음을 알아냈다. 나는 다시 "책에 설명되어 있는 내용이 맞는지 나무를 보면서 확인해 보자"고 하였다. 그후, 내용을 읽어내려 갔고 나뭇잎은 6~8인치이라는 것을 알 수 있었다. 줄자를 꺼내 제프라는 아이에게 건네고, 나뭇잎이 실제 그 정도 크기인지 한번 확인해 보라고 하였다. 제프는 나뭇잎이 6~8인치임을 확인하였다.

나는 다시 책으로 돌아가 성장한 플라타너스의 높이가 30~50피트^{약 9~15m}라는 것을 알아냈는데, 이것을 어떻게 확인할 수 있을까 아이들에게 질문하였다. 긴 토론 끝에 아이들은 나를 나무 밑에 서있게 하고 가능한 멀리 떨어져 나무가 내 키의 몇 배인지를 가늠해 보는 것으로 결론이 났다. 우리는 단순한 곱셈에 의해 대략적인 나무의 높이를 알 수 있었다. 지금까지는 모든 아이들이 참여하는 것 같아 보였고, 난 아이들에게 다시 다른 방법은 없겠냐고 물었다. 그러자, 7학년인 릭이라는 아이가 기하학을 조금 알고 있어서 삼각법에 의한 높이의 측정 방법을 우리에게 설명해 주었다.

나는 아이들이 관심을 가지는 것에 기뻐하며 다시 책을 읽기 시작하였다. 한 문단의 밑부분에 나무의 직경이 1~3피트^{약 30~90cm}라는 결정적인 내용이 나와 있었다. 때문에, 나는 한쪽에 있는 나무의 직경을 재어 오도록 하였다. 아이들은 나무가 있는 곳에 가서야 비로소 나무를 쓰러트리지 않고서는 직경을 알 수 없음을 알아냈다. 그러나, 나는 반드시 나무의 직경을 알아야 한다고 고집하였더니, 아이들 중 두 명이 나무 옆에서 줄자를 당겨 양끝을 각각 눈으로 재어 18인치^{약 46cm}라는 것을 알아내었다.

나는 이 치수가 정확한 것인지 아니면 대략적인 것인지를 물었고 아이들은 그 수치가 대략적인 수치임에 동의하였다. 다시 나는 어떤 다른 방법이 있을지를 물었다.

다니엘이라는 아이가 나무 둘레라면 정확히 알 수 있으니 지면에 나무 둘레와 같은 원을 그리고, 나무 둘레의 직경을 재보면 알 수 있지 않을까라는 정말 대단한 발상을 하였다. 나는 그렇게 한번 해보도록 한 후, 다른 아이들에게 더 다른 방법이 있는지를 물었다.

시각형^{Visualizer}*으로 알려진 에릭이라는 아이가, 나무에 두 개의 면이 있다고 상상이나 했는지, 둘레를 재어 2로 나누면 어떨지를 제안하였다. 나는 성공보다 실패로부터 더 많은 것을 배운다고 생각하여 그럼 한번 해보라고 지시하였다. 그 동안 다니엘은 땅 위에 원을 그렸고, 직경을 조금 치우친 지점에서 재었기에 18인치라는 답을 얻어내었다. 나는 곧 줄자를 에릭에게 주어 나무의 둘레를 한번 재어보도록 하고, 에릭은 둘레가 60인치이기 때문에 이등분하면 30인치가 된다고 하였다. 당연히 에릭은 조금 실망하였다. 나는 아이디어는 좋았으나 이등분이라는 것이 잘못되었을 수도 있으니 더 나은 수가 있지 않겠느냐고 격려하였다. 곧, 마이클이라는 아이가 그러면 3으로 나누는 것은 어떠냐고 하였다가 곧바로 거기서 다시 2를 빼면 될 것이라고 덧붙였다.

나는 아이들이 공식을 만들어 낸 것을 대견하게 생각하고 한번 그대로 해보라고 하며 직경이 대략 6인치인 나무를 가리켰다. 아이들은 그곳으로 가서 나무의 둘레를 재고, 둘레를 3으로 나눈 다음 2를 빼고 나서 다시 지면에 그린 원에서 측정한 수치와 비교하였다. 결과는 실망적이었고 나는 아이들에게 다른 나무도 그렇게 재 볼 것을 제안하였고, 아이들은 다른 3개의 나무를 측정하고 돌아왔다. "어떻게 되었니?"라는 물음에

마크라는 아이가 대답하였다 "음, 3으로 나누는 것은 잘 된 것 같은데 2라는 수를 빼는 것이 좋지 않았어요"

"3으로 나눈 것은 어떻게 되었니?"라는 내 물음에 마이클이 "충분히 크지 않았어요"라고 말하였다.

"얼마만큼 커야 하겠니?"라는 내 물음에

"약 3.5정도요"라고 다니엘이 답하였다

이에 마이클이 다시 "아니야, 3.8정도"라고 하였다.

---

*   (옮긴이) 기억이나 상상을 할 때, 대상을 시각화하여 시각적인 심상에 의존하는 사고 유형 또는 그런 인간형

이때 9~12세인 5명의 아이들이 π의 발견에 일보직전에 있는 것을 안 나는 내 심정을 억누르기가 어려웠다. 나는 1/8을 소수점 이하로 환산하는 방법을 아이들에게 가르쳐 줄 수 있었으나, 내 자신이 너무 흥분하였던 탓에 그렇게 하지 못하였다.

나는 아이들에게 말하였다. "한 가지 비밀을 알려주겠는데, 그것이 무엇이냐면 π라는 이름을 가진 매우 특별하고 마법적인 숫자야. 이 숫자는 매우 마법과도 같아서 어떤 원이라도 둘레에서 직경을 알아낼 수 있기도 하고 반대로 직경에서 둘레를 알아낼 수 있기도 하단다. 자 그럼 이 숫자가 무엇이냐면······."

나의 설명 후에 우리는 공원을 거닐며 나무의 직경을 추정함으로써 나무의 둘레를 알아내거나 나무의 둘레를 π로 나눔으로써 직경을 알아내었다. 후에 나는 계산자의 사용법을 가르쳐 줄 때도, π를 표시해서 나무에 관한 여러 문제를 풀도록 하였다. 그리고, 전주나 가로등을 예로 들어 추상적인 수학의 모호함에서 π의 개념이 사라지지 않도록 하였다. 난 훌륭한 수학성적에도 불구하고 내가 대학에 갈 때까지도 진정으로 π를 이해하지 못했었다. 그러나, 적어도 다섯 명의 아이들에게 π는 실제적이며 나무나 전신주 속에 살아있는 것이었다.[Rusch 1973]

어린이들이 선생님과 함께 버스를 타고 도시의 공원을 찾는다. 한 선생님이 오직 몇몇의 어린이들을 담당하기 때문에 이 방법은 매우 유용할 것이다. 어떠한 공립학교도 교사와 버스를 제공할 수 있다. 그러나, 공립학교는 학생과 교사 비율을 낮추기는 어렵다. 왜냐하면, 모든 비용이 학교를 유지하는 관리비 등으로 빠져 나가기 때문에, 경제적으로 학생의 비율을 높이는 수밖에 없기 때문이다. 훌륭한 교육은 학생 비율을 낮추는 것이라는 것을 모든 사람이 알고 있음에도 불구하고 학교의 규모는 이를 불가능하게 한다.

그러나, 앞서 제시한 사례에서 볼 수 있듯이 학교에 집중된 고비용의 간접비를 낮추고 한 교사가 담당하는 학생의 수를 낮추는 방안으로는 단순히 학교의 규모를 작게 하는 수밖에 없다. 학교를 작은 학교나 상점 앞 학교 같이 재조직하는 접근방식은 미국의 수많은 커뮤니티에서 시도된 바 있다. 예를 들어, 굿맨Paul Goodman의 『작은 학교 - 독서문제에 대한 처방 Mini-schools: a prescription for the reading problem』이 있다. 지금까지 우리는 이러한 실험의 체계적이고 실증적인 해석에 관해서는 잘 알지 못하지만, 이러한 학교에 대한 연구는 많이 제시되어 왔다. 아마도 가장 흥미 있는 것은 데니슨George Dennison의 『아이들의 삶The Lives of Children』이라는 연구일 것이다.

먼저 분명히 하고자 하는 것은, 우리의 방식이 공립학교의 방식과 상반되는 것이기 때문에, 학교의 환경과 과도한 업무에 시달리는 교사들을 비판할 생각은 없다. 내가 말하고자 하는 요점은 바로 우리가 제안하는 학교의 규모와 친밀도가 널리 채택되어야 한다는 것이다. 이는 지난 10년간 지적되어온 병폐를 치료할 수 있는 인간적인 접촉을 가능하게 하기 때문이다.

현재 굿맨과 샤피로 박사 ^{Dr. Elliott Shapiro}에 의해 제안된 미니학교가 논의되고 있는데, 이는 바로 우리가 주장하는 바와 일치한다고 할 수 있다. 처음의 미니학교는,

데니슨은 통합학교**의 지출을 줄인다면, 학생/교사 비율을 1/3까지 줄일 수 있음을 보여주었다.

23명의 학생을 담당하는 3명의 정교사와 한 명의 시간제교사(본인) 그리고 노래, 춤, 음악을 담당하는 몇 명의 교사가 있었다.

30대 1의 비율로 학생을 가르치는 공립학교 교사들에게 우리의 환경은 매우 사치스럽다고 할 수 있다. 그러나, 한 가지 다시 지적하고 싶은 점은 학생 1인당의 비용이 공립학교 시스템의 비용보다 훨씬 적기 때문에 가능한 것이라는 점이다. 또한, 운영 경비 또한 공립학교의 거대한 재정투자 같은 투자가 필요 없고, 서비스의 질적인 면에서도 큰 차이가 없다. 그렇다고, 학생의 가족들이 직접 수업료를 지불하지 않는다(거의 대부분이 그렇다). 여기서 내가 언급하고 싶은 것은 거대한 관리비, 부기장부, 정성 들인 건물, 유지관리, 인원 보충 및 기물 파손으로 인해 우리의 돈이 낭비되지 않는다는 것이다.

이동교실^{Mobile Open Classroom}의 담당자인 라쉬^{Charles Rusch}도 같은 내용을 발견한 바 있다.

건물 그리고 학생들과 직접적으로 관계되지 않은 사람들의 인건비를 없앰으로써 학생/교사의 비율은 35/1에서 10/1까지 줄일 수 있다. 이 방법만으로도 많은 공립학교의 문제들이 학교나 학군에 대한 추가비용 없이 해결될 수 있다.

그러므로,

** (옮긴이) 이웃한 학군이 공동으로 세운 학교

큰 규모의 공립학교를 짓는 대신에 7~12명 단위의 독립된 작은 학교를 한 번에 하나씩 세우도록 한다. 그 이외의 추가비용을 줄이고, 1/10의 교사/학생 비율을 위해 학교를 작은 규모로 유지하도록 한다. 그리고, 상점 앞과 같은 커뮤니티의 공공구역에 3~4개의 교실이 있는 학교를 배치한다.

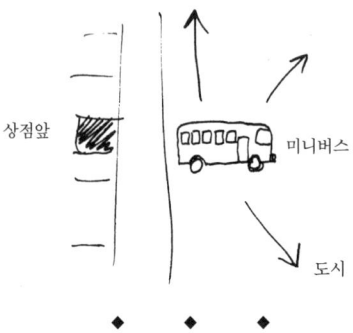

학교를 보행로 앞에 배치하도록 한다 - 보행로(100). 학교는 다른 기능을 하는 작업그룹 근처에 위치한다 - 자치 운영되는 작업장과 사무실(80). 그리고, 공원까지 걸을 수 있을 정도의 거리에 있도록 한다 - 접근 가능한 녹지(60). 상점 앞 배움터를 건물에서 인식할 수 있는 부분에 배치한다 - 복합건물(95). 그리고, 전면에는 눈에 띄는 개구부를 계획해서 거리와 연결한다 - 거리로의 개방(165) ----

86. 어린이집*

CHILDREN'S HOME

····- 각 근린에는 수백 명의 어린이들이 있다. 특히 어린이들은 도시의 어린이(57) 그리고 연결된 놀이터(68)의 도움으로 세상과 관계를 맺는다. 그러나, 공유지의 형태로 제공되는 이 보편적인 규정은, 어떠한 공용 장소 즉, 필요에 따라 아이들이 부모와 떨어져 수시간 또는 수일 동안 지낼 수 있는 장소가 뒷받침되어야 한다. 이 패턴은 어린이들을 위한 **학습 네트워크(18)**의 일부분이라고 할 수 있다.

◆　　◆　　◆

어린이들을 돌보는 행위는 단순히 '아이보기'나 '보육'이라는 표현 이상으로 심오하며, 보다 근본적인 사회적 이슈이다.

현대사회에서 대부분의 어린이들이 한두 명의 어른들에 의해 양육된다. 따라서 아이들의 부모가 직장에서 일할 때나 친구를 만나는 동안 누군가는 아이들을 돌보아야 함은 당연한 사실이다. 이러한 상황이 아이보기와 보육이라는 표현이 존재하는 이유이기도 하며, 어른들의 상황에서 본 시각이기도 하다.

그러나, 아이들도 어른과 같이 아이들만의 불만을 갖는 것도 사실이다. 아이들은 자신들의 부모 이외의 다른 어른들 혹은 다른 아이들과의 접촉이 필요하다. 그리고, 아이들이 다른 어른들과 아이들을 만나는 상황은 그 복잡도나 긴장도에서 볼 때 가족과의 생활과 마찬가지로 민감해야 한다. 이는 단순히 학교와 유치원 그리고 놀이터의 상황과는 다르다.

아이들의 요구 그리고 어른들의 요구를 감안할 때, 아이들에게 필요한 것은 근린에 있는 새로운 형태의 시설이라는 것을 알 수 있다. 즉, '어린이집'이라는 시설로서, 이곳은 아이들이 밤낮에 상관없이 안전하고 제대로 된 보육서비스를 받을 수 있는 곳이다. 또한, 아이들에게는 여러 가지 기회와 사회화를 배울 수 있는 다양한 활동이 제공된다.

예전의 대가족 사회에서는 이러한 요구들이 어느 정도는 충족되었다고 할 수 있다. 대가족에는 다양한 연령대의 어른들과 아이들이 존재하기 때문에, 아이들에게 있어서 긍정적인 가치를 지닌 가족 형태라 할 수 있다. 대가족은 아이들에게 보다 인간적인 상황에 의한 접촉을 유도하고, 자신의 부모뿐만이 아니라 다양한 사람들과 서로의 요구를 해결해 나가는 환경을 제공하였다.

하지만, 대가족은 점차 사라졌으며 육아는 가족만의 일, 특히 어머니의 일이라고 하는 사고방식이 보편화되었다. 하지만, 그러한 사고방식은 더 이상 통용되지 않는다. 슬라터 Philip Slater는 자신들의 아이에게만 주의를 기울이는 핵가족이 지니고 있는 문제점에 대해서 다음과 같이 묘사하였다.

새롭게 부모가 된 사람들은 자신들의 부모가 그랬던 것처럼 물질적 소유와 자기 만족에 빠져 있지 않을지도 모른다. 그들은 부모로서의 허영심을 아이들이 뛰어난 예술가, 사상가, 배우가 되는 것에 쏟을지도 모른다. 그러나, 구문화가 기반이 되는 강력한 나르시시즘적인 근본은 부모와 아이와의 관계 자체가 악화되지 않는 한 해결되지 않을 것이다.

이러한 현상은 다음과 같은 특징을 지닌 커뮤니티를 설립하는 것에 의해 단절시킬 수 있다. (a) 아이들이 부모에 의해 독점적으로 사회화되지 않는다. (b) 부모는 아이를 통해 대리 만족적인 삶을 살지 않고, 자신만의 삶을 가진다.[Slaster 1971]

우리가 제안하는 어린이집은 가정을 떠나 다양한 어른들과 아이들이 함께하는, 그래서 아이들을 진정한 사회화로 인도하는 장소이다.

1. 물리적으로 어린이집은 상당히 넓으며 적당한 규모의 마당이 있으나 일정한 형태는 없다.

2. 어린이집은 아이들의 집에서 걸어갈 수 있는 거리에 위치한다. 리Terence Lee는, 등·하교길에 걷거나 자전거를 이용하는 어린 아이들이, 버스나 차를 이용하는 아이들보다 더 많은 것을 배운다는 사실을 발견하였다. 걷거나 자전거를 이용하는 아이들은 지면과의 접촉을 유지하기에 자신들의 집과 학교를 포함하는 인식지도*를 만들어 낼 수 있다. 버스나 차를 이용하는 아이들은 마법양탄자를 탄 것처럼 한 장소에서 다른 장소로 순식간에 이동하기 때문에, 집과 학교를 포함하는 인식지도를 만들고 유지하기가 힘들다. 학교에 있을 때도 길을 잃은 것처럼 느끼며, 더욱이 어머니를 잃은 것과도 같은 두려움에 휩싸일지도 모른다.[Lee 1957]

3. 어린이집에는 이를 운영하는 한두 명의 핵심 스태프가 있다. 그리고, 더 많으면 좋겠지만 적어도 한 명은 어린이집에서 실제로 거주해야 한다. 어린이집은 몇몇 사람들의 집이기 때문에 밤에도 문을 닫는 일은 없다.

4. 부모와 아이들은 특정한 어린이집에 가입한다. 때문에, 아이들은 언제라도 어린이집에 와서 한 시간이나 오후 동안 때로는 밤새 머물 수 있다.

5. 비용은 시간제 요금부터 시작할 수 있다. 기본 요금으로 한 시간에 1달러이며 아이들이 일주일에 약 20시간 정도를 지낸다고 한다면, 어린이집은 한 달에 약 2,500달러의 수입을 유지하기 위해 대략 30명의 아이들이 있어야 한다.

6. 어린이집은 대가족 형태와 유사하게 아이들을 보육하는 것을 중점으로

---

* (옮긴이) 인식된 데이터로 무의식적으로 형성된 지도

한다. 예를 들어, 지구 내의 아이들이 있는 장소이자 사람들이 만나 차를 마시며 이야기를 나누는 장소가 된다.

7. 이러한 장소의 분위기에 맞춰 어린이집은 공공의 보행로가 가로지르는 비교적 개방된 곳에 있어야 한다. 실버스타인Silverstein은 아이들이 자신들의 첫 번째 학교에서 갖게 되는 사회로부터의 '단절감'이, 어른들과 다른 아이들의 출입이 개방되어 있는 어린이집의 존재로 인해 줄어든다는 것을 보여주었다.[Silverstein 1967]

8. 어린 아이들을 안전하게 보호하고, 아이들과의 접촉을 유지하며, 아이들에게 의미 있는 자유를 부여하기 위해, 놀이 공간은 지면보다 조금 낮아야 하고 얇은 담에 의해 둘러싸여야 할 것이다. 만약, 담이 앉을 수 있을 정도의 높이라면, 사람들은 담에 앉아서 아이들이 노는 모습을 보거나 때에 따라서는 아이들과 얘기를 나눌 수도 있을 것이다.

어린이집 패턴은 이스라엘에서 키부츠kibbutzim라는 형태로 시도되었는데, 우리가 생각했던 것보다 더욱 파격적이고 성공적이었다. 키부츠에서는 아이들을 단체로 돌보고, 아이들의 부모들은 일주일에 단지 몇 시간 동안만 아이들을 만날 수 있다. 이와 같은 매우 파격적인 형태가 성공적이었다는 사실은, 우리가 제안하고 있는 부드러운 형태가 의심할 여지없이 실행될 수 있다는 것을 보여준다.

그러므로,

각 근린에 어린이집을 계획하도록 한다. 어린이집은 아이들의 두 번째 집이다. 크고 일정한 형태가 없으며, 아이들이 한두 시간을 위해 또는 주중에 자유롭게 와서 머물 수 있는 장소이다. 어린이집을 운영하는 사람들 중 적어도 한 명이 실제로 거주한다는 것을 전제로 한다. 즉, 어린이집은 24시간 열려 있어야 함을 의미한다. 그리고, 어린이집은 모든 연령대의 아이들에게 개방되어야 한다. 단순히 아이를 보기 위한 장소가 아닌 아이들을 위한 두 번째 집으로서 운영되어야 함을 확실히 해야 한다.

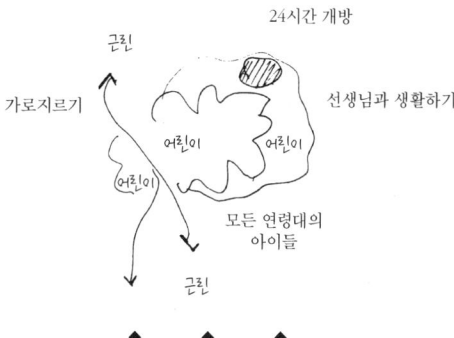

어린이집은 작은 건물들이 연결된 형태로 만든다 - **복합건물**(95). 근린의
주요 보행로를 어린이집 바로 옆에 배치한다. 그래서, 어린이집의 아이들과
이곳에 속하지 않은 아이들이 마주치면서 서로를 알 수 있는 기회를 제공하
도록 한다 - **건물 내 통로**(101). 또한, 어린이집을 각 지구의 **탐험놀이터**(73)
와 연결하도록 한다. 선생님의 집을 건물 내부의 중요한 부분으로서 다룬다
- **자택**(79). 또한, 공용 공간이 대가족의 단란함을 느낄 수 있는 장소가 되도
록 한다 - **가족**(75), **중심부의 공용 공간**(129) --…

각 지구의 상점과 사람들이 모이는 장소이다.

87. 개인 소유의 상점**

INDIVIDUALLY OWNED SHOPS

·‥- 거리의 카페(88), 모퉁이의 일용품점(89) 그리고 상점가(32)와 다점포 시장(46)에 존재하는 모든 상점과 가판대는 부재소유주나 체인점 또는 거대 프랜차이즈가 아니라 각 지구에 거주하고 있는 개인에 의해 운영될 수 있도록 조례로 지원되어야 한다.

◆　　◆　　◆

상점이 너무 크거나 부재소유주에 의해 관리되면 상점들은 점차 차이가 없어지고 동일해져 독특함이 없는 곳이 되어 버린다.

경제적인 욕구는 상점을 거대화시키는 경향이 있다. 그러나, 상점이 커지면 커질수록 서비스는 비인간적이 된다. 또한, 상점의 거대화에 의해 작은 상점들의 존속은 더욱 어려워지며 얼마 지나지 않아, 체인점이나 프랜차이즈에 의해 완전히 지배당하게 된다.

프랜차이즈는 더욱 잔인하다. 프랜차이즈는 개인이 소유했다는 이미지를 형성한다. 그래서, 창업 자금이 부족한 사람들에게 마치 자신의 상점인 것과도 같은 상점을 차릴 수 있도록 도와준다. 이는 마치 산불처럼 퍼져나간다. 하지만, 프랜차이즈는 더욱 진실되지 않고 독특함이 없는 서비스를 만들어낸다. 개개의 운영자들은 자신들이 팔고 있는 상품 또는 자신들이 제공하는 식품에 대한 통제가 거의 불가능하다. 판매 전략은 과도하게 관리 조정되고 개인 상점이 가지는 인간적인 특징을 모두 잃어버리게 된다.

이윤만을 위해 경영되는 상점   삶의 한 수단으로 경영되는 상점

커뮤니티는 프랜차이즈와 체인점 형식의 상점을 금지하고, 상점의 실제적인 규모를 한정하며, 부재소유자의 상점 소유를 금지함으로써 상점의 인간적인 특징을 되찾을 수 있다. 간단히 말해서, 지구 내의 거주자들은 가능한 모든 방법을 동원해서 자신의 지구에서 창출된 부가가치가 지구커뮤니티 내에서 유지되도록 해야 한다는 것이다.

그렇다 하더라도, 임대 상점의 크기가 작지 않다면 이 패턴을 유지하는 것은 힘들다. 전국적으로 존재하는 프랜차이즈 증가의 가장 큰 이유 중 하나는, 일반적인 개인이 창업 시 갖게 되는 재정적인 위험이 프랜차이즈 창업에 비해서 너무 크다는 것이다. 개인 소유자의 사업 실패는 자신의 파멸을 의미하며, 사업 실패는 대부분 임대료를 지불할 수 없는 경우에 발생한다. 임대료가 저렴한 작은 상점들이 충분히 존재한다면, 창업을 하는 사람에게 있어서 위험 요소는 최소화 될 것이다.

모로코, 인도, 페루 그리고 오래된 도시의 상점들은 종종 50제곱피트약 4.6㎡

를 넘지 않는다. 이 정도 면적은 한 사람과 몇 가지의 상품을 위한 공간으로 충분하다.

50제곱피트

그러므로,

개인이 소유한 상점들의 성장을 장려할 수 있도록 모든 방안을 마련하도록 한다. 상점은 오직 실제로 운영하는 사람들이 소유할 경우에만, 사업 허가를 승인하도록 한다. 그리고, 새로운 상업 건물은 매우 작은 임대 공간을 포함하는 형태가 제안되었을 경우에만 승인하도록 한다.

개인이 소유한 상점

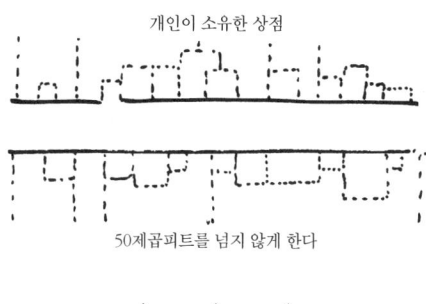

50제곱피트를 넘지 않게 한다

◆　　◆　　◆

각 상점은 복합건물(95)의 인식 가능한 단위로 계획하도록 한다. 적어도 상점의 한쪽 면은 보행로에 있게 만든다 - 거리로의 개방(165). 그리고, 상점 내부는 모든 상품이 잘 보이도록 개방한다 - 실내 공간의 형태(191), 두꺼운 벽(197), 개방된 선반(200) --- …

88. 거리의 카페**

STREET CAFE

·--- 근린은 인식할 수 있는 근린(14) 패턴에서 정의하였다. 그리고, 근린의
자연적인 중심점은 활동의 결절점(30)과 소규모 공공광장(61)에서 제시되
었다. 이 패턴과 이에 관련한 패턴들은 근린과 그 중심이 되는 곳에 정체성
을 부여한다.

◆   ◆   ◆

거리의 카페는 도시만의 독특한 환경과 특별함을 제공한다. 사람들은 합법적으로 공개된 거리의 카페에서 여유롭게 앉아 서로 보며 세상도 본다.

대부분의 인간적인 도시는 거리의 카페로 가득 차 있다. 이 장소들이 형성하는 매력을 체험하는 것의 의미를 설명해보도록 한다.

우리는 산책로나 거리에 면해 있는 공원이나 광장과 같은 공공장소에서 그리고 거리의 카페에서 사람들이 서로 어울리는 것을 즐긴다는 것을 잘 알고 있다. 전제조건은 다음과 같다. 관습에 의해 공공장소에서 머물 수 있는 권리가 부여된다. 또한, 일상적으로 맥주 한잔을 하거나 신문을 보거나 또는 캐치볼을 하거나 산책하기와 같은 활동을 한다. 그리고, 사람들은 휴식을 취하며 서로 인사를 하고 때로는 누군가를 만날 수 있는 기회에 대해서 안전함을 느낀다. 좋은 카페의 테라스는 이와 같은 조건을 만족시켜 준다. 그리고, 그것에 더해 카페는 고유한 특별함을 가지고 있다. 즉, 사람들은 카페에 앉아 몇 시간을 보낼 수 있는 것이다. 그것도 공공 공간에서! 산책은 움직여야 하는 것이기 때문에 지속할 수 있는 시간이 제한되어 있다. 또한, 공원에 앉아 있을 수도 있지만, 지나가는 사람이 항상 일정하게 있는 것은 아니기 때문에, 공원에 앉아 있는 것은 카페보다는 무척 개인적이고 평화로운 경험이라고 할 수 있다. 그리고, 자신의 집에 있는 포치°의 경우에는 더욱 보호되어 있고, 많은 사람이 통행하는 장소가 아니기 때문에 또 다르다고 할 수 있다. 하지만, 거리의 카페에서는 앉아서 휴식을 취하며 공공의 일부가 될 수 있다. 거리의 카페는 이 같은 특별한 가능성을 체험하는 홍미로운 장소이다.

이것이 바로 거리의 카페를 지탱하는 경험이며, 이러한 경험은 도시가 지니고 있는 매력 중의 하나라고 할 수 있다. 왜냐하면, 오직 도시에서만이 사람들의 집중을 불러일으킬 수 있기 때문이다. 그러나, 이러한 경험이 도시의 특정한 부분으로 국한될 필요는 없다. 유럽은 도시나 마을의 모든 근린에 거리의 카페가 있고, 이는 미국의 주유소처럼 일상적인 것이다. 그리고, 거리의 카페는 커뮤니티를 위한 사회적 접착제와도 같은 역할을 한다. 거리의 카페는 클럽과도 같기 때문에, 사람들은 자신의 취향대로 한 카페를 자주 찾아가기도 하며 다른 사람들과 친해지기도 한다. 자신의 집에서 걸어갈 수 있는 거리에 괜찮은 카페가 있을 때, 근린은 더욱 좋아지고, 근린의 정체성을 향상하는 데도 좋다. 처음 방문한 사람이 그 근린에 대한 정보를 얻을 수 있는 장소이고, 오랫동안 그곳에서 살고 있는 사람을 만날 수 있는 장소이기도 하다.

성공적인 거리의 카페의 구성요소는 다음과 같다.

1. 성공적인 거리의 카페에는 그 지구에 거주하는 단골이 있다. 즉, 카페의 이름이나 위치 그리고 종업원에 의해 카페는 근린에 뿌리 깊은 기반을 두고 있다.

2. 성공적인 거리의 카페에는 개방된 테라스 이외에도, 여러 공간이 있어야 한다. 게임, 난로, 안락한 의자, 신문을 읽을 수 있는 장소 등. 이로서 사회적 성향이 서로 다른 다양한 사람들이 카페를 이용할 수 있게 된다.

3. 성공적인 거리의 카페는 간단한 음료와 음식을 제공한다. 약간의 술이 제공되지만 바와는 다르다. 아침에 카페에 들러 하루를 시작하고, 저녁에는 간단히 술 한잔할 수 있는 장소이다.

이와 같은 조건들이 충족된 카페라면, 이곳을 이용하는 사람들의 삶에 어떠한 특별함을 제공할 것이다. 무언가를 배우거나 서로의 의견을 교환하고, 때로는 토론을 위한 환경이 될 것이다.

우리가 오리건대학교에 있었을 때, 카페나 카페와 비슷한 곳에서의 토론과 교실에서의 수업을 서로 비교한 적이 있다. 우리는 30명의 학생들에게 상점과 카페가 대학에서의 지성과 감성의 성장에 얼마나 기여하는가를 조사하였다. '작은 그룹의 학생들이 커피숍에서 대화하기'와 '맥주 한잔을 하며 토론하기'가 시험이나 연구실에서의 공부보다 더 높은 점수를 얻었다. 이를 통해 상점이나 카페에서의 격의 없는 활동이 형식적인 교육활동보다 학생들의 성장에 더욱 기여할 수 있음을 알 수 있었다.

우리는 이와 같은 현상이 보편적이라고 생각한다. 우리가 설문조사를 통해 얻으려 한 것 그리고 근린의 카페가 지니고 있는 특성은 학생뿐만이 아닌 모든 근린에 있어서 본질적인 것이라고 할 수 있다. 거리의 카페는 삶의 일부이다.

그러므로,

카페가 각 근린에 형성될 수 있도록 장려한다. 카페에는 여러 공간을 배치하고, 활기 있는 거리에 개방하여 사람들이 커피나 음료수를 마시며, 앉아서

세상을 볼 수 있는 친밀감 있는 장소가 되도록 한다. 카페의 정면은 테이블이 카페 내부에서 거리로 연장되는 형태가 되도록 계획한다.

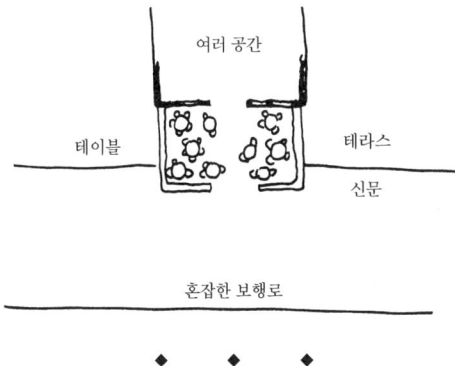

테라스와 내부의 경계에는 넓고 큰 개구부를 설치하도록 한다 - **거리로의 개방**(165). 근처에 버스정류장과 사무실이 있는 경우는, 대기 장소(150)로서 테라스의 규모를 두 배로 한다. 실내와 테라스에는 다양한 종류의 의자와 테이블로 채운다 - **다양한 의자**(251). 그리고, 분위기가 거리의 활동으로 방해받는 경우, 테라스와 거리가 만나는 곳에 낮은 설치물을 둔다 - **계단 의자**(125), **앉을 수 있는 벽**(243) 또는 **캔버스 지붕**(244). 건물과 테라스, 그 주변의 형태에 대해서는 **복합건물**(95)에서부터 시작한다 --…

89. 모퉁이의 일용품점*

CORNER GROCERY

···· 어떤 커뮤니티에서도 여러 가지 물건을 한 번에 사기 위해서는 다점포 시장(46)을 찾는다. 그렇지만, 시장을 보완하고 인식할 수 있는 근린(14)의 자연스러운 정체성을 형성하는 데 기여하는 수많은 작은 상점들이 존재하고 보다 광범위하게 퍼져 있어야만 상점망(19)이 완성될 수 있다.

◆　　◆　　◆

최근에는 사람들이 더 이상 지구 내의 상점을 이용하지 않으려 한다고 생각하지만, 이는 잘못된 생각이다.

실제로 사람들은 지구 내의 모퉁이에 있는 일용품점을 이용하고 있으며,

모퉁이의 일용품점이 건강한 근린을 위해서 중요한 역할을 해내고 있다고 생각한다. 그 이유는 모퉁이의 일용품점은 주민들에게 매우 편리하며, 근린을 하나로 통합하는 데 기여하기 때문이다.

이러한 생각을 강하게 뒷받침해주는 사실은 ADL사^{Arthur D. Little, Inc.}의 연구에서 찾아볼 수 있다. 이 연구에서는 근린의 상점들이, 하나의 구역을 하나의 근린으로 인식시키는 데 가장 중요한 두 가지 요소 중 하나라는 것을 제시하고 있다.[ADL 1966] 이는 지구 내의 쇼핑이 산책을 하는 데 중요한 목적지이기도 하기 때문이다. 사람들은 산책할 때, 우유를 사러 갈 때와 마찬가지로 모퉁이의 일용품점으로 향한다. 이러한 식으로 모퉁이의 상점은 걸을 수 있는 기회를 제공하며, 주거지를 하나로 엮어 근린의 질을 높이는 데 기여한다. 이와 비슷한 근거를 샌프란시스코의 노인을 위한 주거 프로젝트의 운영에서도 찾을 수 있다. 임대 관리자에 의하면 사람들이 다른 도시의 새로운 주거지로 이동하기를 꺼려하는 주된 이유 중 하나는, 새로운 주거지들이 도심(모든 거리의 모퉁이마다 상점이 있는 곳)에 위치하지 않았기 때문이었다.

우리는 사람들이 상점까지 얼마나 걸어서 가는가를 알기 위해 버클리에 있는 한 근린 상점에서 20명에게 설문조사를 하였다. 인터뷰한 사람들의 80퍼센트가 걸어서 이곳을 찾는다는 것과, 이들 모두는 세 블록 내의 거리에서 온다는 것을 알 수 있었다. 그리고, 방문자 중 절반 이상이 이틀 안에 다시 상점을 찾는다는 것도 알 수 있었다. 한편, 자동차를 이용한 사람들은 보통 네 블럭 이상 떨어진 곳에서 왔다. 우리는 이 패턴이 우리가 조사한 근린에서의 다른 공공시설과 흡사하다는 것을 발견할 수 있었다. 대략 네 블록이라는 거리에서 자동차를 이용한 사람의 수는 걸어온 사람의 수보다 적었다. 때문에, 모퉁이의 일용품점은 걸어서 갈 수 있는 거리, 즉 서너 블록이나 집에서 1,200보 안에 위치해야 한다고 생각한다.

그렇다면, 어떻게 해야 모퉁이의 일용품점이 각 지구 내에서 살아남을 수 있을까? 이 상점들은 규모의 경제에 의해서 불행한 운명을 맞이하진 않을까? 얼마나 많은 사람들이 하나의 모퉁이 일용품점을 이용할 수 있을까? 우리는 하나의 일용품점이 유지되기 위해 필요한 인구를 업종별 전화번호부를 찾아보는 것으로 추정해 보았다. 예를 들어, 인구 750,000명의 도시인 샌프란시스코에는 638개의 근린 일용품점이 존재한다. 이는 베리^{Berry}의 추정과 일치하는 1,160명당 하나의 일용품점이 존재하는 것을 의미한다. 이에 대해서는 상점망(19)을 참고한다. 또한, 이 수는 근린의 규모와도 일치한다. 인식할 수 있는 근린(14)을 참고한다.

그렇다면, 모퉁이의 일용품점이 서너 블록에 1,000명이 거주하는 상황 즉, 에이커당 적어도 20명 혹은 에이커당 6채의 주택에 해당하는 밀도라면 살아남을 수 있다는 것을 의미한다. 그리고, 일반적인 근린의 밀도는 이 정도에 해당한다. 근린은 자신들의 사회적 화합을 위해 모퉁이의 일용품점을 유지할 수 있어야 한다는 관점에서 판단하였을 때, 이 지표는 독자적으로 생존하기 위한 근린의 최저점으로 이용될 수 있을 것이다.

마지막으로 근린 상점의 성공은 위치에 달려 있다. 작은 소매업의 소유주는 통과 보행자의 수에 비례해서 임대료를 지불하고 있으며, 임대료는 블록의 중간보다 거리의 모퉁이에서 높은 것으로 알려져 있다.[Berry 1967]

그러므로,

모든 근린의 중심부에는 적어도 하나의 모퉁이에 하나의 일용품점을 배치한다. 모든 모퉁이의 일용품점은 약 1,000명을 기준으로 위치하도록 하고, 200~800야드약 183~731m마다 계획한다. 모퉁이의 일용품점을 많은 사람들이 지나는 모퉁이에 위치시키고, 일용품점을 운영하는 사람들이 상점 옆에 거주할 수 있도록 주택과 통합하도록 한다.

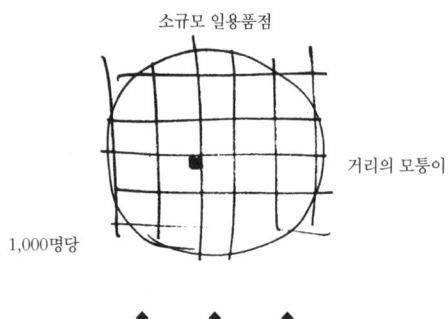

소규모 일용품점

거리의 모퉁이

1,000명당

◆　◆　◆

프렌차이즈를 금지하고 큰 일용품점이 모퉁이의 일용품점을 집어삼키는 것을 법률로 금지한다 - 개인 소유의 상점(87). 상점의 내부를 상품들이 늘어선 방처럼 다루도록 한다 - 실내 공간의 형태(191), 두꺼운 벽(197), 개방된 선반(200). 누구나 상점을 볼 수 있도록 확실하고 넓은 출입구를 만든다 - **거리로의 개방**(165). 그리고, 일용품점의 형태는 **복합건물**(95)을 참고하여 작은 건물로서 또는 큰 건물의 일부로서 형태를 만들어 가도록 한다 **- -**…

90. 술집

BEER HALL

···· 근린군에서 중심적인 근린이나 근린 사이의 경계 - 근린의 경계(15), 혹은 큰 커뮤니티의 초점이 되는 산책로 - 산책로(31)나 야간활동(33)에는 거리의 카페보다 더욱 크고 소란스러운 특별한 장소가 필요하다.

◆　　◆　　◆

과연 사람들은 슬픔을 달래기 위해 어디에서 마시며 소리지르고 노래할 수 있는가?

낯선 사람들 또는 친구들 모두가 어울려 술을 마실 수 있는 대중적인 술집은 큰 커뮤니티의 자연스런 일부이다. 그러나, 대개 바는 그 성격이 변질되어 외로운 사람들을 위한 장소가 되어버렸다. 이에 대해서 솜머Robert Sommer는 저서인 『개인의 공간Personal Space』의 제8장 「음주 공간의 디자인Design for Drinking」에서 다음과 같이 묘사하였다.[Sommer 1969]

미국의 어느 도시에서나 의미 있는 인간 관계가 보이지 않는 바를 쉽게 찾을 수 있다. 프리쳇V.S.Pritchett은 뉴욕의 어느 바에서 한 고독한 남자가 턱을 괸 채 앉아 있고 그 앞에 맥주병과 술값을 위한 돈이 놓여 있는 풍경을 묘사하였다. 이러한 상황에서는 혹시 누군가가 말을 걸면 의심 가는 눈초리를 받기에 충분하다. 바텐더는 고객인 손님에 관심이 있다. 그는 술을 팔기 위해 그곳에 있으며, 손님들은 술을 사기 위해 그곳에 있을 뿐이다.

미국을 방문한 어느 영국인은 미국의 바에 대해서 다음과 같이 묘사하였다. "분위기는 맥주처럼 차갑기 그지없다. 내가 낯선 이에게 같이 술을 하자고 말을 걸었을 때, 그는 마치 나에게 무슨 문제라도 있는 것처럼 쳐다보았다. 영국에서는 서로 모르는 사이라 하더라도 서로에게 술을 권하고 모두 즐기며 행복해 한다."[Kirby 1967]

영국 술집의 모습에 관해 조금 더 살펴 보도록 하자. 음주는 사람들이 긴장을 풀고 다른 이에게 마음을 열어 서로 노래 부르고 춤추게 한다. 그러나, 이러한 특징은 오직 술집이 제대로 작동할 때에만 가능하다. 좋은 술집에는 다음과 같은 중요한 특징 두 가지가 있다.

1. 바·댄스 플로어·벽난로·다트·화장실·출입구·좌석과 같은 기능들의 연속적인 혼합에 의해, 사람들을 머무르게 하는 장소를 형성한다. 사람들이 이 장소들을 중심으로 주로 활동하도록 하고, 장소를 이동하더라도 활동이 끊어지지 않게 만들어야 한다.

2. 좌석은 4~8명을 위한 테이블이 되도록 하여 개방된 알코브에 배치한다. 즉, 작은 집단을 위한 테이블은 벽이나 기둥 그리고 커튼 등으로 둘러싸여 있지만, 양쪽의 두 면은 개방되어 있어야 한다.

개방된 알코브- 상황의 유동성을 유지한다.

이러한 형태는 집단의 분위기를 유지시키며, 사람들이 자유롭게 출입할 수 있게 한다. 또한, 테이블이 크다면 사람들은 다른 사람이나 집단을 초대하여 같이 앉을 수도 있을 것이다.

그러므로,

커뮤니티에는 수백 명이 모여 맥주와 와인 그리고 음악을 함께 즐길 수 있는 큰 장소를 적어도 하나 이상 배치하도록 한다. 그렇지만, 이 장소에는 몇 가지의 동선을 설정함으로써, 사람들이 한곳에서 다른 곳으로 계속 교차하면서 이동할 수 있도록 한다.

교차 이동 활동들

개방된 알코브

◆　　◆　　◆

사람들이 동선 사이를 왕래할 수 있도록 두 면이 개방된 알코브에 테이블을 배치한다 - 알코브(179). 활동의 중심으로서 벽난로를 설치한다 - 불(181). 그리고, 서로 다른 사회집단에 적합하게 천장고*를 다양하게 한다 - 다양한 천장고(190). 건물, 정원, 주차장 그리고 주변의 형태에 관해서는 복합건물(95)에서부터 시작하도록 한다 ---…

91. 여관*

TRAVELER'S INN

···· 모든 마을과 도시에는 방문자나 그곳을 지나치는 여행자가 있다. 그리고, 방문자는 주로 활동의 중심지에 모이는 경향이 있다 - 도시의 매력(10), 활동의 결절점(30), 산책로(31), 야간활동(33), 직장 커뮤니티(41). 이 패턴은 방문자들에게 서비스를 제공하는 호텔이 어떻게 하면 가장 효과적으로 중심지의 생활에 도움이 될 수 있는가를 보여준다.

◆   ◆   ◆

생소한 장소에서 밤을 지새는 사람도 인간 사회의 한 구성원이며, 때문에 동료가 필요하다. 도로에 접해 있는 모텔에 머물러 있다고 방안에서 혼자 텔

레비전을 보거나 방구석에 틀어박혀 있어야 할 이유는 없다.

여관은 밤에 사람들이 모여 함께 먹고 마시고 카드놀이를 하면서 재미있는 경험을 할 수 있는 훌륭한 장소였다. 그러나, 현대적 모텔에서는 더 이상 이러한 경험을 할 수 없다. 모텔의 주인은 이방인들이 서로 경계한다고 생각하기 때문에, 모든 방을 완전히 자족적으로 만들어 숙박객들의 두려움에 부응한다.

이러한 두려움의 이면에는 이야기나 모험 그리고 마주침에 대한 뿌리 깊은 요구가 존재한다. 여관의 역할은 사람들이 이 요구를 경험하고 만족할 수 있도록 분위기를 형성하는 것이다. 이에 대한 가장 극단적인 예로 인도의 순례자 여관이나 페르시아의 여행자 여관을 들 수 있다. 이 여관에서는 사람들이 하나의 큰 공간에서 먹고 만나고 잠자고, 이야기하고 마시며 공통의 위험으로부터 서로를 보호한다.

이 패턴은 『시간을 초월한 건설의 길The Timeless Way of Building』에 있는 사하 Gita Shah의 인도 순례자 여관에 대한 묘사에서 영감을 받았다.

인도에는 이러한 여관이 아주 많다. 여관에는 사람들이 모이는 중정*이 있는데, 이 중정의 한 면은 사람들이 모여 식사를 할 수 있는 곳이다. 숙소를 관리하는 사람도 그곳에 머문다. 그리고, 중정의 다른 세 면에는 객실이 있다. 객실 앞에는 중정에서 안길이 약 10피트약 3m의 아케이드가 있고 한 단 오르면 다른 방들과 연결된다. 저녁이 되면 사람들은 중정에 모여 먹고 마시며 서로 이야기를 나누고, 늦은 밤이 되면 중정을 둘러싼 객실에서 잠을 청한다.

물론, 여관의 규모는 매우 중요하다. 경영자가 여관에서 생활하며 여관을 관리할 수 있어야만 이러한 분위기가 형성되기 때문에, 한 가족이 30개 이상의 객실을 관리하는 것은 불가능하다.

그러므로,

여관을 숙박자가 밤에 머물 수 있는 곳으로 계획하지만, 호텔이나 모텔과는 달리 숙박자들 간의 커뮤니티에 의해 밤에는 활기가 넘치는 장소가 되도록 한다. 규모는 작아야 하며 하나의 여관당 30~40명 정도를 수용하도록 한

다. 식사는 공동으로 한다. 여관에는 하나의 큰 공간이 있고 침대가 있는 알
코브가 이 공간을 둘러싸도록 한다.

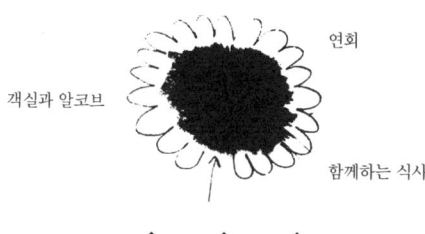

사람들이 다른 사람을 만나고 이야기하고 마시며 춤출 수 있는 연회장소
는 공간의 중심에 배치한다 - 중심부의 공용 공간(129), 거리에서의 춤(63),
술집(90). 레스토랑이 아닌 공동의 테이블에서 모두 같이 식사를 할 수 있는
기회를 제공한다 - 함께하는 식사(147). 그리고, 객실에 이외의 공공 공간에
서도 사람들이 누울 수 있는 장소를 적어도 몇 개 정도 마련한다 - 공공 공
간에서의 수면(94), 공동 침실(186). 숙소, 정원, 주차장 그리고 주변 환경의
전체적인 형태는 복합건물(95)에서 시작하도록 한다 ----

92. 버스정류장*

BUS STOP

···· 기본적인 공공 운송수단이 미니버스(20)인 도시에서, 사람들에게 저렴하고 빠르며 편리한 공공 운송수단을 제공하기 위해서는 버스정류장이 각 가정이나 직장에서 수백 피트 이내에 설치되어 있어야 한다.

◆　　◆　　◆

버스정류장은 반드시 인지하기 쉬워야 하고, 주변에는 충분한 활동이 존재하며 사람들에게 편리하고 안전하다는 느낌을 주어야 한다.

버스정류장은 따분하다. 왜냐하면, 버스정류장은 기다리는 동안 경험하는 주변환경과의 관계에 대한 고려 없이 독립적으로 설치되어 있기 때문이다. 사람들은 버스정류장에서 버스가 오기를 기다리며, 때로는 안절부절하고 때로는 아무것도 하지 않으며 그냥 서 있다. 사람들이 공공 운송수단을 이용하도록 장려하는 데 도움이 되는 배려는 전혀 없다.

비밀은 버스정류장 주변의 작은 시스템을 구성하는 다양한 사물들의 관계에 있다. 만약, 사물들의 다양한 관계가 서로 얽혀 사람들의 경험에 선택성과 형태를 부여한다면 이 시스템은 좋다고 할 수 있다. 그러나, 그러한 하나의 시스템을 형성하는 관계는 매우 미묘하다. 예를 들어, 교통신호, 도로변, 거리 모퉁이 등의 단순한 시스템이라고 할지라도 공공생활의 결절점으로 명확히 인식되면 서로 상승작용을 일으킬 수 있다. 즉, 신호가 바뀌기를 유유히 기다리는 사람들, 주변을 이리저리 살피는 사람들은 그리 바쁜 사람들이 아닐 것이기에, 이 경우 버스정류장에 신문가판대나 간이 꽃집을 설치하면 그것만으로 버스정류장에서의 경험은 더욱 풍부해지게 된다.

도로변, 신호, 신문가판대, 꽃집, 모퉁이에 있는 상점의 차양, 사람들이 가지고 있는 잔돈, 이 모든 것이 서로를 지탱하는 요소가 되도록 관계의 망web을 형성한다.

각 버스정류장이 이 망의 한 부분이 되는 데에는 다양한 방법이 있다. 수령이 오래된 나무를 심어 사람들 개개인이 상념에 잠기도록 유도할 수 있다. 이와는 반대로, 사교적인 만남을 위해 커피스탠드나 캔버스 지붕, 혹은 버스를 기다리는 동안 사람들이 앉을 수 있는 공간을 마련할 수도 있다.

두 개의 버스정류장

그러므로,

버스정류장이 공공생활의 작은 중심을 형성하도록 계획한다. 버스정류장은 근린이나 직장 커뮤니티 그리고 도시의 한 부분으로서 관문의 일부가 되도록 한다. 버스정류장이 다른 여러 활동들과 함께 작용하도록, 적어도 신문 가판대, 지도, 실외 휴게소, 의자를 배치한다. 그리고, 버스정류장을 모퉁이의 일용품점, 담배가게, 커피숍, 나무가 있는 공간, 특별한 교차점, 공중화장실, 광장과 조합하여 구성하도록 한다.

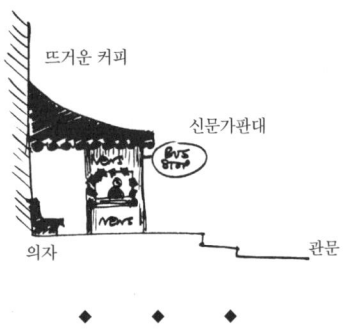

◆　　◆　　◆

버스정류장 옆에 근린으로 가는 관문을 설치하거나, 기존의 관문 중 최적의 관문 주변에 버스정류장을 설치하도록 한다 - 주 관문(53). 공공옥외실(69), 보행로의 형태(121), 대기 장소(150)에 따라 물리적으로 구성한다. 음식가판대(93)를 제공하고, 햇빛과 바람을 막고 조망을 위해 의자를 배치하도록 한다 - 의자가 있는 장소(241) ---…

93. 음식가판대*

FOOD STANDS

···-- 근린 내에는 사람들이 자연스럽게 모이는 장소가 있다 - 활동의 결절점
(30), 횡단보도(54), 높여진 보도(55), 소규모 공공광장(61), 버스정류장(92).
사람들의 일상 중 어느 정도는, 음식 냄새로 거리를 가득 채우는 음식가판
대, 행상, 노점상에 의해 그려진다고 해도 과언이 아니다.

◆　　◆　　◆

쇼핑이나 일을 하기 위해 또는 친구를 만나러 가는 도중, 길에서 간단하고 저렴한 음식을 먹을 수 있다는 것은 우리의 관습과 제도에서 많은 부분을 향상시킨다.

최고의 음식을 만들고 도시생활의 많은 부분에 기여하는 음식가판대는 손수레나 아주 작은 상점에서 노점상들이 자신들의 음식을 직접 파는 형태이다. 누구나 음식가판대에 관한 추억을 조금씩은 가지고 있을 것이다.

그러나, 요즘의 음식가판대는 햄버거나 프라이드 치킨 그리고 팬케이크 집으로 채워졌다. 이들은 '인공적으로' 대량 생산된 냉동식품을 팔고 있으며, 그 주변에 조잡한 삶의 질을 생산해낸다. 또한, 사람들의 눈에 띄도록 만들어졌기 때문에, 간판은 크고 조명은 요란하다. 더욱이 가판대 주변의 주차장에 의해 오픈스페이스는 점점 죽어간다.

만약, 거리에서의 사회적 생활을 제대로 경험할 수 있도록 거리의 음식을 원한다면, 음식가판대는 반드시 존재해야 하며, 적절한 장소에 위치해야 한다.

우리는 이를 위해 4가지의 법칙을 제안한다.

1. 음식가판대는 **횡단보도(54)와 보행자와 도로의 네트워크(52)**에 집중되어야 한다. 자동차에서 음식가판대를 볼 수 있어야 하고, 교차로에서 음식가판대를 찾을 수 있을 것이라고 기대할 수 있어야 한다. 그러나, 음식가판대 주위에는 전용주차장이 없어야 한다. **9퍼센트의 주차장(22)**을 참고한다.

2. 음식가판대는 가판대 주변의 근린에 적합하도록 특징을 자유롭게 바꿀 수 있어야 한다. 음식가판대는 자립형 카트식이나 모퉁이에 위치하는 붙박이식 그리고 건물들 사이 공간에도 존재할 수 있다. 음식가판대는 작은 오두막이며 거리의 일부분이다.

3. 음식 냄새가 거리에 흐르도록 한다. 음식가판대는 기대어 앉을 수 있고 커피를 마실 수 있는 의자와 낮은 담으로 둘러싸여 있는 하나의 큰 풍경의 일부분이지, 유리벽으로 밀폐되고 자동차로 둘러싸인 곳이 아니다. 사람들이 거리에서 음식 냄새를 맡을 수 있다면 좋을 것이다.

4. 음식가판대는 개인 소유에 의해 운영되어야 할 것이며 결코 프랜차이즈의 형태가 되지 않도록 한다. 최고의 음식은 항상 한 가정이 운영하는 음식점에서 나온다. 그리고, 판매자가 항상 자신만의 아이디어와 조리법 그리

고 선택에 따라 준비하고 판매될 때, 최고의 가판대 음식이 나온다.

그러므로,

이동식 가판대나 작은 오두막 형태 또는 거리에 반쯤 개방된 건물의 정면 부분에 붙박이식의 음식가판대를 자동차와 보행로가 만나는 곳에 집중시 킨다.

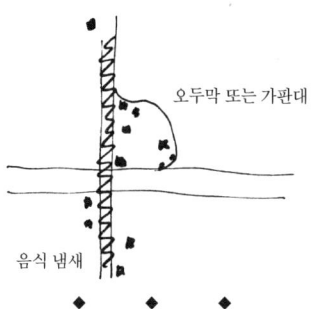

오두막 또는 가판대

음식 냄새

광장의 한 부분에 음식가판대가 위치할 때는 **액티비티 포켓**(124)으로 음 식가판대를 다루도록 한다. 간단한 휴식처를 제공하도록 캔버스 지붕을 사 용한다 - **캔버스 지붕**(244). 그리고, **개인 소유의 상점**(87)의 규칙을 벗어나 지 않도록 한다. 최고의 음식은 가판대가 개인에 의해 운영되고 자신만의 스타일로 준비될 때 만들어진다 ---…

94. 공공 공간에서의 수면

SLEEPING IN PUBLIC

····- 이 패턴은 환승지점(34), 소규모 공공광장(61), 공공옥외실(69), 거리의
카페(88), 보행로(100), 건물 내 통로(101), 대기장소(150)와 같은 공간의 공
공성을 완성하는 데 도움이 된다.

◆　　◆　　◆

사람들이 공원이나 로비 또는 포치에서 잠시 잠을 잘 수 있을 때, 이 장소

는 제대로 활용되고 있는 것이다.

사람들을 보살피고 신뢰를 조성하는 사회에서는, 사람들이 때때로 공공 공간에서 잠들기를 원한다는 것은 매우 자연스러운 것이다. 만약, 보행로나 벤치에 누워서 잠든 사람이 있다면 이는 하나의 요구로 신중하게 다루어져야 한다. 머무를 곳이 있든 없든, 때때로 우리는 공공의 보행로와 벤치에서 낮잠을 즐길 수 있다는 것에 행복할 수 있다

그러나, 우리의 사회는 이러한 행동을 용납하지 않는다. 공공 공간에서 잠자는 것이 빈둥거리는 것과 같이 취급되어 범죄와 빈곤을 일으키는 행위로 인식되고 있다. 때문에, 노숙자들이 벤치나 건물에서 잠을 자고 있으면 완고한 시민들은 불안해하고 경찰들은 이를 '공공질서'라는 이름으로 대처하기 시작한다.

이렇게 나와 내 자전거는 어려운 직선 코스들을 헤쳐나갔다. 조금 뒤, 나는 누군가가 나를 부르고 있음을 느꼈다. 나는 고개를 들었고 경찰이 보였다. 귀납법에 의한 것인지 연역법에 의한 것인지 알 수는 없었지만, 나는 그것이 무엇인지 바로 알 수 있었다. "거기서 무엇을 하고 있었나?"라고 경찰관이 물었다. 나에게는 익숙한 질문이었다. 나는 그 의미를 바로 이해했다. "휴식 중이었어요" 라고 나는 말했다. "휴식 중?"이라고 경찰관은 되물었고, 나는 "휴식 중이요"라고 다시 말했다. 그러자, 경찰관은 질문에 제대로 대답하라고 소리쳤다. 나는 말을 그럴듯하게 꾸며내지 못하면 항상 이런 일을 당한다. 나는 솔직히 질문받은 바를 제대로 답하였고 그 이외의 어떤 것도 하지 않았다. 나는 여기서 그 두서 없는 대화를 재현하고자 하는 것은 아니다. 결론적으로 내가 이해한 것은 나의 휴식 방법 즉, 자전거에 양다리를 벌리고 걸터앉아 핸들에 양팔을 걸치고 머리는 팔에 쳐박고 쉬는 태도가 공공의 질서인지 예절인지는 잘 모르겠으나 그것을 해친다는 것이었다.

분명한 것은, 나는 다시는 이러한 식, 즉 두 다리를 지면에 놓고, 핸들 위에 양팔을 걸치고 그 위에 머리를 얹어 제멋대로 흔들리는 자세로는 휴식을 취하지 않을 것이라는 것이다. 이는 정말이지 개탄스러운 장면이며, 슬픈 일이라 할 수 있다. 사람들에게 필요한 것은 고된 생활 속에서의 격려이며 힘과 용기 그리고 기쁨이 그들 눈앞에 나타나는 것이지, 하루의 마감을 땅에 내팽개치는 그런 것이 아니다.[Beckett 1994]

언뜻 보기에 이는 확실한 사회적 문제이고 사람의 행동을 바꾸는 것 이외

에는 방법이 없다고 여겨질 수 있을 것이다. 그러나, 사실 이러한 태도가 생기는 것은 환경 자체에 의한 것이라는 점이다. 누울 수 있는 장소가 거의 없는 환경에서는, 공공 공간에서 낮잠을 자는 사람이 별로 없기 때문에 이러한 행위가 매우 부자연스럽게 보이는 것이다.

그러므로,

충분한 벤치와 편안한 장소, 지면에 앉을 수 있는 모퉁이 또는 모래와 같은 편안하게 누울 수 있는 환경을 조성한다. 그리고, 이러한 장소는 사람들의 동선으로부터 한 단 높게 배치해서 주위로부터 상대적으로 보호되도록 한다. 또한, 이와 같은 장소에는 의자와 잔디를 배치해서 신문을 읽거나 낮잠을 즐길 수 있는 장소가 되도록 한다.

쉼터

안락한 벤치   주변 교통으로부터 떨어짐

◆　◆　◆

무엇보다도 수면을 위한 장소는 건물의 가장자리(160)를 따라 계획하도록 한다. 잠을 잘 수 있는 자리를 만들고, 한두 개의 침대 알코브를 배치한다면 공공 공간은 더욱 좋아질 것이다 - 침대 알코브(188), 의자가 있는 장소(241). 그러나, 가장 중요한 것은 사람들이 타인에 대한 두려움 없이 공공 공간에서 수면을 취할 수 있고, 수면이라는 행위가 거리에서 흔히 볼 수 있는 극히 자연스러운 행위라는 신뢰를 형성하는 것이다.

건축

BUILDINGS

지금까지 살펴본 사항들에 의해서 도시나 커뮤니티를 정의하는 포괄적 패턴들이 완성된다. 이제, 지상에 삼차원적으로 존재하는 건물군이나 개개의 건물에 형태를 부여하는 패턴에 대해서 설명하기로 한다. 건물군과 개개의 건물은 '디자인' 되거나 '만들어질' 수 있는 패턴들이다. 즉, 이 패턴들은 건물 그리고 건물들 사이의 공간을 정의한다. 여기부터는, 패턴을 구성할 능력이 있는 개인이나 작은 집단의 통제하에 있는 패턴들을 다룬다.

◆　　◆　　◆

「랭귀지의 요약」에서 제시한 방법에 따라서 패턴들의 시퀀스를 구성했다고 가정해보자. 다음으로는 이 시퀀스를 디자인으로 구성해 나가는 과정에 대해서 하나씩 알아보기로 한다.

1. 기본적인 지시사항은 다음과 같다. 시퀀스의 순서에 따라서 패턴을 하나씩 선택한다. 그리고, 패턴들과 대지 그리고 자신의 감감이 어우러져 형태를 구체화한다.

2. 프로젝트가 진행되고 있는 실제 대지에서 작업을 하는 것이 중요하다. 즉, 개축을 하려고 하는 실내 공간이나 건물을 세우려고 하는 곳에서 작업을 한다. 그리고, 가능하다면 건물이 완공된 후 이를 사용하게 될 사람들과 함께 작업한다. 자신이 사용자라면 그보다 좋은 것은 없다. 그렇지만 무엇보다도, 현장에서 머물면서 작업하고 대지가 자신의 비밀을 말하도록 하라.

3. 형태는 시퀀스가 진행됨에 따라서 점차적으로 발전해 간다는 것 또한 기억해야 한다. 처음에는 명확하지 못하며 확실한 형태를 가지고 있지 못했었지만, 이는 점점 더 복잡해지고 더욱 더 개선되고 점차로 차별화되며 완성되어간다. 이 과정을 서둘러서는 안 된다. 또한, 각 단계에서 대지 조건에 패턴을 적용하기 위해 필요 이상으로 형태에 질서를 부여해서는 안 된다. 실제로 각 패턴을 디자인으로 구체화하면서, 일관성을 유지하며 점차적으로 변해가는 단일한 형태를 경험할 수 있을 것이다.

4. 한 번에 하나의 패턴을 선택하도록 한다. 그리고, 이 책의 서론을 펴고 다시 읽는다. 패턴들에 대해서 설명한 부분을 읽는다면, 현재 당신이 선택한 패턴이 다른 패턴에 어떠한 영향을 미치는지 또 그 패턴이 다른 패턴들에 의해서 어떻게 영향을 받는지 알 수 있을 것이다. 패턴에 대한 설명은 당신이 선택한 하나의 패턴을 전체로 전개시키는 데 도움이 되는 한 유용하다

고 할 수 있다.

5. 이제 당신이 선택한 패턴을 특정한 대지 조건에서 어떻게 전개시켜 나가야 할 것인가를 상상해 본다. 현장에 서서 눈을 감고 자신이 사용하려는 패턴의 완성된 모습을 떠올려 보자. 일단 패턴이 완성되었을 때의 이미지가 떠올랐으면 현장을 돌아다니며 걸음짐작으로 대략적인 면적을 재어 보고, 끈이나 두꺼운 종이를 이용하여 벽체의 위치를 정해 본다. 그리고 지면에 말뚝을 박거나 돌을 쌓아서 건물의 주요 모서리를 표시하여 본다.

6. 다음 패턴으로 진행하기 전에 현재 생각하고 있는 패턴에 대한 생각을 정리해 놓는다. 즉, 패턴 하나하나를 '독립체'로 다루어야 한다는 의미이다. 그리고, 다른 패턴의 구성을 시작하기 전에 이 독립체를 하나의 완전한 존재로 파악하도록 노력한다.

7. 랭귀지의 시퀀스를 따라서 진행한다면, 초기의 결정을 완전히 취소해야 할 만큼의 큰 변경은 없을 것이다. 대신, 완성된 디자인을 얻을 때까지 더 많은 패턴을 계속해서 구성해 나감으로써 패턴의 변경은 점점 적어질 것이다. 이는 연속적인 정제 과정을 거치는 것과 같다.

8. 동시에 여러 가지 패턴을 검토하기는 하지만 한 번에 하나의 패턴을 이용하여 설계를 하기 때문에 가능한 유동적으로 디자인하는 것이 중요하다. 여러 가지 패턴을 검토하다 보면, 새로운 패턴에 맞추어 자신의 디자인을 변경할 필요성이 있다는 것을 알게 될 것이다. 느슨하고 유연한 방법으로 진행해 나가야 한다는 것은 매우 중요하다. 필요 이상으로 고정된 디자인이 되지 않도록 하며 디자인의 변경을 두려워하지 않아야 한다. 패턴 간의 본질적인 관계나 이전 패턴에서 규정한 특성이 유지되는 한, 필요하다면 디자인은 변경될 수 있다. 디자인에 있어서 기본적인 정수constant는 유지해 나가면서도 작은 변경은 가능하다는 것을 알게 될 것이다. 하지만, 각각의 새로운 패턴을 디자인에 포함시켜 가면서, 이를 현재 사용하고 있는 패턴의 한 부분으로 구성하기 위해서는 디자인의 형태를 재조정해야 할 것이다.

9. 어떻게 하나의 패턴을 구체화할 것인가를 상상해가며 이와 연관된 다른 패턴도 고려한다. 몇몇 패턴은 현재 구체화하고 있는 패턴보다 큰 패턴이거나 패턴일 것이다. 큰 패턴에 대해서는 현재 작업하고 있는 장소에서 어떠한 형태가 될 것인가에 대해서 생각해 보고, 지금 작업하고 있는 패턴이 큰 패턴의 개선이나 형성에 어떻게 기여할 수 있는지도 생각해 본다.

10. 현재 작업하고 있는 패턴의 개념을 토대로 하여, 작은 패턴을 만들 수 있어야 한다는 것을 명심하라. 때문에, 작은 패턴을 추가할 경우에 이 패턴이 보다 큰 패턴 내에서 어떻게 만들어질 것인가에 대해서 생각해 놓는다면 이후에 큰 도움이 될 것이다.

11. 면적은 초기단계에서부터 항상 철저하게 파악하여 실제로 부담할 수 있는 비용의 규모를 넘지 않도록 한다. 주택 또는 다른 건물 등을 설계하는 경우, 설계가 끝난 이후에 최종 비용이 예상보다 초과되어 디자인을 변경해야 하는 경우는 상당히 많다. 때문에, 우선 공사 예산을 정하고 공사 예산을 적정한 (평균 제곱피트당) 단가로 나누어서 시공할 수 있는 면적을 구한다. 이해를 돕기 위해서 당신은 30,000달러의 공사비를 가지고 있다고 가정하자. 우선, 시공업자들과 협의하여 시공하려고 하는 건물에 적정한 단가를 결정한다. 예를 들어, 이 책 마지막 부분의 패턴들을 이용한 일반적인 주택은 1976년도 캘리포니아 제곱피트당 단가인 28달러로 시공할 수 있었다. 만약, 보다 좋은 외장재를 사용한다면 공사비는 증가할 것이다. 36,000달러의 공사비 정도면 약 1,300제곱피트약 120㎡의 건물을 지을 수 있을 것이다.

12. 설계 과정에서는 이 1,300제곱피트라는 숫자를 항상 기억하도록 한다. 2층 건물을 짓는다면 1층은 650제곱피트가 될 것이다. 하지만, 2층 면적을 1층보다 작게 해도 무방하다면 1층을 800~900제곱피트로 할 수도 있다. 만약, 다소 고급의 옥외실, 담장, 트렐리스를 원한다면, 이 같은 외부 공간을 만들기 위해서 내부 공간을 1,100~1,200제곱피트까지 줄일 수도 있을 것이다. 그리고, 각 패턴을 이용하여 건물 배치를 계획할 때에도, 항상 이 면적을 기억하고 있다면 공사비의 예산이 초과되는 일은 없을 것이다.

13. 마지막으로, 패턴을 완성하기 위해서 필요한 기본적인 지점이나 선 등을 벽돌이나 막대기, 말뚝 등을 이용하여 대지 내에 표시하여 본다. 즉, 종이 위에 설계하지 않으려고 노력하라. 또한, 복잡한 건물이라 할지라도 대지에서 이를 표시하는 방법을 찾아본다.

보다 상세한 지시사항이나 실제 디자인 프로세스의 자세한 예는 『시간을 초월한 건설의 길The Timeless Way of Building』 제20, 21, 22장에 설명되어 있다.

첫 번째 그룹의 패턴들은 건물군의 전체적 배치 계획에 도움이 된다. 즉, 건물의 높이와 건물의 수, 대지에 위치하는 출입구, 주요 주차구역 그리고 복합건물 내에서의 동선 등에 대해서 설명한다.

95. 복합건물**

BUILDING COMPLEX

···- 이번 패턴은 건축만을 다룬 130개의 패턴 중에서 첫 번째 패턴이다. 또한, 사회적 구성을 다룬 이전의 패턴들에서 개인적 공간을 규정하는 작은 패턴으로 이행하기 위해서 통과해야 하는 난관이기도 하다.

　어떤 건물을 짓기로 결정하였다고 가정해 보자. 그것은 그 건물을 사용할 사회집단이나 기관, 그리고 건물을 지으려는 사람의 상황이나 또는 부분적으로 앞서 제시한 패턴에 대한 필요성에 의해서 정해질 것이다. 이제부터는 이번 패턴과 다음의 패턴인 충수(96)를 통해서 대지 내의 건물 배치에 대한 기본적 사항을 설명한다. 이 패턴에서는 어떻게 건물을 분할하는지에 대해서 대략 설명할 것이다. 그리고, 충수(96)는 각 부분의 높이를 정하는 데 도움이 될 것이다. 분명한 점은 이 두 패턴은 동시에 쓰여져야 한다는 것이다.

◆　◆　◆

인간적인 건물은 내재적인 사회적 사실social fact**을 나타내는 작은 건물들 또는 작은 부분들의 집합체여야 한다.**

건물은 가시적이며 사회집단이나 사회기관의 실체적인 현현manifestation이다. 그리고, 모든 사회기관의 내부에는 하위의 사회집단이나 기관이 존재한다. 때문에, 인간적인 건물은 거대한 단일체가 아니라 작은 기관들의 집합체로서 존재를 표명하고 구현하는 복합건물이 되어야 한다.

가정 내에도 부부를 포함하는 집단이 존재하며, 공장에도 노동자들의 작업그룹이 존재한다. 시청에는 여러 '국'이 있으며, '국' 내에는 '과'가 있으며, '과' 내에는 분야별 작업그룹이 있다. 건물은 구조적으로 이와 같은 위계나 분화를 보여줄 때 인간적인 건물이 될 수 있다. 왜냐하면, 이 같은 건물에서 인간은 집단을 이루려는 본능에 따라서 자연스럽게 생활해 나아갈 수 있기 때문이다. 이와는 대조적으로 단일건물은 건물 내부에 존재하는 사회구조의 실체를 부정한다. 더욱이, 사회구조의 실체를 부정하면서 보다 비인간적인 다른 실체를 강조한다. 인간의 생활을 건물에 맞추도록 강요하는 것이다.

우리는 다음과 같은 가정을 이용하여 이 같은 느낌을 보다 정확하게 표현하려고 노력해 왔다. 즉, 건물이 단일체가 될수록 그리고 분화가 안 될수록, 건물은 더욱 비인간적이고 기계적인 공장이 되어간다는 것이다. 그리고, 인간집단이 분화되지 않은 거대한 건물을 이용하는 경우, 사람들은 건물 내에서 일하는 사람들을 하나의 인격체로서 인지하지 않게 되며, 인간집단을 직원들로 구성된 하나의 비인간적인 단일체로 여기게 된다. 요약하자면, 건물이 단일체가 되어가면 갈수록 건물은 사람들을 비인간적으로 만들고 건물 내의 다른 사람과의 접촉을 저해한다.

이 가정을 가장 잘 뒷받침하고 있는 논거는 밴쿠버의 공공서비스 건물 방문자에 관한 조사이다.[EAG 1971] 이 조사에서는 두 개의 공공서비스 건물에 대하여 연구하였는데, 하나는 작고 오래된 3층 건물이고, 다른 하나는 거대한 현대식 오피스빌딩이었다. 작은 건물을 방문한 사람들의 반응은 거대한 현대식 건물을 방문한 사람들과 놀라울 정도로 달랐다. 작은 건물에 방문한 사람들이 만족한 이유로 직원들의 친절함과 능숙한 업무처리를 주로 이야기하였고, 많은 사람들이 자신들의 업무를 도와줬던 직원들의 이름과 생김새를 기억하고 있었다. 반면, 거대한 오피스빌딩을 방문한 사람들은 직원들의 친절함과 업무처리 능력에 대해서 언급하는 경우가 드물었다. 대신에 방문자들의 대다수는 자신들이 만족한 이유로서 '훌륭한 건물, 외관과 설비'를 선정하였다.

단일건물에서 방문자들의 경험은 비인격화 된다. 방문자들은 자신들이 만나려는 사람이나 그 사람들과의 관계에 대해서 생각하지 않게 되며, 대신에 건물이나 건물의 특징에 주목하게 된다. 그곳에서 일하는 사람들은 교체될 수 있는 평범한 '직원'이 되고, 방문자들도 직원들이 친절하건 친절하지 않건, 유능하건 유능하지 않건 간에 이들을 인간으로서 덜 주목하게 된다.

우리는 이 연구에서 거대한 오피스빌딩의 방문자들이 특정한 문제점을 지적하지는 않았지만 전체적인 분위기에 많은 불만을 가지고 있음을 알 수 있었다. 반면에, 작은 건물의 방문자들 사이에서는 이러한 불만을 찾아볼 수 없었다. 단일건물이라는 것이 마치 자유부동성불안free-floating anxious*을 유발하는 것처럼 주변환경이 이상하다고 느끼게 된다. 그렇지만, 정확한 이유를 설명하기는 어렵다. 아마도, 건물이 너무 크기 때문에 파악하기 어렵고 건물 안의 사람들은 벌집 안의 벌 같다는 너무나도 단순한 이유이기 때문에, 사람들은 이를 노골적으로 이야기하기를 쑥스러워하기 때문일 것이다. (이유가 이처럼 단순한 것이라면 내 생각이 잘못되었을 것이다. 왜냐하면, 이 같은 건물들이 굉장히 많기 때문이다.)

그렇다 할지라도, 이 논거는 거대하고 분화되지 않은 오피스빌딩에 있어서 인간적인 환경에 대한 깊은 불만을 나타내고 있다고 생각한다. 거대한 건물은 우리에게 물체나 상품이라는 인상을 강하게 남기고, 그 안에 있는 사람들이 인간이라는 사실을 망각하게 한다. 하지만, 우리는 이 같은 건물 안에 있을 때, 전체적인 분위기에 대해서 막연하게 불만을 터뜨린다.

---

*   (옮긴이) 특별한 문제없이 지속적이고 막연한 불안이 나타나는 증상

그렇기 때문에, 건물이 얼마나 가시적으로 나뉘어져 있는가는 건물 안에 있는 사람들의 인간적인 관계에 영향을 미칠 것이라고 생각한다. 그리고, 이러한 심리적인 이유로 건물이 여러 부분으로 분할되어야 한다면, 우리가 이전에 건물을 분할하는 방법으로 제안한 것보다 자연스러운 방법은 찾을 수 없을 것이다. 다시 말해, 물리적이며 구체적으로 분화되고 사람들이 건물 안에 있는 다른 사람들을 완전하게 인지할 수 있을 때 즉, 건물이 복합건물인 경우에 다양한 기관, 집단, 하위집단, 활동들은 가시화된다.

고딕 성당은 비록 거대한 건물이기는 하지만 복합건물의 좋은 예라고 할 수 있다. 고딕 성당의 여러 부분들, 첨탑, 통로, 신도석, 성단소, 서쪽 정문 등은 사회집단(신도, 성가대, 특별 미사군)을 정확하게 반영한다.

물론, 아프리카에 있는 오두막군 또한 인간적이라 할 수 있다. 왜냐하면, 오두막군 역시 하나의 거대한 건물이 아니라 복합건물이기 때문이다.

고밀도 지구의 복합건물인 경우, 인간적인 부분을 식별하도록 하는 가장 좋은 방법은 건물 폭을 좁게 하고 각 건물의 내부에 계단을 설치하는 것이다. 이는 조지안식 연립주택이나 뉴욕 브라운스톤의 기본적인 구조이다.

그러므로,

거대한 단일건물을 건설하지 않는다. 가능하면 건물의 각 부분이 현실의 사회적 실체를 명확히 드러낼 수 있는 복합건물이 되도록 프로젝트를 조정한다. 저밀도 지구에서 복합건물은 아케이드, 보행로, 다리, 공공정원 그리고 담장 등으로 연결된 작은 건물들의 집합체와 같은 형태를 취할 수 있을 것이다.

고밀도 지구에서는, 건물의 주요 부분이 하나의 입체적 구조물의 일부이지만 주요 부분이 강조되어 사람들이 이를 인식할 수 있다면 복합건물로 생각해도 좋다.

예를 들어, 주택 같은 작은 건물이라 할지라도 건물의 일부를 다른 동이나 부속건물보다 높게 하면 복합건물로 생각할 수 있다.

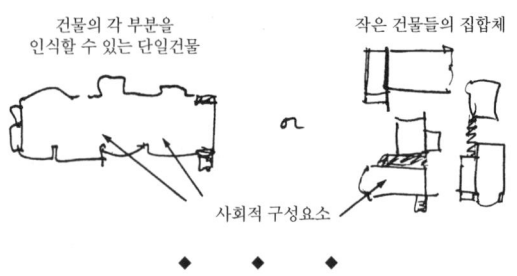

건물의 각 부분을
인식할 수 있는 단일건물

작은 건물들의 집합체

사회적 구성요소

◆　◆　◆

　고밀도 지구에서는 공용의 담장을 이용하여 좁은 폭으로 분할한 3, 4층의 건물을 보행로를 따라 배치하고, 각 건물에는 내부 계단 또는 외부 계단을 설치한다. 가능하다면 복합건물은 한 번에 하나씩 점진적으로 짓도록 하여 이웃주민들이 건물에 점차 적응할 수 있도록 한다. 정면 폭을 25~30피트약 7.5~9m가 되도록 한다. **기다란 주택**(109), **건물의 정면**(122), **주 출입구**(110)나, 이웃한 건물을 이어줄 수 있는 **아케이드**(119)가 도움이 될 것이다.

　복합건물에서 건물을 배치할 때, 동선 확보가 잘 되도록 해야 한다 - **동선의 영역**(98). 대지 내 자연적으로 형성된 중심에 건물의 집합체 중 하나를 주 건물이 되도록 설계한다 - **주 건물**(99). 개별 건물은 대지 내 가장 아름다운 장소나 가장 좋은 장소를 피해서 배치한다 - **대지 정비**(104). 양지바른 정원을 만들기 위해서 건물은 북쪽에 배치한다 - **남쪽을 향한 외부 공간**(105). 건물의 폭이 25~30피트를 넘지 않도록 분할한다 - **채광**(107). 시공의 구체적인 사항에 대해서는 **사회적 공간을 따르는 구조**(205)를 참고한다 ┅…

96. 층수*

NUMBER OF STORIES

····-복합건물이 어떻게 분할되고 - 복합건물(95), 어떤 규모가 되어야 하는 지 어느 정도 이해했다고 가정하자. 또한, 자신의 프로젝트를 위한 대지를 확보하였다고 가정하자. 이제, 당신의 복합건물이 한정된 대지 내에서 효율 적으로 기능하게 하기 위해서는, 각 부분이 몇 층이 되어야 하는가를 결정 할 차례이다. 각 부분의 높이는 4층 제한(21)에 의해서 제약을 받아야 한다.

그 밖에도, 대지의 크기와 건물의 각 부분이 필요로 하는 바닥 면적에도 영향을 받는다.

◆　　◆　　◆

4층 제한을 적용한다면, 건물의 높이는 정확히 몇 층이 되어야 하는가?

인간적인 관점에서 이유를 든다면 건물의 크기를 작게 유지하면서도 비용을 줄이려면, 건물의 높이가 가능한 낮아야 한다. 그렇지만, 토지활용률을 최대로 하기 위해서 그리고 주변 건물들과의 조화를 이루기 위해서는 2~4층 건물이 되어야 할 것이다. 이번 패턴에서는 이 균형을 유지하기 위한 규칙을 제시하도록 한다.

규칙 1: 대지 내의 건물의 높이는 4층으로 제한한다. 이 규칙은 4층 제한(21)의 패턴을 직접적으로 적용하며, 이 규제를 적용하는 이유에 대해서는 해당 패턴에서 설명하였다.

규칙 2: 어떠한 대지라 할지라도, 건물이 지면의 50퍼센트 이상을 점유할 수 없도록 한다. 대지가 세대나 회사에 소유되어 있건 또는 다수의 건물이 점유하고 있는 큰 대지의 일부이건 간에 상관없이, 최소한 대지의 절반 이상은 오픈스페이스를 위해서 남겨놓는다. 이는 적절한 대지 계획을 할 수 있는 건물 총면적의 상한선이다. 그러므로, 대지 면적에 대한 건물 총면적의 비율(용적률: FAR$^{floor\ area\ ratio}$)이 1층 건물에서는 0.5를, 2층 건물에서는 1.0을, 3층 건물에서는 1.5를, 4층 건물에서는 2.0을 넘어서는 안 된다.

당신이 계획하고 있는 건물의 총면적에 대지 내의 기존 건물의 총면적을 더했을 경우에 대지 면적의 두 배가 넘는다면 위의 규칙을 넘어선 것이다. 이러한 경우에는, 계획을 축소하여 면적을 줄이도록 한다. 혹은 프로젝트의 일부를 다른 대지에 옮기도록 한다.

규칙 3: 건물의 높이가 주위의 건물을 월등하게 압도하도록 계획하지 않는다. 경험에 의한 규칙을 이야기하자면, 주변 건물보다 두 층 이상 높거나 낮은 건물을 지어서는 안 된다. 전반적으로는 주변 건물과 거의 같은 높이로 하여야 한다.

경험에 의한 규칙을 위반한 경우

나는 정원이 있는 작은 집에 산다. 버클리에 있는 큰 주택 뒤에 위치해 있다. 나의 집 주변은 2층짜리 주택이 둘러싸고 있으며, 몇몇 주택은 30피트^{약 9m}에 가깝다. 처음 이곳에 이사왔을 때, 이 작은 집은 독립적이고 또한 외부 공간에서도 프라이버시를 유지할 수 있다고 생각했었다. 하지만, 나는 어항에 살고 있는 금붕어가 된 느낌이다. 주변의 2층집 창문에서 내 거실과 정원이 그대로 내려다 보이기 때문이다. 정원은 전혀 쓸모 없고, 나는 창문 주변에도 앉지 않는다.

그러므로,

우선, 몇 제곱피트가 필요한지 결정한다. 그리고, 필요 면적을 대지 면적으로 나누어서 용적률을 구한다. 다음으로, 다음 표에 나와 있는 용적률과 주변 건물의 높이에 따라서 건물의 높이를 정한다. 어떠한 경우라도 건물이 대지 면적의 50%를 넘어서는 안 된다.

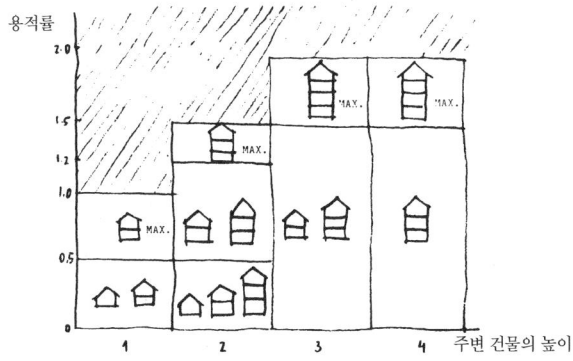

각 부분의 층수와 면적이 확실하게 정해졌으면, 어떤 건물이나 건물의 어느 부분이 주 건물(99)이 될 것인지 정한다. 건물의 층수에 변화를 준다 - 캐스케이드형 지붕(116). 특히, 대지, 수목, 채광을 고려해서 건물을 배치한다 - 대지 정비(104), 남쪽을 향한 외부 공간(105), 나무가 있는 장소(171). 면적 산출을 할 경우에는 다음의 사항을 기억하도록 한다. 즉, 최상층이 지붕에 둘러싸여 있다면 - 감싸는 지붕(117), 최상층의 효율적인 면적은 바로 아래 층 면적의 4분의 3을 초과하지 않아야 한다는 것이다.

만약, 대지의 50%를 공지로 남겨둘 수 없는 고밀도 지구에서는(런던이나 뉴욕의 중심지 같은 곳에서는), 지상 면적 전부를 건물 짓는 용도로 사용하되 상층부 면적의 50% 이상을 옥상 정원으로 활용한다 - 옥상 정원(118).

각 층의 층 높이를 다르게 한다. 즉, 최하층은 가장 높게 하고 최상층은 가장 낮게 한다. 그리고, 최종 기둥 배치(213)에 따라서, 기둥의 간격을 다르게 한다. 마지막으로, 층수에 관계없이 같은 시공법을 적용한다 - 사회적 공간을 따르는 구조(205) - ···

97. 가려진 주차장*

SHIELDED PARKING

···- 이 책에서 소개한 많은 패턴들은 자동차에 대한 의존에 반대하고 있다. 이러한 패턴들에 의해서 대규모 주차장과 주차시설의 필요성이 점차로 사라지기를 희망한다 - 지구교통구역(11), 9퍼센트의 주차장(22). 그렇지만, 불행히도 특정 상황에서는 대규모 주차장이 필요하다. 만약, 대규모 주차장이 필요한 경우라면 이는 복합건물(95) 패턴을 파괴하지 않도록 초기에 배치되어야 한다.

◆　◆　◆

자동차로 가득한 대규모 주차시설은 비인간적이고 죽은 건물이다. 이러한 주차시설을 보거나, 그 옆을 지나가고 싶어하는 사람은 없다. 하지만, 운전자의 경우 주차시설의 출입구는 건물의 주 출입구가 된다. 따라서, 주차시설의 출입구는 잘 보여야 한다.

하나의 근린에서 허용된 총 주차 대수의 상한치에 대해서는 9퍼센트의 주차장(22)에서 이미 정의하였다. 또한, 지면에 주차장을 설치할 경우에 주차구역의 최적 규모와 배치에 대해서는 소규모 주차장(103)에서 설명하였다. 그렇지만, 특정한 상황에서는 대규모 주차장이나 주차시설을 만들어야 할 필요성이 있다. 만약, 주변의 토지를 오염시키지 않고도 대규모 주차장이나 주차시설을 만들 수 있다면, 환경은 이것을 용인할 수 있을 것이다.

이는 매우 간단한 생물학적인 원리이다. 예를 들어, 인간의 몸 안에는 노폐물이 존재한다. 노폐물은 신체활동의 한 부분이며 필수불가결한 물질이다. 우리 몸의 위나 결장은 노폐물과 함께 운반된 독성물질로부터 다른 장기들을 보호하는 역할을 한다.

도시도 이와 동일하다. 역사적 흐름으로 보았을 때, 현재의 도시에는 일정 규모의 주차장이 필요하다. 그리고, 당분간은 이 같은 현실을 피할 길은 없을 것이다. 그렇지만, 주차시설은 가려져야 한다. 즉, 상점, 주택, 잔디로 덮인 언덕, 벽 또는 어떠한 건물로라도 가려서 주변에서 주차장의 내부시설이나 자동차가 보이지 않게 해야 한다. 특히, 지상 주차장에서는 더욱 중요하다. 상점은 그 자체가 보행자 스케일을 만들어 내기 때문에 매우 유용하다. 더욱이, 주차의 필요성과 상점 개발은 매우 긴요한 관계에 있기 때문에, 상점으로 주차장을 가리는 것은 경제적으로도 현실성이 매우 높다.

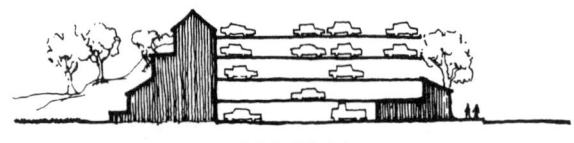

가려진 주차시설

물론, 주택도 상점과 같은 기능을 수행할 수 있다. 파리에서는 매력적이고 아름다운 아파트 주택들이 중정을 둘러싸도록 배치되어 있다. 중정은 도로에서 떨어져 있으며, 중정 내부에는 주차가 가능하다. 주차된 자동차가 그리 많지 않기 때문에 중정이 자동차에 의해 파괴될 위험은 없으며, 거리 또한 자동차로 붐비지 않는다. 주차시설을 가려야 할 필요성과 동시에, 운전자가 주차시설을 재빨리 찾을 수 있도록 해야 한다. 또한, 운전자가 방문하려고 하는 건물과 주차시설이 어떻게 연결되어 있는지를 알 수 있도록 해야 한다. 건물 근처에 있는 주차장에 대한 가장 큰 불만은 건물과 주차장 사이의 거리가 멀다는 것이 아니라, 건물에서부터 어떻게 주차장을 찾아가야 하는가 그리고 그곳에서부터 건물로 어떻게 돌아와야 하는가이다.

이것이 의미하는 바는 다음과 같다.

1. 주차시설, 특히 방문객을 위한 주차시설은 전체가 가려져 있다 하더라도 주차시설로의 접근 방향을 명확히 표시해야 한다. 자동차로 방문하는 사람은 주차장이 아니라 그 건물을 먼저 찾는다. 따라서, 주차장 출입구는 관문 같은 중요한 출입구의 하나로서 분명히 표시되어야 한다. 그렇다면, 방문객은 건물을 찾는 과정에서 주차장의 출입구를 자연스럽게 발견할 수 있을 것이다. 그리고, 주차장의 출입구는 건물의 주 출입구를 보았을 때와 거의 동시에 찾을 수 있도록 배치되어야 한다.

2. 방문객이 주차를 하면서 방문하려고 하는 건물의 주 출입구와 연결된 주차장의 출구가 어딘지 바로 발견할 수 있어야 한다. 그렇다면, 방문객은 주차장 출구에서 가장 가까운 주차 장소를 찾을 수 있을 것이며, 때문에 출구를 찾기 위해서 헤맬 필요가 없어지게 된다.

그러므로,

모든 대규모 주차장, 주차시설 등을 어떤 자연스러운 벽 뒤에 배치해서 자동차나 주차시설이 외부에서 보이지 않게 한다. 주차장을 둘러싸는 벽은 건물, 연립주택, 계단식 주택, 언덕, 상점 등이 될 것이다.

주차장의 출입구는 그 주차장을 사용하는 건물로 통하는 자연스러운 관문이 되도록 한다. 그리고, 건물의 주 출입구가 쉽게 보이는 위치에 주차장의 주 출입구를 배치한다.

차폐

주차장을 둘러쌈

주차장의 출입구

◆　　◆　　◆

주차시설을 가리기 위한 수단으로서 계단식 주택(39), 사이의 주택(48), 개인 소유 상점(87), 노천 계단(158), 외랑(166)을 참고한다. 주차시설 전체를 가리기 위한 가장 저렴한 방법 중 하나는 캔버스 차양이다. 캔버스의 색상은 매우 다양하고, 그 아래로 투과되는 빛은 매우 아름답다 - 캔버스 지붕(244). 방문객이 자동차를 타고 주차시설로 들어가는 위치에서, 그리고 주차시설에 자동차를 주차하고 걸어나올 때, 건물의 주 출입구는 매우 잘 보여야 한다 - 동선의 영역(98), 비슷한 모양의 출입구(102), 주 출입구(110). 지붕이 덮여 있는 주차시설에서는 자연스럽게 방향을 인지할 수 있도록 자연 채광을 적극적으로 이용한다. 그렇다면 방문객들은 주차시설을 나가기 위해 어디로 가야 할지 쉽게 파악할 수 있을 것이다 - 명암의 태피스트리(135). 그리고, 마지막으로 하중지지구조, 공법, 시공에 대해서는 사회적 공간을 따르는 구조(205)에서부터 시작한다 - ⋯

98. 동선의 영역**

CIRCULATION REALMS

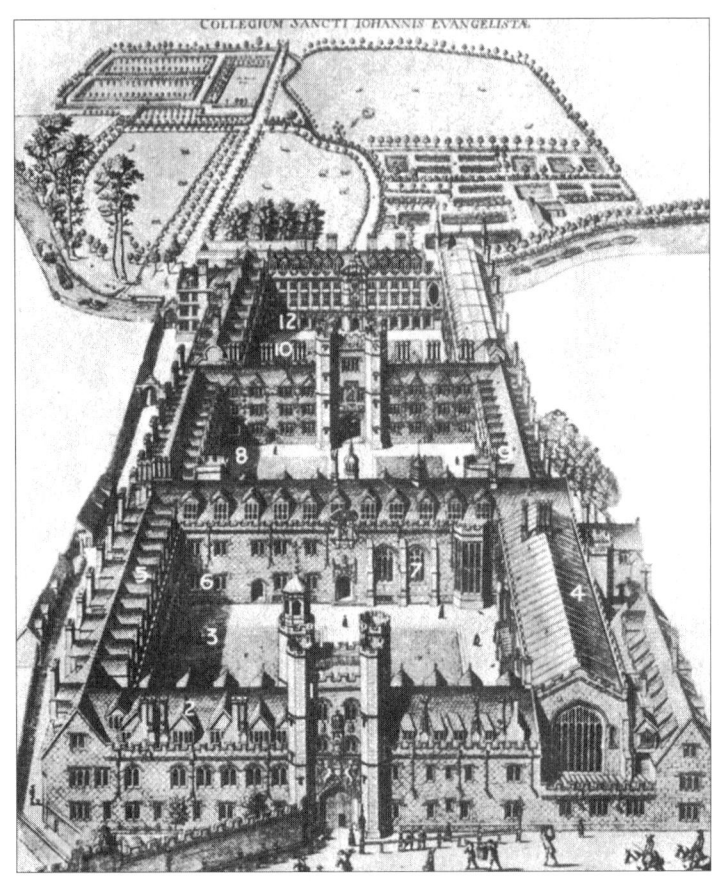

···- 몇 동의 건물을 지을 것인가에 대한 대략적인 계획 - 복합건물(95), 그리
고 건물의 높이가 정해졌다면 - 층수(96), 건물로의 접근을 명확하고 편안하
게 하는 배치에 대해서 대략적으로 생각해야 할 차례이다. 이 패턴은 배치
의 철학에 대해 전반적으로 정의한다.

◆　　◆　　◆

많은 현대식 복합건물에서 방향감각 상실은 심각한 문제이다. 사람들은 자신이 어디에 있는지 모르고 결국에는 심각한 정신적 스트레스를 경험한다.

길을 잃었을 때 우리가 공포감을 느끼는 것은 이동성을 가진 동물이 자신의 주변 환경에 적응하지 않으면 안 된다는 필요에 의해서 생긴 것이다. 자카드Jaccard는 방향감각을 상실한 아프리카 원주민에 대하여 이야기하였는데, 그때 그 원주민은 공포에 휩싸여 수풀 속으로 미친 듯이 뛰어 들어갔다고 한다. 위트킨Witkin은 비행 중에 수직 방향감각을 상실했던 노련한 조종사에 대하여 기술하였다. 그 조종사는 자신의 생애에서 가장 무서운 경험이었다고 술회하였다고 한다. 이 밖에도 수많은 작가들이 현대도시에서 일시적인 방향감각 상실에 대해서 기술하였다. 굉장한 정신적인 고통을 수반하였다고 한다.[Lynch 1960]

동선 문제에 대해서는 복합건물을 처음으로 방문해서 자신이 가고 싶은 곳을 찾아야 하는 사람의 경우를 생각해 보면 가장 쉽게 이해할 수 있다. 당신이 복합건물 안에서 특정한 위치를 찾아가야 하는 방문객이라고 가정해 보자. 자신의 입장에서 생각해봤을 때, 만약 누군가가 당신에게 기억하기 쉽게 그리고 목적지에 도착하기까지 경로를 머릿속에 떠올릴 수 있도록 설명해 줄 수 있다면, 이 건물은 이해하기 쉬운 건물이다. 단도직입적으로 표현해보면, 건물을 처음 방문한 사람에게 (임의의) 목적지의 위치를 한 문장으로 설명할 수 있어야 한다는 것이다. 예를 들면, "주 출입구를 지나서 곧바로 걸어간 후, 주 통로로 내려가서 두 번째 작은 문으로 들어가면 파란색 격자로 된 작은 문이 있습니다. 그곳이 목적지 입니다"와 같은 식이다.

이는 방문객에게만 중요한 문제라고 생각하기 쉽다. 왜냐하면, 건물에 익숙해진 사람은 건물의 배치가 좋지 않다 하더라도 자신이 가고 싶은 장소를 찾을 수 있기 때문이다. 하지만, 심리학 이론에 의하면 동선이 제대로 처리되지 않으면 방문자에게 미치는 악영향만큼 건물에 익숙한 사람에게도 영향을 미친다고 한다. 즉, 임의의 목적지로 이동할 때, 항상 머릿속에 어떤 형태의 지도나 지시사항을 떠올려야 할 것이다. 여기에서 의문점을 제기해 보자. 사람들은 얼마나 오랫동안 머릿속의 지도와 목적지에 대해서 의식적으로 생각해야 하는가? 만약, 목적지로 가기 위해서 상당히 오랜 시간 동안 랜드마크를 찾아야 하고, 다음은 어디로 가야 하나라는 생각으로 많은 시간을 빼앗겨 버린다면, 고요한 사색의 시간이나 무언가를 생각할 여유는 없을 것이다.

결론적으로 사람에게 끊임없는 주의를 요하는 환경은 방문자뿐만 아니라, 그 장소를 잘 아는 사람에게도 나쁘다고 할 수 있다. 반대로, 좋은 환경은 의식적으로 집중하지 않아도 쉽게 이해할 수 있는 환경이다.

무엇이 환경을 이해하기 쉽게 만드는가? 무엇이 환경을 혼란스럽게 만드는가? 한 사람이 건물 내에 있는 특정 위치를 찾아가고 있으며, 이 위치를 A라고 가정해 보자. 출발지에서 목적지가 보이지 않는다면, 그 사람은 A를 향해서 곧바로 갈 수 없다. 대신에, 몇 개의 단계를 정하는 것부터 자신의 경로를 정하고, 각 단계는 일종의 중간 목표물이 되며, 각 중간 목표물을 지나 다음 목표물로 향하게 된다. 예를 들어, 우선 출입구를 지나서, 다음으로 왼쪽에 있는 두 개의 중정을 지나고, 오른쪽 중정의 아케이드에 도착하면 3번째 방문으로 들어간다. 이러한 순서는 머릿속에 그려보는 일종의 지도일 것이다. 만약, 머릿속에 이 지도를 떠올리는 것이 용이하다면, 건물 안에서 목적지를 찾기도 용이할 것이다. 반대로, 머릿속에 지도를 떠올리는 것이 어렵다면 목적지를 찾기는 매우 어려울 것이다.

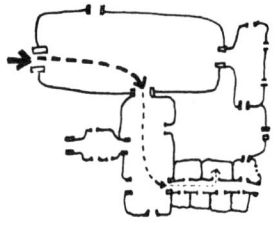

머릿속에 그리는 지도

이 지도는 중층의 영역시스템nested system of realm을 인지할 수 있도록 하기 때문에 매우 효과적이다.(앞의 예의 경우, 영역시스템은 우선 건물이라는 영역 그리고 중정, 다음으로 아케이드, 방, 목적지의 순서이다.) 이 지도는 우선 가장 큰 영역의 입구로 인도하고, 그곳에서 다시 두 번째로 큰 영역의 입구에 그리고 그 다음 영역으로 이어진다. 한 번에 하나의 결정을 하고 하나하나의 결정이 건물 내에 남겨진 탐사 범위를 좁혀나가서, 마지막으로 자신이 찾고 있는 특정한 목적지까지 좁혀져 나가는 것이다.

복합건물 내에서, 유용한 지도는 이와 같은 구조를 가져야 하고, 이와 같은 지도를 그려낼 수 없는 복합건물은 내부의 건물 사용자들을 혼란스럽게 한다고 할 수 있을 것이다. 이는 직관에 기초한 것이다. 다음으로, 이러한 지도를 매우 쉽게 그릴 수 있는 영역시스템이 잘 갖춰진 다음 두 건물에 대해서 생각해 보자.

옥스포드대학의 한 기숙사는 두 개의 중정으로 구성되어 있다. 각 중정은 중정으로 열려 있는 '계단실'이라 불리는 장소로 구성되고, 각 계단실은 개인실로 이어진다. 영역은 대학, 중정, 계단실, 개인실이라는 단계로 이루어져 있다.

한편 맨하탄은 몇몇의 주요 구역으로 구성되어 있다. 각 주요 구역에는 중심 가로와 간선도로가 있다. 영역은 맨하탄, 주요 구역, 애비뉴에 의해서 구분된 영역, 스트리트와 개별 건물에 의해 구분된 영역의 순으로 이루어져 있다. 맨하탄의 영역이 분명한 이유는 구역이 매우 잘 구분되어 있고 애비뉴에 의해 영역이 구분된 후에 다시 스트리트로 영역이 나누어지기 때문이다.

이를 알기 쉽도록 정리해 보면, 복합건물은 다음 세 가지 규칙을 따라야 한다.

1. 복합건물 내에서 중층 영역시스템을 인지할 수 있어야 하며, 최초의 그리고 가장 큰 영역은 복합건물 자체가 되어야 한다.

2. 각 영역은 영역의 입구에서부터 시작하는 주요 동선 공간을 지니고 있어야 한다.

3. 모든 영역의 입구는 상위 영역의 동선 공간에 직접 접하고 있어야 한다.

마지막으로 강조하고 싶은 것은, 각각의 모든 영역에는 이름이 붙여져 있어야 한다는 것이다. 즉, 각 영역이 명확한 물리적인 윤곽을 지닌다면 실제로 이름을 붙일 수 있을 것이고, 그 영역이 어디에서 시작하고 어디에서 끝나는지를 알 수 있을 것이다. 영역은 우리가 제시한 두 가지 예처럼 정확할 필요는 없다. 그렇지만, 반드시 물리적인 실체와 존재감을 충분히 느낄 수 있어야만, 영역으로서의 유효성을 가질 것이다.

그러므로,

큰 건물이나 작은 건물의 집합체에서는 단계적으로 연속하는 영역을 통과

해서 특정한 지점에 도착할 수 있도록 동선을 배치한다. 각 영역에는 인상에 남는 관문을 설치하고, 관문을 통해 각 영역을 지나서 보다 작은 영역으로 들어가도록 한다. 누구라도 쉽게 이름을 붙일 수 있는 영역을 선택한다면, 통과하는 영역을 말해주는 것만으로도 다른 사람에게 행선지를 알려줄 수 있을 것이다.

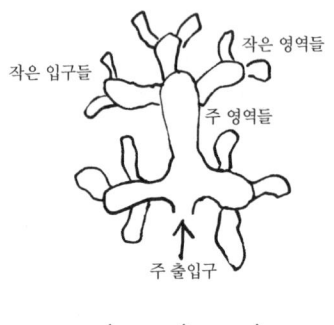

전체 동선 영역시스템의 최초 입구는 큰 관문으로 다룬다 - 주 관문(53). 관문과 연결되어 있는 주요 영역은 보행로나 공유지로 한다 - 공유지(67), 보행로(100). 다음으로 각각의 건물이나 중정, 건물 내 주요 통로를 이용하여 작은 영역들을 만든다 - 주 건물(99), 건물 내 통로(101), 오픈스페이스의 위계(114), 활기 있는 중정(115). 작은 영역 내에도 분명히 눈에 띄는 출입구를 만든다 - 비슷한 모양의 출입구(102), 주 출입구(110). 보행로의 배치는 보행로와 목적지(120)를 따른다 ---···

99. 주 건물*

MAIN BUILDING

···- 복합건물(95) 내에서 사람들이 어떻게 이동할 것인지 어느 정도 정해졌고, 층수(96)에 의해서 건물의 높이가 정해졌다. 다음으로는 동선의 영역(98)을 완성하기 위해서 복합건물의 자연스러운 심장부 또는 중심을 찾아야 할 차례이다.

◆　　◆　　◆

중심부가 없는 복합건물은 머리가 없는 인간과 같다.

동선의 영역에서 사람들이 어떻게 자신의 주변 환경을 이해하는지 그리고 머릿속에 지도를 떠올려서 어떻게 자신의 위치를 파악할 수 있는지에 대해서 설명하였다. 이와 같은 지도는 기준으로 삼을만한 장소가 필요하다. 복합건물 내의 기준점은 명확해야 하고, 모든 통로나 건물과 관련되는 장소에 위치해야 한다. 기준점이 될 수 있는 가장 유력한 후보는 기능적으로 중심이 되는 주 건물이다. 주 건물이 없다면 어떠한 자연스러운 기준점도 머릿속에 지도를 그리는 데 필요한 역할을 충분히 해내지 못할 것이다.

더욱이 건물 사용자(노동자나 거주자)의 관점에서 본다면, 하나의 건물이나 건물의 일부분을 부각시켜 주 건물로 다루고 이런 공동의 주 건물을 조직의 중심으로 삼을 때 공동체 의식이나 연대감을 높일 수 있을 것이다. 이에 대한 몇몇 예로서, 정부청사 건물군 사이에 위치한 회의장, 직장 커뮤니티 내의 조합 회의장, 공동 세대의 부엌이나 가족실, 공원의 회전목마, 성역 안에 있는 사원, 건강센터 안에 있는 수영장, 사무실 안에 있는 작업장 등을 들 수 있다.

실제적으로 집단의 중심이 되는 기능을 선택하여 주 건물을 선정해야 하는데, 이는 매우 세심한 주의를 기울여야 한다. 그렇지 않으면, 관련 없는 엉뚱한 기능이 복합건물을 지배할 것이다. 이러한 관점에서 뉴욕의 국제연합 건물은 실패한 예라고 할 수 있다. 조직의 심장부인 총회 회의장은 관료적인 유엔사무총장의 사무국 때문에 왜소해 보인다. 사실, 이 조직은 관료주의적 사고방식에 시달리고 있다.[Mumford 1956]

그러므로,

어떠한 건물의 집합체라 할지라도 그 안에서 어떤 건물이 가장 본질적인 기능을 수용해야 하는가, 즉 어떤 건물이 집단의 중심적 역할을 해야 할 것인가 결정한다. 그리고, 그 건물을 중심부에 배치하고 다른 건물보다 높게 한다.

복합건물이 고밀도의 단일건물이라 할지라도, 건물의 주요 부분을 높게 하거나 다른 부분보다 눈에 띄게 만들어서 사람들의 시선이 곧바로 향하도록 한다.

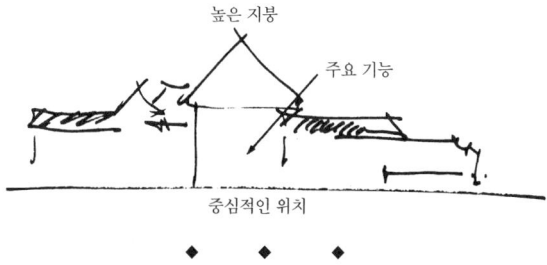

아케이드나 유리로 덮인 주요 통로가 주 건물에 접하도록, 그곳에서 주 건물의 주요 기능이 보이도록 한다 - **중심부의 공용 공간**(129). 주 건물의 높은 지붕에서부터 주변의 낮은 건물의 지붕을 향해서 캐스케이드형 지붕을 형성하도록 한다 - **캐스케이드형 지붕**(116). 그리고, 하중지지 구조, 공법, 시공에 대해서는 **사회적 공간을 따르는 구조**(205)에서부터 시작한다 ⎯⋯

100. 보행로**

PEDESTRIAN STREET

···· 앞서 소개한 패턴인 산책로(31), 상점가(32) 그리고 보행로와 도로의 네트워크(52)는 모두 보행로가 필요하다. 또한, 연립주택(38), 계단식 주택(39), 시장과 같은 대학(43), 다점포 시장(46)에서도 보행로가 필요하다. 그리고, 복합건물(95), 동선의 영역(98)에서도 마찬가지이다. 보행로를 설계할 경우, 도시와 도시 주변에서 보행로와 도로의 네트워크(52), 높여진 보도(55), 동선의 영역(98)을 형성하는 데 도움이 되도록 배치해야 한다.

◆　◆　◆

공공장소에서 사람들이 어깨를 부딪히며 생겨나는 단순한 사회적 교류는 가장 기본적인 사회적 '접착제'의 하나이다.

현대사회에서 이와 같은 상황 즉 사회적 '접착제'는 거의 없어졌다. 실질적인 이동은 대부분 외부 공간이 아니라 실내의 복도나 로비에서 발생한다. 이러한 현상이 발생하는 이유 중 하나는 자동차가 거리를 점령했고, 따라서 사람들이 거리가 아니라 복도를 통해서 이동하기 때문이다. 더욱이, 이로 인하여 사람들의 피해는 배가 된다.

우선, 사람들이 거리를 이용하지 않기 때문에 피해가 발생한다. 사람들의 이동은 대부분 실내에서 이루어지고 있으며, 그렇기 때문에 거리를 빼앗겼다. 거리는 사람들에게 버려졌고 위험해져 간다.

또한, 실내의 로비나 복도는 대부분 죽어 있는 공간이기 때문에 해롭다. 부분적으로는 내부 공간이 외부 공간만큼 공적인 공간이 아니기 때문이며, 부차적인 이유로는 통행 밀도가 외부 공공가로보다는 복수층 건물 안이 작기 때문이다. 그러므로, 복도를 통해 이동하는 것은 유쾌하지 않으며 심지어 사람을 불안하게 한다. 복도를 통해서 사회적 교류가 부실하여 유익한 것을 기대할 수 없다.

공공장소의 이동에서 사회적인 교류를 되살리기 위해서는 방, 사무실, 부서, 건물 사이의 이동은 가능한 한 그리고 실제로 외부 공간에서 이루어져야 한다. 그리고, 이동을 위한 외부 공간은 순수한 공공 공간이며 자동차로부터 떨어져 있고 지붕으로 덮여 있는 산책로, 아케이드, 보행로, 거리 등이 되어야 한다. 건물의 각 동, 작은 건물들, 부속 건물에는 되도록이면 많은 출입구를 설치해야 하고, 그렇게 한다면 거리에 접한 많은 출입구가 거리를 더욱 생기 있게 만들 것이다.

요약하면, 앞서 이야기한 두 가지 문제점인 자동차로 오염된 거리와 무미건조한 복도에 대한 해결책은 보행로이다. 보행로는 사람들이 걷는 장소이며(자동차, 버스, 기차로부터 자신의 목적지까지), 동시에 거쳐 가는 장소이다(아파트, 상점, 사무실, 서비스 시설, 교실 사이를).

보행로가 올바르게 기능하기 위해서는 두 가지 특성이 필요하다. 첫째, 당연한 이야기지만 자동차가 없어야 한다. 하지만, 필요한 곳에서는 보행로와 도로를 교차시켜야 한다. 이에 대해서는 보행로와 도로의 네트워크(52)를 참고하도록 한다. 자동차를 보행로에 주차해야 하는 배달이나 기타 활동은 사람이 별로 없는 이른 아침에 하도록 조정한다. 둘째, 보행로를 따라 줄지어 있는 건물들은 가능한 내부 계단실, 복도, 로비 등을 제거해서 대부분의 동선이 외부와 연결하도록 계획한다. 이렇게 한다면 계단이 외부에 설치될 것이고, 이는 상층부에 있는 사무실이나 방이 거리와 직접 연결된다는 것을 의미한다. 또한, 많은 출입구를 배치해서 생기 있는 거리를 만들도록 한다.

마지막으로 강조하고 싶은 것은 거리의 폭이 주변 건물의 높이를 넘지 않는 경우에 가장 쾌적한 거리가 될 수 있다는 것이다.[OIA 1972]

그러므로,

거의 정사각형 모양

또는 보다 좁게

건물 사이의 이동뿐만 아니라 방과 방 사이의 이동 역시 외부 공간을 통하도록 하고, 보행로를 많이 형성할 수 있도록 건물을 배치한다. 또한, 건물에는 출입구를 많이 배치하고 상층부에서 거리로 직접 연결되는 외부 계단을 설치한다.

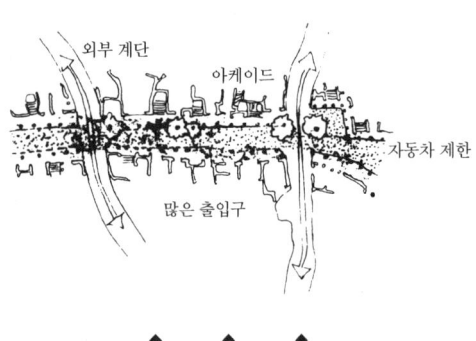

✦　　　✦　　　✦

거리가 비좁으리만치 사람들로 어느 정도 채워지지 않는다면, 거리는 기능을 제대로 발휘하지 못한다 - 보행자의 밀도(123). 내부 계단을 대신해서 사람들이 외부로 나갈 수 있는 외부 계단과 출입구를 많이 설치한다. 그리고, 출입구는 유사하게 만들어서 하나의 시스템으로 인지할 수 있도록 한다 - 비슷한 모양의 출입구(102), 노천 계단(158). 거리를 볼 수 있는 내부 공간이나 외부 공간을 설치한다 - 거리에 면하는 개인 테라스(140), 거리 창(164), 거리로의 개방(165), 외랑(166), 6피트의 발코니(167). 그리고, 거리 자체가 공간을 형성하도록 계획한다 - 아케이드(119), 보행로의 형태(121) ----…

101. 건물 내 통로

BUILDING THROUGHFARE

‥‥ 만약 고밀도의 복합건물이 세워졌다면 이 건물은 넓은 면적을 점유할
것이기 때문에, 모든 동선을 외부의 **보행로**(100)에만 의존할 수 없다. 이러
한 경우에 동선의 영역(98)의 주요 부분은 보행로와 유사한 '건물 내 통로'
의 형태가 되어야 하며, 그 일부 또는 전체가 건물 안쪽에 있어야 한다. 건물
내 통로는 현대 건축물 대부분을 파괴하는 형편없는 복도들을 대체할 것이
며, **복합건물**(95) 내에서 실내 공간 형성에도 도움이 될 것이다.

공공 복합건물에서 외부의 보행로가 아무런 도움이 되지 않는 상황이라면, 전통적인 복도와는 다른 새로운 형태의 실내 가로가 필요하다.

실내 가로

다음과 같은 두 가지 상황에서 문제가 발생한다.

1. 추운 날씨. 매우 추운 기후에서 모든 동선을 외부에 배치한다면 이는 사회적인 교류를 돕는 것이 아니라 오히려 억제하는 꼴이 된다. 물론, 거리에는 지붕을, 특히 유리로 만든 지붕을 덮을 수도 있다. 하지만, 무언가에 둘러싸이게 된다면 거리는 전과 다른 사회적인 생태를 지니게 되어 다르게 기능하기 시작한다.

2. 높은 밀도. 2~4층의 복합건물이 대지 내에서 상당히 고밀도로 건설되었다면, 외부 가로를 위한 적당한 공간이 남아 있지 않을 것이다. 이런 경우, 다른 형태의 주요 통로를 생각해야 할 필요가 있다.

이러한 상황에 의해 발생하는 문제를 해결하기 위해서, 거리를 건물 내 통로나 건물 내 복도로 대체해야 한다. 그렇지만, 건물 내 통로를 설치하거나 지붕을 덮는다면, 고립이라는 문제에서 파생하는 완전히 다른 문제들이 발생한다. 첫째, 공공의 영역에서 제외되고 때로는 버려진다. 사람들은 거리에 접하지 않는 건물 내 통로에서 오래 머물고 싶다는 기분을 거의 느끼지 못한다. 둘째, 통로는 친밀감이 없는 공간이 되기 때문에 그곳에서는 아무 일도 일어나지 않는다. 즉, 사람들이 통로에 머무르지 않고 허둥지둥 지나가도록 설계된다는 것이다.

가로를 실내에 배치하였을 때 발생하는 새로운 문제들을 해결하기 위해서, 실내 가로 또는 건물 내 통로는 5가지의 특성을 지녀야 한다.

1. 지름길

공공 공간은 한가롭게 걸어다닐 수 있는 공간이어야 한다. 특별히 커뮤니티 건물(시청, 커뮤니티 센터, 공공도서관)은 이와 같은 특징을 지녀야 한다. 왜냐하면, 사람들은 자유롭게 주위를 돌아다닐 수 있을 때 건물 안에서 일어나는 일에 친숙하게 되고, 건물을 이용하기 시작하기 때문이다.

그렇지만, 사람들은 공적인 이유 없이 커뮤니티 건물 내에 머무르고 싶어 하지 않는다. 고프만Goffman은 이에 대해서 다음과 같이 이야기하였다.

분명한 목적지 없이 공공 공간에 있는 경우, 움직이지 않고 있다면 사람들은 이를 축 늘어져 있다고 하며, 움직이고 있다면 어슬렁거린다고 한다. 이 두 행동을 공권력은 부적절한 행동이라 생각한다. 요즘, 수많은 도시의 거리에서는 특정한 시간대에 아무것도 하지 않는 사람이 있다면 경찰이 다가와 "여기 있지 마시오"라고 지시할 것이다. (런던에서의 최근 판례에서는 사람은 거리를 걸을 수 있는 권리를 지니지만, 거리에 서 있을 수 있는 법적 권리는 없다고 하였다.) 시카고에서 부랑자 같은 옷을 입고 있는 사람은 큰 길에 축 늘어져 있어도 상관 없지만, 부랑자는 이 구역 이외의 장소에서는 목적을 가지고 어딘가를 향하고 있도록 보여야 한다. 마찬가지로, 정신병환자가 자유시간에 분명한 행선지나 목적 없이 거리를 돌아다니고 있다면, 경찰관은 자신의 책무를 다하지 못한 것이다.[Goffman 1963]

공공 공간이 진정으로 유용한 공간이 되기 위해서는, 거리에서 어슬렁거린다고 배척하는 현대사회의 경향을 어떻게 해서든 막아야 한다. 우리가 주목한 것은 다음과 같은 사항들이다.

a. 시설을 공식적으로 이용한다는 의도를 반드시 행동으로 표현해야 한다면, 아무도 공공 공간을 이용하지 않을 것이다.

b. 만약, 자신이 어느 장소에 있는 이유를 말하도록 강요받는다면(예를 들어, 접수원이나 점원으로부터), 사람들은 그곳을 이용하지 않을 것이다.

c. 공공장소에 들어갈 때 지면의 높이가 변화한다거나 문이나 복도 등을 통과해야 한다면, 특정한 목적이 없는 사람들은 이용하길 꺼려 할 것이다.

예를 들어 밀란의 갈레리아Galleria in Milan처럼 이와 같은 문제점을 잘 해결한 장소들은 모두 공통적인 특징을 지니고 있다. 이러한 장소에는 건물을 가로지르는 공공의 통로가 있고, 멈추고 어슬렁거리며 풍경을 볼 수 있는 장소가 줄지어 있다.

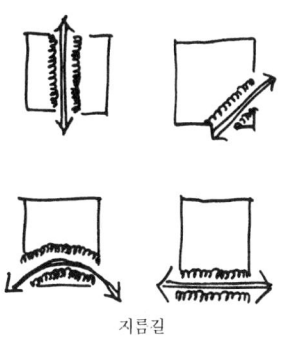

지름길

2. 폭

사람들이 걷고 멈추었을 때 편안함을 느끼기 위해서 실내 가로의 폭은 충분히 넓어야 한다. 간단한 실험을 통해서 사람들이 다른 사람들을 지나칠 때 얼마만큼의 공간을 필요로 하는지 알 수 있다. 세 사람이, 반대편에서 오고 있는 세 사람을 엇갈려 지나갈 확률은 적기 때문에, 최대 두 사람이 반대편의 두 사람과 엇갈려 지나가거나 또는 세 사람이 반대편의 한 사람과 엇갈려 지나가는 경우를 생각해보자. 한 사람당 약 2피트약 60cm의 폭이 필요하고, 혼잡하다고 느끼지 않기 위해서 두 집단 사이에는 약 1피트약 30cm의 폭이 필요하다. 그리고, 사람들은 보통 벽에서부터 최소한 1피트 떨어져서 걷는다. 그러므로, 거리의 폭은 최소한 11피트가 되어야 한다.

우리가 실시한 실험에 따르면 통로의 가장자리에 앉아 있거나 서 있는 사람과 지나가는 사람과의 거리가 5피트약 1.5m 이하면, 가장자리에 있는 사람은 불편함을 느낀다. 그렇기 때문에, 통로 내에 의자, 활동, 입구, 카운터 등이 있는 장소에서는 통로의 폭이 16피트약 4.8m (한쪽에만 있는 경우) 또는 20피트약 6m (양쪽에 있는 경우)가 되어야 한다.

3. 높이

통로의 천장고 또한 실내 가로를 걷고 있는 사람이나 서 있는 사람이 편안함을 느낄 수 있어야 한다. **다양한 천장고(190)**에 따르면, 모든 공간의 높이는 특정 상황에 있는 사람들 사이의 적절한 사회적 수평거리와 같아야 한다. 천장고가 높을수록 사람들은 다른 사람들과의 거리를 느낀다.

『숨겨진 차원The Hidden Dimension』에서 홀Edward Hall은 서로 모르는 사람들이 편안함을 느낄 수 있는 거리는 '얼굴의 특징을 구별할 수 없는 거리'라고 기술하였고, 그 거리는 12~16피트약 3.6~4.8m 사이이다. 그러므로, 실내 가로의 천장고는 최소한 이 범위 안에 있어야 한다.

사람들이 앉거나 서서 이야기하는 장소에서 적절한 사회적 거리는 더욱 가깝다. 홀은 이 거리를 4~7피트약 1.2~2.1m라고 제시하였다. 그러므로, 어떠한 활동이 존재하는 곳이나 가장자리의 높이는 7피트가 되어야 한다.

이는 넓은 실내 가로의 천장은 중앙부가 높고 가장자리는 낮아야 한다는 것을 의미한다. 보다 익명성을 지닌 사람들이 지나다니는 실내 가로 중앙부의 천장고는 12~20피트약 3.6~6m 정도이거나 크기에 맞추어서 이보다 높아야 한다. 반면 통로의 가장자리는 사람들이 멈추어 서거나 건물 내의 활동과 좀 더 관계를 가지게 되므로 천장고는 조금 더 낮아야 한다. 다음은 이와 같은 특징을 지닌 실내 가로의 단면도이다.

실내 가로의 단면

4. 넓은 입구

가능한 한 실내 가로는 건물 외부 동선과 연결되어야 한다. 때문에, 건물로 이어지는 길은 되도록이면 연속적이어야 한다. 그리고, 출입구는 상당히 넓어야 하며 문보다는 관문이 많아야 한다. 출입구가 관문의 성격을 가지기 위해서는 15피트약 4.5m 이상이 되어야 한다.

5. 가장자리와의 관계

지름길 패턴에서 설명한 바와 같이 마음 편히 걸어 다닐 수 있는 실내 가로가 되기 위해서는, 가장자리 부근을 따라서 연속적이고 다양한 '참여'가 필요하다.

통로에 면한 방들은 통로를 향해 창을 설치해야 한다. 창이 없는 벽을 따라 통로를 걸어가는 것은 불쾌하다. 자신이 어디에 있는지 모르게 되는 것일 뿐만 아니라, 건물 내의 모든 일상이 벽 건너편에 있다는 것을 그리고 자신은 그 일상으로부터 단절되어 있다는 것을 느끼게 될 것이다. 또한, 작업자에게 있어서 이와 같은 대중과의 접촉은 너무 극단적인 상황이 아니라면, 즉 작업자가 일하는 장소와 공공 공간 사이에 거리를 두거나 또는 부분적으로 설치된 벽으로 보호한다면 불쾌함을 느끼지 않을 것이라고 생각한다.

통로에는 앉거나 멈출 수 있는 장소, 예를 들면 신문이나 잡지 가판대, 과자가게, 게시판, 전시물 등을 줄지어 설치한다.

서비스 시설이나 사무실의 출입구나 카운터 등이 있는 경우는 통로에 면하도록 계획하여야 한다. 여러 가지 활동과 마찬가지로 출입구나 카운터는 통로 내에서 장소를 만들어 내고, 이러한 장소들에는 의자나 멈추어 설 수 있는 곳이 필요하다. 대부분의 공공서비스 건물에서 보통 이와 같은 카운터나 출입구는 통로의 후면에 있기 때문에 잘 보이지 않는다. 또한, 통로는 지나가는 장소, 사무실은 활동이 일어나는 장소라는 차이점을 강조한다. 이러한 문제는 출입구나 카운터가 통로에 면하여 계획되고, 통로의 일부가 되었을 경우 해결될 것이다.

그러므로,

밀도에 의해서 또는 기후의 영향에 의해서 주요 동선을 실내에 배치해야 하는 경우에는 주요 동선을 '건물 내 통로' 패턴으로 계획한다. 통로는 지름 길이 되도록 배치하고 넓은 입구를 설치한다. 그리고, 가능하면 외부의 공공 가로와 연속적이 되도록 한다. 통로의 가장자리에는 창, 앉을 수 있는 장소, 카운터, 홀로 들어갈 수 있고 사람들에게 건물의 주기능을 보여주는 출입구를 설치한다. 이 통로는 평범한 복도보다 넓게 만든다. 최소한 11피트^{약 3.3m},

→ **밀도에 의해서 또는 기후의 영향에 의해서 주요 동선을 실내에 배치해야 하는 경우에는 주요 동선을 '건물 내 통로' 패턴으로 계획한다. 통로는 지름 길이 되도록 배치하고 넓은 입구를 설치한다. 그리고, 가능하면 외부의 공공 가로와 연속적이 되도록 한다. 통로의 가장자리에는 창, 앉을 수 있는 장소, 카운터, 홀로 들어갈 수 있고 사람들에게 건물의 주기능을 보여주는 출입구를 설치한다. 이 통로는 평범한 복도보다 넓게 만든다. 최소한 11피트<약 3.3m>, 보통 15~20피트<약 4.5~6m>가 되도록 한다. 천장고를 높게 한다. 천장고는 최소한 15피트로 하고, 가능하다면 유리로 된 지붕을 덮는다. 또한, 통로 가장자리의 천장은 통로의 가운데보다 낮게 한다. 통로가 여러 층으로 이어지는 경우에도 그 가장자리를 따라 보행하게 되는데, 이 부분도 천장을 낮게 할 수 있다.**

지름길　　넓은 출입구

BUILDING

가장자리의 활동

◆　　◆　　◆

　건물 내 통로에는 상층부로 연결되는 **노천 계단**(158)을 설치하고 가능하면 **보행로**(100)로 다루어 계획한다. 출입구, 접수대, 의자 등을 배치하여서 천장고가 낮은 가장자리에서는 액티비티 포켓이 형성되도록 한다 - **비슷한 모양의 출입구**(102), **액티비티 포켓**(124), **편안한 접수 공간**(149), **창가**(180), **다양한 천장고**(190). 또한, 이와 같은 장소들은 햇볕이 잘 들도록 계획한다 - **명암의 태피스트리**(135). 통로와 통로에 면한 방은 **실내창**(194), **창이 있는 견고한 문**(237)을 이용하여 연결하도록 한다. 건물 내 통로를 활기 있는 장소로 만들기 위해서, **보행자의 밀도**(123)에 따라서 전체 크기를 정한다 -⋯

102. 비슷한 모양의 출입구*

FAMILY OF ENTRANCES

···- 이 패턴은 동선의 영역(98)을 꾸며준다. 동선의 영역에서 큰 건물이나 복합건물 내의 연속적인 영역, 각 영역으로 통하는 출입구나 관문 그리고 더욱 작은 영역으로의 작은 문, 관문 그리고 각 영역의 개구부 등에 대해서 설명하였다. 이 패턴은, '작은 출입구'들 사이의 관계에 적용된다.

◆　　◆　　◆

사무실 밀집지역이나 서비스 시설, 작업장 또는 일련의 주택군 안에 들어 갔을 때, 모든 공간이 한눈에 보이지 않아서 자신이 가야 할 장소의 출입구 가 분명히 보이지 않는다면 매우 큰 혼란을 경험할 수 있을 것이다.

우리는 환경구조센터에서 진행한 프로젝트에서 이 패턴에 관련한 사항을 접하였고, 이에 대해서 정의하였다. 일반적인 문제들을 명확히 설명하기 위해서, 관련 사항을 정리해 보고 일반적인 규칙에 대해서 생각해 보자.

1. 우리가 계획했던 복합 서비스센터 프로젝트에서, 우리는 이 패턴을 '한 눈에 보이는 서비스'라고 불렀다. 또한, 여러 서비스 창구를 말발굽 모양으로 배치하여 건물의 출입구에서 직접 보이도록 한다면, 사람들은 자신이 원하는 곳을 바로 찾을 수 있고, 건물이 제공하는 서비스가 무엇인가를 정확히 파악할 수 있다는 것을 알게 되었다.

한눈에 보이는 서비스

2. 이 패턴의 다른 버전인 '접수의 결절점'은 정신 건강 클리닉의 설계에 사용되었다. 이 계획에서 우리는 아주 분명한 하나의 주 출입구를 만들었다. 이 주 출입구의 안쪽에는 잘 보이는 장소에 주 접수대를 설치하였다. 그리고, 현재의 접수대에서 다음 접수대를 보이게 하였다. 때문에, 혼란스럽거나 불안해하는 사람들이 접수원들에게 길을 물어 방향을 정하고, 바로 보이는 다음 접수대로 향할 수 있었다.

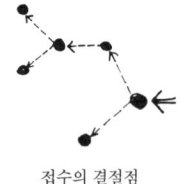

접수의 결절점

3. 버클리 시청사 재건축 계획에서 우리는 이 패턴의 다른 버전을 사용하였다. 실내 가로에서 각 서비스 시설로 들어가는 출입구를 비슷한 모양으로 만들고, 각 출입구는 실내 가로 쪽으로 내밀어 설치하였다. 이 결과로 형성된 비슷한 모양의 출입구에 의해서 이용자들은 자신들의 목적지를 쉽게 찾을 수 있었다.

출입구들

4. 또한, 클러스터를 형성하기 위해서 배치된 주택에서도 이 패턴을 사용하였다. 한 예로서, 어떤 주택의 출입구에서도 다른 주택의 출입구가 보이도록 하고, 각각의 출입구를 비슷한 모양으로 만들었다.

하지만, 이 모든 경우에 공통적인 문제점이 존재한다. 즉, 여러 개의 출입구 중에서 자신의 목적지로 가기 위한 출입구를 찾는 사람에게 원하는 출입구를 쉽게 알 수 있도록 하는 방법이 필요하다. '파란 문' '밖에 미모사가 있는 문' '크게 18번이라고 써 있는 문' 또는 '모서리에 도착했을 때 오른쪽 마지막 문' 등으로 표현할 수 있다. 하지만, '~문'이라는 인식법은, 대상이 되는 모든 출입구가 우선 하나의 집합으로서 보여지고 인식된 경우로 제한된다. 그렇다면, 의식적으로 찾으려 하지 않아도 원하는 출입구를 찾아낼 수 있을 것이다.

그러므로,

출입구 집단을 형성하도록 배치한다. 즉,
1. 출입구가 집단을 형성하고, 출입구 집단이 한눈에 보이며, 각각의 출입구에서 다른 출입구를 볼 수 있어야 한다.
2. 출입구는 전체적으로 비슷한 모습을 하고 있다. 예를 들어, 모든 출입구에 포치를 설치하거나, 하나의 벽에는 하나의 출입구를 설치하거나 출입구는 비슷한 종류의 문을 사용하도록 한다.

비슷한 모양의 출입구들

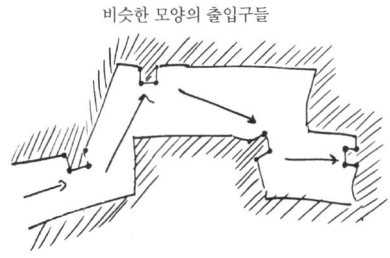

◆　◆　◆

출입구는 쉽게 보이도록 대담하게 만든다 - **주 출입구**(110). 만약, 출입구가 주택이나 이와 유사한 개인적인 공간으로 이어진다면, 공공가로와 내부 공간에 전이轉移 공간을 설치한다 - **출입구의 전이**(112). 그리고 출입구 자체가 공간이 되도록 설계한다. 즉, 출입구는 내/외부를 향해 돌출되어 있고, 바람이나 햇빛으로부터 보호되는 공간으로 만든다 - **현관실**(130). 실내 가로에서 사무실로 들어가는 출입구의 경우, 현관실에 접객 공간을 만든다 - **편안한 접수 공간**(149) ----

103. 소규모 주차장*

SMALL PARKING LOTS

····소규모 주차장은 하나의 관문(자동차를 주차하고 보행자 영역으로 들어가는 장소)이기 때문에, 이 패턴은 상점가(32), 직장 커뮤니티(41), 녹지 가로(51), 주 관문(53), 동선의 영역(98), 그리고 작지만 편리한 주차장을 필요로 하는 곳을 완성하는 데 도움을 준다. 하지만 무엇보다도, 이 패턴을 정확하게 사용한다면 가려진 주차장(97)과 함께 9퍼센트의 주차장(22)을 점진적으로 형성하는 데 도움이 될 것이다.

거대한 주차장은 사람들이 사용해야 할 토지를 파괴한다.

9퍼센트의 주차장(22)에서 주차 공간이 한 커뮤니티 내에서 9~10퍼센트 이상을 점유한다면, 도시의 기본 구조는 자동차의 존재에 의해서 위협을 받을 것이라고 설명하였다.

여기에서 우리는 두 번째 문제에 직면하게 된다. 주차 공간이 9퍼센트 미만으로 주어진다 하더라도, 완전히 다른 두 가지 방법으로 만들 수 있다. 우선, 거대한 주차 공간을 몇몇 장소에 집중시키는 방법이 있고, 다음으로 작은 주차 공간을 여러 장소에 분산시켜 배치하는 방법이 있다. 하지만, 주차 공간의 총면적이 같다 하더라도 환경을 위해서는 작은 주차 공간을 분산하는 것이 거대한 주차 공간보다 더욱 좋은 방법이다.

휴먼 스케일의 파괴

거대한 주차장은 경관을 파괴하고 불쾌한 공간을 만들어내며, 주변의 오픈스페이스를 침체시키는 결과를 가져온다. 그리고, 거대한 주차장에 의해 사람들은 자동차에 지배되었다고 느끼게 된다. 또한, 자동차를 이용할 때 얻을 수 있는 편리함과 즐거움을 빼앗아 간다. 더욱이, 예측할 수 없는 교통량을 유발할 정도의 거대한 주차장이라면 아이들에게 매우 위험하다. 아이들은 필연적으로 주차장에서 놀 수밖에 없기 때문이다.

문제는 기본적으로 자동차가 인간보다 매우 크다는 사실에서 기인한다. 자동차에게 적합한 거대한 주차장은 모두 인간에게는 불리한 속성을 지니고 있다. 거대한 주차장은 너무 넓고, 포장 면적이 매우 크기 때문에 사람들이 머무를 수 있는 장소가 거의 없다. 사실 우리는 사람들이 거대한 주차장에서 걸어나올 때 가능하면 빨리 주차장을 벗어나기 위해서 속도를 높인다는 사실을 발견하였다.

거대한 주차장의 기준이 되는 정확한 크기를 정의하기는 어렵다. 우리의 관찰에 의하면 자동차 4대가 주차할 수 있는 주차장은 보행자가 우선이 되고 인간적인 성격을 지니게 된다. 6대를 주차할 수 있는 주차장도 그런대로 괜찮다. 하지만, 자동차 8대를 주차할 수 있는 주차장은 이미 자동차에 의해 지배된 영역으로 분명하게 인식된다.

이 이유는 아마도 숫자 7에 대해 잘 알려진 지각에 관한 사실과 관련되어 있을 것이다. 어떤 물체의 5~7개 이하의 집합은 하나로 파악될 수 있다. 그리고, 그 집합 안의 물체들은 개별적으로 인식될 수 있다. 그렇지만, 5~7개 이상의 물체가 집합을 이루고 있다면 이는 많은 것으로 인지된다.[Miller 1958] 아마도 '자동차의 바다'라는 인상이 시작되는 기준은 자동차 7대가 모여 있을 때부터라는 것은 사실일 것이다.

소규모 주차장은 상당히 느슨하게 배치될 수 있다.

그러므로,

주차장은 5~7대 이하의 자동차가 주차하도록 작게 만든다. 주차장을 정원의 담장, 산울타리, 울타리, 경사면 또는 나무 등으로 둘러싸서 외부로부터 자동차가 거의 보이지 않도록 한다. 작은 주차장들 간의 거리는 최소한 100피트약 30m 이상이 되도록 배치한다.

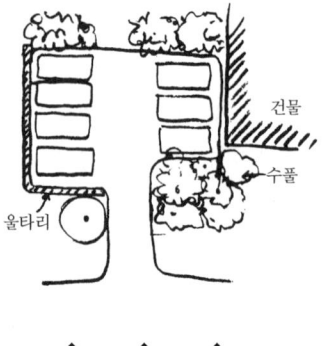

5~7대의 자동차

건물

수풀

울타리

◆　　◆　　◆

　주차장의 입구나 출구는 보행자의 이동에 관한 패턴에 적합하고 이용자가 혼란스러워 하지 않도록 직접 건물의 주 출입구로 이어지게 한다 - 동선의 영역(98). 상당히 작은 주차장이라 할지라도 정원의 담장, 나무, 울타리 등으로 둘러싸서, 소규모 주차장이 주변 공간의 형성을 도울 수 있도록 한다 - 포지티브 외부 공간(106), 나무가 있는 장소(171), 정원의 담장(173) ----…

자연 조건, 수목, 일조 등을 고려하여,
대지 내 혹은 복합건물 내에서 개별건물의 배치를 조정한다.
이는 랭귀지에서 가장 중요한 부분 중 하나이다.

104. 대지 정비**

SITE REPAIR

···· 복합건물에 대한 가장 일반적인 특징에서 대해서는 **복합건물**(95), **층수**(96), **동선의 영역**(98)에서 설명하였다. 그리고, 이후 설명할 패턴들은 단일 건물과 그 환경에 관련된 패턴이다. 이번 패턴은 가장 처음에 생각하여야 할 사항 즉, 대지 정비의 과정에 관한 패턴이다. 이 패턴은 대지 내의 어떤 작은 특수한 장소라도 발전 가능성이 있는 곳으로 다루기 때문에, 작은 건물들이 결합해 있는 **복합건물**(95)에 의해서 뒷받침되는 패턴이다. 그러므로, 이 패

턴은 건물을 대지에서 최적의 장소에 배치하는 것을 가능하게 해준다.

◆　　◆　　◆

대지 내에서 건물을 배치하는 장소는 대지에서 가장 좋은 장소가 아니라 가장 좋지 않은 조건을 가진 장소여야 한다.

사실 이 개념은 매우 간단하다. 그렇지만, 이 개념은 현재 일반적으로 사용하고 있는 방법과는 정반대이다. 그리고, 이 개념을 실현하기 위해서는 상당한 의지가 필요하다.

사람들이 대지 내에 건물을 배치하려고 할 때 어떻게 장소를 선정하는가? 보통은 가장 좋은 장소를 찾는다. 즉, 수풀이 가장 아름답게 우거지고, 잘 자란 나무들이 있으며, 지면의 경사가 평탄하고 가장 아름다운 경관을 즐길 수 있으며, 가장 비옥한 토양을 지닌 장소를 찾는다. 그리고, 그 장소는 바로 건물을 짓는 장소가 된다. 실제로, 대지의 크기에 관계 없이 같은 일이 일어난다. 도시의 작은 대지에서도 가장 양지바르고, 가장 쾌적한 장소에 건물이 세워진다. 교외의 넓은 대지에서도 건물은 가장 쾌적한 산비탈에 세워진다.

이는 단지 인간의 본성이다. 토지의 생태학에 대한 전체적인 식견이 부족한 사람에게 있어서, 이 같은 행위는 가장 분명하고 합리적인 선택이다. 여러분도 건물을 짓는다면 가능한 한 가장 좋은 장소에 건물을 지을 것이다.

그렇지만 여기에서 건물을 지을 수 있는 대지의 4분의 3이 그다지 좋지 않은 조건을 지니고 있다고 생각해 보자. 사람들은 항상 가장 좋은 장소에 건물을 지으려고 하기 때문에, 생태학적으로 좋지 않은 대지의 4분의 3은 건물을 세우는 장소에서 제외될 것이다. 그렇다면, 이 장소는 생태학적으로 점점 악화되어 갈 것이다. 쓰레기가 쌓여 있는 어둡고 눅눅한 장소나 수풀이 자라지 않는 물이 고인 습지 또는 건조하고 돌 투성이의 산비탈에서 무언가를 하고 싶다는 사람은 없을 것이다.

이뿐만이 아니다. 대지 내의 가장 좋은 장소에 건물을 세운다면, 그곳에 존재하는 아름다움을 즉, 매년 봄 잔디 사이로 피어나는 크로커스, 도마뱀이 햇빛을 쬐기 위해서 나오는 양지바른 돌더미, 산책하기 좋은 자갈길 등은 뒤섞여 사라져버릴 것이다. 대지 내의 좋은 장소에 공사가 시작되면, 공사가 진행됨에 따라서 수많은 아름다움은 점점 없어져 갈 것이다.

물론, 사람들은 다른 정원을 만들 수 있고 다른 트렐리스를 설치하고 다른 곳에 자갈길을 놓고 새로운 잔디 위에 크로커스를 심으면 도마뱀들은 여전히 다른 돌더미를 찾을 것이다라고 생각한다. 그렇지만, 실제로는 그렇지 않다. 이는 잘못된 것이다. 단지, 원한다고 해서 바로 만들 수 있는 것들이 아니다. 우리가 이와 같이 매번 소중한 것을 파괴한다면, 우리의 소소한 일상 행위에서 다시 자라나는 데에는 20년이 걸릴지도, 혹은 평생이 걸릴지도 모르는 일이다.

대지 내의 가장 좋은 장소에 건물을 세우면 대부분의 토지는 건강한 상태 이하가 될 것이라고 사실상 확신한다. 만약, 모든 토지가 항상 건강한 상태를 유지하기를 원한다면, 우리는 정반대의 방법을 사용해야 한다. 모든 새로운 건설 행위는 직물의 찢어진 곳을 수선하는 절호의 기회로서 생각해야 한다. 모든 건설 행위는 환경 중에서 가장 보기 싫고 가장 건강하지 못한 곳을 보다 건강하게 만들 수 있는 기회를 제공한다. 물론, 이미 건강하고 아름다운 장소에 주목할 필요는 없다. 그보다, 그러한 장소를 그대로 남겨두도록 스스로 규제하여야 한다. 그렇게 한다면, 우리의 노력은 실제로 노력을 필요로 하는 장소에 집중될 것이다. 이것이 대지 정비의 원리이다.

사실 오늘날의 개발은 이 패턴을 거의 따르고 있지 않다. 새로운 건물이나 도로에 의해 자신이 사랑하는 장소를 빼앗겨 버린 경험은 누구에게나 있다. 다음은 샌프란시스코의 일간지인 크로니클Chronicle의 1973년 2월 6일자에 실렸던 '화난 소년들, 불도저로 집을 밀어버리다'라는 신문 기사인데, 우리가 설명한 것에 대한 완벽한 예라고 할 수 있다.

자신들이 토끼 사냥을 하는 풀밭 한가운데 건설 중인 교외 주택을 보고 격노한 13세 소년 두 명이 불도저를 훔쳐 주택 한 채를 밀어 버린 사실을 인정하고 체포되었다. 워슈의 보안관 사무소에 의하면 이 소년들은 리노 북쪽으로 4마일 떨어진 건설현장에서 불도저를 훔쳐, 지난 금요일 밤 불도저로 4차례에 걸쳐서 주택 한 채를 들이 받았다. 어제 아침 작업자들이 현장에 도착했을 때, 완성을 앞두고 있던 이 농장형 주택은 이미 폐허가 된 상태였다. 건설업자에 의하면 피해액은 7,800달러에 달한다. 이 중 한 소년은 자신들이 부순 집과 그 주변의 집들이 '가장 좋아하는 토끼사냥터'를 파괴하였다고 관계당국에 진술했다. 두 소년은 기물파손죄로 고소당했다.

대지 정비에 대한 개념은 단지 시작일 뿐이다. 이는 어떻게 하면 피해를 최소화 할 것인가에 대한 문제이다. 그렇지만, 예전의 유능한 건설자들은 훼손을 피하는 방법뿐 아니라 자연 경관을 개선하는 방법을 사용하여 왔다. 이러한 마음가짐은 현재의 건설관과는 현저하게 다르기 때문에, 경관을 개선하기 위해서는 어떻게 건물을 배치해야 하는가에 대한 개념은 아직 존재하지 않는다.

그러므로,

무슨 일이 있더라도 가장 아름다운 장소에는 건물을 짓지 않는다. 사실, 그 반대로 해야 한다. 대지와 대지 내의 건물들을 하나의 살아 있는 생태계로 생각한다. 가장 귀중하고 아름다우며, 편안하고 건강한 장소는 그대로 남겨 두고 대지에서 가장 좋지 않은 장소에 건물을 짓는다.

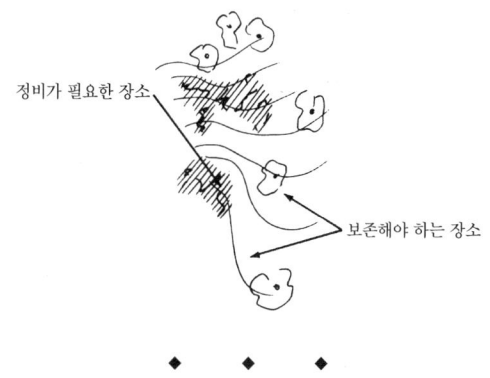

정비가 필요한 장소

보존해야 하는 장소

◆　◆　◆

무엇보다도 나무는 그대로 남겨두고, 그 주변에 조심스럽게 건물을 짓는다 - **나무가 있는 장소**(171). 오픈스페이스는 채광을 위해서 건물의 남쪽에 면하게 한다 - **남쪽을 향한 외부 공간**(105). 점진적으로 각 장소 자체가 포지티브 공간이 되도록 노력을 기울인다 - **포지티브 외부 공간**(106). 필요한 경우에는 **계단식 경사면**(169)을 이용하여 경사면을 정비하고, 외부 공간은 가능한 자연 상태 그대로 유지하도록 한다 - **야생 정원**(172). 만약, 필요하다면 건물을 한쪽 구석으로 몰아서 배치하여 오래된 넝쿨식물, 자신이 좋아하는 수풀, 사랑스러운 잔디밭을 보호한다 - **채광**(107), **기다란 주택**(109) - - …

105. 남쪽을 향한 외부 공간**

SOUTH FACING OUTDOORS

···- 대지 정비(104)에 의해 형성된 배치 개념과 함께, 이 패턴은 일조를 고려한 건물의 기본적인 배치와 주변의 오픈스페이스를 통제한다.

◆　◆　◆

사막기후를 제외하고, 양지바른 오픈스페이스는 사람들이 애용하는 장소이다. 하지만, 햇볕이 들지 않는 오픈스페이스는 아무도 이용하지 않을 것이다.

이는 건물에 있어서 가장 중요한 사실이다. 건물이 제대로 배치되어 있다면, 건물과 건물의 정원은 사람들의 활동과 웃음소리로 가득 찬 행복한 공간이 될 것이다. 그렇지만, 건물이 잘못 배치되어 있다면, 사람들의 관심이나 가장 아름다운 장식이라 할지라도 이 장소가 조용하고 우울한 장소가 되는 것을 막지는 못할 것이다. 모든 도시의 수천 에이커에 달하는 오픈스페이스는 버려져 있다. 왜냐하면 이것들은 건물의 북쪽에 있고 햇볕이 들지 않기 때문이다. 공공건물에 있어서도 혹은 단독주택에 있어서도 마찬가지이다. 대형 건축설계사무소에 의해 설계되어 최근에 완공된 샌프란시스코 뱅크오브아메리카Bank of America의 광장은 건물 북쪽에 위치해 있다. 점심시간에 이 광장은 텅 비어 있고, 사람들은 햇볕이 잘 드는 남쪽의 거리에서 샌드위치를 먹는다.

남쪽을 향한 외부 공간

작은 단독주택에 있어서도 마찬가지이다. 대부분의 개발사업에서 공통적으로 사용되는 획지의 형태는 아무도 사용하지 않는 오픈스페이스로 둘러싸인 모습이다. 이것도 일조량 문제 때문이다.

버클리시의 주거블록에 관한 조사에서는 이 문제를 매우 잘 보여주고 있다. 동서 방향의 웹스터 거리에 거주하는 18~20명의 주민을 인터뷰한 결과, 자신들은 정원에서 햇빛이 드는 장소만 사용한다고 답하였다. 이 응답자 중 절반은 거리의 북쪽에 거주하고 있었다. 즉, 주민들은 자신들의 뒤뜰을 전혀 이용하지 않았다. 대신에 햇볕을 쬐기 위해서 보행로 옆에 있는 남쪽의 앞뜰만을 이용하였다. 북쪽을 향하고 있는 뒤뜰은 주로 잡동사니를 놓기 위해서 이용되었다. 인터뷰를 한 사람 중에 그늘진 뒤뜰을 선호하는 사람은 없었다.

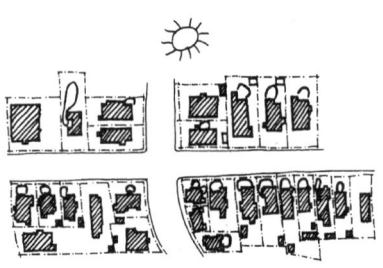

사람들이 좋아하는 남쪽을 향한 외부 공간

또한, 이 조사를 통해서 양지바른 장소라 할지라도 건물 반대 쪽에 긴 그림자가 드리워져서, 양지바른 곳에 가기 위해서 이 그늘을 통과해야 한다면 잘 이용하지 않는다는 사실을 알 수 있었다. 4채의 주택에서는, 북쪽에 있는 뒤뜰의 후면에 햇빛이 들도록 뒤뜰을 넓혔다. 하지만, 4채 중에서 1채의 주택에서만이 이 장소가 이용된다고 보고되었고, 뒤뜰이 이용되는 주택의 경우는 넓게 드리워진 그늘을 통과하지 않고도 양지바른 장소로 갈 수 있었다.

비록 남쪽을 향한 외부 공간의 개념은 매우 간단하기는 하지만, 이는 매우 중요한 사항이다. 이 개념을 제대로 사용한다면 토지 이용에 있어서 매우 큰 변화가 일어날 것이다. 예를 들면, 주택지는 오늘날의 배치법과는 매우 다른 모습으로 구성될 것이다. 획지는 남북을 향해서 긴 모양이 될 것이고, 주택은 획지의 북쪽에 배치될 것이다.

햇빛을 고려한 블록의 재구성

이 패턴은 샌프란시스코 만에서 개발되었다는 점에 유의한다. 물론, 이 패턴의 중요도는 위도나 기후의 변화에 따라 다르다. 대체로 비가 많이 오고, 위도가 50° 정도인 오리건주의 유진에서는 이 패턴은 더욱 중요하다. 맑은

날의 건물의 남쪽은 가장 귀중한 외부 공간이다. 사막기후에서 이 패턴은 다른 기후에서처럼 중요하지는 않다. 왜냐하면, 사람들은 양지바른 장소와 그늘진 장소가 균형을 이룬 곳에 머무르려 할 것이기 때문이다. 그렇지만, 어쨌든 이 패턴은 가장 중요한 패턴이라는 것을 기억해야 한다.

그러므로,

건물은 항상 외부 공간의 북쪽에 배치해서, 외부 공간이 남쪽에 있도록 한다. 건물과 외부 공간의 양지바른 장소 사이에 깊은 그늘이 드리워지지 않도록 한다.

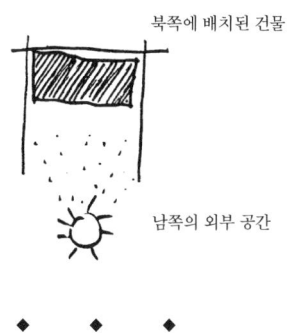

북쪽에 배치된 건물

남쪽의 외부 공간

◆　　◆　　◆

반쯤 가려진 정원(111)도 외부 공간의 위치에 영향을 주도록 한다. 외부 공간을 포지티브 공간이 되도록 한다 - **포지티브 외부 공간**(106). 건물은 폭을 좁게 한다 - **채광**(107). 가장 중요한 공간은 남쪽에 위치하게 한다 - **실내 채광**(128). 창고, 주차장 등은 북쪽에 배치한다 - **북쪽 면**(162). 설계가 더욱 진행되면 외부 공간과 건물의 접점에 보다 양지바른 장소를 집중시킬 수 있고, 사람들이 햇볕을 즐기며 앉아 있을 수 있는 장소를 만들 수 있을 것이다 - **양지바른 장소**(161) - …

106. 포지티브 외부 공간**

POSITIVE OUTDOOR SPACE

···― 남쪽을 향한 외부 공간(105)을 만들어가는 과정에서, 건물을 지을 장소와 외부 공간이 될 장소를 선정하게 된다. 하나를 제외하고 다른 하나를 만드는 것은 불가능하다. 이 패턴은 외부 공간의 기하학적인 특성에 대해서 설명한다. 그리고 다음 패턴인 채광(107)에서는 내부 공간의 상호적인 형태에 대해서 설명한다.

◆　　◆　　◆

　사람들은 '남겨진' 외부 공간에 지나지 않는 건물 사이의 공간을 사용하지 않을 것이다.

외부 공간에는 근본적으로 다른 두 종류가 있다. 네거티브 공간과 포지티브 공간이다. 건물(보통 건물을 포지티브로 본다)을 짓고 나면 잔여물이 남게 되는데, 이렇듯 외부 공간의 형태가 불분명하면 네거티브 공간이 된다. 한편 외부 공간의 형태가 내부 공간의 형태처럼 분명하고, 외부 공간을 둘러싼 건물처럼 중요하게 생각된다면 외부 공간은 포지티브 공간이 된다. 이와 같은 두 공간은 평면기하학적으로 완전히 다른 특성을 가지고 있다. 때문에, 외부 공간의 성격은 전경-배경의 반전figure-ground reversal으로 쉽게 알 수 있을 것이다.

네거티브 공간을 만드는 건물들,
남겨진 공간...

포지티브 공간을 만드는 건물들.

외부 공간이 네거티브 공간으로 계획된 그림을 보면, 건물은 전경figure이고 외부 공간은 배경ground이다. 이 그림에서 반전은 불가능하다. 외부 공간을 전경으로 보고, 건물을 배경으로 생각하는 것은 불가능하다. 하지만, 외부 공간이 포지티브 공간으로 계획된 그림을 보면, 건물을 전경으로 보고, 외부 공간을 배경으로 볼 수 있다. 또한, 외부 공간을 전경으로 보고 건물을 배경으로 생각할 수도 있다. 포지티브 공간으로 계획된 그림은 전경-배경 반전이 가능하다.

포지티브 그리고 네거티브 외부 공간의 차이를 정의하는 또 다른 방법은 둘러싼 정도와 볼록한 정도이다.

수학에서 공간 내 임의의 두 점을 잇는 직선이 완전히 공간의 내부에 존재할 때 볼록한 공간이라고 한다. 또한, 공간 내 임의의 두 점을 잇는 직선이 부분적으로라도 공간 밖에 있다면 이는 볼록한 공간이 아니다. 이 정의에 따라서, 다음 그림의 오른편의 불규칙하고 거의 네모난 공간은 볼록한 공간이고 따라서 포지티브 공간이다. 하지만, L자형의 공간은 볼록한 공간이 아니며 따라서 포지티브 공간이 아니다. 왜냐하면, 두 모서리의 끝점을 잇는 직선이 공간의 외부에 나와 있기 때문이다.

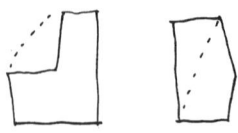

포지티브 공간은 부분적으로 둘러싸여 있으며, 그렇지 않다면 최소한 경계를 이룬 것처럼 보인다. (외부로 통하는 길이 존재하고, 심지어는 사방이 개방되어 있기에 실제적으로 경계를 이루지 않는다.) 그리고, 존재하는 것처럼 보이는 실제적 공간은 볼록한 공간이다. 네거티브 공간은 표현할 수 있는 범위와 경계가 어디인지 알 수 없다. 그리고 형태도 볼록하지 않다.

왼쪽 공간은 볼록해서 공간감을 느낄 수 있으나
오른쪽은 확실한 형태가 없어 애매모하다. 즉 아무것도 아니다.

이제부터, 포지티브 외부 공간과 네거티브 외부 공간의 구별이 기능상으로 어떤 관련성을 가지고 있는지 생각해 보자. 다음과 같이 가정해 보자. 사람들은 포지티브 외부 공간에서 편안함을 느끼고 이 공간을 활용한다. 그리고, 사람들은 네거티브 외부 공간에서 상대적으로 불편함을 느끼고, 잘 이용하지 않는 경향이 있다.

이 가설은 지테의 『미학적 관점에서 본 도시계획City Planning According to Artistic Principles』에서 상세히 논의되었다. 지테는 수많은 유럽 도시의 광장을 분석하였고, 잘 이용되고 활기 있는 광장과 그렇지 않은 광장을 구분하였다. 또한, 활기 있는 광장이 성공한 이유를 설명하였다. 그는 수많은 예와 함께 성공적인 광장(이용도가 높고 즐거운 광장)은 두 가지 특징을 지니고 있다고 하였다. 첫째, 성공적인 광장은 부분적으로 둘러싸여 있다. 둘째, 성공적인 광장은 다른 광장을 향해 열려 있기 때문에, 다른 광장과 이어져 있다.[Sitte 1965]

사람들이 최소한 부분적으로라도 둘러싸여 있는 공간에서 보다 편안함을 느낀다는 사실을 설명하기는 매우 어렵다. 우선, 이와 같은 사실은 항상 올바르다고는 할 수 없다. 예를 들어, 사람들은 사방이 트인 해변가나 경사가 완만한 초원에서 매우 편안함을 느낀다. 이러한 장소는 무언가에 둘러싸여

포지티브 외부 공간의 4가지 예

있지 않다. 하지만, 이보다 작은 외부 공간 즉, 정원, 공원, 산책로, 광장 등에서 둘러싸임은 어떤 까닭인지 안전하다는 느낌을 가지게 된다.

둘러싸임에 대한 필요는 인간의 가장 원시적인 본능으로부터 시작했다고 생각한다. 예를 들어, 외부에서 앉을 자리를 찾을 때, 사방이 열려 있고 넓게 펼쳐진 장소의 한가운데를 선택하는 사람은 거의 없다. 사람은 보통 등을 기대고 앉기 위해서 나무를 찾거나, 자신을 부분적으로 둘러싸고 보호할 수 있는 땅이 움푹 패인 장소나 바위 사이의 갈라진 틈을 찾는다. 우리가 실시한 작업장의 공간 수요에 관한 연구에서도 둘러싸임에 대해 비슷한 현상이 존재한다는 것을 알 수 있었다. 즉, 인간은 정신적으로 편안한 상태를 유지하기 위해서, 자신의 주변이나 자신이 일하는 곳의 주변이 어느 정도 둘러싸일 것을 원한다. 그렇지만, 둘러싸임의 정도가 너무 심해서는 안 된다. 이에 대해서는 **둘러싸인 작업 공간(183)**을 참고하도록 한다. 쿠퍼Clare Cooper는 공원에 관한 자신의 연구에서 비슷한 사실을 발견하였다. 그녀의 연구에 따르면 사람들은 부분적으로 둘러싸이고 부분적으로 열려 있는 공간을 찾는다. 바꾸어 말하면 너무 열려 있지도, 너무 둘러싸여 있지도 않은 장소를 찾는다.[Cooper 1969]

대부분의 경우, 포지티브 외부 공간은 다른 패턴이 만들어짐과 동시에 만들어진다. 다음 사진은 매우 희귀한 예로서 오직 포지티브 외부 공간만을 만들기 위한 목적으로 상당수의 건물이 배치된 경우이다. 어찌되었든, 이 사진은 이번 패턴의 역설을 보여준다.

낮시의 광장

외부 공간이 네거티브 공간일 때, 예를 들어 L자형의 공간이라고 할지라도, 작은 건물, 건물의 돌출, 벽 등을 이용하여 네거티브 공간을 포지티브 공간의 조각으로 분할하는 것은 언제라도 가능하다.

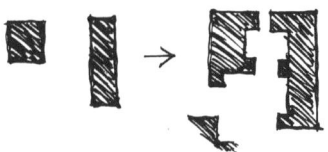

이렇게 변형시킨다.

그리고, 기존의 오픈스페이스가 너무 둘러싸여 있다면, 건물을 분할하여 공간을 여는 것도 가능할 것이다.

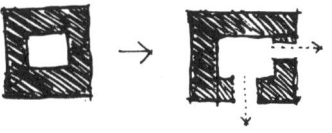

이렇게 변형시킨다.

그러므로,

건물을 둘러싸고 있거나 건물들 사이의 외부 공간을 포지티브 공간으로

만든다. 모든 외부 공간을 어느 정도 둘러싸이게 한다. 즉, 외부 공간이 건물의 모서리 부분까지 침범해 무질서해지지 않고 포지티브 공간으로서 특징을 갖는 하나의 독립체가 될 때까지, 각 외부 공간을 건물의 모서리, 나무, 산울타리, 울타리, 아케이드 그리고 트렐리스 산책로 등으로 둘러싼다.

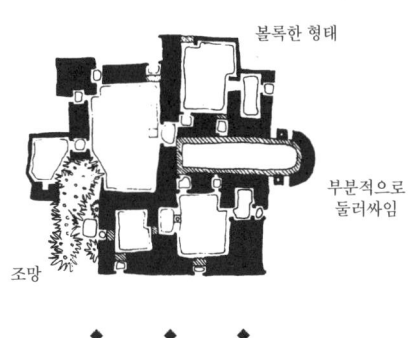

채광(107)을 이용하여 외부 공간을 형성한다. 공간이 너무 개방되어 있다면 트렐리스* 산책로, 담장, 나무 등을 이용하여 공간을 둘러싼다 - 나무가 있는 장소(171), 정원의 담장(173), 트렐리스 산책로(174). 그러나, 각 공간은 보다 큰 공간으로 연결이 되어서, 과도하게 둘러싸이지 않도록 한다 - 오픈스페이스의 위계(114). 건물의 정면(122)을 이용하여 공간 형성에 도움이 되도록 한다. 건물 외부에 공간을 만들어서 포지티브 외부 공간의 특성을 완성하고, 건물 자체와 마찬가지로 외부 공간도 관심의 대상이 되도록 한다 - 건물의 가장자리(160). 이 패턴을 활기 있는 중정(115), 옥상 정원(118), 보행로의 형태(121), 옥외실(163), 야생 정원(172) 패턴에 적용한다 -…

107. 채광**

WINGS OF LIGHT

···- 남쪽을 향한 외부 공간(105), 포지티브 외부 공간(106)을 통해서 대지 내의 건물의 대략적인 위치가 정해졌을 것이다. 건물 내부를 상세하게 배치 하기 전에, 지붕의 모양이나 건물의 형태를 다소 자세하게 결정해야 한다. 이에 앞서, 이미 논의하였던 건물에 있어서의 기본적인 사회 구성요소에 대 한 논의로 돌아간다. 이들의 형태를 정하기 위해서 어떤 경우에는 개인적인 사정에 따르기도 하고, 또 어떤 경우에는 기본적인 독립체entity를 정의하기 위해서 필수적인 사회적 패턴을 이용하기도 할 것이다 - 가족(75), 소가족을 위한 주택(76), 부부를 위한 주택(77), 독신자를 위한 주택(78), 자치 운영되

는 작업장과 사무실(80), 형식적이지 않은 소규모 서비스(81), 사무실의 연결(82), 장인과 도제(83), 개인 소유의 상점(87). 이제는 이와 같은 사회적인 분류에 기초하여 건물을 보다 명확한 모습으로 만들어나갈 차례이다. 우선, 건물은 거대한 덩어리가 되어야 할 필요는 없고, 몇 개의 동으로 나뉘어도 된다는 사실부터 인지하는 것이 순서이다.

◆　◆　◆

오늘날, 수많은 건물은 자연채광을 고려하지 않은 채 만들어지고, 대부분 인공조명에 의지한다. 그렇지만, 주 광원이 자연광이 아닌 건물은 낮 시간을 보내기에 적합한 장소가 아니다.

내부의 자연 채광을 전혀 고려하지 않은 괴물 같은 건물

만약, 이 같은 간단한 주장을 진지하게 받아들인다면, 이는 건물 형태에서 혁명을 가져올 것이다. 오늘날에는 인공조명을 광원으로 하는 실내 공간을 이용하는 것이 당연하게 여겨지고 있다. 그러므로, 어떠한 형태의 건물을 만들어도 괜찮다고 그리고 안길이*가 긴 건물을 만들어도 괜찮다고 당연히 생각하고 있는 것이다.

우리가 자연광의 존재를 선택이 아닌 실내 공간의 필수적 특징이라고 생각한다면, 어떤 건물의 안길이도 20~25피트약 6~7.5m 이상이 되어서는 안 된다. 왜냐하면, 건물의 안길이가 12~15피트약 2.6~4.5m를 넘어가면 건물 내의 어떤 장소라도 양호한 자연채광을 기대하기 어렵기 때문이다.

이후 **각 실의 두 면 채광(159)**에서 사람들이 편안하다고 느끼는 모든 공간에는 하나의 창문이 아니라, 두 면에 각각 하나씩 창문을 설치해야 한다는 것에 대해서 보다 자세하게 설명할 것이다. 이는 건물의 형태에 부가적인 구조를 더하는 것으로서, 건물의 안길이를 25피트 이하로 하고 또한 외벽이 모서리에 의해서 연속적으로 나누어지며, 오목한 모서리 공간은 두 개 이상의 외벽이 있어야 한다는 것이다. 건물을 길고 좁은 동으로 만들어야 한다는 이 패턴은 이후 패턴들의 토대가 된다. 우선, 건물은 길고 좁은 동으로 만들어야 한다는 것이 받아들여지지 못한다면, 다음의 설계 과정에서 각 실의 두 면 채광(159)을 완전한 형태로 실현하는 것은 불가능하다. 그러므로, 자연광에 대한 인간의 필요에 기초하여 본 패턴의 근거를 제시하고, 다음으로 각 실의 두 면 채광(159)에서 특정 공간의 창문 구성에 대해서 설명할 것이다.

기본적으로 사람들은 태양이 발산한 빛을 사용해야 한다, 라는 주장이 있다. 여기에는 두 가지 이유가 있다.

첫째, 전 세계적으로 사람들은 창이 없는 건물에 대해서 반발하고 있다. 자연광이 없는 장소에서 일해야 하는 경우 사람들은 불평을 늘어놓는다. 라포포트Rapoport는 이와 같은 상황에 처해 있는 사람들이 사용하는 말을 분석했고, 창문이 없는 방에 있는 사람보다 창문이 있는 방에 있는 사람이 보다 긍정적인 정신을 지니고 있다는 것을 보여주었다.[Rapoport 1967] 홀 Edward Hall은 일정 기간 창문이 없는 곳에서 일을 했던 사람에 대해서 이야기 하였는데, 그는 언제나 "괜찮아, 괜찮아"라고 말했지만 갑작스럽게 일을 그만두었다고 한다. 홀은 "이 문제는 매우 심각하기에 그 사람은 이를 의논하는 것조차 견딜 수 없었다. 왜냐하면, 이 문제를 의논하는 것은 마치 수문floodgate을 여는 것과 마찬가지이기 때문이다" 라고 하였다.

둘째로, 인간은 실제적으로 자연광을 필요로 한다는 증거가 늘어가고 있다. 햇빛의 주기가 신체의 생물학적 리듬의 유지에 어떻게든 중요한 역할을 하고 있고, 따라서 이러한 의미에서 낮 동안의 빛의 변화는 비록 가변적이기는 하지만 신체와 환경과의 관계를 유지하는 기본적인 정수가 되는 것이다.[Hopkinson 1963] 만약, 이것이 사실이라면 너무 많은 인공조명은 실제적으로 인간과 주변 환경 사이에 균열을 만들어 내고 인간의 생리에도 나쁜 영향을 미칠 것이다.

많은 사람들이 이와 같은 논의에 찬성하고 있다. 사실, 이는 우리 모두가 이미 알고 있는 것들 즉, 자연광을 주광원으로 하는 건물에 있는 것이 인공광을 사용하는 건물에 있을 때보다 좋다는 것을 단지 정확히 표현한 것에 불과하다. 그렇지만, 문제는 자연광을 사용하지 않는 많은 건물들이 밀도에 의해서 그렇게 만들어졌다는 것이다. 밀도를 높이기 위해서는 자연광 사용을 희생해야 한다는 믿음에 의해서 건물들은 조밀하게 세워진다.

마치Lionel March와 마틴Leslie Martin은 이 논의에 크게 기여하였다.[Martin & March 1966] 마치와 마틴은 전체 대지 면적에 대한 건축 면적의 비율을 밀도의 척도로 이용하고, 건물 안길이의 절반을 일광 조건의 척도로서 이용하여 건물과 오픈스페이스의 세 가지 배치법인 S_0, S_1, S_2를 비교하였다.

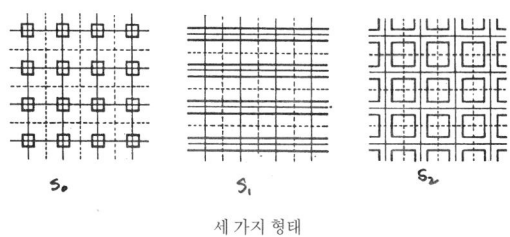

세 가지 형태

위의 세 가지 배치법 중에서 안길이*가 길지 않은 동으로 외부 공간을 둘러싸고 있는 S_2가 고정된 밀도에서 가장 좋은 일광 조건을 제공한다. 또한, 고정된 일광 조건에서 가장 높은 밀도를 제공한다.

하지만, 이 패턴을 반대하는 다른 의견들도 존재한다. 즉, 이 패턴을 따르면 건물 폭이 좁아지고 사방으로 뻗어나가는 경향이 있기 때문에, 건물 둘레의 길이를 증가시키고 그러므로 공사비가 상당히 증가한다는 것이다. 얼마나 차이가 있는 것일까? 다음 표는 미국의 설계사무소인 SOMSkidmore Owings and Merrill의 건축최적화 프로그램BOP, Building Optimization에서 사용된 오피스빌딩의 평균공사비 분석에서 발췌한 것이다. 이 표는 오피스빌딩의 기준 층 공사비를 나타내고 있는데, 구조, 바닥, 마감, 설비 및 기타 공사비는 제곱피트당 21달러, 외벽 공사비는 벽길이 피트당 110달러를 기본으로 하였다. (공사비는 1969년 기준)

면적(ft²)	형태	외주부 공사비	ft²당 외주부 공사비	ft²당 총공사비
15,000	120×125	$54,000	3.6	24.6
15,000	100×150	$55,000	3.7	24.7
15,000	75×200	$60,500	4.0	25.0
15,000	60×250	$68,000	4.5	25.5
15,000	50×300	$77,000	5.1	26.1

외주부의 증가는 공사비에 큰 영향을 미치지 못함

위의 표에서와 같이 최소한 이 경우에서만큼은 외벽의 증가가 공사비에 미치는 영향이 미미하다는 것을 알 수 있다. 폭이 좁은 건물의 공사비는 사각형에 가까운 건물의 공사비보다 약 6% 증가한다. 우리는 이 사례가 상당히 보편 타당하다고 보고, 건물을 사각형에 가까운 컴팩트한 형태로 만드는 것에 의해 얻어지는 공사비의 절약은 과장되었다고 생각한다.

이제, 이 패턴이 밀도의 문제와 외벽 공사비의 문제와 양립할 수 있다고 가정해 보자. 그렇다면, 기본적으로 건물이 자연광을 확보하기 위해서 건물 폭은 어느 정도가 되어야 하는지 정해야 한다.

우선, 건물 내 모든 장소의 조도가 제곱피트 당 20루멘(광속 측정 단위) 이하가 되지 않아야 한다고 가정하자. 이 기준은 전형적인 복도에서의 조도이며 책을 읽기에는 약간 부족한 조도이다. 다음으로, 어느 지점에서 밝기의 50% 이상이 자연광으로부터 얻어지는 경우에는 이를 자연광으로 규정한다. 이는, 창문으로부터 가장 멀리 떨어진 곳이라도 제곱피트당 10루멘 이상의 조도를 외부에서부터 제공받아야 한다는 것이다.

이제부터 홉킨슨Hopkinson과 케이Kay가 분석한 공간에 대해서 살펴보자. 공간의 용도는 교실이며 안길이는 18피트약 5.4m 폭은 24피트약 7.2m이다. 그리고, 교실의 한 면에는 바닥으로 3피트약 90cm 높이에서부터 시작하는 연속창이 설치되어 있다. 벽의 반사율은 40%이며, 이는 상당히 전형적인 수치이다. 평균적인 날씨의 경우, 창으로부터 15피트약 4.5m 떨어진 곳에 있는 책상에서 자연광으로부터 얻을 수 있는 조도는 제곱피트당 10루멘, 즉 우리가 제시한 최소치이다. 하지만, 사실 이 교실은 채광이 상당히 좋은 공간이다.[Hopkinson & Kay 1969]

그렇다면, 안길이 15피트 이상의 건물은 우리의 기준에 적합하지 않을 것이다. 하지만, 이 책에 기술되어 있는 많은 패턴들이 창문의 면적을 줄이는 경향이 있기 때문에 - 생활을 내려다보는 창(192), 자연스런 문과 창(221), 깊은 창틀(223), 작은 창유리(239) - 대부분의 공간 폭은 12피트를 넘어서는 안 된다. 그리고, 벽이 매우 밝거나 천장이 높은 경우에만 공간의 폭이 12피트를 초과할 수 있다. 따라서 결론은, 채광을 위한 건물의 폭은 25피트 이하가 되어야 한다(결코 30피트를 넘어서는 안 된다). 그리고, 실내 공간은 건물을 따라서 '같은 폭'으로 배치한다. 건물 폭이 이보다 넓은 경우, 필연적으로 인공조명이 자연광을 대신할 것이다.

넓은 공간을 필요로 하는 건물, 예를 들면 거대한 홀 같은 경우는 지붕에 고창을 설치하면 적정한 수준의 자연광을 확보할 수 있을 것이다.

그러므로,

건물을 사용하는 주요 사회집단의 사용에 적합하게 건물을 몇 개의 동으로 나눈다. 각 동은 가능한 한 길고 좁게 하고 절대로 25피트를 넘어가지 않게 한다.

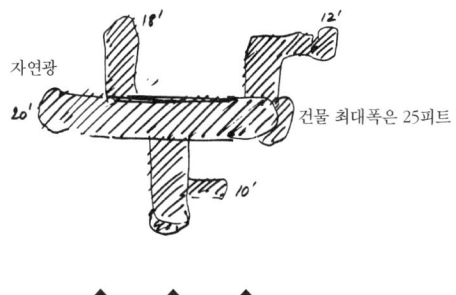

❖　　❖　　❖

각 동을 이용하여 중정이나 방처럼 분명한 형태를 한 외부 공간을 만든다 - **포지티브 외부 공간(106)**. 건물의 동을 가능한 한 기존의 건물과 연결해서, 길게 퍼져나가며 연속적인 조직을 만들 수 있도록 한다 - **연결된 건물들(108)**. 이 단계로부터 계획이 더욱 진전되고 각 방을 정의할 때는, 길다란 건물 동을 이용하여 얻어지는 자연광을 활용하여 각 방에 **각 실의 두 면 채광(159)**이 이루어지도록 한다.

각 동의 지붕은 개별적으로 계획해서, 모든 동의 지붕이 모여서 캐스케이드형 지붕을 형성하도록 한다 - **캐스케이드형 지붕(116)**. 건물의 동에 다양한 주택이나, 작업그룹, 연속적인 주요 공간이 존재한다면, 이와 같은 공간이나 집단에의 접근은 중앙의 복도가 아닌, 한쪽의 복도나 아케이드, 외랑 등을 이용하도록 계획한다 - 아케이드(119), **짧은 복도**(132). 건물 동의 하중 지지구조에 대해서는 **사회적 공간을 따르는 구조**(205)에서 시작한다 ----…

108. 연결된 건물들*

CONNECTED BUILDINGS

···- 이 패턴은 복합건물(95), 채광(107), 포지티브 외부 공간(106)을 완성하는 데 도움이 된다. 특히, 포지티브 외부 공간의 형성에 도움이 되는데, 이는 이 패턴에 의해서 건물 사이의 버려진 공간이 제거되기 때문이다. 각 건물을 인접하는 건물과 연결한다면, 외부 공간이 자연스럽게 포지티브 공간이 된다는 것을 알 수 있을 것이다.

◆　　◆　　◆

단독건물은 단절된 병든 사회의 징후이다.

중간 밀도나 고밀도 지구, 즉 건물 서로가 매우 근접해 있으며 건물들을 연결하여 하나의 조직으로 만들어야 할 강한 필요성이 존재하는 곳에서도, 사람들은 여전히 건물 주변에 작고 필요 없는 공간을 남기게 되는 단독건물의 건설을 주장하고 있다.

이 두 건물은 실제 독립되어 있지 않다. 독립된 듯이
보이려는 가식은 필요 없는 공간을 만들어낸다.

사실, 오늘날 고립된 단독건물은 너무 흔하기 때문에, 우리는 그러한 건물들의 존재 자체에 사회의 심리사회적 붕괴가 내재되어 있다는 사실을 자각하지 못한 채 이를 자연스럽게 받아들이고 있다.

정서적인 면에서 이 문제를 이해하는 것은 매우 쉽다. 꿈속에서 주택은 대부분 꿈을 꾸는 사람 자신이나 자아를 의미한다. 또한, 꿈에서의 따로 떨어져 있는 건물들이 모여 있는 도시는 단절되고 고립된 자아들로 이루어진 사회상을 의미한다. 그리고, 실제로 이러한 형태로 이루어진 현재 도시의 모습은, 꿈속에서와 마찬가지로 다음과 같은 의미를 가지고 있을 것이다. 즉, 사람들은 따로 떨어져 있고 다른 사람들에게서 독립적으로 존재한다라는 거만한 가정assumption을 영속화시킨다.

건물이 고립되고 단독으로 서 있을 경우, 물론 건물을 소유한 사람, 사용하는 사람, 수리하는 사람들 사이의 상호작용은 전혀 필요 없다. 이와는 대조적으로, 건물들이 물리적으로 서로에게 의지하고 있는 도시에서는 '건물의 근접'이라는 절대적인 사실은 사람들을 자신의 이웃과 대면하게 하고, 사람 사이에서 발생한 무수히 많은 작은 문제들을 해결하게 하고, 다른 사람들의 단점과 한치 앞이 보이지 않는 현실세계에 적응하는 방법을 배우게 한다.

연결된 건물은 건전한 결과를 가져오고, 단독건물은 반대의 결과를 가져온다. 이를 증명할 만한 증거를 가지고 있지는 않지만, 사실상 이 시대에서 단독건물은 대중적인 것이 되었고 무의식적으로 당연한 것으로 받아들여지고 있다. 왜냐하면 사람들은 자신들 이웃과의 곤란한 상황으로부터의 피난처, 공통적인 문제를 해결해 나가기 위한 노력으로부터의 피난처를 찾고 있기 때문이다. 이러한 의미에서, 고립된 건물은 자폐의 징후일 뿐만 아니라 사회적 질병을 양육하고 지속시킨다.

만약 그렇다고 한다면, 상대적으로 밀도가 높은 도시 내의 일부 구역에서, 단독건물과 이를 강요하는 법률은 현재의 다른 사회악만큼 강하고 끈질기게 우리 사회조직의 기반을 약화시킨다고 말해도 과언은 아닐 것이다.

반대로, 지테는 건물을 연결하는 예전의 일반적인 방법에 대한 많은 예를 보여주면서, 다음과 같은 훌륭한 논의를 전개해 나갔다.

사실, 255개의 교회로부터 나온 결과는 매우 놀랍다.

41개의 교회는 다른 건물에 한 면이 연결되어 있고,

96개의 교회는 다른 건물에 두 면이 연결되어 있고,

110개의 교회는 다른 건물에 세 면이 연결되어 있고,

2개의 교회는 다른 건물에 의해 네 면이 막혀 있으며,

6개의 교회만 단독건물이다.

총 255개의 교회 중에서, 단지 6개의 교회만이 단독건물이다.

따라서 당시 로마에서 교회는 단독건물로서 건설하지 않는다는 것이 원칙이었다고 할 수 있을 것이다. 사실, 이탈리아 전역에서도 이와 같다. 현재 우리의 태도는 이렇게 잘 통합되고 용의주도한 공정과는 정확히 대립한다는 사실은 매우 분명하다. 우리는 새로운 교회가 획지의 한가운데 세워지는 것 이외에는 생각하지 못하는 것 같고, 그렇기에 건물의 주변 공간은 남겨진다. 이런 위치 선정에는 아무런 장점도 없다. 이는 건물에 있어서 가장 좋지 않은 상황이다. 왜냐하면, 건물의 영향은 어디에도 집중되지 않고 주위로 흩어져버리기 때문이다. 단독건물은 쟁반 위에 놓인 케이크처럼 보인다. 처음부터 대지와의 유기적인 통합은 배제되어 있다.

단독건물에 대한 이와 같은 맹신은 아주 바보 같은 일시적인 유행일 뿐이다.[Sitte 1965]

연결된 건물의 조직

그러므로,

새로운 건물은 가능한 모든 곳에서 주변의 기존 건물과 연결한다. 건물 사이를 비우는 대신에, 새 건물이 기존 건물들과 연결되도록 한다.

연결

◆   ◆   ◆

벽과 벽을 물리적으로 연결할 수 없는 장소에서는 아케이드, 옥외실 그리고 중정˚ 등을 이용하여 건물을 연결한다 - 활기 있는 중정(115), 아케이드(119), 옥외실(163) ----

109. 기다란 주택*
LONG THIN HOUSE

····아주 작은 주택이나 사무실을 설계할 경우에 채광(106)은 거의 자동적으로 해결된다. 이 경우에는 누구라도 폭이 25피트약 7.5m 이상인 건물을 상상하지는 않을 것이기 때문이다. 그렇지만, 작은 주택이나 사무실도 길고 얇게 만들어야 할 이유가 있다. 이 패턴은 원래 커핀Christie Coffin에 의해서 만들어진 패턴이다.

◆　　◆　　◆

건물의 형태는 건물 내에서의 상대적인 프라이버시 정도와 혼잡도에 많은 영향을 미친다. 그리고, 이는 결과적으로 사람의 편안함과 행복감에 상당한 영향을 미치게 된다.

작은 주택 내의 혼잡도가 물리적 그리고 사회적 손상의 원인이 된다는 것을 보여주는 수많은 증거가 존재한다.[Loring 외] 사람들은 모두가 서로 가까이에 모여 있는 것처럼 보이며, 모든 것들이 너무 가까이 있는 것처럼 느껴진다. 따라서, 개인이나 부부를 위한 프라이버시는 거의 없다.

더 많은 공간을 제공해서 이 문제를 해결하는 것은 쉬울 것이다. 그렇지만, 공간은 비싸다. 그리고, 보통 제한된 일정량 이상을 구입하는 것도 불가능하다. 따라서, 다음과 같은 질문을 할 수가 있다. 주어진 일정 면적에서 어떠한 형태가 가장 넓은 느낌을 만들어 낼 수 있을까?

이 질문에 대해서는 수학적인 답이 존재한다.

혼잡하다는 느낌은 대부분 건물 내의 지점 간 평균거리에 의해서 생겨난다. 작은 주택에서 지점 간 거리는 짧다. 때문에 건물 깊숙이 걸어 들어가는 것이나 건물 내에서 짜증스러운 방해로부터 피하는 것은 불가능하며, 다른 방에서 시끄러운 소리가 난다 하더라도 이를 피한다는 것도 매우 어렵다.

이 영향을 줄이기 위해서, 건물은 지점 간의 거리가 긴 형태가 되어야 한다. (어떤 형태라 할지라도 이 안의 임의의 두 지점 사이의 평균 거리를 구할 수 있을 것이다.) 지점 간 평균거리는 원이나 사각형 같은 컴팩트한 형태에서는 짧지만, 얇고 긴 사각형, 나뭇가지처럼 갈라진 형태, 좁고 높은 타워 형태 같은 확대된 형태에서는 길다. 이 형태들은 건물 내 장소들의 거리를 증가시키며, 그러므로 사람들이 주어진 면적 내에서 얻을 수 있는 상대적인 프라이버시를 증가시킨다.

지점 간의 거리를 증가시키는 건물

물론, 실제로 건물을 길고 얇게 만드는 데는 한계가 있다. 만약, 건물이 너무 길고 얇다면 벽체를 만드는 비용이 급격히 증가하고, 난방비 또한 증가할 것이다. 즉, 이러한 평면은 유용하지 못한 것이다. 그렇다 하더라도, 이것이 상자 형태의 건물을 만들어야 하는 이유가 되지는 못한다.

실제로 작은 건물은 사람들이 상상하는 것보다 훨씬 더 좁고 길게 만들 수 있다. 채광(107)에서 제안한 폭 25피트보다 좁게 만들 수 있으며, 우리가 만든 폭 12피트의 건물은 성공적이었다. 사실, 로스앤젤레스에 있는 뉴트라 Richard Neutra의 자택은 이보다 폭이 좁다.

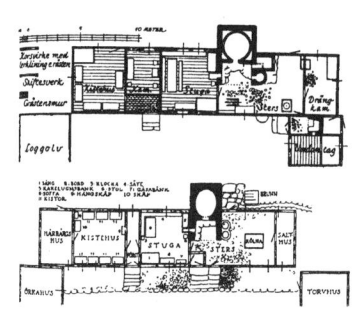

길고 얇은 주택들

또한, 길고 얇은 주택은 타워 형태 또는 지상에서 연결된 복수의 타워 형태가 될 수도 있다. 평면적인 건물의 경우와 마찬가지로 타워도 사람들이 인식하는 것보다 얇게 만들 수 있다. 12제곱피트의 면적에 3층의 건물을 세우고 외부 계단을 설치하면 훌륭한 주택이 된다. 방들은 물리적으로 매우 멀리 떨어져 있기 때문에, 이곳에 살고 있는 사람은 넓은 주택에서 살고 있는 것처럼 느낄 것이다.

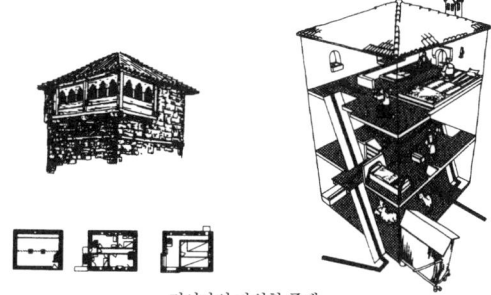

러시아의 타워형 주택

그러므로,

작은 건물에서는 모든 방을 다닥다닥 붙어 있지 않도록 한다. 대신에, 각 방을 서로 멀리 떨어뜨려서 방과 방 사이의 거리가 최대한 멀게 한다. 이를 수평적으로 만든다면, 평면은 길고 얇은 사각형이 될 것이고, 수직적으로 만든다면 건물은 높고 좁은 타워 형태가 될 것이다. 두 경우 모두, 건물은 놀라울 정도로 길고 얇지만 충분히 제 기능을 발휘한다. 8피트, 10피트, 12피트의 폭이라 할지라도 사용에는 문제가 없을 것이다.

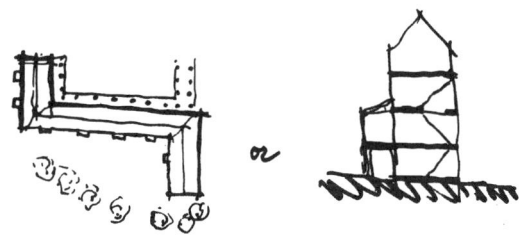

연속적인 방들, 길고 얇은 사각형, 얇은 타워

◆　　◆　　◆

대지 내에서, 건물의 얇고 긴 평면이 외부 공간의 형성에 도움이 되도록 한다 - 포지티브 외부 공간(106). 길다란 건물의 주변부는 친밀도의 변화(127)와 캐스케이드형 지붕(116)을 위한 기초를 마련할 것이다. 길고 얇은 건물에 의해서 얻어지는 프라이버시는 주택 중심부의 공동체 의식과 균형을 이루어야 한다는 것에 유의한다 - 중심부의 공용 공간(129) ⋯⋯

건물의 각 동에 입구, 정원, 중정, 도로, 테라스를 배치한다.
그러고 나서, 건물의 전체적인 형태와
건물 사이 공간의 형태를 만들어 나간다.
이때, 실내 공간과 실외 공간, 즉 음과 양의 형태는
항상 조화를 이루도록 그 형태를 동시에 만들어 나가야 한다.

110. 주 출입구**

MAIN ENTRANCE

···- 대지 정비(104), 남쪽을 향한 외부 공간(105), 채광(107)을 통해서 대지 내에서의 대략적인 건물 위치가 정해졌을 것이다. 또한, 동선의 영역(98), 비슷한 모양의 출입구(102)를 통해서 복합건물 내의 주요 동선도 정해졌다. 이제는 건물의 출입구를 정할 차례이다.

◆　　◆　　◆

주 출입구(또는 주 출입구들)를 배치하는 것은 건축 계획 과정 중 단일 계획으로는 가장 중요한 단계이다.

주 출입구의 위치는 건물의 배치를 좌우한다. 주 출입구의 위치는 건물로 들어가는 그리고 건물에서의 동선에 큰 영향을 미치며, 배치에 관한 모든 결정은 주 출입구의 위치에서 시작한다. 출입구가 올바르게 배치된다면 건물의 배치는 쉽고 자연스럽게 풀려나가지만, 출입구의 배치가 나쁘면 건물의 다른 부분의 계획도 결코 바르게 진행될 수 없다. 그러므로, 주 출입구(주 출입구들)의 위치를 신속하게 그리고 올바르게 결정하는 것은 매우 중요하다.

주 출입구의 위치를 좌우하는 기능상 문제점은 매우 단순하다. 출입구는 어떤 건물에 접근하는 사람이 그 건물을 보았을 때 출입구가 바로 보이거나, 건물의 출입구가 어디에 있는지 즉시 알 수 있도록 배치되어야 한다. 그렇다면, 건물을 향해서 이동함과 동시에 입구의 방향을 알 수 있게 되고, 이동 중에 방향을 바꾸거나 또는 어떻게 건물에 접근할 것인가에 대한 생각을 바꾸지 않아도 된다.

기능상의 문제점은 다소 명확하다. 그렇지만, 그것이 건물에 어떻게 기여하는지를 판단하는 것은 매우 어렵다. 우리는 이러한 문제를 해결하고 주 출입구의 적절한 위치를 정하기까지 프로젝트가 교착 상태에 빠지는 것을 수없이 경험해 왔다. 하지만 반대로, 주 출입구의 위치가 정해지고 위치가 정확하다고 판단되었을 경우에는 다른 과정은 자연스럽게 이루어진다. 이는 단독주택, 주택 클러스터, 작은 공공건물, 거대한 공공복합건물 모두에 해당된다. 분명한 것은 이 패턴은 건물의 규모에 관계없는 기본적인 패턴이라는 것이다.

기능상의 문제점에 대해서 좀 더 자세히 생각해보자. 출입구를 찾기 위해서 건물 주변을 돌아다니거나 건물 구내를 돌아다니는 것은 매우 귀찮은 일이다. 만약, 어디에 출입구가 있는지 알고 있다면 이런 일은 할 필요가 없다. 출입구는 무의식적으로 찾을 수 있어야 한다. 걷고 다른 생각을 하며 주변을 둘러볼 수 있고, 출입구를 찾기 위해서 주변 환경에 집중해야 할 필요가 없어야 한다는 것이다. 그렇지만, 수많은 건물에서 출입구를 찾기란 쉽지 않다. 즉, 앞서 설명한 의미에서 볼 때 '무의식적'이라고 할 수 없다.

이 문제를 해결하기 위해서는 두 단계가 필요하다. 첫째, 주 출입구는 올바르게 위치해야 한다. 둘째, 주 출입구는 매우 명확한 형태를 가져야 한다.

1. 위치

의식적이든 무의식적이든 보행자는 일정 거리 앞에서 최단 경로를 찾기 위해 다음의 경로를 선택한다.[Porter 1964] 만약 가고자 하는 건물이 보이기 시작했을 때 출입구가 보이지 않는다면, 인간은 경로를 찾을 수 없다. 인간이 자신의 경로를 찾기 위해서는 건물이 보이기 시작했을 때와 동시에 출입구가 보여야 한다.

그리고, 출입구가 최초의 도착 목표가 되어야 하는 다른 이유가 있다. 사람이 건물 안으로 들어가기 전에 건물을 따라 긴 거리를 걸었을 경우, 건물 내부로 들어가더라도 다시 갈 때에는 자신이 걸어 온 방향으로 되돌아가야 할 가능성이 매우 높다. 이는 짜증스러운 일이다. 그래서 자신이 올바른 경로로 온 것인지 그렇지 않으면 엉뚱한 출입구로 들어온 것은 아니었는지 생각하게 된다. 이를 통계적으로 나타내는 것은 매우 어렵다. 그렇지만, 이 거리는 50피트약 15m 정도라고 생각한다. 50피트 정도 되돌아가는 것을 신경 쓰는 사람은 없지만, 만약 이보다 더 길어진다면 사람들은 짜증을 내기 시작할 것이다.

그러므로, 출입구의 위치를 정하는 첫 단계는 대지를 향한 주요 접근 동선을 생각하는 것이다. 그리고, 건물이 보임과 동시에 출입구도 눈에 들어오게 배치한다. 또한, 출입구로 이어지는 경로는 건물을 따라서 50피트 이상이 되지 않도록 한다.

출입구의 위치

2. 형태

건물에 접근하는 사람에게 출입구가 매우 분명히 보이게 해야 한다. 그런데, 건물에 접근하는 대다수 사람들은 건물의 정면 부분을 따라서 건물과 평행하게 걷는다. 이 경우 건물과 접근하는 사람 사이에는 예각이 형성된다. 대부분의 출입구는 이 각도에서 보이지 않는다. 다음과 같이 한다면 예각의 상황에서도 출입구는 잘 보일 것이다.

a. 출입구가 벽면으로부터 돌출되어 있다.

b. 출입구가 있는 부분의 건물 높이는 주변보다 높다. 접근하면서 높이 차이를 알 수 있다.

출입구의 모양

물론, 출입구의 상대적인 색상, 출입구 주변의 명암차 또는 장식을 붙이는 것 등은 출입구를 인식시키는 데 중요한 역할을 할 수 있다. 하지만, 출입구는 무엇보다도 출입구의 주변 환경과 분명히 구분되어야 한다.

그러므로,

주요 접근로에서 건물이 보임과 동시에 주 출입구가 보이도록 한다. 그리고, 주 출입구는 건물의 전면으로부터 돌출시키고 대담하고 눈에 잘 띄는 형태로 한다.

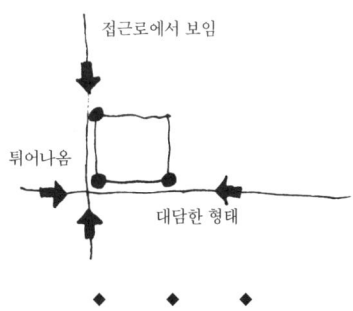

접근로에서 보임

튀어나옴

대담한 형태

◆　　◆　　◆

　가능하다면 모든 출입구를 비슷한 모양으로 만들어서, 거리나 복합건물 내에서 최대한 눈에 띄도록 한다 - **비슷한 모양의 출입구**(102). 출입구의 돌출부를 하나의 공간으로 계획한다. 즉, 충분한 크기를 확보하고, 쾌적하며 밝고 아름다운 공간이 되도록 한다 - **현관실**(130). 그리고, 거리에서 출입구까지의 보행로에서는 빛, 지면의 높이, 조망 등이 변화하도록 한다 - **출입구의 전이**(112). 주 출입구가 주차 공간과 올바른 관계를 지니고 있는가에 유의한다 - **가려진 주차장**(97), **자동차와의 연결**(113) ┅

111. 반쯤 가려진 정원*

HALF-HIDDEN GARDEN

···· 이 패턴은 건물과 정원의 상대적인 위치 관계에 영향을 미치기 때문에, 주택 클러스터(37), 연립주택(38), 직장 커뮤니티(41), 자택(79), 그리고 복합 건물(95)의 기본적인 배치를 형성하는 데 도움이 된다. 또한, 건물의 위치와 형태 그리고 정원의 위치에 영향을 미치기 때문에, 남쪽을 향한 외부 공간 (105)를 보완하기 위해서 사용될 수 있고 대지 정비(104)의 일반적인 과정 에 있어서도 도움이 된다.

◆　　◆　　◆

정원이 거리에 너무 가깝다면 정원은 사적인 공간이 되지 못하며, 따라서 사람들은 정원을 이용하지 않을 것이다. 그렇지만, 정원이 거리에서부터 너 무 멀다면, 정원은 너무나 고립되어 버리기 때문에 이용되지 않을 것이다.

당신이 잘 알고 있는 집 앞의 정원에 대해서 생각해 보자. 정원들은 대부 분 꾸며져 있고, 잔디와 꽃이 있다. 하지만, 사람들이 얼마나 자주 이러한 정 원에 앉아 있는가? 거리를 바라보고 싶을 때와 같은 특별한 경우를 제외하 고, 정원은 장식에 지나지 않는다. 반 사적인 가족들의 모임, 친구들과 술 한 잔 마시는 것, 아이들과의 공놀이, 잔디 위에 누워 있는 것 등은 전형적인 앞 뜰의 정원보다는 많은 보호가 필요하다.

그리고, 뒤뜰도 이 문제를 진정으로 해결할 수는 없다. 뒤뜰은 말 그대로 완전히 뒤쪽에 위치해 완전히 고립되어 있어 역시 편안함을 느끼기 어렵다. 또한, 사람들이 집 안으로 들어오는 소리도 들을 수 없다. 즉, 개방감이나 다 른 사람의 존재감을 전혀 느낄 수가 없다. 단지, 한 가족을 위해 울타리가 둘 러쳐진 고립된 세계에 지나지 않는다. 훨씬 자연에 가깝고 직감적인 아이들 이 우리에게 조그마한 그림을 보여준다. 아이들은 뒤뜰에서 거의 놀지 않는 다. 대부분 아이들은 어느 정도 프라이버시를 가지고 있지만 거리에 어느 정도 노출되어 있는 주택 옆의 마당이나 정원에서 노는 것을 즐긴다.

그렇기 때문에 정원으로 적당한 장소는 정면도 후면도 아니다. 정원은 어느 정도의 프라이버시를 필요로 하지만, 또한 거리나 출입구와 어느 정도의 연결 관계도 필요하다. 정원이 반은 정면에 반은 후면에 위치한 경우에만 이러한 균형을 이룰 수 있다. 즉, 측면에 위치한 정원을 의미한다. 거리로의 과다한 노출은 벽에 의해 보호되지만, 동시에 통로, 문, 아케이드, 트렐리스* 로 충분히 개방되어 있기에 정원에 있는 사람들은 힐끗이라도 거리를 볼 수 있고, 현관문이나 현관문으로 이어지는 보행로를 볼 수 있다.

이를 이루기 위해서는 통상적인 '획지' 개념의 개혁이 필요하다. 획지는 보통 가로를 따라서 좁고 안쪽으로 깊다. 하지만, 반쯤 가려진 정원을 만들기 위해서 획지는 가로를 따라서 길고 안길이는 짧은 형태여야 한다. 그렇다면, 각 주택의 측면에 정원을 배치할 수 있을 것이다. 이 개념을 따른 주택과 반쯤 가려진 정원의 기본형은 다음의 그림과 같다.

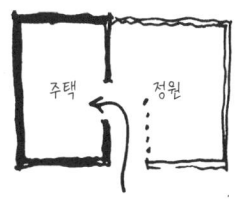

반쯤 가려진 정원의 기본형

이 개념을 발전시키는 많은 방법이 있다. 한때 우리는 오래된 주택을 사무실로 사용했었는데, 그때의 경험은 매우 재미있었다.

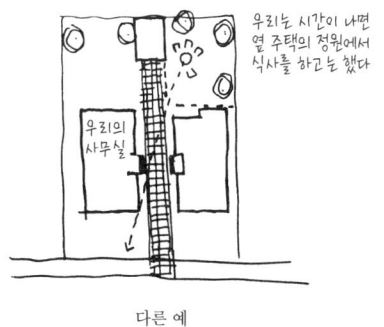

다른 예

우리가 이용했던 정원은 후면이었으나 옆 주택의 후면이었다. 즉, 우리 집에 있어서는 완벽하게 반쯤 가려진 정원이었다. 우리는 옆집의 정원에서 다른 사람의 시선을 피해 앉고 점심을 먹고 따듯한 날에는 일을 할 수도 있었다. 옆집의 정원에서는 주 출입구가 보였으며, 거리를 바라볼 수도 있었다. 그렇지만, 우리 사무실의 정원은 완전히 숨겨져 있어서 그 정원은 전혀 사용하지 않았다.

그러므로,

건물의 정면이나 후면에 정원을 배치하지 않는다. 대신에, 정원을 주택의 측면, 즉 거리에 대해서 반쯤은 숨겨져 있고 반쯤은 노출되어 있는 중간적인 위치에 배치하도록 한다.

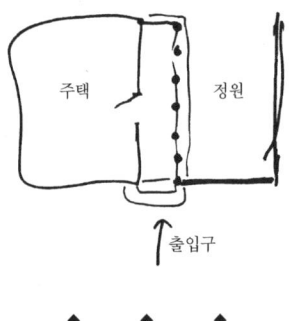

◆　　◆　　◆

가능하다면 이 패턴을 획지의 형태에 영향을 미치도록 사용한다. 그리고, 획지는 되도록 가로를 따라서 사각형 두 개를 붙인 모양에 가깝도록 한다. 정원 주변에 부분적으로 벽을 만들고, 정원과 주택의 사이에 출입구를 배치한다. 그렇게 하면, 정원에 있는 사람들은 거리를 의식할 수 있고 집에 누군가 오는지 알 수 있지만, 동시에 프라이버시도 유지할 수 있다 - 주 출입구(110), 정원의 담장(173). 정원은 야생의 상태를 유지하도록 한다 - 야생 정원(172). 그리고, 정원을 통과하거나 정원의 옆을 지나는 통로를 만든다. 통로는 가로와 주택의 주요 전이 공간이 된다 - 출입구의 전이(112). 반쯤 가려진 정원은 활기 있는 중정(115), 옥상 정원(118) 또는 거리에 면하는 개인 테라스(140)가 될 수도 있다 --…

112. 출입구의 전이**

ENTRANCE TRANSITION

┅┅ 현재 건설 중인 건물이나 복합건물이 어떤 용도의 건물이건 간에 현 단계에서는 주 출입구의 대략적인 위치가 정해졌을 것이다. 즉, **주 관문**(53)의 패턴을 통해서 대지로의 관문, **비슷한 모양의 출입구**(102), **주 출입구**(110)를 통해서 개별 건물 출입구의 위치가 정해졌으리라고 생각한다. 출입구는 항상 공적인 외부 세계와 사적인 내부 세계와의 전이를 만들어 낸다. 만약, 당신이 **반쯤 가려진 정원**(111)을 이용한다면, 정원은 전이의 아름다움을 더

하는 데 도움이 될 것이다. 이번 패턴은 정원과 출입구가 만들어내는 전이를 보완하고 강화한다.

◆　　◆　　◆

거리와 내부 공간 사이에 아름다운 전이가 존재하는 건물, 특히 주택은 거리에 직접 면한 건물에 비해 조용하고 안정적이다.

건물에 들어갈 때의 과정은 건물 내부에 대한 느낌에 영향을 미친다. 만약, 전이가 매우 갑작스럽다면 도착했다는 느낌이나, 건물의 내부가 개인적인 장소라는 느낌을 갖지 못할 것이다.

전이감을 느낄 수 없는 출입구

이러한 느낌을 설명하는 데 다음의 논의는 매우 도움이 된다. 거리에 있는 동안 사람들은 '거리의 행동'을 받아들인다. 하지만, 사람들이 집 안으로 들어왔을 때는 거리의 행동에서부터 벗어나고 집의 친밀한 기분과 함께 완전한 안정을 취하기를 자연스럽게 원하게 된다. 그렇지만, 거리의 행동으로부터 벗어날 수 있게 해주는 전이가 없다면, 사람들은 이와 같은 것들을 얻을 수 없을 것이다. 즉, 사람들이 완전한 안정을 취하기 전에 거리에서 느꼈던 내면성, 긴장, 거리감 등을 전이를 통해 벗어나야 한다는 것이다. 바이스 Robert Weiss와 바우터린Serge Bouterline의 「박람회, 전시, 파빌리온 그리고 청중들 Fairs, Exhibitions, Pavilions, and their Audiences」(1962)이라는 보고서에 이에 대한 근거가 제시되었다. 이 보고서의 저자들은 많은 전시장이 사람들을 붙잡는 것에 실패하고 있다는 것을 밝혀냈다. 즉, 사람들이 전시장 안으로 들어와서 곧바로 나가버린다는 것이다. 그렇지만, 한 전시장에서는 사람들은 털이 길고 밝은 오랜지색 카펫을 밟고 지나가게 했는데, 이 경우 전시 내용은 다른 전시보다 별달리 좋지 않았음에도 불구하고 사람들이 전시장에 오랜 시간 머물렀다. 저자는 이에 대해서, 일반적으로 사람들은 '거리와 집단행동'의 영향을 받고 있기 때문에, 사람들은 전시를 즐길 수 있을 만큼 여유로움을 느낄 수 없지만, 오랜지색 카펫은 사람들이 전시장 안으로 들어왔을 때 너무나도 강렬한 대비를 만들어서 외부 행동에서의 영향을 깨끗이 제거하기 때문에, 사람들이 전시에 몰두할 수 있었다고 결론지었다.

크리스티아노Michael Christiano는 캘리포니아대학교 재학 중에 다음과 같은 실험을 하였다. 사람들에게 주택 출입구의 다양한 전이 단계에 대한 사진과 그림을 보여주고, 이 중에 어느 것이 가장 '주택다운 주택'인가 물어보았다. 이 실험을 통해서 크리스티아노는 주택의 출입구가 더 많은 변화와 전이의 모습을 지닐수록 더욱 주택다워 보인다는 것을 발견하였다. 그리고, 그 중에서 가장 주택의 출입구 같다고 선택된 것은 멀리 풍경이 보이며 길고 개방적이며 지붕이 덮인 긴 외랑이었다.

전이의 중요성을 강조하는 데 도움이 되는 또 다른 주장이 있다. 사람은 자신의 주택을 원하지만, 특히 출입구는 사적인 공간이 되기를 원한다는 것이다. 만약, 정문이 건물의 안쪽으로 들어가 있고, 정문과 거리 사이에 전이 공간이 있다면 이 영역은 매우 잘 구성된 것이다. 이는 사람들이 정원을 이용하지도 않으면서, 대부분의 사람들이 정원을 갖기를 원하는 이유이기도 하다. 버드Cyril Bird는 주택단지 거주자의 90%가 (약 20피트약 6m 정도인) 자신들의 정원이 작다고 하였다. 이중 15% 미만이 정원을 앉아 있는 장소로 이용한다는 사실을 발견하였다.[Bird 1960]

지금까지는 주로 주택에 대해서 이야기하였다. 그렇지만, 이 패턴은 다른 종류의 건물 출입구에서도 광범위하게 이용될 것이라고 생각한다. 오늘날의 공동주택에서 이와 같은 출입구의 모습은 많이 사라졌지만, 이 패턴은 공동주택을 포함하는 모든 주택에 이용될 수 있다. 또한, 진료소, 보석상, 교회, 도서관 등 한적한 장소에 위치해야 하는 공공건물에 적용할 수도 있다. 하지만 공공성이 지속적으로 요구되는 건물에는 적용할 수 없다.

다음은 성공적인 출입구의 전이에 대한 네 가지 예이다.

각 출입구는 여러 요소들의 조합에 따라 전이를 만들어낸다.

위의 예에서 볼 수 있는 것처럼, 전이 그 자체는 여러 가지 물리적인 방법으로 만들어 낼 수 있다. 예를 들어, 어떤 경우에는 출입구의 안쪽이 될 수도 있다. 즉, 보다 안쪽에 있는 다른 문이나 개구부로 이어지는 일종의 현관 정원 등이 있을 수 있다. 또한, 문과 수풀을 지나고, 후크시아 꽃밭을 통과해서 출입구로 이어지는 구부러진 보행로를 이용해서 전이를 만들 수도 있다. 또한, 보행로에서 벗어나 자갈이 깔려 있는 길로 들어가고 트렐리스의 아래에서는 바닥의 높이를 한두 단 정도 올리는 등 길의 질감 변화를 이용해서 전이를 만들 수도 있을 것이다.

이 모든 경우 가장 중요한 것은 전이 장소가 외부 공간과 내부 공간의 사이에 실제적이고 물리적으로 있어야 한다는 것이다. 그리고, 이 장소를 걸어갈 때는 조망, 소리, 빛, 걷고 있는 표면의 질감이 변해야 한다. 이러한 물리적인 변화(특히 조망의 변화)는 정신적으로 전이를 느끼게 한다.

그러므로,

거리와 출입구 사이에 전이 공간을 만든다. 거리와 출입구를 잇는 보행로
는 이 전이 공간을 통과하도록 배치한다. 그리고 빛의 변화, 소리의 변화, 방
향의 변화, 표면의 변화, 바닥 높이의 변화를 느낄 수 있도록 계획한다. 때에
따라서, 둘러싸임의 변화를 만들어내는 관문을 설치할 수도 있다. 특히, 조망
의 변화를 느낄 수 있게 계획한다.

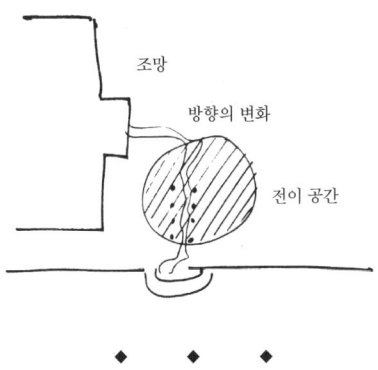

먼 곳의 조망이 잠깐 보이게 하는 것같이 순간적인 조망을 강조하는 전이
공간을 마련한다 - 선 조망(134). 입구를 명시하기 위해서 대문이나 간단한
정원문을 설치한다 - 정원의 담장(173). 그리고 빛의 변화를 강조한다 - 명
암의 태피스트리(135), 트렐리스 산책로(174). 전이는 현관문의 바로 앞, 즉
현관실(130)까지 이어진다. 그리고, 친밀도의 변화(127)가 시작되고 있음을
명시한다 ┅…

113. 자동차와의 연결

CAR CONNECTION

···- 주 출입구(110), 출입구의 전이(112)를 통해서 건물의 출입구가 정해지
고 전이 공간이 분명해지면, 다음으로 필요한 것은 자동차로 건물에 접근하
는 방법이다. 물론, 보행전용구역에서는 이 패턴을 적용하지 않겠지만, 일반
적으로 건물 근처에 자동차를 세워둘 수 있는 장소가 있어야 하며, 그렇다
면 그 장소와 특징은 매우 결정적인 문제가 된다.

◆　　　◆　　　◆

일상생활에서 집에 들어오는 것이나 집을 나서는 것은 매우 필수적인 과정이다. 그리고, 이 과정은 대부분 자동차와 관련되어 있다. 그렇지만, 자동차와 집이 연결되는 장소는 중요하거나 아름답다고 하기에는 한쪽 구석으로 밀려나 있거나 무시되는 경우가 많다.

자동차와 집이 연결되는 장소가 무시된다면 주택 내의 동선은 심각하게 파괴된다. 특히, 전통적인 '정문과 후문'의 관계가 있는 주택의 동선은 더욱 그러하다. 가족이나 방문자에 상관없이 자동차를 이용하는 경우가 많아지고 있다. 사람들은 항상 주차장에서 가까운 문을 이용하려 하기 때문에, 비록 주 출입구로 계획되지 않은 문이라 할지라도 주차장에 가까운 문이 주 출입구가 되어버린다.[Hole 외 1966]

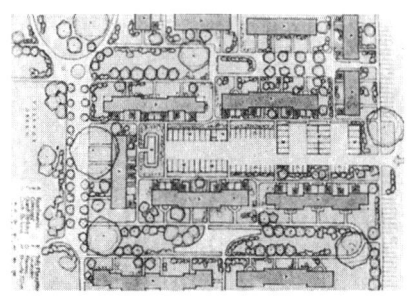

초기 계획과는 상관없이 주차장에 가까운 문이 주 출입구가 되곤 한다.

만약, 이 출입구가 후문이라면 주택의 후면은 가족을 위한 안식처의 기능을 제대로 수행할 수 없고, 주부는 주택의 후면으로부터 터벅터벅 걸어들어오는 손님으로 인하여 불편함을 느낄 것이다. 반면에, 이 출입구가 정식의 정문이라면, 출입구는 가족이나 친한 친구들에게는 적합하지 않을 것이다. 래드번Radburn 커뮤니티에서는 주택의 후문은 주차장으로, 정문은 보행녹지를 향하도록 하였다. 때문에, 주차장에 가까운 후문은 자동차를 가진 가족들에게 주 출입구가 되었고, 반면 손님은 정문을 통해서 들어오는 것으로 '여겨진다'.

부엌과 거실이 자동차를 고려한 편리한 위치에 있으며 각 공간이 이용과 프라이버시의 관점에서 완결성을 유지하기 위해서, 주택의 출입구는 하나이거나 주 출입구가 하나여야 한다. 그리고, 부엌과 거실은 출입구에 곧바로 연결되어 있어야 한다. 그렇다고 해서 주택의 출입구가 단지 하나여야 만 한다는 것을 의미하지는 않는다. 주택에 여러 개의 출입구가 있어서는 안 된다는 근거는 없다. 사실, 주택에 하나 이상의 입구가 있어야 한다는 근 거는 많다. 보조 출입구(파티오*나 정원문 그리고 10대들을 위한 출입구)는 매우 중요하다. 그렇지만, 보조 출입구는 주 출입구와 자동차를 주차하는 장소 사이에 배치해서는 안 된다. 그렇지 않으면, 보조 출입구는 주 출입구 와 경쟁하게 되며 주택의 평면 기능에 혼란을 주게 된다.

마지막으로, 주택과 자동차를 이어주는 어떤 공간을 배치하고 이를 포지 티브 공간으로 만드는 것이 매우 중요하다. 즉, 집에 들어오고 집을 나서는 과정을 돕는 공간이다. 본질적으로, 이 공간에는 자동차에서 내리는 장소, 자동차 문에서 주택까지의 통로 그리고 정문을 설치한다는 것을 의미한다. 이 공간에 기둥, 낮은 담장, 주택의 모서리, 식물, 트렐리스 산책로, 앉을 수 있는 장소 등을 설치한다면 효과적일 것이다. 이러한 장소가 **자동차와의 연 결(113)**이라고 불리는 장소이다. 제대로 된 자동차와의 연결이라고 불리는 장소는 사람들이 함께 걷고, 기대고, 작별 인사를 할 수 있는 장소이다. 이 장소는 주택의 구조체나 형태와 일체화된 장소라고 할 수 있을 것이다.

마차나 말을 사용하던 시대에 지어진 여관에서는 마차를 환경 구성의 필 수적인 요소로서 다루었고, 따라서 여관과 마차의 연결은 매우 중요한 부분 이었다. 그렇기 때문에 이 배치는 여관의 특성에 매우 큰 영향을 미쳤다. 공 항, 선착장, 마구간, 철도역 등도 모두 같다고 할 수 있다. 그렇지만, 자동차 가 현대 주택의 생활양식에 매우 중요한 역할을 하고 있음에도 불구하고, 어떠한 이유에서인지 자동차와 주택이 연결되는 부분은 그 자체로서 아름 답고 중요한 장소로 신중히 다루어지고 있지 않다.

그러므로,

주차된 자동차에서 집까지는 가장 짧은 경로가 되도록 그리고 부엌과 거 실은 항상 주 출입구를 통해서 접근하도록 주차장과 주 출입구를 배치한다. 자동차를 주차하는 공간은 단지 대지 내의 빈 장소가 아니라, 아름답고 실제 적인 포지티브 공간이 되도록 한다.

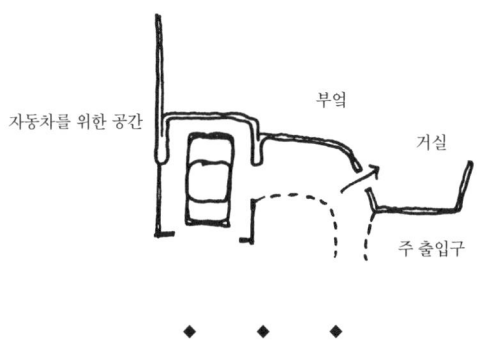

<figure>
자동차를 위한 공간   부엌   거실   주 출입구
</figure>

❖   ❖   ❖

부엌과 거실은 주 출입구의 바로 안쪽에 배치한다 - 친밀도의 변화(127), 중심부의 공용 공간(129). 주차장은 실제적인 외부 공간으로서 다룬다 - 옥외실(163). 만약, 주차 공간을 무언가로 둘러싸는 경우에는 사회적 공간을 따르는 구조(205)를 따른다. 주차 공간에서 주 출입구까지의 보행로는 아름답게 만들고, 가급적이면 걸어서 방문하는 사람도 이용하는 보행로로 계획한다 - 출입구의 전이(112), 아케이드(119), 보행로와 목적지(120), 올려진 화단(245). 가능하다면 자동차와의 연결부를 건물의 북쪽에 위치하도록 한다 - 북쪽 면(162) ❦...

114. 오픈스페이스의 위계*

HIERARCHY OF OPEN SPACE

···- 대지 정비(104), 남쪽을 향한 외부 공간(105) 그리고 포지티브 외부 공간(106)에서 주요 외부 공간의 특성에 대해서 설명하였다. 그렇지만, 모든 외부 공간에는 보다 큰 외부 공간을 조망할 수 있도록 위계를 형성한다면, 외부 공간은 보다 개선되고 그 특징이 완성될 것이다.

◆　　◆　　◆

사람들이 원하는 외부 공간은 자신의 후면이 보호되고 바로 앞 공간의 전면에 보다 큰 조망이 펼쳐진 공간이다.

이를 요약해 보자. 벽돌로 만들어진 벽을 향해서 앉아 있는 사람은 없다.

풍경을 향하거나 가장 가깝게 보이는 무언가를 향해 자신의 위치를 잡는다. 매우 단순한 관찰이지만 이것만큼 사람이 공간에서 자신의 위치를 잡는 것에 대해 잘 서술한 것은 없을 것이다. 또한, 이 관찰은 사람이 편안함을 느끼는 공간에 대해 중요한 의미를 내포하고 있다. 기본적으로 이것이 의미하는 것, 즉 사람들이 편안함을 느끼는 장소는 다음과 같은 특징을 가지고 있다는 것이다.

1. 후면
2. 보다 큰 공간에의 조망

이 패턴이 내포하고 있는 것을 이해하기 위해서 패턴을 적용할 수 있는 세 가지의 주요한 경우에 대해서 생각해 보자.

매우 작은 외부 공간이나 정원에서 이 패턴을 적용하는 방법은 건물의 모서리를 '후면'으로 하고 여기에 의자를 놓아 정원을 바라보게 하는 것이다. 만약, 이 패턴이 제대로 적용되었다면 모서리는 폐쇄공포증을 유발하지 않는 아늑한 장소가 될 것이다.

의자와 정원

조금 더 큰 규모에서 생각해 보면, 테라스나 옥외실 등은 거리나 광장 같은 보다 큰 오픈스페이스와 연결성을 가지고 있다. 이 경우, 이 패턴의 가장 일반적인 형태는 현관 입구의 계단이다. 이는 공공가로에 떨어져 있으며, 명확히 둘러싸인 공간과 후면을 형성한다.

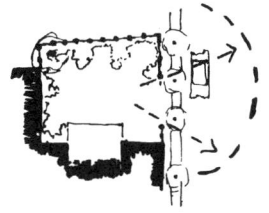

테라스와 거리 및 광장

공공광장이나 잔디밭 같은 매우 큰 규모에서는 한쪽 끝을 훨씬 넓은 전망을 향해서 개방하면 된다. 이러한 규모에서는 광장 자체가 사람들이 점유할 수 있는 일종의 후면으로서의 역할을 하고, 사람들은 광장에서 보다 넓게 펼쳐진 곳을 바라보게 된다.

광장과 풍경

그러므로,

정원, 테라스, 거리, 공원, 공공옥외실 또는 중정* 등 어떠한 외부 공간을 계획하는가에 관계없이 다음의 두 가지 사항에 유의한다. 첫째, 자연적인 후면을 형성하고 조망을 할 수 있는 작은 공간을 최소한 하나 정도 마련한다. 둘째로, 이 공간의 위치와 개구부의 위치는 보다 큰 공간을 바라볼 수 있도록 한다.

이 과정이 끝났을 때, 모든 외부 공간에는 자연적으로 '후면'이 생기게 될 것이고, 모든 사람들은 이 후면을 등지고 자연스럽게 자신의 위치를 잡을 것이다. 그리고, 모든 사람들은 그곳에서 보다 큰 풍경을 바라보게 될 것이다.

◆　◆　◆

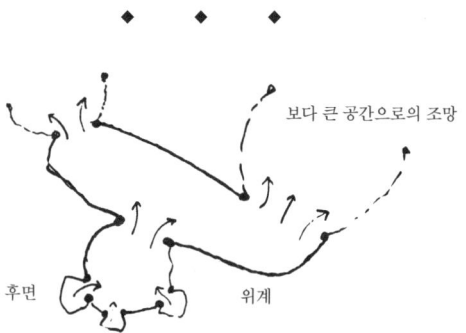

보다 큰 공간으로의 조망

후면　　　　　위계

예를 들어, 정원을 향하고 있는 의자에 대해서는 **정원의 의자**(176), **반쯤 가져진 정원**(111)을, 공공광장을 향해 열려 있는 액티비티 포켓은 **액티비티 포켓**(124), **소규모 공공광장**(61)을, 지구도로에 면한 정원은 **거리에 면하는 개인 테라스**(140), **루프형 지구도로**(49)를, 들판에 접한 도로는 **녹지 가로**(51), **접근 가능한 녹지**(60)를, 아름다운 풍경을 가진 전원에 접하고 있는 들판에 대해서는 **공유지**(67), **전원**(7) 등을 참고할 수 있을 것이다. 각각의 위계는 사람들이 공간 안에서 편안함을 느낄 수 있고, 보다 큰 공간을 향하도록 배치한다 ▬…

115. 활기 있는 중정**

COURTYARDS WHICH LIVE

···- 포지티브 외부 공간(106)과 오픈스페이스의 위계(114)를 따라서 외부 공간을 포지티브 공간으로 만들기 위한 전반적인 계획에서는, 30~40피트 ⁹⁻¹²ᵐ 이하의 작은 외부 공간(중정)에 특별히 세심한 주의를 기울일 필요가 있다. 이 같은 작은 공간은 쓸모없는 공간이 되어버리는 경우가 많기 때문이다.

◆　◆　◆

오늘날의 건축물에서 중정은 필요 없는 공간이 되어 버리는 경우가 많다. 중정은 개인을 위한 오픈스페이스로 계획되었다 하더라도, 결국은 자갈과 추상적인 조형물로 채워진 쓸모없는 공간이 되어버린다.

이용되지 않는 중정

중정이 쓸모없는 공간이 되어버리는 원인에는 다음과 같은 분명한 세 가지의 이유가 있을 것이라고 생각한다.

1. 외부 공간과 내부 공간 사이에 중간적 성격의 공간이 거의 없다. 만약, 내부 공간에서 외부 공간으로 나가는 곳에 위치한 벽, 슬라이딩 도어, 문 등을 통과할 때 변화가 너무나 갑작스럽다면, 사람들은 이 두 공간 사이의 중간적인 공간을 찾을 수 있는 기회를 잃게 된다. 그리고, 변화에 의한 충격과 함께 자신도 모르는 사이에 외부 공간으로 나가게 된다. 사람들에게는 중간의 영역이 필요하다. 즉, 주택에서의 일상생활에서도 자주 지나다니면서 자연스럽게 외부 공간으로 나갈 수 있는 포치˚나 베란다 같은 공간이 필요한 것이다.

2. 중정으로 향하는 문이 충분하지 못하다. 만약, 중정으로 나가는 문이 하나밖에 없다면 중정은 주택 내의 두 가지 활동 사이에 위치할 수 없게 되고, 그렇다면 일상생활에서 이 공간을 지나다니지 않을 것이며, 중정은 활기 있는 공간이 되지 못할 것이다. 이를 극복하기 위해서 중정의 양단에는 최소한 두 개의 문이 있어야 한다. 이렇듯 중정이 두 가지 다른 활동이 만나는 장소가 되면 사람들에게 접근성과 교류를 제공하고 두 활동의 교차점이 될 것이다.

3. 중정은 너무나도 닫혀 있다. 쾌적함을 느낄 수 있는 중정에는 보다 크

고 멀리 있는 공간을 바라볼 수 있는 '구멍'이 있다. 중정은 어떤 공간에 둘러싸여 완벽하게 닫혀 있어서는 안 된다. 즉, 중정 너머의 다른 공간을 최소한 조금이라도 바라볼 수 있어야 한다.

다음의 사진은 세계 각지의 크고 작은 활기찬 중정의 몇몇 예이다.

활기 있는 중정

각각의 중정은 주변을 둘러싼 건물의 활동에 대해서 부분적으로 개방되어 있지만, 여전히 사적인 공간이라고 할 수 있다. 중정을 거쳐가는 사람이나 옆을 달리는 어린이들은 중정을 힐끔 바라볼 수는 있지만, 중정의 분위기에 지장을 주지는 않는다. 또한, 위의 모든 중정은 다른 공간들과 강한 연결성을 가지고 있다. 사진으로 모든 것을 알 수는 없지만, 중정에서는 길을 따라서 또는 건물 사이를 통해서 보다 큰 공간을 볼 수 있다는 것을 알 수 있다. 그리고, 가장 중요한 것은 사람들은 분위기나 날씨에 따라서 중정 내의 여러 장소를 사용할 수 있다는 것이다. 즉, 지붕이 덮인 장소, 양지 바른 장소, 햇빛이 반쯤 투과되는 장소, 지면에 누울 수 있는 장소, 낮잠을 잘 수 있는 장소 등이다. 중정의 끝부분이나 모서리는 중간적 성격의 공간이며 다양한 질감을 느낄 수 있다. 어떤 장소에서는 건물의 벽이 개방되어 있고 중정을 건물 내부와 직접적으로 연결하고 있다.

그러므로,

**보다 넓은 외부 공간을 볼 수 있도록 중정을 배치한다. 중정 주변의 건물에
는 최소한 두세 개의 문을 설치하고, 이 문들을 이어주는 통로가 자연스럽게
중정을 지나가게 한다. 그리고, 중정 한쪽의 문 옆에는 지붕이 덮인 베란다나
포치를 만들어서, 실내 공간과 중정이 연속성을 갖도록 한다.**

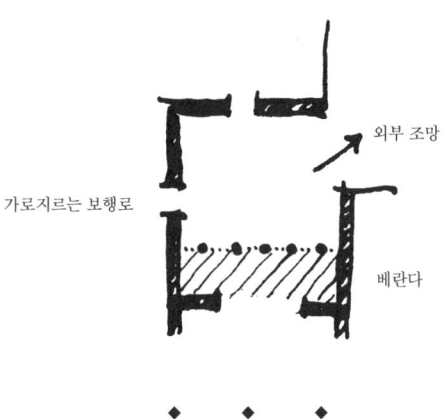

가로지르는 보행로

외부 조망

베란다

◆　　◆　　◆

아케이드(119), 외랑(166), 6피트의 발코니(167)를 따라 포치를 만든다. 포
치는 양지바른 장소여야 한다 - 양지바른 장소(161). 오픈스페이스의 위계
(114)와 선 조망(134)에 따라 외부를 조망할 수 있도록 한다. 중정은 옥외실
(163)처럼 만들고, 중정을 더욱 둘러싸고 싶다면 정원의 담장(173)을 이용
한다. 중정 주변의 처마는 높이가 같도록 한다. 만약, 박공벽°에 면하는 경우
에는, 처마° 높이를 맞추기 위해서 추녀마루°를 단다 - 지붕 배치(209). 중앙
부의 무언가(126)를 배치한다 - -…

116. 캐스케이드형 지붕*

CASCADE OF ROOF

···-- 이 패턴은 복합건물(95), 층수(96), 주 건물(99), 채광(107)의 형성과 완성에 도움이 된다. 만약, 건물을 초기 단계에서부터 디자인해 나가고 있다면, 앞서 기술한 큰 패턴들로 인하여 건물의 높이를 정했을 것이다. 그리고, 건물의 각 층에 어떠한 공간이 들어갈 것이라는 계획과 대략적인 배치 또한 이미 결정된 상태일 것이다. 이제부터는 건물을 입체로서, 특히 지붕 시스템을 이용하여 시각화할 차례이다.

건물의 충수가 건물의 가장자리를 향해 갈수록 낮아지고 이에 따라 지붕이 캐스케이드 형태를 이루지 않는다면, 구조적으로 그리고 사회적으로 건전한 건물이 될 수 없을 것이다.

이 패턴은 낯선 패턴이다. 완전히 다른 관점에서의 문제들을 해결하는 경우에도 지붕의 형태는 캐스케이드 형태가 되어야 한다는 답이 나온다. 그러나 이러한 문제들을 한데 묶을만한 명확한 결론은 보이지 않는다. 우리는 아직까지 이 패턴의 중심축을 형성하는 핵심을 확보하지 못했다.

우선, 수많은 아름다운 건물들이 캐스케이드 형태를 이루고 있다는 점에 대해서 생각해 보자. 가장자리로 갈수록 낮아지게 정렬된 동, 작은 방, 창고 등이 하나의 높은 중심부 주위에 배치되어 있는 경우가 많다. 성소피아 대성당, 노르웨이의 스테이브 교회, 팔라디오Palladio가 설계한 빌라들은 인상적이고 매우 아름다운 예라고 할 수 있다. 또한, 작은 주택, 평범한 소규모 복합 건물, 진흙으로 만든 오두막 클러스터에서도 이러한 예를 찾아볼 수 있다.

성소피아 대성당

캐스케이드형 지붕의 건물들이 너무나 건강하고 적합해 보이는 이유는 무엇일까?

첫째, 이 형태는 사회적인 의미를 가지고 있다. 천장이 높은 집회장소는 활동의 사회적인 중심이기 때문에 한 가운데 위치하고 있다. 작은 집단, 개인실 그리고 알코브는 자연스럽게 가장자리에 배치된다.

둘째, 이 형태는 구조적인 의미를 가지고 있다. 압축에 강한 재료는 인장*이나 휨에 강한 재료보다 가격이 싸기 때문에, 건물은 압축에 강한 재료로 만드는 경향이 있다. 그리고, 순수하게 압축만을 고려하여 만든 건물의 전체적인 외형은 역현수구조inverted catenary●가 되는 경향이 있다 - **지붕배치**(209). 건물이 이러한 형태가 되었을 경우, 외부에 가까운 공간은 안쪽의 높은 공간에 대해 지지대 역할을 하게 된다. 모래를 쌓을 때 가장 저항이 작은 원뿔 모양으로 형태가 안정되는 것과 마찬가지로, 건물 또한 이러한 형태일 때 가장 안정적이다.

셋째, 실용적인 측면에서 보았을 때 이 형태는 중요하다. 후반부에 설명하겠지만, **옥상 정원**(118)은 건물 최상층의 상부가 아니고 항상 방과 같은 층에 설치하여야 한다. 이는 건물이 가장자리를 향할수록 자연스럽게 낮아진다는 것을 의미한다. 왜냐하면, 옥상 정원은 최상층에서 1층 외주부를 향해서 한 층씩 내려가기 때문이다.

분명히 다른 세 가지 문제들이 왜 하나의 같은 패턴으로 이어지는 것일까? 잘은 모르겠지만, 이런 명백한 우연의 이면에는 보다 본질적인 것이 있으리라고 생각된다. 누군가가 이 의미를 이해할 것이라는 희망과 함께 이 패턴은 이대로 남겨두기로 한다.

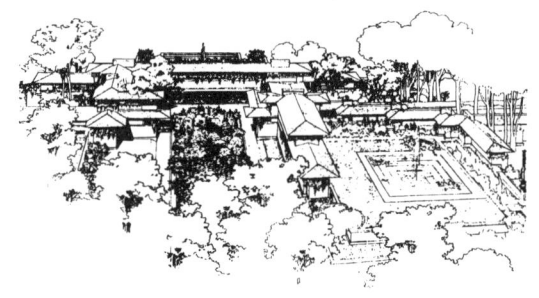

프랭크 로이드 라이트의 스케치

마지막으로, 이 패턴의 적용에 관한 주의사항이다. 큰 건물을 배치하는 경우에는 캐스케이드형 지붕이 **채광**(107)과 양립하도록 만들어야 한다. 만약, 큰 건물의 경우 캐스케이드형 지붕을 피라미드 모양으로 한다면, 건물의 중앙부에서는 자연 채광을 기대하기 힘들 것이다. 대신에, 캐스케이드형의 지붕과 채광을 올바르게 통합하면, 상대적으로 좁은 폭의 건물 동들이 건물의 가장자리로 갈수록 낮아지는 건물이 될 것이다.

그러므로,

지붕 시스템을 이용하여 건물이나 복합건물을 시각화한다.

건물에서 가장 중요한 부분에는 가장 크고 높고 넓은 지붕을 덮도록 한다. 구체적으로 지붕을 배치하는 경우에는 큰 지붕으로부터 작은 지붕을 캐스케이드 형태로 배치하여, 안정적인 자가지지구조self-buttressing system가 되도록 한다. 이는 지붕 아래에 있는 사회적 공간의 위계와 일치시킨다.

사회적 실체　　　　공간과 일치하는 지붕

캐스케이드형

가장 높은 중앙부

◆　　◆　　◆

급경사 지붕 또는 돔 지붕과 평 지붕을 조합하여 배치한다 - 감싸는 지붕(117), 옥상 정원(118). 각 동의 외부와 가장자리에 작은 공간을, 중심부에 큰 공간을 배치할 수 있도록 준비한다 - 다양한 천장고(190). 건물의 평면이 보다 구체적으로 발전하게 되면 지붕을 각 공간에 맞추어 캐스케이드형이 되도록 정확하게 배치한다. 그리고, 이 단계에서는 캐스케이드형 지붕이 매우 중요한 구조적인 효과를 발휘하기 시작할 것이다 - 사회적 공간을 따르는 구조(205), 지붕 배치(209) - …

117. 감싸는 지붕**

SHELTERING ROOF

···– 채광(107)의 윗부분이나, 캐스케이드형 지붕(116)에서 어느 부분은 평 지붕이며 어느 부분은 급경사 지붕이거나 볼트 지붕*일 것이다. 이 패턴은 급경사 지붕이나 볼트 지붕에 특징을 부여한다. 평 지붕이 되어야 하는 부분은 다음 패턴에서 특징을 정의하도록 한다.

◆　　◆　　◆

지붕은 우리의 생활에서 근원적인 역할을 한다. 가장 원시적인 건물은 지붕뿐이었다. 만약, 지붕이 감추어져 있다면 그리고 건물의 주변에서 지붕의 존재감을 느낄 수 없다면 또는 지붕을 사용할 수 없다면, 사람들은 지붕에 의해 보호받고 있다는 느낌을 가질 수 없을 것이다.

이러한 보호 기능은 기존 구조체 위에 단순히 경사 지붕이나 큰 지붕을 올린다고 해서 얻어지는 것이 아니다. 지붕이 삶의 과정을 포함하고 아우르고 감싸줄 때에만 보호 기능을 갖는다. 이는 지붕이 크고 시각적이어야 함과 동시에 지붕의 아래뿐만 아니라 지붕 내부에 생활의 영역을 포함해야 한다는 것이다.

다음의 예들을 비교해 보자. 다음 예들은 지붕이 지붕 내부에 거주 공간을 포함하고 있을 경우와 그렇지 않은 경우가 어떻게 다른지 잘 보여주고 있다.

지붕 내부에 거주 공간이 있는 지붕과 단지 붙어 있는 지붕

이 두 가지 예에서, 한 지붕은 건물 자체와 통합되어 있는 한 부분이고, 다른 지붕은 건물 위에 자리잡고 있는 덮개에 지나지 않는다는 것이 가장 큰 차이점이다. 첫 번째 사진의 지붕, 즉 보호받고 있다는 느낌을 갖게 하는 지붕에서, 건물 정면에 수평선을 그어서 지붕과 건물 내의 거주 부분을 나누는 것은 불가능하다. 그렇지만, 두 번째 사진에서의 지붕은 확실히 분리되어 있고 별개의 것이라 할 수 있다. 또한, 그 모습 자체가 하나의 선을 긋고 있다.

지붕의 기하학적 형태와 심리적 쉼터로서의 영향력 사이의 관계는 경험적 사실에 근거를 두고 있다. 우선, 아이들과 어른 모두가 감싸는 지붕에 자연스럽게 이끌린다는 근거가 있는데, 이는 감싸는 지붕이 지붕의 전형적인 특징을 가지고 있기 때문인 듯하다. 예를 들어, 라포포트Rapoport는 이에 대해서 다음과 같이 설명하였다.

'a roof over one's head(거처할 곳)'이라는 표현에서 알 수 있듯이, 지붕은 집의 상징이다. 지붕의 중요성은 수많은 연구에서 강조되었다. 한 연구에서, 주거 형태상 이미지의 중요성(예를 들면 상징성)이 강조되었다. 그리고, 경사 지붕은 쉼터로서의 상징성을 가지고 있는 반면 평 지붕은 그렇지 못하다고 하였다. 그러므로, 상징성이라는 관점에서 평 지붕은 용납될 수 없다. 같은 주제를 다룬 다른 연구에서, 영국에서 주택을 선택할 경우에 이와 같은 특성이 매우 중요하고, 또한 기와를 덮은 경사 지붕이 안전의 상징이라는 것을 보여주었다. 건설업협회의 광고에서조차 지붕은 우산과 같은 것처럼 간주되고, 주택은 이러한 관점을 직접 반영하고 있다.[Rapoport 1969]

랜드Geroge Rand도 자신의 연구에서 이와 비슷한 내용을 기술하였다. 여기서 사람들은 거주지나 쉼터에 대한 자신의 이미지를 절대 바꾸려 하지 않는다는 사실을 알 수 있다. 근대건축운동의 영향으로 50년간 평지붕 건축물이 만들어졌음에도 불구하고 사람들에게 있어서 가장 강력한 쉼터로서의 상징은 단순한 경사 지붕이라고 했다.[Rand 1972]

그리고, 프랑스의 정신과의사인 그레그Menie Gregoire는 어린이에 대한 관찰을 통해 다음과 같이 기술하였다.

낭시의 아파트에 사는 아이들에게 집을 그리도록 하였다. 아이들은 상자와 같은 아파트에서 태어났다. 그렇지만, 예외 없이 두 개의 창이 있고 지붕에 있는 굴뚝에서 연기가 올라가는 작은 오두막집을 그렸다.[Gregoire 1971]

이와 같은 증거는 문화에서 기인한 현상이라고 일축해버릴 수도 있다. 하지만, 보다 명백한 증거가 존재한다. 이는 지붕의 특징과 쉼터로서의 느낌 사이의 관계를 분명하게 한다는 간단한 사실에 기반한다. 다음 문장에서는 지붕이 쉼터로서의 느낌을 주기 위한 기하학적인 형태에 대해서 설명한다.

1. 지붕 밑 또는 지붕 위의 공간은 사람들이 일상생활에서 접촉하는 유용한 공간이 되어야 한다. 쉼터로서의 전체적인 느낌은, 지붕이 사람들을 덮음과 동시에 감싸고 있다는 사실에서부터 발생한다. 쉼터로서의 느낌은 다음 그림과 같은 지붕을 택함으로써 얻을 수 있다. 두 경우 모두 지붕 아래의 공간은 실제적으로 지붕에 의해서 둘러싸여 있다.

두 지붕의 단면도

2. 멀리에서 보았을 때, 건물의 지붕은 건물에서 큰 부분을 차지하도록 만들어져야 한다. 건물을 바라볼 때 지붕을 바라본다. 이는 아마도 강하고 감싸는 지붕의 가장 큰 특징일 것이다.

고풍스런 시골 창고의 매력은 어마어마한 지붕에서 나온다. 마치 언덕 마루와 같이 기후의 변화에 노출되어 있는 회색의 경사 지붕이나 온화함과 관대함을 연상시키는 거대한 지붕들 말이다. 오래된 농장 주택의 대부분도 이와 마찬가지로 관대한 모습을 지니도록 만들어졌고, 먼 거리에서는 단지 거대한 경사 지붕만이 눈에 띈다. 이러한 건물들은 알을 품고 있는 암탉처럼 거주자를 감싸주고, 단순한 형태 속에서의 가정적인 모습을 표현해 주는 감동적인 풍경을 자아낸다.[Burroughs 1914]

3. 그리고 감싸는 지붕은 사람들의 손이 닿을 수 있도록, 더욱이 외부에서도 손이 닿을 수 있도록 만들어져야 한다. 경사 지붕이나 볼트 지붕의 경우, 지붕의 일부분은 보행로의 가장자리에서는 거의 지면에 닿을 정도로 낮아야 한다. 그렇게 한다면, 사람들이 지나다니면서 자연스럽게 지붕을 만질 수 있을 것이다.

손에 닿는 지붕의 모서리

그러므로,

지붕은 경사 지붕이나 볼트 지붕으로 만들고 지붕 전체가 보일 수 있도록 한다. 또한, 사람들이 잠시 멈추는 출입구 같은 장소에서는 처마*의 높이가 6 피트~6피트 6인치약 1.8~2m까지 낮춘다. 각 건물의 최상층은 지붕 안에 만든다. 즉, 지붕이 단지 건물을 덮는 것이 아니라 실제적으로 공간을 감싸도록 한다.

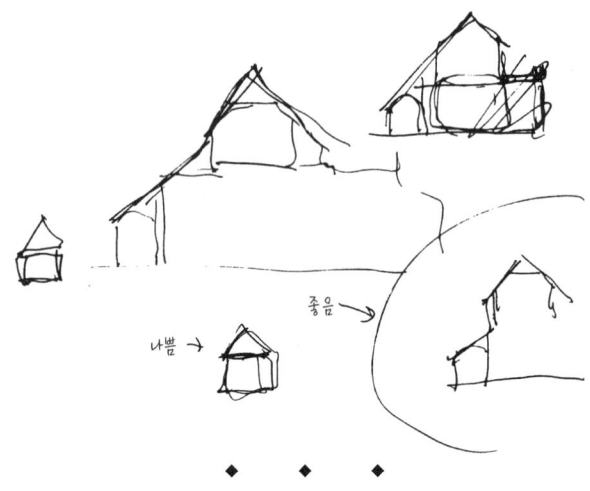

나쁜 →

좋음 →

◆　　◆　　◆

　지붕 볼트(220) 패턴으로부터 지붕 단면의 정확한 모양을 정한다. 경사 지붕의 내부 공간은 창고(145)로 이용한다. 지붕이 낮아지는 곳에서는 지붕과 아케이드(119) 또는 외랑(166)을 연결할 수도 있을 것이다. 사람이 나와서 정원으로서 이용할 수 있는 장소에 한해서 평 지붕을 만든다 - 옥상 정원(118). 지붕 안에 방을 배치할 경우에는 지붕에 창문을 만든다 - 돌출된 지붕창(231). 건물의 평면이 복잡해서 경사도가 다른 지붕을 연결해야 한다면 지붕 배치(209)를 참고하도록 한다 ┅

118. 옥상 정원*

ROOF GARDEN

···· 감싸는 지붕(117)에 의해 만들어진 경사 지붕 사이에 사람들이 밖으로 나와서 걸을 수 있는 공간은 평 지붕으로 만든다. 이번 패턴은 옥상 정원의 최적 위치와 특징에 대해서 설명한다. 만약, 옥상 정원이 올바르게 배치된 다면, 대부분의 옥상 정원은 각 층에서의 **채광**(107)의 가장자리를 형성하게 될 것이다. 따라서, 자연스럽게 **캐스케이드형 지붕**(116)의 전체적인 완성에 도 도움이 될 것이다.

◆　◆　◆

도시에서 지표면의 많은 부분은 지붕으로 덮여 있다. 이러한 사실을 햇빛이 닿는 도시의 전체 면적과 연관 지어 생각해 보자. 그렇다면, 햇빛과 공기의 이점을 이용하는 지붕을 만드는 것이 자연스럽고도 필수적이라는 사실을 알 수 있을 것이다.

하지만, 감싸는 지붕(117)과 지붕 볼트(220) 패턴에서 알 수 있는 것처럼, 평 지붕은 심리학적, 구조적, 환경적인 관점에서 지붕으로서 알맞은 형태가 아니다. 그러므로, 평 지붕은 지붕이 실제로 정원이나 또는 옥외 공간이 될 수 있는 장소에서만 사용되는 것이 합리적이라 할 수 있다. 이와 같은 유용한 지붕은 가능한 한 많이 만들어야 하지만, 유용하지 않은 부분의 지붕은 감싸는 지붕(117)과 지붕 볼트(220)에서 설명한 바와 같이 경사 지붕, 볼트 지붕*, 셸 지붕으로 하는 것이 합리적이다.

다음은 경험에 근거한 법칙이다. 가능하다면 모든 건물에 최소한 하나의 작은 옥상 정원을 만든다. 실제로 사용하는 사람이 많을 것이라고 판단된다면 그 이상을 만들어도 좋다. 그리고, 나머지는 급경사 지붕으로 한다. 이후에 설명하겠지만, 이용할 수 있는 옥상 정원은 대부분 실내의 바닥 높이와 같은 높이에 있다. 즉, 이것이 의미하는 바는 적어도 건물 지붕의 일부는 급경사지붕이 된다는 것을 의미한다. 따라서, 거의 모든 건물이 이 패턴으로 인하여 옥상 정원과 급경사 지붕이 혼재된 지붕의 풍경을 만들어 낼 것이라고 예상한다.

다음으로 평 지붕에 대해서 간략하게 생각해 보기로 하자. 옥상 정원은 건조하고 온난한 기후에서 일반적으로 볼 수 있으며, 이러한 기후에서는 매우 쾌적한 환경을 제공한다. 지중해성 기후의 고밀 도시지역에서는 거의 모든 옥상 정원이 생활하기에 적합한 장소이다. 초목으로 가득 차 있고 프라이버시 보호용 장막이 쳐져 있으며, 좋은 조망 속에서 식사를 하고 잠도 잘 수도 있는 장소이다. 그리고, 온대기후에서도 옥상 정원은 매우 유용하다. 옥상 정원은 천장이 없는 방, 즉 바람은 막아주지만 하늘을 바라볼 수 있는 공간으로서 디자인될 수 있다.

그렇지만, 지난 40년간 유행했던 평 지붕은 이와는 상당히 다른 사안이다. 회색 자갈로 덮인 아스팔트 평 지붕은 유용한 장소라고 할 수 없다. 이러한 평 지붕은 정원이 아니다. 그리고, 일반적으로 평 지붕은 감싸는 지붕(117)에서 설명한 심리적인 요구를 충족시키지 못한다. 평 지붕을 진정으로 유용한 장소로 만들고 경사 지붕에 대한 요구와도 양립할 수 있도록 하기 위해서는, 평 지붕은 건물의 실내 공간과 연결된 옥상 정원이 되어야 한다. 다시 설명하자면, 옥상 정원은 지붕의 가장 높은 부분에 설치하면 안 된다는 것이다. 즉, 지붕의 가장 높은 부분은 경사져야 하며 실내 공간에서 계단을 오르는 일 없이 직접 옥상 정원으로 걸어 나갈 수 있어야 한다. 우리는 이와 같은 실내 공간과의 관계를 가진 옥상 정원이 계단을 통해서 접근해야 하는 옥상 정원보다 더 많이 이용된다는 사실을 발견하였다. 그 이유는 매우 분명하다. 즉, 자신이 볼 수 없는 장소로 올라가는 것보다는 직접 걸어나가서 닿을 수 있는 장소가 보다 편하고, 자신의 후면과 측면에 건물 일부가 있기에 편안함을 느끼기 때문이다.

그러므로,

모든 지붕 시스템의 일부분을 옥상 정원으로 사용할 수 있도록 한다. 이 부분은 평평하게 하고 화단을 설치할 수 있도록 단을 만들 수도 있을 것이며, 앉거나 잠을 잘 수 있는 장소를 설치하도록 한다. 여러 층에 각각의 옥상 정원을 설치하고, 건물 내의 거주 공간에서 직접 옥상 정원으로 걸어 나갈 수 있도록 한다.

같은 높이의 방

✦   ✦   ✦

아래층의 채광을 방해하지 않도록, 채광(107)의 가장 자리에 옥상 정원을 배치하도록 한다. 몇몇의 옥상 정원은 아마도 발코니, 외랑, 테라스와 유사한 형태가 될 것이다 - 거리에 면하는 개인 테라스(140), 외랑(166), 6피트의 발코니(167). 어떠한 경우에라도, 옥상 정원은 바람을 피할 수 있는 장소에 배치한다 - 양지바른 장소(161). 그리고, 옥상의 일부분에는 차양과 같은 보조적인 보호막을 설치해서, 사람들이 강한 햇빛을 피해서 옥상에서 시간을 보낼 수 있도록 한다 - 캔버스 지붕(244). 옥상 정원도 다른 정원처럼 꽃, 식물, 넝쿨식물, 차양, 옥외실 등을 이용하여 계획하도록 한다 - 옥외실(163), 채소 정원(177), 올려진 화단(245), 넝쿨식물(246) ---…

건물의 주요 부분과 실외 공간의 대략적인 형태가 결정된 후에는
건물 사이의 보행로와 광장에 대해서도 더욱 세심한 주의를 기울여야 한다.

119. 아케이드**

ARCADES

····- 캐스케이드형 지붕(116)은 아케이드에 의해서 완성될 수 있을 것이다. 건물 옆의 보행로, 건물들 사이의 지름길, 보행로(100), 연결된 건물들(108) 사이의 보행로 그리고 동선의 영역(98) 일부분은 아케이드를 설치하기 위한 최적의 장소이다. 이 패턴은 가장 아름다운 패턴 중 하나이다. 건물의 전체적인 특징에 영향을 끼치는 패턴이다. 이러한 패턴은 흔치 않다.

◆　　◆　　◆

아케이드는 건물 가장자리에 있는 지붕이 덮인 통로로 부분적으로는 실내

공간이며 부분적으로는 실외 공간이다. 아케이드는 사람들이 건물과 소통하는 데 있어서 매우 중요한 역할을 한다.

건물이 매우 친근하지 않게 느껴질 때가 종종 있다. 이러한 건물들은 외부의 공적인 세계와의 연결 가능성을 만들어 내지 않는다. 또한, 일반 대중을 건물 안으로 끌어들이지도 못하며, 기본적으로 건물 내부에 있는 사람만의 사적인 영역으로 이용된다.

문제는 건물 내부의 사적인 세계와 건물 외부의 순수하게 공적인 세계와의 강한 연결이 없다는 데에 있다. 즉, 두 공간 사이에서 건물 내부의 특성(사적인 영역)과 건물 외부의 특성(공적인 영역)을 함께 가진 중간적인 영역이 존재하지 않는다는 것이다.

이 문제에 대한 전형적인 해결책은 아케이드이다. 아케이드는 공적인 영역과 사적인 영역 사이에 중간적 성격의 영역을 만들어서, 건물에 친숙한 느낌이 들도록 한다. 그렇지만, 좋은 아케이드는 다음과 같은 특징을 가져야 한다.

1. 아케이드를 공적인 영역으로 만들기 위해서는, 건물로 향하는 공공보행로 자체가 부분적으로 건물의 안쪽에 위치해야 한다. 그리고, 이 장소는 내부 공간의 특징을 지녀야 한다.

만약, 건물을 관통하거나 건물 옆에 있는 주요 보행로가 건물로부터 연장된 낮은 아케이드로 덮여 있고, 건물로 들어갈 수 있는 문, 창문, 반쯤 가려진 벽 등이 보행로에 열려 있다면 사람들은 건물로 이끌릴 것이다. 즉, 건물 내의 활동이 보이고 사람들은 부분적으로나마 자신들이 그 활동의 일부라고 느끼게 되는 것이다.

2. 이 장소를 공적인 영역과 분리된 영역으로 만들려면 건물 내부의 연장으로 느끼게 해야 한다. 그래서 이곳은 덮여야 한다.

아케이드는 영역을 만드는 가장 간단하고 아름다운 방법이다. 공적 영역과 만나는 부분에서 건물을 따라서 배치된다. 아케이드는 공공에 개방되어 있지만, 부분적으로는 건물 안으로 들어가 있고 이 깊이는 최소한 7피트^{약 2.1m}가 되어야 한다.

3. 아케이드 천장의 가장자리가 너무 높으면 아케이드는 제대로 기능을 발휘할 수 없다. 그렇기 때문에 가장자리의 천장은 낮게 한다.

아케이드 천장의 가장자리가 너무 높다.

4. 어떤 경우에는 대중에게 개방되어 있는 보행로가 건물을 직접 통과하게 하면 보다 효과적인 아케이드가 된다. 특히, 건물의 폭이 좁을 경우에 매우 효과적이다. 이 경우 건물을 관통하는 통로가 25피트약 7.5m 이상이어서는 안 된다. 이러한 '터널'이 건물 양쪽의 아케이드를 연결한다면 매우 아름다울 것이다. 건물을 직접 관통하는 아케이드의 기능적인 효과는 건물 내 통로(101)에서 설명한 것과 같은 정도의 중요성을 지닌다.

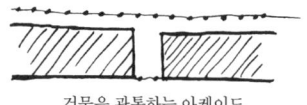

건물을 관통하는 아케이드

이 패턴이 정착되어 있는 곳의 보행로는 연속적인 또는 반쯤 연속적인 아케이드가 덮여있으며, 이 보행로가 공공 영역의 옆을 지나거나 통과하도록 배치되어 몇 마일씩이나 이어지곤 한다. 이렇게 지붕 덮인 공간에서는 도시의 수많은 비공식적인 일들이 일어난다. 사실, 루도프스키Rudofsky는 이러한 공간을 "고대 포럼을 대신하는 장소이다"라고 주장하였다. 루도프스키는 저서인 『인간을 위한 거리Streets for People』에서 아케이드와 아케이드 공간의 훌륭한 양가성兩價性에 대해서 설명하였다.

거리를 사막이 아닌 오아시스로 만드는 것은 우리에게 있어서 쉬운 일이 아니다. 거리의 기능이 자동차 전용도로나 주차장으로 변질되어 버리지 않은 나라에서 거리는 여러 방법으로 인간에게 적합하게 바뀐다. 즉, 거리에까지 걸쳐진 차양이나 파고라*, 텐트 같은 구조체나 또는 지붕을 그 예로 들 수 있다. 이것들은 모두 동양 특유의 것이거나 또는 동양의 문물을 받아들인 스페인 같은 곳에서 찾아볼 수 있다. 거리를 덮는 방법 중에서 가장 세련된 것은 아케이드인데, 이는 시민의 연대감의 (또는 인간애 표현이라고도 말할 수 있는) 실제적인 표현이다. 우리에게는 알려지지도 인정받지도 못하지만 이렇게 특이하고 매력적인 특징을 가진 아케이드의 기능은 비바람으로부터 사람을 보호하려는 것도 아니고 자동차로부터 사람을 보호하려는 것도 아니다. 거리에 통일감을 부여하는 것 이외에도 아케이드는 고대 포럼을 대신하고 있다. 유럽, 북아프리카 그리고 아시아 전역에서 아케이드를 흔히 볼 수 있는데, 그 이유는 아케이드는 '격식을 차린 정식' 건물과 통합되어서 만들어졌기 때문이다. 한 예를 살펴보면, 볼로냐^{Bologna}의 거리에서는 거의 20마일 약 32km이나 펼쳐진 외랑(집채의 바깥쪽에 달린 복도)을 볼 수 있다.[Rudofsky 1969]

단순하고 아름답다.

그러므로,

건물의 가장자리를 따라서 보행로가 있는 경우에는 아케이드를 만들고, 무엇보다도 건물들을 연결할 경우에는 아케이드를 이용하도록 한다. 그렇게 한다면, 사람들은 아케이드를 통해서 이곳 저곳을 돌아다닐 수 있을 것이다.

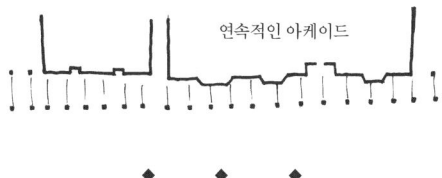

연속적인 아케이드

◆ ◆ ◆

아케이드는 낮게 만든다 - 다양한 천장고(190). 아케이드의 천장도 가능하면 낮게 만든다 - 감싸는 지붕(117). 아케이드의 기둥은 사람들이 기댈 수 있도록 충분히 두껍게 한다 - 기둥이 있는 장소(226). 기둥 사이의 개구부는 좁고 낮게 만든다 - 낮은 입구(224), 기둥의 접합부(227). 더욱 감싼 느낌이

들도록 하기 위해서, 아치 형태로 만들거나 높은 보를 이용하거나 또는 격자구조물을 이용한다 - 건물의 가장자리(160), 반쯤 개방된 벽(193). 시공에 관해서는 사회적 공간을 따르는 구조(205)와 외벽의 두께(211)를 참고한다

＊＊…

120. 보행로와 목적지*

PATHS AND GOALS

‥‥ 복합건물(95), 포지티브 외부 공간(106), 아케이드(119)에 의해서 건물과 아케이드 그리고 오픈스페이스의 위치가 대략적으로 정해졌다면, 다음으로 건물 사이에 있는 보행로에 주의를 기울일 차례이다. 이 패턴에 의해서 보행로가 형성된다. 그리고, 공공성의 정도(36), 보행로와 도로의 네트워크(52), 동선의 영역(98)을 보다 상세한 형태로 만드는 데 도움이 된다.

◆　　◆　　◆

보행로의 배치는 걸어가는 행위의 과정과 일치할 때만 올바르고 편안해 보일 것이다. 걷는다는 행위의 과정은 일반적으로 상상하고 있는 것보다 훨씬 더 미묘하다.

기본적으로 보행에는 다음과 같은 세 가지 상호보완적인 과정이 존재한다.

1. 사람은 걸으면서 중간 목적지(길을 따라서 자신이 볼 수 있는 가장 먼 지점)를 찾기 위해서 주변을 유심히 살핀다. 그리고, 얼마 동안은 이 중간 목적지를 향해서 곧바로 즉 지름길로 가려고 한다. 따라서, 사람은 대각선 경로를 택하게 되는데, 이 대각선 경로는 현재 지점과 목적 지점을 직선으로 잇는 경우가 많기 때문이다.

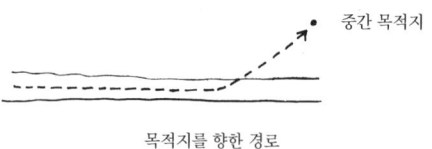

중간 목적지

목적지를 향한 경로

2. 중간 목적지는 항상 변한다. 걸으면 걸을수록 길모퉁이 주변에서 더 많은 것들이 보이기 때문이다. 만약, 언제나 가장 멀리 있는 지점을 향해 곧바로 걸어가는데 그 지점은 끊임없이 변한다고 하면, 이는 마치 움직이는 목표물을 향해 날아가는 미사일처럼 실제적으로는 완만한 곡선을 그리면서 움직이는 것이 된다.

일련의 목적지

3. 사람은 걸어가면서 계속 방향을 수정하는 것을 원하지 않는다. 그리고 자신의 시간 낭비를 원치 않기에 최적의 경로를 계속 계산한다. 그렇기 때문에, 사람은 임시적인 목적지인 분명히 보이는 랜드마크를 선정하는 방법

으로 자신의 보행 경로를 조정한다. 즉, 걸어가고 있는 방향에 있는 자신이 택하고 싶은 목적지를 정해서, 이를 향해 약 100야드약 90m 정도 곧바로 걸어가고, 목적지에 가까워지면 그곳에서 약 100야드 정도 떨어진 다른 목적지를 정하고, 또 다시 그곳을 향해 걸어가고……. 이렇게 함으로써 사람은 걷는 동안에 자신이 걷고 있는 방향에 대해 걱정 없이, 이야기하고 생각하며 공상에 잠기고 봄의 향기를 즐길 수 있는 것이다.

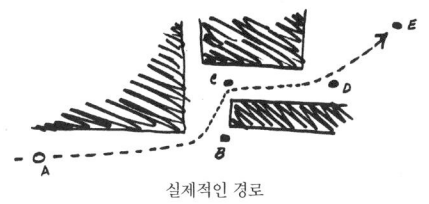

실제적인 경로

위의 그림에서 한 사람이 A 지점에서부터 E 지점으로 향한다고 하자. 경로 내에서 그 사람의 중간 목적지는 B, C, D이다. 그 사람은 E 지점을 향해서 직선에 가깝게 걸으려고 할 것이기 때문에, C 지점이 눈에 들어오자마자 그의 중간 목적지는 B 지점에서 C 지점으로 바뀔 것이다. 또한, D 지점이 눈에 보이면 C 지점에서 D 지점으로 목적지가 바뀔 것이다.

이러한 프로세스가 잘 되기 위해 충분한 중간 목적지를 갖춰야 보행로 배치가 적절하다 할 것이다. 만약, 충분한 중간 목적지를 갖추고 있지 못하다면 보행 과정은 어려워질 것이고 불필요한 감정적 에너지를 소비하게 될 것이다.

그러므로,

보행로를 배치하기 위해서는 자연스럽게 관심을 끌 수 있는 지점에 목적지를 마련한다. 그리고, 보행로를 만들기 위해서 각 목적지들을 연결한다. 보행로는 직선이거나 또는 완만한 곡선이어도 된다. 목적지 주변은 포장 면적을 넓힌다. 그리고, 목적지 사이의 거리는 200~300피트약 180~270m를 넘어서는 안 된다.

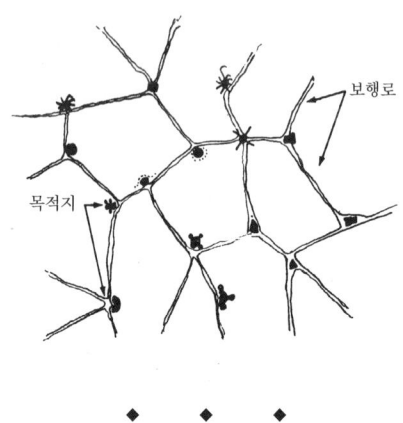

보행로

목적지

◆　　◆　　◆

　나무, 분수, 출입구, 관문, 의자, 동상, 그네, 옥외실 등 외부에 있는 모든 평범한 것들은 목적지가 될 수 있다. 비슷한 모양의 출입구(102), 주 출입구(110), 나무가 있는 장소(171), 의자가 있는 장소(241), 올려진 화단(245)을 참고한다. 중앙부의 무언가(126)를 따라서 목적지를 만든다. 그리고, 보행로의 형태(121)에 따라서 보행로의 형태를 결정한다. 틈이 있는 포장석(247)을 이용하여 보행로를 포장한다 ----

121. 보행로의 형태*

PATH SHAPE

···- 여러 가지 보행로에 대해서는 이전의 큰 패턴에서 설명하였다 - 산책로
(31), 상점가(32), 보행로와 도로의 네트워크(52), 높여진 보도(55), 보행로
(100), 보행로와 목적지(120). 이번 패턴에서는 보행로의 형태에 대해서 설
명한다. 그리고, 이번 패턴은 보행로 각 부분의 형태를 정하는 과정을 통해
서 보다 큰 패턴들의 점진적인 생성에 도움이 될 것이다.

거리는 오늘날 쓰이고 있는 방식처럼 단지 통과만을 위한 공간이 아니라, 사람들이 머무를 수 있는 공간이 되어야 한다.

수세기 동안, 거리는 도시 거주자들에게 자신의 집 바로 앞에 있는 유용한 공공 공간이었다. 그렇지만, 오늘날 도시에서의 거리는 여러 가지 미묘한 방법에 의해서, '머무르는 장소'가 아니라 '통과하는 장소'가 되어 버렸다. 이를 더욱 조장하는 것은 거리에서 어슬렁거리는 것을 범죄로 판단하는 규정, 거리 자체보다 더욱 더 매력적인 내부 공간, 집 안에 있을 수밖에 없을 정도로 매력이 결여된 거리 등이다.

환경적인 관점에서 보면 문제의 본질은 다음과 같다. 거리가 '구심적centrip-etal'이 아니라, '원심적centrifugal'이라는 것이다. 즉, 사람을 끌어들이는 게 아니라 사람들을 밀어내는 특징이 있다. 거리의 이러한 특징에 대응하기 위해서 외부의 보행자 세계는 사람들이 이동하는 장소가 아닌 사람들이 머무르는 장소가 되어야 한다. 간단히 말하면, 거리보다는 둘러싸인 느낌이 나게 일종의 공공옥외실로 계획되어야 한다는 것이다.

이는 평면상 약간 볼록한 장소가 있고 가장자리에 의자나 앉을 수 있는 장소를 설치하거나 또는 보beam나 트렐리스를 이용하여 지붕을 설치한 머무를 수 있는 보행로를 제공함으로써 이루어 낼 수 있을 것이다.

다음은 이 패턴을 따른 두 가지 예이다. 첫째로 페루에서 우리가 설계한 14채의 주택 계획이다. 주택을 평면상 뒤쪽으로 조금씩 후퇴시켜서 거리의 형태가 만들어졌다. 그 결과 거리는 포지티브 공간이 되었고, 모양은 타원형이 되었다. 우리는 그 거리가 사람들이 걸음을 멈추고 시간을 보낼 수 있는 장소가 되기를 희망한다.

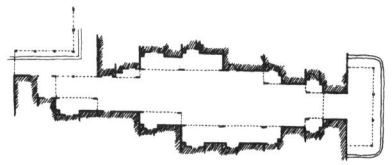

14채의 집에 의해서 형성된 보행로의 형태

두 번째 예는 버클리힐스의 근린을 관통하는 아주 작은 보행로이다. 여기에서도 마찬가지로, 보행로의 형태가 미묘하게 넓어지기 때문에 이 장소는 사람들이 잠시 쉬고 앉을 수 있는 장소가 되고 있다.

버클리힐스를 관통하는 보행로의 휴게 장소

그러므로,

공공보행로의 중간을 불룩하게 넓히고 끝부분은 좁게 한다. 그렇게 하면, 보행로는 단지 통과하는 장소가 아닌 사람들이 머무를 수 있는 둘러싸여 있는 느낌을 지닌 공간을 형성할 것이다.

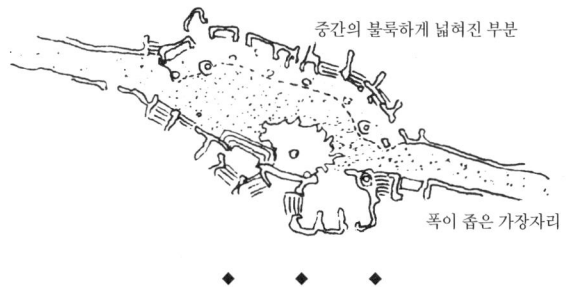

중간의 불룩하게 넓혀진 부분

폭이 좁은 가장자리

◆　　◆　　◆

보행로의 형태를 형성하기 위해서는 무엇보다도, 건물 정면을 올바르게 배치하고 건물을 보행로에서 뒤로 떨어트리지 않는다 - **건물의 정면**(122). **보행자 밀도**(123)의 산출방법을 이용하여 '불룩하게 넓히기'에 적합한 장소를 결정한다. 그리고 **아케이드**(119), **액티비티 포켓**(124), **계단 의자**(125) 때로는 **공공옥외실**(69)를 이용하여 부풀어 있는 장소의 상세부를 만든다. 그리고, 보행로를 따라 창문을 설치해서 가능한 보행로에 활기를 줄 수 있도록 한다 - **거리 창**(164) ····

122. 건물의 정면*

BUILDING FRONTS

…이 패턴은 보행로와 건물을 동시에 형성하는 데 도움이 된다. 그리고 복합건물(95), 채광(107), 포지티브 외부 공간(106), 아케이드(119), 보행로의 형태(121) 또한 액티비티 포켓(124)의 완성에도 도움이 된다.

◆　◆　◆

건물을 거리의 경계에서 뒤로 이동시킨 것은, 모든 건물의 채광이나 통풍 조건을 개선시켜 공공의 복지를 도모하기 위한 목적으로 고안되었다. 하지만, 이는 실제로 사회적 공간으로서의 거리를 파괴하는 데 크나큰 역할을 하고 있다.

포지티브 외부 공간(106)에서 건물은 막연하게 외부 공간에 배치되는 것이 아니고, 실제로 외부 공간을 형성하고 있다고 설명하였다. 거리나 광장은 사회적으로 매우 중요하기 때문에, 건물의 정면에서 어떻게 구성되는지 그 방식에 매우 세심한 주의를 기울여야 한다.

20세기 초는 어떠한 희생을 치르더라도 '청결'을 주장하던 시대였다. 또한, 슬럼가를 일소해야 한다는 사회적인 운동으로, 사회개혁가들은 건물이 거리에 밀집해서 햇빛이나 공기를 차단하지 않도록 건물을 거리에서 몇 피트 떨어뜨려야 한다는 법률을 통과시켰다.

건물을 뒤쪽으로 이동시키면 거리는 파괴된다. 따라서, 건물이나 거리에 충분한 채광이나 통풍을 보장하는 다른 방법을 이용하여 건물의 정면을 구성해야 한다 - 4층 제한(21)이나 채광(107).

마지막으로, 건물의 정면이 때로는 들어가고 때로는 나오도록 배치하는 것만으로 포지티브 형태의 거리가 형성되지는 않는다. 건물의 정면을 외부 공간의 형태에 따라 조정하면, 그 형태에 따라서 약간씩 다른 각도가 될 것이다.

약간씩 다른 각도의 건물 정면

그러므로,

거리, 보행로, 공유지에 면하는 건물은 후퇴시키지 않는다. 건물을 후퇴시키는 것은 아무런 의미가 없고 거의 대부분 건물 사이의 공지를 파괴한다. 보행로에 접하도록 건물을 세운다. 시대에 뒤떨어진 법에 의해 이와 같이 건물을 배치하는 것이 불가능한 곳에서는 법률을 개정한다. 그리고, 건물의 정면을 거리의 형태에 맞추어 약간씩 다른 각도가 되도록 한다.

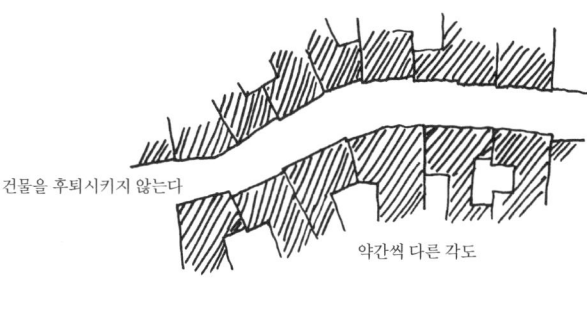

건물을 후퇴시키지 않는다

약간씩 다른 각도

◆　◆　◆

건물의 가장자리(160)에 따라서, 건물의 정면 그리고 사실상 모든 건물 주위의 상세부를 계획한다. 만약, 건물의 정면에 외부 공간이 필요하다면, 그 공간을 거리에 면하는 개인 테라스(140), 외랑(166)으로 만들어서 이 공간이 거리 생활의 한 부분이 되도록 한다. 그리고, 건물에는 거리를 향한 개구부를 많이 설치한다 - 계단 의자(125), 노천 계단(158), 거리 창(164), 거리로의 개방(165), 현관 앞 벤치(242) ---…

123. 보행자 밀도*

PEDESTRIAN DENSITY

···· 다양한 장소에 보행자구역이 존재하며 사람을 모으거나 걸을 수 있도록 포장도 되어 있다 - 산책로(31), 소규모 공공광장(61), 보행로(100), 건물 내 통로(101), 보행로의 형태(121). 이러한 장소들, 특히 포장되어 있는 구역의 크기를 규제하는 것은 매우 중요하다. 보행자 구역의 크기를 규제하면 이곳은 살아 있는 장소가 될 것이다.

◆　　◆　　◆

오늘날의 수많은 공공광장은 활기찬 장소로 계획되었지만, 이는 사실상 버려졌거나 죽은 장소가 되었다.

이 패턴에서는 보행자 구역에 있는 사람의 수, 구역의 면적, 활기에 관련한 주관적인 추정치의 관계에 대해서 설명한다.

우선, 제곱피트당 사람의 수가 보행자 구역의 활기를 좌우한다고 단정지을 수는 없다. 가장자리 토지의 특성, 사람들이 모여 있는 방법, 사람들의 행위와 같은 다른 요소들도 분명히 영향을 미치고 있다. 뛰는 사람이나 특히 와자글하는 사람들은 그 장소에 활기를 준다. 광장에서 포크싱어들의 공연에 이끌려 모여 있는 소규모 집단은 잔디 위에서 일광욕을 하는 같은 수의 사람들보다 광장에 활기를 가져다 준다.

하지만, 제곱피트당 사람 수로부터 공간의 활기에 대한 타당하며 대략적인 추정치를 구할 수 있다. 커핀Christie Coffin은 샌프란시스코와 그 주변의 다양한 공공장소를 관찰하고 다음과 같은 수치를 제시하였다. 장소의 활기에 대한 그녀의 추정치는 오른쪽 열에 기재되어 있다.

	제곱피트당 사람수	
골든게이트 플라자, 정오:	1000	활기 없음
프레스노 몰:	100	활기 있음
스프로울 플라자, 낮 시간:	150	활기 있음
스프로울 플라자, 저녁 시간:	2000	활기 없음
유니온 스퀘어, 중심 지역:	600	중간 정도

이러한 주관적인 추정치는 반박의 여지가 많지만, 추정치에 의해서 다음과 같은 규칙을 알 수 있다. 한 사람당 150제곱피트약 14㎡는 활기 있는 장소이다. 그렇지만, 한 사람당 500제곱피트약 46.5㎡라면 그 장소는 활기를 잃기 시작한다.

이 수치는 대략적인 범위 내에서만 올바르다고 할지라도, 광장, 실내 가로, 상점가, 산책로와 같은 공공의 보행자 구역을 만드는 데 이 수치를 이용할 수 있다.

이 패턴을 사용하기 위해서는 주어진 공간 내 이용 시간대의 평균적인 이용자 수에 대한 대략적인 추정치가 필요하다. 예를 들어, 어느 상점의 전면에서 일반적으로 세 명이 걷거나 머물러 있다고 하자. 그렇다면, 이 상점의 전면에는 450제곱피트약 42㎡를 넘지 않는 작은 광장을 설치하면 될 것이다. 만약, 평상시 35명 정도의 사람이 걸으면서 윈도쇼핑을 할 수 있는 보행로를 생각한다면, 이 거리는 대략 5,000제곱피트약 464.5㎡가 되도록 계획해야 할 것이다.[Alexander 1968-3]

그러므로,

공공광장, 중정, 보행로, 많은 사람들이 모이는 장소는 이용 시간대의 평균 이용자 수를 추산하여(P), 그 면적을 150P 제곱피트에서부터 300P 제곱피트 사이로 한다.

평균 이용자수, P

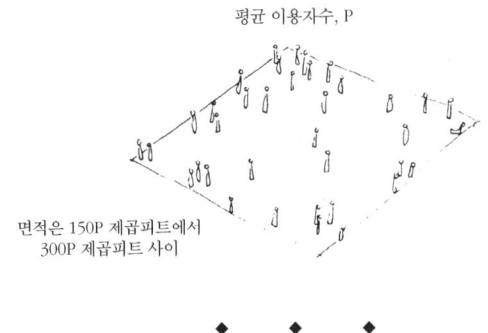

면적은 150P 제곱피트에서
300P 제곱피트 사이

◆　◆　◆

특히 사람들이 모이는 가장자리는 활기를 불어넣고 밀도를 높일 수 있도록 계획한다 - 거리의 카페(88), 액티비티 포켓(124), 계단 의자(125), 거리에 면하는 개인 테라스(140), 건물의 가장자리(160), 거리 창(164), 거리로의 개방(165), 외랑(166) -…

124. 액티비티 포켓**

ACTIVITY POCKET

‥‥ 공공장소에 대해 설명하고 있는 큰 패턴들에서 가장자리는 매우 중요하다 - 산책로(31), 소규모 공공광장(61), 공공옥외실(69), 보행로(100), 건물 내 통로(101), 보행로의 형태(121). 이 패턴은 이와 같은 큰 패턴들의 가장자리를 완성하는 데 도움이 된다.

◆　　◆　　◆

공공광장의 생활은 자연스럽게 가장자리에 형성된다. 만약, 가장자리가 잘 못되었다면 공공광장은 활기 있는 장소가 되지 못한다.

구체적으로 설명하자면, 사람들은 공공광장의 가장자리로 자연스럽게 이끌린다. 즉, 사람들은 넓게 펼쳐진 곳에서는 오랜 시간을 보내지 않는다는 것이다. 만약, 광장의 가장자리에 자연스럽게 머무를 수 있는 장소가 없다면, 그곳은 멈추는 장소가 아니라 지나쳐가는 장소가 되어버릴 것이다. 그러므로, 공공광장은 상점, 가판대, 벤치, 진열대, 난간, 중정, 정원, 신문판매대와 같은 액티비티 포켓이 필요하다. 광장의 가장자리는 사실상 조개껍질과 같은 모양이 되어야 한다.

더욱이, 사람이 머무르게 되는 과정은 서서히 이뤄진다. 걷고 있는 사람들은 좀처럼 멈추려 하지 않는다. 어떠한 것에 대한 점진적인 관련의 과정에 따라서 사람들은 머무르거나 지나친다. 이것이 의미하는 것은, 가장자리에 있는 다양한 액티비티 포켓이 보행로나 출입구의 근처에 위치해서 사람들이 통과할 때 액티비티 포켓의 옆을 지나칠 수 있어야 한다는 것이다. 그렇게 하면, 목적지만으로 이동하던 사람들이 점차 여유를 찾을 수 있는 기회를 갖게 된다. 그리고, 가장자리에 수많은 작은 집단들이 생겨난다면, 이들이 중복되어 광장의 중심부를 향해서 퍼져 나오는 듯이 될 것이다. 그러므로, 액티비티 포켓은 광장의 접근로와 번갈아 가며 배치해야 한다.

개념도

조개껍질 모양의 가장자리는 공간 전체를 둘러싸야 한다. 다음에서 설명하는 것을 따라서 그려보면 쉽게 이해할 수 있을 것이다. 공간을 나타내는 원을 그린다. 그리고, 원의 주변부에서 조개껍질 모양의 가장자리를 검게 칠한다. 검게 칠한 부분을 따라서, 다른 부분을 잇는 선을 그린다. 검게 칠한 가장자리 부분이 작을수록, 조금 전에 그린 다른 부분을 잇는 선에 의해 덮어진 면적은 확연히 작아진다. 이는, 조개껍질 모양의 가장자리 크기가 작아질 때 공간의 활기가 얼마나 급속히 사라지는지 보여준다. 활기 있는 공간을 만들기 위해서, 조개껍질 모양의 가장자리는 공간을 완전히 둘러싸야 한다.

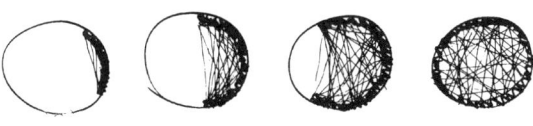

가장자리를 따라서 활동이 생겨나면, 공간은 보다 활기를 띠게 된다.

가장자리가 사람들의 활동이 있는 조개껍질 모양이 되어야 한다는 것은, 문자 그대로 그래야 한다는 것이 아니라 개념적인 의미이다. 실제로, 이 패턴을 만들기 위해서 액티비티 포켓들을 광장의 안쪽을 향해서 튀어나오도록 배치해야 한다. 우선, 공간을 가로지르는 주요 보행로와 보행로 사이의 나머지 공간을 대략 배치한다. 그리고, 액티비티 포켓을 '나머지 공간'에 계획하고, 이 공간들을 광장 안쪽으로 밀어내어 배치한다.

광장의 안쪽으로 튀어나온 액티비티 포켓

그러므로,

공공집회장소의 주변을 액티비티 포켓으로 둘러싼다. 액티비티 포켓은 가장자리에 위치한 작고 부분적으로 둘러싸인 장소이다. 그리고, 보행로 사이의 공간이며 오픈스페이스의 안쪽을 향해서 튀어나와 있다. 사람들이 자연스럽게 멈추고 참여할 수 있는 활동을 할 수 있다.

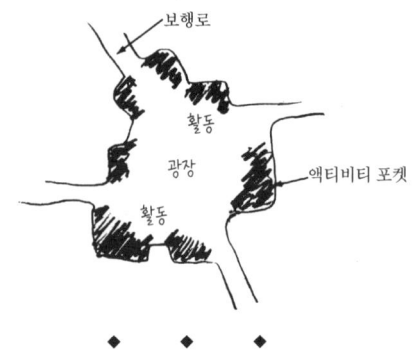

액티비티 포켓 사이에는 보행로를 배치한다 - **보행로와 목적지**(120). 그리고, 액티비티 포켓에 아케이드와 의자, 앉을 수 있는 벽, 기둥, 트렐리스 등을 계획한다 - **아케이드**(119), **옥외실**(163), **트렐리스 산책로**(174), **의자가 있는 장소**(241), **앉을 수 있는 벽**(243). 무엇보다도 건물의 정면을 활용하여 형태를 구성한다 - **건물의 정면**(122). 액티비티 포켓에는 신문 가판대 - **버스정류장**(92), **음식가판대**(93), 정원, 게임을 할 수 있는 장소, 작은 상점, **거리의 카페**(88) 그리고 **대기 장소**(150)를 설치한다 ┈┈…

125. 계단 의자*

STAIR SEATS

···· 보행로나 큰 공공장소는 뚜렷한 형태여야 하며, 어느 정도 둘러싸여 있어서 사람들이 바깥에서 안쪽을 볼 수 있어야 한다 - **소규모 공공광장**(61), **포지티브 외부 공간**(106), **보행로의 형태**(121). 가장자리에 있는 의자는 이러한 역할을 완벽히 해낸다. 그리고, 가장자리의 계단은 **비슷한 모양의 출입구**(102), **주 출입구**(110), **노천 계단**(158)을 보완하는 데 도움이 된다.

◆　◆　◆

인간의 활동이 있는 어떤 장소든지, 사람들이 가장 가고 싶어하는 곳은 좋은 조망을 감상할 수 있을 정도로 높고 행동하기에 불편하지 않을 정도로 낮은 곳이다.

사람들은 주변의 모든 활동을 전체적으로 관찰할 수 있는 좋은 위치를 찾으려고 한다. 반면, 자신도 그 활동에 참여하기를 원한다. 사람들은 한낱 구경꾼으로 남으려 하지 않는다. 만약, 공공 공간이 이 두 가지의 성향을 모두 충족시켜주지 않는다면, 사람들은 그 장소에 머무르지 않을 것이다.

지평선을 바라볼 때, 시야에서 지평선 아래 부분의 넓이가 윗부분보다 더 넓다. 그러므로, '사람을 구경하려는 사람'은 자연스럽게 좀 더 높은 장소를 점하려고 할 것이다.

문제는 높은 장소에 올라가야 함으로 사람의 활동이 단절된다는 것이다. 대부분의 사람들은 활동을 관찰하면서도 동시에 활동에 참여하기를 원한다. 따라서, 보행자가 쉽게 접근할 수 있게 주변보다 조금 높은 장소, 아래에서부터 직접적으로 올라갈 수 있는 장소가 필요한 것이다.

몇 단의 계단이나 계단을 따라 설치된 난간동자•와 난간은 이와 같은 사람들의 성향을 정확히 해결해 준다. 만약, 계단이 충분히 넓고 매력적이라면 사람들은 낮은 계단의 가장자리에 앉고 난간에 기대려 할 것이다.

여기에서 설명하고 있는 효과의 현실성과 이 패턴의 가치에 대한 간단한 근거가 존재한다. 공공장소에 조금 높고 접근이 편한 장소가 있는 경우, 사람들은 자연스럽게 그 장소로 이끌린다. 단이 져 있는 카페의 테라스, 공공광장을 둘러싸고 있는 계단, 단이 높여진 포치, 단 위에 놓여져 있는 조각상과 의자들이 모두 그 예이다.

그러므로,

사람들이 모이는 공공장소에는 지면 높이가 변하는 곳이나 가장자리에 두세 단의 계단을 설치한다. 이런 '올려진 장소'는 아래쪽에서 접근이 가능하도록 한다. 그러면, 사람들이 모여 앉아서 주변에서 일어나는 일들을 볼 수 있을 것이다.

566

공공 공간

계단 의자

◆　　◆　　◆

　계단 의자는 의자가 있는 장소(241)와 마찬가지로 한 방향을 바라보도록
한다. 계단은 시간이 지남에 따라서 닳고 사람들의 흔적을 간직하며 앉아
있는 사람이 만졌을 때 부드럽다고 느낄 수 있도록 나무나 타일 또는 벽돌
로 만든다 - 부드러운 타일과 벽돌(248). 그리고, 계단은 주변의 건물들과 직
접 연결되도록 만든다 - 지면과의 연결(168) - ⋯

126. 중앙부의 무언가

SOMETHING ROUGHLY IN THE MIDDLE

⋯‥ 소규모 공공광장(61), 공유지(67), 활기 있는 중정(115), 보행로의 형태 (121)는 모두 이들의 가장자리에서 발생하는 활동으로부터 활기를 얻는다 - 액티비티 포켓(124), 계단 의자(125). 그렇다 할지라도, 중심부는 여전히 비어 있기 때문에 무언가로 장식할 필요가 있다.

◆　◆　◆

중심부에 아무것도 없는 공공장소는 텅 비어 있는 공간이 되기 쉽다.

사람들은 자신의 후면이 부분적으로라도 보호되는 장소를 점유하려 한다는 사실에 대해서는 이미 설명하였다 - 오픈스페이스의 위계(114). 이와 같은 경향 때문에, 공공광장의 가장자리에서 많은 활동이 발생한다 - 액티비티 포켓(124), 계단 의자(125). 만약, 공간이 매우 작다면 가장자리 이외에는 필요하지 않다. 그렇지만, 중심부에 공공의 이용을 위한 공간이 있는 경우, 나무, 기념물, 의자, 분수 같이 사람들이 가장자리에 있는 경우처럼 자신의 후면을 쉽게 보호할 수 있는 장소가 없다면 중심부는 쓸모없는 공간이 되어 버릴 것이다. 광장의 한 가운데에 무언가를 배치하는 이유는 매우 분명하고 현실적이다. 그렇지만, 더욱 원시적인 본능이 작용하고 있을지도 모른다.

자신의 집안에 있는 텅 빈 테이블을 상상해보자. 테이블의 중앙에 촛대나 화병을 올려 놓고 싶은 강한 충동을 느낄 것이다. 그리고, 그렇게 했을 경우 어떤 효과를 가져올까에 대해서 생각해보라. 이는 분명히 의미 있는 행위이다. 그렇지만, 촛대나 화병을 올려 놓는 행위는 테이블의 가장자리나 테이블의 정가운데서 일어나는 활동과는 전혀 관계가 없다.

이 효과가 순수하게 기하학적이라는 사실은 분명하다. 테이블의 공간에 중심이 생기면 중심점에 의해 주변의 공간이 구성되고, 공간이 명확해지고 안정된다는 것은 틀림없는 사실이다. 중정이나 공공광장에서도 같은 현상이 발생한다. 아마도, 이러한 현상은 모든 점대칭의 형상을 꿈이나 상징 그리고 자아의 결합을 위한 강력한 수용체로 보는 만다라적 본능과 관련되어 있을지도 모른다.

우리는 이러한 본능이 모든 중정과 광장에서 통용될 것이라고 생각한다. 명확한 중심이 없는 광장 중 하나인 산마르코 광장에서조차 튀어나와 있는 종탑이 두 광장을 일체화시키며 변칙적인 중심을 형성하고 있다.

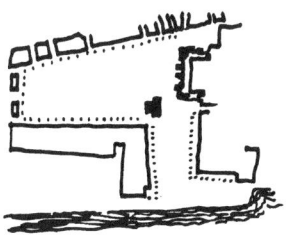

종탑이 두 광장의 대략적 중앙이다.

이탈리아의 위대한 계획가인 지테Camillo Sitte는 저서인 『미학적인 관점에서 본 도시계획City Planning According to Artistic Principles』에서 '초점focal point의 진화와 초점의 기능적인 중요성'에 대해서 기술하였다.[Sitte 1965-1] 여기에서 흥미로운 점은 광장의 정중앙에 무언가를 배치하려는 충동이 현대사회에 있어서의 '고통의 원인'이다라고 주장하였다는 것이다.

시골마을에 있는 눈 덮인 텅 빈 광장을 생각해보라. 자동차의 통행에 의해서 눈 위에 십자형의 자연스러운 흔적이 남겨지고, 흔적 사이에는 자동차에 의해 훼손되지 않은 불규칙한 모양들이 남는다.

예전에는 교통의 흐름에 훼손되지 않는 이와 같은 장소에 분수나 커뮤니티의 기념물들을 세웠던 것이다.

그러므로,

공공광장, 중정 또는 공유지를 통과하며 자연스럽게 형성된 보행로 사이의 대략적인 중심부에는 무언가를 설치한다. 즉, 분수, 나무, 조각상, 의자가 있는 시계탑, 풍차, 무대 등을 설치한다. 그리고, 이들이 광장에 강하고 변함없는 활기를 주고 중심부로 사람을 끌어들일 수 있도록 한다. 중앙부의 무언가는 보행로 사이에 배치하도록 한다. 정중앙에 배치하지 않도록 주의한다.

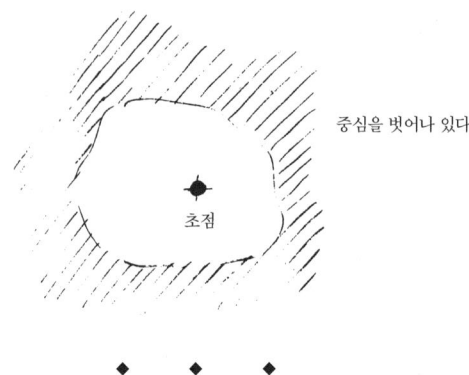

중심을 벗어나 있다.

초점

◆　◆　◆

보행로 시스템을 이용하여 서로 다른 '무언가'를 연결한다 - 보행로와 목적지(120). '무언가'는 높은 장소(62), 거리에서의 춤(63), 연못과 개울(64), 공공옥외실(69), 고요한 물(71), 나무가 있는 장소(171)를 포함한다. 주위에는 앉을 수 있는 벽(243)을 설치하도록 한다 ----…

보행로가 결정되면 다시 건물 계획으로 돌아온다.
건물의 각 동 사이에 있는 기본적인 공간이
어떻게 변할 것인가에 대해서 생각하고,
이 변화 내에서 동선이 공간을 어떻게 연결할 것인가에 대해서 결정한다.

127. 친밀도의 변화**

INTIMACY GRADIENT

┄┅ 건물 동을 배치할 장소 - 채광(107), 건물의 층수(96), 그리고 주 출입구 (110)가 정해지면, 다음으로는 각 층 주요부를 대략적으로 배치해야 할 차례 이다. 모든 건물에서 공적인 공간과 사적인 공간의 관계는 매우 중요하다.

◆　◆　◆

건물의 내부 공간이 각각의 프라이버시에 부합하는 일련의 순서로 배치되지 않았다면, 낯선 사람, 친구, 손님, 고객, 가족 등이 방문했을 때 조금은 곤란한 느낌을 갖게 될 것이다.

주택, 사무실, 공공건물, 별장 등 어떤 건물이든 간에 사람들은 친밀도의 정도가 서로 다른 공간이 점진적으로 변해 가는 환경을 필요로 한다. 침실이나 내실은 가장 친밀한 공간이다. 응접실이나 서재는 이들보다는 친밀하지 않은 공간이다. 공용 공간이나 부엌은 보다 공적인 공간이며, 정면 포치나 출입구는 가장 공적인 공간이다. 이러한 종류의 점진적인 변화가 있다면 사람들은 이 변화 내에서 매우 신중히 위치를 선택해서, 만남에 있어 각각 다른 뉘앙스를 부여할 수 있다. 반면, 공간이 뒤섞여서 친밀도의 변화가 명확하게 구분되지 않은 건물 내에서는 특정한 만남의 장소를 신중하게 고를 수가 없다. 때문에, 만남에 있어서 공간을 선택함으로써 의미를 부여하는 것이 불가능하다. 모든 공간이 비슷한 친밀도를 가지고 있는 공간의 균질성은 건물 내에서 사회적인 상호작용의 섬세함을 제거해 버린다.

이러한 일반적인 사실에 대해서, 이전 우리가 페루에서 상세하게 조사한 사례와 함께 설명하도록 하겠다. 페루에서는 교제가 매우 중요하게 다루어지고, 교제에는 몇 개의 단계가 존재한다. 일반적인 인근의 친구는 집안으로는 절대 들어오지 않는다. 목사, 딸의 남자친구, 직장 동료 등과 같이 격식을 차려야 할 사람을 집안으로 초대하면, 살라 sala 라고 불리는 가구가 잘 갖춰진 접대실을 두어 주택 내부의 한 부분으로 한정한다. 이 방은 잡동사니로 어질러져 있고 격식이 갖춰지지 않은 다른 방으로부터 격리되어 있다. 한편, 친척이나 친한 친구들은 가족들이 대부분의 시간을 보내는 거실 comedor-estar에서 격의 없이 머무른다. 몇몇 친척들이나 친구들, 특히 여성들은 부엌, 집안일을 하는 공간 그리고 침실로 들어가는 것이 허용될 것이다. 이러한 식으로 가족들은 프라이버시와 자존감을 지킨다.

친밀도의 변화라는 현상은 특히 축제 기간에 더욱 분명해진다. 집 안이 사람으로 가득 차 있다 하더라도, 사람들은 살라에서 머물뿐 안쪽으로 들어오지 않는다. 몇몇은 현관문을 넘으려는 시도조차 하지 않는다. 어떤 사람들은 요리를 하고 있는 부엌으로 곧바로 가서 저녁 내내 부엌에서 머무르기도 한다. 사람들은 자신과 자신들이 방문한 가족들 간의 친밀도를 정확히 알고 있다. 또한, 각각의 친밀도의 정도에 따라서 집안의 어디까지 들어갈 수 있는가에 대해서도 정확히 알고 있다.

매우 가난한 사람이라 할지라도 가능하면 살라를 만들려고 한다. 때문에 빈민가에서도 종종 살라를 볼 수 있다. 그렇지만, 페루의 현대주택이나 아파트에서는 공간을 절약하기 위해서 살라와 가족실이 통합되어 있다. 이러한 곳에 거주하는 사람들 중 우리가 이야기를 나눠본 거의 모든 사람들이 이 상황에 대한 불만을 가지고 있었다. 여기에서 우리가 이야기할 수 있는 것은, 페루 주택은 어떠한 상황이라도 친밀도의 변화라는 원칙을 지켜야 한다는 것이다.

이와 같이 친밀도의 변화는 페루의 주택에서는 매우 중요한 사항이다. 하지만 이 패턴은 어떠한 형태로든 거의 모든 문화에서 존재하리라 생각한다. 우리는 이 패턴이 다른 문화들에서 광범위하게 존재함을 확인하였다. 아프리카 원주민의 오두막, 전통 일본 주택 그리고 초기의 미국 식민 주택을 비교해 보라. 또한, 거의 모든 종류의 건물에도 해당된다. 주택, 작은 상점, 거대한 오피스빌딩, 교회 등을 비교해 보라. 이는 인류의 모든 건축물에 있어서 거의 전형적인 배치 원칙이라고 할 수 있다. 모든 건물 그리고 특정한 인간집단을 수용하는 건물의 일부분에서는 앞에서부터 뒤로, 즉 가장 격식 있는 공간에서 가장 친밀한 공간으로의 뚜렷한 변화가 필요하다.

사무실에서 변화의 순서는 아마도, 현관 로비, 응접실, 사무 공간과 작업 공간, 직원 전용 라운지가 될 것이다.

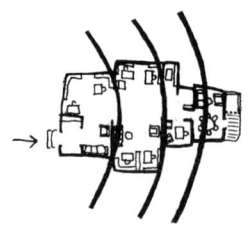

사무실에서 친밀도의 변화

　작은 상점에서의 변화의 순서는 아마도, 출입구, 고객들을 위한 공간, 상품을 둘러 보는 장소, 계산대, 계산대 후면 공간, 직원들을 위한 사적인 공간이 될 것이다.

　주택에서는 대문, 포치, 출입구, 앉을 수 있는 벽, 공용 공간과 부엌, 개인 정원, 침실 알코브의 순서가 될 것이다.

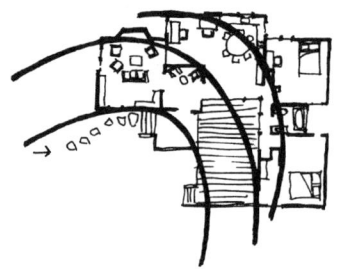

주택에서의 친밀도의 변화

　그리고, 보다 격식이 있는 주택에서는 페루의 살라(손님들을 위한 객실이나 접대실)와 같은 공간으로부터 시작할 것이다.

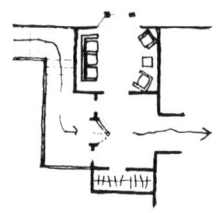

격식을 갖춘 현관의 변화

　그러므로,

건물 내부 공간은 가장 공적인 부분에서 시작하여 조금씩 사적인 공간으로 바뀌어 나가서 마지막으로는 가장 사적인 영역이 되도록 배치한다.

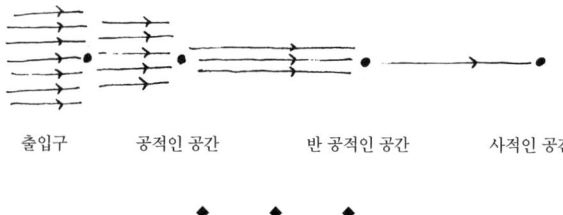

출입구 공적인 공간 반 공적인 공간 사적인 공간

◆ ◆ ◆

공용 공간은 전면에 위치함과 동시에 활동의 중심이 되어야 하고, 보다 사적인 공간들을 이어주는 동선은 공용 공간에 접하도록 해야 한다 - **중심부의 공용 공간**(129). 개인주택에서는 **현관실**(130)을 가장 격식을 갖춘 공간으로 만들고, 가족 구성원들이 자신의 방을 소유할 수 있도록 사적인 공간을 배치한다. 자신의 방에서는 혼자만의 시간을 가질 수 있어야 한다 - **자신의 방**(141). 욕실과 화장실은 공용 공간과 사적 공간의 중간에 배치한다. 그렇다면, 사람들은 두 공간에서 편히 접근할 수 있을 것이다 - **욕실**(144). 다른 친밀도를 갖는 모든 공간에 앉을 수 있는 공간을 마련하고, 친밀도 변화의 정도에 따라서 모양을 달리한다 - **휴식 공간의 시퀀스**(142). 사무실의 경우, 친밀도의 변화를 고려하여 전면에는 **편안한 접수 공간**(149)을 배치하고 후면에는 **반 사적인 사무실**(152)을 둔다 ····

128. 실내 채광*

INDOOR SUNLIGHT

‥‥ 남쪽을 향한 외부 공간(105)에 따르면, 햇빛이 정원을 가로질러 건물의 안쪽으로 직접 들어오도록 건물이 배치되어야 한다. 또한, 친밀도의 변화(127)를 통해 건물 내부의 공적인 공간과 사적인 공간의 전체적인 배치에 대한 개념을 알게 되었을 것이다. 이 패턴은 친밀도의 단계에서 햇빛을 가장 필요로 하는 방과 공간을 구분하고 친밀도의 변화(127) 중 가장 많이 사용되는 방에 양호한 채광 상태를 제공하는 데 도움을 준다.

◆　◆　◆

적절한 공간이 남쪽을 향하고 있다면 집안은 밝고 양지바르고 활기찬 공간이 될 것이지만, 부적절한 공간이 남쪽에 위치한다면 집안은 어둡고 우울한 공간이 된다.

모두가 알고 있는 사실이다. 그렇지만, 사람들은 이 사실을 잊어버리고 다른 문제들에 의해서 혼란스러워한다. 사실, 실내의 분위기를 크게 좌우하는 요소 중에서 실내로 들어오는 햇빛만큼 중요한 것은 없다. 자신의 주택, 건물, 방을 훌륭하고 쾌적한 장소로 만들고 싶다면 이 패턴의 진가를 인정해야 하고 신중히 다루어야 하며, 집요하게 주장하고 고집해야 한다. 자신이 잘 알고 있는 방 중에서 햇빛이 잘 들어오는 방과 그렇지 못한 방을 비교해 보라.

남쪽을 향한 외부 공간(105)에서 건물은 남쪽을 향해야 한다고 설명하였다. 이 패턴에서 다루는 것은 남쪽 가장자리에 있는 방들의 특별한 배치에 관한 것이다. 몇 가지 예를 들어보자. (1)해질 무렵에 석양을 받는 포치˚ (2)햇살이 가득 찬 정원에 바로 접한 아침식사를 하는 장소 (3)아침 햇살이 가득 차도록 배치된 욕실 (4)한낮에 남쪽으로 개방할 수 있는 작업장 (5)외벽에 닿는 햇빛이 화분을 따뜻하게 하는 거실의 가장자리.

이 패턴 마지막의 다이어그램은 오전, 오후 그리고 해질녘의 태양과 석양 그리고 주택 각 부분과의 관계를 정리해 놓은 것이다. 자신의 디자인에 태양을 제대로 이용하기 위해서, 우선 무엇이 필요할지 결정해야 한다. 자신의 필요사항에 따라서 마지막의 다이어그램과 같은 다이어그램을 작성한다. 그리고, 햇빛이 들어오는 건물의 남쪽, 남동쪽, 남서쪽에 공간을 배치한다. 하루 종일 실내에 햇빛이 들어오게 하기 위해서, 남쪽 가장자리의 공간 배치에 특별히 주의를 기울인다. 때문에 대부분 동서 방향으로 긴 건물이 필요할 것이다.

온도의 관점에서 실내의 채광 문제를 접근해도 결론은 유사하다. 동서 방향으로 긴 건물은 겨울철에 건물 내의 온기를 유지하도록 하며, 여름철에는 열기가 건물 내로 들어오지 못하게 한다. 이렇게 하면 건물을 보다 쾌적하게 유지하며 유지비도 절감할 수 있다. 동서 방향으로 긴 건물의 '최적 형태'

는 다음의 표에 기재되어 있다. 이 표는 오르게이Victor Olgyay의 『기후를 고려
한 디자인Design with Climate』에서 발췌한 것이다. 언제나 동서 방향으로 긴 건
물이 최적이라는 것에 주의한다.[Olgyay 1963]

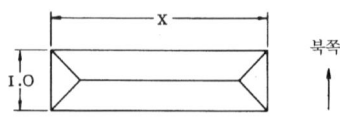

기후	여름철 최적	겨울철 최적	평균 최적	합리적인 효율
한랭지(미네아폴리스)	1.4	1.1	1.1	1.3
온난(뉴욕)	1.63	1.56	1.6	2.4
고온건조(피닉스)	1.26	없음	1.3	1.6
고온다습(마이애미)	1.7	2.69	1.7	3.0

기후에 따른 건물의 대략적인 형태

그러므로,

**건물에서 가장 중요한 공간은 남쪽의 가장자리를 따라서 배치한다. 그리
고, 건물은 동서 방향으로 길게 한다.**

**방들이 남동쪽이나 남서쪽의 햇빛을 잘 받을 수 있도록 배치를 조정한다.
예를 들어, 공용 공간은 정남쪽에 배치하고, 침실은 남동쪽, 포치는 남서쪽이
되도록 한다. 즉, 대부분의 기후에서 건물의 모양은 동서 방향으로 길어야 한
다는 것을 의미한다.**

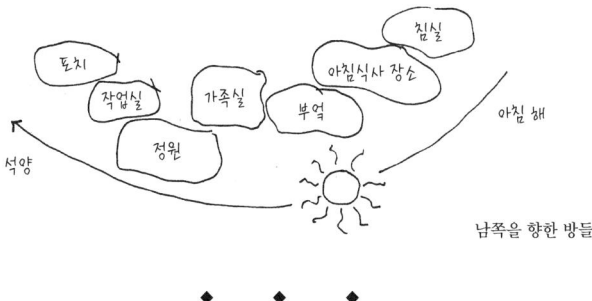

포치
작업실
가족실
아침식사 장소
침실
부엌
정원
석양
아침 해

남쪽을 향한 방들

❖ ❖ ❖

가능하면 햇빛이 잘 드는 실내 공간은 외부를 향해서 개방하고, 그 바로 앞에 양지바른 장소나 옥외실을 배치한다 - **양지바른 장소**(161), **옥외실**(163), **활짝 열리는 창**(236). 침실은 동쪽을 향하도록 한다 - **동쪽을 향한 침실**(138). 그리고 창고나 차고는 북쪽에 배치한다 - **북쪽 면**(162). 부엌 조리대는 햇빛을 향하도록 배치한다 - **양지바른 조리대**(199). **가정 내 작업장**(157), **둘러싸인 작업 공간**(183)의 작업대나 책상도 이와 같은 방법으로 배치한다 - …

129. 중심부의 공용 공간**

COMMON AREAS AT THE HEART

···- 친밀도의 변화(127)에 따라, 모든 건물과 건물 내의 모든 사회집단은
공용 공간이 필요하다. 실내 채광(128)을 보강하기 위해 공용 공간은 양지
바른 쪽에 배치한다. 그리고, 공용 공간이 클 경우에는 캐스케이드형 지붕
(116)의 원칙에 따라서 더 높은 지붕을 설치한다.

◆　　◆　　◆

**가족, 작업그룹 혹은 학교 등 어떠한 사회적 집단도 구성원 간에 격의 없고
지속적인 접촉을 하지 않고는 유지될 수 없다.**

사회집단을 수용하는 모든 건물은 공용 공간을 제공함으로써 사회집단
간 접촉을 지원하고 있다. 공용 공간의 형태나 위치는 매우 중요한데, 공용
공간의 완벽한 예로 페루 노동자 주택의 가족실에 대해서 소개하기로 한다.

페루의 저소득 노동자에게 가족실은 가정생활의 중심이다. 가족들은 가
족실에서 식사하고 텔레비전을 본다. 집을 방문하는 누구든 가족실로 와서
가족들에게 인사와 키스를 하고, 악수를 나누며 서로 안부를 묻는다. 방문
객들이 집을 떠날 때도 같은 일이 되풀이된다.

가족실은 이 같은 과정을 지원함으로써 생활의 중심으로 기능한다. 가족
실은 가족들이 집안으로 들어오거나 나갈 때 자연스럽게 통과하도록 배치
된다. 가족실을 통과할 때, 군이 의자에 앉지 않더라도 잠시 동안 머무를 수
있는 것이다. 텔레비전은 통로에서 보았을 때 가족실의 반대쪽 끝에 설치
되어 있다. 때문에, 가족실을 지나가다가 텔레비전을 잠깐씩 보면서 이곳에
머무르게 되는 것이다. 그리고, 집 안에서 텔레비전을 설치하는 공간은 대
개 조금 어두운 곳이다. 때문에, 가족실과 텔레비전이 야간에 중요한 기능
을 하는 것처럼 주간에도 중요한 기능을 한다.

이제 이 예를 일반화 해보자. 만약, 공용 공간이 통로 끝에 위치해서 그곳
을 가기 위해 사람들이 시간을 들여야 하고 번거롭다면, 사람들은 공용 공
간을 자발적인 마음으로 가볍게 이용하지 않을 것이다.

끝에

그 대신, 동선이 공용 공간의 중심을 통과한다면, 공용 공간은 너무나 노출될 것이고 사람들이 머무르거나 쉬기에 편하지 않은 공간이 될 것이다.

중간을 관통한다

가장 균형 잡힌 방법은 사람들이 항상 이용하는 공용의 통로가 공용 공간과 접해서 통과하고, 공용 공간이 통로에 열려 있는 경우이다. 그렇다면, 사람들은 지속적으로 공용 공간을 통과할 것이다. 그러나, 통로가 공용 공간의 한 면에만 접하므로 굳이 멈추어서지 않아도 된다. 원한다면 계속 통로를 지나갈 수 있고, 순간 멈추어 서서 주변에 무슨 일이 일어났는지를 살펴볼 수 있다. 또한, 원한다면 공용 공간으로 바로 들어가서 쉴 수도 있을 것이다.

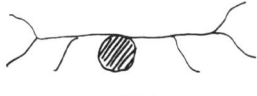

접한다

이 패턴은 우리가 지금까지 작업해온 모든 프로젝트에서 어떠한 형태로든 나타났다고 이야기 할 수 있다. 다목적 서비스센터에서 우리는 기하학적으로 위의 다이어그램과 동일한 직원라운지라 불리는 패턴을 얻을 수 있었다.[CES 1968] 또한, 정신건강센터에는 치료의 필수적인 요소로서 참여에 대한 환자의 선택Patient's choice of being involved이라는 패턴을 얻을 수 있었다. 그리고, 페루의 주택 연구에서는 가족실의 동선Family room circulation이라는 패턴을 얻었는데, 이는 우리가 패턴을 가족에 적용한 예이다.[CES 1969] 대학에 관한 연구인 오리건대학의 실험에서는 각 학과별로 동일한 학과의 단란Department hearth이라는 패턴을 얻었다. 아마도, 이 패턴은 집단의 화합을 형성하는 데 가장 기본적인 패턴일 것이다.

조금 더 구체적으로 설명하면, 보다 성공적인 공용 공간을 위한 세 가지 구분점은 다음과 같다.

1. 공용 공간은 집단이 점유하는 복합건물, 건물 혹은 건물 각 동의 중심에 위치해야 한다. 바꾸어 말하자면, 조직의 물리적 심장부에 위치해서 모든 사람들이 평등하게 접근할 수 있고 또한 구성원들이 집단의 중심 공간으로 느낄 수 있는 곳이어야 한다.

2. 가장 중요한 것은, 공용 공간은 반드시 출입구에서 개인실로 가는 도중에 있어야 하며, 그렇게 함으로써 사람들은 건물로 들어올 때나 나갈 때 항상 공용 공간을 지나가게 되는 것이다. 또한, 공용 공간에 가기 위해서 가던 길을 되돌아가야 하는 막다른 방이 되어서는 안 된다. 때문에, 공용 공간을 지나는 통로는 반드시 공용 공간에 접한 형태여야만 한다.

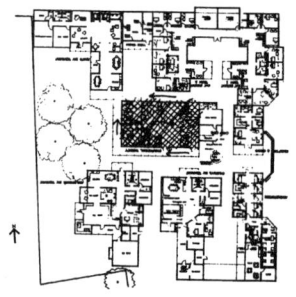

캘리포니아 모데스토에 지었던 병원의 공용 공간
이곳에서 우리는 통로를 공용 공간의 네 면과 접하도록 했다.

3. 공용 공간에는 주로 주방과 식사 공간과 같은 공간을 구성하는 적절한 기능요소가 필요하다. 식사는 무엇보다 모두와 함께 하는 활동 중의 하나이기 때문이다. 그리고, 거실에는 적어도 몇 개의 편안한 의자를 두어서, 가족들이 머물고 싶도록 한다. 이는 외부 공간에 있어서도 예외는 아닌데, 날씨가 좋은 날에는 담배를 피우거나 풀밭에 앉고, 토론을 계속하기 위해서 밖으로 나가고 싶어지기 때문이다.

그러므로,

모든 사회집단에는 하나의 공용 공간을 마련하도록 한다. 공용 공간은 집단이 점유하는 모든 공간의 중심에 배치하며, 또한 건물로의 출입에 사용되

는 통로는 공용 공간에 접하도록 배치한다.

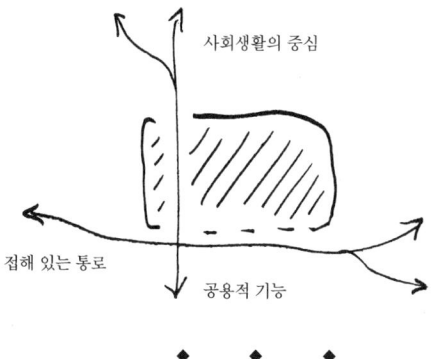

공용 공간에서의 가장 기본적인 요소는 음식과 불이다. 농가의 부엌(139), 함께하는 식사(147), 불(181)을 포함시킨다. 보다 상세하고 적절한 공용 공간의 형태를 살펴보려면, 각 실의 두 면 채광(159), 실내 공간의 형태(191)을 참고한다. 상황에 따라서 다르고 다양한 특성을 지닌 수많은 거실이 있음을 명심한다 - 휴식 공간의 시퀀스(142). 옥외실(163)도 거실에 포함시킨다. 통로는 공용 공간에 적절하게 접하도록 한다 - 아케이드(119), 방을 통과하는 흐름(131), 짧은 복도(132) ···

130. 현관실**

ENTRANCE ROOM

···- 출입구의 위치와 전체적인 형태는 비슷한 모양의 출입구(102), 주 출입구(110), 출입구의 전이(112)에서 설명했다. 이 패턴에서는 출입구 주요부의 형태, 상세부의 형태, 가로·세로 치수와 같은 구체적인 형태에 관한 사항을 제시한다. 이 패턴은 자동차와의 연결(113), 거리에 면하는 개인 테라스(140)에 의해 시작된 형태를 완성하는 데 도움이 된다.

♦   ♦   ♦

건물에 도착하거나 혹은 떠날 때, 건물의 내부와 외부를 모두 통과하는 공간이 필요하다. 이 공간이 바로 현관실이다.

현관실의 필요성을 감수성 있게 직관적인 방법으로 표현해 본다면, 도착과 떠남의 순간과 그 순간 전후의 몇 분 간은 심적으로 조금 부풀어오른 듯할 것이다. 따라서, 이 순간의 느낌에 호응하기 위해서 현관실은 건물의 바로 안쪽과 바로 바깥쪽이 부풀어 오르게 해야 한다.

이제부터, 앞서 이야기한 일반적인 직감이 헤아릴 수 없는 작은 힘들의 상호작용에 의해 구성되어 있다는 것에 주목하고 싶다. 이러한 모든 힘, 경향 그리고 해법은 원래 알렉산더와 포이너의 저서에 제시된 바 있다.[Alexander & Poyner 1966] 당시에는 이러한 힘들에 의해 정의된 개별적이고 독립적인 패턴을 강조하는 것이 중요하다고 생각하였다. 하지만, 이 책을 기술하는 시점에서는 이와 같은 근원적 패턴들은 사실상 보다 크고 포괄적인 하나의 독립체 즉 우리가 현관실(130)이라고 부르는 패턴의 모든 측면이라는 것이 명백해 보인다.

1. 현관과 창문의 관계

(a) 문 밖에 있는 사람을 응대하는 사람은 보통 문을 열기 전에 문 앞에 누가 있는지 확인하려 한다.

(b) 사람들은 문 밖의 계단에 있는 사람을 자세히 보기 위해 밖으로 나가려고 하지 않는다.

(c) 만약, 문 밖에서 기다리는 사람이 오랜 친구라면 기대감으로 환성을 지르고 손을 흔들려고 할 것이다.

따라서, 현관실에는 가족실이나 주방에서 현관문에 이르는 통로를 따라 하나 이상의 창이 필요하며, 이 창은 측면의 벽에 설치되어 있기 때문에 밖을 바라볼 수 있다.

2. 문 밖 쉼터의 필요성

(a) 사람들은 기다리는 동안 비, 바람, 추위를 피할 수 있는 쉼터를 필요로 한다.

(b) 사람들은 문이 열리기를 기다리는 동안 문 근처에서 머무른다.

따라서, 현관실의 외부는 세 면이 벽으로 둘러싸이고 지붕이 덮인 공간으로 한다.

3. 작별인사의 미묘함

집주인과 방문객이 작별인사를 할 때 확실한 '작별'의 장소가 없는 경우는, "그러면 이제 가보겠습니다"라는 인사를 끝없이 말하는 상황이 계속되기도 하며, 때때로 대화가 멈추지 않고 계속 이어지기도 한다.

(a) 방문객들이 정말로 떠나기로 결정했을 때, 이들은 망설임 없이 떠나고자 한다.

(b) 사람들은 가능한 너무 갑작스러운 작별인사는 하려고 하지 않기에, 인사하기에 편안한 시간을 찾는다.

따라서, 현관실은 최소한 약 20제곱피트^{약 1.8m²}의 명확하게 정의된 구역이 되도록 한다. 현관문의 외부와 방문객의 자동차 사이에는 난간이나 혹은 낮은 벽, 계단과 같이 높이가 조금 올려진 자연스러운 경계를 둔다.

4. 현관 주위의 선반

한 사람이 짐을 들고 집 안으로 들어가려 할 때,

(a) 짐을 땅에 내려 놓지 않고, 손에 들고 있다가 집 안으로 들어가고자 한다.

(b) 동시에 주머니나 핸드백에서 열쇠를 찾기 위해 양손을 자유롭게 하려 한다.

그리고, 짐을 들고 집을 나갈 때에,

(c) 다른 일로 주위가 분산되는 경향이 있기 때문에, 자신들이 가지고 나가려고 했던 짐을 잊어버리기도 한다.

만약, 허리 높이 정도로 현관문 안쪽과 바깥쪽에 선반을 설치한다면 이와 같은 갈등을 피할 수 있다. 즉, 준비를 하고 짐을 잠시 놓아둘 수 있는 장소, 문을 열 동안 짐을 내려놓을 장소가 필요한 것이다.

5. 현관실의 내부

(a) 누군가가 방문했을 때 현관문을 활짝 여는 것이 예의이다.

(b) 사람들은 집안의 프라이버시를 지키고자 한다.

(c) 앉아 있거나 이야기하거나 혹은 식사 중인 가족들은 누군가가 현관에 찾아왔을 때, 방해받거나 자신들의 사생활이 침해당하는 듯한 기분을 원하지 않는다.

현관실 내부를 지그재그로 만들거나 혹은 공간을 막아서 열려 있는 현관문 앞에 서 있는 사람이 현관실 내부 공간을 제외한 어떤 공간도 들여다볼 수 없도록 한다. 또한, 방문을 통해 방의 내부도 볼 수 없도록 한다.

6. 코트, 신발, 어린이 자전거

(a) 진흙이 묻은 부츠를 벗어야 한다.

(b) 사람들은 코트를 벗는데, 직경 5피트약 1.5m 정도의 공간이 필요하다.

(c) 유모차나 자전거 등은 도난을 방지하거나 날씨로부터 보호하기 위해서 실내에 보관한다. 그리고 아이들은 자전거, 수레, 롤러스케이트, 세발자전거, 삽, 공 등의 모든 잡동사니를 자신들이 자주 이용하는 문 주변에 두려하는 경향이 있다.

따라서, 현관실에는 수납을 위한 공간을 설치한다. 현관문에서 보이는 위치에 코트걸이를 설치하고 5피트 정도 간격을 둔다.

그러므로,

건물의 주 출입구에는 출입구를 나타내는 빛 좋은 방을 둔다. 그리고 내부와 외부의 경계에 걸쳐 있는 두 공간의 특징을 동시에 가지면서 빛이 잘 드는 공간으로 계획한다. 현관실 바깥쪽은 전통적인 포치˙처럼 될 것이며, 안쪽은 홀이나 거실이 될 것이다.

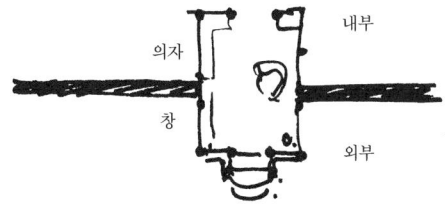

　현관실에서 거리나 정원으로 돌출한 부분에는 거리에서 보이는 각 주택
의 현관실이 일관성을 지닐 수 있도록, 다른 현관실과 비슷한 모양으로 만
든다 - **비슷한 모양의 출입구**(102). 적당한 곳에 포치를 설치한다 - **외랑**
(166). 사람들이 문 밖의 세상을 바라보거나 누군가를 기다릴 수 있도록 벤
치나 의자를 배치한다 - **현관 앞 벤치**(242). 무엇보다도, 빛이 건물의 첫 인
상이 될 수 있도록, 현관실 내부에는 두세 면의 벽에서 빛이 들어 오도록 한
다 - **명암의 태피스트리**(135), **각 실의 두 면 채광**(159). 현관실의 문에는 창
을 설치하고 - **창이 있는 견고한 문**(237), **붙박이 의자**(202), 현관실이 **휴식**
공간의 시퀀스(142)의 한 부분이 되도록 한다. 짐을 내려 놓기 위해 **허리 높**
이의 선반(201)을 설치한다. 마지막으로 현관실의 전체적인 형태나 시공에
관해서는 **실내 공간의 형태**(191)로부터 시작한다 - …

131. 방을 통과하는 흐름

THE FLOW THROUGH ROOMS

···- 친밀도의 변화(127), 중심부의 공용 공간(129)에 의해 공간의 단계가 형
성되었다. 다음 단계는 방과 방을 연결하는 방식인데, 이는 실내 공간의 특
성을 좌우하는 데 큰 역할을 할 것이다. 이 패턴은 방과 방을 연결하는 가장
기본적인 방법을 제시한다.

◆　　◆　　◆

방에서 다른 방으로의 이동은 방 자체만큼이나 중요하다. 이동의 구성은 방들의 구성처럼 사회적 소통에 큰 영향을 미친다.

건물 내부에서 방에서 다른 방으로의 이동, 즉 동선 공간은 풍부할 수도 있고 빈약할 수도 있다. 이동성이 빈약한 건물의 복도는 어둡고 좁으며, 방은 막다른 통로에 접할 것이다. 건물로 들어가는 데 많은 시간을 소비할 것이며, 어둠 속에서 게가 허둥지둥거리는 것처럼 방과 방 사이를 이동해야 할 것이다.

이러한 상황을 이동성이 풍부한 건물과 비교해 보자. 복도는 넓고 햇빛이 비치며 앉을 수 있는 의자가 있고 정원을 향한 창이 있다. 또한, 복도는 방과 연결되어 있다. 때문에, 장작이나 담배 태우는 냄새, 유리잔 부딪치는 소리, 속삭임, 웃음소리와 같은 공간을 더욱 생동감 있게 하는 모든 것들이 사람들의 이동 장소에 활기를 준다.

앞서 설명한 바와 같은 이동에 대한 두 가지 접근 방법은 완전히 다른 심리적인 효과를 가진다.

복잡한 사회조직에서 인간 관계는 필연적으로 미묘할 수밖에 없다. 모든 사람들은 자신들의 판단에 의해 다른 사람들과의 관계를 가질 것인가 그렇지 않을 것인가 혹은 더 가질 것인가 덜 가질 것인가 그리고 이야기를 나눌 것인가 그렇지 않을 것인가, 상황을 바꿀 것인가 바꾸지 않을 것인가를 선택할 자유를 느낄 수 있어야 한다. 만약, 물리적인 환경이 사람을 억제하고 행동의 자유를 제한하게 된다면, 사람들은 자신이 처한 사회적 환경을 자신에 맞게 고치거나 개선하는 데 최선을 다해도 한계가 있을 것이다.

풍부한 동선을 가진 건물은 모든 사람들이 본능과 직관에 충분히 따르도록 하지만, 동선이 풍부하지 않은 건물은 직관을 가로막는다. 방이 다른 방으로부터 멀리 떨어져 있으면 이동하는 데 힘이 들 뿐만 아니라, 즐거움 또한 느끼기 힘들 것이다. 그러면 사람들은 그 방에서 다른 방으로 이동하려고 하지 않을 것이다.

다음의 사건은 건물 내의 생활에서 이동의 자유가 얼마나 중요한 것인지를 보여준다. 로잔Lausanne에 있는 한 회사에서는 다음과 같은 경험을 했다. 이 회사는 모든 사무실에 상호 간의 연락 효율을 높이기 위해 구내 화상전화를 설치했다. 몇 달 후, 그 회사의 상황은 무척 나빠졌고, 그로 인해서 경영자문을 받게 되었다. 컨설턴트가 그 회사의 문제점을 찾아냈는데, 원인으로 구내 화상전화를 지목했다. 직원들은 어떤 질문을 하기 위해 다른 직원들에게 구내 화상전화로 전화를 걸었다. 그 결과, 직원들은 더 이상 복도에서 이야기를 나누지 않게 되었다. 더 이상 "이봐요, 잘 지내요? 그런데, 여기에 대해서 어떻게 생각해요?"와 같이 각 조직을 하나로 엮어주는 격의 없는 대화가 없어져 버렸기 때문에, 조직은 산산조각나버린 것이다. 컨설턴트는 회사에게 구내 화상전화를 사용하지 말라고 권했고, 이후 회사의 경영은 순조로워졌다고 한다.

이 사건은 큰 조직에서 일어났다. 하지만, 이 원리는 작은 회사나 혹은 가족에게 있어서도 동일하다. 짧은 대화, 손짓, 친절함, 오해를 풀어주는 설명, 농담, 이야기들의 존재 가능성은 인간집단의 생명선이다. 만약, 이와 같은 소통이 제한된다면, 사람들의 사이의 관계가 점점 악화됨과 동시에 집단은 붕괴될 것이다.

건물의 동선이 풍부하지 않다면 사람들은 자신들의 사회적 조직을 유지하는 것이 더 어려울 것이며, 결국에는 사회의 질서도 함께 무너질 가능성이 크다.

이동의 풍부함은 각 통로의 상세한 계획이 아니라, 건물 내 이동의 종합적인 계획에 좌우된다. 사실, 이동이 가장 풍부한 경우는 통로가 전혀 없고 모든 이동이 방과 방 사이에 서로 문으로 연결된 연속적인 공간에서 행해질 경우이다.

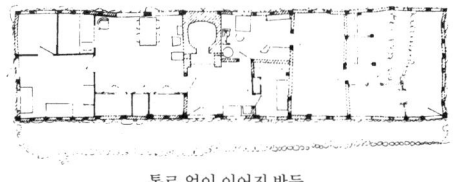

통로 없이 이어진 방들

더 좋은 경우는 이동이 순환하는 경우이다. 이동이 모든 주요 공용 공간을 통과하면서 순환한다면, 더욱 더 여유로운 느낌을 만들어 낼 수 있을 것이며 두 방향으로의 이동을 가능하게 할 것이다. 모든 방을 쉽게 돌아다닐 수 있으며, 따라서 방들은 하나로 연결될 것이다. 그리고, '이동의 순환'이 각 방에 방해가 되지 않도록 한쪽 가장자리에서 이루어진다면, 이는 단순한 통로보다 방들을 더욱 강하게 연결시킬 것이다.

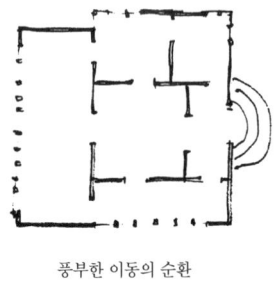

풍부한 이동의 순환

방들이 나란히 연결된 건물에서, 통로가 방에 평행하게 배치된다면 이 또한 같은 작용을 할 것이다.

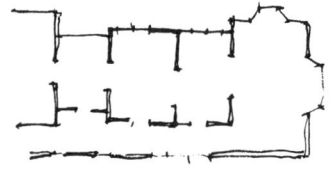

순환을 형성하는 평행한 통로

그러므로,

가능한 통로와 복도의 사용을 자제한다. 대신, 공용 공간을 모임의 공간뿐만 아니라 동선의 공간으로 활용한다. 이를 위해서, 공용 공간을 일렬로 배치하거나 혹은 순환할 수 있도록 배치하면, 방에서 방으로 이동하는 것이 가능해진다. 그리고 개인적인 공간들은 공용 공간에 바로 이어지게 한다. 방과 방을 통하는 실내 동선에 여유로운 분위기를 주고, 난로나 큰 창문을 바라보며 집을 넓고 풍부하게 돌아다닐 수 있는 순환을 제공하도록 한다.

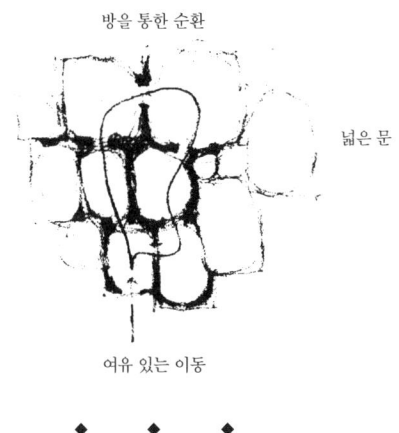

방을 통한 순환

넓은 문

여유 있는 이동

❖ ❖ ❖

통로나 복도의 설치가 불가피한 경우에는, 복도를 넓고 여유로운 공간으로 한다. 그리고, 건물의 한쪽 면에 복도를 두어 햇빛이 가득 들어올 수 있도록 한다 - 짧은 복도(132). 통로나 복도에는 카펫, 책장, 앉기 편한 의자와 테이블, 부드러운 빛 등으로 방에서와 마찬가지로 가구를 배치한다. 또한, 현관실(130), 무대로서의 계단(133)에도 이와 같은 방법을 적용하도록 한다. 이동 공간은 언제나 풍부한 채광이나 조망을 위한 계획이 필요함을 주의한다 - 선 조망(134), 명암의 태피스트리(135), 각 실의 두면 채광(159). 방으로 들어가는 문 혹은 동선이 통과하는 방과 방 사이의 문은 방의 구석에 배치하도록 한다 - 모서리의 문(196) ┉⋯

132. 짧은 복도*

SHORT PASSAGES

···‑ 방을 통과하는 흐름(131)에서는 방을 서로 이어서 풍부한 빛과 자유로
운 움직임을 갖도록 제안하였으며, 복도의 사용은 되도록 지양해야 한다고
설명하였다. 그러나, 사무실이나 주택에서 복도가 필요한 경우 그리고 복도
가 **건물 내 통로**(101)가 되기에는 너무 작을 경우에는, 복도 자체가 방처럼
매우 특별하게 다루어져야 한다. 이 패턴은 최소의 폭을 가진 복도의 특징
을 제시하며, 또한 **동선의 영역**(98), **건물 내 통로**(101), **방을 통과하는 흐름**
(131)에 의해 규정된 동선 시스템을 완성시킨다.

◆ ◆ ◆

길고 지루한 복도는 근대 건축에 있어서의 모든 나쁜 상황을 연출한다.

사실, 기계시대의 전유물인 반복되고 흉한 긴 복도는 지금까지 '복도'라는 단어를 더럽혀왔기 때문에, 복도가 아름다운 장소가 될 수 있다거나 아니면 방에서 방으로 이어진 복도를 지나는 순간이 방안에서 보낸 시간만큼 의미를 가질 수 있으리란 것을 상상하기 어렵게 만들었다.

긴 복도

이제, 생기 있고 우리에게 기쁨을 주거나 우리를 살아 있다고 느끼게 하는 복도와 그렇지 않은 복도와의 차이점을 정확히 찾아내보려 한다. 여기에는 네 가지의 중요한 사항이 있다.

가장 중요한 것은 자연 채광이라고 생각한다. 햇빛에 의해 풍부하게 밝혀진 복도나 통로는 언제나 즐겁다. 이러한 공간의 전형은 외부로 개방된 한쪽 면에 창문이나 문이 줄줄이 나 있는 편복도이다.(편복도는 한쪽 면으로부터의 채광을 얻을 수 있는 매우 좋은 아이디어라는 것에 주목한다.)

두 번째 사항은 복도에 면해 있는 방과의 관계이다. 복도에 면해 있는 방에서 복도와 연결되어 있는 내부 창은 복도를 활기차게 한다. 내부 창은 방과 복도 사이의 흐름을 형성하며 보다 격의 없는 대화를 촉진시킨다. 또한, 복도를 따라 움직이는 사람들이 실내 활동의 풍미를 느낄 수 있도록 한다. 사무실의 경우에서도 이와 같은 연결이 너무 극단적이지 않다면, 예를 들면 작업 공간이 어느 정도의 거리만큼 떨어져 있거나 혹은 낮은 벽에 의해 개별적으로 보호된다면, 이러한 접촉은 바람직하다. 이에 대해서는, 반 사적인 사무실(152), 둘러싸인 작업 공간(183)을 참고한다.

활기찬 복도와 활기를 잃은 복도의 차이점에 있어서의 세 번째 사항은 가구의 존재이다. 만일, 복도가 책장, 작은 테이블, 학습 장소, 의자 등과 같이 사람을 모으는 것으로 가득 차 있으면, 복도는 고립된 공간이 아닌 건물 내 생활 공간의 일부가 된다.

마지막 사항은 길이에 관한 것이다. 우리는 사무실, 병원, 호텔, 아파트(때로는 주택에 이르기까지) 등의 복도가 매우 길다는 것을 직관적으로 알고 있다. 사람들은 긴 복도를 좋아하지 않는다. 긴 복도는 관료주의와 단조로움을 나타내기 때문이며, 긴 복도가 실제적으로 해가 된다는 것을 보여주는 증거도 존재한다.

「지각, 소통 그리고 행동에 있어서 병원의 긴 복도가 미치는 무의식적 효과」라는 스피박Mayer Spivack의 연구를 생각해 보자.

네 가지 사항에 대해 정신병원의 긴 복도가 실험의 대상이 되었다. 우리는 긴 복도가 음향 환경적 측면에서의 특성 때문에 정상적인 언어 소통을 방해한다고 결론 내렸다. 또한, 사람의 모습이나 얼굴의 지각을 애매하게 하고 거리감을 왜곡시키는 시각적 현상은 긴 복도에서 공통적으로 발생한다. 터널 같은 공간이 만들어내는 기이한 시각 자극은 방의 크기, 거리, 보행속도나 시간에 있어 상호적이거나 교차적인 감각의 환상을 만들어 낸다. 환자의 행동에 대한 관찰을 통해서 알게 된 것은, 좁은 복도에 의해서 불안을 느끼는 것은 개인 공간의 영역이 침해되었기 때문이라는 것이다.[Spivack 1967]

언제부터 복도가 이렇게 길어지게 되었는가? 이 패턴의 초기 버전에서 긴 복도와 짧은 복도를 구분하는 데 있어서 명확하게 인식할 수 있는 기준점에 대한 증거를 제시한 바 있다. 이에 따르면, 긴 복도와 짧은 복도를 구분하는 주요 한계점은 약 50피트약 15m이며, 이 길이를 넘어서면 복도는 생기 없고 단조로운 느낌을 주는 공간이 되기 시작한다.[CES 1967]

물론, 아주 긴 복도라 할지라도 인간적임을 느낄 수 있는 장소로 계획할 수 있다. 하지만, 복도의 길이가 50피트 이상인 경우에는 어떠한 방법으로든 복도가 길다는 느낌을 줄이는 것이 가장 중요하다. 예를 들면, 복도의 한쪽 면에 좁은 간격으로 채광창을 둔다면 복도는 매우 즐거운 공간이 될 것이다. 빛과 그늘의 연속과 잠깐 멈추어 밖을 내다볼 수 있는 기회는, 영원히 죽어 있을 것이라고 생각되었던 복도의 분위기를 부드럽게 해줄 것이다. 혹은 복도가 점점 넓어져서 더 넓은 공간과 접하게 될 경우, 때때로 같은 효과를 얻기도 한다. 그러나, 되도록이면 복도를 짧게 할 수 있도록 가능한 모든 수단을 강구한다.

그러므로,

복도는 짧게 한다. 복도에 카펫, 목재 바닥, 가구, 책장, 아름다운 창 등을 두어 가능한 방과 같은 느낌이 들도록 한다. 복도의 형태는 풍부한 느낌이 들도록 하고, 항상 햇볕이 가득 들도록 한다. 최고의 복도와 통로는 벽 전체를 따라 창문이 설치된 경우이다.

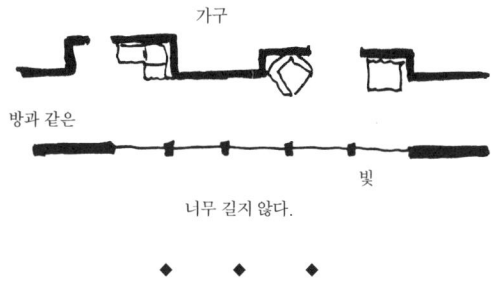

가능하면 복도를 방과 같은 분위기로 만들기 위해서 창문, 책장, 가구 등을 배치하며, 알코브를 설치해서 가장자리에 의자를 배치한다 - 각 실의 두 면 채광(159), 알코브(179), 창가(180), 두꺼운 벽(197), 방 사이의 벽장(198). 복도의 긴 방향은 정원이나 발코니로 개방한다 - 옥외실(163), 외랑(166), 낮은 창턱(222). 복도와 방 사이에는 방으로 열린 실내창을 둔다 - 실내창(194), 창이 있는 견고한 문(237). 마지막으로, 복도의 상세한 형태는 실내 공간의 형태(191)에서 시작한다 ┅

133. 무대로서의 계단

STAIRCASE AS A STAGE

····· 만약 주 출입구(110)의 위치가 정해지고 건물 내부의 이동 패턴이 형성되면 - 방을 통과하는 흐름(131), 짧은 복도(132), 주 계단을 설치하고 적절한 사회적 성격을 부여해야 한다.

◆　　◆　　◆

계단은 한 층에서 또 다른 층으로 가는 이동수단일 뿐만 아니라, 그 자체로서 공간이며 부피를 가진 건물의 일부이다. 계단을 생활할 수 있는 공간으로 만들지 않으면, 이 공간은 죽은 장소가 되어버리고 건물을 단절시키고 이동

의 과정을 갈라놓을 것이다.

계단의 일반적인 형태에 관한 우리의 느낌은 다음과 같은 추측에 근거한다. 사회적인 모임에서 높이의 변화는 많은 순간 중요한 역할을 한다. 높이의 변화는 사람이 앉는 장소나, 누군가가 우아하고 극적으로 등장하는 장소를 제공하기도 한다. 또한, 사람들이 대화를 나누는 장소이기도 하며, 다른 사람을 보거나 혹은 보여지는 장소, 많은 사람들이 함께 있을 때 서로의 접촉을 증진시켜주는 장소이다.

그렇다면, 계단은 건물에서 이 같은 요구를 만족시켜 줄만한 몇 안 되는 장소 중의 하나이다. 왜냐하면, 계단은 건물 내부에서 높이의 변화가 자연스럽게 일어나는 거의 유일한 장소이기 때문이다.

이것은 계단이 항상 하부에 있는 공간에 어느 정도 개방되어 있고, 그 공간의 바깥벽을 따라 내려가도록 만들어져야 함을 의미한다. 그렇다면, 계단과 일체화된 공간은 사회적으로 연결된 공간을 형성할 것이다. 계단실처럼 공간이 별도로 구획된 계단이나, 독립적으로 존재해서 아래 공간을 분할하는 계단은 이와 같은 사회적 성격을 더 이상 지니지 못한다. 그러나, 직선 계단이나 하부 벽체를 따라서 붙어 있는 계단 혹은 한 번 꺾인 계단 등은 이러한 기능을 수행할 수 있다.

계단의 예

또한, 계단이 기능을 다 하고 있다면, 처음의 4~5단은 사람들이 앉을 수도 있는 장소가 될 것이다. 계단의 이와 같은 기능을 충실히 수행하기 위해서는, 아래쪽의 계단 폭을 나팔모양으로 넓혀서 앉기 편하게 한다.

계단 의자

　마지막으로, 우리는 계단을 어디에 배치할 것인가 결정해야 한다. 계단은 건물 내의 이동에 있어서 중요한 열쇠가 되기 때문에, 현관에서 보이는 위치에 두어야 한다. 그리고, 위층에 방이 많은 건물에서는 가능한 많은 방이 보이는 장소에 계단을 배치해서 명확히 기억할 수 있는 축을 형성하도록 한다.

　하지만, 계단이 문으로부터 너무 가까우면 계단이 너무나 공적인 공간이 되어버린다. 때문에, 이러한 계단 배치는 우리가 설명해온 중요한 사회적 특징을 약화시킬 것이다. 따라서, 계단을 건물 내의 인식하기 쉬운 중심부에 두면서도 공용 공간에 둘 것을 제안한다. 즉, 계단은 보통 현관 출입구로부터 약간 더 안쪽에 배치한다. 보통 현관실(130)이 아닌 중심부의 공용 공간(129)에 배치하는 것이 좋다. 그렇게 한다면, 계단을 명확하고 쉽게 인식할 수 있을 것이며, 동시에 필요한 사회적 특징을 유지할 수 있다.

　그러므로,

주 계단은 중심부의 잘 보이는 장소에 배치하도록 한다. 계단 전체를 하나의 방(혹은 계단이 외부에 있다면 중정)으로 다루도록 한다. 계단과 공간이 하나가 되도록 배치하고, 계단은 공간의 하나 혹은 두 면의 벽을 따라 내려오도록 한다. 계단의 하부는 나팔모양으로 넓히고 개구부와 난간을 설치하고 계단의 너비를 넓게 한다. 그렇게 하면, 계단을 내려가는 사람들이 도중에 방 안의 활동에 참여할 수 있고, 계단의 하부에 있는 사람들은 자연스럽게 계단에 걸터앉을 수 있게 된다.

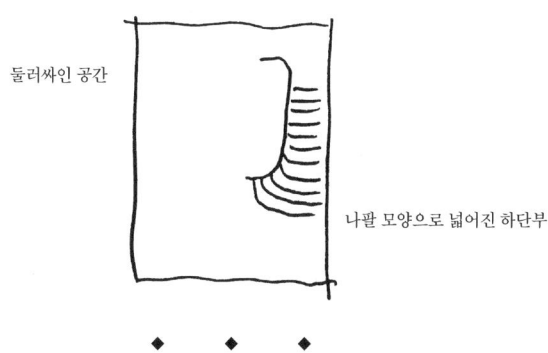

둘러싸인 공간

나팔 모양으로 넓어진 하단부

◆　◆　◆

계단의 하부는 계단 의자(125)로 다룬다. 햇빛을 들이거나 자연스럽게 주위를 집중시킬 수 있도록 계단의 중간에는 창이나 조망을 계획한다 - 선 조망(134), **명암의 태피스트리**(135). 계단의 위치를 정할 때에는, 계단의 길이나 형태를 계산하도록 한다 - **계단의 볼륨**(195). 계단실의 최종적인 형태나 시공에 관한 것은 **실내 공간의 형태**(191)에서 시작한다 ----

134. 선 조망*

ZEN VIEW

···- 조망을 최대한 활용하려면 어떻게 하는 것이 좋을까? 이번 패턴은 이 질문에 대한 답을 제시하며, 건물의 방이나 창문이 아닌 전이가 발생하는 장소를 통제하는 데 도움이 된다. 또한, 출입구의 전이(112), 현관실(130), 짧은 복도(132), 무대로서의 계단(133) 그리고 외부의 보행로와 목적지(120)의 배치와 상세부 결정에 도움이 된다.

선 조망의 원형과 명칭은 일본의 한 유명한 주택에서 유래한다.

한 스님이 높은 산속의 돌로 지은 작은 암자에 기거했다. 산에서는 아득히 먼 거리에 아름다운 바다가 보였다. 그러나, 스님의 암자와 암자로 향하는 길에서는 바다가 보이지 않았다. 암자 앞에는 두꺼운 돌담으로 둘러싸인 정원이 있었다. 어떤 이가 암자를 방문했고, 그는 입구를 지나 정원으로 들어와 암자의 정문을 향해 정원을 대각선으로 가로질렀다. 정원에서 멀리 있는 두꺼운 돌담 벽에는 좁고 비스듬한 틈이 있었다. 정원을 가로질러 걸을 때, 서 있는 위치가 벽의 틈과 일직선이 되는 지점에서 그는 순간 바다를 볼 수 있었다. 그러고 나서, 그 지점을 지나 암자 안으로 들어갔다.

조망

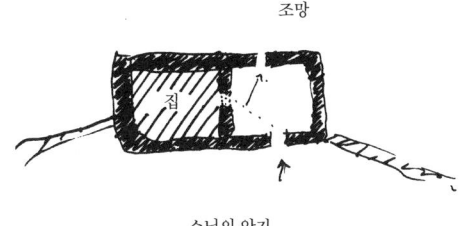

스님의 암자

이 정원에서는 무슨 일이 일어나고 있는 것일까? 그 비스듬히 난 틈 사이로 아주 짧은 순간 먼 바다를 보는 절제된 조망, 그 안에 영원한 생명력이 숨쉰다. 그 누가 이런 풍경을 경험했으며 또한 그 누가 이런 풍경을 잊을 수 있을까? 이렇게 바라본 조망의 힘은 절대 사라지지 않을 것이다. 비록 그곳에 50년을 살면서 매일 그 앞을 지나친다 해도 말이다.

이는 조망의 본질에 관한 문제이다. 조망은 아름다운 것이다. 누구든 매일 조망을 즐기고 이에 취한다. 그러나, 조망이 너무 개방되었고 분명하다면 그리고 주위가 너무 소란스럽다면 조망의 힘은 곧 사라지고 말 것이다. 점점 벽지와도 같은 건물의 한 부분이 되어갈 것이고, 그곳에 사는 사람들조차도 아름다움의 강렬함을 느끼지 못하게 될 것이다.

그러므로,

만약, 아름다운 풍경이 있다면 언제나 입을 벌리고 있는 거대한 창문을 배치해서 풍경을 망치면 안 된다. 대신, 보행로나 복도, 출입통로, 계단 혹은 방과 방 사이의 공간과 같은 전이의 장소에 조망할 수 있는 창을 배치하도록 한다.

만약, 조망 창이 적절하게 배치된다면, 사람들은 창 가까이 다가가거나 혹은 앞을 지나칠 때 먼 조망의 한 순간을 보게 될 것이다. 그러나, 조망은 사람들이 머무는 곳에서는 절대 보여서는 안 된다.

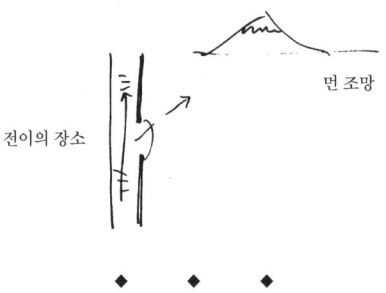

먼 조망

전이의 장소

◆　　◆　　◆

간접적인 조망을 완성하기 위해서 창을 설치한다 - 자연스런 문과 창(221). 창은 명암의 태피스트리(135)에 도움이 되도록 배치하고, 누군가가 조망을 보고 즐길 수 있도록 의자를 배치한다 - 창가(180). 만약, 조망이 실내 공간에서 필요한 상황이라면, 조망을 바라볼 수 있도록 방의 한쪽 구석에 특별한 공간을 마련하도록 한다. 그렇다면, 조망을 즐기는 것이 그 방의 고유한 행위가 될 것이다 ┉

135. 명암의 태피스트리*

TAPESTRY OF LIGHT AND DARK

···- 복도, 출입구, 계단은 방을 통과하는 흐름(131), 짧은 복도(132), 무대로 서의 계단(133), 선 조망(134)에 의해 대략적인 위치가 정해진다. 이번 패턴 은 빛을 올바르게 배치해서, 이와 같은 공간들의 위치를 보다 섬세하게 조 절할 수 있게 한다.

◆　　◆　　◆

내부 조도가 획일적인 건물에서는 좋은 무대가 될 수 있는 '장소'가 거의 없다. 왜냐하면, 좋은 무대가 되는 장소는 주로 빛에 의해 규정되기 때문이다.

인간은 본능적으로 향광성phototropic을 가지고 있다. 빛을 향해 움직이며, 움직이지 않을 때에도 빛을 향한다. 그 결과, 창가, 베란다, 벽난로 모퉁이, 트렐리스와 같은 장소들이 건물 내에서 가장 사랑 받고, 가장 많이 이용되며 많은 일들이 일어나는 장소가 된다. 이와 같은 장소들은 모두 균일하지 않은 빛으로 정의되는 장소이며, 그곳에 머무르는 사람들이 스스로 빛을 향하게끔 한다.

건물 내의 이러한 장소들은 사람들에게 일상생활에서의 좋은 무대가 될 수 있을 것이다. 사람들은 그들의 삶에 풍부하고 다양한 무대를 필요로 한다고 믿을 만한 충분한 이유가 있기 때문에, 그리고 무대는 '장소'에 의해서 정의되기 때문에, 또한 그 장소는 결과적으로 빛에 의해 형성되기 때문에, 그리고 빛의 공간은 오직 더 어두운 장소와의 대비에 의해 정의될 수 있기 때문에, 사람들이 많은 시간을 보내는 건물의 내부 공간에는 교차하는 많은 빛과 어둠이 존재해야 한다고 생각한다. 즉, 건물은 명암의 태피스트리가 필요한 것이다.[Baker 1963]

명암의 태피스트리는 사람들의 이동의 흐름과 일치해야 한다. 앞서 언급한 것처럼, 사람들은 자연적으로 빛을 향해 걷는 경향이 있다. 그래서, 출입구나 혹은 동선 시스템에서의 중요 지점은 체계적으로 그 주변보다 밝아야 한다. 중요 지점은 빛으로(자연광이나 인공광) 충만하여, 빛의 강렬함이 자연스러운 목적지가 되도록 해야 한다. 이유는 간단하다. 만약, 출입구나 동선상의 중요 지점보다 더 밝은 장소가 있다면, (향광성에 의해) 사람들은 그 공간을 향할 것이고, 그로 인해 일어날 수 있는 유일한 결과는 사람들이 잘못된 장소에 도달해서 당혹과 혼란을 느끼게 되는 것이다.

빛이 비추어지는 장소가 우리가 가고자 하는 장소가 아니라면 또는 빛이 균일하다면, 환경은 본래의 의미와 모순되는 정보를 제공하게 되는 것이다. 하지만, 가장 밝은 지점이 가장 중요한 지점과 일치할 때, 환경은 모순되지 않는 정보를 제공할 수 있는 것이다.

그러므로,

사람들이 빛을 향해 자연스럽게 걷다가 언제나 의자, 출입구, 계단, 복도 혹은 특별히 아름다운 공간과 같은 중요한 공간에 다다를 수 있도록, 건물의 여러 장소에 명암이 교차하는 구역을 계획한다. 그리고 빛과 어둠의 대비를 강조하기 위해 중요한 구역의 주변은 더 어둡게 한다.

강한 자연광

걸어가는 목표 지점

◆　　◆　　◆

사람들이 향해서 걸어가는 빛이 자연광인 경우에는 창가에 의자와 사람들의 이동을 이끄는 알코브를 설치한다 - **창가**(180). 만약, 천창을 이용할 경우에는 천창 주변의 표면을 따뜻한 색으로 한다 - **따뜻한 색**(250). 그렇지 않으면, 창 밖으로부터의 직사광선은 항상 차갑게 느껴질 것이다. 야간에도 사람들의 이동을 이끌 수 있도록 백열등 불빛이 가득한 공간을 설치하도록 한다 - **빛의 집중**(252) ----

건물의 각 동과 각 동 내부에서의 공간과 동선 변화의 틀 안에서,
가장 중요한 공간 또는 방들을 결정한다. 먼저 주택에서는,

136. 부부의 영역*

COUPLE'S REALM

······ 이 패턴은 가족(75), 소가족을 위한 주택(76), 부부를 위한 주택(77)의 패턴을 완성하는 데 도움이 된다. 또한, 이러한 패턴들이 아직 형성되지 않은 경우, 이번 패턴은 친밀도의 변화(127)의 특정한 위치와 결부되어 변화의 형성을 도울 수 있도록 이용될 수 있다.

◆　　◆　　◆

한 가족 내에서 아이의 존재는, 부부가 필요로 하는 특별한 프라이버시나 친밀감을 파괴한다.

모든 부부는 성인으로서의 삶을 공유하는 것으로부터 시작한다. 하지만 아이가 태어나면, 부모라는 입장에 서게 되어 관심 영역이 부부 간의 사적인 공유를 압도하게 되고, 모든 관심은 오로지 아이만을 향하게 된다.

대부분의 주택에서 환경의 물리적 디자인은 이러한 경향을 악화시킨다. 특히,

1. 아이들은 집 안 곳곳을 뛰어다닌다. 때문에, 집 안 전체를 지배해 버린다. 프라이버시가 지켜지는 방은 없다.

2. 흔히 욕실이 어린이 침실 옆에 배치되어 있어서 성인들이 욕실을 이용하려면 아이들 침실을 지나야 한다.

3. 일반적으로 부부 침실의 벽은 너무 얇아서 음향적인 프라이버시를 지킬 수 없다.

그 결과, 아이들이 근처에 있다는 염려 때문에 부부의 프라이버시는 지속적으로 침해된다. 부부로서의 역할보다는 부모로서의 역할이 그들의 사적인 관계의 모든 측면에 침투하게 되는 것이다.

물론, 한편으로 부부는 자신들의 공간이 아이들의 방으로부터 완벽하게 분리되기를 원하지 않는다. 특히, 아이들이 어릴 때는 가까이 두기를 원한다. 그리고, 어머니는 비상시에 아기의 침대로 재빨리 달려갈 수 있기를 원한다.

이러한 문제는 '부부의 영역'이라고 하는 공간을 계획함으로써 해결할 수 있다. 부부의 영역은 부부 사이의 친밀감을 유지하고, 기쁨과 슬픔을 공유하며 살아갈 수 있는 하나의 세계이다. 이 공간은 단지 아이들의 세계와의 분리를 의미하는 것뿐만 아니라, 그 자체로서 완벽한 하나의 세계, 하나의 영역이 되는 것이다. 여러 가지 측면에서 이 패턴은 어린이가 있는 큰 주택에 적용한 **부부를 위한 주택**(77)의 한 형태라고도 할 수 있다.

부부의 영역은 앉을 수 있고 사적인 대화를 나눌 수 있으며, 외부 공간이나 발코니로 이어지는 독립된 출입구가 있어야 한다. 또한, 이 영역은 거실인 동시에 프라이버시를 위한 장소이며 미래의 계획을 위한 장소이다. 침대는 이 영역의 일부로서 창이 있는 알코브에 배치된다. 벽난로가 있으면 더할 나위 없이 좋으며, 프라이버시를 지키기 위해 이중문을 설치하거나, 전실을 두는 등의 방법도 필요하다.

그러므로,

다른 공용 공간이나 아이들의 방과 구별되는 특별한 장소를 만든다. 그리고, 그곳을 부부만의 공간이 되도록 한다. 부부의 영역에는 아이들 방으로 가는 빠른 통로를 배치한다. 하지만, 어떠한 경우라도 아이들의 영역과는 확실하게 구분이 되도록 해야 한다.

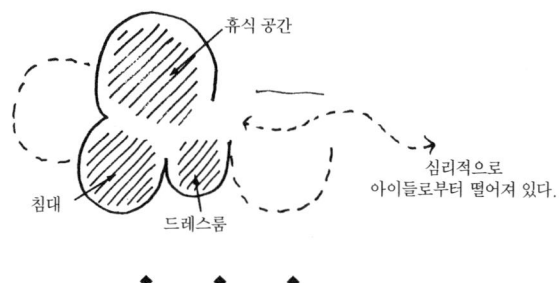

휴식 공간

침대

드레스룸

심리적으로
아이들로부터 떨어져 있다.

◆　　◆　　◆

부부의 영역이 매우 작다 하더라도, 앉을 수 있고 휴식을 취할 수 있으며 독서를 하거나 사랑을 나누거나 음악을 연주할 수 있는 공간을 배치하도록 한다 - 좌석의 원형 배치(185). 또한 각 실의 두 면 채광(159)을 계획하도록 한다. 이 영역의 중심부에는 침대를 두고 - 부부 침대(187), 아침에 햇살이 침대에 가득 차도록 한다 - 동쪽을 향한 침실(138). 침대 옆에는 드레스룸(189)을 배치한다. 가능하다면, 욕실은 부부의 영역에서 바로 이어지도록 배치한다 - 욕실(144). 부부의 영역에 대한 보다 구체적인 형태나 시공에 대해서는 실내 공간의 형태(191)를 참고한다. 또한, 낮은 입구(224)나 이중문으로 프라이버시를 지키도록 한다 - 방 사이의 벽장(198) ---…

137. 아이들의 영역*

CHILDREN'S REALM

···─ 소가족을 위한 주택(76)에는 세 개의 주요 공간이 있다. 이는 중심부의 공용 공간(129), 부부의 영역(136) 그리고 공용 공간을 겸하는 아이들의 영역(137)을 의미한다. 아이들의 영역은 부분적으로 분리된 기능과 형태를 가지나 독립적인 영역이 아니라 주택의 한 공간으로 인식해야 한다. 하지만, 공용 공간과 부부의 영역이 제대로 배치된다면 우리들이 영역이라고 부르는 아이들을 위한 공간을 전술한 두 공간과 부분적으로는 분리되도록 그리고 부분적으로는 중복되도록 연결할 수 있다. 또한, 연결된 놀이터(68)의 구성요소가 주택 내에서 작용하는 것이기도 하다.

◆　　◆　　◆

아이들의 넘치는 에너지를 필요할 때 해소할 수 있는 공간이 없으면, 아이들도 그렇지만 나머지 가족들도 모두 난감한 상황에 직면할 것이다.

식당에서 노는 어린이

그 생생한 예로서, 아이들이 방과 후에 친구들을 집으로 데리고 와서 무엇을 하고 놀 것인가에 대해 온갖 궁리를 할 때 어떤 일이 일어날지를 상상해 보자. 아이들은 학교에서 하루 종일 억눌려 있었기 때문에 시끄럽고 활기차다. 아이들에게는 자신들의 모든 에너지를 소비할 많은 실내외 공간이 필요하다. 이런 상황에서는 육체적인 자유를 누릴만한 기다란 공간이 필요하다.

그리고, 일반적으로 아이들의 영역은 하나의 방이나 공간이 아니라 공간들의 연속이다. 레모네이드를 팔거나 친구와 이야기를 나눌 수 있는 보행로, 친구들을 초대할 수 있는 집 밖의 놀이터 혹은 집 안의 놀이터, 한 친구와 단둘이 있을 수 있는 개인적인 공간, 욕실, 어머니가 있는 주방, 다른 가족들이 쉴 수 있는 가족실 등 아이들에게는 이러한 모든 장소가 모여 그들만의 영역이 되는 것이다. 만약, 다른 공간이 이와 같은 연속적인 공간에 끼어들더라도, 그 공간은 아이들의 동선의 일부로서 아이들의 영역에 흡수되어 버릴 것이다.

개인실, 부부의 영역, 조용한 거실이 아이들의 영역을 구성하는 장소들 사이에 무작위로 흩어져 있다면, 그 공간들이 아이들에 의해 침해당할 것이라는 사실은 매우 분명하다. 하지만, 아이들의 영역이 하나의 연속적인 띠 모양이라면, 조용하고 개인적인 어른들의 영역은 그 연속선상에 없다는 사실만으로 아이들의 영역에서 보호될 것이다. 때문에, 아이들이 필요로 하고 실제 사용하는 장소는 기하학적으로 연속적인 띠 모양이어야 하며, 부부의 영역, 성인의 사적 공간 혹은 조용하고 격식 있는 거실과 같은 공간은 제외되어야 한다.

1. 아이들은 특히 에너지가 넘칠 때 모든 사람들의 주목을 받고자 하는 경향이 있다. 그 과정에서 어머니는 아이들에게 완전히 휘말려버리기 쉽다. 아이들은 어머니에게 무언가를 보여주고 싶어하고, 묻고자 하며 무언가를 해달라고 요청한다. "내가 무얼 발견했는지 보세요. 내가 만들었어요. 이것을 어디에 두어야 하나요? 찰흙은 어디에 있어요? 여기 색칠 좀 해주세요." 어머니는 이 모든 것에 응할 수 있어야 하지만, 바쁜데도 모든 것을 해주도록 강요 받아서는 안 된다. 그래서 어머니의 주방이나 작업실은 아이의 놀이터와 접해 있어야 하지만 자체로 보호되어야 한다.

2. 가족실 역시 아이들 영역 연속체의 한 부분이다. 아이들과 나머지 가족들이 서로 접촉할 수 있는 곳이기 때문이다. 아이들의 놀이 공간은 공용 공간에 포함되어야 하지만 한쪽 면에 두는 것이 바람직하다 - 중심부의 공용 공간(129)을 참고한다.

3. 아이들의 개인 공간(그 공간이 알코브든지 아니면 침실이든지)은 놀이 공간과 분리되어도 상관없지만 되도록 가까워야 한다. 아이들은 때때로 독점적이 되기를 원한다. 가끔씩 가장 가까운 친구를 자신만의 공간에 초대해서, 개인적인 이야기를 하거나 자랑하고 싶은 물건을 보여주기도 한다.

4. 일반적으로, 특별한 놀이 공간을 만드는 데는 많은 비용이 든다. 그러나, 복도를 실내 놀이 공간으로 활용하는 것은 언제든 가능하다. 그렇게 하기 위해서는, 복도의 가장자리를 따라 오목한 구석 공간과 무대를 설치하는데, 이 경우 복도는 일반적인 폭보다 조금 더 넓어야 한다(아마도 7피트 약 2.1m). 아이들은 공간이 암시하는 기능을 금방 이해한다. 작은 동굴 같아 보이면 아이들은 집짓기 놀이를 할 것이고, 조금 높은 플랫폼이 있으면 연극 놀이를 할 것이다. 그렇기 때문에, 놀이 공간의 실내외 부분에는 바닥 높이의 차, 약간의 구석, 카운터, 테이블 등이 필요하다. 또한, 놀이 공간에는 장난감, 의상 등을 담을 수 있는 뚜껑이 없는 수납장이 많이 있어야 한다. 장난감 등은 눈에 띄기 쉬운 곳에 있을 때 더 많이 사용된다.

5. 실내 공간에 인접한 실외 공간에는 두 공간 사이에 전이 공간을 제공하기 위해서 그리고 실내외 공간의 연속성을 강조하기 위해서 부분적으로 지붕을 덮는다.

이 같은 놀이 공간은 아이들에게뿐만 아니라 어른들에게도 많은 흥미거리가 된다. 만약, 아이들의 영역이 점점 집 전체로 확대되어 가도록 주택의 공간을 구성한다면, 어른들만의 평온하고 자유로우며 귀중한 삶을 방해하며 지배하려 들 것이다. 하지만, 아이들의 영역이 적절하게 구성된다면, 이 패턴에서 언급한 것처럼 어른들과 아이들은 서로를 지배하지 않고 공존할 수 있을 것이다.

그러므로,

침대 클러스터와 같이 아이들에게 완전히 소유된 작은 공간을 배치하는 것으로 시작한다. 그리고, 이 공간은 집 뒤쪽을 향해 배치하고 분리시킨다. 또한, 놀이 공간의 연속체가 아이들의 침대 클러스터에서 집 밖의 거리로까지 이어질 수 있도록, 집 안에 넓은 띠 모양의 공간을 형성한다. 이 놀이 공간의 연속체에는 진흙, 장난감이 흩어져 있고, 특히 욕실과 주방같이 아이들이 자주 사용하는 장소와 접하도록 한다. 또한, 공용 공간의 한쪽 면을 따라 통과하고(그러나 조용한 거실과 부부의 영역은 완전하게 분리시키고, 아이들이 침범할 수 없도록 한다), 독립된 문이나 혹은 현관실을 통해 집 밖 거리로 나갈 수 있으며 옥외실에서 끝이 난다. 옥외실은 거리로 이어져 있으며 비가 올 때도 아이들이 놀 수 있도록 지붕을 덮고 충분한 크기로 만들어야 하지만, 외부 공간이라는 사실을 잊지 않도록 한다.

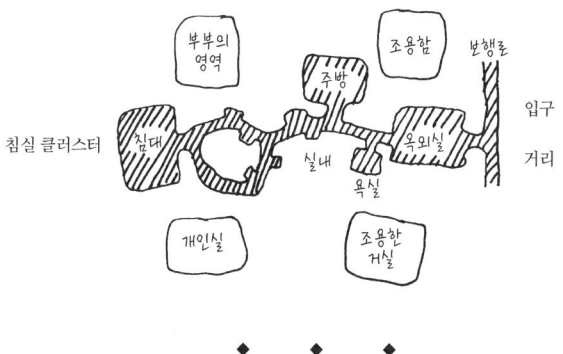

◆　　◆　　◆

아이들의 침대와 집 밖의 거리 사이에 띠 모양의 공간을 둘 때, 농가의 부엌(139), 가정 내 작업장(157)을 띠 공간의 한쪽에 두어 만나게는 하지만 방해받지 않도록 한다. 욕실(144)에도 같은 방법을 적용하지만, 아이들의 침실과는 어느 정도 연결되게 한다. 아이들의 침실을 **침실 클러스터**(143)를 참고해 발전시키며, 아이들의 영역을 형성하는 긴 통로는 가능한 한 밝고 따뜻한 영역으로 만든다 - **짧은 복도**(132), **옥외실**(163)은 활기 넘치는 활동에 적합하도록, 충분한 면적으로 구성한다 --…

138. 동쪽을 향한 침실*

SLEEPING TO THE EAST

···-- 친밀도의 단계(127)의 안쪽에 존재하는 부부의 영역(136), 아이들의 영역(137)의 위치로부터 침실이 어디에 배치되어야 하는지를 생각할 수 있다. 이번 패턴에 의해서 침실은 동쪽을 향하도록 배치되는데, 그렇게 함으로써 보다 공적인 공간이 남쪽을 향하도록 배치할 수 있게 된다. 따라서. 실내 채광(128)의 효과를 보완한다.

◆　　◆　　◆

이번 패턴은 사람들이 가장 공감하기 어려운 패턴 중의 하나이다. 하지만, 우리는 그들이 실수하고 있다고 믿는다.

이번 패턴에 대한 다른 사람들의 태도는 종종 다음과 같다. "이 패턴에서는 아침 햇살에 의해 잠에서 깰 수 있는 곳에 침실을 배치해야 한다고 설명하고 있다. 그러나 나는 햇빛 때문에 잠에서 깨기를 원하지 않으며, 시간이 허락할 때는 늦잠을 자고 싶다. 아마도 내 생활방식은 다른 사람과 다른 것 같다. 따라서 이 패턴은 나와 맞지 않는다."

우리는 생물학적 필수요소들이 위기에 처해 있다고 생각한다. 하지만, 사람들의 현재 생활방식이 생물학적 필수요소와 모순되는 듯 하더라도, 이에 대해서 끝까지 이해한다면 생물학적 필수요소를 무시하고자 하는 사람은 결코 없으리라고 생각한다.

우리가 확신할 수 있는 것은 다음과 같다. 우리 인간이라는 유기체는 수많은 섬세한 생물학적 시계를 지니고 있다. 인간은 리듬과 주기의 피조물이다. 인간이 자연적인 리듬과 주기에 조화되지 않게 행동할 때마다, 인간의 자연스런 생리기능이나 감성기능은 크게 방해받게 된다.

특히, 이러한 주기는 수면과 밀접한 관계를 가진다. 태양의 주기는 인간의 생리를 강하게 지배하고 있기 때문에, 주기를 무시하며 잠을 자는 것은 매우 힘들다. 인간의 몸은 태양이 저문 시간의 중간, 즉 오전 2시경에 신진대사의 활동이 가장 낮아진다는 사실을 생각해 보라. 즉, 가장 효과적인 수면은 수면 곡선이 신진대사의 곡선(결국 태양에 의존하는)에 거의 일치하는 수면이라고 할 수 있다.

하루의 일과는 기상할 때의 조건에 크게 좌우된다라는 사실은, 최근 샌프란시스코 의과대학의 런던 박사Dr. London에 의해 제시되었다. 만약, 어떤 사람이 꿈을 꾸는 시간(REM 수면) 직후에 잠에서 깨게 되면, 하루 종일 활기차고 에너지가 넘치며 생기 있다고 느낄 것이다. 왜냐하면, 어떤 중요한 호르몬이 REM 수면 이후에 혈류에 주입되기 때문이다. 하지만, 델타 수면(REM 수면 사이에서 발생하는 또 다른 종류의 수면) 후에 깨어 나게 되면, 하루 종일 과민하고 나른하며 생기 없고 몽롱한 상태가 지속된다고 느낄 것이다. 적절한 호르몬이 잠에서 깨어나는 중요한 순간에 혈류에 주입되지 않기 때문이다.

자명종 시계에 의해 잠이 깨는 사람은 때때로 델타 수면 도중에 잠이 깰 것이며, 그렇게 잠에서 깨어난 날들은 무기력한 하루가 될 것이다. 반면, REM 수면 후에 깨어난 날들이 에너지 넘치는 하루가 될 것이라는 사실은 명백하다. 물론, 이는 지나치게 단순화한 경향이 없지 않다. 아마도 수많은 다른 요인들이 개입될 것이기 때문이다. 하지만, 수면에 대한 이러한 사실들이 진실이라면, 인간이 잠에서 깰 때는 어떤 자극이 있다는 말이 된다.

REM 수면이 끝나는 시간에 잠을 깨는 유일한 방법은 자연스럽게 잠에서 깨는 것이다. 상위 신진대사의 활동주기와도 부합하면서 자연스럽게 잠에서 깨는 방법은, 햇빛을 보며 잠에서 깨는 것이다. 햇빛이 신체를 따뜻하게 하고, 빛이 강해지면서 부드럽게 잠에서 깨어난다. 실제로 모든 조건이 최상인 순간에 잠에서 깨어나게 되는 것이다. 꿈을 꾼 바로 직후에 말이다.

간단히 말해서, 이 패턴은 건강하고 활동적이며 에너지 넘치는 하루를 위한 과정의 기본이 되리라 생각한다. 또한, 햇빛 때문에 잠을 깨고 싶지 않다고 이 패턴을 반대하는 사람들은 자신들의 신체기능에 중대한 실수를 저지르고 있다고 생각한다.

더욱 구체적으로 살펴보면, 사람들은 햇빛을 보는 것을 원하지만 침대에 햇빛이 비치는 것 자체나 혹은 그로 인해 덥고 불편한 상황에서 잠이 깨는 것은 원하지 않는다. 그렇다면, 침대가 놓일 올바른 장소는 아침 햇빛이 들어오고 (따라서, 동쪽의 햇빛이 들어오는 방 안의 창) 직접 햇살을 받지 않고도 빛의 조망을 제공하는 곳이다.

마지막으로 침대에서의 조망 문제도 언급할 필요가 있다. 사람들은 하루가 어떤 날이 될까 하며 아침에 창밖을 내다본다. 어떠한 조망은 이 같은 정보를 잘 전달하지만 그렇지 않은 조망도 있다. 아침에 빛 좋은 창을 통해서 어떤 변함없는 대상이나 혹은 자라나는 식물 등을 볼 수 있는데, 이는 계절이나 날씨의 변화를 반영하는 것이기도 하며 사람이 잠에서 깨어나자마자 느끼게 되는 하루의 기분을 정하기도 한다.

그러므로,

주택에서 수면 공간은 동쪽을 향하도록 배치하여, 햇빛을 받으며 잠에서 깨도록 한다. 즉, 수면 공간은 일반적으로 주택의 동쪽부분에 두어야 할 필요가 있음을 의미한다. 그러나, 수면 공간의 동쪽에 중정이나 테라스가 있는 경

우라면, 주택의 서쪽 부분에 배치할 수도 있다.

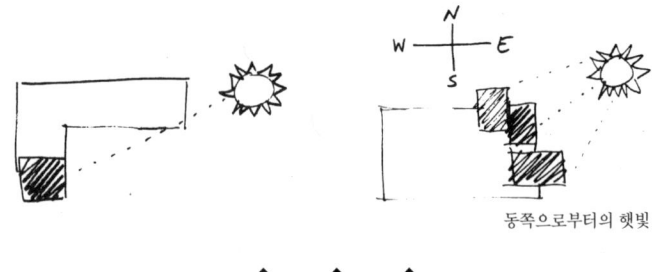

동쪽으로부터의 햇빛

◆　◆　◆

모든 침실은 하나의 그룹으로 영역화할 뿐만 아니라, 아침 햇빛이 들어오도록 주의 깊게 배치한다 - 부부의 영역(136), 침실 클러스터(143). 뿐만 아니라, 아침 햇빛이 모든 침대를 비추도록 계획한다 - 부부 침대(187), 침대 알코브(188). 하지만, 걸러진 빛(238)을 이용해서 햇빛이 직접 침대를 비추지 않도록 한다. 만약, 공간이 있다면 창을 창가(180)처럼 기능을 하도록 한다. 침대에서 가장 가까운 창은 어떤 사람이 걷고 있다든지 날씨가 어떤지를 알 수 있도록 주의 깊게 계획한다 - 자연스런 문과 창(221) ---…

139. 농가의 부엌**

FARMHOUSE KITCHEN

‥‥- 지금은 건물의 중심에 공용 공간을 배치했거나, 혹은 배치하고 있는 상황일 것이다. 대부분의 경우, 특히 주택에서는 공용 공간의 중심이 부엌이나 혹은 식사 공간이 된다. 이는 음식을 함께 먹는 것이 다른 어떤 행위보다 공동체 의식의 기반이 되기 때문이다 - 중심부의 공용 공간(129), 함께하는 식사(147). 이번 패턴은 요리하고 식사하고 그리고 생활하는 것이 하나의 장소에서 모두 행해지는 고전적인 부엌의 형태를 정의한다.

◆　　◆　　◆

고립되고 가족으로부터 분리되어 있어 효율적이지만 기분 나쁜 음식을 만드는 공장과 같이 여겨지는 부엌은 하인이 존재하던 시대, 여성들이 기꺼이

하인의 역할을 받아들였던 시대의 유물이다.

하인이 따로 없고 가족 구성원들이 직접 자신들의 식사를 준비하던 전통적인 사회에서는 분리된 부엌이 사실상 존재하지 않았다. 심지어 요리가 여성에게 전적으로 맡겨져 있었을 때에도 요리는 가장 근본적인 공동체 요소로서 생각되었다. 또한, 음식을 만들고 먹는 '난로'가 있는 공간은 가족 생활의 중심으로 생각되었다.

하인이 요리의 역할을 도맡게 되자 궁궐이나 부자들의 저택에서는 자연스럽게 부엌이 식사 공간으로부터 분리되어 갔다. 그렇기 때문에, 하인을 고용하는 것이 더욱 널리 보급된 19세기의 중산층 주택에서는 분리된 부엌형식이 널리 이용되었고, 그와 같은 주택 형식도 당연하게 받아들여졌다. 그러나, 하인을 고용하지 않는 시대가 되었을 때에도 부엌은 여전히 분리된 채로 남겨졌는데, 이는 음식이 보이거나 아니면 냄새가 나는 곳으로부터 멀리 떨어진 식당에서 식사를 하는 것이 고상하고, 멋진 것으로 생각되었기 때문이다. 분리된 부엌은 여전히 부자들의 주택을 연상시켰고, 식당 또한 당연하게 받아들여졌다.

그러나, 한 가정에서 이와 같은 분리는 여성을 매우 어려운 입장으로 내모는 것이다. 이것은 사실상 여성의 위치를 무능력하게 만드는 환경을 조성하는 것이라 해도 과언이 아닐 것이다. 20세기 중엽의 사회에서는 받아들일 수 없는 것이다. 단순하게 말하면 여성 스스로 부엌데기가 되어 음식만 책임지라는 얘기인데, 이것은 하인이 되는 것을 동의하라는 말과 같다.

현대 미국 주택에서는 소위 오픈 플랜open plan•이라는 방식으로 이와 같은 논쟁을 해결하고자 해왔다. 미국 주택의 부엌은 가족실에서 반쯤 분리된 형태인데, 가족실로부터 완전히 분리되지도 그렇다고 가족실에 완전히 포함된 형태도 아니다. 이러한 배치에 의해서, 가족 중 누군가가 요리를 하는 동안 나머지 가족 구성원들과 대화를 나눌 수 있고, 따라서 분리된 식기실sculleries•이나 부엌처럼 불쾌함을 주지 않는다.

그러나, 이 정도로는 충분하지 않다. 앞서 말한 상황의 내면을 들여다보게 되면, 오픈 플랜에 있어서도 요리는 여전히 노동이며 식사는 즐거운 것이라는 전제가 숨겨져 있음을 알 수 있다. 이와 같은 사고방식이 주택을 지배하는 한, 고립된 부엌의 존재에 관한 갈등은 여전히 남는다. 가족 구성원 모두가 요리와 식사를 통해서 스스로를 돌보는 것이 생활의 일부라고 완전히 받아들일 수 있다면, 결과적으로 이 상황을 둘러싼 문제가 해결될 것이다. 하인을 노예처럼 부린다는 인식이 없고 일상의 요구를 스스로 해결했던 원시 기독사회처럼, 큰 식탁에 둘러앉아 단란한 시간을 많이 가져야 할 것이다.

우리는 이 문제의 해결책이 오래된 농가 부엌의 패턴에 있다고 확신한다. 농가의 부엌에서는 부엌일과 가족 활동이 하나의 큰 방에 완전히 통합되어 있었다. 가족 활동은 가운데에 있는 큰 테이블 주위로 집중되어, 식사를 하고 이야기를 나누며 카드놀이를 즐겼다. 또한, 요리 준비를 포함한 모든 일은 이 장소에서 이루어졌다. 부엌일은 이 테이블과 벽 주위에 놓여진 조리대에서 공동으로 행해졌다. 이런 활동을 하는 도중에 누군가가 잠을 잘 수 있도록 구석에는 편안하고 오래된 의자가 있었을지도 모른다.

그러므로,

부엌은 '가족실'을 포함하도록 일반적인 경우보다 크게 만든다. 그리고, 부엌은 일반적인 부엌이 위치한 것처럼 주택 내의 안쪽이 아니라 공용 공간의 중심 근처에 배치하도록 한다. 부엌은 충분한 면적으로 계획하고, 부드러운 느낌을 주지만 견고하고 큰 테이블과 의자를 배치하고, 벽을 따라 카운터, 스토브, 싱크대를 놓는다. 그리고 밝고 편안한 공간이 되도록 한다.

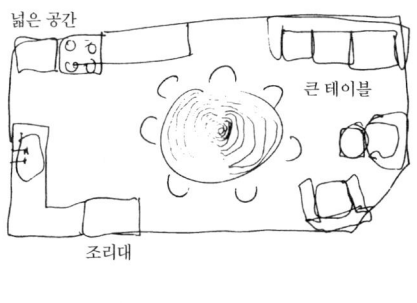

♦   ♦   ♦

부엌에는 **각 실의 두 면 채광(159)**을 적용한다. 부엌 조리대를 나중에 설치할 경우, 매우 길고 여유롭게 만든다. 그리고, 채광을 위해 남쪽을 면하게 한다 - 부엌의 배치(184), 양지바른 부엌조리대(199). 부엌 주위로 알코브를 위한 공간을 한두 군데 남긴다 - 알코브(179). 중앙에는 큰 테이블을 놓고, 주변으로 가족들이 모일 수 있도록 정중앙에 크고 따뜻한 조명을 매단다 - **식사분위기**(182). 보다 세부적인 부분을 만들 때에는 단지, 컵, 병, 잼 항아리 등을 놓을 수 있도록 벽 주변에 선반을 많이 설치한다 - **개방된 선반**(200), **허리 높이의 선반**(201). 편안한 의자를 어딘가에 두고 - **휴식 공간의 시퀀스**(142), 방의 형태나 시공에 관해서는 **실내 공간의 형태**(191)에서부터 시작하도록 한다 ---…

140. 거리에 면하는 개인 테라스**

PRIVATE TERRACE ON THE STREET

····- 공용 공간과 휴식 공간에는 - 중심부의 공용 공간(129), 휴식 공간의 시퀀스(142), 집 안에 있는 사람이 집 밖의 거리와 소통할 수 있는 장소가 적어도 한 곳 정도 필요하다. 이번 패턴은 반쯤 가려진 정원(111)의 형성에 도움이 되며, 거리에 생기를 부여한다 - 녹지 가로(51) 혹은 보행로(100).

◆　　◆　　◆

주택과 거리와의 관계가 분명치 않은 경우가 종종 있다. 주택이 거리에 완전히 개방되어서 프라이버시가 지켜지지 않거나 혹은 주택이 거리를 등지고 있어서 거리 생활과의 교류가 단절되기도 한다.

사람은 공공성과 개별성 모두를 지향하는 본능적인 경향이 있다. 좋은 주택은 개인적 안식처의 친밀함과 그리고 공적인 세상으로의 참여를 모두 경험하게 한다.

하지만, 대부분의 주택은 이와 같은 상호보완적인 요구를 제공하는 데 실패한다. 한쪽을 너무 강조해서 다른 쪽이 배제되는 것이다. 예를 들면, 거주 공간이 거리에 면한 조망 창이 있는 어항과 같은 집이나, 거주 공간이 거리로부터 멀리 떨어져 있고 개인 정원에 면한 집이 그것이다.

전통적인 미국 사회에서의 오래된 정문 포치는 이러한 문제를 완벽하게 해결한다. 거리가 조용하고 주택이 거리에 가깝다면, 더 좋은 해결책을 생각할 수는 없을 것이다. 하지만, 거리의 상황이 달라지면 조금 다른 해결책이 필요할 것이다.

프랭크 로이드 라이트Frank L. Wright는 초기 작품에서 가능성 있는 하나의 방법을 실험해 보았다. 라이트는 활기찬 거리 옆에 주택을 지었을 때, 거실과 거리 사이에 넓은 테라스를 배치했다.

우리가 아는 한, 힐데브란트Grant Hildebrand는 그의 논문에서 라이트의 작품에서 보여지는 이 패턴을 처음으로 지적하였다. 힐데브란트는 체니 주택Cheney house에서 이 패턴이 어떠한 효과를 발휘하는지를 흥미롭게 기술하고 있다.[Hildebrand 1970]

개인 테라스와 거리의 단면

보행자가 보행로에서 주택을 바라보면 석조 테라스 벽이 서 있고, 보행자의 시선은 테라스 벽을 넘어 다시 테라스 문의 위쪽에 정교하게 납으로 장식된 유리 부분의 하부 가장자리에 닿는다. 이와 같이 보행로에서 거실을 향하는 시선은 주위 깊게 통제되어 있다. 만약, 주택 내부의 거주자는 문 옆에 서 있어도 그의 머리와 어깨가 빛을 산란시켜 유리의 표면에서는 희미하게 보일 뿐이다. 만약 거주자가 앉아 있으면, 보행자의 시선에서 그들은 완전히 사라지게 된다.

보행자가 주택 내부의 사생활을 침해할 수 없도록 효과적인 방법을 사용하였기 때문에, 거주자는 많은 선택의 자유를 가질 수 있게 된다. 거주자가 보행로로부터 적당한 높이로 올려진 테라스에서 서 있거나 혹은 앉아 있으면, 거대한 거리의 파노라마 속에 쉽게 참여하게 되는 것이다. 높고 개방된 곳에서의 시선은 방해받지 않는다. 거주자들은 이웃과 친구들에게 손을 흔들고 인사하며 대화에 참여할 수 있다. 거리를 향해 튀어 나온 테라스는 체니 주택과 그 거주자를 오크 공원oak park으로 이어 주었으며, 지금도 여전히 이어주고 있다. 이런 방법은 너무나 성공적이어서, 로비하우스Robie house에서와 마찬가지로 커튼이 그다지 필요하지 않다. 주의 깊게 설치된 난간과 납으로 장식된 유리가 모든 역할을 담당한다. 거리를 향해 거실을 면하게 하는 이 같은 결정은 프라이버시를 희생하지 않고, 오히려 거주자의 경험에 있어서 풍부한 선택범위를 가지게 하는 것이다.

우리는 라이트가 이 패턴을 사용한 것이 기본적인 인간 요구에 대한 정확한 직관에 기초한다고 생각한다. 사실, 이와 같이 생각하는 데에는 충분한 경험적 근거가 있다. 자신의 집이 거리와 소통하였으면 하는 욕구는 기본적인 심리학적 필요성에 기인한다. 그 반대의 경우, 어떤 사람이 자신의 집을 도로에서 떨어뜨리고, 단단히 열쇠를 걸거나 빗장을 쳐서 거리로부터 고립되고자 하는 경향은 심각한 감정장애증후군, 즉 외계거절증후군autonomy-withdrawal syndrome에 해당된다. 이에 관해서는 『지속적인 인간 교류의 메커니즘으로서의 도시The City as a Mechanism for Sustaining Human Contact』를 참고한다.[Ewald 외 1967]

다음의 그림은 이번 패턴을 사용한 그리스의 예이다. 프라이버시 유지와 거리와의 접촉이라는 두 요소 간의 균형이 잘 유지된다면, 이 패턴은 많은 방식으로 표현될 수 있다.

거리에 맞닿은 개인 테라스

그러므로,

공용 공간은 거리가 보이는 넓은 테라스나 포치에 면하게 한다. 테라스는

거리로부터 살짝 올려지고 낮은 벽으로 보호한다. 즉, 벽 가까이 앉게 되면 거리가 내다 보이지만, 거리에 있는 사람들이 집 안의 공용 공간을 보는 것은 막아주는 것이다.

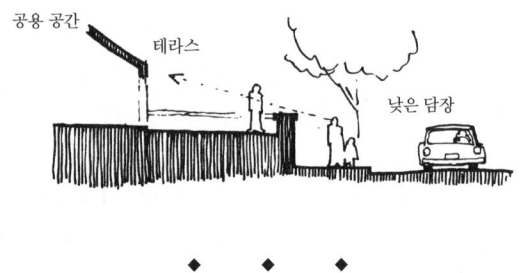

공용 공간   테라스   낮은 담장

◆   ◆   ◆

가능하면 테라스를 지형에 맞추어 배치한다 - 계단식 경사면(169). 난간 벽이 충분히 낮으면 앉을 수 있는 벽(243)으로 활용할 수 있다. 프라이버시를 더욱 지키고 싶을 때는, 창과 같은 개구부가 있는 완벽한 정원 담장을 세운다. 그렇게 하면, 거리와의 연결도 유지될 것이다 - 정원의 담장(173), 반쯤 개방된 벽(193). 어떤 경우에도 최소한은 부분적으로 테라스 주위를 둘러싸도록 하여, 공간이라는 느낌을 주도록 한다 - 옥외실(163) --…

141. 자신의 방**

A ROOM OF ONE'S OWN

····· 친밀도의 변화(127)에서 어떠한 주택이라도 혼자일 수 있는 공간이 필요하다는 것에 대해서 명확히 설명했다. 두 사람 이상으로 이루어진 어떠한 세대에서도 이 같은 요구는 기본적이고 필수적이다 - 가족(75), 소가족을 위한 주택(76), 부부를 위한 주택(77). 사람이 혼자 있을 수 있는 공간을 정의하는 이번 패턴은 중심부의 공용 공간(129)에서 이루어지는 사회적 활동과 상반적인 관계이지만, 중심부의 공용 공간에서의 사회적 활동을 보완한다.

◆　◆　◆

혼자가 되는 기회를 자주 갖지 못한 사람은 다른 사람들과 가까워질 수 없다.

가족 구성원 중에 자신의 방을 소유하지 못하는 사람은 항상 이런 문제에 직면할 것이다. 방을 소유하지 못한 구성원이라도 가정생활에 참여하기를 원하고 또 집단의 중요한 일원으로 인식되기를 원하지만, 자신에게 개성을 부여하기는 쉽지 않다. 왜냐하면, 자신이 완전하게 제어할 수 있는 공간이 집안 어디에도 없기 때문이다. 자아가 잘 발달된 사람이라야 공동생활에 참여하는 모험을 즐길 수 있는 것이다.

이러한 개념은 미국 사회학자인 푸트Foote와 코트렐Cottrell에 의해 연구되었다.

타인과의 접촉이 증가하다가 그 한계점을 넘어버리면, 접촉은 더 이상 공감을 향상시키지 못할 것이다. (A) 어떤 지점까지는 타인과의 밀접한 상호작용이 서로 공감하고자 하는 능력을 증가시킨다. 그러나, 타인들의 존재가 너무 지속적이면 유기체는 타인들에게 대처하는 방어적 저항을 발달시키게 된다. 이 공감력의 한계는 학교나 가족을 위한 주택의 계획은 물론이고, 도시 인구의 집중과 그에 따른 적정한 규모를 계획하는 데 있어서도 고려되어야 한다. (B) 프라이버시를 위해 시간과 공간을 제공하고, 개인적인 공상에 몰입하는 것이 왜 유용하고 만족감을 주는지를 어릴 때부터 가르치는 가정은 그렇지 않은 가정보다 높은 수준의 공감 능력을 보일 것이다.[Foote 외 1955]

레이튼Alexander Leighton 또한 프라이버시의 체계적인 결핍systematic lack of privacy으로부터 야기되는 정신적 손상을 강조하며, 앞의 설명과 유사한 점에 대해서 이야기 했다.[Leighton 1955]

공간이라는 관점에서 이 문제를 해결하기 위해서는 무엇이 필요한가? 간단하게 말하면, 자신만의 방이다. 즉, 방으로 들어가 문을 닫으면 시각적으로 그리고 청각적으로 다른 사람에게서 떨어져 있을 수 있는 개인적인 장소이다. 그리고, 자신만의 방에서 확실하게 사생활을 보장받기 위해서는 집의 가장 안쪽이나 건물의 끝 부분 혹은 **친밀도의 변화(127)**의 끝 부분 또는 공용 공간으로부터 멀리 떨어진 곳에 배치되어야 한다.

이제, 가족 구성원의 개개인에 대해 보다 자세히 알아보도록 하자.

아내. 우리는 아내를 맨 처음으로 설명하고자 한다. 왜냐하면, 전통적으로 아내가 이 문제에 대해 가장 어려운 점을 가지고 있기 때문이다. 아내는 모든 곳에 속해 있다. 집안의 모든 장소는 어림잡아 생각해도 아내에게 속하지 않은 곳이 없다. 그러나, 집안에서 아내가 분명하고 독점적으로 자신만의 방을 가지는 경우는 매우 드물다. 이 문제에 대해서, 울프Virginia Woolf의 에세이 제목이기도 한 『자신의 방A room of one's own』은 매우 중요하고 힘있는 표현이다. 이 패턴의 이름도 이 에세이에서 온 것이다.

남편. 옛 주택에는 남자들을 위한 서재나 작업장이 존재했다. 그러나, 현대 주택이나 아파트에서는 여성만이 사용하는 방이 없는 것처럼 남자만의 서재나 작업장을 찾아보기란 매우 힘들다. 이것이 중요한 문제라는 사실은 매우 분명하다. 많은 남자들은 집에서 뛰어 노는 아이들 그리고 자신이 감당해야 할 엄청난 요구를 집과 연관 짓는다. 만약, 남편을 위한 방이 없다면 남편은 평온과 고요함을 찾아 집으로부터 멀리 떨어진 사무실에서 머물러야 할 것이다.

십대. 십대에 관해서는 하나의 패턴 전체를 이 문제에 할애하고 있다 - 10대의 별채(154). 우리는 그 패턴에서 견고하고 강한 개성을 형성하는 문제에 직면한 십대들에 관해 논의했다. 그렇지만, 젊은이들이 집안에서 자신의 방이라고 확실히 이야기할 수 있는 공간을 가지고 있는 경우가 많지 않다.

아이. 매우 어린 아이들은 프라이버시에 대한 요구를 적게 경험하지만, 그렇다고 해서 전혀 없는 것은 아니다. 아이들은 자신들의 소유물을 놓아두고, 때로는 혼자 있거나 혹은 친구와 함께 개인적으로 놀 수 있는 장소가 필요하다. 침실 클러스터(143), 침대 알코브(188)를 참고한다. 마지John Madge는 가족의 개인 공간에 대한 요구에 관한 훌륭한 저서를 남겼고, 저서를 통해서 아이들에 대해서 다음과 같이 이야기 했다.[Madge 1964]

침실은 흔히 개인이 자신의 만족감을 구축하거나 혹은 인생에서 만나는 핵심적인 집단의 다른 구성원들로부터 자신을 차별화하는 것을 돕는 개인적 재산의 진열장으로 여겨지기도 한다. 사실, 개인은 가족의 다른 구성원보다 동년배의 동성 친구들에게 자유롭게 그 진열장을 드러낸다.

요약해보면, 우리는 자신의 방 혹은 어린 아이들을 위한 알코브나 침실이 가족 구성원 각자에게 필수적이라는 것이다. 자신의 방은 개인의 정체성을 발전시키는 것을 돕고, 개인과 나머지 가족 구성원들의 관계를 강화시킨다. 그리고, 개인의 영역을 소유함에 의해서 집 자체와의 결속력도 구축된다.

그러므로,

가족의 각 구성원들에게 특히 어른들에게는 자신의 방을 제공하도록 한다. 자신만의 최소 공간이라 함은 책상, 선반, 커튼으로 이루어진 알코브이다. 그리고, 자신만의 최대 공간은 10대의 별채(154), 노인의 별채(155)와 같은 별채이다. 모든 경우, 특히 어른을 위한 공간은 공용 공간에서 멀리 떨어진 곳(친밀도의 단계의 제일 끝부분)에 배치하도록 한다.

자신의 방

막다른 장소

◆　　◆　　◆

이 패턴을 중심부의 공용 공간(129)에 의해 발생할 수 있는 도를 넘는 '공동생활'에 대한 해결 방안으로 이용하도록 한다. 아주 어린 아이들에게는 적어도 공용 수면 공간 내에 알코브를 마련해 준다 - 침대 알코브(188). 그리고 부부에게는 부부가 공동으로 사용하는 부부의 영역과는 별도로, 남편과 아내 모두에게 각자의 독립된 공간을 만들어 주도록 한다. 예를 들면, 확장된 드레스룸이나 - 드레스룸(189), 작업장 - 가정 내 작업장(157) 혹은 다른 방의 알코브일 수도 있다 - 알코브(179), 둘러싸인 작업 공간(183). 만약, 경제적으로 약간의 여유가 있다면 주 건물에 붙어 있는 별채를 둘 수도 있다 - 10대의 별채(154), 노인의 별채(155). 자신만의 공간은 최소한 책상, 의자 등을 갖춘 방으로 계획한다 - 자신의 물건(253). 그리고 방의 구체적인 형태는 각 실의 두면 채광(159), 실내 공간의 형태(191)를 참고한다 ----…

142. 휴식 공간의 시퀀스*

SEQUENCE OF SITTING SPACES

···- 주택, 사무실 혹은 공공건물 등에서는 **친밀도의 변화**(127)의 원칙을 따르는 다수의 휴식 공간이 필요하다. 일부의 휴식 공간은 예전의 격식 있는 거실처럼 전적으로 앉기 위한 공간의 형태이다. 또는, 방의 일부이거나 한 모서리일 수도 있다. 이번 패턴은 이와 같은 휴식 공간의 범위와 배치에 대해 설명한다. 이 패턴의 내용을 따른다면 친밀도의 변화를 형성하는 데 도움이 될 것이다.

◆　◆　◆

건물의 모든 모서리 공간은 잠재적인 휴식 공간이다. 그러나, 각 휴식 공간은 친밀도의 단계에서의 위치에 따라 편안함과 둘러싸여 있다는 느낌을 다양하게 제공해야 한다.

친밀도의 변화(127)에서 알 수 있듯이 건물에는 공간들의 자연스러운 시퀀스가 있는데, 이는 가장 공적인 공간인 출입구 바깥으로부터 가장 사적인 개인의 방과 부부의 영역까지 내부 공간이다. 다음은 **친밀도의 변화**(127)에 대응하는 휴식 공간의 시퀀스를 나타낸 것이다.

1. 출입구 밖 - 현관실(130), 현관 앞 벤치(242)
2. 출입구 안 - 현관실(130), 편안한 접수 공간(149)
3. 공용실 - 중심부의 공용 공간(129), 짧은 복도(132), 농가의 부엌(139), 소규모 집회실(151)
4. 반 사적인 방 - 아이들의 영역(137), 거리에 면한 개인 테라스(140), 반 사적인 사무실(152), 알코브(179)

그렇다면, 무엇이 문제인가? 간단히 설명하자면 다음과 같다. 사람들은 건물 특히 주택에서의 휴식 공간은 단 하나여야 하는 것처럼, 특별한 휴식 공간을 생각하는 경향이 있다. 이와 같은 사고방식 때문에 하나의 휴식 공간에 많은 주의와 배려를 기울이게 된다. 하지만, 인간의 활동이 그 강도와 친밀감에 있어서 매우 다양하고, 주택 내의 모든 공간에서 자연스럽게 일어난다는 사실은 자주 망각되고 있다. 때문에, 특별한 휴식 공간은 휴식과 이동의 참된 균형을 뒷받침할 수 없다.

이 문제를 해결하기 위해서는, 건물에는 다양한 친밀도에 알맞은 휴식 공간의 시퀀스가 있으며, 휴식 공간의 시퀀스에서, 각 공간은 위치에 적합한 편안함과 둘러싸인 느낌을 줘야 한다는 인식이 필요하다. 또한, 전체 시퀀스는 하나의 방이 아니라는 점에도 유의한다. 자신이 계획하고 있거나 또는 수리하고 있는 건물에 휴식 공간의 시퀀스가 존재하는지 확인하고, 이 시퀀스를 보다 풍부하고 다양하게 만드는 데 무엇이 필요한지를 생각해본다.

물론, 당신은 응접실, 도서관과도 같은 아주 특별한 휴식 공간을 원할 수도 있다. 그러나, 모든 사무실과 작업장에도 휴식 공간이 필요하다. 부엌, 부부의 영역, 정원, 현관실, 복도, 지붕, 창가에도 휴식 공간이 필요하다. 휴식 공간의 시퀀스를 다분히 의도적으로 선택하고 명시한다. 그리고, 계획이 보다 구체적으로 진행됨에 따라, 시퀀스 내의 다양한 공간에 대해서도 주의를 기울인다.

그러므로,

각 공간의 둘러싸임의 정도에 따라서 건물 내부의 여러 장소에 단계적인 휴식 공간의 시퀀스를 배치하도록 한다. 가장 격식을 갖춘 휴식 공간은 방과 같이 완전히 둘러싼다. 가장 격식이 필요 없는 휴식 공간은 다른 방의 한쪽 모서리에 배치하며, 그 공간 주위에 칸막이를 설치하지 않는다. 그리고, 일반적인 휴식 공간은 일부분이 둘러싸여 있어서 조금 더 큰 공간에 연결되지만, 부분적으로는 분리되도록 한다.

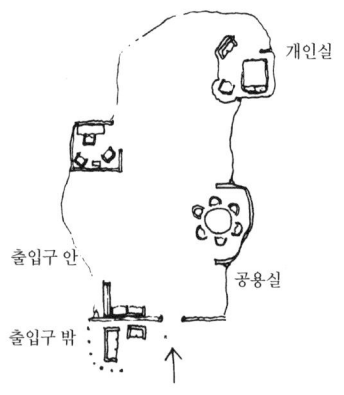

◆　　◆　　◆

　가장 격식 있는 휴식 공간은 중심부의 **공용 공간**(129), **현관실**(130)에 배치한다. 일반적인 휴식 공간은 중심부의 **공용 공간**(129), **유연한 사무 공간**(146), **대기 장소**(150), 거리에 면하는 **개인 테라스**(140)에 배치한다. 그리고, 가장 친밀하고 가장 격식 없는 휴식 공간은 **부부의 영역**(136), **농가의 부엌**(139), **자신의 방**(141), **반 사적인 사무실**(152)에 두도록 한다. 휴식 공간의 규모와 위치에 따라 주변을 둘러싼다 - **실내 공간의 형태**(191). 그리고, 휴식 공간이 어디에 있건 간에 벽난로나 창가의 적절한 위치에 의자를 배치해서, 휴식 공간이 편안하고 안락한 공간이 되도록 한다 - **선 조망**(134), **창가**(180), **불**(181), **좌석의 원형 배치**(185), **의자가 있는 장소**(241) --…

143. 침실 클러스터*

BED CLUSTER

····- 수면 공간은 부부의 영역(136), 아이들의 영역(137)의 보다 안쪽에 배치해야 한다. 또한, 아침 햇살을 받도록 동쪽을 향해 배치되어야 한다 - 동쪽을 향한 침실(138). 이번 패턴은 수면 공간 내의 침대에 관한 영역을 정의함과 동시에 포괄적인 수면 공간 형성에 도움이 된다.

◆　　◆　　◆

가족 내의 모든 어린이에게는 개인적인 공간이 필요하다. 이 공간은 일반적으로 침대 주변으로 집중된다. 그러나, 어린이들은 혼자 자거나 혹은 수면 공간이 너무나도 개인적이라면, 자신이 고립되어 있다고 느낄 것이다. 이는 거의 모든 문화권에서 공통적이다.

어린이 침대의 배치나 형태의 여러 가지 가능성에 대해서 생각해 보자. 극단적인 방법 중 하나는 아이들 모두가 하나의 방, 즉 공용 침실을 사용하는 방법이다. 또 다른 극단적인 방법으로, 아이들 각자가 자신만의 개인 공간을 갖는 경우를 생각할 수 있다. 그렇다면, 이 두 가지 극단의 중간적인 방법으로 공용의 놀이 공간 주변에 아이들만의 작고 개인적인 공간이 모여 있으며 방처럼 크지 않은 형태를 생각해 볼 수 있다. 여기에서는 두 가지 극단적인 방법이 부적절하며, 중간적인 방법인 알코브 클러스터가 어린이의 생활에 존재하는 힘의 대립을 해소하는데 필요하다는 것을 증명할 것이다.

세 가지 형태: 공용 침실, 분리된 방, 알코브 클러스터

우선, 공용 침실에 대해서 검토해 보도록 하자. 이 경우 문제는 매우 명백하다. 아이들은 다른 아이들의 장난감을 부러워할 것이고 조명, 라디오, 진행 중인 게임이나 혹은 문을 열고 닫는 것에 대해서 다툴 것이다. 간단히 말하자면 어린 아이들 특히 소유나 지배의 감정이 발달하는 나이에는 하나의 침실에 많은 침대를 두는 방법은 상당히 곤란한 방법이다.

경제적 여유가 있는 부모들이 이 같은 곤란함을 피하기 위해서 아이들에게 자신의 방을 갖도록 하는 (또 다른 극단적인 방법을 택하고 마는) 것은 놀랄만한 일도 아니다. 그러나, 이러한 방법은 완전히 다른 문제를 야기한다. 즉, 어린 아이들은 혼자 있기를 강요당할 때 고립되어 있다고 느낀다는 것이다.

수면 공간에서의 접촉의 필요성은 페루나 인도 같은 전통적인 문화권에서 특히 중요하다. 이 문화권에서는 성인들은 서로 모여서 잠을 자기도 한다. 페루나 인도에서는, 고립되는 것을 싫어하고 자신이 항상 사람들로 둘러싸여 있다는 사실로부터 상당한 편안함과 안전함을 느낀다. 그러나, 고립이 일상적이고 당연한 것으로 여겨지는 '프라이버시-지향적'인 미국과 같은 문화권이라 할지라도, 어린이들은 사람들에게 둘러싸여 있다는 것에서 편안함과 안전함을 느낀다. 아이들은 누군가와 함께 자는 것을 좋아한다. 예를 들어, 우리가 이미 알고 있는 것처럼 어린 아이들은 침실 문을 살짝 열어 두고 전등도 켜 둔 채로 잠을 자려 하고, 집안 어른들의 목소리를 들으면서 자는 것을 좋아한다.

이 본능은 모든 문화의 아이들에게 강하게 발달되어 있다. 때문에, 이러한 문화적 습관을 무시하고 어린 아이들에게 자신만의 방을 주는 것은 유해한 것이라고 생각한다. 문화 상대주의자cultural relativist들은 이것이 문화적 상황에 좌우되는 것이므로, 프라이버시, 자족성, 고독과 같은 것에 높은 가치를 두는 문화권이라면 그러한 사고방식을 키우기 위해서 어린이 각자에게 자신의 방을 갖게 하는 선택은 매우 옳은 것이라 주장할 것이다. 그러나, 잠재적인 타당성을 가진 문화 상대주의자들의 주장에도 불구하고, 어린 아이들이 자신의 방을 소유함으로써 야기되는 고립은 아마도 아이들의 건강한 정신적-사회적 발달과 근본적으로 양립될 수 없는 것이며, 어쩌면 신체적 손상을 야기할지도 모른다고 생각한다. 한 아이당 방 하나와 같은 사고방식이 보편화된 곳은 미국이나 혹은 미국 문화를 따르는 일부를 제외하고는 전 세계 어디에서도 찾아 볼 수 없을 것이다. 그리고, 우리는 관찰을 통해 이 패턴이 정서적 자기 침잠*과 자족성의 과장된 개념과 관련되어 있음을 그리고 결과적으로는 한 사람에게 타인과의 접촉에 대한 요구와 자기 침잠의 요구 사이의 내적 갈등을 야기시킨다는 것을 분명하게 알 수 있었다.

이처럼 우리는 대립하는 두 가지 힘에 직면한다. 어린이들은 약간의 프라이버시가 필요하다. 자신만의 영역에 대해 다른 아이들과 끝없이 다투는 것을 피하는 방법으로, 또한 어른이 소유하는 '자신의 방'의 축소판을 갖는 방법으로 말이다. 그러나, 동시에 아이들은 다른 아이들과의 광범위하고 거의 동물에 가까운 접촉, 예를 들면 대화, 돌봄, 만짐, 소리, 냄새를 필요로 한다.

우리는 이 두 가지의 대립되는 힘을 모두 지니는 배치 계획만이 이 논쟁을 해결할 수 있으리라 생각한다. 이 배치는 자신만의 개인적 공간이 공용 놀이 공간 주변에 모여 있기 때문에, 모두를 볼 수 있고 들을 수 있기에 결코 혼자가 되지 않는 배치이다. 프라이버시에 대한 요구가 적은 문화권이라면 침실 클러스터는 간단히 커튼이 쳐진 알코브에 배치되어도 프라이버시를 충분히 지킬 수 있을 것이다. 이에 대해서는 침대 알코브(188)를 참고한다.

---

* (옮긴이) withdrawal, 마음을 가라앉혀서 깊이 생각하거나 몰입함.

그리고, 프라이버시에 대한 요구가 강한 문화권에서는 침실 클러스터가 공용 공간을 둘러싸는 작은 방들이 될 수도 있을 것이다.

마지막으로 다음의 두 가지의 예를 살펴보자. 하나는 한 일반 디자이너가 이 패턴을 사용하고 해석한 예이며, 다른 하나는 브르타뉴^{Breton}의 농가 주택의 침실 클러스터이다.

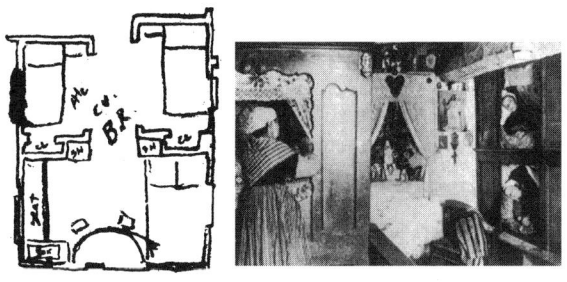

손수 만든 두 가지 침실 클러스터

그러므로,

어린이의 침대는 공용 놀이 공간 주변에 알코브나 알코브 같은 작은 방에 두도록 한다. 알코브는 테이블이나 의자 혹은 선반을 놓을 수 있을 정도의 크기이며, 적어도 어린이가 자신의 소유물을 수납할 수 있을 정도의 면적이 되도록 한다. 알코브에 공용 공간이 보이도록 벽이나 문이 아닌 커튼을 달아서 침대를 고립시키지 않도록 한다.

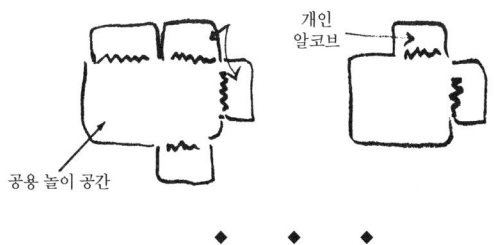

개인
알코브

공용 놀이 공간

◆　　◆　　◆

어른에게 적합한 사항에 대해서는, 이 패턴의 다른 버전인 공동 침실(186)에서 설명하였다. 두 경우 모두, 침대 알코브(188)를 따라 개인적인 알코브를 만든다. 만약, 클러스터가 어린이를 위한 장소라면 **아이들의 영역**(137)

의 설명에 따라 중앙부에 놀이 공간을 형성하고, 침대에서 부엌을 지나 외부 공간으로 이어지는 통로를 만들도록 한다. 침실 클러스터와 개인 알코브의 배치를 위해서 드레스룸과 벽장의 위치를 이용한다 - 드레스룸(189), **방 사이의 벽장**(198). 작은 구석과 틈을 계획한다 - **어린이 동굴**(203). 모든 공간에 **각 실의 두 면 채광**(159)을 가능하도록 한다. 보다 상세한 부분과 시공에 관해서는 **실내 공간의 형태**(191)에서 시작한다 ----

144. 욕실*

BATHING ROOM

···— 이 패턴에서는 건물의 주요 욕실을 정의하고 배치에 대해서 설명한다. 이는 현재 욕실의 성격을 완전히 바꾸는 것이기도 하다. 또한, 욕실은 명확히 드러난 곳에 위치하고 필수적이기 때문에, 이 패턴보다 큰 패턴에서 설명한 수면 공간과 공공 공간의 형성에 도움이 될 것이다 - 친밀도의 변화(127), 중심부의 공용 공간(129), 부부의 영역(136), 아이들의 영역(137), 동쪽을 향한 침실(138), 침실 클러스터(143).

◆　◆　◆

"우리가 목욕이라고 부르는 행위는 옛날에는 단순히 몸을 씻는 것에 불과했다. 통상적인 의미로는 적합할지 몰라도, 욕실이 몸만 씻는 장소라면 욕실이라고 불릴 자격은 없다."

버나드 루도프스키[Bernard Rudofsky]

루도프스키는 몸을 깨끗이 하는 것은 단지 목욕의 작은 한 부분에 불과하며, 목욕은 긴장을 풀어주고 즐거움을 느끼는 기본적인 활동이라고 이야기했다. 목욕 중에 우리는 자기 자신이나 자신의 몸을 보살핀다. 그 순간은 우리가 깨어 있고 완전하게 벗고 있는 귀중한 시간 중의 하나이다. 목욕이라는 휴식은 물과의 원초적인 접촉을 허락하는데, 이는 긴장을 푸는 가장 직접적이고 간단한 방법 중 하나이다. 그리고 가장 놀랍게도 우리가 이런 방법으로 자신과 아이들을 보살필 때 인간의 호전적인 성격이 완화된다는 증거가 있다.

비교문화적인 관점에서, 사회가 육체의 즐거움(특히, 어린 시절)에 규제를 두는 정도와 사회가 전쟁이나 가학적인 훈련의 찬양에 관여하는 정도 사이에는 어떠한 상관관계가 존재한다.[slater 1970]

우리는 기억해야 한다. 고대의 공중목욕탕은 하루를 재충전하는 장소였고, 오늘날 음식점과 같이 지극히 당연한 것이었을 뿐만 아니라 없어서는 안될 것으로 생각하였다는 것을 기억해야 한다. 4세기경에는 로마에만 856개의 공중목욕탕이 있었고, 600년 후의 코르도바[Cordoba]에는 더 많은 공중목욕탕이 존재했다. 코르도바라는 이름을 얼마나 들어보았을까?[Rudofsky 1955]

핀란드식 사우나

그러나, 즐거움을 위한 목욕의 역사는 매우 험난하다. 종교개혁, 엘리자베

스왕조, 청교도주의 등으로 인해 목욕은 음지로 숨어들었고, 사회악 즉 비도덕성, 신을 섬기지 않는 사람, 질병에 대한 '희생양'이 되었다. 우리가 아직까지도 이와 같은 넌센스를 극복하지 못한 것이 이상할 따름이다. 다음으로 목욕, 욕조, 샤워와 같은 단어들에 대한 우리의 접근과 그리스의 소설가이자 시인인 카잔차키스Nikos Kazantzakis가 1935년 일본의 목욕 문화를 처음 접해 본 후에 쓴 글을 비교해보자.

나는 최고의 행복감을 느낀다. 나는 기모노를 입고 나무로 된 왜나막신을 신고 방에 돌아와 차를 마신다. 그리고, 창문을 통해 순례자들이 북을 두드리며 길을 걸어 올라가는 것을 보았다. 나는 성급함이나 신경과민, 미움과 같은 것을 극복했다. 나는 이 같은 단순한 순간들을 즐겼다. 행복하다. 행복은 물과도 같은 단순한 일상의 기적이라고 생각한다. 그러나, 우리는 이를 알아차리지 못한다.

그렇기 때문에, 목욕이 즐거운 무언가를 만들어 내는 데에는 강하고 심오한 이유가 있고, 건물 내에 주 침실용 욕실·아이들 욕실 혹은 거실 근처의 또 다른 욕실과 같이 몇 개의 작고 분리된 욕실이 있으며, 각 욕실이 효율적으로 압축된 상자와 같은 형태로 존재하는 것이 무언가 잘못되었다는 가정으로부터 시작해보자. 이처럼 분리되고 효율을 강조한 욕실은 가족들이 나체나 혹은 반나체가 되어 함께 할 수 있는 목욕의 즐거움이나 친밀감을 공유할 어떠한 기회도 제공하지 않는다. 물론, 공유에는 한계가 있다. 손님이나 뜻밖의 방문자들도 욕실을 사용할 수 있어야 하며, 어느 한 사람이 문을 잠그고 욕실을 사용한다면 이 욕실은 전체 가족을 위한 것이 되지 못할 것이기 때문이다. 하지만, 목욕의 즐거움을 느낄 수 있도록 하는 하나의 큰 욕실을 생각해본다면, 가족당 하나의 욕실이면 충분하다는 것을 알 수 있을 것이다.

어떻게 이 모든 문제들을 해결할 수 있을까? 우리는 현실성이 있다고 생각하는 다양한 방법을 열거해 보았다. 이로써 우리는 문제를 해결할 수 있었다.

1. 이미 언급한 바 있지만, 최근에는 재충전을 위한 적극적인 즐거움으로 목욕을 받아들여야 한다는 열망이 증가하고 있다.

2. 알몸이 된다는 것에 대해서 관용적 분위기가 되었으며, 때문에 가족과

친구 혹은 심지어 낯선 사람과 함께 목욕을 하는 것을 괜찮다고 생각하게 되었다.

3. 알몸이 된다는 것에 대해서 관용적인 분위기가 형성되었다고 할지라도 어느 정도의 한계는 존재하며, 그 한계는 사람들마다 다르다는 사실이다. 어떤 사람들은 여전히 프라이버시를 지키기를 원하며, 자신들이 원할 때는 누구에게도 보이지 않고 샤워를 하거나 화장실을 이용할 수 있어야 한다.

4. 욕실 내에 화장실을 설치하는 습관(예전처럼 옆에 설치하는 것이 아니라)은 복도로 나가기 위해서 옷을 입거나 혹은 벗지 않고도 화장실과 욕실 혹은 샤워실 사이를 이동할 수 있다는 편리함에서 기인한 것이다. 사람들은 욕실에 있는 동안, 욕실로 들어갈 때, 화장실에서 욕실로 들어가거나 면도를 할 때 혹은 그 외의 경우에도 편안하게 알몸이 되기를 원한다. 이 공간들의 연결점을 통과할 때, 어느 한 곳에서라도 옷을 입어야 하는 경우가 생긴다면 이는 무척 성가신 일이다.

5. 그리고, 가족 구성원은 옷을 입지 않은 상태에서 공공 공간을 통과하지 않고 침실과 욕실 사이를 이동할 수 있어야 한다. 이는 특히 어른들에게는 중요한 일이다.

6. 방문자는 욕실을 사용할 수 있어야 하며 가족들의 개인실이나 침실을 거치지 않고도 욕실에 갈 수 있어야 한다.

이와 같은 작용들의 기본적인 대립은 개방과 프라이버시 사이에 있다고 생각한다. 욕실의 기능을 함께 묶어야 할 이유도, 분리된 채로 두어야 할 이유도 있다. 때문에, 욕실에 관한 모든 기능을 함께 엮어 하나의 연결된 공간을 형성시켜야 한다고 생각한다. 그리고, 이 연결된 공간 혹은 욕실이 집 안의 유일한 욕실이 되도록 해야 하며, 또한 이 연결된 공간 내에는 사람들이 문을 닫거나 혹은 커튼을 쳐서 혼자가 될 수 있는 개인의 영역이 있어야 한다.

전체적으로는 타일로 마감되고 주택의 다른 부분이나 공공의 외부 공간으로부터는 보호되는 욕실을 상상해본다. 이 공간 안에서는 세면대나 샤워 혹은 화장실을 이용하고자 하는 사람들에게 적절한 개방을 유지하게 함과 동시에, 욕조 그리고 욕실의 다른 부분과도 올바르게 연결되어 있을 것이다. 이 공간은 부부의 영역(부부가 가장 많이 사용할 것이므로)에 인접하고, 또한 공공의 영역과 개인적인 영역 사이에 배치해야 한다. 그리고, 침실에서 욕실로 가는 통로가 공용실에서 보이지 않도록 해야 한다.

알몸을 가려야 할 상황에 대처하는 간단한 방법은, 욕실 내 눈에 잘 띄는 몇몇 장소에 수건걸이를 설치하고 몸을 감쌀 수 있을 정도의 큰 수건을 걸어두는 것이다. 이렇게 하면, 알몸이 불편할 때 수건으로 몸을 감쌀 수 있을 것이다. 알몸이 불편하지 않다면 아무것도 입지 않아도 좋다. 이렇게 하는 것이, 언제나 잘못된 장소에 놓여져 있고 옷을 입은 것에 가까운 정식 목욕 가운을 입는 것보다 훨씬 나을 것이다.

욕조는 두세 사람이 편안히 물 속에 들어가 있을 만큼 충분히 커야 한다. 그렇게 하면, 사람들은 급하게 들어갔다 나오는 것이 아니라 욕조에 머물고 싶어진다. 빛은 큰 도움이 된다. 프라이버시가 중요한 요소라면 자연채광은 반투명 유리를 통해 걸러질 수 있고 혹은 투명한 유리창을 개인 정원을 면해서 배치할 수도 있다.

마지막으로 문에 대해서 설명하기로 하자. 문은 개방과 프라이버시 사이의 미묘한 균형을 이루는 데 가장 중요한 역할을 하기 때문에, 문을 올바르게 설치하는 것은 매우 중요하다. 우리가 생각하는 욕실 출입문은 창이 없고 잠글 수 없는 문이다. 아마도 공간의 우아함을 만들 수 있는 여닫이 문이 적당하리라고 생각한다. 그리고, 샤워실에는 불투명 유리문이나 커튼을 설치하고, 가장 개인적인 장소인 화장실에는 평범한 문을 설치하며, 욕조가 놓여 있는 알코브의 출입구는 문을 설치하지 않는다. 세면대와 수건, 선반 등 모든 자질구레한 물건들은 바깥쪽에 두도록 한다.

그러므로,

욕실, 화장실, 샤워실, 세면대는 타일로 마감된 하나의 공간에 집중시킨다. 이 공간은 독립적으로 진입할 수 있는 부부의 영역에 인접하도록 배치하고, 공용 공간과 사적이고 독립적인 공간 사이에 두도록 한다. 가능하다면 작은 발코니나 혹은 벽으로 둘러싸인 정원과 같은 외부로 나갈 수 있는 통로를 설치한다.

적어도 두세 사람이 완전히 물에 잠길 수 있을 만큼 큰 욕조를 두도록 한다. 그리고, 몸을 깨끗하게 하는 실제적인 과정을 위해 샤워실과 세면대를 설치하며, 큰 수건을 걸 수 있는 수건걸이를 문, 샤워실, 세면대 옆 등 두세 군데 설치하도록 한다.

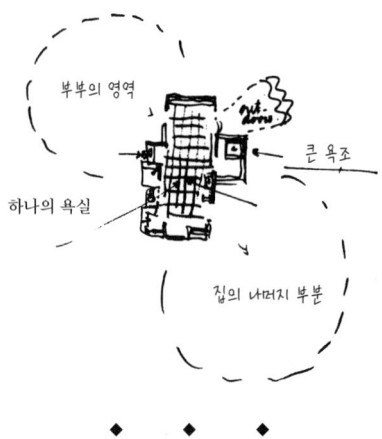

무엇보다도 충분한 빛이 들어오는가를 확인하며 - **각 실의 두 면 채광**(159), **걸러진 빛**(238), 욕실을 정원의 개인적인 부분에 개방하도록 배치한다 - **정원의 담장**(173). 그리고 경우에 따라서는 근처의 수영장으로 바로 나갈 수 있게 한다 - **고요한 물**(71). 화장실은 퇴비를 위한 공간과 나란히 배치하며 - **퇴비**(178), 욕실의 상세한 형태나 시공은 **실내 공간의 형태**(191)에서 시작한다 ---···

145. 창고

BULK STORAGE

···· 이 패턴은 소가족을 위한 주택(76), 자치 운영되는 작업장과 사무실 (80), 개인 소유의 상점(87)의 완결을 돕는다. 좀더 일반적으로 설명하자면, 이 패턴은 복합건물(95)을 충실히 하는 데 필요하다.

◆　◆　◆

창고의 필요성은 집과 작업장에 항상 있다. 창고는 매일 쓰지는 않지만 아 직 버리지는 못하는 여행가방, 오래된 가구나 서류철, 상자와 같은 것들을 두 는 장소이다.

일부 오래된 건물의 다락이나 지하저장고 혹은 헛간과 같은 공간은 창고 로서의 기능을 제공하였다. 그렇지만, 대부분 이러한 공간은 자주 간과되어 버리고 만다. 예를 들면, 설계자는 제곱피트당 건축비를 면밀히 검토하지 만, 거주 공간이 아닌 여분의 공간에 대해서는 건축비를 정당화시키지 못하 기 때문에, 결국에는 창고가 무시되어 버리는 경우를 흔히 볼 수 있다.

그러나, 우리의 경험상 창고는 매우 중요한 공간이다. 창고가 없다는 것 은, 다른 공간이 사람들이 보관하고자 하는 부피가 크고 자질구레한 물건들 을 수용하는 용기가 되어 버린다는 것을 의미한다.

어느 정도의 창고가 필요한가? 필요 이상으로 클 필요는 없다. 창고가 너 무 크면, 오래전에 필요 없게 된 물건들을 보관하게 되고 만다. 그러나, 어느 정도 크기는 되어야 한다. 주택, 작업장 혹은 클러스터에는 수리가 끝날 때 까지 창고에 보관해야 하는 오래된 가구, 타이어, 책, 상자 혹은 가끔씩만 사 용하는 도구들이 있을 것이다. 그리고, 세대의 자족성이 증가할수록, 더 많 은 창고 공간이 필요할 것이다. 극단적인 경우로, 건축자재를 수납하는 공 간마저 필요할지도 모른다. 필요한 창고 면적은 총면적의 10%이상이다. 때 때로 50%까지 높아지기도 하지만 보통은 15~20% 정도이다.

그러므로,

창고를 계획 단계의 마지막까지 남겨두거나 잊지 않도록 한다. 건물 내에 창고를 위한 공간을 마련하되, 그 공간은 총면적 중 최소한 15~20%정도가 되도록 한다. 10% 이하는 안 된다. 창고는 마감이 필요하지 않기 때문에 건물 내의 다른 공간보다 비용이 적게 드는 장소에 배치한다.

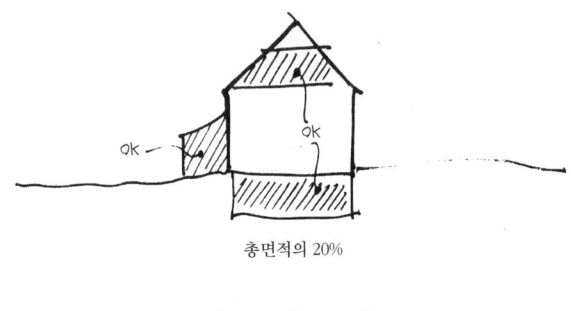

총면적의 20%

◆　　◆　　◆

경사 지붕이 설치되어 있다면, 지붕의 최상부에 창고를 배치하도록 한다 - 감싸는 지붕(117). 만약, 경사진 대지라면 창고는 지하 공간에 설치한다 - 계단식 경사면(169), 1층 슬래브(215). 그렇지 않으면, 이후에 별채로 개조할 수 있는 헛간을 창고로 한다 - 임대실(153). 창고가 다락이나 지하창고 혹은 헛간이든지 상관없이, 북쪽 면(162)의 설명을 따르는 것이 도움이 될 것이다. 그리고, 채광이 좋은 곳은 방과 정원을 위한 공간으로 남겨두고, 건물 북쪽에 창고를 계획하도록 한다 --…

사무실, 작업장 그리고 공공 건축물도 이와 동일한 방법으로 결정한다.

146. 유연한 사무 공간

FLEXIBLE OFFICE SPACE

···· 작업장이나 사무실의 기본적인 공간 배치가 마무리되었다고 생각해 보자 - 자치 운영되는 작업장과 사무실(80), 사무실의 연결(82). 한 번 더 이야기하자면, 주택과 마찬가지로 모든 기본적인 배치는 친밀도의 변화(127), 중심부의 공용 공간(129)을 따른다. 이러한 패턴들의 일반적인 틀 속에서, 이번 패턴은 작업 공간을 보다 구체적으로 정의하고 앞서 언급한 더 큰 패턴들의 완성에 도움이 된다.

◆　◆　◆

사용자의 요구를 적절하게 반영하면서, 배치와 조합이 무한히 가능한 공간을 만들 수 있는가?

모든 인간조직은 끝없는 변화를 겪기 마련이다. 사무실에서는 작업그룹 클러스터의 크기, 기능은 모두 변화의 대상이기에 예측할 수 없기도 하다. 이러한 상황에 대처하기 위해서 사무 공간은 어떻게 디자인이 되어야 하는가?

사무 공간의 유연성에 관한 문제에 접근하는 일반적인 방향은 (1)모듈 칸막이 벽(천장 높이나 혹은 그 절반 높이)으로 만드는 연속된 모듈 공간과 (2)층 전체의 층고°가 낮으며 칸막이(오피스 랜드스케이프 office landscape라고 알려진)가 없는 연속된 공간이다.

하지만, 이들 중 어느 것도 현실적인 해결책이 되지 못한다. 왜냐하면 실제로 유연성이 없기 때문이다. 그 이유를 차례로 분석해 보도록 하자.

두 해결책 중 칸막이 벽에 대해서 먼저 검토해 보자. 순수하게 생각해 보면, 움직일 수 있는 칸막이 벽으로 이 문제를 확실히 해결할 수 있을 것처럼 보인다. 그러나, 실제로 칸막이 벽에는 수많은 심각한 문제점이 내재한다.

1. 칸막이 벽이 움직이기 쉽도록 만들어진다면, 무게는 가벼워지겠지만 소음을 차단하는 데는 충분하지 않다.

2. 칸막이 벽이 움직이기도 쉽고 음향 차단이 매우 우수하다면 일반적으로 매우 고가이다.

650

3. 칸막이 벽을 이동하는 데 필요한 실제적인 비용은 일반적으로 상당히 고가여서, 고도로 유연하고 모듈화된 시스템일지라도 실제적으로는 거의 이동시키지 않는다.

4. 가장 심각한 것은 칸막이 벽 시스템에서는 경미한 변경이 거의 불가능하다는 점이다. 한 작업그룹이 확장되어 보다 많은 공간을 필요로 한다고 인접한 다른 작업그룹을 축소시키는 일을 동시에 진행하기는 기대하기 힘들다. 우연이면 가능할지도 모르겠다. 확장되는 그룹을 위한 공간을 만들기 위해서, 사무실의 많은 부분이 개편되어야 하며 또한 많은 혼란을 불러일으킨다. 때문에, 많은 사무실 관리자들은 보다 간단한 해결책을 채택할 것이다. 즉, 칸막이는 그대로 남겨 두고 사람들을 이동시키는 것이다.

5. 마지막으로, 어떤 비형식적이고 반 영구적인 배치가 시간이 경과함에 따라 점점 영구적인 것이 되어가는 것이 사무 공간의 특성이다(예를 들면, 가구, 서류정리 시스템, 어떤 특별한 공간이나 창에 대한 '점유권'). 이는 사무실 사용자로 하여금 변화에 저항하게 한다. 비록, 자신의 작업그룹이 성장할 경우에는 기꺼이 이동하고자 할지라도, 다른 작업그룹의 확장이나 축소로 사무실 전체를 재편성하는 것에는 강하게 반발할 것임이 틀림없다.

모듈 칸막이 벽 시스템은 칸막이 벽이 사실상 일반적인 벽이 되어버리기 때문에 실패하고 만다. 그러나, 칸막이 벽은 영역을 규정하고 음향을 차단하는 데에 있어서 실제 벽에 비해 유용하지 못하다. 더욱이, 칸막이 벽은 둘러싸인 작업 공간(183)에서 설명할 반쯤 둘러싸인 작업 공간의 요구를 필연적으로 만족시키지 못한다. 때문에, 움직일 수 있는 칸막이 벽 시스템은 이 문제의 답이 될 수 없음이 분명하다.

오피스 랜드스케이프 방식에서는 칸막이 벽이 없기 때문에 실제로는 보다 유연하다. 그러나, 이 시스템은 높은 수준의 프라이버시나 각 작업그룹 내의 강한 내부 결집이 요구되지 않는 경우에만 적합하다. 웰즈Brian Wells는 연구를 통해서, 사무실 근로자들은 큰 공간보다 작은 작업 공간을 더욱 선호한다는 것을 밝혀냈다. 이에 대해서는 소규모 작업그룹(148)을 참고한다. 웰즈는 사람들에게 다른 크기의 사무실이 주어졌을 때, 큰 사무실보다는 작은 사무실의 자리를 선택하며 작은 사무실에서의 작업그룹이 큰 사무실의 작업그룹보다 보다 많은 응집력(그룹 내 사회적 다수의 선택에 의한)을 가진다고 제시했다.[PRU 1965]

유연성 있는 칸막이 벽이나 오피스 랜드스케이프 방식 모두 실질적으로 유용하지 못한다고 생각한다. 두 방법 모두 특정한 작업 배치에 잘 맞지 않고 실제적으로 유연한 공간을 형성하지도 못한다. 반면에, 사무실로 개조된 주택을 이용하는 조직은 이 같은 문제에 대해서 어려움을 전혀 느끼지 않는다는 사실로부터, 우리는 유연성에 대한 전혀 다른 접근을 위한 실마리를 얻을 수 있다. 오래된 건물은 표면적으로 유연한 듯 보이는 모듈화된 칸막이 사무실보다 실질적인 유연함을 제공한다. 그 이유는 간단하다. 오래된 주택에는 많은 작은 방들과 몇 개의 큰 방이 있으며, 부분적으로 구획된 많은 공간들이 다양한 방법으로 연결되어 있기 때문이다.

크기가 다른 방들이 혼합

오래된 주택은 가족의 생활을 위해 설계되어 있지만 그렇다 할지라도 작업그룹의 본질적인 구조에도 적합함을 알 수 있다. 사적 혹은 반 사적인 사무실을 위한 작은 공간들, 2~6명의 작업그룹을 위한 공간, 12명 정도가 함께 모일 수 있는 공간, 그리고 부엌과 식당을 중심으로 하는 공용 공간. 게다가, 각 공간에는 방 내부를 변화시킬 수 있는 다양한 벽, 낮은 벽, 창가 의자 등이 있다.

비록 벽을 쉽게 이동시킬 수 없다고 하더라도 이런 주택은 실질적인 적응력이 높다. 작업그룹의 변화는 단지 방의 문을 여닫는 것으로, 몇 분 안에 그리고 어떤 비용도 들이지 않고 해결할 수 있다. 음향에 대한 부분에서도 탁월하다. 왜냐하면 대부분의 벽들은 견고하며, 일부는 내력벽*이기 때문이다.

사무실이나 작업 공간을 주택처럼 만드는 것은 가능하다. 하지만, 이 경우 사무실이나 작업 공간의 특성을 큰 공간과 방들의 혼합 공간에 배치하기 위해서는 작업그룹에 대해서 충분히 알고 있어야 한다. 대부분의 경우, 사무실이나 작업 공간이 만들어질 당시에는 그 공간을 점유하게 될 작업그룹에 대해서는 전혀 알지 못한다. 그렇기 때문에, 맞춤식 주택 같은 설계는 불가능하다. 그 대신에, 공간이 사용되기 시작했을 때부터 서서히 그리고 조직적으로 주택과 같은 공간으로 변화될 수 있는 형태의 공간이 설계되고 만들어져야 한다.

이러한 가능성을 실현할 수 있는 공간은 창고 같은 공간도 아니고 오피스 랜드스케이프도 아니다. 대신에 사람들이 필요로 하는 공간을 잠재적으로 지닌 형태로, 기둥과 다양한 천장고*로 이루어진 공간에서 사람들이 그 공간을 사용할 때 상황에 맞게 개조해 나가도록 배려하는 공간이다. 만약, 기둥이 배치되고 기둥 사이로 몇 개의 칸막이 벽이 설치되면 공간의 분화나 변형이 형성되기 시작할 것이다. 그렇다면, 사람들이 실제적으로 일을 하기 시작했을 때, 자신들의 요구에 맞추기 위해 실질적으로 그 공간을 변형할 것이라고 확신한다.

기둥의 기하학적인 배치에 대해서만 고려한다면, 중앙에 공간이 있고 측면에 통로가 있고 통로의 기둥과 기둥 사이에 작업 공간이 형성될 수 있을 때, 최선의 결과를 기대할 수 있음을 알 수 있었다. 아래의 그림은 일반적인 개념을 나타낸 것으로 이 패턴이 몇 년 후에 변형될 수 있는 모습을 함께 나타내었다.

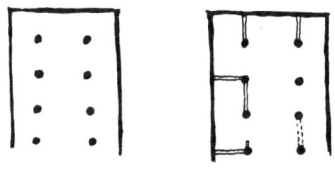

칸막이 벽을 더한다.

물론 크기가 다른 공간을 추가할 수 있고, 이 일반적인 개요를 따라 무한히 다양한 방법으로 공간을 조합할 수도 있다. 좀 더 간단한 경우는 기둥 간격이 나란히 배열된 경우이다. 반면, 기둥 배열이 뒤틀리거나 나란하지 않아 기둥 사이로 특이한 크기의 방과 공간이 생길 수도 있을 것이다. 상세한 부분과 무관하게 중요한 것은 기둥의 일반적인 배치이다. 물론, 공간에는 충분히 풍부한 자연광이 들어올 수 있도록 배치해야 함에 유의한다 - 각 실의 두 면 채광(159).

그러므로,

사무 공간은 중앙의 개방된 공간의 주위를 독립된 기둥이 감싸고 있는 형태로 배치하도록 한다. 그러면 반 사적인 공간과 공용 공간들은 서로 연결을 유지하면서도 영역을 명확히 할 수 있을 것이다. 충분한 기둥을 배치하여 사람들이 수년에 걸쳐 다양한 방법으로, 하지만 항상 반영구적인 방법으로 기둥 사이를 막을 수 있도록 한다.

사무 공간을 만들기 전에 그곳에서 일할 작업그룹에 대해 알게 된다면 그들의 요구를 더욱 반영할 수 있는 맞춤식 주택과 같은 공간으로 만든다. 어떠한 경우라도, 사무실 전체에 걸쳐서 오래된 주택 내의 다양한 규모와 종류의 공간들에 비할만한 다양한 공간들을 만들도록 한다.

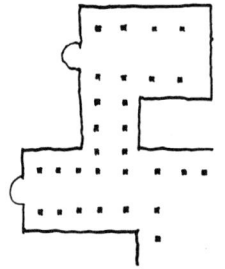

다양한 크기의 방이 만들어질 가능성

◆　　◆　　◆

빛은 중요하다. 앞서 설명한 것과 같은 작업 공간은 구획별로 독립적으로 사용하거나(그러면 뒤쪽에서 빛이 들어온다) 혹은 두 측면에서 충분한 빛이 들어올 수 있을 만큼 모든 구획의 깊이가 얕아야 한다 - 각 실의 두 면 채광(159). 공간의 적절한 혼합을 정의하기 위해서 **다양한 천장고(190), 기둥이 있는 장소(226)**를 이용한다. 무엇보다도, 작업 공간은 두세 사람이 함께 일할 수 있도록 배치하고, 부분적인 접촉과 (불완전하지만) 프라이버시를 유지하도록 한다 - **소규모 작업그룹(148), 반 사적인 사무실(152).** 출입구에

는 사람을 따뜻하게 맞는 접수 공간을 두고 - **편안한 접수 공간**(149), 중심부
에 있는 공용 공간에는 사람들이 매일 함께 모여 무언가를 먹을 수 있도록
한다 - **함께하는 식사**(147) - …

147. 함께하는 식사*

COMMUNAL EATING

···- 이 패턴은 중심부의 공용 공간(129)이 존재하는 모든 인간 집단과 조직의 완성에 도움이 된다. 그리고, 무엇보다도 작업장과 사무실 그리고 대가족의 완결을 돕는다 - 가족(75), 자치 운영되는 작업장과 사무실(80). 공용 공간은 함께 음식을 나누어 먹는 행위를 통해서 강화될 것이다. 이번 패턴에서는 이를 보다 상세하게 정의하며, 보다 큰 사회 질서를 형성하는 데 어떻게 도움이 되는지를 보여준다.

◆　　◆　　◆

함께 음식을 먹지 않는다면, 그 어떤 인간 집단도 유지될 수 없다.

모든 인간 사회에서 식사를 함께 하는 것은 아주 중요하다. 성찬식, 결혼식 연회, 생일 파티, 크리스마스 만찬, 아일랜드 경야Irish wake, 가족의 저녁식사 등은 서양 혹은 크리스마스에 한정된 경우일 수 있지만, 어떤 사회에서도 사람들은 함께 음식을 먹는다. 대부분의 중요한 행사에서나 조직 생활에서는 먹고 마시면서 신성함을 강조하거나 조직력을 다진다. 문화인류학에 관한 문헌에는 함께 식사를 하는 것에 대한 언급이 있는데, 예를 들면 코헨Yehudi A. Cohen의 『사회구조와 인격』이나[Cohen 1961], 리차드Audrey I. Richards의 『원시부족에서의 굶주림과 일: 남반투족의 영양섭취에 관한 기능적인 연구』가 있다.[Richards 1932]

메르톤Thomas Merton은 함께 음식을 먹는 것에 대한 의미를 다음과 같이 아름답게 정리했다.

축제는 그 자체로 사람들을 끌어들이고, 사람들로 하여금 모든 것을 다 잊고 즐거움에 참여하도록 만든다. 축제에 함께 참여하는 것은 어떤 이가 친구와 함께 있을 때 갖는 즐거움을 입증해 보여주는 것이다. 연회banquet나 축제와는 달리, 단순히 함께 식사를 한다는 행위는 본질적으로 우정과 교류의 증거이다.

현대를 사는 우리는 일상 생활의 가장 평범한 활동조차 본질적으로는 깊은 정신적 의미를 가지고 있다는 사실을 자주 망각한다. 테이블은 어떤 의미로 가족생활의 중심이고 가족생활의 표현이다. 아이들은 테이블 주위로 부모가 준비한 사랑의 음식을 먹기 위해 부모와 함께 둘러앉는다.

집회에서도 마찬가지다. 라틴어 컨비비움convivium은 영어의 '연회'나 '축제'라는 단어보다 훨씬 신비로운 의미를 내포하고 있다. 축제를 컨비비움으로 부르면, 이는 '삶을 나누는 신비한 의식'이라고 부르는 것과 같다. 이 신비로운 의식은 주인이 애정을 가지고 준비한 좋은 것에 손님이 참여하고, 우정과 감사의 분위기가 생각과 감정의 나눔으로 발전하고 그리하여 공동의 기쁨으로 끝을 맺는 것이다.[Merton 1956]

따라서, 식사를 함께 하는 것은 대부분의 인간사회에서 사람들을 묶어주며 사람들이 그 사회의 구성원이라고 느끼게 되는 소속감을 증대시키는 중요한 역할을 한다.

한 집단의 구성원들을 함께 묶어주는 본질적인 중요성을 넘어, 식사를 함께 하는 것이 내포하고 있는 또 다른 중요한 이유는 특히 현대의 도시 사회에서도 적용된다.

도시 사회는 인간 역사상 전례가 없을 만큼, 다양한 사람들과의 만남을 가능하게 한다. 인간은 전통적인 사회에서 자신이 아는 사람들과 함께 사는 법을 배웠다. 여기서, 아는 사람은 비교적 폐쇄된 집단에서 형성되었으며 그 집단은 크게 확대될 가능성이 거의 없었다. 반면, 현대도시 사회에서의 개인은 아주 소수라도 자신이 정말 함께 하고 싶은 사람을 발견할 가능성을 가진다. 이론상으로 500만 인구의 도시에 거주하는 사람이 함께하고 싶은 사람을 찾는다면, 약 6명 정도를 찾을 기회를 갖는다.

그러나, 이는 단지 이론적인 이야기일 뿐 실제로 가능성은 굉장히 낮다. 자신이 살고 있는 도시에서, 자신이 속하고 싶은 마음 편한 집단을 찾았다거나 혹은 가장 가까운 친구들을 만났다고 확신할 수 있는 사람은 거의 없다. 사실, 반대로 사람을 충분히 만나지 못한다고, 그리고 사람을 만날 기회가 너무 적다고 지속적으로 불평을 한다. 사회 구성원들의 본성을 자유롭게 탐색하고, 서로 친밀감을 갖는 사람끼리 자연스럽게 함께하는 자유가 있는 대신, 우연히 만난 몇 안 되는 사람들과 함께 있기를 강요당하는 것처럼 느낀다.

이 위대한 도시 사회의 잠재력을 어떻게 실현할 수 있는가? 가장 친밀감을 느낄만한 사람을 어떻게 찾아낼 수 있는가?

이 물음에 답하기 위해서, 우리는 사회에서 새로운 누군가와 만나는 과정의 구조를 정의해야 한다. 이 질문에 대한 답은 다음의 세 가지 중요한 가설에 전적으로 좌우된다.

1. 만남의 과정은 사회 내 인간 집단들이 겹치고, 이 인간 집단들을 한 인간이 거치면서 만남의 범위를 확장하는 방법에 의해 전적으로 좌우된다.

2. 이 과정은 사회의 다양한 인간 집단이, 만남이 일어날 수 있는 '집단의 영역'을 가지고 있는 경우에 한해 발생한다.

3. 만남의 과정은 특히 함께 식사하고 마시는 것에 의존하는 것으로 보여진다. 때문에, 일상생활에서 함께 식사를 하는 행위를, 적어도 부분적으로라도 행하는 집단에서 만남은 특히 잘 일어난다.

만약, 위의 세 가지 가설이 틀리지 않다면 사람들이 다른 누군가를 만나는 과정은 사람들이 방문자나 혹은 손님으로 식사에 참여하며 방문할 수 있는 집단의 범위에 전적으로 달려 있는 것이다. 그리고, 이는 각 조직이나 각 사회 집단이 정기적으로 함께 식사를 할 때만이 가능하다. 그렇지 않으면, 집단의 구성원들이 자신들의 식사모임에 손님을 자유롭게 초대할 수 있고 그들 또한 다른 집단의 식사모임에 손님으로 초대될 수 있는 경우에 한한다.

그러므로,

모든 조직과 사회 집단에 함께 모여서 식사를 할 수 있는 공간을 제공하도록 한다. 함께하는 식사는 정기적인 행사로 하도록 한다. 특히, 모든 직장에서는 함께 점심식사를 하도록 하는데, 공용테이블 주위에(도시락이나 자동판매기 혹은 종이용기로 준비된 식사가 아닌) 제대로 된 식사를 준비하여 중요하고 편안한 일상의 행사가 되도록 한다. 점심식사에는 손님을 초대해도 좋을 것이다. 우리 센터의 작업그룹에서도 순서를 정해 음식을 요리할 때 이 패턴이 가장 아름답게 나타난다는 것을 발견하였다. 점심식사는 이벤트가 되었고 모임이 되었다. 그리고, 요리를 하는 것은 모든 구성원에게 사랑과 에너지를 듬뿍 담은 특별한 일이 되었다.

테이블　　정기적인 식사

각자 순서대로 요리하는 사람들

◆　　◆　　◆

만약, 조직이 크다면 함께 식사를 할 수 있는 조금 작은 집단으로 조직을 나눌 방법을 찾도록 한다. 그렇게 해서, 함께 식사를 하는 하나의 집단이 약 12명을 넘지 않도록 한다 - 소규모 작업 집단(148), 소규모 집회실(151). 식사 공간 주변에는 **농가의 부엌**(139)과 같은 부엌을 설치한다. 그리고, 식사 테이블이 중심이 되도록 한다 - 식사 분위기(182) ┄┄…

148. 소규모 작업그룹**

SMALL WORK GROUPS

···─ 조직의 작업 공간은 ─ 자치 운영되는 작업장과 사무실(80), 유연한 사무 공간(146) ─ 더욱 세분화 되어야 할 필요성이 있다. 무엇보다도 이 패턴이 제시하는 것처럼 가장 작게 구성된 작업그룹이 자신들만의 물리적 공간을 소유할 수 있도록 하는 것은 매우 중요하다.

◆　　◆　　◆

6명 이상이 한 장소에서 일을 할 경우, 거대하고 구분되어 있지 않은 하나의 공간에서 일하도록 강요하지 않는다. 대신에 작업 공간을 분할해서 사람들이 작은 작업그룹을 형성할 수 있도록 하는 것은 매우 중요한 일이다.

사실, 구분되지 않은 작업그룹에서 일하는 경우나 혹은 자신이 너무 고립되어 일하도록 강요받을 경우, 사람들은 억압을 받는다고 느낀다. 사람들이 너무 많아 그 안에서 어떠한 친밀한 사회적 관계도 발전할 가능성이 없는 극단적인 경우와, 사람들이 너무 적어서 사회 집단이 형성될 가능성 자체가 거의 희박한 또 다른 극단적인 경우 사이에서 작업그룹은 적절한 균형을 유지한다.

작업그룹의 크기에 관해 제안하는 근거는 필킹톤 연구소Pilkington Research Unit의 연구원들이 자신들의 사무실 생활에 대한 조사에서 찾을 수 있다.[Manning 1965] 이 광범위한 연구 중에는 사무실 크기에 대한 항목이 있고, 사무실 근무자는 크기가 큰 사무실과 크기가 작은 사무실에 대한 자신들의 의견을 답하였다. 대답 중에 가장 많은 표현은, "좀 더 큰 사무실은 우리를 비교적 덜 중요한 사람으로 느끼게 한다" 그리고 "큰 사무실에서는 항상 누군가에게 보여지고 있다는 불편한 느낌이 있다"라는 것이었다. 그리고, 사무실에 적용할 수 있는 다섯 가지의 배치를 비교하라는 요청에, 직원들은 일관적으로 작업그룹이 제일 작은 경우의 배치를 선택하였다.

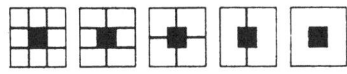

좋아하는 순서로 나열된 다섯 가지 배치

결과를 분석해 보면 작은 사무 공간에서 일하는 사람들은 큰 사무 공간에서 일하는 사람들보다 큰 사무 공간에 대해 더 많이 반대한다라는 것을 알 수 있다. 작은 그룹으로 일을 해본 경험이 있는 사람들은 다시 큰 사무 공간으로 옮기는 것을 상상만해도 마음이 불편하다는 것을 분명히 알 수 있다.

버클리 시청의 직원을 대상으로 실시한 작업 공간에 대한 선호도 조사에서, 직원들이 2~8명 정도로 이루어진 작업그룹의 일원이 되는 것을 더욱 선호한다는 것을 알 수 있었다. 집단 구성원이 8명 이상이면 사람들은 인간적인 모임으로서 가졌던 집단과의 접촉을 잃어버린다. 아무도 혼자 일하기는 원하지 않는다.

다른 사례로, 일본 건축가 타카노T. Takano가 실시한 일본의 작업그룹에 관한 연구에서 유사한 조사결과가 제시되었다. 타카노가 조사한 사무실의 경우에는 5명이 가장 효율적이고 기능적이라는 사실이 밝혀졌다.[Takano 1961]

소규모 작업그룹은 다른 그룹과 어떻게 연관되어야 하는가? 웰즈는 작은 작업그룹이 친밀한 분위기는 만들어 내지만, 다른 집단들과의 교류를 뒷받침하지는 않는다는 사실을 지적하였다.[Wells 1965] 이런 문제는 분수식 식수대, 화장실, 사무가구 혹은 공용의 대기실, 정원과 같은 공용시설을 몇 개의 소규모 작업그룹이 공유하도록 배치함으로써 해결할 수 있다.

그러므로,

조직을 6명 이하의 구성원 정도로, 크기가 작고 공간적으로 인식할 수 있는 작업그룹으로 분할하도록 한다. 구성원 배치는 개개인이 부분적으로라도 서로 보이도록 한다. 그리고, 몇 개의 집단이 공용의 출입구, 음식, 사무실 집기, 식수대, 화장실을 공유할 수 있도록 각 작업그룹을 배치하도록 한다.

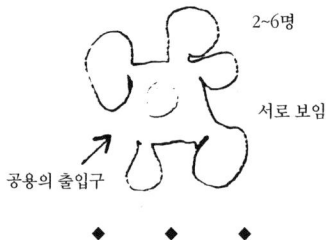

2~6명

서로 보임

공용의 출입구

◆　　◆　　◆

작업그룹들 사이의 거리가 사무실의 연결(82)의 제약조건에 맞도록 각각의 작업그룹을 배치하며, 각 작업그룹의 사무 공간이 확장되거나 혹은 축소될 수 있도록 여유를 갖도록 한다 - 유연한 사무 공간(146). 또한, 각각의 그룹이 자체 공용 공간을 갖거나 혹은 몇 개의 작업그룹이 공동으로 사용하는 공용 공간을 둔다. 혹은 두 가지 경우 모두에 공용 공간을 두도록 한다 - 중심부의 공용 공간(129). 모든 공장이나 사무실에서는 각각의 소규모 작업그룹을 배움의 장소로 간주한다 - 장인과 도제(83). 소규모 작업그룹에는 거리로 직접 통하는 전용 계단을 설치하며 - 노천 계단(158), 그룹 내의 개별 작업 공간은 반 사적인 사무실(152), 둘러싸인 작업 공간(183)을 따라 구성하도록 한다 ----

149. 편안한 접수 공간

RECEPTION WELCOMES YOU

···– 공공건물이나 혹은 많은 사람들이 방문하는 사무실, 자치 운영되는 작업장과 사무실(80), 형식적이지 않은 소규모 서비스(81), 여관(91), 유연한 사무 공간(146)에서는 현관실(130)의 내측 공간이 매우 중요한 역할을 한다. 따라서, 이 공간은 초기 단계에서부터 적절한 분위기를 가질 수 있도록 만들어져야 한다. 이번 패턴은 원래 미국 국립정신건강연구소National Institute of Mental Health의 도르셋Clyde Dorsett이 커뮤니티 정신건강 클리닉을 위한 프로그램에서 제안한 것이다.

◆　◆　◆

공공건물에 가본 적이 있는가? 접수처에서 마치 짐처럼 다루어진 적은 없었는가?

누군가를 편안하게 느끼도록 하려면, 그 사람을 자신의 집에서 환영하는 것처럼 대해야 한다. 즉, 그 사람에게 다가가서 인사하고, 의자나 약간의 음식, 음료를 권하며 그의 코트를 받아들여야 하는 것이다.

대부분의 시설에서 방문객은 바로 접수원에게 가야 하지만, 접수원들은 수동적이며 아무것도 해주지 않는다. 접수원이 방문객을 맞기 위해서는 무언가 행동을 취해야 한다. 즉, 다가와서 인사를 하거나 의자나 음식을 건네고, 벽난로 옆의 의자나 커피를 권하거나 하는 것이다. 이러한 행동은 중요한 첫인상이 되기 때문에, 처음 접하는 분위기는 이와 같아야 한다.

런던에 있는 브라운호텔Browns Hotel의 안내 데스크는 우리가 알고 있는 아름다운 예 중의 하나이다. 이 호텔은 마치 주택의 출입구와 같이 작고 소박한 출입구를 통해 안으로 들어간다. 그리고 두세 개 정도의 방을 지나면 두 개의 오래된 책상이 있는 중앙부로 들어선다. 접수원은 안쪽 사무실에서 나와서 방문객을 맞이하고 방문객을 편안한 의자에 앉도록 한다. 그리고, 방문객이 호텔 숙박계를 기입할 동안 옆에서 앉아 기다린다.

대부분의 접수 공간은 이와 같은 서비스를 제공하는 데 완전히 실패한다.

그 원인 중 하나는 접수원의 책상이 일종의 장애물이 되어 버리는 데 있다. 책상과 비품들은 환영하는 분위기를 주기보다는 이상스럽게 조용하고 딱딱한 분위기를 형성하고 만다.

그러므로,

푹신한 의자, 벽난로, 음식, 커피와 같은 방문객을 맞이하는 데 도움이 되는 것을 출입구 바로 안쪽에 마련하도록 한다. 접수 데스크는 접수원과 대기 장소 사이에 두지 않고, 한쪽 벽에 비스듬히 설치한다. 그래서 접수원이 일어나 방문객을 향해 걸어가서 인사하고 의자에 안기를 권할 수 있도록 한다.

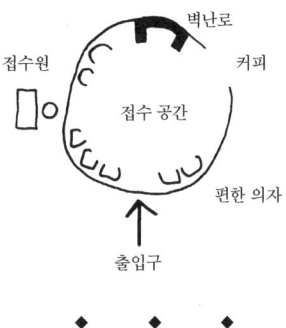

♦　　♦　　♦

벽난로는 가장 집중이 되는 장소이기 때문에 주의하여 배치한다 - 불(181). 접수원의 사무실은 일하기에 편할 뿐만 아니라 방문객을 편안하게 맞이할 수 있게 한다 - 둘러싸인 작업 공간(183). 대기 공간은 각 실의 두 면 채광(159)으로 하고 기다리는 사람을 위한 알코브나 창가 의자를 둘 수도 있다 - 대기 장소(150), 알코브(179), 창가(180). 접수 지점은 주변보다 조금 더 밝게 하도록 주의한다 - 명암의 태피스트리(135). 그리고, 접수 공간의 형태는 실내 공간의 형태(191)로부터 시작한다 ┅┅

150. 대기 장소*

A PLACE TO WAIT

····사무실 혹은 작업장, 공공서비스 시설, 역, 클리닉 등 사람들이 대기해야 하는 장소에는 - 환승지점(34), 건강센터(47), 형식적이지 않은 소규모 서비스(81), 사무실의 연결(82), 특별한 대기 장소를 마련해야 한다. 또한, 대기 장소가 일반적인 대기실처럼 지저분하고 폐쇄적이며, 시간이 느리게 흘러가는 듯한 분위기를 갖지 않도록 하는 것이 매우 중요하다.

◆　　◆　　◆

기다리는 과정에는 내재된 갈등이 있다.

의사, 비행기, 사업 약속 등 사람들이 무엇을 기다리든 간에, 그 무엇에는 불확실성이 내재되어 있다. 그리고, 이 불확실성 때문에 사람들은 불가피하게 매우 오랜 시간을 서성대고 기다리다가 결국엔 아무것도 하지 못하게 된다.

또한, 사람들은 대체적으로 대기 시간을 즐기지 못한다. 대기 시간은 예측이 불가능하기 때문에, 불가피하게 문 바로 근처에 머무를 수밖에 없다. 또한, 대기자들은 자신들의 차례가 정확히 언제 올지 모르기 때문에, 잠시 산책을 한다던가 혹은 밖으로 나가 앉아있을 수도 없다. 그래서, 대기실의 좁고 국한된 장소에서 자신들의 차례를 기다려야 한다. 이러한 상황은 사람을 극도로 의기소침하게 만들기 때문에, 누구라도 다른 사람이 지시하는 대로 기다리기를 원치 않는다. 카프카의 위대한 작품, 『성The Castle』과 『심판The Trial』은 이와 같은 환경이 한 사람을 어떻게 파괴해가는지 그 과정을 온전히 다루고 있다.

전통적인 '대기실'은 이러한 문제를 해결하지 못한다. 갑갑하고 따분한 방에서 사람들은 서로를 쳐다보거나, 안절부절 못하거나 혹은 잡지를 한두 권 훑어보거나 한다. 이러한 상황이 갈등을 만들어내는 바로 그 상황이다. 이와 같은 상황에서 기인하는 무기력 효과에 관한 근거는 브라이어Scott Briar의 연구에서 제시되었다.[Briar 1966] 심심하거나 불안하거나 혹은 들떠 있을 때, 시간이 평소보다 느리게 흘러가는 것처럼 느낀다는 것은 모든 사람이 알고 있는 사실이다. 브라이어는 한 복지센터를 대상으로 한 조사에서 대기자들은 실제로 기다리는 시간보다 더 많은 시간을 기다린다고 느끼고 있음을 알아냈다. 그 중 몇몇 사람은 실제 기다린 시간의 4배나 더 기다린 것처럼 느꼈다고 한다.

그렇다면 본질적인 문제는 이것이다. 기다리는 사람이 자신이 기다리는 몇 시간 혹은 몇 분을 어떻게 다른 시간들처럼 충실하게 보내게 하는가와 기다리던 것에 자기 차례가 되면 언제든 갈 수 있도록 가까이에 머물려면 어떻게 해야 하는가이다.

기다릴 때 다른 활동을 연계하면 최선의 방법이 될 수 있다. 이러한 방법은 꼭 한 곳에서 계속 기다릴 필요가 없는 사람들을 유도하는 활동으로서, 카페, 당구장, 테이블, 열람실과 같은 것이다. 이 경우 면담자(혹은 비행기 탑승 아니면 무엇이든)가 준비되었다는 신호가 들리는 범위에 이와 같은 활동 장소와 의자를 마련한다. 예를 들어, 샌프란시스코 종합병원의 페디아트릭 클리닉the Pediatrics Clinic은 출입구 옆에 작은 놀이터를 두었는데, 놀이터는 진료를 기다리는 어린이의 대기 장소이기도 하며 이웃들의 놀이 장소이기도 하다.

페디아트릭 클리닉의 대기 공간

우리가 아는 또 다른 예로는 약속이 있는 사람들이 와서 기다리는 테라스 한쪽 면을 따라 편자 던지기 놀이터horseshoe pit가 설치되어 있었던 곳이다. 사람들은 기다리다가 어쩔 수 없이 편자 던지기를 시작했고 다른 이들도 참여하게 되었는데, 사람들은 각자 자신의 약속시간이 될 때까지 그곳에 머물렀다. 그리고, 편자 던지기 놀이터, 테라스 그리고 사무실은 자연스럽게 연결되어 있었다.

또한 기다리는 사람이 혼자만의 시간을 가질 수도 있도록 해야 한다. 주변 환경의 도움으로 자신에게 몰두하거나 조용히 깊은 생각에 잠길 수 있도록 할 수도 있다(이는 앞서 설명한 활동과는 반대의 경우이다).

대기 장소가 조용하게 보호되고 기다림의 불안이 느껴지지 않는 장소라면, 사색을 위한 적절한 분위기는 자연스럽게 형성될 것이다. 몇 가지 예를 들면, 거리로부터 보호된 나무 밑 버스정류장 옆의 의자, 거리 풍경을 내려다 볼 수 있는 창가 의자, 정원의 보호된 의자나 그네 혹은 그물 침대, 통로로부터 충분히 떨어져 있기 때문에 다른 누군가가 지나가더라도 신경이 쓰이지 않는 어두운 장소와 한잔의 맥주, 수조 옆의 개인 의자 등이 있을 수 있다.

요약해보면, 무언가를 기다리는 사람은 기다리는 동안 자신이 원하는 것은 무엇이든지 할 수 있도록 자유로워야 한다. 만약, 면담실 밖에 앉아서 기다리기를 원한다면 그럴 수 있어야 한다. 산책을 하거나, 당구를 즐기거나 아니면 한 잔의 커피를 마시고 다른 사람들을 바라보기 원한다면 그럴 수 있어야 한다. 또한, 남몰래 앉아 몽상에 빠지기를 원한다면 그래야 한다. 하지만, 이 같은 모든 활동에는 대기자가 자신의 차례를 잃지는 않을까 하는 염려가 없어야 한다.

조용한 기다림

그러므로,

사람들이 기다려야만 하는 곳(버스, 약속, 비행기)에는, 긍정적인 기분으로 기다릴 수 있는 상황을 만들도록 한다. 기다림을 신문, 커피, 당구, 편자 던지기 등의 다른 활동과 연결하는데, 이러한 활동들은 계속 한 곳에서 기다릴 필요가 없는 사람들을 끌어들이는 활동이어야 한다. 그 반대의 경우, 즉 기다리는 사람이 생각에 잠길 수 있는 조용하고 침묵의 장소를 만들도록 한다.

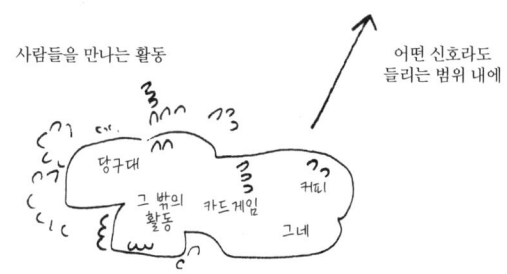

개인적인 기다림을 위한 조용한 구석

＊　　＊　　＊

활동적인 대기 장소에는 거리에 면한 창문을 설치할 수도 있으며 - **거리 창**(164), **창가**(180), 또는 카페 - **거리의 카페**(88), 게임을 할 수 있는 장소, 지나가는 사람들과 적극적인 관계를 가지는 장소 등을 배치할 수도 있다 - **거리로의 개방**(165). 대기 장소 중 조용한 부분에서는 고용한 정원 의자 - **정원의 의자**(176), 사람들이 낮잠을 잘 수 있는 장소 - **공공 공간에서의 수면**(94), 아마도 물고기가 있는 연못 - **고요한 물**(71)이 있을 수 있다. 대기 장소가 방이거나 혹은 방들이 모인 공간이라면, 공간의 규모나 상세한 형태에 대해서는 **각 실의 두 면 채광**(159), **실내 공간의 형태**(191)에서 알 수 있다 ❚❚…

151. 소규모 집회실*

SMALL MEETING ROOMS

···- 시장과 같은 대학(43), 지구청사(44), 장인과 도제(83), 유연한 사무 공간(146), 소규모 작업그룹(148) 등의 조직이나 작업장에는 어떠한 형태로든 집회실, 교실 등이 반드시 존재한다. 조사를 통해 알게 된 집회실의 크기와 배치의 최적 분포는 상당히 예상 밖이다.

◆　◆　◆

집회의 크기가 커질수록 사람들이 집회로부터 얻는 것은 적어진다. 그러나, 조직은 보통 큰 집회실과 강연홀에 주목하고 예산을 쓴다.

우선 단순히 집회의 크기에 대해 검토해 보자. 한 집단 내에서 전혀 발언하지 않는 사람의 수와 발언하지는 않았지만 의견을 가지고 있는 사람의 수는 모두, 집단의 전체 인원수에 영향을 받는다는 사실이 제시되었다. 예를 들면, 배스Bernard Bass는 집단의 규모와 구성원의 참가도의 관계에 대한 실험을 하였는데, 다음의 그래프는 그 결과이다.[Bass 1965]

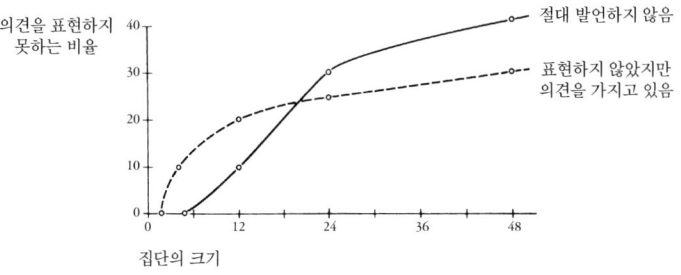

집단의 크기가 커질수록, 더욱 많은 사람들이 망설인다.

집단의 크기에 대해 특정한 자연적 한계점은 없지만, 절대로 발언하지 않는 사람의 수가 어느 지점에서 매우 급격한 비율로 많아진다는 것만은 확실하다. 절대로 발언을 하지 않은 사람이 12명의 집단에서는 한 사람이었지만, 24명의 집단인 경우에는 6명이나 되었다.

대화를 나누기에 편한 거리를 생각해 보면, 이와 동일한 한계점이 얻어진다. 홀Edward Hall은 보통의 목소리로 대화할 경우 8피트약 2.4m의 거리를 한계점으로 설정하였다. 양쪽의 시력이 2.0인 사람은 다른 사람들의 세밀한 얼굴 표정을 12피트약 3.6m 거리까지 읽을 수 있다. 두 사람이 8~9피트약 2.4~2.7m 떨어져 있을 때 각자 손을 뻗는다면, 서로에게 물건을 건네줄 수 있다. 명시시력clear vision(혹은 황반 시력macular vision)은 보통 수평 12도 수직 3도의 범위이기 때문에, 약 10피트약 3m의 거리에서는 두 사람이 아닌 한 사람의 얼굴만을 볼 수 있다.[Hall 1966]

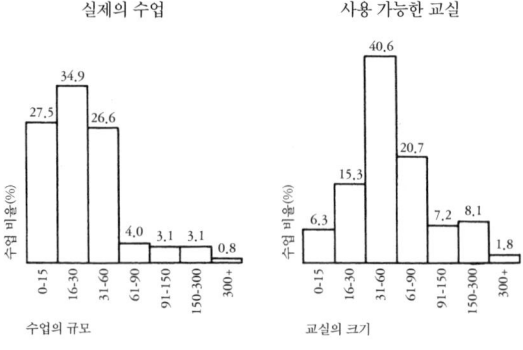

실제의 수업 　　　　　 사용 가능한 교실

히스토그래프: 수업의 규모와 교실의 크기가 맞지 않음

때문에, 소규모 집단의 토론은 집단의 인원이 최대 8피트약 2.4m 직경으로 거의 원을 이루며 모여 있을 때 가장 효과적이다. 이 거리에서의 원의 직경은 약 25피트약 7.6m가 된다. 사람들은 자신을 위해 27인치약 69cm 정도의 공간이 필요한데, 그렇다면 이 원에는 12명 정도의 사람만이 앉을 수 있다.

다음의 근거로서 조직과 작업그룹 내에서 행해진 회의 기록을 살펴보자. 이 또한 원의 크기에 집중되어 있음을 알 수 있다.

다음의 막대그래프는 1970년 가을 오리건대학에서 개설된 강의의 규모별 상대빈도와, 사용할 수 있는 교실의 규모별 상대빈도를 나타낸 것이다. 우리는 이 수치가 다른 많은 대학에서도 나타나는 일반적인 수치라고 생각한다. 한눈에 보아도 큰 교실이 많다는 것과 작은 교실들이 너무 적다는 것을 알 수 있다. 대부분의 수업들은 비교적 작은 세미나와 소규모 회의인 반면에, 대부분의 교실은 30~150인 범위의 큰 규모이다. 큰 교실은 과거의 교육 방식으로부터 영향을 받았다고 할 수 있으나, 1970년대 교육을 위해서는 적절하지 않다.

또한 우리는 버클리시의 시위원회, 평의회, 이사회 등도 위와 유사한 분포를 가지는 것을 알게 되었다. 수많은 위원회, 평의회, 이사회의 73%가 평균 출석자인 15인 이하라는 분포를 보인다. 하지만, 물론 이러한 회의의 대부분은 15인 이상의 인원을 위해 계획된 방에서 열린다. 즉, 대부분의 회의는 너무 큰 방에서 열리고 방은 반쯤 비어 있다는 것을 의미한다. 사람들은 뒤로 물러나 앉으려는 경향이 있고, 발언자는 앞쪽이 비어 있는 좌석을 접하고 만다. 적절한 소규모 공간에서 갖게 되는 작고 친밀하고 열정적인 분위기는 너무 큰 방에서는 얻어질 수 없다.

마지막으로 집회실의 공간적 분포 역시 규모 분포와 마찬가지로 실제 집회에 적합하지 않는 경우가 많다. 다음의 막대 그래프는 오리건대학의 각 구역에서의 교실의 분포와, 학부와 학생 사무실의 분포를 비교한 것이다.

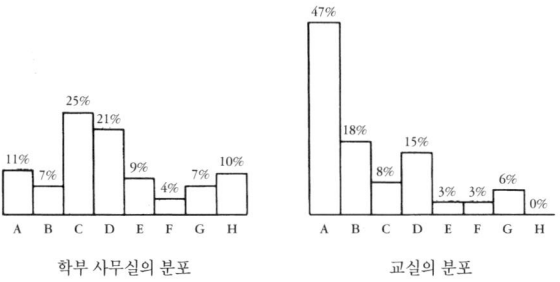

학부 사무실의 분포　　　　교실의 분포

집회실이 작업 공간과 떨어져 있다.

다시 한번 말하자면 이와 같은 불일치는 소규모 집회에서의 사회적 활동에 나쁜 영향을 미친다. 집회실이 참가자의 사무실 근처에 적절하게 위치해 있을 때 기능을 가장 효과적으로 발휘하는데, 그렇다면 집회실에서 시작된 토론을 개인 사무실이나 연구소에서 계속할 수 있다. 집회실이 사무실로부터 멀리 떨어져 있으면, 격의 없는 토론을 할 기회가 대폭 줄어들고 만다.

그러므로,

모든 집회실 중 최소한 70%는 12명 이하의 소규모로 계획하도록 한다. 그리고, 집회실을 작업공간에 균등하게 분포시키고, 건물의 가장 공공적인 부분에 배치한다.

70%는 소규모 집회실

직장 내에 균등하게 분포

◆   ◆   ◆

집회실은 다른 방과 같은 방식으로 만들되 눈부심을 방지해야 하는 것에 특별히 주의한다 - **각 실의 두 면 채광**(159). 그리고, 방은 거의 원형이거나 정사각형이 되도록 하고, 너무 길거나 너무 좁지 않도록 한다 - **좌석의 원형 배치**(185). 종류가 다른 의자를 많이 배치해서 다양한 기질, 기분, 형태, 크기에 대응할 수 있도록 한다면, 사람들은 만족감을 느낄 것이다 - **다양한 의자**(251). 테이블 혹은 집단의 중심 위에 설치된 조명은 사람들을 묶어주는 데 도움이 된다. - **빛의 집중**(252). 방의 상세한 형태에 관해서는 **실내 공간의 형태**(191)에서 시작한다 --…

152. 반 사적인 사무실

HALF-PRIVATE OFFICE

····· 친밀도의 변화(127), 유연한 사무 공간(146), 소규모 작업그룹(148)에 의해 제시된 개별 작업공간과 그룹 작업 공간의 전체적인 배치에 있어서, 개별적인 방이나 사무실의 형태는 이번 패턴에 의해서 정해진다. 또한 위에 제시한 보다 큰 패턴들의 구성을 이루는 데 도움이 된다.

◆　　◆　　◆

사무실의 업무에 있어서 프라이버시와 교류 사이의 적절한 균형은 어떤 것인가?

완전히 사적인 사무실은 작업그룹 내의 인간관계의 흐름에 파괴적인 영향을 미치며, 사무실 위계를 더욱 혐오스럽게 한다. 하지만, 프라이버시가 중요하다고 느끼는 순간도 있으며, 대부분의 작업은 예상하기 어려운 방해로부터 어느 정도까지는 보호되어야 한다.

사무실에서 업무를 경험해 본 사람이라면 누구라도 프라이버시와 교류 사이의 문제점을 이야기한다. 우리 역시 건축 설계팀의 일원으로서, 이와 같은 수많은 문제에 직면해 왔다. 여기서 소개할 가장 좋은 근거는 하나의 작업그룹으로서 우리가 직접 얻은 경험이다.

지난 7년에 걸쳐, 우리는 사무실을 몇 번이나 옮겼다. 한 번은 사무실을 아주 크고 오래된 주택으로 옮겼는데, 그 주택은 아주 커서 우리들 중 몇몇은 개인실을 썼고 남은 이들이 나머지 방을 같이 썼다. 그러나, 몇 달 만에 우리가 한 집단으로서 공유하던 사회적 일관성이 무너지기 시작했다. 집단의 작업은 격식을 차리는 것이 되었고, 가벼운 커뮤니케이션은 사라졌다. 전체적인 분위기가 한 집단으로의 성장을 지속시키는 구조로부터 관료적인 사무실로 변했는데, 사람들은 다른 이들과 만나기 위해서는 약속을 하고, 특정한 상자에 메모를 남기며 다른 사람의 사무실 문을 조심스럽게 두드려야 했다. 때문에, 얼마 동안은 흥미로운 작업을 해낼 수가 없었다.

우리는 이와 같은 실패의 원인이 사무실로 사용하는 주택의 환경에 있음을 서서히 깨닫게 되었다. 이 점에 주목하기 시작했을 때, 제 기능을 하고 있는 방(모두가 모여서 일에 대해서 이야기 하는 장소)은 특별한 성격을 지니고 있다는 것을 알 수 있었다. 즉, 그 방 안의 작업 공간이 명확히 나뉘어 있다 하더라도, 그 방들은 반 사적인 공간이었다.

깊이 생각해보면 작업이 원활하게 진행되었다고 여겨지는 대부분의 공간은 반 사적인 성격을 갖는다고 생각한다. 완전하게 개인을 위한 공간으로 이루어진 사무실은 없었고, 대부분의 사무실이 개인보다는 여러 사람을 위한 공간이었다. 만약, 사무실이 개인적인 공간으로 이루어졌다고 하더라도, 전면에 모든 이들이 가볍게 들러 잠시 머무를 수 있는 간단한 공용 공간이 있었다. 그리고, 책상은 사무실의 벽을 향해 놓여져 개인적인 영역을 형성했기에 문은 언제나 활짝 열려 있을 수 있었다. 결국, 우리는 모든 사람들이 이 패턴을 어떤 형태로든 가질 수 있도록 사무실을 재배치하게 되었다.

이 패턴은 아주 효과적으로 기능하고 있으며, 우리는 유사한 환경에 있는 모든 이들에게 이 패턴을 추천한다.

그러므로,

폐쇄적이거나 분리된 혹은 사적인 사무실의 구성을 피하도록 한다. 두세 사람의 집단을 위한 것이든 혹은 한 사람이 사용하든 간에, 모든 사무실 공간에서는 다른 작업그룹과 인접한 공간을 반 개방적이게 한다. 사무실 전면의 문 바로 안쪽 공간은 편안하게 앉을 수 있는 공간으로 하고, 실제적인 작업공간(들)은 문으로부터 멀리 떨어지도록 안쪽에 배치하도록 한다.

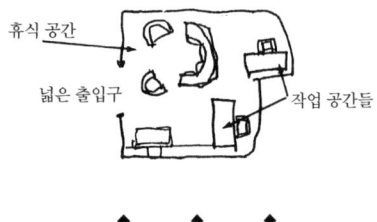

휴식 공간
넓은 출입구
작업 공간들

◆　◆　◆

각 사무실의 상세한 형태는 실내 공간의 형태(191)를 따른다. 적어도 두 면에 창문을 두고 - **각 실의 두 면 채광(159)**, 구석에 개별적인 작업 공간을 두어 - 둘러싸인 작업 공간(183), 창밖을 내다볼 수 있게 한다 - 생활을 내려다보는 창(192). 가능하면 문쪽 공간에 편안히 앉을 수 있는 장소를 마련한다 - 좌석의 원형 배치(185) ----…

주요 구조물로부터 어느 정도 독립성을 유지하도록
작은 외부 건물들을 배치하고, 건물의 상부층에서 거리와 정원으로
곧바로 나갈 수 있도록 한다.

153. 임대실
ROOMS TO RENT

···· 이번 패턴은 별채의 기본적인 구조를 설정하는 최초의 패턴이다. 이 패턴이 적절히 사용된다면, 목걸이 형태의 커뮤니티 활동(45), 가족(75), 자치 운영되는 작업장과 사무실(80), 형식적이지 않은 소규모 서비스(81), 유연한 사무 공간(146), 10대의 별채(154), 노인의 별채(155), 가정 내 작업장(157)을 형성하는 데 도움이 될 것이다. 일반적으로, 이 패턴은 어떠한 건물에도 유연하게 사용할 수 있으며, 다양한 상황 변화에도 유용한 패턴이다.

◆　　◆　　◆

건물 내에서의 생활이 변함에 따라, 공간에 대한 요구는 주기적으로 줄거나 늘어난다. 건물은 불규칙하게 늘어나거나 줄어드는 공간에 대한 요구에 적응할 수 있어야 한다.

구성원 중 한두 명이 떠나서 가족이나 작업그룹의 규모가 줄어들면, 그로 인해 비게 될 공간은 어떻게든 사용되어야 한다. 그렇지 않으면, 남은 사람들은 너무 휑뎅그렁한 빈 공간에서 지내야 한다. 심지어 너무 큰 공간을 유지할 여력이 되지 않아, 건물을 팔고 이사를 해야 할 상황이 될지도 모른다.

같은 이유로, 확장이나 축소는 거의 대부분 예측할 수 없기 때문에 공간을 분리하더라도 되돌릴 수 있게 해야 한다. 공간이 필요 없어졌을 경우, 외부 사용이나 혹은 임대로 내준 방이라도 언젠가 환경이 변하고 작업그룹이나 가족 구성원이 늘어나게 되어 다시 필요로 하게 될지도 모른다.

건물에 유연성을 부여하기 위해서는, 건물의 일부를 비교적 독립적으로 할 필요가 있다. 실제로 집단 구성원 크기가 변할 때 임대를 위해 내놓을 방들을 미리 생각해 두어야 할 것이다. 이 방들은 건물의 다른 부분과 연결되어야 하는데, 이런 연결을 통해서 그 두 공간을 차단하거나 분리하고 그리고 간단히 다시 연결할 수 있도록 해야 한다. 일반적으로 이 방에는 밖으로 통하는 독립된 출입구를 두어, 개별 욕실을 두거나 아니면 본 건물의 욕실로 통하는 전용 통로를 둔다. 그리고, 부엌으로 향하는 접근로를 두어도 좋다.

디브뢰Ole Dybbroe는 덴마크에서 이 패턴을 주택 형태의 결정적인 근원으로 택하여 주택 계획안을 발전시켰다. 디브뢰가 「한 가족의 주택 1970」에서 발표한 주택은 서서히 성장해가는 주거 형태로서, 주택의 각 부분은 더 큰 세대와 결합될 수 있고 독립된 단위 주거로도 기능할 수 있었다. 다음의 그림은 디브뢰가 계획한 '네 부분four part' 주택이다.[Dybbroe 1970]

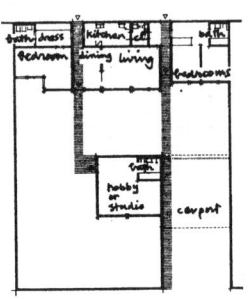

디브뢰의 네 부분 주택

일반적으로 임대가 환경에 파괴적인 영향을 미치더라도 우리의 경험상 주택의 소유주가 본채에 실제 거주하면서 직접 임대하는 형식이라면, 합리적이고 건강한 임대 방식의 하나라고 생각한다. 부동산의 금전적인 이익만을 목적으로 실제 거주하지 않는 임대인과는 달리, 실제로 거주하면 임대인은 직접적으로 주변의 건강한 생활과 환경에 영향을 받는다. 그리고, 일반적으로 임차인은 주택 소유의 부담보다 방을 빌리는 것을 더 선호하는 단기 임차인이다. 소유주가 다시 되돌려 받을 수 있는 확실한 선택권을 가지고, 건물의 일부에 대한 소유권을 나누는 방법이 보다 이상적인 상황일 수 있다. 그러나, 이 같은 미묘한 형태의 합법적인 소유권은 존재하지 않으므로, 직접 임대의 방법이 사회적으로도 물리적으로도 환경을 파괴적하지 않는 임대의 유일한 형태일 것으로 생각한다.

그러므로,

적어도 건물의 일부는 임대가 가능하도록 계획한다. 그리고 임대실에는 독립적인 출입구를 두고 본채로 이어지는 통상적인 통로를 두도록 한다. 평상시의 출입구는 본채의 동선을 파괴하지 않고 쉽게 분리될 수 있도록 한다.

욕실은 본채를 통하지 않고서도 임대실에서 직접 갈 수 있도록 해야 함을 주의한다.

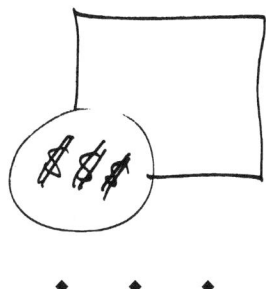

◆　　◆　　◆

임대를 위한 방은 10대의 별채(154), 노인의 별채(155), 가정 내 작업장(157)의 기능을 겸할 수 있도록 배치한다. 그리고, 전용 출입구는 출입구의 전이(112)를 이용하여 계획한다. 만약, 임대실이 상층부라면 노천 계단(158)을 설치하는 방법으로 거리에 직접 연결하도록 한다. 임대실은 자체적으로 각 실의 두 면 채광(159), 실내 공간의 형태(191)를 따르도록 한다 ----

154. 10대의 별채*

TEENAGE'S COTTAGE

···- 10대가 있는 집에서는 - 가족(75), 소가족을 위한 주택(76), 아이들 방에 대해서 특별한 주의를 기울일 필요가 있다 - 자신의 방(141). 가능하다면, 10대들의 방은 본채에 붙어 있으면서도 분리되어 있어야 하며, 이후에는 임대실(153)로 사용할 수 있도록 한다.

◆　◆　◆

10대 청소년을 위한 장소가 독립하려는 그들의 요구를 반영하지 못한다면, 그들은 가족들과의 대립에 열중하게 될 것이다.

대부분의 가정에서 아이들 방과 10대들의 방은 본질적으로 같다. 그러나 아이들이 10대가 될 즈음, 아이들과 가족들과의 관계는 상당히 많이 변한다. 10대가 된 아이들은 점점 가족으로부터 독립하게 된다. 스스로 더 많은 책임을 지게 되며 집 밖에서의 생활은 더욱 다양해지고 그것에 더욱 열중하게 된다. 10대들은 대부분의 시간을 보다 독립적으로 보내고 싶어하면서도, 가끔은 의지할 수 있는 가족을 필요로 하기도 한다. 그리고, 때때로 자신들의 내면과 주변과의 관계에서 혼란으로 두려워하기도 한다. 10대들이 가지는 이러한 특징 때문에, 가족 구성과 주택은 새로운 요구가 생기게 된다.

10대들이 이 시기를 헤쳐나가도록 진정으로 돕기 위해서 가정생활은 미묘한 균형을 유지해야 한다. 즉, 어떤 일이 일어나더라도, 지속적으로 10대들을 지원해야 함은 물론, 자주성과 독립성에 대해서도 많은 기회를 주어야 하는 것이다. 그러나, 미국의 가정은 이러한 균형을 전혀 취하지 못하는 것 같다. 10대들의 가정생활에 대한 연구는 10대의 끝없는 사소한 갈등, 압제, 비행, 묵인의 시기를 그리고 있다. 사회적인 과정으로서의 10대 시절은 어린 소년과 소녀들이 세상에서 자신을 발견하기보다는, 오히려 자신들의 정신을 파괴하는 쪽에 더 맞춰진 듯 보인다.[Henry 1963] 물리적인 관점에서 볼 때 이 문제의 핵심은 다음과 같다. 10대들은 집안에서 더욱 자주적이고 개성적인 장소를 필요로 하는데, 이 장소는 아이들의 침실이나 침대 알코브보다 독립적인 활동을 위한 근거지가 된다. 10대들은 프라이버시가 보호되고 자신이 원할 때만 출입이 가능한 장소를 필요로 한다. 동시에 이전보다 상호적이고, 덜 의존적인 가족과의 친밀함을 가질 기회 또한 필요하다. 여기서 요구되는 것은 별채 같은 공간일 것이다. 이런 공간은 새롭게 대두된 독립에 대한 요구와 가족과의 관계 사이에서 균형을 유지할 수 있는 장소이며 그런 구조를 가진다.

10대의 별채는 소년의 오래된 침실 칸막이 벽을 없애고 방을 넓혀서 만들 수 있다. 이 공간은 이후에 작업장, 할아버지가 여생을 보내는 장소 혹은 임대실이 될 수 있도록 처음부터 계획할 수 있다. 별채는 정원 내에 완전히 분리된 구조로 만들 수 있으며, 이 경우 본채와의 강한 연결이 필수적이다. 본채의 부엌에서 별채까지 지붕이 덮인 짧은 통로가 있어도 좋을 것이다. 연립주택이나 혹은 아파트의 경우에도 독립적인 출입구를 두어 10대의 방을 만들 수 있다.

이러한 10대의 별채 개념을 부모들은 받아들일 수 있을까? 실버스테인Sil-verstein은 샌프란시스코 교외의 포스터시티Foster city에 살고 있는 12명의 어머니들을 인터뷰했다. 실버스테인은 어머니들에게 자신의 가족에게 10대의 별채가 있으면 좋을지 아닐지에 대해 물었는데, 대부분의 어머니는 10대의 별채에 대해 거부감을 가졌다. 그리고, 거부감의 핵심은 아래 세 가지 반대사항에서 비롯되었다.

1. 별채는 단지 몇 년 동안만 유용할 것이며 이후에는 비어 있을 것이다.
2. 별채는 가족 관계를 파괴할 것이고, 이는 10대들을 고립시킬 것이다.
3. 별채는 10대들에게 너무 많은 출입의 자유를 허용할 것이다.

실버스테인은 이와 같은 반대 의견을 해결할 수 있는 수정안을 제안했다.

첫 번째 사항에 대해서 별채는 작업장, 손님방, 스튜디오, 할머니방과 겸하도록 하고, 간이도구로 쉽게 개조할 수 있도록 목조로 한다.

두 번째 사항에 대해서, 별채에는 별도의 출입구를 두고 본채에 붙여 설치한다. 그리고, 짧은 복도나 연결통로를 설치해 별채와 집을 연결시키거나 혹은 별채를 집 뒤 안쪽에 배치하도록 한다.

세 번째 사항에 대해서, 별채의 방에서 밖으로 나가는 통로는 주택의 중요한 공용 부분인 부엌이나 중정을 지나도록 배치한다.

실버스테인은 수정안을 종전의 12명의 어머니들과 함께 토론을 했는데, 그중 11명은 수정안이 좀 더 매력적이고 시도해 볼만한 가치가 있다고 느꼈다고 한다. 이 내용은 실버스테인의 보고서에 실려 있다.[Silverstein 1967-1]

다음은 상기 수정안을 포함하는 몇 가지의 변형안이다.

코만치족Comanches에는 이런 말이 있다. "소년이 사춘기를 지나면 잠을 자거나 친구들과 즐길 수 있고 자신만의 시간 가질 수 있도록 독립된 천막을 갖게 한다."[Kardiner 1945]

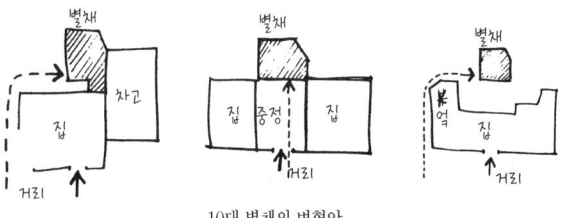

10대 별채의 변형안

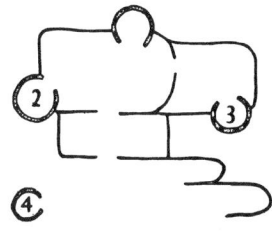

아프리카 융거족^{Yungur}의 복합주거
2: 주인 침실, 3: 딸의 오두막, 4: 아들의 오두막

그리고, 마지막으로 보바르^{Simone De Beauvoir}의 글을 인용한다.

12살 때, 나는 집에 나만의 은둔처를 가지지 못해서 무척 괴로워했다. 먼저널^{Mon Journal}을 쭉 훑어보다가, 나는 영국에 사는 어느 여학생에 대한 기사를 발견했고 그녀의 방을 그린 칼라 삽화를 부러운 듯 바라보았다. 화려하게 칠해진 벽에는 책상과 침대의자, 책으로 가득 채워진 선반이 있었다. 그녀는 홀로 책을 읽고 일을 하며 차를 마신다. 얼마나 부러웠던가! 처음으로 나는 나의 삶보다 운이 좋은 삶에 대해 어렴풋이 감지했다. 나는 오랜 시간이 흐른 지금에야, 나만의 방을 갖게 되었다. 할머니는 당신이 쓰시던 응접실에 있던 안락의자와 예비 테이블, 자질구레한 물건을 모두 치워주셨다. 나는 칠이 안되어 있는 가구를 몇 점 샀고, 여동생은 내가 가구를 갈색 광택제로 코팅하는 것을 도와주었다. 나는 테이블 하나와 의자 두 개, 의자로도 여행용 가방으로도 쓸 수 있는 큰 상자 그리고 선반을 갖게 되었다. 나는 방의 벽을 오렌지색으로 도배했고, 그에 맞추어 침대 의자를 두었다. 내방의 5층 발코니에서 사자상^{Lion of Belfort}과 당페르-로슈로^{Denfert-Rochereau} 거리의 플라타너스 나무를 내려다보았다. 나는 지독한 냄새가 나는 등유 스토브로 몸을 따뜻하게 했다. 어떤 의미로는 그 지독한 냄새가 나의 외로움을 달래주기라도 하듯 나는 그 냄새를 좋아했다. 문을 닫을 수 있는 나만의 방에서 내 일상 생활이 다른 사람들의 왕성한 호기심으로부터 자유롭다는 것은 너무나 멋진 일이었다. 꽤 오랫동안 나는 내 주변을 장식하는 데 무관심했지만, 먼저널에 실렸던 그 사진 때문에 나는 긴 의자와 선반이 있는 방을 갖고 싶어했던 것일 게다. 나는 필요하다면 그 어떤 칩거라도 견뎌낼 준비가 되어 있었다. 닫을 수 있는 문이 있다는 것은 여전히 더 없는 행복이었다. 나는 내가 원하는 대로 마음대로 출입을 했다. 집에 우유를 사가지고 와서 밤새도록 침대에서 책을 읽기도 하고 한낮까지 자기도 하며, 48시간 동안 계속해서 집안에 틀어박혀 있기도 했다. 그리고, 나가고

싶은 순간이 되면 외출했다. 나의 가장 큰 기쁨은 내가 원하는 대로 할 수 있다는 것이었
다.[Beauvoir 1966]

그러므로,

아이가 10대가 되었다는 표식이며 독립의 시작이라는 것을 물리적으로 표현하기 위해 아이의 공간을 일종의 별채로 바꾸도록 한다. 별채는 본채에 연결하지만 주 침실에서는 멀리 떨어지게 하며, 독립적인 출입구와 경우에 따라서는 독립적인 지붕을 덮어 시각적으로 확실히 구별되도록 만든다.

별채

분리된 출입구

공용 공간을
통과하는 통로

◆　◆　◆

별채에 좌석의 원형 배치(185)와 침대 알코브(188)를 설치하지만, 독립적인 욕실과 부엌은 설치하지 않는다. 이들은 공유하는 것이 중요하다. 청소년들이 자신의 가족과 충분한 접촉할 수 있도록 한다. 별채가 이후에 손님 방이나 임대실, 작업장 혹은 또 다른 방이 될 수 있도록 한다 - 임대실(153), 가정 내 작업장(157). 별채의 형태나 시공에 관해서는 실내 공간의 형태(191), 사회적 공간을 따르는 구조(205)로부터 시작한다 - ‥‥

155. 노인의 별채**

OLD AGE COTTAGE

···· 노인은 어디에나(40)에서 각각의 근린 내 노인의 수는 다른 연령층과 균형을 이루어야 하며, 노인들의 주택 일부는 공유지 근처에 집중되지만 대부분은 근린 내 다른 주택들 사이에 분산된다고 설명했다. 이번 패턴은 노인의 주택이 주택 클러스터의 일부가 되는 경우나, 더 큰 주택들 사이에 둘러싸여 있지만 자주적으로 존재하는 경우에 대해 보다 구체적인 특징을 밝힌다. 앞으로 살펴보겠지만, 모든 주택에는 본채에 부속되는 별채가 있는 것이 바람직할 것이라고 생각한다. - 가족(75). 임대실(153), 10대의 별채(154)에서처럼 별채는 임대되거나 혹은 문제가 있을 경우에는 다른 목적을 위해 사용할 수 있다.

◆ ◆ ◆

노인들은 특히 홀로 있을 때 심각한 딜레마에 직면한다. 한편으로는 어쩔 수 없는 상황에 의해 자립을 강요받는다. 자녀들은 멀리 떠나고, 근린은 변하며, 친구들과 부인 혹은 남편이 사망하기 때문이다. 다른 한편으로는 나이가 든다는 이유로 간단한 편의시설에만 의존하고 사회와의 접촉도 등한시한다.

이러한 갈등은 자녀들의 갈등에도 때론 영향을 미친다. 한편으로 자녀들은 자신의 부모에 대해 책임을 느낀다. 부모에게 보살핌이 더욱 필요하게 되었다는 것을 느끼기 때문이다. 그러나, 가족 구성원이 줄어들면 부모-자식 간의 갈등이 보다 극심해진다. 더구나 노년기의 부모를 돌볼 수 있거나 혹은 기꺼이 돌보고자 생각하는 자식들은 실제로 많지 않다.

만약, 각각의 핵가족이 조부모가 살고 있는 작은 별채 근처 어딘가에 서로 독립할 수 있을 만큼 충분히 떨어진 거리에서 살고 있다면, 갈등은 부분적으로 해결될 수 있다. 주택과 별채 간의 거리는 어떠한 연결을 갖기에 충분히 가까워야 하며, 문제가 발생했을 때나 혹은 임종이 다가올 때 보살필 수 있는 거리이다.

그러나 갈등은 더욱 보편적이다. 부모-자식 관계에서 해결하기 힘든 문제들을 무시한다 하더라도, 사실 대부분의 노인들은 나이가 들어가면서 큰 문제에 직면한다. 복지국가에서는 '대가족의 편안함'을 비용 즉, 사회보장 혹은 연금으로 대신하려 한다. 그러나, 연금이나 세입은 항상 부족하며 인플레이션으로 상황은 더 나빠진다. 미국에서는 65세 이상의 인구 1/4이 연 소득 $4,000 이하로 생활한다. 미국 사회의 많은 노인들이 황폐하고 오래된 서민 호텔 뒷골목에 있는 비참한 작은 방에서 살도록 강요당한다. 저소득과 줄어든 활동에 적합한 소규모 주택이 없기 때문에, 노인들은 제대로 된 주택을 가질 수 없는 것이다.

두 번째 갈등인, 정말 작고 적당한 공간에 대한 요구와 햇빛이 드는 장소에서 지나가는 사람들을 보거나 누군가에게 고개를 끄덕이거나 하는 사회적 접촉에 대한 요구와의 갈등은 앞서 설명한 첫 번째 갈등처럼 별채 형태로 동시에 해결할 수 있다. 즉, 가격이 저렴한 소규모 별채가 커뮤니티의 주택들 사이에 흩어져 보행로를 따라 배치되어 있다면, 이 문제는 해결될 수 있다.

그러므로,

특히, 노인을 위한 소규모 별채를 계획하도록 한다. 이 별채의 일부는 큰 주택이 있는 대지에 조부모를 위해 마련된 공간에 짓도록 한다. 나머지는 보통의 획지보다 훨씬 작게 구획된 개별적인 대지에 짓도록 한다. 모든 경우, 별채는 지상층에 배치하고 사람들이 왕래하는 거리에 면하게 하며 근린 서비스나 공유지와 가깝게 배치하도록 한다.

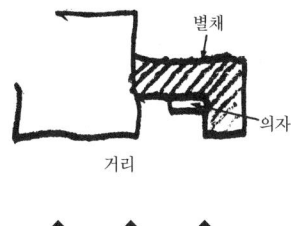

노인 별채의 가장 중요한 부분은 아마도 거리에 바로 면한 포치와 출입문 바깥의 현관 벤치이다 - 거리에 면하는 개인 테라스(140), 현관 앞 벤치(242). 나머지는 독신자를 위한 주택(78)의 배치를 따라 처리한다. 안정된 일(156)을 위한 대비를 하고 별채에는 거리 창(164)을 둔다. 그리고 별채의 형태는 실내 공간의 형태(191), 사회적 공간을 따르는 구조(205)에서 시작한다 ----

156. 안정된 일*

SETTLED WORK

···· 사람들이 나이를 먹어감에 따라, 소박하게 만족감을 주는 일의 중요성은 점점 커진다. 이 패턴에서는 안정된 일의 개발이 모든 가족에게 필요한 것임을 명시한다. 또한, 가족(75), 노인의 별채(155)의 형성에 도움이 되며, 자신의 방(141)을 자연스럽게 꾸며준다.

◆   ◆   ◆

안정적인 일의 경험은 노년기에 있어서 마음의 평화를 위한 전제 조건이다. 그러나, 우리 사회는 직장생활과 퇴직, 직장과 가정 사이를 갈라놓아 이같은 경험을 약화시킨다.

첫째, 부침없는 '안정된 일'이라는 것은 어떤 의미인가? 안정된 일은 한 사람의 모든 삶의 줄기를 하나의 활동으로 합쳐 놓은 것이며, 그 활동은 한 사람이 완전하고 전적으로 자신에 몰입하는 연장선상에 있는 것이다. 안정된 일은 하루아침에 이루어지는 것이 아니라 점진적인 발전에 의해서만 가능하며, 집안에서나 아니면 집 바로 근처에서 가장 자연스럽게 생겨나는 삶의 방식의 일부이다. 안정된 일이 자유롭게 개발될 때, 직장과 집은 점차적으로 결합되어 하나가 된다.

이 일은 한 사람이 전 생애에 걸쳐 해왔던 직업과 같을 수도 있다. 그러나, 안정된 일로서의 일은 보다 깊고 보다 견고하며 보다 독특한 것이다. 예를 들면, 모든 서류작업을 끝까지 마무리하여, 결국 자신의 일의 내면에 있던 유기적인 역할을 찾아내는 관료를 들 수 있다. 그렇다면, 그 관료는 그 일의 역할을 세상에 드러내기 시작한다. 이것이 일본의 영화감독인 쿠로사와Kurosawa의 가장 아름다운 영화, 『이키루(살다)』의 테마이다. 혹은, 안정된 일이 실제의 직업과 무관하게 여유 시간에 하기 시작한 일이 될 수도 있다. 그 일이 점점 확대되고 점차 자신에게 중요하게 되어, 결국 원래의 직업을 대신하게 될 수도 있다.

문제는 많은 사람들이 이런 안정된 일을 전혀 경험하지 못한다는 것이다. 이는 근본적으로 한 사람이 직장생활을 하는 동안, 자신의 일을 안정된 일로 발전시킬 시간과 공간을 가지지 못하기 때문이다. 오늘날의 시장에서, 대부분의 사람들은 사무실, 공장 혹은 기관의 규칙에 자신들의 일을 맞추도록 강요당한다. 일반적으로 이러한 일은 모든 것을 쏟아붓게 만든다. 주말이 온다 해도 새로운 무언가를 시작한다든지 하는 일을 할 만한 에너지가 남아 있지 않다. 심지어 출근을 해야 비로서 일이 시작되는 방식인 자치적으로 운영되는 작업장이나 사무실에서도, 일 자체는 일반적으로 시장의 요구에 적합하도록 맞추어진다. 이 역시, 그 일의 내부로부터 생겨나지만, 시장에서는 평가되지 않을지도 모르는 '안정된 일'의 느린 성장을 위한 시간을 허락하지 않는다.

이 문제를 해결하기 위해서, 먼저 중년이 된 한 사람이 자신에게 적합한 안정된 일을 천천히 개발시키는 기회를 가질 수 있는 환경을 만들어야 한다. 예를 들어, 사람들이 나이가 40이 될 때부터 평일 하루를 일당의 반을 받고 쉴 수 있다고 하면, 사람들은 자신의 집이나 근린에 자신들을 위한 작업장을 점차 만들어 나갈 수 있을 것이다. 또한, 시간이 해를 더해 지나가면 다양한 일을 시도해볼 수 있다. 그렇게 되면 점차적으로 안정된 일이 원래의 직장을 대신하게 되는 것이다.

우리는 안정된 일을 특히 노년기의 직업으로서 언급했는데, 이는 안정된 일이 한 사람의 일생에서 일찍 시작되어야 함에도 불구하고, 노년기에 이르러서야 필요성이 나타나기 때문이다. 삶의 진실성과 절망과 냉소가 충돌하는 노년기의 위기는, 한 사람이 안정된 일과 어떤 형태로든 연결되어 있을 때에만 해결될 수 있다. 이에 대해서는 인생의 주기(26)를 참고한다. 이처럼 안정된 일을 개발하고 적당한 방법으로 세상에 관련시키는 기회를 가진 사람들은, 나이가 들어감에 따라 맞이하는 위기를 성공적으로 해결하는 방법을 찾을 수 있을 것이다. 하지만, 그렇지 못한 사람들은 절망에 빠질 것이다.

그러므로,

특히, 나이가 들면 모든 사람들에게 자신의 주택 내부나 혹은 근처에 작업장을 만들 기회를 제공하도록 한다. 이 장소는 점차 확장할 수 있는 곳으로, 처음에는 주말의 취미 정도로 사용되다가 점차 완전하고 생산적이며 편안한 작업장이 될 것이다.

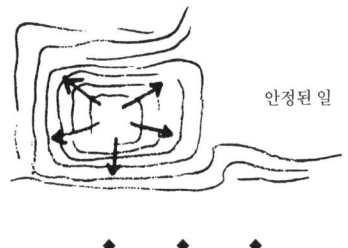

안정된 일

◆　◆　◆

작업장은 물리적으로 가정 내 작업장(157)과 같이 배치한다. 그리고, 작업장은 거리에 개방하여, 거리 생활의 일부가 되도록 한다 - 거리에 면하는 개인 테라스(140), 거리로의 개방(165) ┈

157. 가정 내 작업장

HOME WORKSHOP

···· 각 **주택 클러스터**(37)의 중심부와 **자택**(79)에는, 자유롭게 부가되고 외부에서 접근할 수 있는 하나의 방 혹은 별채가 필요하다. 이것이 작업장이다. 이번 패턴은 작업장이 얼마나 중요하며, 얼마나 넓게 분산 배치되어야 하며, 그 빈도는 얼마가 되어야 하는가를 설명한다. 그리고, 작업장이 지어 졌을 때 얼마나 접근하기 쉬워야 하는가, 어느 정도의 공공성을 가져야 하는가 등을 설명한다. 이는 분산된 **일터**(9), **학습 네트워크**(18), **남성과 여성**(27)의 강화에 도움이 된다.

◆ ◆ ◆

일의 분산이 더욱 효과를 발휘할수록, 가정 내 작업장도 더욱 중요해진다.

분산된 일터(9), 학습 네트워크(18), 남성과 여성(27), 자치 운영되는 작업장과 사무실(80)등의 패턴에서 설명한 것처럼, 우리가 생각하는 사회는 오늘날의 사회보다 일과 가족이 더욱 연결되어 있는 사회이다. 이와 같은 사회는 사업가, 예술가, 장인, 가게 운영자, 전문가 등의 사람들이 혼자 혹은 작은 집단을 이루어서 일하며, 오늘날보다 주변 환경과의 관계가 더욱 밀접한 사회이다.

이와 같은 사회에서 가정 내 작업장은 지하층 혹은 차고의 취미 공간보다 훨씬 더 중요한 존재가 된다. 따라서, 작업장은 부엌, 침실과 같은 주택의 중심 기능이 되어 모든 주택에 반드시 필요한 공간이 된다. 더불어 우리가 생각하는 이런 작업장의 가장 중요한 특징은 집 밖의 공공 영역과 연결되어 있다는 것이다. 대부분의 사람들에게 있어서, 일은 비교적 공적인 것이다. 벽난로 주위의 사적인 부분과 비교해 보면 일이 공적이라는 것을 더욱 확실히 알 수 있을 것이다. 공적인 관계가 약한 경우에도 작업자와 커뮤니티, 둘 사이의 연결을 확대하게 되면 상호간 무언가 얻을 수 있는 것이 있다.

가정 내 작업장의 경우에 일의 공적인 본질이 특히 중요시된다. 이는 작업장을 뒤뜰의 취미공간으로부터 공적인 영역으로 끌어낸다. 작업장에서 일하는 사람들은 거리의 풍경을 볼 수 있고 또한 지나가는 사람들에게 자신을 보이기도 한다. 작업장을 지나가는 사람은 작업장을 보고 커뮤니티의 본질이 무언가를 배운다. 특히, 아이들은 이 같은 접촉에 의해 보다 활기를 얻는다. 일의 성질에 따라, 예를 들어 공적인 연결은 상점 앞 공간, 짐을 싣거나 내리거나 하는 차도, 개방된 작업대, 소규모 회의실 등과 같은 형태를 취한다. 따라서, 실제 일터의 성격을 지니며, 어느 정도 공공가로와 연결된 실질적인 작업장의 제공을 제안한다. 이 작업장에는 적어도 사람들이 안팎을 힐끗 볼 수 있는 연결점을 마련하거나, 아니면 개방된 상점 앞 공간처럼 완전히 연결된 공간일 수도 있을 것이다.

그러므로,

가정 내에 취미로서가 아니라 직업으로 실제 일을 할 수 있는 공간을 계획하도록 한다. 근린에 배치할 경우에는 적절하고 조용한 작업이 행해지도록 지역지구제*를 개정한다. 작업장은 몇백 제곱피트 정도로 하며 거리에서 보이는 곳에 배치하고 작업장 소유주가 간판을 달 수 있도록 한다.

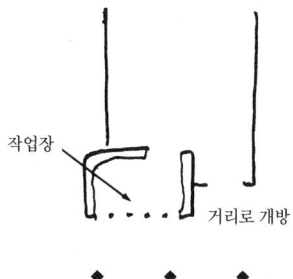

작업장의 한쪽 구석은 특히 일하기 쾌적한 곳으로 계획한다 - 각 실의 두 면 채광(159), 둘러싸인 작업 공간(183). 작업장은 거리에 밀접하게 연결되도록 하며 - 거리로의 개방(165), 생활을 내려다보는 창(192), 따뜻한 날에는 햇볕을 받으며 작업할 수 있는 장소로 할 수도 있다 - 양지바른 장소(161). 작업장의 형태나 시공에 관해서는 실내 공간의 형태(191)에서 시작한다 ⎯…

158. 노천 계단*

OPEN STAIRS

·--- 이전 패턴들의 대부분은 - 임대실(153), 10대의 별채(154), 안정된 일
(156), 가정 내 작업장(157), 공간이 거리에 바로 연결할 수 있으면 2층에 배
치할 수 있다. 좀더 간단히 설명하자면, 이전 패턴들에서 다루어진 세대나
작업그룹, 공공서비스 시설의 대부분이 거리로의 직접적인 연결이 가능하
다면 2층에 설치해도 무방하다는 것이다. 예를 들면, 자치 운영되는 작업장
과 사무실(80), 형식적이지 않은 소규모 서비스(81), 소규모 작업그룹(148)

과 같은 직장 커뮤니티에서, 이들이 건물의 2층에 위치한다면 반드시 공공 가로와의 직접적인 연결이 필요하다는 것이다. 그리고, 각 세대들 - 소가족을 위한 주택(76), 부부를 위한 주택(77), 독신자를 위한 주택(78) 또한 아래층을 통과하지 않고 거리로 바로 나가려면 거리와 직접 이어져 있어야 한다. 이번 패턴은 각 공간과 거리의 개별적인 연결을 형성하는 데 쓸 수 있는 노천 계단을 설명한다. 노천 계단은 보행로(100)를 형성하는 데 중요한 역할을 한다.

◆　　◆　　◆

실내 계단은 막대한 사회적 손실을 가져올 정도로 건물 상층부와 거리의 삶 사이의 소통을 줄인다.

이 문제는 다음과 같은 단순한 사실에 기인한다. 아파트의 각 호에서 거리로 직접 통하는 계단이 있다면 이는 무척 훌륭하다고 할 수 있지만, 하나의 내부 계단을 통해 출입할 수 있는 몇 호 중 하나라면 그만큼 훌륭하지 못하다는 것이다. 다음으로 소개하는 토론은 약간 어려운 내용일지도 모르겠지만, 앞서 이야기한 바와 같이 중요하고도 당연한 직관을 설명하고자 하는 우리의 노력이다.

건물이 점점 증축되어 가면서 만들어지는 전통적인 문화권에서 상층부로 연결된 외부 계단은 일상적인 것이다. 또한, 벽이나 지붕에 의해 보호되지만 거리에는 개방되어 있는 반 옥외 계단 역시 일상적인 것이다.

노천 계단의 아름다움

반대로, 산업화되고 권위적인 사회에서는 대부분의 계단이 실내 계단이다. 이 실내 계단으로의 접근은 내부 로비나 복도를 통해서 이루어지게 되어, 상층부는 거리로의 접근을 차단당한다.

이것은 노천 계단이 아니다 - 속지 마시오.

이러한 차이는 소방법이나 시공 기술의 부산물이기 때문만은 아니다. 이는 평등한 관계에서 자발적인 아이디어가 교환되는 자유로운 무정부주의적 사회와, 대부분의 개인이 큰 정부나 기업조직에 종속된 고도로 집중화되고 권위주의적 사회와의 차이에 근본적인 원인이 있다.

사실상, 건물 안의 모든 사람들이 통과하는 집중된 출입구는 통제라는 본성을 가지는 반면에, 공공가로에서 개개인의 출입구로 바로 연결되는 많은 개방적 계단은 독립과 자유로운 왕래라는 본성을 가지고 있는 것이다.

집중된 출입구가 사회적 제어의 한 요소라는 것은 의심할 여지없이 쉽게 이해할 수 있다. 중앙 출입구와 시간 기록계를 가진 직장에서의 직원들은 출퇴근 시간을 찍기 때문에, 행여 평상시의 퇴근시간이 아닌 시간에 퇴근을 한다면 무언가 변명거리가 필요할지도 모른다. 출퇴실 시 기명이 요구되는 학생 기숙사에서도, 학생들이 폐문 시간까지 돌아오지 못하면 곤란에 처하게 된다.

누구나 자유롭게 출입할 수 있는 아파트나 직장에서도 통제가 조금 가볍긴 하나 주 현관이 잠겨있는 경우는 드물지 않다. 물론, 거주자는 건물의 열쇠를 가지고 있지만 거주자들의 친구들은 그렇지 않다. 즉, 개인 영역의 한계점에까지 가로가 공적이라면, 친구들이 다른 친구들의 집에 '잠시 들를' 수 있지만, 개방시간 이후 정문이 잠겨 있을 때면, 정문은 친구들이 잠시 들르는 것을 효과적으로 차단하고 있는 것이다.

그리고, 여전히 미묘한 사실이 있는데, 중앙화된 출입구가 사회적 통제라는 명확한 방침을 지니지 않는 경우에도 (이를테면 언제나 개방된 문) 기본적으로 자유를 소중히 여기는 사람들은 여전히 중앙화된 출입구에 대해 불안함을 느낀다. 하나의 중앙화된 출입구는 사람들의 왕래를 통제하고자 하는 폭군이 제안할 것 같은 권위적인 형태이다. 사회적 방침이 비교적 자유로운 곳에서도, 중앙화된 출입구로 생활하는 것은 사람들을 불안하게 만든다.

매우 편집증적으로 들릴 수도 있지만, 요점은 이것이다. 자유론자의 사회는 통제권을 쥐고 있는 한 사람 또는 어떤 집단에 의해 쉽게 통제될 수 없는 구조를 만들고자 한다. 즉, 사회의 구조를 분산시켜 중심을 여러 개 두려고 하며, 어떤 집단도 과도한 통제를 행사할 수 없도록 한다.

이 같은 자유론자의 이상을 지지하는 물리적인 환경은, 사람들이 원할 때 자유롭게 왕래하는 것이 허락되는 구조에 확실한 프리미엄을 둘 것이다. 그리고, 건물과 도시의 지층 평면에 구조를 구축함으로써 권리를 보호하려 할 것이다. 우리가 공간적으로 과도하게 중심화되었거나 권위적인 건물에서 불안함을 느끼는 것은, 그러한 방식으로는 보호되지 않는다는 것을 느끼기 때문이다. 그리고, 기본적인 권리 중 하나가 잠재적으로 무력하다고 느끼며, 권리가 환경의 물리적 구조에 의해 완전하게 단언되지 않기 때문이다.

공적인 세상을 연장시키는 기능을 하고, 각 세대와 작업그룹의 전용 공간을 최대한 끌어내는 노천 계단은 이러한 문제를 해결할 수 있다. 그러면, 이 공간들은 더 넓은 세상과 바로 연결된다. 거리의 사람들은 각 출입구를 실제적 혹은 잠재적인 통제의 힘을 갖는 회사나 조직의 영역이 아닌, 진정한 인간의 영역으로 인지하게 된다.

그러므로,

가능하면 실내 계단은 피한다. 건물의 상층부에 배치된 모든 독립된 세대, 공공서비스시설, 작업그룹은 지상층과 바로 연결시키는데, 거리로부터 직접 접근이 가능한 노천 계단을 배치해서 해결하도록 한다. 계단은 기후에 따라 지붕을 덮을지 결정하며, 모든 경우 지상층에는 문을 설치하지 않고 개방적으로 하여 거리의 연속으로 기능할 수 있도록 한다. 그리고, 상층 복도

는 설치하지 않으며, 대신에 상층의 세대들이 하나의 계단을 공유하는 곳에
는 층계의 중간에 좀 넓게 개방된 계단참이나 혹은 개방된 아케이드를 두도
록 한다.

공공에 개방된 계단

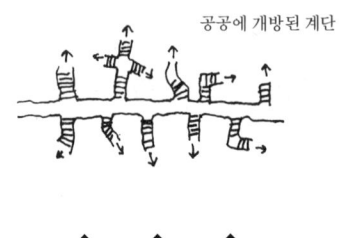

◆　◆　◆

　계단이 지상으로 내려오는 곳에, 거리에 이미 존재하는 출입구를 보완하
는 비슷한 모양의 출입구를 만든다 - 비슷한 모양의 출입구(102). 지붕으로
올라가는 계단참이나 계단 상부는 사람들이 햇빛을 쬐며 앉거나 식물들을
키울 수 있는 정원으로 한다 - 옥상 정원(118), 양지바른 장소(161). 계단 의
자(125)를 기억하고, 계단의 볼륨(195)에 따라 계단을 설치한다 --…

건물의 내부와 외부 공간 사이의 가장자리를
독립적인 장소로 다룸으로써
그리고 가장자리에 인간적인 디테일을 만들어서,
건물의 내부와 외부의 연결을 준비하도록 한다.

159. 각 실의 두 면 채광
160. 건물의 가장자리
161. 양지바른 장소
162. 북쪽 면
163. 옥외실
164. 거리 창
165. 거리로의 개방
166. 외랑
167. 6피트의 발코니
168. 지면과의 연결

159. 각 실의 두 면 채광**

LIGHT ON TWO SIDES OF EVERY ROOM

···- 건물의 주요한 방들을 배치하고 나면, 실제 형태를 결정해야 한다. 이는 근본적으로 건물의 가장자리에 관한 사항이다. 건물 가장자리의 대략적인 위치는 건물의 전체적인 형태에서 이미 정해졌다 - 채광(107), 포지티브 외부 공간(106), 기다란 주택(109), 캐스케이드형 지붕(116). 이 패턴에 의해서 각 방은 필요한 빛을 얻을 수 있는 최적의 위치에 배치되고, 따라서 채광(107)이 완성된다. 또한, 각 방의 배치가 결정되고, 건물 가장자리의 정확한 외곽선이 결정된다. 그리고 다음 패턴에 따라서 가장자리의 형태를 만들어 나가기 시작한다.

◆　　◆　　◆

선택권이 있다면 사람들은 항상 두 개의 벽면에서 빛이 들어오는 방을 선택한다. 그리고, 한 면에서만 빛이 들어오는 방은 사용되지 않는 빈 공간으로 남겨질 것이다.

이 패턴은 어떠한 단일 패턴보다 방의 성공과 실패를 좌우할 것이라고 생각한다. 방안의 일광 처리와 두 벽면의 창문 배치는 매우 필수적이다. 만약, 한 면만 채광이 되는 방을 만든다면 돈을 낭비하는 것이다. 피할 수 있다면 사람들은 그 방에 머무르려 하지 않을 것이다. 물론, 모든 방이 한 면에서만 채광이 되는 경우라면, 그 방들을 사용할 수밖에 없지만 말이다. 그러나, 사람들이 한 면에서만 채광이 되는 방 안에 있다면 미묘한 불안함을 느낄 것이며, 그 방에 머무르지 않고 되도록 벗어나기를 원할 것이라고 우리는 확신할 수 있다. 선택의 여지가 있을 때 사람들이 어떻게 행동하는지 확신하기 때문이다.

이 문제에 대한 우리의 실험은 다소 비공식적이었지만 수년을 이어왔다. 많은 건설업자들이 그래왔던 것처럼, 얼마 전부터 우리들도 이 문제에 대해 인식했었다. (우리는 '두 면 채광'이 예전 보자르 디자인^{Beaux Arts Design} 전통의 신조라는 것을 알고 있다.) 우리의 실험은 간단했다. 우리가 방문한 모든 건물에서 이 패턴이 존재하는지를 반복적으로 조사했다. 실제로, 사람들이 한 면 채광의 방을 피하고 두 면 채광의 방을 선호하는가? 사람들은 두 면 채광을 어떻게 생각하는 것인가?

우리는 우리의 친구들과 함께 사무실 그리고 많은 가족들을 조사했는데, 두 면 채광의 패턴은 압도적으로 중요해 보였다. 패턴에 대해서는 인식의 편차가 있었지만(사람들은 이 패턴을 전부 혹은 반쯤 인식하고 있었다), 우리가 의미하는 바가 무엇인지는 정확히 이해하고 있었다.

두 면 채광과 그렇지 않은 방

앞서 제시한 증거가 너무 무계획적으로 보인다면 스스로 이 같은 조사를 해보길 바란다. 이 패턴을 염두에 두고 일상생활에서 접하는 모든 건물을 조사해 본다. 우리가 그랬던 것처럼, 즐겁고 친밀한 방은 이 패턴을 따르고 있다는 것을 직감적으로 알 수 있을 것이다. 또한 이 패턴을 따르지 않는 방은 친밀하지도 않고 즐겁지도 않기에 본능적으로 거부될 것이라고 확신한다. 요약하자면, 이 하나의 패턴만으로 좋은 방과 좋지 않은 방을 구별할 수 있게 된다.

이 패턴의 중요성은 부분적으로 방이 만들어내는 사회적 분위기에 있다. 두 면에서 자연채광이 이루어지는 방에서는 사람이나 물건 주위의 눈부심이 적기 때문에 사람들은 어떤 물체를 더욱 복잡한 부분까지 볼 수 있다. 그리고, 가장 중요한 것은 사람의 얼굴에 스쳐 지나가는 순간의 표정과 손의 움직임을 상세하게 읽을 수 있게 된다. 따라서, 사람들의 표정과 움직임들이 무엇을 의미하는가를 보다 분명히 이해할 수 있게 되는 것이다. 두 면 채광은 사람들로 하여금 서로를 이해할 수 있게 한다.

단지 한 면에서만 채광이 되는 방에서는 벽과 바닥에서 빛의 변화가 매우 급격하다. 때문에, 창문으로부터 가장 먼 곳은 창문 가까운 곳과 비교하면 불안하리만큼 어둡다. 더욱 안 좋은 점은 실내에 표면 반사광이 거의 없으므로 창 근처의 내벽은 항상 어두워 불안함을 조장하거나 역광으로 인해 눈부심을 만들어낸다. 한 면 채광의 방에는 사람들의 얼굴을 감싸는 눈부심이 다른 사람에 대한 이해를 저해한다. 비록 보조적인 인공조명과 훌륭하게 디자인된 창틀에 의해 이 눈부심을 어떻게든 줄일 수 있다 하더라도, 눈부심을 극복하는 가장 간단하고 기본적인 방법은 두 벽면에 창을 두는 것이다. 각 창으로부터 들어오는 빛은 다른 창이 있는 내벽을 비추기 때문에, 내벽과 외부 하늘과의 대비를 줄인다. 상세한 내용과 설명에 관해서는 홉킨슨의 저서를 참고한다.[Hopkinson 1963]

이 패턴을 완전히 배제한 극단적인 예가 르 꼬르뷔제의 마르세이유 아파트이다. 각 유닛은 매우 길고 상대적으로 좁으며, 좁은 끝의 한 면에서만 빛이 들어온다. 방은 창가에서는 매우 밝으나 안쪽에서는 어둡다. 결과적으로, 창가 주변의 빛과 어둠의 대조에 의해 만들어지는 눈부심은 상당한 불안감을 조성한다.

작은 건물에서 모든 방을 두 면 채광이 되도록 하는 것은 쉽다. 또한, 주택의 네 모서리에 있는 방은 두 면 채광이 저절로 해결된다.

조금 더 큰 규모의 건물에서 같은 효과를 얻기 위해서는, 가장자리를 요철 모양으로 만들어 모서리 부분을 안쪽으로 들어가게 할 필요가 있다. 큰 방과 작은 방을 나란히 배치하는 것도 효과적이다.

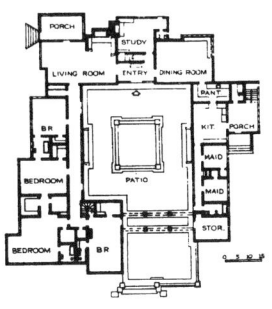

요철 모양의 가장자리

보다 큰 건물의 경우, 모든 방의 두 면 채광을 위해서는 어떤 체계적인 방법으로 방을 구성하거나 혹은 가장자리를 훨씬 더 복잡하게 할 필요가 있다.

그러나, 아무리 평면상으로 현명한 계획을 만들어내고 아무리 주의 깊게 건물의 가장자리를 복잡한 형태로 만든다 하더라도, 때때로 두 면 채광이 불가능한 경우도 있다. 그런 경우에는, 다음 두 가지 조건 하에서 두 면에서 채광이 되는 효과를 기할 수 있다. 안길이*가 약 8피트약 2.4m 이하로 방이 매우 좁은데도 벽에 적어도 두 개의 창이 나란히 배치된다면, 이 같은 효과를 얻을 수 있다. 빛은 반대측 벽에서 반사되고 그리고 다시 두 창문 쪽으로 반사되기 때문에, 두 면 채광과 같은 눈부심 없는 빛을 얻을 수 있다.

마지막으로 방의 안길이가 8피트약 2.4m보다 깊고 두 면에 창을 설치할 수 없는 경우에는, 천장을 매우 높게 하고 벽을 하얗게 칠하며 벽에는 크고 높은 창문을 설치하고, 눈부심을 줄일 수 있도록 창틀을 충분히 깊게 만든다면 이 문제는 해결될 수 있다. 일반적으로 조지 왕조 시대의 저택의 거실이나 엘리자베스 여왕 시대의 식당은 앞서 설명한 것과 같은 방법으로 지어졌다. 하지만, 이러한 방법들이 제 기능을 하도록 하는 것은 매우 어렵다는 것을 기억하도록 한다.

그러므로,

각 방은 적어도 두 면이 외부 공간과 접하게 하고, 벽에 창문을 설치하도록 한다. 그래서 모든 방은 두 면 이상에서 자연광이 들어오게 한다.

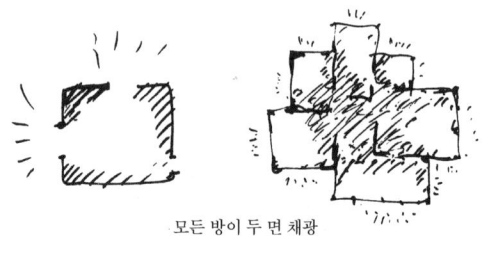

모든 방이 두 면 채광

◆ ◆ ◆

이 패턴 때문에 면이 너무 거칠어지지 않도록 한다. 면이 너무 거칠어지면 포지티브 외부 공간(106)의 소박함을 파괴할 것이며, 지붕을 설치하는 데도 어려움을 겪을 것이다 - 지붕 배치(209). 천장이 특히 높고, 창문이 있는 벽의 길이에 비해 그 벽과 직각으로 만나는 벽의 안길이가 길지 않은 경우, 창문이 크고 내부가 하얗게 칠해져 있고 창문으로 밝은 빛이 들어오지만 크고 깊은 창틀에 의해 눈부심을 만들지 않게 한다면, 한 면의 창으로도 이 패턴의 본질을 유지할 수 있다는 것을 기억한다.

창밖으로 아름다운 무언가를 볼 수 있도록 창문을 배치한다 - 생활을 내려다보는 창(192), 자연스런 문과 창(221). 하나의 창을 특별하게 만들어서, 창 주변에 사람들이 모일 수 있도록 한다 - 창가(180), 깊은 창틀(223), 걸러진 빛(238) ----

160. 건물의 가장자리**

BUILDING EDGE

···· 바로 전 패턴인 **각 실의 두 면 채광**(159)과, 건물 동의 위치, 내부 공간, 건물 사이의 중정, 정원, 거리 등에 대해 설명한 패턴인 **채광**(107)과 **포지티브 외부 공간**(106)에 의해서 건물의 가장자리의 위치가 정해졌다고 가정하자. 이번 패턴은 내부 공간과 외부 공간 사이의 구역 개발에 대해서 설명한다. 내부 공간과 외부 공간 사이의 구역은 하나의 가장자리나 벽으로 간주되기에 두께가 없는 선으로 표시한다. 하지만 잘못된 생각이다.

◆　　◆　　◆

건물을 생각할 때, 흔히 방들의 안쪽과 바깥쪽을 미리 상정하고 건물 내부의 무언가로 간주하곤 한다. 반드시 외부를 지향해야 하는 무언가로 건물을 생각하는 경우는 극히 드물다.

하지만, 건물이 내부를 지향하는 것만큼 조심스럽고 적극적으로 건물을 둘러싸고 있는 외부를 지향하지 않으면, 건물 주변의 공간은 쓸모없는 공허한 공간이 되어버리고 말 것이다. 결과적으로 건물로 들어가기 위해서는 사람이 없는 공간을 거쳐야 하기 때문에, 결국에는 건물이 사회적으로 고립되고 말 것이다.

그 예로서, 철과 유리로 만들어진 오늘날 기계시대의 건물을 살펴보자. 이 건물의 경우 출입구를 제외하고 어떤 부분에서도 건물로 접근할 수 없다. 왜냐하면, 건물을 둘러싼 공간이 사람들을 위한 공간으로 만들어지지 않았기 때문이다.

사용할 수 없는 가장자리

반면에, 건물의 가장자리에 벤치나 외랑*, 발코니, 화단, 앉을 수 있는 모서리, 잠시 멈추어 서는 장소가 있어 주변 공간이 서로 연결된 오래되고 따뜻한 건물과 비교해 보자. 이런 건물의 가장자리는 살아 있다. 건물은 가장자리가 사람들이 스스로 즐길 수 있는 긍정적인 공간으로 만들어졌다는 단순한 사실에 의해서, 건물 주위를 둘러싸고 있는 세상과 연결되어 있다.

사용할 수 있는 가장자리

이 작은 차이의 효과를 생각해보자. 기계와 같은 건물은 주변으로부터 차단되고 고립되어 마치 섬과 같다. 활기 넘치는 가장자리를 가진 건물은 사회적 조직의 일부, 도시의 일부, 건물 주변에서 거주하고 지나치는 모든 사람들의 삶과 연결되어 있다.

위의 두 건물의 비교를 실증적으로 뒷받침하는 사실은 다음과 같다. 사람들은 오픈스페이스의 가장자리에 있는 것을 좋아하는 것 같다. 그리고, 가장자리가 사람들을 위한 공간이라면 좀처럼 그 공간을 떠나려 하지 않는다. 예를 들어, 외부 공간에서의 사람들의 행동을 관찰한 실험에서, 겔Jan Gehl은 "서 있는 사람이나 앉아 있는 사람 모두 무언가(건물의 정면, 기둥, 가구 등)에 가까이 위치하려는 경향이 뚜렷하다"는 것을 발견했다.[Gehl 1968-1] 사람들이 공간의 가장자리에 머무르는 이러한 경향은 액티비티 포켓(124)에서도 논의하였다.

만약, 사람들의 이 같은 경향이 내부 공간에서와 마찬가지로 외부 공간에서도 신중하게 받아들여졌다면, 건물의 외벽은 오늘날의 모습과는 매우 달랐을 것이다. 가장자리는 더욱 더 공간처럼 되었을 것이다. 벽은 건물의 안팎과 연결되고, 지붕은 벤치나 포스터 혹은 안내판을 붙일 수 있도록 벽으로부터 연장되어 나갔을 것이다. 벽감의 안길이는 6피트약 1.8m 정도라면 적절하다. 이에 대해서는 6피트의 발코니(167)를 참고한다.

그리고, 건물의 외벽이 적절하게 만들어지면 건물의 가장자리는 두 영역 사이에 존재하는 하나의 영역이 된다. 또한, 가장자리는 건물의 내부와 외부 사이의 연결성을 높이고, 경계를 건너는 집단을 형성시킨다. 한쪽에서 시작해 다른 쪽에서 끝나게 움직임을 부추김으로써 내부와 외부 그리고 경계 공간에서의 활동을 촉진시킨다. 이것이 바로 이 패턴의 기본적인 개념이다.

그러므로,

건물의 가장자리를 두께가 없는 하나의 선이나 면이 아닌, '물체' '장소'와 같이 부피를 가지는 구역으로 다루어야 함을 명심하도록 한다. 사람들이 멈추어 머무를 수 있도록 건물의 가장자리는 움푹 들어간 장소가 되도록 한다. 특히, 흥미로운 외부 생활을 내다볼 수 있는 건물 가장자리를 따라서 앉을 수 있는 장소, 기대거나 걷는 장소, 깊이가 있고 지붕이 덮인 장소를 만들도록 한다.

움푹 패인 곳

깊이가 있는 가장자리

쉼터

❖ ❖ ❖

이 패턴을 아케이드, 외랑*, 포치, 테라스와 함께 사용한다 - 아케이드
(119), 옥외실(163), 외랑(166), 6피트의 발코니(167), 지면과의 연결(168).
특히, 햇볕이 잘 들도록 한다 - 양지바른 장소(161), 북쪽 면(162). 연결의 분
위기를 완성하는 의자나 창문을 설치한다 - 계단 의자(125), 거리 창(164),
의자가 있는 장소(241), 현관 앞 벤치(242) -···

161. 양지바른 장소**

SUNNY PLACE

·····- 이 패턴은 **남쪽을 향한 외부 공간**(105)에 생명을 부여하고 그 공간을 꾸미는 데 도움이 된다. 그리고, 외부 공간이 남향이 아닌 동향이나 서향인 경우에는, 건물을 수정하여 외부 공간의 일부를 남쪽을 향하게 하도록 하는데 도움이 된다. 또한, 건물의 **가장자리**(160)의 완성과 **옥외실**(163)의 배치에도 도움이 된다.

◆　◆　◆

건물 남면 벽체 옆에 있는 양지바른 장소는 사람들이 나와서 햇볕을 쬘 수 있는 장소가 되어야 한다.

외부 공간은 건물의 남쪽에 배치되어야 한다는 사항에 대해서는 이미 설명했다. 그리고, 남쪽을 향한 외부 공간(105)에서 이와 같은 개념에 대한 실증적인 근거를 제시했다. 그러나, 건물을 둘러싼 외부 공간이 남쪽을 향하는 경우에도, 사람들이 실제로 그 공간을 사용할 것인지에 대해서는 확실히 보장할 수 없다.

이번 패턴에서는 조금 더 미묘한 사항에 대해서 논의하고자 한다. 정원이 남쪽으로 향해 있더라도 양지바른 공간이 없다면 별 의미가 없어진다. 특히 외부 공간과 내부 공간을 잇는 혹은 내부 공간과 방을 잇는 중심적인 연결 공간에 집중적으로 빛이 들어오지 않으면 즉, 중정이나 정원이 남향이라 할지라도 제 기능을 다 할 수 없다는 점에 대해 논의한다.

남쪽을 향한 외부 공간(105)에서 제시한 것과 같이, 양지바른 공간에 건물의 그림자로 인한 그늘이 무척 어둡게 드리워진다면, 그 공간을 잘 사용하는 데는 장애가 따를 것이다. 이런 이유로 햇볕이 들어야 할 가장 중요한 장소는 햇볕이 항상 비추게 건물의 외벽을 등지고 있어야 한다. 그래야 사람들이 외부 공간을 내다보거나, 건물 안 통로에서 양지바른 장소로 바로 나오기 편하다. 더불어 우리가 관찰한 바에 따르면 양지바른 장소가 건물의 벽 전면이나 모서리에 있다고 하더라도, 울타리나 낮은 벽 혹은 기둥으로 둘러싸여 있다면 좀 더 많은 사람이 모일 것이다. 물론 가림막이나 앉아서 기댈 수 있는 장소가 있어야 하고 햇볕도 쬘 수 있어야 한다.

마지막으로 양지바른 장소가 실질적으로 기능을 발휘하려면, 그곳에 가는 적당한 이유가 있어야 할 것이다. 양지바른 장소로 사람을 이끄는 특별한 무언가, 예를 들면 그네, 식물을 심어놓은 화분, 특별한 조망, 앉아서 연못을 볼 수 있는 벽돌 계단 등이 필요한데, 사람들이 별다른 생각을 하지 않고도 양지바른 장소로 가게 되는 힘을 가진 것이라면 무엇이든 좋다.

한 가지 예를 들어보자. 건물의 모서리나 구석진 곳에 내부 공간과 바로 통해 있고 햇빛이 충분히 드는 공간을 마련한다면, 사람들은 그곳에 매일 와서 잠시 앉아 오가는 사람을 보며 쉬기도 하고, 걸이식 화분에 물을 주기도 할 것이다.

양지바른 장소

이 패턴을 가장 아름답게 적용한 경우는 주택 클러스터(37)나 혹은 직장 커뮤니티(41)에서, 몇 개의 양지바른 장소를 함께 배치한 경우이다. 서로 목소리가 들릴만한 거리에 있는 몇 개의 양지바른 장소가 목걸이를 반으로 나눈 것과 같은 형태로 남쪽을 향해 배치된다면, 양지로 나가는 행위 자체가 사회적인 일이 될 것이다.

그러므로,

남향의 중정 혹은 정원, 마당 내에 햇빛이 가장 잘 드는 건물과 외부 공간 사이의 장소를 찾도록 한다. 그리고, 그곳을 양지바른 장소로 발전시키도록 한다. 예를 들면, 햇빛을 쬐며 일할 수 있는 중요한 옥외실, 그네, 특별한 식물을 위한 공간 혹은 일광욕을 할 수 있는 장소로 만든다. 양지바른 장소는 바람을 막아 줄 수 있는 장소에 배치되어야 함을 명심하도록 한다. 바람이 멈추지 않는다면, 이와 같은 가장 아름다운 공간의 사용은 제한될 것이다.

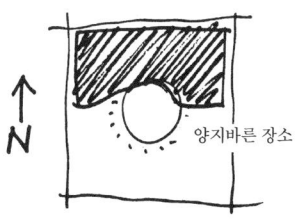

양지바른 장소

◆　◆　◆

　양지바른 장소는 방처럼 계획한다 - 거리에 면하는 개인 테라스(140), 옥외실(163). 깊이는 적어도 6피트^{약 1.8m} 이상으로 한다 - 6피트의 발코니 (167). 더운 날에는 햇빛을 조절할 수 있는 나무를 심거나 캔버스를 설치한 다 - 걸러진 빛(238), 트렐리스 산책로(174), 캔버스 지붕(244). 의자가 있는 장소(241)에 따라 의자를 둔다 - …

162. 북쪽 면

NORTH FACE

····- 남쪽을 향한 외부 공간(105)에 따라서 올바르게 배치되고 북쪽을 향한 외부 공간이 거의 존재하지 않더라도, 일반적으로 건물의 북쪽에는 약간의 공간이 존재할 것이다. 실내 채광(128), 양지바른 장소(161)에서 행한 작업을 보충하기 위해서, 북쪽의 공간을 손질해야 한다.

◆　◆　◆

자신이 알고 있는 건물의 북쪽을 잘 살펴보자. 대부분은 이용되지 않고 눅눅하며, 우울하고 쓸모없는 공간임을 깨닫게 될 것이다. 그러나, 도시 내의 건물 북쪽 면은 수백 에이커에 달하며, 건물이 있다면 어디라도 건물의 북쪽 면은 존재할 것이다.

건물의 북쪽 면이 수직의 벽이면, 일년에 몇 개월 동안 건물 뒤로 긴 그림자가 생길 것이다.

북쪽 그림자

이와 같이 활기 없고 우울한 북쪽 면은 대지의 막대한 영역을 쓸모없게 만들 뿐만 아니라, 누구도 지나가기를 원하지 않는 그림자로 주변 환경을 조각조각 잘라버려 다양한 영역이 서로 분리되고 말 것이다. 따라서, 적어도 북쪽을 향한 영역을 활기 넘치게 만들어 주변 영역을 분리하지 않도록 할 수 있는 방법을 찾아야 한다.

건물의 북쪽 면에 의해 만들어지는 그림자는 기본적으로 삼각형이다. 이 삼각형의 그림자 공간이 버려진 장소가 되지 않도록 하기 위해서는, 햇빛이 필요 없는 방이나 물건으로 가득 채워야 한다. 예를 들면, 이 영역을 차고, 욕실, 창고, 쓰레기장, 스튜디오와 같은 공간을 포함하는 완만한 캐스케이드형 공간으로 만들 수 있을 것이다. 이 캐스케이드형 공간이 적절하게 만들어진다면, 이 공간의 북쪽에 배치된 외부 공간은 햇빛이 충분히 들어오기 때문에 정원, 온실, 개인용 정원 의자, 작업장, 통로 등으로 이용될 수 있을 것이다.

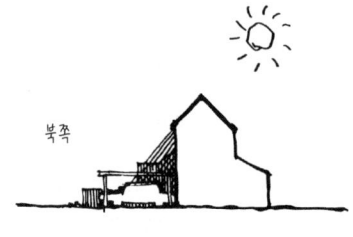

북쪽 캐스케이드형 공간

더욱이, 불가피하게 어두운 북향의 방이 존재한다면, 반사벽 설치가 큰 도움이 된다. 반사벽은 건물의 북쪽 면에서 어느 정도 떨어진 곳에 세워진 벽으로, 흰색이나 황색으로 칠해서 햇빛을 건물로 반사시킬 수 있는 위치에 세운다. 이 벽은 인접한 건물의 벽이나 정원의 벽 등이 될 수도 있을 것이다.

그러므로,

건물의 북쪽 면은 지면을 향해 경사지게 낮아지는 캐스케이드형 공간으로 만들도록 한다. 그렇다면, 일반적으로 북쪽에 긴 그림자를 만드는 햇빛이 건물 북쪽 면의 지면을 비추게 될 것이다.

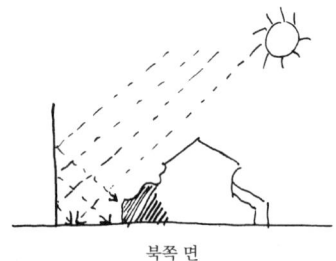

북쪽 면

북쪽 면 캐스케이드형 공간 내의 삼각형 부분은 실내 채광이 없어도 무관한 주차, 쓰레기, 창고, 헛간, 벽장, (북측 채광이 필요한) 스튜디오 등으로 사용한다 - 자동차와의 연결(113), 창고(145), 퇴비(178), 방 사이의 벽장(198). 만약, 도움이 될 것이라고 생각되면 건물의 북측에 흰색이나 황색의 벽을 두어 북측에 면한 방으로 햇빛을 반사시킨다 - 실내 채광(128), 각 실의 두 면 채광(159), 정원의 담장(173) - …

163. 옥외실**

OUTDOOR ROOM

···- 모든 건물에는 사람들이 머물고 생활하며 함께 이야기하는 방이 있다 -
중심부의 공용 공간(129), 농가의 부엌(139), 휴식 공간의 시퀀스(142). 가능
하다면 사람들이 모이는 방은 옥외에 또 하나의 '방'을 더해서 꾸며야 한다.
옥외실은 공공옥외실(69), 반쯤 가려진 정원(111), 거리에 면하는 개인 테라
스(140), 양지바른 장소(161)의 일정 부분을 형성하는 데 도움이 된다.

◆　　◆　　◆

　　정원은 사람들이 잔디 위에 눕거나, 그네를 타거나, 크로케 놀이를 하거나
화초를 키우고 개와 공놀이를 하는 장소이다. 그러나, 이런 것 이외에도 외부
공간에서 하는 활동은 더 많다. 하지만, 이러한 활동은 정원만으로는 불가능

하다.

기분을 내기 위해서, 하루 중 특별한 시간을 보내기 위해서, 혹은 친구들과 함께일 때, 사람들에게는 음식을 먹거나 격식에 맞춰 옷을 차려 입고 앉거나, 음료를 마시거나 함께 이야기를 나누거나 또는 혼자 조용히 있을 수 있는 장소가 필요하다. 그리고, 이 모든 것을 동시에 할 수 있는 외부 공간 또한 필요하다.

즉, 사람들에게는 옥외실이 필요한 것이다. 이 공간은 부분적으로 둘러싸이기도 하지만 문자 그대로 옥외실로서 외부의 공간이다. 옥외실에는 햇빛, 바람, 향기, 바스락거리는 나뭇잎, 귀뚜라미 소리 같은 아름다운 것들이 더해졌지만, 사람들이 방에 있는 것처럼 행동할 수 있도록 만들어진 공간이다.

옥외실에 대한 요구는 어디에나 존재한다. 모든 정원과 건물 사이에, 건물에 부가된 옥외실을 설치할 필요가 있다고 해도 과언이 아니다. 심지어 정원의 특정 장소 중 양지바른 곳, 테라스, 정자조차도 옥외실로 만들 필요가 있다.

이 패턴은 루도프스키의 「조건부의 옥외실」에서 영감을 받았다.[Rudofsky 1955-1]

누구든지 훌륭하게 배치된 주택의 정원에서 일을 하고, 잠을 자고, 요리하고, 먹고, 놀고, 빈둥거릴 수 있어야 한다. 이는 실내에서의 활동을 매우 좋아하는 사람에게는 허울만 그럴듯하게 들릴 것이다. 그렇기 때문에, 추가 설명이 필요하다.

우리와 같은 기후에서 생활하는 거주자들은 일반적으로 집 근처로 소풍을 가지 않는다. 가장 멀리 나가는 곳은 바람을 막을 수 있는 스크린이 설치된 포치이다. 정원이 있다고 하더라도, 가든 파티 외에는 사용되지 않을 것이다. 누군가가 외부 공간에 대해 이야기를 하더라도 대부분 정원을 의미하는 것은 아니며, 정원을 잠재적인 거주 공간으로서 생각하지 않을 것이다.

정원은 할머니의 응접실처럼 많은 관리가 필요한 공간이다. 하지만, 정원은 응접실처럼 사람들이 생활할 수 있도록 의도된 공간은 아니다. 유용성에 프리미엄을 두는 오늘날, 정원은 가장 비정상적인 공간이다. 역설적으로 들릴지도 모르겠지만, 유리의 사용이 정원을 소외시켰다. 주택의 쇼 윈도우라고 할 수 있는 '전망창picture window'은 내부와 외부 공간 사이를 떼어놓는 데 기여해왔고, 정원은 단지 바라보는 장소가 되고 말았다.

주택 정원의 역사적인 개념은 이와는 전적으로 다르다. 우리가 몇 세기를 걸쳐 보아왔던 주택의 정원은 대부분 거주성과 프라이버시에 큰 가치를 두었다. 그러나 이 두 가치는 현대 정원에서는 두드러지게 결여되었다. 프라이버시는 근래에 들어서 많이 요구되지는 않지만, 품위 있는 생활 취향을 가진 사람들에게는 없어서는 안될 요소이다. 오래된 주택 정원은 단편적이고 허물어져 가는 상태일지라도, 작고 무시해도 좋을 것 같은 크기의 땅이 약간의 손질로 기쁨의 오아시스로 바뀔 있다는 것을 배울 수 있는 좋은 예이다. 오래된 주택 정원은 아주 작은 정원이었지만, 행복한 환경을 구성하는 모든 요소를 가지고 있었다.

정원은 주택을 구성하는 필수 요소였고 주택 내에 포함되어 있었다는 것을 염두에 두어야 한다. 정원을 지붕이 없는 방으로 묘사하는 것은 아주 적절한 표현이라 할 수 있다. 정원은 실제로 외부의 거실이며, 거주자들 또한 그렇게 변함없이 생각해 왔다. 예를 들어, 로마시대 정원의 벽과 바닥의 재료는 주택 내부에서 사용된 것처럼 고급스러운 것이었다. 가장 단순한 기하학적 문양에서 가장 정교한 벽화에 이르기까지 정원에 석재 모자이크, 대리석 바닥, 스투코stucco 조각을 조합하여 사용한 것은, 특히 마음의 안정에 좋은 분위기를 만들었다. 천장에는 언제나 하늘이 있어 무수한 분위기를 연출하였다.

건물의 벽체, 산울타리, 기둥, 트렐리스로 둘러싸이고 하늘이 있을 때, 그리고 옥외실이 내부 공간과 함께 물리적으로 연속적인 거주 공간을 형성할 때, 외부 공간은 특별한 옥외실이 된다.

다음은 옥외실의 몇 가지 예를 나타낸 것이다. 각각의 옥외실은 서로 다른 요소들의 조합으로 둘러싸여 있다. 그리고, 조금씩 다른 방법으로 건물과 관계를 가진다. 앞서 언급한 책에서 루도프스키는 다른 예를 제시했다. 예를 들면, 건물 앞의 잔디밭을 옥외실이 되도록 어떻게 개조하는지에 대해서 설명하였다.

옥외실의 두 가지 예

마지막으로 주의할 사항은 공공옥외실(69)이라는 매우 유사한 이름의 다른 패턴이 있기 때문에 다음과 같은 차이점을 기억해야 한다. 어떤 의미에서 이 두 패턴은 서로 반대이다. 옥외실은 공간 주변에 벽이 있고 지붕이 부분적으로 덮여있지만, 공공옥외실의 경우 지붕은 있지만 기본적으로 벽이 없다.

그러므로,

천장이 없더라도 방처럼 느낄 수 있도록 주변이 둘러싸인 장소를 외부에 설치하도록 한다. 이를 위해서, 기둥으로 각 모서리 부분의 윤곽을 명확히 하고, 트렐리스˚ 혹은 가동식의 캔버스 지붕을 부분적으로 덮어 지붕을 만든다. 그리고, 울타리, 앉을 수 있는 벽, 스크린, 산울타리 혹은 건물 자체의 외벽으로 공간 주위에 '벽'을 만들도록 한다.

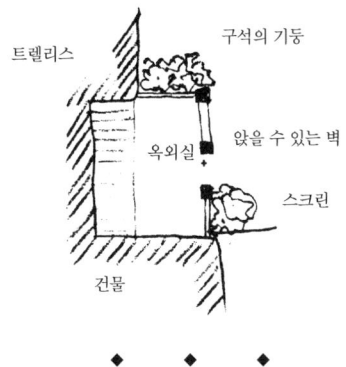

♦ ♦ ♦

이 옥외실은 주로 기둥, 벽, 낮은 앉을 수 있는 벽, 트렐리스˚, 반투명한 캔버스 차양 등으로 만들어진다 - 기둥이 있는 장소(226), 정원의 담장(173), 앉을 수 있는 벽(243), 트렐리스 산책로(174), 캔버스 지붕(244). 그리고, 지면과의 연결(168)을 돕는 지면 등으로 구성된다. 다른 방과 마찬가지로 옥외실의 시공은 실내 공간의 형태(191), 사회적 공간을 따르는 구조(205)로부터 시작한다 ---…

164. 거리 창*

STREET WINDOWS

···- 녹지 가로(51), 소규모 공공광장(61), 보행로(100), 건물 내 통로(101)의 어느 곳이든, 간단히 말해서 사람들이 머무는 모든 거리는 밖을 내다보거나 창가에 머물고, 웃고 소리지르고 휘파람을 불거나 하는 것이 가능한 창이 있을 때 비로소 활기를 띄게 될 것이다.

◆　　◆　　◆

창이 없는 거리는 장님과 같고, 불안함을 느끼게 한다. 마찬가지로 공공가로에 면하는 주택에 거리를 면한 창문이 전혀 없다면 이 또한 불편할 것이다.

거리 창은 건물 내의 생활과 거리 사이의 독특한 연결을 제공한다. 카프카 Franz Kafka는 「거리 창The Street Window」이라는 짧은 평론에서 이와 같은 관계가 지니는 아름다운 힘을 표현했다.

고독한 삶을 살고 있지만 가끔씩은 어딘가 혹은 누군가와 자신을 연관시키고자 하는 사람이라면, 시간의 변화, 날씨의 변화, 일의 진행 상태 등에 따라 문득 자신이 의지할 수 있는 누군가를 찾게 된다. 그런데, 거리를 바라볼 수 있는 창이 없다면 오랜 시간을 견뎌 낼 수 없을 것이다. 만약, 그 어떤 것도 바라지 않는 단지 피곤한 한 사람으로 창가에 다가 가서 두 눈으로 창 밖과 하늘을 번갈아 주시하다가, 특별히 아무것도 의도하지 않은 채 아래를 내려다 보았을 때, 밑을 지나가는 말이나 마차를 본다면 그는 세상에 조금이나마 관심을 갖게 될지도 모른다. 그렇다면 그는 적어도 인간적인 조화를 이룰 것이다.[Kafka 1972]

전통적인 페루 문화에서 건물 상층부의 창으로 거리를 바라보는 행위는 망루mirador의 형태로 강하게 뿌리내려져 있다. 망루는 리마Lima에 존재하는 식민지시대 건물에서 거리로 돌출된 아름답게 장식된 외랑이다. 페루의 소녀들은 특히 거리를 바라보는 것을 좋아하지만, 거리에서 자신들이 잘 보이지 않는 곳에서만 그러했다. 소녀들은 현관문에서 쉽게 볼 수 없는 거리의 모습을 별다른 노력 없이 망루에서 바라 볼 수 있다. 누군가가 소녀들을 지나치게 바라본다 해도 창문 뒤로 숨으면 그만이다.

망루 - 바라보는 장소

거리 창은 2층이나 3층에 배치하는 것이 가장 좋다. 더 높아지게 되면 거리는 '조망'이 되어버리고 연결의 활력은 파괴되고 만다. 2층과 3층에서 거리를 향해 소리를 지르거나 공이나 웃옷을 던져줄 수 있다. 거리에 있는 사람들은 휘파람을 불어 사람들을 창가로 오게 할 수 있으며 사람들의 얼굴 표정도 읽을 수 있다.

지상층의 거리 창은 이와 같은 기능을 하지 못한다. 더구나 거리에서 너무 뒤로 물러나 있으면, 채광의 효과는 얻을 수 있겠지만 거리의 조망은 더 이상 기대하기 어렵다. 또한, 거리 창이 거리에 너무 가까이 있을 경우 또한 제대로 기능하지 못하는데, 이는 사람들이 내부 공간에서의 프라이버시를 지키기 위해 커튼을 치거나 창문을 막아버리기 때문이다. 이에 대해서는 「패턴에 의해 만들어진 주택Houses Generated by Patterns」에서 제시된 실증적 결과를 참고하도록 한다.

지상층에 거리 창을 설치하는 유일한 방법은 거리의 지면보다 두세 단 정도 높은 곳에 알코브를 만들고, 그곳에 거리에 면한 창을 배치하는 것이다. 이렇게 만들면 거리의 지면으로부터 5피트약 1.5m 정도 위쪽에 위치하게 된다. 알코브에 있는 사람들은 창가에 기댈 수 있고 거리를 바라볼 수 있다. 거리를 지나는 사람은 창가에 있는 사람을 볼 수 있지만, 방 내부는 볼 수 없다. 물론, 주택의 지상층이 (다른 건물의 지상층처럼) 거리로부터 2~3피트약 30~60cm 높다면 문제는 훨씬 간단할 것이다.

지상층 높이에서의 알코브 거리 창

마지막으로, 거리 창은 어느 층에 위치하더라도 건물 안에 거주하는 사람들이 자주 지나는 곳이나 혹은 자주 멈추거나 서 있을 수 있는 곳에 있어야 한다. 즉, 계단 입구의 창, 가장 좋아하는 방의 창, 부엌, 침실의 돌출된 창, 혹은 통로의 창 등이 그러한 장소라고 할 수 있다.

그러므로,

활기찬 거리에 면한 건물에는 거리를 내다볼 수 있는 창과 더불어 창가 의
자를 설치하도록 한다. 침실과 사람들이 항상 지나다니는 통로나 계단의 몇
몇 장소에는 거리 창을 두도록 한다. 지상층에서는 프라이버시를 충분히 지
킬 수 있도록 거리 창을 높게 설치하도록 한다.

상층부의 움직임

실내 활동

아래의 거리

◆　　◆　　◆

실내에서는 각 거리 창 옆에 여유로운 공간을 배치해서, 사람들이 앉거나
서서 거리를 바라보고 싶은 기분이 들도록 한다 - 창가(180). 창문은 밖으로
열리게 하고 - 활짝 열리는 창(236), 창밖에 화분이나 넝쿨식물을 두어 풍요
롭게 만들면, 사람들은 화초를 돌보는 것만으로 창가에 머무는 기회를 많이
가질 수 있을 것이다 - 걸러진 빛(238), 넝쿨식물(246) - - …

165. 거리로의 개방*

OPENING TO THE STREET

···도시 내에 존재하는 여러 장소의 성패는 보행자들에게 얼마나 완전히 노출되느냐에 달려있다. 이러한 경우에는 거리 창(164)보다 더 많이 노출되어야 한다. 시장과 같은 대학(43), 지구청사(44), 목걸이 형태의 커뮤니티 활동(45), 다점포 시장(46), 건강센터(47), 거리의 카페(88), 건물 내 통로(101)가 모두 그 예라 할 수 있다. 이 패턴에서는 노출의 형태에 대해서 정의한다.

◆　　◆　　◆

행동을 보는 것은 행동을 하는 동기가 된다. 사람들이 거리에서 더 많은 공간을 들여다볼 수 있다면, 그들의 세계는 확대되고 풍요로워진다. 더 많은 것을 이해할 수 있게 되고, 더 많은 소통과 배움의 기회를 가질 수 있게 된다.

서비스센터의 전면은 전체가 유리로 되어 있다. 한 남자가 그 앞을 지나가다가 서비스센터 안을 들여다본다. 그렇지만, 무심코 고개를 돌려 보는 것일 뿐, 큰 호기심을 가지고 들여다보는 것은 분명 아니다. 잠시 후, 그는 창문에 붙어 있는 안내판을 보고는 멈추어 서서 내용을 읽어 본다. 그는 안내판을 보면서 안쪽에서는 무슨 일을 하는가 바라본다. 잠시 후, 그는 발길을 돌려서 센터 안으로 들어온다.[CES 1968]

거리와의 연결을 만들어내는 데에는 여러 방법이 있다.

1. 가장 분명한 사례: 거리에 면한 벽면이 대부분 유리로 되어 있고, 사람들의 관심을 끄는 내부의 활동이 외부에서 보이는 경우이다. 버클리의 한 커뮤니티 센터는 거리로부터 떨어져 있는 건물에서 가구 전시실을 개수한 곳으로 이전하였는데, 이곳은 거리에 면한 쪽이 모두 유리로 되어 있었다. 이전 후에 방문객의 수가 급증하였다. 새로운 커뮤니티 센터의 위치가 기존의 위치보다 통행인 수가 많은 거리였다는 것도 하나의 원인일 것이다. 그렇지만, 전면이 유리로 되어 있다는 것 또한 방문객 수가 증가한 중요한 원인이다. 즉, 커뮤니티 센터의 전면 거리를 지나가는 사람 중에서 66%가 안쪽을 바라보았으며, 약 7%가 멈추어 서서 안내문을 읽어 보거나 내부 인테리어를 유심히 바라보았다.

2. 그렇지만, 유리를 사용한 거리와의 연결은 상대적으로 수동적이다. 이에 비해서, 실제적으로 개방되어 있는 벽 즉, 슬라이딩 벽이나 셔터를 이용한 벽 등은 좀더 가치 있는 연속성을 만들어낸다. 벽이 개방되어 있는 경우, 실내에서 어떤 활동이 일어나고 있는가 볼 수 있고, 들을 수 있고, 냄새를 맡을 수 있고, 대화를 나눌 수 있으며, 개방되어 있는 벽을 통해서 안으로 들어갈 수도 있다. 거리의 카페, 음식가판대, 차고에서 이용되는 문이 달려 있는 작업장 등이 그 예라고 할 수 있다.

우리는 매일 학교에서 돌아오는 길에 그 작업장 앞을 지나다녔다. 작업장은 가구공방이었고, 우리는 톱밥이 날리는 작업장 앞에 서서 사람들이 선반에서 의자를 만들고, 테이블을 만드는 모습을 지켜보곤 했다. 그곳에는 낮은 담이 있었는데, 작업공은 우리에게 낮은 담 바깥에 있으라고 이야기했다. 하지만, 때로는 담 위에 앉게도 해주었다. 우리는 거기에 앉아 몇 시간 정도 가구 만드는 모습을 보곤 했다.

3. 거리와의 연결성이 가장 높은 사례: 거리의 한쪽을 향해서 시각적, 음향적으로 개방되어 있는 것뿐만 아니라, 실제적인 활동의 일부가 거리에 포함되어 있다. 그렇게 한다면, 보행자들은 자신들이 활동이 일어나고 있는 공간을 가로질러서 걷고 있다는 것을 인지하게 된다. 가장 극단적인 사례는 상점이 거리의 양쪽에 물건을 진열하고 있는 경우라고 할 수 있다. 좀더 무난한 예로서는, 차양이 거리를 덮고 있고 거리에 면한 벽은 완전히 개방되어 있으며, 실내 공간의 바닥 포장이 거리까지 확장된 경우이다.

개구부의 형태가 어떻든 간에, 그 앞을 지나가는 사람의 관심을 끌고, 평범한 활동이라도 이에 참여하고 어떠한 관계를 가질 수 있는 방식으로 일상적인 활동을 노출하는 것이 필수적이다. 파이오니아 보건센터의 의사들 역시 이러한 원리가 매우 중요하다고 생각했다. 그래서 보건센터의 체육관, 수영장, 무도장, 카페테리아, 극장 등을 계획할 때, 사람들이 지나가며 건물 안쪽에 있는 사람들을 잘 볼 수 있도록(가끔은 지인을 알아보도록) 신중히 계획하였다.

밤이 되면 주 건물 전체에 불이 켜졌고, 거기에서 사람들이 춤을 추는 모습이나 움직이는 모습을 볼 수 있었다. 이는 지나가는 사람들의 시선을 끌었다. 센터 바깥쪽에서 볼 수 있는 것은 숙련된 사람들만의 모습뿐만 아니라, 모든 사람들의 모습을 볼 수 있다는 것을 잊어서는 안 된다. 이러한 사실은 센터를 이용하는 사람들을 자극하는데, 시선이 얼마나 중요한 요소인가를 이해할 수 있다. 어떠한 활동을 보고 있는 관중을 생각해보자. 관중들이 접할 수 있는 것은 대부분 전문가의 모습이다. 더욱이, 이러한 경향은 매년 걱정스러울 정도로 진전되고 있다. 전문가의 모습을 보기 위한 관중은 끝없이 증가하면서 '스타'가 생기고 그 영향력이 커짐에 따라, 대중은 자신이 그런 시도를 하는 것 자체가 가치 없는 일이라 믿기 시작했다. 대중은 움직이기조차 어려운 무력감에 빠져버린 것이다. 이러한 상황은 대중의 자발적인 행동을 유발시킨다고 할 수 없다. 행동을 유발하는 것은 관중이 따라할 수 있는 범위 내의 활동이어야 한다. 이것은 행위가 가능한 범위여야 유혹에 저항하지 않고 그 활동을 할 수 있다는 관점이다. 우리들의 실험은 짧았지만, 센터에서의 활동이 증가하는 것처럼 사람들이 따라 할 수 있는 활동이 유발하는 결과는 충분히 입증되었다.[Pearse & Crocker 1947]

그러므로,

거리에의 노출에 의해 성공이 좌우되는 공적인 장소에서는, 전면에 전체를 개방할 수 있는 벽을 사용하여서 내부가 보여질 수 있도록 한다. 그리고, 가능하면 활동의 일부분을 거리의 반대쪽에 배치하여 활동이 거리로 이어지고 사람들이 활동의 내부를 통과하도록 한다.

거리로의 개방을 위한 여러 가지 방법이 있다. 예를 들면, 천장에 레일을 달고 합판을 이용하여 값싼 셔터를 만들 수 있다. 이 셔터를 이용하면 개구부를 완전히 개방할 수 있고, 야간에는 닫아놓을 수도 있다.

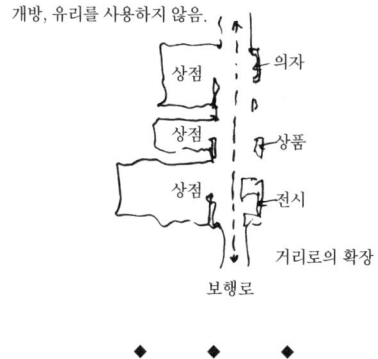

◆　◆　◆

사람이 앉을 수 있을 정도의 낮고 견고한 벽을 이용하여, 개구부가 완전히 개방되어 있을 때의 경계를 만든다 - 앉을 수 있는 벽(243). 그리고, 거리의 일부에 옥외실을 만든다 - 보행로의 형태(121), 옥외실(163) ┄┄…

166. 외랑*

GALLERY SURROUND

···· 계속하여 건물의 가장자리(160)를 완성해 나간다. 아케이드는 적당한 장소에 배치되어 있다고 가정하자 - 아케이드(119). 건물의 가장자리에는 좋은 공간으로 만들 수 있는 장소가 아직도 많이 남아 있다. 그러나, 아직까지 어떠한 패턴에서도 이러한 공간을 물리적으로 어떻게 다루어야 하는지에 대해서는 설명하지 않았다. 이번 패턴은 가장자리를 어떻게 완성해야 하는지를 보여주며, 옥상 정원(118)과 아케이드(119)를 보완하고 보행로(100)를 더욱 생동감 있게 만드는 데 도움이 된다.

◆ ◆ ◆

만약, 주변 외부 공간을 내다 볼 수 있는 발코니나 테라스 같은 중간적인 공간이 없다면, 건물 내부의 사람이나 외부의 사람들은 건물과 외부 공간이 한데 얽혀 있다는 것을 느낄 수 없을 것이다.

우리는 서로 다른 두 개의 패턴인 건물의 가장자리(160)와 아케이드(119)에서 건물 가장자리의 중요성에 대해 논의하였다. 이 패턴들에서는 아케이드와 건물의 가장자리가, 건물 바깥에 있는 사람들로 하여금 건물을 더욱 친근하게 느낄 수 있도록 하는 공간을 형성하는 데 어떻게 기여하는지 설명하였다. 간단히 말해서, 이 패턴들은 건물의 바깥에 있는 사람들의 관점에서 연결의 문제를 다루었다고 할 수 있다.

이번 패턴에서는 동일한 문제에 대해서 외부가 아닌 건물의 내부에 있는 사람들의 관점에서 논의하기로 한다. 모든 건물에는 건물 내부에 있으면서도 외부 풍경과의 관계를 유지할 수 있는 장소가 적어도 하나(이상적으로는 건물의 여러 장소에) 정도는 있어야 한다고 생각한다. 이에 대해서는, **거리에 면하는 개인 테라스(140)** 에서 논의하였으나 이러한 장소의 필요성이 매우 중요하고 특수한 것이라는 점만 다루었다. 하지만, 이번 패턴에서 제안하는 것은 이러한 장소의 필요성이 모든 건물에 반복해서 적용할 수 있고, 매우 보편적이며, 본질적이라는 점이다. 내부와 외부의 관계를 유지할 수 있는 장소의 필요성은 널리 입증되어 왔다.[Wallace 1945] [Wallace 1952]

거리로 향한 창은 나름대로의 장점을 지니고 있다. 그렇지만, 거리로 향한 창의 장점만으로 이러한 필요성을 만족시키기에는 충분하지 않다. 일반적으로 창은 벽의 일부분을 차지하고, 사람은 오직 방의 가장자리에 서 있을 때만 창을 이용할 수 있다. 여기에서 필요한 것은 더욱 풍부하고 매력적인 상황이다. 우리에게는 거리를 내려다 보면서 한두 시간 정도 편안히 있을만한 건물 상층의 가장자리 공간이 필요하다. 더운 날에는 테라스에서 일도 하고, 식사나 카드놀이도 하고, 아이들과 놀거나 기차 모델을 조립하기도 하고, 세탁물을 건조시키거나 개기도 하고, 점토 조각을 하기도 하고, 청구서를 정리하기도 하는 그런 공간 말이다.

간단히 말하자면 외랑의 완성도에 의해 인간의 거의 모든 기본적인 상황들이 풍요롭게 될 수 있다는 것이다. 때문에, 건물의 가장자리에는 가능한 많은 종류의 포치, 아케이드, 발코니, 차양, 테라스 그리고 외랑이 있어야한다.

이 패턴의 네 가지 예

그러므로,

가능하면 건물의 가장자리에 특히, 공공 공간과 거리로 개방될 수 있는 곳에 포치, 외랑, 아케이드, 발코니, 벽감*, 외부 공간의 의자, 차양, 트렐리스 등을 각 층에 만들도록 한다. 그리고, 내부 공간과 직접 통하는 문으로 연결하도록 한다.

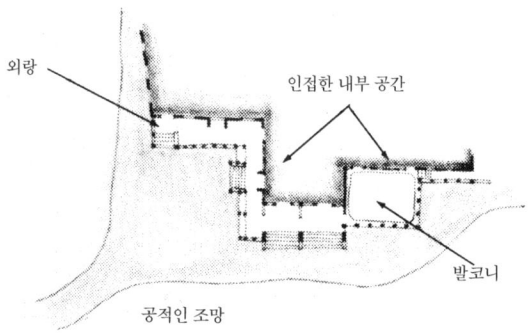

❖　❖　◆

위에서 언급한 공간들이 건물에 인공적으로 부착되지 않도록 주의한다. 이러한 공간들은 실제적이어야 한다. 건물의 가장자리를 따라서, 건물 내부의 생활에 직접적이고 유용한 연결을 제공하는 장소들을 찾도록 한다(계단이 있는 외부 공간, 한쪽 면이 침실 알코브인 공간 등).

내부와 외부의 관계를 유지할 수 있는 장소는 건물의 한 영역이라고 인지될 수 있는 장소여야 한다. 그리고, 공적인 공간에서 다른 사람들을 접하고 대화를 나누거나 일을 할 수 있도록, 의자, 테이블, 가구를 설치하도록 한다 - **거리에 면하는 개인 테라스**(140), **옥외실**(163). 그리고, 공간을 유용하게 이용하기 위해서는 안길이가 충분해야 한다 - 6피트의 **발코니**(167). 두꺼운 기둥을 설치해서 최소한 부분적으로는 둘러싸이도록 한다 - **반쯤 개방된 벽**(193), **기둥이 있는 장소**(226) - ⋯

167. 6피트의 발코니**

SIX-FOOT BALCONY

···--- 아케이드(119)와 **외랑**(166)을 통해서 건물의 가장자리 또는 건물과 외부 공간 사이에, 발코니, 베란다, 테라스, 포치, 아케이드와 같은 장소들이 존재해야 한다는 것을 알 수 있었다. 이번 패턴에서는 아케이드, 포치, 발코니가 제 역할을 할 수 있는 안길이에 대해서 간단히 설명하도록 한다.

◆　◆　◆

안길이 6피트약 1.8m 이하의 발코니와 포치는 거의 사용되지 않을 것이다.

경제적인 이유로 인하여 발코니와 포치를 매우 작게 만들곤 한다. 그러나, 발코니나 포치가 너무 작으면 있으나마나 한 공간이 되어버린다.

발코니는 두세 명이 다리를 뻗을 수 있고, 유리잔이나 컵, 신문 등을 올려 놓을 수 있는 작은 테이블을 배치할 수 있을 만한 충분한 여유가 있어야 제 역할을 할 수 있다. 만약, 발코니가 너무 좁아서 사람들이 바깥쪽으로 나란히 앉아야 한다면, 어떠한 발코니라도 제 기능을 하기 어렵다. 발코니의 규모를 정확히 정의하기란 힘들지만, 적어도 6피트가 되어야 한다. 다음의 그림과 사진은 그 이유를 간략하게 설명하고 있다.

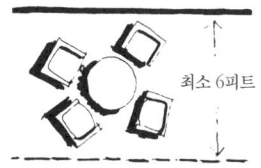

최소 6피트

우리는 관찰을 통해 안길이가 긴 발코니와 길지 않은 발코니의 차이가 매우 분명하다는 것을 알 수 있었다. 안길이가 3~4피트약 0.9~1.2m인 발코니에서는 일상생활에서의 활동이 이루어지기에는 부족했으며 안길이가 6피트 이하인 발코니는 거의 사용되지 않는다는 것이었다.

좁은 발코니는 무의미하다.

발코니의 두 가지 다른 특징, 즉 둘러싼 부분과 건물 안쪽으로 들어간 부분에 의해서 사람들의 이용 빈도에 대한 차이가 발생한다.

'둘러싸임'에 대해서만 설명해 보자면, 이미 이야기한 것처럼 깊이 들어간 발코니 중에서 기둥, 목재 슬레이트, 장미로 덮인 트렐리스 등으로 주위를 반쯤 둘러싼 발코니가 가장 많이 이용되었다. 반쯤 개방된 스크린으로 가려 프라이버시가 부분적으로 보호되더라도 사람들은 더욱 편안한 마음을 가질 수 있다는 것은 분명하다. 이에 대해서는 반쯤 개방된 벽(193)을 참고한다.

그리고, 건물 안쪽으로 우묵하게 들어간 부분 또한 같은 효과를 가지고 있다. 켄틸레버식cantilever 발코니에서는 사람들이 반드시 건물 바깥 면에 앉아야 한다. 이와 같은 발코니에서는 프라이버시가 없으며, 안전하지 않은 공간처럼 느껴질 가능성이 크다. 「아파트와 복층주택의 개인 발코니」라는 연구에서는 프라이버시를 이유로 약 2/3의 사람들이 발코니를 전혀 사용하지 않고 있었다. 또한, 건물 안쪽으로 들어간 형태의 발코니를 켄틸레버형 발코니보다 선호하는데, 이는 더욱 안전해 보이기 때문이라고 답하였다.[AJ 1957]

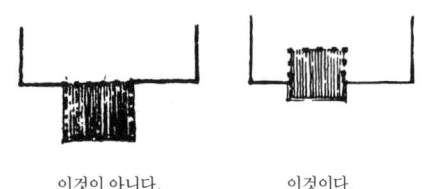

이것이 아니다,   이것이다.

그러므로,

발코니, 포치, 외랑 또는 테라스를 계획할 때는 적어도 안길이 6피트 이상을 유지하도록 한다. 그리고, 발코니의 일부분이 건물 안쪽으로 들어가도록 하면, 발코니는 켄틸레버형으로 건물로부터 돌출되지 않을 것이며 또한 건

물과 발코니가 명확하게 나누어지지 않을 것이다. 그리고, 발코니는 부분적으로 둘러싼다.

안길이 6피트

◆　　◆　　◆

발코니를 낮은 벽과 튼튼한 기둥 - 앉을 수 있는 벽(243), 기둥이 있는 장소(226) 그리고 반쯤 개방할 수 있는 벽 - 반쯤 개방된 벽(193)으로 둘러싼다. 발코니는 남쪽을 향해 개방되도록 한다 - 양지바른 장소(161). 또한, 발코니는 옥외실(163)로 다루도록 하고, 형태와 시공에 대한 상세한 사항은 실내 공간의 형태(191)를 참고한다 ----…

168. 지면과의 연결**

CONNECTION TO THE EARTH

···- 이번 패턴에서는 건물 바닥이 주위의 지면이나 정원과 어떻게 연결되는지에 대해서 설명한다. 지면과의 연결은 건물의 **가장자리**(160)와 **아케이드**(119), 거리에 면하는 개인 테라스(140), **외랑**(166) 그리고 6피트의 발코니(167)의 형성에 도움이 된다.

◆　　◆　　◆

주택의 바닥이 주위의 대지와 직접적으로 관계하지 않으면, 집은 자연으로부터 고립되었다는 느낌을 줄 것이다.

지면으로부터 확실히 떨어진 주택과 지면과 주택 사이에 연속성이 존재하는 주택을 비교하며 이해하는 것이 가장 좋은 방법일 것이다.

먼저, 주택과 지면이 서로 연결되어 있지 않은 예를 살펴보도록 하자.

평범한 주택이나 자세히 보면 이 패턴이 결여되어 있다.

사진에서 내부와 외부는 갑작스럽게 분리된다. 내부 공간의 일부이면서 외부 공간과 연결될 수 있는 방법은 없다. 주택 외부에서도 내부에 있는 것처럼 느낄 수 있는 바닥이 없기 때문에, 맨발로 나가 이슬을 느끼거나 꽃을 딸 수 있는 방법이 존재하지 않는 것이다.

이 주택을 이 패턴의 첫 번째 사진에 나온 주택, 즉 내부와 외부가 연결된 주택과 비교해 보자. 이 주택에는 내부 공간과 연결된 바닥이 있는 중간적인 영역이 있다. 동시에 이 영역은 외부 공간이기도 하다. 이 바닥은 지면의 일부분이면서도 어느 정도 부드럽게 닦여 있어, 이 장소를 맨발로 다니는 것은 벌판을 맨발로 다니는 것과는 다르다고 할 수 있다. 즉, 이 중간적인 영역은 지면이 주택 내부의 일부분이라고도 느껴지는 장소이다.

위의 예들을 비교했을 때, 무엇인가 공감 가는 부분이 있다는 사실에는 의심할 여지가 없다. 때문에 이 패턴을 필수적인 패턴으로서 제시하는 것에는 자신이 있으나, 여기서는 단지 패턴의 기원과 왜 이 패턴이 중요한지만을 생각해 보도록 하자.

우리가 생각할 수 있는 가장 적합한 설명은 다음과 같다. 즉, 인간이 가진 땅에 대한 구속성과 정착성boundness & rootedness을 물리적으로 땅과 연결하는 것이다. 이는 매우 명료하다. 우리는 구상과 공상의 나래를 펼치며 공중을 떠다니는 것이 아니라 땅에 깊게 뿌리내리고 일상의 상식과 접하며 살아야 만족감을 갖게 된다. 뿌리내리는 과정은 개인차가 있으며 시간이 걸린다. 하지만, 우리의 물리적인 세계가 뿌리 내리고 연결된 정도에 따라 때로는 도움을 받기도 하고 때로는 방해 받기도 하는 것 또한 사실일 것이다.

신체 접촉의 측면에서 볼 때, 정착성은 건물의 바닥과 지면을 연결할 때 즉, 건물의 주위를 따라서(부분적이라 할지라도) 테라스, 보행로, 바닥 높이 에 변화를 준 곳, 자갈이나 흙으로 된 지면 등에 의해 둘러싸여 있을 때 형 성된다. 이러한 장소들의 바닥은 주택 내부의 바닥보다는 조금 더 자연적인 그리고 흙, 점토나 풀보다는 조금 더 인공적인(중간적인) 재료를 사용하도 록 한다. 집의 기초와 일체가 된 벽돌 테라스, 타일, 닦여진 길 등은 모두 연 속성을 형성하는 데 유용하다. 그리고, 가능하다면 각 주택에 이러한 장소, 즉 주택 주변의 지면으로 퍼져나가고 내부가 외부를 향해서 열려 있는 장소 가 충분히 있어야 한다.

그러므로,

건물의 가장자리에 일련의 보행로, 테라스, 바닥 높이에 변화가 있는 곳을 계획하여 건물과 대지를 연결한다. 이와 같은 장소들이 암묵적으로 경계를 형성하도록 신중하게 배치한다. 그렇게 하면, 어디서부터 건물이 끝나고 지 면이 시작되는 곳이 어디인지 정확히 구분하기 어렵게 될 것이다.

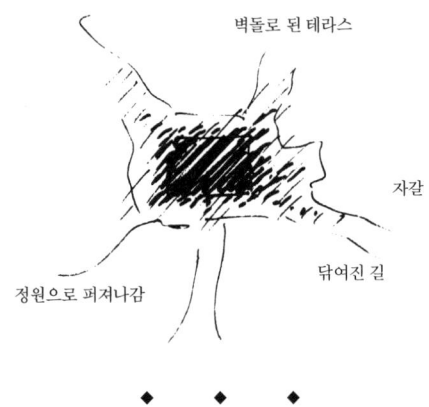

지면과의 접촉을 이용하여 옥외실, 출입구, 테라스를 위한 장소를 형성하

도록 한다 - 현관실(130), 거리에 면하는 개인 테라스(140), 옥외실(163), 계단식 경사면(169). 건물의 구조가 지면에 연결되어 있는 듯한 느낌이 들도록 하기 위해서, 1층의 가장자리를 형성하는 벽과 테라스를 연속적으로 연결할 수 있도록 준비한다 - 1층 슬래브(215). 테라스의 바닥에는 손으로 만든 벽돌, 부드럽게 초벌구이 된 타일을 사용하도록 한다 - 부드러운 타일과 벽돌(248). 또한, 주택으로부터 조금 떨어진 보행로에는 포장석 간의 틈을 넓게 해서, 틈을 통해서 풀이나 꽃이 자라도록 한다 - 틈이 있는 포장석(247) - …

정원의 배치와 정원 내 여러 공간들의 위치를 결정한다.

169. 계단식 경사면*

TERRACED SLOPE

···– 이번 패턴은 대지 정비(104)를 완성하는 데 기여한다. 또한, 건물이 있는 장소에서 건물의 가장자리(160)에 연결되어 가장자리의 형성에 도움이 된다. 그리고, 지면과의 연결(168)을 이루어내는 데에도 도움을 준다. 이번 패턴에서는 대지가 경사져 있는 경우, 건물 내부의 사람과 대지의 풀과 식물을 위해서 지면의 경사를 어떻게 다루어야 하는지 설명한다.

◆　◆　◆

경사진 땅에서는 빗물의 흐름으로 인한 침식에 의해서 토양이 파괴된다.

또한, 침식은 지면에 빗물이 고르게 퍼지지 않도록 하는데, 불균등한 빗물의 분포는 식물의 발육에 좋지 않은 영향을 끼친다

지형을 따라 형성된 계단식 단구terrace, 段丘와 제방은 이와 같은 문제를 해결하기 위해서 수천 년 동안 사용되어 왔다. 침식은 물길을 따라 물이 흐르면서 토양을 파괴하는 것이다. 이는 식물들이 자라는 데 좋지 않은 영향을 미치고, 실개천을 흙탕물로 만들어 상태를 점점 악화시킨다. 하지만, 계단식 단구는 물의 흐름을 둔화시켜 침식을 조절하고, 특히 실개천의 형성을 처음부터 방지한다.

더욱 중요한 것은 계단식 단구가 물의 흐름을 균등히 퍼지게 한다는 것이다. 단구가 진 곳마다 물이 정체하기 때문에 일정한 면적의 토지에 같은 양의 물을 확보할 수 있다. 이와 같은 조건이라면 식물은 어디에서나 자랄 수 있다. 즉, 급경사면에서도 경사가 완만한 골짜기에서처럼 식물을 키울 수 있는 것이다.

계단식 단구는 골짜기를 둘러싼 언덕의 경우처럼, 작은 주택의 획지에 있어서도 의미를 지닌다. 작은 대지에서의 적당한 계단식 단구는 안정된 소규모 배수 체계를 형성하고, 정원의 표토를 보호한다. 이 패턴을 소개하는 사진은 계단식 단구가 있는 곳에 지어진 작은 건물을 보여주고 있다. 계단식 단구가 있으면, 건물은 계단식 단구에 맞추어 건설되거나 복수의 계단식 단구에 걸쳐서 만들어질 수 있을 것이다.

주택의 획지와 언덕이라는 두 측면에서, 토양을 보존하고 건강함을 유지하는 방법은 오래전부터 행해져 왔다. "최근의 현대적인 침식대처법을 예로 든다면 등고선식contour plowing 경작법이다. 일본과 페루 같은 나라에서 전통적으로 써왔던 계단식terracing 경작법과 같은 효과를 갖는다고 할 수 있다." [Nicholson 1970]

중국에서는 침식된 토지를 이러한 방법으로 개간하는 놀라운 시도를 산비탈과 골짜기 규모로 진행하고 있다. 예를 들어, 알솝Joseph Alsop은 『중국의 계단식 농경Terraced Fields in China』에서 다음과 같이 이야기하였다.

중국의 시골에서는 사용할 수 있는 자원으로 최대의 수확을 얻기 위해 어떠한 노력도 아끼지 않았다. 그렇지만 충칭 주변의 농업자치구에서 본 '계단식 농경'은 나의 예상을 훨씬 뛰어넘는 것이었다.

그 지방은 암석이 산재하는 곳으로 아무리 중국인이라도 벼농사는 시도조차 할 수 없는 경사가 심한 언덕이 대부분이었다. 파괴적인 침식을 유발하는 구식 농경방식은 골짜기에서 가능한 많은 양의 쌀을 생산하고, 토지가 남아 있는 언덕에서도 벼농사를 시도하는 것이었다.

새로운 방법은 계단식 농경을 하는 것이었다. 건설을 위한 필수적인 재료인 암석은 다이너마이트를 이용하여 확보했다. 그리고, 이 6~7피트약 1.8~2.1m 높이의 육중하고 건조한 암석은 대지의 지형을 따라서 벽을 이루었다. 마지막으로 토양을 운반하여 계단식 암석벽에 덮는 것으로써 계단식 농지가 만들어졌다.

그러므로,

농지, 공원, 공공 정원뿐만 아니라 집을 둘러싸는 개인 정원 등 모든 경사진 땅에서는 지형을 따라 계단식 단구와 제방 체계를 형성하도록 한다. 지형에 맞추어 낮은 벽을 만들고 흙으로 덮어 계단식 단구를 형성한다.

건물 자체를 계단식 단구에 맞추어야 할 이유는 없다. 그냥 단구 선에 걸쳐서 자유롭게 건물을 위치시키면 된다.

각 단구에는 과일과 채소를 재배하도록 한다 - 채소 정원(177), 과일나무(170). 계산식 단구를 형성하는 벽을 따라서 향기를 맡을 수 있고 손이 닿을 정도의 높이에 꽃을 심도록 한다 - 올려진 화단(245). 그리고, 사람들이 앉을 수 있을 정도의 낮은 벽을 계획하는 것도 자연스러울 것이다 - 앉을 수 있는 벽(243) --...

170. 과일나무*

FRUIT TREES

···· 작업장, 사무실, 주택 주변의 공유지(67)와 개별 건물에 속해 있는 개인 정원, 반쯤 가려진 정원(111)에 과일나무를 심는다면 도움이 될 것이다. 사유 정원이건 공공 정원이건 간에 정원은 이용하기 위한 것이다. (그렇지만 정원은 농장이 아니다.) 중간적인 성격의 정원은 유용할 뿐만 아니라 봄, 가을에는 아름답다. 좋은 냄새를 맡을 수 있기 때문에 산책하기에 과수원과도 같은 장소라고 할 수 있다.

◆　　◆　　◆

과일나무가 자라는 기후에서 과수원은 땅에 마법과도 같은 정체성을 부여한다. 남부 캘리포니아의 오렌지 농장과 일본의 벚꽃 나무를 생각해 보자. 하지만, 도시의 성장은 항상 나무와 나무들이 지니고 있는 우수함을 파괴하고 있는 것처럼 보인다.

계절마다 열매를 맺는 나무에는 특별함이 있다. 과수원이 있으므로 해서 도시로 인해 사라진 경험인 성장, 수확, 신선한 음식 재료들에 대한 경험을 할 수 있게 된다. 또한, 과수원의 존재는 도시의 거리를 거닐며 사과나무에서 사과를 따서, 한입 베어 물 수 있는 경험 역시 가능하게 한다.

공유지의 과일나무는 개인 정원보다 근린과 커뮤니티에 더욱 큰 기여를 한다.(개인 소유의 과일나무라도 그 개인의 가족 구성원이 소비하기에는 많은 양의 과일을 수확할 수 있다.) 공유지에서 과일나무는 공동의 수익과 책임의식을 형성한다. 매년 과일나무의 가지를 치고 돌보고 수확해야 하기 때문에, 공유지에서의 과일나무는 자연스럽게 사람들의 참여를 유도할 것이다. 분명한 것은, 이곳은 사람들이 책임감을 가지며 성과를 자랑스러워하고, 자신들의 아이들도 시간제로 일을 할 수 있는 장소인 것이다.

커뮤니티가 필요로 하는 과일이나 사과즙, 잼을 자급해 나가는 상황에 대해서 생각해 보자. 처음에는 적은 양이겠지만 출발점으로서는 충분하다고 생각한다. 커뮤니티 전체가 이에 참여한다면, 아주 약간의 작업만으로도 큰 만족감을 얻을 수 있다.

그러므로,

보행로나 도로 옆의 공유지, 공원, 근린에 과일나무를 심어서 작은 과수원을 만들도록 한다. 자신들의 힘으로 과일나무를 돌보고 수확할 수 있는 집단이 존재하는 곳이라면, 어디에서나 가능하다.

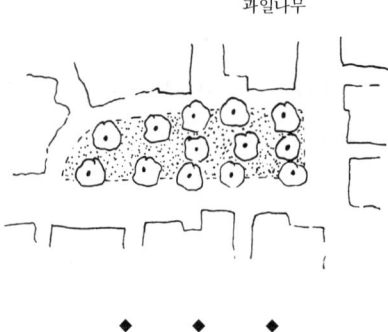

과일나무

◆　◆　◆

　만약, 특별히 좋은 과일나무가 있다면 **나무가 있는 장소**(171)를 만들고, 그 밑에는 **정원의 의자**(176)를 두거나 나무가 보행로 상의 자연스러운 목적지가 되도록 보행로를 배치하도록 한다 - **보행로와 목적지**(120) -⋯

171. 나무가 있는 장소**

TREES PLACES

···-나무는 귀중하다. 그렇게 때문에, 나무는 온전한 상태로 보호해야 한다. 만약, **대지 정비**(104)의 패턴을 따랐다면, 나무를 온전하게 보호하기 위하여 주의를 기울였을 것이며, 공사를 위해서 나무를 다른 장소로 이식시키지 않았을 것이다. 또한, 이미 **과일나무**(170)를 심었을 수도 있으며, 다른 나무를 심으려고 계획하고 있을지도 모른다. 이번 패턴에서는 나무를 보호하는 행위에 대한 중요성을 재강조하고, 나무가 형성하는 공간이 건물의 연장선상

에서 유용한 공간이 될 수 있도록, 나무를 심고 돌보는 방법에 대해서 설명한다.

◆　　◆　　◆

나무가 형성하는 특별한 공간에 대한 고려 없이 나무를 심고 나무 가지를 잘라낸다면, 나무가 필요한 인간에게 있어서 이는 죽어 있는 존재와 같다.

나무는 인간에게 있어서 매우 심오하고 중요한 의미를 지닌다. 오래된 나무는 원형적인 의미를 지니고 있다. 꿈속에서의 나무는 자주 인격의 완전성을 상징한다. "정신적인 성장은 자신의 의지에 의한 의식적인 노력에 의해 형성될 수 있는 것이 아니라, 자신도 모르는 사이에 자연스럽게 형성되는 것이다. 때문에, 꿈에서 인격의 완전성은 나무로서 상징화된다. 아무도 눈치 채지 못하게 자라는 나무의 느긋하고 힘찬 성장은 하나의 확고한 패턴을 정의한다." [Franz 1964]

나무는 주택, 다른 사람들과 함께 인간 환경의 가장 기본적인 3대 요소 중 하나라고 보는 시각까지도 존재한다. 심리학자인 벅John Buck에 의해 개발된 나무-인간-주택 검사법House-Tree-Person Technique에서는 피험자에게 위의 세 가지 '완전체'에 대한 그림을 그리도록 하는 것이 인격투영검사의 기본이다. 주택 그리고 인간과 동일한 중요도가 나무에 부여된 사실만으로 나무의 중요성을 이해하기에는 충분하다. [Bieliauskas 1965]

하지만, 오늘날 도시나 교외에 심고 이식하는 대부분의 나무는 앞서 설명한 바와 같은 나무에 대한 인간의 갈망을 만족시키지 못한다. 오늘날, 나무는 나무가 형성하는 공간에 대한 고려 없이 심어졌기 때문에, 아름다움과 평온함을 절대로 제공할 수 없는 것이다.

사람들이 사랑하는 나무는 특별한 사회적 장소를 형성한다. 이 장소는 자신이 머물거나 지나치는 장소이며, 꿈꾸고 그려온 장소이다. 나무는 다양한 종류의 사회적 장소를 형성할 수 있는 잠재성을 가지고 있다. 즉, 우산형 - 오크나무처럼 낮게 퍼져 있는 나무는 일종의 옥외실과도 같다. 한쌍형 - 두 나무는 하나의 관문을 형성한다. 작은 숲형 - 여러 나무들이 함께 모여 클러스터를 형성한다. 광장형 - 하나의 개방된 공간을 둘러싼다. 가로형 - 두 열을 이루고 줄기와 잎이 많이 달려 있는 줄기 윗부분인 수관*이 맞닿아 있는 나무들은 보행로나 거리를 형성한다. 나무의 진정한 존재와 의미가 느껴지는 경우는, 오직 나무의 잠재성이 이와 같은 장소를 형성할 때만이다.

오늘날의 나무에는 이러한 특징이 전혀 갖추어져 있지 않다. 나무는 주차장이나 거리를 따라 통 같은 용기에 심어져 있거나, 특히 볼 수는 있지만 손에 닿지 않는 '조경이 된 장소'에 심어져 있을 뿐이다. 그렇기 때문에, 나무는 특별한 장소를 형성하지 못하고, 따라서 인간에게 무의미한 것이다.

지금까지 이 논의를 접하며, 나무는 사람을 위한 도구로써 이용되어야 한다고 오해하는 사람이 있다면 이는 매우 위험하다. 하지만, 불행하게도 오늘날의 도시에서는 대부분의 사람들이 자신들의 즐거움을 위한 도구로써 나무를 다루는 경향이 있다.

하지만, 우리의 논의는 이와 정반대이다. 건물의 주변이나 공원 또는 정원에 있는 나무는 숲에 있는 나무와는 다르다. 이 나무들은 인간의 보살핌을 필요로 한다. 인간이 도시에 나무를 심는 이상, 숲의 나무와는 다른 생태적 존재라는 것을 반드시 인지해야 한다. 예를 들어, 숲의 나무는 자신에 유리한 위치에서 성장한다. 즉 도태의 과정을 통해서 밀도, 햇빛, 바람, 습도 등에 의해 선택된다. 하지만, 도시의 나무는 심어진 장소에서 성장한다. 가지도 치고, 나무껍질에 구멍이 있는지 없는지 세심하게 돌보지 않으면 살아남을 수 없다.

그러나, 여기에서 우리들은 미묘한 상호작용에 직면한다. 나무가 자라는 장소가 사람들에 의해 사랑받지 못하고 이용되지 않는다면, 나무는 충분한 보살핌을 받을 수 없을 것이다. 만약, 나무가 어딘가의 정원이나 공원의 관목 사이에 무작위로 심어져 있다면, 사람들이 나무를 의식할 정도로 충분히 가까운 곳에 위치하지 않은 것이다. 그렇다면, 결과적으로 나무가 필요로 하는 보살핌은 기대할 수 없게 된다.

그럼 마지막으로 나무와 사람 사이의 복잡한 상호 공생관계의 본질에 대해서 생각해 보자.

1. 먼저, 인간은 나무가 필요하다. 이에 대한 이유는 이미 설명하였다.

2. 그러나 사람들이 심은 나무는 보살핌이 필요하다(숲에 있는 나무와는 다르다).

3. 사람들이 선호하는 장소에 나무를 심지 않는다면, 나무는 보살핌을 받기 힘들다.

4. 그리고, 이것은 결과적으로 나무가 사회적 공간을 형성해야 한다는 것을 의미한다.

5. 나무가 사회적 공간을 형성한다면, 나무는 자연스럽게 성장해 갈 수 있다.

즉, 이와 같은 특이한 상황 때문에, 도시의 나무는 사람과 협력하고 사람들이 필요로 하는 장소를 형성할 때만이 그들의 본성에 맞도록 제대로 자랄 수 있을 것이다.

그러므로,

나무를 심을 때는 나무의 본성에 따라서, 둘러싸임, 거리, 광장, 작은 숲을 형성하거나, 오픈스페이스의 중심부를 향해 뻗어나가도록 나무를 심도록 한다. 그리고, 나무를 고려해서 주변 건물의 형태를 만든다면, 나무 그 자체가 또는 나무와 건물이 하나가 되어 사람들에게 유용한 장소를 형성할 수 있을 것이다.

우산형　　　　　작은 숲형　　　　　가로형

◆　　　◆　　　◆

나무 사이에 트렐리스를 배치하고 산책로를 만들며 의자를 두어서, 나무가 방, 공간, 거리, 광장, 작은 숲을 형성하도록 한다 - 옥외실(163), 트렐리스 산책로(174), 정원의 의자(176), 의자가 있는 장소(241). 나무 옆에 좋은 장소를 만드는 방법 중 하나는 뿌리를 보호하고 사람들이 앉을 수 있도록 하는 낮을 벽을 만드는 것이다 - 앉을 수 있는 벽(243) ┅

172. 야생 정원**

GARDEN GROWING WILD

···- 올바른 위치의 계단식 단구와 나무를 돌보는 행위 - **계단식 경사면** (169), **과일나무**(170), **나무가 있는 장소**(171)와 함께, 정원 즉, 지면과 식물 자체에 대해서도 생각해 보아야 한다. 간단히 말하자면 어떠한 형태의 정원 이 될 것인지, 어떠한 형태의 식물을 심을 것인지, 어떠한 형태의 정원 가꾸 기가 인공 그리고 자연과 양립할 수 있는지를 결정해야 한다.

◆　◆　◆

스스로의 법칙에 따라 성장하는 정원이라 함은 야생적인 정원도 아니고 완전히 인공적인 정원도 아니다.

많은 정원들은 형식적이고 인공적이다. 화단은 테이블보의 가장자리 장식과 그림처럼 꾸며지는 장소이다. 잔디는 완벽한 인조 모피처럼 깎아져 있고, 보행로는 새로 포장된 도로처럼 깨끗하다. 백화점에서 들여온 가구들은 새것이고 깨끗하다.

이러한 정원은 인간의 삶과 연결시킬만한 조건이 결여되어 있다. 즉 길들여졌다지만 여전히 살아있는 야생성의 결여이다. 주위 건물과의 조화에만 신경 쓴 잘 조성된 정원일 뿐이다. 단지 인간은 그곳을 오갈 뿐이고 말이다. 이러한 야생성과 인공성의 균형이 정점에 이른 정원을 들자면 옛 영국식 정원이다.

영국식 정원에는 그곳에서 자연적으로 발생하는 것들이 정원의 상태를 저해하지 않고 유지될 수 있도록 조절된다. 예를 들어, 이끼와 잔디는 포장석 사이로 자라날 것이다. 섬세하고 자연스런 정원에서는 이와 같은 자연적인 과정을 향상시키지 저해하지 않는다. 하지만, 자연스럽지 않은 정원에서는 이와 같은 작은 일들은 정원사에 의해 항상 '돌보아진다'. 즉, 정원사는 파종, 제초, 잔디의 성장이라는 자연의 과정을 늘 조절하고 관리하려고 애쓴다.

야생 정원에서는 그곳에서 자라는 식물들 스스로에 의해서, 자연스레 선택되고 경계가 형성된다. 정원사에 의해 관리될 필요가 없다. 하지만, 그렇다고 해서 식물들이 무분별하게 자라거나, 다른 식물의 성장에 방해가 되게 하지는 않는다. 예를 들어, 야생식물을 꽃과 잔디 사이에 심는다면 잡초가 생기지 않으니 제초할 필요가 없게 될 것이다. 또한, 자연석으로 잔디의 경계를 형성한다면, 2~3주 간격으로 제초를 하지 않아도 된다. 높이 차가 있는 장소에는 암석이나 돌을 배치하고 그 사이에 작은 암생 식물을 심는다면, 잡초가 생겨날 여지가 없어지는 것이다.

야생 정원은 제초를 하며 관리하는 인공적인 정원보다 건강하고 보다 안정된 식물의 성장을 가능하게 한다. 야생 정원은 관리가 필요 없으며 그대로 두어도 한두 계절에 정원이 망가지는 일은 없을 것이다.

또한, 야생 정원은 사람들에게도 더욱 심오한 경험을 선사한다. 좋은 의사 같은 정원사라면 식물이 자랄 공간을 마련할 때 자생할 수 있도록 돌보고, 정원답게 성장하도록 몇몇 종을 솎아내거나 가지를 치는 등의 행동을 취해야 한다. 이와는 반대로 강박적으로 관리된 정원은 사람들을 노예화한다. 그러한 정원으로부터 사람들은 아무것도 얻을 수 없을 것이다.

그러므로,

잔디, 이끼, 덤불, 꽃 그리고 나무가 되도록이면 자연 그대로 성장하도록 정원을 관리한다. 정원 사이를 경계 짓거나 맨땅이 없도록 그리고 형식적인 화단이 되지 않도록 이들을 서로 섞는다. 또한, 경계나 가장자리는 거친 돌이나 벽돌 그리고 자연적인 성장에 도움이 되는 목재를 사용하도록 한다.

야생 형태로 가꾸어지는 식물들

거친 자연의 경계

◆　　◆　　◆

형식적인 요소는 배제하도록 하지만, 특별히 기능적으로 필요한 장소에는 온실 - 온실(175)과 앉을 수 있는 자리 - 정원의 의자(176), 약간의 물 - 고요한 물(71), 또는 사람들이 꽃향기를 즐기거나 손이 닿을 수 있는 곳에 꽃을 놓도록 한다 - 올려진 화단(245) ----

173. 정원의 담장*

GARDEN WALL

···– 개인주택의 반쯤 가려진 정원(111), 거리에 면하는 개인 테라스(140)에
는 벽이 필요하다. 조금 더 일반적으로 말하자면, 개인 정원만이 아닌 공공
정원 그리고 작은 공원과 녹지 - 조용한 후면(59), 접근 가능한 녹지(60)도
가능하면 아름답고 조용하게 하기 위해서 이들을 둘러쌀 수 있는 무언가가
필요하다.

◆　　◆　　◆

정원 그리고 작은 공공 정원은 주변이 벽으로 보호받지 않는 이상 소음으

로부터 안전하다고 할 수 없다.

사람들은 나무와 식물 그리고 물과의 접촉이 필요하다. 설명하기 힘들지만, 인간은 어떤 면에서 자연에 의하여 조금 더 완전할 수 있으며, 자신에게 조금 더 깊이 다가갈 수 있다. 또한, 나무와 식물 그리고 물의 생명력에서 지속적으로 에너지를 얻을 수 있다.

도시의 정원과 작은 공원에서는 이 문제를 해결하기 위해 노력하고 있다. 하지만, 보통 도시의 정원과 작은 공원은 교통, 소음 그리고 건물에 너무 가깝기 때문에, 자연이 가지고 있는 영향력은 모두 없어졌다. 가장 심오한 심리적인 의미에서, 도시의 정원과 작은 공원이 진정으로 유용하기 위해서는 반드시 그곳에 있는 사람들에게 자연과 접촉할 수 있는 기회를 허용해야 한다. 동시에, 통과교통의 시선과 소음, 도시의 소음 그리고 건물들로부터 보호되어야 한다. 이를 위해서 정원이나 공원에는 단단하고 높은 벽이 필요하고 주위에는 밀도 높게 나무를 심어야 한다.

도시 내에 있으면서 작은 벽으로 둘러싸인 몇 안 되는 예 중, 일반에게 공개된 코펜하겐 왕립도서관의 정원과 알함브라 Alhambra 궁전의 정원은 매우 유명한 예이다. 사람들은 이 정원들이 만들어내는 평화로움을 이해하며 높이 평가한다.

자신의 정원 또는 공원을 둘러싼 벽돌 벽, 밖에서는 실로 불쾌해 보이겠지만, 그 안에는 불쾌함보다는 겸손함이 있다. 이는 일반적으로 정원을 만든 사람이 정원의 관점에서 다른 사람을 쫓아내려는 것이 아니라, 자신의 관점에서 다른 사람을 배제하는 것을 의미한

벽으로 둘러싸인 정원 - 무굴 건축

다. 솔직히 이야기하면, 자신을 위해 어느 정도의 시간이 필요한 만큼 자신을 위해 어느 정도의 땅도 필요하다. 편한 차림으로 정원에 구덩이를 파거나, 학교에서 돌아온 아이들과 목마 놀이를 하거나 또는 아내와 옛이야기를 하며 거닐 때 누구도 볼 수 없어야 한다. 게다가, 그 내부에 있을 때 벽돌로 된 벽은 꽤 실용적이다. 동쪽에서 부는 바람으로부터 정원을 보호하고, 복숭아와 천도복숭아를 잘 익도록 한다. 가을에는 햇볕이 잘 드는 제방과도 같이 반짝인다. 그리고, 벽돌 벽이 제대로 만들어져서 오랜 시간을 견딜 수 있다면, 벽돌의 진붉은색과 이끼의 녹색으로 인하여 매우 아름답게 변할 것이다.[Ruskin 1907]

이 패턴은 모든 개인 정원 그리고 도시의 작은 공원에 적용할 수 있다. 이것이 모든 작은 공원에 적용될 수 있을 것이라고는 생각하지 않는다. 그러나, 정원을 둘러싸는 바람직한 경우와 그렇지 않은 경우를 구별하는 것은 어렵다. 작은 공원이나 정원이 주변 생활의 분주함에 개방되어 있는 편이 바람직한 경우도 있다. 하지만, 둘러싸여 있어야 할 많은 공원과 정원이 개방되어 있으며, 그 반대의 경우도 있기 때문에, 여기서 우리는 정원을 둘러싸야 하는 상황을 강조한다.

그러므로,

통과교통에 의한 시선과 소음으로부터 조용한 정원 내부를 보호하기 위해서는 정원을 둘러싸도록 한다. 큰 정원이나 공원인 경우에는 유연한 방법으로 둘러쌀 수 있는데, 덤불, 나무, 경사면 등을 이용할 수 있다. 그러나 정원이 작아질수록 더욱 견고하고 명확하게 정원을 둘러싸야 한다. 매우 작은 정원은 건물이나 벽을 이용하여 둘러싸도록 한다. 산울타리나 울타리로 외부의 소음을 막기에는 충분하지 않다.

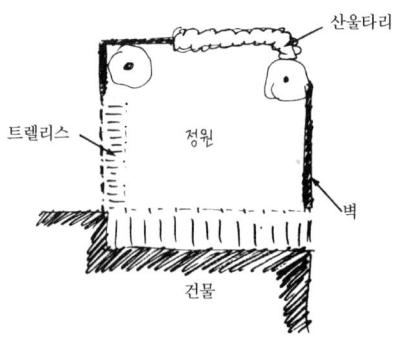

정원의 벽을 포지티브 외부 공간을 형성하는 데 기여하도록 이용한다 - **포지티브 외부 공간**(106). 하지만, 난간과 창문을 이용하여 정원과 거리 또는 정원과 정원 사이가 연결되도록 한다 - **거리에 면하는 개인 테라스**(140), **트렐리스 산책로**(174), **반쯤 개방된 벽**(193). 무엇보다, 더욱 멀고 넓은 공간 조망을 위해 개구부를 계획하도록 한다 - **오픈스페이스의 위계**(114), **선 조망**(134) ----…

174. 트렐리스 산책로**

TRELLISED WALK

···· 정원의 주요한 장소들이 정해졌다고 가정해보자 - 옥외실(163), 나무가
있는 장소(171), 온실(175), 과일나무(170). 이제, 보행로를 강조해야 할 특별
한 필요성이 있는 곳이나 - 보행로와 목적지(120), 그리고 더욱 중요한 것은
벽을 설치하지 않고 정원의 두 부분 사이의 경계를 조금 더 명확히 해야 할
필요가 있는 곳에서는 식물로 둘러싸인 개방적인 트렐리스trellis• 산책로가

필요하다. 정원이나 공원에서 식물로 둘러싸인 트렐리스 산책로는 포지티브 외부 공간(106)을 형성하는 데 기여한다. 또한, 출입구의 전이(112)를 형성하는 데에도 도움이 될 것이다.

◆　　◆　　◆

식물로 둘러싸인 트렐리스 산책로는 자신만의 독특한 아름다움을 지니고 있다. 트렐리스 산책로는 매우 특별하고 다른 방식으로 만들어진 보행로와는 확연한 차이가 있기 때문에, 거의 원형적이라고 할 수 있다.

보행로의 형태(121)에서 우리는 외부의 보행로가 방과 같은 형태가 되어야 하는 필요성에 대해서 설명하였다. 그리고, 포지티브 외부 공간(106)에서는 넓은 외부 공간이 포지티브 공간이 되어야 하는 필요성에 대해서 설명하였다. 트렐리스 산책로는 이 두 가지 역할을 한다. 즉, 간단하며 단아하게 이 두 패턴의 조건을 동시에 충족시키는 것이다. 하지만, 우리가 트렐리스 산책로를 독립적인 하나의 패턴으로 다룬 것은, 이것이 앞의 사항들을 매우 본질적인 방법으로 실현하기 때문이다. 다음으로 트렐리스를 이용한 보행로가 적절한 장소에 대해서 정의해 보도록 하자.

1. 보행로를 강조하기 위해서 그리고 보행로를 특별히 좋은 장소로 만들어 사람들의 발걸음을 이끌기 위해서 긴 보행로의 일부분을 특별한 부분으로 만들어야 할 때 트렐리스 산책로를 이용한다.

트렐리스로 외부 공간의 형상을 꾸밀 수 있다.

2. 트렐리스 산책로는 둘러싸인 느낌을 형성하기 때문에, 외부 공간을 정의하는 가상의 벽을 만드는 데 이용한다. 예를 들어, 트렐리스 산책로는 정원 전체나 부분을 둘러싸서 거대한 옥외실을 형성할 수 있다

그러므로,

특별한 보호가 필요한 보행로나 어느 정도의 친밀감이 필요한 곳에서는 보행로에 트렐리스를 덮고 넝쿨식물을 심는다. 트렐리스를 활용하면 외부 공간을 나눌 수 있어 두 가지 형상을 꾸미는 데 도움이 된다.

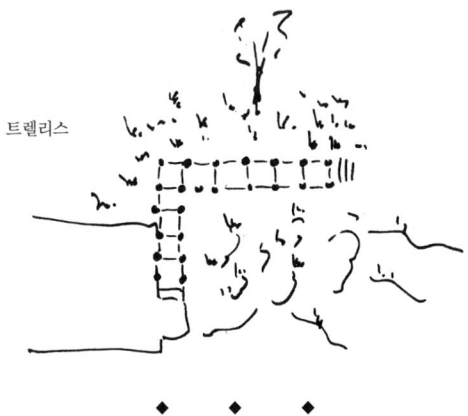

트렐리스

◆　　◆　　◆

트렐리스를 지탱하는 기둥은 자체로 의자나 새집 등이 될 수 있도록 생각한다 - 기둥이 있는 장소(226). 포장석 사이에 틈을 두어 보행로를 포장한다 - 틈이 있는 포장석(247). 트렐리스 내부에는 부드럽고 특별한 빛이 들도록, 알맞은 트렐리스와 넝쿨식물을 이용한다 - 걸러진 빛(238), 넝쿨식물(246) --…

175. 온실

GREENHOUSE

···· 정원의 활기를 유지하기 위해서는 묘목을 기를 수 있고 온대지방의 겨울철과 같은 추운 날씨에도 식물이 자랄 수 있는 정원과 주택의 중간적인 형태로서 일종의 '작업장'이 있어야 한다. 주택 클러스터(37), 직장 커뮤니티(41)에서 작업장은 공유지(67)에 큰 기여를 한다.

◆　　◆　　◆

태양에너지를 변환하여 온수나 전기를 생산하기 위한 많은 노력이 행해지고 있다. 하지만, 태양에너지를 이용하기 위한 가장 쉽고 누구나 아는 오래된

방법이 있다. 즉, 온실 내부의 열을 이용하여 꽃과 야채를 기르는 것이다.

단순한 온실 즉, 겨울철의 햇빛을 이용하고 화분을 놓는 선반으로 둘러싸인 그리고 거실과 접해 있는 온실에 대해서 생각해 보자. 집으로 연결된 출입구가 있기 때문에, 겨울에도 외부 공간을 경유하지 않고 온실에 가거나 이용할 수 있다. 그리고 온실에는 정원으로 난 출입구도 있기 때문에, 정원에 있을 때 작업장으로 이용할 수 있고 주택 내부를 경유하지 않아도 된다.

이러한 온실은 삶의 원천으로서 매우 훌륭한 장소이다. 주택 생활의 일부분으로서 꽃이 자라는 공간이다. 예전의 온실은 온대지방 주택의 일부분으로 자연스러운 공간이었다.

주택의 연장으로서 온실을 경험해보지 못한 사람들에게는 온실이 얼마나 본질적인 공간인가를 인지하기란 쉽지 않을 것이다. 하지만, 온실은 그 자체가 하나의 세계이면서 물과 불처럼 분명하고 훌륭하다. 또한, 다른 어떤 패턴에도 비견할 수 없는 경험을 선사하다. 이 패턴 랭귀지를 이용하여 모데스토Modesto에 클리닉을 만든 정신과 의사인 리안Hewitt Ryan은 온실이 매우 중요하다고 생각하였기 때문에, 클리닉의 기본적인 공간에 온실을 포함시켰다. 그리고, 공용 공간 옆에 두어 클리닉의 정원에 점차적으로 옮겨 심을 묘목을 기르면서 환자들의 재활치료에 도움이 되도록 하였다.

생태운동에 의해 영감을 받은 최근의 몇몇 '에너지 시스템'을 보면, 온실은 인간이 정주하는 필수적인 요소로 다뤄지고 있다는 것을 알 수 있다. 예를 들어, 게인스Grahame Gaines의 자립형 친환경 주택에는 열과 음식의 원천으로서 넓은 온실이 포함되어 있다.[Gaines 1972] 그리고, 샤하루디Chahroudi의 그로우홀Grow Hole(겨울철 채소 재배를 위해서 유리로 덮여 있는 구덩이)은 또 다른 종류의 온실이다.[GH 1970]

그러므로,

온대지방에서는 자신의 집이나 사무실의 일부분으로서 온실을 만든다. 그래서 집이나 사무실에 있는 온실이 외부 공간을 경유하지 않고 직접 접근할 수 있는 '방'과 같은 역할이 되게 하며, 정원에서도 직접 접근할 수 있는 정원의 일부분이 되도록 한다.

연결된 온실

❖ ❖ ❖

채소 정원(177)과 퇴비(178)에 접근하기 쉽도록 온실을 배치한다. 허리 높이의 선반(201)과 충분한 수납공간으로 - 창고(145), 실내를 둘러싸도록 계획한다. 편안히 앉을 수 있는 장소에는 특별한 의자를 놓을 수도 있을 것이다 - 정원의 의자(176), 창가(180) ┄

176. 정원의 의자

GARDEN SEAT

···- 정원의 특징이 결정되었다면 - 야생 정원(172), 정원을 가치 있고 무언가 비밀스러운 장소로 만드는 특별한 모서리에 대해서 생각해야 할 필요가 있다. 가장 중요한 것은 이미 언급한 바 있는 양지바른 장소(161)가 건물에 있어서 매우 필수적이다. 이제 여기에 조금 더 사적이고, 앉아서 생각하고 꿈을 꿀 수 있는 정원의 의자를 추가하도록 한다.

◆　　◆　　◆

모든 정원의 어딘가에는 자연만이 있는 공간에 한두 사람 정도가 자신에 대해서 더욱 깊이 사색할 수 있는 정원의 의자가 적어도 한 곳 이상 있어야 한다.

이 패턴 랭귀지에서의 패턴을 통해 반복하여 언급한 것은, 우리를 있게 한 자연과 어울릴 수 있는 환경을 제공하는 것이 중요하다는 것이다. 특히 손가락 모양의 도시와 전원(3)과 조용한 후면(59)을 참고하도록 한다. 하지만, 이러한 사실에 대해서 설명한 부분에서, 이 필요성이 불이나 음식처럼 주택 내부에 존재하는 경우는 지금까지 없었다.

워즈워스Wordsworth는 자연에서 느끼는 평온함이 모두에게 주어진 기본적 권리라는 사실에 입각하여 시인으로서의 사상을 구축하였다. 워즈워스는 자연에 둘러싸여 느낄 수 있는 고독에 대한 필요성과 도시의 생활을 통합하기를 원했다. 또한, 사람들이 그야말로 번잡한 거리로부터 한발 물러나 개인 정원에서 매일 자신을 새롭게 하는 상황에 대해 생각하였다. 그리고, 이제 많은 사람들은 이러한 장소가 없는 도시에서의 삶은 불가능하다는 것을 알게 되었다. 수많은 활동을 해야 하고, 일상은 항상 일, 가족, 친구, 해야 할 일 등으로 간단히 채워지기 때문에, 자신만의 시간을 갖기란 매우 힘들다. 고요함 없이 생활하면 할수록, 우리는 여러 활동들로 우리 자신을 얽매고 평온함과 고요한 상황에 대해서 불안감을 느끼게 된다. 도시 사람들은 무척 바쁘며 일하는 시간 이외에는 잠시 동안도 홀로 있을 수 있는 시간이란 없다.

따로 떨어져 있는 정원의 의자를 제안하는 배경에는 우리가 이러한 상황에 처해 있기 때문이다. 그리고, 떨어져 있는 정원의 의자는 생명이 자라는 장소 근처에서 한두 사람이 방해 받지 않고 있을 수 있는 정원의 숨겨진 장소와도 같다. 이러한 장소는 지면, 옥상뿐만 아니라 심지어 부분적으로 내려앉은 제방 위에도 마련할 수 있다.

이 패턴을 증명하는 정원에 관한 책은 수를 헤아릴 수 없을 정도로 많다. 그중 하나는 하우숌Hildegarde Hawthorne의 『정원의 유혹The Lure of the Garden』이다. 다음은 고요한 정원의 의자에 의해 그려진 대화를 서술한 문단을 인용한 것이다.

아마도, 정원에서 들을 수 있는 한담 중 가장 사랑스러운 것은 친구 사이인 노인과 젊은 이의 대화일 것이다. 세대를 초월한 우정이란 매우 드물지만, 만약 이것이 존재한다면 가장 아름다운 것이다. 젊은이가 자신이 겪은 당혹스러운 일에 대해 나이 많은 남성이나 여성에게 이야기할 수 있으며, 공통의 관심사나 일상에서 일어날 수 있는 우애와 이해를 공유할 수 있다면 그로서는 매우 운이 좋은 것이다. 그리고, 한 소녀가 세상과 접촉하면서 갖게 된 감정이나 생각을, 경험은 많지만 마음은 아직까지 젊은 노인에게 전할 수 있는 상황 역시 그녀에게는 다행스런 일이다. 이 둘은 지난날 그 장소에 갔었다는 사실을 기억하는 한, 훗날 그들을 뒤로하고 정원 입구가 영원히 닫히더라도 이를 기억할 것이다.

그러므로,

정원에 조용한 장소를 만들도록 한다. 이 개인적 장소가 편안한 의자, 빼곡하게 자리잡은 식물, 햇빛으로 둘러싸이도록 한다. 의자를 놓을 장소는 신중하게 선택하도록 한다. 즉, 정말로 고독을 느낄 수 있게 하는 장소를 선택하도록 한다.

조용한 장소

◆　◆　◆

정원의 의자를 다른 외부 공간의 의자처럼 조망을 즐길 수 있고 양지바르며 바람으로부터 몸을 보호할 수 있는 장소에 계획하도록 한다 - 의자가 있는 장소(241). 이곳은 아마도 덤불이나 나무 아래처럼 빛이 부드럽고 은은한 장소일 것이다 - 걸러진 빛(238) - ···

177. 채소 정원*

VEGETABLE GARDEN

···- 공공과 개인에 유용한 정원의 특성을 형성하는 패턴에 대해서는 이미
논의하였다 - 과일나무(170). 여기에 작지만 정원의 중요한 측면으로 모든
공공 정원과 개인 정원이 반드시 포함해야 할 요소를 보충하도록 한다. 이
패턴은 공유지 - 공유지(67)와 개인 정원 - 반쯤 가려진 정원(111)의 일부에
사람들이 채소를 기르도록 함으로써 공유자의 가치를 높인다.

◆　　◆　　◆

　건강한 마을에서는 모든 가정에서 자신들을 위한 채소를 기르는 것이 좋
다. 채소 기르기가 마니아적인 취미로 생각되는 시대는 이미 지났다. 채소를
직접 기르는 것은 인류의 생활에 있어서 필수적인 것이다.

채소는 가장 기본적인 음식이다. 만약, 유제품, 채소, 과일, 육류 그리고 합성식품을 비교해 보면 채소가 가장 중요한 역할을 하고 있다는 것을 알 수 있다. 채소는 자체로서 인간의 삶을 완전하게 지탱해주는 유일한 음식이기 때문이다. 그리고, 생태적으로 균형을 유지한 세계라면, 인간 또한 일상적인 음식인 채소와 어떠한 균형 잡힌 관계를 가져야 한다는 것은 거의 틀림 없을 것이다.[Lappe 1971]

산업혁명 이후, 사람들은 인간미 없는 생산자에 채소 공급을 의지하는 경향이 늘어나고 있다. 하지만, 채소가 가장 중요한 세상 그리고 자급자족이 권유되는 세상에서는 자신의 집에서 채소를 기르는 것이 공기를 마시는 것처럼 자연스런 행위이다.

한 세대를 위한 채소를 기르는 데 필요한 토지의 크기는 놀랍도록 작다. 4인 가족이 일년간 필요한 채소를 기르는 데 충분한 면적은 약 1/10에이커 약 404㎡이다. 그리고, 일정한 양의 에너지(태양, 노동)의 측면에서 봤을 때, 채소는 다른 어떤 음식보다 높은 '영양소의 환원'을 기대할 수 있다. 즉, 이는 각 가정 또는 주택 클러스터가 자신들을 위한 채소를 생산할 수 있으며, 개인 토지를 소유하고 있지 않은 각 세대는 가까운 공동채소 정원의 일정 부분을 가져야 한다는 것을 의미한다.

이러한 도시의 채소 정원에 대한 기본적인 필요성 외에, 조금 더 미묘한 필요성이 존재한다. 공원, 가로수 그리고 깔끔하게 손질된 잔디만으로 사람과 땅의 접촉을 충족시키는 데는 무리가 있다. 이들은 우리에게 땅의 생산력과 능력에 대한 깨달음을 주지 못한다. 도시에서 태어나서 성장하고 생활하고 있는 많은 사람들은 매일 먹는 음식이 어디서 왔는지 그리고 살아 있는 정원이 어떤 것인지 전혀 모르고 있다. 그들이 알고 있는 땅의 생산성은 오직 슈퍼마켓 선반에 있는 포장된 토마토뿐이다. 하지만, 땅 또는 채소의 성장 과정과의 접촉은 단순히 지나칠 수 있는 오래전부터 내려오는 고풍스러운 취미가 아니다. 이는 기본적으로 유기적인 방어 과정이다. 전적으로 슈퍼마켓에게 농산물을 의지하는 도시 거주자들의 마음속에는 일종의 불안감이 존재한다.

커뮤니티 정원을 위해 많은 비용을 들일 필요는 없다. 1970년 5월, 산타바바라Santa Barbara 의 거주자들이 시내에 정원을 만들기로 결정했을 때, 그들은 기발한 생각을 하였다. 즉, 시

내의 비워진 공간을 이용한 것이었는데(이에 필요한 비용은 6개월에 1달러에 불과했다), 더욱이 시는 무료로 물을 제공하였고 트랙터와 기사를 무상으로 보내주어 이틀간 일을 할 수 있었다. 비료는 문제가 없었다. 공원에서는 낙엽을, 하수처리장에서는 진흙을, 더욱이 가까운 승마 클럽에서는 거름을 얻을 수 있었다. 기구와 씨앗은 기부를 받았다.[Rodale 1972]

아이들이 가꾸는 암스테르담의 한 학교 정원

그러므로,

개인 정원 또는 공유지의 일부분을 채소 정원으로써 이용하도록 한다. 4인 가족 당 약 1/10에이커의 토지가 필요하다. 채소 정원은 양지바른 장소이어야 하며, 채소 정원에 관계된 세대의 중심에 위치하도록 한다. 울타리를 치고 채소 정원 내에 작은 창고를 만들어, 채소 가꾸기에 필요한 기구 등을 보관할 수 있도록 한다.

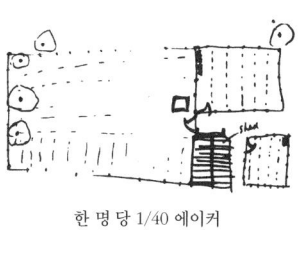

한 명 당 1/40 에이커

◆　　◆　　◆

채소에 비료를 줄 때는 각 가정과 근린에서 생산된 자연 퇴비를 이용하도록 한다 - 퇴비(178). 가능하다면, 채소 정원에 물을 댈 때에는 개수대와 배수구에서 나오는 물을 이용한다 - 욕실(144) ----

178. 퇴비*

COMPOST

중국의 절강성에는 중국의 다른 지역과 마찬가지로 도로변에 화장실이 있다. 농민들이 만든 것인데, 이는 지나가는 사람들을 유도하여 퇴비를 얻기 위한 것이다.

···· 정원은 주택의 소중한 일부분인데 정원에서 과일과 야채를 기를 수 있기 때문이다 - 과일나무(170), 채소 정원(177). 하지만, 정원은 오직 충분한 영양분을 얻었을 때만 번성할 수 있다. 그리고, 퇴비라는 형태의 영양분은 각 가정과 주택 클러스터(37)의 쓰레기, 동물(74)의 배설물이 적절히 유기화 되었을 때만 얻을 수 있다.

◆　　◆　　◆

오늘날의 오물처리 방식은 엄청난 양의 물을 오염시키고, 건물 주변의 토지에 필요한 영양분을 빼앗아간다.

도시에 거주하는 일반적인 사람들에게 이와 같은 오물처리 시스템은 아주 순조롭고 매우 완벽하게 기능하고 있는 것처럼 보인다. 화장실에서 물을 내리기만 하면 모든 것이 깔끔하게 해결된다. 사실, 냄새 나는 옥외화장실을 사용한 경험이 있는 도시 거주자들은, 아마도 오늘날의 현대적인 오물처리 시스템이 예전의 화장실보다 엄청나게 발전적인 것이라고 반박할지도 모른다. 하지만, 불행하게도 이는 사실이 아니다. 현대식 오물처리의 거의 모든 단계는 낭비적이고 비싸며 위험하기까지 하다.

우선, 변기의 물을 내릴 때마다 마실 수 있는 물 7갤론약 26.5리터이 하수구로 내려간다는 사실에 주목하고 싶다. 사실, 우리의 가정에서 쓰이는 물의 절반 가량이 변기의 물을 내리는 데 사용되고 있다.

오물처리 시스템의 기반을 형성하는 데에는 물 비용 이상의 엄청난 비용이 소요된다. 도시 내에서 50×150피트약 15×45m의 획지에 거주하고 있는 주택 소유자는, 집에서 오물처리 시설까지 오물을 운반하기 위한 수거 시스템 비용으로 $1,500을 지불하고 있다. 저밀도 주거지역에서는 $2,000~$6,000까지 상승할 것이다. 각 가정은 오물처리 시설에 추가적으로 $500의 비용을 지불한다. 이제 우리는 현대의 오물처리 시스템의 초기비용이 가정마다 적어도 $2,000 또는 그 이상이라는 것을 알게 되었다. 그리고, 이 비용에는 매달 청구되는 수도료가 아직 포함되어 있지 않으며, 각 가정에 청구되는 수도료는 연간 약 $50정도이다.

더욱이, 우리는 지금까지 논의했던 것 이상으로 그리고 금전적으로 쉽게 측정할 수 없는 장기적인 비용을 추가해야 한다. (1)하천이나 바다에 흘러나가 없어지는 영양분에 대한 가치(이는 본래 토지의 영양분이 되어야 한다) 그리고 (2)오염에 대한 비용. 폐수는 '부영양화'의 원인이 된다(하수는 수중의 산소를 고갈시키고, 이는 조류 발생의 원인이 된다).

그렇다면 어떻게 해야 하는가? 오물의 일부분은 재처리 되어 땅으로 되돌아갈 수 있을 것이다. 하지만, 생활 오물은 보통 상당한 유독물질을 포함하는 산업폐기물과 섞여서 같이 처리된다. 설령, 산업폐기물이 오물처리 시스템에 유입되지 않더라도 재처리 되어 토양으로 돌아갈 수 있도록 산업폐기물을 위한 추가적인 분배시스템이 필요하다. 그러므로, 현존하는 시스템을 생태적으로 개량하는 데는 상당한 추가 비용이 발생한다.

필요한 것은 복잡하고 집중화된 대형 시스템이 아니라 분산되고 단순한 소형 시스템이다. 우리는 보다 값싼 시스템이 필요하다. 그리고, 생태적 낭비가 아닌 이익을 가져다 주는 시스템이 필요하다.

우리는 현재의 오물처리 시스템을 대체하는 독립적이고 작은 규모의 퇴비생성 장치를 제안한다. 즉, 작은 건물들의 화장실 바로 밑에 독립적이고 작은 오물처리 장치를 설치하는 것이다. 건물에서 발생한 부피가 큰 쓰레기는 모두 이 처리장치에서 처리된다. 그 결과로 얻을 수 있는 부엽토는 샤워나 세탁에 사용되었던 물과 함께 건물 주변과 근린 전체의 토양을 비옥하게 하는데 사용한다.

이러한 소규모 오물처리 장치는 상업적으로 이용할 수 있으며, 현재 스웨덴, 노르웨이, 핀란드에서 사용되고 있다. 멀트럼Multrum 또는 클리버스Clivus 라는 이름으로 판매되고 있고, 미국에서 수입 가격은 약 $1,500 정도일 것이다. 이는 일반적으로 청구되는 오물처리 요금인 $2,000에 미치지 못한다. 실제적인 예로서, 린Van der Ryn, 앤더슨Anderson, 소이어Sawyer의 「퇴비를 만드는 옥외화장실Composting Privy」을 참고한다.[Ryn 외 1974]

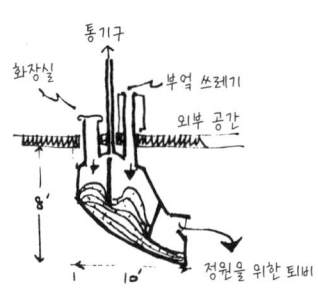

클리버스 퇴비 생성 장치

이러한 퇴비생성 장치는 전문가가 아니더라도 적은 비용으로 만들 수 있을 정도로 단순하다. 다음은 집에서 만든 단순한 퇴비생성 장치에 대한 설명이다.

옥외화장실은 지하저장고가 있는 야외 건물에 인접하도록 짓는다. 지하저장고는 바닥에서부터 머리 위의 보까지의 높이가 약 7피트약 2.1m이다. 그러므로, 옥외화장실 하부에 7피트 깊이의 퇴비실을 만드는 것은 매우 간단하다. 옥외화장실 하부의 퇴비실에는 흡수력이 매우 뛰어나고 상점에서 쉽게 구입할 수 있는 피트 모스peat-moss•를 사용한다. 또한, 정원의 흙과 약간의 석회를 더해서 사용한다.

옥외화장실에는 피트 모스로 가득 찬 캔을 두어, 용변 후에는 약 1쿼터약 110g의 피트 모스로 덮는다. 이렇게 하면 악취는 사라질 것이다. 그래도 냄새가 날 경우에는 석회나 흙 그리고 피트 모스를 더 많이 사용한다면 문제가 없을 것이다. 4인 가족을 기준으로 그리고 때때로 몇 명의 손님이 방문할 것을 생각하면, 일년에 약 3~4더미의 피트 모스를 사용하면 될 것이다.

우리집의 옥외화장실에서는 투-홀러 방식의two-holler 퇴비생성 시스템을 사용하고 있다. 우리는 보통 한 번에 한 부분만을 이용한다. A홀에 18인치가 축적될 때까지 사용한다. 그리고, B홀로 바꾸어 다시 18인치가 축적될 때까지 사용한다. 그 후 A홀에 축적된 것은 삽을 이용해 C홀로 옮기고, 다시 A홀을 사용한다. 네 부분이 모두 쌓이면 C홀과 D홀을 밖으로 퍼내어 쌓아놓은 후 최소 몇 주가 지난 후에 사용한다.[RP 1972]

그러므로,

화장실 밑에 건식 퇴비실을 마련한다. 활송장치•를 통해 유기쓰레기를 퇴비실까지 이동시킨다. 그리고, 혼합물을 퇴비로 사용한다.

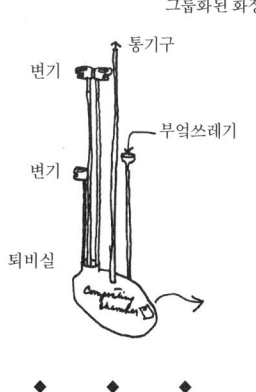

그룹화된 화장실

하수를 재활용함으로써 건조 퇴비의 효과를 증가시키도록 한다. 토지에

물을 댈 수 있도록, 모든 배수구가 정원을 향하도록 한다. 유기비누를 사용
하도록 한다 - 욕실(144) --…

다시 건물 내부로 돌아와서, 주요한 방들을 완성하기 위한
부속적인 공간과 알코브를 추가하도록 한다.

179. 알코브**

ALCOVES

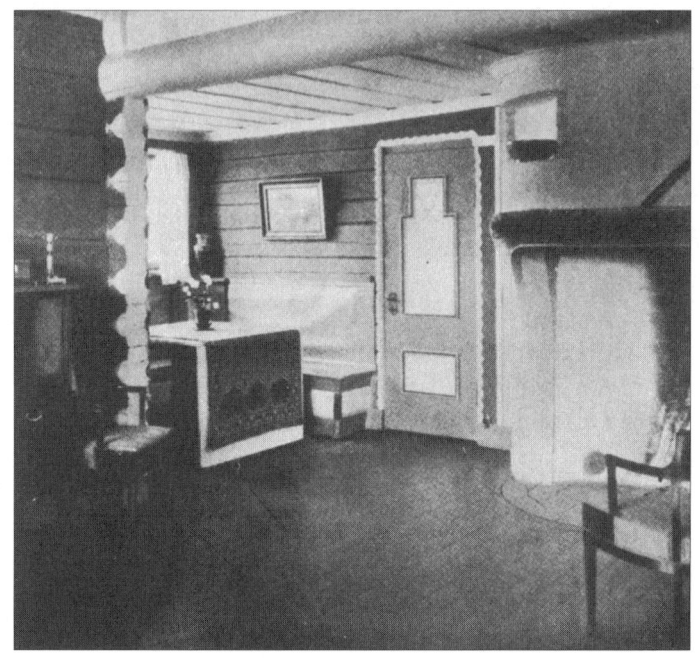

···· 큰 방에 작은 방과 알코브가 연결되어 있지 않다면, 큰 방은 완성된 게 아니다. 이 패턴과 다음의 몇 가지의 패턴들은 중심부의 공용 공간(129), 농가의 부엌(139), 휴식 공간의 시퀀스(142), 유연한 사무 공간(146), 대기 장소(150), 소규모 집회실(151)의 완성에 도움이 되는 작은 방과 알코브의 형태를 정의한다.

◆　　◆　　◆

모든 방이 같은 형태와 높이라면, 인간 집단의 요구에 제대로 부응할 수 없다. 방은 사람들이 하나의 집단으로서 함께할 수 있는 기회를 제공함과 더불어, 같은 공간에서 한두 명이 다른 사람들과 떨어져 있을 수 있는 기회 또한 제공하지 않으면 안 된다.

이 문제는 대부분 주택의 부엌, 가족실, 거실과 같은 공용실에서 제기된다. 사실, 이 문제는 매우 중요하기 때문에 해결하지 않는다면 가족의 해체를 야기할 가능성도 있다. 그러므로, 이 패턴은 작업장, 상점 그리고 학교 등의 사실상 모든 공용실에서 동등하게 적용된다고 생각한다. 하지만, 이번 패턴에서 우리는 주택에 대한 논의, 즉 가족 공용실 주변에 있는 알코브의 이용에 초점을 맞추도록 한다.

현대의 삶에서 가족의 주요 기능은 정서적인 것이다. 가족은 안전과 사랑의 원천이기도 하다. 하지만, 이러한 특징은 오직 가족 구성원이 물리적으로 하나의 가족으로써 함께할 수 있을 때에만 형성될 수 있을 것이다.

이는 상당히 어려운 문제이다. 각 가족 구성원은 집에 오거나 집을 나서는 시간대가 다르다. 가족들은 집에 함께 있을 때조차도, 바느질, 독서, 집안일, 목공일, 모형 만들기, 게임과 같이 서로 다른 개인적인 관심사를 가지고 있다. 서로 다른 관심사는 가족 구성원으로 하여금 가족을 떠나 각자 자기 방에 머무르게 한다. 여기에는 두 가지 이유가 있다. 첫째로, 평범한 가족실에서는 다른 사람들의 행동에 의해 쉽게 방해 받을 수 있다. 즉, 책을 읽고 싶은 사람들은 텔레비전을 보는 가족들로 인해 방해를 받는 것이다. 둘째로, 가족실의 어디라도 물건을 그냥 놓아두면 다른 가족들에게 방해가 된다. 식탁 위에 놓아둔 책들은 식사 때가 되면 치워야 하고, 반쯤 진행된 게임을 그대로 두고 자리를 비울 수는 없다. 때문에, 이러한 것들은 가족과 떨어진 곳에서 하는 습관이 자연스럽게 붙는 것이다.

이 문제를 해결하기 위해서는 가족 구성원들이 서로 다른 일을 하면서도 함께 있을 수 있는 방법을 생각해 내지 않으면 안 된다. 즉, 사람들이 서로 다른 일을 할 수 있도록, 가족실 내에 몇 개의 작은 공간이 필요하다는 것을 의미한다. 이곳은 주요 공간으로부터 어느 정도 떨어져 있어야 한다. 그래서 작은 공간에서 발생하는 잡동사니나 소음이 다른 사람이 주요 공간을 이용할 때 방해요인이 되지 않도록 해야 한다. 또한, 이 공간은 연결되어 있어서 사람들에게 '함께 있다'는 느낌을 주어야 한다. 연결은 공간들이 서로 개방되어 있어야 할 필요성이 있다는 것을 의미한다. 그러면서도 공간들은, 한 장소에 있는 사람이 다른 가족들로부터 방해받지 않도록 떨어져 있어야 한다. 간단히 말하자면, 가족실은 반드시 몇 개의 작은 알코브에 의해 둘러싸여 있어야 한다. 이 알코브는 한두 사람이 사용하기 알맞은 크기여야 한다. 즉, 폭은 약 6피트^{약 1.8m}이고 안길이는 3~6피트^{약 0.9~1.8m} 정도일 것이다. 알코브들이 주요 공간을 침해하지 않고 어느 정도 거리를 두고 있음을 확실히 하기 위해서, 그리고 알코브에 있는 사람들이 독립적일 수 있도록 알코브는 주요 공간보다 좁아야 하고 천장도 주요 공간보다 낮아야 한다.

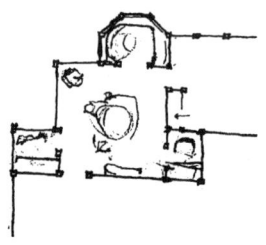

가족실의 알코브

이 패턴은 매우 필수적이기 때문에, 많은 사람들이 대체로 비슷하게 관찰하였다는 것을 강조하기 위해서 이에 대한 다양한 글을 인용해 보도록 하겠다.

먼저, 한델Gerald Handel의 『가족의 사회심리학적 내면Psychosocial interior of the Family』 중의 한 부분이다. [Handel 1967]

세상에서 자기만의 흥미를 가지기 위한 노력, 자기가 되고 싶은 사람이 되려는 노력, 다른 구성원과의 건전한 관계를 형성하기 위한 노력이 동시에 빠른 속도로 진행되고 있기 때문에, 가족생활의 필수적인 이중성은 고려해볼 만한 가치가 있다. 동시에, 다른 구성원들도 자신과 가족에 대한 관심을 가지고 있다. 이는 가족이 자신만의 생활을 개발하는 상호작용의 매트릭스라고 할 수 있다. 가족은 각 구성원이 서로 함께하기를 원하거나 떨어져 있기를 원할 때 만족할 수 있는 형태로 자신을 만들어 간다.

「가족에서의 아이들Children in the Family」에서는 "아이는 자신의 방을 가지고 있다 하더라도, 하루 종일 자신의 방에 머무는 것보다는 대부분의 시간을 집의 다른 장소에서 보내고 싶어 한다" 그리고, "아이는 다른 사람들로부터 주목 받고 싶어하고 이를 즐긴다. 아이는 어른들에게 무언가 보여주는 것을 즐기고, 자신의 관심사에 대한 기쁨을 공유하기를 원한다. 나아가, 어른들의 활동에 대해 황홀해하며 모든 일에 관여하고 싶어한다"라고 하였

다. [Grimes 외 1940]

그리고, 라이머Svend Riemer는 「가정 적응의 사회학적 이론Sociological Theory of Home Adjustment」에서 아래와 같이 말했다.

다른 가족 구성원의 활동에 적응하기 위해서는, 집의 어느 방에서 다른 방 사이로의 이동이 필요하다. 같은 활동이라 할지라도 시간대에 따라 어느 방에서 다른 방으로 옮겨야 할 필요성이 있을 수 있다.

예를 들어, 부엌에서 음식을 준비하는 오후 시간에, 집에서의 학습은 거실로 옮겨져야 한다. 그리고, 저녁 때가 되어서 가족 구성원이 거실에서 단란한 활동을 하면, 학습 장소는 다시 부엌으로 이동될 수 있을 것이다. 방 사이의 '이동'은 지적인 집중력을 약화시키는 경향이 있으며, 때로는 불안감을 동반할 수도 있다. 가정에서 아이를 기를 때에는, 이러한 약점을 신중히 고려하지 않으면 안 된다.[Rieme 1943]

그렇다면, 거의 모든 가정에서 어느 정도 고립과 공존이라는 서로 대립하는 요구가 같은 장소에서 그리고 같은 시간에 존재한다는 것이 확실하다고 할 수 있다. 모든 공용 공간에서 이 같은 요구가 약간은 다른 형태로 존재한다는 것을 이해하는 것은 어렵지 않다. 사람들은 함께 있길 원한다. 하지만 동시에 이를 포기하지 않으면서 약간의 프라이버시를 위한 기회 또한 원하는 것이다.

만약, 5~10명이 한 방에 있다고 할 때, 그들 중 2명이 조용한 대화를 하기 위해서 모서리로 움직이기 시작한다면, 그들에게는 대화를 위한 공간이 필요한 것이다. 집단을 저버리지 않으면서도 필요한 프라이버시를 얻을 수 있는 것은 알코브나 알코브 형태의 공간뿐이다.

그러므로,

모든 공용 공간의 주변에 작은 공간을 배치하도록 하고, 이 공간은 폭이 6 피트, 안길이가 3~6피트가 되도록 한다. 하지만, 경우에 따라서는 더 작을 수도 있다. 알코브는 두 사람이 앉아서 대화나 놀이를 할 수 있는 정도의 공간이어야 하며, 때로는 책상이나 테이블을 놓을 수 있을 정도로 넓어야 한다.

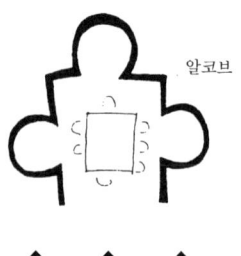

알코브

♦ ♦ ♦

알코브의 천장고*는 주요 공간의 천장고보다 현저히 낮도록 계획한다 -
다양한 천장고(190). 알코브와 공용 공간 사이에는 낮은 벽과 두꺼운 기둥
을 이용하여 부분적인 경계를 형성한다 - **반쯤 개방된 벽**(193), **기둥이 있는
장소**(226). 알코브가 외벽에 걸쳐있을 때는, 분위기 있는 창과 낮은 창틀 그
리고 붙박이 형식의 의자를 이용하여 창가를 계획한다 - **창가**(180), **붙박이
의자**(202). 그리고, 그곳을 **외벽의 두께**(211)로 다루도록 한다. 알코브의 더
욱 세밀한 형태에 대해서는 **실내 공간의 형태**(191)를 참고한다 -···

180. 창가**

WINDOW PLACE

┄┅- 이 패턴은 현관실(130), 선 조망(134), 각 실의 두 면 채광(159), 거리 창
(164)에 의해 제시된 창의 배치를 완성하는 데 기여한다. 이 패턴에 따라서,
각 실에서 적어도 하나의 창문은 공간으로서의 유용성이 커지도록 만들 필
요가 있다.

◆　　◆　　◆

모든 사람은 창가의 앉을 곳이나 돌출된 창 그리고 낮은 창턱과 편안한 의자가 있는 큰 창문을 사랑한다.

하지만 동시에 이러한 장소는 사치스럽다고 여기기에 더 이상 만들지 않으며, 이러한 장소를 가질 정도로 충분히 여유가 있다고 생각하지 않는다.

사실, 문제는 더욱 심각하다. 창 옆에 창가라는 '장소'를 형성하는 이와 같은 창문은 절대로 사치스러운 것이 아니다. 이는 필수요소이다. 이러한 장소가 존재하지 않는 방에서는 완전한 안락함과 편안함을 느낄 수 없다. 실제로, 방에 창가가 없으며 그곳에 있는 사람은 끊임 없는 갈등과 경미하지만 뚜렷한 긴장상태를 느끼게 될 것이다.

이러한 갈등은 다음과 같은 형태로 나타난다. 만약, 방에 '장소'이기도 한 창이 없다면, 이 방에 있는 사람은 두 가지의 힘 사이에서 갈피를 잡지 못할 것이다.

1. 어딘가 앉아서 편히 쉬고 싶다는 힘
2. 빛이 있는 쪽으로 향하고 싶다는 힘

편안한 장소(방안에서 가장 앉고 싶은 장소)가 창으로부터 떨어져 있다면, 이 갈등을 극복하기가 매우 힘들다는 것은 분명하다. 따라서, 창이 있는 '장소'에 대한 사랑은 사치스러운 것이 아닌 자연스런 욕구에 기초한 생물학적 본능이라는 것을 알 수 있다. 자신이 진정으로 편안하다고 느끼는 방은, 항상 어떤 창가가 존재하는 방일 것이다.

물론, '장소'에 대해 정확한 정의를 내리기는 어렵다. 본질적으로 '장소'는 부분적으로 둘러싸이고 뚜렷하게 인식할 수 있는 방 안의 한 지점이다. 이러한 의미에서의 다음의 예는 '장소'로서 기능할 수 있는 것들이라고 할 수 있다. 창, 창턱 의자, 편안한 안락의자를 위한 낮은 창턱, 창에 둘러싸인 깊이가 있는 알코브 등이다. 조금 더 정확하게 창가의 개념을 정리하기 위해, 몇 가지 예를 들면서 창가가 제대로 기능하는 데 필요한 요점에 대해서 논의해 보기로 하자.

돌출된 창. 방의 한 면에 외부를 향해 돌출되어 정면과 측면이 창으로 둘러싸인 형태. 강렬한 빛이 들어오며, 측면의 창을 통하여 풍경을 볼 수 있다. 그리고, 돌출된 부분에 의자나 소파를 배치할 수 있기 때문에 창가의 역할을 훌륭히 해낸다.

돌출된 창

창턱 의자. 조금 더 수수한 형태이다. 앉기 충분한 깊이를 지닌 벽감. 한 사람이 창에 평행하게 그리고 창을 뒤로 하고 앉기 위한 장소 또는 두 사람이 서로 얼굴을 맞대고 앉을 수 있는 최고의 장소이다.

창턱 의자

낮은 창턱. 가장 일반적인 형태이다. 편한 의자를 배치하기 위한 창턱의 높이는 매우 낮다. 창턱의 높이는 12~14인치^{약 35~36cm} 정도이다. 둘러싸여 있는 느낌은 높은 등받이와 팔받이가 있는 안락의자에서 얻을 수 있다.

낮은 창턱

창문으로 둘러싸인 알코브. 창가의 형태 중 가장 정성을 들인 형태. 마치 정자나 온실처럼, 작은 방 전체가 창으로 둘러싸여 정원의 일부와도 같다.

창문으로 둘러싸인 알코브

물론, 다른 형태가 존재할 수도 있다. 원칙적으로 좋은 풍경을 볼 수 있는 창의 경우 창을 단순히 벽에 뚫린 구멍이 아닌 공간으로서 신중히 다룬다면, 창이 있는 자리는 창가로서 작용할 수 있다. 사람들이 자주 이용하는 방에는 항상 창가가 있다. 그리고, 창가는 대기실이나 복도를 따라서 위치하는 특별한 장소로 고려되어야 한다.

그러므로,

하루 중 짧은 시간이라도 사용하는 방에는 적어도 하나의 창을 배치해서 창가로 이용할 수 있도록 한다.

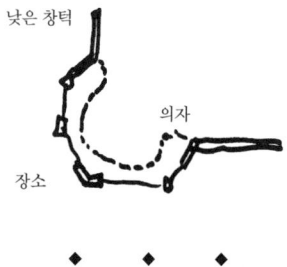

◆　◆　◆

방에 여유가 있다면 낮은 천장과 독립된 장소를 계획하도록 한다 - 알코브 (179). 창턱은 낮게 한다 - **낮은 창턱**(222). 창가의 형태가 잡힌 후에는 외부의 풍경에 따라 창턱과 문설주* 그리고 앉을 곳을 정확하게 결정한다 - **붙박이 의자**(202), **자연스런 문과 창**(221). 그리고, 빛이 부드럽게 들어오도록 창틀을 깊게 만들어야 한다 - 깊은 창틀(223). 경사 지붕에서 이 패턴을 만들기 위해서는 돌출된 지붕창(231)을 이용하도록 한다 ---…

181. 불*

THE FIRE

···· 이 패턴은 중심부의 공용 공간(129)의 진정한 의미를 형성하는 데 기여한다. 또한, 방과 통로와의 관계에도 영향을 미치기 때문에, 중심부의 공용 공간의 배치와 위치에도 기여한다.

◆　◆　◆

불의 대용품은 없다.

텔레비전은 종종 방 안의 초점이 된다. 하지만, 실제로 깜박거리며 살아 있는 무언가를 위한 아주 미약한 대용품에 지나지 않는다. 불의 필요성은 물의 필요성처럼 본질적인 것이다. 불은 나무와 사람, 집, 하늘에 비교할 만한 정서적인 시금석이다. 그러나, 전통적인 벽난로는 시대에 뒤쳐져 있으며, 현대식 벽난로는 대부분 사치품으로 이용되고 있다. 아마도 이것이 전시품과도 같이 벽난로가 올바르지 못한 곳에 배치되어 있는 이유일 것이다. 이처럼 필요성의 논리를 배제해 버렸기 때문에, 벽난로는 통합된 것이 아닌 덧붙여진 것으로 생각되는 것이다.

불의 필요성에 대한 가장 설득력 있는 표현은 바첼라드Gaston Bachelard의 저서인 『불의 정신분석The Psychoanalysis of Fire』에서 찾을 수 있다. 다음은 바첼라드가 생각하는 불의 힘을 인용한 것이다.

벽난로의 불은 인간에게 있어, 꿈에 그리던 첫 번째 대상, 휴식의 상징, 휴식으로의 초대라는 것을 의심할 여지는 없다. 타오르는 장작불 앞에서의 몽상을 빼놓고는 휴식의 철학을 이해할 수 없을 것이다. 그러므로 타오르는 불 앞에서 깊은 상념이 결여된다면, 인간이 불을 처음 발견하고 사용해온 그 진정한 의미를 상실하는 것과 같다고 생각한다. 불은 우리에게 따뜻함과 안락함을 느끼게 한다는 것은 확실하다. 그러나, 안락함은 타오르는 불을 상당히 오랫동안 응시한 후에야 확실히 느끼게 된다. 팔꿈치를 무릎 위에 두고 턱을 괼 때야 비로소 편안함을 느낄 수 있게 된다. 이 자세는 아주 오래 전부터 전해져 온 것이다. 불 가까이에 있는 어린아이는 자연스럽게 이 자세를 취한다. 생각하는 사람의 자세는 무의미한 것이 아니다. 이러한 자세는 주시나 관찰할 때 볼 수 있는 집중과는 완전히 다른 집중으로 사람들을 이끈다. 다른 대상을 응시할 때는 거의 찾아볼 수 없는 자세이다. 사람들은 모닥불 가까이 앉아서 휴식을 취하면 분명 잠 못 들고 특별한 대상을 향해 상념에 빠져들 것이다.

물론, 정신이 공리주의적으로 형성되었다고 믿는 사람들은 이처럼 안이한 관념적 이론은 받아들일 수 없을 것이다. 그리고, 그들은 우리가 불에 대해 가지고 있는 흥미를 특징짓는 것에 대해서, 불이 갖는 다양한 유용성을 들어 우리들의 의견에 반대할지도 모른다. 즉, 불은 열을 제공할 뿐만이 아니라, 고기를 굽는 데도 이용한다는 점. 마치 복잡한 난로와 어느 소작농의 난로가 몽상을 방해했던 것과 같이.

굴뚝 밑 톱니모양의 고리에 검은 솥이 걸려 있고, 다리가 세 개 달려 있는 냄비는 꺼져가는 불 너머로 투영된다. 할머니는 볼을 부풀려, 철로 된 관 안으로 바람을 불어넣어 꺼져가는 불씨를 살린다. 돼지를 먹이기 위한 여물과 한 가족을 위한 요리, 모든 것이 동시에 만들어진다. 재 밑에서는 나의 신선한 달걀이 익어간다. 내가 어른처럼 대견스러운 행동을 한 날에는 와플파이가 이곳에서 구워진다. 와플파이를 굽기 위한 네모난 틀은 글라디올리스 꽃처럼 빨갛게 타오르는 가시 모양의 불길을 뭉갠다. 그리고, 고프르와 와플은 곧바로 나의 점퍼스커트에 놓여졌다. 입에 넣기보다는 손으로 쥐는 것이 더 좋았다. 그렇다. 나는 불을 먹고 있었던 것이다. 그 황금빛, 그 향기, 더욱이 내 입 안에서 구워진 고프르가 바삭바삭하고 부서지는 소리마저 먹고 있었던 것이다.

디저트와 같은 특별한 기쁨을 통해서, 사람들은 불을 느낄 수 있다. 불은 음식에만 국한되는 것만이 아니다. 불에 의해서 바삭바삭한 과자가 만들어진다. 불은 그리들 케이크를 황금색으로 구어 사람들의 축제를 물질화시킨다. 시대를 돌이켜보아도, 미식의 가치는 영양의 가치를 언제나 앞서 왔다. 즉, 사람들이 이러한 정신을 발견한 것은 행복한 때였지 불행한 때이지는 않았다. 불필요한 정복은 필요한 정복보다 우리에게 훌륭한 정서적 흥분을 부여한다. 인류는 욕망의 창조물이지 필요의 창조물은 아닌 것이다.

하지만, 벽난로 옆에서의 몽상은 철학적인 축을 가지고 있다. 불은 그것을 관찰하는 사람에게 있어서 갑작스러운 변화와 성장의 한 예이며, 또한 우발적인 생성의 한 예이기도 하다. 흐르는 물보다 덜 단조로우며, 덜 추상적이고, 나아가 매일 가까운 덤불에서 보이는 어린 새보다 더욱 빨리 성장한다. 불은 변화에 대한 욕망, 시간의 빠른 흐름에 대한 욕망, 삶의 마지막 순간 그리고 내세에 닿고자 하는 욕망을 보여준다. 이러한 상황에서 몽상은 진정으로 황홀하며 극적으로 변하며 인간의 운명을 확장시킨다. 그리고, 몽상은 작은 것과 큰 것, 난로와 화산, 그리고 하나의 작은 통나무의 생명과 모든 세상의 생명을 연결한다. 황홀해진 사람은 장작더미의 부름을 받으며, 그에게 있어 소멸은 변화 이상의 것, 즉 재생과도 같다.

사랑, 죽음 그리고 불은 동시에 통합된다. 불꽃 속에서의 하루살이의 희생을 통해서, 우리는 영원에 대한 교훈을 얻을 수 있다. 발자국을 남기지 않는 이와 같은 모든 죽음은, 모두가 세상의 저편을 향해 떠나기 시작했다는 것을 보장하는 것이다. 모든 것을 얻기 위해 모든 것을 버린다. 불이 가르쳐 주는 교훈은 명료하다. '기술을 통해서, 사랑을 통해서 또는 폭력을 통해서 모든 것을 손에 얻은 후에는, 반드시 모든 것을 포기하고 자신을 소멸시켜야 한다'는 것이다.[Bachelard 1964]

불의 필요성에 대한 더욱 실제적인 예는 케네디Robert Wood Kennedy의 「주택 그리고 주택 디자인의 예술The House and the Art of Its Design」에 인용되어 있는 필드 부인Mrs. Field의 글이다.

아이들이 주로 실내에서 노는 겨울철에는 4시 또는 4시가 조금 지나면 아이들은 종종 자신들의 놀이방에서 노는 것이 지루한 나머지 약간은 난폭해지고 신경질적이 된다. 그러면, 거실의 벽난로에 불을 피우기 시작한다. 그리고 아이들을 벽난로 근처로 불러 모아 불을 지켜보도록 한다. 불이 없었다면 아이들은 다시 다투기 시작해서 방은 아수라장이 되어 있을 것이다. 아이들은 이글거리는 불꽃이 있는 벽난로에서 진정되고 작은 관심거리에도 쉽게 빠져든다. 아이들은 불 속의 무언가를 바라보고, 아이들 중 누군가가 모든 아이들의 관심을 끄는 이야기를 시작하면 모두 조용해져서 나는 저녁식사 준비를 할 여유가 생긴다. 불은 좋은 분위기로 이끌 수 있는 최면력을 가지고 있다는 것은 확실하다.

물론, 우리는 지구상의 여러 장소에서 나무와 석탄에 의한 불이 생태적으로 부적절하다고 하는 사실에 직면하지 않으면 안 된다. 나무와 석탄은 공기를 오염시키고 난방효율도 좋지 않다. 또한, 목재자원을 고갈시킨다. 만약 집에서 불을 사용하는 습관을 유지하고 싶다면, 목재연료를 보완할 수 있는 방법을 찾아내어야 할 것이다. 예를 들어, 가정이나 커뮤니티 전체에서 나오는 가연성의 쓰레기, 즉 종이류, 의류, 비염화 플라스틱, 목재조각, 톱밥 등을 이용하는 습관을 들일 수 있다. 간단히 말해서, 난로를 이용함으로써 얻을 수 있는 정서적인 안락함을 원한다면, 벽난로를 종합적으로 이용하는 방법을 배워야 한다. 즉, 근린에서 그대로 버려지는 재료들을 연로로 이용하는 방법이다. 쓰레기를 '통나무' 형태로 단단하게 압축하기 위해서 집에서 사용할 수 있는 간단한 수동압축기를 상상할 수 있는데, 그렇다면 불은 더욱 가치 있는 존재가 될 것이다.

이제 우리가 어떠한 형태의 벽난로(이 벽난로는 실제로 불이 보이는 매우 간단한 형태일 것이다)를 소유하고 있다고 가정해 보자. 벽난로를 어디에 놓아야 할까? 이 때 고려해야 할 요소로 다음의 네 가지가 있다.

1. 벽난로는 주택의 공용 공간에 위치해야만 한다. 타오르는 난로는 공용 공간에 사람을 끌어 들이고 대화의 장을 형성하는 데 기여할 수 있을 것이다.

2. 그렇지만, 난로는 방을 지나치는 사람과 인접한 방에 있는 사람, 특히 부엌에 있는 사람이 볼 수 있는 위치에 있어야 한다. 불은 사람을 끌어들이는 힘을 가지고 있으며, 가족이 한자리에 모이도록 유도한다. 불은 사람이 지나칠 때 보이는 장소에 배치되어 있는 것이 매우 효과적이다. 난로가 사람을 맞이하는 시간대는 가족이 저녁식사를 위해 모일 때이며, 이때 부엌과 난로 사이는 사람들의 활동이 균형 있게 이루어질 것이다.

3. 불 앞으로는 사람들이 앉을 수 있는 충분한 공간이 마련되어 있어야 하며, 이 공간은 문 또는 인접한 방 사이의 통행에 방해가 되지 않아야 한다.

4. 그리고 난로에 불이 타오르지 않더라도 이 공간은 생기 있는 장소여야 한다. 난로 주변에 무언가(창, 활동, 조망)가 있는 경우가 아니라면, 불이 타오르지 않는 난로는 재와 어둠으로 가득 차기 때문에, 아무도 그곳에 앉으려 하지 않는다. 그러므로, 난로 주위로 원을 그려 의자들을 배치해서 불이 타오르든 타오르지 않든 난로 주변을 생기 있는 장소로 만들어야 한다.[Kennedy 1953]

낮 시간 때의 시점

그러므로,

공용 공간 아마도 부엌에 벽난로를 배치해서, 사람들이 자연스럽게 대화하고 사색에 잠기며 꿈을 꿀 수 있도록 한다. 사람들이 모이는 공간이나 인접한 방에서도 난로가 언뜻 보일 수 있도록 위치를 조정한다. 그리고, 난로에 불이 꺼져 있을 때에도 창문이나 초점이 될 만한 것을 배치해서, 공간이 생기를 유지할 수 있도록 한다.

다른 방에서 보임

❖　　❖　　❖

연료를 구하기 힘들거나 난방용으로 사용하기에 힘든 구식 개방형 난로라 할지라도, 쓰레기, 종이, 나무 부스러기, 판지 등을 태울 수 있고, 좋은 냄새가 나는 통나무 형태의 연료로 바꿀 수 있는 방법을 찾도록 한다. 가정에서 압축기에 의해 만들어진 통나무 형태의 연료에는 자연 수지가 포함되어 있을 것이다. **퇴비**(178)로 이용될 수 없는 건조한 유기물은 태우도록 한다. 그렇다면, 가정에서 사용하는 모든 잔여물은 퇴비나 연료처럼 유용하게 사용할 수 있을 것이다. 실제로 난로의 재는 퇴비로 사용할 수 있다. 난로 주위로 의자를 둥글게 배치한다 - **좌석의 원형배치**(185). 경우에 따라 의자가 있는 장소에 **창가**(180)가 포함되도록 한다 ----…

182. 식사 분위기
EATING ATMOSPHERE

···- 식사를 함께하는 것이 인간 집단에서 유대감을 유지하는 데 얼마나 중요한지 이미 알아 보았다 - 함께하는 식사(147). 또한, 함께하는 식사가 부엌의 일부분으로서 어떻게 자리해야 하는지 몇 가지 생각을 제시하였다 - 농가의 부엌(139). 이번 패턴에서는 식사 분위기에 대한 몇 가지 세부사항을 설명한다.

◆ ◆ ◆

사람들이 함께 식사를 할 때는 서로 마음을 나누는 경우도 있는 반면에 그렇지 못한 경우도 있다. 그리고, 사람들이 식사를 할 때 느긋하고 편안하며 다른 사람들과 함께 한다는 느낌을 주는 방이 있는 반면에, 빨리 식사를 마치고 다른 곳으로 옮겨 휴식을 취하고 싶은 생각이 들게 하는 방도 있다.

무엇보다도 식탁을 비추는 조명과 주위의 벽면을 비추는 조명의 강도가 같다면, 조명은 사람들을 함께 묶는데 어떤 역할도 할 수 없다. 서로의 기분 또한 하나가 될 수 없을 것이다. 이는 어떤 특별한 모임이라는 느낌을 거의 느낄 수 없기 때문이다. 하지만, 부드러운 빛의 조명을 테이블 위로 낮게 배치하고 주위의 벽을 어둡게 한다면, 테이블의 빛은 사람들의 얼굴을 비추고 같이 앉아 있는 모든 사람들 사이의 초점이 되어서 식사는 특별함과 유대감 그리고 교감이 이뤄질 것이다.

그러므로,

식사 공간의 중심부에 가족 모두와 한 집단의 사람들이 이용할 수 있도록, 충분히 크고 무게감 있는 테이블을 배치한다. 빛이 집중하도록 테이블 위로는 조명을 배치한다. 그리고, 테이블의 주위를 벽이나 비교적으로 어두운 것으로 둘러싸도록 한다. 공간은 충분히 넓게 만들어서 의자를 뒤로 빼어도 편하게 앉을 수 있도록 하며, 식사에 필요한 물품을 위한 선반이나 카운터를 손이 닿는 곳에 배치한다.

중심부의 조명

◆　◆　◆

조금 더 자세한 내용은 **빛의 집중**(252)에서 논의하도록 한다. 저녁에는 따뜻하고 어둡고 편안한 장소가 되도록 적당한 색을 고르도록 한다 - **따뜻한 색**(250). 몇 개의 푹신한 의자를 두도록 한다 - **다양한 의자**(251). 또는, 벽에 기댈 수 있도록 큰 쿠션과 함께 **붙박이 의자**(202)를 설치한다. 수납 공간은 **개방된 선반**(200), **허리 높이의 선반**(201)을 참고하도록 한다 ━·······

183. 둘러싸인 작업 공간**

WORKSPACE ENCLOSURE

···· 이 패턴은 사람들이 효율적으로 작업을 할 수 있는 분위기를 형성하는 데 매우 중요한 역할을 한다. 이 패턴은 유연한 사무 공간(146), 반 사적인 사무실(152), 가정 내 작업장(157) 같은 작업 공간에 관련한 상위 패턴의 점진적인 형성에도 이용할 수 있다. 물론, 이미 상위 패턴들이 모두 디자인에 적용되었다면, 상위 패턴들의 완성에도 기여할 것이다. 가족의 공용 공간에 있는 알코브에 있어서도 - 알코브(179), 가족의 공용 공간을 직접 둘러싸고 있는 알코브를 이 패턴에 따라서 배치하고 형태를 만든다면, 작업 공간을 더욱 작업에 적합한 공간으로 만들 수 있을 것이다.

◆　　◆　　◆

작업 공간이 너무 둘러싸여 있거나 너무 노출되어 있다면, 능률적으로 일하기가 매우 힘들다. 좋은 작업 공간은 균형을 이루고 있는 공간이다.

대부분의 사무실에서 사람들은 완전히 둘러싸여 있어 강한 고립감을 느끼거나, 오피스 랜드스케이프형 배치에 의해 완전히 개방되어 있기 때문에 너무 노출되어 있다고 느낀다. 사람들은 이 두 극단적인 공간의 어디에서도 제대로 일을 할 수가 없다. 문제는 이 둘 중에서 적절한 균형을 잡는 것이다.

적절한 균형을 잡기 위해서 우리는 간단한 실험을 실시하였다. 먼저, 둘러싸인 작업 공간에 대해서 인간의 감정에 영향을 준다고 생각되는 13가지의 환경적 변수에 대해 정의하였다.

13가지의 변수는 다음과 같다.

1. 바로 뒤에 존재하는 벽의 유무
2. 바로 옆에 존재하는 벽의 유무
3. 전면에 존재하는 오픈스페이스의 크기
4. 작업 공간의 면적
5. 작업 공간이 둘러싸인 정도
6. 외부 공간으로의 조망
7. 가장 가까운 곳에 있는 사람과의 거리
8. 작업 공간에서 의식하는 사람의 수
9. 소음의 정도와 유형
10. 전면에 존재하는 사람의 유무
11. 자신이 앉을 수 있는 장소의 수
12. 작업 공간에서 볼 수 있는 사람의 수
13. 목소리를 높이지 않아도 대화할 수 있는 사람의 수

다음으로, 13가지의 변수와 작업 공간의 쾌적성과 관계하는 13개의 가설을 공식화하였다. 가설은 다음과 같다. 우리는 사무실에서 일한 경험이 있는 17명의 남녀를 대상으로 인터뷰를 실시하였다. 인터뷰에서 우리는 먼저 지금까지의 자신의 사무실 근무 경험 중, 작업 환경이 가장 좋았던 작업 공간과 가장 나빴던 작업 공간에 관하여 질문하였다. 그리고, 작업 공간이 어떠한 형태였는지 스케치를 부탁하였다. 다음으로, 작업 공간에 관해서 위의 13가지의 변수가 최선과 최악 중 어떤지 평가를 부탁하였다. 예를 들어, 어떤 사람이 그린 스케치를 가리켜, "이 벽이 얼마나 떨어져 있었습니까?"라고 묻고 평가를 부탁하는 식이었다. 17개의 최선과 최악의 작업 공간에 대한 변수 값은 다음의 표와 같다.

표의 열 제목(세로 항목):

1. 작업 공간 뒤의 벽의 존재
2. 작업 공간에서 측면의 벽의 존재
3. 8피트 이하의 전면 벽의 존재
4. 작업 공간의 면적
5. 둘러싸임
6. 외부로의 조망
7. 음향적 프라이버시
8. 인식할 수 있는 사람 수
9. 관여하게 다른 소음으로 인한 방해
10. 다른 사람의 시선
11. 작업 중에 볼 수 있는 조망의 수
12. 시선에 들어오는 사람 수
13. 대화를 나눌 수 있는 사람 수

질문 번호	1 B	1 W	2 B	2 W	3 B	3 W	4 B	4 W	5 B	5 W	6 B	6 W	7 B	7 W	8 B	8 W	9 B	9 W	10 B	10 W	11 B	11 W	12 B	12 W	13 B	13 W
토니	Y	N	Y	N	Y	N	35	20	50	37	Y	N	-	-	2	1	Y	Y	Y	N	1	1	2	1	2	1
아이린	Y	N	Y	N	Y	N	135	35	60	0	Y	N	Y	N	3	4	N	Y	N	N	3	2	2	2	0	1
에피	Y	N	Y	N	Y	Y	150	35	86	25	Y	Y	Y	N	4	5	N	Y	N	N	2	2	0	5	0	3
페기	Y	N	Y	N	N	N	90	36	50	2	Y	N	Y	N	8	16	N	Y	Y	N	4	2	8	16	0	1
론	Y	N	Y	Y	Y	Y	63	22	57	44	Y	N	Y	N	8	1	N	Y	N	N	2	1	4	1	3	1
조안	Y	N	Y	N	N	N	120	20	50	0	Y	N	Y	N	3	9	N	N	N	Y	2	1	3	9	3	2
레슬리	Y	N	N	N	N	N	50	20	25	0	Y	Y	Y	Y	10	0	N	Y	N	N	3	1	9	0	7	0
버지니아	Y	N	Y	N	N	N	80	20	50	25	Y	N	Y	N	3	50	N	Y	N	N	2	1	3	8	1	4
프란	N	N	Y	N	N	Y	100	50	55	50	Y	N	N	N	2	2	N	Y	N	N	1	4	1	2	1	1
덴탈	N	N	N	Y	Y	Y	20	20	25	50	Y	N	N	N	4	150	N	N	N	N	1	1	4	2	4	1
필리스	Y	Y	Y	Y	N	N	70	150	50	0	Y	Y	Y	Y	3	1	Y	Y	N	N	3	3	0	15	0	1
이나	Y	Y	Y	Y	N	N	20	20	37	25	Y	N	Y	Y	3	1	Y	Y	N	N	2	2	0	2	0	0
메리	Y	N	Y	Y	N	N	400	20	75	25	Y	N	Y	N	21	2	Y	N	N	Y	2	2	1	1	0	1
프레드	N	Y	Y	Y	N	N	200	100	37	43	Y	Y	Y	N	1	5	N	Y	N	N	1	1	15	1	1	3
제리	N	N	Y	N	N	N	20	40	25	31	N	Y	N	Y	3	3	N	Y	N	N	2	1	3	2	2	2
게리	N	N	Y	Y	Y	N	50	64	50	25	Y	N	N	Y	2	60	N	N	N	N	2	1	2	60	2	1
라일	Y	Y	Y	Y	N	Y	100	112	75	95	Y	Y	Y	N	20	16	Y	Y	N	N	1	1	20	2	0	0

* 최선(B), 최악(W)

각 가설에 대한 변수값

이 표를 기초로 하여, 우리는 카이-스퀘어 테스트chi-square test*를 통해, 각 가설의 확률적 유의성을 산출하였다. 9개의 가설이 이 카이-스퀘어 테스트를 통해 검증되었고, 나머지 4개는 그렇지 못했다.

이제 9개의 '유의significant' 가설들을 하나씩 조심스럽게 보충하며 설명하도록 하겠다.

1. 자신의 뒤에 벽이 존재하는 경우, 작업 공간은 조금 더 편하게 느껴진다. (만약, 자신의 뒤가 노출되어 있다면, 누가 자신을 보고 있거나 다가오는 것을 알기 힘들기 때문에 무언가 취약함을 느낀다.) 이 데이터의 유의성은 1%이다.

2. 한쪽 측면에 벽이 있다면, 작업 공간은 더욱 편안하게 느껴진다. (만약, 자신의 작업 공간이 앞쪽과 양 옆으로 개방되어 있다면, 자신이 너무 노출되어 있음을 느낀다. 이는 자신의 주위 180도에 걸쳐 일어나는 모든 일을

흐릿하게 감지할 수는 있으나, 이를 더욱 실질적으로 느끼기 위해서는 항상 고개를 돌려 상황을 파악해야 하는 위치이기 때문일 것이다. 만약, 한쪽에 벽이 존재한다면, 오직 90도 범위에만 신경을 쓰면 되기 때문에 조금 더 안전함을 느낀다.) 이 데이터의 유의성은 5%이다.

3. 벽은 자신의 전면에 적어도 8피트약 2.4m 떨어진 곳에 위치해야 한다. (업무 중 때때로 자신의 책상에서 눈을 떼고 먼 곳에 초점을 맞추어 눈의 피로를 풀어야 한다. 만약, 8피트 이내에 벽이 존재한다면, 눈의 피로를 풀기란 매우 힘들 것이고 둘러싸여 있다는 느낌을 너무 강하게 받는다.) 이 데이터의 유의성은 5%이다.

4. 자신이 하루의 대부분을 보내는 작업 공간의 크기는 적어도 60제곱피트약 5.6㎡ 이상이어야 한다. (만약, 작업 공간이 60제곱피트 이내라면 협소하게 느껴지기 때문에, 폐쇄공포증을 유발할 수도 있을 것이다.) 이 데이터의 유의성은 5%이다.

5. 각 작업 공간은 벽이나 창문으로 50~75% 정도 둘러싸여 있어야 한다. (창문은 벽보다 감싸는 느낌을 반정도로 감소시키기 때문에, 작업 공간의 반 정도를 벽으로 그리고 나머지 반 정도를 창문으로 할 경우 둘러싸임의 정도는 75%이다. 또한, 전체 작업 공간의 높이 중 밑의 반 정도를 벽으로 둘러싸고 위의 반을 개방할 경우 둘러싸임의 정도는 50%가 된다고 할 수 있다.) 이 데이터의 유의성은 1%이다.

6. 모든 작업 공간은 외부로의 조망을 가져야 한다. (만약, 작업 공간에서 외부로 조망을 할 수 없다면, 넓은 작업 공간이라고 할지라도 폐쇄감과 압박감을 느낄 것이다. 생활을 내려다보는 창(192)을 참고한다.) 이 데이터의 유의성은 0.1%이다.

7. 자신의 작업 공간은 타인의 작업 공간에서 적어도 8피트 떨어져야 한다. (타인이 자신의 대화나 전화내용 하나하나를 엿들을 수 없도록 자신의 업무 공간이 약간 떨어져 있는 것이 좋다. 피터슨과 그로스의 『소음측정 핸드북』에 따르면, 사무실에서의 평균적인 소음은 45데시벨이다.[Peterson 1967] 소음이 45데시벨 정도의 사무 공간에서 8피트 이내에 다른 사람이 존재한다면, 사실상 자신이 싫어도 타인의 대화를 엿들을 수밖에 없다. 이 데이터의 유의성은 5%이다.

8. 자신이 일하고 있는 동안 적어도 다른 두 사람의 존재를 의식할 수 없

다면, 편안한 작업 공간이라고 할 수 없다. 다른 한편으로, 8명 이상의 존재를 의식하는 것 또한 편안한 사무 공간이라고 할 수 없다. (8명 이상을 의식한다면 조직 내에서 자신의 존재감이 작다고 느끼기 때문에, 기계의 한 부품에 지나지 않는다는 느낌을 불러일으킬 수 있다. 이는 다른 사람들에게 너무 노출되어 있기 때문이다. 다른 한편으로, 다른 사람의 존재를 의식할 수 없다면, 고립감을 느끼게 되고 누구도 자신이나 자기가 하는 일에 대해 신경 쓰지 않는다고 생각할 수 있다. 이 경우, 그 개인은 너무 폐쇄적이다.) 이 데이터의 유의성은 5%이다.

9. 자신의 작업 공간에서 발생하는 소음과 판이하게 다른 소음이 들려서는 안 된다. (자신의 작업 공간은 그곳에서 발생하는 소음과는 다른 외부의 소음을 충분히 차단해 주어야 한다. 다른 사람들이 자신과 같은 작업을 할 때, 자신의 업무에 조금 더 집중할 수 있다는 증거가 있다.) 이 데이터의 유의성은 5%이다.

나머지 4개의 가설은 우리가 실행한 실험에서 통계적으로 유의미한 결과가 나오지 않았으며, 나머지 가설은 다음과 같다.

10. 자기의 정면에 다른 사람의 작업 공간이 없어야 한다.

11. 작업 공간에서 여러 방향을 면하고 앉을 수 있어야 한다.

12. 자신의 작업 공간에서 적어도 두 명의 다른 작업자를 볼 수 있어야 하며, 4명이 넘어서는 안 된다.

13. 자신의 작업 공간에서 바로 대화할 수 있을 정도로, 적어도 한 명의 다른 작업자가 가까이 존재해야 한다.

그러므로,

각 작업 공간이 최소한 60제곱피트^{약 5.6㎡} 이상이 되도록 한다. 각 작업 공간의 주위는 벽과 창문의 전체 면적(창문은 1/2로 계산한다)이 전체를 벽으로 둘러쌀 경우의 50~75%가 되도록 한다. 작업 공간의 전면은 항상 8피트^{약 2.4m} 이상 개방해서, 더 큰 공간으로 연결되도록 한다. 작업자의 정면이나 측면 어딘가에 조망을 할 수 있도록 책상을 배치한다. 만약, 다른 작업자가 근처에 존재하는 경우, 2~3명의 다른 작업자와 연대감을 형성할 수 있도록 둘러싸인 정도를 조절한다. 하지만, 서로 시선이나 목소리가 닿는 범위에는 절대 8개 이상의 작업 공간을 배치하지 않도록 한다.

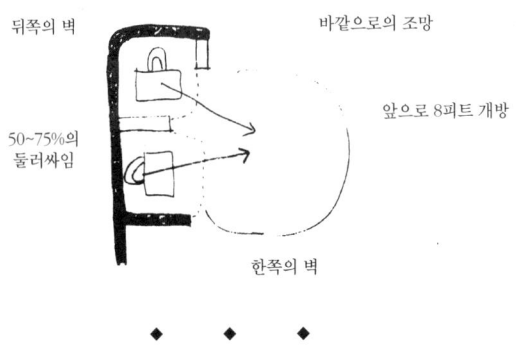

뒤쪽의 벽

바깥으로의 조망

앞으로 8피트 개방

50~75%의
둘러싸임

한쪽의 벽

◆　　◆　　◆

　조망을 위해서 각 작업 공간에는 외부와 면하는 창문을 계획하도록 한다 -
생활을 내려다보는 창(192). 선반이나 수납장이 있는 두꺼운 벽으로 공간을
둘러싸도록 한다 - **반쯤 개방된 벽**(193), **두꺼운 벽**(197), **개방된 선반**(200),
허리 높이의 선반(201). 작업테이블 위에 백열등을 설치해서, 작업 공간이
돋보이도록 한다 - **빛의 집중**(252). 그리고 작업 공간 옆에 앉을 수 있는 장
소를 만들어서 하루 종일 자연스럽게 대화와 일이 균형을 유지하도록 한다.
- **좌석의 원형 배치**(185). 작업 공간의 형태에 관한 세부사항은 실내 공간의
형태(191)를 참고하도록 한다 ---…

184. 부엌의 배치*

COOKING LAYOUT

···· 농가의 부엌(139) 또는 다른 어떠한 부엌이라 할지라도, 부엌은 잡지에 흔히 나오는 붙박이식 조리대나 화려한 색상으로 장식된 조리 공간이 아니라 음식을 준비하기 위한 하나의 작업 공간이 되도록 만들어져야 한다. 실제적으로 일하기 좋은 부엌의 특징은 대부분 가스레인지, 음식, 조리대의 배치에서 결정된다.

◆　◆　◆

부엌의 조리대가 너무 길거나 너무 짧으면 요리는 불편해진다.

원룸형 부엌이란 부엌 내에서의 이동거리를 줄이는 최적의 배치라는 개념에 기초한 작고 콤팩트한 부엌인데, 전혀 이름값을 하지 못한다. 콤팩트한 배치는 이동거리를 줄이기는 하지만, 보통 조리대 공간이 충분하지 않다. 한 가족의 저녁을 준비하는 것은 매우 복잡한 작업이다. 여러 가지 일이 한 번에 이루어져야 하고, 이는 다른 작업을 위한 공간이 동시에 요구된다는 것을 의미한다. 만약, 조리대가 충분히 넓지 않다면, 재료와 조리기구들은 다음의 단계를 위해 그때그때 옮겨지거나 세척되어야 한다. 그렇지 않으면, 이들이 서로 뒤섞여서 딱 이용해야 할 순간에 다시 찾아야 하는 수고를 감수해야만 한다. 한편, 조리대가 너무 길거나 넓어도 재료나 조리기구 간의 거리가 너무 멀어져 그때그때 이동해야 하기 때문에, 조리는 비효율적이 된다.

대다수 부엌의 작업 공간이 충분하지 않다는 이 개념의 실증적인 근거는 일리노이 대학교의 소형주택 위원회Small Homes Council의 자료에 의한다. 위원회는 100건 이상의 주택의 부엌 작업 공간 중 67%가 매우 협소하다는 것을 발견하였다. 하지만, 부엌이 너무 넓다고 불평하는 사람이 단 한 사람도 없었다.

「자작 주택The Owner Built Home」에서 컨Ken Kern은 조리 공간 디자인에서 중요한 개념은 부엌의 조리 중심지에 수납 공간과 작업장을 제공하는 것이다라고 언급하였다. 컨은 코넬 대학교에서의 연구를 통해서, 싱크대, 가스레인지, 냉장고, 조리대 그리고 서빙 공간을 주요 조리중심지라고 하였다.[Kern 1961]

이와 더불어 조리중심지를 위한 수납 공간을 제공하기 위해서는 싱크대와 건조대 그리고 가스레인지 공간을 제외하고, 약 12~15피트약 3.6~4.5m의 조리 공간이 필요하다.[Beyer 1952]

주요 조리중심지 사이의 거리에 관해서는 실증적인 근거가 부족하며 견해도 다양하다. 하지만, 우리가 상정하는 일반적인 법칙에 따르자면, 모든 조리중심지 사이의 거리는 3~4걸음 또는 10피트약 3m 이상 떨어져 있어서는 안 된다는 것이다.

실제로 기능하는 부엌: 크지만, 훌륭하다.

그러므로,

　너무 작은 부엌과 너무 넓은 부엌 사이에서 균형을 잡기 위해서 가스레인지, 싱크대, 음식 수납장, 조리대를 다음과 같은 방법으로 배치한다.

　1. 4개의 요소 중 어떤 2개의 요소 사이의 거리가 10피트^{약 3m} 이상 떨어지지 않도록 한다.

　2. 조리대의 총 길이는 싱크대, 가스레인지, 냉장고를 제외하고 최소한 12피트^{약 3.6m}가 되도록 한다.

　3. 조리대 한 변의 길이는 4피트^{약 1.2m} 이하가 되어서는 안 된다.

　대부분의 현대식 부엌처럼 조리대를 연속적으로 만들거나, 완전히 붙박이식으로 만들 필요는 없다. 즉, 조리대를 독립된 테이블이나 카운터톱 형태로 구성할 수도 있다. 오직 위에서 언급한 세 가지의 기능적 관계만이 중요하다.

조리대 12피트

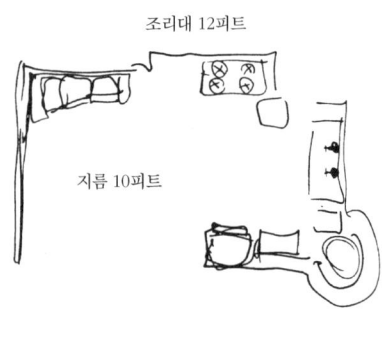

지름 10피트

◆　　◆　　◆

가장 중요한 작업 공간은 햇볕이 잘 드는 곳에 두도록 한다 - **양지바른 부엌 조리대**(199). 모든 주방기구, 접시, 냄비 그리고 잘 부패하지 않는 음식은 벽면 수납장에 잘 보이도록 그리고 편히 이용할 수 있도록 보관한다 - **두꺼운 벽**(197), **개방된 선반**(200) ----…

185. 좌석의 원형 배치*

SITTING CIRCLE

···· 휴식 공간의 시퀀스(142)에 따르면, 오피스빌딩 또는 주택이나 작업장 전체에 다양한 휴식 공간이 있을 것이다. 어떤 공간은 형식적이고, 어떤 공간은 비형식적이며, 어떤 공간은 크고, 어떤 공간은 작다. 그리고, 이 공간은 부분적으로는 친밀도의 변화(127)에 따라 배치된다. 이번 패턴은 휴식 공간의 실제적이고 물리적인 배치에 대해서 다룬다. 물론, 이 패턴은 휴식 공간의 시퀀스를 점차적으로 형성하는 데 도움이 되도록 이용할 수 있다.

◆　　◆　　◆

의자들, 한 세트의 소파와 의자, 한 무더기의 쿠션은 모든 사람의 일상생활

에 있어서 가장 평범한 것이다. 하지만, 이것들이 제대로 기능하여 사람들에게 그 안에서 활기와 생기를 갖게 하는 것은 매우 힘든 일이다. 대부분의 좌석 배치는 개성이 부족하여 사람들이 찾지 않기에 그곳에서는 아무런 일도 일어나지 않는다. 반면, 어떠한 배치는 그 주변에 사람들을 불러모아 에너지를 집중시키고 자유롭게 한다. 이 차이는 무엇일까?

가장 중요한 것은 아마도 의자의 위치일 것이다. 좌석의 원형 배치는 본질적으로 중심부의 공용 공간(129)과 같은 위치에 있어야 한다. 하지만, 단지 작은 규모라고 할 수 있다. 즉, 좌석의 원형 배치에는 명확히 정의된 영역이 있고, 통로는 그곳을 가로지르지 않고 주변을 둘러간다. 사람들이 자연스럽게 지나치다 멈춰 의자의 등받이에 기대어 이야기를 나누며, 의자에 앉아 자리를 바꾸며 다시 일어서는 것이다. 이러한 특징은 매우 중요하다. 그 이유는 중심부의 공용 공간(129)에서 설명한 것과 정확히 일치한다. 하지만, 단지 규모가 다를 뿐이다.

둘째, 대체로 둥근 형태이다. 사람들이 앉아 함께 대화할 때는 대체로 둥근 형태를 그리며 모여 앉는다. 미드Margaret Mead는 이에 대한 실증적 근거를 제시하였다.[Mead 1967] 다른 형태가 아닌 둥근 원형이 되어야 하는 한 가지 이유로는, 사람들이 앉을 때는 다른 사람의 옆으로 앉기보다는 약간 비스듬히 앉기를 선호하는 경향에서 찾을 수 있다.[Sommer 1959]

둥근 원형에서는 바로 옆의 사람도 약간 각도가 틀어져 있다. 이는 첫 번째 이유와 함께, 대체로 둥근 형태가 최적임을 나타낸다고 할 수 있다. 하지만, 단지 의자를 원형으로 배치하는 것만으로는 충분하지 않다. 이는 실제적으로 건축물이 (기둥, 벽, 벽난로, 창) 대체적으로 원형인 공간을 부분적으로 포함하고 정의할 때에만, 의자가 원형으로 배치될 수 있다. 특히, 벽난로는 의자를 둥글게 배치하는 중심이 될 수 있고, 다른 것들도 이와 같은 효과를 낼 수 있다.

셋째, 우리의 관찰에 의하면 의자의 배치는 너무 형식적이지 않고 조금 더 느슨해야 한다. 비교적 다양한 소파와 쿠션, 의자가 자유롭게 옮겨질 수 있는 느슨한 배치는 둥근 형태가 제 기능을 발휘할 수 있도록 한다. 의자의 위치를 조금 바꾸거나 각도를 조금 틀어주는 것으로는 족하다. 한 개 또는 두 개 정도의 의자가 여분으로 있다면 더욱 좋다. 이는 집단에 활기를 줄 것이다. 사람들은 일어나 주위를 걷다가, 다시 다른 의자에 앉을 것이다.

그러므로,

휴식 공간은 사람들의 통로나 동선을 가로지르지 않는 장소에 배치해서, 그 공간 자체가 통로와 활동으로 둘러싸인 원형(너무 동그랗지 않은 원)을 형성하는 데 도움이 되도록 한다. 그렇다면, 사람들은 앉고 싶을 때 의자 쪽으로 자연스럽게 이끌릴 것이다. 의자와 쿠션을 원형으로 느슨하게 배치하고, 몇 개의 여분을 마련한다.

동선에서 떨어뜨린다.

여분의 의자

대체로 둥근 형태

느슨하고 산만한 배열

◆　◆　◆

원형을 이루도록 벽난로와 기둥 그리고 반쯤 개방된 벽을 이용한다 - 불(181), 실내 공간의 형태(191), 반쯤 개방된 벽(193). 하지만, 너무 형식적이거나 너무 둘러싸이지 않도록 한다 - 중심부의 공용 공간(129), 휴식 공간의 시퀀스(142). 다양한 의자(251)를 이용하여 큰 의자, 작은 의자, 쿠션 그리고 여분의 의자가 너무 완벽하게 배치되지 않도록 약간 뒤섞는다. 좌석의 둘레를 빛의 집중(252)을 이용하여 부각시키고, 경우에 따라서는 창가(180)를 이용하도록 한다 --…

186. 공동 침실

COMMUNAL SLEEPING

···· 지금까지 수면 공간은 다음의 패턴들에 의해 정의되었다 - 부부의 영역 (136), 아이들의 영역(137), 동쪽을 향한 침실(138), 침실 클러스터(143). 이제 남은 것은 침실 자체를 형성하는 조금 더 실제적인 세부사항이다 - 부부 침대(187), 침대 알코브(188). 하지만, 이와 같은 패턴들을 고려하기 전에 침대의 정확한 위치에 영향을 주는 조금 더 일반적인 패턴에 대해 고려해야 한다.

◆　◆　◆

전통적이고 원시적인 대다수 문화권의 수면은 오늘날 서구와는 달리 성적인 함축이 제외된 공동 생활의 한 형태이다. 우리는 수면은 중요한 사회적 기능을 지니고 있다고 생각한다. 이는 기본적인 역할로서 식사를 함께 하는 것처럼 인간에게 있어서 필연적인 것이다.

예를 들어, 건기의 인도의 마을에서 남자들은 해가 질 무렵 자신들의 침대를 건물 구내에 밀어 넣고 서로 담배를 피우거나 이야기를 나누며 잠을 청한다. 이는 인도의 사회생활에 있어서 중요한 부분을 형성한다. 서구의 경우, 캠프파이어가 이와 비슷하다고 할 수 있을 것이다. (캠핑에 대한 애정은 이와 같은 욕구가 여전하다는 것을 말해준다.) 공동활동으로서의 수면은 단지 어린이만이 아닌 어른들에게도 해당되는 건강한 사회생활의 필수적인 부분일 수 있다. 이와 같은 필요성을 수면의 프라이버시라는 분명한 요소 그리고 성적 요소들과 조화롭게 연결할 수 있을까?

물론, 부부가 아침과 밤에 단둘이 잠들고 함께 일어난다는 것은 매우 아름다운 일이다. 하지만, 가족 규모 정도의 사람들과 가끔 함께 잠을 자는 상황 또한 가능하다고 생각한다.

특히, 친구들이 서로 멀리 떨어져 사는 대도시에서는 특별한 활동의 하나로서 지인들과 함께 자는 것을 생각할 수 있다. 우리는 얼마나 이러한 경험을 해보았는가? 우리는 밤에 친구와 만나서 밖에서 놀다가, 결국에는 친구의 집에서 마시고, 이야기하고, 장작불을 쬐곤 한다. 하지만, 결국에는 밤이 늦으면 모두 떠나야 한다. 친구들은 가끔씩 "너무 늦었으니 자고 가는 건 어때?"라고 말을 건넨다. 하지만, 이는 매우 드문 경우이다. 우리들은 제의를 거절을 하고 피곤한 몸으로 그리고 반쯤 취한 상태로 '내 침대'로 향한다.

이와 같은 상황에서 공동 수면은 특히 의미가 있어 보인다. 즉, 공동 수면은 멀리 떨어져 사는 우리의 친구들과 사회적 친밀도를 깊게 만드는 데 기여할 것이기 때문이다.

그러나, 수면 환경이 이를 뒷받침해야 한다. 그렇지 않으면, 우리는 결코 주저함을 극복할 수 없기 때문이다. 사람들이 이러한 밤을 보내는 것은 쉽지 않다. 왜냐하면, 손님을 위한 침대를 준비해야 하거나, 모포나 소파에서 잠을 자야 하기 때문이다. 늦은 밤 한두 그룹으로 나뉘어 집 안의 주요 수면 공간에 있는 알코브나 매트리스에서 사람들이 잠이 들려면 수면 공간은 어떤 공간이 되어야 하는가?

실용적인 관점에서, 알코브를 대신하는 두 장소가 있을 수 있다.

1. 그 누구의 개인 공간도 아닌 공용 공간을 생각할 수 있다. 그곳은 저녁을 먹기 위해서 모인 사람들이 밤 늦게까지 함께 하고, 벽난로의 불이 꺼져가면 사람들이 더 가까이 모여서 잠이 드는 장소이다. 또한, 아이들과 부모가 특별한 밤에는 함께 자는 장소이다. 이는 매우 간단한데, 큰 매트리스와 몇 개의 이불을 준비하면 된다.

2. 두 번째는 조금 더 정성을 들인 방법이다. 가족형 주택의 부부 영역은 침실로 사용될 수 있는 일반적인 크기보다 조금 더 큰 한두 개의 알코브나 창가 의자를 만드는 것이다. 예를 들어, 폭이 넓어서 충분히 누울 수 있는 붙박이 의자에 얇은 매트리스를 깔면 침대가 된다. 이처럼 몇 개의 장소를 꾸미면 부부의 침실은 하나의 공동 침실이 될 수 있다.

어떠한 경우라도, 매트리스와 이불을 준비하는 것 정도로 간단히 준비할 수 있어야 한다. 만약, 특별한 침대를 만들어야 하고 방을 재배치해야 한다면, 함께 잠자기 불편할 것이다. 그리고, 손님의 침대를 놓은 공간은 수면용으로 이용되지 않을 때에도 다른 사람에 의해서 이용되는 살아있는 공간이어야 한다. 즉, 두 가지 기능을 가지고 있어야 한다. 예를 들면, 요람이나 의자 또는 옷을 두는 기능 등을 겸할 수 있을 것이다 - 알코브(179), 창가(180), 드레스룸(189).

이 패턴은 처음에는 매우 이상해 보일 수도 있지만, 우리의 타이피스트는 이 패턴을 읽고 매혹되어, 주말에 가족과 함께 시도해 보기로 결정하였다. 그들은 거실에 커다란 매트리스를 깔고 함께 잠을 청했으며, 다음날 아침 함께 일어나 어린 아들의 신문배달을 돕고 아침을 같이 먹었다. "아직도 그들이 그렇게 하고 있어요?" "아니요, 2주 후에 그들은 체포되었어요."

농담은 잠시 제쳐두고,

아이들의 일상적인 수면 습관에 대한 대안으로서, 아이들과 어른이 같은 공간에서 서로 바라보며 서로의 소리를 들으며 잠을 잘 수 있도록 수면 공간을 배치한다.

이는 벽난로 근처의 공용 공간이 될 수 있을 것이다. 이 곳은 모든 가족 구성원과 손님이 함께 잠을 잘 수 있는 곳이다. 그리고, 한 알코브에는 매트리스 하나와 몇 개의 이불을 놓는다. 또한, 부부의 영역을 확장하여 밤을 지내는 손님들을 위한 침대 알코브를 만들 수도 있을 것이다.

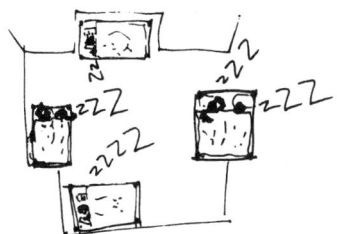

다른 침대가 보이고 소리가 들리는 침대

❖　❖　❖

경우에 따라 알코브(179), 부부 침대(187), 그리고 침대 알코브(188), 드레스룸(189)을 계획한다. 만약, 침대 알코브가 하나의 클러스터 안에 있다면, 어린 아이들은 저절로 이 패턴을 가지게 되는 것이다 - **침대 클러스터(143)** ....

187. 부부 침대

MARRIAGE BED

···· 부부의 영역(136)은 가정 내에서의 부부의 사적인 생활의 중요성을 강조한다. 당연한 애기지만 부부의 영역에서는 침대의 성격과 위치가 가장 중요하다.

◆　　◆　　◆

침대는 부부 공동생활의 중심이다. 침대는 부부가 함께 눕고, 이야기하고 사랑을 나누며, 잠을 자고 때로는 아픈 서로를 돌보며, 늦잠을 자기도 하는 장소이다. 그러나, 침대와 침실은 종종 이러한 의미를 강조하도록 만들어지지 않기에 이러한 경험을 하기 힘들다.

침실에는 넓은 침대와 특별한 장식용 침대보와 프레임, 물침대, 부드러운 조명 그리고 나이트 테이블 위에는 다양한 장식들이 놓여 있기는 하다. 하지만, 간단히 말해서 이들은 부가적인 것에 지나지 않으며 친밀감과 사랑을 성숙하게 하지는 않는다.

부부 침대를 형성하는 데는 세 가지의 더욱 기본적인 요소가 필요하다.

1. 침대를 둘러싼 요소에 의해 침대 공간은 형성된다. 침대 위 천장의 모습도 그렇지만 벽과 창문도 침대를 감싸고 있다. 그리고, 벽과 창은 침대를 고려하여 계획되어야 한다. 이에 대해서는 **침대 알코브(188)**를 참고한다.

2. 침대라는 것은 주저 없이 덜컥 사면되는 가구가 아니라, 부부가 함께 시간을 갖고 만들어가는 잠자리라는 생각이 매우 중요하다. 두 사람이 함께 어려운 시간을 이겨내고, 자신들의 경험을 나눌 수 있어야 잠자리로서 침대가 갖는 제대로 된 느낌을 가질 수 있을 것이다.

3. 침대와 주변 공간에 무언가를 더하는 방법을 여러 해를 거쳐 찾는다면 개성적이고 독특한 성격을 가질 것이다. 예를 들어, 조각되고 칠해지고 또다시 칠해지는 침대 머리판 또는 교환하거나 수를 놓을 수 있는 천 재질의 천장.

부부생활에서의 중심요소로서의 침대의 중요성은 호메로스의 한 구절에서 알 수 있다. 오디세우스는 20년간의 방랑과 고난을 거쳐 집에 이르고, 오디세우스의 부인 페네로페는 그를 알아보지 못한다. 너무 많은 사기꾼들이 있었으며, 오디세우스가 너무 오랫동안 떠나 있었기 때문이다. 오디세우스는 페네로페에게 자신을 믿어 달라고 애원하였다. 하지만, 그녀는 확신할 수 없었다. 오디세우스가 낙담한 채 그녀를 돌아섰을 때 페네로페는 말하였다.

"당신은 이상한 사람이군요. 난 오만하지도 당신을 경멸하지도 않습니다. 그리고 기분이 상하지도 않았습니다. 하지만, 이타카에서 출항할 때 당신이 어땠는지 잘 기억하고 있습니다. 유리클레이아여 이리로 와서 당신이 만든 침대를 방 밖에 놓아보고, 모포와 이불을 깔아보세요."

이는 남편을 시험해 보기 위한 것이었다. 하지만, 그는 매우 화가 났다.

"부인, 그 말은 내 마음에 상처를 주는구려. 누가 내 침대를 옮긴단 말이요. 신이 돕지 않는다면 제아무리 뛰어난 기술자라 할지라도 못할 것이요. 신이라면 할 수 있겠지만, 인간이라면 그 침대를 들어올리지 못한단 말이오. 그런 사람은 세상에 없소. 침대에는 비밀이 숨겨 있지. 침대는 내가 만들었기 때문에, 아무도 그 비밀을 모른다오. 단단하고 어린 올리브 나무가 있었는데, 잎이 무성하고 아주 잘 자라서 밑둥의 둘레가 기둥만했소. 이 나무 주위에 돌을 쌓아서 신방을 만들었지. 그 모든 일은 내가 했소. 돌을 쌓고, 그 위에 좋은 지붕을 덮었지. 그리고, 문을 잘라서 제자리에 끼웠소. 다음으로 올리브 나무의 가지를 쳐내고, 뿌리 위에서 나무 밑둥을 자른 후, 손도끼로 조심스럽게 다듬고 반듯하게 침대 기둥을 만들었고 구멍을 뚫었지. 그리고 기둥에 금과 은 그리고 상아를 입히고 보랏빛으로 물들여진 가죽으로 기둥들을 단단히 매듭을 지었지. 나는 내 비밀을 모두 말하였소. 부인, 나는 모르겠소. 침대가 아직 그 자리에 있는지, 아니면 누군가가 올리브나무의 밑둥을 잘라버리고 침대를 치워버렸는지."

오디세우스가 비밀을 말하자, 그녀는 더 이상 견딜 수 없었다. 그녀는 울음을 터뜨리며 그에게 곧바로 달려가서 오디세우스의 목을 껴안고 머리에 입을 맞추었다.

"제발 화내지 마세요. 당신은 예전부터 가장 이해력이 많으신 분이셨잖아요. 우리가 평생 함께하는 것을 시기한 나머지 신이 우리에게 고통을 주신 것이죠. 화내지도 상처받지도 마세요. 당신을 봤을 때 나는 당신을 환영할 수가 없었답니다. 왜냐하면 거짓말로 저를 속일까 봐 항상 걱정하고 있었거든요. 많은 사기꾼들이 저를 찾아왔지만, 당신께서는 우리 침대의 비밀을 저에게 말씀하셨답니다."[Rouse]

이에 대해 역자는 다음과 같은 주석을 달았다. "이는 파란만장한 이야기 중에서 오디세우스가 충동적으로 이야기하는 첫 번째 장면이다. 오디세우스는 모든 것을 준비하였지만, 이런 기대하지 않은 작은 것이 그의 마음을 열었던 것이다."

솔직히 이야기하자면 우리는 이 패턴이 제대로 기능을 할지 확신할 수 없다. 하지만, 한편으로는 목가적일 만큼 아름답고 의미 있는 아이디어라고 생각한다. 우리 주위에서 흔한 찬 바람 부는 결혼생활의 현실, 즉 파경과 다툼 속에서 이러한 것을 기대하기란 꽤 힘들어 보인다. 하지만, 우리는 모두에게 오블로모프Oblomov의 꿈처럼 현실의 결혼생활을 다룰 것을 권한다. 현실보다 더욱 현실적인 그림이나 이상적이거나 완벽한 주변 환경에 대한 불가능한 꿈, 이들은 우리 현실에서의 혼란스러운 일상을 조금 더 의미 있게 할지 모른다. 하지만, 이는 단지 그들을 사실로서 받아들이지 않을 때뿐이다.

그러므로,

814

부부의 인생에 있어서 적당한 시기에 자신들만의 특별한 침대를 만드는 것은 중요하다. 이는 부부의 삶에 있어서의 가장 친밀한 중심과도 같다. 낮은 천장 또는 캐노피*로 약간 둘러싸며, 침실도 침대와 맞는 형태가 되도록 한다. 아마도 침대 주위로 창이 많이 있는 작은 방일수도 있을 것이다. 오랜 세월에 걸쳐 조각되고 색이 칠해진 침대 머리판이 있는 사주식 침대처럼 독자적인 형태를 갖도록 한다.

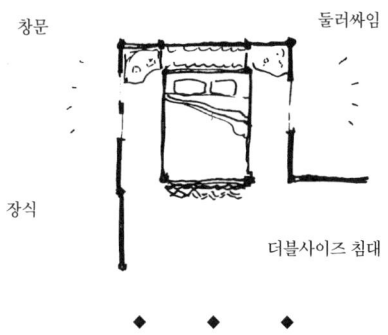

창문   둘러싸임

장식

더블사이즈 침대

◆ ◆ ◆

침대 근처에는 두 개의 드레스룸이나 알코브를 만들도록 한다 - 드레스룸(189). 침대 주위에 대한 더욱 세부적인 사항에 관해서는 침대 알코브(188)를 참고하도록 한다. 침대 위는 낮은 천장 - 다양한 천장고(190), 그리고 침대 주위에는 특별한 장식을 두도록 한다 - 장식(249). 침대 주위 공간의 세부적인 형태는 실내 공간의 형태(191)을 참고하도록 한다 -…

188. 침대 알코브**

BED ALCOVE

···- 침대 알코브는 침대 클러스터(143), 공동 침실(186), 부부 침대(187)의 형성에 도움이 된다. 아이들에게 알코브는 자신의 방(141)처럼 기능한다. 그렇다면, 아무리 작은 주택이라고 할지라도 그리고 어른뿐만이 아니라 아이들에게도 자신만의 작은 공간을 갖게 되는 것이다.

◆　　◆　　◆

침실은 무의미하다.

침대 주위의 값비싼 공간은 침대로 접근할 때를 제외하고는 좋은 점이 없다. 옷 입기, 작업 그리고 침실 구석에 쌓여져 있어 불편하기만 한 개인 소유물의 보관 등은 사실상 전용 공간이 필요하다. 침대 주변의 남겨진 공간은 이러한 기능과 전혀 어울리지 않는다.

각 가족의 어린이가 공용의 놀이 공간에 자신만의 개방된 침대 알코브를 소유하는 것에 대해서는 **침실 클러스터**(143)에서 이미 논의하였다. 이는 커뮤니티와 프라이버시 사이의 균형에 기초한다. 여기에서는 클러스터에서의 침대뿐만 아니라 독립적인 침대도 침실이 아닌 알코브에 있는 것이 가족 구성원 모두를 위해서 좋다는 관점에서 논의해 보도록 하자. 여기에는 두 가지 이유가 있다.

첫째로, 침실에 있는 침대는 주위를 어색하고 불편하게 한다. 옷 갈아입기, 일, 티비 보기, 앉기 등은 침대 주위의 공간에서 행하기에는 다소 이질적인 행동들이다. 우리는 침대 주변의 공간을 침실의 요구에 맞도록 조정하는데 사람들이 어려움을 겪는다는 것을 발견하였다.

둘째로, 침대는 침대에 맞게 조정된 공간에 있을 때 더욱 안락해 보인다. 사람들에게 이 패턴을 이용하여 자신의 집을 설계하도록 한 우리의 디자인 실험에서 발견한 것은, 사람들은 침대를 구석과 같은 일종의 둘러싸인 공간에 배치하려는 강한 욕구가 있다는 것이었다. 이 특별한 하나의 패턴이 사람들의 마음을 움직인다는 것은 확실하다.

침대가 적당한 자리에 배치된다면, 침실의 나머지 공간은 휴식 공간, 놀이 공간, 옷을 입는 공간 그리고 수납 공간에 따라서 자유롭게 만들어질 것이다.

좋은 침대 알코브를 만들기 위한 조건에는 무엇이 있을까?

큰 공간. 침대 알코브는 작게 만들면 안 된다. 침대를 안으로 들이거나 뺄 때 그리고 침대를 정리할 때 편해야 한다. 만약, 알코브가 어린이를 위한 **자신의 방**(141)으로 기능할 경우, 알코브는 한쪽 벽이 없는 작은 방이어야 한다.

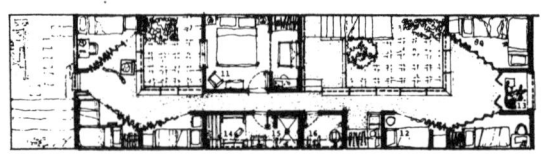

우리가 계획한 6개의 침대 알코브가 있는 페루의 주택

통풍. 침대 알코브에는 신선한 공기가 필요하다. 조절 가능한 환기구가 적어도 하나쯤 있어야 한다. 창이 있다면 더할 나위 없다.

프라이버시. 사람들은 알코브 안으로 들어가서 개인적인 시간을 보내기를 원할 것이다. 알코브의 개구부에는 커튼이나 둘러쌀 수 있는 다른 무언가가 필요하다.

천장. **다양한 천장고**(190)에서 논의한 사항에 따르면, 한두 명을 위한 친밀한 사회적 공간으로서의 침대의 천장은 방의 천장고보다 다소 낮아야 한다.

가족실을 향해 열려 있는 침대 알코브

그러므로,

빈 방에 일인용 침대를 배치하는 방식으로 침실을 계획하지 마라. 대신에 개별적인 침대 알코브를 만들어 수면 이외의 다른 기능도 할 수 있도록 계획한다. 그러면, 침대 자체가 하나의 작은 개인적 안식처가 될 것이다.

만약, 300~400제곱피트^{약 28~37m²}보다 작은 집을 짓는다면(아마도 점차적으로 늘려나갈 생각을 가지고 있을 것이다), 이 패턴은 매우 중요한 법칙으로서 작용할 것이다. 이 경우, 가족실을 향해 열려 있는 알코브를 만드는 것이 최선이라고 할 수 있다.

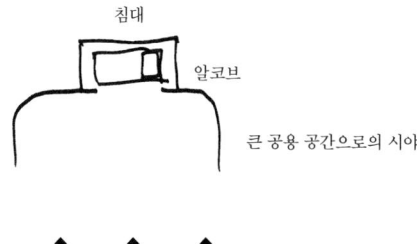

침대

알코브

큰 공용 공간으로의 시야

◆　　◆　　◆

　천장을 낮게 한다 - **다양한 천장고**(190). 알코브 주위로 약간의 수납 공간을 계획한다 - **두꺼운 벽**(197), **개방된 선반**(200). 그리고, 적당한 곳에 창을 계획한다 - **자연스런 문과 창**(221). **반쯤 개방된 벽**(193)은 알코브가 제대로 둘러싸이도록 하는 데 도움이 될 것이다. 공간에 여유가 거의 없는 경우에는, 침대 알코브와 드레스룸(189)이 합쳐진 형태가 되도록 한다. 마지막으로, 알코브가 아무리 작더라도 실내 공간과 같은 성격을 지니도록 한다 - **실내 공간의 형태**(191) --…

189. 드레스룸*

DRESSING ROOMS

···· 침대가 적당한 자리에 배치되면 - 부부 침대(187), 침대 알코브(188) - 드레스룸의 상세부에 대해서 주의를 기울일 수 있다. 여기에서 드레스룸은 옷을 보관하는 옷장과 옷을 갈아 입는 공간 모두를 의미한다. 또한, 드레스룸은 욕실(144)을 형성하는 데 도움이 될 것이다.

◆　　　◆　　　◆

옷을 입고, 벗고, 보관하고, 주변에 두는 것이 무언가 복잡한 행위의 일부분이어야 할 이유는 없다. 그러나, 실제로 이들은 너무 독자적인 행위이기에, 다른 행위들을 방해하지 않도록 독립된 공간으로서 따로 계획되어야 한다.

침대 알코브(188)에서 논의하였듯이 침실의 개념은 침대 주위의 낭비되는 공간의 문제로 이어진다. 이 패턴은 현실적인 형태에서의 '침실'이 주택의 본질적인 독립체가 될 수 없다는 주장을 더욱 뒷받침한다.

논점은 다음과 같다.

1. 주위에 널려있는 옷은 지저분해 보인다. 또한, 매우 큰 공간을 점유한다. 때문에, 옷을 보관하기 위한 독립적인 공간이 필요하다. 드레스룸은 한 명 또는 부부가 공유하는 공간이 될 수 있다. 중요한 것은 옷을 두고 갈아 입기 편안한 잘 구성된 작은 공간이어야 한다는 것이다. 이 공간이 제공되지 않는다면, 침실 전체가 드레스룸이 되기 쉽다. 또한, 하나의 방으로서의 완결성을 파괴할 것이다. 즉, 편안하게 머무르는 방보다 '깔끔함'을 유지해야 하는 하나의 거대한 옷장이 되고 만다.

2. 사람들은 옷을 갈아 입을 때, 함께 살고 있는 비교적 친숙한 사람들과 있을 때조차도, 개인적인 장소를 필요로 한다. 라커룸에서조차 사람들은 다른 사람들로부터 반쯤 돌려 옷을 갈아입는 경우가 많다. 이는 옷을 갈아입는 공간이 상대적으로 개인적인 공간이어야 한다는 사실을 뒷받침한다. 대기실이나 내실의 고풍스런 스탠딩 스크린은 이러한 식으로 이용되었다. 즉, 좀 더 개인적인 드레스룸을 만드는 것이다.

3. 옷을 갈아 입는 시간, 즉 이러한 행위는 일과에 있어 매우 자연스런 것이며, 하루의 시작을 생각하거나 일과를 끝내고 잘 준비를 하는 순간이다. 만약, 이러한 행위에 대한 전통적인 특징을 깊이 생각한다면, 드레스룸이 이러한 행위를 뒷받침할 수 있도록 만들어져야 한다는 것이 매우 분명해 보일 것이다. 이러한 장소는 예를 들면, 아름다운 자연광이 드는 장소일 수 있다. 즉, 다른 방처럼 디자인에 대해서 숙고할 필요가 있는 것이다. 이에 대해서는 **각 실의 두 면 채광(159)을 참고한다.**

4. 드레스룸은 팔을 뻗고 몸을 돌리기에 충분히 넓어야 한다. 즉, 6~7피트 ^{약 1.8~2.1m} 정도의 공간을 의미한다. 또한, 6피트의 옷을 거는 공간과 6피트의 개방된 선반 그리고 개인용 서랍이 몇 개 정도 필요하다. 이 수치는 대략적

인 것이므로 자신의 옷장과 선반을 고려하여 정말 필요로 하는 요소가 무엇인지 검토해 볼 필요가 있다.

그러므로,

개인용이나 공용의 형태로, 가족 모두에게 침대와 욕실 사이에 드레스룸을 제공한다. 그리고, 그 안에서의 행위에 알맞게 적어도 직경 약 6피트의 빈 공간과 옷을 걸어둘 수 있는 6피트의 기다란 공간, 그리고 6피트의 개방된 선반과 두세 개의 서랍 그리고 거울을 배치한다.

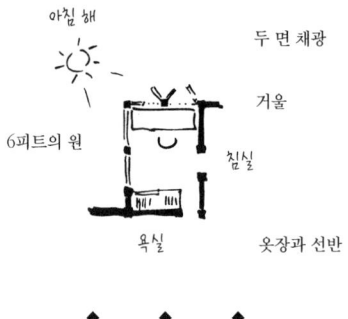

드레스룸은 충분한 자연채광을 얻을 수 있도록 배치한다 - 각 실의 두 면 채광(159). 그리고, 벽을 형성하는 데에는 두꺼운 벽(197), 방 사이의 벽장(198), 개방된 선반(200)을 이용한다. 가장자리에는 넓은 폭의 선반을 설치한다 - 허리 높이의 선반(201). 방의 세부적인 형태에 대해서는 실내 공간의 형태(191)를 참고한다 ⋯

방과 알코브의 형태와 크기를 정확하고 세밀하게 조정하여,
시공이 가능하도록 한다.

190. 다양한 천장고**

CEILING HEIGHT VARIETY

RÖMER   LÖWENSTEIN   FRAUENSTEIN

····- 이 패턴은 방의 형태를 구성하는 데 도움이 된다. 그렇기 때문에, 이번 패턴은 방, 아케이드, 발코니, 옥외실, 보조적인 방을 정의하는 모든 패턴들의 완성에 기여한다(간단히 말하자면, 이 패턴 앞의 약 100개의 패턴들이 이에 해당한다). 만약, 실제 대지를 걸으며 이 공간에 대해서 생각해왔다면, 모든 공간을 머릿속에 3차원적으로 그릴 수 있을 것이다. 단순한 면적의 문제가 아니라 계획 시 공간 볼륨의 형태가 어떨지 말이다. 이제, 천장을 정의하는 이번 패턴과 각 방의 정확한 형태를 정의하는 패턴 그리고 남아 있는 패턴들을 이용하여, 우리는 건물을 3차원 개념으로 채워나갈 것이다.

◆ ◆ ◆

천장고가 모두 같은 건물은 사실상 사람을 편안하게 할 수 없다.

어느 정도 낮은 천장은 친밀감에 도움이 되고, 높은 천장은 격식을 주는 데 도움이 된다. 천장고를 서로 다르게 할 수 있었던 예전의 건물에서 이는 매우 당연한 것이었다. 하지만, 규격화된 부재에 지배되는 현대 건물에서 각 방의 천장고를 달리하는 것은 매우 어렵다. 이로 인해 건물의 천장고가 다양해야 한다는 사실은 점차 잊혀지고 있다. 더구나 사람들은 이러한 상태를 방치하고 있는데, 이는 천장고를 다양하게 함으로써 느낄 수 있는 중요한 심리학적 이유를 잊었기 때문이다.

우리는 다양한 천장고의 중요성을 설명하기 위해 수년에 걸쳐 세 가지의 이론을 제시하였다. 우리는 여기에서도 진보적인 세 가지 이론을 제시할 것이다. 이 세 가지 이론은 다양한 천장고를 균형 있는 관점에서 바라볼 수 있게 하며, 자신에게 가장 적합한 패턴으로 만들어내는 데 도움이 될 것이다.

첫 번째 이론. 천장고는 방의 길이와 너비에 연관되어야 한다. 왜냐하면 이는 비율의 문제로, 사람들은 방의 비율에 따라 안락함과 그렇지 않음을 느끼기 때문이다.

지금까지 방의 '좋은 비율'에 관한 법칙을 찾기 위한 수많은 노력이 있어 왔다. 예를 들어, 팔라디오Palladio는 비율의 3원칙을 정의하였다. 비율의 3원칙 모두가 천장고는 방의 길이와 너비 사이에 있어야 한다고 지적하고 있다.

일본의 전통 건축에서 이러한 개념은 경험적인 법칙으로 다루어진다. 방의 천장고는 6피트 3인치약 188cm + (3.7 × 방의 다다미 수)인치로 계산한다. 이는 바닥면적과 천장고 사이의 직접적인 관계를 형성한다. 매우 작은 방(3개의 다다미)의 천장고는 7피트 2인치약 215cm이다. 큰 방(다다미 12개)의 천장고는 9피트 11인치약 297cm이다.[Engle 1964]

이러한 방법은 명확해 보이기는 하나, 모든 경우에 적용할 수 있는 기하학적 이론이라고 할 수는 없다. 특히, 별장이나 일반적이지 않은 주택에는 천장이 극단적으로 낮은 방이 많은데, 비록 팔라디오의 이론이나 일본의 경험적인 법칙이 무시되었지만 이 방들은 매우 안락하다.

두번째 이론. 천장고는 실내에 있는 사람들 사이의 사회적 거리에 관계한다. 그러므로, 천장고는 상대적인 친밀함와 친밀하지 않음에 직접적으로 관여한다.

이 이론은 비율이 나쁜 방이 무엇이 잘못되었는가를 분명히 한다. 그리고, 여러 공간들의 적당한 높이를 설정하는데 기능적인 기초가 되는 출발점을 제공한다. 문제는 적당한 사회적 거리에 좌우된다. 사람들 사이에는 여러 가지 사회적 상황들에 따라 적절하거나 적절하지 않은 거리가 있다는 사실은 잘 알려져 있다.[Hall 1959][Sommer 1962]

방의 천장고는 두 가지 의미에서 사회적 거리와 관계하고 있다.

A. 방의 천장고는 음원으로부터 듣는 사람까지의 가현거리apparent distance*에 영향을 미친다. 낮은 천장에서 음원은 실제보다 가까이 느껴지고, 높은 천장에서는 실제보다 멀리 느껴진다.

사람들(목소리, 발자국, 바스락거리는 소리 등) 간의 거리 인식에 있어서 소리는 중요한 단서이기 때문에, 이는 천장고가 사람들 사이의 가현거리를 변화시킨다는 것을 의미한다. 즉, 높은 천장에서 사람들은 실제보다 멀리 있는 것처럼 느껴진다.

이 효과를 근거로 하면 친밀한 상황은 매우 낮은 천장을, 덜 친밀한 상황은 조금 높은 천장을, 형식적인 장소는 높은 천장을 그리고 가장 공공적인 장소에서는 가장 높은 천장을 필요로 한다고 할 수 있다. 예를 들자면, 더블침대 위의 캐노피, 벽난로 옆의 낮은 천장, 격식 있는 접수 공간과 그랜드센트럴역의 높은 천장 등이다.

B. 3차원상의 '비누방울'에 비유해 보도록 하자. 각 사회적 상황에는 행위에 필요한 특정한 물리적인 거리가 존재한다. 우리는 이와 같은 물리적인 거리를 상황을 감싸는 일종의 막이나 비누방울로 생각할 수 있다. 비누방울은 3차원상에 존재하기 때문에 높이를 가지고 있다. 그리고, 높이와 직경이 같다. 그렇다면, 안락함을 위한 천장고는 방안에서의 행위에 필요한 물리적 거리와 같아야 한다. 그랜드센트럴역의 사람들은 서로 모르는 사이이기 때문에, 적절한 사회적 거리는 약 100피트약 30m 정도이다. 이는 천장이 왜 그렇게 높아야 하는지를 설명해 준다. 또한, 사회적 거리가 5~6피트약 1.5~1.8m 이하인 친근한 구석 공간이나 더블침대의 천장고가 왜 그렇게 낮은지도 설명해 준다.

세 번째 이론. 비록 앞의 두 이론이 가치 있는 관점을 포함하고는 있지만, 최소한 약간의 오류는 있다. 두 이론은 절대적인 천장고가 중요한 기능적 효과를 가지고 있다고 가정하기 때문이다. 사실 절대적인 천장고는 앞서 제시한 두 이론에서 기대하는 것만큼 중요하지는 않다.

예를 들어, 이글루에서 가장 친밀한 방은 천장고가 5피트^약 1.5m도 되지 않는다. 하지만, 매우 더운 기후에서는 9피트^약 2.7m 정도이다. 이는 방의 절대적인 천장고는 기후나 문화 같은 다른 요인들에 의해서도 좌우된다는 것을 확실히 보여준다. 이는 주어진 사회적 상황이 어떠하더라도 방의 높이나 크기를 절대적으로 규정한 어떠한 이론도 정확할 수 없다는 것이다. 그렇다면, 왜 천장고는 다양한 것일까? 천장고의 다양함이 가지는 기능적인 효과는 무엇인가?

결과적으로, 우리는 방의 절대적인 높이가 아니라, 다양성 자체가 중요하다는 결론에 이르렀다. 건물 내에 천장고가 다양한 방이 존재하고, 그 높이가 사회적 관계에 영향을 준다면(앞서 설명한 이유로 인하여), 천장고가 변함으로써 자신이 원하는 친밀성의 정도에 따라서 천장이 낮은 방에서 높은 방으로 또는 그 반대로 이동할 수 있다. 왜냐하면, 우리 모두는 친밀성이 천장고와 관련되어 있다는 것을 알고 있기 때문이다.

이 이론에 따르면 천장고의 효과는 직접적이지 않다. 대신에, 사람과 공간 사이에 복합적 상호작용이 존재하는 것이고, 사람은 건물 내의 다른 천장고를 하나의 메시지로서 이해하고, 이에 따라 자리를 선택하는 것이다. 또한, 적절한 친밀성을 가진 장소를 선택했다는 것을 알고 안전함을 느끼는 것이다.

마지막으로, 이 패턴을 적용하는 데 몇 가지 특별한 사항에 주의해야 한다. 단층건물에서는 문제가 되지 않는다. 즉, 천장고가 자유롭게 변화할 수 있기 때문이다. 하지만, 복수층인 건물에서는 그리 간단하지 않다. 상층부 바닥의 높이는 어느 정도 균일해야 한다. 그렇게 되면, 하부의 천장고를 다양하게 하는 경우, 분명히 문제가 발생한다. 다음의 몇 가지 사항은 이러한 문제를 해결하는 데 도움이 될 것이다.

1. 천장고를 조금 낮게 하려는 곳에는 바닥과 천장 사이에 적어도 2피트^약 60cm의 깊이로 수납 공간을 만든다.

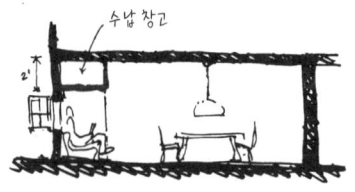

낮은 천장 위의 수납 창고

2. 두 개의 알코브를 겹쳐놓는다. 만약, 각 알코브의 천장고가 6피트 3인치
약 188cm라면, 주 천장고는 13피트약 3.6m가 되기 때문에, 공공 공간에 적합하다.

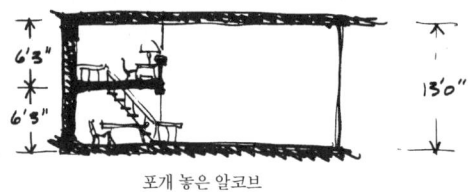

포개 놓은 알코브

3. 천장을 낮추는 대신 바닥을 높이고 계단을 둔다.

바닥을 높여 처리한다.

4. 천장고가 7피트약 2.1m 또는 7피트 6인치약 2.26m 정도인 방을 몇 개 배치하는 것은 매우 중요하다. 이러한 방은 매우 아름답다.

5. 단층건물을 제외하고 천장고가 낮은 방들은 상층부에서 그 의미를 갖는다. 실제로, 평균 천장고는 상부로 올라갈수록 점점 낮아질 것이다. 가장 큰 모임을 갖는 공적인 방은 전형적으로 지상층에 자리하고, 방이 갖는 친밀도는 지면에서 멀어질수록 점차 커질 것이다.

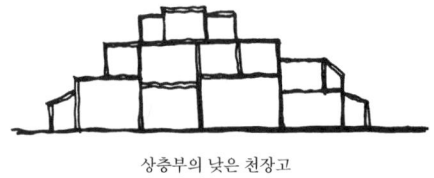

상층부의 낮은 천장고

그러므로,

건물 전반에 걸쳐 연속적으로 천장고를 다양하게 한다. 특히, 서로를 향해 개방되어 있는 방들의 천장고가 다르면, 공간이 달라도 상대적인 친밀도를 느낄 수 있을 것이다. 공공 공간 또는 큰 모임이 이루어지는 공간의 천장고는 높게 하고(10~12피트약 3~3.6m), 작은 모임이 이루어지는 공간의 천장고는 보다 낮게 한다(7~9피트약 2.1~2.7m). 그리고, 한두 사람을 위한 방 또는 알코브의 천장고는 매우 낮게 한다(6~7피트약 1.8~2.1m).

다양한 천장고의 예

◆　　◆　　◆

바닥 볼트는 약 6피트 6인치약 196cm의 높이에서 시작하여 방의 지름의 1/5만큼 증가하기 때문에, 바닥 볼트를 만든다면 거의 자동적으로 다양한 천장고가 형성될 것이다 - **바닥·천장 볼트(219)**. 한 층에서 천장고가 변하는 곳에서는 서로 다른 천장고 사이의 공간에 수납 창고를 두도록 한다 - **창고(145)**. 실내 공간의 형태(191), 사회적 공간을 따르는 구조(205)로부터 각 방들의 형태를 얻도록 한다. 지상층에서 최상층까지 천장고를 다양하게 한다. 지상층의 천장은 가장 높게, 최상층의 천장은 가장 낮게 한다 - **최종 기둥 배치(213)**의 표를 참고하도록 한다 ---…

191. 실내 공간의 형태**

THE SHAPE OF INDOOR SPACE

····-다양한 천장고(190)로부터 건물의 천장고에 대한 전체적인 개념을 알아보았다. 즉, 천장고는 캐스케이드형을 이루는데, 일반적으로 제일 큰 방이 있는 집의 중간부는 가장 높고, 작은 방들이 있는 집의 주변부는 낮다. 또한, 각 층의 천장고 또한 이처럼 변하는데, 고층부의 천장고는 저층부의 평균적인 천장고보다 낮은 경향을 보이게 된다. 이 패턴은 캐스케이드 형태 내부의 각 공간에 대해서 설명하고 더욱 명확한 형태를 제시한다.

◆　◆　◆

초현대적 건축에서 보이는 수정과도 같이 완벽한 정방형과 장방형은 인간적인 관점에서도 그리고 구조적으로도 특별한 의미가 없다. 이는 오직 생산 시스템과 수단에 사로잡힌 사람들의 융통성 없는 욕망과 환상을 표현한 것에 지나지 않는다.

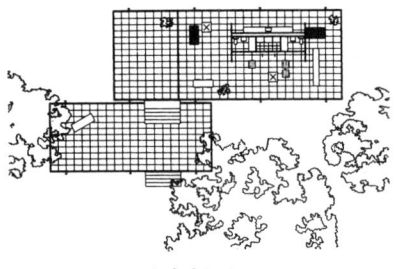

수정 같은 구조

이러한 광기로부터 벗어나기 위한 새로운 사고의 물결은 직각을 완전히 버렸다. 수많은 새로운 유기적 기술에 의해서 만들어진 방은 자궁이나 구멍 또는 동굴과도 같은 형태이다.

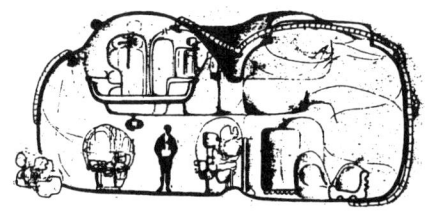

생물체 같은 방

하지만, 생물체 같은 방은 그들이 대체하려고 했던 융통성 없는 수정만큼이나 이미지와 환상에 기초한 비이성적인 것이다. 방이 인간에게 미치는 영향력을 생각해 볼 때, 위의 두 가지 형태의 중간적인 형태가 필요하다는 것을 알 수 있다. 방의 벽이 거의 반듯해야 하고, 벽과 벽의 각도 또는 여러 벽의 각도가 거의 직각이 되어야 하는 이유가 있다. 그렇지만, 벽이 완전하게 반듯하거나 직각이어야 한다는 이유 또한 없다. 벽은 변칙적이고 미완성의 거친 사각형이어야 할 필요가 있다.

논의의 핵심은 다음과 같다. 인식할 수 있고 식별될 수 있을 정도의 벽이 있는 모든 공간에서는, 벽은 양쪽을 오목하게 하기에 충분히 두꺼운 경우를 제외하고는 거의 반듯해야 한다는 것이다.

그 이유는 간단하다. 모든 벽의 양쪽 면에는 사회적 공간이 존재한다. 사회적 공간은 볼록한 형태이기 때문에, 벽은 오목하거나(따라서 볼록한 공간을 형성한다) 완벽히 평평해야 한다. 이에 대해서는 **포지티브 외부 공간**(106)을 참고한다. 하지만, 한 면이 오목한 얇은 벽이라면 반대편은 볼록할 것이므로 적어도 한쪽은 오목한 공간이 될 것이다.

두 개의 볼록한 공간을 서로 밀착시키면, 공간 사이에 곧은 벽이 형성된다.

양쪽 모두 오목하게 될 수 있는 충분히 두꺼운 벽

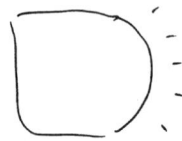

얇은 벽의 한쪽 면에 볼록한 공간을 만들어지면 다른 쪽은 곧아야 한다.

따라서 본질적으로, 양쪽 모두 오목하게 되기에 충분한 두께를 가진 벽을 제외하고는, 양쪽 면에 사회적 공간이 존재하는 벽은 반드시 곧아야 한다. 물론, 벽의 바깥쪽에 중요한 사회적 공간이 없다면 벽은 당연히 구부러질 수도 있을 것이다. 예를 들면, 출입구가 거리를 향해 돌출된 곳이나 창이 정원을 향해서 돌출된 경우이다. 하지만, 두 경우 모두 외부 공간에 피해를 주지 않는 경우이다.

바깥 공간과 잘 어우러지기 때문에, 벽이 구부러질 수 있는 장소

지금까지는 벽에 대해서 알아보았다. 대부분의 경우 벽은 반듯해야 할 것이다. 이제부터 벽과 벽의 각도에 대해서 알아보자. 예각은 사회적 완전성 때문에 적절하지 못하다. 방에 적합한 예각을 만드는 것은 힘겨운 투쟁과도 같다. 볼록함에 대한 논의에서 180도 이상의 각도를 제외하였기 때문에, 이는 공간의 모서리가 대부분의 경우 80도에서 180도 사이의 둔각이 되어야 한다는 것을 의미한다. (단지 몇 도 차이 정도로는 직각과 다름없기에 80도로 하였다.)

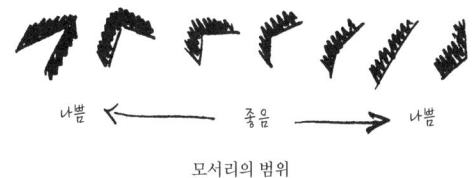

나쁨 ← 좋음 → 나쁨

모서리의 범위

그리고, 각도에 대해서 덧붙이자면, 방이 직각에 가까운 각도(80도에서 100도 사이)일수록 인근 방들끼리의 조합은 좋아진다. 이유는 단순한데, 둔각은 여러 방이 만나는 모서리에서 제대로 처리하기 힘들기 때문이다. 다음은 가장 일반적인 모서리의 형태이다.

여러 방이 인접하는 경우, 각도는 직각에 가까워야 한다.

이것이 의미하는 바는, 건물 내의 대부분의 공간들은 평면상 대체로 일직선인 벽과 둔각 모서리로 이루어진 다각형이어야 한다는 것이다. 대부분은 변칙적이고 눌려진 거친 형태의 사각형일 것이다. 실제로 대지와 평면의 세부사항을 고려한다면, 약간은 변칙적인 형태가 필연적으로 나타날 것이다. 그리고, 때때로는 구부러진 벽도 존재할 것이다. 이는 벽이 두꺼워서 양쪽이 오목하게 되기에 충분하거나, 바깥쪽에 사회적으로 중요한 공간이 없는 외벽일 경우이다.

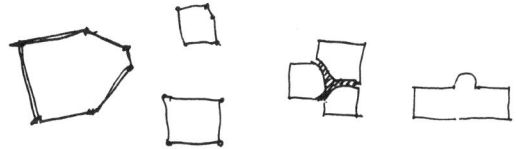

다각형, 거친 사각형, 구부러진 두꺼운 벽, 구부러진 외벽

마지막 요점. 경험을 통해서 우리는 이 패턴의 더욱 강력한 형태에 도달했다. 즉, 천장의 형태 또한 구속하는 것이다. 우리는 특히 다음과 같은 공간에서 사람들이 안락함을 느끼기 힘들 것이라고 생각한다.

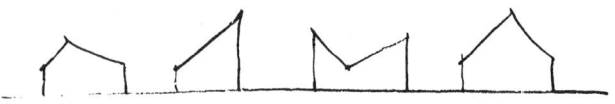

천장으로 인해 안락함을 느끼기 힘든 방

이러한 느낌이 드는 이유는 단지 추정할 수밖에 없는데, 인간은 자신을 중심축으로 동그란 비누방울 같은 공간에 둘러싸이고 싶어하는 욕망을 가진 존재라는 가정에 근거한다. 비누방울 형태의 방은 대체로 편안하다. 반면에 비누방울 형태와 판이하게 다른 형태의 방은 편안하지 않을 것이다. 아마도, 우리 주변의 공간이 비누방울 모양의 가상의 사회적 공간과 너무 큰 차이가 있다면, 우리는 우리 자신이 인간이라는 느낌을 갖지 못할 것이다.

비누방울 형태의 공간

평평한 천장, 한 방향으로 아치형인 천장, 두 방향으로 아치형인 천장은 이와 같은 특징을 가진다. 하지만, 한 방향으로 기울어진 천장은 그렇지 않다. 우리의 이러한 추측은, 엄격한 단순성이나 대칭성을 갖는 공간이 더 좋은 공간이라는 것을 의미하지 않는다. 이 추측은 단지 한 방향으로 기울어진 천장, 정점이 높은 천장, 방 안쪽으로 튀어나온 돌출, 요각의 벽 등으로 이루어진 비정상적인 공간에 반대하고 있음을 의미하는 것이다.

그러므로,

특별한 경우를 제외하고는 내부 공간이나 공간에서의 각 부분은 대체적으로 일직선의 벽, 직각에 가까운 모서리를 이용하여 거친 형태의 사각형이 되도록 한다. 그리고, 각 방의 천장은 거의 대칭인 아치형이 되도록 한다.

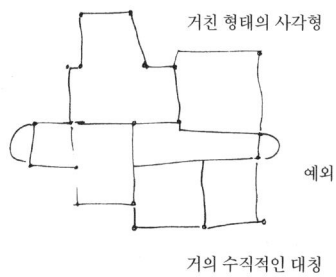

거친 형태의 사각형

예외

거의 수직적인 대칭

◆　　◆　　◆

　우리는 각 모서리에 하나씩 위치하는 기둥을 이용하여 방을 정의할 수 있다 - 모서리의 기둥(212). 천장의 형태는 천장 볼트로부터 얻어진다 - 바닥과 천장의 배치(210), 바닥·천장 볼트(219). 꼭 필요한 곳을 제외하고 구부러진 벽의 사용은 피하도록 한다 - 구조벽막(218). 돌출된 창과 같이 벽이 바깥으로 돌출된 경우는 포지티브 외부 공간(106)을 형성하는 데 기여할 수 있도록 벽을 배치한다. 방의 벽은 충분한 두께가 되도록 한다 - 두꺼운 벽(197), 방 사이의 벽장(198). 그리고, 적당한 곳에 반쯤 개방된 벽(193)을 계획한다. 하중지지 구조, 공법, 시공 등에 관한 패턴은 사회적 공간을 따르는 구조(205)에서 시작하도록 한다 - …

192. 생활을 내려다보는 창*

WINDOWS OVERLOOKING LIFE

···- 이 패턴은 이미 앞에서 제시된 방의 형태를 부여하는 패턴들을 완성하는 데 기여한다 - 각 실의 두 면 채광(159), 다양한 천장고(190), 실내 공간의 형태(191). 이와 같은 패턴들이 명확해졌을 때, 이번 패턴은 벽에 창을 조금 더 정확하게 배치하는 데 도움이 된다. 즉, 얼마나 많은 창이 있어야 하는지 그리고 창 사이의 간격과 창의 총면적이 어느 정도여야 하는가를 정의한다.

조망이 없는 방은 그곳에 머물러야 하는 사람들에게는 감옥과도 같다.

사람들이 어떤 장소에 얼마만큼 머무르건 간에 자신들이 있는 장소와는 다른 세상을 봄으로써 스스로를 재충전할 수 있어야 한다. 그리고, 다른 세상에는 재충전을 위한 독자적인 다양성과 생활이 존재해야 한다.

라포포트Amos Rapport는 캘리포니아대학교에서 창문이 없는 3개의 세미나실에 대한 묘사를 보고하였다. 국문과 교수와 학생들에게 세미나실에 대한 묘사를 부탁하였다. 어떤 특정한 느낌을 요구하지는 않았지만, 이들은 하나같이 부정적이었다. 그리고, 창문이 없다는 것, 폐쇄적이라는 것, 세상으로부터 격리된 방의 성격이 직접적으로 그리고 많이 언급되었다.

여기 두 가지 예가 있다.

5646호 교실은 수업을 듣기에 유쾌하지 않은 장소이다. 왜냐하면, 윙윙거리는 형광등, 높은 방음 천장, 개수대, 캐비닛, 파이프 등으로 세상과 격리된 빈 공간이라는 느낌이 들기 때문이다.

견고하고 폐쇄적으로 그리고 황량한 회색 벽으로 둘러싸인 크고 거의 텅 빈 창문 없는 교실은 좋고 싫다는 감정조차 느껴지지 않았다. 얼마나 갇혀 있는지조차 쉽게 잊어버릴 정도였다.[Rapoport 1967]

사무직 종사자의 장소 선택에 관한 연구를 한 웰즈Brain Wells는 피실험자의 81%가 창문의 옆자리를 선호한다는 것을 밝혀냈다.[Wells 1965-1] 많은 피실험자들은 선택 이유로 '조망'보다는 '빛'에 더 많은 점수를 주었다. 하지만, 같은 보고서 내의 다른 실험에서 창으로부터 멀리 떨어진 곳을 선택한 피실험자는 자연광이 인공광에 비해서 너무 밝다고 생각한다는 것이 증명되었다. 이는 자연광 이외에 다른 이유가 있기 때문에 사람들이 창문 근처에 앉기를 원한다는 것을 시사한다. 조망이 중요한 요소일 것이라는 우리의 추측은, 자연광은 들어오지만 조망을 할 수 없는 광정light well•의 경우, 사람들에게 인기가 없었다는 사실에 의해서 더욱 설득력을 얻는다.

그리고, 마커스Thomas Markus는 사무직 종사자들은 의미 있는 도시 생활이나 자연 등을 조망할 수 있는 창은 선호하지만, 넓은 장소는 볼 수 있더라도, 재미나 의미가 없는 조망은 선호하지 않는다는 사실을 분명히 보여주는 증거를 제시하였다.[Markus 1967]

그렇다면, 사람들은 창문을 통해서 자신들이 머무르고 있는 환경과 다른 세계를 바라봐야 할 필요성이 있다고 가정해 보자. 이제 우리는 실내의 창문 면적에 대한 매우 대략적인 수치를 제시하고자 한다. 필요한 창문의 면적은 기후, 위도 그리고 건물 외부의 반사면 등에 의해 정해진다. 비록 지역에 따라 다르겠지만, 어느 한 지역에서의 바닥/창 비율은 거의 동일하다고 생각해도 될 것이다.

그러므로, 자신이 거주하고 있는 도시를 둘러보고 빛이 들어오는 정도가 정말로 좋다고 생각되는 방을 약 6개 정도 선택할 것을 제안한다. 그 방의 창문 면적을 재어 보고, 바닥/창 비율을 산출하여 평균치를 구한다.

버클리와 캘리포니아에서 찾은 수치는 대략 25%이거나 때때로는 50% 정도였다(바닥 면적 100제곱피트약 9.3㎡당 창문 면적 25~50제곱피트약 2.3~4.6㎡). 하지만, 이 비율은 각 지역에 따라서 매우 크게 변할 것이다.(라밧, 팀부토, 남극대륙, 북노르웨이, 이탈리아, 브라질의 정글을 생각해보자.)

그러므로,

각 방에는 창문 면적의 합계가 그 지방의 수치에 근접하도록 창문을 배치한다.(샌프란시스코만의 경우, 바닥 면적의 25% 또는 그 이상이다.) 그리고, 창문은 생활(거리의 활동, 조용한 정원, 실내 공간과는 다른 어떤 광경)이 보이는 최적의 위치에 자리하도록 한다.

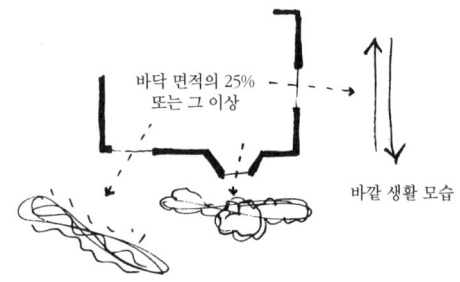

바닥 면적의 25% 또는 그 이상

바깥 생활 모습

◆　　◆　　◆

　창문을 만들 때 창문의 위치를 정확히 조정하도록 한다 - **자연스러운 문과 창**(221). 창문을 작게 나누어서 **작은 창유리**(239)가 되도록 한다. 각 창문의 조망을 향상시키기 위해 **낮은 창턱**(222)을, 그리고 내부 공간에 부드러운 빛이 들도록 **깊은 창틀**(223)을 이용한다 **-**…

193. 반쯤 개방된 벽*

HALF-OPEN WALL

···- 실내 공간의 형태(191)는 방과 부속적인 방의 형태를 정의한다. 이번 패턴에서는 방과 방 사이의 벽에 관한 세부적인 사항을 설명하도록 한다. 반사적인 사무실(152), 6피트의 발코니(167), 알코브(179), 좌석의 원형 배치(185), 침대 알코브(188), 건물 내 통로(101), 아케이드(119) 또는 방을 통과하는 흐름(131)에서, 공간의 벽은 일부를 개방하거나 반 정도 개방되게 해서 개방과 둘러싸임 사이의 균형을 유지해야 한다.

◆　　◆　　◆

너무 닫혀진 방은 사회적 활동의 자연적인 흐름 그리고 하나의 사회적 순간에서 다른 사회적 순간으로의 자연스런 이행을 방해한다. 반대로, 너무 개방된 방은 사회적 활동에 반드시 필요한 모임의 독자성을 뒷받침해 줄 수 없을 것이다.

예를 들어 사방이 벽으로 견고히 둘러싸인 방에서는 옆방과 상관없이 독자적인 활동을 유지할 수 있다. 이점은 훌륭하다. 그러나 이런 방에서는 사람들이 자연스럽게 들어오거나 나가는 것이 힘들다. 창문으로 안을 들여다볼 수 있거나 문이 열려 있다면 내부를 살펴볼 수 있어 대화가 잠시 멈췄을 때 들어와서 자연스럽게 참여할 수 있게 될 것이다.

반면에 벽이 없이 개방된 공간에서는 바닥에 카펫을 깔고 의자를 배치해서 장소를 명확히 구분시켰다 하더라도, 공간이 전체적으로 개방되어 있기 때문에 사람들은 그곳에서 안락함을 느낄 수 없다. 공간성이 너무나도 취약하기 때문에 어떠한 활동도 하기 힘들다. 활동을 한다고 하여도 단조로운 활동일 것이다. 이는 음료를 마시거나, 신문이나 텔레비전을 보거나, 어떤 곳을 조망하거나, '빈둥거리기' 정도일 뿐, 생기 있는 대화나 토론, 신나는 일, 무언가를 만들고 그림을 그리며, 카드게임을 하고, 바이올린을 켜는 등의 활동은 하기 힘들 것이다. 사람들은 자신들의 주위가 어느 정도 둘러 싸였을 때, 적어도 반쯤 개방된 벽, 난간, 기둥 등 근처의 다른 장소로부터 독립적인 요소가 있을 때, 조금 더 특별하고 독특한 활동을 할 수 있다.

간단히 말하자면, 개방과 둘러싸임 사이의 미묘한 충돌에 균형이 필요하다는 것은 자연스런 일이다. 그러나, 몇 가지 이유로 인하여 현대적인 방과 내부 공간의 이미지는 사람들을 너무 극단적으로 만들었고 필요한 균형은 이루지지 않았다.

두 가지 활동을 구별하고 다른 활동 사이로의 이행을 쉽게 뒷받침할 수 있는 방은 꽉 막혀 있는 방보다는 덜 둘러싸여 있으며, 그리고 개방된 내부 공간보다는 조금 더 둘러싸인 곳이다.

아치, 트렐리스 벽, 장식된 기둥과 허리 높이 정도의 벽, 개구부*를 작게 하거나 모서리에 있는 기둥을 크게 해서 만들어지는 벽, 열주* 같이 반은 개방적이고 반은 폐쇄적인 벽은, 개방과 둘러싸임 사이의 균형을 이루는 데 도움이 된다. 그리고, 결과적으로 이와 같은 장소에서 사람들은 안락함을 느낀다.

사례

우리는 둘러싸인 작업 공간(183)에서 요구되는 둘러싸임의 정도에 관한 몇 가지 근거를 제시하였다. 위의 패턴에서 사람이 반쯤 둘러싸여 있을 때 편안함을 느낀다는 것을 설명하였다. 즉, 주위가 두 면으로 둘러싸여 있거나 또는 네 면이 반 정도씩 둘러싸여 있을 때, 사람들은 안락함을 느낀다.

그러므로, 우리는 반쯤 개방된 벽에 의한 둘러싸임은 약 50%의 빈 공간 void과 약 50%의 찬 공간Solid으로 이루어진다고 생각한다. 이것이 의미하는 것은 벽이 문자 그대로 벽이어야 한다는 것은 아니다. 예를 들어, 두꺼운 기둥, 깊은 보 그리고 아치형의 개구부의 조합도 앞서 설명한 개방과 둘러싸임 사이의 균형을 형성한다고 할 수 있다. 난간만으로는 너무 개방적이지만 두꺼운 난간동자*를 사용한다면 적절할 것이다.

이는 옥외실과 발코니에도 적용된다. 그리고, 큰 방과 연결되지만 큰 방으로부터 부분적으로 독립된 알코브, 작업 공간, 부엌, 침대 등의 모든 내부 공간에도 동등하게 적용된다. 이 모든 경우, 둘러싸임을 형성하고 큰 공간에서 작은 공간에 독립성을 주는 벽은 부분적으로 개방되거나 둘러싸야 할 필요성이 있다.

우리와 친구들의 경우를 보더라도 집을 개축하려는 욕구와 집 안의 다양한 공간 사이의 벽을 반쯤 개방하고 싶다는 욕구는 사실상 동일하다는 것을 알 수 있었다. 이 패턴을 모른다고 하더라도, 사람들은 방을 '개방'하거나 다른 공간에 대해서 '조금 더 둘러싸려는' 본능을 가지고 있다.

그러므로,

개방된 연속적인 공간과 독방처럼 폐쇄적인 공간 사이에 존재하는 올바른 균형에 도달할 때까지, 각 내부 공간의 벽, 개구부, 창을 조절한다. 모든 공간을 방으로 하거나 또는 모두 연결하는 것이 당연하다고 생각하지 않도록 한다. 진정한 균형은 항상 극단적인 상황 사이 어디쯤에 위치할 것이다. 어떠한 방도 전체적으로 닫힌 공간이 되지 않도록 한다. 그리고, 어떠한 공간도 다른 공간과 완전히 연결되지 않도록 한다. 기둥, 반쯤 개방된 벽, 포치, 실내 창, 미닫이 문, 낮은 창턱, 가운데서 여는 유리문, 앉을 수 있는 벽 등을 이용하여 적절한 균형을 이루도록 한다.

50%의 개방

50%의 폐쇄

◆　　◆　　◆

큰 공간 안에 어느 정도 독립된 작은 공간이 있는 경우, 두 공간 사이에 반쯤 개방된 벽을 계획하도록 한다 - 알코브(179), 둘러싸인 작업 공간(183). 개방되어 있는 곳과 폐쇄되어 있는 곳을 적절히 계획하여, 이들이 만나는 곳에는 두꺼운 프레임, 허리 높이의 선반, 깊은 처마*로 된 다수의 작은 개구부를 만들며, 개구부의 모서리는 장식된 아치나 브레이스(가새)를 사용한다 - 실내창(194), 모서리의 기둥(212), 기둥이 있는 장소(226), 기둥의 접합부 (227), 작은 창유리(239), 장식(249) ---…

194. 실내창

INTERIOR WINDOWS

···· 건물 내의 여러 장소 그리고 방과 방 사이에는 벽이 있다. 하지만, 이 장소에 창이 있다면 사람들의 시야를 풍부하게 하고 가장 어두운 구석에도 빛을 닿게 할 수 있을 것이다. 예를 들면, 방과 통로 사이, 거실과 거실 사이 또는 인접한 두 작업실 사이이다 - 건물 내 통로(101), 현관실(130), 방을 통과하는 흐름(131), 짧은 복도(132), 명암의 태피스트리(135), 휴식 공간의 시퀀스(142), 반쯤 개방된 벽(193)

◆　◆　◆

　창은 내부 공간과 외부 공간을 연결하는 데 자주 사용된다. 하지만, 내부 공간을 다른 내부 공간과 연결하는 창이 필요한 경우가 많다.

이러한 창이 가장 필요한 부분은 복도와 통로이다. 복도와 통로는 버려지기 쉽다. 그렇지만, 실내창을 배치한다면 사람들은 공간과 공간이 연결되어 있다는 것을 느끼게 될 것이고, 건물 내부의 통로는 더욱 좋은 공간이 될 것이다.

이를 방에도 적용할 수 있을 것이다. 특히, 작은방이 이에 해당된다. 세 면이 벽이고 한 면에 창이 있는 방은 감옥처럼 느껴질 수 있다. 방과 방 사이에 또는 통로와 방 사이의 창은 이러한 문제를 해결할 수 있으며, 이로 인하여 보다 활기찬 방과 통로를 만들 수 있을 것이다.

더욱이, 방과 통로가 시각적으로 연결되었을 때, 우리는 모든 방과 방 사이가 완전한 벽으로 만들어진 건물보다 더욱 명료하게 건물의 전체적인 배치를 인지할 수 있다.

사람들이 창을 통해서 반대쪽을 볼 수 있기만 하면 된다. 꼭 창이 열리고 닫혀야 할 필요는 없는 것이다. 평범하고 저렴한 붙박이창으로도 모든 요구를 만족시킬 수 있을 것이다.

그러므로,

방 안이 특히 어둡거나 사람들의 행위가 거의 없어서 죽은 공간이 되기 쉬운 방들 사이에는, 전체가 유리로 된 붙박이창을 배치하도록 한다.

평범한 붙박이창

◆　　◆　　◆

다른 창처럼 작은 창유리로 창을 만들도록 한다 - 작은 창유리(239). 일부 경우에는 문에 실내창을 계획해도 좋다 - 창이 있는 견고한 문(237) ---…

195. 계단의 볼륨*

STAIRCASE VOLUME

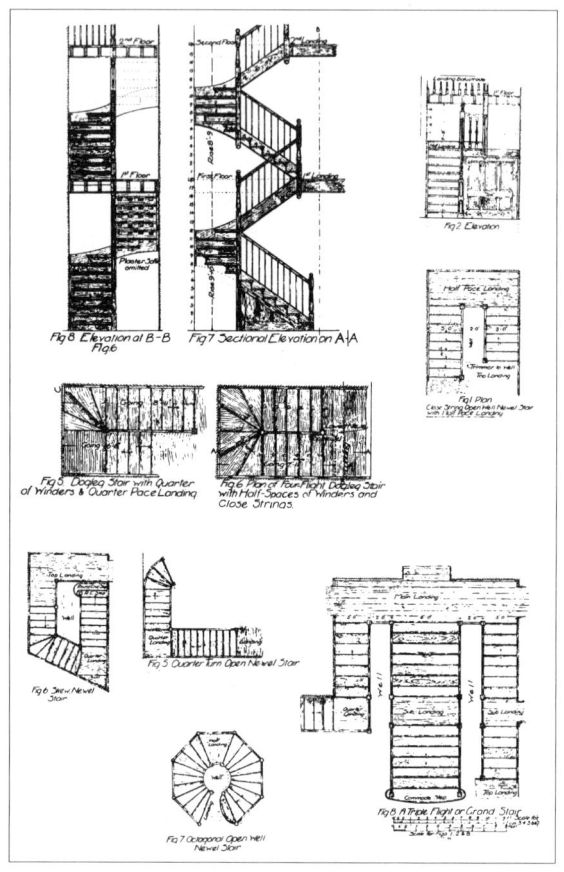

·····무대로서의 계단(133), 노천 계단(158)를 통해서, 외부 공간 또는 내부 공간의 어느 장소에 계단을 배치해야 할 것인지를 대략 알 수 있을 것이다. 이번 패턴에서는 계단이 평면상으로 더욱 사실적이 될 수 있도록 정확한 수치를 제시함과 동시에, 이를 일종의 방처럼 다루는 방법에 대해서 설명한다.

◆　　◆　　◆

이 패턴을 랭귀지에 추가한 이유는 계단을 만들 때 필요한 볼륨에 대해서 생각하지 못하는 실수를 범해서, 시공을 망치는 경우를 경험했기 때문이다.

계단에 대한 다음의 몇 가지 예는, 건축에 대한 경험이 별로 없는 사람들이 자신의 집을 배치할 때 생각하거나 그린 것들이다.

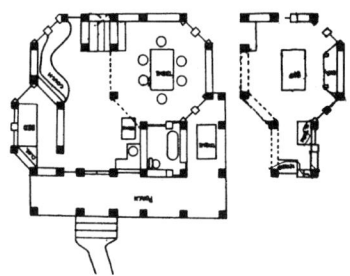

계단에 대한 문제점 - 너무 짧다

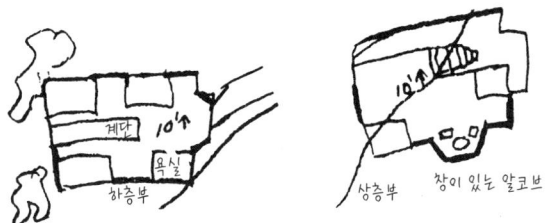

윗층 계단의 볼륨이 고려되어 있지 않음

이와 같은 계단이 제대로 기능할 수 없다는 것은 분명하다. 그리고, 계단의 본질적인 성격에 관한 오해는 매우 깊게 깔려 있기 때문에, 오해를 버리지 않는 이상 계획을 바로 잡기는 힘들다. 현실적인 계단을 놓기 위해서는 계획을 전체적으로 다시 생각해야 할 필요가 있다. 이와 같은 실수를 피하기 위해서, 초기단계에서부터 현실적인 계단을 생각하는 것은 매우 중요하다.

계단을 이해하기 위한 가장 간단한 방법은 다음과 같다. 모든 계단실은 볼륨을 지니며, 계단의 높이는 아래위 두 개 층의 높이다. 만약, 이 볼륨이 정확한 형태라면 그리고 계단을 넣기 위한 충분한 공간이 있다면, 이후에 제대로 기능하는 계단을 배치하는 것은 수월하다.

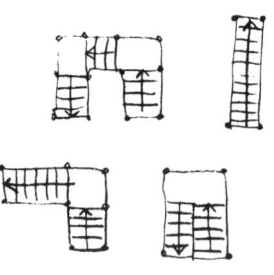

두 개 층을 잇는 공간

계단의 볼륨을 고려한 여러 가지 현실성 있는 배치가 가능하다. 계단의 구배*와 층고*를 위한 충분한 길이가 제공된다면 계단은 제대로 기능할 것이다. 우리는 계단의 구배를 결정할 때 이에 대해 가능한 자유롭게 생각하기를 권한다. 하지만, 불행하게도 주택 법규, 보험 규정, 은행의 정책 등에 의한 완벽한 안전의 추구는 계단 구배의 표준화를 부추겼다. 예를 들어, 미연방 주택국Federal Housing Authority의 규정에는 계단의 구배가 30~35도여야 한다고 명시하고 있다. 그러나, 매우 작은 주택, 지붕과 연결되는 계단 등의 몇몇 경우에는 이 같은 낮은 구배의 계단은 공간을 낭비한다. 즉, 이 경우에는 가파른 계단이 더욱 적절하다고 할 수 있다. 하지만, 공공건물의 주요 계단 또는 외부 계단에는 더욱 넓고 완만한 구배의 계단이 적절하다.

다른 구배

그러므로,

계단을 배치할 수 있도록 2개 층 정도의 볼륨 공간을 계획한다. 계단은 직선형, L자형, U자형, C자형이 될 것이다. 계단의 폭은 매우 가파른 계단의 경

우 2피트약 60cm, 완만한 계단일 경우 5피트약 1.5m가 되도록 한다. 그러나, 계단이 들어서는 계단통*은 반드시 2층 분으로서 완전한 하나의 구조적 영역을 이루어야 한다.

모든 계단의 구배가 반드시 30도로 규격화되어야 하는 것은 아니다. 아마도 가장 가파른 계단은 사다리와 거의 비슷할 것이다. 가장 사용하기 편한 계단은 경사로나 폭이 충분히 넓고 낮은 구배의 계단일 것이다. 자신에게 적절한 계단 구배를 산출하기 위한 공식은: 수직면 + 계단의 디딤판 = 17피트 1/2인치약 5.2m라는 것을 기억하도록 한다.

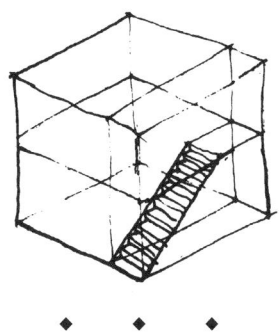

◆　◆　◆

다른 모든 방처럼, 기둥으로 정의된 공간에서도 볼트를 이용하여 계단을 만들도록 한다 - 모서리의 기둥(212), 계단 볼트(228). 그리고, 가능하면 계단은 밑에서 아이들이 숨으며 놀 수 있는 장소로 계획한다 - 어린이 동굴(203). 그리고, 앉아서 이야기 할 수 있는 장소로 계획한다 - 계단 의자(125) --...

196. 모서리의 문*

CORNER DOORS

···- 이번 패턴은 문을 정확히 배치하는 데 도움이 된다. 또한, 방을 통과하는 흐름(131)을 형성하는 데 기여할 수 있다. 그리고, 이 패턴을 사용해서 문을 이용하는 데 방해되지 않는 위치에 휴식 공간을 배치함으로써 휴식 공간의 시퀀스(142)를 형성할 수도 있다. 또한, 유리가 끼워져 있거나 창 근처에 있는 문은 빛이 집중적으로 들어와 사람들이 자연스럽게 모일 수 있기 때문에, 명암의 태피스트리(135)를 위해 이 패턴을 사용할 수도 있을 것이다.

◆　◆　◆

방의 성공 여부는 문의 위치에 매우 크게 좌우된다. 만약, 문이 방 안쪽의 공간을 파괴하는 동선 패턴을 만든다면, 사람들은 그 방에서 안락함을 느낄 수 없을 것이다.

먼저, 하나의 문이 있는 방의 경우를 생각해 보자. 일반적으로 이 경우는 구석에 방문이 위치하는 것이 최적이라고 할 수 있다. 하지만, 문이 벽의 중간에 위치한다면, 방을 두 부분으로 나누고 또한 방의 중심부를 파괴하는 동선의 패턴을 만들 것이다. 그리고, 나뉘어진 각 공간은 이용하기에 충분히 넓지 못할 것이다. 이것이 적용되지 않는 예외적인 경우는, 방이 다소 길고 폭이 좁은 경우뿐이다. 이러한 경우, 긴 벽의 중간에 문을 배치하면 두 공간이 대체적으로 정방형이 되기 때문에, 이용할 수 있는 공간이 된다. 벽의 중간에 위치하는 문은 방 안에 두 개의 다른 기능이 존재하는 경우 특히 유용하다고 할 수 있다.

문이 하나인 방

이제, 두 개 또는 그 이상의 문이 있는 방에 대해서 생각해 보자. 이 경우에도 각 문은 앞서 설명한 이유로 인해서, 방의 구석에 배치하는 것이 좋다. 하지만, 이러한 경우 각 문의 위치뿐만이 아니라 문과 문의 관계도 고려해야 한다. 가능하다면, 문들을 대체적으로 한쪽 편에 위치시켜 방의 나머지 공간이 이동에 의해서 방해받지 않도록 하는 것이 좋다.

일반적으로 이야기해보면, 만약 문과 문을 잇는 선을 그려서, 선에 의해서 나뉘어지지 않는 공간이 유용하게 쓰일 수 있을 정도로 넓어야 하고 또한 포지티브 형태가 되어야 한다는 것이다. 즉, 문과 문사이의 동선에 의해서 남겨진 공간이 삼각형이라면, 이 공간은 거의 이용되지 않을 것이다.

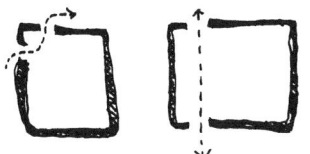

두 개 또는 그 이상의 문이 있는 방

마지막으로 언급하고 싶은 것은, 이 패턴은 방의 규모가 매우 큰 경우에는 적용되지 않을 것이라는 점이다. 매우 넓은 방 또는 방 가운데 큰 테이블이 있는 방에서는 벽의 중앙에 문을 배치해도 되고, 그렇게 한다고 해도 방에서 특별한 공간감을 느낄 수 있을 것이다. 실제로, 큰 방에서는 문을 벽의 중앙에 배치하는 것이 좋다. 하지만, 다시 한번 언급하자면, 방이 매우 넓을 때에만 제대로 기능할 것이다.

그러므로,

매우 넓은 방을 제외하고는 벽의 중앙에 문을 배치하는 것은 피하도록 한다. 예를 들어, 현관실의 경우는 기능 자체가 특징이 되므로 벽의 중앙에 문을 배치해도 된다. 하지만, 대부분의 방, 특히 작은 방의 경우는 되도록이면 문을 방의 구석에 배치하도록 한다. 방에 두 개의 문이 있고 사람들이 두 개의 문을 통해 이동한다면, 두 개의 문 모두가 방의 한쪽 편에 위치하는 편이 유리하다.

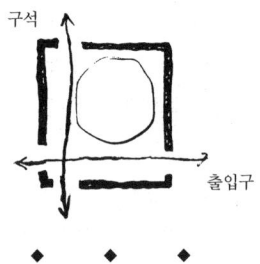

구석

출입구

◆　◆　◆

예를 들어, 침실이나 개인실처럼 문이 공간의 전이를 의미하는 경우, 방
문을 되도록이면 낮게 계획한다 - 낮은 입구(224). 그리고, 특별히 프라이버
시가 필요한 경우에는 수납 공간을 이용하여 입구를 통로처럼 만든다 - 방
사이의 벽장(198). 다음으로, 문틀을 만들 때는 벽과 통합하여 자유로운 장
식이 가능하게 한다 - 두꺼운 틀(225), 장식(249). 방이 매우 사적인 경우를
제외하고는 문에 창을 낸다 - 창이 있는 견고한 문(237) ┅

모든 벽에는 어느 정도의 깊이를 주어서
알코브, 창문, 선반, 벽장, 의자가 필요한 장소에는
어디라도 설치할 수 있도록 한다.

197. 두꺼운 벽**

THICK WALLS

···· 일단 평면이 5~6피트약 1.5~1.8m 정도의 정확도에 근접하게 되면, 마지막 단계로서 벽면을 형성하는 가장 작은 공간인 벽감, 붙박이 의자, 조리대, 옷장 그리고 선반 등을 다룬다. 물론, 이번 패턴을 기존 주택에 적용하는 것도 가능하다. 하지만 두 경우 모두, 방의 적절한 형태를 형성하는 데 기여하도록 이 패턴을 사용한다 - 실내 공간의 형태(191), 천장고 - 알코브(179), 창가(180), 다양한 천장고(190), 외부 공간, 건물의 가장자리(160)의 이곳저곳.

◆　　◆　　◆

주택의 벽을 조립식 패널, 콘크리트, 석고, 철재, 알루미늄, 유리 등을 사용하여 매끄럽고 단단하게 만들면, 비인간적이며 죽어있다는 느낌을 준다.

최근에 지어진 주택과 아파트는 더욱 더 규격화되어 가고 있으며, 우리는 주택을 더 이상 개인적이나 독자적으로 만들 수 있는 기회조차 가질 수 없다. 하지만, 단독주택은 거주자가 어떤 사람인지 우리에게 알려 준다. 입구에 매달려 있는 어린이용 그네는 부모들이 아이들을 어떻게 생각하고 있는지를 반영하고, 좋아하는 관목을 볼 수 있는 창가의 의자는 거주자의 사색적인 성격을 나타내준다. 또한, 부엌과 거실 사이의 개방된 조리대는 격의없는 독특한 가족생활을, 부엌과 거실 사이의 출입구는 더욱 격식을 차린 가족생활을 나타낸다. 집주인이 수집한 도자기는 위에서 내려다 볼 수 있는 높이의 선반에 진열되어 있다. 높이와 안길이가 다른 선반에는 최근에 찍은 사진을 놓고, 그 위의 선반에는 파티를 열었을 때 마시기 위한 술이 진열되어 있다. 충분한 붙박이 의자와 적당히 큰 벽난로는 6명의 가족이 한데 어울려 앉을 수 있다.

앞서 언급한 사항들은 특별한 개인적 요구를 표현하고 있기 때문에, 어떤 사람들이 그곳에 살고 있는지를 표현해 준다. 그리고, 누구나 주변 환경을 자신만의 생활 형태에 맞출 수 있는 기회가 필요하다.

전통 사회에서는 위의 예와 같은 개인적 적응이 매우 쉬웠다. 사람들은 대부분 매우 오랜 기간 동안 같은 장소에 살았으며, 때로는 평생을 같은 장소에서 살기도 하였다. 집은 거주자 자신들이 쉽게 이용할 수 있는 나무, 벽돌, 진흙, 짚, 회반죽으로 만들어졌다. 이와 같은 상황에서 집의 개성은 그곳에 거주함으로써 저절로 형성되었다.

그러나, 현대 기술사회에서는 개인적 적응과 집의 개성이라는 두 가지 조건을 만족시키지 못한다. 사람들은 빈번이 이동하며, 집은 4×8피트약 1.2×2.4m로 가공된 석고보드, 알루미늄 창, 조립식 철제 부엌, 유리, 콘크리트, 철판처럼 공장에서 생산되고 가공된 재료들로 점점 채워지고 있다. 이 재료들은 개인적 적응에 맞춰 점진적인 수정이 불가능하다. 실제로, 대량생산 과정은 개인적 적응이라는 가능성과의 양립이 거의 불가능하다.

집의 정체성은 벽에 의해 결정된다.

문제의 핵심은 벽에 있다. 매끄럽고 단단하게 가공된 평평한 벽에서, 사람들은 정체성을 표현할 수 없다. 왜냐하면 대다수 거주자의 정체성은 벽의 표면이나 주변에서 형성되기 때문이다. 벽과 벽에서 3~4피트약 0.9~1.2m 이내의 공간. 이곳이 사람들이 자신의 소유물을 두는 곳이다. 또한, 고정된 조명을 설치하는 곳이며, 붙박이 가구가 위치하는 곳이기도 하다. 그리고, 가족 구성원 한 명 한 명이 자신만의 안락한 공간을 꾸밀 수 있는 곳이다. 더욱이, 인식할 수 있을 정도의 작은 다양함이 존재하는 곳이며, 사람들이 가장 쉽게 변화를 줄 수 있고 자신만의 공예 솜씨를 뽐낼 수 있는 장소이다.

새로운 가족이 자신들만의 흔적을 벽에 남길 수 있도록 만들어졌을 때, 집은 개성을 가질 수 있다. 다른 말로 하자면, 벽은 그 집에 사는 사람들의 다양함이 그 위에 녹아들 수 있는 그리고 조금씩 적응될 수 있는 것이어야 한다. 그리고, 벽은 이러한 적응을 영원이 간직할 수 있도록 계획되어야 한다. 그렇게 한다면, 시간이 지남에 따라 벽에는 다양함이 축적되어 주택의 개성이 점점 명확히 드러날 것이다.

이 모든 것이 의미하는 바는 벽이 반드시 두꺼워야 한다는 것이다. 벽의 두께는 선반, 캐비닛, 장식장, 특별한 조명, 특별한 마감, 깊은 창턱, 벽감, 붙박이 의자 그리고 구석진 모서리를 계획할 수 있도록 반드시 최소 1피트약 30cm 이상이어야 한다. 경우에 따라서 벽의 두께는 4~5피트약 1.2~1.5m가 될 수도 있을 것이다.

그리고, 벽은 아무리 깎아내도 단단함을 유지하고, 일부를 제거하거나 덧붙여도 벽면의 연속성이 남을 수 있게 원래부터 그런 구조적 성질을 갖춘 재료로 만들어져야 한다.

그러면, 시간이 지남에 따라서 각 가족은 매우 점진적으로 그리고 천천히 가족만의 벽을 만들어 나갈 수 있을 것이다. 일이 년 후, 집에서는 벽감, 돌출된 창, 아침식사를 위한 구석 공간, 붙박이 의자, 선반, 옷장, 조명, 바닥 한쪽이 움푹 들어간의 선큰sunken, 부분적으로 높아진 천장 등 독자적인 특징이 생겨날 것이다.

모든 집에는 특별한 기억이 존재할 것이다. 즉, 서로 다른 사람들의 특징과 개성은 이 두꺼운 벽에 새겨지는 것이다. 집은 시간이 지날수록 점차 다른 집들과 차별화될 것이고, 개인적 적응의 과정은 선택과 점진적인 수정에 의해 숨쉴 공간을 갖게 된다. 알렉산더는 「두꺼운 벽Thick Wall」에서 이 패턴을 자세하게 설명하였다.[Alexander 1968-2]

그러므로,

건물의 벽을 두껍게 하여, 벽이 부가적인 체적 즉, 실제로 쓰일 수 있는 공간이 되도록 한다. 벽은 두께가 없는 얇은 막이 되어서는 안 된다. 그리고, 두꺼운 벽을 어디에 배치할 것인지 정하도록 한다.

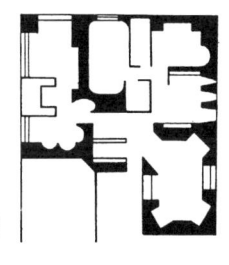

두께 1~4피트

깎아서 만들 수 있는 벽

◆　　◆　　◆

3~4피트의 두께가 있는 곳에, 외벽의 두께(211)에서 설명한 과정에 따라 벽의 두께와 볼륨을 만들어 나가도록 한다. 두께가 그보다 얇은 1피트에서 18인치약 30~45cm 정도인 곳에서는 벽 양쪽의 두꺼운 기둥 사이에 개방된 선반을 계획한다 - 개방된 선반(200), 모서리의 기둥(212). 벽 안의 여러 요소

들의 자세한 위치에 대해서는, 이들을 정의하는 패턴을 참고하도록 한다 -
창가(180), 방 사이의 벽장(198), 양지바른 부엌 조리대(199), 허리 높이의
선반(201), 붙박이 의자(202), 어린이 동굴(203), 비밀공간(204) ----…

198. 방 사이의 벽장*

CLOSETS BETWEEN ROOMS

···– 방의 배치가 정해졌으면, 이제는 붙박이 찬장과 벽장의 정확한 위치
를 정해야 한다. 특히, 이를 이용하면 작업장의 주위 - 둘러싸인 작업 공간
(183), 옷을 갈아 입는 공간의 주위 - 드레스룸(189)에 도움이 될 것이다. 다
소 프라이버시가 필요한 방 문 주위에 이를 배치하여, 문에 이르는 전이 공
간을 갖도록 한다. - 모서리의 문(196)

◆   ◆   ◆

수납장과 벽장의 계획은 나중으로 미루어지곤 한다.

하지만, 수납장과 벽장이 올바르게 배치되었을 때, 이들은 건물의 내부 형태에 크게 기여할 수 있다.

수납 공간의 부수적인 특징 중 가장 중요한 것은 차음 효과라고 할 수 있다. 추가적인 벽, 벽장의 문, 옷, 상자 또한 보관되는 물건들은 상당한 차음 효과를 가진다. 필요한 모든 수납 공간을 외벽보다는 각 방의 벽에 배치함으로써 이 같은 효과의 이점을 이용할 수 있는 것이다. 외벽에 배치한다면 자연광을 차단할 것이다.

더욱이, 수납 공간을 방문 근처의 내벽에 두었을 때 만들어지는 두께는, 방과 통로 사이의 전이를 더욱 분명하게 할 것이다. 즉, 방으로 들어가는 사람에게 벽의 두께는 절묘한 '입구' 공간을 형성하고, 방을 좀 더 사적인 공간으로 느끼게 한다. 그러므로, 문 근처에 '두께가 있는' 벽장을 배치하는 방법은 부부의 영역(136)이나 다양한 개인의 방 - 자신의 방(141)에 적절하다.

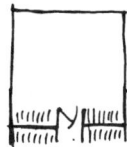

방의 출입구 부분을 형성하는 수납장

그러므로,

벽장이 필요한 모든 방을 표시한다. 그리고 나서 차음이 필요한 두 방의 사이 또는 방과 통로 사이의 내벽에 벽장이 위치하도록 한다. 또한, 방으로 들어가는 문에 전이 공간을 형성할 수 있도록 벽장을 배치한다. 어떠한 경우라도 벽장은 외벽 쪽에 만들지 않도록 한다. 벽장을 외벽에 만드는 것은 귀중한 자연광을 차단하고, 훌륭한 차음 효과를 얻을 수 있는 기회를 낭비하는 것이다.

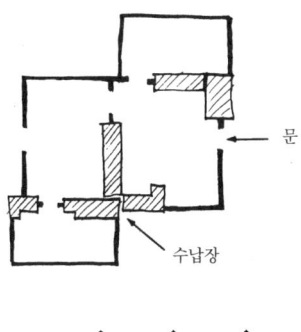

문

수납장

◆　　◆　　◆

　다음으로, 수납장을 전체적인 건물 구조의 일부분으로 다루도록 한다- 두
꺼운 벽(197) ---

199. 양지바른 부엌 조리대*

SUNNY CONUTER

···- 농가의 부엌(139), 부엌의 배치(184)에서는 부엌과 작업 공간의 전체적인 디자인을 제시한다. 또한, 실내 채광(128)에서는 부엌의 채광을 분명히 하였다. 하지만, 큰 패턴들의 형성에 기여하고 부엌을 보다 따뜻하고 아름답게 하는 데에는 조리대와 창문의 배치에 큰 관심을 기울여야 한다.

◆　　◆　　◆

어두운 부엌은 사람을 우울하게 한다. 부엌은 다른 공간보다 더 많은 채광이 필요하다.

이번 패턴 첫 장의 사진이 얼마나 아름다운지 보라. 창을 따라서 큰 조리대가 위치하고 있다. 작업 공간이 빛에 둘러싸여 있고, 주위가 넓다는 느낌을 받을 것이다. 그리고, 밖으로는 평온함이 느껴지는 풍경이 있다.

우울한 부엌

이 우울한 부엌과 첫 장의 부엌 사진을 비교해 보자. 조리대에는 자연광이 전혀 닿지 않는다. 수납장은 어수선해 보인다. 여기서 일을 하는 것은 매우 볼품없고 비참하기까지 하다. 수납장 아래쪽에서 일을 한다면 한낮에도 벽을 마주봐야 하고, 인공조명이 있어야 한다.

이와 같은 우울한 부엌은 현대식 주택의 수많은 부엌의 일반적인 형태이다. 이유는 다음의 두 가지다. 첫째, 사람들은 보통 남쪽에는 거실을 배치하기 때문에 자연스럽게 북쪽의 남는 공간에 부엌을 배치할 수밖에 없다. 둘째로는, 부엌을 오직 기계적인 조리작업을 위한 '기능'의 장소로 생각하기 때문이다. 특히, 아파트의 부엌은 자연광이 전혀 들어오지 않는 곳에 배치된 경우가 많다. 이러한 문제는, 농가의 부엌(139)에서 설명한 것처럼 부엌을 기계실이 아닌 거실처럼 계획한다면 해결될 것이다.

그러므로,

부엌 조리대의 중심부를 큰 창문과 함께 부엌의 남쪽 또는 남동쪽에 위치하도록 한다. 그렇게 한다면, 하루 종일 햇빛이 들어와 부엌을 노란 빛으로 가득 채우게 될 것이다.

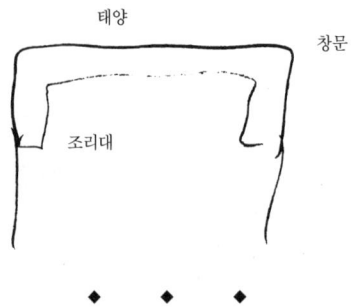

◆ ◆ ◆

　창은 정원이나 아이들이 노는 곳을 향하도록 한다 - 생활을 내려다보는 창(192). 만약, 수납 공간이 협소하다면 그릇과 접시를 놓기 위한 선반을 설치하되, 채광을 위해 개방된 형태로 하고 창문 근처에는 식물을 두도록 한다 - **개방된 선반**(200). 조리대는 건물구조와 일체화하고 방의 특별한 부분으로서 계획한다. 또한, 이후에 개선이 가능하도록 한다 - **외벽의 두께**(211). 창 주위에는 **따뜻한 색**(250)을 이용하여 햇빛이 따뜻하고 부드럽게 들도록 한다 - ⋯

200. 개방된 선반*

OPEN SHELVES

···- 두꺼운 벽(197), 특히 농가의 부엌(139)과 둘러싸인 작업 공간(183)의 주변에(가능하면 건물 전체에) 선반을 배치해야 한다. 이번 패턴은 정확히 어디에 선반을 배치해야 하는지, 어떻게 구성해야 하는지를 결정하는 데 도움이 된다. 로저스Mary Louise Rogers는 이 패턴을 처음으로 명시해 주었다.

◆　　◆　　◆

너무 깊은 찬장은 소중한 공간을 낭비한다. 또한, 원하는 것이 항상 다른 물건 뒤에 있다고 느끼게 한다.

벽장, 수납장, 찬장 그리고 선반이 많이 있기 때문에, 자신의 방이나 집의 수납 공간이 충분하다고 생각하기 쉽다. 하지만, 수납의 진정한 가치는 수납의 양과 함께 언제나 쉽게 이용할 수 있는 접근성에 있다. 찬장이 많이 있더라도 누구나 쉽게 이용할 수 없다면 유용하다고 할 수 없다. 자신이 놓은 물건을 한눈에 찾을 수 있을 때, 수납장은 유용하다고 할 수 있다.

이는 본질적으로, 창고(145)를 제외하고 개방된 선반의 수납은 '한 줄'이어야 한다는 것을 의미한다. 그렇다면, 수납된 모든 것을 한눈에 볼 수 있다. 이와 같은 수납 방법은 너무 많이 수납되어 어디에 무엇이 있는지 알지 못하는 수납 공간 대신에, 모든 벽에 걸쳐 수납 공간이 납작하게 펼쳐진 것이라고 할 수 있다.

개방된 선반에 대한 필요성은 부엌에서 가장 잘 드러난다. 잘 계획되지 않은 부엌 선반의 안길이는 물건 서너 개 분이며, 때로는 물건이 쌓여 있어서 찾는 물건이 다른 물건에 의해 가려져 있는 경우도 있다. 그러나 잘 계획된 부엌에서는 모든 수납 공간의 안길이는 물건 한 줄 정도이다. 선반의 안길이는 캔 한 개 정도이고, 유리컵도 한 줄로 수납되며, 냄비와 프라이팬은 한 개 분의 안길이로 벽에 걸린다. 작은 병과 양념류를 보관하기 위한 특별한 선반의 안길이도 물건 한 줄 정도이다.

이와 같은 특징은 모든 편리한 수납의 공통적인 특징이라고 생각한다. 한 가족에게 있어서 가장 소중한 물건이나 선물은, 부엌이나 주택 내의 다른 장소에 있는 찬장이나 벽장 안의 선반에 있다면 보이지 않을 것이다. 그러나, 이를 개방된 선반에 둔다면 집안을 환하고 아름답게 할 수 있을 것이다.

내부에 선반이 있는 여닫이 캐비닛, 냄비나 프라이팬을 위한 걸이, 도구를 놓는 선반 등 다양한 수납 공간 모두는 물건이 한 줄로 보관되는 형태가 되도록 한다. 또한, 창문 앞에 폭이 좁은 개방형 선반을 계획하는 것도 가능하다. 폭이 한 줄 깊이이면 빛이 들어오기 충분하므로 창문으로서의 역할도 유효할 것이다.

창문 앞의 개방된 선반

그러므로,

안길이가 다양한 선반을 벽이 꽉 차게 배치하도록 한다. 하지만, 언제나 한 줄로 수납할 얕은 선반이어야 한다. 즉, 물건의 뒤쪽에 다른 물건이 숨어 있어서는 안 된다.

개방된 선반

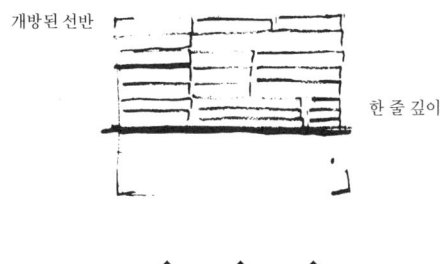

한 줄 깊이

◆　　◆　　◆

접시, 사진, 텔레비전, 상자, 귀중한 물건 등을 위해 다양한 깊이의 그리고 허리 높이의 선반을 계획한다 - **허리 높이의 선반**(201). 벽에 있는 안길이가 다른 공간과 같이 개방된 선반을 계획한다 - **외벽의 두께**(211) - ⋯

201. 허리 높이의 선반

WAIST-HIGH SHELVE

···· 개방형 선반이 있는 곳이나 화분, 책, 접시, 신문 같은 간단한 종이류, 박스, 아름다운 꽃병, 여행에서 구한 작은 물건 등을 모아두는 방에는 물건들이 어지럽혀지지 않도록 수납 공간이 필요하다 - 두꺼운 벽(197), 개방된 선반(200).

◆　　◆　　◆

가정이나 작업장에는 일상적으로 자주 이용되는 물건들의 '이동'이 존재한다. 물건들이 바로 손에 닿는 곳에 있지 않으면, 생활의 흐름은 막히며 불편해진다. 또한, 잘못된 장소에 놓여진 물건은 점차 잊혀진다.

이 문제의 본질은 '바로 손에 닿는 곳'에 있다. 이는 문자 그대로이며 또한 그렇게 해석되어야 한다. 사람이 무언가를 잡을 때, 손은 대체로 허리 높이에 있다. 방과 통로 그리고 문 주위의 이곳저곳에 허리 높이의 선반이 있다면, 이 선반은 무언가를 놓았다가 나중에 다시 잡을 수 있는 자연스런 장소가 될 수 있을 것이다. 즉, 주머니의 잔돈, 사진들, 펼쳐진 책, 사과, 소포, 신문, 우편물, 메모지 등이 허리 높이의 손 닿기 좋은 장소에 위치하는 것이다. 만약, 허리 높이의 선반이 없다면 작은 물건들은 어딘가에 놓여져 잊혀지거나 없어지고, 한 번 사용된 이후에는 한쪽으로 치워져 버릴 것이다.

더욱이, 허리 높이의 선반에 모이는 물건들은 일종의 가장 일상적인 삶의 자연스러운 전시물로 진화한다. 즉, 이 물건들은 가장 가까운 곳에 있는 삶의 일부분이 되는 것이다. 그리고, 이러한 물건들은 사람에 따라 다양하기 때문에, 허리 높이의 선반은 특별한 노력 없이 방을 더욱 독특하고 개성적으로 만든다.

그러므로,

적어도 사람들이 생활하는 주요한 방의 한구석에는 허리 높이의 선반을 배치하도록 한다. 선반은 길고 안길이'는 9~15인치약 23~38cm이며, 밑에는 다

른 선반이나 찬장이 위치한다. 의자, 창, 문이 있는 곳에는 선반을 배치하지 않도록 한다.

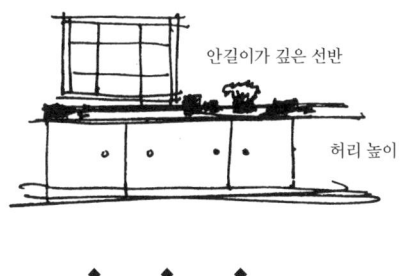

안길이가 깊은 선반

허리 높이

◆　◆　◆

선반을 건물 구조의 바로 안쪽에 만든다 - **외벽의 두께**(211). 이는 자신의 개인 소유물을 두기에 적당한 장소이다 - **자신의 물건**(253) ----

202. 붙박이 의자*

BUILT-IN SEATS

···· 건물 내의 여러 곳 - 휴식 공간의 시퀀스(142)에는 자연스럽게 붙박이 의자를 계획할 수 있는 알코브*, 입구, 모서리, 창이 있다 - 현관실(130), 알코브(179), 창가(180). 이번 패턴은 이들의 완성에 도움이 된다.

◆　　◆　　◆

　붙박이 의자는 매우 훌륭하다. 때문에, 모든 사람들이 붙박이 의자를 사랑한다. 붙박이 의자는 건물을 편안하고 품격 있게 만들지만, 대부분 붙박이 의자는 제대로 사용되고 있지 않다. 이는 붙박이 의자가 적당한 장소에 있지 않거나, 의자가 너무 좁거나 딱딱하고, 등받이가 기울어져 있지 않거나, 의자에서 바라본 조망이 좋지 않기 때문이다. 이 패턴은 제대로 쓰일 수 있는 붙박이 의자가 어떤 것인지 설명하여 준다.

붙박이 의자는 왜 제 기능을 하지 못하는 것일까? 그 이유는 간단하고, 쉽게 개선될 수 있다. 하지만, 이 문제 자체는 매우 중요하다. 의자가 제대로 만들어 지지 않았다면, 의자는 사용되지 않을 것이기 때문에 이는 공간과 비용의 낭비이며 또한 훌륭한 기회의 낭비라고 할 수 있다. 그렇다면, 여기에서 고려해야 하는 것은 무엇일까?

위치: 붙박이 의자는 보통 사람들의 관심이 덜한 구석, 즉 구조와 벽에 가장 쉽게 결합될 수 있는 곳에 놓이는 경향이 있다. 때문에, 결과적으로 사람들은 붙박이 의자를 찾지 않게 된다. 붙박이 의자를 만들고 싶다면, 소파나 안락 의자를 어디에 놓을 것인지 자문해 보도록 하라. 그리고, 그 장소에 붙박이 의자를 만든다. 즉, 끔찍한 모서리에 붙박이 의자를 밀어 넣으면 안 된다는 것이다.

폭과 안락함: 붙박이 의자는 대체적으로 매우 딱딱하고 좁으며, 등받이도 뻣뻣하다. 사람들은 단 한 순간이라고 할지라도 선반에 앉기를 원하지는 않는다. 붙박이 의자는 안락 의자처럼 넓게(적어도 18인치약 46cm), 등받이는 기울기가 있도록 계획하고(꼿꼿하지 않게), 따뜻하고 부드러운 쿠션을 의자 위와 등받이에 두어 진정으로 편하게 만든다.

조망: 대부분의 사람들은 앉아 있을 때 무언가를 보길 원한다. 다른 사람들을 보거나 경치를 본다. 그러나 붙박이 의자는 늘상 조망 방향에서 등을 돌린 위치에 있거나 사람들이 한눈에 들어오지 않는 위치에 있다. 무언가 흥미로운 것을 볼 수 있는 위치에 붙박이 의자를 두도록 한다.

그러므로,

붙박이 의자를 계획하기 전에 오래된 안락의자나 소파를 이용해서 자신이 원하는 자리에 놓아보도록 한다. 자신이 진정으로 좋아하는 위치를 찾을 때까지 이를 반복한다. 그곳에 며칠 동안 의자를 두어, 앉아 있는 것이 즐거운지 확인하도록 한다. 만약, 그렇지 않다면 다른 곳으로 옮기도록 한다. 원하는 자리에 의자를 두어 그곳에 앉는 것을 즐기는 자신을 발견하였다면, 그곳은 붙박이 의자를 두기에 올바른 자리라고 할 수 있다. 이제 붙박이 의자를

의자의 넓이로, 그리고 의자의 느낌으로 갖도록 만든다. 이렇게 한다면, 붙박이 의자는 제대로 이용되는 좋은 의자가 될 것이다.

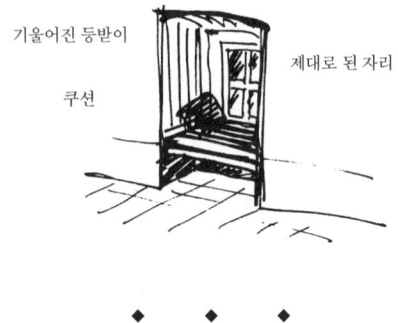

기울어진 등받이

제대로 된 자리

쿠션

◆　　◆　　◆

자신이 의자를 두고 싶은 장소를 결정하였다면 그곳을 두꺼운 벽(197)의 일부분으로 만들어서, 붙박이 의자가 추가된 요소가 아닌 구조의 일부분이 되도록 한다 - 외벽의 두께(211) ----

203. 어린이 동굴

CHILD CAVES

⋯⋯ 특히 아이들의 놀이를 위한 장소 - 탐험놀이터(73), 어린이집(86), 아이들의 영역(137), 두꺼운 벽(197) - 는 특별한 세부적 요소들로 꾸며질 수 있다.

◆　　◆　　◆

아이들은 틈새 같은 작은 공간에 들어가는 것을 좋아한다.

아이들이 놀 때에는, 오래된 상자 같은 작은 공간 안, 테이블 밑, 텐트 안과 같은 공간을 찾아 들어가곤 한다. [White 1953]

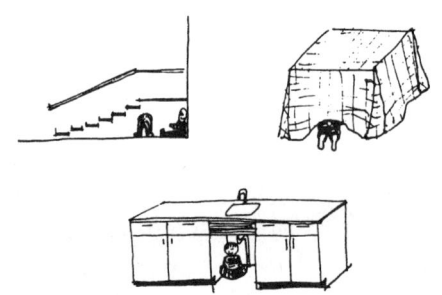

아이들은 자신과 친구들을 위한 특별한 공간을 만들려고 노력한다. 아이들에게 있어서 대부분의 세상은 '어른들의 공간'이기 때문에, 자신들의 크기에 맞는 장소를 개척하려 하는 것이다.

아이들이 이와 같은 '동굴'에서 놀고 있을 때, 아이는 약 5제곱피트^{약 0.46㎡}의 공간을 차지한다. 그리고, 동굴은 다른 아이들과 함께 놀 수 있을 정도로 충분한 면적의 공간이어야 한다. 아이들 집단의 규모는 대략 3~5명 정도이기 때문에, 약 15~25제곱피트^{약 1.4~2.3㎡}가 될 것이며, 게임이나 동선을 고려한다면 추가적으로 15제곱피트가 필요할 것이다. 따라서, 이 면적은 동굴의 대략적인 최대면적이라고 할 수 있다.

그러므로,

집 주변, 근린, 학교 등 아이들이 놀이를 하는 곳은 어디에나 이들을 위한 작은 '동굴'을 만들도록 한다. 계단이나 부엌 조리대의 아래 같은 자연스럽게 남겨진 공간에 동굴을 마련한다. 이 공간의 천장고는 약 2피트 6인치~4피트 약 75~120cm 정도로 낮게 하고, 입구는 작게 한다.

천장고는 3~4피트

◆　　◆　　◆

동굴은 벽 자체에 계획하도록 한다 - **외벽의 두께**(211). 동굴의 크기에 맞게 문은 매우 작게 만든다 - **낮은 입구**(224) ----…

204. 비밀 공간

SECRET PLACE

···· 이번 패턴에서는 두꺼운 벽의 마지막 작업에 대해서 설명한다. 아마도 낮은 천장의 마감까지도 포함될 것이다 - 두꺼운 벽(197), 다양한 천장고(190).

◆　◆　◆

은폐와 숨김에 대한 요구, 그리고 무언가 귀중한 것이 잊혀지고 다시 드러나는 것에 대한 요구는 어디서 표현되어야 할까?

우리는 사람들이 생활하는 데 있어서 자신들의 주거 공간 안에 비밀스러운 공간의 존재가 필요하다고 생각한다. 비밀 공간은 특별한 방식으로 이용되고, 매우 특별한 순간에만 드러나는 공간이다.

비밀 공간이 존재하는 주택에서 거주하면 사람들은 새로운 경험을 하게 된다. 그곳에 무언가 귀중한 물건을 두고, 감추고 또한 그중 몇 가지를 내놓고 싶어 한다. 비밀 장소가 있다면 소중한 무언가를 완벽히 개인적인 방법으로 보관할 수 있으며, "자, 그럼 이제 무언가 특별한 것을 보여줄게"라고 친구들에게 이야기하며, 그 물건에 대한 이야기를 보태어 보여주지 않는 이상 이 물건을 발견할 방법은 없다.

바첼라드Gaston Bachelard는 『공간의 시학The Poetics of Space』에서 비밀 공간에 대한 필요성을 언급하였다. 그 책의 제3 장을 인용해 보면 다음과 같다.[Bachelard 1964-1]

서랍, 상자, 자물쇠 그리고 옷장과 함께 우리는 친숙한 몽상과도 같은 불가해한 저장고와 다시 접촉하게 된다.

선반, 옷장, 서랍, 책상 그리고 덧바닥과 궤는 비밀스러운 심리 생활에 맞는 장소이라고 할 수 있다. '보물'이라고 할 수 있는 것이나 귀중한 물건이 없다는 것은, 우리의 사적이고 은밀한 삶에 친밀한 것이 결여되어 있는 것과 같다. 그것은 잡동사니이거나 별 중요치 않은 물건이지만, 우리와 같이, 우리를 통해 그리고 우리를 위해 내밀한 친밀성을 갖게 한다.

만약 우리가 어떤 물건과 친근한 우정을 나누려면 망설임 없이는 옷장을 열지 말아야 한다. 적갈색 나무판 아래에 있는 옷장은 매우 흰 낙엽교목이다. 그 옷장을 연다는 것은, 그 속의 비밀스러운 어떤 하얀 사건을 경험하는 것과 같다.

궤 또는 장식함과 같은 작은 상자에 넣어진 시집은 심리학적으로 중요하게 다루어진다. 이 복잡한 작은 상자들은 비밀을 숨길만한 장소의 필요성을, 그것을 창조한 장인이 직관적으로 알았다는 명백한 증거이다. 단지 소유물을 지키기 위한 그런 문제가 아닌 것이다. 절대적인 폭력에 끝까지 저항할 수 있는 자물쇠란 없으며, 자물쇠는 단지 도둑들을 향한 초대장과도 같다. 자물쇠는 그저 심리적인 문턱과도 같은 것이다.

그러므로,

집 안에 자물쇠를 걸어 비밀을 지킬 수 있는 수 제곱피트 정도의 장소를 마련하도록 한다. 사실상 그곳을 발견하는 것은 불가능하며, 오직 소유주가 보여줄 때만 찾을 수 있도록 한다. 이곳은 집의 기록 또는 더욱 굉장한 비밀을 지니고 있는 장소이다.

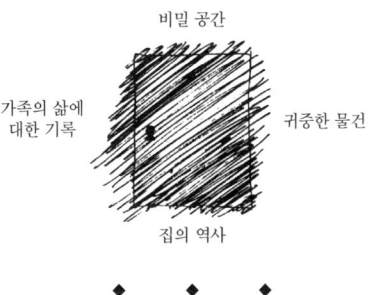

비밀 공간

가족의 삶에
대한 기록

귀중한 물건

집의 역사

◆　　◆　　◆

비밀 공간의 고전적인 형태는 가벽을 옆으로 밀면 보이는 벽 안의 장소, 깔개 밑에 있는 이중 바닥 또는 비밀문이다 - 방 사이의 벽장(198), 외벽의 두께(211), 바닥·천장 볼트(219) --…

시공
CONSTRUCTION

이 단계에 이르면 개별 건물의 디자인이 완성되었을 것이다. 주어진 패턴들을 따라왔다면, 해당 대지에 말뚝을 박아 표시하였든, 아니면 한 장의 도면에 표현하였든, 공간이 거의 피트 단위의 치수만큼 정확하게 표현된 계획안을 가지게 될 것이다. 방의 천장고와 창과 문의 대략적인 크기와 위치를 알고, 건물의 지붕을 어떻게 얹을 것인지, 정원은 어디에 배치될 것인지가 대략적으로 정해진 것이다.

다음은 이 패턴 랭귀지의 마지막 부분으로서, 어떻게 하면 이와 같은 개략적인 계획안에서 시공이 가능한 계획안으로 발전시키는지 그리고 건물을 어떻게 시공할 것인지에 대해서 상세하게 설명한다.

◆　　◆　　◆

이 책의 마지막 부분의 패턴들은 본 패턴 랭귀지의 두 번째 장인 건축에서 설명할 사항들과 상호 협력하는 물리적인 시공법에 관해 설명한다. 이 시공 패턴들은 전문적인 시공자나 혹은 자신이 사용할 건물을 스스로 만드는 사람들 모두를 대상으로 한다.

각 패턴은 구조와 재료에 관한 원리를 설명한다. 이 원리는 실제로 건물을 시공할 때 다양한 형태로 적용될 것이다. 우리는 각 원리들이 적용될 수 있는 많은 방법을 제시하려 노력하였다. 그러나, 시공 패턴 중 일부는 아직 완전히 개발되지 못하였고, 일부는 시공 패턴이 가지는 본질적인 특성 때문에 독자들이 더욱 보완해 나가야 한다고 생각한다. 예를 들면, 시공에 사용되는 재료는 지역에 따라 크게 다를 것이다. 시공 패턴을 살펴보면서 염두에 두어야 할 주된 사항은 다음과 같다. 여기서 우리가 의도하는 바는 기계시대와 근대 건축의 유산인 기술지향주의와 경직된 시공방법에 대해 하나의 대안을 제시하는 것이다.

여기서 설명된 시공법은 건물을 해당 대지에 잘 어울리게 그리고 훌륭하게 시공할 수 있도록 유도한다. 때문에, 이 패턴들의 성패는 시공자가 책임감을 가지고 있는가 그리고 공사가 진행되어 나감에 있어서 건물의 세세한 것에 얼마나 정성을 기울이는가에 달려 있다. 즉, 출입구와 창문 등을 실제 치수로 만들어 시험해 보고 그 결과를 시공에 반영하여 건물을 지어야 하는 것이다.

시공 패턴은 몇몇 관점에서 특별하다.

먼저, 시공 패턴의 진행 과정은 전반부의 어떠한 패턴보다 실제적이다. 패턴 사용자의 머릿속에서 계획이 개념적으로 완성되어 가는 순서에도 일치할 뿐만 아니라, 시공의 구체적이고 물리적인 순서에도 일치한다. 구조적 개념을 다루는 처음 네 개의 패턴을 제외하고, 나머지 패턴들은 건물을 시공하는 과정에서 실제 사용되는 패턴이다. 패턴 랭귀지의 진행 과정은 공사 현장에서의 실제 작업 과정과 거의 정확하게 일치한다. 덧붙여서, 이 시공 패턴들은 그 자체로서 다른 패턴보다 구체적이지만 추상적이기도 하다.

시공 패턴들은 매우 구체적이다. 이는 각 패턴에서 시공에 바로 적용할 수 있는 해석을 적어도 하나씩은 제시하고 있기 때문이다. 예를 들면, 패턴 **뿌리와 같은 기초(214)**에서 우리는 이 패턴을 실현시킬 수 있는 하나의 특정한 해석을 제시했으며 또한 즉각적이며 현실적인 시공 방법을 제공하였다.

동시에, 시공 패턴은 너무 추상적이기도 하다. 우리가 각 패턴에서 제시한 독특하고 구체적인 설명은 수천 가지의 방법으로 해석되고 재생산될 수 있다. 따라서, 대지에 건물을 고정시킨다는 것은 나무의 뿌리와 같은 기능을 한다는 일반적인 개념을 취하는 것이 가능할 것이다. 그리고 기본적인 사항들을 적용하면서도 완전히 다른 물리적 시스템을 다수 고안해 낼 수 있다. 이런 관점에서 보면, 시공 패턴은 이 책의 다른 어떤 패턴들보다 해석 가능한 범위가 넓기 때문에 보다 추상적이라고 할 수 있다.

실제의 시공 시스템은 시공 패턴을 기본 원리로 하여 다양하게 발전될 수 있다는 것을 설명하기 위해서, 각각의 상황에 적합하도록 개발된 세 가지 예를 제시하고자 한다.

1. 멕시코: 보강 철근으로 결합된 콘크리트 블록 기초, 공동벽돌*을 대나무로 보강하여 쌓아 올린 벽체나 기둥, 버렙burlap*을 이용한 콘크리트 보, 흙과 아스팔트로 마감된 급경사의 바렐 볼트*, 수성 백색 도료로 칠해진 마감.
2. 페루: 벽체 기초와 일체화된 슬래브 바닥, 부드럽게 구운 타일을 이용한 마감, 기둥과 보를 위한 강한 목재(디아블로 퓨에르테Diablo fuerte라고 하는 목재), 기둥 사이의 벽체로서 기능하는 대나무 윗가지 위의 회반죽 마감, 천장과 바닥에 경사지게 설치된 두꺼운 목재 판자, 대나무로 된 격자의 칸막이 벽.

3. 버클리: 색이 있는 왁스로 마감된 콘크리트 슬래브, 외부 면은 1X 보드로 하고 내부 면은 석고보드로 하여 그 사이에 경량 콘크리트로 채운 벽체, 1X 보드로 형틀을 만들고 경량 콘크리트로 채워 넣은 박스형 기둥, 격자형 목재와 버렙 형틀로 만들어진 2인치약 5cm의 콘크리트 천장/바닥 볼트.

　위 예에서 알 수 있듯이 시공 패턴들은 공사비에 각별한 주의를 기울여 만들어졌다. 그리고, 각 패턴에서는 되도록 저렴하고 쉽게 구할 수 있는 재료를 사용한 예를 제시하고자 하였다. 또한, 일반인들도 직접 할 수 있는 시공 방법으로(따라서, 노임이 들지 않도록) 그리고, 만약 전문가가 필요한 경우라도 되도록 낮은 노임으로 가능하도록 계획하였다.

　패턴 랭귀지의 세 개의 부 중에서 이 부는 완성도가 가장 낮다. 실제로 도시는 부분적으로, 건축은 전반적으로 검증되었으나, 이 세 번째 부는 비교적 작은 규모의 건물 몇 동에 대해서만 검증을 마쳤을 뿐이며 이는 앞으로 상당한 발전이 필요하다는 것을 의미한다.

　그러나, 가능한 한 우리는 주택, 공공건물, 상세부 시공, 증축 등의 다양한 건축 프로젝트를 통해서 이 패턴들을 모두 검증하려 한다. 각 패턴에 대해 보고할 만한 연구 사례가 모아지는 대로, 우리는 실험 결과를 설명하는 책을 출간할 것이다.

　여러 관점에서 아직 미흡하긴 하지만, 이 부분은 패턴 랭귀지 가운데 가장 흥미로운 부분이다. 왜냐하면, 패턴의 영향 하에서 건물이 실제로 성장해 가는 것을 우리 눈으로 가장 분명하게 확인할 수 있는 몇 안 되는 패턴이기 때문이다.

　건물의 실제 시공 과정, 즉 이 시공 패턴의 진행 과정은 『시간을 초월한 건설의 길The Timeless Way』의 제23장에서 설명하였다.

건축구조를 상세하게 계획하기 전에 자신의 계획안이나 건물의 개념이 건축구조로 그대로 발전될 수 있도록 건축구조 철학을 확립한다.

205. 사회적 공간을 따르는 구조**

STRUCTURE FOLLOWS SOCIAL SPACES

···· 앞서 설명한 패턴들을 이용하였다면 계획안에는 사회적 공간이 미묘하
게 배치되어 있을 것이다. 하지만, 기술적인 한계로 인하여 건물의 형태를
왜곡하거나 재배치하면서 사회적 공간을 형성해야 하는 상황이라면, 건물
을 짓기 시작할 때부터 사회적 공간의 아름다움과 미묘함은 파괴될 것이다.
이 패턴은 실제로 건물을 시공할 때 사회적 공간을 형성할 수 있는 시공법
의 출발점을 제시한다.

　이 패턴은 구조나 시공을 상세하게 다루는 49개의 패턴 중 첫 번째 패턴
으로서, 방과 건물의 계획과 관련된 큰 패턴에서부터 시공 과정의 특정한
부분을 다루는 작은 패턴에 이르기까지 모든 패턴을 시행하는 데 통과해야

만 하는 관문과도 같은 역할을 한다. 그리고, 사회적 공간과 하중지지구조
와의 관계에 대한 본질적인 논의뿐만 아니라, 결과적으로는 시공에 있어서
모든 상세부와 기둥, 벽, 바닥, 지붕, 구조에 관한 패턴을 위해 필요한 모든
상관 관계의 목록을 포함한다.

◆　　◆　　◆

**물리적 공간(기둥, 벽, 천장으로 정의되는)이 사회적 공간(활동과 인간집단
에 의해 정의되는)과 일치하지 않는다면, 사람들은 어떤 건물에서도 편안함
을 느끼지 못할 것이다.**

하지만, 현대적인 시공법 중에서 물리적 공간과 사회적 공간이 일치하는
시공법은 거의 존재하지 않는다. 따라서, 물리적 공간과 사회적 공간은 대
부분 일치하지 않는다. 이러한 불일치는 20세기 중엽에 보편적으로 행해졌
던 현대적 시공법 즉, 기술적인 관점에서 얻어진 건축구조물에 사회적 공간
을 무리하게 맞추는 시공법 때문에 발생하는 것이다.

앞서 이야기한 불일치에는 두 가지의 형태가 존재한다.

첫째, 구조적 형태가 실제적으로 매우 많은 조건을 만족시켜야 하기 때문
에, 사회적 공간을 건축물의 형태에 맞추면서 발생하는 불일치이다. 예를
들어, 풀러Buckminster Fuller의 돔, 쌍곡포물면hyperbolic paraboloids, 인장구조tension
structure•가 있다.

지오데식 돔geodesic dome　　　　　　강재와 유리

둘째, 몇 개의 큰 기둥으로 구성되어 구조적 요소가 거의 없는 건물에서
발생하는 불일치이다. 이러한 건물 내에서의 사회적 공간은, 건축 기술에
의해 제공된 '애매모호한' 물리구조라고 할 수 있는 비내력 칸막이 벽에 의

해서 정의된다. 미스 반 데로에Mies van der Rohe나 SOM Skidmore Owings and Merrill의
건물들이 그 예이다.

다음으로, 앞의 두 불일치가 서로 완전히 다른 이유이지만, 사회적 공간에
근본적인 장애를 일으킨다는 것에 대해서 논의해 보도록 하겠다.

첫 번째의 불일치는 구조체가 사회적 공간을 속박하여 공간을 본래의 모
습과는 다른 모습으로 만들어 버리기 때문에, 구조체가 사회적 공간에 손상
을 입힌다. 우리의 경험으로부터 단언하건대, 사람들은 자신이 이용할 건물
을 디자인하기 위해서 이 패턴 랭귀지를 사용할 수 있고, 다른 고려사항으
로부터 방해 없이 만들어진 평면은 놀랄 만큼 자유로운 배치가 가능하며 사
람들의 생활과 습관의 세세한 부분에까지 적합하다는 것이다.

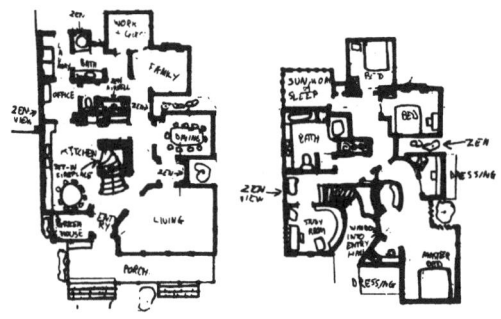

거주자에 의한 주택 평면

물리적 공간과 사회적 공간이 일치하는 계획안의 실행을 불가능하게 하
고, 구조적인 이유로 사회적 공간을 이질적인 기하학에 구속시키려는 시공
법은 사회적인 손상을 가한다.

물론, 건물의 구조적 요구가 거주자의 사회심리적 요구만큼 본질적인 것
인지 논의될 수도 있을 것이다. 이 논의는 활동에 기초한 자유로운 평면에
보다 정확히 순응하는 시공법이 존재하지 않는다면 필요할 것이라고 생각
한다.

그러나, 다음의 몇 가지 패턴은 어떠한 타협 없이 사회적 공간에 완벽하
게 순응하며 구조적으로도 안전한 시공법이 존재한다는 것을 확실히 보여
준다. 그러므로, 사회활동에 의해 요구되는 공간을 만들기 위해, 사회활동에
완벽하게 순응되지 못하는 어떠한 시공법도 정당하게 거부될 수 있음을 명

백히 한다.

사회적 공간과 물리적 공간의 두 번째 불일치는, 넓은 간격으로 배치되어 있는 기둥에 의해 거대하며 '유연한' 공간이 만들어지고, 사회적 공간은 구조체 내부에서 비내력 칸막이 벽에 의해 형성되는 경우이다.

이 경우에도 마찬가지로, 중요한 패턴들이 설계에 통합될 수 없다. 예를 들어, 각 실의 두 면 채광(159)은 이 거대한 상자 모양의 구조체에서는 실현될 수 없다. 또한, 이 같은 건물에서는 사회적 공간과 공학적 구조 사이의 불일치가 하나 더 존재하는데, 이는 사실상 사회적 공간과 공학적 구조가 서로 독립적이라는 것에서 기인한다. 공학은 자신들의 법칙을 따르고, 사회적 공간 또한 스스로의 법칙을 따른다. 그리고, 두 법칙은 절대 일치하지 않는다.

이러한 불일치는 단순히 불일치로 느껴질 뿐만 아니라, 건물이라고 하는 조직체에 내재하는 본질적이고 충격적인 모순으로 느껴지고 감지된다. 그리고, 이는 사람들을 불안하게 하고, 세상과 자신과의 관계 그리고 스스로를 의심하게 만든다. 우리는 이에 대해 네 가지 사항을 제시하고자 한다.

첫째, 사회적 그리고 심리적 요구에 관여하는 패턴들이 필요한 공간은 매우 중요하다. 만약, 이러한 공간이 올바르게 형성되지 못하면, 사회·심리적 요구는 실현되지 못하며 문제도 해결되지 못할 것이다. 이 공간들은 매우 중요하기 때문에 사람들의 요구에 말만 앞세운 조잡하고 무계획적인 칸막이 벽으로 구획된 공간이 아니라 실제적인 공간으로 느껴져야 한다. 예를 들어, 현관실이 조잡한 칸막이 벽으로 구성된다면, 현관실은 고유의 기능을 발휘할 수 없을 것이고 사람들 또한 현관실을 진심으로 받아들이지 않을 것이다. 가장 견고한 요소들로 공간을 형성할 경우에만, 공간이 필요로 하는 요구들이 완전하게 만족될 것이고 그렇게 느껴질 것이다.

둘째, 사용자가 건물의 구조, 즉 건물이 어떻게 만들어졌는지에 대해서 직접적으로 그리고 직관적으로 느낄 수 없다면, 사용자는 건물을 이질적으로 느낄 것이다. 그렇기 때문에, 건물의 구조체가 숨겨진 건물 안에 있는 사람들은 건물에 대한 이해가 실제와 다를 수 있을 것이다. 우리는 이 사실이 특히 아이들에게 중요하다는 것을 알고 있으며, 어른에게도 중요하게 여겨져야 한다고 생각한다.

셋째, 사회적 공간이 그 공간을 지지하는 구조체로 둘러싸이면 중력의 힘은 사회적 공간에 통합되고 그곳에 있는 사람은 그 공간에서 작용하는 모든 힘들이 해결되었음을 느낀다. 이 같은 힘들이 동시에 그리고 모두 해결된 공간에 있는 경험은 정말로 편안하며 온전한 것이다. 이는 마치 참나무 아래에 앉아 있는 것과 같다. 자연의 만물은 하나가 되어 그들에게 작용하는 모든 힘들을 함께 해결한다. 즉, 이런 의미에서 그들은 온전하게 균형을 이루고 있는 것이다.

넷째, 공간이 그 공간의 모서리에 의해서 정의된다는 것은 심리학적 사실이다. 단지 네 개의 점이 사각형을 연상하도록 하는 것처럼, 네 개의 기둥(혹은 그 이상)은 기둥 사이의 가상적인 공간을 규정한다.

네 개의 점은 사각형을 연상시킨다.

이는 고정된 요소로 공간을 규정하는 가장 본질적인 방법이다. 건물을 만드는 실제적이고 견고한 요소가 사회적 공간의 모서리에 놓여 있지 않다면, 의도된 사회적 공간 대신 다른 가상의 공간을 만들어낼 것이다. 방의 모서리가 확실하게 규정되거나 일치되고 최소한 견고한 요소로 이루어질 경우, 건물은 심리적으로 편한 공간으로 느껴질 것이다.

그러므로,

시공의 제1원칙: 어떠한 이유에서든 공학적인 요소가 건물의 형태에 영향을 미치지 않도록 한다. 기둥이나 벽 그리고 바닥과 같은 하중지지 요소들은 건물의 사회적 공간에 따라 배치한다. 건물의 구조에 맞추기 위해 사회적 공간을 수정해서는 안 된다.

구조

사회적 공간들

◆　　　◆　　　◆

　구조가 사회적 공간을 따르도록 하기 위해서, 모든 사회적 공간의 모서리에 기둥을 배치하고 - **모서리의 기둥**(212), 각각의 방과 사회적 공간 위로 분명하고 분리된 볼트를 설치한다 - **바닥·천장 볼트**(219).

　이 패턴을 따라서 건물을 만드는 데 필요한 구조 원칙은 **효율적인 구조**(206)에서 시작하며, 알맞은 재료에 대해서는 **좋은 재료**(207)를 참고한다. 또한, 시공 과정의 기본을 위해서는 **단계적인 보강**(208)을 참고한다 - …

206. 효율적인 구조*

EFFICIENT STRUCTURE

···- 이 패턴은 사회적 공간을 따르는 구조(205)를 보완한다. 사회적 공간을 따르는 구조는 사회적 공간과 구조의 관계를 정의하는데, 이 패턴에서는 순수하게 공학에 의해 좌우되는 구조에 대한 내용을 규정한다. 앞으로 기술할 내용에서 알 수 있듯이, 이 패턴은 사회적 공간을 따르는 구조에 적합하고, 따라서 그러한 공간을 만드는 데 도움이 될 것이다.

◆　◆　◆

건물은 기둥-보 구조, 내력벽-바닥 슬래브 구조, 볼트 구조, 돔 구조, 텐트 구조 등으로 만들어진다. 그러나, 이 중 어떤 구조 시스템이 혹은 어떤 구조 시스템의 조합이 가장 효율적인 것일까? 견고하며 공간을 올바르게 규정하고 최소한의 재료가 필요한 가장 좋은 방법은 무엇인가?

기술자들은 이 질문에 대한 답은 없다고 이야기한다. 현재의 기술적 관례에 따르면, 먼저 구조 시스템 중에서 임의로 하나의 시스템을 선택한다. 그러면, 선택된 시스템에서 각 부재들의 치수를 결정하기 위한 이론과 계산법을 이용할 수 있게 된다. 일반적인 관점에서 보면, 기본적인 구조 시스템을 선택하는 일 자체는 이론의 영향을 받지 않는다.

탐구적인 자세를 가진 사람이라면 이 같은 상황을 이상하게 생각할 것이다. 기둥-보 시스템, 내력벽 시스템, 볼트 구조 시스템 중에서 하나를 정하는 기본 구조 시스템의 선택 과정은 매우 즉흥적이이어서, 순수한 구조 시스템들의 원형을 이용한 수많은 조합 시스템들은 고려되지도 못한다. 이와 같은 상황은 구조에 대한 본질적인 통찰력보다는 선택할 수 있는 구조 이론과 더욱 관련이 있는 것이다.

지금부터 우리가 증명하려는 것은 건물의 효율적인 구조 문제에 대한 최선의 해답이 가장 일반적인 세 가지 원형 사이에 놓여 있다는 것이다. 이 구조 시스템은 바닥 볼트, 지붕 볼트, 벽을 이용하는 일종의 내력벽 구조이며 벽은 기둥으로 보강한다.

우리는 가장 효율적인 구조의 특징을 3단계로 나누어 도출하고자 한다. 우선, 건물의 방과 공간의 전형적인 시스템에서 보이는 3차원적인 특징을 정의하고자 한다. 다음으로, 최소한의 재료를 이용해서, 구조재가 자중˚과 하중을 지지할 수 있도록 하는 가장 효율적인 구조를 정의하고자 한다. 마지막으로, 효율적인 구조의 상세를 명백히 하고자 한다. 이와 유사한 논의에 대해서는 알렉산더의 「기본적인 원칙으로부터 인간적인 건축시스템을 도출하기 위한 시도An attempt to derive the nature of a human building system from first principles」를 참고하도록 한다.[Alexander 1974]

Ⅰ. 일반적인 건물의 3차원적인 특징은 순수하게 사회적 공간과 방의 성격에 있다.

일반적인 개념으로부터 이를 증명하기 위해서, 먼저 방의 전형적인 형태를 살펴보고 - **실내 공간의 형태**(191), 계속해서 이런 형태의 방들로 구성된 건물의 가장 효율적인 구조를 도출하고자 한다.

1. 평면상에 보여지는 어떠한 공간의 경계가 완전하게 직선일 필요가 없더라도, 비교적 곧은 선들로 구성된다.

2. 공간의 천장고는 그 공간의 사회적 기능에 따라 다양하다. 개략적으로 말하자면, 천장고는 바닥 면적에 따라 변하는데, 넓은 공간이면 천장이 높고 좁은 공간이면 천장은 낮다 - **다양한 천장고**(190).

3. 공간의 가장자리는 사람의 머리 높이인 대략 6피트약 1.8m까지는 기본적으로 수직이다. 머리 높이 위의 공간은 경계면이 둥글게 될 수도 있다. 일반적으로 벽과 천장 사이의 상부 모서리는 사실상 아무 기능도 하지 않기 때문에, 필수적인 부분으로 고려될 필요가 없다.

4. 모든 공간의 바닥은 평평하다.

5. 따라서, 건물의 단면은 벌집 모양이며, 각 공간의 크기에 따라 천장고가 다양한 다각형 공간들의 집합체이다.

사회적 공간을 따르는 구조(205)의 원리를 따른다면, 공간의 3차원적 배열은 어떠한 구조적인 이유에 의해서도 방해받지 않고 온전히 유지되어야 함을 짐작할 수 있을 것이다. 즉, 효율적인 구조는 각 공간들의 사이 틈만을 점유하는 것이다.

다각형의 벌집 공간의 집합

이 구조의 아주 개략적인 모습은 다음과 같은 과정을 통해 시각화할 수 있다. 먼저, 건물 내에 있는 각 공간을 밀랍으로 만들고, 밀랍 덩어리 사이에 적당히 간격을 두고 입체적으로 배치한다. 이제, 손쉽게 구할 수 있는 '액상 구조재structure fluid'를 배치된 덩어리 사이에 부어서 틈을 메우고 완전히 덮는다. 액상의 구조재가 굳기를 기다렸다가 밀랍을 녹인다. 이렇게 해서 남겨진 것이 가장 일반적인 건물의 구조이다.

II. 주어진 공간 시스템에서의 가장 효율적인 구조

액상의 구조재로 만들어진 가상적 구조가 실제 구조가 아님은 분명하다. 게다가, 이 구조는 비효율적이며 실제로 만들려면 막대한 양의 재료가 사용될 것이다. 이제 우리는 최소한의 재료를 사용하며 이와 같은 가상적인 구조에 가까운 구조를 어떻게 만들 것인가를 알아보고자 한다. 앞으로 논의하겠지만, 가장 효율적인 구조는 휨과 인장을 최소화한 압축 구조compression structure일 것이며, 다양한 하중 조건에 의해 발생하는 응력˚을 모든 부재가 최소한 일부분이라도 부담할 수 있도록 부재들이 서로 견고하게 연결된 구조이다.

1. 압축 구조. 효율적인 구조에서는 모든 부재는 부재가 가진 능력을 충분히 발휘해야 한다. 보다 정확한 용어로 말하자면, 모든 재료가 세제곱인치당 균등하게 분산된 응력을 부담해야 한다. 예를 들어, 목재로 된 단순보˚에서는 보가 균등하게 분산된 응력을 부담하지 않는데, 보의 상단과 하단에는 응력이 가장 크며 보의 중간부에는 응력에 비해 재료가 과다하게 사용되므로 매우 낮은 응력이 작용한다.

일반적으로 휨이 일어나는 부재들은 항상 불균등한 응력 분포를 지닌다고 말할 수 있다. 그리고, 구조가 휨의 위험성으로부터 완전히 자유롭다면, 이는 응력이 재료 전체를 걸쳐 균등하게 분산된 경우에 한해서이다. 간단히 말해서, 완벽하고 효율적인 구조는 휨으로부터 자유로워야 한다는 것이다.

휨을 피할 수 있는 구조방식에는 두 가지가 있다. 순수 인장구조˚와 순수 압축구조˚가 그것이다. 비록 순수 인장구조가 이론적으로 흥미롭고 특정한 사회 목적에 적당하다 할지라도, 대부분의 재료는 압축에는 저항할 수 있는 반면, 인장재료˚는 구하기 어려우며 상당히 고가이기 때문에 **좋은 재료**(207)를 통해서 대체로 배제시켰다. 특히, 목재와 강재는 건물에 사용되는 일반적인 인장재료이지만, 모두 부족한 실정이며 생태학적 관점에서 보아도 더 이상 대량으로는 사용하지 못할 것이다. 이에 대해서는 **좋은 재료**(207)를 참고한다.

2. 연속된 구조. 효율적인 구조에서는 하중에 의해서 개별 요소가 균등한 응력 분포를 나타내는 것뿐만 아니라 구조가 일체가 되어 전체로서 작용한다.

바구니를 생각해보자. 바구니를 구성하는 하나하나의 가닥은 약하다. 때문에, 하나의 가닥은 큰 하중에 저항하지 못한다. 하지만, 바구니는 매우 조밀하게 만들어져서 작은 하중이 바구니에 작용할지라도 모든 가닥은 하중에 균등하게 저항한다. 만약, 누군가가 손가락으로 바구니의 일부를 눌러본다면, 손가락으로 누른 부분에서 멀리 떨어진 부분은 물론 바구니의 모든 가닥이 함께 하중에 저항한다. 전체 구조는 하나가 되어 하중에 저항하기 때문에, 어느 부분도 개별적으로 강하지는 않지만 하중에 견딜 수 있는 것이다. 이 원리는 광범위한 하중 조건에 직면하는 건물의 구조에 있어서 매우 중요한 원리이다. 순간적으로 바람이 한 방향에서 매우 강하게 불거나, 지진에 의해서 건물이 흔들리기도 한다. 시간이 경과하여 기초의 일부분이 부동 침하를 일으켜 고정 하중의 분포가 변하기도 한다. 또한, 건물 내부의 사람들이나 가구는 건물의 수명이 다할 때까지 움직인다. 만약, 개별적인 구조 요소가 자체적으로 상정한 최대 하중에 단독으로 저항할 만큼 강한 저항력을 지니도록 하려면, 건물은 거대한 구조체가 되어야 할 것이다.

그러나, 건물을 바구니처럼 연속된 구조체로 만든다면, 건물의 모든 부분이 최소한의 하중을 부담하기 때문에 예상치 못한 하중이 발생하더라도 큰 문제를 일으키지는 않을 것이다. 연속된 구조체는 어떠한 하중 조건에서도 건물 전체의 모든 부재에 하중을 분배할 것이고, 건물은 하나로 작용할 것이다. 따라서, 부재를 매우 작게 만들어도 된다.

건물의 연속성은 접합부에 의해 좌우된다. 즉, 재료와 형태의 실제 연속성이 어떤가에 달려 있는 것이다. 이질적인 재료 간의 접합은 동일한 재료를 쓴 것만큼 하중을 효과적으로 분산시키기가 어렵다. 거의 불가능하다. 그래서 각 부재가 실질적인 연속성을 갖도록 하나의 재질을 써야 하는 것이 핵심이다. 따라서, 각 부재가 실제로 연속되도록 하나의 재료로 건물을 만들어야 한다. 또한, 각 부재들 간의 접합 형태 역시 중요하다. 직각으로 부재를 이으면 연속성이 끊어진다. 벽과 천장, 벽과 벽, 기둥과 보의 접합부가 경사진 모살*로 연결된 경우에만 하중을 건물 전체로 분산할 수 있다.

III. 효율적인 구조의 상세

이제 효율적인 건물이 압축구조이고 연속되어 있다고 가정해보면, 직접적인 추론에 의해 구조의 주요 형태를 짐작할 수 있게 된다.

1. 천장, 바닥, 방은 모두 볼트가 되어야 한다. 이는 다음과 같은 이유에서이다. 돔과 볼트 형태는 모든 하중이 압축응력으로 작용하는 유일한 형태이다. 그리고, 바닥과 지붕이 가장자리에서 아래쪽으로 곡선을 그리면서 내려가는 경우에만 바닥과 지붕은 벽과 연속성을 가진다. 또한, 사회적 공간의 형태로도 그 이유를 설명할 수 있는데, 벽과 천장이 맞붙는 삼각형 공간은 전혀 유용성이 없기 때문에, 구조재를 놓기가 적당하다.

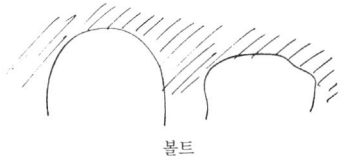

볼트

2. 모든 벽은 반드시 하중을 지지하는 내력벽*이어야 한다. 하중을 지지하지 못하는 비내력벽*은 건물의 모든 부분이 하중을 부담해야 하는 연속성의 원리에 맞지 않는다. 게다가, 하중을 지지하지 않는 비내력벽으로 만들어진 공간에서는 기둥과 기둥 사이에 전단 보강이 필요하다. 하지만, 내력벽은 자연적으로 전단력*에 저항하며, 벽·바닥·천장의 연속성은 각 구조 요소들을 완전하게 묶어주는 벽에 의해서만 가능하다.

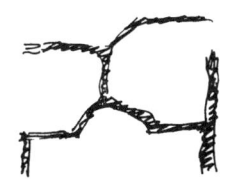

하중을 지지하는 내력벽

3. 벽은 반드시 길이에 따라 일정한 간격으로 기둥 리브rib*를 두어 보강되어야 한다. 만약, 같은 양의 재료로 벽을 만든다고 할 때, 재료를 재분배하여 벽에 수직 리브를 만든다면 벽은 보다 효과적으로 하중에 저항할 것이다. 또한, 가장 효과적으로 좌굴*에 저항하는 방법이기도 하다. 그리고, 벽에 상

정된 최대 압축강도에 저항하기 위해서는 모든 벽에 이 같은 보강이 필요하다. 이에 대해서는 **최종 기둥 배치**(213)를 참고한다. 그리고, 이 보강재는 수평력에 대해서 보와 같은 역할을 하기 때문에, 수평 하중을 해결하는 데 도움이 된다.

수직 보강재

4. 벽과 바닥, 벽과 벽의 연결은 반드시 접합부를 따라 모살을 형성하도록 여분의 재료를 이용하여 두껍게 한다. 접합부는 연속성에 있어서 가장 취약한 지점이며, 직각으로 연결되는 경우가 가장 나쁘다. 하지만, **실내 공간의 형태**(191)에서 알 수 있듯이 벽과 벽은 거의 직각으로 만나며, 물론 벽이 바닥과 만나는 부분 역시 거의 직각이다. 따라서, 직각으로 만나는 접합부의 영향을 최소화하기 위해서, 직각의 접합부를 충진*해야 한다. 이 원리에 대해서는 **기둥 접합부**(227)에서 설명할 것이다.

두껍게 처리한 접합부

5. 벽에 개구부가 있는 경우, 개구부는 두꺼운 틀로 보강하는데 상부틀은 반원형으로 한다. 이는 연속성의 원리에서 곧바로 도출되는 사항으로 **두꺼운 틀**(225)에서 보다 상세하게 논의할 것이다.

개구부

그러므로,

건물은 하나의 연속된 압축재*로 만들어진다고 간주하도록 한다. 기하학적 관점에서 보면 다수의 볼트로 만들어진 3차원 시스템으로 간주할 수 있으며, 공간의 대부분은 대체로 사각형이며 하중을 지지하는 얇은 내력벽으로 둘러싸여 있다. 내력벽은 일정한 간격의 기둥 리브로 보강하도록 한다. 그리고, 벽과 벽이 만나는 곳과 벽과 볼트가 만나는 지점은 두껍게 하고 개구부 주변은 보강하도록 한다.

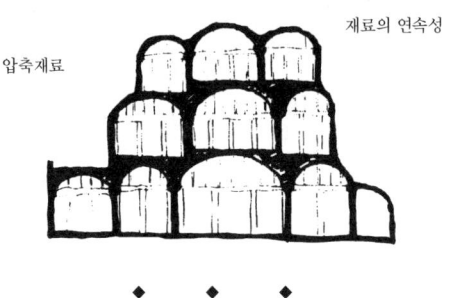

압축재료　　　　　　　　　　재료의 연속성

◆　　◆　　◆

　　내부 볼트의 배치는 바닥과 천장의 배치(210), 바닥·천장볼트(219)에서 제시하며, 지붕을 형성하는 외부 볼트의 배치는 지붕 배치(209), 지붕 볼트(220)에서 설명한다. 벽체를 구성하는 보강재의 배치는 최종 기둥 배치(213)에서 설명하고, 벽과 벽이 만나는 접합부의 보강에 대해서는 모서리의 기둥(212)에서, 벽과 볼트가 만나는 접합부의 보강은 테두리 보(217)에서, 기둥과 벽의 시공에 관해서는 박스형 기둥(216), 구조벽 막(218)에서 제시한다. 문이나 창문틀의 보강은 두꺼운 틀(225)에서, 기둥과 보의 비직각 연결에 관해서는 기둥 접합부(227)에서 제시한다 ----…

207. 좋은 재료**

GOOD MATERIALS

···· 구조 원리에 따라서, 계획에 의해 주어진 사회적 공간에 알맞고 건축재
료가 가장 효과적으로 분배된 건물을 상상할 수 있을 것이다 - **사회적 공간
을 따르는 구조(205), 효율적인 구조(206).** 그러나, 여전히 구조적 개념은 도
식적인 것이기 때문에, 이 개념은 건물에 사용될 건축재료를 알게 되면 확
실해지고 설득력을 가질 수 있게 된다. 이번 패턴은 건축재료의 결정에 도
움이 된다.

◆　◆　◆

산업사회에서는 건축재료의 본질에 대한 근본적인 논쟁이 존재한다.

우선, 유기적인 건물은 수작업이 가능하며 놓이는 위치에 따라 독특한 형태를 취하는 수많은 작은 조각들로 구성된 재료로 만들어진다. 그러나 산업사회에서는 비싼 노임과 대량생산의 편리함 때문에 크고 균일하며 가공이나 수정이 용이하지 않고 계획의 독특한 특징에는 대응하지 못하는 건축재료가 생산되는 경향이 있다. 이와 같은 현대적 재료들은 건물이 유기적인 특징을 지닐 수 없도록 할 뿐 아니라 유기적 특징을 파괴하기까지 한다. 게다가, 현대적 건축재료는 조잡하며 유지관리가 어렵다. 그렇기 때문에, 현대식 건물은 몇 백 년 동안 지속적이고 신중하게 유지되고 개선되어 왔던 산업사회 이전의 건물보다 빠른 속도로 상태가 악화된다.

그러므로, 재료에 있어서 중요한 문제는 현장에서 작은 크기로 가공이 용이하고, 거대하고 값비싼 기계의 도움 없이도 작업할 수 있으며, 다양하게 변화하여 적응력이 있고, 견고하고 충분히 무거우며, 오래 견디고 보수가 용이하며, 전문화된 노동력이나 비싼 노임을 지불하지 않더라도 시공하기 쉬운, 어디에서든 구할 수 있는 저렴한 재료들의 조합을 찾아내는 것이다.

더욱이, 이 같은 좋은 재료들은 생태학적으로도 아무 문제가 없으며 자연 분해되고, 에너지 소비가 적으며 고갈되지 않는 자원을 기본으로 한다.

위의 요구 사항들을 고려하면, '좋은 재료'라는 것은 오늘날 일반적으로 사용되고 있는 재료들과는 상당히 다른 의외의 재료가 될 수도 있다. 다음의 논의는 이러한 좋은 재료를 정의하고자 하는 우리의 시도이다. 아직은 불완전하긴 하지만 재료에 대한 문제들을 보다 신중하게 생각하는 데 도움이 될 것이다.

우선, '주재료'라 부르는 것으로부터 시작하는데, 주재료는 한 건물에서 쓰인 재료 중에서 가장 많은 부피를 차지하는 재료를 말하며, 사용된 전체 재료 부피의 80%를 차지하기도 한다. 전통적인 주재료에는 흙, 콘크리트, 목재, 벽돌, 석재, 눈 등이 있다. 오늘날의 주재료에는 기본적으로 목재와 콘크리트이며 대형 건물에서는 강재가 주재료에 속한다.

주재료를 우리의 기준에 따라 엄격하게 분석해보았다. 석재와 벽돌은 좋은 재료로서의 요구에 가장 적합하긴 하지만 노동집약적인 시공 과정을 거쳐야 하므로 노임이 비싼 지방에서는 적합하지 않다.

목재는 여러 측면에서 아주 훌륭한 재료이다. 그렇기 때문에 목재를 쉽게 구할 수 있는 곳에서는 아주 많은 양의 목재가 사용되고, 목재를 쉽게 구할 수 없는 곳에서도 되도록 많은 양의 목재를 확보하려 한다. 산림은 제대로 관리되지 못했기 때문에 황폐해졌고, 대형 목재의 값은 천정부지로 치솟았다. 오늘 신문에 "연방의 경제 통제가 해제된 이후 목재 가격은 한 달에 15% 정도 상승했고, 현재 가격은 작년에 비해 약 55%정도 상승했다"라는 기사가 있었다. 따라서, 목재는 중요한 건축재이지만, 주재료나 혹은 구조 목적으로 사용되어서는 안될 것이다.

강재 역시 주재료로는 적합하지 않다. 고층 건물은 사회적으로 의미를 가지고 있지 않기 때문에 고층 건물에 사용하는 강재 또한 무의미하다 - 4층 제한(21). 그리고 강재는 저층 건물에 사용하기에는 너무 비싸고 수정이 불가능하며, 생산에도 많은 에너지가 소비된다.

흙은 흥미로운 주재료 중 하나이다. 하지만, 흙은 형태를 만들고 고정시키는 것이 어렵기 때문에 두께가 두꺼워지고, 따라서 벽의 중량은 매우 커진다. 그렇지만, 흙을 사용하기 적합한 장소나 용이하게 구할 수 있는 곳에서는 좋은 재료의 하나임에는 틀림없다.

일반적인 콘크리트는 밀도가 너무 높아 무겁고 작업도 쉽지 않다. 또한, 타설 후에는 절단하거나 못을 박기도 어렵고, 마감재를 이용하여 표면을 덮지 않은 콘크리트는 흉하고 차가우며 거친 느낌을 준다.

하지만, 콘크리트는 형태를 만들기에는 훌륭한 재료인데, 이는 콘크리트가 유동적이며 강도가 있고 비교적 값이 싸기 때문이다. 또한, 세계 어느 곳에서도 쉽게 구할 수 있다. 캘리포니아대학 공학부의 메타 교수P. Kumar Mehta 는 최근 버려진 쌀겨를 포틀랜드 시멘트로 가공하는 방법을 발견하였다.

콘크리트의 우수한 특성을 지니며 작업하기 용이하고 미려한 느낌을 주는 재료는 없을까? 여기에 그 답이 있다. 이는 목재와 유사한 밀도와 압축 강도를 가진 초경량콘크리트를 사용하는 것이다. 초경량콘크리트는 작업하기도 용이하며 못을 박을 수도 있고, 톱으로 절단할 수도 있다. 또한, 목재용 도구로 구멍을 뚫을 수도 있고 쉽게 수리할 수도 있다.

우리는 초경량콘크리트가 미래의 건설에 있어서 가장 기본적인 주재료중의 하나가 될 것이라 믿는다.

이제, 우리의 믿음을 명백하게 하기 위해 경량콘크리트에 대해서 논의해 보도록 하겠다. 우리는 실험을 통해서, 건축에 사용하기 가장 좋은 경량콘크리트는 밀도가 40~60pcf$^{pound\ per\ cubic\ feet}$의 범위이며, 압축강도가 600~1,000psi$^{pound\ per\ square\ inch}$라는 것을 알 수 있었다.

의외이지만, 현재 사용되고 있는 콘크리트 중에서 위의 범위에 속하는 콘크리트는 전체 콘크리트 중에서 가장 일반적이지 않은 부분에 속한다. 다음의 다이어그램에서 볼 수 있듯이, 소위 '구조용' 콘크리트는 일반적으로 밀도가 더 높고(적어도 90pcf) 강도도 높다. 가장 일반적인 골재로 질석을 사용하는 경량콘크리트는 주로 슬래브 하부나 단열재로 사용된다. 경량콘크리트는 매우 가볍지만, 일반적인 압축강도는 약 300psi 정도로 구조적으로 유효한 강도는 아니다. 그러나, 질석, 펄라이트, 부석, 이판암 등의 경량 골재를 섞으면, 밀도 40~60pcf와 압축강도 600psi의 콘크리트는 세계 어느 곳에서도 용이하게 만들 수 있다. 우리는 시멘트:카이라이트:질석을 1:2:3의 비율로 혼합하여 경량콘크리트를 만들었다.

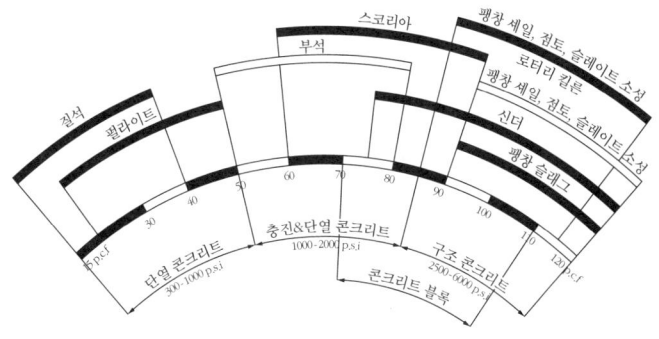

최근 사용되고 있는 콘크리트 배합

이 같은 주재료와는 별도로 거푸집 작업이나 표면 마감을 위해 비교적 적은 양을 사용하는 2차 재료가 있다.

건물을 관리하기 용이한 2차 재료로 만들게 되면 같은 재료로 건물을 수리할 수 있다. 즉, 건물의 원래 상태를 계속 유지할 수 있는 것이다. 또한, 숙련된 작업자나 특별한 도구에 의존하지 않고도 건물 사용자 스스로가 조금씩 수리할 수 있기 때문에, 유지와 보수는 더욱 용이하다. 프리패브* 재료로 만들어진 건물이라면 수리 자체가 불가능한 재료이기 때문에 이와 같은 간단한 수리도 할 수 없다. 이 경우 마감재가 파손되면 새로운 재료로 전체를 교체해야 한다.

이제 중정의 파티오*를 생각해보자. 파티오는 하나의 연속된 콘크리트 슬래브로 만들 수 있는데, 만약 슬래브 하부의 지표면에 변형이 생긴다면, 콘크리트 슬래브에는 균열과 휨이 발생하게 된다. 그러나, 이러한 경우에는 건물의 거주자가 수리할 수 없고, 숙련된 기술자가 전체 슬래브를 깨낸 다음(비교적 튼튼한 도구가 필요할 것이다) 수리해야 한다. 반면, 처음부터 작은 벽돌, 타일, 석재 등으로 파티오를 만들었다면, 하부의 지표면에 변형이 생긴다고 하여도 값비싼 기계나 전문적인 도움이 없이 거주자가 부서진 타일을 걷어내고 땅을 고르게 한 후, 타일을 교체할 수 있을 것이다. 그리고, 타일 혹은 벽돌의 일부가 손상되었을 경우도 쉽게 교체할 수 있다.

좋은 2차 재료는 무엇인가? 목재는 주재료로는 부적당하다고 설명하였지만, 문, 마감재, 창문, 가구를 만드는 2차 재료로는 아주 훌륭하다. 합판, 파티클 보드, 석고보드는 모두 절단, 못박기, 마감이 용이하며, 또한 가격도 비교적 저렴하다. 대나무, 짚, 회반죽, 종이, 파형금속판, 치킨와이어*, 캔버스, 천, 비닐, 밧줄, 슬레이트, 유리섬유, 비염소처리 플라스틱은 비교적 우리의 기준에 부합하는 2차 재료라고 할 수 있다. 그중 유리섬유와 파형금속판은 생태학적으로 의문스러운 재료이기는 하지만, 이와 같은 박판재는 주재료를 마감하고 테두리를 만드는 데 적절하다.

마지막으로 우리의 기준에서 주재료나 2차 재료에도 포함되지 않는 재료가 있다. 이러한 재료는 값이 비싸고, 독특한 계획을 구현하기에 적합하지 않으며 또한 에너지를 많이 소비하는 생산기술을 요하며 한정된 자원에 속하는 것들이다. 예를 들면, 강판, 압연 형강, 알루미늄, 고강도 프리스트레스 콘크리트*, 염화발포제, 구조용 목재, 시멘트 플라스터, 대형 판유리 등이 있다.

그리고, 철근콘크리트 구조에서 사용되는 철근이 영구히 공급될 수 있다고 생각하는 낙천주의자가 있다면 다음과 같은 사실을 고려해 본다. 전 세계적으로 충분한 양이 존재하는 철조차도 고갈되는 자원이다. 만약, 철의 소비가 현재의 증가율로 지속적으로 증가된다면(아직, 대부분 나라에서의

자원 이용이 미국과 서양의 소비 수준에는 미치지 않고 있으나), 철은 2050
년경에 고갈될 것이다.

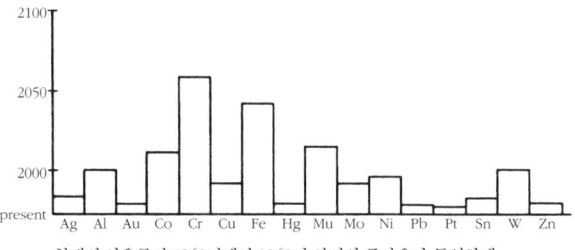

현재의 사용률이 1960년에서 1968년 사이의 증가율과 동일하게
증가한다고가정할 경우, 각각의 금속이 고갈될 것으로 예상되는 해

그러므로,

**자연적으로 분해되고 적은 에너지로 생산이 가능하며, 현장에서 절
단 및 가공이 용이한 재료만을 사용한다. 주재료로서는 초경량콘크리트
(40~60pcf)를 제안하며, 또한 다진 흙, 벽돌, 타일과 같은 콘크리트나 흙을
원료로 하는 재료도 가능할 것이다. 2차 재료로는 목재판, 석고, 합판, 천, 치
킨와이어, 종이, 판지, 파티클 보드, 파형 금속판, 회반죽, 대나무, 밧줄 그리고
타일을 사용한다.**

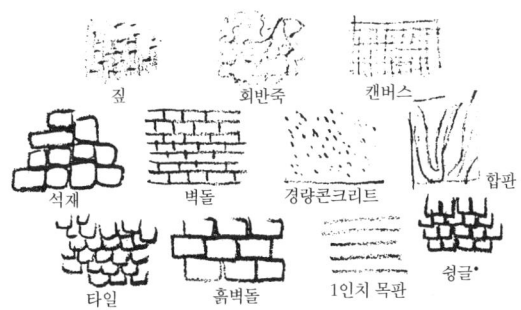

초경량콘크리트나 유기재료 또는 흙을 원료로 하는 재료

◆　　◆　　◆

단계적인 보강(208)에서 우리는 사회적 공간을 따르는 구조(205)와 효율

적인 구조(206)를 따르는 재료들을 사용하는 방법에 대해 검토할 것이다. 그리고, 재료 자체의 질감을 그대로 보여줄 수 있는 방법으로 재료를 사용할 것이다 - 겹침이음 외벽(234), 부드러운 내벽(235) - …

208. 단계적인 보강**

GRADUAL STIFFENING

‥‥사회적 공간을 따르는 구조(205), 효율적인 구조(206)에서 시공에 대한 접근법과 개념의 기초를 다루었으며, 좋은 재료(207)에서는 인간적 그리고 생태학적 요구를 충족시키기 위해 사용해야 하는 재료에 대하여 검토하였다. 하지만, 건물의 구조 배치를 위한 실질적인 작업을 시작하기 전에 개념적인 패턴을 하나 더 살펴봐야 한다. 이번 패턴은 적절한 재료를 사용하여 전반적인 구조 개념을 바르게 파악할 수 있도록 하는 시공 과정을 정의한다.

패턴 랭귀지 사용에 있어서의 기본적인 개념은, 건물은 각각의 사용자의 요구와 대지에 적합해야 하며, 또한 사용자의 요구와 대지의 조건들에 적합하게 만들기 위해서는 건물의 계획이 보다 느슨하고 유동적이어야 한다는 것이다.

이는 시공 과정에 대한 완전히 새로운 태도를 요구한다. 우리는 이와 같은 태도를 다음과 같이 정의하고자 한다. 즉, 최종적인 계획이 수립되는 동안, 시공 초기단계에서는 느슨하고 개략적으로 시공을 진행하다가, 시공 과정을 거치면서 점차적으로 보강하는 방법으로 건물을 세우는 것이 바람직하다는 것이다. 그렇게 하면, 각각의 부가적인 시공 작업은 구조를 더 철저하게 만들게 될 것이다.

이 개념을 바르게 이해하기 위해서 바구니처럼 만들어진 건물을 상상해보는 것이 도움이 될 것이다. 우선, 몇 개의 가닥으로 대략의 형태를 만든다. 이때까지 바구니는 매우 엉성하다. 하지만 여기에 다른 가닥들이 엮어져 가면서 바구니는 점점 튼튼해진다. 바구니의 최종적인 강도는 모든 부재의 협력으로만 도달할 수 있으며, 바구니가 완전히 만들어지기 전까지는 도달할 수 없다. 이와 같은 의미로, 모든 부재가 구조적으로 기능하는 건물은 바구니를 만드는 것과 같은 과정을 통해서만 만들어질 수 있는 것이다. 이에 대해서는 효율적인 구조(206)를 참고한다.

단계적인 보강의 원리가 왜 합리적인 시공 과정이라고 할 수 있는 것일까?

우선, 단계적인 보강은 실제 시공 과정을 창조적인 작업으로 만들며, 건물을 점진적으로 만들 수 있게 된다. 각 부재는 제 위치에 견고하게 놓이기 전까지 유동적일 수 있다. 도면상에서는 결코 해결할 수 없었던 상세한 디자인이 시공 과정에서 모두 결정된다. 그리고, 시공의 각 단계에서 재료들이 부가됨에 따라 전체 공간을 입체적으로 이해하게 된다.

다시 말하면 시공의 각 단계에서 더해진 각각의 새로운 재료가 이미 존재하는 골조에 완벽하게 적응하여야 한다는 것을 의미하므로, 이러한 새로운 재료들은 전 단계의 재료보다 더욱 적응력이 있고, 유동적이며 변화에 더욱 잘 대처할 수 있어야 한다는 것이다. 그래서, 전체 건물은 처음에는 느슨하다가 점차 견고해지지만, 더해지는 실재의 재료는 처음에는 강하고 견고한 것으로부터 점차적으로 견고하지 않은 재료를, 최종적으로는 유동적인 재료가 더해져야 한다.

사실 이 과정의 본질은 매우 기본적인 것이다. 이는 50세의 숙련된 목수와 미숙한 목수의 작업을 비교하면 이해할 수 있다. 경험이 많은 목수는 계속해서 일을 한다. 그는 자신이 행하는 모든 작업이 처음에는 불완전하다 하더라도 다음의 작업을 통해서 이전의 작업을 바로잡을 수 있다는 것을 알기 때문에 일을 멈추지 않는 것이다. 여기서 중요한 것은 작업의 진행순서이다. 목수는 나중에 고칠 수 없는 단계를 행하지 않으며, 때문에 자신을 갖고 지속적으로 일을 할 수 있는 것이다.

반면, 비숙련자는 무엇을 해야 할지 결정하는 데 많은 시간을 소비한다. 그 이유는 그가 지금 행하는 작업이 순서상 조금 후에 진행할 과정에서 되돌릴 수 없는 문제를 일으킬지도 모른다는 것을 알기 때문이다. 만약, 비숙련자가 주의 깊지 못하다면, 되돌리기에는 너무 늦어버린 단계에서 접합부에 있는 중요한 부재를 잘라야 하는 상황에 처하게 될지도 모른다. 이 같은 실수에 대한 공포는 비숙련자로 하여금 사전에 작업 내용을 파악하는 데 많은 시간을 보내게 하며, 실수를 피하도록 보장할 도면을 보다 정확하게 작성하기 위해서 많은 작업에 시간을 쓰게 한다.

비숙련자와 숙련자의 차이점은 간단하다. 비숙련자는 경미한 실수를 잘 처리해가며 일을 하는 방법을 터득하지 못했으며, 숙련자는 작업 과정 중에 저지르는 경미한 실수가 이후의 과정을 거쳐 바로잡힐 수 있다는 것을 알고 있다는 것이다. 이러한 단순하지만 본질적인 지혜가 숙련된 목수의 작업을 훌륭하고 부드럽고 여유롭게 만든다.

조금 더 규모가 확대되었을 뿐, 건물에 대해서도 정확히 같은 문제점이 존재한다. 기본적으로 대부분의 현대적인 시공은 숙련자의 작업이 아닌 비숙련자의 작업과 같은 성격을 지닌다. 시공자는 이전 단계의 실수를 다음 단계에서 어떻게 처리해야 할지를 모르기 때문에, 일에 여유를 갖지 못한다. 또한, 작업의 올바른 진행 순서를 알지 못하며, 여유를 가질 필요가 있다는 것이나 지나치게 엄격할 필요가 없다는 지혜를 터득할 수 있는 건설 시스템이나 혹은 시공 과정을 알지 못한다. 그렇기 때문에, 비숙련자와 같이 아주 상세하게 그려진 도면을 따라 정확하게 작업을 한다. 건물은 시공이 진행되어 감에 따라 극도로 정교해진다. 때문에, 정확한 도면에서 시작한 작업이 심각한 문제를 일으키기라도 하면, 아마도 시공한 건물 전체를 철거해야 하는 경우가 발생할지도 모른다.

이 같이(비숙련자와도 같은) 공황상태를 초래할만한 시공 과정은 두 가지의 심각한 결과를 초래한다. 첫째, 비숙련자 같은 건축가는 순조롭게 건축을 해 나가는 것이 아니라 사전에 모든 작업을 배치하고자 많은 시간을 허비한다. 이런 시간에도 분명히 비용은 발생하며, 이러한 태도는 기계 같은 '완벽한' 건물을 만들게 한다. 둘째는 매우 심각한 결과인데, 부분이 전체를 지배하고 만다는 것이다. 패턴이 지니고 있던 계획의 아름다움과 미묘함이 갑자기 억제되고 파괴되어 버린다. 왜냐하면, 상세 부분이 잘 처리되지 못할 것이라는 두려움에, 접합부의 상세나 부재가 계획적인 부분까지 지배해 버리고 말기 때문이다. 결과적으로, 방은 의도와 다른 형태가 되며, 창문은 제자리를 찾지 못하며, 문과 벽체 사이의 공간은 쓸모 없는 공간으로 변해 버린다. 한마디로 말하자면, 시공상 중요하지 않은 상세가 큰 공간을 지배하고 있다는 것이 현대 건축의 전반적인 특징인 것이다.

필요한 것은 그 반대이다. 즉, 세부적인 과정이 전체에 맞추어져야 한다는 것이다. 이것이 숙련된 목수의 비결이다. 이러한 내용은 『시간을 초월한 건설의 길』에서 모든 유기적인 형태와 모든 성공적인 건축의 기반으로서 보다 상세하게 기술하였다. 단계적인 보강의 과정은 여기에서 기술한 바와 같이, 본질적인 원리를 물리적이며 단계적으로 구현한 것이다. 다음으로는, 어떻게 하면 단계적으로 보강된 구조를 만들 수 있는지를 좋은 재료(207)에 의해 정의된 범주 안에서 묻고자 한다.

재료에 관한 사실이 우리가 필요한 출발점을 제공한다.

1. 박판재는 생산이 용이하고 접합부에서도 문제가 없다.

전통 사회에서 박판재는 거의 찾아보기 힘들다. 그러나, 공장생산에서는 다른 형태를 만드는 것보다 더욱 쉽게 박판 형태를 만들어 낼 수 있다. 대량생산의 시대로 접어듦에 따라 박판재는 쉽게 구할 수 있고, 강해졌으며, 가볍고 저렴해졌다. 석고보드, 합판, 천, 비닐, 캔버스, 유리섬유, 파티클 보드,

목재판, 파형금속판, 치킨와이어 등이 그 예이다.

그리고, 박판재는 접합부에서 가장 강력한 힘을 발휘한다. 접합부는 구조적으로 취약한 부위이다. 하지만 박판재는 접합이 매우 쉬운데, 이는 면과 면을 잇기만 하면 되기 때문이다. 때문에, 박판형으로 만들어진 재료는 기본적으로 덩어리나 막대 모양보다는 강하다.

2. 초경량콘크리트는 훌륭한 충진 재료이며, 목재와 밀도가 같지만 강하고 가볍다. 또한, 절단이나 수리가 용이하고 못을 박기도 쉽다. 그리고, 어디에서나 쉽게 구할 수 있다. 이에 대한 사항은 **좋은 재료**(207)에서 이미 충분히 검토하였다.

3. 그러나, 콘크리트를 사용하기 위해서는 거푸집을 제작해야 하고, 이에 상당한 비용이 든다.

복잡한 형태를 시공하려면 상당한 비용이 필요하다. 종래의 시공 시스템에서는 앞서 언급했던 '유기적' 구조가 거의 배제된다. 게다가, 일반적인 콘크리트 공사에서 거푸집은 결국 일회용이다.

우리는 어떠한 합리적인 시공 시스템에서라도 마감재는 시공 과정과 구조 자체와 결합되어야 한다고 생각하며(대부분의 전통 건물이 그러하듯이), 또한 마감이 건물에 부가되어야만 하는 건축 시스템은 낭비이며 자연스럽지 못하다고 생각한다.

4. 따라서, 쉽게 구할 수 있는 박판재로 만든 거푸집에 초경량콘크리트를 부어 넣고, 박판재를 그대로 남겨서 마감으로 사용하는 방법을 제안한다.

박판재는 천, 캔버스, 목재 판, 석고보드, 유리섬유, 합판, 종이, 회반죽을 바른 치킨와이어, 파형금속판 등의 조합으로 만들 수 있으며, 가능하다면 타일, 벽돌 혹은 석재를 이용할 수도 있다 - **좋은 재료**(207). 초경량콘크리트에는 펄라이트, 이판암, 부석 등의 골재 사용을 추천한다. 만약, 다져진 흙, 흙벽돌, 비염화 발포제 등이 하중에 견딜 수 있다면, 충진재로써 콘크리트를 대신할 수 있다.

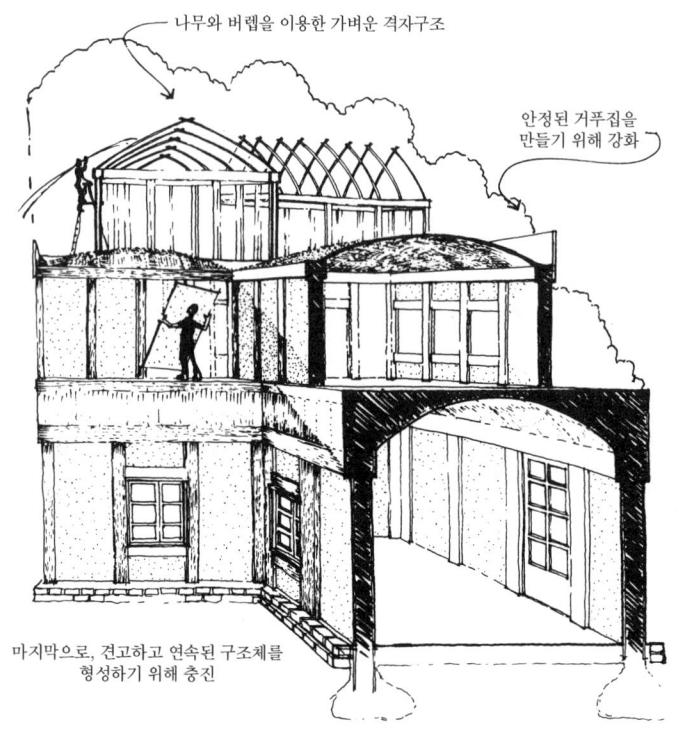

나무와 버럽을 이용한 가벼운 격자구조

안정된 거푸집을
만들기 위해 강화

마지막으로, 견고하고 연속된 구조체를
형성하기 위해 충진

박판재로써 1인치 목재판과 석고보드, 버럽를 사용하고
충진재로 초경량콘크리트를 이용한, 단계적인 보강의 예

위의 그림은 단계적 보강에 대한 하나의 예이다. 그러나, 이 원리는 이 같
은 특정한 사용법보다 더욱 일반적이다. 실제로, 대부분의 전통적인 건물의
형태에서 한두 가지의 사용법을 찾을 수 있다. 에스키모의 이글루와 아프리
카 원주민 집의 바구니 구조는 이미 존재하는 골조에 다음 단계의 작업이
더해지고 강화되는, 즉 단계적으로 보강되는 구조이다. 이태리 남서부의 석
재 건물인 알베로벨로Alberobello나 엘리자베스 시대의 반목조* 양식 역시 좋
은 예이다.

그러므로,

**건물이라는 것은 어린이 조립 완구인 이렉터 세트Erector Set처럼 각 부재들
을 단순히 쌓아나가는 것이 아니다. 즉, 처음에는 전체적으로 완성된 형태이**

지만 유동적인 구조로부터 시작되어, 이 유동적인 구조를 단계적으로 보강해 나가 최종 단계에서 매우 견고하고 튼튼한 건물을 만들어야 한다는 것을 인식하도록 한다.

이 과정의 가장 자연스러운 형태는 박판재로 거푸집을 세우고 내부를 압축재*로 충진해서 충분한 강도를 내는 것이다.

박판형의 거푸집　　　　　충진재

◆　　◆　　◆

외부 거푸집의 재료는 가능하면 가장 자연스러운 재료를 선택한다. 기둥 거푸집으로는 얇은 목재판을 사용하고, 볼트에는 캔버스나 버랩을, 벽체에는 석고보드나 판재 혹은 벽돌, 공동 타일 등을 사용한다 - 좋은 재료(207).

충진재로는 40~60pcf의 초경량콘크리트를 사용한다. 이 재료의 밀도는 목재와 동일하다. 또한, 시공 도중 혹은 완공된 후라도 수정할 필요가 있을 때는 목재처럼 자를 수도 있으며 못을 박을 수도 있다 - 좋은 재료(207).

먼저, 기둥 거푸집을 세우고 그 속에 초경량콘크리트를 충진한 다음, 보 거푸집을 만들고 충진한다. 다음으로 볼트를 만들고, 셀을 만들기 위해서 얇게 콘크리트를 덮어서 보강한다. 그 위에 바닥을 만들기 위해서 경량 재료로 셀의 상부를 충진한다. 그리고, 벽 거푸집과 창문틀을 만들고 충진한다. 마지막으로 콘크리트를 덮은 지붕 볼트를 만든다 - 박스형 기둥(216), 테두리 보(217), 구조벽 막(218), 바닥·천장 볼트(219), 지붕 볼트(220) - ···

이러한 구조 철학을 토대로, 자신이 만든 계획을 기본으로 하여
전체적인 구조 계획을 완성한다.
사실, 이것이 실제로 시공을 시작하기 전에
종이로 해야 할 마지막 작업이라고 할 수 있다.

209. 지붕 배치*

ROOF LAYOUT

····- 건물의 각 층에 대한 대략적인 평면이 완성되었다고 생각해 보자. 우리는 캐스케이드형 지붕(116), 감싸는 지붕(117)에서 건물의 지붕이 어떻게 만들어질 것인지 대략적으로 파악할 수 있으며, 각 층의 방과 접하는 옥상 정원을 만들기 위해서 어느 지붕을 평평하게 해야 할 것인지도 정확하게 알 수 있다 - 옥상 정원(118). 이 패턴은 이미 작성된 평면에서 건물의 구체적인 지붕 평면을 어떻게 구성하는지를 보여주며, 위의 패턴들을 활용하는 데 도움이 된다.

지붕이 건물의 본질과 유기적인 연관성을 지니기 위해서는 어떻게 계획해야 하는가?

실내 공간의 형태(191)에서 이미 논의된 바와 같이, 유기적인 건물에서의 주요 공간들의 벽은 완벽한 직선은 아니지만 대체적으로 일직선이다. 왜냐하면, 벽이 대체로 일직선이어야만 벽의 양쪽 공간이 포지티브 공간 그리고 볼록한 형태의 공간이 될 수 있기 때문이다.

그리고, 이와 유사한 논의로부터 건물에 존재하는 대부분의 벽의 각도가 대략 80~100도 범위에 해당하는 각이어야 한다는 것을 알 수 있었다.

그러므로, 자연적인 평면계획은 반원, 팔각형 혹은 그 외의 다양한 형태가 될 수 있지만, 대부분의 평면은 대체적으로 사각형이 될 것이다.

또한, 우리는 **감싸는 지붕**(117)으로부터 건물은 가능하면 하나의 지붕 아래에 있어야 하며, 평지붕과 경사지붕 혹은 돔지붕의 혼합으로 구성되어서 지붕 전체가 평평하지 않아야 한다는 것을 알 수 있다.

따라서, 지붕의 배치를 정하는 문제에 대해서 다음과 같은 의문점이 생길 것이다. 앞서 기술한 것처럼 임의적인 평면이 주어진다면, 지붕을 어떻게 구성하는 것이 캐스케이드형 지붕(116), **감싸는 지붕**(117), 옥상 정원(118)의 패턴에 순응하는 배치가 될 것인가?

지붕배치에 대한 상세한 설명에 앞서, 이 과정의 기초가 되는 다섯 가지의 가정에 대해 언급하고자 한다.

1. 경사지붕은 **지붕볼트**(220)에서 기술한 바와 같이, 실제로 경사져 있거나 곡면경사볼트 혹은 바렐볼트●가 된다. 이 세 가지 경우 모두 일반적인 과정은 동일하다.(곡면볼트는 높이와 폭의 비율에 따라 구배●가 결정된다.)

지붕볼트의 경사

2. 평지붕을 제외한 모든 지붕의 구배는 대체로 같다고 가정하자. 일정한 기후조건과 지붕 구조에서는 통상적으로 동일한 구배가 가장 좋다. 그렇게 하면 시공을 단순화할 수 있다.

구배가 동일한 지붕

3. 모든 지붕의 구배가 같다면 가장 넓은 건물 동이나 방을 덮는 지붕은 가장 높아질 것이고, 그 보다 작은 건물 동이나 방의 지붕은 비교적 낮아질 것이다. 이는 주 건물(99), 캐스캐이드형 지붕(116), 다양한 천장고(190)의 내용과 일치한다.

넓은 공간의 지붕이 가장 높다.

4. 건물이 옥외실이나 중정을 둘러싸는 곳에서는, 그 곳이 방과 같은 공간이 될 수 있도록 건물의 처마선을 맞추어야 한다. 박공벽에 의한 불규칙한 처마선은 중정을 파괴할 것이다. 따라서, 이 같은 장소에서는 중정에 면한 부분에 추녀마루•를 달아서 처마선이 일정하도록 한다.

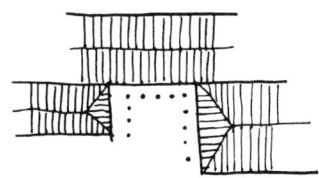

중정 주위를 둘러싸는 지붕의 낮은 가장자리

5. 그 외의 장소에서 건물 단부는 박공벽* 형태로 둔다.

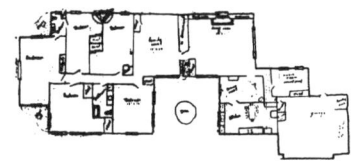

초경량콘크리트 볼트를 사용한 지붕 배치의 한 예

다음으로 비전문가들이 패턴 랭귀지를 이용하여 설계한 주택을 예로 하여 건물의 지붕 배치 규칙에 대해서 논의하고자 한다. 다음의 건물을 보자. 이 주택은 단층이며 옥상 정원이나 발코니가 설치되어 있지 않다.

우선, 방으로 구성된 클러스터 중 가장 큰 클러스터의 위치를 확인하고, 그 위를 박공지붕으로 덮는다. 이때 클러스터의 긴 방향으로 지붕마루가 위치하도록 한다.

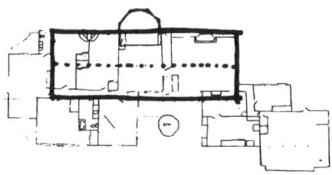

그리고, 모든 주요 공간들이 지붕으로 덮일 때까지, 작은 클러스터들의 지붕도 같은 방법으로 배치한다.

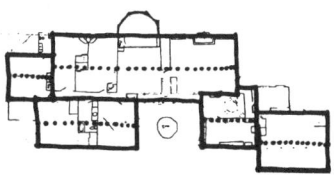

이제 남겨진 작은 방, 알코브* 그리고 두꺼운 벽이 있는 곳에는 외부를 향해 한 방향으로 경사진 지붕을 덮는다. 이 지붕은 반드시 주 지붕의 아래에서 연장되도록 설치하여, 주 지붕이 부담하는 외부 방향으로의 추력을 경감시키도록 한다. 그리고, 이때 벽체는 가능한 한 낮아야 할 것이다.

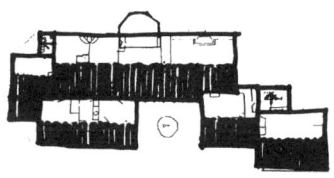

마지막으로, (그림에서 A, B, C로 표시된) 건물의 외부 공간을 확인하고 외부 공간 주변의 처마선이 연속적이 되도록 주위에 추녀마루를 단다.

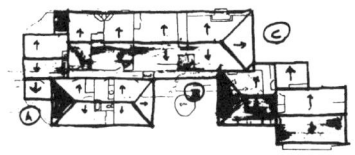

다음으로 조금은 복잡한 2층 규모의 건물을 예로 검토해보자.

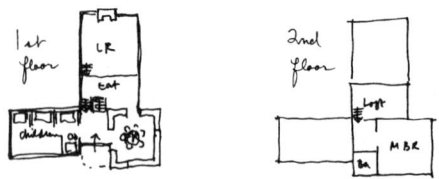

먼저, 상층부부터 시작한다. 주 침실과 욕실 전체를 하나의 높은 박공지붕으로 덮고 지붕마루는 길이가 긴 방향에 둔다.

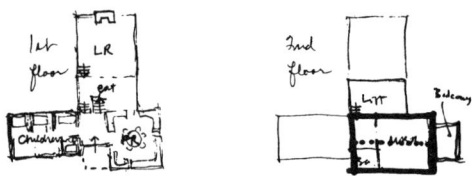

다음으로 아래층으로 이동한다. 어린이 방이 있는 부분을 평지붕으로 덮어 주 침실용 옥상 정원(118)을 만든다. 그리고, 1층의 거실은 경사지붕을 덮고, 길이가 긴 방향으로 지붕마루를 두도록 한다.

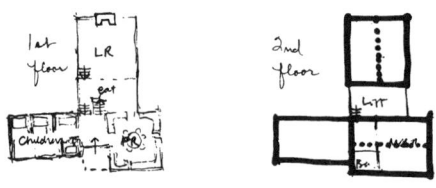

그리고, 주 침실의 지붕을 연장하여 다락방을 덮는다.

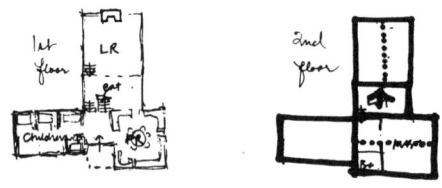

마지막으로, 1층 거실의 지붕마루를 다락방을 덮는 지붕 쪽으로 부드럽게 연결한다. 이로써 지붕 배치를 완성한다.

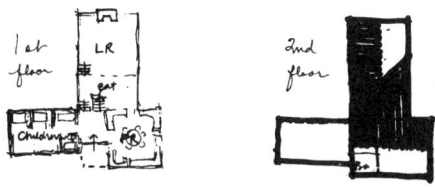

지붕 배치를 할 때, 캐스케이드형 지붕(116)에서 설명한 구조 원리를 기억한다면 많은 도움이 될 것이다. 지붕의 전반적인 배치계획이 완료되면 상부의 지붕에 의해 형성되는 수평 추력을 하부의 지붕으로 전달하도록 지붕 전체를 캐스케이드형으로 만들어 하중에 지탱할 수 있도록 해야 한다. 그리고, 매우 일반적인 표현을 빌리자면 지붕의 전체 단면은 역현수 형태•가 되는 경향이 있다.

그러므로,

각각의 지붕을 건물이나 복합건물 내에서 인식 가능한 사회적 독립체에 순응하도록 배치한다. 가장 큰 지붕(가장 높고 가장 넓은 스팬의 지붕)은 가장 크고 중요한 공용 공간에 위치시킨다. 이보다 작은 지붕은 넓고 높은 지붕으로부터 연장하여 설치하고, 또 그 작은 지붕으로부터 알코브나 두꺼운 벽을 덮는 볼트 형태의 지붕이나 외쪽지붕 형태의 가장 작은 지붕을 설치한다.

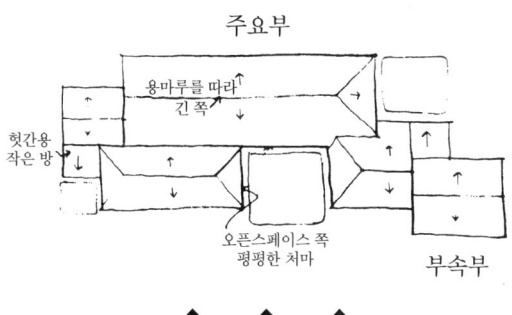

◆　　◆　　◆

모든 지붕과 연결부는 지붕 볼트에 관련된 사항을 따라서 만들도록 한다 - 지붕 볼트(220). 건물 동의 양쪽 끝부분이 공지에 면하면 박공벽을 높게 유지하도록 하며, 건물 동의 양쪽 끝부분이 중정을 면할 때는 추녀마루를 달아서 평행한 추녀* 선에 의해 중정이 방과 같은 공간이 될 수 있도록 한다 - 활기 있는 중정(115).

두꺼운 벽과 알코브를 덮는 외쪽지붕은 가장 작은 지붕이며, 버트레스*로 간주하여 바닥 볼트나 지붕 볼트의 수평추력*을 흡수하는 것을 돕는 역할을 하도록 한다 - 외벽의 두께(211) ---…

210. 바닥과 천장의 배치
FLOOR AND CEILING LAYOUT

···· 효율적인 구조(206)에서 바닥과 천장이 모두 압축재로 만들어지도록, 모든 공간은 볼트로 구성되어야 한다고 설명하였다. 바닥 볼트와 천장 볼트를 배치하기 위해서는, 이들을 각 방의 다양한 천장고에 맞추어야 하며 - 다양한 천장고(190), 최상층에서는 지붕 볼트의 배치와 맞추어야 한다 - 지붕 배치(209).

◆　　◆　　◆

다시 한번 말하지만, 기본적인 문제는 평면상에 사회적 공간 본래의 모습을 그대로 유지하는 것이다.

사회적 공간을 따르는 구조(205)로부터 알 수 있듯이, 바닥 볼트와 천장 볼트 구성은 평면상 주요 사회적 공간의 구성과 일치해야 한다. 그러나, 사회적 공간의 규모는 창가(180)와 같은 폭 5피트약 1.5m 정도의 공간으로부터 15피트약 4.5m 정도의 농가의 부엌(139) 그리고 35피트약 10.5m 정도의 중심부의 공용 공간(129)과 같은 공간들의 조합에 이르기까지 매우 다양하다.

폭이 다른 볼트가 서로 인접해 있을 경우, 볼트 상층부 바닥 높이에 주의를 기울어야 한다. 더 작은 볼트를 높은 아치 형태로 만들어서 바닥의 높이를 맞출 수 있고, 볼트와 바닥 사이에 더 많은 재료를 사용해서 작은 볼트의 높이를 낮게 유지할 수도 있다 - 다양한 천장고(190). 혹은, 바닥 아래에 배치된 볼트의 크기 변화에 따라서 상층 바닥에 계단을 만들 수도 있다.

위층과 아래층 볼트의 위치를 완벽하게 맞출 필요는 없다. 이러한 점에서, 이 구조는 기둥-보 구조보다 훨씬 융통성이 있고 **사회적 공간을 따르는 구조(205)**에 더욱 적합하다. 그러나, 한계는 존재한다. 만약, 하나의 볼트가 놓이고, 볼트의 하중이 기둥을 따라 아래층 볼트의 아치 위로 전달되면, 아래층 볼트에 지나친 응력*이 작용할 것이다. 그러나, 이 경우에는 연속적인 압축재를 통해 전달되는 수직력*이 45도의 각도로 하부로 확산된다는 사실을 이용하면 된다. 만약, 아래층에 있는 기둥들을 위층의 기둥으로부터 항상

45도 내에 있도록 배치하면, 위층의 볼트는 아래층의 볼트에 구조적 손상을
입히지 않을 것이다.

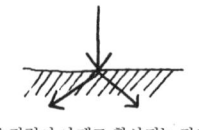

수직력이 아래로 확산되는 각도

볼트 시스템에서 전체적인 구조가 합리적이고 완전하게 유지되기 위해
서, 볼트의 하중이 하부 볼트를 지탱하는 기둥에 45도 이내의 각도로 전달
될 수 있도록 볼트를 배치해야 한다.

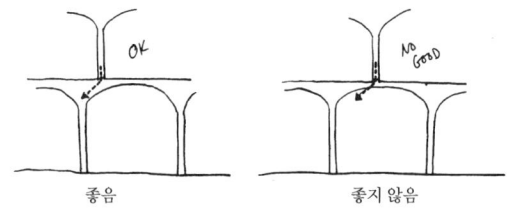

좋음   좋지 않음

이 같은 사항들을 염두에 두고 건물의 볼트를 배치한다. 볼트는 각 방을
기준으로 나열하는데, 경우에 따라서는 아주 큰 방이나 아주 작은 구석, 알
코브와 같은 공간들을 조절하도록 한다. 다음의 그림은 간단한 건물의 바닥
과 천장을 보여준다.

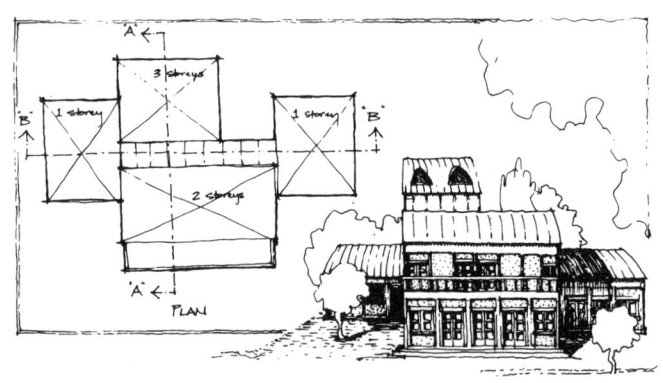

초경량콘크리트 건물의 바닥·천장 볼트 배치의 한 예, 평면도

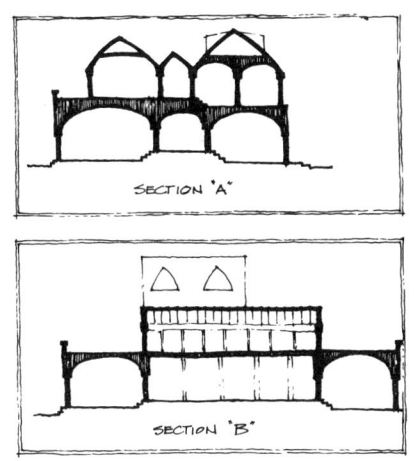

초경량콘크리트 건물의 바닥·천장 볼트 배치의 한 예, 단면

볼트는 두 가지 중 하나를 선택할 수 있는데, 두 방향 볼트(사각형 바닥의 돔형 볼트) 혹은 한 방향 볼트(바렐 볼트) 중 하나일 것이다. 두 방향 볼트는 구조적으로 효율적이기는 하지만, 공간이 좁고 긴 경우에는 두 방향의 볼트는 한 방향 볼트처럼 기능하기 시작한다. 그러므로, 공간의 긴 변이 짧은 변의 두 배를 넘지 않을 때에는 돔형 볼트가 적당할 것이고, 그보다 좁은 경우에는 바렐 볼트로 하는 것이 적당하다.

지붕 바로 밑의 방에는 바렐 볼트를 사용해야 한다. 지붕 자체가 일반적으로 바렐 볼트이므로 - **지붕 볼트(220)**, 지붕 하부의 천장은 바렐 볼트로 하는 것이 가장 자연스럽다.

바닥·천장 볼트(219)에서 논의된 볼트는 5~30피트약 1.5~9.0m 정도의 스팬에 적당할 것이며, 볼트의 라이즈*는 적어도 짧은 스팬의 13% 이상이 되어야 한다.

그러므로,

각 층의 볼트 평면을 계획한다. 두 방향 볼트를 주로 사용하며, 장변이 단변 길이의 2배 이상인 공간에서는 한 방향 볼트를 사용한다. 볼트 평면과 함께 건물 전체의 단면을 작성하고 다음 사항에 유의하도록 한다.

1. 통상적으로 볼트는 각 방에 맞추어야 한다.

2. 각 볼트 끝의 하부에는 하중을 지지하는 요소가 필요한데, 이는 보통 벽의 상부이다. 예외적인 경우에는 보 또는 아치가 될 것이다.

3. 볼트의 스팬은 5~30피트약 1.5~9.0m로 하며, 볼트의 라이즈는 짧은 쪽 스팬의 13% 이상이어야 한다.

4. 볼트의 끝이(평면상) 아래층 볼트의 끝으로부터 2피트약 0.6m 이상 떨어져 있다면, 아래층 볼트는 위층 볼트로부터의 하중을 지지하기 위해 아치 모양으로 만들어야 한다.

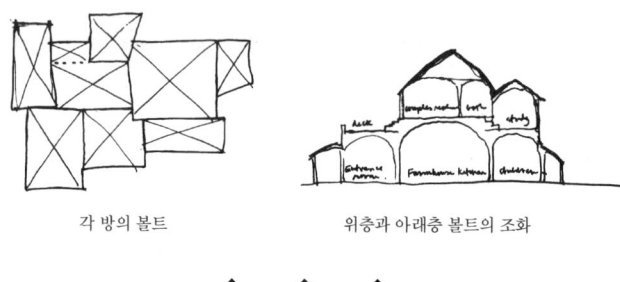

각 방의 볼트　　　　　위층과 아래층 볼트의 조화

◆　　◆　　◆

각 볼트의 네 면에는 내력벽˙의 상부 혹은 기둥과 기둥 사이의 개구부를 따라서 테두리 보(217)를 설치하고, 바닥·천장 볼트(219)로부터 볼트의 형태를 결정한다. 볼트 단면을 계획할 때에는 상층부로 갈수록 테두리 보의 높이가 낮아진다는 것을 명심한다. 왜냐하면, 상층부의 기둥은 짧아져야 하기 때문이다.(최상층 기둥은 4피트약 1.2m, 그보다 한 층 아래의 기둥은 6피트약 1.8m, 두 층 아래는 6~7피트약 1.8~2.1m, 그리고 세 층 아래의 기둥은 8피트약 2.4m로 한다) - 최종 기둥 배치(213). 바닥 높이의 변화는 개인적인 영역과 공적인 영역 사이의 구별과 일치해야 한다 - 바닥(233). 볼트와 모서리의 기둥(212)을 이용하여 각 공간의 정의를 완전하게 한다. 건물의 가장자리에는 가장 작은 볼트를 설치하도록 한다 - 외벽의 두께(211) ┅

211. 외벽의 두께*

THICKENING THE OUTER WALLS

···· 지붕 볼트와 바닥 볼트의 배치는 외부로 향하는 수평추력을 발생시킬 것이고, 따라서 버트레스*가 필요하다 - 캐스캐이드형 지붕(116). 또한, 세심하게 디자인된 건물에서 각 층은 방의 외부 가장자리에 '두꺼운 벽'을 형성하는 작은 알코브, 창가 의자, 벽감*, 카운터와 같은 다양한 공간으로 둘러싸인다 - 창가(180), 두꺼운 벽(197), 양지 바른 부엌 조리대(199), 붙박이 의자(202), 어린이 동굴(203), 비밀 공간(204). 두꺼운 벽의 천장은 두꺼운 벽이 위치한 방의 천장보다 항상 낮다. 때문에, 두꺼운 벽 자체가 버트레스로 역할을 할 수 있고, 따라서 아름답고 자연스런 건물을 형성한다.

지붕 배치(209)와 바닥과 천장의 배치(210)가 정해지면 두꺼운 벽은 볼트에 의해 발생하는 수평추력에 대한 버트레스로의 역할을 가장 효율적으로 수행할 수 있도록 배치될 수 있다.

◆　　　◆　　　◆

두꺼운 벽(197)에서 '깊이'와 '체적'을 지니는 두꺼운 벽이 시간의 흐름과 더불어 건물의 개성에 얼마나 중요한 역할을 하는지 설명하였다. 그러나, 실제로 건물을 설계하고 시공할 때 두꺼운 벽을 만드는 것은 꽤 어려운 작업이다.

진흙을 이용한 건축에서의 벽과 같이 특별한 경우를 제외하고는, 벽은 일반적으로 두꺼워야 할 필요가 없다. 벽의 두께는 대체적으로 발포제, 회반죽, 기둥, 버팀목, 막에 의해서 결정된다. 이 경우 기둥이 무엇보다도 중요한 역할을 하는데, 사람들은 기둥으로 인하여 벽을 수정하는 경우가 많기 때문이다. 예를 들어, 기둥이 벽면에서 돌출되어 있다면, 사람들은 벽에 무언가를 더하고 싶은 느낌을 가진다. 기둥과 기둥 사이에 판자를 이용하여 의자를 만들거나 선반을 달거나 한다. 즉, 기둥으로 인하여 공간을 장식하는 것이 용이하고 자연스러운 일이 되는 반면에, 아무것도 없는 순수하고 평평한 벽은 이러한 행동을 유발하지 못한다. 이론상 사람들은 튀어나온 벽에 무언가를 붙이고 장식하려 하지만, 평평한 벽이 만들어내는 부드러움 때문에 좀처럼 이런 일이 일어나지 않는 것이다. 따라서, 기둥으로 구획된 공간이라면 그 공간의 벽을 두껍게 만드는 것이 매우 효과적일 것이라 생각한다.

기둥에 의해 만들어진 두꺼운 벽

두꺼운 벽이 구조적으로 도움이 된다는 것에 의해 비용 증가가 정당화될 수 있는가? 건물을 바닥과 지붕이 볼트로 만들어진 압축구조*로서 생각한다는 것 - **효율적인 구조(206)** - 은, 볼트들이 서로 서로 균형을 잡아주지 못하는 건물의 외주부에는 수평추력이 발생한다는 것을 의미한다.

건물의 전체 형태를 역현수 형태가 되도록 배치하면 건물의 외주부에 작용하는 수평 추력을 줄일 수 있을 것이다 - 캐스케이드형 지붕(116). 만약, 건물 구조가 완벽한 역현수 형태가 된다면 외부로 향하는 추력은 없어질 것이다. 그러나, 대부분의 건물들은 구조적으로 이상적인 역현수 형태보다 폭이 더 좁고 가파르기 때문에 수평추력은 해소되지 않는다. 추력은 테두리보의 인장보강에 의해 해결될 수 있는데 - 테두리 보(217), 이는 건물 자체가 수평추력을 지탱하도록 하는 가장 간단하고 자연스러우며 안정적인 방법이다.

이와 같은 구조적 해결의 가능성은 '두꺼운 벽' 즉 알코브*, 창가 의자 혹은 방의 외측 가장자리 등 어떤 작은 공간이 있는 곳에 존재한다. 이 장소들의 천장고는 주요 공간보다 낮게 처리할 수 있기 때문에, 천장 볼트와 연속한 지붕을 만들 수 있다. 그러기 위해서는 두꺼운 벽이 주요 공간 구조체의 외부에 위치되어야 하는데, 그렇게 배치하면 주요 구조체 외부에 위치한 공간의 지붕과 벽이 주요 공간을 덮는 지붕 볼트와 함께 하나의 역현수 형태를 그리게 된다.

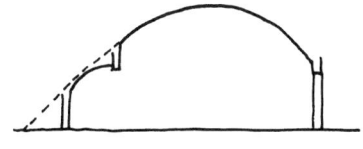

역현수 형태의 안쪽 알코브

알코브나 두꺼운 벽이 실제로 역현수 형태의 단면에 가까워질 수 있는 경우는 물론 매우 드물다. 공간들이 실제의 역현수 형태처럼 깊고 낮아지는 것은 바람직하지 못하다. 다만, 두꺼운 벽이나 알코브가 단면상 역현수 형태의 안쪽에 있다면 이들은 여전히 외부로 향하는 추력에 저항하는 것을 돕는다. 그리고, 두꺼운 벽 상부의 지붕을 무겁게 함으로써 두꺼운 벽의 지지 효과는 보다 향상될 것이다. 볼트를 통해서 전달되는 힘은 두꺼운 벽의 지붕에 가한 무게에 의해서 원래보다 조금 더 지면을 향하게 될 것이다. 아래의 그림은 이 패턴이 작용하는 방법과 건물에 작용하는 효과 등을 나타낸다.

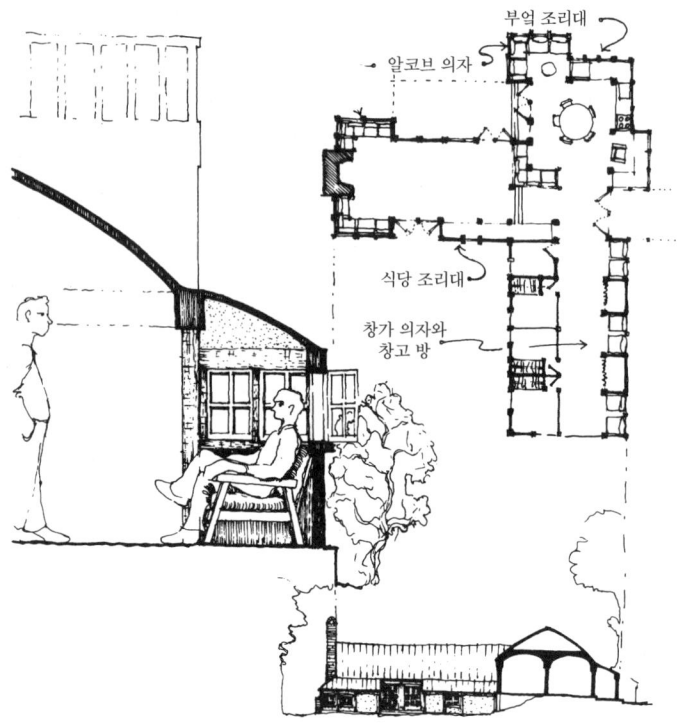

평면과 단면에서 보여지는 벽의 두께가 가지는 효과

그러므로,

평면상에 의자나 옷장을 만들 자리를 모두 표시하도록 한다. 이 장소에 대해서는 알코브(179), 창가(180), 두꺼운 벽(197), 양지 바른 부엌 조리대(199), 허리 높이의 선반(201), 붙박이 의자(202) 등을 참고한다. 평면상에 이와 같은 장소에 대응하는 공간을 구획하는데, 이 공간은 2~3피트약 0.6~0.9m의 깊이로 하고, 방의 주요 공간의 외부에 배치해야 한다는 것에 주의하도록 한다. 의자, 벽감*, 선반은 공간의 내부가 아니라 공간의 외부에 부가되어 있다는 느낌이 들도록 한다. 그리고, 주기둥과 보조기둥을 배치할 때, 기둥이 두꺼운 벽을 구획하고 에워싸도록 하여, 두꺼운 벽이 마치 방이나 알코브*가 되도록 한다.

깊이가 2피트약 0.6m 이하인 선반과 카운터에 대해서는 이와 같은 방법을 이용할 필요는 없다. 공간의 두께는 기둥의 깊이를 깊게 하여, 기둥 사이에 선반을 두면 간단히 만들 수 있다.

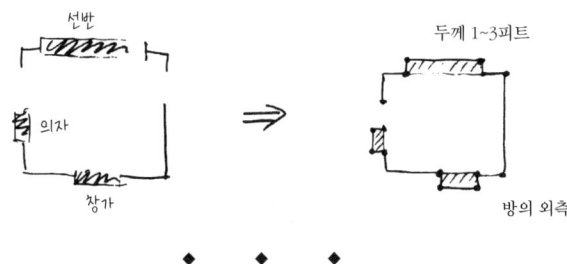

　　알코브나 두꺼운 벽이 버트레스로서 기능하기 위해서, 두꺼운 벽의 지붕을 가능한 한 내부 바닥 볼트 곡선의 연장선에 가깝게 한다. 하중이 흐르는 방향을 바꾸기 위해서 버트레스의 지붕에 여분의 무게를 더하도록 한다 - 지붕 볼트(220). 두꺼운 벽은 방의 주요 볼트 아래에 그리고 방의 주요 공간의 외부에 있어야 함을 인식한다 - **바닥·천장 볼트(219)**. 그래서, 천장 볼트에 의해 발생하는 수평추력에 지탱하는 것을 돕도록 한다. 주기둥과 보조기둥을 배치할 경우, 두꺼운 벽의 모든 모서리에 기둥을 배치한다. 그렇게 하면, 이 벽 공간이 다른 사회적 공간처럼 건물 구조의 중요한 부분으로 구별될 것이다 ┅┅

212. 모서리의 기둥**

COLUMNS AT THE CORNERS

···➤ 지붕배치가 완료되었고, 모든 방의 천장 볼트가 배치되었다고 가정해
보자 - 지붕 배치(209), 바닥과 천장의 배치(210). 볼트는 구조의 기본 요소
일 뿐만 아니라, 그 아래의 사회적 공간 역시 정의한다. 이제 볼트의 각 모
서리에 기둥을 배치해서, 사회적 공간을 보다 명확하게 규정하고 시공의 첫
단계를 마무리 하도록 하자 - 사회적 공간을 따르는 구조(205), 단계적인 보
강(208).

◆　　◆　　◆

**건물의 구조적 요소가 사회적 공간과 일치해야 한다는 개념은 이미 규명
하였다.**

심리학적인 이유로 기둥이 사회적 공간의 모서리에 놓여져야 한다는 것

은 사회적 공간을 따르는 구조(205)에서 설명하였다. 또한, 효율적인 구조(206)에서는 구조적 이유로 인하여 모서리에 위치한 구성요소의 두께는 두꺼워야 한다는 것을 입증하였다.

이제, 동일한 패턴에서 파생된 세 번째 이유를 제시한다. 이는 심리적인 논의나 구조적인 논의에 기반을 둔 것이 아닌, 복잡한 디자인을 시공자와 소통하며 유기적으로 시공할 수 있다는 프로세스에 기반을 둔 것이다.

먼저, 측량과 도면 작업으로부터 시작해 보자. 지난 몇 십 년 동안, 도면을 통해 건물 계획을 표현하는 것은 일반적인 방법이 되었다. 치수가 기입된 도면은 해당 대지로 전해지고, 시공업자는 치수를 축적에 맞게 변환된 후, 모든 상세부는 도면 그대로 대지에 만들어진다.

이 같은 프로세스는 건물을 완전하지 못하게 한다. T자 없이는 도면 작성이 불가능하다. 도면의 필요성 자체에 의해서 계획의 융통성은 없어지고, 도면을 그리기 쉽고 측정하기 쉬운 치수로 계획안이 바뀌어 버린다.

패턴 랭귀지를 이용한 계획안은 이보다 자유롭다. 또한, 도면화 하거나 치수재기가 쉽지 않다. 계획을 구상해 대지에 직접 막대나 돌, 혹은 흰 가루로 표시하든지, 봉투의 뒷면이나 트레이싱지에 개략적으로 구상한 것을 그리든지, 어떤 경우라도 계획안이 제대로 되었다면, 선이나 각도가 약간은 완벽하지 않더라도 시공자가 살아 있는 건물을 만들어낼 수 있을 것이다.

흰 가루로 땅에 표시한다.

이 목적을 달성하기 위해서 건물은 완전히 다른 방법으로 만들어져야 한다. 즉 도면을 맹목적으로 따라서는 안 된다는 것이다. 기본적으로 해야 할 일은, 실제 시공 과정 중에 건물이 지어질 대지에 공간을 규정하는 최소한의 점들을 결정하고 표시하여 이 점들로부터 벽을 만드는 것이다. 이는 다음과 같은 방법으로 진행하면 될 것이다. 먼저, 대지에 말뚝을 박아 모든 주요 공간의 모서리를 결정한다. 하나의 건물에서 모서리는 수십 개를 넘지 않으므로, 모서리가 복잡하고 불규칙하더라도 측량에는 문제가 없을 것이다. 말뚝 사이의 정확한 치수만을 고집하지 말고 바르다고 생각되는 위치에 모서리 표시 말뚝을 박는다. 말뚝 사이에 모듈을 만들거나 그러려고 시도할 이유는 전혀 없다. 각도가 조금만 틀어져도 모듈 치수는 사용할 수 없기 때문이다.

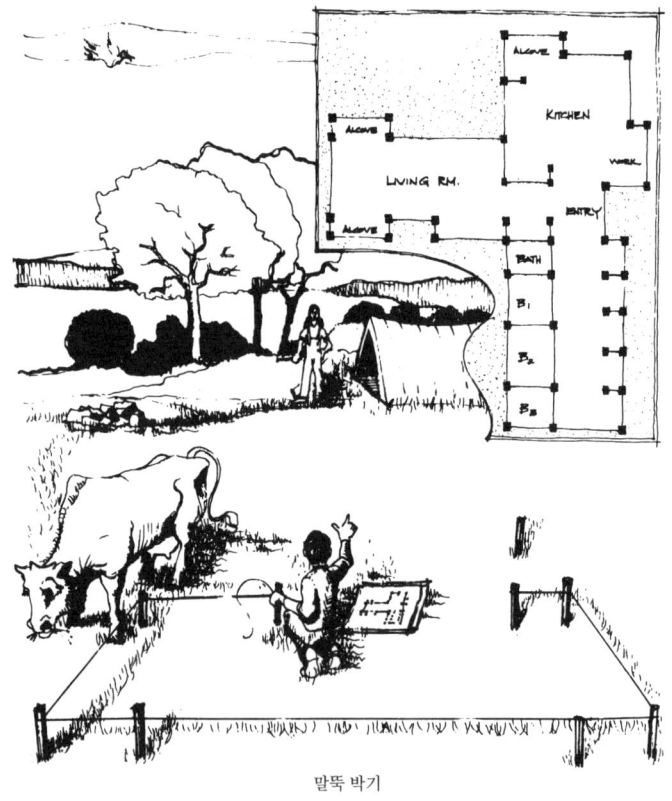

말뚝 박기

이 간단한 표시가 건물을 짓기 위해 필요한 모든 것이다. 건물의 시공은 표시된 위치에 기둥을 세움으로써 아주 간단하게 시작할 수 있다. 이후에는 더 이상의 상세한 측량이나 도면 작업을 할 필요 없이 단순히 기둥의 존재만으로 건물의 나머지 부분을 만들어 나갈 수 있게 된다. 왜냐하면, 벽은 인접한 기둥을 잇는 선을 따라 세우면 되기 때문이다. 다음의 시공 과정은 다음과 같다.

건물 상층부의 기둥 위치를 표시한 도면을 만들고, 건물이 지어지는 동안 기둥의 위치를 다시 실제의 건물로 옮기면 된다. **최종 기둥 배치**(213)에서 설명하겠지만 상층부의 기둥을 하층부 기둥 위치에 완벽하게 맞출 필요는 없다.

이 순서를 따라서 머릿속에 혹은 종이에 계획하였던 복잡한 건물을 대지로 옮길 수 있다. 그리고, 계획안은 생기 넘치는 건물이 되어 대지에서 재탄생하게 된다.

이 방법은 시공의 시작 단계에서 공간의 모서리를 고정할 수 있고, 모서리가 건물의 시공 과정에서 아주 중요한 역할을 한다는 사실에 기인한다. 하지만, 흥미로운 점은 이 방법이 **사회적 공간을 따르는 구조**(205)와는 전혀 다른 논의를 바탕으로 하고 있지만, 거의 동일한 결과에 도달한다는 것이다.

그러므로,

방의 모서리, 두꺼운 벽, 알코브 같은 작은 공간의 모서리 등 모든 기둥의 위치를 평면도에 그리도록 한다. 그리고, 말뚝을 이용하여 이 위치를 실제의 대지에 표시한다.

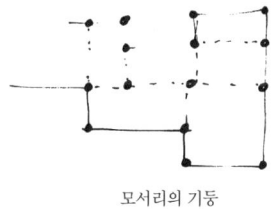

모서리의 기둥

◆　　◆　　◆

볼트 평면에서 각 층의 기둥을 정하고, 기둥을 조정하면서 중간 기둥을 추가한다 - **최종 기둥 배치**(213). 특히, 모서리의 기둥이 꼭 그리드 상에 있을 필요는 없다는 것에 주의한다. 바닥 볼트나 지붕 볼트는 어떠한 기둥 배치라도 시공이 가능하며, 따라서 일관성 있는 구조를 형성할 수 있다. 즉, 구조적 개념으로부터 기인하는 지나친 제약 없이 사회적 공간을 따라 건물의 형태를 만들 수 있는 것이다 - **바닥·천장 볼트**(219), **지붕 볼트**(220).

이 방법에서의 기둥은 상상했던 건물 이미지의 지침뿐만 아니라 건물 시공의 지침이 된다. 먼저, 기둥과 기둥의 기초를 제 위치에 놓고 나서 전체 구조 골조를 완성한다. 이어서 테두리 보로 모서리의 기둥들을 연결한다 - **뿌리와 같은 기초**(214), **박스형 기둥**(216), **테두리 보**(217). 독립 기둥은 매우 두껍게 만들어야 한다는 것을 유념하여, 특별한 장소가 되도록 한다 - **기둥이 있는 장소**(226) -…

213. 최종 기둥 배치**

FINAL COLUMS DISTRIBUTION

···· 공간을 규정하는 모서리의 기둥이 이미 배치되었다고 가정해보자 - 모서리의 기둥(212). 그렇다면, 이제 효율적인 구조(206)에서 요구하는 보강 기둥을 모서리의 기둥 사이에 배치해야 한다. 이 패턴은 보강 기둥의 간격을 제시하고 효율적인 구조(206)에서 요구하는 벽을 만드는 데 도움이 된다. 또한, 다양한 천장고(190)를 형성하는 데 기여할 것이다.

◆　　◆　　◆

벽을 보강하는 2차 기둥의 간격은 천장고, 층수, 방의 크기에 따라 어떻게 달라져야 하는가?

매우 직관적인 방법으로 생각해본다면 이 질문에 대한 답을 알 수 있을 것이다. 벽이 일정한 간격으로 보강된 건물을 상상해 보자. 보강재는 방의 크기가 크고 하중이 가장 크게 작용하는 지면 근처에서 가장 커지고, 방이 작아지고 하중이 작은 지붕에서는 가장 작아질 것이다. 전체적인 형태로 보았을 때 이는 나무잎맥과 동일하다. 즉, 나뭇잎맥은 나뭇잎의 끝부분에서는 가장 얇고, 나뭇잎의 중앙부에 가까워 질수록 보다 두껍고 거친 구조로 바뀌어 나간다.

나뭇잎의 구조

앞서 묘사한 직관적인 형태는 수많은 전통적인 건물 형태에서 나왔는데, 기둥이나 골조 혹은 보강재가 지면에서 가까운 부분에서는 두껍고 간격이 넓지만 상층부로 올라갈수록 가늘어지고 서로 가까워지는 형태이다. 이 패턴의 처음 그림이 이 직관적 형태를 설명해주고 있다. 하지만, 이를 뒷받침하는 구조적 근거가 존재하는가?

탄성판 이론Elastic Plate Theory으로 이를 설명할 수 있다.

축 방향으로 하중이 작용하는 보강되지 않은 얇은 벽을 생각해보자. 일반적으로 두께가 얇은 벽은 순수한 압축하중이 아니더라도 그 전에 좌굴*에 의해 먼저 파괴될 것이다. 이는 재료가 효율적으로 사용되지 않았다는 것을 의미한다. 왜냐하면, 벽이 너무 얇기 때문에 압축강도의 최대치까지 압축하중을 지탱할 수 없기 때문이다.

때문에, 좌굴 없이 압축강도의 최대치까지 하중을 전달할 수 있을 만큼 충분한 두께의 벽이나, 보강이 된 벽을 계획해야 한다. 재료의 압축한도 최대치를 사용하는 벽은 **효율적인 구조(206)**의 요구도 충족시킬 것이다.

가장 결정적인 요인은 벽의 세장비, 즉 두께에 대한 높이의 비율이다. 미국콘크리트학회의 규약에 의하면, 보강되지 않은 콘크리트 벽은 세장비가 10 이하일 경우 93%의 효율을 발휘한다고 하였다.(다시 말하면, 좌굴 없이 잠재 압축하중의 93%를 지탱할 수 있다). 이런 의미에서 높이 10피트약 3.0m 에 두께가 1피트약 0.3m인 벽이라면 효율적인 형태라 할 수 있다.

이제, 탄성판 이론으로 보강된 벽에 대해서 예측해 보기로 하자. 허용응력과 보강 간격에 대한 방정식을 사용하여, 보강된 벽에 대해서 유추할 수 있다. 아래에 제시한 곡선이 이 수치를 나타내고 있다. 예를 들면, 세장비가 20인 벽은 0.5H(여기서 H는 높이) 간격의 보강재가 필요하다. 따라서, 벽의 한 구획 길이는 그 높이의 절반 만큼이 된다는 것이다. 일반적으로 높이에 비해 두께가 얇은 벽일수록 더 많은 보강재가 필요하다.

이 곡선은 압축강도에 대해서 93%의 압축하중에 견딜 수 있는 벽의 보강 간격을 나타내고 있다. 간단히 말하면, **효율적인 구조(206)**의 원리에 의해 만들어진 벽은 이 곡선에 따라서 보강되어야 한다는 것이다.

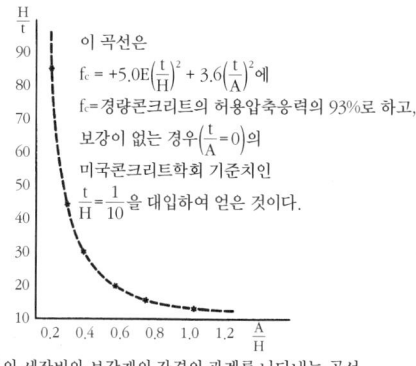

이 곡선은
$f_c = +5.0E\left(\dfrac{t}{H}\right)^2 + 3.6\left(\dfrac{t}{A}\right)^2$에
f_c=경량콘크리트의 허용압축응력의 93%로 하고,
보강이 없는 경우 $\left(\dfrac{t}{A}=0\right)$의
미국콘크리트학회 기준치인
$\dfrac{t}{H}=\dfrac{1}{10}$을 대입하여 얻은 것이다.

벽의 세장비와 보강재의 간격의 관계를 나타내는 곡선

층이 다른 경우의 기둥 간격 변화 또한 이 곡선을 따르는데, 다음과 같은 방법으로 알 수 있을 것이다. 4층 건물의 벽은 대략 4:3:2:1의 비율로 하중을 지탱한다(매우 대략적으로). 벽이 지탱하는 하중은 건물의 상층부로 올라갈수록 작아진다. 만약, 모든 벽이 압축강도 내 최대한의 하중을 부담한다고 하면, 이는 건물의 상층부로 올라갈수록 벽이 일정한 비율로 얇아져야 함을 의미한다. 만약, 모든 벽의 높이가 같다고 가정하면, 네 벽의 세장비는 점차적으로 커지게 되어 곡선을 따라 좌측으로 점점 더 가까워질 것이고, 따라서 더 좁은 간격의 보강이 필요하게 될 것이다.

예를 들어, 각 층의 벽 높이가 모두 8피트^{약 2.4m}이고, 벽의 두께가 각각 12 인치^{약 30cm}, 9인치^{약 23cm}, 6인치^{약 15cm}, 3인치^{약 7.6cm}인 4층 건물을 생각해 보면, 각 벽의 세장비는 8, 11, 17, 33이 된다. 이 경우를 위의 곡선에서 확인해 보면, 1층은 보강할 필요가 전혀 없으며(간격은 무한대이다), 2층은 약 8피트^{약 2.4m} 간격, 3층은 5피트^{약 1.5m}간격, 4층은 2피트^{약 0.6m}간격으로 보강하면 된다.

벽이 얇은 경우에는(벽이 가벼우면 부담할 수 있는 하중도 적기 때문에), 보강 간격을 조금 더 좁게 해야 한다. 예를 들어, 벽의 두께가 각각 8, 6, 4, 2 인치^{약 20, 15, 10, 2cm}일 경우를 생각해 보자. 이 경우 세장비는 12, 16, 24, 48이 되며 보강의 간격은 전보다 훨씬 더 가까워야 한다. 즉, 보강 간격은 1층에서는 9피트^{약 2.7m}, 2층에서는 5피트^{약 1.5m}, 3층에서는 3피트^{약 0.9m}, 4층에서는 15인치^{약 0.3m}이다.

이 예로부터 알 수 있듯이 기둥 간격의 변화는 상당히 큰데, 사실 직관적으로 예상했던 것보다 훨씬 더 큰 수치이다. 그러나, 이 경우에는 천장고가 모든 층에서 동일하다고 가정했기 때문에 변화가 큰 것이다. 사실, 올바르게 계획된 건물에서는 천장고를 층별로 달리하는데, 그렇게 하면 우리가 짐작하는 대로 기둥 간격의 변화는 조금 더 합리적일 것이다. 이것이 각 층의 천장고가 층별로 달라져야 하는 사회적, 구조적 이유이다.

대부분의 건물에서 1층의 공간과 방은 다른 층에 비해서 규모가 크다. 공용 공간, 응접실 등은 일반적으로 건물의 출입구 근처에 배치되며, 반면에 사적이고 작은 방은 건물의 상층부와 건물 안쪽에 놓이는 것이 유리하다. 천장고는 사회적 공간의 크기에 따라 달라지는데, 1층에서는 천장고가 높고 상층부로 갈수록 낮아지게 된다 - **다양한 천장고**(190). 그리고, 지붕층은 매우 낮은 벽이나 혹은 벽이 전혀 없도록 구성되기도 한다 - **감싸는 지붕**(117).

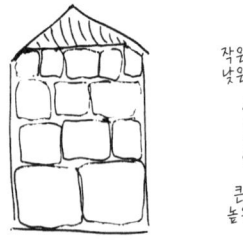

작은 방
낮은 벽

↕

큰 방
높은 벽

방 크기의 변화

상층부로 갈수록 천장고가 낮아진다는 사실을 순수하게 구조적 관점으로 설명하면 다음과 같다. 아래에 보이는 그림은 곡물창고의 도면이다. 지붕 시스템이 구조이론에 의해 계산된 것이라고 가정해보자. 상층부의 기둥은 하층부보다 적은 하중을 지탱하기 때문에 두께가 얇아질 것이다. 그러나, 기둥이 얇아지기 때문에 좌굴*에 저항하는 능력은 작아지게 되며, 재료의 낭비를 피하고자 한다면 기둥은 짧아져야 한다. 그 결과, 천장고의 다양함의 관점에서 사회적인 이유를 고려할 필요가 전혀 없는 곡물창고에서도 완전히 구조적인 이유로 인하여 건물의 하층부에서는 두꺼운 기둥과 높은 천장을 그리고 상층부로 갈수록 얇은 기둥과 낮은 천장을 필요로 하게 되는 것이다.

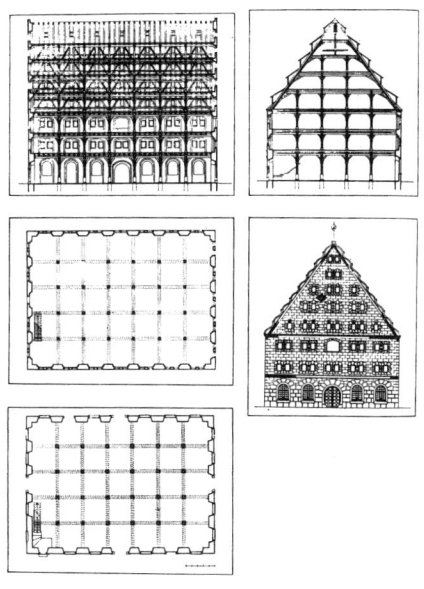

독일의 곡물창고

앞의 그래프에서도 동일한 결론을 얻을 수 있다. 이 그래프로 상층부로 갈수록 벽이 더 얇아지기 때문에, 보강 간격을 좁게 해야 한다는 것을 알 수 있다. 또한, 일정한 하중이 작용하는 경우 세장비를 가능한 낮게 유지해야 한다는 것도 알 수 있다. 따라서, 일반적으로 벽이 얇아지는 상층부에서는 세장비를 낮게 하기 위해서 벽의 높이를 가능한 낮게 해야 한다.

그러면, 지금까지의 논의와 일치하도록, 한 건물 내에서 벽의 높이가 달라진다고 가정해보자. 또한, 최상층에 다락이 있는 4층 건물의 벽 높이를 다음과 같이 가정하자(볼트구조로 이루어진 방에서 볼트의 높이는 벽의 높이보다 높다는 것을 기억한다). 즉, 벽 높이가 1층은 9피트약 2.7m, 2층은 7피트약 2.1m, 3층은 6피트약 1.8m, 4층은 4피트약 1.2m이고 경사 지붕이 낮게 드리워져 있다. 이때, 벽의 두께를 12인치약 30cm, 6인치약 15cm, 5인치약 12cm, 3인치약 7cm로 가정하면 세장비는 9, 14, 14, 15가 된다. 1층에서는 보강이 전혀 필요 없으나, 2층은 6피트약 1.8m, 3층은 5피트약 1.5m, 4층은 3피트약 0.9m 간격으로 보강이 필요하다. 이전에 제시된 그림에서도 유사한 배치를 나타내고 있다.

이 패턴을 평면 계획에 적용한다면 문제에 직면하게 된다. 모서리의 기둥(212)에 의해 방의 모서리가 정해지기 때문에, 언제나 정확한 간격으로 벽을 보강할 수는 없다는 것이다. 하지만, 보강 간격과 비슷한 간격으로 보강재를 배치하면 그리 큰 문제가 되진 않는다. 그리고, 벽 치수에 맞도록 방에 따라서 보강 간격을 바꿀 수도 있다. 그러나, 방이 작을 경우에는 보강 간격을 좁게 하고, 방이 커질 경우엔 간격을 넓게 해야 한다. 그렇지 않으면, 구조적인 감각에 반하는 이상한 건물이 될 것이다.

같은 층에 두 개의 방이 있고, 하나의 방이 다른 방보다 두 배 크다고 가정해보자. 큰 방의 둘레는 작은 방의 둘레의 두 배이지만, 천장의 하중은 4배이기 때문에 벽의 단위 길이 당 하중은 그만큼 더 커진다. 이를 이상적이며 효율적인 구조에서 생각해보면, 큰 방의 벽은 작은 방의 벽보다 더 두꺼워져야 함을 의미한다. 따라서, 이미 논의되었던 것처럼, 큰 방은 적은 하중을 지탱하며 벽이 얇은 작은 방보다 보강 간격이 넓어야 하는 것이다.

건물의 같은 층에서 각 방의 벽 두께를 다르게 하는 것을 좋아하는 건설업자는 거의 없을 것이다. 그러나, 벽을 동일한 두께로 할지라도, 최소한 보강 간격은 이 규칙에 모순되지 않도록 해야 한다. 만약, 배치상의 이유로 보강 간격이 방마다 달라야 한다면, 큰 방의 벽에는 더 넓은 간격의 보강이 필요하게 된다. 만약, 작은 방에 큰 방과 동일한 간격으로 보강을 하게 되면, 사람들은 그 건물을 제대로 이해하지 못할 것이다.

한 가지 중요한 사항이 있다. 지금까지 진행된 분석은 벽과 보강재가 탄성판으로 작용한다는 가정을 기반으로 하고 있는데, 이 가정은 대체적으로 올바르다고 할 수 있으며 우리가 서술하고자 하는 일반적인 현상을 설명하는

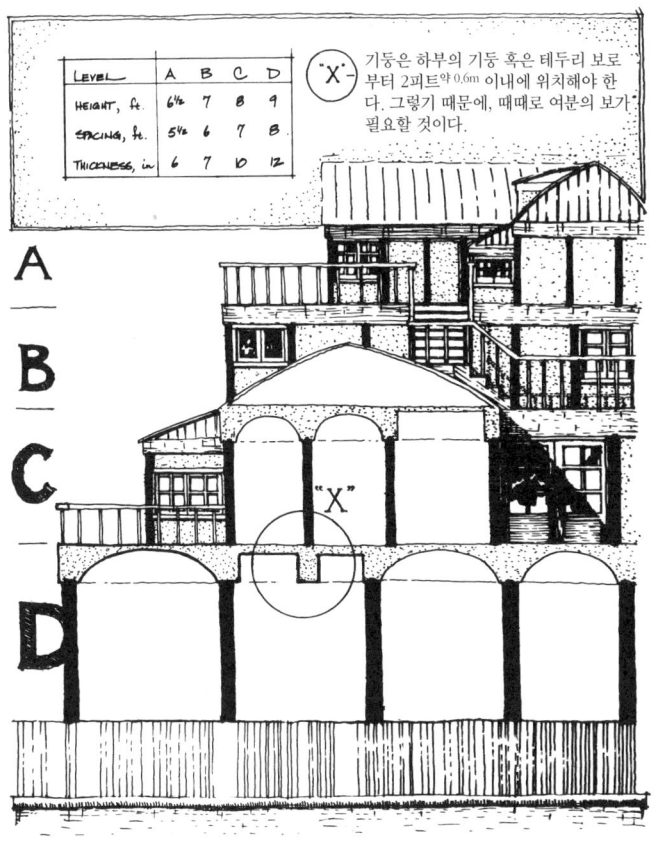

LEVEL	A	B	C	D
HEIGHT, ft.	6½	7	8	9
SPACING, ft.	5½	6	7	8
THICKNESS, in	6	7	10	12

"X"- 기둥은 하부의 기둥 혹은 테두리 보로 부터 2피트약 0.6m 이내에 위치해야 한다. 그렇기 때문에, 때때로 여분의 보가 필요할 것이다.

우리가 제시한 패턴을 따라 기둥, 벽, 볼트를 만든 4층 건물의 최종 기둥 배치

데에도 도움이 된다. 그러나, 어떤 벽이라고 할지라도 완벽한 탄성판으로 작용하지 않는다. 우리는 시공의 다른 패턴에서 경량콘크리트 벽의 사용을 주장하였는데, 사실 이는 가장 적절한 것은 아니다. 때문에, 미국콘크리트학회의 규칙에 따라 보정된 탄성판 이론을 이용했으며, 우리가 분석한 수치들은 콘크리트의 탄성 작용에 근거한 것이다(콘크리트의 인장강도와 압축강도의 범위 내에서). 그러나, 판이 탄성한계를 넘어 균열이 생기게 되면, 콘크리트 구조 계획에서 많은 외부 요인들이 작용하게 될 것이라는 것은 분명하다. 때문에, 우리가 분석한 내용 중에 제시된 실제 숫자들은 단지 설명을 하기 위해 제시한 것이지 그 이상으로 받아들여서는 안 된다는 것을 알리며,

독자들에게 주의를 주고자 한다. 이 숫자들은 하나의 시스템에서의 일반적인 수학적 작용을 반영하는 것이지, 실제 구조 계산에 사용될 만큼 신뢰할 만한 것은 아니다.

그러므로,

기둥 보강의 간격은 지상층에서는 넓고 상층부로 갈수록 좁아진다. 특정한 건물의 정확한 기둥 간격은 층고*, **하중 그리고 벽 두께에 의해 결정된다. 다음의 표의 숫자들은 단지 설명을 위한 수치이기는 하지만, 필요한 개념만을 대략적으로 제시하고 있다.**

건물 층수	지상층	2층	3층	4층
1	2´~5´			
2	3´~6´	1´~3´		
3	4´~8´	3´~6´	1´~3´	
4	5´~∞´	4´~8´	3´~6´	1´~3´

자신이 작성한 각 층의 도면에서 모서리 기둥 사이에 점을 찍어 여분의 보강 기둥을 표시한다. 양쪽 모서리 기둥 사이에 균일한 간격이 되도록, 보강 기둥의 위치를 조절한다. 하지만, 같은 층에서는 작은 방의 벽을 따라 배치된 보강 간격은 좁으며, 큰 방 벽의 보강 간격은 넓어짐을 유의하도록 한다.

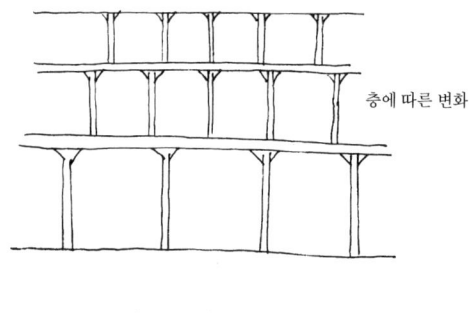

층에 따른 변화

◆　　◆　　◆

다양한 천장고(190)와 일치하는 범위 내에서, 건물의 상층부로 갈수록 벽과 기둥을 낮게 하여 세장비를 작게 유지한다. 그리고, 벽과 기둥의 두께는 층고에 따라 달리한다 - **구조벽막**(218)을 참고한다. 다음과 같이 벽 두께를 제안하는데, 이는 지금까지 우리가 논의해온 전형적인 경량콘크리트 건물을 대상으로 여러 차례 계산해 본 결과이다. 최상층 - 2인치약 5cm, 그보다 한 층 낮은 층 - 3인치약 7.5cm, 두 층 낮은 층 - 4인치약 10cm, 세 층 낮은 층 (4층 건물일 경우 1층) - 5인치약 12cm. 물론, 이 숫자들은 하중 조건이 다르거나 재료가 다른 경우에서는 변할 수 있지만, 예상할 수 있는 변화의 경향을 보여 준다.

기둥 두께는 벽 두께에 비례해야 하므로, 가장 얇은 벽의 기둥은 가장 얇다. 벽이 매우 얇은 경우라면, 벽을 형성하는 외부 표면재에 판재나 일정한 두께의 재료를 덧붙여서 간단히 만들 수 있을 것이다 - **구조벽막**(218)을 참고한다. 벽이 두꺼울 경우에는 벽 두께보다 두 배가량 두꺼운 기둥이 필요하다. 이때, 기둥의 단면은 거의 정방형으로 벽을 세우기 전에 만들어야 하지만, 벽과 일체가 되도록 만들어야 한다 - **박스형 기둥**(216) **-**⋯

대지에 기둥이 서야 할 장소를 표시하기 위해 말뚝을 박는다.
그리고, 이 말뚝의 배치에 따라 주요 구조체를 세우는 공사를 시작한다.

214. 뿌리와 같은 기초

ROOT FOUNDATIONS

···- 건물의 기둥 배치가 어느 정도 정해지면 - 모서리의 기둥(212), 최종 기둥 배치(213), 현장에서 작업을 시작할 수 있게 된다. 공사를 시작하기 전에 지상층 기둥의 위치를 표시한다. 이때 바위나 식물을 보존해야 한다고 판단된다면, 기둥의 위치를 옮길 수도 있을 것이다 - 대지 정비(104), 지면과의 연결(168). 그리고, 기초를 만들기 위한 구멍을 파고, 기초공사를 준비한다.

◆　　◆　　◆

가장 좋은 기초는 나무의 뿌리와 같은 것이다. 나무의 전체 구조는 단순하게 지면 아래로 이어지는데, 이는 인장과 압축에 대응하는 그리고 땅과 일체화된 시스템이다.

기둥과 기초는 서로 연결되어야 한다. 하지만, 기둥과 기초가 분리된 요소로서 만들어졌다면, 접합부는 매우 취약하기에 문제가 생길 것이다. 휨과 전단 응력 모두는 이 접합부에서 최대가 된다. 따라서, 접합부재로 다른 부재를 이용하면 주의를 기울여야 하는 접합부가 늘어나는 것이며, 각 부재가 응력에 저항하는 효율은 낮아지게 되는 것이다.

따라서, 기초와 기둥을 만들 때, 기둥이 기초의 깊은 부분에서 연결이 되어 지면과 연속적으로 결합되도록 하는 것이 바람직할 것이라고 생각한다.

그림에서 알 수 있듯이, 뿌리와 같은 기초는 의외로 아주 간단한 형태이다. 속이 비어 있는 박스형 기둥(216)에서 시작하기 때문에 기초 구멍에 빈 기둥을 고정시키고, 기둥의 하부와 기초에 단일한 충진재를 주입해 일체화함으로써 뿌리와 같은 기초를 만들 수 있다.

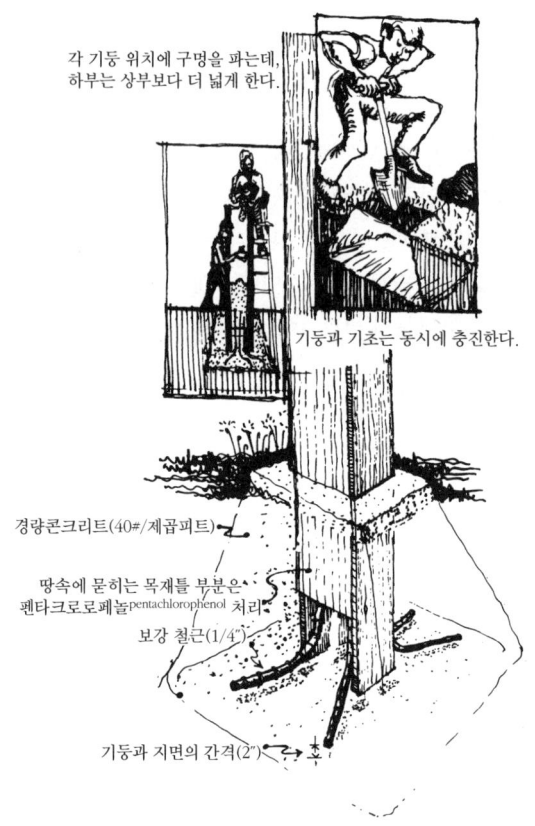

각 기둥 위치에 구멍을 파는데, 하부는 상부보다 더 넓게 한다.

기둥과 기초는 동시에 충진한다.

경량콘크리트(40#/제곱피트)

땅속에 묻히는 목재틀 부분은 펜타크로로페놀pentachlorophenol 처리

보강 철근(1/4")

기둥과 지면의 간격(2")

속이 비어 있는 박스형 기둥을 이용한 뿌리와 같은 기초의 한 예

목재 기둥의 경우, 지중의 습기를 머금은 콘크리트와 접합하는 부분에 심각한 문제가 발생할 수 있다. 이러한 문제는 기둥의 목재 부분을 펜타크로로페놀을 가압 침투시켜 건조 부패나 흰개미로부터 보호하면 어느 정도 해결할 수 있다. 그리고, 두꺼운 아스팔트나 방습수지를 바르는 것 또한 효과가 있을 것이라고 생각한다. 그러나, 문제는 아직 완전히 해결되지 않았다. 물론, 테라코타* 관이나 콘크리트 관에 고밀도의 콘크리트를 충진*해서 만든 기둥이라면, 기능을 제대로 발휘할 것이다. 하지만, 이 경우에도 이 패턴의 구조적 타당성에는 여전히 의문이 남는다. 지면과 연속성을 지닌 구조는

필요하다고 생각되지만, 우리는 아직 이를 개발하지는 못하였다. 그렇지만, 우선 새로운 도전의 일환으로서 이 패턴을 제안하고자 한다.

즉,

기둥 자체가 땅속에 제대로 박히고 또 확산되는 기초를 만드는 방법을 찾도록 노력한다. 그러면, 기초와 기둥이 연속된 재료로 만들어지고, 기둥은 기초와 일체가 되어 나무의 뿌리처럼 압축력을 비롯하여 인장 및 수평 전단력*에도 저항할 수 있을 것이다.

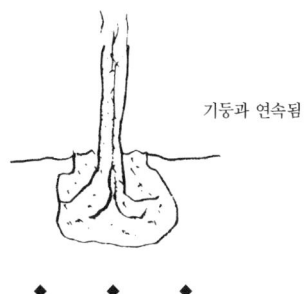

기둥과 연속됨

◆　◆　◆

속이 빈 박스형 기둥을 이용하여 이와 같은 기초를 만들기 위해서, 기초 구멍을 파고 속이 빈 박스형 기둥의 틀을 배치하고 기둥과 기초가 결합될 수 있도록 하나의 연속된 재료로 충진한다 - 박스형 기둥(216). 이후, 1층 바닥 슬래브를 만들 때에는 바닥 콘크리트를 기초에 연결한다 - 1층 슬래브(215) ┈

215. 1층 슬래브
GROUND FLOOR SLAB

···· 이번 패턴은 지면과의 연결(168), 효율적인 구조(206), 모서리의 기둥(212), 뿌리와 같은 기초(214)의 완성에 도움이 된다. 건물의 1층 바닥으로 이용되는 단순한 슬래브는 뿌리와 같은 기초들을 연결하고, 슬래브의 일부를 줄기초strip foundation•로 만들면 벽을 지탱하는 역할을 할 것이다.

◆　　◆　　◆

건물 1층의 바닥은 콘크리트 슬래브로 하는 것이 가장 간편하며 저렴하고 자연스러운 방법이다.

충진하기 전에 낮은 테두리 벽을 만들고 벽의 위치에 6인치약 15cm 정도의 좁고 긴 홈을 판다.

벽이 설 위치

바닥은 2인치 두께의 경량콘크리트로 마감한다. 도료는 콘크리트에 혼합한다. 그 다음 연마기로 바닥을 부드럽게 갈아 마감한다.

1층 슬래브
- 지면을 정리한다.
- 벽이 설 위치에 6인치의 홈을 판다.
- 건물의 외주부를 따라 벽돌을 2단으로 쌓는다.
- 거친 자갈을 2~3인치약 5~7cm 정도로 닦는다.
- 비닐 시트를 닦는다
- 6-6 와이어 메시를 닦는다.
- 3~4인치약 12~15cm 정도로 콘크리트를 친다.

벽돌로 만든 테두리벽 안쪽의 1층 바닥 슬래브

건물의 1층 바닥을 시공할 때, 지면이 비교적 평탄한 경우라면 지면에 접하도록 콘크리트 슬래브를 만드는 방법이 가장 자연스럽고 저렴하다. 목재 바닥은 비싸고 하부에 환기 공간이 필요하며, 연속된 기초벽이나 기초보 위에 시공해야 한다. 프리패브* 바닥 또한 하부에 구조재가 필요하다. 그러나, 콘크리트 슬래브 바닥은 지면에 곧바로 만들 수 있으며, 두껍게 만들면 벽을 지탱하는 기초를 간단하게 구성할 수 있다.

하지만, 콘크리트 슬래브의 문제점은 쉽게 차가워지고 습한 느낌을 준다는 것이다. 이 같은 느낌에는 물리적인 이유는 물론, 심리적인 이유도 있으리라 생각한다. 이러한 느낌은 슬래브가 지면에 바로 접할 경우 가장 현저하게 나타난다. 따라서, 슬래브를 지면에 바로 접하지 않도록 시공하도록 한다. 즉, 지면을 파내는 대신에 지면을 고르게 하고 그 위에 잡석과 자갈을 간 후에 슬래브를 만들면 된다.(일반적인 시공법에서는 지면을 파내고 잡석의 상단부가 지면 바로 밑에 위치하고 슬래브의 상부만이 지면보다 높다.)

그러므로,

1층 슬래브는 지면으로부터 약 6~9인치약 15~23cm정도 높이도록 한다. 먼저, 건물 주위로 건물을 둘러싸는 낮은 벽을 세우고 기둥의 기초를 연결시킨 후, 낮은 벽의 안쪽을 잡석, 자갈, 콘크리트로 충진한다.

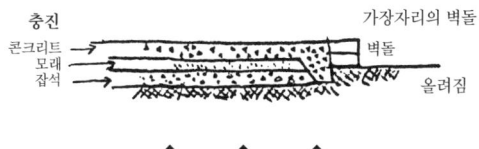

◆　　　◆　　　◆

공용 공간의 바닥은 벽돌, 타일, 왁스로 연마된 경량콘크리트로 마감한다. 사적인 장소는 한 단 정도 높이거나 내려서, 경량콘크리트 위에 펠트*나 카펫을 깔아 마감한다 - 바닥(233).

1층 슬래브의 가장자리에는 벽돌을 이용하여 낮은 벽을 만들고, 이를 건물 가장자리나 테라스, 통로에 연결한다 - 지면과의 연결(168), 부드러운 타일과 벽돌(248). 급경사지에 건물을 지을 때에는 지면을 깎아내는 대신에, 1층 슬래브 하부에 부분적으로 볼트를 사용하여 절토*를 최소화 한다 - 바닥·천장 볼트(219) ---…

216. 박스형 기둥**

BOX COLUMNS

···· 뿌리와 같은 기초(214) 패턴을 사용한다면 기초와 기둥은 일체가 되기 때문에, 기둥과 기초는 동시에 만들어야 한다. 기둥의 높이, 간격, 두께의 다양함에 대해서는 **최종 기둥배치(213)**에서 이미 설명하였다. 이 패턴은 기둥의 시공에 관한 상세한 내용을 제시한다.

◆　　◆　　◆

세계 어디에서나 전통적이고 역사적인 건물의 기둥은 표정을 간직하고 있

고 아름다우며 중요한 요소이다. 그러나, 현대 건축물에서 기둥은 흉하고 의미 없는 요소가 되어버렸다.

아름다우면서도 동시에 구조적으로도 효율적인 기둥을 만드는 방법을 말해줄 사람은 더 이상 아무도 없다. 그러니 이 문제를 7가지 항목으로 나누어 논의해 보도록 하자.

1. 기둥의 두께가 적절하지 못하거나 또는 기둥이 견고하지 못하다면 사람들은 불안감을 느낀다. 이 느낌은 구조적인 현실감에 근거한 것이다. 큰 하중을 받는 길고 얇은 기둥은 좌굴*에 의해 쉽게 파괴되며, 인간의 감각 또한 기둥의 두께에 대해서 특히 민감하다.

기둥의 두께에 대한 필요성을 과장하고자 하는 것이 아니다. 도를 지나치면 오히려 터무니없는 매너리즘에 빠질 수 있기 때문이다. 그러나, 기둥은 정말로 안전하고 견고해야 하며, 좌굴의 위험성이 없을 만큼 길이가 짧은 경우에만 얇아야 한다. 기둥이 독립적으로 세워질 경우에 기둥의 두께는 필수적인 요소가 된다. 이는 패턴 기둥이 있는 장소(226)에서 본격적으로 논의할 것이다.

2. 구조적 관점에서의 논의를 통해서도 정확하게 동일한 결론에 이른다. 강관이나 프리스트레스 콘크리트*와 같은 얇은 고강도 재료는 좋은 재료(207)에 의해서 제외된다. 생태학적으로 문제가 없는 저강도 재료는 하중을 지탱하기 위해서 비교적 두꺼워야 한다.

3. 저렴해야 한다. 8×8인치약 20×20cm 목재 기둥은 매우 고가이며, 오늘날 두꺼운 벽돌이나 석재 기둥을 구입하는 것은 매우 힘들다.

4. 촉감은 부드러워야 한다. 콘크리트 기둥이나 페인트로 칠한 강재 기둥의 촉감은 불쾌하며, 표면의 마감처리 또한 쉽지 않다.

5. 기둥에 휨이 작용하는 경우에는 강도가 가장 높은 재료가 기둥 외주부에 집중되어야 한다. 왜냐하면 좌굴이나 휨은 재료의 중립축에서 가장 멀리 떨어진 부분에서 최대가 되는 관성 모멘트에 의해 좌우되기 때문이다. 풀의 줄기는 이와 같은 구조를 보여주는 전형적인 예이다.

6. 기둥은 반드시 기초, 보, 벽체와의 연결이 용이해야 한다. 프리캐스트 콘크리트* 기둥은 연결이 매우 어려우며, 철제 기둥 또한 마찬가지이다. 벽돌 기둥은 벽돌 벽과의 연결은 용이하지만, 구조벽막(218)에 의해 요구되는 경량 스킨 구조와의 연결은 쉽지 않다.

7. 기둥은 현장 수정과 완공 후의 보수가 용이하도록 특별한 도구 없이 못을 박거나 절단할 수 있어야 한다. 하지만, 최근 사용되는 재료들은 이 요구를 쉽게 충족시키지 못한다.

이상 설명한 모든 조건을 갖춘 기둥이 박스형 기둥이다. 이 빈 튜브는 필요한 두께에 따라 다양하게 만들 수 있으며, 강한 압축력을 지닌 재료로 충진할 수 있다. 그리고, 목재나 강재 기둥보다 저렴하며, 외부 표면은 아름답고 보수가 용이할 뿐만 아니라 촉감이 좋은 재료로 마감할 수 있다. 또한, 외부 마감재 자체나 추가적으로 보강된 외부 마감재에 의해 휨에 저항할 수 있을 것이다. 그리고, 구조적 완결성을 위해서 기둥의 기초나 보와 연결할 수 있다.

실험용으로 제작된 박스형 기둥의 한 예는 1인치_{약 2.5cm} 두께의 목재 박스에 목재와 동일한 비중의 경량콘크리트를 충진하여 만든 목재 박스형 기둥이다. 따라서, 이 기둥의 용적과 질량은 8×8인치 기둥과 같다. 아래 그림은 목재 박스형 기둥의 제작 과정이다.

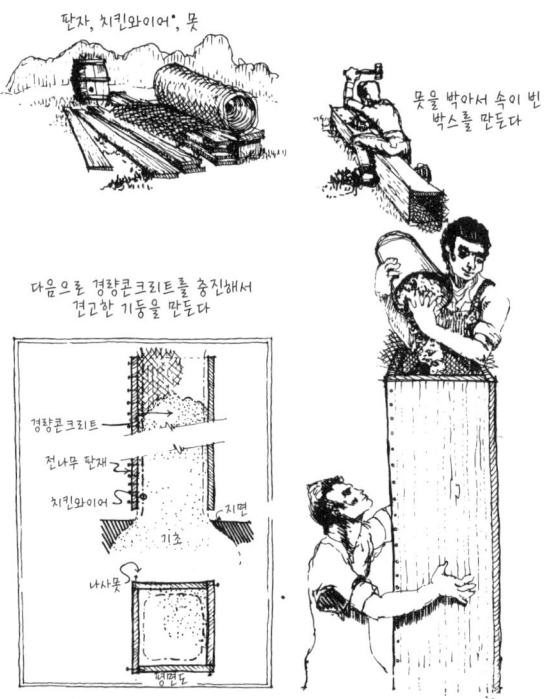

두께 1인치의 목재판에 나사못을 박고, 치킨와이어와 초경량콘크리트로
충진해서 만들어진 박스형 기둥의 한 예

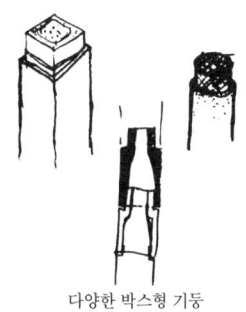

다양한 박스형 기둥

박스형 기둥을 만드는 방법은 다양하다. 하나의 예로서, 8×8인치의 경량 콘크리트 블록을 쌓고, 동일한 비중의 콘크리트로 빈 내부를 충진하면 된다. 기둥 안쪽에 보강을 위한 철망은 기둥에 요구되는 인장강도를 내기 위해 필요하다. 다른 예로서, 공동벽돌 기둥에 흙을 채울 수도 있을 것이다. 그 외에 경량콘크리트로 충진하고 철망으로 보강된 콘크리트, 비닐, 테라코타 하수도 파이프, 흙으로 충진하고 수지 가공된 판지 튜브, 외부 링은 콘크리트로 충진하고 내부 링은 흙으로 충진한 2중의 판지 튜브 치킨와이어로 튜브를 만들어 내부에는 잡석을 충진하고 외부에는 회반죽을 바르고 백색도료로 마감한 기둥 등이 있다. 또한, 마감으로는 공동타일을 사용할 수도 있는데, 공동타일은 수작업용 프레스로 압력을 가해 만들 수 있다. 또한, 부드러운 타일을 이용하면 아름다운 붉은 장밋빛의 온화한 느낌을 주는 기둥을 만들 수도 있다.

콘크리트 하수관에 콘크리트를 충진한 박스형 기둥

그러므로,

외부 표면은 견고한 튜브 형태로 그리고 충진재는 압축에 강한 재료를 이

용하여 기둥을 만들도록 한다. 마감재는 어느 정도 인장력에 저항할 수 있는 재료를 사용하도록 한다. 가급적이면 인장력에 강한 마감재를 사용해야 하지만, 충진재에 보강 와이어를 넣는 것도 좋다.

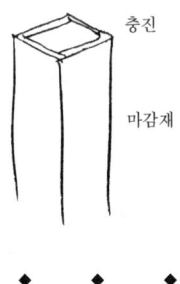

충진

마감재

◆　　◆　　◆

이미 알고 있는 것처럼, 1층 기둥은 1층 바닥의 **뿌리와 같은 기초(214)**와 그리고 상층부에서는 **바닥·천장 볼트(219)**와 연결되도록 동시에 충진하는 것이 가장 좋은 방법이다. 기둥의 위치가 정해지면 **테두리 보(217)**를 배치하고 기둥의 상층부와 보를 동시에 충진한다. 기둥이 독립적으로 세워진 경우에는, 바닥과 볼트와의 결합을 보강하기 위한 브레이스나 주두•를 만든다. - **기둥 접합부(227)**. 그리고, 기둥이 독립적으로 서 있는 경우에는 주변에 공간을 형성할 수 있도록, 두껍게 하거나 복수의 기둥을 배치한다 - **기둥이 있는 장소(226)** -···

217. 테두리 보*

PERIMETER BEAMS

·--- 이번 패턴에 의해서 기둥들의 상부가 연결되기 때문에, **박스형 기둥** (216)의 완성에 도움이 된다. 또한, **바닥·천장 볼트**(219)의 가장자리에 내력 면을 형성하는 데에도 도움이 된다. 때문에, 테두리 보의 위치는 **바닥과 천 장의 배치**(210)에서 제시된 볼트의 가장자리와 반드시 일치해야 한다.

◆　　◆　　◆

방을 만들 때는 우선 공간의 각 모서리에 기둥을 배치하고, 기둥 주위를 벽

과 천장으로 점차 엮어 나간다. 이때 방의 가장자리 상부에는 테두리 보가 필요하다.

방이 완성되기 전에도 공간의 볼륨을 시각적으로 인식할 수 있는 이유는 기둥과 기둥을 연결하는 보가 있기 때문이다. 즉, 지면에 기둥을 세울 때는 우리가 만들고 있는 공간의 볼륨을 확인할 수 있는 그리고 기둥의 상부를 물리적으로 연결시켜주는 테두리 보가 필요하다.

앞서 설명한 것은 매우 개념적이다. 하지만, 방을 둘러싸는 보의 개념적 단순성과 명료성은 보가 구조적으로 여러 기능을 지니고 있다는 것과 이 기능들이 자연스러운 구조체로서 매우 본질적인 것이라는 보다 기본적인 사실로부터 기인한다. 테두리 보는 다음과 같은 4가지의 구조적 기능을 지니고 있다.

1. 효율적인 구조(206)에서 설명하였듯이, 벽막과 볼트막 사이의 자연스런 두께를 형성한다.

2. 인접한 다른 볼트나 외부의 버트레스가 없는 경우, 천장 볼트의 수평 추력에 저항한다.

3. 벽막에 문이나 창문이 있는 곳에서 상인방*과 같은 기능을 한다.

4. 상층부의 기둥으로부터 하층부의 기둥과 벽막으로 하중을 전달한다. 그리고 이 하중을 기둥과 벽막으로 균등하게 분산시킨다.

이와 같은 테두리 보의 기능은 보가 반드시 바닥면과 함께 상층부와 하층부에 있는 기둥과 벽에 가능한 연속적이어야 한다는 것을 시사한다. 좋은 재료(207)에 따르면, 보는 쉽게 만들 수 있어야 하고 가공이 용이해야 한다.

하지만, 이와 같은 요구를 만족하는 보는 흔치 않다. 강재로 만든 보와 프리캐스트 또는 프리스트레스 콘크리트 보는 벽과 바닥에 연결이 어렵기 때문에, 앞서 설명한 연속성을 만족하기 힘들다. 또한, 쉽게 절단할 수 없다. 즉, 유기적인 평면에서 발생하는 각 방들의 상이한 치수가 현장에서 발견되어도, 이를 적용하기 위해서 보를 절단하기가 매우 힘들다는 것을 의미한다.

목재보는 위의 두 가지 요건을 충족시킨다. 자르기도 쉽고 원하는 길이에 맞추어 벽과 바닥면에 연결하는 것도 용이하다. 그러나, 좋은 재료(207)에서 설명하였듯이 목재는 어디에서나 쉽게 구할 수 있는 재료가 아니고, 구할 수 있다 하더라도 보로 사용할 수 있을 정도의 길이와 크기를 지닌 목재는 매우 고가이다.

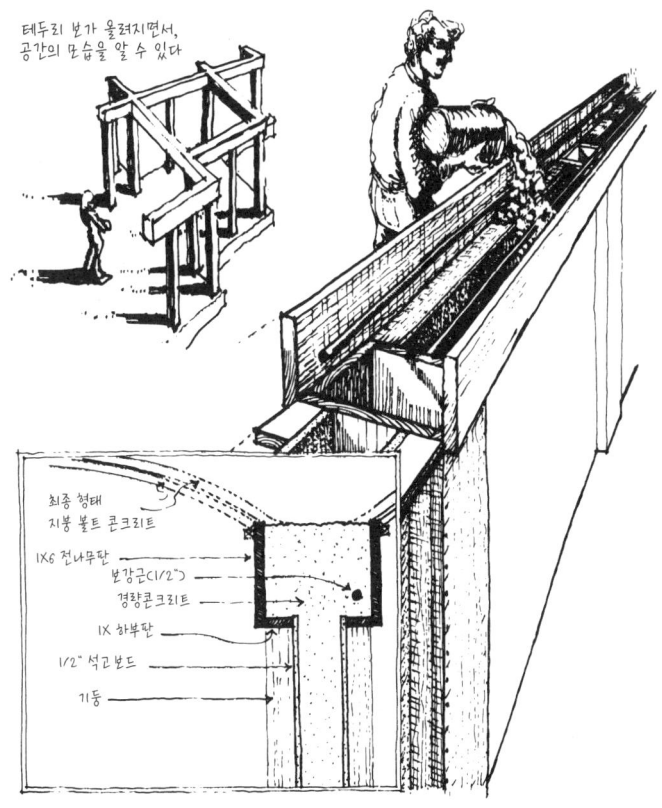

테두리 보가 올려지면서, 공간의 모습을 알 수 있다

최종 형태
지붕 볼트 콘크리트
1X6 전나무판
보강근(1/2")
경량콘크리트
1X 하부판
1/2" 석고보드
기둥

앞서 설명한 박스형 기둥과 일치하는 테두리 보의 예

  목재의 사용을 피하기 위해서, 위의 그림과 같이 박스형 기둥과 함께 쓰일 수 있는 테두리 보를 디자인하였다. 먼저, 이 보를 만들기 위해서 벽막이 만들어지기 전에 기둥에 수로 모양의 목재틀을 못으로 고정한다. 그리고 나서 보강재를 배치하고 벽을 충진한 후, 이 틀에 60pcf의 초경량콘크리트를 채워 넣는다. 이렇게 하면 보는 훌륭한 연속성을 지니게 될 것이다. 수로 모양의 목재틀은 다른 표면 요소와 함께 못으로 박아서 연속성을 지니고, 채워진 내부는 기둥, 보, 벽, 볼트와 연속성을 가지게 되어 모든 것이 일체화 될 것이다 - 구조벽막(218), 바닥·천정 볼트(219)를 참고한다.

물론, 테두리 보를 만드는 방법에는 여러 가지가 있다. 먼저, 우리의 디자인에도 여러 가지의 변형이 있을 수 있다. U자형 틀은 유리 섬유, 합판, 프리캐스트 경량콘크리트로도 만들 수 있다. 하지만, 틀의 내부는 어떠한 경우라도 경량콘크리트로 채워 넣는다. 그 밖에도 일본이나 미국에는 다양한 전통적인 테두리 보가 존재한다. 또한, 보는 아니지만 수직 하중을 분산시키고 수평추력에 저항하는 기능을 지닌 다양한 구조가 존재한다. 벽돌 아치도 이러한 기능을 한다. 조금 억지스러울지 모르겠지만, 밀림의 넝쿨식물에서 볼 수 있는 원형 장력도 하나의 예라고 할 수 있을 것이다.

그러므로,

방 주위로 연속하는 테두리 보를 만든다. 상부 볼트의 수평추력에 저항하기에 충분한 강도를 지닌 테두리 보가 상층부의 하중을 기둥에 분산할 수 있도록 하고, 기둥을 서로 엮어 개구부가 있는 벽 위에서 상인방*으로 기능하도록 한다. 보를 상층부의 기둥, 벽, 바닥과 그리고 하층부의 기둥, 벽과 연속체가 되도록 한다.

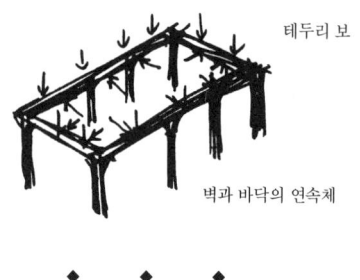

테두리 보

벽과 바닥의 연속체

◆　　　◆　　　◆

테두리 보가 수직 방향뿐만 아니라 수평 방향에도 제 기능을 하도록 보강재를 배치하도록 한다. 테두리 보가 **바닥·천장 볼트**(219)의 기초를 형성하는 경우에는, 볼트에 의해 흡수되지 않은 외부 방향으로의 수평추력에도 저항할 수 있도록 링빔ring beam으로서의 역할을 할 수 있어야 한다. 기둥이 독립적으로 서 있는 곳에서는 브레이스로 기둥과 테두리 보 사이의 연결을 강화한다 - 기둥 접합부(227) ┈

218. 구조벽막*

WALL MEMBRANE

···· **효율적인 구조(206)**와 **최종 기둥 배치(213)**에 따르면, 벽은 기둥과 연속하는 '펼쳐진' 압축하중 지지막compressive load-bearing membrane이며, 기둥은 일정한 간격으로 위치하며 보강재로 기능하는 요소이다. 기둥의 간격은 각 층 기둥의 높이에 따라 달라지며, 벽의 두께(막의 두께)도 같은 식으로 달라진다. 만약, 기둥 보강재가 이미 **박스형 기둥(216)**에 의해 자리잡았을 경우, 이 패턴은 벽이 형성될 수 있도록 기둥에서 기둥까지 벽막을 어떻게 펼쳐야 하는가에 대해서 설명한다.

◆　　◆　　◆

유기적인 구조체에서 벽은 반드시 하중을 분담해야 한다. 또한, 네 면의 구조체와 함께 연속적으로 기능하여야 하고, 휨과 전단에 저항하고 압축하중도 분담해야 한다.

벽이 이와 같이 기능할 때, 벽은 순수한 구조적 막이 된다. 이 벽막은 2차원적으로 연속하여 보강재, 기둥과 함께 압축하중에 저항한다. 그리고, 전단과 휨에 저항하도록 상하층의 기둥, 보, 바닥 사이를 견고하게 연결한다.

이에 반해, 커튼월Curtain wall 또는 단순하게 '빈 공간을 채운' 벽은 막으로써 기능하지 못한다. 이들은 공간을 구획하고 방음, 단열 등의 기능은 할 수 있겠지만, 건물의 구조적 견고성에는 기여하는 바가 없다. 구조체가 모든 구조적 기능을 하기 때문에, 앞서 설명한 벽은 구조적으로는 의미가 없다고 할 수 있다. (구조체의 모든 부분이 하중을 서로 부담하여야 한다는 점에 대한 상세한 설명은 **효율적인 구조(206)**를 참고하도록 한다.)

반면에 벽막은 벽이 주위의 구조체와 함께 완전체로서 기능하게 한다. 그렇다면, 이 같은 벽막을 어떻게 만들 수 있을까?

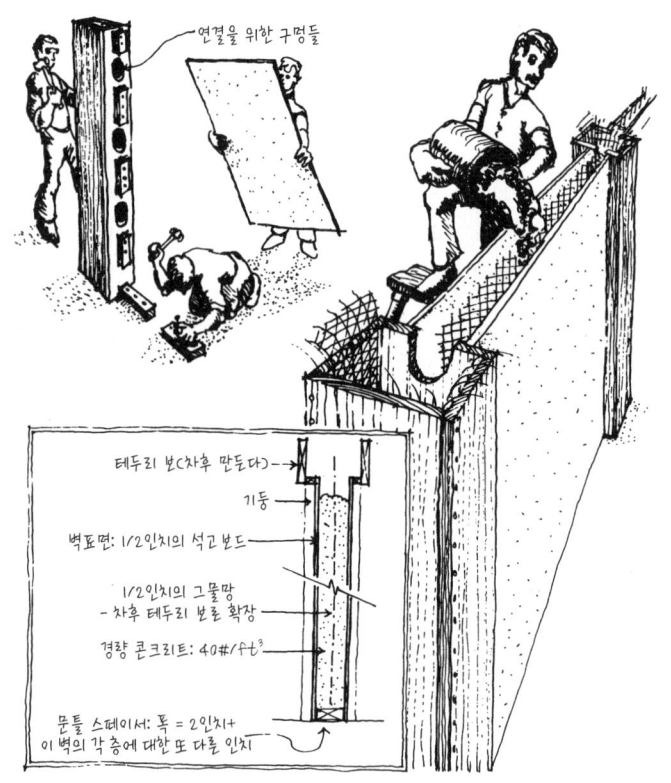

연결을 위한 구멍들

테두리 보(차후 만든다)
기둥
벽표면: 1/2인치의 석고 보드
1/2인치의 그물망
- 차후 테두리 보로 확장
경량 콘크리트: 40#/f t³
문틀 스페이서: 폭 = 2인치+
이 벽의 각 층에 대한 또 다른 인치

석고보드 표면과 초경량콘크리트로 채워진 내부 벽막의 한 예

좋은 재료(207)에서는 가정용 도구로 자르거나 못질을 할 수 있는 재료, 생태적으로 건전한 재료의 사용을 권장하였다. 또한, 흙을 원료로 하는 재료나 박판재의 사용을 강조하였다.

단계적인 보강(208)에서는 시공 과정이 처음에는 약한 구조에서 시작하여 이후 재료가 더해져서 견고한 구조가 되어 나가는 부드럽고 연속적인 과정이 되어야 한다고 설명하였다.

우리가 실제로 만들어 시험한 벽의 경우, 내부 표면은 석고보드로 외부 표면은 반턱 쪽매 이음 보드로 그리고 그 내부는 초경량콘크리트로 채워졌다. 이 벽은 기둥의 표면에 네일링블록nailing block•을 고정하여 만들어졌다. 우리는 못질을 하여 네일링블록을 표면에 부착하고, 콘크리트의 수축에 대비하여 치킨와이어를 빈 공간에 넣어 보강하였으며, 내부는 경량콘크리트로 채위 넣었다. 벽은 콘크리트를 붓는 동안 콘크리트의 무게를 지탱해야 하기 때문에, 한 번에 2~3피트^{약 60~90cm}이상 타설하지 않도록 한다. 그 이상 타설하게 되면 콘크리트의 무게로 인하여 큰 압력이 작용할 것이다. 마지막으로 테두리 보와 벽의 상부에 콘크리트를 동시에 부어 일체화시킨다. 앞의 그림은 이와 같은 방법을 사용해서 만든 구조벽막이다.

속이 꽉 찬 이와 같은 벽(목재의 밀도와 거의 같다)은 차음성과 단열성이 뛰어나고, 자유롭고 불규칙적인 평면에 맞추어 시공하는 것이 수월하며 못질도 가능하다. 그리고, 보강재로 인하여 벽 두께에 비해 매우 단단하다.

이 패턴의 다른 형태: (1)표면은 구조용 공동타일이나 콘크리트 블록으로 만들고, 콘크리트나 흙으로 충진한다. (2)외부 마감은 벽돌, 내부 마감은 합판이나 석고보드로 한다. 두 경우 모두, 기둥은 공동타일이나 콘크리트 파이프 또는 석조의 박스형 기둥이어야 한다. (3)표면을 철망으로 만들고 콘크리트와 자갈을 채운 후, 외부마감은 치장벽토[•]로 내부마감은 회반죽으로 한다. 이 경우, 동일한 방법으로 철망에 콘크리트와 자갈을 충진하여 기둥을 만들 수도 있다. (4)또한, 내부·외부마감을 모두 석고보드로 할 수도 있다. 외부마감의 석고보드는 방수지와 라스^{lath•} 그리고 치장벽토로 마감한다.

그러므로,

기둥, 문틀 그리고 창문틀을 연결하는 막으로써의 벽을 만들고, 적어도 부분적으로는 벽이 연속하도록 한다. 벽을 만들기 위해서 먼저 내부와 외부 면을 만들어서 마감면으로써 기능하도록 한다. 다음으로는 벽 내부를 충진재로 채워 넣는다.

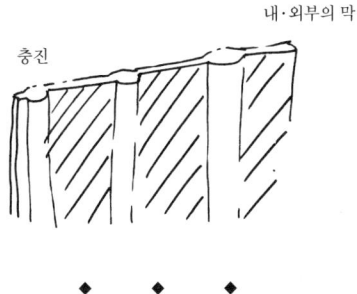

내·외부의 막

충진

◆　　◆　　◆

보강된 벽에서는 보강재가 벽막의 좌굴을 방지하기 때문에, 벽막은 생각했던 것보다 얇게 만들 수 있을 것이다. 단층 건물에서는 2인치약 5cm 정도로, 2층 건물의 1층은 3인치약 7.5cm 정도가 될 수도 있다. 이에 대해서는 **최종기둥 배치(213)**를 참고한다.

벽막은 감촉이 좋고 못질이 가능한 공동 타일, 초경량콘크리트 블록, 합판, 석고보드, 목재판자 또는 다른 판재를 사용하여 만들 수 있다. 만약, 내부마감이 석고보드라면 회반죽을 얇게 발라 마감할 수도 있다 - **부드러운 내벽(235)**. 외부마감은 1인치약 2.5cm 두께의 판재, 외장용 합판을 이용하거나, 외장용 보드 위에 타일이나 섕글*을 붙이거나 회반죽을 발라서 마감할 수도 있다 - **겹침이음 외벽(234)**. 또한 외부마감으로 벽돌이나 타일을 이용할 수도 있으며, 이 경우 기둥도 같은 재료를 쓰는 것이 좋다 - **부드러운 타일과 벽돌(248)** -⋯

219. 바닥·천장 볼트**

FLOOR-CEILING VAULTS

···· 우리는 이미 평범한 장선 바닥과 슬래브 바닥이 효율적이지 못하다는 것에 대해서 설명하였으며, 그 이유로서 휨에 저항하기 위해 사용하는 인장재료*가 압축재료보다 보편성이 떨어지기 때문이라는 것을 제시하였다 - 효율적인 구조(206), 좋은 재료(207). 그렇기 때문에, 가능한 한 볼트를 사용하는 것이 바람직하다는 점 또한 제시하였다. 볼트는 **바닥과 천장의 배치**(210), **테두리 보(217)**를 완성하는 데 도움이 될 것이다. 그리고, 무엇보다도 중요한 것은 볼트가 각 방의 **다양한 천장고(190)**의 형성에 기여한다는 점이다.

＊　　＊　　＊

천장 볼트는 상층의 바닥으로부터의 활하중*을 지탱하고, 아래층 방의 천장을 형성해야 한다. 또한, 압축재를 이용하기 위해서, 가능한 휨과 인장력이 거의 발생하지 않아야 한다.

볼트의 형태는 두 가지 조건에 의해 좌우된다. 일상적으로 사용하지 않는 다락방을 제외하고, 방 가장자리의 천장고는 약 6피트약 1.8m 이상이어야 한다. 그리고, 방 중앙부의 천장고는 방의 규모에 따라 변화해야 한다(규모가 큰 방의 천장고는 8~12피트약 2.4~3.6m, 중간 크기의 방은 7~9피트약 2.1~2.7m, 알코브 같은 매우 작은 공간의 천장고는 6~7피트약 1.8~2.1m - **다양한 천장고**(190)를 참고한다).

구조적인 관점에서 원형 셸돔의 라이즈가 직경의 13~20%일 때 휨 모멘트*는 실제적으로 발생하지 않는다.(이는 셸 구조의 연구와 실험에서 증명되었고, 우리의 연구에서도 확인되었다.) 대각선의 길이가 8피트약 2.4m인 방은 약 18인치약 25cm의 라이즈가 필요하여, 중앙부의 천장고는 7~8피트약 2.1~2.4m가 된다. 대각선의 길이가 15피트약 4.5m인 방은 약 2~4피트약 60~120cm의 라이즈가 필요하여, 중앙부의 천장고는 약 8~10피트약 2.4~3m가 된다.

다행히도 이들 볼트의 높이는 필요한 천장고에 적당하다. 그러므로, 주거 공간을 위한 이상적인 볼트는 방의 가장자리에서 6~7피트약 1.8~2.1m의 높이에서 시작하여, 방의 짧은 폭의 13~20% 정도가 올라간 형태이다.

정방형 또는 장방형의 방에 원형 또는 타원형의 볼트를 만드는 방법은 다양하다.

1. 모서리에서 모서리로 대각선 아치 형태의 리브가 있는 볼트다. 그리고, 이 리브* 사이에 직선 부재를 배치한다.

2. 스퀸치squinch*로 지탱되는 순수한 돔형이다.

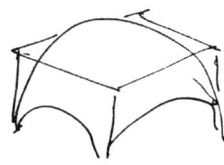

3. 아치형 리브의 그리드에 기초한 형태이다. 가장자리의 리브는 완전히 평평하고, 중앙부의 리브는 많이 휘어진다. 그러면 결국, 볼트의 각 부분이 3차원 형태가 되고 모서리는 어느 정도 평평하게 된다.

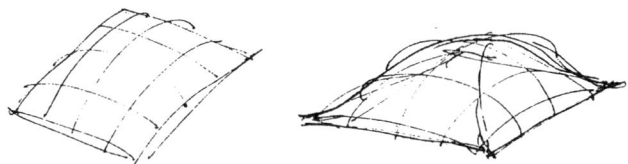

이 세 가지 볼트는 각각 다른 상황에 적합하다. 첫 번째 볼트는 가장 이해하기 쉽지만, 구조적으로 약간의 난점이 있다. 즉, 표면이 한 방향으로만 곡선이다. 이는 직선 부재로 구성되어 있기에 이중곡선 볼트의 강도에는 못미친다는 것이다. 두 번째 볼트는 가장 이해하기 힘든 형태이다. 그러나, 장방형을 구체와 교차시켜 보면 자연스럽게 형태를 떠올릴 수 있다. 만약, 큰 풍선을 테두리 보 안에서 부풀려서 거푸집으로 사용한다면 쉽게 만들 수 있을 것이다. 하지만, 우리가 제시한 시공법을 사용한다며, 세 번째 볼트를 만드는 것이 가장 쉽다. 왜냐하면, 아치형의 리브를 나열하여 전체적인 틀을 만드는 것은 매우 용이하기 때문이다. 이 틀은 휨 모멘트가 생기고 인장재료를 사용해야 하는 모서리로 갈수록 평평해진다. 하지만, 경량 콘크리트를 사용하면 수축보강만으로 충분히 버텨낼 것이다.

이제 볼트를 만드는 가장 쉬운 방법에 대해 설명하도록 하겠다. 반드시 기억해야 할 것은 볼트는 순차적으로 만들어야 하며, 모든 방에 들어맞아야 한다는 것이다. 이 방법은 비용이 저렴하고 간단하며, 방의 임의의 형태에 볼트를 맞추는 유일한 방법이다. 즉, 장방형이나 약간 왜곡된 장방형 그리고 다양한 형태의 방에 적용할 수 있다는 것을 의미한다. 볼트의 높이는 천장고와 바닥의 전체적인 배치에 따라 변화한다 - 다양한 천장고(190), 사회적 공간을 따르는 구조(205), 바닥과 천장의 배치(210).

먼저, 한쪽의 테두리 보에서 반대편의 테두리 보에 걸쳐 1피트약 30cm 간격으로 선형 부재를 배치하고, 각 부재를 구부려서 볼트 형태를 만든다. 다음으로, 선형 부재를 다른 방향으로 약 1피트의 간격으로 바구니처럼 엮어 나간다. 이때, 각 선형 부재를 방 주위의 테두리 보에 못으로 고정시켜 놓아도 좋다. 완성된 바구니 형태의 뼈대는 매우 강하고 안정된 구조이다.

위치를 잡은 격자의 선형 부재

이제, 선형 부재 위로 버렙을 펼쳐서 선형 부재에 팽팽하게 고정한다. 다음으로 버렙을 보강하기 위해 폴리에스테르 수지로 두껍게 코팅한다.

격자 형태를 버렙으로 덮는다.

수지로 코팅된 버렙은 약 1~2인치약 2.5~5cm의 경량콘크리트를 지탱하기에 충분한 강도이다. 콘크리트를 타설하기 전에 수축 보강을 위해서 코팅된 버렙 위에 치킨와이어를 배치한다. 그리고, 흙손을 사용하여 1~2인치의 경량

콘크리트 층을 만들도록 한다. 좋은 재료(207)에서 설명하였듯이 40~60pcf 의 초경량콘크리트의 사용을 권장한다.

수지로 코팅된 버렙

완성된 셸 형태는 볼트의 나머지 부분과 상층부의 하중을 지탱하기에 충분한 강도이다.

상부의 경량콘크리트

볼트의 나머지 부분은 상층부를 지지하는 기둥의 위치, 덕트˚의 위치 등이 모두 결정된 후에 콘크리트를 타설한다 - 박스형 기둥(216), 덕트 공간(229). 볼트의 중량을 경감하기 위해서는 초경량콘크리트를 50%, 보이드˚와 덕트 를 50%씩 조합하여 더욱 경량화 하는 것이 중요하다. 보이드를 만들기 위해서 빈 맥주캔, 와인병, 덕트, 폴리우레탄 덩어리 등 어떤 재료를 사용해도 무방하다. 또는, 기둥과 기둥 사이에 아치를 만들고, 아치에서부터 돔까지 버렙을 펼쳐서 볼트를 만들면 그 자체가 보이드가 된다. 다음의 그림은 볼트의 시공 순서이다.

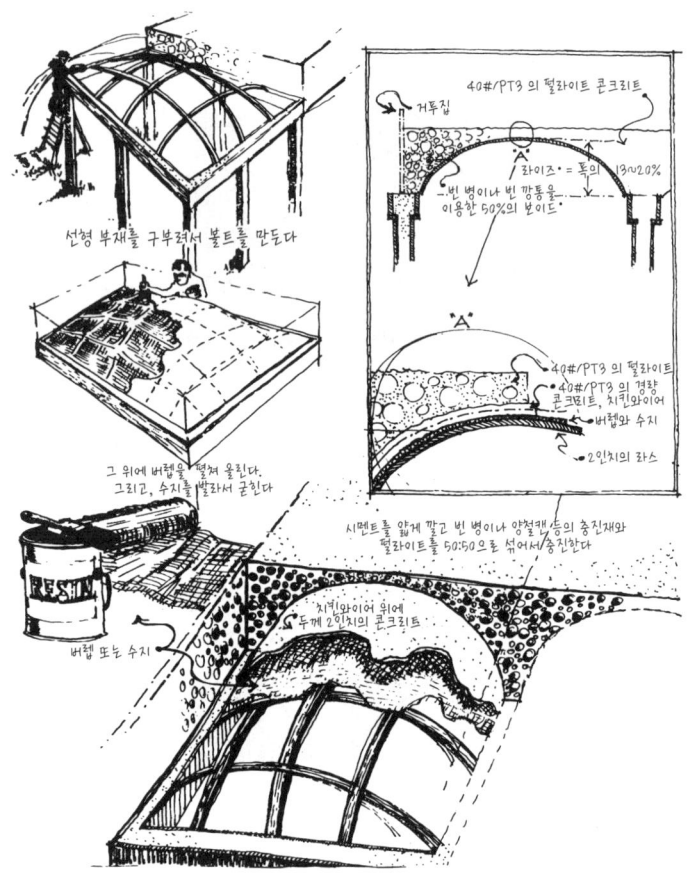

선형 부재를 구부려서 볼트를 만든다

그 위에 버럡을 펼쳐 올린다.
그리고, 수지를 발라서 굳힌다.

버럡 또는 수지

거푸집

40#/PT3 의 펄라이트 콘크리트

라이즈 = 폭의 13~20%

빈 병이나 빈 깡통을
이용한 50%의 보이드

40#/PT3 의 펄라이트
40#/PT3 의 경량
콘크리트, 치킨와이어
버럡과 수지
2인치의 라스

시멘트를 얇게 깔고 빈 병이나 양철캔 등의 충진재와
펄라이트를 50:50으로 섞어서 충진한다

치킨와이어 위에
두께 2인치의 콘크리트

바닥·천장 볼트의 한 예 - 버럡, 수지, 치킨와이어, 초경량
콘크리트로 만들어진 바구니 형태의 목재 격자구조

다음은 우리가 제시한 사진과 비슷한 16×20피트약 4.8×6m의 볼트를 컴퓨터에 의한 유한요소해석법으로 검토한 것이다. 콘크리트는 압축시험강도가 600psi인 40pcf의 펄라이트 콘크리트로 가정하였다. 이때의 인장강도는 34psi였으며, 휨강도는 25.5in-lb/in였다. 이 수치는 콘크리트가 보강되지 않았다는 가정을 기본으로 한 것이다. 볼트의 스펜드럴spandrel•에서 50%의 보이드를 감안하여, 고정하중• 값은 60psf이며 활하중• 값은 50psf였다.

분석에 따르면, 이와 같은 하중 조건에서는 돔의 최대 압축응력은 네 변의 중간 부분에 발생하고 크기는 120psi가 된다. 외부로 향하는 추력은 벽

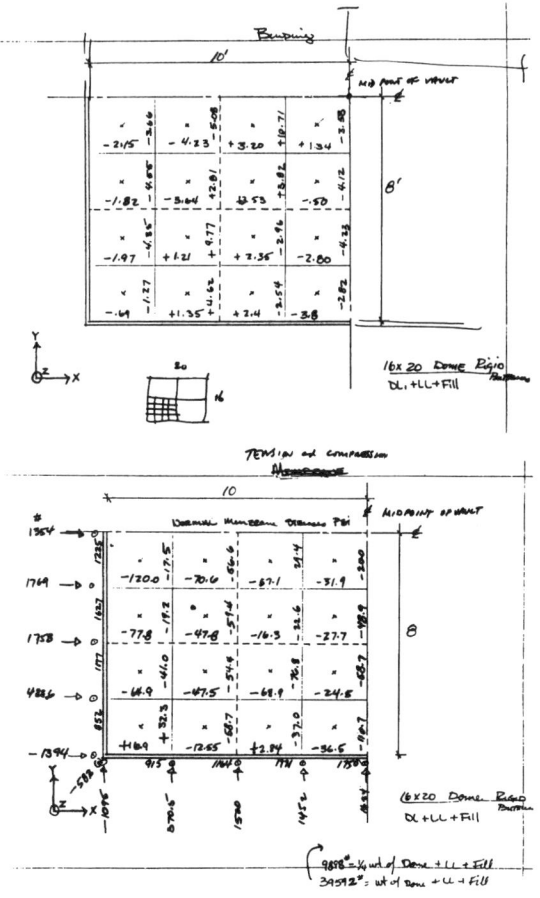

컴퓨터 분석 결과

의 1/4지점에서 최대치가 되고 이는 1,769파운드가 된다. 각 모서리에서 발생하는 최대 인장력은 32psi이며, 최대 휨강도는 10in-lb/in가 된다. 모든 수치는 볼트의 허용력을 충분히 밑도는 수치이며, 더욱이 수축 보강에 의해서 볼트는 더욱 견고해질 것이다.

이 분석은 불완전한 볼트(앞 그림의 볼트 분석에서 실제로 처짐이 발생하는 사각판을 포함하는 볼트)일지라도, 구조적 반응은 압축구조로서 기능하기에 충분하다는 것을 보여준다. 부분적으로는 약간의 휨이 발생하고, 돔의 모서리 부분에 약간의 인장이 발생하지만, 수축 보강을 위한 치킨와이어가

이 응력•을 감당할 것이다.

또한, 이러한 볼트를 만드는 데는 여러 가지 방법이 있다.

먼저, 격자구조를 만들 때 목재를 대신해서 플라스틱관, 얇은 금속관, 대나무와 같은 재료를 사용할 수도 있다. 버렙의 보강에는 폴리에스테르 수지 이외의 수지를 사용할 수도 있다. 만약, 수지를 구할 수 없다면 위에서 설명하였듯이 격자구조 위에 치킨와이어를 놓고, 버렙을 모르타르에 담그어 콘크리트를 붓기 전에 굳힌다면 볼트를 만들기 위한 틀을 만들 수 있다. 또한, 접착제로 굳혀진 매트나 혼응지papier-mache•를 사용할 수도 있다.

또한, 압축공기 막이나 풍선을 이용하여 볼트를 만들 수도 있다. 물론, 전통적인 방법을 이용하여 볼트를 만들 수도 있다. 고딕 성당이나 르네상스 시대의 교회의 볼트에 쓰인 벽돌, 석재, 홍예틀centering• 등.

그러므로,

바닥과 천장을 타원형의 볼트로 만든다. 이때, 라이즈•는 방의 네 변 중 작은 변의 길이의 13~20%로 한다. 벽과 기둥을 제 위치에 배치한 후, 어떤 형태의 방에도 볼트를 만들 수 있도록 적합한 시공법을 적용하도록 한다. 프리패브• 볼트는 절대 사용하지 않도록 한다.

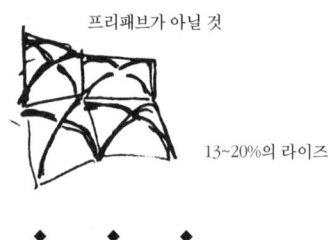

프리패브가 아닐 것

13~20%의 라이즈

◆　　◆　　◆

주요 볼트가 완성되었다면, 상층부 기둥의 위치를 표시하도록 한다 - **최종 기둥 배치(213)**. 테두리 보로부터 2피트약 60cm 이상 떨어진 곳에 기둥이 있을 경우, 수직력에 견딜 수 있도록 리브나 추가 보강재를 이용하여 볼트를 보강한다.

볼트의 바닥을 충진하기 전에 상층부의 모든 기둥을 배치한다. 그렇게 한 후, 볼트의 바닥을 충진하면, 기초와 기둥이 연결되어 있는 것처럼 기둥과 바닥이 연결될 것이다 - **뿌리와 같은 기초(214)**.

볼트의 아랫면을 페인트나 회반죽으로 마감한다 - 부드러운 내벽(235). 위층의 바닥면은 왁스나 다듬질 또는 부드러운 재료를 이용하여 마감한다 - 바닥(233) --…

220. 지붕 볼트**

ROOF VAULTS

···· 만약, 지붕이 평평한 옥상 정원(118)이라면, 바닥·천장 볼트(219)를 이용하여 지붕을 만들 수 있다. 그러나, 경사 지붕일 경우에는 **감싸는 지붕(117)**의 특징과 일치하도록 볼륨을 감싸는 형태를 만들기 위한 새로운 공법이 필요하다.

◆　　◆　　◆

가장 좋은 형태의 지붕은 무엇일까?

이 질문은 건물 시공에 있어서의 몇 가지 이유로 인하여 가장 까다롭고 정서적인 질문이다. 패턴들의 검토에 있어서 이 패턴처럼 찬반이 엇갈린 패턴은 없었다. 여기에는 어린 시절의 이미지가 중요한 법칙으로 작용하고 또한 문화적 편견도 존재한다. 아랍 건축에서 경사 지붕을 떠올리기란 쉽지 않다. 러시아식 탑 위의 오니온루프^{onion roof•}를 뉴잉글랜드의 농가에서 떠올리기란 힘들다. 또, 목재 경사 지붕 집에서 성장한 사람이 이탈리아의 남부지방에 있는 트룰리^{trulli}식 건축의 석조 지붕 집에서 행복하리라고 상상하기도 힘들다.

세계 각지의 지붕

그렇기 때문에, 우리는 이 패턴에서 가능한 기본적인 사항들만을 논의하도록 하였다. 즉, 모든 수단을 동원하여 민족과 문화에 관계없는 특징들을 얻어내려고 노력했다. 하지만, 풍부한 문화적 다양성과도 상응하도록 하였다.

먼저, 이 문제의 접근에 있어서 공법이나 재료 조달 등의 제약이 존재하지 않는다는 가정하에서 생각하였다. 즉, 여기에서는 가장 적합한 지붕의 형태와 재료 배분에 대해서만 집중하도록 한다. 대체로 장방형의 평면 또는 몇몇의 장방형 부분들로 구성된 평면이 있다고 가정해 보면, 이들을 덮는 셸 지붕은 어떠한 모양일 때 최적의 형태인가?

지붕의 형태에 영향을 미치는 요인들은 다음과 같다.

1. 쉼터로서의 느낌 - **감싸는 지붕**(117). 이러한 느낌을 주기 위해서는 지붕이 방 하나하나가 아닌 건물 전체를 덮어야 한다. 그리고 지붕의 일부분

이 확실히 보인다는 것을 의미하며, 따라서 지붕의 경사는 급해야 한다. 또한, 지붕의 일부분이 평평해서 정원이나 테라스로 사용할 수 있다는 것을 의미한다.

2. 지붕은 거주 공간을 명확하게 포함해야 한다. 즉, 방 위에 단순히 올려져 있는 것이 아님을 의미한다 - **감싸는 지붕**(117)을 참고한다. 그리고, 지붕의 가장자리가 급경사여야 한다. 그렇지 않으면 건물의 주공간은 존재하지 않기 때문이다. 즉, 이러한 조건은 지붕이 타원형 돔이나 바렐 볼트 또는 급경사 지붕이어야 한다는 것을 의미한다.

3. 특별한 경우를 제외하고 각 지붕은 평면적으로 장방형이다. 이는 건물의 지붕이 평면의 사회적인 배치에 따라야 한다는 것을 의미한다 - **지붕 배치**(209)

4. 지붕의 형태는 융통성이 있어야 한다. 즉, 어떠한 평면 배치에서도 이용될 수 있어야 한다. 그리고, 평면으로부터 자동적으로 유도되는 선들에 의해 매우 간단히 만들어져야 한다. 즉, 지붕을 만들기 위해서 많은 수고를 들이거나 또는 까다로운 형태이면 안 된다 - **사회적 공간을 따르는 구조**(205)

5. 구조적 관점에서 가능한 휨이 발생하지 않도록 셸이나 돔 또는 볼트가 필요하다 - **효율적인 구조**(206), **좋은 재료**(207)를 참고한다. 물론, 어느 정도의 목재나 철재 또는 다른 인장재료를 구할 수 있다면 사용해도 좋으며, 이 조건을 어느 정도는 유연하게 적용하도록 한다.

6. 지붕의 경사가 충분해서 비와 눈이 많은 기후에 대응할 수 있어야 한다. 지붕의 경사는 기후 조건에 따라서 달라질 것이다.

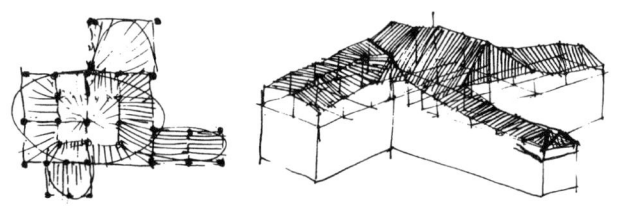

융통성 있는 지붕

다음과 같은 지붕들은 앞의 조건에 따라서 배제된다.

1. 평 지붕. 옥상 정원(118)을 제외한 평 지붕은 **감싸는 지붕**(117)의 심리학적 논의와 구조적 고려에 의해 이미 제외되었다. 평 지붕은 사람들의 활

동이 존재하는 경우에만 필요하다. 또한 평 지붕은 휨이 발생하기 때문에, 구조적으로는 효율적이지 않은 형태이다.

2. 경사 지붕. 경사 지붕에는 휨 모멘트•를 견뎌낼 수 있는 재료가 사용되어야 한다. 경사 지붕을 만들기 위한 가장 일반적인 재료는 목재이지만, 목재는 점점 사라져가고 있으며 고가이다. **좋은 재료**(207)에서 설명하였듯이, 목재가 풍부하지 않은 장소에서는 목재를 마감재로만 사용하고 구조재로는 사용하지 않는 것이 좋다고 생각한다. 또한, 경사 지붕은 **감싸는 지붕**(117)에서 설명한 것처럼 거주 공간을 감싸기 위해 경사가 급해야 한다. 따라서, 비효율적이다.

3. 더치반과 멘사드 지붕Dutch barn and mansard roofs. 이 같은 지붕들은 경사 지붕보다 거주 공간을 보다 효율적으로 감싼다. 하지만, 이들 또한 구조적 문제점을 지니고 있다.

4. 지오데식 돔Geodesic domes. 지오데식 돔은 본질적으로 원형의 영역을 덮기 때문에 일반적인 평면에서는 유용하지 않다 - **캐스케이드형 지붕**(116), **사회적 공간을 따르는 구조**(205). 만약, 지오데식 돔의 하부를 장방형으로 변형시킨다면, 이 패턴에서 정의하는 볼트에 어느 정도 적합할 것이다.

5. 케이블 넷트와 텐트Cable net and tent. 이 지붕들은 압축력이 있는 재료보다는 인장력이 있는 재료를 사용한다. 그러므로, **좋은 재료**(207)의 요구와 일치하지 않는다. 또한, 주거 공간을 감싸는 데에도 매우 비효율적이다. 따라서, **사회적 공간을 따르는 구조**(205)의 요구를 만족시키지 못한다.

우리들의 요구에 적합한 지붕은 모든 종류의 장방형 바렐 볼트나 셸 지붕이다. 즉, 용마루나 박공, 추녀마루가 부가되어 있을 수도 있으며, 단면 또한 다양한 형태일 것이다. 대부분의 경우, 셸 지붕은 볼트의 길이 방향으로 추가적인 파형을 더함으로써 한층 개선된다. 다음은 다양한 단면의 예이다. (**바닥·천장 볼트**(219) 위에 만들어진 평평한 옥상 **정원**(118)은 포함되어 있지 않음에 유의할 것.)

지붕 볼트의 예

우리가 논의한 지붕은 경사 지붕과 다소 비슷한 지붕 볼트다. 그러나, 이 지붕은 휨을 제거할 수 있도록 볼록하게 휘어 있으며, 경우에 따라서는 바렐 볼트에 가깝다. 다음의 사진과 그림에서 이를 확인할 수 있다.

오리건의 헤리스[Bob Harris]가 만든 지붕 볼트

우리가 제시한 지붕 볼트는 바닥 볼트에 매우 가깝다.

1. 먼저, 한 쌍의 격자형 선형 부재를 걸치고, 그 끝은 테두리 보에 못으로 확실히 고정한다. 그리고, 정점에 하중을 걸쳐서 두 부재가 약간 휘어지도록 한다.

2. **바닥·천장 볼트**(219)에 따라서, 지붕틀 밑으로 천장틀을 만든다.

3. 전체 동을 덮을 때까지 이 틀을 18인치[약 46cm] 간격으로 반복해 설치한다. 바깥틀은 모두 같지만, 천장을 만들기 위한 내부틀은 방에 따라 변화한다.

4. 이제 천장 틀 위에 버렙을 펼쳐 수지를 바르고, 그 위를 1.5인치[약 3.8cm] 두께의 초경량콘크리트로 덮는다 - **바닥·천장 볼트**(219)와 동일.

5. 다음으로 지붕틀 위에 버렙을 펼쳐서 표면이 구조적인 파형을 형성하도록 리브*와 리브 사이로 3인치[약 7.6cm] 정도 내려간 부채꼴 형태로 선형 부재에 고정한다. 그리고 치킨와이어를 배치하고 지붕 위로 경량콘크리트층을 만든다.

우리는 48피트[약 14.6m] 정도의 이 지붕을 **바닥·천장 볼트**(219)에서 설명한 것과 같이, 컴퓨터에 의한 유한요소해석법으로 분석하였다. 이 분석에 따르면, 최대면 압축 응력은 39.6psi, 최소면 인장 응력은 2.5psi, 그리고 최대 전단력* 41.7psi에 따라 생기는 최대 경사면 응력은 15.2psi가 된다. 이 응력은 재료의 허용 범위 이내이다. (**바닥·천장 볼트**(219)에서 제시한 허용 응력 참조). 최대면 휨 모멘트*는 보강되지 않은 단면강도의 허용 범위보다는

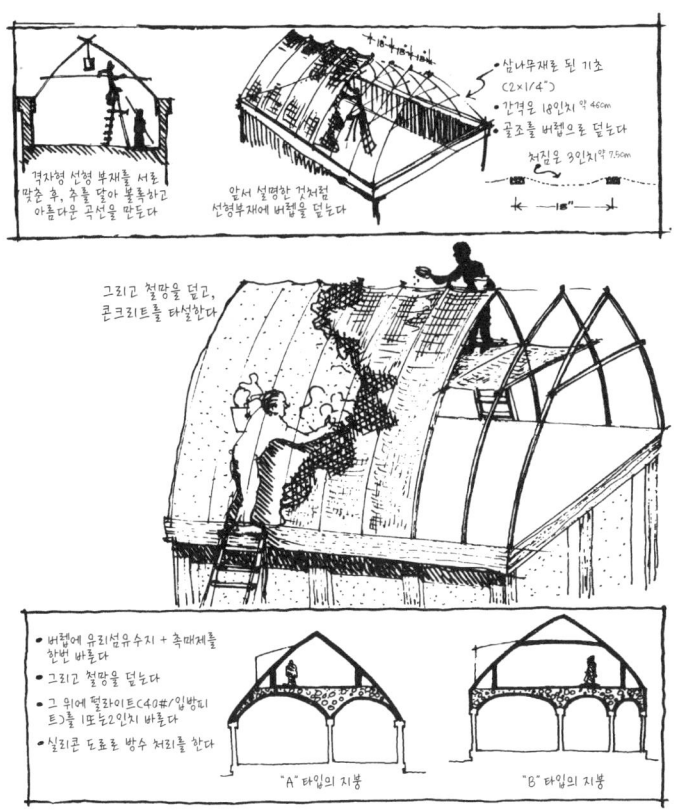

바닥·천장 볼트와 같은 형식의 지붕 볼트. 격자형 선형 부재, 버렙, 치킨와이어, 그리고 초경량 콘크리트를 사용하는 것은 같지만, 정점과 경사 그리고 보강을 위한 파형에서 차이가 있다.

높은 46in-lb/in가 된다. 하지만, 우리의 데이터로부터 추정할 수 있는 것은 수축 방지에 필요한 보강에 의해서 휨 모멘트는 충분하게 처리될 수 있다는 것이다. 채광(107)에서 설명한 것처럼 폭이 좁은 지붕이라면 더욱 견고해질 것이다.

물론, 지붕 볼트를 만드는 데에는 이 밖에도 많은 방법이 있다. 예를 들어 일반적인 바렐 볼트, 바렐 볼트 형태의 라멜라 구조, 좁고 길게 변형된 지오데식 돔(버팀대에 세워진), 플라스틱 판재, 유리섬유 또는 파형금속판으로 만든 볼트 등이 있다.

그러나, 어떤 방법을 이용하는가에 관계없이 다음으로 정의하는 변치 않는 요소에 의해 지붕을 만들도록 한다. 이는 수정궁Crystal Palace, 알베로벨로

실험적인 지붕 볼트

Alberobello의 석조 볼트, 콩고의 진흙 오두막, 남태평양의 짚구조, 현대식 파형 금속판 주택 등에 공통적으로 존재하는 요소들이다. 이는 재료를 순수하게 압축재로 이용하기 위해서 반드시 필요한 형태라고 할 수 있다.

만약, 목재나 철재를 구할 수 있고 이 재료들을 사용하고 싶다면, 인장부 재를 이용하여 형태를 변경할 수도 있다. 그러나, 인장재료는 시간이 지날 수록 구하기 힘들게 될 것이고, 순수한 압축재료만을 사용한 형태가 점차적 으로 보편화 될 것이라고 생각한다.

그러므로,

지붕 볼트를 원통형의 바렐 볼트나 두 경사면이 약간 볼록하게 휜, 경사 지붕 형태로 만들도록 한다. 볼트의 길이 방향을 따라 파형을 만들어서, 셸 이 더욱 효율적이 기능할 수 있도록 한다. 셸의 곡률과 파형은 지붕의 폭에 따라 변화한다. 폭, 즉 기둥과 기둥 사이가 넓으면, 곡률과 파형은 동시에 커 진다.

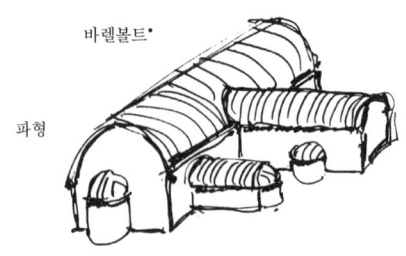

볼트를 따라서 지붕창을 만들기 위한 공간을 일정 간격으로 남겨둔다 - 돌출된 지붕창(231). 그리고, 지붕창과 지붕을 일체화 한다. 지붕 꼭대기의 장식(232)으로 지붕을 마감한다. 볼트가 완성되면 바깥면에 방수페인트나 방수막으로 처리한다 - **겹침이음 외벽**(234). 태양광으로부터 지붕을 보호하기 위해서, 지붕을 흰색 페인트로 칠할 수도 있을 것이다. 또한, 지붕의 파형은 빗물이 흐르는 데 도움이 될 것이다 ----

건물의 주요 구조체에서 창이나 문과 같은 개구부의 정확한 위치를 정한다.
그리고, 개구부의 틀을 만들도록 한다.

221. 자연스런 문과 창**

NATURAL DOORS AND WINDOWS

···- 기둥과 보가 세워진 어느 정도 완성된 건물의 골조 위에 서 있다고 상상해 보자 - 박스형 기둥(216), 테두리 보(217). 우리는 선 조망(134), 거리 창(164), 창가(180), 생활을 내려다보는 창(192), 모서리의 문(196)으로부터 어디에 문과 창을 배치해야 하는지 대략적으로는 알고 있으며, 이제는 정확한 위치를 정할 차례이다.

◆　◆　◆

**창과 문의 적절한 위치를 찾는 일은 미묘한 문제이다. 하지만, 이 문제를
건물에 적용하는 방법은 그리 많지 않다.**

현재 우리의 시공법에서는 문과 창의 정확한 위치 설정에 관한 사항이 거
의 사라졌다고 할 수 있다. 그러나, 1~2인치약 2.5~5cm의 정교함은 엄청난 차이
를 만든다. 적절한 위치에 배치된 문과 창은 큰 역할을 하는 것이다. 아름다
운 창을 찾아보고 그 창에 대해서 조사해 보도록 하라. 그렇다면, 단 몇 인치
와 약간의 방향 변화가 얼마나 큰 차이를 만들어 내는지 알 수 있을 것이다.

이제, 지난 20년 동안 세워진 대부분의 건물의 문과 창을 살펴보도록 하
라. 그리고 이 건물들의 개구부가 적절한 장소에 존재한다고 가정해 보자.
하지만 각 개구부의 특별한 상황(바로 안쪽에 있는 공간과 바깥쪽으로의 조
망)을 고려해 보면, 단지 수 인치의 변화에 의해 얼마나 개선될 수 있는지를
알 수 있다.

창을 좌지우지하는 것은 형식적인 미학이 결합된 융통성 없는 시공 시스
템이다. 창의 규칙성을 완화시키기 위해서는 구조적 완전성을 느슨하게 하
는 것 이외에는 방법이 없다.

문과 창의 마지막 위치 설정이 건물의 골조가 어느 정도 완성된 현장에서
이루어질 수밖에 없다는 것을 이해하는 것은 중요하다. 즉, 이 작업은 종이
위에서는 불가능하다. 현장에서의 이 작업은 상당히 간단하고 자연스럽게
진행될 수 있다. 쓰고 남은 목재나 끈을 이용하여 실제 크기의 개구부를 만
들고, 적합하다고 느껴질 때까지 현장 이곳저곳을 돌아다니며 배치해볼 수
있다. 이때 주의해야 할 점은 조망의 구성과 이에 의해 형성되는 내부 공간

적절하게 배치한다.

에도 똑같이 주의를 기울여야 한다는 것이다.

작은 창유리(239)에서 제시하는 것처럼, 창을 어떤 특정한 치수로 만들거나 창의 표준 치수의 배수에 맞추어 만들 필요는 없다. 이 패턴으로부터 각 창의 치수가 어떻든 간에 창을 작은 창유리로도 분할할 수 있으며, 창의 위치에 따라 적절한 형태나 크기로 만들 수 있다.

하지만, 창의 정확한 치수에 대한 제약이 없다 하더라도 창의 크기를 결정할 수 있는 보편적인 규칙은 존재한다. 즉 상층부로 갈수록 창을 작게 해야 한다는 것이다.

1. 채광과 환기에 필요한 창의 면적은 방의 크기에 의해 좌우되고, 방은 일반적으로 건물의 상층부로 갈수록 작아진다. 공용실은 일반적으로 지상층에 존재하고 상층부로 갈수록 사적인 개인실이 위치한다.

2. 창을 통해 들어오는 빛의 양은 창을 통해 보이는 하늘의 천공 면적에 좌우된다. 높은 창일수록 더욱 넓은 하늘이 보인다(왜냐하면, 주변의 나무나 건물의 영향으로 가리는 부분이 위로 올라갈수록 적어지기 때문에). 그러므로, 높은 곳에서는 창문의 면적이 작아도 충분한 채광이 가능하다.

3. 건물의 상층부에서 안전함을 느끼는 데 필요한 것은 더욱 둘러싸인 공간과 작은 창 그리고 높은 창턱이다. 지면으로부터 멀어질수록 인간에게는 이와 같은 심리적 방어가 필요하게 된다.

그러므로,

규격화된 문이나 창의 사용을 지양한다. 창의 위치에 따라서 창의 크기를 다르게 한다. 방의 구조체가 어느 정도 완성되어서 실제 자신의 눈으로 원하는 위치에 그리고 원하는 공간에 창을 배치해보며 위치와 크기를 알아 볼 수 있기 전에는 문틀과 창틀의 정확한 위치나 크기는 정하지 않도록 한다. 건물의 상층부로 갈수록 창의 크기는 작게 한다.

다양한 크기의 창

'실감'에 기초한 문과 창의 위치

◆　　◆　　◆

　　방에서 자신이 편안함을 느끼는 위치와 외부로의 조망을 고려하여 문틀, 창틀, 중간 선대 그리고 각 모서리의 정확한 위치를 조절하도록 한다 - **낮은 창턱**(222), **깊은 창틀**(223). 결과적으로 각 창은 건물에서의 위치에 따라 서로 다른 크기와 형태가 될 것이다. 이것이 의미하는 바는 규격화된 창, 규격화된 창유리의 단순한 배수로는 창의 조건을 만족시킬 수 없다는 것이다. 하지만, 규격화된 창유리를 조합하여 전체를 구성하는 것이 아닌, 전체를 분할하여 유리창을 계획하는 것은 가능할 것이다 - **작은 창유리**(239) ---…

222. 낮은 창턱

LOW SILL

. . . . 이 패턴은 자연스런 문과 창(221)을 완성하는 데 기여하고, 선 조망 (134), 창가(180), 생활을 내려다보는 창(192) 등에 필요한 조망과 대지에 특별한 관심을 갖게 한다.

◆　　◆　　◆

창의 가장 중요한 기능 중 하나는 외부와의 접촉을 가능하게 하는 것이다.

만약, 창턱이 너무 높다면 이 기능은 상실될 것이다.

1층 창턱의 '적절한' 높이는 의외로 낮다. 우리는 실험을 통하여 창턱은 바닥에서 13~14인치약 33~35cm가 가장 적절하다는 것을 알 수 있었다. 이 높이는 일반적인 건물의 창턱에 비교하면 매우 낮다. 표준적인 창턱 높이는 지상으로부터 약 24~36인치약 61~91cm이다. 그리고, 이러한 창턱은 바닥에서의 높이가 8~10인치약 20~25cm인 프렌치 도어˙와 프렌치 윈도우보다 높다. 따라서, 어느 정도 눈에 익숙한 높이가 최적의 높이는 아니라고 할 수 있다.

상층부에서 행해져야 하는 변경에 관해 설명에 앞서, 이에 대해서 상세히 설명하도록 하겠다.

사람들은 빛과 창밖의 조망 때문에 창에 이끌린다. 창가는 책을 읽거나 대화를 나누고 바느질 등을 할 때 앉을 수 있는 자연스런 장소이다. 그러나, 대부분의 창턱은 30인치약 76cm 정도로 높다. 따라서, 창문 근처에 가까이 앉아도 지면은 보이지 않는다. 창밖의 풍경을 보기 위해 몸을 일으켜야 한다는 사실은 우리를 상심하게 한다.

「창문의 기능: 재평가The Function of Windows: A Reappraisal」에서 마커스Thomas Markus는 창문의 주된 기능이 빛을 제공하는 것이 아니라, 외부 공간과의 연결을 제공하는 것이라고 하였다. 더욱이, 이 연결은 지면과 지평선을 볼 수 있을 때, 가장 큰 의미를 지닌다고 하였다. 창턱이 높은 창은 지면이 함께 보이는 풍경을 볼 수 없다.[Markus 1967]

또한, 유리가 바닥면까지 내려오는 창을 계획하는 것은 바람직하지 않다. 이는 모순적이며 안전하지 않다는 느낌을 준다. 또한, 창이라기보다는 문에 가깝게 느껴진다. 때문에, 창을 통과하여 밖으로 나가야 한다는 생각을 들게 할 것이다. 만약, 창턱의 높이가 12~14인치약 30~35cm라면 창으로부터 한두 발자국 떨어져 있어도 편안하게 지면을 볼 수 있을 것이다. 그리고, 이러한 창은 창이라는 느낌이 더욱 강조된다.

건물 상층부의 창턱 높이는 지상층보다 약간 더 높아야 한다. 그러면서도 창턱은 지면을 바라볼 수 있을 정도로 낮아야 하지만, 너무 낮을 경우 불안함을 느낄 수 있으므로 주의하도록 한다. 높이가 약 20인치약 50cm 정도인 창턱은 의자에 앉아서 대부분의 지면을 조망할 수 있으며 안전함을 느낀다.

그러므로,

정확한 창문의 위치가 정해졌다면 창턱 높이는 낮게 한다. 지상층에서 창턱 높이는 12~14인치로 하여 주변에 앉을 수 있도록 한다. 상층부의 창턱은 지상층보다 조금 더 높은 20인치 정도가 적당하다.

높이는 12~14인치

◆　　◆　　◆

창턱을 틀의 일부분으로 계획하며, 물건 등을 놓을 수 있도록 충분히 넓게 만든다 - 허리 높이의 선반(201), 두꺼운 틀(225), 활짝 열리는 창(236). 창문은 바깥으로 열리도록 하여 창턱을 선반으로 사용할 수 있도록 하거나, 그곳에 앉아 밖의 꽃을 향해 몸을 기댈 수 있도록 한다. 만약, 화단을 창밖 바로 옆의 지면이나 이보다 조금 높은 곳에 계획한다면, 방안에서 항상 꽃을 감상할 수 있을 것이다 - 올려진 화단(245) ---…

223. 깊은 창틀

DEEP REVEALS

···· 이 패턴에 의해서 실내의 눈부심이 감소되고, 따라서 각 실의 두 면 채광(159)의 완성에 도움이 된다. 또한, 두꺼운 틀(225)의 형태에도 기여한다.

◆　　◆　　◆

창틀과 벽이 바로 만나는 곳에 접해 있는 창문은 거칠고 눈부신 환경을 형성하고, 방은 안락하지 않은 공간이 된다.

이는 마주 달려오는 자동차의 전조등과 같다. 눈은 밝은 전조등과 어두운 도로에 동시에 적응할 수 없다. 이와 같이 창문도 실내의 벽보다는 항상 밝기 마련이다. 그리고, 벽에서 창문 옆은 가장 어둡다. 즉, 밝은 창과 어두운 벽 사이의 밝기의 차이가 눈부심을 일으키는 것이다.

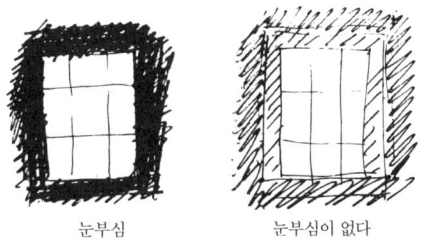

눈부심   눈부심이 없다

이 문제를 해결하기 위해서는 창과 벽 사이에 문설주*를 만들고, 창의 가장자리를 안쪽으로 넓어지도록 벌린다. 이렇게 벌어진 창의 가장자리는 밝은 창과 어두운 벽 사이에 완충 공간을 형성한다. 즉, 중간 밝기의 영역인 것이다. 만약, 문설주가 충분히 깊고 각도가 적당하다면, 눈부심은 모두 사라질 것이다.

문설주가 충분히 깊어야 함과 동시에 벌어짐의 각도도 확실해야 한다. 눈부심에 대한 실증적 연구를 통해서 홉킨슨Hopkinson과 페더브리지Pethebridge는 다음과 같은 사실을 발견하였다. (1)문설주가 클수록 눈부심은 줄어든다. (2)문설주 공간의 밝기가 창문의 밝기와 벽의 밝기의 딱 중간 정도일 때 가장 효과적이다.[Hopkinson & Pethebridge 1950]

우리가 행한 실험에서 위의 조건에 가장 가까운 상태는 문설주가 창문에 대해 50~60도 사이의 각도였을 때이다. 물론, 이 각도는 장소에 따라서 달라질 수 있다. 그리고 우리가 이야기하는 큰 문설주의 조건을 만족시키려면, 문설주의 폭이 10~12인치약 25~30cm 정도가 되어야 한다.

그러므로,

창틀을 깊게 그리고 그 면이 벌어지도록 한다. 1피트약 30cm 정도의 폭으로 창문면에서 50~60도 정도 벌어지게 하여, 밝은 창문과 어두운 안쪽 벽 사이의 완충 공간이 태양빛을 부드럽게 거를 수 있도록 한다.

50~60도

창틀의 깊이가 벽의 구조와 연속하도록 계획한다 - 두꺼운 틀(225). 만약, 벽이 얇다면 책 선반, 옷장 또는 두꺼운 벽(197)을 이용하여 문설주를 설치하는 데 필요한 깊이를 만들도록 한다. 빛이 조금 더 부드럽게 들어오도록, 레이스나 트레이서리* 그리고 넝쿨식물을 이용하여 창틀을 장식하도록 한다 - 걸러진 빛(238), 반 인치의 테두리(240), 넝쿨식물(246) ‒‒…

224. 낮은 입구

LOW DOORWAY

⋯⋯ 건물 내부의 문 중 일부는 프라이버시를 유지하고 전이 공간을 형성하는 특별한 기능을 한다. 비슷한 모양의 출입구(102), 주 출입구(110), 방을 통과하는 흐름(131), 모서리의 문(196), 자연스런 문과 창(221)에 의한 모든 문이 이러한 가능성을 지니고 있다. 이 패턴은 문의 특별한 높이와 형태를 제시하고 문을 완성시키는 데 기여한다.

◆　◆　◆

높은 출입구는 단순하고 편리하다. 그러나, 낮은 문은 이따금 심오한 의미를 가진다.

표준규격인 6피트 8인치약 2m 높이의 장방형 문은 너무나도 당연하게 받아들여져 왔다. 그렇기 때문에, 전이를 경험하는 데 문이 얼마나 기여하는지 상상하는 것은 어려울 것이다. 하지만, 통과하는 순간에 사람들이 더욱 감성적이 되고 전이의 느낌을 전달할 수 있는 문의 형태가 이용되던 시기도 있었다.

극단적인 예로서, 사람이 벽의 낮은 구멍을 통해 무릎을 굽히고 엎드려 통과해야 하는 일본식 차실茶室이 그러하다. 안에서 손님은 신발을 벗고 주인의 세계에 대해서 완전한 손님이 된다.

건축가 중에는 프랭크 로이드 라이트가 이 패턴을 많이 사용하였다. 탈리에신 웨스트Taliesin West에는 아름다우며 낮은 트렐리스 통로가 있어서 집에서 작업실로 이어지는 길을 따라 전이 공간을 형성한다.

이 패턴을 적용하려 할 때에는 낮은 입구를 효율적으로 만들기 위해서 판지를 이용하여 핀으로 고정해 보는 실험을 하는 것이 좋다. 이 과정을 통해서 입구가 '평소보다 낮다'는 느낌이 들도록 입구를 만든다. 사람들은 입구가 낮다는 사실을 곧바로 눈치채기 때문에, 키가 큰 사람도 머리를 부딪힐 염려가 없다.

그러므로,

단순히 통과를 위한 6피트 8인치의 장방형의 개구부를 만드는 대신에, 적어도 일부의 출입구는 낮게 계획하여 문을 통과하는 행동이 한 장소에서 다른 장소로 전이하고 있다는 느낌이 들도록 한다. 특히, 주택의 출입구, 각 개인실의 출입구, 벽난로 부근의 출입구 등은 낮게 계획한다. 아마도 5피트 8인치약 1.7m 정도가 적당할 것이다.

출입구를 만들기 전에 높이를 시험해 보도록 한다 - 자연스런 문과 창 (221). 틀은 구조의 일부분으로 계획한다 - 두꺼운 틀(225), 그리고, 틀 주위를 장식(249)으로 아름답게 한다. 만약, 출입구에 문을 다는 경우에는 문의 일부분에 유리를 달도록 한다 - 창이 있는 견고한 문(237) ┅

225. 두꺼운 틀**

FRAMES AS THICKENED EDGES

·--- 기둥과 보가 완성되어 줄이나 연필로 문과 창의 정확한 위치를 표시할 차례라고 가정해 보자 - 자연스런 문과 창(221). 그리고, 문틀과 창틀을 만들 준비가 되었다면, 틀이 건물을 구조적으로 보강하기 위해 주위의 벽과 일체화 되어야 할 필요성이 있음을 상기해야 한다 - 효율적인 구조(206), 단계적인 보강(208).

◆　　◆　　◆

구멍이 뚫려 있는 균일한 막은 구멍의 주변을 두껍게 보강하지 않으면, 주변부가 허물어질 가능성이 있다.

이 원리의 가장 근접한 예는 사람의 얼굴이다. 두 눈과 입은 뼈와 살로 둘러싸여 있다. 이 두께는 눈과 입 주위에 형성되어 사람의 얼굴 모습의 중요한 일부분을 형성하는 데 기여하고 얼굴에 특징을 부여한다.

이처럼 건물에도 눈과 입이 있다. 즉, 창과 문이다. 자연에서 관찰한 이 원리를 눈과 입의 두께처럼 모든 건물의 창과 문에 적용한다.

자연적으로 형성된 막에 존재하는 개구부가 예외 없이 두께를 지닌다는 사실은 막에서의 역선line of force•이 구멍 주위에서 어떻게 흘러야 하는지를 생각해 봄으로써 쉽게 이해할 수 있다.

구멍의 둘레를 따라 역선의 밀도가 증가하면 붕괴를 막기 위해 여분의 재료가 필요하게 된다.

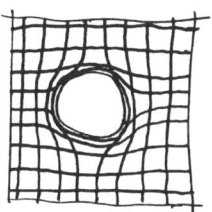

선의 밀도는 증가하는 응력의 집중도를 나타낸다.

비눗방울을 생각해 보자. 비눗방울을 뾰족한 것으로 찌르면 인장력에 의해 터질 것이다. 그러나, 줄을 원형으로 만들어 비눗방울에 대면 구멍 주위에 모이는 인장력이 두께가 있는 원형의 줄에 의해 지탱되므로 비눗방울은 터지지 않는다. 이것은 인장력에 관한 이야기이지만, 휨과 압축에 대해서도 동일하다. 압축력이 작용하는 얇은 판에 구멍이 있다면, 구멍에는 보강이 필요하다. 중요한 것은 이 보강이 개구부 자체의 파열을 방지하는 것만이 아니라 개구부로 인하여 사라진 막의 일부분에 대한 응력 또한 부담해야

두께가 있는 문틀

한다는 것이다. 판 형태에서의 보강에 대한 비슷한 예로서는 배나 기관차의 둥근창 주위의 강재틀이 있다.

건물의 문과 창도 이와 같다. 목재판과 경량콘크리트로 만들어진 벽 - 구조벽막(218)에서 두꺼워진 틀은 목재판으로 만들 수 있으며, 볼록한 형태로 만들어서 벽과 연속하도록 덧붙일수 있을 것이다. 만약, 표면재가 다르다면 두께를 주는 방법도 달라질 것이다. 예를 들면, 치킨와이어에 버렙을 펼쳐 수지와 콘크리트로 만든 틀, 자갈로 채워진 치킨와이어에 모르타르와 석고를 이용해서 만든 틀, 벽돌과 회반죽으로 만든 틀이 있다.

두께를 가진 틀의 일반적인 예는 어디에나 존재한다. 진흙집 창 주위의 진흙 두께, 벽돌 벽의 개구부 주위의 석재틀, 간주 공법 stud construction●에서 개구부 주위에 계획된 이중 간주, 고딕식 교회의 창문 주위에 부가된 석재, 바구니를 엮듯이 만든 집에서 개구부 주위에 부가한 요소 등이 있다.

그러므로,

문틀과 창틀을 벽의 구멍에 집어넣는 별도의 구조로 생각하지 않는다. 반대로, 벽의 두께는 개구부 주위에 집중하는 하중으로부터 스스로 벽을 지키기 위한 벽 자체의 구조로 만든다. 이 개념에 따라서 벽 재료를 두껍게 하여 틀을 만들고 벽과의 연속성을 지니도록 한다. 그리고 벽과 같은 재료, 같은 시공 과정을 통해 연속성을 갖도록 한다.

벽을 두껍게 한다.

◆　◆　◆

깊은 창틀(223)을 만들기 위해서 틀을 더 두껍게 한다. 틀을 채우는 문과 창의 형태는 다음 패턴인 **활짝 열리는 창(236)**, **창이 있는 견고한 문(237)**, **작은 창유리(239)**를 참고하도록 한다 ---

주요 구조체와 개구부의 시공 과정에서, 다음의 부수적인 패턴들을
적절한 장소에 배치하도록 한다.

226. 기둥이 있는 장소*

COLUMN PLACE

···· 특정한 기둥, 특히 독립적으로 서 있는 기둥은 모서리의 기둥(212)이 수행하는 구조적인 역할 이상으로 중요한 사회적 역할을 한다. 이러한 기둥에는 아케이드, 갤러리, 포치*, 옥외통로 그리고 옥외실을 형성하는 데 기여하는 기둥이 있다 - 공공옥외실(69), 아케이드(119), 옥외실(163), 외랑(166), 6 피트의 발코니*(167), 트렐리스 산책로(174). 이 패턴은 기둥이 사회적으로 기능하도록 하는 데 필요한 특징을 정의한다.

◆　　◆　　◆

구조적인 관점에서 형태가 정해진 얇은 막대기 같은 기둥은 주변 환경을 안락하게 만들 수 없다.

독립된 기둥이 인간적인 공간의 형성에 영향을 준다는 사실은 중요하다. 둘 또는 그 이상의 기둥은 벽이나 둘러싸인 느낌을 정의한다. 인간의 관점에서 본다면, 기둥의 주요 기능은 활동을 위한 공간을 형성하는 것이다.

오래 전에는 기둥의 구조적인 논의와 사회적 논의가 일치하였다. 벽돌과 석재 또는 목재로 된 기둥은 항상 크고 두꺼웠다. 때문에, 기둥 주위에는 유용한 공간을 쉽게 만들 수 있었다.

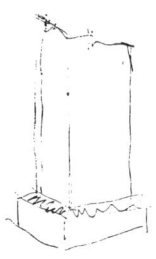

크고 두꺼운 기둥

하지만, 강재와 철근콘크리트의 등장과 함께 기둥을 보다 얇게 만드는 것이 가능하게 되었다. 기둥은 너무 얇아져서 본래 기둥이 지니고 있던 사회적 기능들은 모두 사라져 버렸다. 4인치약 10cm의 강관이나 6인치약 15cm의 철근 콘크리트는 사람들이 편안하게 있을 수 있는 '특정한 장소'를 형성할 수 없으며, 더욱이 공간을 단절시키고 활동 무대로서의 장소를 파괴한다.

인공적인 얇은 기둥들

그러므로, 현시점에서는 기둥의 구조적 기능과 더불어 기둥의 사회적 용도를 의도적으로 재도입해야 한다. 지금부터 기둥의 사회적 용도에 대해 조금 더 정확히 정의해 보도록 하겠다.

기둥은 상황에 따라서 주변에 공간을 형성한다. 이 공간은 대체로 반경 약 5피트약 1.5m의 원형이다.

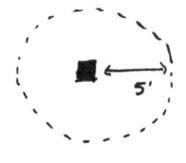

기둥 주위의 공간

기둥이 너무 얇거나 기둥의 위아래에 아무것도 없다면 기둥 주변에 형성되는 볼륨(75제곱피트약 7㎡ 정도의 면적)을 상실한다고 할 수 있다. 즉, 그 자체만으로는 만족스런 공간이 될 수 없다. 기대기에는 너무 얇으며 기둥을 포함한 주변에 테이블이나 의자를 놓기에 적당한 장소가 없기 때문에, 특정한 장소를 만드는 것은 불가능하다. 한편, 기둥은 공간을 단절시킨다. 얇은 기둥은 공간을 통과하는 사람들에게 방해가 된다. 또한, 사람들이 얇은 기둥에서 떨어져 있으려는 경향이 있다는 사실을 발견하였다. 즉, 얇은 기둥은 사람들이 머물 수 있는 장소를 제공하지 못하는 것이다. 간단히 말하자면, 기둥이 있는 장소가 사람들이 머물기에 편안함을 느끼고 또한 자연스럽게 중심이 되어 사람들이 앉거나 기댈 수 있는 장소가 될 수 없다면, 의미 있는 공간을 낭비하는 것에 지나지 않는 것이다.

그러므로,

독립적으로 서 있는 기둥이 있다면, 기둥을 가능한 두껍게 만든다. 기둥의 두께는 16인치약 40cm 정도가 적당하며, 적어도 12인치약 30cm 이상이 되도록 한다. 그리고, 기둥 주위에 사람들이 편하게 앉거나 기댈 수 있는 장소를 만들도록 한다. 기둥에 기대어 앉을 수 있는 작은 자리나 단을 만들고, 두 개의 기둥으로 공간을 형성하도록 한다.

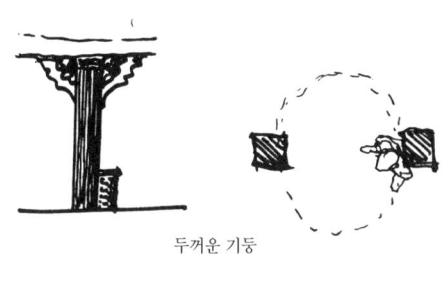

두꺼운 기둥

❖　　❖　　❖

　기둥을 **박스형 기둥**(216)으로 만든다면 저렴하게 두꺼운 기둥을 만들 수
있다. 기둥에서 불쑥 튀어나온 볼트나 주두•를 이용하여 '지붕'을 만들거나
또는 기둥으로부터 보에 브레이스를 걸쳐서, 기둥이 형성하는 '장소'를 완성
하도록 한다 - **기둥 접합부**(227). 필요한 경우에는 기둥 밑에 앉을 수 있는
벽(243)이나 화초를 심을 수 있는 장소 - 올려진 **화단**(245) 또는 의자나 테
이블을 놓을 수 있는 장소 - **다양한 의자**(251)를 만들도록 한다 ▪▪…

227. 기둥 접합부**

COLUMN CONNECTIONS

···· 이제 기둥은 제자리에 위치하고 테두리 보에 의해 서로 연결되었다 - 박
스형 기둥(216), 테두리 보(217). 구조의 기초인 연속성의 원리에 따라 - 효
율적인 구조(206), 접합부는 특히 기둥이 아케이드나 발코니에서처럼 독립
적으로 서 있을 경우에 보에서부터 기둥까지 하중을 부드럽게 전달하기 위

해서 보강을 해야 한다 - 아케이드(119), 외랑(166), 6피트의 발코니(167), 기둥이 있는 장소(226). 또한, 같은 이유로 문틀과 창틀 - 두꺼운 틀(225)의 상부 모서리를 아치형으로 할 수도 있다.

◆　　◆　　◆

구조의 강도는 접합부의 강도에 달려 있다. 그리고, 모서리의 접합부는 취약한 편인데, 특히 기둥과 보가 만나는 곳에 주의해야 한다.

접합부에 대해서는 완전히 다른 두 방법이 존재한다.

1. 강성을 더해주는 접합부. 구조체의 뒤틀어짐을 방지하기 위해 삼각법을 이용해 강화할 수 있는데, 이는 모멘트 접합 즉, 브레이스를 사용한 것이다. 이 패턴의 첫 번째 사진을 참고할 것.

2. 연속성을 더해주는 접합부. 하중의 전달 과정에서 힘의 방향이 바뀔 때, 접합부 주변에서 쉽게 방향이 바뀌도록 한다. 이는 연속 접합 즉, 주두*를 사용한 것이다. 이 패턴의 두 번째 사진을 참고하라.

1. 브레이스(가새)*를 이용한 기둥 접합

건물은 건물의 생애 전반에 걸쳐서 구조체 내에 작은 응력이 발생하면서 침하한다. 이 침하가 균일하지 못할 때, 대부분 응력의 균형은 서서히 무너진다. 건물이 하중을 지면에 전달하고 변형을 수용하도록 설계되었든 그렇지 않든 건물의 모든 부분에는 변형이 발생한다. 하중을 전달하도록 설계되지 않은 건물의 각 부분들은 점차 약점이 되어, 균열과 파열의 원인이 된다.

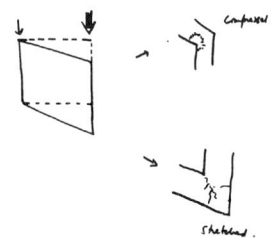

구조체에 작용하는 불균일한 응력의 영향

특히, 사각 구조체의 각 모서리는 하중의 전달이 불연속적이기 때문에 균열이 발생하기 쉽다. 이 문제를 해결하기 위해서 구조체를 브레이스로 반드시 보강해야 한다. 즉, 비틀림이 발생하지 않도록 주위에 힘을 전달하는 강접합 구조체여야 한다. 브레이스는 기둥과 보 사이의 직각으로 된 모든 모서리 그리고 문틀과 창틀의 모서리에 필요하다.

2. 주두를 이용한 기둥 접합

주두에 의한 기둥 접합은 아치의 경우 대부분 효과적이다. 아치는 압축재*의 연속체이고, 이는 하나의 수직축에서 다른 수직축으로 수직 하중을 전달한다. 이 작용은 수직 하중의 작용선이 약 45도의 각도로 연속적인 압축재를 통해 하부로 전달되기 때문에 매우 효과적이다.

이러한 의미에서 주두는 완성되지 않은 작은 아치로써 작용한다. 주두는 보의 길이를 줄이고 휨 응력을 감소시킨다. 그리고, 보를 통해 전달된 힘이 하나의 수직축에서 다른 수직축으로 이동하도록 길을 제공한다. 주두는 클수록 좋다.

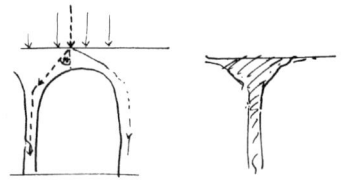

아치와 같은 역할을 하는 주두

기둥 접합부는 주두와 브레이스(가새)라는 두 역할을 동시에 해낼 때, 최고의 효과를 발휘한다. 이는 기둥 접합부가 두껍고 튼튼해야 함을 의미한다. 따라서, 기둥 접합부는 힘이 통과하기 좋은 딱딱하고 강한 재료를 사용해야 한다. 또한, 브레이스처럼 기둥이나 테두리 보와 완벽하게 연속하고 전단과 휨을 견딜 수 있어야 한다.

아래의 사진은 뼈의 구조인데 앞서 설명한 두 가지 원리를 보여주고 있다. 삼차원적 입체구조체에서 압축 응력은 한 지주에서 다른 지주로 연속적으로 전달되고 있다. 힘의 방향이 바뀌는 곳인 접합부가 가장 큰 구조체를 이루고 있음을 알 수 있다.

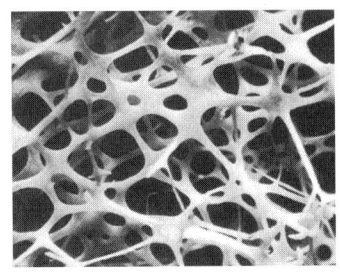

뼈 내부의 접합부

기둥과 보를 일체화함으로써 이와 비슷한 기둥 접합부를 만들 수 있다. 접합부의 거푸집은 표면재를 이용하여 거싯*을 만들고, 기둥·거싯·보에 콘크리트를 연속적으로 타설한다.

이 책의 모든 패턴 중, 이 패턴은 이미 가장 널리 보급되어 있으며 역사적으로도 가장 다양한 형태가 존재한다. 목재 기둥의 단단한 주두, 연속적으로 충진된 기둥 상부 그리고 석재, 벽돌 또는 콘크리트 아치 등이 모두 이 예라고 할 수 있다. 물론, 전형적인 주두 즉, 석재 기둥 위의 거대한 석재, 거싯 플레이트* 또는 브레이스는 어떤 의미에서는 약점을 지니고 있지만, 매우 훌륭한 장점을 가지고 있다. 하지만, 역사적으로 보아도 브레이스와 주두라는 두 역할을 성공적으로 이루어 낸 다른 기둥 접합부는 거의 없다.

그러므로,

기둥과 보가 만나는 부분에는 접합부를 만들도록 한다. 모서리를 채울 수 있는 재료라면 어떤 재료라도 사용할 수 있다. 여기에는 모살*, 거싯, 주두, 버섯형 기둥 그리고 기둥과 보를 연속적인 커브로 연결하는 일반적인 아치가 있다.

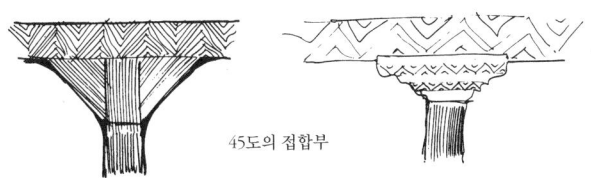

45도의 접합부

◆　　◆　　◆

접합부는 **장식(249)**을 위한 가장 자연스런 부분이다. 이 부분에는 접합부, 조각, 뇌문세공^{fretwork}, 그림 등을 이용하여 다양한 변화를 줄 수 있다. 경우에 따라서, 접합부는 기둥이 있는 **장소(226)**를 위한 우산과 같은 역할을 할 수도 있을 것이다 ···

228. 계단 볼트*

STAIR VAULT

••-- 이 패턴은 무대로서의 계단(133), 계단의 크기(195)에 의해 정해진 계단의 대략적인 형태와 위치를 완성하는 데 도움이 된다. 만약, 인습적인 기존의 계단을 원한다면 어떠한 서적을 참고하여도 상관없다. 하지만, 어떻게 하면 목재나 강재 또는 콘크리트 - 좋은 재료(207)를 사용하지 않고, 효율적인 구조(206)에서 설명한 압축구조와 일치하는 계단을 만들 수 있을까?

목재의 사용을 배제하고 가능하면 압축재를 사용하는 시공법을 따라 계단을 만드는 경우라면, 계단의 밑부분을 볼트로 만들어서 무게를 줄이고 재료를 절약할 수 있다.

콘크리트 계단은 각형의 강재로 지지하는 프리캐스트 부재를 이용하거나, 콘크리트를 현장 타설해서 만드는 것이 일반적인 방법이다. 그러나, 좋은 재료(207)에서 이미 설명한 바와 같이, 프리캐스트 콘크리트와 강재는 바람직한 재료가 아니다. 이들은 규격화된 설계를 필요로 한다. 그리고, 콘크리트나 강재의 촉감, 시각적인 느낌, 그 위를 걸을 때의 느낌은 그리 유쾌하지 않다. 또한, 특별한 도구를 필요로 하기 때문에 계단을 만들거나 수정을 하는 데 어려움이 따른다.

따라서, 효율적인 구조(206), 좋은 재료(207), 단계적인 보강(208)의 원리를 고려하여, 격자형 선형 부재, 버렙˙, 수지, 치킨와이어 그리고 경량콘크리트를 재료로 하는 반쪽의 볼트(계단의 경사에 맞추어)를 이용하여 **바닥·천장 볼트(219)**처럼 계단을 만들어야 한다고 생각한다. 이 경우, 디딤판은 목재판이나 타일을 이용하고 발판은 콘크리트를 흙손으로 마감하여 만든다.

이 패턴을 처음 생각했을 때까지만 해도 상당히 회의적이었다. 즉, 바닥·천장 볼트와의 일관성을 위해서 만들었던 것이다. 하지만, 볼트형 계단을 만들었을 때, 이 계단은 매우 성공적이었고 아름다웠다. 그렇기 때문에, 우리는 볼트형 계단을 강력하게 추천한다.

그러므로,

바닥·천장 볼트(219)처럼 휘어진 사선형 볼트를 만든다. 볼트가 굳으면 경량콘크리트로 단을 만들고 흙손으로 마감한다.

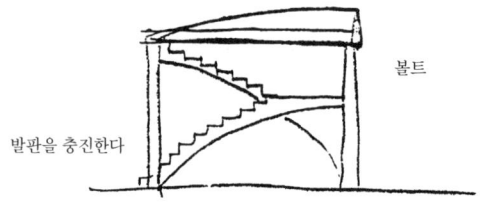

발판을 충진한다　　　　　　볼트

경량콘크리트의 발판에 색을 입혀 왁스칠을 한 후 다듬질을 하면 매우 아름다울 것이고, 사용하는 데도 편안함을 느낄 수 있을 것이다. 이에 대해서는 **바닥**(233)을 참고한다. 그리고, 시간이 지남에 따라서 부드러운 타일과 벽돌(248)에서 요구하는 오래되고 그윽한 멋이 날 것이다.

계단 밑의 볼트 공간은 **알코브**(179), **어린이 동굴**(203) 또는 방 사이의 **벽장**(198)으로 사용될 수 있다. 보통의 천장처럼 회반죽으로 마감하면 - **바닥·천장 볼트**(219), 일반적인 계단의 하부 공간보다 더욱 쾌적하고 유용한 공간이 될 것이다 ---…

229. 덕트 공간
DUCT SPACE

···− 효율적인 구조(206)의 원리를 따르고 **바닥·천장 볼트**(219)의 볼트 바닥을 이용한 건물에서는, 각방의 가장자리를 따라서 사용되지 않는 삼각형 공간이 존재한다. 이 곳은 덕트를 배치하기에 가장 좋은 장소이다.

◆　　◆　　◆

파이프와 도관이 어디에 있는지 아무도 알지 못한다. 이들은 벽 어딘가에 묻혀 있다. 그러나, 정확히 어디에 있을까?

대부분의 건물에서 전선관, 수도관, 배수관, 가스관, 전화선 등은 벽에 묻혀 있으며, 전혀 체계화되어 있지 않다. 이것이 건설의 초기단계를 복잡하게 하는 원인이다. 즉, 건물 내부의 여러 공간을 생각하면서, 동시에 수많은 설비를 체계화 하는 것이 어렵기 때문이다. 그리고, 일단 시공이 끝나면 건물의 어느 부분에 설비가 위치하는지 알 수 없기 때문에, 수정이나 추가를 생각하기란 어렵다. 또한, 주변 환경에 대한 우리의 이해를 저해한다. 즉, 건물의 각종 서비스와 설비의 체계는 미스터리로 남긴 채 생활하고 있는 것이다.

우리는 모든 서비스가 같은 위치에 더욱이 각 방의 볼트 천장과 위층 바닥 사이 - **바닥·천장볼트**(219)-의 스펜드럴*에 배치해야 한다고 생각한다.

난방과 전선관은 건물 전반에 걸쳐 필요하기 때문에, 모든 방에 계획해야 할 것이다. 배관과 가스선은 필요한 방에만 계획한다. 또한, 모든 배선은 방의 구석진 모퉁이에 수직으로 집중하도록 하여, 수직 형태의 트렁크에서 수평으로 뻗어 나가도록 계획한다. 파이프와 전선관의 이와 같은 배치는 이해하기 쉬우며 연결하기도 용이하다.

한 장소에 집중

그러므로,

난방, 배수관, 가스, 다른 서비스 설비들을 각 방의 윗부분 구석에 있는 스펜드럴에 계획하도록 한다. 방의 모서리의 전용 관로를 설치하고 이를 배관 공간으로 사용하여 방을 수직으로 연결한다. 도관에의 접근을 위해 덕트 공간을 따라 배출구와 점검구를 일정 간격으로 설치한다.

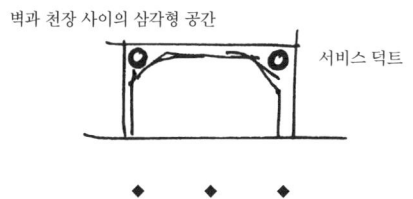

벽과 천장 사이의 삼각형 공간   서비스 덕트

◆　　◆　　◆

일단 덕트를 배치하고 경량콘크리트로 스펜드럴을 채운다 - 바닥·천장볼트(219). 스펜드럴을 따라서 난방 판넬을 위치시킨다 - 복사 난방(230). 그리고, 덕트 하부에는 조명을 설치하기 위해서 일정 간격으로 콘센트를 설치한다 - 빛의 집중(252) ----

230. 복사 난방*

RADIANT HEAT

···· 구조벽막(218), 바닥·천장 볼트(219), 덕트 공간(229)을 완성하기 위해서 생물학적으로 합리적인 난방 시스템을 이용한다.

◆　◆　◆

이 패턴은 햇빛과 뜨겁게 타오르는 불이 최고의 열원이라고 생각하는 우리의 직관을 생물학적으로 엄밀하게 공식화한 것이다.

열은 복사(열선이 빈 공간을 통해 전달되는 형태), 대류(공기나 액체 중의 분자의 혼합에 의해서 열이 전달되는 형태), 전도(고체를 통해 열이 전달되는 형태)에 의해 전달된다.

거의 모든 장소에서 우리는 위의 세 가지 방법에 의해 열을 얻는다. 손에 닿는 고체로부터는 전도열을, 주위의 공기로부터는 대류열을, 시야에 있는 방열원으로부터는 복사열을 받는다.

이 중 전도열은 사람에게 열을 전도할 정도의 표면이라면 너무 뜨겁기 때문에 그 영향은 미미하다. 대류열과 복사열에 대해서는 생물학적인 관점에서 인간에게 끼치는 영향에 차이가 어떠한지 자문해 볼 필요가 있으며, 실제로 이 둘에는 차이가 있다.

인간은 자신의 주위에 있는 공기보다 약간 높은 복사열을 받을 때 가장 쾌적함을 느낀다는 것은 이미 증명된 사실이다. 이러한 상황의 가장 적절한 예는 다음과 같다. (1)바깥의 공기는 뜨겁지 않지만, 태양이 내리쬐는 봄철의 옥외 공간. (2)추운 밤의 난로.

대부분의 사람들은 직관적으로 이 두 상황이 특별히 쾌적하다고 느낄 것이다. 그리고, 인간이 풍부한 공기와 태양 아래에서 진화한 유기체라는 관점에서 볼 때, 우리가 쾌적하게 느끼는 이러한 상황은 그리 놀라운 것은 아니다. 이는 생물학적으로 우리의 생체 시스템에 내재되어 있는 것이다.

유감스럽게도 가장 널리 사용되고 있는 난방 시스템의 대부분은 이 기본적인 사실을 무시하고 있다.

온풍 시스템과 매설된 파이프 그리고 온수 라디에이터는 열의 일부를 복사 방식에 의해 우리에게 전달한다. 하지만, 우리가 얻는 열의 대부분은 대류에 의한 열이다. 뜨거워진 공기는 주위를 돌며 우리를 따뜻하게 한다. 하지만, 대류는 불쾌감, 답답함, 과열, 건조함의 원인이 된다. 또한, 대류식 난방 방식은 온도 조절이 힘들기 때문에, 공간이 너무 덥거나 너무 추운 경우가 많다.

사람들이 쾌적하게 느끼기 위한 조건은 대류열과 복사열의 미묘한 조합에서 나온다라고 할 수 있다. 몇 가지 실험을 통해서 우리는 위의 두 방식의 가장 적절한 균형은 평균 복사 온도가 주위의 온도보다 2도 정도 높은 환경임을 알 수 있었다. 실내에서의 평균 복사 온도를 산출하기 위해서는 실내의 모든 표면에서 온도를 측정하고, 그 온도를 각 부분의 표면적에 곱해서 합계를 전체 면적으로 나누면 된다. 쾌적함을 위해서 이 평균 복사 온도는 실온보다 약 2도 정도 높아야 한다.

일반적으로 실내의 일부 표면(창과 외벽)은 실온보다 낮다. 즉, 적어도 다른 표면의 온도를 높이지 않으면 평균 온도도 높아지지 않는다는 것을 의미한다.

이러한 상황의 한 예로 추운 방의 난로를 생각해 볼 수 있는데, 이는 난로가 국부적으로 고온이기 때문이다. 또한, 오스트리아식 타일 스토브와 스웨덴식 타일 스토브는 이런 점에서 같은 방식이다. 이들은 벽돌이나 타일로 만들어진 육중한 스토브로 중앙부에는 작은 화로가 위치한다. 적은 양의 잔가지라도 스토브의 점토에 열을 전달하고, 점토는 지면처럼 열을 저장하고 오랜 시간에 걸쳐 복사열을 발산한다.

오스트리아식 타일 스토브

각 방마다 제어가 가능한 복사 판넬 그리고 벽이나 천장에 걸어 놓은 적외선 난로는 첨단 방식의 복사 열원이다. 이보다 조금 낮은 등급의 복사 열원(온수탱크)도 충분히 같은 효과를 발휘할 수 있다. 온수탱크를 단열하지 않고 주택의 중심부에 배치한다면, 뛰어난 복사 열원으로써 기능할 것이다.

그러므로,

난방 방식을 선택한다. 특히, 추울 때에도 사람들이 모이는 공간의 난방 방식에 주의를 기울이도록 한다. 그리고, 기본적으로 대류보다는 복사를 이용한 난방 방식을 이용하도록 한다.

복사열원

공기보다 약간 더 따뜻한 표면

◆　　◆　　◆

만약, 이제까지의 패턴에 따라 공간을 계획하였다면 방은 벽에 근접할수록 급한 경사면으로 된 천장 볼트가 있을 것이다. 그리고, 그 뒷면에는 덕트가 위치하고 있을 것이다 - 바닥·천장 볼트(219), 덕트 공간(229). 이 경우에는 경사면에 복사 난방 판넬을 설치하는 것이 자연스럽다.

하지만, 복사면의 일부분은 낮게 설치해서, 복사면을 둘러싸면서 앉을 수 있는 곳을 마련한다면 매우 좋다. 추운 날씨에는 따뜻한 스토브 주위의 의자보다 좋은 것은 없다 - 붙박이 의자(202) ----…

231. 돌출된 지붕창*

DORMER WINDOWS

···- 이 패턴은 **감싸는 지붕**(117)의 완성에 도움이 된다. 만약, 감싸는 지붕의 패턴을 따랐다면, 지붕 아래에는 거주 공간이 위치할 것이다. 거주 공간에는 빛을 들이기 위한 창이 존재할 것이며, 돌출된 지붕창은 이와 같은 상황에서 **지붕 볼트**(220)를 완성시키는 **창가**(180)의 한 종류가 될 것이다.

◆　　　◆　　　◆

감싸는 지붕(117)의 논의로부터 우리는 건물의 최상층이 지붕 바로 아래에 위치하고 지붕에 의해 둘러싸인 형태로 존재해야 함을 알 수 있다.

물론, 지붕 아래에 거주 공간이 있는 경우, 그 공간에는 어떤 형태로든 창이 있어야 한다. 스튜디오나 작업실은 예외이지만 천창만으로는 충분하지 않다. 천창은 내부와 외부를 연결하지 못하기 때문이다 - 생활을 내려다보는 창(192).

그러므로, 지붕에 관통하는 창을 두는 것은 자연스러운 것이며, 이는 간단히 말해서 돌출된 지붕창 형태가 된다. 만약, 돌출된 지붕창을 고풍스럽고 로맨틱한 요소로 다루지 않는다면, 이 단순하고 기본적인 사실을 언급할 필요조차 없을 것이다. 돌출된 지붕창이 얼마나 합리적이고 일상적인지 강조할 필요가 있다. 즉, 사람들이 돌출된 지붕창을 오래된 유행이나 시대에 뒤쳐진 것이라고 믿어버린다면, 돌출된 지붕창을 만들려 하지 않을 것이기 때문이다.

돌출된 지붕창은 지붕에 생기를 준다. 단순히 채광과 통풍을 위해서 그리고 외부로의 연결뿐만이 아니라, 지붕 가장자리 천장의 낮은 느낌을 완화시키고 알코브*와 창가를 형성한다.

그러면 돌출된 지붕창을 어떻게 만들면 될까? 우리가 제시한 지붕 볼트를 이용한 구조라면, 볼트를 형성하는 바구니 형태를 그대로 연장하여 돌출된 지붕창을 만들고, 이를 개구부를 형성하는 테두리 보와 기둥 위에 단순히 얹으면 된다.

돌출된 지붕창을 만드는 다른 방법은 시공 시스템에 따라서 결정된다. 상인방, 기둥, 벽에 사용하는 재료를 조합하고 부분적으로 수정하여 돌출된 지붕창을 만들 수 있다.

그러므로,

지붕에 창을 계획할 때는 서 있기 충분한 높이의 돌출된 지붕창으로 계획한다. 그리고, 지붕창의 틀은 건물 내의 다른 알코브와 똑같이 만든다.

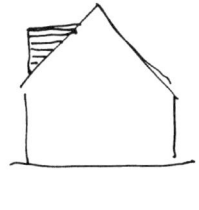

돌출된 지붕창

❖　　❖　　❖

　돌출된 지붕창의 틀은 단계적인 보강(208), 모서리의 기둥(212), 박스형 기둥(216), 테두리 보(217), 구조벽막(218), 바닥·천장 볼트(219), 지붕 볼트(220), 두꺼운 틀(225)과 함께 알코브(179), 창가(180)처럼 계획한다 ╺╶⋯

232. 지붕 꼭대기의 장식*

ROOF CAPS

···· 옥상 정원(118)이나 지붕 볼트(220)는 이번 패턴에 의해서 마무리된다. 이미 지붕 볼트를 만들었거나, 적어도 볼트를 형성하는 버렙* 하부의 선형 부재를 만들려 한다고 가정해 보자. 또는, 옥상 정원을 만들기 시작했거나 그 주위에 펜스를 치기 시작했다고 가정해 보자. 어떻게 지붕을 마감하면 좋을까?

◆　　◆　　◆

전통 건축에서는 장식을 이용하여 모든 건축물의 지붕 꼭대기를 마감하였다.

그리스 건물의 페디먼트pediment˙, 알베로벨로Alberobello의 트룰로˙식 지붕 꼭대기의 장식, 일본 신사의 첨탑, 헛간의 환기캡. 이 모두는 마무리가 필요한 어떤 건축 시스템상의 이유로, 만든 지붕 꼭대기 장식으로 보여진다.

여기에는 중요한 이유가 있다. 지붕 꼭대기의 장식은 건물을 마무리하고 인간미를 더한다. 또한, 지붕 꼭대기 장식의 힘, 즉 건물의 느낌에 대한 전체적인 효과는 기대치를 상회한다. 다음의 스케치는 꼭대기에 장식이 있는 건물과 장식이 없는 건물이다. 두 건물의 차이는 매우 크며, 서로 다른 건물처럼 느껴진다.

지붕 꼭대기의 장식이 없는 건물과 있는 건물

왜 지붕 꼭대기의 장식은 중요하며 건물 전체에 커다란 효과를 미치는 것일까?

다음은 그 이유이다.

1. 지붕 꼭대기의 장식은 건물의 왕관과도 같다. 장식은 건물에 상응하는 지위를 부여한다. 지붕은 매우 중요하며, 지붕 꼭대기의 장식은 이를 강조한다.

2. 지붕 꼭대기의 장식은 건물에 상세함를 가미한다. 장식은 지붕의 균일성을 약하게 하고, 단순함으로부터 건물을 해방시킨다. 벽은 창, 문, 발코니의 규모와 특징으로부터 이러한 효과를 얻는다. 지붕에 돌출된 지붕창이 많은 경우, 지붕 꼭대기 장식의 필요성은 그만큼 덜해진다.

3. 지붕 꼭대기의 장식은 하늘과 이어주기 때문에, 오래전부터 종교적 의미와도 관련되어 있을 가능성이 있다. 건물은 지면과의 접촉이 필요하다. 이에 대해서는 **지면과의 연결**(168)을 참고한다. 그래서, 어쩌면 지붕은 하늘과의 연결이 필요할지도 모르겠다.

우리가 제안한 시공법에서는 지붕 꼭대기의 장식이 지붕의 경사면에서 약간의 곡선을 형성하도록 지붕 마루에 놓여 있다. 스캘럽 지붕˙의 지붕 마루에는 일정한 간격으로 지붕 꼭대기의 장식을 놓을 수 있을 것이다. 그리고, 장식이 커야 할 필요도 없다. 작은 모래 주머니에 콘크리트를 발라서, 그 덩어리가 명확한 형태가 된다면 그것으로 충분하다. 그리고, 지붕과 다른 색으로 장식을 칠한다면 더욱 좋다.

물론, 지붕의 장식을 만드는 방법은 수없이 많다. 벽돌 굴뚝, 조각상, 환기구, 구조상의 상세부, 고딕식 첨탑 또는 기상용 바람개비도 이에 속할 것이다.

그러므로,

지붕 꼭대기의 장식을 위한 적절한 방법을 선택하도록 한다. 이때, 시공법이나 건물이 지닌 의미에 맞는 방법을 선택한다. 지붕 꼭대기의 장식은 구조적일 수도 있겠지만 주요 기능은 장식이다. 즉, 장식은 건물의 정점을 표시하고, 지붕이 하늘을 어떻게 관통하는지 보여준다.

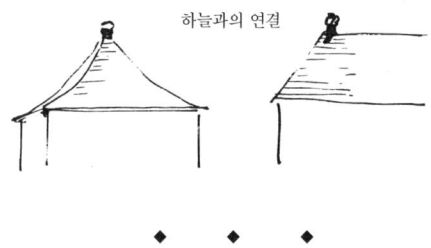

하늘과의 연결

◆　　◆　　◆

지붕 꼭대기의 장식을 원하는 방식으로 마감한다. 그러나 장식(249)이라는 점을 잊지 않도록 한다 ---…

다음으로 마감과 내부 상세를 정한다.

233. 바닥**

FLOOR SURFACE

···– 이번 패턴에서는 1층 슬래브(215), 바닥·천장 볼트(219)를 마무리하기 위해서 바닥을 어떻게 처리해야 하는가에 대해서 설명한다. 바닥이 적절하게 만들어졌다면, 건물의 친밀도 변화를 심화하는 데에도 기여할 것이다 - 친밀도의 변화(127).

◆　　◆　　◆

　바닥은 안락함과 따뜻한 감촉 그리고 매력을 느낄 수 있어야 하며, 청소가 용이하고 내구성이 있어야 한다.

바닥을 생각할 때 사람들은 보통 목재 바닥을 떠올린다. 만약, 금전적인 여유가 있다면 모든 사람이 목재 바닥을 원할 것이다. 더운 지방이라 하더라도 그리고 아름다운 타일을 구할 수 있다 하더라도 수많은 사람들은 견고한 목재 바닥을 선호한다. 하지만, 목재 바닥이 아름답다 하더라도 바닥의 본질적인 문제는 해결하기는 힘들다. 실제로 맨 목재 바닥의 방은 황량하고 거북스러운 느낌을 주어, 방이 완성되지 않았다는 생각이 들게 한다. 따라서, 사람들은 목재 바닥에 카펫을 깐다. 하지만, 이는 진정한 목재 바닥이 아니다. 이 같은 혼란은 아직까지 확실히 규명되지 않은 '바닥'의 본질적인 문제를 여실히 보여준다.

이를 세심하게 바라보면, 우리는 맨 목재 바닥과 카펫이 깔려 있는 목재 바닥이 비정상적인 타협의 산물이라는 것을 알 수 있다. 맨 목재 바닥은 너무 노출되어 있고 딱딱하며 쾌적하지 않다. 그리고, 그 위에 아무것도 깔지 않으면 흠이 나기 쉽고 휘거나 균열이 생긴다. 그렇다고 해서 목재 바닥을 카펫으로 덮으면 목재가 지닌 고유의 아름다움은 사라질 것이다. 카펫 가장자리를 제외하고는 목재를 볼 수 없게 되는 것이다. 또한, 바닥 위의 카펫은 실생활의 마모를 견딜 수 있을 정도로 강하지 않다. 더욱이, 러그˙나 태피스트리 역시 수공으로 만들기 때문에 매우 약하고, 따라서 조심스럽게 이용하지 않는다면 마모를 견디기 힘들다. 그리고, 페르시안 러그 위를 신발을 신은 채 걷는 것은 야만적인 행동이기 때문에, 러그를 만든 사람이나 다룰 줄 아는 사람은 항상 신발을 벗고 그 위를 걸을 것이다. 그렇다고, 현대의 나일론과 아크릴섬유 카펫이 문제가 없는 것은 아니다. 카펫 본래의 호화로움과 행복감을 상실하였다. 다시 말해서 부드러운 콘크리트에 지나지 않는다.

문제는 아직 해결되지 않았다. 왜냐하면, 문제의 갈등은 매우 본질적인 것이기 때문이다. 문제는 오직 확실히 구별을 지어야만 해결될 수 있다. 즉, 사람들이 빈번히 이용하는 곳은 마모에 강하고 청소하기 쉬운 바닥이어야 하며, 사람의 이동이 적은 영역은 신발을 벗을 수 있고 호화롭고 부드러우며 아름다운 러그, 쿠션, 태피스트리를 놓을 수 있는 장소여야 한다.

전통적인 일본 주택이나 러시아 주택은 실제로 다음과 같은 방법으로 문제를 해결하고 있다. 바닥을 서비스 영역과 안락한 영역의 두 영역으로 나눈다. 안락한 영역은 매우 깨끗하고 고가의 재료를 사용하는 경우가 많으며, 서비스 영역은 가로의 연장 즉, 흙이나 포장 등으로 만드는 경우가 많다.

즉, 사람들은 한 영역에서 다른 영역으로 이동할 때 신발을 벗거나 신는다.

딱딱함과 부드러움 사이의 경계

신발을 벗고 신는 습관이 우리 문화권에서 자연스러운 것인지 확신할 수는 없다. 그러나, 거주 공간을 구분하고 안으로 들어감에 따라 바닥의 재료가 바뀐다는 것에는 나름대로의 의미가 있다. 친밀도의 변화(127)는 공간을 공적인 영역에서부터 중간 영역 그리고 개인실에 이르기까지의 단계를 요구한다. 즉, 집의 안쪽으로 갈수록 부드러운 바닥은 효과적이다. 즉, 현관이나 부엌은 단단하며 기능적인 바닥이 좋고, 다이닝룸, 거실, 아이들 방은 부분적으로 기능에 맞는 쾌적한 바닥이 필요하며, 침실이나 공부방 등은 사람들이 앉거나 눕거나 맨발로 걸어다닐 수 있는 부드럽고 편안한 바닥이 효과적이라고 할 수 있다.

그렇다면 어떤 재료가 좋을까? 딱딱하고 부드러운 재료들 중, 딱딱한 재료 선택이 더욱 어렵다. 아이들은 부드러운 바닥이나 딱딱한 바닥을 가리지 않고 잘 놀기 때문에, 바닥은 그저 따뜻한 감촉만 있으면 된다. 동시에 바닥은 청소하기에도 편한 재료여야 한다. 이와 같은 딱딱한 바닥에는 '부드러운 콘크리트'가 적당하다. 만약, 딱딱한 바닥이 비교적 가벼운 바닥재로 되어 있다면, 공간의 기능과 쾌적함을 동시에 이룰 수 있을 것이다. 즉, 콘크리트에 도료를 섞고, 콘크리트가 굳은 후 왁스칠과 다듬질을 함으로써 내구성과 내수성을 가진 재료를 만들 수 있다. 바닥재로서 콘크리트를 사용하는 것은 실제로 저렴하고 효과적인 방법이다. 지면과 같이 딱딱한 바닥을 만드는 데 쓰이는 재료에는 고무나 코르크 타일, 페루의 페스텔 레로스pestelleros로 알려진 굽지 않은 부드러운 타일 - 부드러운 타일과 벽돌(248) 그리고 목재 판자가 있지만 모두 콘크리트보다는 고가이다.

부드러운 재료로는 앉고 누워서 지면과의 거리를 가까이 할 수 있는 카펫이 가장 만족스럽다. 설령 다른 재료를 사용한다고 하더라도 결국에는 그 위에 카펫을 깔기 때문에, 부드러운 재료인 카펫보다 나은 재료는 없다고 생각한다. 즉, 카펫을 깔 장소에는 비용이 저렴한 서브플로어subfloor•를 까는 것만으로도 충분하다는 것을 의미한다.

이 두 영역을 강조하기 위해서 그리고 한 영역에서 다른 영역으로의 이동에 신발을 벗거나 신는 행위를 촉진시키기 위해서, 우리는 두 영역 사이를 한 단 높게 하거나 낮게 하는 단차를 만들 것을 제안한다. 바닥의 단차는 각 영역의 '고유성'을 유지하는 데 매우 큰 기여를 할 것이며, 각 영역에서의 활동에도 많은 도움을 줄 것이다.

그러므로,

주택이나 건물을 공적인 영역과 사적이며 조금 더 친밀한 영역의 두 부분으로 계획하도록 한다. 공적인 영역의 바닥에는 왁스칠 된 콘크리트, 타일, 딱딱한 목재를 사용하도록 한다. 조금 더 친밀한 영역에는 펠트, 저렴한 나일론 카펫, 다다미 같이 부드러운 바닥재를 사용하고 그 위에는 천이나 쿠션, 카펫, 태피스트리를 깔도록 한다. 두 영역 사이의 가장자리에는 명확한 표시 (경우 따라서 단차와 같은)를 하도록 한다. 그래서, 사람들이 공적인 영역에서 사적인 영역으로 이동할 때 신발을 벗도록 유도한다.

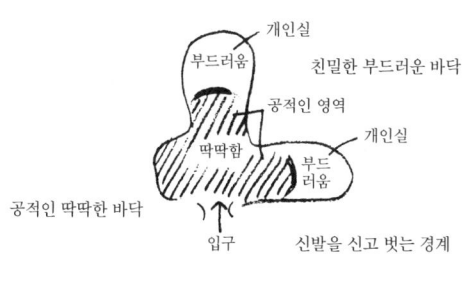

♦ ♦ ♦

딱딱한 바닥 위에는 옥외 보행로와 테라스에 사용했던 것과 같은 형태의 바닥(내화벽돌과 타일)을 사용할 수 있다 - 부드러운 타일과 벽돌(248). 친밀하고 부드러운 바닥에는 색이 화려하고 장식 효과가 좋은 재료와 천을 사용하도록 한다 - 장식(249), 따뜻한 색(250) ----

234. 겹침이음 외벽

LAPPED OUTSIDE WALL

···· 이 패턴으로 구조벽막(218)과 지붕 볼트(220)가 완성되며, 외벽의 특징이 부여된다.

◆　　◆　　◆

건물 외벽의 주요 기능은 비바람을 막아주는 것이다. 그렇기 때문에 연결부는 비바람이 통과하지 않도록 처리해야 한다.

동시에 벽체는 관리가 용이해야 하며, 외부에 있는 사람들이 관심을 가질 수 있어야 한다.

불투수성의 커다란 시트형 재료로는 이러한 기능을 기대할 수 없다. 항상 동일면에 있는 시트형 재료는 연결부에 상당한 문제점이 있다. 결국에는 연결부의 밀봉 부분에서 결함이 발생하기 때문에 연결부는 매우 복잡하고 정교하게 밀봉되어야 한다.

나무, 물고기, 동물과 같은 다양한 유기체에 대해서 생각해 보자. 유기체의 외피는 대체로 거칠지만 유기체에 따라 다양한 부재로 이루어져 있다. 그리고, 이러한 부재들은 서로 중첩해 있다. 즉, 물고기의 비늘, 동물의 털, 피부의 주름, 나무껍질 등이 그 예라고 할 수 있다. 이 외피는 모두 불투수성이며 복원도 매우 용이하다.

간단한 기술이지만 건물에서도 이와 같은 방법이 사용되고 있다. 겹침이음판, 헝글*, 겹침타일 및 초가지붕이 그 예이다. 평평한 돌이나 벽돌조차 어떤 의미에서는 균열을 방지하도록 내부적으로 겹쳐 있다고 할 수 있다. 그리고, 이와 같은 재료로 만들어진 벽은 수많은 작은 부재들로 구성이 되어 있기 때문에, 개별적인 부재가 손상되었거나 마모되었을 때는 교체가 가능하다.

따라서, 외벽의 마감재를 선정할 때는 다음에 유의한다. 즉, 외부 마감재는 쉽게 겹쳐 쌓을 수 있어서 비바람을 막아주어야 한다. 재료는 각 지방에서 쉽게 구할 수 있는 것으로 수리에 용이해야 하며, 건물이 만들어지고 오랜 시간이 지난 후라도 교체가 가능해야 한다. 그리고, 어떤 재료를 선택하였던 간에 외벽은 사람들에게 친숙하며 기대고 싶은 마음이 드는 재료여야 한다.

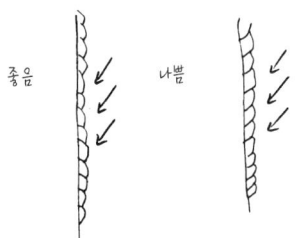

겹쳐 있는 재료의 내부구조에 관한 이미지

우리가 만든 경량콘크리트 구조의 건물에서, 우리는 겹침이음판을 경량콘크리트 충진을 위한 외부틀로 사용하였다. 물론, 쉽게 구할 수 있으며 경제적으로 여유가 있다면, 외벽 마감재로 다양한 재료를 사용할 수 있다. 슬레이트, 파형금속판, 세라믹타일은 외벽의 피복재로서 매우 우수하며, 이 재료들을 이용하여 벽체의 외부틀을 만들고 콘크리트를 충진하여 벽을 만들 수 있다. 또한, 근거가 있는 것은 아니지만 다음과 같은 생각을 할 수도 있다. 즉, 모든 연결선의 방향이 외부의 하단을 향하는 모양이기 때문에 겹쳐 있는 효과를 가지는, 즉 내부결정구조나 섬유구조가 방향성을 지니는 재료를 과학자들이 만들 수 있을지도 모른다는 것이다.

그러므로,

외벽의 마감은 비바람에 견딜 수 있도록 재료를 겹쳐서 만든다. 외부용 회반죽과 같이 '내부적으로 겹쳐 있는' 재료나 슁글이나 판재 타일과 같이 실제적으로 겹칠 수 있는 재료를 사용한다. 위의 둘에 해당하는 경우라 할지라도, 부분적으로 그리고 적은 비용으로 수리할 수 있는 재료를 선택한다. 그렇다면, 벽을 조금씩 수리하는 할 수 있기 때문에, 오랫동안 좋은 상태를 유지할 수 있을 것이다.

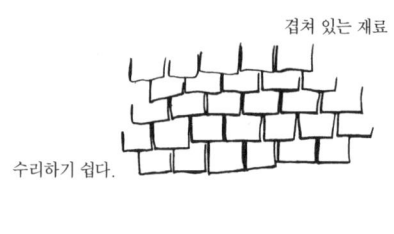

겹쳐 있는 재료

수리하기 쉽다.

◆   ◆   ◆

235. 부드러운 내벽*

SOFT INSIDE WALL

···· 이 패턴에 의해 구조벽막(218)의 내부면과 바닥·천장 볼트(219)의 천장면이 완성된다. 구조벽막의 내부면에 부드러운 재료를 사용한다면, 벽은 처음부터 건물에 적합한 성격을 지니게 될 것이다.

◆　　◆　　◆

너무 딱딱하거나 차갑거나 단단한 벽은 만지고 싶은 느낌이 들지 않는다. 이러한 벽에는 장식을 할 수 없으며, 소리가 반사되어 울린다.

아주 좋은 재료는 회반죽이다. (흰색이기는 하지만) 회반죽은 따뜻한 느낌을 주고, 압정이나 못을 박거나 수리도 용이하다. 그리고, 소리를 흡수하는 성능이 상대적으로 높기 때문에, 부드러운 소리를 만들어낸다.

시멘트는 외관상 회반죽과 거의 차이가 없기에 회반죽과 혼동하는 사람들이 많다. 하지만, 모든 면에서 회반죽과는 정반대이다. 시멘트는 너무 단단하기 때문에 못을 박기 어렵고, 차갑고 딱딱하고 거칠다. 또한, 소리를 흡수하는 성능이 매우 낮다. 즉, 반사율이 높아서 귀에 거슬리는 공허한 소리를 만들어낸다. 더욱이, 균열이 생겼을 경우 원상태와 동일하게 수리하는 것이 상대적으로 곤란하다.

일반적으로 현대 건축물에서는 보다 딱딱하면서 매끄러운 재료를 쓰는 경향이 있다. 이는 건축물을 깨끗하게 유지하고 사용에 의한 마모를 방지하기 위함이라고 할 수 있지만, 현재 사용되고 있는 재료들이 기계를 사용해서 만들어지기 때문이기도 하다. 따라서, 각 부재는 완벽하며 동일하다.

이 같이 결점이 없고 단단하고 매끄러운 재료로 만들어진 건물은 건물과 사람의 관계를 완전히 분리시킨다. 이러한 건물은 심리적으로 낯선 느낌을 줄 뿐만 아니라, 벽에 기대어 있을 때 불편함을 느끼게 한다. 때문에, 사람들은 이러한 건물들을 멀리하는 경향이 있다. 즉, 건물은 탄력성이 없으며 사람들에게 반응하지도 않는다.

이 문제에 대한 해결책은 다음과 같다.

1. 시멘트 대신에 회반죽을 이용하거나 단단하게 구워진 타일보다는 부드러운 타일을 이용한다. 재료가 다공질이며 밀도가 낮으면 일반적으로 부드럽고 촉감이 좋다.

2. 오돌토돌하며(입상의 재료이면서) 자연스러운 감촉을 가진 재료를 사용한다. 작은 조각으로 된 것을 이용하거나 동일한 요소를 반복해서 쓸 수 있는 재료를 이용한다. 목재로 마감한 벽은 이와 같은 특징을 지니고 있다. 즉, 목재 자체가 질감을 가지고 있고, 큰 벽면이라면 판재 형태의 목재를 반복적으로 이용하여 만들 수 있다. 회반죽은 손으로 마감하면 이와 같은 특징을 얻을 수 있다. 왜냐하면, 회반죽은 입상의 재료이며, 두드러진 질감을 수작업으로 만들 수 있기 때문이다.

이 패턴의 가장 아름다운 예 중 하나는 인도의 어느 마을에 있는 주택의 벽이다. 이 주택에서는 소똥과 진흙을 섞은 반죽을 벽에 발랐다. 그렇기 때문에, 벽 전체에 반죽을 바른 사람 손가락의 모습이 남아 있는 매우 아름답고 부드러운 마감이 되었다.

인도 어느 마을의 소똥을 이용하여 마감한 벽

그러므로,

모든 실내 마감은 따뜻한 느낌을 주도록 하고, 못이나 압정을 박을 수 있을 정도로 부드럽게 한다. 또한, 만졌을 때 가벼운 탄력성이 느껴질 수 있도록 한다. 부드러운 회반죽은 매우 좋은 재료이다. 천으로 만든 장식용 벽걸이, 등나무로 만든 제품, 직물 등은 모두 이러한 특성을 가지고 있다. 그리고, 경제적으로 여유가 있다면 목재를 사용하는 것도 좋다.

부드러운 촉감

못을 박을 수 있을 정도의 탄력성

◆　　◆　　◆

우리가 제안하는 시공법에 있어서, **구조벽막**(218)과 **바닥·천장 볼트**(219)의 내부마감에는 회반죽을 얇게 바르는 것이 좋다. 회반죽과 기둥, 보, 문틀, 창틀이 만나는 연결부는 반 인치의 목재 테두리로 두른다 - **반 인치의 테두리**(240) ----…

236. 활짝 열리는 창*

••••이 패턴은 창가(180), 생활을 내려다보는 창(192), 자연스런 문과 창 (221)의 완성에 도움이 된다.

◆　　◆　　◆

　현대 건축물에는 열 수 없는 창이 많다. 그리고, 열 수 있는 창조차도 본래 의 기능을 제대로 수행할 수 없다.

오늘날의 건축 설계에서 창을 밀폐하고 기계공조시스템을 이용하여 '완벽한' 실내 환경을 만들어 내는 것이 원칙이 되어가고 있다. 이는 미친 짓이다.

창은 외부와의 접합점이다. 창은 신선한 공기를 얻을 수 있는 곳이며, 방이 너무 덥거나 추울 때 빠르고 간단하게 온도를 조절할 수 있게 해준다. 또한, 몸을 밖으로 내밀어서 공기, 나무, 꽃, 날씨의 내음을 맡을 수 있는 장소이다. 더욱이 사람들은 창을 통해서 서로 이야기를 하기도 한다.

어떤 것이 가장 좋은 창일까?

오르내리창은 창 전체를 열 수가 없다. 한 번에 창 면적의 절반만을 열 수 있을 뿐이다. 또한, 문틀 안에 숨겨져 있는 개폐장치의 줄이나 평행추, 도르래가 고장 나면 그나마도 창을 열 수 없게 된다. 이렇게 되면 누구라도 힘들여 창을 열려 하지 않을 것이다.

미닫이창도 오르내리창과 같은 문제를 지니고 있다. 창의 한 면이 다른 한 면의 뒤에 위치하게 되므로, 창의 일부만 열 수 있다. 또한, 창이 끼어서 잘 열리지 않는 경우가 많다.

여닫이창은 열고 닫는 것이 매우 쉽다. 이 창은 전체를 열 수가 있기 때문에, 실내의 환기나 온도를 조절하기가 매우 쉽다. 그리고, 창을 열었을 경우 머리나 어깨를 창 밖으로 내밀 수 있을 정도로 충분히 크다. 또한, 사람이 출입하기에도 상당히 용이한 창이다.

프렌치 윈도우는 이 패턴의 가장 훌륭한 예이다. 프렌치 윈도우는 상층에 설치하며 폭이 좁아서 같은 폭의 작은 발코니를 향해서 창을 열 수 있다. 창을 열었을 때는 한 사람 정도의 폭이 되기 때문에, 작은 발코니에 서서 술을 한 잔 할 수도 있다. 프렌치 윈도우는 사람과 외부와의 관계를 더욱 긴밀하게 한다. 즉, 파리나 마드리드 같은 완전한 도심지에서도 전원과 같은 느낌을 가질 수 있는 것이다.

그러므로,

어느 창을 열리는 창으로 할 것인가 결정한다. 자주 가게 되는 창이나 열었을 때 꽃 내음을 맡을 수 있는 창, 지나가는 사람에 말을 걸 수 있는 통행로에 면해 있는 창, 산들바람을 느낄 수 있는 창을 정한다. 그리고, 바깥을 향해 열리는 여닫이창을 설치한다. 집 안의 여러 장소에 마루바닥까지 이어져 있는 프렌치 윈도우를 배치한다.

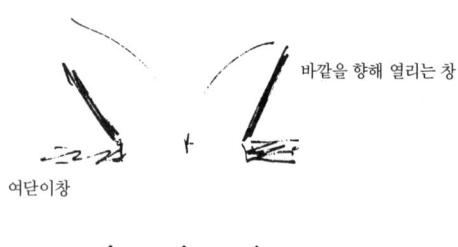

바깥을 향해 열리는 창

여닫이창

◆　　　◆　　　◆

작은 창유리(239)를 이용하여 여닫이창을 완성한다 --···

237. 창이 있는 견고한 문

SOLID DOORS WITH GLASS

···· 이번 패턴에 의해서 모서리의 문(196)과 낮은 입구(224)에서 정의한 문이 완성된다. 또한, 이 패턴에 따라서 문에 유리를 끼워 넣기 때문에, 명암의 태피스트리(135)와 실내창(194)의 완성에 도움이 된다. 그리고, 실내 어두운 부분의 채광에도 기여한다.

◆　　◆　　◆

빛을 투과시키지 않는 문이 거대한 주택이나 궁전에서 통용될 수 있는 것은 공간 자체가 하나의 세계를 이룰 만큼 충분히 크기 때문이다. 그렇지만, 작은 건물에 있는 작은 방의 경우, 빛을 투과시키지 못하는 문이 유용하게 쓰이는 경우는 거의 없다.

우리에게 필요한 것은 소리를 차단함과 동시에 시각적인 연결성을 제공하는 문이다. 즉, 문을 통해서 바라볼 수는 있으나 소리는 차단하는 문이다.

한때 유리가 끼워진 문이 자연스럽게 이용되기도 하였다. 유리가 끼워진 문은 아름답고, 공간의 연결성을 확장한다. 또한, 주택 내부에서의 생활을 하나로 만들지만, 사람들에게 있어서는 프라이버시를 지킬 수 있도록 해준다. 유리가 끼워진 문은 품위 있는 출입을 가능하게 하고, 방 안에 있는 사람에게는 우아한 접대를 할 수 있도록 해준다. 왜냐하면, 방으로 들어가려는 사람이나 방안에 있는 사람은 반대편에 있는 사람에 대한 준비를 할 수 있기 때문이다. 또한, 이와 같은 문은 여러 단계의 프라이버시의 제공한다. 문을 열어 놓을 수도 있고, 음향적인 프라이버시를 위해서는 문을 닫아 놓을 수도 있지만, 시각적으로는 연결을 유지한다. 또는, 문의 창에 커튼을 쳐서 시각적으로 또는 음향적으로 프라이버시를 보호할 수 있다. 하지만, 가장 중요한 것은 이러한 문에 의해서 건물 안에 있는 모든 사람이 각 방에 의해서 고립되어 있는 것이 아니라 연결되어 있다는 느낌을 갖게 된다는 것이다.

그러므로,

유리를 끼운 문을 되도록이면 많이 설치해서, 적어도 문의 상부 절반을 통해서 서로를 바라 볼 수 있도록 한다. 동시에 문은 충분히 견고하게 만들어서, 문이 닫혀 있을 때는 음향적으로 분리되고 문이 닫힐 때는 경쾌한 소리가 나도록 한다.

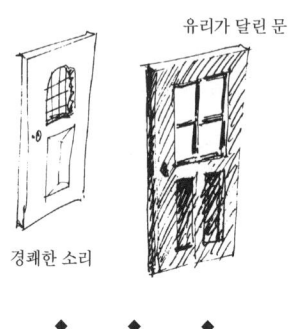

유리가 달린 문

경쾌한 소리

◆　　◆　　◆

문에 작은 유리를 끼워 넣는다 - 작은 창유리(239). 그리고, 문은 구조벽막 (218)처럼 견고하게 만든다 --…

238. 걸러진 빛*

FILTERED LIGHT

···· 창문이 아름답게 배치되었다 하더라도 눈부심은 여전히 문제가 될 수 있다 - 자연스런 문과 창(221). 창과 창 주변에서의 부드러운 빛은 실내 공간에 매우 큰 영향을 미친다. 창틀의 모양도 부분적으로 영향을 미치기는 하지만 - 깊은 창틀(223), 여전히 부가적인 도움이 필요하다.

◆　　◆　　◆

나뭇잎이나 트레이서리*를 통과한 빛은 환상적이다. 왜 그럴까?

　무성한 나뭇잎 사이를 통과한 빛은 매우 유쾌하다. 이러한 빛은 흥분, 활기 그리고 흥겨움을 준다. 하지만, 균일한 빛은 따분하고 재미 없는 공간을 만들어낸다. 왜 그럴까?

　1. 가장 분명한 이유: 하나의 광원으로부터의 직사광선은 강한 그림자를 드리워서, 강한 대비와 함께 거친 이미지를 만든다. 그리고, 인간의 눈은 이 대비를 보다 악화시키는 광학적 특성을 가지고 있다. 즉, 우리의 눈은 자동적으로 경계를 강화시키고, 때문에 사물의 경계는 실제보다 뚜렷하게 보여진다. 예를 들면, 여러 색깔의 띠를 연결해서 붙여 놓은 색상표를 보면 각 색깔의 띠 사이에 마치 어두운 선이 있는 것처럼 보인다. 이와 같은 강한 대비와 어두운 경계선은 그다지 달갑지 않다. 인간의 눈은 이러한 대비 현상에 쉽게 적응하지 못하기 때문에 사물의 상세한 부분을 제대로 파악할 수 없게 된다.

　이러한 이유 때문에, 인간은 전등갓이나 간접광을 이용하여 빛을 분산시키려 하는 자연스러운 욕구를 가지고 있다. 빛의 분산에 의해, 빛으로부터 생성되는 이미지는 부드러워지고 어두운 경계의 선명도는 떨어지며 강한 대비와 그림자는 약해져, 상세한 부분을 더욱 자세하게 볼 수 있게 된다. 이는 사진작가들이 사진을 찍을 때 직사광 대신에 반사광을 이용하는 이유이기도 하다. 사진작가들은 이와 같은 방법을 이용하여 그림자 속으로 사라져 버릴 물체의 상세한 부분들을 찍을 수 있는 것이다.

　2. 두 번째 이유: 창문 근처의 눈부심 현상을 줄인다. 창문을 통해서 밝은 빛이 들어올 때는, 창문 주변 벽의 어두움에 의해서 눈부심 현상이 일어난다 - 깊은 창틀(223). 특히, 창가에서 빛을 거르는 것은 투과하는 빛의 양을 줄임으로써 눈부심 현상을 완화시킨다.

　3. 세 번째 이유는 단순한 추측에 불과하다. 작은 빛 무늬가 물체의 위를 춤추듯 움직이는 모습은 감각적으로 유쾌하고, 인간에게 생동하는 자극을 준다. 어느 영화 제작자는 망막 위의 빛의 움직임은 그 자체만으로 자연스럽게 오감을 만족시킨다고 주장했다.

　걸러진 빛을 만들어 내기 위해서 직사광선이 들어오는 창을 넝쿨식물과 격자를 이용하여 부분적으로 덮는다. 나뭇잎은 움직이기 때문에 아주 특별한 분위기를 만든다. 그리고, 창문의 가장자리에는 트레이서리를 이용해도 좋다. 창틀이 아닌 창문의 가장자리에 트레이서리 설치함으로써 창가에서 창 가운데 쪽으로 빛이 점점 강해지도록 할 수 있다. 빛이 특히 강한 곳에서는 트레이서리를 창문의 위쪽에 설치하면 좋은 효과를 기대할 수 있다. 오래된 건물의 창은 대부분 이와 같은 아이디어들이 복합적으로 사용되었다.

그러므로,

창의 가장자리나 하늘을 배경으로 지붕 처마끝이 보이는 곳에서는 빛을 확산시키고 부드럽게 하기 위해서, 풍부하고 섬세한 명암의 태피스트리를 만들도록 한다.

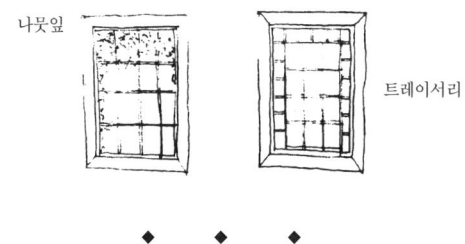

나뭇잎

트레이서리

◆　　◆　　◆

창의 바깥쪽 주변을 넝쿨식물이 타고 올라가도록 한다면 아주 쉽게 빛의 분산 효과를 얻을 수 있을 것이다 - **넝쿨식물**(246). 만약, 넝쿨식물을 심을 수 없다면 간단한 캔버스 어닝을 이용해서 아름답게 처리할 수 있을 것이다 - **캔버스 지붕**(244). 어닝에는 색깔을 넣을 수도 있을 것이다 - **따뜻한 색**(250). 빛이 강한 곳에서는 창유리를 작고, 섬세하며 정교하게 만들면 빛을 거르는 데 도움이 된다 - **작은 창유리**(239) ⋯

239. 작은 창유리**

SMALL PANES

···· 이 패턴은 실내창(194), 자연스런 문과 창(221), 활짝 열리는 창(236), 창이 있는 견고한 문(237)에 유리를 끼우는 것에 대해서 설명한다. 대부분의 경우, 유리를 끼우는 것은 두꺼운 틀(225)의 연속된 과정으로 간주될 수 있다.

◆　　◆　　◆

유리로 된 창을 만들 수 있다면, 사람들은 자연과 더욱 직접적으로 대할 수 있는 기회를 가질 수 있을 것이라고 생각했다. 사실은 그 반대이다.

전체가 유리로 된 창은 우리를 조망에서 멀어지게 한다. 창이 작을수록 그리고 유리가 작을수록, 창은 우리를 반대편에 있는 것들과 더욱 강하게 연결시켜준다.

이는 매우 중요한 역설이다. 투명한 유리로 만들어진 창문은 자연을 보다 가까이 할 수 있을 것처럼 보인다. 왜냐하면 투명한 유리에 의해서 개방감이 커지고, 바깥과 직접 면하는 것처럼 보이기 때문이다. 그렇지만, 사실 창너머의 조망이나 풍경은 창이 이들을 어떻게 담아내는가에 영향을 받는다. 창이 풍경을 보기 위한 눈이라고 한다면, 창은 풍경을 그리고 넓히며, 강렬함과 다양함을 부여하고 더 확장시켜 준다고 할 수 있다. 다시 말해서, 작게 나뉘어져 있는 창이나 작은 유리로 채워진 창은 반대편에 있는 것들에 친밀감을 부여한다. 따라서, 창에 더 많은 틀을 만들어 주는 것이고, 이 틀에 의해서 풍경이 만들어지는 것이다. 이 중요성을 반드시 인식해야 한다.

창에 관한 광범위한 연구를 한 마커스Thomas Markus는 작게 분할된 창에서 더욱 재미있는 풍경을 볼 수 있다는 결론을 내렸다. 마커스는 작고 좁은 창문은 방 안에서 보는 위치에 따라서 다른 풍경을 제공하지만, 크거나 수평으로 긴 창을 통해서는 같은 풍경만이 보이는 경향이 있다고 하였다.[Markus 1967-1]

우리는 이와 같은 혹은 거의 똑같은 현상이 창틀 자체에서도 발생한다고 생각한다. 아래의 그림은 6개의 창유리에 의해서 나뉘어진 단순한 풍경이다. 이 사진에서 풍경은 하나가 아닌 여섯 개이다. 풍경은 작은 창유리에 의해서 생기를 갖게 된다.

6개의 풍경

작은 창유리에 대한 논의는 이뿐만이 아니다. 근대 건축에서는 의도적으로 창을 창답지 않게 만들어, 내부의 인간과 외부의 공간 사이에 아무것도 존재하지 않는 것처럼 만들기 위해 노력하였다. 하지만, 이러한 노력은 창의 특성과는 완전히 모순된다. 창의 기능은 조망을 제공하고 외부 공간과의 관계를 제공하는 것이다. 창이 동시에 벽이나 지붕처럼 보호받는 느낌을 주거나 외부로부터의 쉼터 기능을 해서는 안된다는 것을 의미하지는 않는다. 사실, 건물 내부에 있을 경우, 자신과 외부 공간 사이에 아무것도 존재하지 않는다고 느끼는 것은 그리 유쾌하지 못하다. 외부와의 관계를 제공하면서 동시에 둘러싸여 있다는 느낌을 갖게 하는 것이 창의 본질이다.

멘도시노Mendocino의 작은 창유리

이뿐만이 아니다. 매우 큰 투명한 유리는 매우 위험하기까지 하다. 유리가 잘 보이지 않기 때문에, 사람들은 그대로 창을 향해서 걸어간다. 이에 비해서, 작은 창유리로 만들어진 창은 명확한 기능적인 메시지를 전달한다. 즉, 작은 창유리 틀은 사람과 외부 공간 사이에 무언가 있다는 것을 알려준다. 그리고, 걸러진 빛(238)을 만들어 내는 데 도움이 된다.

그러므로,

창을 작은 창유리로 분할한다. 창유리를 상당히 작게 만들 수도 있을 것이다. 그리고, 창유리 한 장의 크기는 1제곱피트약 0.09㎡가 넘지 않도록 한다. 창유리의 정확한 크기를 알기 위해서, 창의 폭과 높이를 창유리의 개수로 나눈다. 그렇게 하면, 각 창은 창의 높이와 폭에 따라서 다른 크기의 창유리를 이용해서 만들어질 것이다.

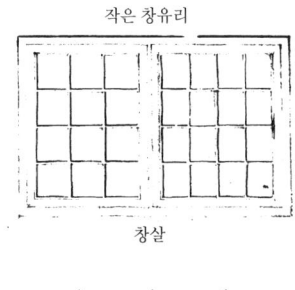

작은 창유리

창살

◆　　◆　　◆

　경우에 따라서 하늘에 좀더 노출되어 있는 창문의 위쪽 가장자리 빛을 거르기 위해서는, 그 부분에 더욱 작은 창유리를 끼울 수도 있을 것이다 - 걸러진 빛(238). 또한, 창살을 창의 테두리와 같은 재료로 만들 수도 있을 것이다 - 반 인치의 테두리(240) - …

240. 반 인치의 테두리**

HALF-INCH TRIM

···- 이 패턴에 의해서 부드러운 내벽(235), 겹침이음 외벽(234)과 다양한 바닥, 아치형 지붕, 구조체, 보강재, 붙박이 장식 등의 연결부가 완성된다 - 박스형 기둥(216), 테두리 보(217), 바닥·천정 볼트(219), 두꺼운 틀(225), 장식(249).

◆　　◆　　◆

전체주의적이며 기계적인 건물은 매우 정밀하기 때문에 테두리가 필요 없다. 하지만, 정밀함은 건축설계의 자율성을 말살시킬 정도의 무서운 비용으로 얻어진 것이다.

설계 과정이나 시공 중에 발생하는 작은 변경을 감추기 위한 테두리를 배제하고 자유로우면서 자연스러운 건물을 만든다는 것은 상상조차 할 수 없다.

예를 들면, 현장에서 절단한 석고보드를 기둥에 못으로 고정하는 경우, 반 인치^{약 1.25cm} 정도의 오차가 발생하는 것은 당연하다. 만약, 그 이상의 정밀도를 기해 작업을 한다면 재료의 상당한 낭비가 발생할 것이며 절단 시간과 수고 비용이 증가할 것이다. 결과적으로는 건물의 각 부분을 평면 계획과 현장 조건의 오차를 극복하여 시공할 수 있는 기회를 잃게 된다.

근대 건축 시스템이 개발된 것은 이 같은 어려움을 해결하기 위해서이다. 여기에서는 허용오차가 1/8인치^{약 0.3cm}나 그 이하 정도로 매우 작다. 때문에, 시공 오차를 숨기기 위한 테두리는 필요하지 않다. 그렇지만, 부재의 정확도는 계획 단계 전반에서의 강력한 통제를 통해서만 얻을 수 있다. 이러한 시공상의 통제는 자연스럽고 유기적이며 대지에 적합한 건물을 만들 수 있는 시공자의 능력을 파괴한다.

우리가 제시하는 바와 같이 시공 과정이 보다 유연하고 시공 오차를 조금 더 허용한다면, 즉 반 인치나 또는 그 이상의 오차가 허용된다면, 부재 사이의 접합부를 가리기 위한 테두리의 사용은 필수적이다. 사실, 시공에 대한 이러한 관점에 있어서 테두리는 마감재로서의 하찮은 장식이 아니라, 시공의 과정에 있어서 필수적인 요소이다. 따라서, 종종 오래된 건물을 연상시키며, 향수에 대한 상징으로 기억되는 테두리는 실제로 건물을 자연스럽도록 만드는 과정에 있어서 빼놓을 수 없는 요소인 것이다.

마지막으로 테두리의 실제 치수에 대해서 설명하려 한다. 지난 25년 동안 세워진 건물들은 대담함에 큰 의미를 부여하였기 때문에 작은 테두리 대신 지나치게 큰 테두리를 사용하는 경향이 있었다. 이러한 건축 철학적인 틀에서 생각한다면, 대담함과 무거운 느낌을 주기 위해서 2~3인치^{약 5~7.6cm} 정도의 테두리를 사용하는 것은 당연할 것이다. 하지만, 이는 올바르지 못한 생각이다. 이는 양식의 문제가 아니다. 너무 크거나 두꺼운 테두리는 제 기능을 발휘하지 못한다. 심리적인 이유로 건물 내의 모든 요소는 테두리가 필요하지만, 치수는 반 인치나 1인치를 절대 넘어서는 안된다고 확신한다.

아래의 두 테두리의 예를 비교해 보자. 어떤 이유에서인지, 오른쪽의 보다 섬세한 테두리가 왼쪽의 테두리보다는 우리의 감각에 더욱 가깝고 잘 들어

맞는다.

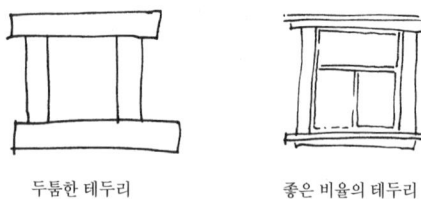

두툼한 테두리   좋은 비율의 테두리

그렇게 보이는 이유는 다음과 같다. 인간의 신체나 우리를 둘러싸고 있는 자연 환경은 상세부의 연속적인 위계를 가지고 있다. 즉, 분자의 미세한 구조에서 팔과 다리 같은 신체의 한 부분이나 줄기에서 가지에 이르기까지 위계를 가지고 있는 것이다.

인지심리학의 연구 성과에서 볼 때 인간이 이를 자연적인 위계로서 인지하기 위해서는, 위계는 1:5, 1:7 또는 1:10 이하가 되어야 한다. 이 위계가 1:20 또는 그 이상 커지면 인간은 이 위계를 인지할 수 없게 된다. 때문에, 비록 인간이 만든 것이기는 하지만, 우리 주변 환경에는 위와 같은 상세부의 유사한 연속성을 보일 필요가 있다.

대부분의 물질은 약 1/20인치약 0.1cm 정도 크기의 자연적인 섬유구조나 결정구조로 구성되어 있다. 그렇지만, 만약 건물의 가장 작은 상세부의 치수가 2~3인치라고 하면, 이 상세부와 물질의 미세구조에는 1:40 또는 1:60 정도로 급증하는 것이 된다.

건물의 세부적인 부분과 재료의 미세구조의 연결을 지각하기 위해서, 건물의 가장 작은 상세부의 크기는 반 인치 정도가 되어야 한다. 그렇게 한다면, 건물의 가장 작은 상세부의 크기는 재료의 입자구조나 섬유구조 크기의 10배 정도가 될 것이다.

그러므로,

두 재료가 만나는 접합부에는 테두리를 설치한다. 각 부재에 있어서 테두리 부재의 최소 폭은 항상 반 인치가 되도록 한다. 테두리로는 목재, 회반죽, 테라코타 등을 사용할 수 있다.

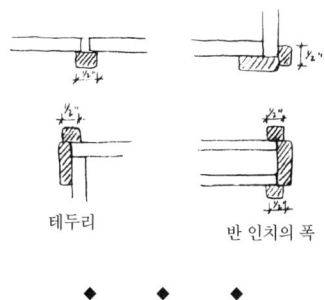

테두리   반 인치의 폭

◆   ◆   ◆

테두리는 대부분 장식으로 활용할 수 있다 - 장식(249). 그리고, 때때로 테
두리에 색을 입히면 방의 느낌을 조금이나마 따뜻하게 하는 데 도움이 된다
- **따뜻한 색**(250) -···

실내 공간만큼 실외 공간도 완성하기 위해
외부를 상세히 만들어 나간다.

241. 의자가 있는 장소**

SEAT SPOTS

·····건물의 주요 구조체가 완성되었다고 가정해보자. 공사를 완벽하게 마무리 짓기 위해서는, 건물 주위의 정원이나 테라스의 상세부를 만들어야 한다. 때로는 담장, 화단, 의자의 대략적인 위치가 이미 결정되어 있을 수도 있다. 하지만, 가장 이상적인 방법은 건물이 완성되고 나서 최종 결정을 하는 것이다. 그렇게 해야만 이들을 건물에 맞추어서 만들 수 있을 것이고, 건물을 주변 환경에 조화롭게 할 수 있을 것이다 - 보행로의 형태(121), 액티비티

포켓(124), 거리에 면하는 개인 테라스(140), 건물의 가장자리(160), 양지바른 장소(161), 옥외실(163), 지면과의 연결(168), 트렐리스 산책로(174), 정원의 의자(176) 등. 우선, 공용 및 개인용 옥외 의자에 대해서 알아보자.

◆　◆　◆

옥외 의자의 위치가 조망이나 기후에 무관하게 정해진다면, 옥외 의자는 거의 사용되지 않을 것이다.

우리는 캘리포니아주 버클리시에서 임의의 지점을 선택하고 그곳에 있는 벤치에 대해서 조사하였다. 벤치를 누가 이용하고 있는가, 주위의 활동을 볼 수 있는가, 양지바른 곳에 있는가, 현재의 풍속은 얼마나 되는가 등의 항목을 조사한 결과, 11개의 벤치 중에서 3개는 누군가가 이용하고 있었고 8개는 비어 있었다.

관찰 당시 이용되고 있었던 3개의 벤치는 주변의 활동을 볼 수 있었고, 양지바른 곳에 있었으며 풍속은 초당 1.5피트 이하였다. 비어 있었던 8개의 벤치는 관찰 시점에서 위의 세 가지 특징을 모두 갖추고 있지 못했다. 8개 중 3개의 벤치는 둘러싸여 있고 주변의 활동을 볼 수는 있었지만, 양지바른 장소에 위치하지 않았다. 다른 3개의 벤치는 주변의 활동을 볼 수는 있었지만 햇볕이 들지 않았고, 풍속이 초당 3피트 이상이었다. 나머지 2개의 벤치는 햇볕이 잘 들고 주변이 둘러싸여 있었지만 주위의 활동을 볼 수는 없었다.

다음으로 오후 3시에 유니온 광장Union Square에 앉아 있는 노인의 수를 맑은 날과 흐린 날로 구분하여 비교 관찰하였다. 맑은 날과 흐린 날의 온도는 같았으나, 맑은 날에는 65명이 흐린 날에는 21명이 앉아 있었다.

물론, 이는 매우 당연하다. 하지만 중요한 것은 자신의 프로젝트에서 옥외 의자, 앉을 수 있는 벽, 계단 의자, 정원 의자를 놓는 장소를 정할 때는, 다음과 같은 특징을 지닌 장소를 찾아야 한다는 것이다.

1. 보행자의 활동에 직접 면한 벤치
2. 겨울철에 햇볕을 받기 위해 남향을 향한 벤치
3. 겨울에 바람이 부는 방향으로 세워진 담

4. 고온 기후, 여름철 한낮의 햇볕을 막을 수 있는 덮개와 여름철 바람이 부는 방향으로 개방되어 있는 곳의 벤치

뉴잉글랜드의 벤치

그러므로,

옥외 의자가 위치할 장소를 결정하는 것은 멋진 의자를 만드는 것보다 더욱 중요하다. 의자를 놓은 장소가 올바르다면, 가장 단순한 형태의 의자로도 완벽하다.

선선한 기후에서는 햇볕을 잘 받을 수 있고, 바람을 막아 줄 수 있도록 한다. 고온 기후에서는 산들바람이 부는 그늘에 의자를 배치한다. 두 경우 모두 주변의 활동을 바라 볼 수 있는 장소에 의자를 배치한다.

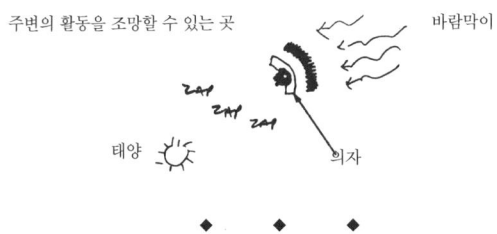

의자를 계단, 건물의 출입구, 낮은 벽, 난간 등과 연결시켜 만든다면 더욱 훌륭할 것이다 - 계단 의자(125), 현관 앞 벤치(242), 앉을 수 있는 벽(243) ----

242. 현관 앞 벤치*

FRONT DOOR BENCH

···· 보다 큰 몇몇 패턴 내에서 기능하는 의자가 있는 장소(241)는 건물 주변
에서 한가하게 있고 싶다는 분위기를 만들어 낸다 - 아케이드(119), 건물의
가장자리(160), 양지바른 장소(161), 지면과의 연결(168). 그리고 이는 현관
근처에서 가장 눈에 띄며 중요하다 - 현관실(130). 이 패턴은 현관실과 현관
주변의 건물 모서리 형성에 도움이 되는 벤치, 즉 특별한 의자가 있는 장소
(241)를 정의한다. 이 패턴은 어떤 경우에도 중요하지만 무엇보다도 노인의
별채(155) 출입구 계획에 있어서 가장 중요하다.

◆　◆　◆

사람들은 거리 바라보기를 좋아한다.

　하지만, 사람들이 거리와 깊게 관여되기를 항상 원하는 것은 아니다. 집 밖에서 시간을 보낼 때 필요한 것은 거리와 어느 정도 관여되어 있는가라는 연속성이다. 그리고, 이 연속성은 가장 사적인 것에서부터 가장 공적인 것에까지 이른다. 거리를 바라보고 있는 소녀는 자신을 바라보고 있는 다른 사람의 눈길을 피하고 싶을 것이다. 또 다른 예로서, 어떤 사람들은 길을 지나는 사람과 이야기할 수 있는 정도의 거리에서 거리를 바라보고 싶어한다. 하지만 동시에 자신만의 영역으로 바로 피할 수 있도록 보호받기를 원한다.

페루의 문 앞 벤치

　거리와의 가장 공적인 관여는 집 밖에 앉아 있는 것이다. 많은 사람들, 특히 노인들은 의자를 가지고 나가 앉아 있거나 집 앞에서 기대고 서서 무언가를 하거나 단지 거리의 생활을 바라보는 즐거움을 갖는다. 그렇지만, 이러한 활동이 공적이 되기에는 다소의 저항감이 있기 때문에, 공적인 세계 속에 있지만 완벽히 사적인 벤치나 의자가 필요하다. 가장 이상적인 경우는, 자신의 세계 즉, 사유지의 가장자리에 벤치가 위치하는 경우이다. 더욱이, 개인의 공간이 법적으로 공공에 속해 있는 토지와 중첩되도록 배치하는 경우도 있다.

　그러므로,

주택의 거주자들이 한동안 편히 앉아 있을 수 있고, 세상 돌아가는 것을 볼

수 있는 현관문 앞쪽에 특별한 벤치를 마련한다. 집 앞에 반 사적인 영역을
형성할 수 있도록 벤치를 배치한다. 낮은 벽, 식물, 나무는 이와 같은 영역을
형성하는 데에 도움이 된다.

정문

벤치에 의해서 형성된 사적의 영역

벤치

◆　　　◆　　　◆

　벤치는 출입구가 잘 보이도록 하는데 도움이 될 것이다 - 주 출입구(110).
벤치는 벽의 한 부분이 될 수 있다 - 앉을 수 있는 벽(243). 옆의 양지바른 곳
에 화단이 있으면 좋다 - 올려진 화단(245). 의자가 있는 장소(241)에서 제
시한 규칙에 따라 신중하게 벤치를 배치한다 ⋯⋯

243. 앉을 수 있는 벽**

SITTING WALL

·---만약, 모든 일이 제대로 진행되었다면, 옥외 공간은 대체로 포지티브 공간이 되었을 것이다 - 포지티브 외부 공간(106). 이제 어느 정도는 정원과 거리, 테라스와 정원, 옥외실과 테라스, 놀이 공간과 정원 사이에 경계가 분명해졌을 것이다 - 녹지 가로(51), 보행로(100), 반쯤 가려진 정원(111), 오픈 스페이스의 위계(114), 보행로의 형태(121), 액티비티 포켓(124), 거리에 면하는 개인 테라스(140), 옥외실(163), 거리로의 개방(165), 외랑(166), 야생 정원(172). 이 패턴을 이용하여 앉기에 적당하고 경계를 형성하기에 충분한 높이의 벽을 만든다면, 위에서 제시한 자연스러운 경계들이 특성을 지니도

록 도울 수 있다.

만약, 의자를 두어야 할 적당한 장소를 정했으면 - 의자가 있는 장소(241), 현관 앞 벤치(242), 포지티브한 특성이 약한 옥외 공간을 둘러싸는 데 도움이 되는 벽을 설치하고, 이 벽을 의자로 이용함으로써 일석이조의 효과를 얻을 수 있다.

◆　　◆　　◆

옥외 공간 사이의 벽이나 담장이 높은 경우가 너무나 많다. 벽이나 담장이 높은 경우, 경계는 공간의 미묘한 분할에 기여할 수 없게 된다.

조용한 거리에 접해 있는 정원을 생각해 보자. 두 공간 사이의 가장자리를 따라서, 최소한 무언가의 이음매가 필요하다. 이 이음매는 두 공간을 연결시켜 주지만, 두 공간이 다른 공간이라는 사실을 지각할 수 있도록 해야 한다. 높은 벽이나 울타리가 있다면 사람들은 거리와 연결점을 가질 수 없다. 또한, 거리에 있는 사람도 정원과의 연결점을 찾을 수 없다. 그렇지만, 이 사이에 어떠한 장벽도 없다면, 두 공간 사이의 분리를 유지하기란 매우 어렵다. 길을 잃은 개들이 마음대로 들락거리게 되며 거리에 앉아 있는 것과 같은 상황이 되기 때문에, 정원에 앉아 있는 것조차 불편함을 느끼게 될 것이다.

이 문제는 오직 공간을 나누어 주는 장벽과 같은 기능을 함과 동시에 두 공간을 이어주는 이음매 같은 기능을 하는 장애물을 설치함으로써 해결할 수 있다.

앉을 수 있을 정도 높이의 낮은 벽 또는 난간이라면 완벽하다. 이들은 공간을 구분하는 장애물이다. 그렇지만, 낮은 벽이나 난간은 거기에 앉고 싶은 기분이 들게 함과 동시에(처음에는 두 다리를 모아서 앉고, 다음으로 다리를 위에 올리게 되고, 한 바퀴 돌아서 반대 방향을 보고 앉고, 그러고는 말 타듯이 다리를 벌리고 앉게 된다), 이음매로서의 역할도 수행한다. 또한 두 장소를 적극적으로 연결시켜준다.

예: 한쪽에는 아이들이 놀 수 있는 모래가 있는 놀이터가 있고 다른 한쪽에는 통로가 있는 낮은 벽. 정원 앞에 위치해서 전면의 공공가로와 주택을 이어주는 낮은 벽. 옆에는 화단이 있어서 사람들이 앉아 꽃을 보며 점심을

먹을 수 있는 낮은 옹벽.

러스킨Ruskin은 자신이 경험한 앉을 수 있는 벽에 대해서 다음과 같이 기술하였다.

지난 여름, 나는 시골에 있는 한 오두막집에서 며칠 동안 머물렀다. 내가 머물렀던 방의 낮은 창 바로 앞에는 데이지 꽃이 피어 있는 화단이 있었고, 다음으로는 구스베리와 까치밥나무가, 그 뒤로는 지면에서부터 3피트약 90cm 정도의 스톤크레스 풀로 덮인 낮은 벽이 있었다. 바깥쪽에는 햇빛에 반짝이는 푸른 이삭으로 덮인 옥수수밭이 펼쳐졌고, 밭을 가로지르는 통로가 정원 문 앞을 지나고 있었다. 내 방의 창문에서 그 길을 통과하는 마을의 농부들을 볼 수 있었다. 농부들은 장터에 가기 위해서 바구니를 들고 있거나, 어깨에 삽을 메고 밭으로 향하고 있었다. 누군가 만나고 싶은 생각이 들면 벽에 기대어 누군가와 이야기 할 수 있었고, 무언가 알고 싶은 생각이 들면 벽 위의 식물을 채집할 수 있었다. 낮은 벽에는 모두 네 종류의 스톤크레스 풀이 자라고 있었다. 그리고, 운동을 하고 싶으면 담을 앞뒤로 뛰어넘을 수 있었다. 이 벽은 기독교 사회에서 존재할 수 있는 벽이다. 즉, 짐승처럼 담을 뛰어 넘어야 하는 것도 아니고, 한밤중에 누군가 칼에 찔려서 그 위에 있는 모습을 상상하며 아침에 창 밖을 내다봐야 하는 그런 벽도 아니다.

그러므로,

모든 옥외 공간을 둘러싼다. 이때 낮은 벽을 이용하여 분명하지 않은 경계를 만든다. 옥외 공간을 둘러싸는 낮은 벽은 높이 약 16인치약 41cm, 그리고 폭은 앉기에 충분하도록 12인치약 30cm 정도로 한다.

넓은 상부   앉는 높이

불분명한 경계

◆   ◆   ◆

앉기 좋은 장소에 낮은 벽을 설치하면, 여분의 벤치를 설치해야 할 필요가 없다 - 의자가 있는 장소(241). 낮은 벽은 가능하면 벽돌이나 타일로 만든다 - 부드러운 타일과 벽돌(248). 만약, 낮은 벽으로 나뉘는 부분의 양쪽 지면의 높이가 다르면, 벽에 구멍을 내서 난간처럼 만든다 - 장식(249). 햇볕이 잘 들고 충분한 크기로 만들 수 있다면, 벽에 또는 그 옆에 식물이 자랄 수 있도록 한다 - 올려진 화단(245) -⋯

244. 캔버스 지붕*

CANVAS ROOFS

···· 모든 건물의 주변에는 옥상 정원(118), 아케이드(119), 거리에 면하
는 개인 테라스(140), 옥외실(163), 외랑(166), 트렐리스 산책로(174), 창가
(180), 소규모 주차장(103) 등이 있다. 이 모든 것들은 캔버스 지붕이나 채
양과 함께 더욱 미묘하고 아름다운 공간이 된다. 그리고, 채양은 걸러진 빛
(238)을 만드는 데 도움이 된다.

◆　◆　◆

천막이나 캔버스 채양에는 매우 특별한 아름다움이 있다. 캔버스는 부드럽고 유연하며, 바람과 빛 그리고 태양과 조화를 이룬다. 캔버스가 달려 있는 건물에서는 단단하며 평범한 재료로 만든 건물에서 보다 모든 자연의 요소들을 가깝게 느낄 수 있다.

건물에서 벽이나 지붕의 재료는 일반적으로 단단하다. 따라서, 단단하지 않은 벽이나 지붕 재료는 제대로 기능하지 못할 것이라고 생각하는 사람들이 많다. 그렇지만, 직물이나 캔버스는 정확하게 중간적인 역할을 한다. 반투명하고 바람이 어느 정도 통하며, 저렴하고 말아 올리고 펴는 것이 용이하다.

이와 같은 특징이 필요한 경우는 다음과 같다.

1. 차양 - 접을 수 있고 매우 밝고 강한 햇빛을 걸러주는 창문 위의 가리개

2. 커튼 - 옥외실의 반쯤 열 수 있는 개폐식 벽, 발코니, 외랑 등에 사용. 주로 주간에 이용되는 장소이며 바람을 막으면 좋은 장소에 사용.

3. 천막 - 옥외실의 지붕처럼 이슬비를 막을 수 있다. 옥외실·트렐리스 또는 정원에 천막을 설치하면, 봄이나 가을 그리고 야간에 사람이 쾌적하게 있을 수 있는 장소가 된다.

다음은 타리아센 웨스트Taliesin West에서 사용한 캔버스 지붕의 초기 구조에 대해서 프랭크 로이드 라이트가 기술한 내용이다.

타리아센협회는 아리조나 거대한 암석지대에 위치한 사막캠프이다. 현재 나는 아이들과 함께 겨울 동안 작업하고 생활할 수 있는 장소를 만들고 있다. 여러 동으로 이루어진 건물에는 삼나무로 만든 구조체에 의해 지지되는 캔버스 지붕이 있다. 이 구조체는 목재 상자 속에 평평한 돌을 채우고 잡석과 콘크리트를 부어서 만든 육중한 석벽 위에 고정되었다. 대부분의 캔버스 지붕은 자유롭게 펼치고 접을 수 있다. 머리 위의 캔버스는 반투명하기 때문에, 그 아래에서 생활하거나 일을 해본다면 캔버스가 매우 아름답다고 생각하게 될 것이다. 일본 주택에서 사용되는 종이를 붙인 미닫이문인 '쇼지' 이외에는 이 같은 아름다움을 느껴본 적이 없다.[West 1955]

다른 예: 이탈리아에서 캔버스 차양은 남쪽과 서쪽 창문 위에 상당히 일반적으로 이용된다. 캔버스는 보통 밝고 아름다운 오랜지 색이며, 이는 거리에 신선함을 주고 실내에는 따뜻한 느낌을 준다.

마지막 예로서, 우리는 리마의 주택 프로젝트에서 이 패턴을 이용하였다. 우리는 중정에 이동식 캔버스 지붕을 설치하였다. 더운 날에는 캔버스를 말아서 시원한 바람이 집 안으로 들어오게 하였다. 또한, 선선한 날에는 캔버스 지붕을 펼쳐서 집안을 밀폐하였고, 때문에 중정은 상당히 유용한 공간이 되었다. 리마는 1년 중 약 8개월 동안 겨울 이슬 때문에 중정의 바닥이 매우 습하고 차갑다. 하지만, 캔버스 지붕에 의해서 중정은 건조하고 따뜻한 상태가 유지되었고, 따라서 활용도도 증가하였다. 또한, 캔버스 지붕에 의해 유리창을 설치할 필요가 거의 없어졌다. 즉, 중정에 달려 있는 창은 공간의 채광을 위한 것이며, 시선을 차단하기 위해서 커튼이 달려 있었다. 그렇지만, 차갑고 습한 환경이 캔버스 지붕에 의해 해결되었기 때문에, 유리창이나 가동식 장치를 설치할 필요성이 없어진 것이다.

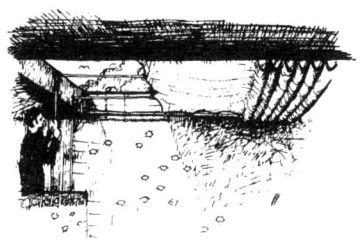

페루 주택의 중정에 있는 캔버스 지붕

그러므로,

여름철에는 부드러운 빛이 필요하거나 어느 정도 햇빛을 가려야 하는 장소, 가을이나 겨울에는 안개나 이슬을 막아야 하는 장소에는 캔버스 지붕, 벽, 채양을 설치한다. 로프나 와이어를 이용하여 캔버스 지붕 등을 쉽게 펼치고 접을 수 있도록 한다.

부드러운 빛

캔버스 지붕

◆　◆　◆

특히, 서쪽이나 남쪽 창으로 들어오는 빛을 거를 수 있도록 그리고 하늘을 향하고 있기에 눈부심이 있는 창에는 캔버스 채양을 사용한다 - 걸러진 빛 (238). 색이 있는 캔버스는 생활에 특별함을 더 할 것이다 - 장식(249), 따뜻한 색(250) --…

245. 올려진 화단*

RAISED FLOWERS

···· 외부 공간에는 앉기 좋은 높이의 다양한 낮은 벽이 존재한다 - 앉을 수
있는 벽(243). 만약, 정원이 자연스럽게 경사져 있다면, 계단식 정원 - 계단
식 경사면(169), 보행로와 계단, 굴곡이 있는 건물의 가장자리가 있다 - 보
행로와 목적지(120), 계단 의자(125), 건물의 가장자리(160), 정원의 담장
(173). 이 장소들은 꽃을 놓기에 최적의 장소이며, 꽃은 이들을 아름답게 만
든다.

◆　　◆　　◆

보행로, 건물, 옥외 공간의 가장자리에 피어 있는 꽃은 아름답다. 그렇지만, 이러한 장소에 피어있는 꽃은 교통이나 통행으로부터 보호해야 한다. 보호가 없다면 꽃은 금새 시들어버릴 것이다.

야생화가 자라나고 있는 장소를 관찰해 보자. 일반적으로 야생화가 무성하게 피어 있는 장소는 잘 보호받을 수 있는 장소이며, 교통이나 통행으로부터 떨어져 있는 장소이다. 즉, 풀로 뒤덮인 제방, 들판의 가장자리, 담장의 뒤편 등이다. 화단 같은 장소에 꽃을 키우는 것은 자연스럽지 못하다. 꽃에게 아늑한 장소가 필요하다.

무엇이 필요한가?

1. 태양 - 꽃에게는 충분한 햇빛이 필요하다.

2. 사람들이 꽃 향기를 맡고, 만져 볼 수 있는 장소.

3. 배회하는 동물들로부터 보호받을 수 있는 장소.

4. 사람들이 집안에서 또는 일상적으로 통행하는 보행로에서 꽃을 볼 수 있는 장소.

일반적인 화단은 너무 깊거나 노출되어 있다. 또한, 너무 낮기 때문에 사람들이 꽃을 만져 볼 수가 없다. 꽃을 보호하기 위해서 만들어진 콘크리트 플랜트박스는 매우 극단적인 예이다. 콘크리트 플랜트박스에 의해서 꽃은 너무나도 보호받기 때문에, 사람들이 가까이에서 꽃을 접할 수가 없다. 이는 무의미하다. 꽃은 사람들이 만지고 향기를 맡을 수 있도록 가까운 곳에 있어야 한다.

그러므로, 낮은 화단이나 사람들이 걸어다니는 지면에 육중한 콘크리트 상자를 만들어서 꽃을 심는 대신에 앉을 수 있는 높이의 벽으로 둘러싼 화단을 보행로의 옆이나 출입구 근처에 설치한다. 꽃은 단순한 장식물이 아니기 때문에 사람들이 진정으로 즐길 수 있는 장소에 두어야 한다. 즉, 사람들이 즐겨 찾는 창가의 바깥쪽이나 통행로를 따라서 또는 출입구 근처나 출입구에 이르는 길을 따라서 의자 옆에 꽃을 두면 좋을 것이다.

올려진 화단

그러므로,

　꽃을 이용해서 건물의 가장자리, 통행로, 외부 공간을 부드럽게 한다. 화단을 높여서 사람들이 꽃을 만져 보고, 향기를 맡기 위해서 몸을 구부리고, 그 옆에 앉을 수 있도록 한다. 그리고, 화단의 가장자리는 견고하게 만들어서 사람들이 꽃 사이에 앉을 수 있도록 한다.

올려진 꽃　　　　　　　　　　　　　　1~3피트약 30~90cm

◆　　◆　　◆

246. 넝쿨식물

CLIMBING FLOWER

···- 앞에서 설명한 두 패턴은 건물 주변의 넝쿨식물에 의해서 도움을 받는
다 - 트렐리스 산책로(174), 걸러진 빛(238).

◆　　◆　　◆

식물이 지면에서 자유롭게 자라나는 것처럼 건물의 일부가 되어 자랄 때, 건물은 비로소 주변 환경과 하나가 된다.

벽면에 아무것도 없는 건물보다 장미, 넝쿨식물, 허니서클이 자라나고 있는 건물이 인간에게 더욱 의미가 있다는 것은 의심할 여지가 없다. 이것만으로도 건물의 외부 공간에 야생의 클레머티스를 심고, 고층부에서도 식물들이 자랄 수 있도록 고정식 화분을 설치하며, 식물들이 자라서 타고 올라갈 수 있도록 틀이나 트렐리스를 만들어야 하는 충분한 이유가 있는 것이다.

다음의 네 가지 방법으로 앞서 설명한 개념이 기능을 발휘할 수 있도록 할 수 있다.

1. 넝쿨식물은 인공과 자연 사이의 부드러운 전이 효과를 제공한다. 즉, 가장자리를 희미하게 해주는 것이다. 이는 이 책의 다른 패턴들과도 일관성을 지닌다.

2. 빛의 질. 식물이 건물의 개구부 근처에서 자라는 경우, 식물에 의해서 실내에는 특별하고 걸러진 빛이 들어가게 된다. 이 빛은 부드럽고 눈부심이 적으며, 대비가 강한 그림자를 없애준다 - 걸러진 빛(238).

3. 촉감. 넝쿨식물이나 담쟁이식물에 의해서 벽은 친숙한 느낌과 섬세한 질감을 가지게 된다. 건축 자재를 사용해서 이런 느낌을 만들어 낼 수도 있다. 그렇지만, 넝쿨식물이 담을 타고 자라 올라가거나 아케이드의 차양을 감싸고 있는 모습은 넝쿨식물만의 아름다움이다. 이러한 아름다움에 매료되기에 사람들은 넝쿨식물을 만져보고, 향기를 맡고 꽃잎을 따려 하는 것이다. 아마도 가장 중요한 것은 넝쿨식물의 모습이 항상 변한다는 것이다. 바람이나 햇빛에 따라 모습이 조금씩 바뀌고 계절에 따라서는 크게 변한다.

4. 식물을 잘 관리함. 식물들이 잘 손질되어 있고 건강한 화초와 꽃이 창문 주변과 위층의 화분에서 잘 자라고 있다면, 거리는 보다 쾌적한 곳이 된다. 그러면 건물 내부에서 느끼는 편안한 인간 관계를 거리에서도 느낄 수 있게 되며, 심지어 집에 있는 것과 같은 편안함마저 느끼게 되는 것이다. 이것은 실내에 있는 사람이 거리에 있는 사람에게 보내는 선물과도 같은 것이다.

거리의 넝쿨식물

그러므로,

　햇볕이 잘 드는 벽면에는 건물의 개구부인 창문, 문, 포치, 아케이드, 트렐리스의 둘레를 따라서 넝쿨식물이 기어 올라가도록 한다.

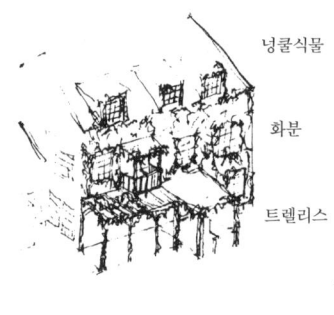

넝쿨식물

화분

트렐리스

◆　　◆　　◆

247. 틈이 있는 포장석**

PAVING WITH CRACKS BETWEEN THE STONES

···· 많은 패턴들은 보행로나 테라스 그리고 건물 주변의 옥외 공간이 지면과 연결되어 있다는 느낌을 갖도록 해주는 장소를 필요로 한다 - 녹지 가로(51), 보행로의 형태(121), 거리에 면하는 개인 테라스(140), 옥외실(163), 지면과의 연결(168), 계단식 경사면(169). 이번 패턴에서는 위와 같이 큰 패턴들이 활기를 가질 수 있는 지면에 대해서 설명한다.

◆ ● ◆

아스팔트나 콘크리트 표면은 씻어내기 쉽다. 그렇지만, 이 같은 표면은 사람, 보행로 그리고 빗물이나 식물에게 아무런 도움도 되지 못한다.

벽돌이나 포장용 석재가 충분한 틈을 유지하면서 지면에 깔려 있는 단순한 보행로를 생각해 보자. 걷기도 좋고 식물에게도 좋으며, 시간을 보내기도 좋고 빗물의 흐름에도 좋다. 또한, 돌 위를 걷고 있으면 발 밑 바로의 지면을 느낄 수 있다.

흙이 제자리를 잡으면서 돌은 흙과 함께 움직이고, 점차적으로 불균등한 특성이 다채롭게 나타나기 때문에 석재 사이에는 틈이 생기지 않는다. 즉, 보행로의 모든 역사와 연륜은 시간이 지남에 따라서 표면의 불균일성을 통해서 남겨지는 것이다. 또한, 식물과 이끼 그리고 작은 꽃들은 틈 사이로 자라게 된다. 이 틈새는 벌레, 곤충, 딱정벌레 그리고 수많은 식물의 생태계를 보호해 주기도 한다. 그리고, 비가 오면 빗물은 직접 지면으로 스며든다. 지표수의 집중을 방지하고 침식의 위험도 없으며, 보행로 주변에 있는 지면의 수분을 유지시켜준다.

이러한 것들이 모두 포장석을 깔 때 간격을 두게 하는 이유이다. 평평하고 매끄러우며 딱딱한 콘크리트와 아스팔트를 사용할 필요가 없는 것이다. 틈이 생기도록 포장석을 깔았을 경우 얻을 수 있는 이 소소한 이점들을 알지 못하는 사람들만이 콘크리트나 아스팔트를 사용하는 것이다.

그러므로,

보행로나 테라스는 포장석 사이에 잔디, 이끼, 작은 풀들이 자랄 수 있도록, 1인치 정도의 틈을 두어 깔도록 한다. 포장석은 모르타르 위가 아니라 지면 위에 직접 놓는다. 물론, 포장석 사이에도 모르타르나 시멘트를 주입하지 않는다.

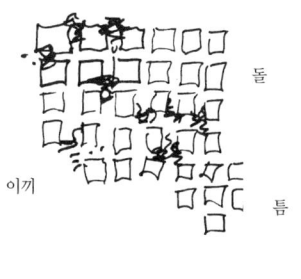

돌

이끼

틈

◆　　◆　　◆

　보행로와 테라스의 포장석은 시간의 흐름에 따른 변화를 보여줄 수 있
고 자신의 발 밑의 지면을 느낄 수 있도록 틈을 두어 깐다 - **지면과의 연결**
(168). 포장석으로는 부드럽고 단순한 소성타일이 가장 적합하다 - **부드러
운 타일과 벽돌**(248) - ⋯

248. 부드러운 타일과 벽돌

SOFT TILE AND BRICK

···· 몇몇 패턴에서는 타일과 벽돌을 사용해야 한다 - 지면과의 연결(168), 좋은 재료(207), 바닥면(233), 앉을 수 있는 벽(243), 틈이 있는 포장석(247).

◆　◆　◆

콘크리트나 아스팔트, 바닥 포장용 벽돌, 테라조와 같이 인공적으로 만들어진 혼합물의 단단하고 기계적이며 매끈한 표면 위를 걸으면서, 인간은 대지, 시간, 주위 환경과의 관계를 느낄 수 있는가?

무엇보다도 우리가 걷고 있는 지상은 최소한 시간의 흐름을 보여 줄 수 있을 정도로 부드러워야 한다. 이는 건물의 주위나 통로나 부엌같이 바닥이 견고해야 하는 실내 공간이라 할지라도 마찬가지이다. 따라서, 요철이나 울퉁불퉁한 바닥은 그 위를 지나다닌 발자국의 흔적을 보여줌과 동시에, 건물도 인간과 같다는 것을 보여주어야 한다. 즉, 바닥은 불변의 이질적인 것이 아니라 시간과 함께 변해가며 사람들의 발자취를 기억하고 있는 것이다.

건조시키거나 낮은 온도에서 소성시킨 매우 부드러운 벽돌이나 타일보다 시간의 흐름을 잘 보여주는 재료는 없다. 이러한 재료는 가장 저렴한 재료들 중 하나이다. 또한, 일반 점토를 이용해서 만들기 때문에 자연적으로 분해된다. 그리고, 사람들이 그 위를 걸어다니므로 시간이 흐를수록 그에 따른 마모가 아름답게 나타난다.

더욱이, **지면과의 연결**(168) 패턴에서 필요한 건물 주변의 포장 부분은 매우 특별한 역할을 한다. 이 장소는 인공적인 재료로 만들어진 건물과 완전히 자연적이라고 할 수 있는 대지와의 중간 영역이다. 이 연결을 느낄 수 있도록 하기 위해서, 건물과 대지 사이에 사용되는 재료의 성격도 중간적이어야 한다. 다시 한 번 말하자면 부드럽고 가볍게 가다듬은 타일이 가장 적합한 재료이다.

우리는 건물을 만드는 사람이 지상층과 외부 공간의 표면을 포장하기 위해서 필요한 벽돌과 타일을 직접 만들어야 하고, 이 벽돌과 타일은 그 지방에서 직접 구할 수 있는 진흙을 저온으로 구워 만들어야 한다고 생각한다.

벽돌과 타일을 직접 만드는 것은 전혀 어렵지 않다. 지금부터 타일의 제작 방법과 가장 초보적인 가마를 만드는 법에 대해서 설명하겠다.

우선, 점토에서부터 시작한다. 초기 단계에서 자신만의 점토를 만드는 것이 좋다.

점토는 장석이 분해된 것이며 어느 곳에서나 쉽게 구할 수 있다. 운이 좋으면 자신의 뒤뜰에서도 구할 수 있을 것이다.

점토를 구별하기 위해서 점토를 조금 집어서 물을 섞는다. 탄력이 있고 끈적끈적해서 작은 덩어리를 만들 수 있다면 그것이 점토이다.

점토를 만드는 방법은 다음과 같다.

1. 나무의 잔가지, 나뭇잎, 뿌리, 돌 같은 불순물을 제거한다.

2. 덩어리로 만들어서 햇빛에 건조시킨다.

3. 덩어리를 부수어서 되도록이면 고운 가루로 만든다.

4. 곱게 갈려진 점토가루를 물에 부어 넣는데, 점토가루더미의 상부가 물 위에 올라올 정도로 한다.

5. 이대로 하룻동안 물에 담가 놓는다. 그리고, 잘 저은 후에 체를 이용하여 걸러낸다.

6. 다시 하룻동안 두었다가 남은 물을 제거한다.

7. 다음으로 점토를 석고로 만든 용기에 부어 넣는다. 석고가 수분을 흡수해서 작업하기 좋은 점토가 된다.

8. 시험을 위해서 소량의 점토를 이용해서 모양을 만들어 본다. 균열이 생긴다면 수분이 부족한 것이기 때문에, 벤토나이트를 7% 이하로 섞는다. 만약, 점토의 가소성이 너무 좋다면 '그로그grog'를 넣도록 한다.

점토에 플린트flint•나 그로그를 섞으면 수축현상이 경감된다. 그로그는 점토를 초벌구이해서 분쇄한 것이다. 어떤 사람들은 초벌구이를 한 점토 중에 깨진 조각들을 이용하여 자신만의 그로그를 만들기도 하지만, 많은 업체들이 여러 종류의 그로그를 저렴한 가격에 공급하고 있다. 점토에 넣은 그로그의 입자가 거칠수록, 점토를 구웠을 때의 표면도 거칠어진다.

그로그를 넣으면 점토는 다공질이 되므로, 물을 머금고 있어야 하는 제품을 만드는데 그로그를 사용하는 것은 적합하지 않다. 하지만, 그로그는 뒤틀림을 방지해 주기 때문에, 타일이나 조각품을 만드는 데 매우 유용하다. 그로그의 혼합율은 20% 정도가

좋다.[Turoff 1949]

점토 제작이 끝나면 다음으로는 타일을 제작한다.

여기에서 설명하는 타일 제작법에서는 원하는 치수의 타일을 만들기 위해서 목재틀을
이용한다. 우선, 매끄러운 나무판의 네 면을 가느다란 목재 조각으로 두르고 못을 박아서
틀을 만든다. 가느다란 목재 조각의 두께는 1인치^{약 2.5cm}로 하고, 높이는 자신이 원하는
타일 두께에 맞추어서 3/8~1/4인치^{약 1~2cm} 사이가 되게 한다. 밑판의 네 면에 가느다란
목재 조각을 두르고 못을 박기 전에 유포^{oilcloth}를 깔아 두는 것이 좋은데 이는 밑판의 뒤
틀림을 막아준다.

점토를 밀어서 평평하게 편다. 그리고, 알맞게 점토를 잘라서 틀에 넣고 밀방망이로 누
른다. 이때 점토 표면 전체를 누르지 말고, 중심부에서부터 시작해서 네 모서리를 향해서
눌러 나간다. 가소성이 없어질 정도까지 점토를 말린 후, 네 모서리에 칼을 넣어 돌리면서
틀에서 떼어 낸다.

점토 타일은 매우 천천히 건조시켜야 하기 때문에 선선한 장소에서 말리도록 한다. 만
약, 열을 가해서 단시간에 말리게 되면 점토 타일에 균열이 생기거나 뒤틀릴 것이다. 모
서리 부분은 중심부보다 빨리 건조되므로, 이를 방지하기 위해서 때때로 물을 뿌리도록
한다.[Leeming]

부드러운 타일과 벽돌을 굽기 위해서 실제 가마를 만들 필요는 없다. 옛
도공들이 사용하던 노천로^{open-pit}와 같은 방법으로도 타일을 구울 수 있다.
로데스^{Daniel Rhodes}는 노천로 방식의 소성법[•]에 대해서 다음과 같이 기술하였
다.[Rhodes]

깊이 14~20피트^{약 4.2~6m} 정도 그리고 몇 제곱피트 정도의 얕은 구덩이를 파도록 한다.
다음으로, 구덩이(바닥과 옆 부분)에 나뭇가지, 갈대, 잔가지 등을 깐다. 구워야 할 타일이
나 벽돌 사이에는 통풍이 가능할 정도의 작은 틈만이 있도록 차곡차곡 쌓아 넣는다(십자
형으로 쌓아도 좋다). 구덩이 안에 못쓰는 타일을 넣어두면 내부 열을 보존하는 데 도움이
된다. 그리고, 한 구석에 통풍구를 만들어 두면 연소에 도움이 된다. 쌓아 올린 타일이나
벽돌 사이와 위에 연료를 뿌리고, 불을 붙여서 서서히 타도록 한다. 초기에는 연소에 필요
한 공기가 부족해 쉽게 타지 않기 때문이다. 구덩이의 윗부분까지 불이 오르면 연료를 더

붓는다. 구덩이 전체와 내부의 타일과 벽돌에서 불의 색깔이 붉은 빛을 띠게 되면 불이 꺼지도록 놔둔다. 이때에는, 열기를 유지하기 위해서 젖은 나뭇잎, 분뇨, 재 등으로 상부를 덮는다. 마지막으로 불이 꺼지고 숯이 식으면 타일을 꺼낸다.

그러므로,

간단한 가마

저온에서 부드럽게 구워진 벽돌이나 타일을 사용해서, 시간이 흐름에 따라 마모되어 이용의 흔적이 잘 보이도록 한다.

근처에서 구할 수 있는 점토와 간단한 형틀로 현장에서 벽돌이나 타일을 만들 수 있다. 나뭇가지와 장작을 이용해서 주변을 두르고 불을 붙여서, 연한 핑크색이 될 때까지 구우면 부드러운 벽돌이나 타일을 만들 수 있다.

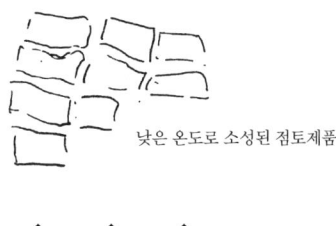

낮은 온도로 소성된 점토제품

◆　　◆　　◆

연한 핑크색은 **따뜻한 색**(250)을 형성하는 데 도움이 될 것이다. 벽돌이나 타일을 굽기 전에 장식(249)의 패턴을 이용하여 무언가를 덧붙여도 좋을 것이다 **-‥**

마지막으로 자신의 소유물이나 장식, 조명, 색채 등을 이용해
건물을 완성한다.

249. 장식**

ORNAMENT

···· 건물과 정원이 완성되고, 벽, 기둥, 창문, 문 그리고 마감 면이 제자리를 잡고, 경계, 가장자리, 전이 공간이 정의되었으면 - 주 출입구(110), 건물의 가장자리(160), 지면과의 연결(168), 정원의 담장(173), 창가(180), 모서리의 문(196), 두꺼운 틀(225), 기둥이 있는 장소(226), 기둥 접합부(227), 지붕 꼭대기의 장식(232), 부드러운 내벽(235), 앉을 수 있는 벽(243) 등, 다음으로는 장식을 만들어 나가면서 마감처리를 하고, 틈을 메우며 경계를 명시한다.

◆　　◆　　◆

인간은 모두 자신의 주변을 장식하려는 본능을 가지고 있다.

하지만, 적절한 치장이나 장식만이 제 기능을 발휘한다. 치장이나 장식은 단지 인간 본연의 풍요로움 추구나 건물 내부를 즐거운 공간으로 꾸미고 싶다는 기분에 만드는 것이 아니다. 치장이나 장식 또한 기능을 가지고 있으며 이는 건물의 다른 기능처럼 매우 분명하고 명확하다. 조각이나 색채에서 얻을 수 있는 풍요로움이나 즐거움은 기능과 조화를 이루었을 때만 얻을 수 있다. 더욱이, 장식의 기능은 꼭 필요한 것으로 자신의 기분에 따라서 건물에 첨가하거나 빼거나 할 수 있는 선택적인 것이 아니다. 즉, 문이나 창문만큼이나 건물에는 장식이 필요한 것이다.

장식의 기능을 이해하기 위해서 우리는 공간의 일반적인 특성을 이해해야 한다. 올바르게 형성된 공간은 그 자체가 완전체가 된다. 공간의 모든 부분 그리고 마을, 이웃, 건물, 정원의 모든 부분은 통합된 실체라는 점에서 그 자체로서 완전체이며, 동시에 더 큰 완전체를 형성하기 위해서 다른 독립체들과 연결되어 있다. 이와 같은 과정은 경계에 크게 좌우된다. 이 패턴 랭귀지에서의 많은 패턴들이 각 물체들 사이의 경계를 중요하게 다루고 있는 것은 우연이 아니다. 왜냐하면, 경계는 물체 그 자체만큼 중요하기 때문이다. 경계를 다룬 패턴의 예를 들면, 하위문화의 경계(13), 근린의 경계(15), 아케이드(119), 건물의 가장자리(160), 외랑(166), 지면과의 연결(168), 반쯤 개방된 벽(193), 두꺼운 벽(197), 두꺼운 틀(225), 반 인치의 테두리(240), 앉을 수 있는 벽(243)등이 있다.

하나의 물체는 그 자체로서 온전하고, 보다 큰 실체를 형성하도록 외부와 연결되어 있을 때만이 완전체가 될 수 있다. 그렇지만, 이는 오직 두 물체 사이의 경계가 매우 두껍고 애매모호해서 두 물체가 명확히 분리되어 있을 때가 아니라, 각 물체가 각각 독립체로서 혹은 내부 분할이 없는 하나의 큰 전체로서 기능할 때 가능한 것이다.

나누어짐   완전체

  왼쪽의 다이어그램을 보면 분할된 면은 매우 명확하고, 물체와 외부는 각각이 명확한 독립체이다. 각각은 하나의 전체로서 기능하지만, 보다 큰 전체로서 합쳐져서는 기능하지 못한다. 이것은 분열된 세계인 것이다. 오른쪽의 다이어그램에는 두 물체 사이에 애매모호한 공간이 존재한다. 두 개의 물체는 왼쪽의 예와 같이 개별적으로 완전하지만 두 물체가 합쳐져서 보다 큰 전체가 된다. 이 경우는 완전성을 갖는 세계가 되는 것이다.

  이 원리는 우리 주변의 커다란 유기구조에서부터 아주 작은 원자나 분자구조에 이르기까지의 모든 물질세계에서 통용된다.

  인간이 만든 것 중에서 이 원리의 극단적인 예는, 소위 '암흑시대'라 불리는 중세시대의 인공물에서 흔히 볼 수 있는 무한하게 연속한 무늬나 터키와 페르시아의 카펫과 타일에서 찾아 볼 수 있다. 이 '장식'이 가진 심오한 의미를 제외하고 장식이 기능하는 방법을 살펴보면, 전체에서 각 부분이 도형인 동시에 경계가 되어 각 단계별로 도형으로도 경계로도 작용하고 있음을 알 수 있다.

이 카펫의 무늬 장식은 완전체이다.
왜냐하면 따로 떼서 나눌 수 없기 때문이다.

  위의 사진은 고대의 카펫이며 이는 매우 고도의 완전체와도 같다. 왜냐하면, 모든 부분이 서로 연결되어 있으며, 각 부분이 몇 단계에 거쳐서 도형이 되기도 하고 경계가 되기도 하기 때문이다.

건물, 방, 공공 공간과 같은 환경에 있어서 장식의 주된 목적은 위의 카펫이 그러한 것처럼 정확하게 결합시켜 가면서 세계를 보다 완전하게 만들어 가는 것이다.

만약, 이 랭귀지에서의 패턴을 올바르게 사용하면 거의 모든 스케일의 공간과 재료에서 필요로 하는 통합된 경계가 장식 없이도 형성될 것이다. 이와 같은 경계는 출입구의 전이 공간이나 건물의 가장자리 같은 큰 공간에서 나타날 것이다. 그리고 물론, 재료 자체의 내부 즉, 목재의 섬유, 벽돌이나 석재의 입자와 같은 작은 구조에서도 자연적으로 발생할 것이다. 그렇지만, 이 사이의 중간 범위에서는 경계가 불분명한 곳이 있고, 이 곳에서는 통합된 경계가 자연적으로 생겨나지 않는다. 장식으로 틈을 메워야 하는 곳은 바로 이 범위이다.

물론, 이에 대한 구체적인 방법을 언급하자면 수도 없이 많을 것이다. 하나의 예로서, 아래 난간 사진에서는 판 양쪽의 공간 사이에 있는 경계는 완전한 장식이 된다. 즉, 난간의 나무판은 난간에 끼워졌을 때 두 공간 사이의 무언가를 형성하도록 모양이 만들어진 것이다.

난간

다음 그림은 로마네스크식 성당의 출입구로서 조금 더 복잡한 예이다.

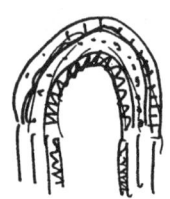

출입구

장식은 출입구의 가장자리에 만들어져 있다. 이 장식은 출입 공간과 석재를 통합하는 이음매의 역할을 한다. 만약, 여기에 장식이 없었다면, 출입구의 아치와 통로 자체 사이에 틈이 생겨날 것이다. 장식은 이 둘 사이의 이음매 역할을 하고 이 둘을 묶어준다. 이 이음매 부분(교회로 들어가는 출입구)은 특히 화려한데, 이는 교회의 참배자에게 상징적이며 매우 중요한 의미를 갖게 한다.

사실, 창이나 문은 장식으로서 매우 중요하다. 왜냐하면, 건물의 각 요소들과 건물 안이나 주변의 생활을 이어주는 장소이기 때문이다. 실제로 창이나 문 가장자리에서 많은 장식을 찾아볼 수 있는데, 이는 사람들이 창이나 문의 가장자리와 그 주변의 공간들을 연결하려고 노력하기 때문이다.

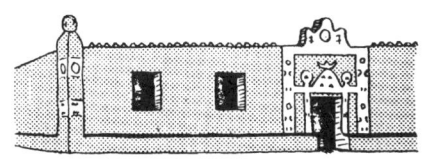

누비안식 문

그리고, 이와 똑같은 것들을 우리 주변의 수많은 장소에서 찾아볼 수 있다. 방에서, 집 주변에서, 부엌에서, 벽에서, 보행로의 표면 주위를 따라서, 지붕의 상부에서, 기둥 주위 등에서 이를 찾아볼 수 있다. 사실, 불완전하게 연결된 물체들 사이의 가장자리나 각기 다른 재료나 물체가 만나고 변화하는 곳이라면 어디에서라도 장식을 찾아볼 수 있다.

초기 미국의 스텐실링

일반적으로 설명하자면 연속체에서 가장 눈에 띄는 틈, 즉 연결이나 결합의 연속 조직이 끊어지는 곳에서 제대로 보이는가에 따라서 장식 사용의 차이가 발생한다. 장식이 진정으로 필요하지 않은 장소에 사용된 경우는 장식이 올바르지 않게 사용된 것으로서, 이는 과잉이며 경박한 것이다. 제대로 사용된 장식은 실제로 틈이 존재 하는 장소, 구조를 조금 더 부가해야 하는 곳, 각 물체가 떨어져 있어서 이를 연결하기 위해 소위 '여분의 결합 에너지'가 필요한 장소에 사용한 것이다.

그러므로,

건물 주변을 둘러보고 강조나 결합 에너지가 필요한 가장자리나 전이 공간을 찾는다. 부재가 만나는 곳 즉, 문틀, 창문, 주 출입구, 벽과 벽이 만나는 곳, 정원문, 담장은 모두 장식이 필요한 장소이다.

다음으로 간단한 테마를 정하고, 자신이 강조하고 싶은 가장자리나 경계에 테마를 반복해서 적용한다. 장식이 경계나 가장자리를 따라서 이음매의 역할을 할 수 있도록 한다. 이렇게 하면, 장식은 두 공간을 이어서 하나의 공간으로 만들어 줄 것이다.

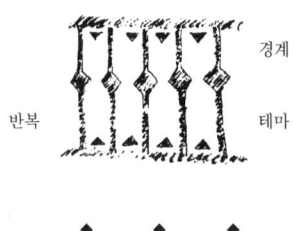

◆　　◆　　◆

가능하면 건물이 완성된 후가 아니라 건물을 만들어 가는 도중에 판재나 타일 등 실제 건물의 표면에 장식을 만들어 간다 - **구조벽막**(218), **두꺼운 틀**(225), **겹침이음 외벽**(234), **부드러운 내벽**(235), **부드러운 타일과 벽돌**(248). 장식에는 색을 넣는다 - **따뜻한 색**(250). 연결부를 이어주는 장식으로서는 작은 테두리를 이용한다 - **반 인치의 테두리**(240). 그리고, 자신을 둘러싸는 자연스러운 장식으로서, 자신에게 큰 의미를 지닌 물건들로 방을 장식한다 - **자신의 물건**(253) ┈ ⋯

250. 따뜻한 색**

WARM COLORS

···· 이번 패턴은 좋은 재료(207), 바닥면(233), 부드러운 내벽(235)을 올바르게 만드는 데 도움이 된다. 재료는 가능하다면 본래의 모습 그대로 사용하도록 한다. 하지만, 실내가 활기차고 따뜻한 느낌을 줄 수 있도록 그리고 장식으로서 필요로 하는 만큼만 색을 칠한다.

◆　　◆　　◆

녹색이나 회색으로 칠해진 병원과 사무실의 복도는 침울하고 차갑게 느껴진다. 자연 상태의 나무, 햇빛, 밝은 색깔은 따뜻한 느낌을 준다. 실내에서 색이 주는 따뜻함은 공간의 쾌적성에 어떻게든 매우 큰 영향을 미친다.

하지만, 어떤 것이 따뜻한 색이고 어떤 것이 차가운 색인가? 직감적으로 이야기 하자면 빨간색, 노란색, 오렌지색, 갈색은 따뜻한 느낌을 준다. 파란색, 녹색, 회색은 차가운 느낌이다. 하지만, 분명한 것은 빨간색이나 노란색으로 칠해진 방이 항상 좋은 느낌을 주지는 않는다는 것이다. 이와 같은 간단한 사실에도 피상적이지만 진실이 함축되어 있다. 즉, 빨간색이나 갈색 그리고 노란색은 방안을 쾌적하게 만드는 데 도움이 된다. 그렇지만, 흰색이나 파란색, 녹색 역시 인간에게 편안한 느낌을 준다. 어찌되었든 간에 하늘은 파란색이고 잔디는 녹색이다. 분명히 우리는 파란 하늘 밑의 녹색의 초원에 있을 때 매우 편안함을 느끼게 된다.

이에 대한 설명은 매우 간단하지만 매력적이다. 장소를 따뜻하거나 차가운 느낌을 갖게 하는 것은 물체 표면의 색깔이 아니라 빛의 색깔이다. 이것이 의미하는 것은 정확히 무엇일까? 완벽한 백색 표면의 물체를 이용해서 특정한 공간에서의 빛 색깔을 알 수 있다. 빛이 따뜻하다면 백색 물체는 미세하게 노란색-적색에 가까운 색을 띄게 될 것이다. 하지만, 빛이 차갑다면 파랑-녹색에 가까운 색을 띄게 된다. 이러한 색의 변화는 매우 미세하기 때문에 그리고 백색 물체만을 이용해서는 볼 수 없기 때문에 분광기를 이용해야 한다. 그렇지만, 사람의 얼굴, 손, 셔츠, 드레스, 음식, 종이 등 공간에 있는 모든 물체의 색이 미세하게 달라진 것을 인지할 수 있다면, 이와 같은 색의 변화가 공간을 경험하고 있는 사람의 감정에 얼마나 큰 영향을 미치는 것인가에 대해서는 매우 쉽게 알 수 있을 것이다.

공간 안에 있는 빛의 색은 단순히 물체의 표면색에 좌우되지는 않는다. 광원의 색과 광원으로부터 나온 빛이 여러 물체의 표면에 반사되는 것에 영향을 받는다. 봄철 초원의 녹색 잔디에 반사되는 햇빛은 따뜻한 빛이며, 이 빛은 적황색 범위이다. 하지만, 병원 복도의 형광등으로부터 나온 빛이 녹색 벽에 반사되더라도 이는 차가운 빛이다. 이 빛은 녹청색의 범위에 있기 때문이다. 다음으로 자연광으로 가득 찬 방에서의 빛은 전체적으로 따뜻한 빛일 것이다. 하지만, 방의 창문이 길 건너편의 회색 빌딩을 향하고 있다면, 바닥이나 벽면의 여러 장소에 노란색이나 빨간색 직물을 배치하지 않는 한 이는 차가운 빛일 것이다.

만약, 실내 공간의 빛의 성격을 확실히 알지 못하는 경우 그리고 분광기를 가지고 있지 않은 경우에는 칼라필름을 이용해서 빛의 성격을 알 수 있다. 만약 따뜻한 빛이고 필름의 노출이 적당하다면, 흰색 벽면에는 희미한 핑크색이 나타날 것이다. 하지만, 공간의 빛이 차가운 빛이라면 흰색 벽면에는 파란색이 비추어질 것이다.

따라서, 실내를 쾌적한 공간으로 만들기 위해서는 광원의 색과 실외 반사면에 반사된 색을 합성해서 실내 중앙부의 반사광이 적황색 범위에 있는 따뜻한 색이 되도록 해야 한다. 노란색과 빨간색은 언제나 따뜻한 색이지만 파란색, 녹색, 흰색은 다른 색과의 조화를 이루고 광원이 적절하게 위치한 경우에만 따뜻한 느낌을 줄 수 있어 적합한 장소에서 사용해야 한다.

이 논의를 마무리하기 위해서 따뜻한 빛이라고 하는 개념을 색도chromaticity의 관점에서 정확히 알아보자. 우선, 실내 중앙부의 일정한 표면을 비추고 있는 빛에 대해서 생각해 보라. 빛 안에는 여러 가지 파장이 존재한다. 빛의 성격은 빛 안에 존재하는 다른 파장들 간의 상대비율을 표시한 분광 에너지 분포인 $p(\lambda)$에 의해서 정확하게 정의된다.

알고 있는 바와 같이 어떠한 빛, 즉 $p(\lambda)$는 색 삼각형, 정식으로는 2차원 색도표 위에 표준색의 혼합 관계에 따라서 한 점으로 표시할 수 있다. 이에 대해서는 스타일즈와 바이제스키의 『색의 과학Color Science』을 참고한다.[Stiles 외 1967] 이 색도표 안의 좌표는 특정 색도의 에너지 분포를 보여준다.

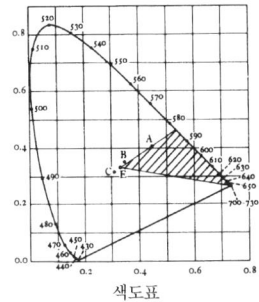

색도표

우리는 색도표에서 따뜻한 영역이라고 불리는 영역을 알 수 있는데, 이는 사선으로 표시한 부분이다.

사선으로 표시된 부분은 수많은 실증적인 실험에 근거하고 있다. 즉, 사람들은 공간의 상대적인 따뜻함, 차가움에 대해서 매우 주관적인 인상을 가지고 있기 때문이다.[OSA 1953]

뉴홀S. M. Newhall은 '따뜻함'을 지각하는 데 있어서의 객관적인 연관성을 규명하기 위한 연구를 하였다. 뉴홀의 연구에서 대부분의 사람들이 '가장 따뜻함'이라고 판단한 색은 610밀리마이크론 부근의 파장이었는데 이는 오랜지색 범위의 중간 영역이다. 이 연구에서 각 피험자의 안정도는 매우 높았으며, 또한 따뜻함에 대한 신뢰계수는 0.95이고 차가움에 대한 신뢰계수는 0.82였다. 마지막으로, 이 패턴에서 요구하고 있는 것은 실내 공간의 모든 빛 즉 실내 중앙부의 빛, 태양광, 인공광, 벽으로부터의 반사광, 외부로부터의 반사광, 카펫에서부터의 반사광 등이 색도표의 따뜻한 영역에 있어야 한다는 것이다. 이는 실내에 있는 물체의 표면이 빨간색, 오렌지색, 노란색이어야 한다는 것을 의미하는 것이 아니다. 즉, 모든 표면과 빛이 합성되어서 색도표의 따뜻한 영역 안에 포함되는 빛을 만들어내야 한다는 것을 의미한다.[Collins 1924]

그러므로,

실내의 각 표면의 색은 자연광, 반사광 그리고 인공광과 혼합되어 따뜻한 빛이 되도록 한다.

따뜻한 빛

노란색

빨간색

오렌지색

갈색

◆　　◆　　◆

　이는 노란색, 빨간색, 오렌지색이 테두리, 전등갓, 부수적인 상세부에 사용
되어야 한다는 것을 의미한다 - 반 인치의 테두리(240), 장식(249), 빛의 집
중(252). 채색을 한 캔버스 지붕(244)과 부드러운 타일과 벽돌(248)도 따뜻
한 빛을 만드는 데 도움이 된다. 파란색, 녹색, 회색을 이용하는 것은 좀 까
다롭다. 특히, 빛이 차갑고 어두운 북쪽에서는 어렵지만 이러한 색들은 장
식에 사용될 수 있다. 즉, 이들은 따뜻한 색을 더욱 돋보이게 하는 역할을 한
다 - 장식(249) --…

251. 다양한 의자

DIFFRENT CHAIRS

···- 실내 공간에 가구를 배치할 때에는 모든 가구가 방과 알코브*처럼 독특하고 유기적인 특성을 가질 수 있도록 각각의 장소에 맞추어서 다양한 가구를 배치하도록 한다. 이는 맞춤식 가구와 붙박이 가구 모두에 해당된다 - 휴식 공간의 시퀀스(142), 좌석의 원형 배치(185), 붙박이 의자(202).

◆　　◆　　◆

　사람의 체형은 모두 다르다. 그리고, 앉는 방법 또한 사람마다 다르다. 그럼에도 요즘에는 모든 의자의 형태를 비슷하게 만드는 경향이 있다.

물론, 모든 의자를 비슷하게 만드는 경향은 대량생산에 의한 수요 그리고 규모의 경제에 힘입은 바가 크다. 디자이너들은 오랫동안 '완벽한 의자' 즉, 싸게 대량으로 생산할 수 있는 의자를 만들어 왔다. 이러한 의자는 보통 사람들이 편안하게 앉을 수 있도록 만들어졌다. 그리고, 이 의자를 구입한 단체들은 대량으로 구입하는 것이 모든 사람의 요구에 부합한다고 생각한다.

하지만, 이는 어떤 사람들은 항상 불편함을 감수해야 한다는 것을 의미하고, 의자에 앉아 있는 사람들의 다양한 성향을 완전하게 억압하고 있다.

분명한 것은 '평균적인 의자'는 일부의 사람들에게는 좋지만, 모두를 만족시킬 수는 없다는 것이다. 키가 작거나 키가 큰 사람들에게는 불편할 것이다. 식당에서는 모두가 식사를 하고, 사무실에서는 모두가 책상에서 일을 하고 있는 상황은 대략 비슷할지라도 매우 큰 차이점이 존재한다. 즉, 앉아 있는 시간이 다르다는 것이다. 의자에 등을 기대고 앉아 사색을 하는 사람이 있는가 하면, 열띤 논쟁을 하면서 몸을 앞쪽으로 내밀어 앉는 사람도 있다. 또한, 잠깐 동안 무언가를 기다리면서 바른 자세로 앉아 있는 사람도 있을 것이다. 만약, 의자가 모두 같은 모양이라면 이와 같은 차이는 무시되고 어떤 사람들은 불편함을 느끼게 될 것이다.

확실하지는 않지만 무엇보다도 가장 중요하다고 생각하는 것은 다음과 같다. 우리는 우리의 기분이나 개성을 우리가 앉아 있는 의자에 투영하고 있다. 어떤 기분에서는 크고 두툼한 의자가 제격이다. 또 어떤 기분에서는 흔들의자가, 어떤 경우에는 딱딱하고 곧게 앉을 수 있는 의자가, 또 다른 경우에는 스툴이나 소파가 어울릴 것이다. 물론, 인간은 기분 때문에만 의자를 바꾸고 싶어하는 것은 아니다. 쾌적하고 안락한 의자를 좋아하는 사람이 있는가 하면, 그와는 다른 의자를 좋아하는 사람도 있을 것이다. 형태가 모두 조금씩 다른 의자 세트를 마련한다면, 풍부한 경험을 제공하는 분위기가 곧바로 형성될 것이다. 반면에, 형태가 모두 같은 의자 세트는 자유로운 경험을 구속하는 상황을 만들 것이다.

그러므로,

어떤 장소에서건 같은 특징을 지닌 의자들을 배치하지 않도록 한다. 다양한 종류의 의자, 즉 큰 의자, 작은 의자, 푹신한 의자, 흔들 의자, 낡은 의자, 새 의자, 팔걸이가 있는 의자나 없는 의자, 고리버들로 만든 의자, 나무 의자, 천

으로 만든 의자 등을 골고루 선택하도록 한다.

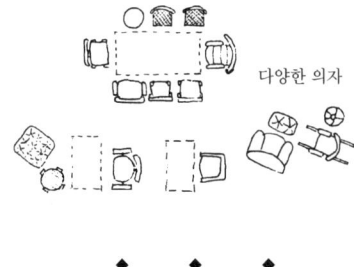

다양한 의자

◆　　◆　　◆

의자가 하나가 있는 장소이건 여러 개 있는 장소이건 간에 상관없이 빛의 집중(252)을 이용해서 장소의 특성을 강조하도록 한다 ---…

252. 빛의 집중**

LIGHT POOL

···· 이 패턴은 알코브나 둘러싸인 작업 공간(183)과 같은 작은 사회적 공간이나, 중심부의 공용 공간(129), 현관실(130), 유연한 사무 공간(146)과 같은 보다 큰 공간 그리고 식사 분위기(182), 좌석의 원형 배치(185), 다양한 의자(251)같이 가구에 관련된 패턴들을 완성하는 데 도움이 된다. 또한, **따뜻한 색(250)**의 형성을 돕는다.

◆　　◆　　◆

조명 기술자들의 이상인 균일한 조명은 어떤 유용한 기능도 수행하지 못한다. 사실, 균일한 조명은 공간의 사회적인 본질을 파괴하고 방향감을 상실하게 하며 결속감을 없앤다.

아래의 사진을 보자. 이는 격자형 천장으로 천장 위에는 수많은 형광등이 동일한 간격으로 설치되어 있다. 여기에서는 조명을 최대한 평면적이며 균일하게 계획하였다. 하지만, 이는 천공광을 모방하려고 하는 잘못된 노력이다.

평평하고, 균일한 조명

이 같은 잘못된 노력은 두 가지 오해로부터 시작한다. 첫째, 실외의 빛은 결코 균일하지 않다. 대부분의 자연적으로 형성된 장소, 특히 인간이 진화할 수 있었던 조건에서는 빛이 위치와 시간에 따라서 항상 변화했다.

더욱 중요한 것은 사회적 공간으로 이용하는 장소를 부분적으로 빛을 이용하여 정의한다는 것이 인간의 본성이라는 것이다. 빛이 완벽하게 균일하면 공간의 사회적인 기능은 심각하게 파괴되어 버린다. 그렇게 되면, 자연적인 인간집단의 형성은 어려워질 것이다. 만약, 한 집단이 조명이 균일한 장소에 있다면 그곳에서는 집단의 경계와 일치하는 빛의 변화도 없을 것이며, 때문에 집단의 정의나 화합 그리고 '존재감'은 약해질 것이다. 하지만, 집단이 그 집단의 크기와 경계에 일치하는 빛의 '집중'의 내부에 있다면, 집단의 정의, 화합, 현상학적인 존재감까지 강화시킬 것이다.

홉킨스Hopkinson와 롱모어Longmore의 실험을 통해서 이를 설명할 수 있다. 그들은 실험을 통해서 작고 밝은 광원이 크고 밝지 않은 광원보다 정신 집중을 돕는다는 사실을 발견했다. 홉킨스와 롱모어는 전체적으로 균일한 조명 환경보다는 작업 테이블 위에 있는 국부 조명에서 작업자가 일에 더욱 집중할 수 있다고 결론지었다. 따라서, 다음과 같은 추론은 적절할 것이라고 생각한다. 즉, 사회적 집단의 화합을 유지하기 위해서 필요한 인간과 인간 사이의 고도의 주의력은 균일한 조명보다는 국부 조명 환경에서 유지될 가능성이 크다는 것이다.[Hopkinson & Longmore 1959]

현장에서 실시한 실험 또한 이 추론을 보완해 준다. 버클리대학교의 국제학생회관에는 거주 학생과 방문자를 위한 큰 라운지가 있다. 라운지에는 42개의 의자가 있으며, 그 중 12개는 램프 옆에 위치하고 있다. 두 번의 관찰실험에서 총 21명이 라운지에 앉아 있었으며, 그 중 13명이 램프 옆에 있는 의자에 앉아 있었다. 이 숫자는 사람들이 조명 옆에 앉는 것을 좋아한다는 것을 보여준다. (X^2=11.4이며 0.1%의 유의성을 가진다.) 라운지의 전체적인 조도는 책을 읽기에 충분했지만, 사람들은 '빛의 집중'을 찾으려 한다는 결론을 내릴 수 있었다.

이 같은 현상을 일상생활에서도 무수히 찾아 볼 수 있다. 빛의 집중이 사적이고 친근한 분위기를 만들어 내는 것을 알고 있기 때문에, 좋은 음식점에서는 각 테이블이 독립된 빛으로 집중할 수 있도록 배치한다. 집에서는 진정으로 편안한 나만의 오래된 의자에 앉아 주위를 어둡게 하고 의자에만 빛이 비추게 하면, 가족들의 부산함을 피해 평화로움 속에서 신문을 읽을 수 있다. 또한, 집안에 있는 식탁에서는 천장에 달려 있는 조명을 볼 수가 있는데, 이 조명은 식탁 주변에 앉아 있는 사람들 모두를 하나로 묶어주는 접착제 같은 역할을 한다. 보다 상위의 상황에서도 이러한 예를 발견할 수가 있다. 가로등 밑에 있는 공원의 벤치를 생각해보자. 벤치는 연인들을 위하여 하나의 독립된 세계를 만들어 준다. 화물트럭 차고에서는, 커피를 마시고 있는 한 그룹의 남자들이 밝게 빛나는 자판기 근처에서 연대감을 다진다.

여기에서 주의해야 할 것이 한 가지 있다. 이 패턴은 이해하기 쉽고, 아마도 동의하기 쉬울 것이다. 그렇지만, 실제로 빛의 집중이 잘 되도록 만드는 것은 매우 민감한 문제이다. 실패한 예가 다수 존재한다. 예를 들면, 작은 빛들에 의해서 균일한 조명을 분산시키는 장소가 있지만, 이 장소가 사람들이 모이고 싶어 하는 장소의 특징을 갖지 않는 경우가 많다.

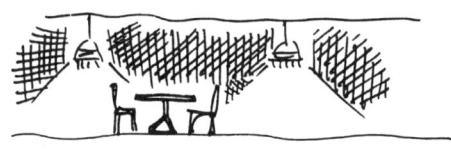

사회적 공간과 일치하지 않는 빛의 집중

그러므로,

조명을 낮게 배치하고 분산시켜서 빛의 집중을 형성할 수 있도록 한다. 빛의 집중은 거품과 같이 의자나 테이블에 둘러싸여서 이들이 형성하는 공간의 사회적 특성을 보완할 수 있도록 한다. 빛의 집중 사이에 어두운 부분이 있어야 한다는 점에 주의한다.

빛의 집중

◆　　◆　　◆

반사된 빛이 따뜻한 색깔을 지니기 위해서 색이 있는 전등갓이나 조명 주위에 벽걸이 천을 이용한다 - **따뜻한 색(250)** ┅┅…

253. 자신의 물건*

THINGS FROM YOUR LIFE

···· 마지막으로, 모든 것이 잘 처리 되었고 자신이 만든 장소에서 살기 시작
하였을 때, 벽에 무엇을 걸어 놓아야 할 것인지 궁금할 것이라고 생각한다.

◆　　　◆　　　◆

　'장식'과 '인테리어 디자인'의 개념이 너무나 잘 보급 되어있기 때문에, 자
신의 주변에 무엇을 간직해야 할 것인가를 잊는 사람들이 매우 많다.

이 같은 간단한 현상에는 두 가지의 견해가 존재한다. 하나는 공간을 소유한 사람의 관점에서 나온 견해이고, 다른 하나는 공간을 방문하는 사람의 관점에서 나온 견해이다. 소유자의 관점에서 보았을 경우, 자신에게 가장 소중한 것, 연속적인 자기 변화의 과정에 있어서 중요한 역할을 하는 것, 인생에 있어서 소중한 것들이 자신의 주변에 있어야 한다. 이는 매우 분명한 사실이다.

그렇지만, 이러한 기능은 점점 약해져 가고 있다. 왜냐하면, 오늘날 사람들은 외형을 중시하고, 다른 사람을 의식하고, 자신을 방문하는 사람들에게 어떻게 보여지는가에 신경을 쓴다. 이것이 여성잡지에 장식이나 인테리어 디자인의 예가 실려 있는 이유이다. 또한, 디자이너들은 사람들의 불안감을 이용하면서 토털디자인을 만들어 나가면서 다음과 같이 이야기한다. 당신들은 아무것도 움직여서는 안되며 벽에 페인트를 칠해서도 안되고 화분을 놓아서도 안 된다. 왜냐하면, 이질적인 것들은 '신비로운 굿 디자인'의 일부가 아니기 때문이다.

그렇지만, 아이러니한 것은 방문자도 그곳에 사는 사람 이상으로 이와 같은 무의미함을 원치 않는다는 것이다. 그곳에 사는 사람이나 가족의 생생한 삶이 가득 차 있어서, 벽이나 가구 선반들에 진열되어 있는 그들의 인생, 그들의 역사, 그들의 성향을 알 수 있는 방이 훨씬 더 매력적이다. 극히 당연한 것이지만 이러한 이유 이외에도, 근대 장식에 있어서의 인공적인 공간 꾸미기는 완전히 파국에 이르렀다.

융은 만다라, 꿈의 이미지, 집착에 관한 그림을 직접 그려 넣은 돌을 이용하여 자신의 연구실로 쓰던 방에 석벽을 만들었는데, 연구실이 점차적으로 자신에게 잠재의식의 표출대상으로서 어떤 의미가 있는 공간이 되었는지에 대해서 이야기하였다.

다음과 같은 예도 있다. 프랑스인이 운영하는 모텔의 라운지의 곳곳에는 레지스탕스의 기념품으로서 찰스 드골로부터 온 편지가 붙어 있다. 고속도로변에 있는 시장에는 소유주가 수집한 다양한 모양과 색깔의 수많은 낡은 병이 온 벽을 가득 채우고 있다. 그 중 몇 개의 병은 닦기 위해서 밑에 놓여져 있고, 계산대의 옆에는 특히 아름다운 병 하나가 올려져 있다. 한 무정부주의자는 자신이 운영하는 핫도그 가게의 벽에 여러 문헌, 선언문, 성명서 등을 써 놓았다.

사냥용 장갑, 맹인용 지팡이, 애완견의 목걸이, 어린 시절부터 모아온 말린 꽃, 타원형으로 현상된 할머니의 사진, 촛대, 화산재를 모아놓은 병, 아티카 교도소에 수감되어 있으며 자신의 사형선고를 알지 못하는 재소자에 관한 신문기사, 바람이 수목을 흔드는 모습과 함께 배경으로 교회의 첨탑이 보이는 오래된 사진, 바다의 내음을 느낄 수 있는 조개 껍질.

　그러므로,

**　근대적인 장식은 매력적이고 황홀해야 한다거나, '자연적' '모던아트' '식물' 또는 현재의 유행을 만드는 사람들이 주장하는 것이어야 한다는 생각에 속으면 안 된다. 자신의 인생, 자신이 소중히 하는 것, 자신의 이야기를 들려주는 것에서, 공간은 가장 아름답다.**

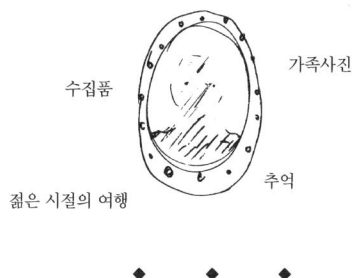

◆　　◆　　◆

감사의 글

이 책을 쓰기 위해 계획하고 작업한 8년 동안 우리는 많은 도움과 지원을 받았다. 이에 우리에게 여러 도움을 주신 모든 분들에게 감사의 마음을 전하고 싶다.

본 연구소는 연구의 수요에 따라서 규모가 3~8인 정도의 작은 규모로 이루어져 왔다. 연구소가 개설된 1967년 이후, 시기는 다르지만 수많은 사람들이 다방면으로 우리와 함께 일하면서 아낌없이 도움을 주었다. 지난 3년간 재정을 담당한 아브람스Denny Abrams는 설립 초기에 하나의 작업그룹으로서의 특성을 형성시키는 데 매우 중요한 역할을 하였다. 또한, 이 책의 초기 레이아웃과 사진 작업을 도왔으며, 오리건대학의 실험도 우리와 함께 하였다. 월키Ron Walkey는 2년 동안 일하였고, 특히 이 책의 1부를 구성하는 도시 부분의 전반적인 개념과 패턴을 발전시키는 데 도움을 주었다. 이 두 사람은 패턴 랭귀지 개발에 큰 도움을 주었지만, 무엇보다도 점심식사 후에 가졌던 그들의 음악 연주는 우리 모두에게 잊을 수 없는 시간이었다.

수년 전 이 책을 기획할 당시, 린Sim Van der Ryn과 린드하임Roslyn Lindheim은 협조와 격려를 아끼지 않았다. 커핀Christie Coffin, 존슨Jim Jones, 슈라이너Barbara Schreiner도 초기 패턴 랭귀지의 내용을 발전시키는 데 매우 큰 도움을 주었다.

액슬리Jim Axley는 이 책의 마지막 부분인 구조와 관련된 패턴 개발에 누구보다도 많은 도움을 주었다. 그리고, 이전에 페루 프로젝트를 함께 진행했던 힐셴Sandy Hirshen은 시공기술에 대한 개념 형성에 도움을 주었다.

리차드슨Harlean Richardson은 이 책의 세부 디자인 작업에 큰 힘이 되었다. 그리고, 그린Helen Green은 수년 동안 이 책의 행정적인 업무를 하였고, 또한 수많은 패턴의 타이핑을 도맡아 했다. 로저스Mary Louise Rogers에게서는 업무 조정과 지원을 통해서 큰 도움을 받았다.

또한, 우리가 시도하고자 하는 바를 믿어주고, 패턴 랭귀지의 아이디어를 활용할 수 있는 기회를 준 모든 분들에게도 감사함을 전한다. 사이몬스Ken Simmons는 실무를 통해서 초기의 패턴 랭귀지를 개발할 수 있는 기회를 주었고, 올리브그렌Jahannes Olivegren, 에버하드John Everhard, 헤리스Bob Harris, 콘웨이 Don Conway, 위트만Fried Wittman, 라이먼Hewitt Ryan, 카우프만Edgar Kaufmann 등 많은 이들이 우리에게 실무적인 도움을 주었다. 그들이 우리에게 베풀어준 정신적인 격려 그리고 재정적인 지원은 말로 다 표현할 수가 없다.

특히, 국립정신건강연구소의 웨이크필드Dick Wakefield, 존스Coryl Jones, 도르셋Clyde Dorsett에게도 감사의 말을 전하고 싶다. 패턴 랭귀지의 개발과 성장에 있어서 가장 중요했던 작업 초기 때, 4년여에 걸쳐 국립정신건강연구소의 대도시문제센터에서 지원금을 받았다. 우리에게 이 지원금이 없었다면 연구는 불가능했을 것이다.

마지막으로, 옥스포드대학 출판사에 많은 빚을 졌다. 휴스-데이비스James Huws-Davies와 홀린스헤드Byron Hollinshead와 더불어, 특히 우리의 편집자 레임스James Raimes는 이 세 권의 책을 시리즈로 내는 데 흔쾌히 힘써주었다. 이 세 사람 모두가 이 책의 출판을 도와주었고, 다른 책들 또한 원고를 보기 전에 출판에 동의해 주었다. 이 책을 만드는 동안, 옥스포드대학 출판사에 수많은 어려움을 끼쳤으나 그들은 협력을 아끼지 않았다. 우리가 필요로 할 때 신뢰와 도움을 보내주었고 에너지를 불어넣어 주었다.

이 책이 출판될 수 있었던 것은 우리를 도와준 이 모든 분들이 있었기에 가능했다는 것을 밝혀둔다.

사진 제공에 관한 감사의 글

이 책에 소개되어 있는 많은 사진들은 2차 또는 3차 출처를 통해서 수록되었다. 모든 사진의 저작권자를 찾아서 출판 동의를 구하고 감사의 마음을 전하려고 노력하였다. 하지만, 일부 사진의 경우 출처가 불명확하여 저작권자를 찾을 수 없었다. 이러한 사진을 수록하면서 감사의 마음을 전하지 못한 점을 유감으로 생각하며, 이는 결코 본의가 아니었음을 밝히고 싶다.

참조문헌

[Adams 1970] Gerald D. Adams, 「The Open Space Explosion」, Cry California, Fall 1970, 27~32쪽

[ADL 1966] 「Community Renewal Program」, New York: Praeger Press, 1966

[AIP Journal] "The Pattern of Streets", C. Alexander, AIP Journal, Sep. 1966; "Criticism", D. Carson and P. Roosen-Runge; "Alexander's reply", AIP journal, Sep. 1967

[AJ 1957] "Private Balconies in Flats and Maisonettes" 「Architect's Journal」, March 1957, 372~376쪽

[Alexander & Poyner 1966] 「Atoms of Environmental Structure」, Alexander and Poyner, Ministry of Republic Works, Research and Departmental Development, SFB, London, 1966

[Alexander 1968] Center for Environmental Structure, Berkeley, 1968

[Alexander 1968-1] 「A Pattern Language Which Generates Multi-Service Center」, Center for Environmental Structure, Berkeley, 1968, 70~87쪽

[Alexander 1968-2] "Thick Walls" 「Architectural Design」, July 1968, 324~326쪽

[Alexander 1968-3] 공공건물 내의 광장처럼 보다 복잡한 경우의 계산 예는 「A Pattern Language Which Generates Multi-Service Centers」(Alexander, Ishikawa, Silverstein, Center for Environmental Structure, 1968)의 148쪽을 참고한다.

[Alexander 1974] Christopher Alexander, "An attempt to derive the nature of a human building system from first principles" in Edward Allen, 「The responsive House」, M. I. T. Press, 1974

[Alexander 외 1966] "390 Requirements for Rapid Transit Stations" Center for Environmental Structure, 1964 and 「Relational Complexes in Architecture)」 Christopher Alexander, Van Maren King, Sara Ishikawa, Michael Baker, 「Architectural Record」, September 1966, 185~190쪽

[Allen 1968] 「Planning for Playing, Cambridge」: M.I.T. Press, 1968

[Angel & Loetterle 1967] "Computer Simulation of Market Location in an Urban Area", S. Angel and F. Loetterle, CES files, June 1967

[Angel 1968] Center for Environmental Structure, Berkeley, 1968

[Appleyard & Lintel 1971] "Environmental Quality of City Streets," by Donald Appleyard and Mark Lintell, Center for Planning and Development Research, University of California, Berkeley, 1971

[Atkinson 외 1972] 「Regina Telebus Study: Operations Report, and Financial Report」, W. G. Atkinson et al., June 1972

[Bachelard 1964] Gaston Bachelard, 『The Psychoanalysis of Fire』, Boston: Beacon Press, 1964, 14~16쪽. 원본은 『La Psychanalyse du Feu』, Librarie Gallimard, 1938이며 Beacon Press 가 재출간함

[Bachelard 1964-1] Gaston Bachelard 『The Poetics of Space』 New York: The Omen Press, 1964

[Baker 1963] 『The Stream of Behavior: Explorations of its Structure and Content』, Roger Baker, New York: Appleton-Century-Crofts, 1963

[Bass 1965] 『Organizational Psychology』, Boston: Allyn, 1965, 200쪽

[Beauvoir 1966] Simone De Beauvoir, 『The Prime of Life』, New York: Lancer Books, 1966, 9~10쪽

[Beckett 1994] Samuel Beckett의 소설 『Molloy』

[Berry & Garrion 1958] 「Annals of the Association of American Geographers」, Vol. 48, 1958년 3월, No. 1, 83~91쪽

[Berry 1967] 「Geography of Market Centers and Retail Distribution」, New Jersey: Prentice-Hall, 1967년, 30~47쪽

[Beyer 1952] 「The Cornell Kitchen」, Glenn Beyer, Cornell University, 1952

[Bieliauskas 1965] V. J. Bieliauskas, 「The H-T-P Research Review」, 1965 Edition, Western Psychological Services, Los Angeles, California, 1965 그리고 Isaac Jolles, 「Catalog for the Qualitative Interpretation of The House-Tree-Person」, Los Angeles, California: Western psychological Services, 1964, 75~97쪽

[Bird 1960] "Reactions to Radburn: A Study of Radburn Type Housing, in Hemel Hempstead," RIBA final thesis, 1960

[Blumenfeld 1953] Hans Blumenfeld, 'Scale in Civic Design' 『Town Planning Review』 1953 년 4월, 35~46쪽

[Boly 1961] Robert E. Boly, 「Industrial Districts Restudied: An Analysis of Characteristics」, Urban Land Institute, Technical Bulletin No. 41, 1961

[Bradbury 1970] Ray Bradbury, "The girls walk this way; the boys walk that way…" West,

Los Angeles Times Sunday Magazine, April 5, 1970

[Brennan 1948]   T. Brennan, Midland City, London : Dobson, 1948

[Briar 1966]   "Welfare From Below: Recipients' Views of the Public Welfare System," in Jacobus Tenbroek, ed., 「The Law and the Poor」, San Francisco: Chandler Publishing Company, 1966, 52쪽

[Buber 1969]   Martin Buber, 「Gleanings」, New York: Simon and Schuster, 1969, 94쪽

[Buber 1969-1]   Martin Buber, 「A Beliving Humanism: Gleanings」, New York: Simon and Shuster, 1969, 93쪽

[Buchanan 1963]   Colin D. Buchanan, 「Traffic in Towns」, London: Her majesty's Stationery Office, 1963, 204쪽

[Burroughs 1914]   John Burroughs, 「Signs and Seasons」, New York: Houghton Mifflin, 1914, 752쪽

[Callender 1966]   「Time Saver Standards」, John Callender, Fourth Edition, New York, 1966, 1230쪽

[Cappon 1971]   Canadian Public Health Association, April 1971

[CES 1967]   「Short corridors in A Pattern Language Which Generates Multi-Service Centers」, CES, 1967, 179~182쪽

[CES 1968]   「A pattern language which generates multi-service centers」, C. E. S., 1968

[CES 1969]   「Houses generated by patterns」, C. E. S., 1969, 140쪽

[Cohen 1961]   「Social Structure and Personality」 음식과 우여곡절: 여러 문화에 있어서 공유와 비공유에 관한 연구(Food and Its Vicissitudes: A Cross-Cultural Study of sharing and Non-sharing) A Casebook, New York: Holt, 1961

[Collins 1924]   N. Collins, "The Appropriateness of Certain Color Combinations in Advertising," M. A. thesis, Columbia University, New York, 1924

[Cooper 1969]   Clare Cooper, Open Space Study, 「San Francisco Urban Design Study」, San Francisco City Planning Dept., 1969

[Creech 1963]   John L. Creech, "Japan-Like a National Park," Yearbook of Agriculture 1963, U. S. Department of Agriculture, 525~528쪽

[Cross 1971]   Jennifer Cross, The Supermarket Trap, New York : Berkeley Medallion, 1971

[Demors 1966]   J. F. Demors, 「Park Hill Survey」, O. A. P., February 1966, 235쪽

[Dennison 1969]   George Dennison, Lives of Children, New york: Vintage Books, 1969, 3쪽

[Dreyfus 1958]   Henry Dreyfus, 「The Measure of Man」, New York, 1958, sheet F

[Duncan 1967]   「Cities and Society」, P. K. Hatt and A. J. Reiss, eds., New York: The Free Press, 1967년, 759~772쪽

[Dybbroe 1970]   「Enfamiliehuset 1970」 Landsbankernes Reallanefond, stiftedes den 9. maj 1959

[EAG 1970]   「Preliminary Program for Massing Studies, Document 5: Visitor Survey」, Environmental Analysis Group, Vancouver, B. B., 1970년 8월

[Ecologist 1972]   The Ecologist, "Blueprint for Survival", England: Penguin, 1972, 52~53쪽

[Engle 1964]   Heinrich Engle, 「The Japanese House」, Rutland Vermont: Charles E. Tuttle Company, 1964, 68~71쪽

[Erikson 1950]   「Psychological Issues」, Vol. I, No. I, New York: International University Press, 1959; and Childhood and Society, New York: W. W. Norton, 1950

[Evins 1967]   Joe Evins가 미국하원에 제출한 법안 참조 (연방의회 의사록 - 주택, 1967년 8월, 27687)

[Ewald 외 1967]   W. Ewald, ed., 「Environment for Man」, Indiana University Press, 1967, 60~102쪽

[Fanning 1967]   「Families in Flats」, British Medical Journal, November 1967, 382~386쪽

[Foote 외 1955]   Foote, N. and L. Cottrell, 「Identity and Interpersonal Competence」, Chicago, 1955, 72~73, 79쪽

[Franz 1964]   M. L. von Franz, "The process of individuation", in C. G. Jung 「Man and his Symbols」, New York: Doubleday, 1964, 161, 163~164쪽

[Freud & Dann 1964]   Anna Freud and Sophie Dann, "An Experiment in Group Upbringing," 「Reading in Child Behavior and Development」, ed. Celia Stendler, New York, 1964, 122~140쪽

[Gaines 1972]   London Observer, October 1972를 참고한다.

[Gallup 1972]   "Most don't want to live in a city", George Gallup, San Francisco Chronicle, Monday, December 18, 1972, 12쪽

[Gans 1967]　「The levittowners」, New York : Pantheon, 1967

[Gehl 1968]　Jan Gehl, 「Mennesker til Fods(Pedestrians)」, 「Arkitekten」, No. 20, 1968

[Gehl 1968-1]　"Mennesker til Fods(Pesestrians)," 「Arkitekten」, No. 20, 1968

[GH 1970]　Progressive Architecture」, July 1970, 85쪽

[Glazier 1971]　예를 들어, William H. Glazier, 「The Task of Medicine」, 「Scientific American」, Vol. 228, No. 4, April 1973, 13~17쪽과 Milton Roemer, 「Nationalized Medicine for America」, 「Transaction」, September 1971, 31쪽을 참고한다.

[Goetze 1972]　Rolf Goetze, "Urban Housing Rehabilitation" in Turner and Fitcher, eds., 「The Freedom to Build, New York」: Macmillan, 1972

[Goffman 1963]　Erving Goffman, 「Behavior in Public Places」, New York: Free Press, 1963, 56쪽

[Goldberg 1966]　Muscatine Committee, on experimental course ED. 10X, Department of Architecture, University of California, 1966

[Goodman 1966]　「Committee on Government Operations」, U. S. Senate, 89th Congress, Second Session, Part 9, December 1966

[Gouldner 1952]　Alvin W. Gouldner, "Red Tape as a Social Problem" in Robert Mertin, 「Reader in Bureaucracy」, Free Press, 1952, 410~418쪽

[Gravier 1965]　Jean-Francois Gravier의 "L'Europe des regions" 1965 Internationale Regio Planertagung, Schriften der Regio 3, Regio, Basel, 1965, 211~222쪽과 같은 책에서 Emrys Jones의 "The conflict of City Regions and Administrative Units in Britain," 223~235쪽을 참고한다.

[Gregoire 1971]　M. Gregoire, "The Child in the High-Rise" Ekistics, May 1971, 331~333쪽

[Grimes 외 1940]　Florence Powdermaker and Louise Grimes, New York: Farrar & Reinhart, Inc., 1940, 108쪽

[Haldane 1956]　J. B. S. Haldane, 「On Being the Right Size」, The world of Mathematics, Vol. II, J. R. Newman, ed. New York: Simon and Schuster, 1956, 962~967쪽

[Hall 1958]　Highway Research Board Bulletin 2039, Washington, D. C., 1958, 1~19쪽, Figure II

[Hall 1959]　Edward Hall, 「The Silent Language」, New York: Doubleday, 1959, 163~164쪽

[Hall 1966] Edward Hall, 「The Silent Language」, New York: Doubleday, 1966, 118~119쪽

[Hammond 1964] 그래프 출처; E. G. Hammond, "Some Preliminary Findings on Physical Complaints from a Prospective Study of 1,064,004 Men and Women," American Journal of Public Health 54:11, 1964년

[Handel 1967] Gerald Handel ed., Chicago, Ill.: Aldine Publishing Company, 1967, 13쪽

[Harlow 1962-1] Henry F. Harlow and Margaret K. Harlow, 「The Effect of Rearing Conditions on Behavior」, Bull. Menniger Clinic, 26, 1962, 213~214쪽

[Harlow 1962-2] Harry F. Harrow and Margaret K. Harlow, "Social Deprivation in Monkeys", Scientific American, 207, No. 5, 1962, 136~146쪽

[Hart 1968] "The Need for Physical Activity", in S. Maltz, ed., 「Health Readings」, Wm. Broen Book Company, Iowa, 1968, 240쪽

[Hartley 1964] Ruth Hartley et al., 「Understanding Children's Play」, Columbia University Press, New York: 1964, Chapter V를 참고한다.

[Hartshorne & May 1929] New York, Macmillan, 1929

[Hartshorne & May 1930] Religious Education, 1930, Vol. 25, 607~619쪽과 754~762쪽

[Hendricks & MacNair 1969] Pittsburg, Pennsylvania: University of Pittsburgh, February 1969

[Hendricks & MacNair 1969-1] "Concepts of Environmental Quality Standards Based on Life Styles", the American Public Health Association, February 12, 1969, 11~15쪽

[Henry 1963] Jules Henry, 「Culture Against Man」, New York: Random House, 1963

[Herman 1964] Mary W. Herman, "Comparative Studies of Identification Areas in Philadelphia" City of Philadelphia Community Renewal Program, Technical Report No. 9, April 1964

[Hildebrand 1970] 「Privacy and Participation: Frank Lloyd Wright and the City Street」. School of Architecture, University of Washington, Seattle, Washington: 1970

[Hole 외 1966] Vere Hole, et. al., "Studies of 800 Houses in Conventional and Radburn Layouts," Building Research Station, Garston, Herts, England, 1966

[Hollie 1972] Pamela Hollie, "More families share house with others to enhance 'Life Style', Wall Street Journal, July 7, 1972.

[Hopkinson 1963] R. G. Hopkinson, 「Architectural Physics: Lighting」, Department of

Scientific & Industrial Research, Building Research Station, HMSO, London, 1963, 29, 103. 116~117쪽

[Hopkinson & Kay] R. G. Hopkinson and J. G. Kay, 「The Lighting of Building」, New York: Praeger, 1969, 108쪽

[Hopkinson & Longmore 1959] R. G. Hopkinson and J. Longmore, "Attention and Distraction in the Lighting of Workplaces" 「Ergonomics」, 2, 1959, p. 321 ff. Also reprinted in R. G. Hopkinson, 「Lighting」, London: HMSO, 1963, 261~268쪽

[Hopkinson & Pethebridge 1950] "Discomfort Glare and the Lighting of Buildings" 「Transaction of the illuminating Engineering Society」, Vol. XV, No. 2, 1950, 58~59쪽

[HUD 1972] 「Urban Growth Policies in Six European Countries」, Urban Growth Policy Study Group, Office of International Affairs, HUD, Washington, D. C., 1972년.

[Huxley 1962] Aldous Huxley, 「Island」, New York: Bantam, 1962, 89~90쪽

[Illich 1971] Abridged from pp. 76 and 99 in 「Deschooling Society」. Vol. 44 in World Perspective Series, edited by Ruth Nanda Anshen, New York: Harper&Row, 1971

[Illich 1971-1] New York Review of Books, New York, 15(12):25~31쪽

[Iltis, Andres & Loucks 1970] H. H. Iltis, P. Andres, and O. L. Loucks, 「in Population Resources Environment: Issues in Human Ecology」, P. R. Ehrlich and A. H. Ehrlich, San Francisco: Freeman and Co., 1970, 204쪽

[Jany 외 1972] 「Students on Wheels」 Jany, Putney, and Ritter, Department of Landscape Architecture, University of Oregon, Eugene, Oregon, 1972

[Jonson 외 1966] P. B. Jonson et al., 「Physical Education, A Problem Solving Approach to Health and Fitness」, University of Toledo, Holt, Rinehart and Winston, 1966을 참고한다.

[Kafka 1972] Franz Kafka, 「The Complete Stories」, ed. Nahum N. Glatzer, New York: Schocken Books, 1972, 384쪽

[Kardiner 1945] Abram Kardiner, 「Psychological Frontiers of Society」, New York: Columbia University Press, 1945, 75쪽

[Kastenbaum 1973] 「The Kingdom Where Nobody Dies」 Saturday Review, January 1973, 33~38쪽

[Kennedy 1953] "The House and the Art of Its Design" New York: Reinhold, 1953, 192~193쪽

[Kern 1961] 「The Owner Built Home」 Yellow Springs, Ohio, 1961, Volume IV, 30쪽

[**Keyserling 1965**]   Leon H. Keyserling, Agriculture and Public Interest, Conference on Economic Progress, Washington, D. C., February 1965

[**Kirby 1967**]   Tony Kirby, 「Who's Crazy?」 The Village Voice, January 26, 1967, 39쪽

[**Klapper 1960**]   「The Effect of Mass Communication」 Free Press, 1960

[**Kotler 1967**]   Milton Kotler, Neighborhood Foundations, Memorandum #24; "Neighborhood corporations and the recognization of city government," unpub. ms. August 1967

[**Laksnmanan & Hansen 1965**]   「American Institute of Planners Journal」, May 1965년, 134~143쪽

[**Lantz 1962**]   Herman K. Lantz, "Number of Childhood Friends as Reported in the Life Histories Psychiatrically Diagnosed Group of 1,000", Marriage and Family Life, May 1956, 107~108쪽

[**Lappe 1971**]   F. Lappe, 「Diet for a small Planet」, New York: Ballantine, 1971

[**Lee 1957**]   T. R. Lee, "On the relation between the school journey and social and emotional adjustment in rural infant children" 「British Journal of Educational Psychology」, 27:101, 1957

[**Lee 1970**]   「Environment and Behavior」, June 1970, 40~51쪽

[**Leeming**]   Joseph Leeming, 「Fun With Clay」, Philadelphia and New York: J. B. Lippincott Company.

[**Leighton 1955**]   「Psychiatric Disorder and Social Environment」, Psychiatry, 18(3), 374쪽, 1955

[**Leopold 1949**]   A Sand Country Almanac, New York: Oxford University Press, 1949

[**Lindemann**]   「Symptomatology and Management of Acute Grief」 American Journal of Psychiatry, 1944, 101, 141~148쪽, 「A Study of Grief: Emotional Responses to Suicide」 Pastoral Psychology, 1953, 4(39), 9~13쪽

[**Loetterle 1967**]   Santa Clara Country Planning department, San Jose, California, 1967

[**Loring 외**]   로링(Willian C. Loring)의 「주택의 특성과 사회의 해체(Housing Characteristics and Social Disorganization)」 (Social Problems, January, 1956)나 로에(Chombart de lauwe)의 「가족과 주거(Famille et Habitation)」(Editions de Centre National de la Recherche Scientifique, Paris, 1959) 또는 란더(Bernard Lander)의 「청소년 비행의 이해를 향해서(Towards an Understanding of Juvenile Deliquency)」(New York, Columbia University Press, 1954)를 참고한다.

[Lynch 1960] Kevin Lynch, 『The Image of the city, Cambridge, Mass』.: MIT Press, 1960, 125쪽

[Madge 1964] 『Privacy and Social Interaction』, Transactions of the Bartlett Society, Vol. 3, 1964~1965

[Manning 1965] 『Office Design: A Study of Entertainment』, Peter Manning, Department of building Science, University of Liverpool, 1965, 104~128쪽

[March 1968] Land Use and Built Form Studies, Cambridge, England, 1968

[Markus 1967] Thomas A. Markus, "The Function of Windows: A Reappraisal", 『Building Science』, Vol. 2, Pergamon Press, 1967, 97~121쪽

[Markus 1967-1] "The Function of WindowsA Reappraisal" 『Building Science』, Vol. 2, 1967, 101~104쪽

[Marshall] 일례로 Nancy Marshall의 "Orientations Toward Privacy: Environmental and Personality Components"를 보라. (James Madison College, Michigan State University, East Lansing, Michigan)

[Martin & March 1966] Leslie Martin and Lionel March, 『Land Use and Built Form』, Cambridge Research, Cambridge University, April 1966

[Mayr 1963] Ernst Mayr, 『Animal Species and Evolution』, Cambridge, 1963, Chapter 18: "The Ecology of Speciation," 556~585쪽

[Mcharg 1963] Wallace McHarg Associates, Philadelphia, 1963

[Mcharg 1966] 『Design With Nature』, New York: Natural History Press, 1966

[Mead 1967] "Conference Behavior" Columbia University Forum, Summer, 1967, 20~25쪽

[Merton 1956] Thomas Merton, 『The Living Bread』, New York, 1956, 126~127쪽

[Miller 1958] G. Miller, "The Magical Number Seven, Plus or Minus Two: Some Limits on Our Capacity for Pressing Information" in D. Beardslee and M. Wertheimer, eds., 『Reading in Perception』, New York, 1958, esp. 103쪽

[MIT 1966] 『Toward New Towns in America, Cambridge』 M. I. T. Press, 1966

[Morgan 1973] 『The Descent of Woman』, New York: Bantam Books, 1973

[Morville 1969] Borns Brug af Friarsaler, Disponering Af Friarsaler, Etageboligomrader Med Saerlin Henblik Pa Borns Legsmuligheder, S. B. I., Denmark, 1969

[**Mumford 1924**]　Lewis Mumford, 『Sticks and Stones』, New York, 1924, 216쪽

[**Mumford 1956**]　루이스 멈포트가 국제연합 건물에 대하여 논한 『From the Ground Up』, Harnest Books, 1956, 20~70쪽을 참고한다.

[**Mumford 1968**]　Lewis Mumford, 『The Human Prospect』, New York, 1968, 49쪽

[**Mumford 1968-1**]　건축적인 관점에 대해서는 다음을 참고한다. Lewis Mumford, 『The Urban Prospect』, New York: Harcourt Brace and World, 1968, 25~26쪽

[**Myers 1972**]　Sumner Myers, "Turning Transit Subsidies into Compensatory Transportation" City, Vol. 6, No. 3, Summer 1972, 20쪽

[**Newell 1959**]　G. F. Newell, "The Effect of Left Turns on the Capacity of Traffic Intersection" Quarterly of Applied Mathematics, XVII, April 1959, 67~76쪽

[**Nicholson 1970**]　M. Nicholson, 『The Environmental Revolution』, New York: McGraw Hill, 1970, 192쪽

[**OIA 1972**]　"Vehicle free zone in city centers" 「International Brief #16」, U. S. Department of Housing and Urban Development, Office of International Affairs, 1972년 6월을 참고한다.

[**Olgyay 1963**]　『Design with Climate』, New Jersey: Princeton University Press, 1963, 89쪽

[**OSA 1953**]　Committee on Colorimetry of the Optical Society of America, 『The Science of Color』, New York, 1953, 168쪽을 참고한다.

[**Pearse & Crocker 1946**]　I. H. Pearse and L. H. Crocker, 『The Peckham Experiment』, New Heaven: Yale University Press, 1946, 153쪽

[**Pearse & Crocker 1947**]　『The Peckham Experiment』, I. Pearse and L. Crocker, New Haven: Yale University Press, 1947, 67~72쪽

[**Peterson 1967**]　『Handbook of Noise Measurement』 Sixth Edition, West Concord, Mass.: General Radio Company, 1967

[**Porter 1964**]　Tyrus Porter, 『A study of Path Choosing Behavior』, thesis, University of California, Berkeley(1964)를 참고한다.

[**Proust**]　Marcel Proust, 『Swann's Ways 』

[**PRU 1965**]　Pilkington Research Unit, 『Office Design: A Study of Environment』, Department of building Science, University of Liverpool, 1965, 113~121쪽

[**Rand 1972**]　George Rand, Children's Images of Houses: A Prolegomena to the Study of Why People Still Want Pitched Roofs, 『Environmental Design: Research and Practice』, Proceedings of the EDRA VAR 8 Conference, University of California at Los Angeles, William. J. Mitchell, ed., January 1972, 6-9-2~6-9-10쪽

[Rapoport 1967]   Amos Rapoport, "Some Consumer Comments on a Designed Environment" 「Arena - The Architectural Association Journal」, January 1967, 176~178쪽

[Rapoport 1969]   Amos Rapoport, 「House Form and Culture」, Englewood Cliffs, N. J.: Prentice-Hall, 1969, 134쪽

[Reimer 1951]   Svend Reimer, "Villagers in Metropolis" British Journal of Sociology, 2, No. 1, March 1951, 31~43쪽

[Richards 1932]   「Hunger and Work in a Savage Tribe: A Functional Study of Nutrition Among the Southern Bantu.」 Glencoe, Ill.: Free Press, 1932

[Rieme 1943]   "Sociological Theory of Home Adjustment" 「American Soc」. Rev., Vol. 8, No. 3, June 1943, 277쪽

[Rhodes]   Klins: Design, Construction and Operation, Philadelphia: Chilton Book Company.

[Ritter]   「Planning for Man and Motor」, Paul Ritter, 307쪽

[Rodale 1972]   "Community Garden", Bob Rodale, 「San Francisco Chronicle」, May 31, 1972, 16쪽

[Rouse]   「The Odyssey」, 역자 W. H. D. Rouse, The New American Library. Inc, New York, New York

[RP 1972]   Organic Gardening and Farming, Emmaus, Pennsylvania: Rodale Press, February 1972

[Rudofsky 1955]   Rudofsky, 「Behind the Picture Window」, New York: Oxford University Press, 1955, 118쪽

[Rudofsky 1955-1]   Bernard Rudofsky's chapter, "The Conditional Outdoor Room" in 「Behind the Picture Window」, New York: Oxford Press, 1955

[Rudofsky 1969]   Bernard Rudofsky, 「Streets for People」, New York: Doubleday, 1969, 13쪽

[Rusch 1973]   Charles W. Rusch, 「Moboc: The Mobile Open Classroom」, School of Architecture and Urban Planning, University of California, Los Angeles, November 1973

[Ruskin 1907]   John Ruskin, 「The Two Paths」, New York: Dutton, 1907, 202~205쪽

[Ryn 외 1974]   Technical Bulletin #1, Natural Energy Design Center, University of California, Berkeley, Dept. of Architecture, January 1974

[Salpukis 1972] Agis Salpukis, "Is the machine pushing man over the brink?" San Francisco Sunday Examiner and Chronicle, April 16, 1972

[Scaft 1968] 「The Scaft Guidelines」, Swedish National Board of Urban Panning, "Principles for Urban Planning with Respect to Road Safety" 1968, Publication No.5, Stockholm, Sweden, 11쪽

[Schumacher 1968] E. F. Schumacher, 'Buddhist Economics', 「Resurgence」, 275 Kings Road, Kingston, Surrey, Volume 1, Number II, January, 1968

[SFC] "The Farmers Go to Market", 「California Living」, San Francisco Chronicle Sunday gazine, February 6, 1972

[Silverstein 1967] Murray Silverstein, "The Child's Urban Environment" Proceedings of the Seventy-First National Convention of the Congress of Parents and Teachers, Chicago, Illinois, 1967, 39~45쪽

[Silverstein 1967-1] "The Boy's Room: Twelve Mothers Respond to an Architectural Pattern" University of California, Department of Architecture, December 1967

[Simmons 1945] 「The Role of Aged in Primitive Society」, Leo W. Simmons, New Haven: Yale University Press, 1945, 69쪽

[Simmons 1945-1] 「The Role of Aged in Primitive Society」, Leo W. Simmons, New Haven: Yale University Press, 1945, 199쪽

[Sitte 1965] Camillo Sitte, 「City Planning According to Artistic Principle」, New York: Random House, 1965, 25~31쪽

[Sitte 1965-1] 「City Planning According to Artistic Principlrs」, New York: Random House, 1965, 20~31쪽

[Sjoberg 외 1966] 「Bureaucracy and the Lower Class」 Sociology and Social Research, 50, April, 1966, 325~377쪽

[Slater 1971] The Pursuit of Loneliness, Boston: Beacon Press, 1971, 141~142쪽

[Slater 1970] Philip E. Slater, 「The Prusuit of Loneliness, Boston」: Beacon Press, 1970, 67쪽

[Sommer 1959] Rovert Sommer, "Studies in personal Space" 「Sociomerty」, 22 September 1959, 247~260쪽

[Sommer 1962] Robert Sommer, "The Distance for Comfortable Conversation", Sociometry, 25, 1962, 111~116쪽

[Sommer 1969] 「Personal Space」 제8장 「Design for Drinking」 Englewood Cliffs, N. J.: Prentice-Hall, 1969

[Spivack 1967] M. Spivack, "Sensory Distortion in Tunnels and Corridors" 「Hospital and Community Psychiatry」, 18, NO. I, January 1967

[Sternlieb 1966] 「The Tenement Landlord」 Rutgers University Press, 1966

[Stiles 외 1967] W. S. Stiles & Gunter Wyszecki 「Color Science」 New York, 1967, 228~317 쪽

[Syracuse 1961] 「Small Sellers and Large Buyers in American Industry」, Business Research Center, College of Business Administration, Syracuse University, New York, 1961

[Takano 1961] Building section, Building and Repairs Bureau, Ministry of Construction: The Design of Akita prefectural government offices, Public Building, 1961

[Thiel 1960] "An Architectural and Urban Space Sequence Nation." unpublished ms., University of California, Department of Architecture, August 1960, 5쪽

[Time] 1970년도 8월 3일자 타임지에서

[Turoff 1949] Muriel Pargh Turoff, 「How to Make Pottery and Other Ceramic Ware」, New York: Crown Publishers, 1949, 13쪽

[Vernon 1960] Raymond Vernon, 「Metropolis 1985」, Chapter 7: External Economics

[Wallace 1945] Philadelphia housing Authority, 1952; Federal Housing Authority, The Livability Problem of 1,000 Families, Washington, D. C., 1945

[Wallace 1952] Anthony Wallace, 「Housing and Social Structure」, Philadelphia Housing Authority, 1952, available from University Microfilms, Inc., Ann Arbor, Michigan, 21~24쪽

[Ward 1961] "Adventure Playground: A Parable of Anarchy" Anarchy 7, September 1961

[Ward 1966] Colin Ward의 「The organization of anarchy」, Patterns of Anarchy, Krimerman and Perry, eds., New York: Anchor Books, 1966

[Webber 1963] Melvin Webber, "Order in Diversity: Community Without Propinquity" Cities and Space, ed. Lowdon Wingo, Baltimore: Resource for the Future, 1963 그리고 Webber, "The Urban Place and the Nonplace Urban Realm" in Webber et al., Explorations into Urban Structure, Philadelphia, 1964, 79~153쪽

[Wells 1965] 「The Psycho-Social Influence of Building Environment」, Building Science, Vol. I, Pergamon Press, 1965, 153쪽

[Wells 1965-1] 「Office Design: A Study of Environment」, Peter Manning, ed., Pilkington Research Unit, Department of Building Science, University of Liverpool, 1965, 118~121쪽

[Werthman, Mande & Dienstfrey 1965] 「Planning and the Purchase Decision: Why People Buy in Planned Communities」, University of California, Berkeley, July 1965

[West 1955] 「The Future of Architecture」, London: The Architectural Press, 1955년 255~256쪽

[White 1953] L. E. White, "The Outdoor Play of Children Living in Flats" 「Living in Tower」, Leo Kuper, ed., London, 1953, 235~264쪽

[Woodcock 1962] 이 연맹에 대한 설명은 다음을 참고하라. George Woodcock, 「Anarchism: A History of Libertarian Ideas and Movements」, Cleveland: Meridian Books, 1962, 168~169쪽

[Worker 1973] 「Worker's Control」, New York: Vintage Books, 1973를 참고한다.

용어해설

가현거리: 인간이 감각적으로 판단하는 겉보기 거리.

간주 공법: 기둥과 기둥 사이의 간격이 길 때 그 사이에 수직 부재를 더해 보강하는 공법.

개구부: 출입, 채광, 환기 등을 위하여 벽을 치지 않는 부분.

거싯: gusset, 모서리를 보강하기 위해서 덧붙이는 삼각형의 보강재.

계단통: 계단이 들어서는 수직 공간. 층층대에 둘러싸여 우물 같이 아래위가 뚫린 부분.

고정하중: 건축물이나 구조물의 구조체와 마감재, 설비의 무게를 합한 무게.

공동벽돌: 속빈 벽돌, 중공 벽돌이라고도 하며, 속이 비게 하여 구어 낸 벽돌이다. 방음, 단열, 보온, 칸막이 등의 용도로 사용된다.

광정: 천장의 일부분에 개구부를 내어 그 하부에 빛이 들어오게 만든 천창.

구배: 물매라고도 하며, 수평선에 대한 경사도를 의미한다.

그로그: grog, 럼과 물을 절반씩 섞은 혼합주.

난간동자: 난간을 바치고 있는 수직의 부재.

내력벽: 건물의 상부 하중을 지탱하도록 계획된 벽.

네일링블록: 못질을 하기 위한 받침부재.

노선상점가: 상점 등이 가로를 따라 형성된 상점가.

단순보: 두개의 지점을 1개의 부재가 잇는 보를 의미한다.

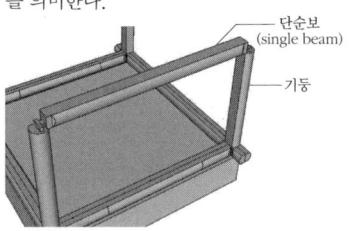

단순보
(single beam)

기둥

덕트: 공기 등의 유체가 흐르는 통로.

라스: 지붕이나 벽에 회반죽을 바르기 위해 엮어 넣는 가느다란 나무 막대기.

라이즈: 아치 크라운과 아치의 양단을 잇는 선과의 연직 거리로, 아치의 높이를 나타내는 지표.

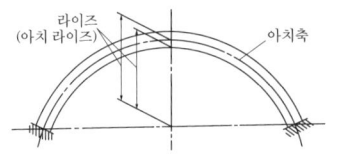

러그: rug, 깔개 등으로 사용하는 직물류로서 마루의 일부분에만 사용한다.

리놀륨: 리녹신, 나무진, 고무, 코르크 등을 섞어 삼베에 발라서 만든 시트 형태의 바닥재.

리브: 얇고 평평한 재료를 보강하기 위하여 재료 단면과 직각으로 설치한 보강재.

모살: 부재가 직각으로 연결되었을 경우, 구조적 취약점을 보강하기 위해서 이용하는 보조재료.

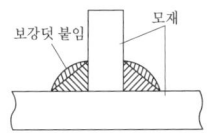

문설주: 개구부 측면의 기둥.

바렐볼트: 반원통형 볼트로 터널형 볼트라고도 한다.

박공벽: 건물의 측면 벽으로 지붕 아래의 삼각형 모양의 벽.

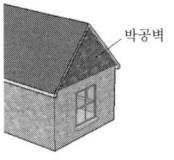

반목조: 기둥이나 보는 목재를 이용하여 만들고, 그 사이에 흙이나 벽돌을 채워 벽을 만드는 공법.

발코니: 건물의 외벽 바깥쪽으로 돌출되어 난간이나 낮은 벽으로 둘러싸인 공간.

버랩: 자루 등을 만들 때 사용되는 올이 굵은 베의 일종.

버트레스: 벽체를 보강하기 위해서 벽체에 직각으로 돌출되도록 만든 벽체.

벤토나이트: 백색, 회색, 담갈색을 띠는 점토의 일종.

벽감: 벽면을 오목하게 파서 만든 공간으로, 주로 장식품을 놓는데 사용된다.

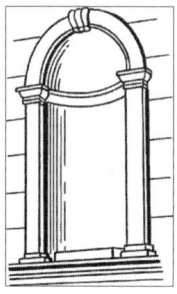

보이드: 보통 건축물 내부에서는 벽과 천장 등으로 둘러싸인 빈 공간을 뜻하며, 외부에서는 건물이나 그 밖의 구조물에 둘러싸인 개방된 공간을 뜻한다.

보행자 대피섬: 보행자를 보호하기 위한 장소로 섬과 같은 형태로 도로면 보다 높게 설치한다.

볼트 지붕: 아치형을 기본으로 하는 3차원 곡면 구조체.

브레이스(가세): 보와 기둥을 연결하는 부재. 수평으로 작용하는 외력에 저항한다.

비내력벽: 하중에 저항하지 않는 벽. 공간을 나누기 위해서 쓰이는 벽.

상인방: 기둥과 기둥 사이에 놓이는 수평재로 창이나 출입구 등의 개구부를 만드는 데 쓰인다.

서브플로어: 바닥의 마감재료 밑에 깔은 거친 마루.

소비인구권역: 어떤 상점이 유지되기 위해서 필요한 인구수를 지니는 구역.

소성법: 벽돌 등을 구워 만드는 방법의 일종.

수관: 나무에서 잎과 줄기가 많이 달려 있는 줄기의 상부.

수직력: 수직 방향으로 작용하는 힘.

수평력: 수평 방향으로 작용하는 힘.

수평추력: 아치의 지점 등에서 발생하는 수평 방향으로의 반력.

섕글: 지붕이나 벽에 사용되는 박판재.

스위트: 몇 개의 방이 연속적으로 이어진 공간.

스캘럽 지붕: 부채꼴 모양의 재료를 이어 붙여서 만든 지붕.

스퀸치: 벽의 모서리 상부에 위치하는 아치.

스팬드럴: 아치와 천장, 벽, 기둥 사이의 세모 꼴 면이나 공간.

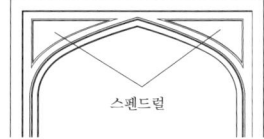

식기실: 옛 주택에서 식기를 보관하거나 설거지 등을 하던 작은 공간.

안길이: 대지의 전면에서 직각방향으로의 길이.

알코브: 벽의 한 부분을 움푹 들어가게 만들어 놓은 부분. 기둥, 아치, 칸막이, 난간, 커튼, 장식 등으로 구분하기도 한다.

압축구조: 부재에 누르는 힘이 작용하는 경우 발생하는 압축응력에 저항하는 구조.

압축재: 기둥을 예로 들 수 있으며, 축 방향으로 압축력을 받는 부재이다.

역선: 힘의 방향을 나타낸 선.

역현수 형태: 기하학적 곡선으로, 실의 양끝을 잡고 늘어뜨렸을 때의 곡선 모양을 현수선이라 하며, 역현수선은 이를 뒤집은 모양이다.

열주: 연속적으로 늘어선 기둥.

오니온루프: 러시아 건축에서 사용되는 양파 모양의 돔.

오픈 플랜: 벽이나 칸막이가 거의 없는 평면.

응력: 물체의 외부에서 힘이 가해질 때, 물체의 내부에서 발생하는 저항력.

인장: 어떤 힘이 물체의 중심축에 평행하게 바깥 방향으로 작용할 때 물체가 늘어나는 현상. 이때 힘의 작용선이 중심축과 일치하면 단순 인장, 일치하지 않으면 편심 인장이라 한다.

인장구조: 부재에 당기는 힘이 작용하는 경우 발생하는 인장응력에 저항하는 구조.

자중: 물체 자체의 무게.

전단력: 재료의 내부의 평행면을 따라서, 반대방향으로 작용하는 평행한 힘.

절토: 흙을 깎아 내는 토목공사.

좌굴: 가늘고 긴 부재의 길이방향으로 압축력이 가해질 때, 부재가 구부러지는 현상.

주두: 기둥 상단에 얹혀져 그 위의 아치나 보 등을 지탱하는 부재.

줄기초: 길게 연속된 기초로 벽이나 기둥이 서는 부분만을 타설하는 기초.

중정: 건물로 둘러싸인 안쪽의 마당.

지역지구제: 토지의 용도나 기능을 계획 원칙에 부합하도록 유도하기 위해서, 토지 및 건물의 용도, 건축물의 높이나 밀도를 통제하는 법률이나 제도이다.

처마: 벽 바깥으로 나온 지붕의 돌출부.

천장고: 바닥면에서부터 천장면까지의 높이.

추녀: 모임지붕에서 처마와 다른 처마가 만나는 부분이나 부재.

추녀마루: 다른 각도의 지붕이 만나는 경계부재로 추녀의 바로 윗부분.

충진: 빈틈이나 공간을 어떤 재료를 이용하여 메꾸는 것.

층고: 층의 바닥면에서 윗층의 바닥면까지의 높이.

치장벽토: 석고 종류의 마감재.

치킨와이어: 닭장 등을 만들 때 쓰이는 철망.

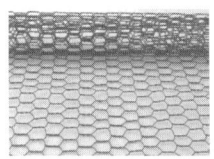

카이-스퀘어 테스트: 영가설을 기초로 기대빈도를 계산하여 두 개 이상의 데이터 세트의 관찰 빈도가 통계적 의미가 있는지를 측정하는 방법이다.

캐노피: 캐노피는 작은 지붕이나 덮개를 의미한다. 지붕에서부터 돌출된 경우도 있으며 기둥을 이용하여 독립적으로 구성된 경우도 있다. 텐트와 같은 재질을 사용하여 만든 채양 또한 캐토피의 일종이다.

쿨데삭: 막다른 골목이라는 프랑스어. 도로위계의 관점으로는 간선-지선-쿨데삭 순으로 개별주호에는 막다른 골목으로 연결된다.

테라코타: 구운 점토제품을 의미한다. 벽돌, 기와, 토기류 등이 있다.

통과교통: 어떤 지역을 통과하기만 하고 출발점과 목적지가 다른 지역에 있는 교통.

통근회랑: 도심으로의 통근자들이 집중적으로 거주하는 구역.

통합학교: 이웃한 학군이 공동으로 세운 학교.

트레이서리: 고딕성당의 창문 상부의 장식.

트렐리스: 넝쿨식물이 타고 올라갈 수 있도록 만든 격자형 구조물.

트룰로: 이탈리아 남부의 석조건물로 지붕이 원추형이다.

파고라: 담쟁이 덩굴 등으로 지붕을 덮은 정자. 철제나 목재 혹은 콘크리트 등으로 정원이나 보행로에 세운 격자 모양의 수목 지지대로 푸른 잎이나 꽃으로 덮는다.

파티오: 주택의 중정으로 주위에 주랑을 배치하여 만들어진 공간.

페디먼트: 고대 그리스식 건축물에서 입구 위에 있는 보와 지붕 사이의 삼각형 부분.

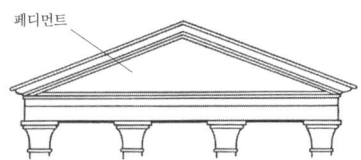

페디먼트

펠트: 양모 등에 열을 가해서 압축시킨 천으로 보온성이 좋다.

포마이카: 열경화성 합성수지로 상품명이다.

포치: 지붕이 덮여 있고 경우에 따라서는 벽으로 둘러싸인 현관에서부터 이어지는 외부 공간.

프렌치 도어: 일반적으로 두 짝으로 구성된 유리문을 의미한다.

프리스트레스트 콘크리트: 철근을 대신해 PC 강선을 넣고 잡아당겨서 인장에 대한 강도를 증가시킨 콘크리트.

프리캐스트 콘크리트: 공장 등에서 형태를 미리 만든 콘크리트 부재.

프리패브: 공장에서 미리 부품을 만들거나 가공하여 현장에서 설치하는 것만으로 완성하는 건축공법.

플랫폼: 무대나 세트를 만들 때 토대가 되는 주변보다 높은 깔판.

플린트: 옥수와 석영이 주성분인 암석으로 부싯돌로 쓰인다.

피트 모스: 이끼류가 죽어서 퇴적된 후 탄화된 유기물질.

해비타트 주택: 1967년 몬트리올 국제박람회의 숙박시설로 계획된 공동주택.

혼응지: 펄프에 아교를 섞어 만든 종이.

홍예틀: 볼트 또는 아치가 완성되기 전까지 구성 재료를 받쳐주기 위해서 만든 임시 구조물.

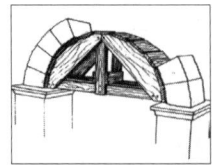

활송장치: 사람 또는 물건을 미끄러뜨려서 이동시키는 장치.

활하중: 사람의 이동 등 건물을 사용함에 있어서 발생하는 하중.

휨 모멘트: 보에 힘이 작용할 때 보를 구부리려는 힘.